汉译世界学术名著丛书

十八世纪科学、技术和哲学史

上 册

〔英〕亚·沃尔夫 著

周昌忠 苗以顺 毛荣运 译

周昌忠 校

创于1897 商务印书馆 The Commercial Press

Abraham Wolf

A HISTORY OF SCIENCE,

TECHNOLOGY, AND PHILOSOPHY

IN THE EIGHTEENTH CENTURY

London: George Allen & Unwin Ltd.

First Published in 1938

Second Edition 1952

据伦敦乔治·艾伦与昂温公司1952年第二版译出

图 1—狄德罗的《百科全书》(1751)的扉页

汉译世界学术名著丛书
出版说明

我馆历来重视移译世界各国学术名著。从五十年代起，更致力于翻译出版马克思主义诞生以前的古典学术著作，同时适当介绍当代具有定评的各派代表作品。幸赖著译界鼎力襄助，三十年来印行不下三百余种。我们确信只有用人类创造的全部知识财富来丰富自己的头脑，才能够建成现代化的社会主义社会。这些书籍所蕴藏的思想财富和学术价值，为学人所熟知，毋需赘述。这些译本过去以单行本印行，难见系统，汇编为丛书，才能相得益彰，蔚为大观，既便于研读查考，又利于文化积累。为此，我们从 1981 年至 1989 年先后分五辑印行了名著二百三十种。今后在积累单本著作的基础上将陆续以名著版印行。由于采用原纸型，译文未能重新校订，体例也不完全统一，凡是原来译本可用的序跋，都一仍其旧，个别序跋予以订正或删除。读书界完全懂得要用正确的分析态度去研读这些著作，汲取其对我有用的精华，剔除其不合时宜的糟粕，这一点也无需我们多说。希望海内外读书界、著译界给我们批评、建议，帮助我们把这套丛书出好。

商务印书馆编辑部

1991 年 6 月

目　　录

序　　言

24

我的《科学史》第二部的问世遂了我的心愿，得以有机会为前一卷所受到的欢迎表达我的感激之忱。我深深感谢威廉·布拉格爵士、F.恩里克斯教授、已故L.N.G.菲荣教授、亨利·莱昂斯爵士、珀西·纳恩爵士、已故卢瑟福勋爵和其他人，他们不吝赞赏我的《十六、十七世纪科学、技术和哲学史》[①]。另外，有许多人垂询以后各部分的大概出版日期，这使我更增添了信心，相信我正在搞的这部著作是切合现实需要的。

本卷讨论十八世纪，因此或许格外适时。在文明世界大部分都在向野蛮倒退的时候，重温欧洲为达致开明状态而奋斗并取得成功的那个时代，尤其令人感奋。人类曾经达到过的东西，无疑将再次达到。而且人们希望，在再次达到时，我们将更加充分地认识到，必须永远保持警惕，这是自由的代价，是人类进步所系。

这里可对本书总的计划说明一二。各门科学从数学开始按一般性（或者说抽象程度）递减的顺序排列，最后是生物科学。一般说来，一般程度低的科学在材料和方法方面，一定程度上依赖比较一般的科学。所以，采取这种方案有个优点，就是除了个别场合，

---

① 中译本：周昌忠、苗以顺等译，商务印书馆，1985年。

不必反复重提各门科学成就之间的相互关系。科学史之后是各门主要技术的历史。最后几章讨论的内容可以称为比较特殊的人文学科,包括心理学、社会科学和哲学,因为就实证科学学生也对它们感兴趣而言,它们不同于美学和伦理学这类规范性学科。另外,论述按照研究问题的次序,而不是传记的次序进行。不过,读者可从《索引》方便地查知任何不止在一个领域工作的思想家取得的各种各样的成就。本书没有列出正式参考书目,但包含充足的文献和插图。

25 我之受惠于其他人,无疑所在多有。我愿向下述各位表达由衷的谢意:所有我提到的那些著作的作者;R.道林小姐、S.B.汉密尔顿先生、D.麦凯博士以及尤其是A.阿米塔奇先生,他们间或作为我的研究助手而提供了宝贵的合作;伦敦经济学院、国立中央图书馆、皇家学会、科学博物馆、大学学院和伦敦大学等单位的图书馆管理员,他们不厌其烦地提供了必需的图书;H.W.迪金森先生、R.T.古尔德海军少校、J.E.霍奇森先生、C.A.卢伯克女士、皇家学会理事会、皇家研究院院长、科学博物馆馆长和其他人,他们慨允复制有些插图;D.迈耶小姐和汉密尔顿先生,他们绘制了大部分线条图;最后,同样还有伦敦大学尤其伦敦经济学院的各位同事,他们对本工作的进展表现了友善的兴趣。

亚·沃尔夫

第一章　导论

27

十八世纪

十七世纪遗留给后世一大笔遗产；十八世纪则是这个天才时代当之无愧的继承者。前人在科学、技术和哲学等领域的成就都被恰当地吸收了，不仅如此，它们还被朝许多方向大大推进了。十八世纪被冠之以各种名称："理性时代"、"启蒙时代"、"批判时代"、"哲学世纪"。这些它都称得起，而且还不止于此。它最贴切的名称或许是"人文主义时代"。在这个世纪，人类获得的知识被传播到了空前广阔的范围内，而且还应用到了每一个可能的方面，以期改善人类的生活。这个时代的一切理智和道德的力量都被套到人类进步的战车之上，这是前所未有的。不幸而真实的是，实际取得的成就远不如人文主义运动领袖们所付出的努力。黑暗和压迫势力处处设防，很难驱除。人文主义的倡导者时时受到阻挠和迫害，他们的著作被当政者查禁或销毁。但是，他们从不沉默，从不消沉。他们越来越响亮地喊出苦难人类的呼声。这呼声在广大的地域引起反响。震撼了专制的基础，耶利哥城[①]的围墙倒坍了。

---

① 巴勒斯坦的一座古城。——译者

历史的遗产

我们一开始可以先来概述十八世纪从十六和十七世纪继承下来的遗产。

在数学方面，过去两个世纪里已取得了巨大进展，建立了一些28新的分支。代数学里，利用字母取代词语也即缩记方法已扎下了根，运算等等也已用符号来标示，这些符号有许多至今仍在应用。雷纪奥蒙塔拉斯把三角学的早期成就加以系统化；他的后继者采取代数方法处理三角比。包含三次和四次未知量的方程成功地解出；方程的负根和虚根的意义为人们所认识。概率论初露端倪。由于耐普尔发明自然数的对数和三角比的对数，算术计算得到了简化。笛卡尔和费尔玛奠定了解析几何的基础，他们发现了如何用方程表示曲线，这样，用代数方法便可以推导出曲线的几何性质。度量弯曲图形、确定重心等等的几何学方法，带来了处理连续变化量这个更为一般的问题。最后高潮是牛顿发明流数方法和莱布尼茨发明微积分。

在力学方面，伽利略和牛顿的工作建立了运动的基本定律和物体相互作用的基本定律。虚速度原理和斜面定律有了明确的表述，并得到应用。流体静力学取得了进步，流体动力学开始出现。气体力学方面，波义耳定律确立，大气压的作用已为人们理解。

天文学方面，哥白尼引入了日心说，它逐渐取代了地心模式。第谷·布拉赫推进了观察天文学；刻卜勒发现了行星运动定律。伽利略把望远镜应用于天文学，并以其动力学知识反驳了对日心说的众多诘难。最后是牛顿提出万有引力定律，由之可以推出刻卜勒定律。

物理学在十七世纪取得了长足的发展。光学上，刻卜勒作出了一些重要发现。他用实验确定了近似的折射定律，相当正确地说明了光线通过各种透镜和透镜系统时走过的路径。斯涅耳提出光折射正弦定律。格里马耳迪发现并研究了衍射现象。牛顿确定 29 了颜色和光的可折射性之间的关系。巴塞林那斯发现了方解石中的双折射现象。勒麦近似地测定了光速。光的微粒说和波动说两个对立学说，相继提出并展开了争论。热的研究方面，热是分子运动之一种形式的概念找到了根据，注意到了热容量以及热和冷的辐射。声学研究涉及了音调、和弦振动、泛音、声的速度和媒质。磁和电的研究有了相当大的进展。在地球表面的广大区域测量了罗盘指针随地理子午圈而发生的变化，还注意到了这种变化随时间的流逝而变动。吉尔伯特对磁石的性能进行了实验研究，用整个地球犹如一块磁石的假说解释了磁针的定向性。他还表明，琥珀以外的一些物质也有电的性质。卡贝乌斯观察到了电排斥现象；盖里克制造了第一台摩擦起电的机器。

气象学在十七世纪里奠定了科学的基础。物理原理应用到了大气现象；专门研制了用于测量空气的温度、压强和湿度以及雨量的科学仪器。组织进行了国际规模的协调一致的观测，为测定大气层的厚度，解释地球表面上风和水的运动而作的努力，也取得了相当的成功。

化学也步入了科学的阶段，逐渐摆脱了炼金术的思想方式。实验工作、切合实验结果的解释，逐渐取代依据不充分资料进行的大胆猜测。这种变化主要是玻义耳引起的，他赋予“元素”、“化合物”和“混合物”等术语以切实的含义。由于莱伊、玻义耳、胡克、洛厄和梅奥等人的工作，煅烧、燃烧、呼吸和发酵等问题都达到了接近解决的阶段；布兰德和玻义耳各自独立地发现了磷。

阿格里科拉、斯特诺和佩罗等人沿着科学的路线发展了地质学的各主要分支。关于地球起源的含糊猜测渐渐地让位于对物理地质学、古生物学和晶体学的实验研究。至于地理学，十七世纪进行的最重要探险是：麦哲伦向西环球航行、澳大利亚和许多太平洋岛屿的发现以及北美腹地的探险。地图绘制方法大大改善。麦卡托的投影制图法是对制图学的一大贡献。

30

生物科学上的突出事件有：哈维发现血液循环；显微镜的发明及其在微生物研究中的广泛应用；发现植物的有性特征；医学诊断采用体温表；整个医学中的科学精神日益高涨。

在技术领域里，属于十七世纪的发明寥寥无几。其中最重要的是固定式蒸汽机开始出现。机械计算器也首开其端，包括计算尺和机械计算器。

社会科学中，十七世纪里最进步的是人口统计学。配第和其他人的“政治算术”为社会、经济和其他现象的统计研究奠定了基础。各种年龄组死亡率的研究导致编制寿命表，作为人寿保险的根据；这些研究和类似研究所揭示的规律性促使树立一种信念，相信一切社会现象都有规律性。

十七世纪是哲学的黄金时代。出现了五大体系，即霍布斯的唯物主义、笛卡尔的二元论、斯宾诺莎的泛神论、莱布尼茨的唯心主义和洛克的经验主义。它们今天仍然是哲学的几种主要类型；

哲学讨论大都围绕它们之中的一种进行。

科学、技术和哲学的进步

我们接下来的任务是简要地说明一下，十八世纪里在科学、技术和哲学等领域里取得了哪些进展。

数学方面，代数学扩展并得到系统化；三角学推广成为数学分析的一个分支；微积分有了发展，而且被用来解决几何学、力学和物理学等学科中的问题。函数的一般理论建立。方程和无穷级数的理论提出。变分法奠定了基础，概率学说得到发展。解析几何的原理获得了比较一般的表述；画法几何初露端倪。

31 力学丰富了，充实了好几个新的概括，即动量守恒原理（惠更斯在十七世纪已在一定程度上预见到）、达朗贝原理和最小作用原理。数学分析越来越多地应用于力学问题，完成了系统化。对液体运动和液体中固体的运动的研究有了进展，为此做了精心设计的流体动力学实验。气体分子运动论开始出现，认为气体的压强乃由其运动粒子碰撞所产生，受其密度和温度影响。

天文学方面，在牛顿的基础上，构造了一个庞大的动力学体系。所取得的成果都汇集在拉普拉斯的《天体力学》(*Mécanique Céleste*)之中。三个相互吸引物体的运动问题，专门就太阳、地球和月球进行了研究。注意到了，行星的轨道因受它们相互吸引之影响而发生变化。根据流体力学原理研究了地球的形状。望远镜安装和配备的方法有了改进。发明了消色差透镜和量日仪。发现了光行差和地球两极的章动。确定了地球的质量、大小和形状，研究了地面上重力的变化。康德、布丰和拉普拉斯等人提出了各种关于太阳系起源的理论;威廉·赫舍尔研究了恒星系。

物理学几乎在其一切分支中都取得了可观的进步。在光的研究中,最重要的进步是在光度学方面,它的理论原理和实验原理由兰伯特和布格埃在这个世纪中期提出。在声的研究中,声音的拍、音调、强度、速度、媒质和可闻度等项的测定上取得了进步。热的研究导致在热容量、潜热、热膨胀测量和热的动力说等方面作出了许多新的发现。电和磁的研究进步迅速。在这个领域中,这个世纪的发现包括:有两种相反的带电状态存在;一些物体具有导电性;只要附近有带电物体存在,导体便感生电荷;电在低压下通过空气。这个世纪还发明了改良的用于以机械方法产生电荷的摩擦机器、积蓄和存储电荷的电容器以及用于检测和测量电荷的验电器和静电计。对电现象的数量方面的兴趣越来越大,其登峰造极是库仑用实验证明,电荷之间的力服从平方反比定律。证明了闪电是放电,以及整个大气平常处于带电状态,从而大大开阔了关于电现象规模的观念。还证明了,某些海洋动物对敌类和捕食对象的攻击是电性质的。“动物电”的探索导致研究不同金属接触所产生的微量电荷,从而导致发明伏打电堆和发现电流。诉诸磁素的电现象解释代之以一种电流体的假说,或者有两种这样的流体存在的假说,按照后者,由于这两种电流体分布不均,引起物体中产生其中一种电荷。类似假说也援引来解释磁现象。弄清楚了,磁体也作用于铁以外的物质,有的吸引,有的排斥。库仑确立了磁极的力随距离变化的定律。在地磁学领域,罗盘的变化编制成表,它的分布图编绘得越来越详细,同时也确定了周日和周年的变动。

32

磁倾角也绘制成图，并已试图比较地面各处地磁场的强度。

气象学的研究，由于在国际范围内组织系统的观测和利用标准化仪器按照统一的程序采集数据而取得了进展。气压计和温度计的设计和应用有了改进；发明了新式的湿度计和风速计等等仪器。

拉瓦锡使化学系统化了。用于气体的收集和爆炸、燃烧和煅烧的实验、水的合成等各种用途的重要装置先后被发明出来。确证了物质（确切地说是重量）在化学变化中的守恒。化学亲合性和当量的研究取得了进展。化学的命名法作了改进，并逐步标准化。

地质学在火成岩的研究和物理地质学的研究方面取得了进展，后一项研究还首次引入了实验方法。

地理探险广泛开展。单个的旅行家和有组织的探险到达了非洲、亚洲、北美洲（从大西洋到太平洋），以及太平洋及其沿岸。众多的探险家中间，卓然超群的是库克船长。大地测量学、制图学和自然地理学也有所进展。

生物科学上，分类和命名方法都有了改进。植物和动物的形态学、解剖学和生理学的研究以及胚胎学研究也有进展。最重要 33 的是黑尔斯采取新的实验方法研究植物和动物。医学方面，学生的临床训练方法有了相当大的改进。人体生理学和病理解剖学的研究有所进展。引入了一些新的药物，开始把电应用于治疗。但是，最突出的是詹纳研究天花以及引入种痘术。

技术几乎在其一切分支都取得了巨大的进展。农业上，改良了旧的方法和农具，发明了新的农具（打谷机和切草机）。纺织工业方面，怀亚特和保罗发明了纺织辊，阿克赖特发明了“水力纺纱机”,另外还发明了各种新式织机。这个时期的一些第一流化学家还引入了新的织物漂染方法。建筑问题中的科学因素受到了注意,公共和私人建筑物的建造,尤其是道路、桥梁(包括铁桥)、运河和灯塔的建造有了进步。固定式蒸汽机大大改良,广泛应用于矿山和水厂;这个世纪结束之前,开始有了火车、蒸汽车和轮船。甚至气球和降落伞也昂然登场。对技术的后来发展作出的一个重要贡献是改进了机床的制造。化学工业方面开始大规模生产硫酸和碱。这个世纪的末年,还出现了采取煤气照明的新式灯。

十八世纪里,各门哲学学问(心理学、社会科学和哲学)也取得了进步。事实上,它们以种种方式对这个世纪产生了最强烈的影响,几乎人人都爱以哲学家自居,愿以世界贤哲的信徒自诩。人的研究被认为是人类的正经学问,因此心理学成为当时最流行的学问。这对心理学也许并非有百利而无一弊,但它终究取得了进展。心理过程的三重划分(认识、情感和意志)明确地作出,生理心理学和变态心理学肇始。心理学还应用到了教育,尤其是盲人和聋哑人的教育。在研究民族性的形成时,休谟强调心理因素,而不是通常所倡言的气候影响。由于统计资料的收集和处理方法的改进,34 人口统计学大大进步。经济学空前地系统化,尤其是亚当·斯密以总括万殊的方式使之一体化。哲学在很大程度上按心理学的精神研究,众多致力于它的普及的人也让它受害不浅;但是,它从休谟的怀疑方法和康德的“批判”方法那里大受其益。

时代的精神

为了理解十八世纪，仅仅了解它在科学和技术上的成就是不够的。但这一世纪宗教、社会、经济和政治等领域里的斗争历史，本书没有涉及。然而，这里应当论述一下这个时代的精神，它引起了这些斗争。尤其是，它同这个时期的哲学密切相联系。对任何时代的精神进行分析，充其量是一种困难而又吉凶未卜的冒险。不过，我们这里应该尝试说明某些表征十八世纪之特质的重要特征；我们打算简要地考查一下它的现世主义、理性主义和自然主义，这一切促成了一种宽容人文主义的诞生。

现世主义在这里是指热衷于现世和尘世的生活，它区别于那种超脱的、一心想望来世生活的态度。理性主义是指相信人类理智的能力、相信个人判断的态度，区别于对他人教条式权威的仰赖。最后，自然主义是在这样意义上使用的：相信事物和事件的"自然秩序"，或者说，相信自然过程有其固有的秩序，而不存在神奇的或超自然的干预。

刚才所述的这些态度表征了所谓的"古典主义"，亦即亚里士多德时代雅典人处于鼎盛期的精神。但是，除了个别的例外，中世纪人对它们却闻所未闻。只是随着文艺复兴的出现，由于激动人心地同古典文献接触，它们才逐渐被恢复。科学本身是这些新观念的产物。它不是这些态度的原因，而是它们的结果。然而，科学在十七世纪所取得的惊人进步，极大地有助于证明这些观念是合理的，激励它们也同科学、技术和哲学以外的问题发生关系。十八　35

世纪的精神领袖们正是试图这样做的。而且，他们不仅仅是为了自己，也是为了全人类。因此，他们猛烈批判教会要求权威的一切教条，批判国王及其宠臣的“神授权力”。因此，他们尽力使自己的时代成为彻头彻尾的“理性时代”，尽力谋求思想和言论的自由，尽力抵制国家干预宗教信仰和公民的经济活动。因此，他们热忱地“启蒙”人民，引导他们为自己的合法利益而斗争，反对任何剥削和压迫。

“启蒙运动”实际诞生于十七世纪，而且是在英国。众所周知的历史条件导致了这个结果。致使一个国王身首分离（查理一世于 1649 年）和另一个被废黜（詹姆斯二世于 1688 年）的那些事件，势所难免地动摇了人民对国王的“神授权力”的信念。一个教派一旦当权便大肆迫害，同统治教派不合的国王则搞阴谋诡计。这使一切教派都有很多成员相信彼此宽容是明智的。1651 年的航海法实施以来，国际贸易迅速增长，这也助长了宽容精神。并且，这个时期英国有些伟人（包括弥尔顿和洛克）雄辩地宣传宽容的信条。英国人作出了一些十七世纪里最为重要的科学发现。这一事实表明，这种正确的精神当时是存在的。启蒙运动从英国传播到法国，又从那里传播到德国和其他国家。伏尔泰以居间作用，极大地推动了这整个运动。他在 1726 年访问英国，成为英国科学、英国哲学、英国宽容精神和英国常识的热忱宣传者。他的《哲学通信》(*Letters on the English*)（1728 年）在巴黎被公开焚毁，但这无碍于它们产生深远的影响。实际上，伏尔泰宣传宽容，同压迫进行斗争是那么持久而有效，以致有人认为十八世纪是“伏尔泰时代”。

对国王的“神授权力”的诘难表达为这样的论点：甚至君主也

对其子民负有义务。老米拉波鼓吹这个思想，他在他的《人民之友》(*L'Ami desHommes*)(1756 年)中要求路易十五做一个 *roi pasteur*[牧师之王]，而不是 *roi soleil*[太阳之王][①]，并在他的《租税理论》(*Théorie de l 'Impôt*)(1760 年)中大胆力主，一个国王只有当证明其功劳大于花费时，作为一国之主的地位才是合理的。米拉波由于鲁莽而遭囚禁，但他仍坚持己见；可以代表那个时代的是，普鲁士的腓特烈大帝认为，以"国家第一公仆"的面目出现，是明智的。反过来，要求个人自由的呼声则反对不劳而获者对劳动阶级的剥削。康德从哲学上表达了这种抗议。康德力主，应当把每个人都看做为终止于他自己的结果，而不只是工具。功利主义者也在他们的"最大多数的最大幸福"的理想中表达了这一点。 36

在对教会权威的反抗中，认为品质和行为远比宗教教义重要的观点流行了开来。这个时期的作家始终坚持不懈地嘲弄教会，讽刺它们肆意迫害不相信教义的人和包庇不道德的行为。蒲伯的《论人》(Ⅲ)(*Essay on Man*)中那著名的两行诗表达了这种对行为和品质优先性的信念：

> 让不识礼义的狂热者去为信仰方式奋斗，
>
> 他们一定不会弄错哪些人的生活方式对头。

莱辛的《智者纳旦》(*Nathan the Wise*)(1779 年)更是把这表达得淋漓尽致，这部著作把十八世纪宗教思想的精华包罗无遗。

人本主义和博爱主义之在时代精神中处于主导地位，自然地

---

① 指法国国王路易十四，他在位执政期间，法国封建专制制度达到了极点，中央王权空前强大，成为欧洲军事上最强大的国家。——译者

导致这时代倾向于国际主义即世界主义。伏尔泰公开反对狭隘爱国主义的自私和种种有害倾向。他力陈,对普鲁塔克笔下的英雄们是十分好的东西,不等于在理性时代也十分好。理性的作用应当团结一切人,达致四海之内皆兄弟,并把所有国家邦联成为一个伟大的“博爱的祖国”。许多十八世纪大思想家,包括康德、赫德尔和歌德都抱有这个理想,而没有人因之便认为他们不爱国。然而,这种博爱主义超越时代太前了。十九世纪里,民族主义和侵略主义的狭隘精神迅速增长,这种精神后来在有些国家里蜕变为极其野蛮的暴虐。同十八世纪的博爱主义相比,二十世纪看来是在开人类进步的倒车。约翰逊博士(1709—84)曾明确地预言,爱国主义可能被罪恶地滥用,他称那是“恶棍的最后一个庇护所”。

37

知识的传播

十八世纪里,知识空前广阔地在知识界狭小圈子以外传播。这个时期的特征是拉丁语迅速为国语所取代。整个著作家队伍把普及知识包括科学知识作为自己的使命,以推进启蒙运动的事业。传播知识的媒介包括百科全书、期刊和普通书籍;及至世纪末,为此目的还建立了专门的机构。跟其他方面一样,这些方面也都在十七世纪就已开始了;但是,只是在十八世纪,这整个运动才获得势头。

知识的传播没有也不可能普及到劳工阶级,而只限于上层和中层阶级。原因是显而易见的。大众还是文盲,不可能去读新的著作,即使是通俗易懂的读物。实际上,新书等等出版物的出版和发行，在渠道上会遇到形形色色的障碍，尤其是在法国。并且，启蒙运动领袖中，赞同劳工阶级受教育的人寥若晨星。米拉波、亚当·斯密和朗福尔德等属于少数几个鼓吹贫民免费教育的人之列。其他人如卢梭相信，未受过教育的“高尚的粗人”天生心地善良，他们认为，人如果不受教育，便可能十分幸福。还有些人，也许占绝大多数，害怕一旦大众突然从促成控制他们的信仰和恐惧下解放出来，可能会有所作为。这个阶级的代言人仅伏尔泰一人，他满怀对贫民和被压迫者的同情，恳请他的无神论者朋友谨小慎微。“你们尽情地搞哲学吧。我想，我会听到浅薄涉猎者演奏优美音乐自娱；但要当心，切莫给无知、蛮横和粗俗的人举行音乐会；他们可能用你们的乐器砸你们的头。”正是出于这种忧虑，伏尔泰说出了他的名言：“如果没有上帝，我们就必须发明一个。”因此，大众教育一点也没有搞；很可能正是由于这种疏忽，后来的革命者因而对拉瓦锡一类科学伟人采取冷酷无情的态度。直到法国大革命(1789年)以后，劳工的免费职业教育才在巴黎和伦敦萌生。

图2—伏尔泰

百科全书　38

今天人们公认，十八世纪出版的著作中，最有影响的是法国的《百科全书》(*Encyclopédie*)。它的第一卷于1751年问世，由狄德罗和达朗贝合编。然而，在它之前和之后也还有其他百科全书。因此，这里应当简单介绍一下其中一部分。第一部重要的近代百科全书是皮埃尔·培尔的《历史与批判辞典》(*Dictionnaire historique et critique*)(阿姆斯特丹，对开两卷本，1695，1697 年；第二版，三卷本，1702 年；第三版，四卷本，1720 年，等等——英译本，1709 年，等等)。这部著作科学内容并不多。然而，它产生了很大的影响。在巴黎，它刚问世的日子里，人们每天早晨在马扎兰图书馆外面排长队，想有机会查阅培尔的《辞典》。像最后一章里所要说明的，培尔是个哲学怀疑论者，他认为理性是破坏性批判的工具，而不是建设的工具。他自称是个信仰者，也没有什么结论性证据可以否定他的真诚。他肯定从未怀疑过道德心的确实性；他可能把他的宗教信仰也建基于这种直觉而不是理性之上。在谈论各种宗教教义及其据说的道理时，他的态度是非常破坏性的，虽然并不那么袒露。人们自然地认为，他虔诚的自白只是一种用来抵御迫害的手段，而他的激烈的批判才是他对各个问题下的结论。在这一点上，人们或许错了。然而，十八世纪许多理性主义者却都纷纷仿效他那为人们如此理解或者说误解的方法；狄德罗在他自己的《百科全书》中故意采取这种方法。他在相应的辞条中

图 3—培尔

恭敬地解释了“可敬的偏见”；但他又请读者参阅其他辞条，它们远为令人信服地阐释了相反的观点。狄德罗还花了相当篇幅论述培尔《辞典》中的材料。

培尔的工作之后，接下来令人感兴趣的这种事业是伊弗雷姆·钱伯斯的《百科全书，或艺术和科学百科辞典》(*Cyclopaedia, or an Universal Dictionary of Art and Sciences*)(1728年，对开两卷本)。它算不上一个伟大成就，但它包含科学内容，而且在后来几个版本中，科学部分有了相当的扩充和提高。钱伯斯《百科全书》的主要功绩在于它最终导致那伟大的法国《百科全书》出版。约在1743年，一个英国人和一个德国人替这部《百科全书》搞了个法文译本，送给一位巴黎的出版家。后来发生争执，事情拖延了下来。最后，当手稿归这位巴黎出版家所有时，他不知该怎么办，于是去同狄德罗联系，后者劝他把计划大大扩充。约在1746年，狄

39

图4—狄德罗

图5—达朗贝

德罗被委以规划一部新的《百科全书》(*Encyclopédie*)的任务。他同达朗贝合作,后者认为:"指导和启蒙人的艺术是人类所能从事的事业中最高尚的部分,是最珍贵的礼物。"钱伯斯和培尔两人著作中的材料大都纳入了这部新著作,但它大大扩充了,收入了当时法国几乎所有名人撰写的辞条。辞条撰稿人包括——这里仅略举若干人——伏尔泰、卢梭、布丰、霍尔巴赫、欧勒、米拉波、孟德斯鸠、魁奈、杜尔哥,当然还有达朗贝和狄德罗。狄德罗是最多产的撰稿人和编者。检查员和出版家的阻难,政府的查禁和形形色色的障碍,延缓和损害了这项工作。1757年,在第七卷出版以后,不像狄德罗那样敢当战士的达朗贝退出了,把编辑工作撂给他的合作者一人承担。另外十卷在1765年问世;十一卷图版在1762和1772年间出版;五卷增补卷在1776—77年出版。尽管不完善,但这部《百科全书》是这类工作中最伟大的成就,对启蒙时代产生最有力的影响。狄德罗在辞条"百科全书"中清楚地说明了这整个事业的人文主义精神:"人是我们应当由之出发并应当把一切都追溯到他的独一无二的端点。……如果你取消了我自己的存在和我同胞们的幸福,那么,我以外的自然界的其余一切同我还有什么关系呢?"我们特别感兴趣的是《百科全书》把大量篇幅用于科学和技术,以及其中所介绍的工艺过程都有详细的说明和大量图解。这部《百科全书》后来经过大大扩充和改编,以《方法百科全书》(*Encyclopédie Méthodique*)(1788—1832)为书名重新发行。(参见 J. Morley: *Diderot and the Encyclopaedists*,2 Vols.,1878,等等。)

十八世纪问世的其他百科全书中,最重要的是策特勒的六十四卷本的《大型科学和艺术百科辞典》(*Grosses vollstän diges*

Universal Lexicon aller Wissenschaften und Künste)(哈雷,1732—50),后来又出版了增订卷,以及三卷本的《英国百科全书》(*Encyclopaedia Britannica*)(爱丁堡,1771年)。前者实质上是这个世纪所有百科全书中学术性最强的;后者很快就执英语百科全书之牛耳,这个地位一直维持到今天。第一部重要的意大利百科全书是十卷本的《新科学和宗教-世俗奇闻辞典》(*Nuovo Dizionario Scientifico e curioso sacro-profano*)(威尼斯,1746—51),编纂者是威尼斯科学院的秘书姜弗朗西斯科·皮瓦提。这个世纪末年,最流行的德国百科全书之一即布罗克豪斯的《会话百科全书》(*Conversations-Lexicon*)(莱比锡,1796—1808,六卷本)出了前几卷。

当然,这里还应当考虑到许多篇幅较小、价格较廉的这类著作。可以提到下面一些:约翰·哈里斯的《技术百科全书》(*Lexicon Technicum*)(1704年),他后来是皇家学会的秘书;柏林学院秘书J. T. 雅布隆斯基的《艺术和科学百科全书》(*Allgemeines Lexicon der Künste und Wissen-schaften*)(莱比锡,1721年);本杰明·马丁的《技术文库》(*Bibliotheca Technologica*)(伦敦,1738年);罗伯特·多兹利的《导师》(*The Preceptor*),载有塞缪尔·约翰逊博士的一篇序(伦敦,1748年,两卷本);以及上面提到的皮瓦提的《百科辞典》(*Dizionario Universale*)(1744年)。马丁在他的《序言》中试图通过改动《旧约全书·箴言》中的一句话(xiv.34)来表达时代的精神,他这样引述:"学问使一个国家荣耀,但无知给任何民族都带来耻辱。"他正是竭力通过出版大量科学普及著作来提高他的同胞。 40

期刊

十七世纪的定期文献几乎全是各个学术会社的出版物。两个最重要的例外是1665年在巴黎发刊的《学人杂志》(*Journal de Sçavans*)和培尔于1684年在荷兰创办的《文学界新闻》(*Nouvelles de la République des Lettres*)。十八世纪里,出现了流行更广的期刊。许多英文期刊处于带头地位。其中最著名的有《闲谈者》(*The Tatler*)(1709年)、《救助者》(*The Guardian*)(1710年)、《旁观者》(*The Spectator*)(1711年)和《检查者》(*The Examiner*)(1712年)。名字同这些事业联结在一起的最著名人物有约瑟夫·艾迪生(1672—1719)、里查德·斯蒂尔爵士(1672—1729)和迪安·斯威夫特(1667—1745)。这些期刊、实际上十八世纪所有其他期刊的宗旨,诚如艾迪生在《旁观者》很早一期中所说明:"据说苏格拉底把哲学从天上降到人间;我有一个奢望,让人们说我把哲学从书房和图书馆、大学和学院带进俱乐部和集会,带到茶桌上和咖啡馆里"(*Spectator*,Vol.1,No.10)。《旁观者》的成功促使在巴黎也出了一种类似期刊即《法国旁观者》(*Spectateur Français*)(1722年)。下一种重要法国期刊最初于1756年在巴黎出版,它的刊名为《百科全书杂志》(*Journal Encyclopédique*)(显然是受正在出版过程之中的《百科全书》的启发)。十八世纪最重要的德国期刊是F.尼古拉的《最新文学通讯》(*Briefe die neueste Literatur betreffend*),莱辛和莫泽斯·门德尔松,尤其是门德尔松给它写了大量散文。重农主义者(见第三十章)出版了一种专业刊物《农业商业金融杂志》(*Journal de l'Agriculture du Commerce et des Finances*)(1765年),讨论经济、社会和政治问题。杜邦·德·内穆尔编辑的《杂志》在推动一些欧洲国家的各种经济改革上产生了相当大的影响。当《杂志》于1766年暂时中止时,它的职能由《公民大事记》(*Éphémérides du Citoyen*)接替,后者创刊于1765年,原先是比较一般性的刊物。它最初由修道院院长邦多(他也属于重农主义派)编辑,后来由杜邦接任。从1775到1783年,《杂志》又成为重农主义者的刊物。在其他期刊中,可以提到另外两种英国出版物。1718年,《自由思想家》(*The Freethinker*)首次问世;它刊载普及文章,"旨在唤醒人类被蒙骗的部分去利用理性和常识"。这个世纪快完结的时候,1798年,出版了一种范围广泛的期刊,编者是亚历山大·蒂洛赫。这种期刊名叫《哲学杂志》(*The Phlosophical Magazine*),它的"宏旨"是"在每个'社会阶级'中传播'哲学[即科学]知识'及时向'公众'报道'国内'和'大陆'科学界一切新奇的东西"。这《杂志》刊载许多精彩文章,大都摘选自各个科学学会的出版物。

41

公共机构

十八世纪末年建立了两个传播科学和技术知识的公共机构。这两个机构至今犹存。它们就是在巴黎的国家工艺博物馆和在伦敦的大不列颠皇家研究院。

国家工艺博物馆是根据国民会议的法令在1794年创立的。1799年,十一世纪在圣马丁田园创建的原本笃会隐修院让给博物馆作馆址。各种工具、机械和机械图纸等等收藏逐渐积累起来。

图 6—国家工艺博物馆——入口

这些藏品中，最古老的是机械师雅克·德·沃康松（1709—82）私人收藏的机器等物，他于1782年遗赠给路易十六。沃康松曾利用这份收藏训练工人。它包括一台丝织机。约瑟夫·玛丽·雅卡多[①]（1752—1834）从这种机器得到启发而发明了一种改良的织机，后者奠定了里昂兴盛的丝绸工业的基础。博物馆逐渐获得了许多其他藏品，包括贝尔图收藏的时钟、查理和阿贝·诺莱的物理仪器以及或许最令人感兴趣的、拉瓦锡原来使用的化学仪器。拉瓦锡的仪器陈列在回声厅（图7）。博物馆的教职人员原先有三名演示员和一名制图员。后来开设了各种免费的公共演讲课程，而且还不时增设新的课程。博物馆的活动最近大大扩充，这个机构赢得了工业神学院（*Sorbonne Industrielle*）这个

42

① 提花织机发明人，后来这种织机即以他命名（Jacquard Loom）。——译者

非正式名称。作为第一所科学和技术博物馆，有理由认为巴黎博物馆刺激了其他地方也建立类似机构。不管怎样，1794 年国民会议关于创建博物馆的法令看来很可能同朗福尔德伯爵晚两年的建议有点关系，它倡议在伦敦创设类似机构。

图 7—国家工艺博物馆——回声厅

大不列颠皇家研究院是因本杰明·汤普森爵士即朗福尔德伯爵的倡议而问世的。他的科学工作将在后面几章论述。1796 年 1 月，他提议在伦敦建立一个组织，以给穷人提供食物，以及“介绍和推广使用新的发明和改进以及各种新奇的设计；重点放在热的处理和燃料节约方面，它们旨在促进家庭的舒适和实惠”。他的计划还包括“成立一个宏大的陈列馆，收藏各种各样有用的机械发明”。1796 年底，一批英国慈善家在皇家赞助下建立了一个“改善贫民条件学会”，1797 年初他们推举朗福尔德为这个学会的终身会员。1798年，朗福尔德把他的计划提交给这学会；他们任命了一个委

图 8—大不列颠皇家研究院

员会来审查这些建议。为了争取资助，草拟了这份计划的纲要，委员们把它给朋友们传阅；它征求五十畿尼[①]认捐额，认捐人及其后嗣将成为这个研究院的永久所有人。立即有五十八个颇著声望的人士报名；当时曾召集过一次会议，朗福尔德在会上宣传了“建议，在不列颠帝国的这个大都会用认捐款建立一个公共机构，传播知识，促进广泛介绍有用机械发明和改进，以及借助哲学[即科学]讲演课程和实验，教授科学在日常生活中的应用”。朗福尔德规定了这研究院的两个主要目标：“迅速而又广泛地传播关于一切新的和有用的改进的知识，不管它们是在世界什么地方作出的；教授怎样把科学发现用于改良我国的工艺和制造，以及增进家庭的舒适和便利。”这个研究院包括“宽敞而又空气流通的房间……用来收藏

43

① 旧英国金币，合 21 先令。——译者

和公开展出一切值得让公众注目的新的机械发明和改良”。这些房间里放置实物大小的模型(可能的话,还是活动的模型),例如壁炉、火炉、窑、通风装置、厨房及用具、洗衣房、酿造和蒸馏设备、手纺车和织机、农具等等。参观者可以得到关于这些展品的工作原理的附有插图的说明书,并标明制造者的名称、地址和售价。为了开展教育工作,研究院设有一个“讲演室……供哲学演讲和实验用;和一个完备的实验室和哲学设备,配备必要的仪器,……用于进行化学和其他哲学实验”。演讲的题目限于科学和技术,演讲人是在好几个领域里都属于第一流的人物。他们说明热学定律对燃料节约和织布的应用,解释食品保存和烹调、制冰、制革、漂白、染色等等的工艺过程。研究院任命的第一个常任演讲人是托马斯·加尼特博士;他还担任学报编辑,第一期于 1800 年发刊。然而,加尼特和朗福尔德关系不和睦,他遂在 1801 年辞职,出缺由年轻的汉弗莱·戴维填补。朗福尔德原计划还要创办一所对工匠进行技术教育的工业学校,作为研究院的一个部分。有些地区对给下层社会实施教育抱有政治上的疑虑,但是这些被克服了,对仔细挑选的工人,开设了砌砖、细木工、铁工等等方面的深入细致的训练课程。除了最初的所有人之外,研究院还根据交纳一定的认捐额,接纳年度会员和终身会员。开支由这些认捐额、听讲和参观费、捐款和遗产抵充。研究院的会务由九名干事掌管,这些干事由所有会员在自己中间遴选。还委任了九名检查人,就研究院的活动和财务情况提出年度报告。第一次干事会议于 1799 年 3 月 9 日在约瑟夫·班克斯爵士在索霍区的宅第举行;翌年六月,研究院进入它在阿尔比马尔街的永久院址,不久它便收到了乔治三世国王所赐 44

的皇家特许状。朗福尔德当时目睹他的计划大部分已经实现;但经费却十分拮据。因此,他在于1800年制订的一份新的计划书中,特别向富有阶级呼吁,希望"当富人乐于思考和鼓励那些真正有用的机械改造时,高尚以及与之不可或离的美德将复兴;合理的经济节约将成为时尚;勤奋和机智将得到褒奖;社会各阶级的探索活动将莫不倾向于促进社会的繁荣昌盛。"在新世纪开始时,朗福尔德离开英国去追求别的目标时,皇家研究院似乎濒临破产,不得不实施大幅度紧缩。但是,戴维的成就和声望使它很快就重蓄资财,并开始了延续至今的光辉历程。

(亦参见 *Philosophical Magazine*,1948,150th Commemoration Number,"Natural Philosophy through the Eighteenth Century and Allied Topics"。)

第二章 数学

十八世纪期间，微积分方法的发展促使纯粹数学丰富起来；力学形成了理论体系；并且，数学推理方法对实验数据的应用，大大拓展了由伽利略、惠更斯和牛顿所开创的数理物理学领域。整个这个时期，数学和理论物理在它们发展中的关系，比以往和以后的任何时期都更为紧密。这是一种对双方都有益处的联系；许多新的力学与物理学问题促进了那些有助于解决它们的纯分析研究。十八世纪期间，推动纯粹数学和应用数学发展的，主要是一些大陆数学家，他们在这两个分支里同样显示出了天才。他们之中的主要人物有伯努利家族、欧勒和拉格朗日。

数学史上地位稍逊的有法国数学家克勒洛、达朗贝、勒让德和蒙日。前两人最大的贡献在于力学、天文学和数理物理学方面；勒让德主要是一个分析学家；而蒙日则创立了几何学的一个新分支。拉普拉斯对数理物理学和概率论作出了奠基性的贡献，但他的最伟大成就应载入天文学史册。这个时期的英国数学家，突出人物是布鲁克·泰勒、辛普森和马克劳林。

一、微积分、概率及其他

伯努利家族

伯努利家族源于一个到瑞士寻求宗教自由的荷兰新教家庭。在这个产生了众多数学家的伯努利家族中，最年长也是最杰出者之一是雅各布·伯努利(1654—1705)，他的工作对十七世纪和十八世纪的数学起着承前启后的作用。他出生于巴塞尔，在那儿度过了一生中的大部分时间。1687 年，他在巴塞尔大学就任数学教授。雅各布·伯努利对数学的主要贡献在于系统化了和倡导了莱布尼茨的微积分，以及把莱布尼茨的微积分应用到微分几何和物理问题。他还是建立概率演算的先驱。他的兄弟约翰·伯努利

46

图 9—雅各布·伯努利

图 10—约翰·伯努利

(1667—1748)继他之后任巴塞尔大学教授,约翰的兴趣扩展到化学和医学;但他在数学史上的声誉,主要在于对极大和极小问题的解决和探索,以及解析三角学的建立。约翰的次子丹尼尔·伯努利(1700—82)先在圣彼得堡当数学教授,后来回到巴塞尔历任几个教授职位。他最大的贡献在于数理物理学(特别是流体动力学)和概率问题。伯努利家族的天才一直延续到第三代;但只有雅各布、约翰和丹尼尔属于第一流数学家。

把莱布尼茨所发现的方法加以推广,以便建立正规的积分学的工作是由两个老伯努利即雅各布和约翰完成的。正是由于他们的著作,莱布尼茨的无穷小方法才得以在大陆数学家中间迅速确立起来。

约翰·伯努利把他的一些积分法讲稿整理成《积分法数学讲义》(*Lectiones mathematicae de methodo integralium*)(写于1691—92年,1742年出版,用德文编入奥斯特瓦尔德的*Klassiker*,No.194)。在一些一般性的论述之后,伯努利先从曲面求积、曲线求长和微分方程求解等着手。接着,他转到力学和物理学问题,如(特席尔恩豪斯首先深入研究的)焦散线、等时降落轨迹和悬链线等问题;但是,这方面的计算可能性,是丹尼尔·伯努利首先深入探究的。

(为某些读者着想,对上面所提到的各种曲线和将要涉及的别的曲线作些解释并加以图示。也许是合宜的。**悬链线**是一条均匀链在重力作用下自由悬垂而形成的曲线。

焦散线是一个点(P)发出的光线在凹球面镜的轴向截面(AB)反射而形成的曲线。

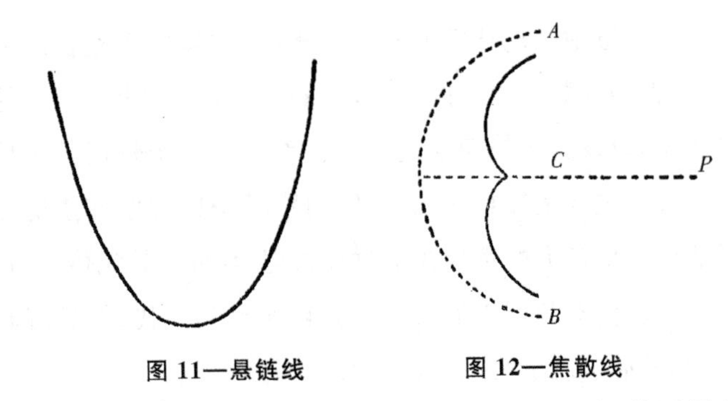

图 11—悬链线　　　　图 12—焦散线

47 **摆线**是当一个圆在一固定直线(AB)上滚动时,其圆周上一点(P)所生成的曲线。

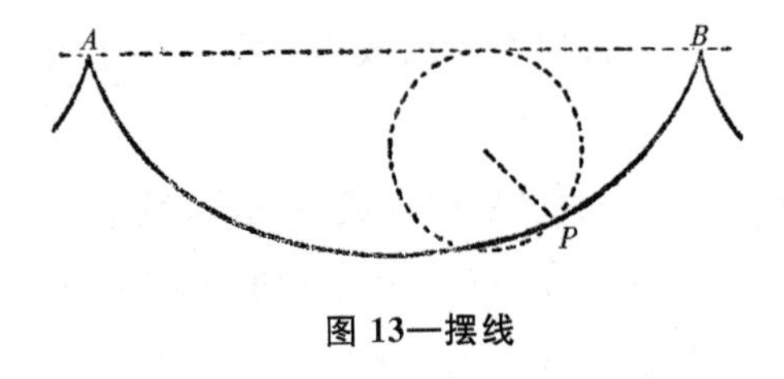

图 13—摆线

等时降落轨迹是这样的曲线:一质点沿着它从静止开始下滑,在重力作用下,不管从它上面什么位置开始运动,这质点到达某终点所用时间总是相等。这种曲线已经证明是带有水平基线的**摆线**。**最速**落径是下降最快的曲线,即一质点在重力作用下沿它下滑而在最短可能时间里通过的曲线。这曲线也是**摆线**。)

约翰·伯努利另一部关于微分学的著作,很长时间里一直被认为已经佚失,但后来在巴塞尔大学图书馆里发现了手稿(参见奥斯特瓦尔德的 *Klassiker*, No. 211)。现在看来,这本小册子构成了这一时期相当著名的一本著作的基础,这就是洛皮塔尔的《无穷小分析》(*Analyse des infiniment Petits*)(巴黎,1696 年)。这本书像伯努利的论文一样,也论述初等微分、极大和极小问题,但还论述了对焦散线、包络及方程论等等的一些附加应用。

约翰·伯努利还在使三角学成为分析的一个分支方面做了许多工作。他在这方面的工作由定居在英国的法国数学家亚拉伯罕·德莫瓦夫尔(1667—1754)加以补充的。后者主要作为三角学中的"德莫瓦夫尔定理"的发现者而名垂青史,并且还由于他对概率论的重要贡献而为统计学家们所崇敬。他在解析三角学方面的工作汇总在他的《分析综论》(*Miscellanea Analytia*,伦敦,1730年)之中。

雅各布·伯努利特别注意无穷级数。〔他关于这个问题的《论文集》(*Memoirs*)的带评注的德译本见奥斯特瓦尔德的*Klassiker*,No.171,这是他于1689—1704年间在巴塞尔发表的五篇论文的结集。〕这主要是因为级数常常能为积分中的问题的求解提供工具。正因为这样,微积分的先驱者们早已考虑过将一般函数展开成无穷级数的问题。例如,沃利斯曾把双曲线和它的渐近线之间的面积表示成无穷级数,并且在他的著作中已经出现逐次数平方倒数的级数: 48

$$\frac{1}{1^2}+\frac{1}{2^2}+\frac{1}{3^2}+\cdots$$

然而,首先求得这级数之和的是欧勒。最早用级数展开法求积分的人之一是尼古劳斯·麦卡托(1640?—1687),他是在对等轴双曲线求积分时这样做的,他想藉此证明他独立发现的对数级数(1668年)。莱布尼茨也通过求一些无穷级数的和而得到 π 的估值。牛顿用无穷级数的形式阐明了对于一般情形的二项式定理。雅各布·伯努利通过对无穷级数的研究,得以用这种级数表示弹性曲线坐标间的关系，以及求抛物线、对数曲线和其他曲线的长度，我们这里主要感兴趣的是它促进了应用数学的发展。欧勒特别注意无穷级数理论，但是，像他的同时代人一样，他也常常用一些不一定收敛的无穷级数。无穷级数的严格理论是在十九世纪由高斯、柯西和阿贝尔等人开始建立的。

概率演算是纯粹数学又一个具有重要科学意义的分支，雅各布·伯努利对之作出了有价值的贡献。他对组合理论和概率论发生兴趣，大约是从 1680 年开始的，后来他收集了他自己的和惠更斯在这两方面的研究成果，写成他的巨著《猜测的艺术》(*Ars Conjectandi*)(巴塞尔，1713 年，见奥斯特瓦尔特的 *Klassiker*，Nos. 107，108。)

伯努利的前辈中，巴斯卡和费尔玛是建立数学概率理论的两个主要先驱者。这理论现在在自然科学和生物科学中都有着重要的应用。最初的缘起是为了解决在未结束的赌博中，赌徒们如何合理分配赌注的问题。巴斯卡在 1654 年就这个问题请教过费尔玛。两人虽然用了不同的方法，但却得到了相同的结果。从这个简单的原始问题出发，巴斯卡进而考虑了其他比较复杂的和一般性的问题。在相关组合理论中，巴斯卡给出了求从 n 个东西中一次取 r 个的可能组合数目的正确规则。(参见他死后出版的 *Traité du triangle arithmétique*，1665)巴斯卡的方法是构造一个两条边由 n 个 1 组成的“算术三角形”，其他每个数乃由它正上方的数和左方紧邻的数相加而逐次得到的。第 r 行中的诸数的和即给出 n 个东西中一次取 r 个的可能组合的数目。例如，令 $n=6$，$r=3$。可得到所求的“算术三角形”如下：

49

1	1	1	1	1	1
1	2	3	4	5	
1	3	6	10		
1	4	10			
1	5				
1					

算术三角形中第3行诸数是1,3,6,10,它们的和是20。对于n和r的其他值,情形亦复如此。

伯努利的书分为四部分,实际上包括了现在仍然沿用的那种形式的组合论的全部标准结果。然而,这本书的最重要的部分是第四即最后部分。在这部分里,伯努利研讨把概率演算应用于"民事、道德和经济场合"的问题。这开辟了通往数学这些分支的崭新途径,因此,尤为令人遗憾的是,这部分没能最后完成。

概率被定义为区别于绝对必然的必然程度,就像部分区别于整体一样。假如用a或1标示的绝对必然其中由5个择一概率构成,三个有利于某事件发生,两个不利于其发生,那么,该事件具有的必然程度为$\frac{3}{5}a$或$\frac{3}{5}$。验前和后验概率彼此是有区别的,这项研究导致亦称为"**大数定律**"的伯努利定理。这条定理处理的问题是:通过增加观察次数或者个别事例的不断累积,概率的估值是否得到这样的改良:有利与不利场合的比例最终能用真比例表达。伯努利用公式表达这个问题,并且凭借数学论证对之作了肯定的回答。他机敏地注意到,这问题可以说具有渐近线,这是由于,无论观察次数怎样增加,也不可能超过一定的概率度,因为有利与不利场合的真比例业已得到。例如,伯努利考察了一个盖着的罐子, 50

而我们不知道有人已在里面放入 3000 个白石子和 2000 个黑石子。每次拿出一个石子，然后再把它放回去，反复这样做。这样，可以确定，随着次数的增加，取出白石子与黑石子的比例将以愈来愈大的概率，最后必然近似地取值$\frac{3}{2}$。伯努利坚认，我们因而不得不承认，一切事件的出现都蕴涵着某种必然性。因为，如果我们永无穷尽地观察事件，或然最终将会成为完全必然。因此，他认为，甚至在一些表面看来纯属偶然的事件中也包含必然性，从而应当断定，世界万物的发生肯定是有规可循的。

概率论进一步的系统化是在十九世纪由拉普拉斯和高斯作出的，它现已在科学的许多分支中，例如生物统计学和气体动力学理论中起着重要作用。

老一辈伯努利再次把数学家们注意力引向在物理学中有着重要意义的极大和极小问题。通过处理所谓等周问题，伯努利为欧勒、拉格朗日、勒让德和其他人后来建立变分法奠定了基础。（关于这门学科迄至 1837 年的主要文献带评注的德译文[①]，见奥斯特瓦尔德的 *Klassiker*，Nos，46 和 47。）

所谓等周问题（广义上），原先是处理满足一定最大和最小条件的曲线。最古老的这类问题是，求具有一给定周长的所有曲线中哪一条围成的面积最大。古人已经知道，所求的这条曲线是圆

---

① 主要有 Johann Bernoulli：*Acta Erudit.*，Leipzig，June 1696，pp. 269ff.；Jacob Bernoulli：*Acta Erudit.*，Leipzig，May，1697，pp. 211ff.；Euler：*Methodus Inveniendi lineas*，etc.（下面要提到）；Lagrange：*Miscellanea Taurinensia*，Tom.II，1762，pp. 173ff.，和 Tom.IV，1770，pp. 163ff.；Legendre：*Mém.de L'Acad.Roy des Sci.*，Paris，1786，pp. 7ff.。

(Pappus:*Synagoge*,V,2)。约翰·伯努利研究的第一个等周问题系关于**最速落径**即最速下降曲线的问题。关于这个问题,他是这样表述的:“处于距地面不同高度之上,并且不在同一垂直线上的两个给定点,现需用一条曲线把它们连接起来,而沿这条曲线,一个可动物体从其上端点在自重作用下将在最短可能时间里降落到其下端点。”在他自己解决了这个问题之后,约翰按照当时的习惯“向全世界最聪明的数学家们”提出了挑战,要他们也来解这个问题。牛顿在获悉这个消息的第二天,就给一个朋友寄去了这问题的一个正确解。莱布尼茨、雅各布·伯努利和洛皮塔尔也解出了所求的这条曲线是摆线。这结果更是令人惊讶,因为惠更斯早已认识到的,当一个质点沿摆线路径降落时,不论其起点怎样,它到达摆线最低点所花时间总是相同的。因此,他称这曲线为**等时降落轨迹**。所以,正如雅各布·伯努利在发表其解时所指出的那样,已经为这么多数学家研究过的曲线,关于它似乎不可能再有什么发现了,可是,它却突然展现了一个崭新的性质。雅各布·伯努利用他的解提出一个更为复杂的等周问题,企图作为对约翰的反挑战,结果在两兄弟之间引起了一场不合宜的论战。 51

欧勒

利昂纳德·欧勒(1707—83)是伯努利家族的一国同胞。在约翰·伯努利的教导下,欧勒开始了他与约翰的儿子丹尼尔亲密合作的漫长的发现生涯。由于丹尼尔的推荐,在20岁上他应召到了圣彼得堡学院,最后成为那里的数学教授。俄国数学家感到惊奇的是,预计需要花几个月时间编制的一些天文图表,他只用了三天就计算出来了。可是，由于这样艰辛地工作，加上气候恶劣，欧勒损伤了一只眼睛的视力。1741年，腓特烈大帝邀请他到柏林的普鲁士科学院。他在那里的皇宫里住了二十五年，以前无古人的活力进行数学的改造工作。在科学院的学报上，他发表了121篇论文，其中有一些篇幅相当长（莫泊丢死后，便由他负责主管该科学院的数学工作。除了45卷单独论文集而外，欧勒一生发表的全部论文估计约有700篇）。1766年，他返回圣彼得堡。不久他双目完全失明，但是直到他死去那一天，他仍一直在进行数学研究。欧勒的兴趣和研究广及数学的几乎每一个分支，但是他最擅长的是他大力使其系统化的分析和一些可认为是他所创立的分支。

图14—欧勒

继伯努利家族研究等周问题之后，欧勒创立了作为高等分析的一个独立分支的变分法。当约翰·伯努利表示已无希望找到解等周问题的一般方法时，欧勒在他题为《寻求具有某种极大或极小性质的曲线的技巧，或所提出的等周问题解逐渐被人接受》(*Methodus inveniendi lineas curvas maximi minimive proprietate gaudentes sive solutio problematis isoperimetrici latissimo sensu accepti*)（洛桑和日内瓦，1744年；见奥斯特瓦尔德的*Klassiker*,No.46）的书中，开始朝发展一种"寻求具有某种极大或极小性质的曲线方法"前进了几步。在包含许多有趣而又有说服力的例子的这本书里，欧勒采用的方法本质上是几何的，因而这些比较简单的问题的论述非常明白易懂。欧勒用下面的话来解释分析的这个分支的范围：“变分法是求一个包含任意多个变量的表达式，在这些变量中的一些或全部变化时，所经历的变差的方法。”在《变分法》(*Methodus inveniendi*)一书的一篇补录里，欧勒详尽地解释了这种方法对于解决物理问题的重要意义。他坚信，自然界发生的事物没有不与某个量的极大值或极小值有关的。因此，解任一给定物理问题的两种独立方法表明一种是直接的，另一种是间接的，而两者又倾向于彼此验证，这样，就更加坚信解的正确性。例如，在确定两端悬挂的一根绳子的曲率时，可以通过考虑绳子本身所受重力作用来直接地解这问题，也可以用极大和极小的方法，确定绳子为使其重心高度尽可能低而必须取的形状来间接地解。两种方法得出同样的曲线——悬链线。

除了促成创立变分法而外，欧勒还对数学当时已有的每一分支都作出了宝贵贡献。他完成了维塔未竟的工作，使代数成为一种“国际数学速记法”(Tropfke)。在他的《无穷小分析导论》(*Introductio in analysin infinitorum*)(1748年)里，欧勒进一步使三角学成为分析的一个分支，用对数定义为指数，并且对用一般二次方程所定义的曲线作了广泛的讨论。这样，他发展了解析几何，而同时他又把这门高等分析从束缚其发展的几何学羁绊中解放出来，使它成为数学的一个独立分支。他的《原理》(*Institutiones*)(1755,1768年)总结了当时已有的微积分知识。欧勒最先明确地构想数学**函数**概念，他在《导论》的前几章中论述了这概念。它已被恰当地看做现代数学的一切创造中最基本的一个。 53

欧勒给一个变量的数学函数下的定义是:“用该变量以及数或常量以任何方式形成的一个解析式”(*Functio quantitatis Variabilis est expressio analytica quomo do cunque Composita ex illa quntitate variabili et numeris seu quntitatibus Constantibus.—Introductio*,I,i,4)。他举了单变量 z 的函数的一些例子:

$a+3z, az-4z^2, az+b\sqrt{(a^2-z^2)}, c^z$,等等,

式中 a,b,c 代表常量。后来他又考虑了多于一个独立变量的函数,当一个函数是“代数的”(*algebraic*),乃由对它的变量和常量仅作代数运算,即加、减、乘、除、乘方和开方而构成时,他称之为**代数**函数。变量的对数函数或三角函数以及包含变量作为指数的函数归类为**超越**函数。代数函数又分为**有理的**或**无理的**,视它们没有还是包含变量的根而定。它们分为**整的**或**分的**,视变量是只出现在分子上还是出现在分母上或带负指数而定。欧勒还进一步区分了**单值**函数,即当变量值确定时,函数取一个确定值,以及**多值**函数,即对于变量的每个值,函数具有几个或无限多个可能值。

欧勒使今天已成为天文学计算的必要工具的球面三角学发生了革命。在他关于这方面的第一篇论文(1753 年,见奥斯特瓦尔德的 *Klassiker*,No.73)中,他致力于从微积分的规则推导出球面三角学的一些重要定理,表明用各种不同方法达到同一些真理总是有益的,因为这样可获得新的观点。而像在一切其他场合里一样,假如想十分一般地解一个问题,这里就必须用这些新方法。在欧勒以前,处理三角问题所用的方法只适用于平面和球面三角形。他认识到,如果想研究可在一任意曲面(例如,劈锥曲面或椭球面)上,用完全处于其上的三条最短可能线把其上三点连结起来而构

成的那些三角形的性质，那么这样产生的问题只能用高等数学手段来解。如果记得大地测量我们不是在球面上而是像欧勒指出的，必须在椭球面上进行，那就可以看出，把三角学建立在这种一般概念基础之上，是十分重要的。当为了三角测量而选择的三角形很大时，就必须考虑这个事实。欧勒在第一篇论文中，只导出了对于球面的公式，而在后来的一篇论文中，他进而考虑了高次曲面的三角学。他指出，平面三角学可以从球面三角学推导出来，假若球面半径的长度趋向于无穷大的话。现今球面三角学中使用的许多公式都应归功于欧勒。他引入了用字母 a，b，c 代表三角形各边，用 A，B，C 代表三个对角这种方便的标示方法，由此使公式更易于理解，并促进发现新的关系。欧勒还引入或确立了一些常用的数学符号。例如，他用 e 标示自然对数的底，用 i 标示$\sqrt{-1}$。 54

拉格朗日

欧勒作为柏林学院数学负责人的继承者是约瑟夫·路易·拉格朗日(1736—1813)。拉格朗日是那个时代最伟大的数学家。他是法国血统，出生在都灵。在那里，他十九岁就当上了炮兵学校的数学讲师，并且把他最早的研究成果发表在他自己创办的一个学会的学报上。在还很年轻时，拉格朗日就已经与欧勒和达朗贝通信，还

图 15—拉格朗日

由于一篇关于月球天平动研究的论文而获得法兰西学院的奖金。他很快就被公认是最伟大的在世数学家，并于1766年接替了欧勒在柏林的职位。他一直在柏林工作，直到他的赞助人腓特烈大帝死去(1786年)，遂移居巴黎。他在那里度过了大革命时期，在高等理工学校(*Ecole Polytechnique*)讲学，并帮助建立新的度量衡制。像腓特烈一样，拿破仑也始终是一个科学的慷慨赞助人，他给予拉格朗日以很高的荣誉。拉格朗日不顾身体衰弱和性情忧郁，坚持不懈地撰写具有重要价值的论文，几乎涉及纯粹数学和应用数学的每一分支。他在力学方面的研究成果，汇集在他的杰作《分析力学》(*Mécanique analytique*)之中。

变分法发展的新阶段是从拉格朗日开始的。他用分析的处理 55 方法取代伯努利家族和欧勒在这个领域里所采用的几何方法。拉格朗日使微分学和积分学建立起更紧密的联系，并研究了表示被积界限的微小变化的效应。他关于这个问题的奠基性论文发表于1762年，1770年又写了一篇论文作为补充；并且在1788年发表的《分析力学》中指出了进一步的改进。拉格朗日在1762年的论文中给出了下述问题的一个一般解：设某个函数 Z 包含变量 x，y，z 及其导数，现要求找出，为使 $\int Z$ 取最大值或最小值，这些变量之间必须满足的关系。为了举例说明他的方法，拉格朗日考虑了最速落径问题，而后者曾是整个系列研究的出发点，但他比前人更为一般地处理了它。

拉格朗日作为研究者还尽了最大努力去完成欧勒的任务，即在纯粹数学和应用数学的所有分支里，都用分析去代替前几个世纪的综合方法。他对纯粹数学所作的贡献突出体现在方程论(特别是不定方程)、微分方程、解析几何和数论等领域。他解决了求出二元二次不定方程的全部解这个古老问题(1768 年)。费尔玛曾声称已解决了这个问题,但他没有公布他的方法。拉格朗日与欧勒一起创立了偏微分方程理论。1772 年,他发表了关于一阶偏微分方程的积分的研究成果(见奥斯特瓦尔德的 *Klassiker*, No. 113),七年以后,他又得出了对任意多变量的线性偏微分方程积分的一般方法。

勒让德

对变分法的进一步重要贡献,是勒让德(1786 年)和雅各比(1837 年)作出的。勒让德表明了如何区分极大与极小。

图 16—勒让德

阿德里安·玛里·勒让德(1752—1833)起了在十八世纪和十九世纪之间承前启后的作用。他先后在军事学校和巴黎师范学校任数学教授,还担任过一些政府公职。但是,他的生涯因拉普拉斯敌视而受到了打击。然而,拉普拉斯偶尔却不加声明就利用他的一些成果。勒让德擅长数学一些技术性最强的分支,如数论、三角调和函数(由拉普拉斯加以一般化)和由他加以系统化的椭圆函数。在力学方面,勒让德研究了椭球对外部质点的吸引问题;此外,在"误差"数学理论上具有极端重

56

要意义的最小二乘方法，基本上也应归功于他。

二、流数和英国数学家

在牛顿发表他的流数法后的那些年里，英国数学家们普遍对流数本质的认识还很模糊。普遍的倾向是把流数和莱布尼茨的微分相混淆，并认为它们是无穷小量，尽管这并没有妨碍流数概念的自由运用。因此，流数法的逻辑基础的探讨仍是一个悬而未决的问题；贝克莱主教正是充分利用了这一机会。

贝克莱

在《分析学家：或致一个不信教数学家的讲道》(*The Analyst: or, a Discourse addressed to an Infidel Mathematican*[①])(1734年)之中，贝克莱主教对就一个给定变量求一个表式之流数的下述基本方法提出质疑：先赋予这个变量以一增量，然后又使该增量消失，从而给出所求之流数。他写道："可以看出这推理不清楚，也不确定。因为，当我们说令增量消失，也即令增量为无，或者令没有增量时，就已把开始时作的增量是某种东西或有增量存在的假设推翻了，然而，该假设的一个推论即据其而得到的一个表式却被保留了下来"(§13)。"再也明白不过的是，从两个互相矛盾的假设，不可能得出任何合理的结论"(§15)。"那么，这些流数是什么呢？是渐趋于零的增量的速度。那么，这些渐趋于零的增量又是什么

① 可能指哈雷。

呢？它们既不是有限量，也不是无穷小量，但也不是无。难道我们不可以称它们是已逝去的量的幽灵吗？”（§35）这本小册子的末尾是六十七个“疑问”。

朱林与沃尔顿

詹姆斯·朱林，曾是牛顿的学生。他写作了《剑桥爱真》（*Philalethes Cantabriginesis*），捍卫流数学说，呼吁贝克莱主教回到牛顿的原著上去，那里没有牛顿追随者们所用的许多逻辑上有懈可击的表式。贝克莱的另一个反对者是都柏林的约翰·沃尔顿。贝克莱在回击时嘲讽了牛顿在思想发展过程中于不同时候作 57 的陈述之间发生的一些前后矛盾。朱林和沃尔顿加以反驳。后来，卷入这场论战的人越来越多。贝克莱是否完全严肃，尚属疑问。德·摩尔根认为，“只有知道该如何回答它的人，才能写出《分析学家》这本小册子。”

罗宾斯

本杰明·罗宾斯由于受到《分析学家》一书引起的论战的激发，在1735年写了一本关于流数的书。该书全部论述乃基于这样的**极限**概念之上：一变量能以任意近似度逼近它，但实际上永远也不达到它。这排除了许多逻辑困难，但它的缺点是，这种变化在科学上很少应用价值，因为自然界中出现的速度、位移等等的极限值通常在有限时间内就达到了。罗宾斯的观点正因为这一点而遭到了朱林的批评，并且，以朱林为一方，罗宾斯、亨利·彭伯顿为另一方，在《文学界》（*Republic of Letters*）（1735—37）杂志上展开了又一场激烈的论战。这场争论很快就把其他一切问题挤出这杂志，使其变成它的一个附录。

泰勒

这些论战有助于澄清极限概念，并且逐渐地导致计算时可以忽略不计的无穷小量的概念。它们也有助于推动应用牛顿流数法所能在数学上取得的进步。英国数学家继续同莱布尼茨的争论，几乎以坚持这种方法引为自豪。早些时候，布鲁克·泰勒（1685—1731）已在他的《增量法及其逆》（*Methodus incrementorum directa et inversa*）（1715年）中，对纯粹流数理论及其物理学应用两方面都作了重要贡献。这本书遵循牛顿对流数的成熟解释。它包括现今所称的“泰勒定理”，虽然所附的一个证明并不充分，但还把这定理应用于物理学和方程论。泰勒对各种各样问题，诸如紧张弦的振动和光线穿过地球大气的路径问题作了数学处理。他是差分演算的奠基者。

图17—布鲁克·泰勒

辛普森

托马斯·辛普森（1710—61）是一个自修成才的天才数学家。他在《流数新论》（*New Jreatise of Fluxions*）（1737年）中，设法不用无穷小量而构造了一个流数理论。他以娴熟的技巧把流数应用到范围广泛的物理学和天文学问题。

马克劳林

图 18—马克劳林

然而，在牛顿之后，十八世纪最伟大的流数著作家是苏格兰数学家科林·马克劳林(1699—1746)。他的巨著《流数论》(*Treatise of Fluxions*)(爱丁堡，1742 年)是第一部并且在很长时间内也是唯一严格而又完整地概述了数学这一分支的著作。拉格朗日认为它可以与阿基米德的杰作相媲美。马克劳林拒斥无穷和无穷小量的概念，并企图从普遍的公理出发推演出这门学科的各条原理，以便与古代人的严格性相匹。马克劳林在用流数对物理学与天文学问题作纯粹几何处理上显示了高超的技巧。这给他采用的那些综合方法带来新的生机。马克劳林还使得圆锥曲线和高阶平面曲线的纯粹几何学取得了显著进步，成为研究垂足曲线的先驱。

继马克劳林的工作之后，出现了严格性一度下降的倾向，其证据是倾向于把牛顿的粗劣记法和莱布尼茨的粗劣概念相结合。于是，把大陆分析学家的优美记法和在十八世纪英国发展起来的宝贵的极限概念结合起来，去除从一开始就笼罩着流数理论的那种几何学和力学的比喻，这个任务就留给了从罗伯特·伍德豪斯开始的十九世纪数学家。

（参见　F.Cajori:*A History of the Conceptions of limits and Fluxions in Great Britain from Newton to Woodhouse*. Chicago and London,1919。）

三、画法几何

十八世纪在纯粹数学方面的最大进展几乎全都集中在分析领域。然而，在这个世纪末，几何学上出现了一个显著进展。这就是画法几何的创立，它的特征问题是给出立体图形的平面表示和从这样得到的平面图精确地重新绘制原始立体图形。

平面图和正视图的应用同建筑术一样古老。帕皮里表明，埃及人为了建筑的需要绘制了这样的平面图，维特鲁维乌斯在他写于奥古斯都时代的《论建筑》(*on Architecture*)一书中，论述了古罗马建筑师如何绘制这种平面图。如此形成的这种技术直接产生于建筑实践的需要，并且它的进一步发展也不是研究的产物，而是中世纪建筑师工场的产物。那个时期令人赞叹的建筑业绩，只有解决了像拱形作图中产生的一些特殊画法几何问题才能作出。当然，许多必要的作图方法都肯定是凭经验发现和加以应用的，而对它们的正确性没有作任何数学的证明。例如，在很多十六和十七世纪的教科书里，可以明显看到这一点。它们给出了重要的建筑作图法，但丝毫也没有试图进行证明。画家自然也对在平面上正确表示立体图形的技术极感兴趣。因此，无怪乎德国第一本关于这门学科的书是大画家阿尔布雷希特·丢勒写的，虽然他之前已有一些前驱，包括意大利人弗朗切斯基，他大约在 1480 年就已经对这门学科作了系统的阐述。1525 年问世的丢勒的书的重要性与其说在于说明了作图法，倒不如说在于它坚持认为，一幅画的透视基准应当由数学规则给出，不要像当时惯常做法那样随手绘制，因为这必然带来严重误差。所以，丢勒是这门透视科学的倡导者之一。但是，把许多世纪积累起来的成果加以补充并把它们建立在严格论证的基础之上，从而把这门技术系统化为数学的一个分支的工作，是法国数学家加斯帕尔·蒙日完成的。蒙日的生涯清楚地反映了法国大革命时代的状况。

蒙日

加斯帕尔·蒙日（1746—1818）出身贫寒，生于法国勃艮第的博内。他的父亲节衣缩食供养几个儿子受科学教育。蒙日在十六岁时就在里昂大学教授物理学。由于为故乡绘制了详图，他获准进入在梅齐埃尔的军事工程学院。在那里，他创造性地用几何方法取代过去在绘制防御工事详图时采用的烦琐算术方法；大约在 1770 年，他由此得出了他的画法几何的一些基本原理。蒙日在梅齐埃尔晋升为教授，后来到了巴黎。大革命时期他曾身居高位，被委任为大炮制造总监。然而，在“恐怖时期”，他遭受贬斥，遂亡命海外。在重返法国后，又重执教

图 19—蒙日

60

鞭,直到与贝尔托莱一起参加拿破仑的埃及远征。蒙日作为高等理工学校的教授,在帝国时代达到了其荣誉的顶峰。但在波旁王朝复辟后,他失去了地位以及拿破仑授予他的种种荣誉。不久他就死去了。

由于和梅齐埃尔权威们意见不合,蒙日把他关于画法几何的发现搁置了许多年。他关于这方面的论述,最先于1795年发表在《师范学校学报》(*Journal des Écoles Nornales*)上,第二次于1798年发表在他的《画法几何》(*Géométrie descriptive*)里。(参见奥斯特瓦尔德的 *Klassiker*,No.117。)

按蒙日的意见,射影几何研究的问题有两个方面。一方面,必须把三维图形归约为能在画图纸上表示的二维图形;另一方面,必须把如此描绘的立体图形的形状和构形所引起的那些关系全部从这画推导出来。为了解决这个问题,蒙日采用的射影法是从这样的假说出发的:空间中一点的位置可以用数学加以定义,如果给定它在两个互相垂直平面上的射影的话。这里所谓一个点在一平面上的射影,是指从该点向该平面画的垂线的垂足。蒙日的射影方法非常明白,尤其因为他设想,垂直射影平面应绕其与水平射影平面的交线旋转,直到它与后者叠合。这样,垂直射影就与水平射影并排位于同一张纸上;这两个图形被这两个平面的原始交线分开;任一给定点的两个射影就落在与这交线垂直的同一条直线上;任一平面由它与两个射影平面相交的两条交线唯一地确定;并且,这两条交线与两个射影平面的交线相交在同一点。蒙日研究的情形包括平面、曲面和一些较重要的立体以及它们的交的形状与大小。蒙日的画法几何很快就在建筑、工程等等领域得到了大量技术应用。在十九世纪,由于与彭色列和斯坦纳的综合几何建立了更紧密的联系,画法几何取得了进一步的理论发展。

蒙日对数学的其他贡献主要在于曲面的微分几何。他是一个鼓舞人的教师,对法国和其他地方的技术教育产生了深远的影响。

(参见　F. Cajori:*A History of Mathematics*, New York, 1919; D. E. Smith: *History of Mathematics*, Boston, 1923, 1925 和 *A Source Book in Mathematics*, New York, 1929; W. W. Rouse Ball, *A Short Account of The History of Mathematics*, London, 1908。)

第三章　力学

十八世纪力学的系统化工作，起初主要是由伯努利家族、达朗贝和欧勒进行的，而拉格朗日的工作则标志着这个过程暂时告一段落。

一、一般原理

早期的力学著作家大都满足于解决分散在应用数学各个分支中的大量孤立问题。由于每一个问题都必须运用特殊手段以不同方式去解决，所以，只有那些具有最高超数学才干的人才能有希望成功地解决力学问题。然而，十八世纪里提出了一些能适用于一切种类问题的一般力学原理。这就是力守恒原理、虚速度原理、达朗贝原理、最小作用原理以及欧勒和拉格朗日的动力学方程。

力守恒原理

莱布尼茨关于宇宙中力守恒的思想，是从笛卡尔的一个主张出发的，莱布尼茨反对笛卡尔的这个主张，认为它是错误的。笛卡尔选用物质质量与速度的积作为对力的度量，他称之为动量；他断言宇宙中总动量必定保持恒定。莱布尼茨在 1686 年投交《学术学报》(*Acta Eruditorum*)(*Brevis demonstratio*,等等)的一篇论文中反对这个观点。笛卡尔派与莱布尼茨派的激烈论争持续了许多年,几乎每个欧洲国家的代表人物都卷了进去。最后,达朗贝于1743年在他的《论动力学》(*Traité de dynamique*)里指出,整个争端只不过是一场关于用语的无谓争论。他指出,对于量度一个力来说,用它给予一个受它作用而通过一定距离的物体的**活劲**,或者用它给予一个受它作用一定时间的物体的动量,同样都是合理的。为了驳斥他的对手,莱布尼茨利用伽利略的落体定律把笛卡尔的另一条规则用一种新的形式表达出来。笛卡尔假定,一个力可以用它所升起的重量与其升起的高度的积来度量。莱布尼茨则表明,根据落体定律,一个物体升起的高度是与初速度的平方成正比的,因此,作用在一个物体上的一个力的效应必定是与其重量和所给予的速度的**平方**而不是简单速度的积成正比的。两方都是正确的,只是莱布尼茨在取力的效应的量度时,错误地用乘积 $m \cdot v^2$ 代替$\frac{1}{2}mv^2$。 62

势能与动能之间的关系以及自然界的力的等当性,尚属莱布尼茨知识范围以外的观念,尽管他和同时代的很多人一样,也认为热是物质的终极微粒的一种运动。他甚至还把从克分子运动向分子运动转变的过程形象地比喻为把一枚金币换成零钱。

当然,十七世纪的力守恒学说早已在古代为伊壁鸠鲁及其追随者模糊地提出过,伏尔泰也坚持认为,笛卡尔只不过是复活了一个古老的奇想。牛顿没有把这种学说引入到动力学中。莱布尼茨所抱的蕴涵着确定量力的封闭宇宙的观念,是与牛顿的观点不相容的,牛顿把宇宙设想成一部不时需要神从外部干预的机器。由碰撞定律可知,一个碰撞物体系中的动量不可能是恒常的。与笛卡尔的主张相反,牛顿断言,整个宇宙的总动量不可能是恒常的,但是,需要两条作用原理,第一是使物体运动起来,第二是保持这运动。约翰·伯努利则表示反对说,假若牛顿弄明白了守恒原理的真正意义,他就不会提出两条不同的原理。因为,同一原理既支配运动的传递,也使该运动守恒,而运动其实不是与动量成正比,而是与活劲成正比,因而从这个意义上说,宇宙中永远不可能有运动损失。正如我们所看到的,莱布尼茨赞同这样的见解:宇宙中力的总量不会减少,因为没有物体损失力而又不把等量的力传递给别的物体;并且它也同样也不会有所增加,因为没有一部机器能够不从外部获得等效的推动而就产生力,所以,作为一个整体的世界也不可能这样。

十八世纪的数理物理学家中间,约翰和丹尼尔·伯努利特别注意研究力守恒原理。丹尼尔·伯努利 1750 年发表的著作是这一时期对于力守恒原理的最重要发展(*Mém.de l'Acad.R. des Sc.*'Berlin,1748 或 Ostwald's Klassiker, No.191)。惠更斯和莱63 布尼茨考察了均匀引力场的作用所产生的活劲。然而,丹尼尔·伯努利取消了这种对均匀场的限制。他研究了引力中心处于运动之中的情形,例如,在一个按牛顿万有引力定律互相吸引的物体的系统之中。伯努利首先考察了彼此自由靠近的两个物体的系统。他表明,这系统所获得的活劲仅仅取决于这两个物体的最初和最终距离。他进而把他的研究推广到三个物体,最后是任意多个物体的情形;他表明,无论各别物体的路径怎样,这条规律总是适用的。他断言:"自然绝不违背活劲守恒这条伟大定律。"于是,伯努利把这条原理确立为普遍正确的,尽管还加上种种限制,而这些限制仅在分子过程终于得到考虑时才被撤除。他驱散了笼罩在这条原理之上的形而上学迷雾。为了避免任何含混,他宁可把这条原理表述为"实际下降与潜在上升相等"原理,从而把他的观念直接与惠更斯的观念联系起来。

约翰·伯努利在《学术学报》(1735 年)上写下如下的话来表达自己的思想:"我们断言,每个活劲都有自己确定的量,并且凡是它的看似消失的部分实际上都在由之产生的结果中重现。由此可见,活劲总是守恒的,所以,在相互作用以前,存在于一个或多个物体中的活劲在这相互作用以后存在于其中某个物体或者该系统之中。这就是我所谓的活劲守恒。"他认为,自然界的这条普遍规律甚至在表面看来有差异的地方也成立。"因为,如果物体不是完全弹性的,那么,活劲就有一部分似乎因没有完全复原所导致的压缩而损失。但是,我们必须假定,这种压缩相当于一根弹簧上的情形:有一个制子阻止它展开,使它没有还出从一个碰撞物体得到的活劲,但把这活劲保存下来,因而力并没有损失。"这在伯努利是一种思维的必然,因为他认为,任何有效的原因——全部或者部分——都不会损失,如果没有产生与这损失等价的结果的话,乃是一条公认的公理。丹尼尔·伯努利 1738 年在他的《流体动力学》(*Hydrodynamica*)中也表达了类似的想法。两人接近发现从克分子运动向分子运动的转变以及机械能与热的等当性。这个时期 64 和紧接其后的时期尚缺乏确立这种等当性的精确数据。正如狄德罗正确地指出的那样(*Pensées sur l'interpretation de la nature*,

1754，§45，p. 61)，直到物理学在实验方面取得了进一步进展之后，人们才认识到了自然力的相关性。

因为活劲守恒原理如此被局限于力学，而且最初并没有被扩展到物理学所有分支，所以，它曾几乎被人们完全忘掉了，甚至康德也未提到这条原理，虽然他论述过估计活劲的方法。在十九世纪，由于确立了较为广泛的"能量守恒"原理，物理学各个不同分支的联系才开始得到明确认识，力学才成为这一切分支的基础。令人惊讶的是，康德在思考宇宙及其形成过程的时候，丝毫没有提到力守恒原理，尽管在他的《自然科学的形而上学基本原理》(*Metaphysische Anfangsgründe der Natur wissenschaft*)中，他却讲到，物质的总量是不变的。把这条原理从早期它所适用的力学推广到所有其他自然过程，大约是在十九世纪中叶，首先由迈尔、焦耳和赫尔姆霍茨实现的，他们之和丹尼尔·伯努利的关系可以比做哥白尼之和萨莫斯的阿利斯塔克的关系。

虚速度原理

早期的力学著作家在确立他们的命题时，常常隐含地利用现在称为"虚速度原理"或(按照科里奥利斯)"虚功原理"的静力学定律。约翰·伯努利在1717年致皮埃尔·瓦里尼翁的信中实际上已提出了它的现代形式(尽管措辞现已过时)，该信于1725年发表于后者的《新的力学或静力学》(*Nouvelle Mécanique ou Statique*)(Tom II，p. 174)。伯努利写道："在一切力的平衡中，不论它们的作用方式如何，不论它们沿什么方向相互作用，也不论直接还是间接地作用，正能量的和将总是等于按正取的负能量的和。"所谓

“能”,伯努利指的是一个力与它推动作用点沿其作用线移过的距离的积,即我们所说的这力所做的**功**。因此,当考虑在任意一组力 65 作用下保持平衡的一个质点或一个广延物体时,伯努利假定该系统有一个小的位移(无论平移还是转动),从而取每个力与它的作用点沿其作用线的位移的积。他称这位移为**虚速度**,称这个积为**能量**,计算时取正或负,视作用点移动方向与力的方向相同还是相反而定。他还断言:对于这系统偏离平衡的假想的微小位移,这些正能量与负能量的总和为零。

达朗贝原理

让-勒-龙・达朗贝的教名取自巴黎的圣让-勒-龙教堂,他是在教堂台阶上被发现的弃婴;他从劳动阶级的养父母家得到达朗贝的姓。他的生身父母似乎属于上流社会,他的父亲还供他上学。他在早年就在数学和哲学上显示了杰出才能,当上了巴黎和柏林科学院的院士。但是,他谢绝了腓特烈大帝和凯瑟琳二世女皇的诱人邀请,终老在法国。

达朗贝发表他的《论动力学》(*Traité de la dynamique*)(巴黎,1743年)时年仅二十六岁。(德文译注本,可参见 Ostwald: *Klassiker*.No.106。)这本书是力学发展史上的一个里程碑,它包含了像对于物体平衡的虚速度原理那样简单而又基本的一条对于物体运动的原理。达朗贝原理的由来可以追溯到复摆问题。像伯努利父子指出的那样,这种摆显然只不过是一根运动中的杠杆;作用于其上每个质点的力可以分为**外力**或**外加力**和质点间**内部反作用**两类。达朗贝假定,就整个物体而言,内部反作用互相抵消,因而对运动没有任何贡献，而事实上另一组力把运动传递给该系统，使得**有效力**静态地等当于**外力**或**外加力**。作为他的原理的应用的一个范例，达朗贝用一根一端固定、另一端加上各种载荷的梁，它构成一个同样可看作为复摆或运动杠杆的系统。达朗贝似乎这样阐明他的原理：如果把运动传递给每一个由质点或物体相连而构成的系统，而运动由于质点或物体相互连接而有所改变，那么每个系统的合运动可按下述方法求得。把传递给各别质点的运动分解为 $a,\alpha;b,\beta;c,\gamma$……这样一对一对的其他运动，以致只要运动 a,b,c……传递给这些物体，它们就运动起来而互不影响，而只要运动 α,β,γ……外加于该系统，该系统就将保持静止。因此，a,b,c……就将是把相互反作用考虑在内的各别物体的运动。

达朗贝在该书后面部分里对他的原理作了大量应用；并且在他的《论平衡和流体运动》(*Traité de l'équilibre et du mouvement des fluides*)（巴黎，1744 年）中成功地把流体运动同这条原理关联起来。他赞同当时流行的一个见解，即力学原理是可以证明的；但是他所提出的那些所谓的证明只不过是说，所讨论的命题之所以真实，是由于没有充分的根据坚持相反命题。然而，从柏林学院约在那时提出的一个悬赏征答问题可以看出，对力学原理的地位是存有疑问的，那个问题是："〔力学〕定律是必然真的，抑或仅仅经验地是真确的呢？"达朗贝原理显然把动力学问题与关于平衡的研究以及由此得到的实用知识联系了起来；它绝没有使经验成为多余的。它可以作为简捷地解决问题的一个典范，但是，正如马赫所指出的，它不像对力学过程的真正掌握那样提供很多对它们的洞见。

最小作用原理

十八世纪首先部分地加以阐明的一条重要的动力学普遍原理是所谓“最小作用原理”，或更确切地说，“稳定作用原理”。

从十七世纪末开始，所谓**等周**问题便引起人们重视。这问题就是如何确定某些特定量取极大或极小值的条件的问题。人们发明了一种适用于研究这种问题（例子在别处给出）的技术，它最初用来求得某些包含极大与极小值的静力学问题的可采纳的解。丹尼尔·伯努利渴望把这种方法的应用从静力学推广到动力学（例如，在有心力作用下的运动问题）；他于 1741 年及翌年写信给欧勒，要欧勒关注这个问题（Fuss：*Correspondance mathématique et physique de quelques célébres géométres du* 18 *éme siécle*，vol. Ⅱ）。欧勒的回信现已无存；但他在 1743 年初显然已找到了某种答案，伯努利为此在当年 4 月 23 日曾致函祝贺。欧勒的结果最初于 1744 年秋发表在他关于变分法的一本书（*Methodus inveniendi lineas Curvas*，etc.；见 *Additamentum* Ⅱ，*De motu projectorum*）之中。他考察了在无阻力媒质中，一个质点在有心力作用下运动的简单例子。他表明，对于在两个给定端点间的运动，使 $\int vds$ 取极小值的条件给出的微分方程，与动力学通常法则给出的轨道微分方程相同。欧勒的方法乃是该原理的一种正确而又精确的形式对最简单情形的应用。然而，与此同时，法国数学家和哲学家 P. L. 莫雷奥·德·莫泊丢（1698—1759）采取了一条类似的原理，作为他解释光折射定律的基础。莫泊丢是在 1744 年 4 月 15 日（这

67

图 20—莫泊丢

个日子在欧勒的发现与其发表之间)提交给法兰西科学院的一篇论文(*Accord de différentes loix de la Nature*)中提出他的理论的,该论文刊载于当年的《论文汇编》(*Recueil*)。莫泊丢在这篇论文中综述了关于斯涅耳折射定律的各种已有解释。他认为,根据一条普遍原理来解释这条定律,也许最好不过了。这条原理是:主宰宇宙的上帝总是选择最简单的手段来达到其目的。古代的光学家就已认识到,一条光线因直线行进而用最短可能时间到达其目标。人们还已认识到,光反射定律也包含这条原理,因为从一给定点向另一给定点行进中途被一片给定平面镜反射的一条光线,当入射角等于反射角时,走过的距离最短。十七世纪时,法国数学家费尔玛表明,关于一条光线在两种不同媒质边界处的"斯涅耳折射定律"直接得自这样的假设:光线在从第一种媒质中的一个给定点向第二种媒质中的一个给定点行进时走最短时间的路径。但是,费尔玛的推演中包含着一个推论:光线在疏媒质中比在密媒质中传播得快。这是与莫泊丢所遵循的当时盛行的折射理论相矛盾的。因此,莫泊丢拒斥费尔玛的解释。但是,他表明,一条光线从一种媒质中的 A 点向另一种媒质中的 B 点的行进仍可认为是沿最小**作用**的路径,倘若这种作用通过把光线在每种媒质中行过的距离乘以光在其中的速度来度量的话。这就是

说，莫泊丢认为，$(AC \cdot V_1 + CB \cdot V_2)$ 是一极小值，他由此推出

$$\frac{\sin\alpha}{\sin\beta}=\frac{V_2}{V_1}=\text{一个常数。}$$

而费尔玛则认为

$$\left(\frac{AC}{V_1}+\frac{CB}{V_2}\right)\text{是极小值，}$$

并推出

$$\frac{\sin\alpha}{\sin\beta}=\frac{V_1}{V_2}=\text{一个常数，}$$

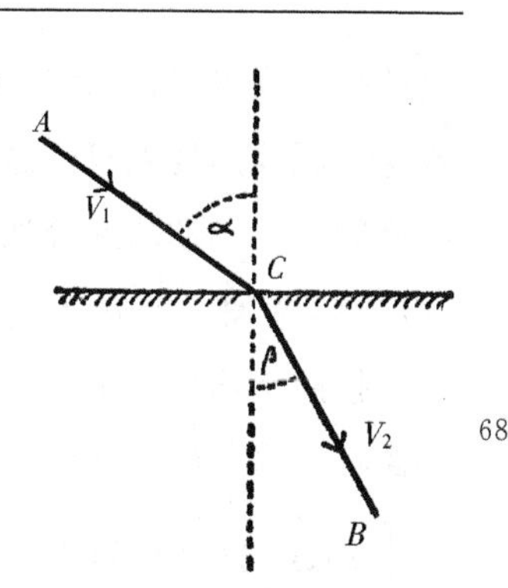

图 21—最短时间原理

68

如此，两个光速之光与莫泊丢得到的互为倒数。两年以后，即1746年，莫泊丢向柏林的皇家科学院（当时他是该院院长）提交了一篇论文，题为《运动规律研究》（*Recherche des Loix du Mouvement*）。他在文中这样阐明他的 Principe de la moindre quantité d'action〔最小作用量原理〕："每当自然界中发生什么变化时，为此变化所使用的作用量总是最小可能的"，同时一个物体运动中所包含的作用与质量、速度和行过的距离均成正比。这样，这条原理被推广而成为一条普遍的自然规律。莫泊丢宣称，力学的一切其他法则均可由之推出。但是，在证明中（或者确切地说在插图中）提出的进一步讨论只不过是从该原理推演出关于弹性体的与非弹性体的碰撞的一些已知定律。实际上，在莫泊丢那里，欧勒的原理所得到的普遍性是以损失严格性为代价的。不久，达尔西爵士便指出，莫泊丢在对他的原理的一些应用中使之最小化的"作用"在每种场合量上并不相等，而且可以举出一些自然过程，其中包含的作用是**极大值**（*Mém.de l 'Acad.*，Paris，1749 和 1752）。对莫泊

丢的另一攻击来自塞缪尔·柯尼希，起因于他为莱布尼茨争夺发现这条原理的优先权。这导致了一场激烈论争，伏尔泰也被卷入。拉格朗日在早期的变分法研究中，已大大推广最小作用原理的力学应用，并使它解脱了同目的论的联系(*Misc. Taur.*, II, 1760—1)。按照十八世纪末的定义，一个质量为 m 的质点从一给定点沿其路径向另一给定点的运动中所包含的**作用**是它的动量的空间积分 $\int mvds$，这个空间积分等当于活劲的时间积分即 $\int mv^2dt$。更一般地，一个动力学系统在从一给定位形变为另一给定位形中的作用被定义为它的各质点的作用的和 $\sum\int mvds$ 或 $\sum\int mv^2dt$。

69

"稳定作用原理"是说，一个保守系通过任意两个给定位形的自由运动；乃由它从第一位形过渡到第二位形的过程中，作用相对于假设的微小变化的一个稳定值来表征。像拉格朗日所认为的那样，这条原理仍为含混不清所累，因而他很少运用它。但是，及至十九世纪，在哈密尔顿和雅各比那里，它得到了澄清，并有了重大发展。作用在二十世纪物理学中终于起到了带根本性的重要作用。它是一种绝对的量，独立于任何特定观察者对时空连续区进行分析的方式。作用的原子性的发现则成为"量子论"的基础。

(参见 A. Mayer: *Geschichte des Princips der Kleinsten Action*, Leipzig, 1877。)

欧勒方程

欧勒在动力学中引入了关于刚体绕一定点或其质心运动的一些重要的一般方程，它们至今仍以他命名(*Mém. de l'Acad. R.*

des.Sc.,Berlin,1758,XIV,p. 165)。欧勒方程导致发现并部分地解释因地球自转轴绕其图形轴运动而造成的纬度变化(上引著作,p. 194ff.)。欧勒还建立了流体运动的基本方程(上引著作,Vol. XI)。

拉格朗日方程

一直等到拉格朗日才来把理论力学形成一个系统,并通过把虚速度原理和达朗贝原理相结合,导出描述任何物体系运动的力学基本方程。这些重要结果是拉格朗日在他的杰作《分析力学》(*Mécanique analy tique*)(巴黎,1788年)中提出来的。该书为现代力学奠定了基础,它在力学史上的地位仅次于牛顿的《原理》。70 这两部著作有一个根本的不同之点,即牛顿借助于图形,纯粹几何地即综合地导出他的结果,而拉格朗日则不用图形,完全以分析方式来处理问题。他效法欧勒进行这种分析的处理,并努力求出最概括的公式,使尽可能多的特例都能用同一种方法加以解决。正是在这个意义上,马赫把拉格朗日的工作誉为对思维经济的最伟大贡献之一。

在静力学方面,拉格朗日从虚位移原理推导出了任一给定力系平衡的一般公式。设力 P_1,P_2,P_3……作用于一个相连的质点系,沿各力方向的相应虚位移为 p_1,p_2,p_3……那么,如果 $P_1p_1+P_2p_2+P_3p_3+\cdots\cdots=0$,或更简短地,$\sum Pp=0$,则该体系处于平衡。这是静力学的基本方程。若质点以直角坐标轴为参照,且每个力和位移都分解为与这些轴平行的分量,那么,这方程变成:

$$\sum(Xdx+Ydy+Zdz)=0,$$

式中 X，Y 和 Z 是作用在一个典型质点上的力的三个分量，dx，dy 和 dz 是这质点的虚位移的三个分量。

结合达朗贝原理，从虚位移原理推导相应的动力学公式，是按如下方式进行的。考虑一个质点系，它们的质量为 m_1，m_2，m_3……它们的坐标为 x_1，y_1，z_1；x_2，y_2，z_2，等等。设作用在各质点的力的分量为 X_1，Y_1，Z_1；X_2，Y_2，Z_2，等等。用每个质点的质量——加速度量度的有效力为

$$m_1 \cdot \frac{d^2 x_1}{dt^2}, m_1 \frac{d^2 y_1}{dt^2}, m_1 \frac{d^2 z_1}{dt^2};$$

其他质点亦复如此。根据达朗贝原理，这些有效力静态地等当于外加力，所以，按照虚位移原理，我们有

$$\sum m\left(\frac{d^2 x}{dt^2}\delta x + \frac{d^2 y}{dt^2}\delta y + \frac{d^2 z}{dt^2}\delta z\right) = \sum (X\delta x + Y\delta y + Z\delta z),$$

或 $$\sum \left\{\left(X - m\frac{d^2 x}{dt^2}\right)\delta x + \left(Y - m\frac{d^2 y}{dt^2}\right)\delta y + \left(Z - m\frac{d^2 z}{dt^2}\right)\delta z\right\} = 0。$$

拉格朗日接着推导出更一般的动力学方程，它们把一个系的动能和势能同定义该系位形的“广义坐标”及其导数联系了起来。

分析力学的各个基本公式并没有给我们提供关于机械过程本性的任何新信息；它们只是在人们已熟知的一些原理之上建立的。不过，它们提供了用标准方法分析地处理各种特殊情形的手段。不然的话，这些特殊情形就不得不逐个予以考查。拉格朗日在这领域的工作的完善有待于微积分的进一步发展。十九世纪，由于高斯、泊松、哈密尔顿和赫尔姆霍茨等人的努力，这

71

工作才得以完成。

关于拉格朗日在数理天文学方面的贡献,放在第八章里讨论。

二、特殊问题

丹·伯努利

丹尼尔·伯努利热衷于利用新的分析法解决一些困难的力学问题,这些问题用惠更斯以及牛顿在其《原理》中所采取的几何方法是无望成功地加以解决的。因此,应当把他看做是称为**数理物理学**的那个科学分支的主要奠基人之一。他把活劲守恒原理明确地引入力学(惠更斯在研究复摆时已隐约知道这条原理)。伯努利在他对流体运动的研究中始终应用这条原理,这些研究发表于他的《流体动力学》(*Hydrodynamica*)(斯特拉斯堡,1738年)。虽然他因此而认识到这条原理具有十分重要的意义,但真正确立它们普遍有效性,把整个自然科学建立在它上面,则是十九世纪的事。

图 22—丹尼尔·伯努利

伯努利在他的流体力学论著中研究了支配容器中液体流动以及由之引起的反作用和碰撞的定量定律。他还研究了管中流体的流动和振荡问题、涡旋问题以及水力学原理等等。不过，最令人感兴趣的是第十章，那里试图对气体的实验定律作力学的解释。伯努利设想气体乃由向四面八方高速运动的微粒组成，因它们反复碰撞而对容器产生压力。伯努利设想有一大群这种微粒被束缚在配有活动的加重活塞的汽缸中，计算出随着压降活塞以使体积按一定比例减小而必然造成的压强增加。这样，伯努利便推出了波义耳定律。他把温度升高造成的气体压强增加归因于微粒速度增加，而压强与这速度的平方成正比。这样，丹尼尔·伯努利成为气体分子运动论的奠基者。这个理论在十九世纪由焦耳、克伦尼希、克劳胥斯以及他们的后继者发展得较为完善。

72

罗宾斯

与落体和抛射体运动有关的力学问题也属于十八世纪里研究的力学问题。伽利略以他关于这类运动的理论在力学领域中开辟了一个新纪元。但他不得已地撇下一个基本因素即空气的阻力而未加考虑，尽管他充分认识到它的重要性。牛顿第一个提出一条描述液体和气体对运动物体的阻力的定律。他假设，一种给定媒质对一给定物体的阻力与物体速度的平方成正比。根据牛顿的提议做的一些实验对于平均速度证实了这一假设。第一个试图研究在空气阻力的影响下一个抛射体划出的路径的人是约翰·伯努利。但是，他发现，他所掌握的数学分析还不足以胜任这一任务，只有实验和计算的结合才有希望给予这个弹道学基本问题一个近似解。本杰明·罗宾斯在这方面获得了最为成功的进展。他的《新射击原理》(*New Principles of Gunnery*)(伦敦，1742 年)由欧勒编辑出版了德文本，题为《新炮学原理》(*Neue Grundsätze der Artillerie*)(柏林，1745年)。罗宾斯表明，牛顿定律只适用于低速度；对于较高速度，阻力的增加远比牛顿定律所考虑到的为快。为了能确定一个射弹在其轨道上任一给定点的速度，罗宾斯制造了他的“冲击摆”。一个相当大重量的物体被悬吊起来，以使它能来回摆动。如果将一个球射向这摆，那么，按照碰撞定律，根据球和摆的重量以及摆的摆度，就可推算出球的碰撞速度。因为，如设球和摆(看成一个单摆)的重量分别为 m 和 M，在碰撞后以共同速度 V 开始运动，那么，球在碰撞时刻的速度 v 就可由下列方程得到：

$$mv=(M+m)\cdot V，它给出\ v=\frac{M+m}{m}\cdot V。$$

自从伯努利和罗宾斯时代，特别是自从航空学兴起以来，人们从理论上和实验上广泛研究了气体和液体对运动物体的阻力效应。但是，由于所涉及的因素十分复杂，这个问题至今尚未最后解决。 73

欧勒

伽利略以及后来的惠更斯和莱布尼茨都曾试图研究悬链线，即一根两端固定的均匀链由于自重而弛垂所呈的曲线，但均未成功。雅各布·伯努利大概最早正确地定义这种曲线的形状(并附有一个证明)(载

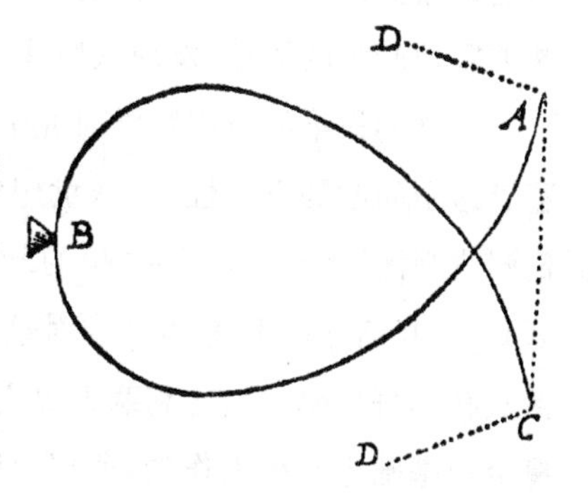

图23——根弹性钢带受迫而形成的曲线

Acta Erudit.,1691 和 1694,参见 Ostwald:*Klassiker*,No.175)。欧勒在这个问题上应用了变分法。他从没有弹性起作用的简单悬链线问题开始,继而研究一根弹性带在给定力作用下所呈现的曲线。人们早就熟知这样形成的图形。图 23 所示的属于最为人们熟悉的图形。这是一根鲸骨带或钢带在 B 点固定、两端 A、C 承受沿方向 AD、CD 的力作用时所呈的图形。这类弹性曲线问题也用到极大和极小理论,并又导致有关弹性带振动的问题。丹尼尔·伯努利是第一个深入研究了这种类型问题的人。如果这种振动足够地快,那就会产生一个律音,而其本性可以通过实验进行研究。这样,数学分析的结果就可用物理学方法加以证实,由此可获得对于弹性体本性的更深刻的认识。在这个研究领域中,欧勒也起了重要作用。他区分开所研究的问题的种种特殊情形,例如区分开一条弹性带一端固定时的行为和两端都固定时的行为。这样,他就能把那些主要靠张力来维持其弹性的物体(如弹性弦)的振动与那些天然就具有弹性的物体的振动区分开来。克拉尼专门研究了这类振动产生的律音,发现这些律音与欧勒的理论结果十分吻合。

在欧勒最早的应用数学研究中,有一项涉及牛顿的潮汐理论。鉴于这个问题的重要性,十八世纪初科学院在法国港口进行了大量潮汐观测。结果发现,牛顿的理论仅能部分地解释这些观测。74 因此,1740 年科学院悬赏征求对这个问题的研究。获奖论文中包括欧勒和丹尼尔·伯努利两人提交的应征文。由于他们是在牛顿奠定的基础上进行工作的,所以,他们借助高等分析的工具,能够考虑到共同决定潮汐的多种环境因素。因此,举例说来,他们能粗略地计算出高潮落后于月球中天时刻的时间。

欧勒对光学研究的贡献将在第七章中讨论。

1750年，西格纳说明了他发明的水轮。这件事导致欧勒去研究应用力学中的一个重要问题。这促使他撰写了有关运动水反作用所驱动的机器的理论的论著（*Mém.de l'Acad.Roy.des Sciences*，Berlin，1754，p. 227ff.，或 Ostwald：*Klassiker*，No.182）。西格纳和欧勒的两部著作已证明对于涡轮机的制造有着根本性的重要意义。即使在今天，欧勒的论著也没有完全过时。欧勒在这部著作中解决了计算一台水力机对应于一给定水位降落和耗水量的工作性能的问题。他又进一步以一系列实例表明了，如何计算涡轮机在给定条件下的最高可能工作性能。

克勒洛和达朗贝

克勒洛和达朗贝对数理物理学作出了一些宝贵贡献。因为，他们发明了解这个领域中和他们对一些特殊问题的研究中反复出现的一些重要类型微分方程的方法。拉格朗日则作出了具有更深远意义的类似贡献。特别是，他推进了对偏微分方程的处理以及引入了一个物体具有对邻近物体施加引力或斥力的位势的概念。后来格林首先称这个概念为位势。这个概念由拉普拉斯加以发展（*Mém.de l'Acad.Roy.des Sciences*，Paris，1787，p. 252），他证明，在自由空间中，位势（V）满足微分方程

$$\frac{\partial^2 V}{\partial x^2}+\frac{\partial^2 V}{\partial y^2}+\frac{\partial^2 V}{\partial z^2}=0。$$

拉普拉斯还以其毛细作用理论和修正牛顿的声速公式而名垂数理物理学史。　75

傅里叶和泊松把更高发展水平的数学分析应用于物理学问题，但这属于十九世纪。

三、摆的实验

数学理论领域中的进展和实验技术进步之间的相互联系在摆的研究中得到很好说明，这些研究主要是法国物理学家在十八世纪里进行的。这些研究主要旨在测定为了打秒拍，单摆的摆长必须是多少，以及这种摆长如何随观测地点纬度而变，但是，这些研究也用于测量落体加速度（g），而且对于测定地球形状的问题也具有重要意义。摆的运动的基本定律是在十七世纪确立的。伽利略已经认识到，任何一个给定摆的振动周期都几乎与摆动弧的幅度无关，而与悬线长度的平方根成正比。他试图把摆的这种等时性应用于时钟的调节。惠更斯在这方面获得了成功。惠更斯还得出了单摆和在重力作用下绕固定轴振动的广延物体的振动周期公式。利用惠更斯的公式，现在就可通过测量任何单摆的长度和周期来求得重力加速度。

十八世纪里，在单摆的制造和悬吊方法方面，在对温度效应和摆的运动受周围空气的影响的估计方面，以及精确地把摆的振动速率与可靠钟表指示作比较的方面，都获得了相当大的进步。在早期摆的实验中，全都把悬线上端夹在一个牢牢固定的夹钳上。但是，这样的布置使摆绕之转动的点的确切位置不确定，而且摆的有效长度的估计也有了不确定性。因此，从十八世纪中期开始，便有人应用了刀口悬吊法（如布格埃，参见 *Mém.de l’Acad.des Sciences*，

76

1735,p. 526)。这样,运动中心就可取为位于刀口所在的平面,而摆的全部重量都由刀口承载。然而,这种悬吊方式也自有其问题,因为,正如拉普拉斯和贝塞尔后来所认识到的那样,刀口实际上是圆筒。皮卡尔1669年注意到摆钟速率因温度变化而被扰乱。哈里森发明的铁栅摆(1725年,见 *Phil. Trans.*,1752,p. 517)和格雷厄姆发明的水银摆(*Phil. Trans.*,1726,p. 40),都是为了自动补偿这种不规则性。另一方面,拉孔达明让一根标准长度的金属棒像摆一样地振动,观察其周期如何随已知温度变化而变化,试图由此来测定金属的热膨胀(*Mesure des trois premiers degrés*,etc.,Paris,1751,p. 75)。十八世纪里,也有人试图估计摆的振动受周围媒质的影响,媒质以惯性阻止摆通过它,而其浮力减小摆锤的有效重力。十八世纪的研究者没有能力为前一因素找到适当的处理办法,因为这种流体动力学问题造成种种困难。然而,牛顿已通过实验研究了各种媒质对摆的振动**幅度**的这种阻力的效应(*Principia*,BK. II,Sect.6),但忽视了对**周期**的效应。他的后继者们直到贝塞尔一直也都是这样。牛顿在《原理》第二版(1713年)中还就空气密度修正了皮卡尔在巴黎对秒摆长度的估计,并在第三版中(1726年,BK. Ⅲ,Prop. 20)对此作了解释。但是,这一点后来被人们忽视了,直到布格埃才在他在南美进行的摆实验中就空气浮力修正了他的结果。布格埃测定空气比重的方法是看一具气压计必须从观测地点升高多少才使水银柱下降一线[①](*Figure de la Terre*,Paris,1749,p. 340)。布格埃还把所有摆观测都下放到海

① 线(line),长度单位,等于十二分之一英寸。——译者

平面上，由此就重力随高度的变化作了修正（上引著作，p. 357），尽管他为了凑数据而不得不把观测地附近海平面之上物质的引力也考虑进来。当摆的振动幅度大出很少几度时，对摆等时性的近似定律的偏离就变得显著。所以，早期研究者，例如皮卡尔为了精确起见就限制被试验摆的振幅。但是，这也带来一个缺点，即摆的运动很快就停止。然而，丹尼尔·伯努利于 1747 年表明了，如何把观测到的振动周期变换成同无限小振幅相应的周期（*Piéces de prix de l'Acad.en 1747*，p. I ff.）。如取一级近似，则以振幅 a（按 77 弧度制）振动的一个摆的周期同它划出无限小的弧时的周期成由 $\left(1+\frac{1}{4}\sin^2\frac{a}{2}\right)$ 量度的比例，而如果 a 很小，则该比例可以取为 $\left(1+\frac{1}{16}\cdot a^2\right)$。

十七世纪里，默森（1644 年）、利乔里（1651 年）和皮卡尔（1669 年）等人测量了敲打秒拍的一个单摆的长度。皮卡尔的方法是调节悬线长度，直到摆与一个打秒拍的时钟同步，然后用一把尺测量这个长度（*Mesure de la Terre*，Paris，1671，p. 139）。然而，1735 年德·梅朗预言了后来的“符合法”，尽管还很粗糙（*Expériences Sur la lonueur du pendule á Secondes á Paris*，*Mém.de l'Acad.*，1735，pp. 166ff.）。他的方法是观察被试摆和紧位于其后的一个钟的摆同时到达垂线同一侧的摆动弧端点的时刻。这两次会合的间隔时间相当于整数次摆振动和整数多个秒，这样用除法便很容易求得摆的周期。1743 到 1749 年间，布莱德雷在格林威治应用了这种方法的“耳目并用”形式：把用眼对摆的观察同用耳听时钟的嘀嗒声相比较（Bradley 的 *Miscellaneous Works*，Rigaud 编，

1832,p. 384)。十八世纪末,R. G. 波斯科维奇在关于这个问题的一篇论文中提出了改进摆实验技术精细程度的意见(*Opera Pertinentia ad Opticam et Astronomiam*,Bassani,1785,Tome V,pp. 179—269)。他建议计时钟和被试摆都通过各自垂直位置时的符合,这时观察者通过一块屏上的一个孔集中注意看摆动弧的中部。这实际上就是现代的"符合法"。它比德·梅朗的方法更精确,因为两个摆是在它们与观察者眼睛处于同一直线上时,而且当它们以最大速度运动时被观察的。波斯科维奇还确认了伯努利变换到无限小弧的方法,并表明如何把这些修正应用于一种具有实际重要意义的情形,在这种情形里,像布格埃所认为的,逐次振幅按几何级数递减。波斯科维奇似乎并没有把这些方法应用于自己的摆实验。但是,数年以后,J. C. 博尔达和 J. D. 卡西尼·德蒂里在他们旨在在巴黎测定秒摆长度的一些精心研究中就基本上采用了波斯科维奇提出的这种方法。 78

博尔达和卡西尼的实验是 1792 年春夏期间在巴黎天文台进行的。他们的方法主要是把一个已知长度的摆的振动速率与一个其摆打秒拍的时钟的速率相比较,该时钟的误差由观测恒星中天得知。这时钟固定在一堵坚牢的扶壁(为支持墙象限仪而建)上,摆挂在一块突出石头上,在钟前面悬下(图 24)。摆是一个直径约 1.5 英寸的铂球,由一根约 12 英尺长的细铁丝悬吊,这样,它将以约 2 秒的半周期振动。铁丝的下端用螺钉固定着一个倒置的铜杯(图 25),摆锤恰好可以容纳在里面,摆锤涂了一点润滑油。这样,一次实验之后,摆锤就可以很容易地翻转过来,这可以反复进行,以消除摆锤形状或密度的任何不规则所产生的效应。摆悬置在刀

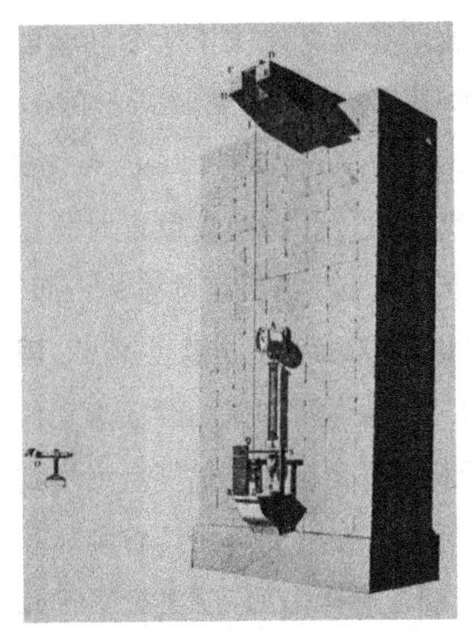

图 24—博尔达和卡西尼的摆(1)

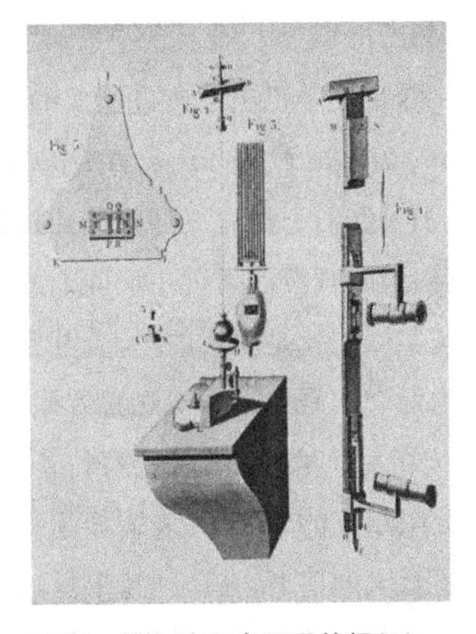

图 25—博尔达和卡西尼的摆(2)

口上,刀口则置于一个水平钢表面之上;这钢表面固定在一块铜板 *IKL* 上,铜板则用螺钉固定在那个突出石块上。摆通过狭缝 *ST* 悬下。悬线上端附着在杆上,这杆由其向上延长部平衡。这延长部带有一个活动的重物,通过对这重物的调节,可使这悬置系的固有振动周期与摆的周期相等,这样,摆的运动就不受这悬置系惯性的影响。摆和时钟都完全封闭在一个箱子里,因而避开了气流,观察者通过一块窗玻璃用望远镜观看它们的运动。摆的长度这样调节使得在时钟摆动两次的同时,摆的摆动还远远不到一次。观察者的任务是,记下两个摆都从右向左运动时,它们同时通过垂直位置的时刻。为了便于进行这种观测,在时钟摆锤上设置了一个在黑色背景上的白色十字符,并适当放置望远镜,使得当两个摆都处于静止时,一个摆的悬线在观察者看来乃通过另一个摆上的十字符的中心。此外,每个摆的摆动弧的左半部分被一个屏遮住,使观察者看不见。当让两个摆开始摆动后，观察者记下在两个摆刚刚都消失在屏后面时摆线平分十字符的时刻。观察者还要记下被试摆在每次这样重合时的振幅，这样，就可用得上伯努利的修正法。将各次观察到的重合之间的时间间隔除以经修正的这期间发生的振动次数，博尔达和卡西尼就计算出了被试摆的振动周期；这样，再考虑到这个悬置系的长度；就推算出在巴黎一个打秒拍的摆的长度。“符合法”的好处在于这样的事实：逐次符合的时间间隔的估计误差仅仅相当于这些间隔的一小部分，而相应的**振动周期**误差则是这周期的远小得多的一部分。用来测量摆长的是一个铂标尺，其上端有一个置于钢板上的钢横档，这样，标尺上端便与刀口齐平，而其下端是一个可以在一条槽道中上下自由滑动的刻度舌片 EF，及一个游标 X，它指舌片端部在标尺零刻度以下延伸多远。（戈丹早已使用过这种可伸长的标尺。）这铂标尺的一面覆盖一根铜标尺，用螺钉固定在标尺一端。这组合用作一种金属温度计。因为，由一个专用游标量出两个标尺的热膨胀差，这使得铂标尺的相应绝对膨胀得以计算出来，并可用作对藉这标尺作的测量的修正。在进行这些测量时，先把标尺上端的位置调整好；然后，用一个螺钉使位于摆锤之下的水平板升高，直到刚好接触摆锤的下表面，再使舌片 EF 降低到与 IH 接触。于是，标尺全长（对于其自重引起的伸长，已加以修正）**加上**舌片在游标 X 零刻度以下的伸长部分便示出了摆的总长度，测量结果精确度达到$\frac{1}{116}$线以内。为了测定等效单摆的长度，博尔达和卡西尼又作了许多修正。他们根据零件的重量和大小计算出了摆的摆动中心的位置，从而

79

也计算出了摆的有效长度。根据实验期间温度和大气压，他们计算出了空气的密度，并因而也算出了空气浮力在抵消铂球重力方面所会产生的效应。最后，还必须把铂标尺上的任意分度表达为某种公认标准的标度。他们选用了科学院官方的 toise[①]。博尔达和卡西尼经过二十组观测得出的最后结果是，在巴黎打秒拍的摆的长度为 440.5593 线。

80　十九世纪，势在必然地以可倒复摆取代单摆在科学研究中的应用。G.里什德普洛尼 1800 年提出的一些建议中已包含这种思想的萌芽。然而，这被忽视了，直到 1817 年才有凯特船长独立地发现这一原理，并付诸实践。

十七世纪末便有人发现，在赤道附近秒摆的长度要比在高纬度地区短，相应地重力也比较弱。这观测提出了关于地球形状的问题，导致牛顿和惠更斯试图估算通过地球极轴取的地球任何截面的椭圆率，地球被认为关于其极轴是对称的。十八世纪期间，积累起了世界各地秒摆长度的大量估计值；这些数据大都基于用固定长度的块体摆作的测量，这种摆可以接连在不同地点设置，并能连续摆动数小时。自从德布勒蒙首先发表了这种估计数值表(载他译的法文版 1734 年《哲学学报》，巴黎，1740 年，p. 126)以后，便不时有这种表发表。人们试图推导出一个理论公式，它应把秒摆长度和观测地纬度联系起来，并应同已有数据相符。牛顿已经得出过一条简单法则，它把纬度 ϕ 处的长度 l_ϕ 与赤道上的长度 lo 联

① 法国长度单位，约合 $6\frac{2}{5}$ 英尺。——译者

系了起来，其关系为

$$l_{\phi}=lo(1+m\ \sin^{2}\phi)\text{，其中 } m=\frac{1}{229}$$

（*Principia*，Ⅲ，Prop. 20）。克勒洛从关于地球内部构成的比牛顿更为概括的假设出发，得出了同牛顿的公式形式一样的关系式，但赋予 m 以值$\frac{5f}{2g_{o}}-\in$，其中

f＝赤道上因地球自转而产生的离心加速度；

g_{o}＝赤道上的重力加速度；

$\in$＝地球的一个子午截面的椭圆率。

人们作了许多尝试，想通过比较世界各地作的摆观测的结果，推导出 m 以及从而也推出椭圆率$\in$。但从这种比较中推出的椭圆率的值彼此还不能很好地吻合，也不能同通过测量子午弧得到的几何椭圆率相吻合。

81

（参见 *Collection de Mémoires relatifs á la Physique*，*Publiés par la Société Française de physique*，Paris，1889，Tome Ⅳ，其中转载 *Base du Systém Métrique*，Paris，1810，Tome Ⅲ，pp. 582ff. 博尔达和卡西尼的论文，还载有关于摆的理论和应用的参考书目和论文目录，以 C. 沃尔夫撰的一篇历史性述评。）

四、实验流体动力学

继十七世纪托里拆利、马里奥特和牛顿等人的开拓性工作之后，十八世纪从理论和实验两方面对流体动力学问题予以相当的注意。所研究的主要是关于固体在流体中通过时所受到的阻力的

问题,以及液体在压力作用下从容器注孔中喷出而成的射流的问题。在这个时期中,人们试图建立一个关于流体阻力的数学理论(甚至假定流体是不可压缩的),但始终遇到了种种分析上的巨大困难,所得的结果与相应的实验数据相比,总的来说是令人失望的。十八世纪初期流行的那些流体阻力理论普遍建立在这样的流体观基础之上:流体乃由孤立粒子构成,这些粒子仅仅藉碰撞相对它们做运动的一个物体的表面而阻止其运动。这假说认为,一个平面表面沿与其自己平面垂直的方向通过流体运动时,所受到的阻力同表面的大小以及其速度平方成正比。而如果是一个三棱柱的斜面像船头一样通过流体运动,其底面与运动方向垂直,则这些斜面所受到的阻力同斜面对运动方向的倾角的正弦平方成正比。人们还曾追随牛顿进一步假设,一个物体所受到的阻力仅取决于该物体的处于其最大截面(与运动方向垂直地取的)之前的那一部分的形状,因此,物体后面部分的形状根本不影响阻力的值。

达朗贝在其《论一种新的流体阻力理论》(*Essai d'une nouvelle Théorie de la Résistance des Fluides*)(巴黎,1752年)中批评了这种过分简单的理论,特别是因为这种理论忽略了媒质粒子在碰撞了物体之后本身会怎么样的问题。他认为,碰撞后每层粒子起着十分重要的作用,因为这样的粒子层在物体表面滑动,对物体施以压力和摩擦力,干扰继起粒子层的碰撞作用。他还试图描绘出当达致稳定运动状态时媒质粒子沿之运动的"流线"(filets)。达朗贝试图把流体力学建立在一些坚实的基本原理之上,这些原理与他认为固体力学业已确立的那些原理相联系。但是,他在试图用他的理论导出能为实验证实的推论时,遇到了重大的分析上的困难。达朗贝认为，他在写《论一种新的流体阻力理论》时所能得到的关于流体行为实验证据太粗略，不宜作为流体动力学理论的重要根据。但是大约二十年后，达朗贝本人也参与的一些研究在这一学科的实验处理上开辟了一个新纪元。他的共事者是孔多塞侯爵和修道院长博絮。1755 年，博絮发表了一篇根据自己观测讨论水在管道和隧道中的运动的流体动力学论文。同年，达朗贝、孔多塞和博絮受命于杜尔哥进行旨在改进航海的研究。他们对液体对通过其中的物体的阻力的定律进行了实验研究。他们的实验是 1775 年 7 月和 9 月间在军事学校（ÉCole Militaire）院内一个湖上进行的。博絮充当 rapporteur〔报告人〕，这次研究的过程和结果明白地记载在他的《关于流体阻力的新经验》（*Nouvelles Expériences Sur la Résistance des Fluides*）（巴黎，1777 年）之中。

这三位百科全书派采取的方法是测量由已知力牵引通过水的船所获得的速度。每次都由一个下落的重物提供动力。重物被系在一根绳索的一端，这绳索绕过位于一根约 75 英尺高的桅杆的顶端的一个滑轮和桅杆下端的另一个滑轮，然后把它的自由端系在船头，这样，当重物下落时，小船便被牵引沿水平方向前进（图 26）。绳索由于自重而稍有下垂的效应忽略不计。湖的轮廓大致呈矩形，约 100 英尺长，50 英尺宽，深度不等，最深处达 6 英尺左右。湖的两条长边部分地划成区段，每段 5 英尺长由直立标杆标示，相应于 0，5，10……45，50 英尺。连接两对岸相应分度的连线与小船的运动方向垂直，标示 50 英尺的分度接近湖的尽头，船在 83 该处停靠于木排。每条船都从零刻度线后的某处出发，以使在它进入 50 英尺的被测路程时达到一个均匀的终速度。然后，观察者

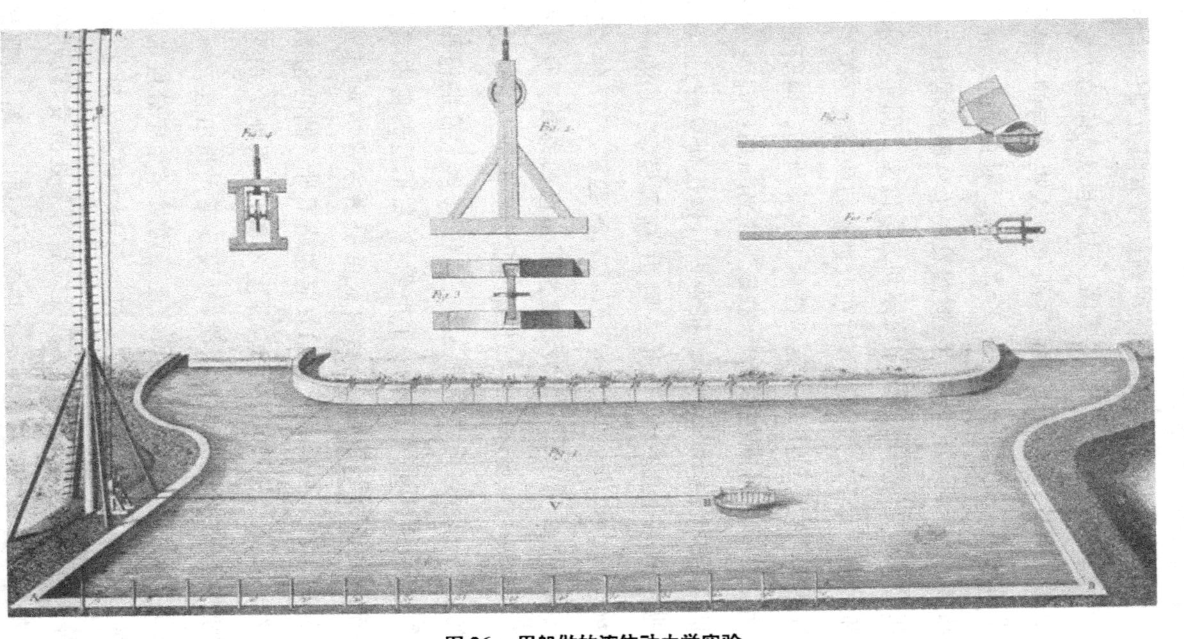

图 26 —用船做的流体动力学实验

对船在这路程中的运动计时，记下通过连接各对标杆的每条连线(0—0,5—5,等等)的时刻，其时一个戴表的计时人出声地数出半秒的时刻。在这些关于船运动的实验中，所通过的水域相对船来说实际上可以认为是无界的。除了这样的实验而外，还有另一些实验，其中同样的船被推进通过一条沟渠，沟渠的宽度和深度可以在一定限度内任意改变。构成这种沟渠的方法是，沿湖在水下建造一个平台，两边由平行的两道木栏围住，它们形成沟渠的两边，它们的间距可以任意调节。沟渠深度可通过在湖中引入或多或少的水加以改变。这类实验大都在沟渠两端开放的条件下做的，不过也有少数是在两端封闭的条件下进行的。在这些实验中，应用了二十种不同的船，船头和船尾形状各异，有的方形，有的呈不同锐度的尖顶。船幅和吃水深度也各不相同；吃水大都在一英尺左右。为了使船在开阔水中直线行进，还为船装备了舵。但在沟渠实验中，必须使用一根从船头和船尾上两对滑轮间通过的导向索，并要对滑轮的摩擦给予修正。在每一组给定条件下，观察都重复多次，取船历次驶过 50 英尺所需时间的平均值；为此目的所得到的各组结果的差异罕有达到一秒的。

在《新经验》中提出的各个理论结论乃基于在适当变化的条件下对船的平均速度进行的数百次测定。总的来说，阻力随速度平方而变化的定律得到了充分支持，尽管发现阻力的增大速率比理论的要求稍高一些。但是，这一点基本上可从下述认识中得到解释：船头前形成的上涨(remou)即水面升高以及在船尾形成的凹陷必定要引起有效阻力增加。为了对这种效应进行修正，当船达到稳定速度后，立即测量船头中央和两侧的上涨高度，并与实验的其他结果一起记录下来。对速度相等但表面不等的物体所受阻力进行比较时,要区别两种情况。(1)当浸没水中的表面深度相等而宽度不等时,发现阻力的增加速率稍稍大于表面的增加速率。(2)当表面宽度相等而深度不等时,阻力的增加速率略小于表面的增加速率。把上涨效应考虑进来后,各种情形里的差异便得到了解释。接着又比较了用方头船得到的结果、用船幅和吃水深度相等、速度明显相等,但船头两侧交角不同因而以不同倾斜度击水的各种船得到的结果。结果发现,随着船头变得越来越尖,"正弦平方"定律越来越站不住脚。产生动力的重量比理论所要求的要重,并且船头越尖,就重得越多。博尔达的一些关于斜向阻力的实验也得出过类似结果(*Mém.de l'Acad.*,Paris,*années* 1763 和 1767)。结果发现,船头尖角的正弦的任何其他简单幂都不能取代平方来作为对所受阻力的一种精确量度。还发现,当船尾成为尖锥形时,船受到的阻力减小。在沟渠实验中,发现阻力和速度平方之间的正比例关系完全成立。然而,在每种情形里,当其他条件相同时,阻力总是要比在开阔水域中大;留给水从船前头流到船后面的地位越小,这种阻力增加就越明显。曾尝试求得水对行进的船的绝对阻力的某种估计值。空气阻力所起的作用也考虑到了,空气阻力与水阻力的比例根据这两种媒质的相对密度以及物体表面分别暴露于它们的面积推算出来。水的韧性以及水沿船侧的摩擦被认为可以忽略不计。根据所获得的大量数值结果,得出这样的结论:一个平面表面在无界流体中以速度 V 沿与自身垂直的方向通过无界流体运动时,所受到的阻力等于该流体的这样一个柱的重量,柱的底面积等于受压表面积,柱的高等于一个落体为达到速度 V

所必须通过的距离。

1775年，博絮关于流体动力学的论著以及他与达朗贝和孔多塞合作的实验结果的发表，激发了P.L.G.迪比阿爵士去进行更加精细的研究。这些研究是1780—83年间进行的。他的《水·力学原理》(*Principes d' Hydraulique*)(巴黎，1779年；修订版，1786年)的后面几版描述了这些研究。迪比阿研究的问题包括水在沟渠中匀速运动的定律、液体射流喷注的碰撞、各种形式固体相对阻抗媒质运动时表面所受压力的分布以及摆在这种媒质中振动时伴生的某些效应。书中还讨论了许多其他比较专门的技术问题。迪比阿用人造木质沟渠进行实验，其宽度、梯度和水深都可以任意改变。他认为，当沿这样一条沟渠向下流动的稳定水流倾斜于水平方向时，那表示作用于水的重力加速力和因水的黏滞性而产生的反力之间达致一种均衡状态以及它对沟渠两侧壁产生了摩擦。通过改变了水流的宽度，深度和坡度，一次改变一项，并注意水达致的流速随之发生的变化，他成功地得出了关于流速与这些因素关系的一个经验公式。若设V为水流平均速度；r为水流的截面除以截面周长；其梯度为$1/b$，则这些量之间的关系由下式给出：　85

$$V=\frac{307(\sqrt{r}-0.1)}{\sqrt{b}-loge\sqrt{b+1.6}}-0.3(\sqrt{r}-0.1),$$

这些量采用(英国的)寸和秒度量，沟渠的截面和梯度假定是恒常的，其长度与其别的维度相比是相当大的(*Principes d' Hydaulique*，1816年版，Vol. Ⅰ，p. 62f.)。迪比阿还研究了水流表面和底部的水速之间的关系。他发现，如果V是水流表面的速度，v

是水流底部的速度，那么，$v=(\sqrt{V}-1)^2$，而水流整个截面上的平均速度（由沟渠单位时间内放出的水量推知）便是V和v的算术平均值（上引著作，p. 90）。这些结果看来与沟渠床的大小、形状和梯度无关。他测量表面流速的方法是，向中流扔进一薄木片，用一块表计量它在沟渠中行过10英寻的时间。至于对水流最底层速度的测量，他以类似方式观察一些小球沿沟渠底的运动，小球用密度稍大于水的材料做成，而且其色彩鲜艳，易于观察——红茶藨子最适合作此用途。十九世纪初，G. 里什德普洛尼得到了关于沟渠中86流动的水的更加概括的公式。但是，他的法则基本上以经过挑选的前人实验为基础。迪比阿用一根玻璃管来研究射流喷注的冲击力。玻璃管的两端开放，并弯成直角，安装时让管的一只呈水平，另一只竖直朝上。水平肢的开口插入一块金属板（使用各种形状的金属板）上的一个孔中，恰使管口与金属板表面齐平。然后把管端推入水喷注中，后者直径大于管的直径。这个实验旨在测定喷注压力将在竖立肢中维持多高的水柱。迪比阿表明，这高度近似等于维持喷注的压头高度。在压头和喷注直径的某个值域中，这个结论都很好成立，如果冲击发生地点离注孔不太远，且不让冲出的水通过一个管嘴的话。迪比阿还研究了一个浸没于水流中的固体的表面所受压力的分布问题。他借助一个金属盒子来进行这一研究，盒子壁上各处钻有孔，这些孔可随意打开或关闭。一个连通盒子内部的流体压力计伸出水面。它显示出内部压力与外部压力的关系，以及当这个或那个孔打开时这种关系如何变化。一个这种方盒子附装于一个方棱柱的末端，整个地把它们浸没于水中，盒子的开孔面指向逆流方向。于是发现，这障碍物的正面即逆流面的中央压力最大，位置向边缘靠近时压力随之减弱，而在边缘处压力实际上让位于向外的空吸。迪比阿把这个盒子附装于各种长度的棱柱，由此表明，障碍物越长，正面的压力就越小。为了研究这样一个障碍物后面的压力状况（在此之前这一问题一直被忽视），迪比阿把他的设备掉个头（使开孔面指顺流方向），再同前述一样进行实验。他确定，在障碍物后面的空吸随着从圆周向中心而渐减，而且障碍物越长，减弱越甚。以前研究这个问题的人采取这样一条公理：阻止媒质和浸没于媒质中并与其做相对运动的物体之间的反作用力，当其他条件不变时，不管是物体通过静止媒质运动，还是媒质流过静止物体，都是一样的。迪比阿通过一些实验使他怀疑这条公理。在那些实验中，他在蒙斯附近的埃恩河上把他的钻孔盒子放在两条平底船之间的水下牵引前进，其水闸关闭，水流停止。他把在这里对于从一个适当的速度范围得到的结果与以 87 前水在他的人造沟渠中流经仪器的实验中得到的结果进行比较。他觉得看到了一些差异，在静止河水中所受到的阻力有规律地小于沟渠中的相应反作用力。他提出，水静止时可能比运动时易于分开；还提出，运动液体的各层沿流动方向形成一个向下的斜坡，而一个浸没物体将趋向沿这斜坡下滑。迪比阿认识到，在流体中运动的物体势必要带走一部分流体，物体的有效质量因而便增加。他试图通过研究摆在水中的运动来估算出在某些特例中这种虚质量增益。他假设这种摆的振动周期受阻力影响不大。两个具有相似摆锤而周期相等的单摆，一个在空气中，另一个在水中时，它们的长度应当与两个摆锤在各自媒质中的重量成正比。但是，如果摆锤的有效质量因携带了流体而增加，则这关系就会被扰乱。迪比阿根据所观察到的这种差异而推算出，在水中的一个球形摆锤的有效质量的增加量是其体积约相当于摆锤一半的水的质量，而且摆锤直径或密度或者悬置系长度的差别对这个关系影响不大。他还试图为其他简单形状的摆找出类似关系，并想通过摆实验来比较不同密度媒质的阻力。贝塞尔在十九世纪对摆的这些问题进行了更带根本性的研究。

五、弹性

梁的理论

十八世纪初以前，只发表过三种关于梁的理论的重要著作。(1)伽利略在其《两种新科学》(*Two New Sciences*)(1638 年)中勾勒出了一种数学理论，它认为，一根肱梁上的载荷和在其“断裂底”上引起的抗力是作用于一根转向杆的两个力，以使它们各自关于一根轴的矩相平衡，这根轴就是拱腹平面与断裂底平面的交线。伽利略没有考虑弹性形变，而且认为抗力在断裂底上是均匀分布的。(2)埃德梅·马里奥特在其《论水的运动》(*Traité du Mouvement des eaux*)(1686 年)中论证说，情况不可能如此，因为构成梁的物质的纤维的伸长是不等的。他仍然采用伽利略的轴，计算出他的材料的“绝对抗力”即直接抗张强度的矩为伽利略的估值的三分之二。当他注意到在一个简单对称截面上，一半纤维伸长，一半被压缩的情况后，便提出了一个更为精确的理论(这个理论使他的矩只有伽利略的三分之一)。但是，这理论更不令人满意，而他做了一些粗糙的实验后，却墨守着这个理论。由于得到了莱布尼茨的支持，这个理论在十八世纪里始终是一个同伽利略理论相抗衡的理论。(3)罗伯特·胡克在他的卡特勒讲义《势的恢复》(*De potentia restitutiva*)(1678年)中表明，施加的载荷与因而产生的畸变是成简单比例关系的。他由此为用伽利略所忽视的弹性形变来研究这个问题奠定了基础。马特里奥也没有认识到这种形变的重要意义。在解决这个问题的进程中，胡克定律即 *Ut tensio sic vis*(应变与应力成正比)是最重要的一步。但是，它曾被忽视了一个多世纪。

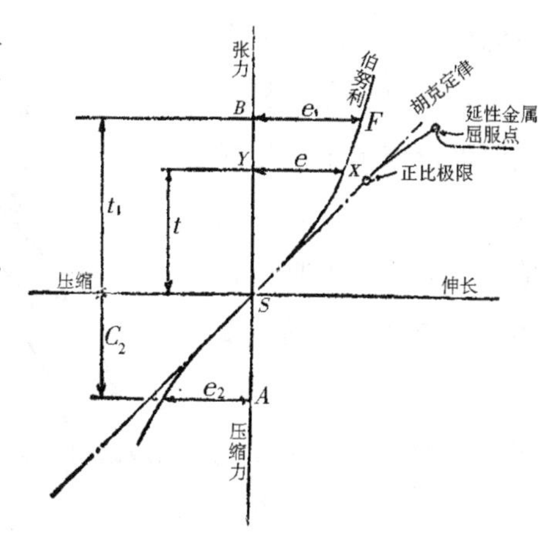

图 27—载荷—伸长曲线

89

十八世纪发表的对于弹性理论的贡献中，最重要的是雅各布·伯努利、欧勒和库仑三人的贡献。

伯努利对问题的实质进行了实验研究。但是，实质恰恰表现反常。因此，这导致伯努利误以为应变的增大率比产生它们的应力的增大率要小。如图27所示。图中，e_1 与 e 的比小于 t_1 与 t 的比。由于忽视了物理的比例极限的存在，伯努利想象一个张力足可使一件材料的长度增长一倍，而压缩力无论多大也不能使其长度减小到零。伯努利进而又错误地漠视了梁的**中性**层(即无应力层)，在那里压缩终止而伸长开始。于是，他又回到了马里奥特那

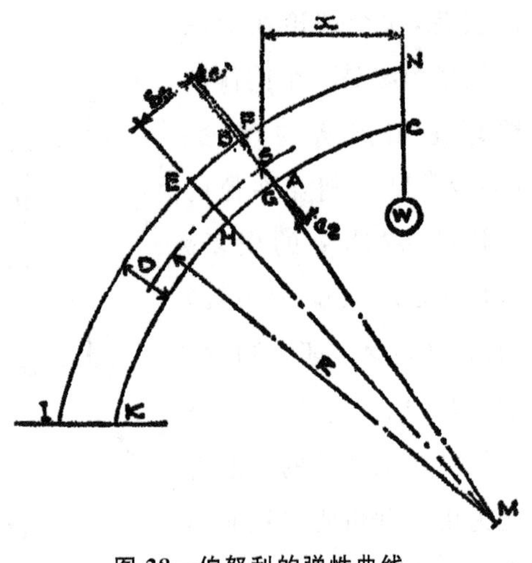

图 28—伯努利的弹性曲线

不能令人满意的假说上去了。然而,伯努利对挠曲理论作出了一项极其重要的贡献,这就是他表明,一个挠曲构件的曲率与其纤维的应变成正比(见图 28 和 29)。作为一种能作数学处理的情形,他假设,这些应变与纤维中所受的力成正比——这也就是胡克定律。于是,他得到了一个连结一个挠曲板条的曲率与挠曲力的矩的方程。这是一种理论上的确实进步。后来经欧勒简化了的伯努利理论,以一根弹性梁为例就是说(见图 29):如果

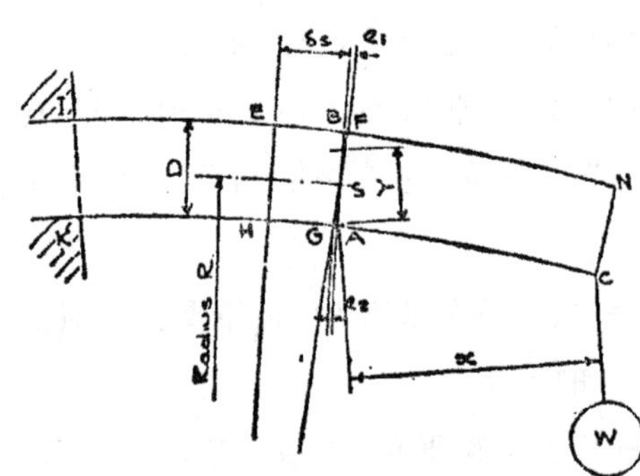

图 29—伯努利理论应用于梁

90 R 为中性轴在点 S 处的曲率半径,S 是取决于材料弹性性质和过 AB 的截面的大小的一个常数,那么,曲率$=\dfrac{1}{R}=\dfrac{W\cdot x}{S}$。$W\cdot x$ 是图示例子中截面 AB 的**挠矩**。S 可以称为截面的倔强矩。

欧勒不仅把伯努利理论应用于梁,而且还应用于支柱,并由此

作出了一项具有根本意义的发现，其后一切关于支柱性能的理论皆由之引出。在他于1757年递交柏林学院(*Mém.*，XII，pp. 252—82)的题为《论支柱的力》(*Sur la force des Colonnes*)的论文中，他

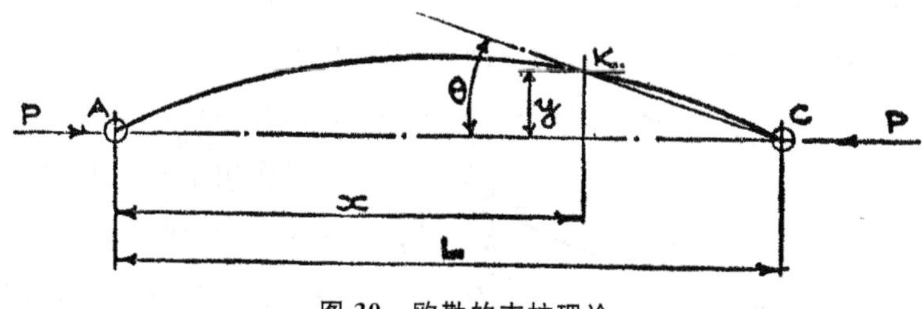

图30—欧勒的支柱理论

分析了一根由各向同性的匀质材料构成的细长弹性直支柱在负有完全集中的载荷时开始发生挠曲的条件。他发现，如果不考虑支柱长度与连结其两端的**弦**的差异，则有

(1) 在达到某临界载荷之前，不会发生任何挠曲；

(2) 处于临界载荷时，支柱的轴呈正弦曲线的形状；

(3) 在支柱开始挠曲后，不管程度多么轻微，作用于杆臂的载荷都造成挠曲 y(图30)，从而使支柱因弯折而完全断裂。

如果 P 为临界载荷，L 为支柱从加载点到支承点的长度，那么，致断载荷便由方程 $P=\frac{\pi^2 \cdot S}{L^2}$ 给出。倔强矩 S 可以分为两个部分，即一个力和长度平方，从而使之类似于**转动惯量**。一根梁或支柱的**截面的转动惯量**这一术语现在仍在使用，用来冠称梁或支柱的横截面关于一根中央轴的第二矩。这与欧勒所引入的术语意义不太一样，也没有那么恰当。

支柱性能表现出来的不连续性使欧勒颇感困惑，特别是与图

31 所示的那样一根梁的性能相比较的时候。他表明，在图 31 中，

91 由力 Q 在 A 点产生的挠曲可以表示为 $\delta=\frac{Q\cdot l^{3}}{3\cdot S}$。$Q$ 值的任何增加，不管多么小，都会引起 δ 值相应增加，而未出现临界值。

库仑在其论文《建筑静力学问题》(*Statical Problems applied to Architecture*)(*Mém. par divers savants étrangers*, 1773)中率先对作用于一根肱梁的一个典型横截面的力(参见图 32)作了合理的全面讨论。*AD* 是典型截面，距载荷 *W* 的作用线的距离为 x。作用于

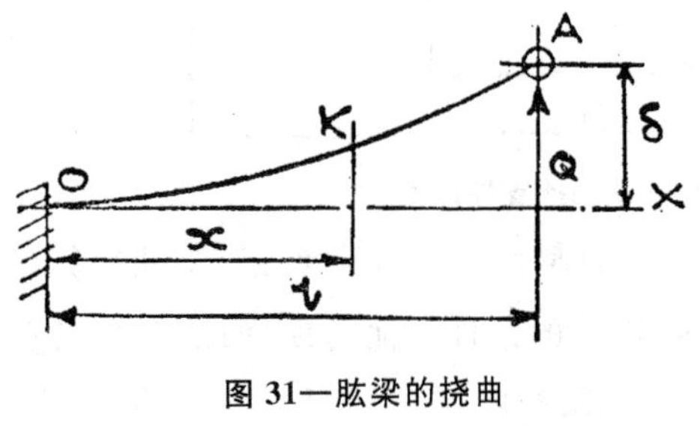

图 31—肱梁的挠曲

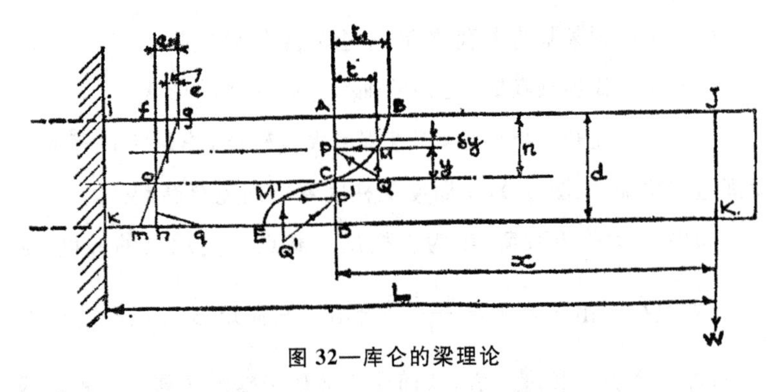

图 32—库仑的梁理论

这个截面的全部内力联合抵抗 *W* 要在截面处将梁折断的倾向。截面上部的材料将提供抗张力，例如 *QP*，而截面下部的材料将提供抗压力，例如 *Q′P′*。把作用于梁的 *ADKJ* 部分的力沿水平和垂直两个方向分解，我们便知道，为了达致平衡，

（1）张力的和 MP 必须与压力的和 $M'P'$ 平衡，即面积 $ABMC$ 必须等于面积 $DEM'C$；

（2）诸如 QM、$Q'M'$ 等等垂直分量之和必须等于 W；

（3）力 MP、$M'P'$ 关于 C 的矩之和必须等于矩 $W \cdot x$，

即 $\int t \cdot y dy = W \cdot x$。

不论各构元的畸变和其内聚性的关系怎样，上述三个条件都必须 92 得到满足。

过去从未有人对这个问题作出过如此明了的概述。

如果这根梁是由完全弹性的木材制成的，就是说，材料的伸长和压缩与造成它们的力成正比，那么，材料在肱梁固定端的那个构元 $jfhk$ 将呈楔形 $jgmk$，三角形 ofg 将与三角形 ohm 相等；这样（由于库仑考虑的是长方形截面），of 必定等于 oh。

三角形 ofg（代表张力）关于 o 的矩为 $\left(\frac{1}{2}e_1 \cdot n\right) \times \left(\frac{2}{3} \cdot n\right) = \frac{e_1 \cdot n^2}{3}$；既然 $n = \frac{1}{2}d$，所以该截面上的所有张力和压力的矩的总和 $= \frac{e_1 \cdot d^2}{6} = W \cdot L$.

内力的垂直方向分量如 QM 被忽略不计，因为在库仑看来，如果 L 与 d 的比很大，则这些分量的效应很小。认识到切力对一根中空长梁的挠曲没有显著作用，这是一个重要而又新颖的见解。

然而，库仑也犯了一个当时常见的错误：他认为，有些物质例如石头是不可伸长的，因而伽利略理论适用于这些物质。

图 33—库仑

库仑的扭转理论

库仑在他一篇论磁罗盘的论文中首次概述他的扭转理论，并描述了丝绸和发丝的扭转实验，该文发表于 1777 年的《外国学者报告集》（*Mémoires Par Divers Savants Étrangers*）。他对金属抗扭转力的研究的描述见于他在 1784 年递交科学院的一篇论文，该文发表于当年那卷《备忘录》。在那篇论文中，他考察了一根金属线所承受的扭转的角度和其长度、直径与弹性性质之间的关系；描绘了扭秤和扭秤对测量微小力的应用；并就弹性和内聚性分别在金属因受应力而发生的塑性屈服中所起作用提出了一个格外新颖的理论。1884 年法国物理学会编印出版的《论文集》（*Collection de mémoires*）的第一卷转载了这两篇论文。

库仑所采用的实验方法是竖直地悬吊一根金属丝，其下端同轴地系一个重的金属筒。筒带有一根在一个水平环形标度上移动的指针，记录金属丝下端相对于固定的上端扭转了多少角度。重物被旋转某一加以量度的角度，以使金属丝扭转，然后放松。金属丝的弹性提供了推动力，使这系统回复到其正常位置。但是，由于筒的惯性，指针通过了零位，金属丝被沿相反方向扭转，这样便建立起可精确加以计时的振荡运动。

库仑提出了“扭力”与扭转角成正比的假说。如果事情果真这样，则由金属丝悬吊的圆筒的行为便处于一种简谐运动。设θ=偏离中性位置的角度，α=圆筒的角加速度。设圆柱体质量为M，半径为a，那么，圆筒的极转动惯量就是$\frac{Ma^2}{2}$。按照库仑的假说，转矩或扭矩可以表达为$n \cdot \theta$，其中n是常数，取决于被扭转金属丝的材料的某种物理性质、它的长度L和直径D，由实验按某种方式确定。于是，我们就可以写下转矩$n \cdot \theta = \left(\frac{Ma^2}{2}\right) \cdot a$，它给出$a = \frac{2n\theta}{Ma^2}$。

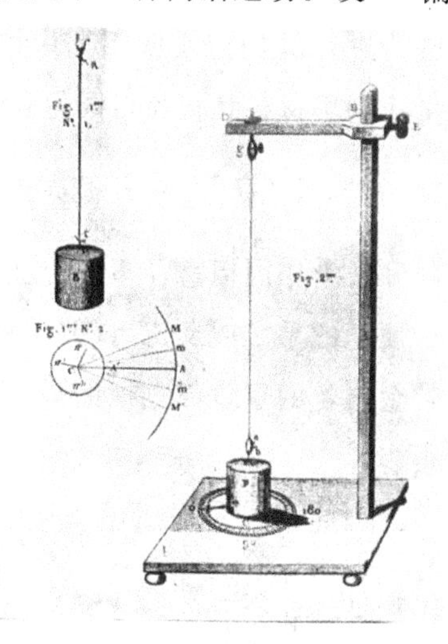

图 34—库仑的扭转装置

在任何简谐运动中，周期时间都等于位移除以加速度所得的一个量的平方根的2π倍。因此，振荡完全一周的周期时间可由方程式$T = 2\pi \cdot \sqrt{\frac{M \cdot a^2}{2 \cdot n}}$给出。库仑没有用过"简谐运动"和"极转动惯量"这样的术语；但是，他以最基本的原理来处理问题，却得到了同样的结果，只是他给出的是朝一个方向摆动一次的时间，而不是往复摆动完整一周的时间。

他对阻尼效应的研究导致一个没有实用价值的复杂公式。因此，我们避开这种研究，进而讨论他用以计算n的值的实验。

应当注意，T与摆动角无关。库仑发现，当角度很小时，情形的确如此，这样便证明，他关于抗扭力与扭转角成正比的假说是合理的。他做实验时所应用的是翼琴铁丝和黄铜丝。他用重量和半

94 径各异的若干圆筒证实了 T^2 与 Ma^2 的比例性。这样，在用同一圆筒进行的任何实验系列中，他都能把 T 和 n 看作是仅有的变量。利用材料和直径相同但长度不等的金属丝进行实验后，他发现，T 与长度 L 的平方根成正比。因此，$n\propto\frac{1}{T^2}\propto\frac{1}{L}$。当使用材料和长度相同但直径不等的金属丝时，他发现，周期时间与所用的金属丝的重量成反比，误差不超过百分之三到四。一根给定长度的金属丝的重量与直径的平方成正比，但要加以精确测量则容易得多。

因此，对于一根重量为 W 而长度恒定的金属丝，这实验系列给出 $T\propto\frac{1}{W}\propto\frac{1}{D^2}$。所以，$n\propto\frac{1}{T^2}\propto D^4$。

如果我们用 μ 标示仅由金属的自然刚性所决定的一个系数，则该金属丝被扭转 θ 角后所产生的转矩可以表示为

$$\text{转矩}=\frac{\mu\cdot D^4\cdot\theta}{L}。$$

铁丝和黄铜丝的 μ 值之比求得为 10∶3，而米欣布罗克测定的这两种材料的抗张强度之比为 5∶3。我们不知道为什么库仑期望这两个比相同；但显然他抱有这种期望，因为他提出，这种差异可能是由于材料经受的冷加工和退火处理的程度不同而造成的。一根丝线的扭转刚度仅是一根铁丝的二十分之一，而它在同样大张力载荷作用下却断裂了。

对经受大角度扭转的金属丝进行的实验，使库仑注意到，当载荷移去以后，弹性仍有所恢复，甚至在金属丝受到相当程度永久变定之后也是如此。铁和黄铜这类金属可以认为是完全弹性的，因

此,压缩或展延它们的构分所必需的力与它们所受到的压缩或展延成正比。令人感兴趣的是,库仑在持有这种观点的同时,却还无保留地认为胡克阐明的定律是真实的。胡克定律受到雅各布·伯努利的诘难,而且实际上受到胡克工作和库仑工作相隔的那一个世纪里的每个著作家的轻视。然而,一个应变的物体的各个部分是靠与弹性完全不同的内聚性连接起来的。在扭转的最初阶段,构分发生变形,伸长和缩短,但不改变构分藉之黏附的点,因为产生最初扭转程度所必需的力小于内聚力。但是,当扭转角大到用以压缩或展延各构分的力等于使各构分连在一起的内聚力的时候,构分就会屈服,分离或者相互滑移。在一切延性物体中,都会发生这种各部分滑移的现象。但是,如果在这个过程中物体受到压缩,那么接触就会增加,而弹性的范围也会增大。不过,由于各构分都有固定的形状,所以这个过程就存在一个界限,超出这个界限,物体就不可能产生应变而又不破裂。材料的内聚性可以藉退火程度不同而故意改变,同时不改变其弹性。这一事实进一步说明了弹性和内聚性存在根本区别。当用铜丝进行试验时,库仑发现,甚至当抗扭强度降低一半时,弹性系数仍维持不变。同样,钢棒在不同程度回火条件下经受弯曲试验时,极限强度呈现宽广范围,而它们的弹性却实际上没有发生什么变化。把断裂主要归因于滑移的认识为库仑的后继者所忽视,直到二十世纪才又复活。

95

(参见　E. Mach, *The Science of Mechanics*, T. J. McCormack 英译, 5th edn., 1942; S. B. Hamilton, "Coulomb", 载 *Trans. Newcomen Soc.*, Vol. XVII, 1936—7。)

第四章　天文学

牛顿开创的力学天文学的工作，在十八世纪由法国和德国的一批卓越数学家继续进行。当时，英国人在天文学研究上主要致力于观测。然而，这两个运动都获得了一些重要的甚至惊人的成果。

一、法国和德国的力学天文学

欧勒

利昂纳德·欧勒（1707—83），亚力克西·克洛德·克勒洛（1713—65）和让·勒隆德·达朗贝（1717—83）都特别关心确定三颗互相吸引的天体的运动问题。这一问题比二体问题（已被牛顿圆满解决）远为复杂，用已知的解析函数不可能解决最一般形式的三体问题。然而，这些数学家对太阳、地球和月球以及太阳和两颗行星这些特殊情形得出了一些近似的解析解，从而导致改善月球理论和行星理论以及基于这些理论的星表。例如，托拜厄斯·迈尔（1723—62）利用欧勒的理论，再辅以大量观测资料，得以编制出足可供海上测定经度之用的精确月球表（1755年）。经度委员会为此授予他一笔奖金，后由他的遗孀领取。欧勒还引入了一些研究行星摄动的新方法。他的方法是,假设一颗被研究行星一刻不停地沿一条椭圆轨道运动,而这轨道的诸要素在摄动行星作用下缓慢地连续变化。然后,他试图根据已知在起作用的摄动力计算出这些轨道要素的变化速率。"欧勒方程"在动力学中有着带根本性的重要意义。这些方程使他得以预言,地球的自转轴绕其图形轴画一个圆锥形。十九世纪揭示了,在地极也存在相应的运动,它使地球表面一切点上的纬度产生微小周期变化,虽然气象因素引起的另一效应致使这一效应变得复杂化。

克勒洛

97

克勒洛除了对三颗相互吸引天体问题的近似解作出了贡献之外,还对地球的形状进行了数学研究(*Théorie de la Figure de la Terre*,Paris,1743)。他是在随莫泊丢赴拉普兰进行大地测量归来以后,不久就投入这一研究的。在拉普兰获得的测量结果同布格埃到秘鲁勘测所得的结果结合起来看,证实了惠更斯和牛顿的见解即地球在两极呈扁平状。然而,这些勘测结果所表明的扁平度约两倍于惠更斯根据地球自转速率所预言的值。按照流体力学原理测定地球形状的问题,早已导致流体平衡理论取得长足进展。惠更斯提出的原理是,一流体仅当它的表面在其每一点处都垂直于作用于各该点的合力时,才处于静止状态。而牛顿则认为平衡状态同作用于从表面到吸引中心的流体柱的压力有关。如果把地球的赤道起的自吸引考虑进去的话,那么惠更斯和牛顿所制定的原理就会得出同样的地球扁平度。马克劳林和克勒洛在他们的著作中应用等价的流体静力学原理，解释了这种自吸引。马克劳林发展了牛顿的理论，于1740年证明了，如果一匀质旋转流体呈扁球状，那么，在离心力与重力的作用下，它将处于平衡状态。克勒洛于1743年提出了一条普适的定律：一流体只有当作用于其中任何形状隧道中每一点的合力为零时，才能处于平衡状态。这种隧道可以认为由流体凝成固体的残留物所造成；它可以形成闭路，可以是向流体表面开口，也可以完全在流体内部(图35)。如果在每一条这种隧道中流体都处于平衡状态，则整个流体物质也必然处于平衡状态。克勒洛根据这条原理推导出流体平衡的偏微分方程。他去除了旋转流体应当完全匀质的条件，而仅仅假设流体各等密度层是与流体表面同心和同轴的椭球。他得出了一个重要关系式，即所谓“克勒洛定理”：

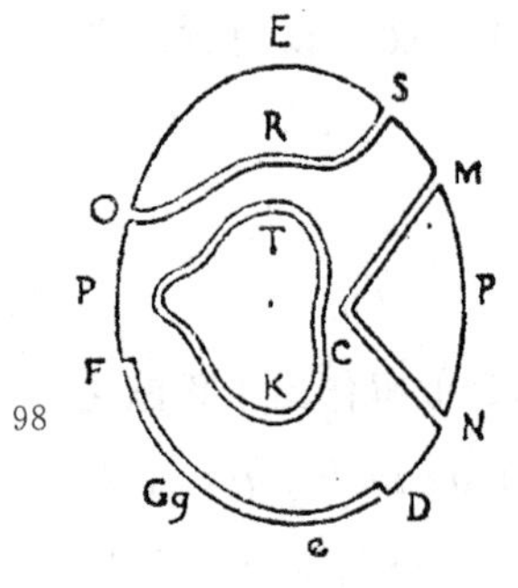

图35—隧道的类型

98

$$g_{\phi}=g_{o}\left\{I+\left(\frac{5}{2}\frac{f}{g_{o}}-\in\right)\sin^{2}\phi\right\},$$

它把纬度ϕ处的重力加速度g_{ϕ}、赤道处重力加速度g_{o}、赤道处离心力f和地球椭率$\in$四者联系起来。利用这一结果，并假设它所要求的条件都成立，就可以根据在不同纬度上测得的重力强度，推算出地球的椭率。然而，后来在地球上不同地点进行的摆实验的结果表明，同克勒洛公式给出的值有很多偏差。

此外，克勒洛还相当准确地预言了哈雷彗星在1759年返回的日期，其间考虑到了木星和土星吸引对哈雷彗星运动的摄动。他还考虑了月球和金星对地球运动的摄动，据此进一步推算出二者质量的良好估值(按照地球质量)。

达朗贝

达朗贝把牛顿的岁差理论以及布莱德雷的地极章动假说,建立在严谨的分析基础之上(*Recherches sur la précession des équinoxes,etc.*,Paris,1749)。

拉格朗日

约瑟夫·路易·拉格朗日(1736—1813)对纯粹数学和应用数学的几乎每一分支都作出了重要贡献。在一篇关于月球天平动的获奖论文(1764 年)中,他假设,地球对自己尚处于液态的卫星月球的吸引使其产生了潮汐隆起(除了引起物理天平动的微小振动,这隆起现在一直是指向地球的),并根据这一假说解释了月球绕轴自转周期和轨道运行周期的相等性。拉格朗日还奠定了木星卫星力学理论的基础。然而,他对天文学的最大贡献在于他促进并补充了他同时代人拉普拉斯的工作,而且向他提供了一些普遍适用的数学方法,使拉普拉斯能把这些方法应用于太阳系各个具体问题。

拉普拉斯和布丰

99

拉普拉斯侯爵皮埃尔·西蒙是一个农民的儿子。他于 1749 年生于诺曼底的奥热河畔博芒特,卒于 1827 年。他早年曾在巴黎 *École Militaire*〔军事学校〕任数学教授,后来在他经历的历届政权下担任过一系列要职。他毕生从未间断过数学研究,这些研究

图 36—拉普拉斯

为他赢得了国际声誉。

拉普拉斯最重要的著作《天体力学》(*Mécanique Céleste*)于 1799 和 1825 年间出齐五大卷,他整理编集了前辈在力学天文学方面的成果。书中首先阐述力学和万有引力的一般定律,然后把它们应用于下列诸问题的研究:互相吸引作用下球体的运动;行星的轨道、不均衡性、形状和绕轴自转;海洋的振动和稳定性;月球理论;彗星;天文折射以及(由这理论推演出的)毛细吸引。在第五卷中,拉普拉斯阐述了他晚年的研究成果,使这部著作反映时代最新成就。

拉普拉斯关于太阳系稳定性的研究,是他在 1773 至 1784 年这一时期中最重要研究之一。在这方面的研究中,他从欧勒和拉格朗日为研究行星轨道要素缓慢变化所提出的那些一般方法中获益匪浅。拉普拉斯发现,木星和土星因相互吸引而产生的平均运动,其不均衡是周期性的,并非无限地增大。他猜想,这现象可能一般地为一切行星所具有;他还证实,影响行星平均运动和平均距离的长期摄动,在实际上微乎其微。拉普拉斯和拉格朗日密切合作,继续这项研究,证明了行星轨道面相互之间的倾角必定总是在很小范围内波动,并且轨道的偏心率也受到类似限制。拉普拉斯和拉格朗日的这些研究,确定了太阳系总图式至少在极其漫长的时期内具有**耐久性**;但是,它们只是近似的,只考虑到无穷级数的前几项，所以，它们尚不足以证明太阳系的绝对**稳定性**，甚至没有考虑外部的干扰因素。

拉普拉斯在《天体力学》中用了一整篇专门详细讨论月球的不均衡性，他是从单一的定律导出这不均衡性。他解释了哈雷所发现的月球长期加速度，为此他把这种现象同地球轨道偏心率的缓慢减小联系起来。他设想，既然这后一变化是周期性的，那么这月球加速度最终必定要被制止并反转方向。但是，他错了，因为月球长期加速度很大程度上是潮汐摩擦引起的，这种摩擦使我们周日长度缓慢增加。拉普拉斯根据太阳对月球轨道的摄动，推算出了一个相当准确的太阳视差数值，并推知其大小取决于太阳距离。他还进一步根据地球扁球形状对月球产生的摄动，推算出地球的（动态）椭率。他发展了一种关于潮汐的解析理论，并且根据在法国一些港湾，特别是布雷斯特对这些现象作的长期连续观测，推算出了月球的质量。他由此得以证明当时公认的下述见解是错误的：地球大气中用气压计可测知的潮汐是月球引起的。

100

拉普拉斯对力学天文学的其他贡献还包括：改进了彗星轨道的测定方法；发现了木星诸卫星因相互吸引而产生的运动之间存在显著的数值关系；以及预言了土星光环处于旋转之中。

1796 年，拉普拉斯提出了一个关于太阳系起源于原始星云的思辨假说。该假说载于他比较通俗的著作《宇宙体系论》(*Exposition du Systéme du Monde*)(1796 年)之中。他试图解释这样的令人瞩目的事实：所有行星全都沿同一方向而且几乎在同一平面上围绕太阳旋转；(大部分)卫星也沿相同方向和几乎在同一平面上围绕其主星旋转；行星和卫星同太阳一起都沿着它们公转的方向绕各自的轴自转。他论证说，这些相似性不可能纯属偶然的巧合；它们表明所有的这些天体都有一个共同的起源。

布丰曾试图这样来解释这种奇异的规则性：设想有一颗彗星同太阳相撞，致使彗星表面喷发出物质射流，这物质在离太阳不同距离的各处凝聚成一些球体（*Histoire Naturelle*, Supplement Vol.Ⅴ：*Époques de la Nature*）。拉普拉斯认为，这假说不能解释行星轨道的小偏心率。然而，事实上，布丰的观点比拉普拉斯更接近于现代关于太阳系起源的潮汐理论，而且，"碰撞"说因主张轨道初始大偏心率而引起的困难，现在也得到了令人满意的解释。

拉普拉斯自己的假说假定，太阳系天体起源于一团巨大的炽101 热星云，它自西向东自转，而太阳则是它的一个残块。随着这星云冷却，它必然收缩，其自转速率则将按照力学定律增加。如此下去，便到达一个阶段，这时星云赤道处的离心力恰好抵消星云核的引力吸引，然后便形成一个物质环状星云，这个环将被收缩着的星云抛在后面。这样的过程反复发生，如此形成的环全都处于同一（赤道）平面，并各以自己特有的速度旋转。然而，这些环都是不稳定的，所以每一个都将分裂成旋转质块，而这些质块最终又结合起来形成一单独行星。每颗行星都将像原始星云那样收缩；于是，卫星的形成以及作为形成之中的卫星的土星光环根据这一假说得到了解释。拉普拉斯认为，黄道光是原始星云的又一残块。彗星轨道的偏心率很大，并且与黄道成一切倾角，因此，拉普拉斯得出结论：这些天体的起源独立于行星，而且从来就不是星云的一部分。

拉普拉斯的星云假说风行了近一个世纪。现在知道，它在太阳系规模的尺度上是不能接受的。但是，它大致体现了今天关于一团星云冷凝成恒星的过程的见解。

康德

在拉普拉斯的星云假说发表之前约四十年的时候，哲学家伊曼努尔·康德就已试图演绎地推出关于宇宙，特别是太阳系生成的表示。康德在他的《自然通史和天体论》[①](*Allgemeine Naturgeschichte und Theorie des Himmels*)(1755 年)中假设，物质最初以细微分割的状态弥漫全部空间。由于万有引力的作用，形成了一些中心天体和周围物质围绕其凝结的核。这些核受到这些中心天体的吸引，但是在物质似乎固有的一种斥力的作用下，它们改变了方向，使它们向中心的坠落运动变成了绕中心的涡旋运动。康德认为，这样就能解释一切行星都沿同一方向并且几乎在同一个平面上绕太阳运转的事实。康德的假说没有说明太阳系自转的起源。为了克服这一困难，拉普拉斯从假设最初就自转的气态物质出发，最后如我们所知，他得出了实质上与康德相同的结果。

康德本人在这个领域中的思辨，曾受到托马斯·赖特的《宇宙论》(*Theory of the Universe*)(1750 年)的启发。《宇宙论》中指出，恒星并非杂乱无章地散布于宇宙中，而是向着银河的平面聚集。康德从自己假说引出的某些推论被后来的观测所证实，这一事实给予康德假说以相当大支持。最好的例子是他对土星光环周期的计算，他设想土星光环是从土星赤道分离出去的。他根据基 102

① 原文意为《关于诸天体的一般发展史和一般理论》，中译名亦作《宇宙发展史概论》。——译者

本的力学原理估计这个周期为“十个小时左右”。赫舍尔于三十四年后所作的观测表明,这周期事实上约为十个半小时。康德关于土星光环由密集的独立颗粒构成的见解,后来也为数学、光度学和光谱学研究所证实。根据同土星光环的类比,康德创立了黄道光乃因宇宙尘埃环包围太阳并被阳光照射而成的理论。这一理论今天仍部分地为人们接受。他还讨论了,天体的绕轴自转是否在任何条件下都会衰减或消灭的问题。他问道,会不会月球以往自转较快,后来由于地球对它产生的潮浪的延缓作用,它的自转减慢到了目前的速率(同它绕地球公转的速率完全一致)。他表明,地球的自转速率必定也受到太阳和月球起潮力的作用而衰减。康德的这些推测后来得到了乔治·达尔文爵士更为严格的研究的有力证实。

二、英国和法国的观测天文学

布莱德雷,庞德,莫利纽克斯

我们不知道布莱德雷出生的确切日期,不过很可能是1693年。他在牛津大学就学,并从那里毕业。但是,他的青年时代大部分是同在埃塞克斯的旺斯特德当教长的舅父詹姆斯·庞德牧师一起度过的。庞德拥有一座小小的观测台,而且实际上他是当时英国最有经验的实践天文学家之一。他是牛顿和哈雷的朋友,有时还给他们提供资料。布莱德雷由于他舅父而热爱天文学,并从他那里学会了后来在自己全部工作中出色表现出来的应用仪器的技能。布莱德雷同舅父协作进行的研究很快为他赢得了声誉;1718

图 37—布莱德雷

年，他当选为皇家学会会员，1721 年，当选为牛津大学的天文学萨维尔教授。1725 年，他开始与塞缪尔·莫利纽克斯进行卓有成效的合作，后者去世后，他于 1728 年便心挂两头，一方面在牛津大学授课（包括实验物理学），另一方面在旺斯特德进行观测，1724 年庞德去世后他就一直继续那里的观测。除此之外，他后来还兼任"皇家天文学家"的工作，从 1742 年起他一直担任着这一职位，直到 1762 年他逝世为止。

103

布莱德雷和庞德的合作主要致力于修正卡西尼的木星卫星运动的表，考虑到了光速有限。布莱德雷独立为《哲学学报》（*Philosophical Transactions*）撰写的第一篇稿件是解释 1723 年的彗星（No. 282，1724）。他是应用牛顿计算彗星轨道方法的先驱人之一，他对这一颗及以后几颗彗星成功地运用了牛顿方法。然而，他对天文学的最重要贡献是，在探索因地球轨道运动引起的恒星周年视差时得到了一些副产品，尽管这探索本身没有成功。

长期以来人们就已认识到，如果检测到这样的视差，那将是对哥白尼假说的一个强有力的佐证。然而，在布莱德雷以前，尚未有人能够证实这一效应，尽管其间有过一些虚假的征候。1669 年，胡克曾决心观测天龙座γ星的视差。一个伦敦观测者看来，这颗恒星几乎从天顶通过中天，因此它的子午高度实际上不受折射影响。但是，胡克从他的观测推算出数值很大的视差，令人难以置信。五十年后，一个住在丘的富有的业余天文学家塞缪尔·莫利纽克斯(1689—1728)决心再来研究一下这颗恒星，并为此请当时第一流仪器制造家乔治·格雷瓦姆专为他制造了一架望远镜。这架望远镜主要适用于观测经过中天的天龙座γ星，并可精确地测量其子午高度因视差可能产生的微小变化。布莱德雷是莫利纽克斯的朋友，与他一起进行从1725年12月开始的观测。

周年视差对天龙座γ星视在位置的影响，应引起其子午高度在一年期中在一平均值的上下浮动，其中在十二月和六月对平均值偏离最大。布莱德雷和莫利纽克斯发现，实际上，这颗恒星的位置表现出周年变动。但是，他们不能将这归因于视差，因为他们发现，这恒星在三月处于最南位置，九月处于最北位置，而十二月和六月则处于其平均位置。布莱德雷和莫利纽克斯在试图解释这颗恒星的这种出乎意外的行为时，起先怀疑他们的仪器。但是检查结果证明仪器是令人满意的。于是，他们想到，这可能是地轴的一种章动的结果：章动应使与天龙座γ星相对的天极那一侧的一颗恒星发生大小相等、方向相反的振动。于是，他们从莫利纽克斯的望远镜所能观测到的少数几颗这样的恒星中选择了一颗进行观测，以验证这一假说。结果发现，这颗恒星表现出周年振动，其相位与假说是一致的，但其振幅却太小。

布莱德雷现在认识到，必须扩大他的观测范围，包括尽可能多的恒星。因此，他让格雷厄姆为他在旺斯特德建造一架同莫利纽克斯相似的望远镜，但扫视范围较广，能使弗拉姆斯提德的新星表中有大约二百颗可在经过中天中被观测到。他希望用这架仪器（它在1727年八月制成）同莫利纽克斯进行对比观测；但是，由于那位丘天文学家不久便去世了，因此这种观测从未做过。

布莱德雷通过扩大观测，得以推出一条一般规律：恒星在上午或下午六时通过中天时，表现出最大的位移；它们在白昼通过中天的整个期间缓慢地向南移动，而夜间通过时则向北移动。及至1728年末，他已成功地用光速与地球轨道运行速度成一有限比的事实解释了这现象。他写道："因为我发觉，假如光的传播需要时间，那么，当眼睛静止时，同眼睛朝眼睛与一个固定目标之连线以外的任何方向转动时相比，这目标的视在位置是不一样的；当眼睛在不同方向上转动时，目标的视在位置也将不同。"

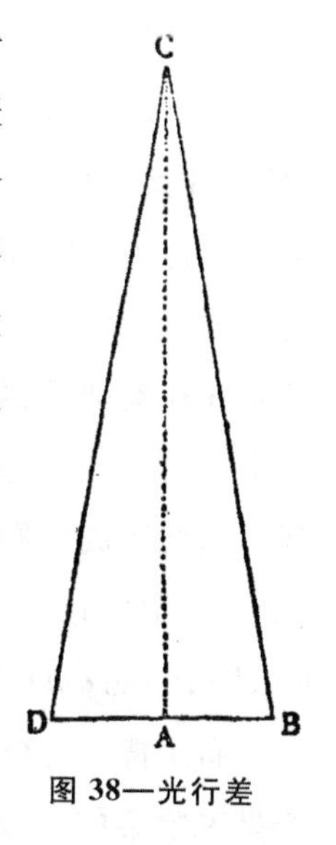

图38—光行差

"我以下述方式来考虑这个问题。设想 CA 是垂直地落到直线 BD 之上的一条光线；于是，若眼睛静止在 A 点，则不论光线的传播是费时的还是即时的，目标都必定出现在 AC 方向上。但如果眼睛从 B 移向 A，并且光线的传播是费时的，其速度与眼睛速度之比等于 CA 与 BA 的比；那么，当眼睛从 B 移动到 A 时，光就从 C 运动到 A，眼睛在 B 时，借以识别目标的光微粒在 C，当眼睛运动时，这微粒便到达 A。连结 B、C 两点，我设想，线 CB 是一根其直径只允许通过一个光微粒的管子（与线 BD 成倾角 DBC）。于是，不难明白，如果 C 处的那个光微粒（当眼睛

运动而到达 A 时，借助这微粒一定能看到目标）与 BD 成倾角 105 DBC，则它将通过管子 BC，并伴随眼睛从 B 运动到 A；如果这微粒与 BD 成任何其他倾角，则它就不能到达眼睛，而处于这根管子后面。……虽然一个目标的真实或实际位置因此与眼睛运动的路线垂直，但其可见位置却不如此，因为这位置无疑必定处在这管子的方向上；然而，真实位置和视在位置之间的差别（其他条件相同之下）或大或小，取决于光速与眼睛运动速度之比的大小。……如果光的传播是费时的（我想，这一点是当代大多数哲学家容易接受的），则由前述考虑显见，一个目标的真实位置与可见位置之间将总是存在差别，除非眼睛直接朝向或背向这目标运动。在任何情况下，这目标的真实位置和视在位置夹角的正弦，同这目标和眼睛运动路线所成可见倾角的正弦之比，都将等于眼睛速度与光速之比。"（S. P. Rigaud 编：*Miscellaneous Works and Corrspondence of the Rev. James Bradley*，Oxford，1832，pp. 6—8。）

布莱德雷对今天所称的"光行差"的发现，载于他在 1729 年呈交皇家学会的一篇论文，这篇论文发表在《哲学学报》第三十五卷上，而刊物标的时间挪前到 1728 年。论文未叙述他如何作出这假说。汤姆森在他的《皇家学会史》（*History of the Royal Society*）（第 346 页）中讲了一则故事，从而填补了这一空白。这个故事应当认为是真实的，可以录引在这里作为说明类比提示假说的价值的一个有趣例子。故事说，布莱德雷"一次与人结伴在泰晤士河上乘船游乐。他们所乘的帆船上有一根桅杆，桅杆顶端有一个风向标。当时刮着和风，他们沿河来回航行了很长时间。布莱德雷博士注意到，船每次掉转头时，桅杆顶上的风向标都要移动一点点，好像风向改变了一些似的。他默默地观察了三，四次；最后，他同船员谈起了这件事，表示对船每次掉转头时风向都这么规则地改变感到惊奇。船员告诉他，并不是风向变了，风向看上去好像改变，是由于船改变了方向，并告诉他，任何情况下都是这样。这次偶然的观察使他得出结论：那个使他如此大惑不解的现象，是由于光和地球运动合成的结果。”

106

光行差对任何恒星的视在位置的影响，可以根据光速、地球轨道速度和恒星显现方向与地球运动方向之间夹角等的知识计算出来。反过来，布莱德雷在测出了光行差的效应之后，然后得以推算出光速的值。根据他的假说，他证明，每颗恒星都必定看来年年在天球上画一个小椭圆，椭圆长轴与黄道平行，长约四十秒，其离心率则视恒星的纬度高低而定。

虽然一般恒星光行差现象的发现和解释应当归功于布莱德雷，

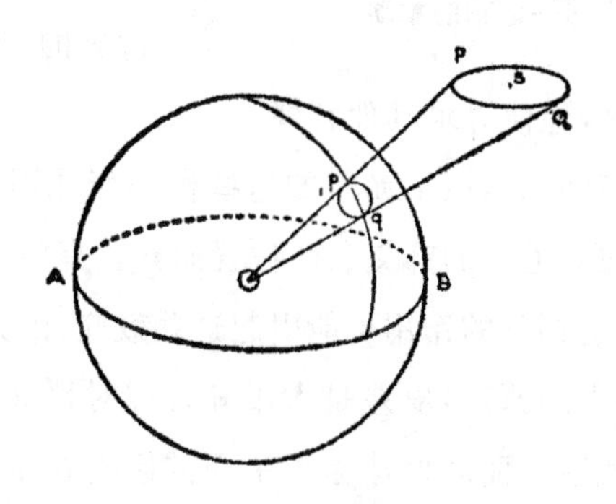

图 39—光行差椭圆

由于因地球轨道运动而产生的恒星光行差，每颗恒星的视在位置 S 每年在一与黄道平行的平面 AB 内，绕其平均位置画出一个圆 PQ。这个圆在天球上的射影就是**光行差椭圆** PQ，而它在观测者 O 看来，是这恒星在一年过程中描绘出来的。

但指出下述一点是很有意思的:在此之前这种效应的存在在一定程度上早已为勒麦所注意,据认为可能是由于光行差造成的北极星位置的周期性变动,也早已被皮卡尔和弗拉姆斯提德检测到。胡克误认为是视差的天龙座 γ 星的视在位移可能也是光行差的效应。

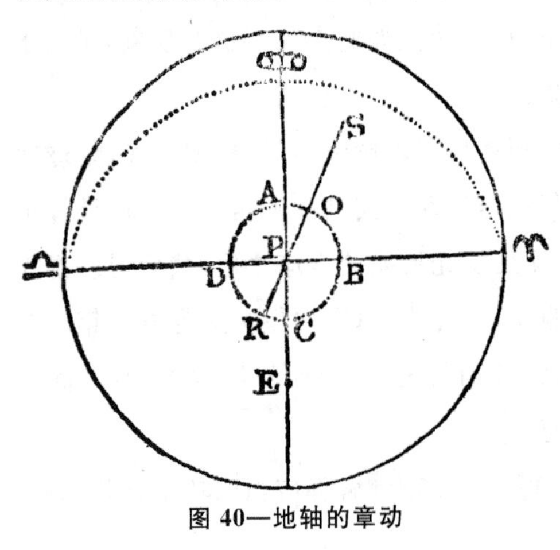

图 40—地轴的章动

布莱德雷的第二项重要发现是地轴的章动。这是他长期研究恒星**平均**赤纬周年变化的结果。光行差解释了恒星**视在**赤纬的变动,而没能解释恒星**平均**赤纬的变化。这种变化在某种程度上可认为是岁差造成的,但并不完全是这个缘故,于是,他便寻求其他解释。

107　布莱德雷观测到,恒星赤纬的这些微小变化因它们的经度而异,也因月球在黄道上的升交点的位置而异。有鉴于此,他"猜想,月球对地球赤道部分的作用可能引起这些效应:因为,如果按照伊萨克·牛顿爵士的原理,岁差是太阳和月球对地球赤道部分作用的结果,月球轨道平面对地球赤道平面的倾斜在某一时间比另一时间高十度以上,那么,就有理由得出结论:整个周年岁差中那由月球作用而产生的部分在不同年份中数量也不同;然而,太阳所在的黄道面对地球赤道几乎总是保持同样的倾角,所以,太阳的作用所产生的那部分岁差可能每年都一样。由此可知,虽然太阳和月球共同作用产生的平均周年岁差为 50″,但是视在周年岁差可能有时大于有时小于这个平均值,视月球轨道交点所处境况而定”(上引著作,p. 23)。然而,布莱德雷经过进一步的研究后确信,为要解释所观测到的全部事实,“除了单纯岁差数量变化之外,还需要别的东西”(上引著作,p. 24)。布莱德雷提议这样来说明这些现象:“设 P 代表赤极的平均位置,而真极以 P 点为圆心沿圆 $ABCD$ 运动,此圆的直径为 18 秒。设 E 为黄极,EP 等于赤极和黄极间平均距离。……假设 P 点绕 E 做匀速后退运动,以说明太阳和月球共同作用而产生的平均岁差,而真赤极绕 P 沿圆周 $ABCD$ 也做后退运动,以月球交点周期即十八年七个月为周期。……设 S 为一颗恒星的位置,PS 为通过它的赤纬圈,代表这恒星离平均极的距离,角 γPS 代表它的平均赤经。于是,假如赤纬圈截切小圆 $ABCD$ 于 O 和 R 点,则真极在 O 点时将距这恒星最近,在 R 点时距这恒星最远;整个差距为 18 秒,即等于小圆的直径”(同上著作,p. 26f.)。布莱德雷后来发现,“假设真赤极绕 P 点运动的轨道不是圆,而是椭圆……如果位于 AC 方向上的横截轴为 18 秒,其共轭轴 BD 长约为 16 秒”(同上著作,p. 36),这个假说就更能与观测结果相符。布莱德雷在对有关事实研究了大约二十一年之后,于 1748 年初告诉皇家学会,说他得出了一个结论:这极在天球上绕它的平均位置画一个小椭圆(*Phil. Trans.*, Vol. XLV)。 108

布莱德雷没有考虑太阳的章动,它周期很短(六个月)而且很小,他也未试图对月球章动作深入的力学研究。然而,这一问题其后不久便主要由达朗贝尔、辛普森和欧勒进行研究,他们的理论研究进一步表明地球极轴的运动尚有一些未被注意到的复杂性。

布莱德雷在他的全部研究中都没有发现视差的迹象，而这是他进行探索的主要目标，他断言，一般说来，视差不会超过二弧秒。然而，光行差从它自己的角度为哥白尼体系提供了具有同样大价值的论据，因为它证实了地球在运动的假说。

当布莱德雷在格林威治天文台任职时，发现这座天文台已年久失修。他对仪器重新进行了调整，但仍觉得它们不能令人满意。1748年，他从政府获得了1000英镑，用以建造新的精密仪器。除了更新天文台的设备外，他还改进了观察凌日的方法以确定和计入所用仪器误差的方法。他同侄儿和少数几个其他助手一起辛勤工作，在1750和1762年间记录了约60000次观测，观测结果后来由贝塞尔作了整理。布莱德雷对月球的观测使他得以改善当时最好的月表，从而改良了当时海上测定经度所用的方法。他的其他较次要的研究还包括：抛光反射望远镜镜面的试验；同其他纬度处的观测者合作研究秒摆的长度；编制比较准确的折射表。他的影响还在相当程度上促进了英国于1752年采纳新历法。

109

英国以外，布莱德雷时代对观测天文学作出极其重要贡献的是法国天文学家拉卡伊。

拉卡伊

尼古拉-路易·德·拉卡伊(1713—62)最初是神学院的学生，但他后来对天文学着了迷，到巴黎天文台的雅克·卡西尼那里当一名助手。在这里以及后来在马札兰学院当数学教授时，他都使用以自己有限的财力所能置办的仪器进行天象观测，并撰写了许多著作和论文。拉卡伊工作的精确度超过了当时的水准；德朗布尔曾说他是“*un savant qui sera à jamais l'honneur de l'Astronomie française*”〔**“法国天文学将永远引为骄傲的一位学者”**〕。但是，他生性谦虚而又正直，因而得不到提升的机会；过度的劳累使他在四十九岁时便死去了。拉卡伊起初主要致力于广泛的勘测作业和子午弧的测量。这是那一时期法国正在进行的两项工作。后来他率领科学院派遣的一支科学考察队于1750年赴好望角，远离法国约四年时间。（参见他的*Journal historique du Voyage fait au Cap de Bonne-Espérance*，Paris，1763.）在好望角期间，拉卡伊继续了哈雷所开创的探索南部天空的工作。大约观测了10000颗星，但实际其中只有1942颗星的位置被整理收入他的《南方星表》（*Stellarum australium Catalogus*）（*Coelum australe Stelliferum*，Paris，1763）。拉卡伊还观测了许多新的星云和星团。他测量了好望角和毛里求斯的重力加速度。他还同欧洲其他观测者联合对火星和金星进行观测。对比这两组观测资料，推算出了这两颗行星以及太阳的视差，不过这些结果没有超过里歇于1672年作的观测。拉卡伊编制的大气折射修正表是十八世纪最好的表之一，它把所有天体的视在高度都增加了一些，越接近地平线的天体，增加越多。这个表系根据在巴黎和好望角对一些选定的恒星共同进行观测的结果制定（*Mém.de l'Acad.des Sc.*，1755）。他把在适当的压强和温度的范围内，应当加于任一给定高度上的平均折射的相应修正值列成表。拉卡伊在他生涯的末期，发表了一份包括两半球大约四百颗最明亮恒星的星表（*Astronomiae Fundamenta*，Paris，1757），这是在布莱德雷星表之前最精细的星表。事实上，拉卡伊后来用他的中星仪所测定的伴星位的精确度，要高于 110

同时代其他观测者测定的基本星位。在彗星轨道的计算方面,他花费了相当精力。他还积累了大量太阳观测资料,包括在南半球得到的一系列宝贵资料,那里在冬季太阳位置最适合于观测。这些资料成为他的《太阳表》(*Tabulae Solares*)(1757—58年)的基础。

在此我们还必须提到他的一位同胞和合作者,这就是拉朗德。

拉朗德

约瑟夫-热罗姆·勒弗朗塞·德·拉朗德(1732—1807)从当律师开始他的生涯,但在P.C.勒莫尼埃引导下走上研究天文学的道路。他被巴黎科学院派到柏林,用一架五英尺象限仪同当时正在好望角的拉卡伊联合进行观测。所以选择柏林,是因为它比当时欧洲任何其他天文台更接近好望角的子午圈。拉朗德在柏林结识了欧勒和莫泊丢。他的观测结果后来发表在科学院的《备忘录》(*Memoires*)上,他旋即当选为它的院士。

拉朗德对天文学的贡献包括:用一架焦距18英尺的量日仪测量了月球的角直径;(用克勒洛的方法)研究了因行星间互相吸引而产生的行皇运动不均衡性;1759年发表了哈雷的行星和彗星表,并附带说明那年返回近日点的哈雷彗星的来历。然而,他最著声望的,是作为到那时为止一本内容最广泛而又最通俗的天文学著作的作者。他的《天文学》(*Astronomie*)一书初版于1764年,后来再版了多次,及至1781年,已成为四大卷的巨著,最后一卷几乎全部论述潮汐问题。前三卷对到当时为止天文学研究的几乎每一方面都作了高度概括,包括对天文仪器和技术、天文测量和计算、行星理论和宇宙论等方面的论述。

马斯基林

111

1762年布莱德雷去世后，纳塔尼尔·布利斯当选为“皇家天文学家”。由于布利斯夭折，又由内维尔·马斯基林(1732—1811)于1765年接任。他是布莱德雷的朋友，曾于1761年参加了一次赴圣赫勒拿岛的科学考察，去观测哈雷所预言的金星凌日。几年之后，为了试验哈里森的新式时计，他旅行去巴巴多斯。在格林威治，他主要从事对太阳、月球和行星的观测，借助经他以极高精确度测定过的有限几个恒星位置，定期记录它们的位置。他对创刊《天文年鉴》(*Nautical Almanac*)(1767年)作出了贡献，并且是它的最早督修人。

马斯基林曾作过一次测定地球质量或平均密度的有趣尝试。为此，他测量在一座山附近的一条铅垂线的偏转，这山对铅锤的水平拉力可与地球的向下拉力进行比较。布格埃1740年前后在秘鲁测量一条子午弧时发现，他的铅垂线由于受钦博拉索山吸引而偏转约8秒。他得到了对地球和这山的相对密度的估计数值。这种估值已证明是根本不对的：但是，这一尝试激励马斯基林三十年后在珀思郡的希哈莱昂山附近作类似的研究。这是一座花岗岩山峰，高3547英尺。马斯基林之所以选中它，是因为它山势陡峭，形体规则。1774年作观测而进行的这项研究的原理示于图41。A和B是所选定的两个观测站，一个在山的南边，一个在山的北边。从每个观测站仔细测量一些选定的恒星的子午天顶距，得出A、B两地的视在纬度差约为55秒。这个差值中，约为43秒的部分可

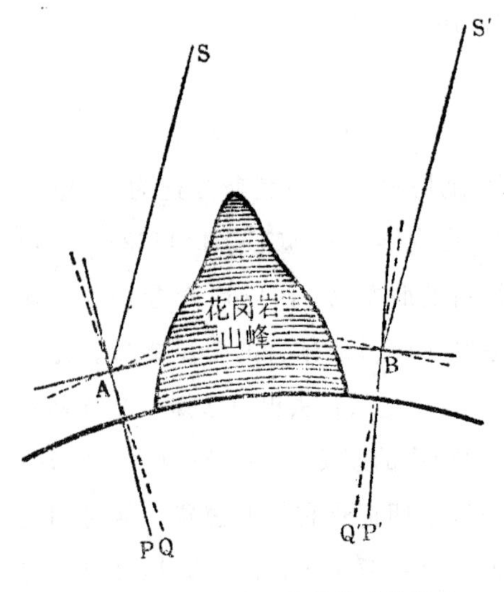

图 41—通过在珀思郡的希哈莱昂山附近作观测来测定地球密度

归因于 A、B 两地的地理纬度差,因为从勘测中知道,取决于地球的曲率和 A、B 两地的间距(如由勘测作业可知)。剩下的约 12 秒的差值则起因于铅垂线受山吸引而从 AP、BP′方向(假设那里无山时,铅垂线本来应取的方向)偏向 AQ、BQ′方向。偏转程度即量度了地球和山的相对质量,这样便可粗略计算出地球的平均密度。为此目的,马斯基林和数学家查尔斯·赫顿合作,在计算中把山的体积、山的构成物的密度以及山各部分和两个站的距离都考虑到,所得到的最后结果是:地球的平均密度约为水的 $4\frac{1}{2}$ 倍(*Phil. Trans.*,1775 和 1778)。

112

卡文迪什

亨利·卡文迪什于 1797—98 年间对地球密度进行了比较精确的测定。他采用了约翰·米歇尔早先提出的方法,后者还设计了所必需的装置。这方法应用一种扭力天平,而这种天平似乎是米歇尔独立发明的。

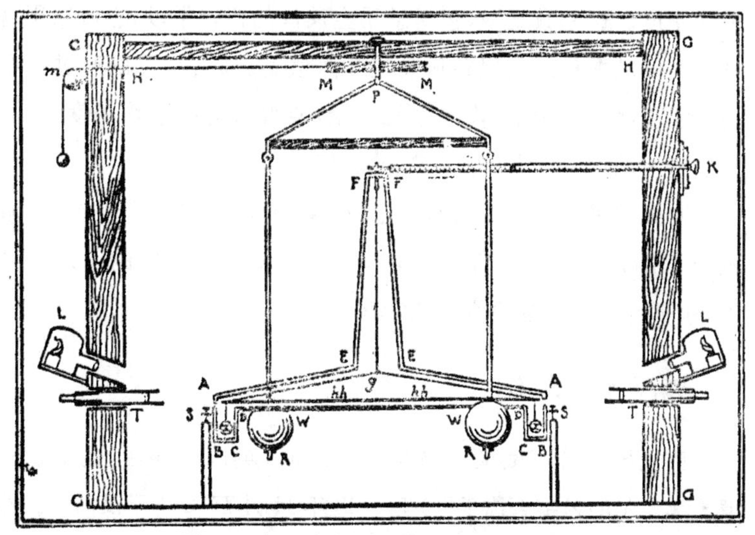

图 42—卡文迪什的地球密度测定装置

这种装置主要包括两只小铅球，它们由两根短金属线悬挂在一根木梁的两端，木梁在其中点处由一铜纽丝悬吊起来，整个装置放在一个密闭的盒子里，以免受气流影响。这木杆的方向可用一根固定标尺和游标确定，通过望远镜在木梁两端观察读数。在密闭盒子外面再放两只大铅球，使它们分别在木梁两侧靠近小铅球，以便藉它们的吸引而使木杆转动一个可加以测定的角度。然后，把每个大铅球都移到梁的另一侧，以使梁按相反方向转动，再读出转动角度。这两组读数之差的一半，便给出这些球体相互吸引而产生的平均偏转。在每种场合，这系统均在因球体吸引而产生的一个力偶，和因铜丝的扭转而产生的、且与铜丝扭转角度成正比的一个回复力偶的结合作用下，处于平衡状态。列出这两个力偶的表达式，使它们相等，便可用实验中很易得出的数据来表达地球的

113

平均密度。这些数据中,包括悬吊金属丝的扭转常数,它可以用这系统的转动惯量及其扭转振动周期来表达,而后者可以通过一个辅助实验测得。于是,代换这几个量,便得出地球平均密度,它为水的密度的 5.488 倍(*Phil. Trans.*,1798)。

对地球平均密度的精密测定应归功于 C.V.博伊斯教授(记叙载于 *Phil. Trans.*,1895),这实验乃以卡文迪什实验的原理为基础,他所给出这个量的值为 5.5270。

威廉·赫舍尔

弗里德里希·威廉·赫舍尔(在加入英国国籍后,他更以威廉·赫舍尔的名字著称于世)于 1738 年 11 月 15 日生于汉诺威。他出身一个旧式德国家庭,乃父伊萨克·赫舍尔是汉诺威军队的一名双簧管吹奏手。威廉有许多兄弟姊妹,其中妹妹卡罗琳(1750—

114

图 43—威廉·赫舍尔

图 44—卡罗琳·赫舍尔

1848)对他后来的生涯起过重要作用。这个家庭很穷，但孩子们都受到良好教育，特别是在音乐方面。所以，赫舍尔刚满14岁便随父亲参加了父亲的那个汉诺威禁卫军的乐团。十七岁时，他曾在驻英国的团里短期供职，他在那里结识了很多人，他们后来都帮助过他。这个团返回汉诺威后，参加了“七年战争”中的一些重大战役。这时，赫舍尔已到服兵役年龄，但他不愿当正规士兵，遂退出军乐团，与他弟弟雅各布一起于1757年来到英国，以音乐家身份谋生。起初，他艰苦奋斗，谋得了一系列当乐队指挥或音乐会主持人的职位，这样一直到1766年。这年，他就任巴斯的八角小教堂的风琴手。几年以后，他把妹妹卡罗琳接到英国来一起生活。

大约就在这个时候，赫舍尔开始对天文学产生了兴趣。孩提时代他曾在家里跟父亲学会辨认一些主要星座，但现在他从罗伯特·史密斯的《光学大全》(*Compleat System of Opticks*)(1738年)中获得了比较系统的知识，并决心自己动手做一架望远镜。他最初的仪器是折射望远镜，其透镜是他买来装入镜筒的。其中最大一架有30英尺长；但是，这些望远镜显得太笨重了，于是他便转向制作比较小巧的反射望远镜。所需的镜片是很昂贵的，于是赫舍尔便按照史密斯书中的说明，自己动手磨镜片。在他妹妹帮助下，到1774年，他终于制成了一架焦距$5\frac{1}{2}$英尺的牛顿式反射望远镜。在漫长乏味的磨镜工作过程中，他妹妹给他读书，有时甚至喂他饭吃。赫舍尔利用这一架反射望远镜和后来制作的几架焦距更大的望远镜，着手观测月球和行星。后来，他对整个可见天空都进行了勘测。伽利略曾提出，为了检测恒星视差，可观测彼此靠近的两对恒星相对位置的周期性变化,其中一对比另一对明亮,因而更接近观测者。他对伽利略的这个建议留下了深刻印象。为此,他开始寻找适宜的星对,并发表了一系列这样的星表。在这个勘测过程中,他曾作出一项给他带来声誉的重要发现,这使他脱离了自己的职业。1781 年 3 月 13 日,他注意到金牛座中一颗"星云状恒星或者彗星"显现出一个明显的圆盘。几天以后,他发现,它相对周围恒星显著移动。这时他仍认为,这是一颗彗星;但是,在格林威治也观测到它的"皇家天文学家"马斯基林认为,它可能是土星的一颗外行星。在积累了充分的观测资料,足以测定它的轨道以后证明它的确是这样一颗行星。这是这颗行星即天王星在历史上首次被发现。它的发现为赫舍尔赢得了皇家学会会员的身份和皇家学会的科普利勋章,而更荣幸的是,他的工作引起了国王乔治三世注意,国王接见了他,并于 1782 年封他为"御前天文学家",年俸 200 镑,条件是他迁居到温泽附近的地方,专门从事天文学。他先定居在达奇特,但不久就迁到斯劳。他在那里居住了四十年,过着一种表面看来很平凡的生活,直到 1822 年 8 月 25 日将近 84 岁时去世。卡罗琳·赫舍尔主要因为在与兄长威廉近五十年的合作中,帮助做文书工作这种献身精神而为人们怀念,但是,她自己还作为一个观测者,因发现了八颗彗星和许多前人不知道的星云而享有盛名。

115

赫舍尔迁居斯劳以后不久,便开始建造他那最大的望远镜——焦距 40 英尺的巨型反射望远镜(图 45)。他耗资 4000 镑,在十个助手协助下,花了四年时间制成它。1795 年的《哲学学报》(pp. 347—409)上载有关于它的详尽说明。按照他的说法,它是

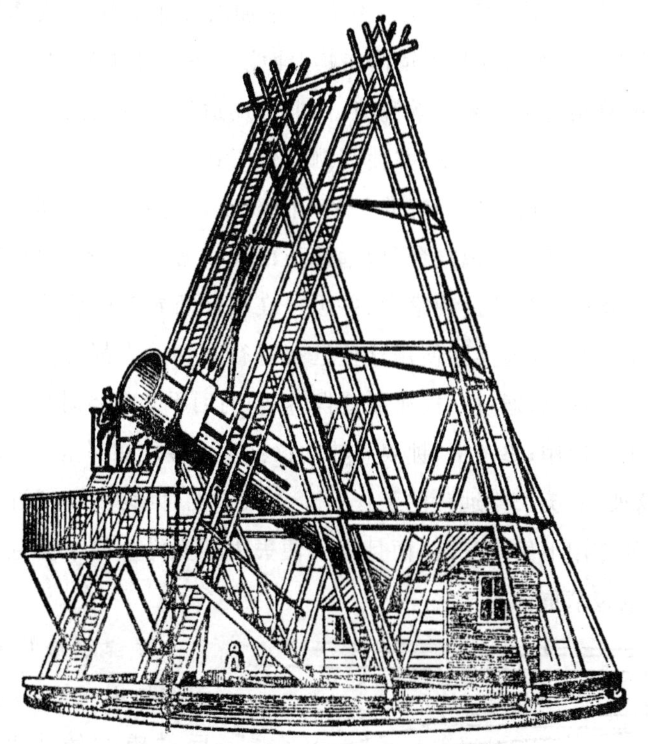

图 45—赫舍尔的 40 英尺反射望远镜

“前视式”,而现在称之为“赫舍尔式”。他写道:“它的观察目镜的位置稍微偏离轴,但直接在前面,中间不插入一面小反射镜;同过去制造的望远镜相比,它的主要优点是给出几乎强一倍的光”(*Catalogue of One Thousand new Nebulae and Clusters of Stars*, *Phil. Trans.*, 1786, p. 457ff., note)。由于观测者的头部要挡住一部分光线,所以,这种结构只适合于大型仪器,现在已很少见。望远镜的镜筒长 39 英尺 4 英寸,直径 4 英尺 10 英寸。镜筒 116

由铁板焊接而成,不用铆钉。镜筒下端加以特别加固,以支承反射镜,并提供一个可让整个镜筒在其上面沿一垂直平面转动的支枢。仪器的复杂构架用来支承镜筒,使能借助适当的滑轮把镜筒抬高到直至天顶的任何高度,并使观测者便于接近目镜。整个构架安装在两组可在圆形砖墙轨道上滚动的滚轴上,这样,望远镜就可指向任何地平经度。观察台(望远镜正面可以看到)可容纳很多人;可从一道阶梯到达这观察台,并可停在任何所希望的位置上。还有一个平台,任何实际使用这望远镜进行观测的人都可使用。棚屋供记录观测(通过一根通话管告诉他)的助手和需要时移动望远镜的工人使用;参考书、钟表和辅助仪器也可存放在那里。总的来说,这架 40 英尺望远镜的工作是令人失望的,因为镜在将近一吨自重的作用下发生变形,而且很快便失去了光泽。整个装置移动起来也嫌笨重。

117

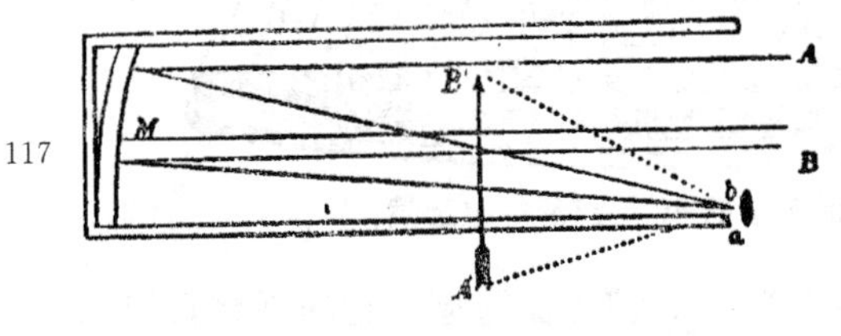

图 46—赫舍尔反射望远镜的剖视图

镜稍微倾斜,使入射光束经反射后形成的像能通过固定于镜筒上缘的一个目镜看见,所以,观测者背向观测目标

赫舍尔最出色的工作是用一架 20 英尺反射望远镜做出的。他在制作这种望远镜所用反射镜的技术上取得显著进步,并且做了几百面,自己用或者出售。经验使他逐渐知道,哪些金属化合物、哪些研磨铸件方法能给出最佳效果。

赫舍尔最早的科学论文是在短命的巴思哲学学会宣读的,论及了各种各样的问题,除了天文学和偶尔谈及的形而上学问题而外，还涉及了电、光、重力和“鲁伯特滴剂”，等等。他对天文学比较成熟的贡献主要记叙在 1780 到 1821 年的《哲学学报》刊载的论文里，大多是关于各种恒星问题。

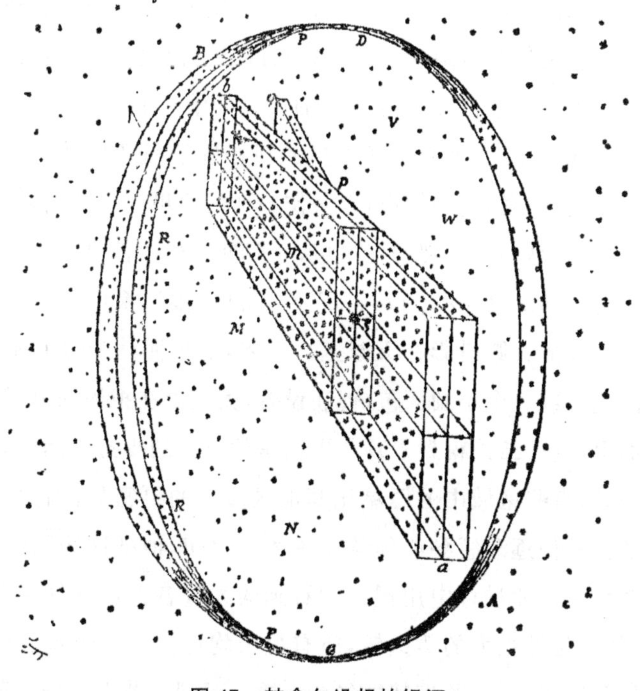

图 47—赫舍尔设想的银河

十七世纪，抛弃了古代关于恒星不动地固定在一个水晶球表面的教条，随之便产生了一个问题：那么，恒星在空间中是如何分布的呢？赫舍尔致力于解答这个问题。显然，恒星在天空的某些部分（例如在银河中）要比在其他部分更密集地聚拢在一起。从 1783 年起，赫舍尔开始用他所说的“恒星计量”对天空每一部分中　118

恒星的分布密度进行定量测量。他有计划地把他的望远镜对准天空的一个又一个部分,计算望远镜每一位置上视野里他能看到多少颗恒星,这种计量总共做了上千次。在有些方向,他所使用的放大率平均每次只能看到一颗恒星;而另一些方向上,他能数到五百颗以上。赫舍尔尝试地假设,在每一方向上,恒星的视在聚集可以认为表明了这星系在那个方向上的广延。他还假设,恒星大都固有地具有同等亮度,因而一颗恒星的视在昏暗程度是对它与我们距离的量度。根据这些假设,以及作为他的恒星计量的结果,他得出结论:银河是一端开裂的恒星层,太阳处于稍微偏离其中心的位置。(参见 *Phil. Trans.*,1784,1785。)所以,银河系恒星看去像一个部分开裂的大圆投影在天球上。后来,他进而认为银河系形似一面凸透镜或一个小圆面包;他还设想,太阳处在把银河分成两半的平面上;这一结论得到了现代更精密的研究的支持。然而,赫舍尔认识到,有些区域中的恒星比其他区域中的更密集,因此,随着时间的推移他逐渐感到必须认识**星团**。起初,他把这些天体归类于他在计量作业过程中用望远镜看到的大量各种形状的**星云**;他认为,如有足够强大的望远镜,所有星云均可分辨为恒星。但是,后来他又得出结论,断言其中包括本质上不同的若干类型的天体,并试图找出从弥漫的不规则星云到盘状体、历经各种类型的演化序列,他认为盘状体可能生成恒星(图 48)。关于我们现在称为**“环状星云”**的天体(我们从各个不同方面观察,它们看起来像透镜的样子),赫舍尔认为,它们是一些可与银河所包围的星系相比的**“宇宙岛”**。这个观点近年来又重新得到支持,尽管如赫舍尔似乎曾设想的那样,现在已认识到,环状星云大都不是已形成的恒星集

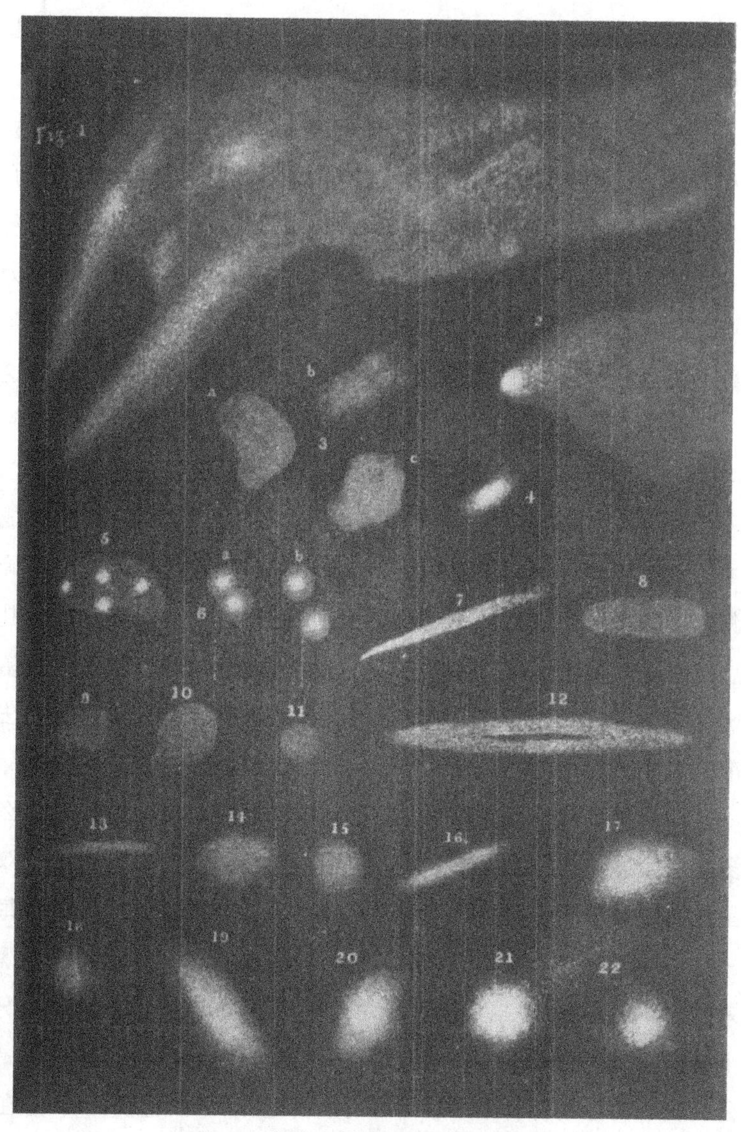

图 48—赫舍尔描述的几种类型星云

合，而基本上是现仍在凝聚而生成恒星的气体团，在这个过程中其中有一些比另一些处于更高阶段。

由于认识到太阳属于恒星，而恒星又是具有固有运动的独立天体，赫舍尔便推断，太阳可能具有朝向天空某一点的固有运动。119 如果只有太阳具有这种固有运动，其他恒星全都相对于它们的平均位置静止不动，那么，随着太阳所趋向的那些星群逐渐疏散和太阳所退离的那些星群相应地聚拢，太阳的这种运动就将被揭示。实际上，恒星各自的固有运动使这个问题变得复杂。但是，如果这些运动是杂乱无章的，那么，可以期望，足够多的恒星最终会达到均衡，而因太阳运动而产生的视在位移便突现出来。

1783 年，赫舍尔考察了仅十四颗恒星的固有运动，大致形成了关于“太阳奔赴点”的思想，1805 年，他利用其固有运动已精确测量过的三十六颗恒星，得到了一个确定的结果。他得出的奔赴点位置在武仙座。借助赫舍尔所不具备的光谱数据，现代远为精密的测定，与他的结果大致相符，不过，奔赴点的精确方向是无法准确地测定的。（参见 *Phil.Trans.*，1783，1805—6。）

赫舍尔观测到大量双星，并把它们编成星表。由此可见，这么多相当明亮的恒星紧密重合，不可能纯属偶然。在许多情况下，双星的两颗星之间必定存在着某种物理联系。这就意味着，尽管每一星对的两颗星亮度不同，但距离却几乎相等，因而不适合于作视差测量。但是，赫舍尔生前已成功地表明，至少在若干星对的情况下，两颗分星互相绕转；在他去世之后，则证明了，两颗星这种绕一公共质心的运动符合于牛顿的万有引力定律，因而也就证明，这在地球和太阳系之外也是成立的。这就彻底推翻了亚里士多德学说:适用于地球的是一套规律,而适用于天空的则是另一套规律。当然,只有彼此离开较远的星对才能用望远镜分辨开来;这些星对的运行周期往往达数千年。但是,自从赫舍尔时代以来,在这方面分光镜又起到很大作用,利用它揭示出了许多周期仅数天的接近双星。

当然,赫舍尔根本不知道什么分光镜。然而,他却是星体光谱研究的先驱之一,因为他于1798年就曾透过装在他望远镜的目镜上的一个棱镜,观察了几颗一等星。他获得了这些恒星的光谱,注 120 意到不同的恒星有不同的颜色占优势,但却忽视了吸收谱线。他在这方面的另一成就是,在太阳光谱的红外区发现了热射线(*Phil.Trans.*,1800)。赫舍尔通过对太阳黑子的观测,得出了一个错误的结论:这些目标是围绕太阳的炽热大气中的裂隙,使我们得以看到一个中央黑暗球体(他想象那里可以居住),或者这球体的黑云保护层。赫舍尔进行的其他一些次要研究包括:月球上的山(他力图估计它们的高度);行星绕轴自转的周期;发现了天王星和土星的一些卫星以及一些变星、彗星,等等。他还根据自己的观测,编制一些星表,它们给出了约3000颗恒星的相对亮度,这为后来对恒星亮度长期变化的研究作出了宝贵贡献。(参见威·赫舍尔:*Collected Papers*,2 Vols,1912;以及 Lady Lubbock 编:*The Herschel Chronicle*,Cambridge,1933。)

古德里克

十九世纪天体物理学的一个重要分支的十八世纪先驱者之一是聋哑人约翰·古德里克(1764—86),他在二十二岁便去世了。

古德里克注意到大陵五(英仙座β)星的光起伏的规则周期性,这星的变化性可能早为阿拉伯人所知道。在讨论这种现象的本质时,他写道:“关于这种变化的原因,如果现在就冒昧地作出哪怕一种猜测,或许不算为时太早,那么,我想,除非引入一颗围绕大陵五转动的大天体,或者它自身的某种运动,使它那带有斑点之类东西的部分周期地转向地球,否则,这种现象就很难解释”(*Phil. Trans.*,1783)。这两种解释的前一个,H.C.沃格尔于1889年在波茨坦用光谱证据加以证实。

古德里克接着研究了天琴座β星的变化。它是现在明确规定的“食变星”类的又一个成员。他还研究了仙王座δ星的脉动,它是变星的另一重要类别——造父变星的典型星。

古德里克因这些研究而获得了皇家学会的科普利勋章。他在当选为皇家学会会员后仅两星期便夭折了。

(参见　A. Berry:*A Short History of Astronomy*,1898;R. Wolf:*Geschichte der Astronomie*,Munich,1877;E. Zinner:*Die Geschichte der Sternkunde*,Berlin,1931,H. Shapley 和 H. E. Howarth:*A Source Book in Astronomy*,New York 和 London,1929。)

第五章　天文仪器

一、主要类型

当望远镜于十七世纪初刚开始应用于天文学时，它仅被看作是用来放大令人感兴趣的天体图像的一种工具。至于这种仪器的架设方式则是次要的，取决于观测者方便与否。最早的望远镜都是手提式的，或由置于便携式三脚架上的球窝轴承支承，以便望远镜可方便地瞄向天空的任何部分。将近十七世纪中叶时，所用物镜的焦距日益加长，因而对镜筒长度的要求达到了不切实际的地步。于是，一些观测者把木板条一根根连接起来形成槽道透镜固定在槽道的棱角中，槽道悬吊在一根高高的柱子上，并用绳索和滑轮进行操纵。另有一些天文学家则干脆不用镜筒，而通过孤立的透镜进行观测。但是，及至十七世纪末，对望远镜的安装方式产生了新的要求，要望远镜能迅速瞄向任何其位置由适当坐标规定的可见天体，而且在这样定位时，还能跟踪在天球视周日运动中渡越天空的目标。其时人们也已经认识到，望远镜除了履行有价值的探索任务外，还可用作为老的精密天文仪器的有用附件，那些仪器上一世纪在第谷·布拉赫那里已基本上定型。就特征而言，它们大都是带刻度的扇形体，一根可绕扇心转动的径向指针横在刻度上摆动；扇形体能借助固定在其两端的两个简易瞄准器准确地瞄向任何远方目标。这样的仪器可用来测量天球上两点间的角间距（这是天文测量的基本型式），方法是使仪器的平面与由这两点及观测者眼睛所决定的平面相重合，将指针依次指向每个点，读出每个位置上指针在刻度弧上的读数，这两个读数之差便是所欲求的这两点在天球上的角间距。及至十七世纪末，这种仪器里的径向指针的作用已为一个望远镜取代，望远镜用来藉其物镜焦平面上的十字准线准确地定向。**测微计**的发明又提供了测量望远镜视野内同时可见的各目标的角间距的手段。

122

按照望远镜在十七世纪所已起的这种双重功能，十八世纪的天文仪器可以分为两大类：(1)主要用于大规模的角度精确测量和时间测量的仪器；(2)主要用来对天体目标的形象作持续考察以及作微测的仪器。但是，对这两种类型的仪器不可能画出一道严格的界线。在十八世纪中，针对为进行这两类工作而安装望远镜的方法以及给望远镜装配各种辅助设备的方法，进行了大量有意义的实验。这一时期中，大多数重要的天文仪器都是在伦敦或巴黎制造的。以往几世纪里，这种仪器大都由打算使用它们的天文学家自行制造的，而在十八世纪一般都委托职业工匠制造。事实上，这一时期在这方面的技术进步主要应归功于英国的几位天才机械师，其中最为突出的是格雷厄姆、伯德、多朗德父子和拉姆斯登。

二、几位仪器制造名家

乔治·格雷厄姆(1675—1751)是坎伯兰的一个贵格会教徒，

钟表学徒出身，后来继承了他的朋友、他妻子的叔父托马斯·托姆皮翁创办的事业。无论在设计还是实际制作天文仪器和其他仪器方面，他都是当时公认的首屈一指的机械师。他总是乐意让别人利用他的经验。我们将要谈到的他制作的仪器中，包括哈雷的墙象限仪和中星仪，以及布莱德雷的天顶仪。在钟表制造技术方面，他发明了不摆式节摆体和水银摆（在这种装置中，一根钢杆的膨胀由悬吊于其上的一个容器中所盛的水银的膨胀来补偿，导致水银重心上升，因此在温度变化时，摆的摆动周期不受影响）。约翰·伯德（1709—76）本是达勒姆地方的一个织工，爱好雕刻标度板。123 后来他师从格雷厄姆学习仪器制造。他在这方面的技艺达到了第一流的水平，尤以制造墙象限仪著称。1750 年他在格林威治为布莱德雷建造的那架墙象限仪直到十九世纪还在使用，它是为欧洲各天文台制造的许多类似象限仪中的第一架。伯德还是布莱德雷 1750 年的新中星仪的制造者，它取代了哈雷的仪器。他写过两本书，分别出版于 1767 年和 1768 年。它们说明了他制造仪器和刻度仪器的方法。约翰·多朗德（1706—61）出身于信奉胡格诺派的家庭，年纪很小便投身丝织业，但后来他为天文学和光学所吸引，最后同他儿子彼得一起转入光学行业。他对消色差透镜的发明及其实用价值的确立（他的儿子在这方面出色地继承了他）所作的贡献放在别处讨论。在天文学这个专门领域中，他主要作为一种最有效用的量日仪的发明者而名垂青史。多朗德的女婿杰西·拉姆斯登（1735—1800）从哈利法克斯来到伦敦原准备投身织布业，但却跟一个数学仪器制造匠当了学徒，不久便作为一个雕刻匠和天文仪器制造家出了名。他进行过许多改良，特别在标尺分度方法和天文学的光学方面。他以把望远镜图像缺陷减到最低限度的“拉姆斯登目镜”而流芳百世(*Phil.Trans.*,1783,p. 94)。把这几个人所开创的传统出色地延续到十九世纪的是爱德华·特劳顿(1753—1835)。

在回顾由于这些人的技艺才可能取得的技术进步时,我们只能选择一些典型的和有重要历史意义的仪器加以详述,它们能用来说明设计和制造方面的总趋势。我们可以从这样一类仪器开始论述,它们在望远镜部件方面很像十七世纪的那些作为前望远镜仪器的结构设计。它们的代表是大型天文台用的**墙象限仪**和各种形式**活动象限仪**。

三、象限仪

墙象限仪是一种固装于墙壁并使其处于子午面的带刻度的象限弧,其边沿半径分处于水平和竖直位置。1580 年前后第谷·布拉赫在乌拉尼堡天文台所建造的墙象限仪是这类仪器的一个经典范例。十八世纪的墙象限仪在其几何中心装有一架望远镜,可绕支枢在弧面上转动。它使用时要配合一台时钟。它的主要功用是测定星位。一颗星的赤经由它穿越子午圈(仪器平面)的恒星时给出,而根据捕捉通过的星体,望远镜所必须指向的高度,就可推算出这颗星的赤纬,这时应计及天文台纬度的影响。另一方面只要记下一颗已知其赤经的恒星通过的时刻,就可以用这种仪器来获得准确的恒星钟时,而太阳时可通过观测太阳通过的时刻来确定再加上“时差”,便可求得平均太阳时。

124

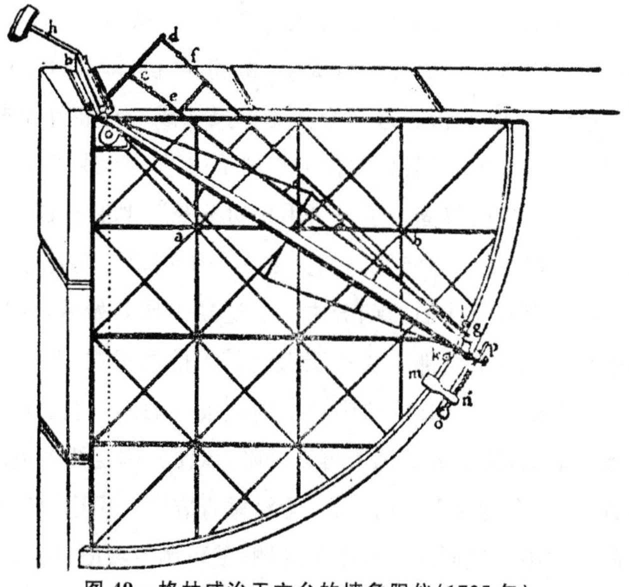

图 49—格林威治天文台的墙象限仪(1725 年)

乔治·格雷厄姆于 1725 年在格林威治天文台所建造的墙象限仪(参见 Smith 的 *Opticks*, 1738, Vol. Ⅱ, p. 332ff.)是十八世纪最著名的墙象限仪之一。这象限仪构架由细铁条构成,一些铁条以扁平表面与象限仪平面平行放置,另一些则以边缘向着象限仪平面。所有的铁条都用许多铆接在它们间夹角上的角铁牢固地连接起来,以确保结构尽可能坚固。象限仪的分度弧由两个半径约 8 英尺的 90°金属弧构成,其中一个是铁的,另一个是铁的,但覆盖 125 有黄铜,黄铜还有一部分伸出铁弧之外。安装之前,先把黄铜弧放在一个水准平面上,用一个由径向臂上转动的一把铁刮刀扫刮它,使它成为一个真平面,这径向臂可绕一根穿过象限仪中心的垂直轴转动。然后给黄铜边缘上的两个同心弧刻度。内侧弧被划分成度和十二分之一度，外侧弧被分成一条60°的弧和一条30°的弧，两者再通过逐次分半而分别分成64份和32份，即总计96份，每一份又被细分成16份。这两个独立标尺构成一种相互检验。当定位在这两个标尺上读出，并化为相同单位时，其结果之差很少发现超出几秒。象限仪固定于一堵用易切石专门建在子午面上的墙的东侧，以覆盖子午圈南面的四分之一。哈雷曾计划建造一架相似的象限仪以覆盖北面的四分之一。这项工作开始后，因资金不足而中止。仪器的全部重量由墙壁上伸出的两根铁销来支持，铁销在a和b处穿过铆接在象限仪上的铁板上的两个孔。a处的销子是不可动的，而b处的销子可以升降，以便能调定两个边沿半径的位置，使一个沿水平方向，另一个沿垂直方向。用这架象限仪和近傍的哈雷中星仪同时进行中天观测，就可调节象限仪平面，或者至少望远镜轴所扫过的平面，使其与子午圈相重合。象限仪经调整后，用砖石建筑上的夹具固定位置，并用一根铅垂线检测其位置的累进变化。然而，哈雷在格林威治天文台工作的后期，这架象限仪已严重失修。

在观测中天时，望远镜被置于接近所需高度，并旋紧一颗螺钉，使板mn被夹紧在分度弧上。当星进入视野时，用长螺杆op进行微调，使目镜缓慢地沿分度弧上下移动。可借助一个小游标读出这象限仪的精确定位。

伯德于1750年在格林威治为布莱德雷建造了第二架墙象限仪，半径为8英尺。他的工场还为大陆的观测者建造了几架墙象限仪。P.C.勒莫尼埃曾尝试把墙象限仪和活动象限仪的优点结合起来，但结果颇不令人满意。1753年，他曾把由伯德制作的一

架半径 $7\frac{1}{2}$英尺的墙象限仪安装在一个可转动 180°的砖石块体上，这块体装有几个脚轮，它们绕一个中心滚珠轴承转动。

及至十八世纪末，墙象限仪已普遍不受欢迎，为子午仪所取代。人们发现，整圆比较容易精确分度，虽也存在因定圆心不正确等等造成的误差，但是，通过取沿圆周匀称分布的若干显微镜的读数的平均值，就可基本上消除它们。 126

墙象限仪可以看作是可转动到任何垂直平面的普通活动望远象限仪的一种特例。这种类型的许多精密仪器都是十八世纪英国和法国的制造家制作的。我们可以选择大概由卡尼韦在 1770 年前后制作的一架（La Lande：*Astronomie*，1771—81ed.，Vol. Ⅱ，p. 743ff.）作为一个范型。这架仪器是一个铁制象限仪 ABC，半径为 3 英尺，带铜质分度弧 ADB，整个结构在正常情况下可在一个垂直平面上绕一根水平轴自由转动，这轴装在象限仪构架上重心 X 附近的地方。这根轴插在一个中空圆筒 EE 之中（参见图 50 左下角）；圆筒 EE 被成直角地焊接在另一个圆筒 e 上，后者可套到销子 n 上。这根销子就是仪器底座的顶杆，象限仪可正常地绕其转到任何垂直平面。仪器在地平经度上的定位由一指针在一水平圆上指示。象限仪可被夹持在任何地平纬度或地平经度的位置上。B 处所示的是用于地平纬度微调的缓动螺钉。用螺钉把望远镜 MG 固定在仪器平面上，并使其瞄准线通过分度弧上 90°这个分度平行于半径。望远镜上配有一个测微计。从穿过象限仪几何中心 C 的一根针上悬吊一根铅垂线，后者与分度弧交叉的那个刻度即量度了望远镜的仰角。为避风起见，铅垂线被置于一个长长的铜

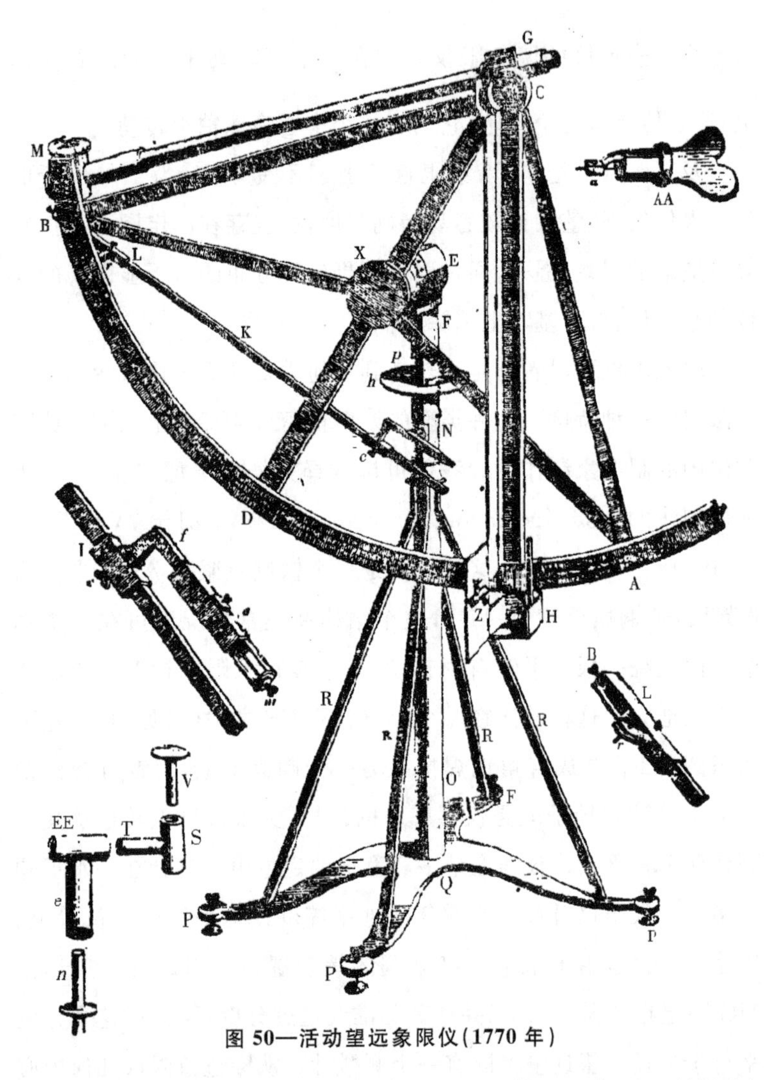

图 50—活动望远象限仪(1770 年)

127 盒 CH 里屏蔽起来;这盒的一侧像一扇门一样可以打开,下端还有一盏用于照明标度的灯,和一个用于读取铅垂线位置的显微镜。

调定象限仪在**水平**面上位置的手段也置备；轴 V 插在中空圆筒 S 之中（见图中左下角），而轴 T 插在圆筒 EE 之中，EE 如前所述安装在仪器支架上。

这一时期用于一切地平经度的其他活动象限仪（特别是英国制作的）都让望远镜绕一个固定扇形的中心活动，用望远镜所转动的一个游标取代铅垂线。J. E. 卢维尔曾设法提高了他的望远象限仪的精确度：当望远镜瞄准器定位于仪器分度弧上最近的一个整分度时，用目镜上的一个测微计度量从视野中心到一颗星的距离（*Mém.de l'Acad.Roy.des Sc.*，1714）。博南贝格尔晚至 1795 年还做了一架全木的象限仪，而特劳顿直到十九世纪初还在制作金属象限仪。

四、中星仪

128

然而，随着 1690 年前后奥劳斯·勒麦发明了中星仪，十七世纪末年开始出现一种要抛弃这些基本上属于前望远镜设计的笨重仪器的倾向。勒麦的仪器主要是一个可自由地仅在子午圈中绕一根正东西向的水平轴转动的望远镜（今天这类仪器仍是这样）。它主要用来测定星的赤经。为此，当被测星越过望远镜焦平面上照明的准线时，测定其时间。1704 年，勒麦接着又建造了最早的**子午仪**——附加了一个完全分度的圆环的中星仪。圆环与转动轴成直角，并跟望远镜一起转动。中天星的中天高度可通过两个固定显微镜从分度环读出，这样并可得出它们的赤纬。天文学家迟迟没有注意勒麦有价值的发明。英国人似乎最早认识它们。1721

年，哈雷在格林威治天文台装置了一架中星仪(但没带分度环)供自己使用。

罗伯特·史密斯在他的《光学》(*Opticks*，1738，Vol. Ⅱ，p. 321ff.)一书中描述了一种(他所称的)“中天望远镜”，它和哈雷在格林威治所用的属于同类，不过按他的描述，好像包含了后来的一些改良。似乎有理由相信十八世纪一些著作家的说法，他们说，哈雷的仪器实际上是胡克(他死于1703年)建造的。望远镜ab的长度约为5 $\frac{1}{2}$英尺，孔径为1 $\frac{3}{4}$英寸；它被成直角地固定于一根由坚固黄铜板制成的轴cd，轴长3 $\frac{1}{2}$英尺，沿其背部侧向焊接着另一条黄铜板来加固。这两条黄铜板的两端焊接着两个被车削成了真圆柱体的实心黄铜块，作为轴的支枢。接着用螺钉把一块十字形黄铜板牢牢固定于轴cd上。十字板的上下两端均向上弯曲，与其平面成直角，并锉出半圆形开口，以容纳望远镜的黄铜圆柱形镜筒，镜筒位置由两个半圆的黄铜箍环牢牢固定。支承轴的支枢的轴承是V形槽口efg、hik，在厚黄铜板上锉成。为了使轴能精确地与子午圈垂直，两个轴承中，一个可通过调节螺钉而略有升降，另一块则可前后移动。(其中一个轴承的升降装置示于图52。)这些黄铜板被调整后，便用螺钉牢牢固定在砖石柱上。哈雷的仪器与上述仪器的不同之处，在于他的望远镜离一个支枢较近，离另一个较远。借助一个气泡水准器(图53)来调整望远镜的转动轴，使之处于水平位置。盛酒精的管st安装在一根长的金属直尺上，有两个钩子oq、pr，借助这两个钩子，水准器悬挂在支枢上。水准器

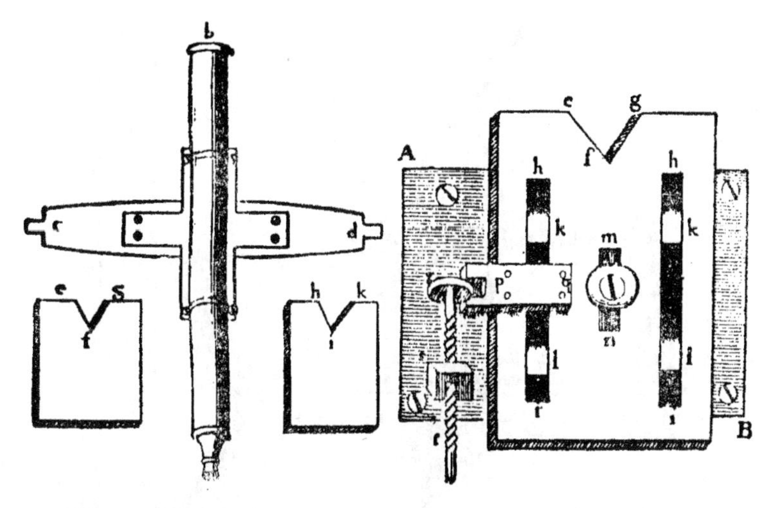

图 51—哈雷的中星仪　　　图 52—哈雷中星仪的调节机构

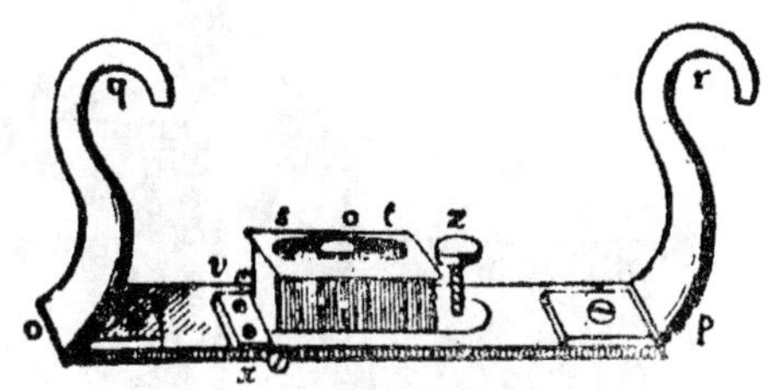

图 53—悬挂式气泡水准器

挂好以后，旋动可使酒精管一端升降的螺钉 z，使气泡处于酒精管 st 中心附近的一标记处。然后，把两个钩子交换位置悬挂，使水准器在支枢上翻转位置。如果气泡不在原来的位置上，就升高或降低一个轴承，使气泡返回至离原来位置一半的距离。记下气泡的新位置后，再把水准器翻转过来，并像前面一样，使气泡移动一半距离而加以校正。如此以往，直到水准器的位置翻转不改变气泡位置。这种悬挂式水准器比原来各种型式有很大革新。为了使连接目镜光心和十字准线交点的直线垂直于望远 130 镜转动轴，可调节十字准线，直到交点总是吻合于同一个远距离标

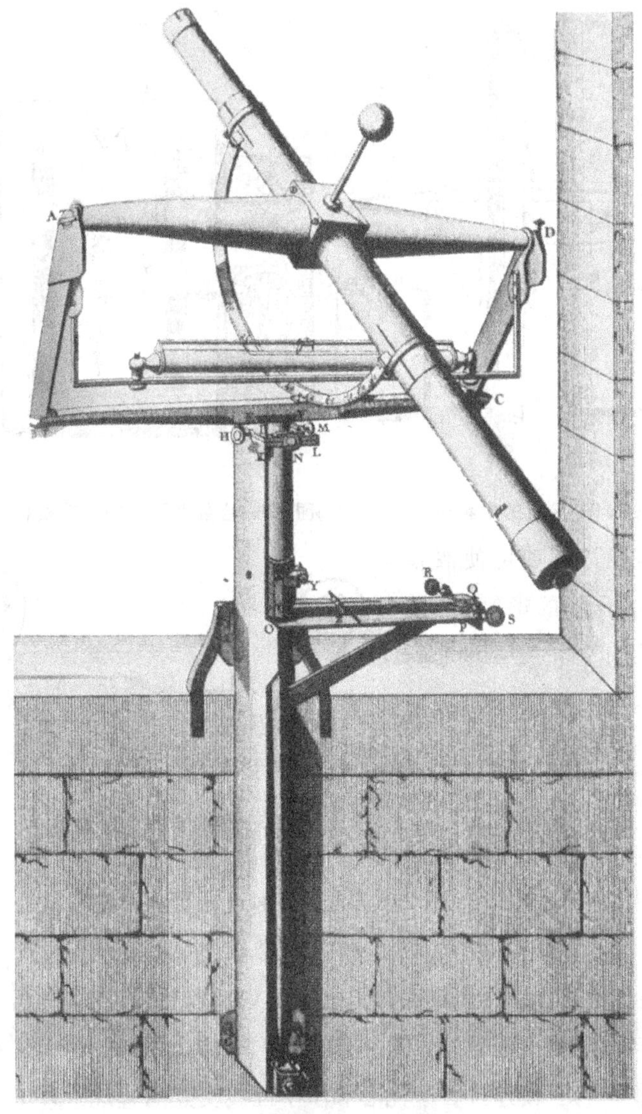

图 54—勒莫尼埃的中星仪

记，即便望远镜在支座上翻转过来，也是如此。完成这些校正工作后，还可能存在望远镜的转动轴不在正东西方向的问题。检测这种偏离的方法是记下一颗周极星在天极上下方越过子午圈的时间，改变转动轴的方向，直到每隔相等的十二小时间隔发生一次中天。望远镜的调整工作完成以后，仪器被转向某一遥远目标，在十字准线刚好覆盖住的那点上作一标记。这一标记可用作为一个比较点，使以后能检测出瞄准误差和地平经度误差。哈雷的子午线标记（由于他的望远镜不在轴的中央，所以严格说来，他本应有两个这样的标记）“在霍西尔将军宅附近公园的围墙上”（S. P. 里高德所引布莱德雷的话，见 *Memoirs of the R. Astron. Soc.*，1836，*IX*，p. 209）。当用望远镜进行夜间观测时，必须让烛光从固定于镜筒侧边一个小洞中的一个角射进来，以照亮中心线（显然布莱德雷时代之前一直只用一根线）。日间观测时，用一个与转动轴成直角的垂立分度圆和指针来得方便，这样就便于把仪器定位于待测中天的星的中天高度（图 55）。

P.C. 勒莫尼埃在他的《天体史》（*Histoire Céleste*）（巴黎，1741 年）一书中描述过一种型式很不相同的中星仪。该书基本上是巴黎天文学家在 1666 到 1686 年间的观测的扼述，不过也包含作者对自己的仪器观测结果的阐述（pp. lxxv ff.）。勒莫尼埃的仪器乃以莫泊丢在《地球的形状》（*Figure de la Terre*）（巴黎，1738 年）中所描述的格雷厄姆的一种结构为基础，也可能是格雷厄姆的制作；但它不仅可在子午圈上转动，还可绕垂直轴转动，以便能够测量过任何平经圈的渡越，而不限于过子午圈的渡越。望远镜（图 131 54）约 2 英尺长，在其焦平面上有带调节装置的十字准线网，它通

图 55—拉朗德的中星仪

过镜筒侧面上的一个缝隙引入镜筒，如目镜近傍所示。镜筒上端另一个缝隙中置有一个光亮的金属环，它用作为照明准线的反光镜。望远镜筒插进一个外筒即套壳之中，当不用套壳两端的夹紧环夹紧时，镜筒刚好能在套壳中转动；这样，十字准线就可置于水平和垂直位置。望远镜成直角地绕之转动的轴 AD 由两个中空的截锥组成，它们两端是由 A、D 处轴承支承的支枢。除了支枢用较坚硬材料制成外，镜筒和轴都是铜的。支架 BA、CD 同观测者成约 30°的倾角，这样，望远镜就可置于直至 90°的任何仰角。支架安装在水平黄铜十字横臂 BC 上，BC 的中心固定于一根垂直铁轴，后者绕其下端一点转动。这一点嵌入其中的基座和包围着铁轴的轴环都与支承砖石建筑牢固地相连。利用一个藉钩悬挂在两个支枢上的气泡水准器来使铁轴处于水平位置，水准器在支枢上翻转位置的程序和哈雷仪器中一样，图中水准器处于正常位置。铁轴水平位置的实际调节乃借助图中所示的螺钉升降低支架 D 进行。为了使望远镜的瞄准线与铁轴相垂直，调节十字准线的竖直线，直到仪器在其支座上翻转位置前后，这竖直线覆盖住同一个远处子午线标记。竖立轴向东或向西偏离垂直位置时，可调节 H 和 M 处的螺钉加以校正，它们控制这竖立轴的轴套。如向南或向北倾斜，则可调节底端的一颗螺钉进行校正，它控制支承竖立轴尖端的基座。每一次都要不断进行这些调节，直到整个仪器绕其竖轴转动时，水准器处于正常位置而气泡保持不动。仪器可藉螺钉 Y 夹持于某一地平经度，而用螺钉 R、S 则可对该坐标的定位进行微调。分度半圆用来使望远镜定位于任何所希望的地平纬度。对这标尺的一个衡重体如图所示乃从仪器的中央部伸出。勒莫尼埃的中星仪主要用来观测子午圈东西方相同地平纬度的星，由此来测定时钟时间。然而，后来证明他的仪器工作不稳定，没有成为基本仪器的标准设计，尽管它可能被认为是地平经纬仪或经纬仪的一种早期形式。

132 十八世纪中星仪还有一些令人感兴趣的地方，表现在可能是格雷厄姆大约于1730年制造的一架仪器上，它后来为拉卡伊和拉朗德使用（见La Lande的*Astronomie*，Vol.Ⅱ，p.786ff.）。这仪器的支枢乃由特别坚硬的铜锡合金制成，各支枢在其上转动的轴承则由稍软些的锡锑合金制成。支枢的水平误差由图示的一个跨骑水准器来检验，它从上方施于支枢。其中有一个轴承可以通过调节螺钉来升降或者水平地南北移动。图中右上角所示为用于部分地打开天文台屋顶的装置。

卡里曾为沃拉斯顿制造了一架精巧的子午仪，1793年的《哲学学报》中载有关于这架仪器的描述。这架直径2英尺的子午仪通过动丝测微计获得读数，整个仪器可借助一个绞盘在其基座上转动180°。

卢维尔所发明的一种便携式中星仪（*Mém. de l'Acad. Roy. des Sciences*，1719），可以代表中星仪设计方面有些偏离主流的一种很有意思的实验。在这种仪器中，子午望远镜绕其转动的轴本身也是一个正东西向的望远镜。通过这个望远镜可以看到由隔开一段距离的一面镜所反射的它自身的十字准线，以便提供可在最初通过铅垂线和对已知恒星的中天观测调整轴之后，再来检验轴的轻微扰动的手段。整个装置由五条腿支持；可以肯定，它在工作上是不稳定的，也没有被广泛接受。

五、天顶仪

天顶仪可被看作是子午仪的一种特殊形式，用来精密测量在天顶附近中天的恒星的中天高度上的微小差异。十八世纪造出了许多这样的仪器。它主要包括一个绕一根正东西向的水平轴转动的长望远镜，此轴位于镜筒的包含物镜的那一端附近，而在近目镜那一端装有一个分度弧形式的标尺。悬挂于分度弧几何中心（它 133 通常位于转动轴上）并与标尺垂直相交的一条铅垂线用来指示望远镜瞄准线所指向的子午圈上那一点的天顶距（地平纬度的补余）。这种仪器特别适用于测量一条子午弧两端间的纬度差和检测一颗恒星的周年视差。对于这些目的来说，在天顶附近进行观测有着受折射影响最小的优点。胡克在探寻恒星视差时曾使用过一架以某种方式根据天顶仪原理工作的仪器（*An Attempt to Prove the Motion of the Earth from Observation*，1674）。皮卡尔约在同一时期在他的大地测量工作中也曾运用过这种仪器。

最早的高质量天顶仪是格雷厄姆为莫利纽克斯（1725 年）和布莱德雷（1727 年）制造的那两架。布莱德雷藉之发现了光行差和章动。在布莱德雷的仪器上，$12\frac{1}{2}$英尺长的望远镜由从镜筒物镜端处两对侧伸出的两个钢销悬挂起来；安放钢销的轴承固定在砖石建筑上。仪器的定位由悬挂在一根钢销上并与标尺垂直相交的一条铅垂线指示。标尺全长共 $12\frac{1^\circ}{2}$，由于应用了测微计，读数的精确性得到了提高。望远镜在悬吊于一根绳子上的重锤的张力的作用下而压住测微计的螺钉。

这一时期另一种值得注意的天顶仪是拉孔达明在南美进行大地测量时所使用的仪器；在他的《子午圈三个基本度的测量》（*Mesure des trois premiers degrés du méridien*）（巴黎，1751 年）

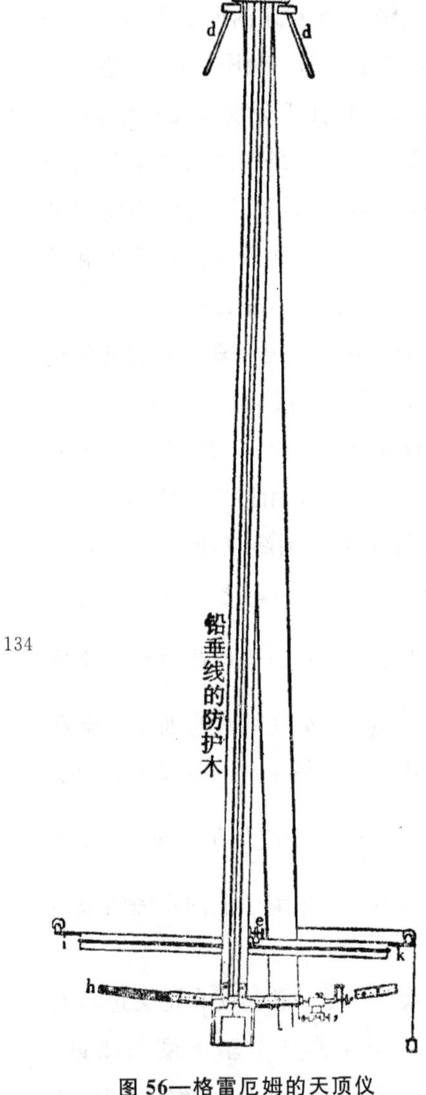

图 56—格雷厄姆的天顶仪

中载有关于这种仪器的描述，拉朗德也对之作过说明。这里从拉朗德的《天文学》(*Astronomie*)中引出如下说明和图解(1771—81ed.，Vol. Ⅱ p. 781ff.)。望远镜 *VT* 牢固地安装在半径 *CDG* 上，后者可绕 *G* 在子午面上自由地做偏离垂直位置的小角度转动。半径下端有一根横档 *AB*，上面有一条刻在一个铜分度弧上的约 8°的刻度弧，从弧的几何中心 *E* 处的一根销钉悬下的一根铅垂线 *EP* 横在这刻度弧上。半径从 *C* 到 *D* 长 12 英尺；它由彼此成直角地固定起来的扁平铁条构成，保证其坚固。它顶上覆盖着一个带有悬吊着铅垂线的销钉 E 的铜件 *EFG*，其端末为一个球状头 *G*，其颈部可在固定于有牢固支持的横梁的一个项圈中活动。这样，半径就得到了带一定程度自由的支持，观测者就可以清楚地看到天顶。

134

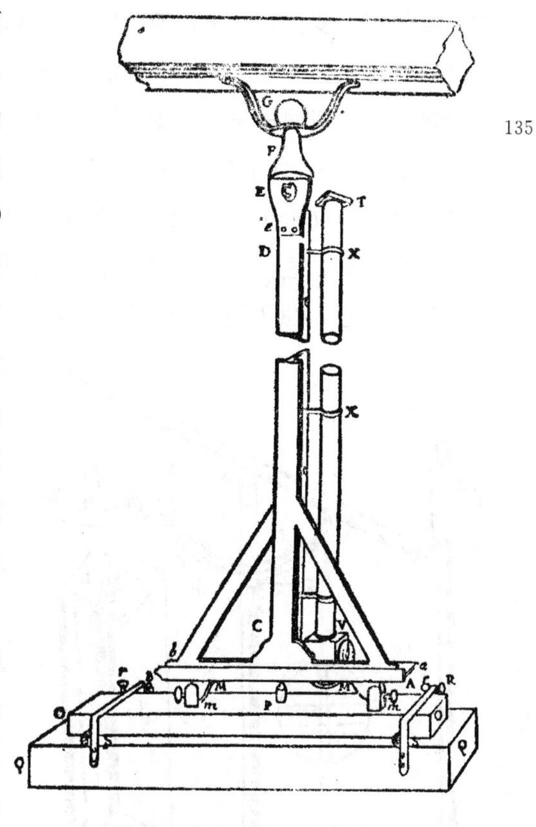

图 57—拉孔达明的天顶仪

横档 AB 长 2 英尺；两个舌 M、M 向下伸出，嵌入金属枕块 m、m 的沟槽中。两个枕块固定在一根坚固的梁 OO 上，梁 OO 则安放在稳固的基座 QQ 上，并可沿其长度方向（南北向）移动，从而使望远镜可偏离天顶向两边略微倾斜几度。当望远镜近似地置于所需的天顶距时，用螺钉 r，r 把梁 OO 夹紧，并可用螺钉 m、m 进行微调。望远镜的实际位置由铅垂线与刻度弧的交点的刻度示出，并且借助测微计 V 可得到更高的精确度。

观测相同地平纬度用的望远镜

十八世纪有几种望远镜专门用于测定太阳或一颗恒星在越过子午圈之前和之后处于相同地平纬度的时间，这些时间的平均值就是实际的中天时间。前面谈到的 P. C. 勒莫尼埃的**中星仪**就常常这样使用。罗伯特·史密斯（*Opticks*，Vol. Ⅱ，p. 329）描述的另一种这样的仪器主要由一个 30 英寸长的望远镜 MN 构成。支持望远镜的是一根同样长度的钢轴 *ab*；这根轴直立于一个可以说是长方形盒子之中，盒子牢牢地固定于一根柱子，轴绕其尖底端 *b* 自由转动，*b* 置于 *i* 处的一个轴承之上，而轴的圆柱体部分 *e* 在 *h* 处的轴环中转动。这根轴上装着一个 60°的小金属弧 *cd*（如 *E* 处所示），弧的中心 *a* 位于轴 *ab* 的顶端。望远镜固定于一个金属半圆的直径之上，半圆有着与金属弧相同的半径和圆心。这个半圆正常时可在金属弧上自由滑动，由两个螺钉 *c*、*d* 夹住在这弧上，弧穿过半圆上一个狭缝而进入弧上的孔中；只要旋紧这些螺钉，望远镜就可夹持在地平线上任何所需的仰角上。为使轴 *ab* 处于垂直位置，可通过旋动螺钉而

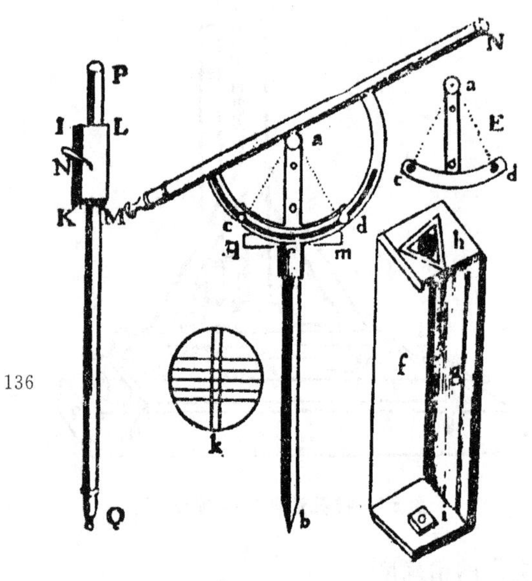

图 58—观测相同地平纬度用的望远镜

136

移动基座 *i*，直到在轴慢慢转动时气泡水准器 lm 仍保持水平状态为止。当望远镜被夹持于某一位置时，就成了一个高度方位仪，扫出一个等地平纬度的圆。在子午圈东侧选择一颗星，用地平纬度固定的望远镜跟踪这颗星，使这颗星保持在视野中两根垂直线之

间(k),记录下它越过五根水平线的每一根的时间。当这颗星越过子午线后又进入仍处于相同定位的望远镜的视野之中时,再把它越过五根水平线的时间记录下来,而这十个时间的平均值便取为这颗星的中天时间。

六、赤道仪

我们接下来论述望远镜用于下述目的的装置方法。这种用途在于希望仪器能容易地瞄向某个天体目标,使这个目标在视野中保持一段短时间,以便进行观察或测微。这通过如此装置的望远镜来实现,即使之能绕一根与镜长垂直的轴转动,而这根装着这望远镜的轴又可绕第二根轴转动,第二根轴与第一根轴垂直。望远镜有了这样的自由度,就能指向天球上任何一点(实际上还要除去其运动受部分支承结构阻碍的地方,这是早期各种型式装置中常常出现的现象)。这一般说明包括种种特殊情形,这里我们主要关心其中一种,即望远镜在与赤道垂直的平面上绕一根位于赤道的轴转动,这根轴又绕第二根与地球周日自转轴平行的轴转动。望远镜藉之定位的分度圆上的读数在这里就表示被测星的赤纬和时角。 137

十七世纪天文学已有这种**赤道**形式装置的先例。克里斯托弗·沙伊纳在他的《奥尔西尼的玫瑰花》(*Rosa Ursina*,1630,p. 347ff.)中就描述过这样一种装置(他认为这是克里斯托弗·格林贝格尔的发明)。一架用来把太阳的像映射在一个屏上的望远镜绕一根极轴转动,并可在一条分度弧上自由移动赤纬47°,以便能在整个太阳赤纬的周年循环中始终跟踪它。此外,罗伯特·胡克在他的《天文机器主要部件的诘难》(*Animadversions on the First Part of the Machina Coelestis*)(伦敦,1674 年,p. 67ff.;转载于 Gunther,*Early Science in Oxford*,Vol. Ⅷ)中不但描述了象限仪的赤道装置,而且描述了他自己发明的一种装置,"借助它,一旦象限仪调整好,并瞄准目标,就可以在观测者所要求的任何长时间内保持这种状态,而根本无需观测者操劳。"弗拉姆斯提德在格林威治的赤道装置六分仪可能就是受胡克思想影响而制造的。十七世纪末年,勒麦在哥本哈根圆塔的天文台就可能有过一架配有分度圆和读数显微镜的赤道装置望远镜(P. Horrebow:*Basis Astronomiae*,Havniae,1735,Ch. VI)。卡西尼家族也使用过这种赤道装置(*Mém.de l'Acad.Roy.des Sciences*,1721)。

十八世纪的赤道仪大都是便携式的仪器。詹姆斯·肖特在《哲学学报》(1749,p. 241)中描述过一架用于反射望远镜的这种装置。首先用装在刻度圆 AA 上的两个气泡水准器和四个螺钉 B、B、B、B,把刻度圆调节到水平位置。然后,旋动螺钉 C,使圆 DD 处于子午面;旋动螺钉 E,使圆 FF 处于赤道面。在把望远镜定位于瞄准一颗给定恒星时,旋动螺钉 G,使圆 HH 和望远镜本身(一种格雷戈里式反射望远镜)处于由 FF 所指示的这颗星的时圈平面;然后,通过调节螺钉 K 使 HH 转动,直到它位于这颗星的赤纬,至此便完成了全部定位操作。在圆 AA 之下可以看到一根磁针;它可用来给望远镜粗略定向,也可用来测量磁偏角。后来爱德华·奈恩描述过一种与肖特仪器相似但更为稳定的仪器(*Phil. Trans.*,1771,p. 107)。(参见图 59、60。)

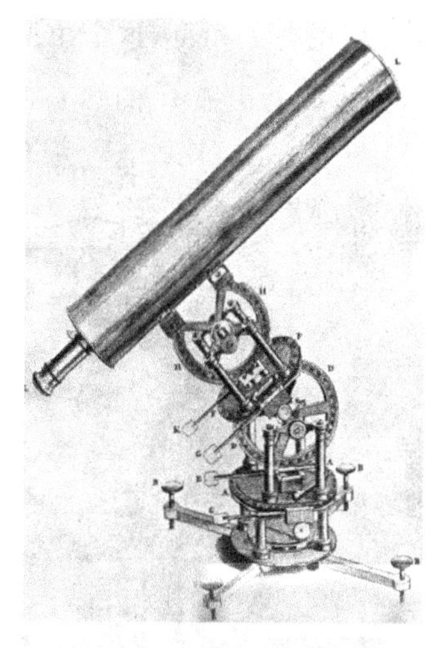

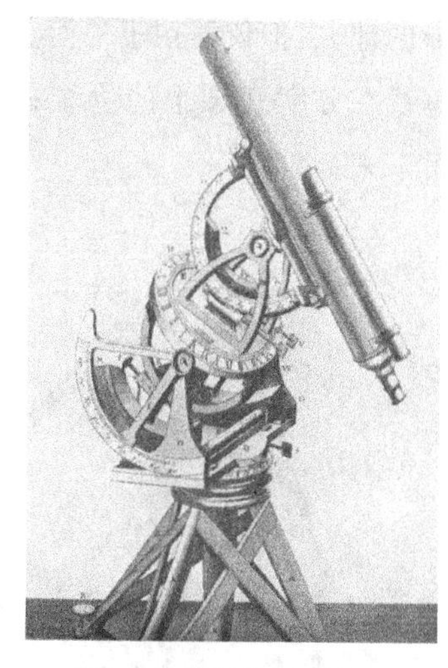

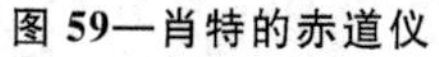
图 59—肖特的赤道仪

图 60—奈恩的赤道仪

拉朗德在其《天文学》中描述过一种当时型式的赤道仪(1771ed.,Vol.Ⅱ;见图 61)。仪器的轴 CY 由一个木支架支持,后者借助一对相互垂直的气泡水准器和三颗水准螺钉而保持水平位置。底座的 BKN 部分处于子午圈上,轴 CY 与之成等于纬度的倾角。这根轴在一个位于 Y 处的黄铜轴环中转动时有轻度摩擦;轴的下端 C 装在一个半球形轴承中,顶端在 Y 之上成两个颚,两个颚合抱一个金属半圆 VZ。这轴绕一根通过其中心 S 的销轴转动,并可在需要时夹固在一定位置上。在半圆的直径上用螺钉固定着一个带槽的木支架,以接装望远镜。半圆带分度弧,一个游标使望远镜的赤纬定位读数可读到 5 秒。有些仪器上装有缓动螺杆 I。望远镜的时角定位由装于轴的一根指针示出,指针横在与赤道面平行的半圆 OC。在制造仪器时,极轴对水平面的倾角被弄得等于它使用地点的纬度,但也可通过下述调节而应用于纬度略有

138

差异的地方:把仪器在子午面上转动相应的倾斜角度,这个角度由铅垂线在分度弧 R 上的位移来指示,铅垂线乃由弧 R 的圆心 r 上悬吊下来。

图 61—1770 年的一种赤道仪

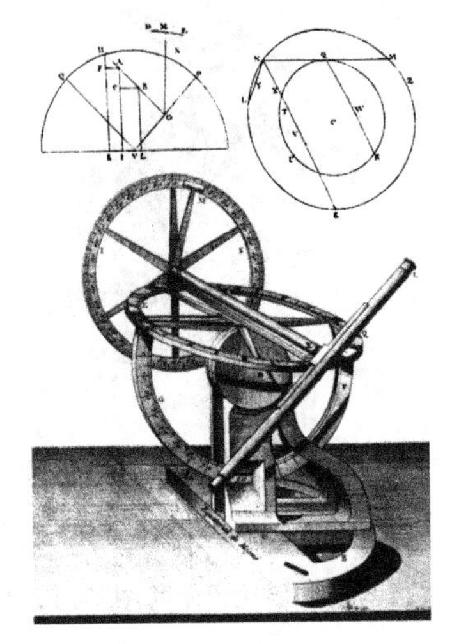

图 62—梅尼的赤道仪

这个时期的赤道仪大都有这样一个制造造成的缺点:它们不能转到指向北极星,有时实际上不能指向北极星周围 30°范围内的任何星。梅尼 1774 年制造的赤道仪就没有这种缺陷(拉朗德的上引著作,Vol.Ⅳ,p. 666 和 p. 669f.)。望远镜 VL 和赤纬圈 IK 处于赤纬轴 HX 的两对端;仪器很快就可调节到适用于任何纬度,为此,将可活动的半圆 FG 转动必需的角度,使 EQ 定位于赤道平面。但是,在观测高的目标时,观测者的头部就没有多少活动余地了(见图 62)。

赤道装置望远镜设计上的另一项进步,可以拿拉姆斯登 1791 年为乔治·沙克布勒爵士制作的一台仪器为代表(*Phil.Trans.*,

1793,p. 67)。望远镜及其赤纬轴由六根黄铜管构成的支架支撑，各黄铜管的上端都连接到一个圆形构架,从后者升出一根上支枢；黄铜管下端安放在支持着整个仪器重量的一个锥形支枢上。望远镜可绕其赤纬轴自动转动一整周(图 63)。

139

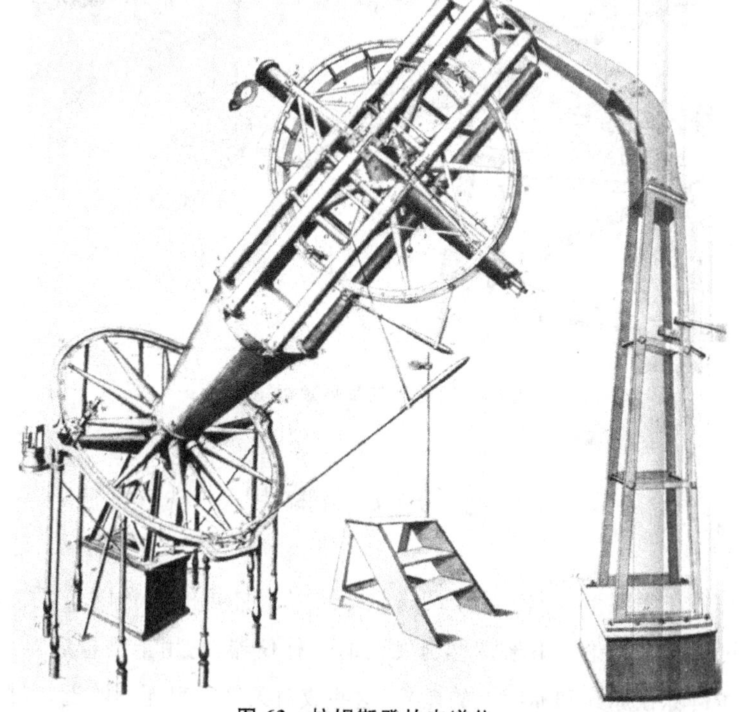

图 63—拉姆斯登的赤道仪

反射望远镜的赤道装置提出了一些特殊问题。约翰·哈德利(见 Smith,*Opticks*, Vol. Ⅱ, pp. 305ff., 366ff., 和 *Phil. Trans.*, 1723, Vol. XXXⅡ, p. 303)和帕塞芒(*Description et usage des Télescopes*, 1763)在制造和装置这类仪器的方法上取得了进步。

但是，十八世纪在这个领域中的一切进展都因威廉·赫舍尔爵士的成就（见第四章）而黯然失色。

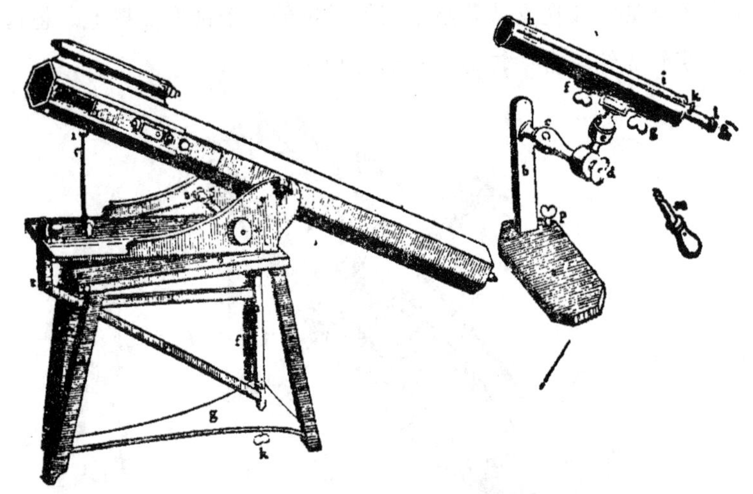

图 64—哈德利的反射望远镜装置

七、天文两脚规

在考察十八世纪用于测量最小可见天体角的设备以前，我们可以先来讨论一下格雷厄姆发明的一种仪器，它用于测量成对天体目标在赤经和赤纬上的差异，这些成对天体靠得还不够近，因此它们的间隔尚不能用测微计来测量（Smith，*Opticks*，Vol. Ⅱ；图65）。这种被称为“天文两脚规”的仪器安装在一根与地球极轴平行的方轴 HIF 上，方轴通常绕一根插入锥形孔 H 中的销轴自由转动，而这轴的圆柱体部分I置于一个金属叉的两叉股之间。黄

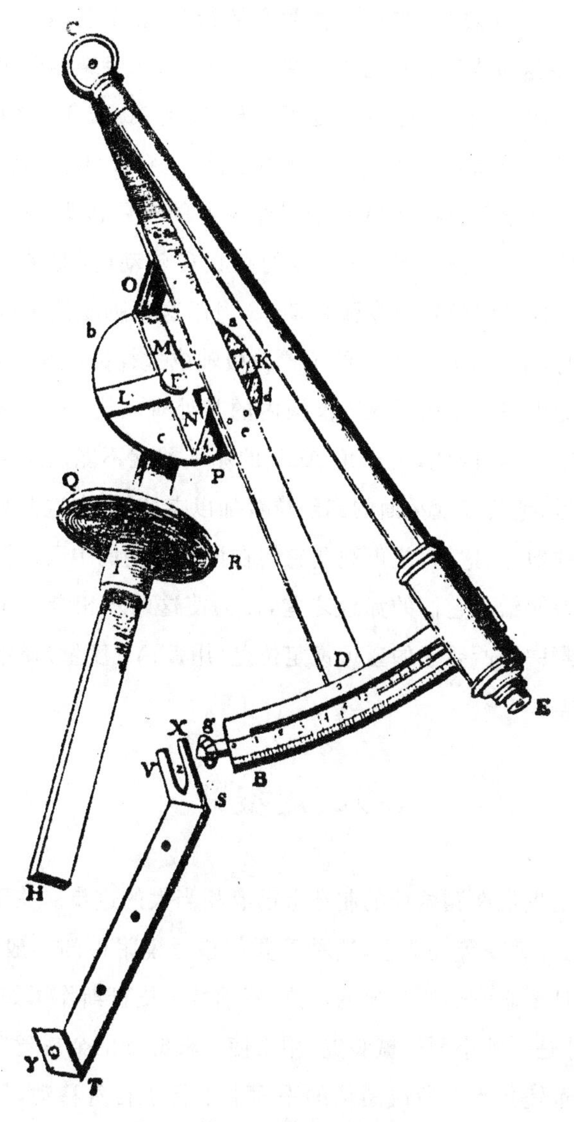

图 65—格雷厄姆的天文两脚规

铜圆盘(adcd)被固定在与轴HF平行的位置上;黄铜十字件KLMN绕这黄铜圆盘中心处的接头F转动,十字架的两个臂在O和P处弯成直角,以支持分度弧AB(包括10或12度)的半径CD。轴HF在赤经上的转动和两脚规绕F在赤纬上的转动都可在需要时用作用于圆盘Q和十字件MN的夹具制动。望远镜EC在缓动螺钉g的作用下绕弧AB的圆心C转动(同时带动附装于其上的游标沿两脚规分度弧移动)。当用这两脚规测定两颗星的坐标差时,半径CD被夹持的位置对极轴成这样的倾角,以致这两141颗星都能用望远镜在弧AB范围内的某处观察到,而又不必在赤纬上解脱夹紧;因此,大于角ACB的赤纬差就不能用这种仪器测量。然后,把两脚规平面的赤经位置加以夹持,应在这两颗星以西一点点的地方,这样,便可观测它们在该平面上的中天。两者中天时间之差便给出它们的赤经之差,而为使这两颗相继的星处于望远镜视野中心所要求的望远镜定位差(用弧AB度量)便给出它们的赤纬差。

八、测微计

十七世纪在**测微计**的制造上已有相当大的进步。关于在皮卡尔、奥祖和勒麦等人那里,这种重要的望远镜附件的一般形式,以及按设计要求它们所完成的功能,罗伯特·史密斯作了如下扼述:“测微计是一种小型机械装置,用来使一根纤细的金属丝在一个目标于望远镜焦点上所成图像的平面上平行于自身移动,从而以极高精度测量它距同一平面上的一根固定丝的垂直距离。这种仪器的用途是测量遥远目标对肉眼形成的微小角度(*Opticks*,Vol.Ⅱ,p. 342)。

按传统方式工作的十八世纪最成功的测微计之一示于图 66。(参见 *Opticks*,Vol.Ⅱ,p. 345ff.;和 La Lande:*Astronomie*,Vol.Ⅱ,p. 768ff.)这种仪器可能是格雷厄姆设计的。一块长方形黄铜板 AB 上挖出一个洞 abcdef,一根水平金属丝 be 横跨这个洞。两根竖立的细杆 gh 和 ik 也横过这洞,其中 gh 是固定的,而 ik 则可通过旋动测微螺杆 CED 而侧向地向两个方向运动。测微螺杆上装有指标,在刻度盘 EF 上示出螺杆转动的整周转数和不满一整周的分数,这相应于细杆 gh 和 ik 的间距。整个仪器原来准备插入望远镜的焦平面,但其原始设计经布莱德雷改进。布莱德雷不把仪器直接装到望远镜上,而是把它装在一个黄铜底板上(图 66 下图中的 LN 所示)。当旋动与装在底板 LN 上的一个扇形齿轮啮合的蜗杆 $\sigma\tau$ 时,仪器就可在其本身平面上绕丝 be 与固定杆 gh 的交点 δ 转动。借助沿这底板两边的凸出部而固装于望远镜镜筒的就是这个底板。利用这种装置,测微计的定向就可无需把望远镜作为一个整体绕其轴转动而加以改变了。1771 年,拉朗德还在使用着这样的测微计,他认为这是当时最佳的通用测微计。

为了始终能把螺杆的整转数和分转数所表达的两个星象的间距换算成天球上分隔星的弧的角测度,必须给这种测微计定标。定标的常用方法(十七世纪便已使用此法,而且至今仍在使用)是使测微计金属丝垂直于赤道,使两者的间隔等当于测微螺杆的已知转数(这数最好相当大),观察赤道附近某颗已知星的像从一根丝过渡到另一根丝所需的时间,随后把这时间间隔换算成角测度, 142

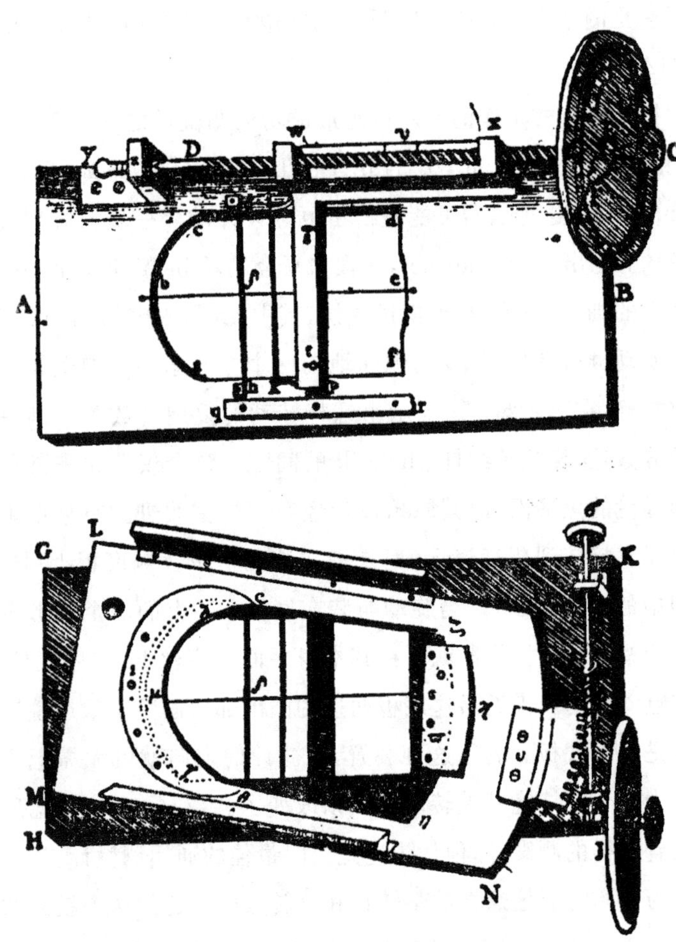

图 66—格雷厄姆的测微计(正面和背面)

并计及星的赤纬越高,视运动越慢的效应。测微计也可按下述方法定标。用这仪器测量远处一堵墙上的两个标记的间距;根据这两个标记的间距和它们距观察地点的距离计算出它们实际对观察

者眼睛所形成的角度。于是,定标就在于比这间距和这角度。 143

在应用这样的测微计时,经常需要调节相交的金属丝在视野中的定向,从而使其中某一根通过两个所选取的星象,或与星漂越视野的方向平行。在詹姆斯·布莱德雷的几种测微计(见史密斯的描述,*Opticks*,Vol.Ⅱ,pp. 344—45)中,这种调节颇为简便。他把金属丝装在环 abc 上,后者可在一个较大的同心环 ABC 上刻出的一条圆沟槽中在其自身的平面上转动,而大环固定在望远镜的焦平面上。gh、ik 和 ln 分别表示几根金属丝。螺杆 DEF 与由螺钉固定在内环上的扇形齿轮 de 啮合。旋动 DEF,就可将内环转动到任何所需的位置,由 A、B 和 C 处的凸出部把内环置于沟槽之中。黄铜杆 go 和 gp 固定于内环上,用于测定两颗靠近的星的赤纬差。这两根杆成这样的倾角,使两颗星越过视野的路径 ln、ik 之间的垂直距离 mf 等于这两条路径被两根杆所截部分之差(ln－ik)。因此,根据两颗星从两杆之间通过所花**时间**之差,就可容易地推算出它们的**赤纬**之差。

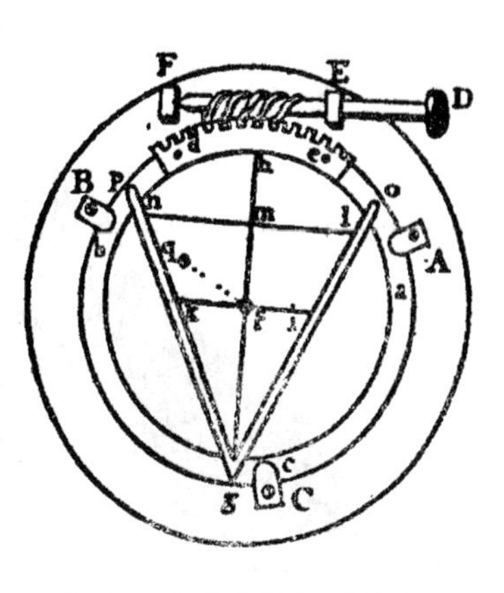

图 67—布莱德雷的测微计

九、量日仪

十八世纪中叶,发明了按照完全不同原理工作的一种测微计,

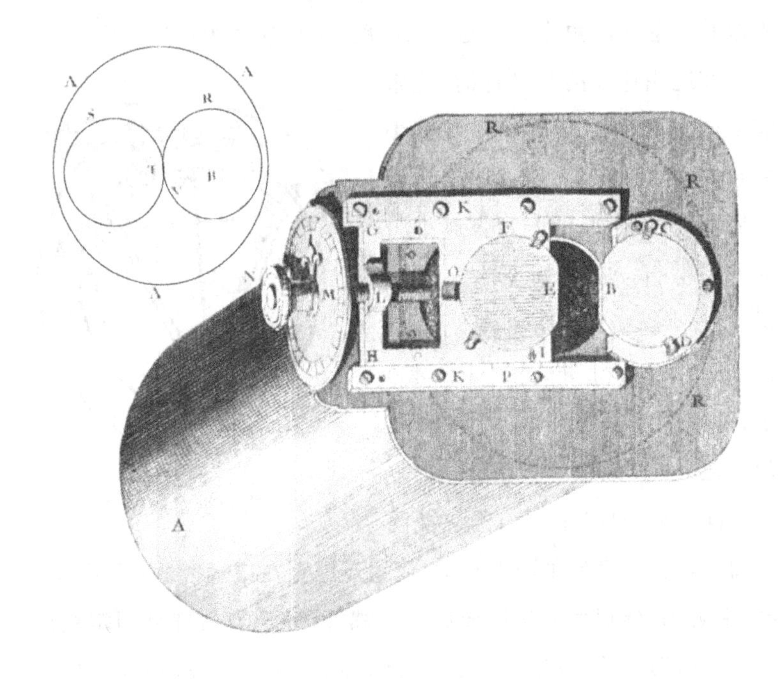

图 68—布格埃的量日仪

称为**量日仪**，因为它最初用来测定太阳的角直径。这种仪器的实际发明被归功于皮埃尔·布格埃，尽管后来发现，它的原理早已为塞文顿·萨弗里提出过；甚至勒麦似乎也曾有过给望远镜装两片活动物镜的想法（J. B. Du Hamel：*Histoire*，1701，p. 148）。布格埃在《皇家科学院备忘录》（*Mém. de l'Acad. Roy. des Sciences*，1748，p. 11）上描述过他的发明。图 68 示出早期的这种仪器（见 La Lande：*Astronomie*，Vol. Ⅱ，pp. 811ff.）。图中所示量日仪被装在其截面由虚线 RRR 给出的望远镜镜筒 A 的物镜一端。量日仪主要由两块口径和焦距均相等的透镜（或透镜片段）B 和 E 组

144

成;其中 B 是固定的,E 装在底板 FGHI 上,旋动测微螺杆 NMLO 就可使这底板接近或离开 B。活动指标 I 和固定标尺 P 使能够计算螺杆的整转数;测微标尺 M 示出不满一周的分转数,这样就可给出两片物镜之间距的准确数值。这种仪器的工作方式如同共用一片日镜的两个望远镜;在测量太阳的直径时,可在共同焦平面 AAA 上形成该天体的两个像 ST 和 RV。然后,调节两片物镜,直至两个像在 T 处相接触。这时,把这两片透镜中心的间距除以用同一单位表示的它们的共同焦距,就可求得所求的角度。拉朗德发明了调节物镜而观测者又无需离开目镜的方法(*Mém*,*de l'Acad*.,1754,p. 597)。

詹姆斯·肖特获悉布格埃的发明后,便想起数年前塞文顿·萨弗里向皇家学会提的一条建议。他从布莱德雷那里得到了萨弗里研究报告的原文,把它发表于《哲学学报》上(1753,p. 165)。1743 年 10 月 27 日,布莱德雷向皇家学会宣读了这个研究报告。萨弗里在文中建议,测量太阳分别处于近地点和远地点时的视直径之差,方法是当太阳处于其视轨道的两个拱点时,形成太阳的两个并排的象,中间有很小的间隙,用测微计测量这个间隙。为了提高精确度,可把日轮大大放大,只让两个象的边缘部分的基本部分进入视野。萨弗里建议,为了得到他的双象,可把一片透镜沿平行弦分成片段,把对应的片段用纸以各种方式黏结起来(他还提出过一种用镜的类似方法);也可将两片相同焦距的透镜并排装在一起,用一片目镜观看它们所形成的太阳的两个象。但是,萨弗里在制造这种仪器上似乎尚停留于实验阶段。

后来这个思想为约翰·多朗德所汲取。他的量日仪标志着对萨弗里和布格埃的改良，成为这种仪器的标准形式。在他的量日仪中，一片物镜沿其一个直径一分为二；两者能沿这直径线等量反向地移动可度量的距离。每个半透镜都在共同焦平面上形成自己的全象（*Phil. Trans.*，1753，p. 178；和 1754，p. 551）。图 69 所示的是多朗德仪器的早期形式（La Lande：*Astronomie*，Vol. Ⅱ，p. 814 ff.）。虚线 LaBGf 代表望远镜的孔径，ABC、DEF 是两个物镜的两半，它们与 AF 平行地移动。（物镜落入望远镜孔径中的部分被遮暗。）片段 ABC 固定于铜构架 AGHI，片段 DEF 固定于构架 KLMN。这两个构架的末端是齿条 HI 和 MN。用一个带有万向节头的手柄转动 P 附近的小齿轮。这小齿轮与齿条啮合，使它们等量反向地移动，而两透镜的间距可以借助标尺 Y 和游标 X 读出，可读到五百分之一英寸。多朗德的仪器可应用于反射望远镜。图 70 示出这样的应用。手柄 PQ 用来把透镜的分裂直径转到过视野的任何所需方向，并备有读取这直径的方位角的装置。

145

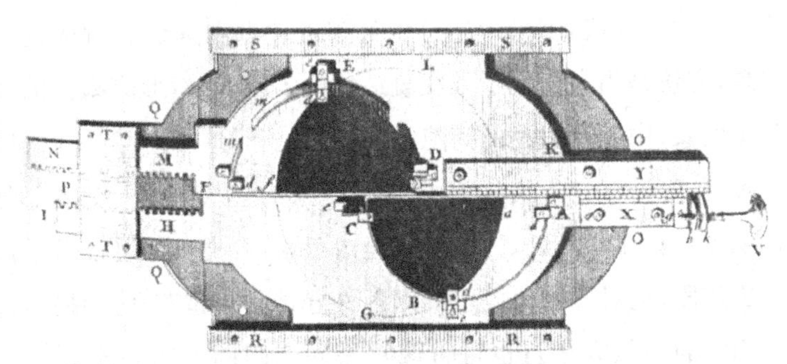

图 69—约翰·多朗德的量日仪

除了测量太阳直径这一原始功能外，量日仪还可用来测定行星直径的角直径、双星的间距以及行星相对背景恒星的位置。量

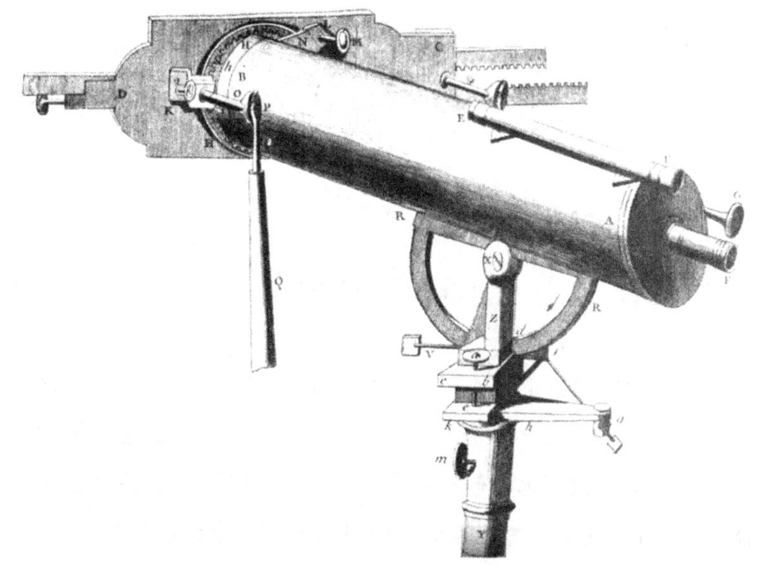

图 70—附装于反射望远镜的量日仪

日仪对十九世纪初恒星视差的发现起了重要作用(特别在贝塞尔手中)。与普通的测微计相比,量日仪有这样几个优点:不管望远镜导向怎样不规则,都可用它准确地定位;甚至当太阳或月球因放大很大而仅有小部分像出现在视野中时,仍可用它来测量出它们的轮;两个像的接触部分恰好处在视野中心,而该处的观察条件最佳,而且无需配备十字准线的照明。然而,在上一世纪里,量日仪基本上废弃不用。它造价昂贵,操作繁复,要求观测者具有高超技能。它的大部分功用现在已用照相术替代。

(参见 J. A. Repsold: *Zur Geschichte der astronomischen Messwerkzeuge*,1908。)

第六章　航海仪器

一、航海六分仪

海上测定位置的基本方法，是利用能在船上有效运用的仪器测量地平线之上已知天体的地平纬度或它们相对邻近恒星的位置。自从十五世纪远洋航行兴起以后，水手们便依靠各种这类仪器进行航行，其中有些仪器的来历可追溯到中世纪或古代，不过人们不断根据经验对它们加以修改和改进。直角器罗盘、航海象限仪以及后视杆是这些仪器的主要代表。它们的一般功能是通过对准成对的瞄准器来确定，在通过一个选定的天体目标和观测地点的垂直平面上，地平线的方向和该天体目标的方向，从而能由该仪器的定位推出这两个方向之间的夹角。然而，所有以前的这类设备都早已在十八世纪被一种新发明的仪器取代了，这种仪器不久便成为我们所熟悉的现代**航海六分仪**的样子。

阿瑟·舒斯特称这种仪器是"从来发明的仪器中最完美的一种"。这种仪器的实际发明应当归功于两个人。一个是后来成了皇家学会副会长的天才机械师约翰·哈德利(1682—1744)，另一个是费城的自学成材的玻璃工托马斯·戈弗雷(卒于1749)，他是本杰明·富兰克林的知识分子圈中的一员。但是后来有人透露，就一切基本方面而言，牛顿早几年就已发明了这种仪器。此外，罗伯特·胡克甚至还要早就描述和制造过一种类似的仪器，尽管他的仪器较为粗陋一些。

胡克

胡克看来在1666年8月22日向皇家学会提出过一种“新式的通过反射测量距离的天文仪器”。他遵照皇家学会的吩咐进行 147 制造，翌年9月12日交出（Birch：*History of the Royal Society of London*，1756—7，Vol. Ⅱ，pp. 111—4）。这可能就是沃勒在《胡克遗著》（*Posthumous Works of Robert Hooke*）（1705，p. 503）中提到过的那种仪器。该书中有这样一段话：“我在此还要描述一

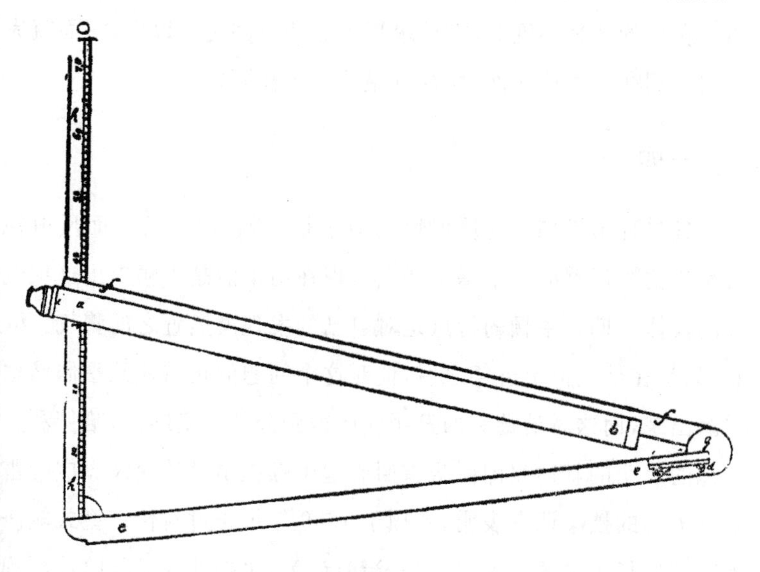

图71—胡克的反射仪

种仪器，它用来测量在一个方向上的角度。我是在一张散页上发现它的说明的。*ee*、*ff* 为两把长直尺或长臂，在一个接合点或中心点 *g* 处张开；*hh* 为一根分为一千份的直尺，借助一张弦表测量 *g* 处的角度；*ab* 是固定于直尺 *ff* 上的望远镜，这样，望远镜的中间就可垂直于直尺的内侧。*a* 为瞄准器的部位，*b* 为物镜，*i* 为目镜；*cc* 为反射镜，它的边缘刚好与中心点 *g* 相触，镜面 *cc* 与直尺 *ee* 的内侧在同一平地〔原文如此〕上，镜的背面是一块黄铜片，带有两个垂直的耳状物 *dd*，藉之用螺钉把铜片固定于直尺 *ee* 上。”可见胡克的仪器仅用一面反射镜，而没有用两面反射镜，这样，光的损失可减少一些，尽管当入射光线非常斜时，反射像会有些漫散。但是，这种仪器也有缺点。譬如，当在海上用它测量地平线上的一颗星的地平纬度时，按要求把仪器调整固定好以后，海面就完全被掩藏在反射镜后面，而这颗星便处于视野之外。

牛顿

最早提出增加一面反射镜的似乎是牛顿，而这第二面反射镜乃是哈德利仪器的一个基本特点。现在尚不清楚牛顿提出这项建议的具体日期。牛顿的特点是对自己的发现漠然置之的脾气。因此，只是在他去世十五年之后，他对这个问题的贡献才几乎偶然地透露出来，而这时哈德利的发明业已得到公认。实际上，哈德利关于他的发明的叙述立即使哈雷回想起牛顿提出过的建议。应哈雷要求进行的档案调查表明，牛顿于 1699 年报告过对传统型式航海象限仪进行改进的意见。但是，当时认为，牛顿的意见与哈德利现在的建议毫不相干。哈雷承认，他一定把牛顿建议的性质搞错了。

148

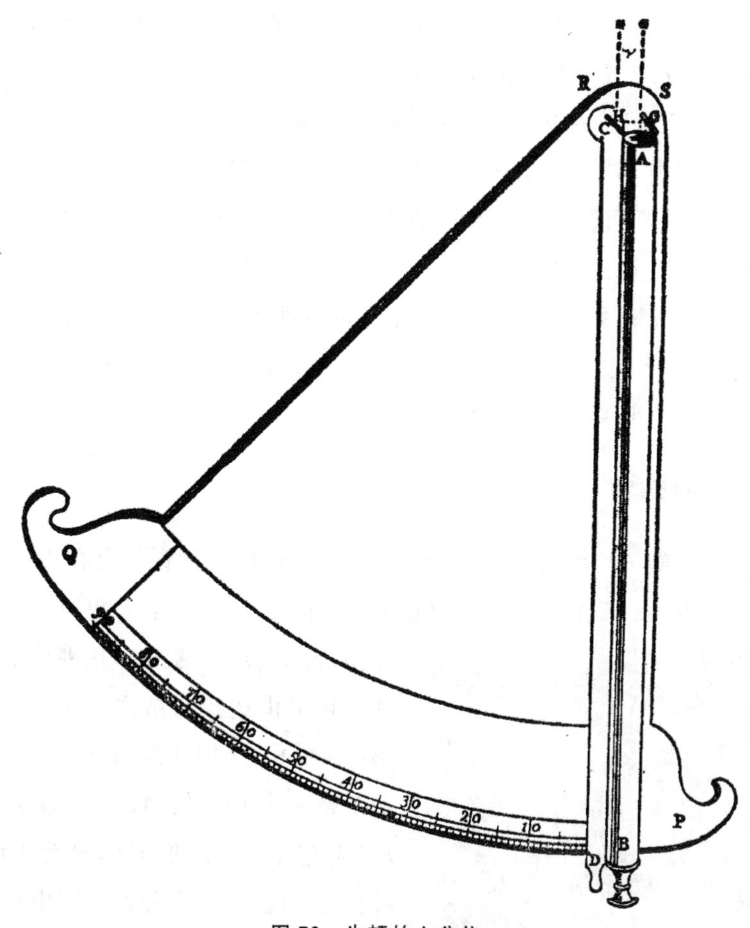

图 72—牛顿的六分仪

然而，哈雷还是对的，因为在哈雷1742年去世后，人们发现，牛顿手稿中有一份关于牛顿设计的一种仪器的说明，而这份说明显然被错放到他的论文之中了。从措辞来看，牛顿并没有实际制造过这种仪器。这份记录刊于《哲学学报》(1742，p. 155)，其关键部分 149

如下。“$PQRS$ 表示一块黄铜板，在 PQ 是精确的分度弧……AB 为一架长 3 至 4 英尺的望远镜，固定于黄铜板的边缘。G 是垂直固定于上述黄铜板的一面反射镜，它尽可能靠近物镜，以便对望远镜的轴成 45°角，并截住一半否则将通过望远镜达到人眼的光线。CD 是一根可绕中心 C 转动的活动指标，以其基准边在黄铜板分度弧 PQ 上示出度、分和 1/6 分。中心 C 必须正对着反射镜 G 的中央。H 是另一面反射镜，当指标的基准边处于 00°00′00″时，H 与 G 平行。这样，无论通过直射还是反射，通过这望远镜看去，同一颗星都出现在同一位置上。”

哈德利

约翰·哈德利的“新的测量角度仪器”的最早说明是在 1731 年 5 月 13 日在皇家学会宣读的，后来发表于《哲学学报》(Vol. XXXVII，p. 147)。它提出了这种仪器的两种可供选择的结构形式。对第一种结构，文中描述如下：“这仪器乃是一个八分仪 ABC，分度弧 BC 为包括 45 度的半圆，分为 90 等分即半度，每一等分在观测中相当于一个整度。指标 ML 可绕中心转动，而标示出分度。在中心附近，一面平面反射镜 EF 与仪器平面垂直地固定在这指标上，并与指标的中线成这样的角度，即使得这

图 73—哈德利

仪器便于适合其预定的种种特定用途……*IKGH* 是另一面较小的平面反射镜，它在八分仪上固定的位置同样取决于特定用途。这反射镜的表面处于这样的方向：当指标指示分度的起点（即 0°）时，它能精确地平行于另一面反射镜的表面，此时，这反射镜转向观测者，而另一面反射镜则背离观测者。*PR* 为固定于八分仪一边的望远镜，其轴与该边平行，并从反射镜 *IKGH* 的两边 *IK* 或 *IH* 之一的中线附近通过，以便其物镜的一半能接收由这反射镜反射的光线，而物镜的另一半仍直接接收一个遥远目标射来的光线……*ST* 是一片固定在一个框架上的黑玻璃，框架可在一个销 *V* 上转动；当目标中有一个光线过强时，便可把这黑玻璃置于反射镜 *EF* 之前。”图 75 示出哈德利仪器的第二种结构，其特点是把望远镜**横跨**八分仪的半径地放置；这就是这种仪器至今一直采用的形式。我们今天所称的标镜的表面与其基准线重合。起初所使用的是金属镜，但后来发现其失去光泽，因而使用涂银玻璃板取代之。水平镜 *IKGH* 的涂银的一半极其接近仪器的平面。（第三面镜 *NO* 用于测量 90°以上的角度的场合，*W*、*Q* 为敞口瞄准器，可与望远镜交替使用，或互换使用。）哈德利的仪器在实

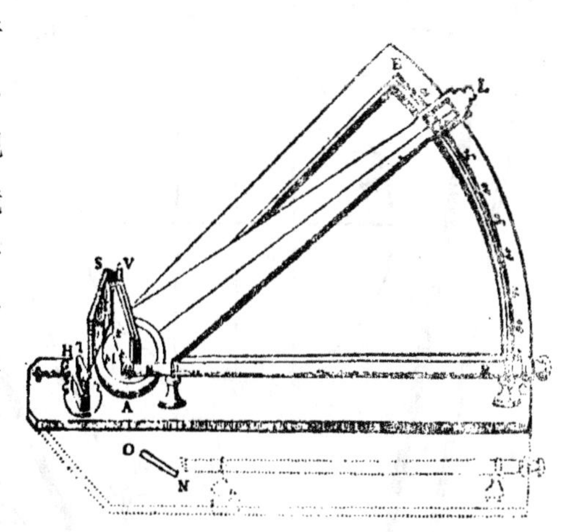

图 74—哈德利的第一种航海八分仪

151

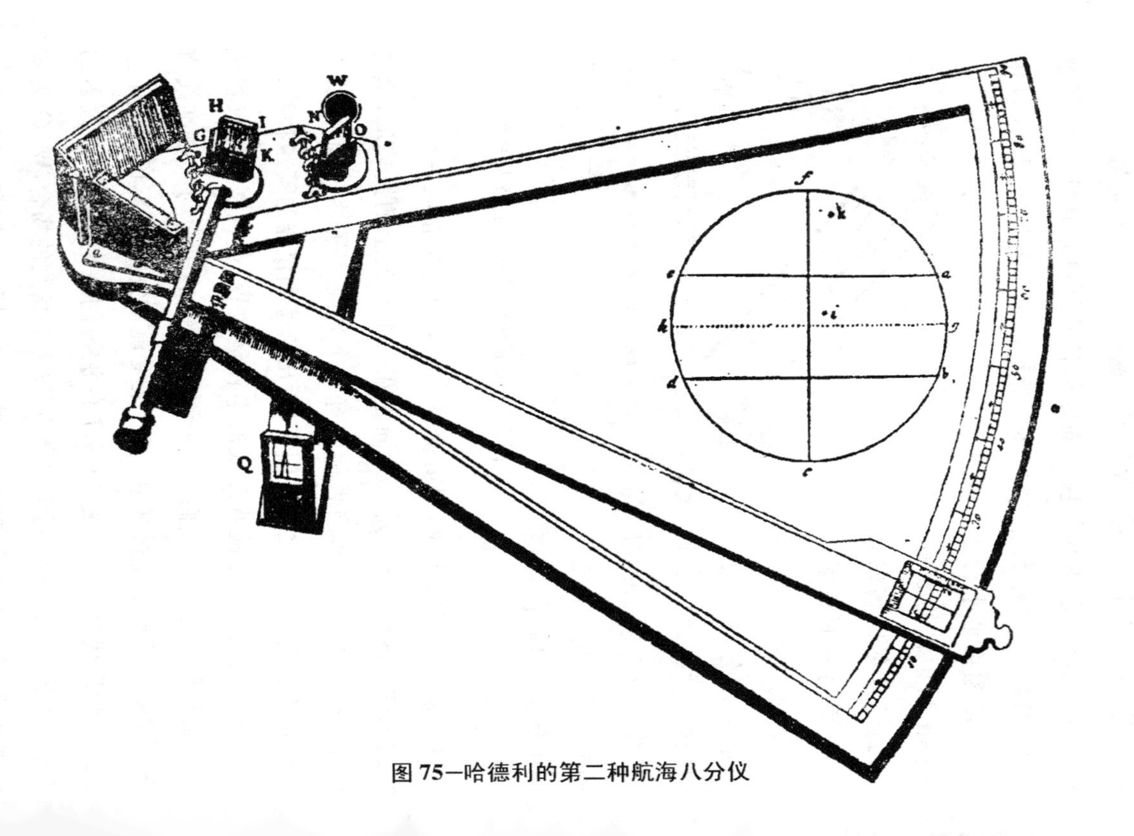

图 75—哈德利的第二种航海八分仪

用上有着比胡克和牛顿的仪器优越的地方，即其间距被测的两个点的像可以被弄得沿水平镜 $IKGH$ 的一个边相切，该边与仪器平面平行，这样两个像便在仍被完全看到的情况下又相重合。

当应用这仪器测量远处两个目标的角距时，譬如测量两颗星的角间距时，先让望远镜瞄准其中一颗星，仪器的平面被置于大致通过这两颗星的位置，同时使镜 EF 和另一颗星位于 IK 的同一侧。然后，转动指标，直到第二颗星的像（光经 EF 和 IK 逐次反射而形成）与第一颗星（直达光形成）的像一起出现在视野中，并最后与之重合为止。由光学考虑可知，这两颗星的角距（以**度**为单位）这时由分度弧上的读数（以**半度**为单位）给出。测量太阳下边缘在视地平线上的地平纬度的方法，与此相似。即使在仪器支持不稳的条件下，这种仪器也能达到正确的定位。因此，它特别适合于海**上**应用。此外，在旧式仪器上，观测者必须同时使两根不同的瞄准线对准两个不同目标，而用这种八分仪时，观测者只要按同一条瞄准线判断两个像是否重合。

1732 年，在希尔内斯附近海面上的一艘海军快艇上，对哈德利的仪器进行了船上试验。哈德利本人以及他的两个兄弟亨利·哈德利和乔治·哈德利参加了这次试验。试验的结果是令人鼓舞的（见 *Phil.Trans*，Vol. XXXVII，p. 341），但是，直到哈德利的专利权期满以后，这种仪器设计上也没有过多大改进。后来被称为“航海八分仪”的哈德利仪器，约在 1747 年被约翰·坎贝尔船长用来测量月距（即星与月球被照明边缘的最远点或最近点的角距）。坎贝尔经常与哈德利一起进行观测。1757 年，正是在坎贝尔建议把这八分仪扩充为六分仪，以便测量大到 120°的角。这一改进实际

152

上使这种仪器成为今天的样子。

戈弗雷

1734 年 1 月,皇家学会收到了一封信,宣称托马斯·戈弗雷发明了一种用双反射测量地平纬度的仪器,发信人就是这位美国机械师本人。戈弗雷在信中援引了另一封信的内容,后一封信是他的朋友詹姆斯·洛根以前以他名义写给哈雷的。(那封信录引在 Miller 的 *Retrospect of the Nineteenth Century*, Vol. Ⅰ, p. 468.)洛根那封 1732 年 5 月 25 日寄自费城的信,是写给皇家学会的。这信后来得到戈弗雷的一位水手朋友的证词的支持,他证明戈弗雷在 1730 年 10 月底时曾向他描述过自己的发明。然而,哈德利不光在**发表**他的发明方面占先(把他的论文的日期与洛根的信的日期相比较,就表明了这一点),而且在**制造**仪器方面也占先,因为皇家学会的学报上记载着,1734 年 2 月 7 日,乔治·哈德利演示了一具仪器样品,他说,那是他约在 1730 年仲夏在他的兄弟约翰的指导下制造出来的。戈弗雷的反射仪在一切基本方面都与上述哈德利的**第一种**设计相似,水平镜上有一个长方形的、未涂银的点,通过这个点可以直接观察远处的目标。戈弗雷已经认识到,153 需要用阴影来减轻太阳光线的刺眼;他甚至还想到了哈德利的计算角距方法:分度弧上的角分度代表着其真值的两倍,这种方法今天仍在应用。

但是,似乎没有理由猜疑,哈德利或戈弗雷从对方的发明得到过什么帮助。皇家学会似乎当时就得出了这样的结论,尽管后来有一种广为流传的传说认为,哈德利在西印度群岛当海军军官时曾看到过戈弗雷的仪器。S.P.里高德证明，在1719和1743年间英国海军中根本就没有过名叫哈德利的军官，并且说，在那决定性的几个月中，约翰·哈德利始终定期参加皇家学会的会议。

（参见S.P.Rigaud关于"哈德利象限仪"历史的一系列文章，载*Nautical Magazine*，1832—34，Vols.Ⅰ—Ⅲ。）

二、航海时计

为了在海上测定船只的位置，必须借助独立的天文观测来确定船只所处的经度和纬度。测出一个当时已知其赤纬的天体的中天高度，即可由之推算出纬度。但要测定该地以某本初子午线为基准的经度，就必须测定在某时刻的地方时，再拿它与对应于该本初子午线的标准时间比较。于是，地方时与标准时间之差便量度了对于该本初子午线的所求之经度。地方时用六分仪进行适当观测便可相当容易地加以确定；但是，确定相应标准时间的问题则直到十八世纪中叶一直是个很大的难题。尽管提出了几种理论上合理的方法，但没能为它们的付诸实施找到足够精确的数据。

惠更斯

惠更斯建议，在航海时应带上几台摆钟，用以指示标准时间。但是，这个方案行不通，因为即使这些时钟在陆地上能够走时非常准确（它们实际上并非如此），船只的运动也会马上使它们不准。1659年前后，惠更斯设计了一种专门用于航海的时钟，并确实获得了相当大的成功。但是，除非风平浪静，否则，即使这种仪器也很难工作得令人满意。

于是，十七和十八世纪各主要沿海国家政府都悬赏吸引发明家发明解决经度测量问题的工具。1714 年，英国政府便出资20000英镑，征求能够以优于半度的精确度求得经度的实用方法，而对于精确度较低的方法，则给予较低的赏金。于是，专门设立了一个经度委员会来管理这笔奖金。至该委员会于 1828 年被撤销为止，褒奖和资助发明者的支出超过 100000 英镑。申请奖金的人很多，但其中大多数人提出作为申请依据的方案都没有什么价值。

哈里森

154 制造具有所要求的精确度的航海时计的问题，首先是由约翰·哈里森（1693—1776）解决的。哈里森是约克郡人，早年便在时钟的制造和改进方面显示出天才。在他的发明中，有以他命名的著名的“铁栅”摆，以及在他的航海时计机构中起重要作用的补偿勒索，两者都是利用了两种金属的热膨胀不相等这一原理。

图 76—哈里森

在由一根自由端带有摆锤的金属杆构成的最简单型式钟摆中，温度变化使摆的长度产生变化，从而又使摆的振动周期改变，这样便导致时钟在夏季比冬季走得慢。哈里森想消除这效应,为此他利用由两种或更多种具有不同膨胀系数的金属杆做成的摆,这些金属杆加以适当配置,使摆的有效长度(悬置轴和回摆中心间的距离)在相当大的温度范围内总是保持不变。我们可以把这种装置与乔治·格雷厄姆约在同一时期发明的水银摆相比较。水银摆的摆锤是一个盛有水银的容器,这种金属的膨胀及由之引起的重心上升恰好补偿了支持它的钢摆杆的向下膨胀,从而使振动速率保持在一定温度变化范围内不受影响。这种装置现在一般都已代之以利用"殷钢"杆,殷钢是一种热膨胀可忽略不计的镍钢合金。

哈里森早就下决心争夺经度委员会的赏金。他怀着这个抱负,于1728年把制造航海时钟的计划呈交给仪器制造家乔治·格雷厄姆,后者以私人名义借给了他制造这仪器所需的经费。这台航海时钟于1735年制成,其工作原理是自动补偿船舶运动的效应。

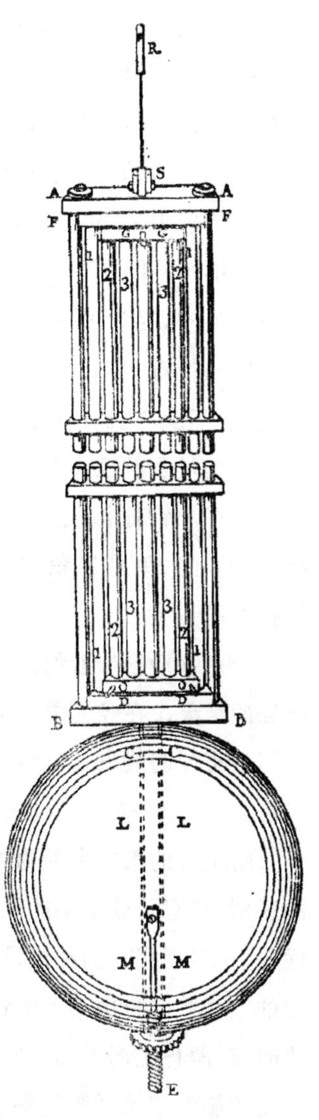

图 77—哈里森的铁栅摆

哈里森的第一台航海时计现在还保存在格林威治天文台里，它的工作颇像一台时钟，但是两个大摆轮（在机器的背部可以看到）取代了钟摆。这两个摆轮由四根平衡簧控制，并且总是沿相反方向运动，因而所受船舶颠簸的影响大小相等而方向相反。这机器重72磅，示出日、时、分和秒（见图78）。动力由两根155 主发条供给；并备有一种专门装置，保证在上发条时仪器也仍然不停地工作，因为过去甚至在天文用的时钟上也会发生上发条时停机的情况。哈里森为了发明减小机器工作时的摩擦的方法，费了不少心机。他还首次对随温度变化而产生的平衡簧阻力变化提供了补偿。他的办法是把各弹簧的固定端连接于由几根黄铜杆和钢杆构成的一个复式接头上，这些杆件的膨胀和收缩（它们在这里是**累积的**）使这些固定端移动，从而自动地调节了弹簧的张力。

哈里森奉派带着他的仪器航行到里斯本，返回时带来了令人鼓舞的结果。在经度委员会的协助下，他着手制造第二台时计（由于同西班牙的战事，这台时计未能在海上试验），后来又制造了第三台。

哈里森的第二台航海时计（1739年）与第一台没有什么根本的区别，只有几处微小的改进。他的第三台时计（1757年）有圆形摆轮，对温度变化的补偿设施是，用一条黄铜带和一条钢带铆接构成的"勒索"的自由端上的销来固定各平衡簧的有效端。当温度变化时，这两种金属不相等的热膨胀致使那复合条不等量地蹺曲，这样便使勒索销沿平衡簧移动，结果使平衡簧的有效长度按预定量变化。这几台机器都很笨重，其中第二台有一百多磅重。但是，第四台仪器要小得多，就像一块大些的表。它于1759年制成，已证明是这整个时计系列中最精巧的一台(见图79)。

156

图78—哈里森的第1台航海时计

图79—哈里森的第4台航海时计

哈里森的第四台时计宽约5英寸，有一根时针、一根分针和一根秒针，三根指针均横在同一个搪瓷度盘上。仪器由一个圆形钢摆轮控制，摆轮上有三根臂和一个前述型式的补偿勒索。节摆件以当时钟表应用的心轴节摆件为基础，但作了许多改进，旨在使摆轮的运动有大得多的自由。像哈里森的其他仪器一样，这台时计中照例也有一种"维持力"，以使时计在上发条时仍保持走时。在航行中，这第四台时计不是安放在常平架上，而是放在一个盒子里的一个垫子上，这一点与哈里森过去的仪器不同。在哈里森的儿子威廉的照管之下，这台时计在一次开往西印度群岛的航行中进行了试验。在整个航程中，它只慢了五秒(这五秒的误差是在仪器原定的每日慢$2\frac{2}{3}$秒的误差**之外的**)。1764年，在一次开往巴巴多斯的航行中又对该时计进行了试验，结果证明有荣获最高奖赏的资格。但是，经度委员会要在哈里森解释了它的结构，并证明其他钟表制造师也能造出具有同等可靠程度的仪器以后，才肯全数发给赏金。于是，哈里森和经度委员会之间展开了一场难解的争吵。在这场论战中，国王乔治三世支持哈里森向议会上诉。不过，哈里森生前还是得到了所欠他的20000英镑余额。哈里森的时计现在在格林威治天文台珍藏着。

拉坎姆·肯德尔(1721—95)和托马斯·马奇(1715—94)在哈里森去世后，又发展了他的方法。马奇是杠杆节摆件的发明者，这种装置现在几乎普遍运用于钟表和作特别粗糙应用的航海时计之中。但是，航海时计后来的进步主要归功于十八世纪大陆的两位相互竞争的钟表学家勒鲁瓦和贝尔图的工作，而大量生产可以广泛应用于航海的廉价仪器的问题则被英国的钟表制造家约翰·阿诺德(1736—99)和托马斯·厄恩肖(1749—1829)解决了。

勒鲁瓦

皮埃尔·勒鲁瓦(1717—85)是法国人，从他父亲那里继承了"勒鲁瓦钟表师"事务所。1748年，他描述了他发明的一种改良节摆件，其设计旨在尽可能消除司行轮与藉以调节时针的摆轮自由运动对节摆轮的干扰，并限制必要的相互作用，即限制于摆轮振动的其自然运动最不易受影响的部分，因为这种相互作用使摆轮产生周期性脉动。1754年，勒鲁瓦描述了他那有些粗糙的第一个航海时计设计。摆轮是一个大金属球，绕其直径轴顶着一根直弹簧的扭阻力而转动，直径轴悬吊在该弹簧上。这种仪器实际上不可

157

能对温度变化给予令人满意的补偿。经过若干进一步的尝试之后，勒鲁瓦于1766年成功地制成了可认为是现代仪器原型的一种航海时计，它注定将取代哈里森的时计。勒鲁瓦的时计作为一项杰出的发明，在于它富于独创性，不依傍流行观念。勒鲁瓦在他的《论海上测时的最佳方法》(*Mémoire sur la meilleure maniére de mesurer le temps en mer*)(它作为附录载于Cassini的*Voyage fait par ordre du Roi en* 1768, *pour éprouver les montres marines inventées par M. le Roy*, Paris, 1770)中描述了他的仪器以及他构思这发明的逻辑过程。这种仪器配备了勒鲁瓦所发明时补偿摆(他发明了水银式和双金属式两种补偿摆)和独立式航海时计节摆件。运动由一个圆形摆轮调节，温度变化对摆簧的影响这样补偿：在摆轮系中配备两个部分充水银、部分充酒精的温度计。水银的任何热膨胀都会使其重心移向摆轮轴，从而引起摆轮系的转动惯量减小。这减小可加以调节，使得中和因摆轮膨胀而引起的转动惯量增加，以及摆簧随温度上升而变弱的效应。管的曲率理论上可以调节到使给出完善补偿。勒鲁瓦还发明了较习见的双金属摆轮，作为一种选择。这种摆轮的轮缘乃由两种具有不同热膨胀的金属的条片，与热膨胀较小的内条片铆接在一起而构成。轮周分割成若干片段，每个片段的一端固定在摆轮的一根辐条上；另一端加载，当温度上升时，在差膨胀的作用下朝向摆轮中心自由蹐曲。这样可以补偿摆簧的变弱，以及因辐条膨胀而引起的转动惯量增大。航海试验证实，勒鲁瓦的航海时计以及他后来制造的另一种类似结构的时计性能卓越。这原始仪器和描述它的论文获得了科学院的加倍奖金。

158

贝尔图

费迪南德·贝尔图(1729—1807)是瑞士钟表学家,一生大部分时间在巴黎度过。他在专业上表现出一个发明家的机智过人和一个作家的超常勤勉。勒鲁瓦处理问题依赖精辟而有创造性的分析。相反,以他为强劲对手的贝尔图则是向自己以及别人的经验学习。贝尔图制造的航海时计,无论在动力还是调整方面的设计上都表现出了丰富的多样性。1763年贝尔图涉足这个领域时只拿出了一台带有早期航海时计大部分缺陷的粗糙航海时钟。他渐次进步,从哈里森和勒鲁瓦的发明中获取教益,终于制成了其设计已接近现代型式的时计。贝尔图是今天被誉为所谓"簧爪"节摆件发明者的少数钟表学家之一。

图 80—贝尔图

阿诺德和厄恩肖

哈里森、肯德尔和马奇这些先驱者甚至在把他们的航海时计标准化之后,仍需花二、三年时间才能制成一台仪器。即使贝尔图一年也只能制造二、三台。但是,阿诺德和厄恩肖却因采取明智的劳动分工而提高了生产速度。他们在制成了一台满意的样机以后,就把一些部件的制造分派给专门的工匠,而他们自己只是到最后阶段才插手。阿诺德擅长制造袖珍航海时计。尽管他喜欢吹嘘自己的成就，但如果说他作出过一些颇有价值的革新，那他肯定是当之无愧的。这些革新包括“支爪”和“簧爪”节摆件以及几种新式的补偿摆轮。他获得了平衡螺簧的专利权，尽管哈里森和其他人早先已发明了这种装置。现代航海时计上所使用的节摆件和补偿摆轮是由厄恩肖首创的。他于1783年获得专利权的节摆件属于“簧爪”式(尽管只是对阿诺德装置的一种改进)。这种节摆件中，装置上的锁紧宝石在两次推动之间借助一根弹簧回复原位。当节摆轮不推进摆轮时，是这锁紧宝石使节摆轮保持静止。他的补偿摆轮由两个黄铜的和钢的条构成；每个金属条都近乎成半圆形，其一端加载，另一端与构成整圆之直径的一根横臂连接，另一端负担着这根横臂的压力。与前人不同，厄恩肖从一个周围浇注熔化黄铜的钢圆盘上切出整个摆轮，因而无需焊接、弯曲或用螺钉固定零件。当经度委员会对厄恩肖的航海时计进行试验以及他申请奖金时，他与他的对手阿诺德的支持者们就厄恩肖提出的这些发明的独创性和优先权发生了激烈争论，显然是厄恩肖有理。

图81—厄恩肖

159

后来的发展

航海时计的应用在十九世纪迅速推广，起初特别是在那些到鲜为人知的地区进行科学探险的场合。海军战舰大约从1825年起也配备了航海时计。在过去的150年中，人们作出了很大努力来改良时计。在技术细节问题上以及所用材料的选择和精加工方面都取得了进步。例如，精密时计的平衡簧现在普遍采用钯为材料；甚至玻璃也在作此用途上显示出种种**优点**。还有许多人主张采用一种镍钢合金即"镍铬恒弹性钢"，这种合金的弹性受温度变化影响很小。这类仪器的性能现已大大改良。但是，尽管在节摆件、摆轮和平衡簧等的设计上做了大量实验，厄恩肖的那种仪器从一切基本方面来说仍证明是迄今最好的。

一台好的航海时计的根本特点，与其说是快慢率应当**小**，还不如说是要它应在长时期里保持**均匀**，这样，在航行中，用已知的一定修正量去修正累积误差，就可从时计获得准确时间。时计的**估计**（即时计在二十四小时中的快慢量的确定）自1766年以来一直是格林威治天文台的一项重要工作。时计的应用取代了作为测定经度手段的月距方法；而且，自1907年起，应用这种方法所必需的表也从《航海天文历》(*Nautical Almanac*)中删除了。现在由于无线电广播报时信号，在经度测定问题中又有了一个新的因素，藉之，对应于一条本初子午线的标准时间定时地发送给海上的船只，供船上将之与观测所得的地方时相比较。但是，这地方时一般不能直接拿来与报时信号比较，而必须在观测条件许可时才能得到。所以，报时信号的引入绝不能取代航海时计的应用。事实上，报时信号只是提供了一种定期校准航海时计指示，因而不必完全依赖时计走时的持续均匀性的手段。

（关于航海时计历史的详细讨论，可参见海军少校 R. T. Gould 的 *The Marine Chronometer, its history and development*, 1923。上文大部分资料和部分插图都采自该书。）

第七章　物理学

(一)光学　(二)声学

(一)光学

一、光的微粒说和波动说

光学理论在十八世纪几乎没有什么发展。绝大多数物理学家都接受某种形式的微粒假说(即通常所说的"微粒说"),认为牛顿的权威完全是支持他们的,而无视牛顿曾引入以太波来解释周期光现象。牛顿引入这种波,主要是想用以解释微粒交替具有容易反射和容易透射的"阵发"(fits)。然而,十八世纪的许多物理学家都根本抛弃这种"阵发"假说。例如,波斯科维奇(1758年)在解释光入射到两种透明媒质的界面时产生的部分反射和部分透射现象时,便运用了微粒的一种假想的极性。这是牛顿在解释双折射时就已提出过的。据认为,每个光微粒的不同侧面有着不同的性质,比如具有两个极,其中一极被物质吸引,另一极被物质排斥;每个光微粒都处于旋转状态,因而它交替地以不同侧面朝向反射表面。

维护微粒假说的那些人切望能有直接的实验证据使微粒说牢固确立,并为此进行了许多尝试(参见 J. Priestley: *The History and Present State of Discoveries relating to Vision, Light, and Colours*, 1772, pp. 385—90.)

有人认为,如果光是由高速运动的物质粒子构成的,那么,光就应当具有可观察到和测量到的一定**动量**。1708年,霍姆贝格向法兰西科学院报告说,他检测到了正的光压。但梅朗对他的结果表示怀疑,认为他所观察到的结果是对流气流引起的。梅朗自己用一面大透镜把光聚焦于极小冲量就可使其转动的一根罗盘指针或一个叶轮,即使这样,他也没有得到什么肯定的结果。有时叶轮 162 的确有所转动,但梅朗断定,这是由于空气被加热的结果。约翰·米歇尔曾告诉普利斯特列,为了寻找这种光压效应,他采用了一种由一根细金属丝构成的仪器,细丝的一端系着一个非常薄的铜片,另一端系有一个衡重体,中间是一个玛瑙杯和一根水平的短磁化针。这套装置安装在一个针尖上,放在一个带有玻璃盖板和面板的盒子里。用外部的一个磁铁控制,使细丝与太阳的方向垂直,然后用一个两英尺凹镜把光射到铜片上。在光的照射下,铜片向后退,直到它撞到盒子的后壁。当把金属丝在支承上反个方向时,也发生同样的情形。这种效应被归因为真正的光压。普利斯特列根据大量实验数据计算出,每秒钟以光的形式入射到1平方英尺面积上的物质的量。他表明,以这样的速率,太阳每天仅损失2格令多一点的重量。按照他的计算,若假设太阳的密度同水一样,那么,自“创世”以来太阳的半径仅缩短了约10英尺。

我们现在知道,光照射到任何物质表面上都确实对之施加一定压力。这是列别捷夫于1900年通过实验检测到的效应。不过,十八世纪的实验者大概都不会检测到,因为光压非常微小,如果不采取特别谨慎的措施，它就会被对流和辐射作用所掩盖。不过，无论光的微粒说还是电磁说都预期这种压强，所以，它作为鉴别这两个互相竞争的理论孰是孰非的手段，就没有什么意义可言了。

十七世纪的折射和色散理论提出了一个问题，即不同颜色的光线是否即使在空虚空间里也可能以各异的速度行进。按照这一假说，当木星的一颗卫星发生“月食”时，在初亏和复圆时应可观察到色效应。若假设光谱色中红色光线行进速度最快，紫色光线速度最慢，则这颗卫星在完全被木星掩蔽之前的半分钟之内，应先后表现出各种色，从白色开始到紫色为止。当这颗卫星再次露现时，则应最先现出红色。牛顿曾要求弗拉姆斯提德寻找这样的色效应，但它们并未出现。然而，这个问题在十八世纪中叶又有人重新提起。一位是年轻的苏格兰物理学家托马斯·梅尔维尔(1726—53)——光谱分析的先驱之一，另一位是法国光学家德库蒂弗隆。天文学家詹姆斯·肖特曾试图探测他们所预言的木星卫星的色效应，但得到的结果是否定的。(参见 *Phil.Trans.*,1753,1754 上的论文。)

163 后来阿拉果改进了探测方法。他观测木星卫星投射到木星表面上的阴影，看看这些阴影的边缘部分是否如这假说所要求的那样是彩色的。他还对正发生食的变星大陵五进行了观测，并用这种远为精确的方法检验，看看它的周期性食是否对一切颜色同时发生。这两种情形里，结果全都是否定的，证明了不同颜色光线在真空中的传播速度没有可察觉到的差异。

欧勒

在十八世纪中，光的波动说的最突出的倡导者是数学家利昂纳德·欧勒。他领导了同微粒说进行的论战。他在那通俗的《致一位德国公主的信札》(*Lettres á une Princesse d'Allemagne*)(写于1760和1762年间)中阐述了自己的观点。他向柏林学院呈交的学术论文对这一问题作出了一些较为切实的贡献。

欧勒论证说,如果太阳一直在向四周发射着高速运动的粒子流,那么,它的物质很快就会被消耗掉,至少逐渐显现出大小有明显缩减。再者,自太阳射出的光微粒会与自恒星和其他发光天体射出的光微粒遭遇而相互干涉,这样,它们的轮廓看上去就会模糊不清。但是,我们并未观察到这种干涉的任何迹象。如果空间充满了光微粒,那么,它们就会像以太一样起阻碍行星运动的作用,这样,微粒说的特殊优越之处就不复存在了。此外,按照微粒说,必须把透明物体看成是蜂窝结构的,每一点上都有直孔通向四面八方。然而,这类物体通常看来都是非常坚实的。

微粒说的倡导者试图回答欧勒的诘难。约瑟夫·普利斯特列在其《关于视觉、光和颜色的发现的历史和现状》(*History and Present State of Discoveries relating to Vision, Light, and Colours* 1772, pp. 359ff.)中综述了他们的论据。他们坚持认为,与相邻光微粒之间的距离相比,光微粒是微不足道,即使在它们分布密度最大的地方,也是如此。因此,光束可以相互交叉通过而不产生交互干涉。并且,微粒间距很小,根本不会影响行星的运动。在解释光怎么能穿透固体时,微粒说的维护者们诉诸波斯科维奇的假说。波斯科维奇认为,物质不是连续的,而是由物理点构成,各点都处于吸引或排斥范围之中。他们还进一步指出,微粒假说简化了天文光行差和磷光现象的解释工作。这两个问题在十八世纪曾 164

引起人们很大兴趣。一些人认为,磷光现象支持微粒假说。他们假设,磷这种物质吸收了光微粒,并把它们保留一些时间,间或放射出去,特别在被加热时。他们认为,按这种假设,似乎就很容易解释磷,即"波洛尼亚石"的性质。(参见例如普利斯特列的上引著作,p. 360f.)

像惠更斯一样,欧勒对光学理论所作出的积极贡献也是以天体间空间充满着极精细物质以太这一假设为前提的。在欧勒对重力、磁和电的解释中,这个假设也起了重要作用。不过,照欧勒的说法,以太是一种像空气那样的流体,但弹性千倍于空气,而且无比精微地分割,因为天体在以太中通过时未遇到任何可觉察到的阻力。此外,以太还有向四周播散并充填所有空虚空间的性质。因此,它必定不仅存在于天空,而且还穿透大气,渗入一切地球上物体的孔隙之中。空气具有类似性质,因而能够吸收发声体的振动并将之向四周传播,从而产生了**声音**。所以,这令人自然地设想,在类似的条件下以太也将吸收规则的脉冲,并将之像波那样向四周传播,而且传送到比声音远得多的距离。以太如此骚动便形成了**光**,光的极高速度得之于以太的低密度和高弹性。这样,实际上从太阳那里根本就没有任何物质会达到我们,正像从传声到我们耳中的铃那里不会有什么东西来我们这里一样。因此,我们没有理由担心,太阳在放射出光时会有什么物质损失。诚然,地球上物体在发光的过程中要有所损耗,但欧勒正确地解释说,这是由于它们同时还放出烟雾和蒸气。他认为,仅仅产生光是不会消耗物质的。晃动装在一根抽空的管子中的水银,在这样产生磷光的同时并不伴有重量损失,这就可以证明这一点。

欧勒认为,颜色是由相应以太振动的频率决定的,因而类似于声音的音调。欧勒以这一学说补充了惠更斯的光学理论。不过,他怀疑,以太振动的频率是否能够估算出来。阳光所以呈白色,是因为它是由一切频率的振动所构成的缘故。阳光在被折射时便被分解成各种波长的波;分离开来以后,它们便成为各种单色。欧勒把光谱的颜色和八度音相比,据此类比推想,在紫色之外,再经过一种紫红色,便有另一种红色,其频率是普通红色的二倍。在一片厚度逐渐增加的薄膜中,会有同样的颜色序列周期性重现。他以此作为他的见解的证据。

165

关于不发光物体的可见性,欧勒像牛顿一样并非把它归因于光的反射,而认为这起因于一种共振效应。他推测,构成这种物体的表面的微粒是静止的,或者在振动着,但不像发光物体的微粒那么剧烈,因而它们自己不能发射出光。然而,当光照射到这样的物体时,它表面的微粒便被激起剧烈的振动,足可使它们发出光来,从而给予我们这物体的像。欧勒由此联想到这些微粒如同各自具有其特征振动周期的紧张弦。这种弦可由相应于它们各自基波的律音引发和应振动,同样,也可以设想,物体微粒关于以太振动的行为亦复如此。当一个物体的微粒与相应于红光的一定频率和应振动时,它便呈现红色。当它的微粒按它们的各种紧张状态而与日光包含的一切振动和应时,它便呈现白色。如果一物体的微粒因太重而不能进行任何振动时,该物体便呈现黑色。当照明被切断时,和应振动便停止,而除了欧勒熟悉的某些磷光物质之外,不发光物体便变成看不见的了。

在解释透明薄膜的赋色作用时,他设想可把它与风琴管之用空气振动产生律音相类比。薄膜中以太能按仅仅取决于薄膜厚度的一定周期进行振动。其色相应于这种周期的入射光使这以太振动，于是这种色的光便又发射出来，也即可观察到这种色的反射。然而，如果周期不一致，则入射光便穿过薄片而不引起其中包含的以太发生振动，反射的光线中也就没有相应颜色。这种类比使欧勒正确地赋予蓝光以最短振动周期，而把最长周期赋予红光；但是，后来另一种类比又使他把这个关系颠倒了过来。

从以上关于欧勒观点的说明可以清楚地看到，他已经非常接近后来由波动说发展起来的颜色现象概念。尽管他把关于光的本性的观点阐释得很清楚，但他没有提供什么新鲜的实验证据，因此当时微粒说毫不动摇。不过，他开创的一条探索路线导致纠正牛顿所提出的一条不精确定律，从而使牛顿的权威在光学领域中开始动摇。

166

牛顿根据一些实验而推想，不论在何种媒质中，由一面透镜所产生的色散同光线偏向总是成恒定的比，因此，如果不使折射效应得到中和，就不可能消除由透镜系统造成的色差。由于牛顿的影响，许多天文学家把折射望远镜改造成反射望远镜。然而，欧勒于1747年(错误地)写道(*Sur la perfection des verves objectifs des lunettes*, *Hist. de l'Acad. Roy.des Sciences*, Berlin)：至少人眼就构造得不受色差影响——戴维·格雷戈里(1695年)早已阐明过这一点。欧勒断言：在一个人工透镜系统中，把几种不同透明媒质恰当地组合起来，就可以消除这种缺陷。他探究了通过五种相继媒质的折射的一般情形，由此制定出他自己的色散定律，他认为这定律和牛顿的定律在实验上无从区别。后来他把这结果应用于这样的情形:两片玻璃凹凸镜中间封装着水而构成的透镜组(图 82),两片透镜在边缘处粘牢。他发现了为使紫色和红色光线聚焦于同一点,各曲面的曲率半径所必须遵从的关系。然而,当试图把欧勒的建议付诸实施时,又出现了实际困难。原来,虽然色差效应基本上消除了,但由于透镜曲率很大,因而产生了很大的球面像差。

图 82—欧勒的消色差透镜组
AA,BB 为玻璃透镜,CC 为水。

多朗德

167

约翰·多朗德(1706—61)是伦敦的一位光学家。他批评了欧勒的论文。瑞典人塞缪尔·克林根斯特耶纳对牛顿色散定律作了批判考察。这促使多朗德重做作为这条定律的根据的那些实验,实验的结果使他否弃了这条定律。他发现,只要让光线依次通过水和玻璃的棱镜,就能中和折射,而又不完全中和色散,反之亦然(*Phil. Trans.*, 1758)。他先用玻璃—水透镜组进行实验,但最后用燧石玻璃—冕牌玻璃透镜组而得到了最佳结果,藉之尽管从理论上说尚不能完全消除色差,但已将之减小到可以忽略不计的程度;因此,折射望远镜又重新受到天文学家垂青。

图 83—约翰·多朗德

多朗德去世以后，人们发现，早在1733年，埃塞克斯就有一个名叫切斯特·莫尔·哈尔的乡绅制作了一架消色差望远镜，他把按自己设计制成的透镜组合起来，但没有把发明公诸世人。

二、光度术

布格埃

十八世纪中确立了一些测定光强度的精确方法。刻卜勒曾直觉地得出光强度与离光源的距离的平方成反比这条基本定律。惠更斯最早通过实验对比了各种发光体的发光强度，布丰在这方面也做了一些开拓性的工作。然而，第一架比较有效的光度计是法国物理学家皮埃尔·布格埃(1698—1758)制作的，他曾与孔达明合作赴秘鲁进行大地测量。

这架仪器上有两个不透明的屏 EC 和 CD，其上有开孔 O 和 O'，每个开孔上都放有透明的屏(图84)。每个孔都用被比较的两个光源中的一个照明。在两个光源之间放了一块隔板 F，以使每个光源都产生其独自的效应。调节 AO、BO' 这两个距离，直到眼睛从前面看去，两开孔处的屏呈现出同样亮度。这样就可知道，每个光源的光强与其离开被照明屏的距离的平方成正比。布格埃根据这条一般原理还设计了几种其他类型的光度计。他用

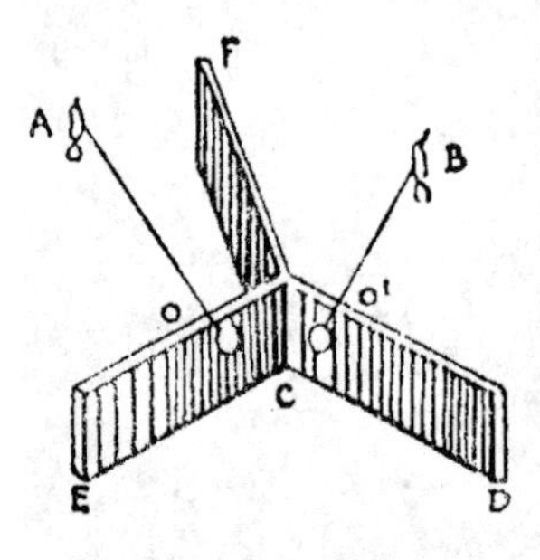

168
图84—布格埃的光度计

这些仪器表明了,光反射时所伴有的光的吸收如何因入射角和反射面的性质的不同而异,以及光在通过一层透明物质时,光的吸收如何因这层物质厚度的不同而异。他还表明,星光的吸收如何随着星在地平线上的高度而变化;他还比较了太阳和月球的视亮度。

兰伯特

布格埃的《论光的分度的光学》(*Traite d'Optique sur la gradation de La Lumiére*)初版于1729年。1760年,又有一本关于这论题的基本著作问世。这就是杰出德国物理学家和哲学家约翰·海因里希·兰伯特(1728—77)的题为《光度术,或论发光度、颜色和阴影的测量和分等》(*Photometria, sive de mensura et gradibus luminis, colorum et umbrae*)(奥格斯堡,1760年)的论著。(一种注释德译本收入Ostwald的*Klassiker*, Vols. XXXI—XXXIII。)

兰伯特的光度术研究范围广泛,无所不包,以致在他关于这论题的伟大著作面世之后,光度术方面所提出和讨论的问题罕有他未曾研究过或注意到的。在设计精巧而又细致的实验方面,布格埃是超过兰伯特的,后者在实验研究中甚至因疏忽而导致错误。兰伯特的装置仅有三面小镜、二片透镜、几块玻璃板和一片棱镜。但是,创立光度术概念和体系的功劳却属于他。布格埃仅局限于作观察,而且只是由之引出一些显而易见的推论,而兰伯特知道如何给予每个问题以圆满的解决。当然,有时只是在对所假设的条件大大加以简化之后,才能作出这样的解决,而这时的计算结果只能看作是对真实情况的粗糙逼近。

兰伯特的《光度术》分为七个部分，分别讨论(1)基本原理和直达光的性质；(2)穿过透明媒质的光，透镜像的强度，焦散线，等等；(3)从磨光的或粗糙的不透明体表面反射的光；(4)生理光学，如物的视亮度和人眼瞳孔孔径的关系；(5)通过透明媒质(例如大气)的光的散射，曙暮光，等等；(6)天体相应于它们的不同距离和相位的相对发光度；(7)色光和阴影的相对强度。

169 兰伯特首先考察光度术的一些基本思想。他认为，往往正是我们感官不断碰到的东西最令我们迷惑不解。光学理论就是一个极好例证。牛顿和欧勒(更确切地说是惠更斯)的那样两种不同假说竟用来解释同一种现象。这事实说明了关于光学理论的不足。牛顿的假说比较容易理解，但欧勒的学说则更符合事情的本质。兰伯特进而提到了关于判断假说的那老生常谈的准则："在利用一个假设的理论能预言新现象的出现，以及当能由之推导出一些与专门设计的实验相一致的命题时，当可认为这假说接近于真理。这是最重要、最可靠的准则之一。"这种标准注定后来支持惠更斯和欧勒的波动说。

光度术研究中没有像热学研究中所具有的温度计那样的绝对量度，所以，就不得不总是计入一个主观性很强的因素——人眼的判断。兰伯特作出了这样的假设：一个光刺激总是"保持不变，只要同一只眼睛以同样方式受其作用"。他想，在不同亮度的情况下，人眼没有能力判定一者比另一者究竟亮多少；但又不得不假设，人眼有能力判定两个光源是否具有相同的亮度。只有把这样的假设和业已由几何考虑推导出来的光度学原理结合起来，光学的这一分支才能有所发展。

在这些光度术原理中，除了光强的平方反比定律之外，兰伯特特别强调其中的两条。第一条是说："如果同一表面一次由 m 个光源照明，另一次由 n 个光源照明，而每个光源都强度相同，并且发送光到该表面的环境条件也完全相同，那么，各次的亮度彼此成 m 对 n 之比。"另一条基本定律的大意是：一个表面的照明亮度随入射光束对该表面的倾角的正弦成比例地减弱。兰伯特对这条定律作的几何证明现在在大多数物理学教科书中都可见到。然而，他并不满足于这些命题的理论证明。他还寻求用适当实验来证明它们的相互依从性，从而赋予它们更大的可靠性。

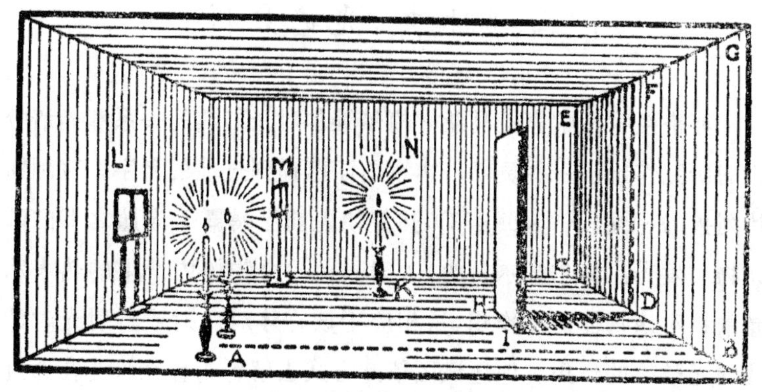

图 85—兰伯特的光度计

《光度术》第一部分第二章研讨了各种形状表面发出的光的数 170
量的问题。兰伯特所使用的光度计与后来以朗福尔德命名的仪器非常相似。他比较了两个表面的照明度，一个由已知光强的光源照明，另一个由光强有待确定的光源照明。他的设备示于图 85。*K* 和 *A* 处为两个要被比较的光源；*BDCEFG* 是一堵光滑的白色墙壁，其前方 *HI* 处放置一个不透明的屏。光源 *A* 投下这屏的阴影，后者覆

盖墙壁上的 *DCEF* 部分，而由 *K* 投下的阴影落在 *BDFG* 部分。这样，*BDFG* 部分就仅被光源 *A* 照明，而 *DCEF* 则仅由 *K* 照明。然后，把其中一个光源前后移动，直到墙上直线 *DF* 两侧显得亮度相同，这时通过简单测量就可测定两个光源的相对光强。

在兰伯特所获得的数值结果中，下面几个值得注意。垂直射到地球表面的光的强度因大气吸收而按 59∶100 的比例减小；满月的平均亮度与太阳的平均亮度之比为 1∶277000，而满月的平均亮度与满月的平均**中央**亮度之比为 2∶3。

三、光和热，光谱分析

苏格兰物理学家托马斯·梅尔维尔对光与热的关系和光谱分析的研究作出了一些贡献。本章前面已提到过他的名字。普利斯特列指出（上引著作，p. 373），热促使先前已暴露于光照之下的磷光物质发光。梅尔维尔认为，入射光在一个物体中产生的热表示

171 光微粒对该物体的**反作用**，这相应于该物体对反射或折射光时涉及的光微粒的**作用**。他还试图依此方式去解释为什么日光在通过大气时没有把大气明显加热，即这是因为在日光通过大气的过程中没有发生显著的反射或折射。（参见 Melvill：*Edinburgh Essays and Observations*，*Physical and Literary*，Vol. Ⅱ，p. 4.）

可以用梅尔维尔自己的话来简述一下他在光谱分析方面所做的开拓性实验。他把各种盐和燃烧的酒精相混合，并“在我的眼和酒精火焰之间放置一块开有一个圆孔的胶纸板，以便缩小和限定我的目标。然后，我用一片棱镜（让折射角向上）来检查这些不同

光的构成……”。他注意每种情形里是哪种色占优势;他观察到,在用海盐时,一种明亮黄光(现在知道这是钠的特征光)显著地占优势,而且在这棱镜中形成了用来观察火焰的那个圆孔的一个清晰的像。“因为通过棱镜这圆孔显得相当圆而颜色均匀;这鲜黄色……必定具有确定的可折射度;而且,从鲜黄色到相邻的较暗淡颜色的过渡不是逐渐的,而是直接的”(上引著作)。

史密斯的《光学》

在结束本章以前,我们还必须提到十八世纪最著名的教科书之一,即罗伯特·史密斯写的一本光学综合教科书。罗伯特·史密斯(1689—1768)是剑桥大学三一学院院长,是至今仍很著名的数学“史密斯奖金”的创设人。他写的《四卷本光学大全》(*Compleat System of Opticks in Four Books*)(剑桥,1738 年)颇有影响,被译成法文和德文。全书分为四卷。第一卷以非技术性方式讨论了光学上的一些基本实验;第二卷对光学的几何理论作了比较正规的阐述。史密斯比他的前人巴罗和惠更斯更一般地研究了球面像差问题。第三卷描述了研磨和抛光透镜和金属镜的设备,并对主要光学仪器的制作、调节和应用作了详尽说明。第四卷叙述了用望远镜作的天文发现的历史。史密斯还是另一本重要的教科书《调和函数》(*Harmonics*)(1748 年)的作者。

(关于物理学,一般地可参见 F. Cajori, *History of Physics*, 2nd. ed., N. Y., 1929; J. C. Poggendorff, *Geschichte der Physik*, Leipzig, 1879; F. Rosenberger, *Geschichte der Physik*, Braunschweig, 1882—90; E. Gerland 和 F. Traumüller, *Geschichte der* 172 *physikalischen Experimentierkunst*, Leipzig, 1899; W. F. Magie, *A Source Book in Physics*, New York and London, 1935.关于光学,参见 E. Mach, *The Principles of Physical Optics*, Anderson 和 Young 译, 1926; E. T. Whittaker, *A History of the Theories of Aether and Electricity*, 1910; N. V.E. Nordenmark 和 J. Nordstrom, "Invention of Achromatic Lenses", *Lychnos*, 1938, 1939。)

(二)声学

十八世纪里,在朝向建立作为一门精密科学的声学上取得了相当大的进展。这方面最重要的实验工作是索维尔和克拉尼做的。这一时期的第一流数学家们在这方面也作出了他们的贡献。所研究的声学问题范围很广,包括"拍"的本质以及测定音调的新方法、声音藉助膜、杆和各种气体的传播以及可闻限等问题。

拍和音调

十八世纪初人们就知道,当把两个频率稍有差别的深沉的管风琴音一起发出时,可以听到合成乐音在强度上有周期性的变化,此即现在所谓的"拍"。约瑟夫·索维尔(1653—1716)认识到,这种效应是由于产生两个律音的振动周期性地符合,即我们现在所说的相位一致所造成的。这种拍的频率等于两个构分律音的频率之差。索维尔就是根据这一原理提出他的测定任意给定律音的频率的方法的。他的方法是让这律音与一个邻近律音产生拍,然后计算每秒钟拍的次数,而这邻近律音的频率同给定律音的频率成一已知比。例如,他让两个相差半音的管风琴音一起发出,两者的频率之比为15∶16,他算得每秒钟有6次拍。既然知道了两个频率的比和差,他就能推算出两者的值为每秒振动90次和96次。索维尔得出了一个标准律音的频率后,就可算出音阶中其余律音的频率。他求得,一个长约5英尺的开键管风琴管可发出频率为100的律音。他提议把这个律音作为标准音调。他得到这个结果 173 的方法是,对于一根风琴管再取另一根风琴管,后者长度被调节到与第一根风琴管的长度之比为99∶100,当两根管同时发音时,每秒钟产生一次拍,求得这时第一根管发的律音。1739年,欧勒根据布鲁克·泰勒公式(*Phil.Trans.*,1713)提出了一种更为精确的绝对确定音调的方法。现代形式的泰勒公式表明了一根弦的振动频率(n)与其长度(l)、张力(T)和单位长度质量(m)之间的关系:

$$n=\frac{1}{2l}\sqrt{\frac{T}{m}}$$

(*Tentamen novae theoriae musicae*,1739)。

十八世纪里,人们提出了各种见解,试图解释振动物体如何产生出它们的特征律音和泛音。例如,有些物理学家推测,声音来源于发声物体的基本粒子的振动。为了支持这一观点,德拉伊尔于1716年指出,一把夹钳被轻敲时产生一个律音,而当其两臂能作为一个整体振动时则不产生这律音(*Mém.de l'Acad*.Paris,1716)。C.B.芬克在1779年(*Dissertatio de sono et tono*,1779)也维护这种观点。十八世纪末,托马斯·杨提出,一根振动弦的各部分之间的相互作用是产生律音和泛音的原因(*Phil.Trans.*,1800)。

及至十八世纪中叶，现在所谓的“**结合音**”已被部分地发现。索维尔研究的周期性拍只有在频率几乎相同的两个律音同时发出时才能听到。但是，若把两个律音间的音程逐渐加大，则拍频(即两个律音的频率之差)就会变得太高，以致无法分辨各别的拍。不过，这时乐音却可以听闻到了，它像拍一样，也以原始律音的频率之差作为它的频率。G. A. 佐尔格于 1740 年(*Vorgemach der musikalischen Kompositon*)以及 F. 罗米厄于 1753 年(*Mém. de la Société Royale des Sciences*, Montpellier)都描述过这种后来称为**钝谐音**的乐音。但是，它们常常同意大利音乐家 G. 塔提尼的名字联系在一起(它们因之被称为 sons tartiniques[塔提尼音])。塔提尼直到 1754 年(*Trattato di musica* …)才描述了这种他所谓的 terzo suono[第三音]，但他声称他早在 1714 年就已注意到了这种音。他当时未能解释这种音的存在，而且他所给出的音要比这种音的实际音调高八度。1759 年，拉格朗日在一篇论文中指出，塔提尼的钝谐音是由于两个律音的拍的频率很高，足足相当于一个可闻音调的律音而产生的。于是，(构成拍的)两个律音的共同强度的周期性变化本身就被认为等于一个具有这振动周期的律音。关于这个问题的这种观点现在也还没有得到公认。它已为赫尔姆霍茨的结合音理论所取代。赫尔姆霍茨的理论解释了由两个基本音产生的其他附加乐音的存在，尽管在进行这种解释时还不无困难。这些结合音调的频率是两个基本律音的频率的倍数之和与差。有时它们是由发音的条件产生的，有时则是由耳朵接受声音的条件产生的。

174

关于一根横振动的弦的形状和运动问题的研究，主要有布鲁克·泰勒、达朗贝、丹尼尔·伯努利和欧勒等人运用了微积分方法。拉格朗日的早期工作又使他们的研究臻于完善。欧勒还考察了由几个独立线性振动合成而得到的比较复杂的振动。里卡提研究了膜的振动,并于1786年发表了研究结果。所述及的都是固体因其自身弹力而发生振动所提出的问题。丹尼尔·伯努利、里卡提和欧勒对杆的横振动进行了研究。音叉和其他一些乐器,例如手风琴和八音匣,就是以这种振动为基础的。他们考察了因杆的一端或两端处于自由或固定状态而发生的各种情况。恩斯特·洛伦兹·弗里德里希·克拉尼(1756—1827)是杆的纵振动和扭转振动的发现者,并对它们进行了专门研究。他在《论弦和杆的纵振动》(*Über die Longitudinalschwingungen der Saiten und Stäbe*)(埃尔富特1796年)这本书中阐述了他的研究结果。

克拉尼关于板的振动的研究具有特别重要的意义。他在《声学理论的新发现》(*Neue Entdeckungen über die Theorie des klanges*)(莱比锡,1787年)和《声学》(*Akustik*)(1802年)中阐述了他的研究。约在1785年,他进而研究玻璃或金属的圆盘、方形板等等的振动。这些东西通常在中心被夹持,用一把提琴弓从边缘激发振动。他注意一块板在这些条件下所发出的各种律音的频率之间的关系。后来他想到把砂撒在水平地夹持的板上。在用弓垂

图86—克拉尼

175

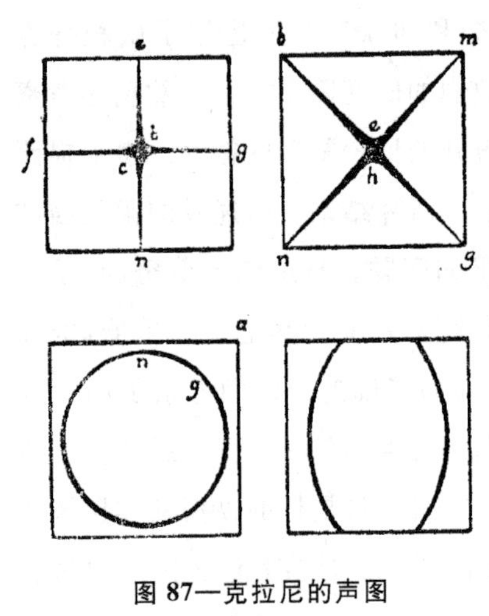

图 87—克拉尼的声图

直拉奏板的边缘时，砂从板的振动部分移动到了不振动的部分，从而形成图形，即现在仍然以他命名的声图。砂的位置表明了节线，从而揭示了板振动的模式。拿破仑看了这些实验后说：“克拉尼使声音变得可以看见了。”产生了种类极其多样的这种图形，克拉尼在他的著作中试图描绘它们并加以分类。这里(图 87)示出了一些克拉尼声图。第一幅图示出方形板在中心被水平地夹持，在其一角垂直地拉弓时，砂的图形；第二幅图中，琴弓在一边的中央拉奏。第三幅图示出板在 n 或 g 处被夹持，琴弓作用于 a 处时，砂的图形。第四幅图示出的图形很容易由第三图变化而来。

声的强度

盖里克、豪克斯贝、玻义耳和帕潘在十七世纪所做的实验已表明，一个声音的强度或响度(区别于它的音调即音高)随发声处空气的密度而变化。这一发现似乎表明，一个声音在不同的气体中响度可能不一样，可能与它们的几种密度成正比地变化。第一个做实验去确证这一点的是约瑟夫·普利斯特列。他把一个铃先后放在充有不同气体的一些玻璃球里面，测量在这几种场合里仍可听到铃声的距离。他发现，在氢气中，铃声几乎像在真空中一样听不见;在氧气中,铃声比在空气中强;碳酸气中,铃声大约比空气中强百分之五十。于是,他得出结论:声在各种气体中传播的强度与气体的密度或比重成正比(*Experiments and Observations*, 1779)。佩罗尔重复了普利斯特列的实验,但却得到了大不相同的结果。他以声在空气中的传播强度作为单位,对他所实验的几种气体给出了下列数值:氢气:0.234;碳酸气:0.82;亚硝气(即"笑气"):1.23;氧气:1.135(*Mém.de l'Acad.de Toulouse*,1781)。

威廉·德勒姆(1657—1735)曾试图测定温度变化、风向以及大气湿度等对声强的影响。但他的结果相当含混。总起来说,他 176 发现,声在夏天比在冬天弱;刮东风或北风时比刮西风时更强、更刺耳;枪声在潮湿天气并不减弱,倒是有时在晴朗干燥天气仅仅勉强能听见(*Phil.Trans.*,1708)。

媒质和声速

克拉尼从对各种物质制成的杆的纵振动的研究而被引向也对声在不同媒质中的各种速度进行了研究。他未能(像后来毕奥那样)直接测量这种速度,而仅仅间接地,即由所产生的律音的音调推算出振动速率,由振动速率推算出速度。他以声在空气中的速度为单位,对他所实验的各种材料得出了下列相对速度:锡:$7\frac{1}{2}$;铁:17;银:9;铜:12;玻璃:17;木材:11—17。他还注意到声在不同气体中的速度。同固体媒质情形一样,这里,他的声速测量也是间接的(后来雷尼奥作了直接测量)。克拉尼让管风琴管在各种气体中发声,从这些实验得出结论:声速在氢气中最高,在碳酸气中最低(*Uber die Töne einer Pfeife in verschiedenen Gasarten*,载 *Voigt's Magazin der Naturkunde*,1798)。

可闻限

在十八世纪人们就已试图确定,为了在人类耳朵中产生律音,声波系列的频率必须处于多大界限之内。律音的这种可闻限部分地取决于声的性质和强度,部分地取决于各别个人的听力。因此,它们的估计值总是有很大差异。索维尔从他用管风琴管所做的实验得出结论:下限为每秒 $12\frac{1}{2}$次振动,上限为每秒 6400 次。欧勒得到的可闻极限分别为每秒 20 次和 4000 次。现代研究者把下限定为约每秒 30 次;对上限的估计值则差别很大,但平均值约为每秒 30000 次振动。

(参见第 81—82 页上关于物理学的书。)

第八章　物理学

(三)热学

十八世纪对热进行的科学研究最显著的特点体现在量热术的实验工作中。约瑟夫·布莱克在这类研究中处于领先地位，不过由于他没有发表自己的著作，因此一些历史学家把这份荣誉归诸瑞典物理学家约翰·卡尔·维尔克(1732—96)，后者在这研究领域的工作要迟些时候。布莱克的实验工作后来由拉瓦锡和拉普拉斯加以发展，他们两人从布莱克的发现中所获甚多，尽管他们似乎不愿意承认曾受惠于他。十八世纪中，还开始对热膨胀进行精密测量。此外，朗福尔德伯爵在热与功的关系的研究上作出了贡献，不过，直到焦耳在十九世纪进行研究，他的努力才最终结出硕果。

一、热质说

十八世纪的热学实验工作基本上独立于关于热的本性的终极理论。这领域的一些第一流的实验人员对十七世纪时曾为人所深感兴趣的这种理论持冷漠态度。例如，拉瓦锡和拉普拉斯就是这样。然而，这种理论乃是所做工作的基础所在。有些研究者，特别是布莱克完全明白这一点。这理论可以称为热质说。

热质[1]被认为是一种无所不在的无重量的具有高度弹性的流体，其微粒为物质吸引，彼此之间却相互排斥。该理论认为，当两个不同温度的物体相互接触时，热质从较热物体流向较冷物体，直至在物质微粒和热质微粒两个系统中达致平衡。当因受热而产生膨胀时，这膨胀被归因于加热时进入膨胀物体的热质微粒的相互排斥。物体被压缩时（因摩擦）产生热，被解释为或是由于被摩擦损伤的物体的微粒失去了容纳热质的部分能力，从而释放出热质，使物体呈现为热的；或是因为摩擦和压迫把被压物体中潜在热质挤压出一部分，从而使物体变得令人感觉是热的。在燃素为化学家们接受的时代（参见第十三章），物理学中出现热质说也许是很自然的事。但是，它比燃素说存在到更晚的时期，十九世纪中叶以前一直支配着关于热的科学。这主要归因于布莱克的很有价值的实验工作。正像科学史上屡见不鲜的事例那样，对于一个机灵的科学家来说，任何可实行的假说，即使是虚妄的假说，也总比一无所有要好。

二、热容量

在布莱克之前，人们普遍认为，为使任何物体的温度升高所需的热量与该物体的密度成正比，或用现代的术语来说，等重量的一切物体的热容量总是相等的。大约在 1760 年，布莱克开始仔细考

① 德莫尔沃、拉瓦锡、贝尔托莱和富尔克罗在《化学命名法》(*Methóde de Nomenclature Chimique*)（巴黎，1787 年，p. 30f.）中用“热质”(caloric)这个术语代替了“热的物质”(matter of heat)的旧用语。

虑这种见解。他知道,华伦海特曾在各种温度下把水和水银混合起来,发现水银的加热和冷却效应仅为同体积水的三分之二,而水银的密度却是水的十三倍。伯尔哈韦曾报告了这一结果。布莱克考虑了这一结果,得出结论:"不同物质为了达到彼此平衡而降温或同等程度地升温时所必须接受的热量并非与每种物质的量成正比,而是广泛地与其他多种因素成正比。"华伦海特的实验当时启发布莱克把其他物质的加热和冷却效应与一定量水的加热或冷却效应进行比较。这种方法导致现代的**比热**制。布莱克把如此对于各种物质得到的值称为"对于热的容量"。鲁宾逊这样描述布莱克的方法:"布莱克博士通过混合两个温度不同但质量相等的物体,估算了这种容量;然后指出,它们的容量与每个物体因混合而发生的温度变化成反比。例如,1磅温度为150°的金被突然与一磅温度为50°的水相混合,水温升高到接近55°。于是,金的容量与等量水的容量之比就是5∶95,即1∶19;因为金失去了95°而水得到了5°。"(*Lecturse*,I,p. 506)　179

今天所用的混合法即是由这种方法发展而来的,只是现在质量是不同的,并且引入了许多技术上的改良。从本质上说,作为一种精密的科学程序的量热术是由布莱克创始的。名为"对于热的容量"的"比热"观念实质上也是他提出的。

三、潜热

布莱克

布莱克最著名的发现是"潜热"。这发现是他通过关于流动性

图 88—布莱克

问题的研究而作出的。他说，在他那个时代，“人们普遍认为，流动性的产生是由于当一个物体被加热到了其熔点时，它原有的热量又增加了少许的缘故。当通过减少很少量的热，使它冷却到原来的温度后，它就又回复到固态；当一个固体变为流体时，它原有的热所得到的增加并不多于熔解后温度计指示的温升所量度的热；当这熔化物体由于热的减少而又冻凝时，热的损失也不会多于简单地用这温度计量它所指示的热。

“这就是我所知道的，1757 年我在格拉斯哥大学开始演讲时关于这个问题的公认见解。然而，经过仔细考虑，鉴于同许多明显的事实相悖，我很快发现有理由拒斥这种见解；我力图表明，这些事实令人信服地证明，流动性是热按一种完全不同的方式所产生的。……

“如果我们留心观察在露置于温暖房间空气里的冰雪融化或者融霜继而结冻的方式，那么我们很容易发现，不论它们起先可能多么冷，它们也都会很快被加热到熔点，即其表面很快开始变成水。如果这公认见解根据充分，如果它们之完全变成水只需要再加很小量的热，那么，即使块体很大，也应在不多几分钟甚或几秒钟之内全部熔化掉，因为热在继续不断地从周围空气中传来。若果真如此，那其后果在许多场合将是非常可怕的。因为，即如目前的情形，大量冰雪的融化将在寒冷国家或发源于这些国家的江河中引起洪水泛滥。可是，如果冰雪融化果真必定骤然突发，如果前述关于热的熔化作用的见解果真确有根据，那么，洪水泛滥将更势不可挡，令人可怖。它们将势如破竹，席卷一切，人类在劫难逃。然而，这样突发的液化实际上并未发生。冰块和积雪的融化是一个缓慢的过程，需要很长时间。如果它们体积庞大，例如某些地方冬季形成的连绵冰山雪原，那就更其如此。从开始融化起，须有数星期温暖天气，它们才能完全融化成水。冰的融化如此缓慢，使我们能够在夏季很容易地把冰保藏在一种叫做冰窖的结构中。冰一放入冰窖，便开始融化；但是，由于这建筑仅有很小的表面暴露于空气，顶上还有厚厚的草覆盖，外界空气进入内部的通路也被尽可能地堵塞，所以，热以一种缓慢的过程穿透冰窖。同时，冰本身又倾向缓慢融化。这样，冰的全部液化过程就变得很长，以致在夏末仍有一部分冰被保存下来。许多高山上的积雪在整个夏季中情形也是这样。雪一直处于融化状态，但融化得很慢，以致整个夏季也不足以使积雪全部融化。

“冰雪融化得如此缓慢，令我感到，这与关于物体液化时热的变态的公认见解大相径庭。”

布莱克还观察到，如果人把手放在一块冰上，那冷的感觉表明，冰受热的速度是很快的。但是，如果用一支温度计去测量从融化冰块上滴下的水，则它显示，这水和冰的温度相同。他说：“因此，融化着的冰中所进入的大量的热或热物质仅仅产生使它得到液化而没有使它增加明显的热量；看来这热被吸收和隐藏在水之中，所以，用温度计也发现不了。”

可见,在布莱克时代之前,人们一直认为,当热施加于冰时,热全部体现为温度的上升。而布莱克现在表明,在这样的或类似的变化中,大量的热被吸收而同时未发生温度变化,或者用布莱克的话来说,“被变成为潜在的”。他根据下述假设解释这些(以及类似的)事实:热物质与冰结合而形成水——水是由冰和热物质结合形成的一种化合物,似乎

181

冰+热物质=水,以及

水+热物质=水蒸气。

在他的实验中,他用了两个玻璃球,里面分别装有等重量(5盎司)的(1)温度 33°F 的水和(2)温度 32°F 的冰,把它们置于一个具已知均匀温度的房间里。然后观察,冰的融化和水从 33°F 上升到室温各需多少时间。冰的融化共用了 $10\frac{1}{2}$ 小时;水从 33°F 上升到 40°F,用了半个小时。这样,前者花了 21 个小时,后者花了 1 个小时。布莱克论证说,因此,冰吸收了 21×(40－33),也就是 21×7,亦即 147“热度”;但是,其中 8“热度”用来把生成的水升温到最终温度 40°F。所以,冰的融化本身共需 139“热度”。换算成摄氏温标,这相当于值 $\frac{5}{9}\times 139$,即 77,很接近于现在公认的值 80。

布莱克还用已知质量的冰和已知温度的热水做了些实验,观察它们混合后的温度。这些实验给出了相似的结果。后来,他又研究了水转变成水蒸气时发生的类似变化。他把温度为 50°F 的水盛于扁平罐头中,放在红热的金属板上。4 分钟后水开始沸腾,20 分钟后水全部煮干。因此,水变成水蒸气所需的热为(212－

50)×20/4=162×5=810“热度”。其他实验得到的结果是830和750。布莱克又让蒸汽流经一个冷凝器,得到了739的值,考虑到实验误差,他把这个值提高到“不低于774度”。按布莱克的单位制,正确的值应当是967“热度”。如果用现代单位来表示这些数字,他得到的值是450,而正确的数字是538。但是,用此法进行这样的测定时,其准确度不如冰融实验。除了让蒸汽流经冷凝器的实验是(与欧文一道)在1764年做的之外,上述其他实验全都是1762年做的。布莱克把他用这种方式测到的热称为“潜热”。(参见布莱克的 *Lectures on the Elements of Chemistry*,J. Robison 编,Edinburgh,1803,Vol.I,pp. 116ff.,157ff.,171ff.)

1764年,在布莱克和欧文对水汽化的潜热进行实验测定后过了几个星期,瓦特用一个较小但更合宜的设备进行了类似实验,“这些实验得到的包含于蒸汽中的热的平均值为825°”(布莱克:182 *Lectures*,I,p. 173)。布莱克写道,后来“瓦特先生告诉我,他已观察到变成在蒸汽中潜在的热与从蒸汽出现的热恰如所希望的那样严格一致;从能耐受寻常大气压的蒸汽所获得的热不低于华氏900°,但不超过950°”(同上,p. 174)。瓦特的实验是在他研究蒸汽机的过程中做的。

布莱克还解释了水的过冷现象,即水冷却到其凝固点(32°F)以下而又不发生凝固的现象。当水在不与外界完全接触并且不受任何机械扰动的条件下被小心冷却时,水可冷却到凝固点之下7、8度,甚至10度,而又不凝固。“如果现在用一根结晶形成的纤细的冰针或一个干雪片轻轻地与水接触,则它立即就会变成一根根美丽的冰刺,迅速成形而向四面八方飞散开来,而留在其中的温度计慢慢地上升到 32°”(*Lectures*,I,p. 130)。布莱克说,水在如此被小心翼翼地冷却而不受机械扰动的情况下,保持了它的潜热,但扰动——增加一片冰晶——“使部分潜热游离出来而变成了可感知的热,同时失去其潜热的那部分水就变成了冰。但是,这样一下子游离的热在数量上比普通冻凝过程中任何时刻所游离的热都要多,因此,前一种情形就更明显地表现出:突然非常显著地增加材料的可感知的热,限制了这样突然形成的冰的数量”(同上,p. 130)。

欧文思考了布莱克的研究结果后认为,区分潜热和可感知热,是不必要的。每当物态发生变化,就会有热容量的突变,并且就会有相应数量的热进入或离开物质,而又对温度计读数不产生任何影响(Black:*Lectures*,I,p. 194)。欧文进而又推想,物体的比热随温度升高而增加。他由此推论,水的比热应当比冰的比热高,并且若果真如此,则在融化过程中冰的温度为何不能升高的原因就得到了解释(*Essays*,pp. 51—2)。欧文从实验中发现,冰的热容量仅是水的热容量的 0.8,于是认为,这个实验结果是这一理论的有力证据。

克莱格霍恩应用他的热理论解释了不同的物质之间和同种物质的不同物态之间的热容量差异。他认为,不同物质以不同强度吸引热微粒,因而它们对热微粒的吸收也各不相同。一给定物体吸引热微粒,直到其吸引和热微粒间的相互排斥达致平衡,这时该物体就不再吸引更多热微粒了。然而,如果该物体——譬如水——突然转变成了蒸汽,那么,热微粒就被扩散到大大增加的空间之中,而它们之间的相互排斥也就大大削弱了。因此,既然水的

183

每个微粒对热微粒的吸引并未减小，那么每个水微粒在热微粒彼此间的相互排斥与水微粒自己对它们的吸引相平衡之前，就可在这个较大空间中在自己周围聚集更多的热微粒(克莱格霍恩的*Disputatio*, etc., 1779，以及布莱克的*Lectures*, I, pp. 195—6)。在布莱克看来，欧文和克莱格霍恩的理论都不能令人满意，因为他们没有把熔解和蒸发中的热变化看作原因，而是把它们当作熔解和蒸发的结果(布莱克的上述著作)。

四、量热术的发展

拉瓦锡和拉普拉斯

在布莱克之后，接着有拉瓦锡和拉普拉斯做了重要的工作。他们合著的《论热》(*Mémoire sur la Chaleur*)于 1783 年宣读，1784 年发表于(提前的)1780 年《皇家科学院备忘录》。两位作者开头便指出，物理学家们对热的本性的理解尚不一致。有些人认为，热是一种流体，无所不在，按物体包容它或与它结合的不同性质而被包容在物体之中或与其结合。另一些人则认为，它是物质微小组分做振荡运动的结果。他们自己也不对这些观点的哪一个进行辩护，因为有些事实同一种观点相一致，而另一些事实同另一种观点相一致。但是，物体作简单混合时 *chaleur libre*(即“自由热”，同潜热相对)的守恒却是独立于任何这类假说，为所有物理学家公认。

拉瓦锡和拉普拉斯把使 1 磅水升温 1 度的热量取为热的单

位。因此,各种物质"对于热的容量"或"比热"[①]就表达为使相等质量物质上升相等温度数所需的热量。他们认识到,"比热"不一定在温标的一切点上都是恒常的。但是,他们提议,可以认为比热在列奥弥尔温度计上从零度到八十度之间基本上是恒常的。他们以下面例子说明他们的方法。取0°的水银1磅,34°的水1磅。将两者混合。于是,产生了33°的均匀温度。水失去的热使水银温度上升33°。因此,使水银上升到某一给定温度,仅需为使同样质量的水上升到同样温度所需热量的$\frac{1}{33}$;于是,水银的比热是水的比热的$\frac{1}{33}$。这可推广为:设m代表两个物体中较热一个的质量(以磅计),a代表其温度,q代表使1磅该物体上升1度所需的热量。设另一物体的这些值分别为m'、a'、q'。设b为两物体混合并有一均匀温度时的温度。物体m所失去的热量为$m \cdot q \cdot (a-b)$。物体m'所得到的热量$=m' \cdot q' \cdot (b-a')$。这两个热量是相等的。所以,$mq(a-b)=m' \cdot q'(b-a')$。由此可以得到$q/q'=m'(b-a')/m(a-b)$,这样,就无需知道$q$和$q'$了。

然而,在许多情况下,这种混合法是不切实际的,而且精确度也不高。例如,当两种物质的密度差异很大时,就很难保证每一部分都达到同样温度。此外,如果这两种物质产生了化学相互作用,那就必需应用一种中间参照物,有时还需要几种这样的中间物;这

① "比热"(*Chaleur specifique*)这一术语最早出现在马热朗的《略论关于火素和物体的热的新理论》(*Essai sur la Nouvelle Théorie du Feu Élémentaire et de la Chaleur des Corps*,1780)中,文中用它表示单位质量某物质在给定温度下的总热量。

就增加了测定的次数,从而增加了误差。这种方法还不适用于测定化学反应以及燃烧和呼吸的热,而这些对于制定一个正确的热理论来说是最为重要的。

于是,他们宣称,他们发明了一种通过观察融化了多少冰而来测量热的新设备,即量热器(见图 89)。

为了测定一个固体的比热,把它升温到一已知温度,然后迅速放进量热器,留在那里,直到它的温度降到零度。把所产生的水收集起来加以称量。用这水的质量除以该物体质量与该物体原先在零度以上的温度数的乘积,所得到的商与该物体的比热成正比。实际上,如此得到的值是单位质量该物体冷却 1 度时所融化的冰 185 的数量。但是,如该论文后面所解释的那样,为得出所求的比热,还必须把这个值乘以 60,所以乘以 60 是因为 1 磅水从 60°冷却到零度时可以融化 1 磅冰。换言之,60 是列奥弥尔温标上冰熔解的潜热的值。令人惊讶的是,拉瓦锡和拉普拉斯从未提到过"潜热";他们借以证明这个乘数之合理的论证是在大兜圈子,令人感到,他们在竭力避免承认,他们的方法乃建基于布莱克的潜热发现。

拉瓦锡和拉普拉斯同样也表明了,如何测定液体的比热、化合热、某些盐溶液产生的冷却度、熔解热、呼吸和燃烧产生的热以及气体的比热。对流体的处理方式大致和对固体的相同,只是流体必须封闭在容器里,还必须考虑到在冷却过程中容器所失去的热量而加以修正。在测定几种物质的化合热时,这些物质和盛着它们的容器全都要冷却到零度。然后,把它们混合,放到量热器中保存,直到混合物冷却降到零度。所产生水便量度了热的增量。盐在溶解时所吸收的热量这样确定:把每种物质都提高到同一温度,

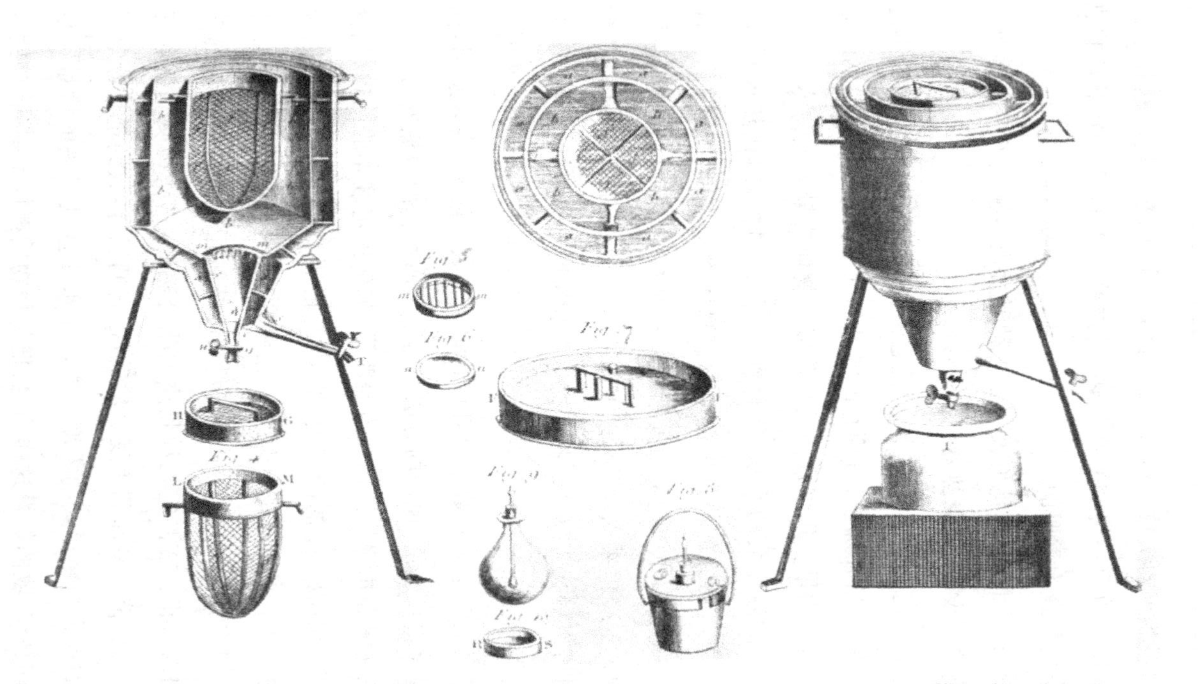

图 89— 拉瓦锡和拉普拉斯的量热器

把它们与量热器中的水混合,测量所融化的冰的量,然后,把混合物加热到一已知温度,再放进量热器中,使混合物冷却到零度,并再观察融化了多少冰。根据后者可以确定温度范围与融冰质量之间的比例,从而就可确定与实验第一部分中融冰质量所对应的温度。这 温度与各物体被提高到的温度之差就给出了这一过程中所吸收的热量。

测定熔解热的方法如下所述。设 m 为被研究物体的熔点。把这物体加热到 $m-n$ 度,然后把它放进量热器中。设该物体在冷却到零度的过程中所融化的冰的数量为 a。把该物体加热到 $m+n'$度,重复上述过程,设这时所融化的冰的数量为 a'。把物体加热到 $m+n''$度,再重复一遍。设这一次所融化的冰的数量为 a''。因此,$a''-a'$就是当液体冷却了 $n''-n'$度时该物体所融化的冰的量。由此可知,当物体从 n'度开始冷却时,它融化的冰的量为 $n'(a''-a')/(n''-n')$。于是,物体在固态从 m 度冷却时,将融化数量为 $ma/(m-n)$的冰。设 x 为物体从液态过渡到固态过程中放出的热所融化的冰的数量。那么,当物体被加热到 $m+n'$度后所融化的冰的总量将为 $n'(a''-a')/(n''-n')+x+ma/(m-n)$,而此式$=a'$。所以,

$$x=(n''a'-n'a'')/(n''-n')-ma/(m-n)。$$

为准确起见,n 和 n'的均切不可大。两位作者指出,这种方法不仅给出 x 的值,而且给出这种物质在固态和液态时的比热的值。 186

测定燃烧热和呼吸热的方法是,在量热器中燃烧物质或让动物在其中呼吸,同时由一个适当装置从外部供给新鲜空气。这种实验要求的条件,是必须尽可能把可燃物或动物的温度降到零度。

他们提出，为要测定气体比热，可让一股气流通过量热器内的一根螺旋管，在管道入口和出口处分别放一支温度计观测气体在这两处的温度。温度计指示气体温度的下降；量热器给出融化的冰的质量；所通过的气体的质量很容易加以测定；由这些数据就可计算出比热。

如此说明了量热的主要方法和结果以后，拉瓦锡和拉普拉斯注意到：这些结果并未给出关于物质中时热的**绝对**数量的信息，而只是给出为把一些种类物质升温同样度数所需热的相对数量。换言之，比热仅仅是绝对热的微分之比；认为这些微分与绝对热成正比，那是没有根据的。显然，温度计的零度并不排除相当数量绝对热的存在。还差得远哩。拉瓦锡和拉普拉斯试图至少测定一种物质在零度时的绝对热和它温度上升1度时所增加的热两者之间的关系。这种尝试乃根据对两种物质化合时放出的热的研究。但是，所得到的各个结果是相互矛盾的，不能令人满意。

论文的最后一部分讨论了关于燃烧和呼吸中放出的热的实验。作者把一些数量已称量过的木炭和体积已测定的“纯粹空气”（氧气）放在一个倒置于水银上的钟罩中燃烧。他们测定了所产生的“固定空气”的数量（方法是用强碱吸收它，观察其体积的缩小）以及剩余“纯粹空气”的数量。他们事先已在量热器中燃烧了已知重量的木炭，并测定融化的冰的质量。他们把这些结果加以综合而表明，燃烧1盎司木炭消耗3.3167盎司“纯粹空气”，形成3.6715盎司“固定空气”；在这样的燃烧中，1盎司“纯粹空气”的变化可融化29.547盎司冰；而1盎司“固定空气”形成要融化26.692盎司冰。

187 他们在提出这一结果时还告诫说：这种实验只做了一次，他们主要意在把他们的方法告诉物理学家,而实验的结果则是次要的。值得注意的是,他们在谈到这实验结果时说,这是“1 盎司纯粹空气在木炭燃烧过程中发生的变化所释放的热的量”。另一次让磷在“纯粹空气”中燃烧的类似实验表明,1 盎司“纯粹空气”被磷吸收时融化 68.634 盎司冰。“纯粹空气被磷吸收时所放出的热几乎是它转变成固定空气时放出的热的 $2\frac{1}{3}$ 倍。”这事实使他们颇感惊讶。用以表达这结果和讨论其结论的语言乃基于拉瓦锡的理论:空气和蒸气的气态乃起因于它们结合了大量热,他认为,“纯粹空气”即氧气包含巨量的热。当它转变为固结态时,例如在金属煅烧以及磷、硫等等物质燃烧时,就几乎失去了全部的热,——但在“固定空气”中还保留相当一部分热。在“纯粹空气”与“亚硝空气”燃烧的场合,则是明显的例外——只释放极小量的热。因此,在硝酸(产品)和硝石中肯定含有大量的这种热——,这些热后来在爆炸时便显现了出来。这样,在拉瓦锡看来,这些变化中所放出的热乃被包含在“纯粹空气”之中,并由在化合中呈固态的这种空气释放出来。现在我们知道,如此放出的热的量只是这些化学反应的热的一部分——拉瓦锡还根本不知道化学能。

两位作者还对呼吸进行了类似实验。他们把豚鼠放在置于水银之上的钟罩中,里面容有“普通空气”和“纯粹空气”,用苛性碱收集所产生的“固定空气”,苛性碱的重量在实验前和实验后均加以称量。经过数次实验,他们得到了 10 小时里平均产生 224 谷[①]

① 谷(grain),重量单位,等于 64.8 毫克。——译者

“固定空气”的结果。根据以前做的燃烧木炭的实验，他们计算出，224谷“固定空气”的形成可融化10.38盎司冰。“因此，这个融冰量就代表了一只豚鼠10小时呼吸所产生的热。”此外，这种动物一直保持几乎恒定的体温，所以，它们在实验开始和结束时都有着相同的热。因此，所融化的冰就代表了这动物所失去的热，而这热在这期间由动物的生命机能所补充。“我们可以认为，呼吸引起的‘纯粹空气’变为‘固定空气’这变化所放出的热乃是动物热守恒的主要原因；如还有其他也有助于维持这热的原因，那它们的效果也是很小的。”“因此，呼吸就是一种燃烧，尽管速度非常缓慢，但在其他方面都与木炭的燃烧完全相似。这种燃烧发生在肺里，不发出可看见的光，因为火的物质一释出就立即被器官的潮湿吸收掉了。这种燃烧所产生的热被传送到流经肺的血液之中，然后播散到动物全身。这样，我们所呼吸的空气起着对于我们生存来说同等必需的两个作用；把固定空气的碱从血液中清除出去，因为过量的碱有很大危害；这种化合在肺中放出的热则补偿我们因向大气和邻近物体供热而不断损失的热。”

188

五、绝对零度

欧文从测定冰的比热中产生了一个独创性的想法，即尝试计算温度的绝对零度。下面是他对这方法的描述：“如果一个物体的固态和液态的热量 x 完全相等，即在发生物态变化时〔在测温液体中〕产生同样的膨胀，或者说，它们的凝固点处于同样可感热度〔温度〕上，那么，该物体在物态变化时变热或变冷〔绝对热函变化〕

的度数即为固液两态的热容量之比。现设两物态的热量为100。如果固态的热容量与液态的热容量之比……为1∶2,则该物体在液态时的热必定两倍于冷〔固态〕时的热,即必定有100度的热变成了潜热。如果热容量之比为1∶3,则该物体在液态时的全部热必定为300,其中潜热为200。……一般地说,如果固态时的全部热为100,那么,在液态时的潜热将等于固液两态热容量之差除以表示固态热容量的数,再乘以固态时的全部热。”(*Essays*,pp. 117—118)欧文的儿子把这一命题用数学式表达了出来:若 a 和 b 分别为水和冰的比热,l 为冰熔解的潜热,x 为“用度数表示的固体的绝对热”,则有

$$l=\left(\frac{b-a}{b}\right)\times x \qquad (Essays,\text{p. }122)。$$

用欧文自己采用的冰的比热的值(0.8)代入,我们有

$$140=\frac{0.8-1}{0.8}\times x,$$

由此可得 $x=-140\times4=-560$,它给出绝对零度为$-528°$F,——欧文没有提到过这个结果,他只给出他父亲所得到的数字$-900°$(*Essays*,pp. 127和137)。很可能他是从对冰的比热的其他测定结果中得出这个数字的。欧文还把这一方法应用于溶解和化学反应中的热,他认为这样的热也是潜热。他还根据向水中加入硫酸时所放出的热以及这两种物质的比热得出了和冰与水的情形里相同的绝对零度值$-900°$F(*Essays*,p. 127)。 189

克劳福德还把这种方法应用于获得“脱燃素空气”和“可燃空气”燃烧时的热数据,得到了绝对零度的值为$-1500°$F(*Experiments and Observations on Animal Heat*,2nd ed.,1788,p. 267)。

小欧文所引用的冰的比热值为 0.9(*Essays*,p. 55),他存疑地把这个数值归之于克劳福德,并用这个数据计算出冰在 32°F 时的绝对热为 1260°(同上书,p. 122)。

加多林也研究了这个问题。他根据布莱克对冰溶解的潜热的估值 147°F 和维尔克对融雪吸收的潜热的估值 $72\frac{1}{6}$℃进行计算,并取$\frac{9}{10}$为冰的比热,结果发现,按照这些数据,温度的零度应当是 −817℃或 −722℃,而他的实验则表明 −800.6℃。但是,后来他估计雪的比热是 0.52,这样,温度的零度似乎是 −170.6℃,而用蜡进行的类似测定显示温度的零度值为 −480℃(*Nova Acta Reg. Soc. Sci. Upsala*,1792,Vol.Ⅴ,I)。加多林从这些结果的不一致得出结论:这种方法是不能令人满意的,物质的比热可能随其温度而变化,但不与它们的总热量成比例。

六、热膨胀的测量

固体和液体的热膨胀的精确测量提出了一些问题,它们吸引了十八世纪的许多研究者。

布鲁克·泰勒表明(*Phil. Trans.*,1723),测温液体的膨胀与环境浴中热的增加成正比。他使用一种亚麻子油温度计,管茎上精心标上了分度标志,使各分度给出相等的容积;他在这实验中还用了两个薄的锡容器,它们的大小和形状都相同,每个容器的容量都是 1 加仑。“然后(每次试验时均注意,在向容器中注水之前,各容器应当是冷却的,而那个测量热水用的容器应已被充分加热)我

190

相继向各容器注入1、2、3等份热沸水，余下那个注入冷水；最后完全注入热沸水。每次都把温度计浸入水中，观察水上升到哪个标志，并为准确起见，每次试验都在两个容器中进行。在首先观察了温度计在冷水中处于哪个刻度以后，我发现，温度计从该标志开始的上升，即亚麻子油的膨胀，与这混合物中热水的数量，即热度精确地成正比。”

约翰·埃利科特研究了固体的线膨胀(*Phil. Trans.*, 1736)。他发明了“一种测量金属受热膨胀程度的仪器”。在这种仪器中，一根金属杆的膨胀相对一根同样热度的标准铁杆的膨胀来测量，这被测杆就放在标准铁杆上面。借助适当连接的杠杆和滑轮，这两根杆的差膨胀操纵一根指针在刻度盘上移动，这有点像人们熟悉的课堂演示实验。1/7200英寸的膨胀使指针移动一个分度。

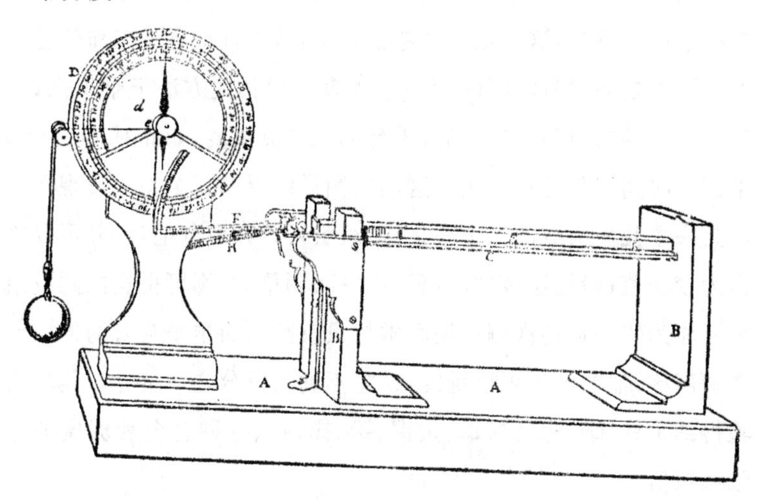

图90—埃利科特测量热膨胀的仪器

斯米顿发明了一种型式与埃利科特的仪器相似的"新式高温计"(*Phil.Trans.*,1754,p. 608f.)。在这种仪器中,把任意给定金属制的杆的膨胀与一根标准黄铜杆或"基准"相比较,这根标准杆在某一给定温度范围里的膨胀又通过同一根标准木杆(松木或杉木制)加以一次性检定。所用的杆长2英尺4英寸(图91)。黄铜杆构成仪器的永久性基座,两端点是支持被测杆用的两个竖立支柱。两根杆都可被浸入一个**水浴**中,这水浴被许多灯加热到所需的温度,由一支温度计读出。木杆两端包覆了黄铜,以免受潮湿和蒸汽的影响。整个木杆都涂上清漆,并完全用"粗亚麻"包裹起来。用一个灵敏的测微螺旋来测量基座和杆在一个给定温度范围里的膨胀差;基座在该范围里的膨胀加上或减去这个差,便得到相对标准木杆测得的杆的总膨胀。这木杆只是在需要时才放到仪器旁边,并且总是放在水浴的外面。与金属杆的膨胀相比,木杆的膨胀是很小的。不过,这一点已经考虑到了:从木杆被置于工作位置到取得读数之间的时间间隔用一个秒表或用其他方法记录下来;经过一段相等的时间间隔之后,进行第二次测量度,如此对第三个和第四个时间间隔进行测量。这四次测量结果的三个差被发现几乎就是一个几何级数的三个项,由这级数可以知道其前项,并可以之作为校正值;当把这级数应用于第一次测量时,则可把这次测量结果还原为假如在这次测量期间木杆没有膨胀而本来会有的值。斯米顿声称,他的结果可以重复,误差不到二万分之一英寸。他从实验得到了铁、钢、锑、铋、铜、黄铜、铅、锡、锌、各种合金和玻璃的膨胀系数值。

拉姆斯登发明了一种测量一根金属杆相对于一些维持一定温

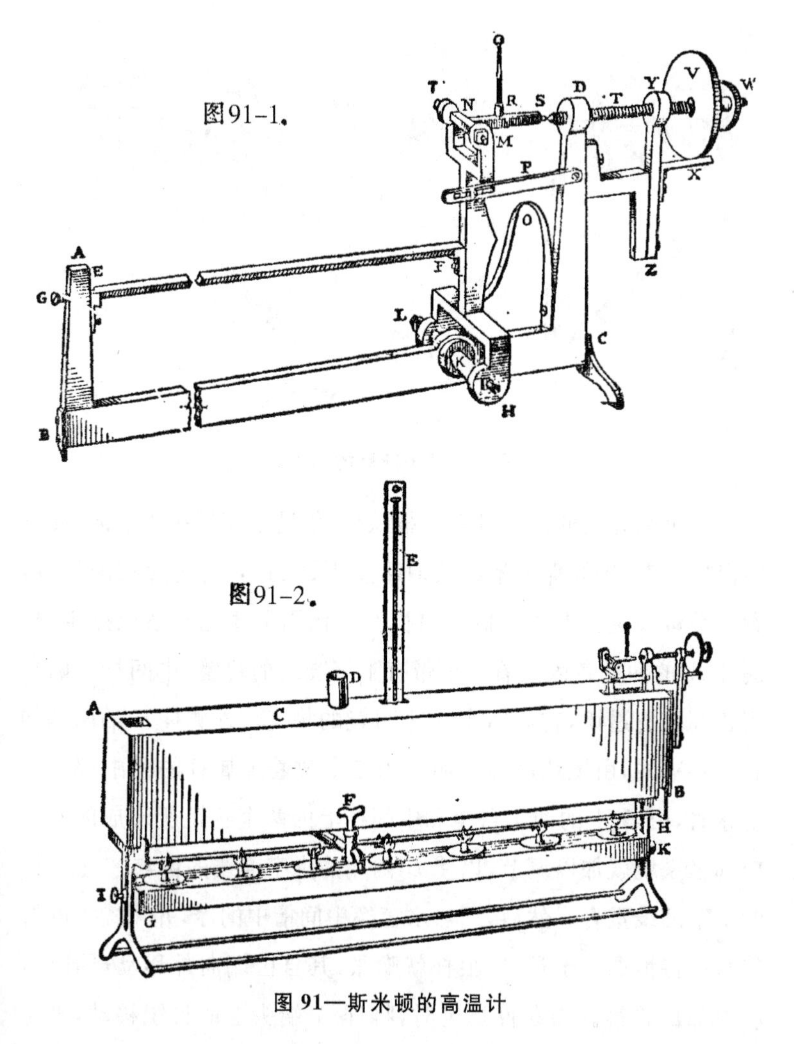

图 91—斯米顿的高温计

度的标准杆的膨胀的方法。他的装置曾被罗伊用于测定一些标杆的膨胀，它们用来量度豪恩斯洛石南丛林的一条基准线(*Phil. Trans.*,1785)。这种装置有三个平行的槽(图 92)，每个 5 英尺多 192

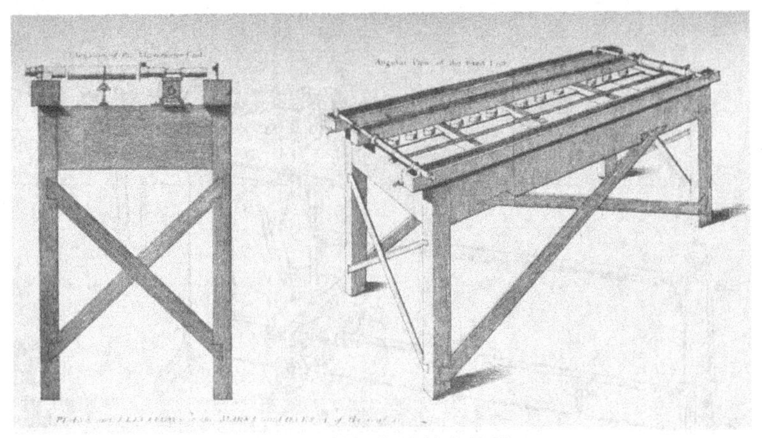

图 92—拉姆斯登的高温计

长。两个在外侧的槽中各有一根铁杆，借助于充填捣碎的冰，使它们保持恒温；中间那个槽必要时可从下面加热，它包含被测杆，后者一端被固定。中间这根杆的长度变化用下述光学系统测定：外侧杆 A 的两端各固定着一个带有十字准线的目镜；中间杆的两端则各固定着透镜，它们用作 A 上目镜的物镜。外侧杆 B 的两端均有十字准线，由镜从后面照明。当三个放着金属杆的槽中都充填上冰时，由 A 上的两个目镜和中间杆上的两个物镜所形成的两个 193 望远镜系统就加以调节，以使 B 两端的十字准线的像与 A 上目镜的十字准线重合。然后，用热水替换中间槽中的冰，并用槽下的灯使水保持恒温。于是，这根杆就膨胀，其自由端向外移动，同时带动附加的物镜。当条件稳定时，将杆 A 端头上的目镜移动，直至像和十字准线再度重合，所移过的距离由附装的精密测微螺旋测得。然后，借助单比例就可计算出中间杆的长度在两个温度之间的增加量。

七、热和重量

热质说之所以能盛行，主要是因为观察到了物体受热时膨胀和金属煅烧时重量增加这类现象。在这种情况下，认为热是某种物质实体，那是很自然的。因此，十八世纪中，人们作了种种努力，试图测定物体的温度和重量之间的相伴变化如果有的话。所得到的实验结果看来是相互矛盾的。有些实验者发现，一种物质在温度增加时，继之有重量上的少许增加；有些人则观察到重量有少许减少；另一些人则看不出在温度变化时重量有什么变化。朗福尔德所做的实验是这类实验中最为精致的。他的结果是否定的，这正是伯尔哈韦、布莱克和其他一些人所预料的。有关这类工作的几个最重要的阶段可按照年代顺序扼述如下。

伯尔哈韦用一块重 5 磅 8 盎司的铁进行实验(*Elementa Chemiae*, Leiden, 1732, I, pp. 259—60；以及 *New Method of Chemistry*, P. Shaw 译, 2nd ed., London, 1741, I, p. 285f.)。他先称量了冷时的铁块，当它赤热时重新称量，然后待其冷却后再进行称量。重量一直保持未变。在同样条件下，对一块铜进行试验，得到了相同结果。

布丰发现(*Histoire Naturelle*, Supplement, Paris, 1775, II, pp. 11—13)，一块“白热”的铁重 49 磅 9 盎司；但当它冷却到大气温度(当时接近凝固点)时，重量只有 49 磅 7 盎司。用其他铁块进行的实验，得到了类似结果。

罗巴克用较小的铁块和灵敏的天平重复了布丰的实验

(*Phil. Trans.*,1776,p. 509)。他发现,1 磅白热的铁在冷却时重量要减轻将近 1 谷;但是一块 5 英钱重的铁在冷却后要比烧热时稍重一些;一块热铜重约 1 磅,冷却时要减轻 4 谷,不过这被解释为因金属锈皮损失所致;一块重 55 磅的熟铁从白热状态冷却经过 22 小时,重量增加了 6 英钱多;这种铁的锈皮在冷时要比热时重,每 2 盎司 8 英钱增加 5 谷;而纯银块(热时约重 2 磅 10 盎司)冷却时重量增加 5 谷。

194

怀特赫斯特也未能证实布丰的结果(同上书,p. 575)。当金或铁被加热到赤热时,会有数英钱的微量损失;但被冷却后,金又回复到原来的重量,而铁则有少许增加。他的结论是:在天平一侧的这些热金属使空气变得稀薄,而这可能引起一种向上的气流,从而导致所观察到的效应。而在布丰的实验中,大的热金属块可能致使天平的两个相对臂产生不均等的膨胀,这就引起了所观察到的差异。福代斯发现,冰块在融化为水时重量有所减轻(同上书,1785,p. 361)。他从新河取 1700 谷水,盛在一个重 451 谷的玻璃容器中。密封起来后,设备和内盛物在 32°F 下总重 $2150\frac{31}{32}$谷。在内盛物渐次部分凝固的过程中,总重量不断增加,直到全部凝固,重量总增加量略微超过$\frac{3}{16}$谷,温度下降到 12°F。当温度上升到 32°F,冰又全部融化后,这设备又回复到原来的重量。

布莱克的关于热没有重量的观点(*Lectures*, Vol. Ⅰ, pp. 48f.)主要建基于他对怀特赫斯特和福代斯获得的实验结果所作的解释。

朗福尔德又注意起这个问题(*Phil. Trans.*,1799,p. 179)。他

选用了两个尽可能相似的细小玻璃烧瓶,一个里面装着蒸馏水,另一个里面装着等重量的淡酒精。两个烧瓶密封起来,在一个温度为61°F的房间里把它们悬挂在一架天平的两臂上。然后,把这套装置移到一个29°F的比较冷的房间里。48小时后,水冻结了,这时要添上0.134谷方可恢复天平平衡。然后,再把这套装置移回温度为61°F的房间里。当冰融化后,朗福尔德发现,原始重量又恢复了。实验后重新测试表明,那架天平仍然相当准确。

他所能想到的唯一解释是,水在凝固时失去了大量潜热。于是,"如果潜热损失,增加一个物体的重量,那它一定对另一物体也会产生同样效应。因此,潜热数量的增加一定——在一切物体中和在任何情况下——使它们的视重量减轻。"然而,当他把酒精换成水银,在61°F和34°F温度上复做前述实验时,却发现重量没有什么变化,尽管水失去的热比水银多得多,因为它们的比热之比为1000比33。这时,朗福尔德怀疑,可能是某种偶然因素(例如大气湿气在烧瓶上淀积,或者因微小温差而引起的局部微弱气流)造成了第一次实验中的表观重量增加。因此,他又取了三个烧瓶,瓶里分别盛有等重量的水、酒精和水银。密封后,把它们放在一个温度61°F的温暖房间中,放置24小时。由固定在烧瓶中的小温度计测得,水和酒精的温度相同。然后,把烧瓶表面的湿气仔细地全部擦去。接着,对它们进行称量,给较轻的烧瓶的瓶颈上缚上几根银丝,以达至平衡。然后,把它们全都移到一个温度30°F的冷房间中。放置48小时后发现,它们全都达到了同样温度(29°F),而重量并没有任何变化。并且,当它们又被移回温暖房间后,重量仍然相同。这个实验被重复了多次,得到的结果都一样。朗福尔德现

195

在满意地看到，他最初的结果肯定是由于他所猜想的那些偶然因素造成的。

朗福尔德说："既然已确定，当水从**流动性**状态变为**冰**或者反过来时，水并未获得或损失重量，所以我现在就可以与一个长期纠缠着我，给我带来许多痛苦和烦恼的课题最后告别了；既然（由于上述实验结果）已经完全相信，如果热实际上是一种**实体**或物质——如所假想的那样，是一种自成一类的流体——这种从一个物体转入另一物体并被累积起来的流体就是我们在加热物体中所观察到的诸现象的直接原因（然而，关于这一点，我还不能不抱有怀疑），那么，它肯定是一种无限稀疏的东西，以致我们想发现它的重量的一切努力，都将是徒劳的，即使在其最凝聚的状态下也是如此。再者，如果我们许多最有才干的哲学家们所采取的见解，即热无非是受热物体各构分的内部振动的观点确有充分根据，那么，显然，物体重量当绝不可能受这种运动影响。"

如果热是一种实体，并且具有重量，那么朗福尔德的实验应比其他任何实验都更易于检测出这种重量。因为，水在凝固时失去的 140°F 将把同质量的金从凝固点升温至 140×20 即 2800°（一种炽热），这是由于金的比热是水的二十一分之一。朗福尔德下结论说："因此，我的实验清楚地证明，相当于把 4214 谷（即约 $9\frac{3}{4}$ 盎司）金从水的凝固点升温到赤热状态所需的热量，对一架可示出该物体重量的百万分之一这样小的变化的天平没有产生什么明显的影响。如果金在从水的凝固点被加热到炽热状态时，其重量尚未增加或减少百万分之一，那么，我认为，我们就可以有把握

196

地得出结论:任何试图发现物体视重量会受热影响的努力都将是徒劳的。”

八、热的动力说

朗福尔德

继布莱克、拉瓦锡和拉普拉斯关于热的实验工作之后,本杰明·汤普森爵士,即朗福尔德伯爵(1753—1814)又对之作出了重要贡献。

汤普森出生在马萨诸塞州,从在塞勒姆的一个商人那里做学徒开始了他的生涯。后来,他在哈佛大学听过课,此后当了教员。他曾任职于朗福尔德(现在叫康科德)的一所学校,与当地的一个治安官的遗孀结婚。于是,他定居该地经营如此归属于他的田产。他一直对机械发明深感兴趣,这时他进入了一个研究火药性质的时期。独立战争期间,他曾因同情英国政府而遭监禁。最后,他横渡大西洋去到英国,任职于殖民部。在伦敦,他对科学的兴趣使他赢得了约瑟夫·班克斯爵士的友谊。1779年,他被选为皇家学会会员。1784年,在美国担任了为时不长的军职后,汤普森(这时已是爵士)便开

图 93—朗福尔德

始服务于巴伐利亚选帝侯。其后在慕尼黑度过的十一年中,他积极致力于改组巴伐利亚军队,并热心于解决贫民问题,试图采取一种激进但又人道的解决措施——设立国家济贫院。1791 年,汤普森被封为这个帝国的伯爵,他是凭他在美国的田产取得爵位的。1795 年他曾离开慕尼黑,一度特别关注爱尔兰的社会问题。但不久他又被召回巴伐利亚。当时由于法国和奥国两军对峙,巴伐利亚的中立受到威胁。汤普森在这场危机中始终统率着慕尼黑守军。组建皇家研究院是朗福尔德的又一项事业。但197 是,1805 年他与化学家拉瓦锡的遗孀结了婚,因而他在法国的奥特伊尔度过最后几年,直到 1814 年去世。在慕尼黑监督镗削炮筒期间所进行的一些观察促使他从事热的研究。他经过研究而相信,热是一种"运动模式"(mode of motion)。朗福尔德创设了皇家学会的"朗福尔德勋章",授予在热和光的应用方面作出卓越贡献的人,他本人因在燃料节约烟囱设计等等方面的贡献而第一个获得了这种荣誉。

他在慕尼黑从事镗削炮筒工作期间,惊讶地观察到,镗削刀具对炮筒的作用产生了大量的热。按照热质说的解释,这是因为在镗削过程中,金属碎屑的热质被挤压出来,致使碎屑的热容量减小,这时这热质表现为可感知的热。然而,量热测验表明,与杆金属的热容量相比,金属碎屑的热容量并未发生什么变化。在 1798 年进行的一次镗削生热的实验中,让一个黄铜圆筒顶住钢镗刀转动(图 94)。这圆筒放在一个木箱里面,木箱中盛有 18 $\frac{3}{4}$ 磅水。这构成了一个量热器,因为可以通过观察水温的上升来测量所产

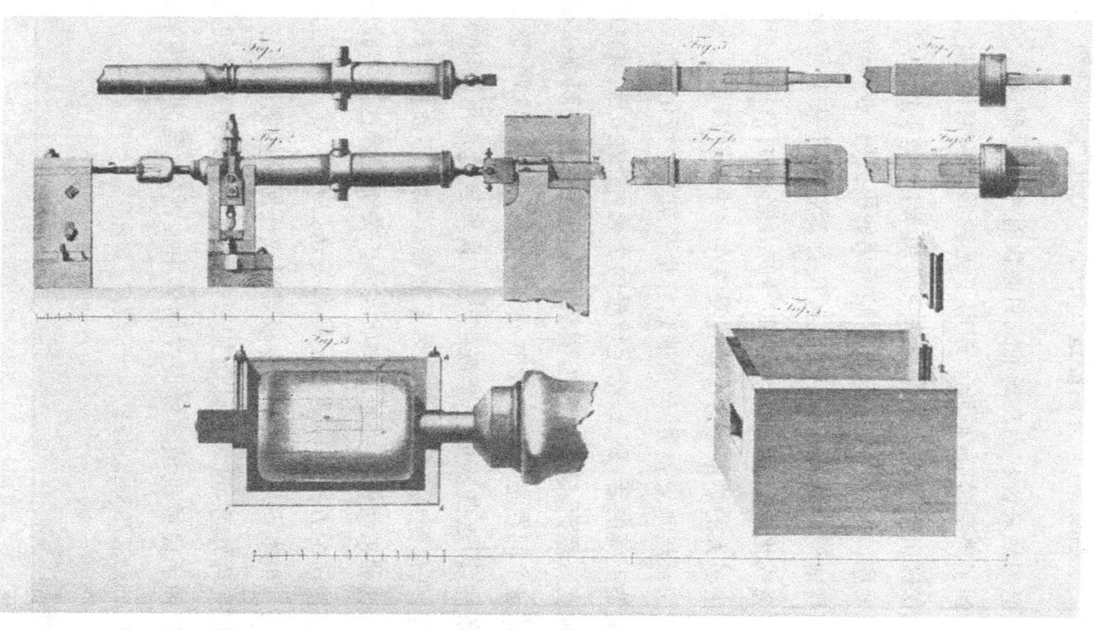

图 94— 朗福尔德的装置

生的热量。水温从60°F开始经过$2\frac{3}{4}$小时上升到沸点(212°F)。用朗福尔德的话来说:"当在场的人目睹没有用火便把这么多水实际上加热到了沸腾时,他们脸上现出了无法形容的惊异神色。"这热显然是仅仅由机械手段本身产生的。但是,朗福尔德却对热的由来感到疑惑。他说:"鉴于这个实验所用的机械用一匹马的力量就可以容易地使之转动……所以,这些计算进一步表明了,不用火、光、燃烧或化学分解,仅仅用这匹马的力量,就可借助适当的机械装置产生多大的热量。这个装置浸没在水中,所以,热显然不是来自空气。"量热测量表明,碎屑的热容量并未发生变化。所以,如果热质说是正确的话,那么,给定质量的金属可产生的热量就应当有一个限度。然而,这里并没有看到什么限度。于是朗福尔德写道:"在就这个问题进行的推理中,我们切莫忘记考虑那个最值得注意的条件,即这些实验中摩擦生热的源泉显然是用之不竭的。毋庸赘言,任何绝缘的物体或物体系如能无限地不断提供某种东西,那么,这种东西就不可能是物质实体。关于能像这些实验中热被激发和传送的方式一样地被激发和传送的东西,除了是运动之外,我认为,根本不可能或者至少极难形成任何别的明确观念。我根本没想妄称知道,这种据认为构成热的特定种类运动是如何以及通过何种手段或机械装置而在物体中被激发、延续和传播的"(*Phil. Trans.*,1798,p. 80)。

198

戴维

朗福尔德的实验显然否定了热质说而支持热的动力解释。然而,他同时代科学家的理智却有很大惰性,足以抵制这种新观念。因此,热质说一直延续到了十九世纪中叶。不过,朗福尔德至少成功地使一位年轻的同时代人接受了他的热观念。这个青年注定后来要成为一个杰出人物。汉弗莱·戴维于1797—99年间,用冰块和别的物质进行了一些摩擦实验。实验结果使他确信,"热不能看做是物质",而必须看作是一种"特殊的运动,也许是物体微粒的一种振动"(*Works*,ed.1839,Vol.Ⅱ,pp. 11—14;原载 *Contributions to Physical and Medical Knowledge*,T.Beddoes 编,Bristol,1799,pp. 16—22)。年轻戴维所进行的摩擦实验在设计和操作方面尚不能令人满意(参见 Andrade,*Nature*,1935,p. 359 ff.)。有些历史学家对青年戴维在这方面的功绩估价过高。

九、关于混合热的其他研究

正当布莱克在苏格兰进行他的物理研究时,约翰·卡尔·维尔克在瑞典也在对热现象进行类似研究。维尔克的方法和所得到的结果不如布莱克的那样有价值。但是,维尔克是完全独立于布莱克进行工作的,而且他的工作具有一定的历史意义。为了明白维尔克研究热现象的方式,有必要先考察一下其他几个大陆物理学家在这个特定研究领域中做过的工作。因为,他实际上是始自莫林而终于加多林的一系列研究者中的主要人物。

莫林

199

巴黎皇家学院的数学和天文学教授让·巴蒂斯特·莫林

(1583—1656)曾试图发现关于同种液体的冷的和热的样品的混合物的最终温度的规律。当时,热和冷仍然被认为是确实的实体,尽管是相对立的;冷尚没有被认为只不过是低度的热。例如,笛卡尔认为,热乃由精细的类火微粒构成;伽桑狄则认为冷由“制冷”微粒构成。现在,莫林却深信,热和冷总是连带的,冷热两者在没有对方时哪一者也根本不存在,尽管它们能以各种比例共存。在混合的过程中,热和冷相互交换,而不是被消灭;作用和反作用仅仅发生在两种以较大程度对立的相反性质之间,而当以较小程度对立时,则它们变为被加强;一定数目“热度”的总“效力”等于同等数目“冷度”的“效力”。莫林认为,冷和热这两个性质都有某个不可超越的最高度,以及某个不可再降的最低度。他设想热的单位与冷的单位相加之和总是等于 8。于是,当在一种物质中热和冷相等时,则冷和热各有 4 个单位存在。如果热超过冷,则可能有 5 个单位热和 3 个单位冷,或者,6 个单位热和 2 个单位冷,或者,7 个单位热和 1 个单位冷。如果冷超过了热,则可能有 5 个单位冷和 3 个单位热,或者,6 个单位冷和 2 个单位热,或者,7 个单位冷和 1 个单位热。当然,中间的分数比例也是可能的。但是,在莫林看来,不可能有例如 6 个单位热和 3 个单位冷等任何总数不等于 8 的比例。莫林自己从来没有说过这些话,但他的论证蕴涵着这一切意思。(参见 D. Mckie 和 N. H. de V. Heathcote: *The Discovery of Specific and latent Heats*, London, 1935, pp. 55—59, 149—51。)

现在设想,含有 2 个单位热和 6 个单位冷的给定量的水,与含有 4 个单位热和 4 个单位冷的同体积的水相混合。这混合物将有怎样的热度呢？它不可能只有 2°的热，因为在这种情况下，较热的水中所含的 4 个单位热中有 2 个单位将未对较冷的水起任何作用就消失了。这混合物也不可能含有 4°的热，因为在这种情况下，较冷的水中所含的 6 个单位冷中有 2 个单位将未对较热的水起任何作用就消失了。但是，在莫林看来，热和冷的单位都不会被消灭；它们只能改变比例。因此，这混合物一定含有多于 2°而少 200 于 4°的热。可是，莫林并不认为，它将含有 3°热。他解释说，如果这混合物含有 3°热，因而含有 5°冷，那么，较冷的水所含的 6°冷将仅仅把较热的水中的 4°热减少 1°，而较热的水中所含的 4°热将把较冷的水中的 6°冷减少 1°，而他认为这种不均衡是不可能的。因此，这混合物一定含有少于 3°的热，以对较冷的水中的 6°冷和较热的水中的 4°热产生成比例的效应。由于两者的比例是 3 比 2，所以，莫林最后得出结论：这混合物将含有 $2\frac{4^\circ}{5}$热和 $5\frac{1^\circ}{5}$冷，结果，较冷的水所含有的超出较热的水中的 4°冷的 2°冷就将把较热的水的热减少了$\frac{6}{5}$度，而较热的水所含有的超出较冷的水中的 2°热的 2°热则将把较冷的水的冷减少$\frac{4}{5}$度。这样，这两个效应就将成 3∶2 的比例。(参见他的 *Astrologia Gallica*，Lib. Ⅷ，Cap. ⅩⅤ，pp. 158f.)如果莫林一以贯之地遵照他关于热和冷的单位仅仅相互混合而不相互消灭的假设，则他就会把两份水样品中的冷和热单位相加，即 2+4 的热和 6+4 的冷，这样他也就会得出 3 单位热对 5 单位冷的混合比例。这本来是正确的，至少就热度来说是这样。由于离奇地发挥才智，他错过了真理。然而，他还是有功绩的，使克拉夫特注意起这个问题。

克拉夫特

格奥尔格·沃尔夫冈·克拉夫特(1701—54)当时在圣彼得堡当数学教授，后来当物理学教授，以后又到蒂宾根当教授。他做了各种热学实验，试图推广莫林关于不同温度的水的混合物的最终温度的公式。他完全只字不提冷的单位，局限于以华氏温度计量得的热度。他提出的一般公式如变换为现代记号，则可表示如下：

$$\theta=\frac{\alpha t_1+\beta t_2}{\gamma m_1+\delta m_2} \quad \cdots\cdots\cdots\cdots\cdots\cdots\cdots\cdots \quad (A)$$

式中 θ 是混合物的温度，m_1 和 m_2 是水的两个数量，t_1 和 t_2 为它们各自的温度，α、β、γ、δ 是待定系数。于是，当 $t_2=t_1$ 时，则 $\theta=t_1$；上式便成为 $t_1=\frac{\alpha t_1+\beta t_1}{\gamma m_1+\delta m_2}$，因而 $\beta=\gamma m_1+\delta m_2-\alpha$，及 $\alpha=\gamma m_1+\delta m_2-\beta$。将 β 的值代入原式，我们得到

201

$$\theta=\frac{(\gamma m_1+\delta m_2)t_2-(t_2-t_1)\alpha}{\gamma m_1+\delta m_2} \quad \cdots\cdots\cdots\cdots \quad (B)$$

同样，把 α 的值代入原式，我们得到

$$\theta=\frac{(\gamma m_1+\delta m_2)t_1+(t_2-t_1)\beta}{\gamma m_1+\delta m_2} \cdots\cdots\cdots\cdots \quad (B')$$

再者，当热水(在 t_2 上)的数量与冷水(在 t_1 上)相比可以忽略地小的时候，则 $\theta=t_1$，及 $\gamma m_1=\alpha$；如果反过来，则分别按(B)和(B′)式，有 $\theta=t_2$ 和 $\delta m_2=\beta$。用这些值代替(A)式中的 α 和 β，我们得到方程：

$$\theta=\frac{\gamma m_1 t_1+\delta m_2 t_2}{\gamma m_1+\delta m_2} \cdots\cdots\cdots\cdots\cdots\cdots\cdots\cdots \quad (C)$$

为了确定系数 γ 和 δ 的值，克拉夫特把温度分别为 44°F 和 120°F 的等量的水相混合。这混合物的温度为 76°F。在这种情况下，$m_1=m_2$；$t_1=44$；$t_2=120$；$\theta=76$。因此，根据(C)式，$\gamma=11$，$\delta=8$ 及 $\theta=\frac{11m_1t_1+8m_2t_2}{11m_1+8m_2}$。他用不同温度的各种数量的水相混合，观察混合物的温度，由此反复证实了这个公式。(参见他的 *De Calore e Frigore Experimenta Varia*，载 *Comment. Acad. Sci. Imp. Petrop.*，1744—6，Vol. XIV，p. 218。)

里希曼

在克拉夫特的结果发表之前，里希曼曾做过类似的工作，但其记录丢失了。读过克拉夫特的论文后，里希曼继续研究这个问题。格奥尔格·威廉·里希曼(1711—53)是圣彼得堡的实验哲学教授。就在那里，一场大雷雨中，因他自己的测量大气电的仪器放电，他被击身亡。

里希曼从一个明确的假设出发：一种物质的热，或至少一种液体的热，是在这物质中到处均匀扩散的。因此，一给定热量的强度将与它弥漫于其中的那物质的质量成反比。这样，如果质量为 m_1 的某液体的热具有强度 t_1，并且还使它弥漫质量为 m_2 的附加液体，那么，这混合物的温度必定为 $\frac{m_1t_1}{m_1+m_2}$，若假定这附加液体自己没有热。然后，设想相反的情形，即附加质量(m_2)具有自己的温度，比如说 t_2，而 m_1 自己没有热，那么，最后的温度将是 $\frac{m_2t_2}{m_1+m_2}$。但是，如果 m_1 具有温度 t_1，m_2 具有温度 t_2，那么，根据类比，混合

202

物的最后温度 θ 应为$\frac{m_1t_1+m_2t_2}{m_1+m_2}$。里希曼由此得到了他的公式(这里对这个公式用较新的记号复述)：

$$\theta=\frac{m_1t_1+m_2t_2}{m_1+m_2}。$$

正如里希曼所深信的那样，这个公式形式上是可以扩张的，这样就可覆盖包括任何多种不同质量和温度的液体样品的混合物。它的最概括形式可表达为：

$$\theta=\frac{m_1t_1+m_2t_2+m_3t_3+\cdots+m_nt_n}{m_1+m_2+m_3+\cdots+m_n}。$$

大家一定已经注意到，里希曼的公式是抽象先验思考的结果，而不是经验观察或实验的成果。它充其量是一种有待证实的尝试性假说。里希曼多少意识到了这一点，于是便寻求实验证实。起先，他为此援用关于克拉夫特实验的已发表的记录。他表明，若适当考虑到容器、温度计和空气所吸收(或者可能是给出)的热，克拉夫特的公式就不如他本人的公式符合观察结果。不过，他后来做了一系列实验，并将结果报告给圣彼得堡的帝国科学院。他仍然坚持认为，如果适当考虑到混合水样品的容器以及用来测量最终温度的温度计所吸收的热，与克拉夫特的公式相比，他自己的公式更密切地与实验结果吻合。然而，在作这些考虑时，里希曼并未试图独立地评估这些容差，而是把所观察到的实际温度与在假设容器和温度计不影响结果的情况下，按照他自己的公式混合物所应有的温度相比较，由此推出这些容差。他根本没有想到，这样的方法实际上是用未加证明的假定来作为论据。(参见里希曼关于"Formulae"等等的研究报告，载 *Nov. Comment. Acad. Sci. Imp. Petrop.*, 1747—48,

Vol.Ⅰ,p. 168ff.)

维尔克

203

约翰·卡尔·维尔克(1732—96)是斯德哥尔摩军事学院的实验物理学教授。在一生的最后十年里,他任了瑞典科学院的秘书。他对里希曼的工作很熟悉,并接受后者关于确定混合液温度的公式。由于一个幸运的机遇,他致力于热的实验研究。1772 年初,斯德哥尔摩发生了一场暴风雪。维尔克想融化他庭院中的积雪。他原以为热水可以融化数量比热水自身重量多得多的雪。令他惊讶的是,事情并非如此。于是,他推测,里希曼关于液体混合物的定律并不适用于水和雪的混合物。他通过实验研究发现了一些问题。例如,温度在冰冷的水与温度为 68℃ 的等量的水混合后,混合物的温度为 34℃;而当把温度 68℃ 的水灌注于等量的雪时,水温降到 0℃,而且尚有一些雪仍未融化。于是,维尔克便开始进行了一系列漫长而又系统的实验,以发现关于水和雪的混合物的温度的规律。(参见 *K. Svenska Vet. Akad. Handl.*, 1772, Vol. XXXIII ,p. 97ff.)

他首先发现,给定重量的雪与等重量的各种温度的水相混合时,混合物的温度要比不用雪而用 0℃ 的水时平均约低 36℃。接着他观察到,当与雪混合的水重量加倍时,混合物的温度要比不用雪而用 0℃ 的水时平均约低 24℃。同样,当水的重量三倍于雪时,这平均损失约为 18°;当水的重量四倍于雪时,这平均损失约为 $14\frac{3}{10}$℃;当水重五倍于雪时,平均损失约为 $12\frac{1}{8}$℃;当水重六倍于雪时，平均损失约为 $10\frac{3}{8}$℃；如此等等。维尔克立即看出，上述混合物温度的损失的数值都是 72 的分数；他就得出结论：把雪融化掉恰好需要 72°的热，只有超出这 72°的热才能帮助雪所化成的冰冷水升高温度。这样，维尔克独立于布莱克地发现了雪熔解的潜热，尽管他对潜热的估计值不如布莱克的精确，而且时间上也晚了 10 年左右。这里还应提到，维尔克还发现了下面这个包含给定重量的雪（n）与给定重量（m）和给定温度（t）的水的混合物的温度（θ）的一般公式：

204

$$\theta=\frac{mt-72n}{m+n}。$$

发现了雪在融化时吸收 72℃的热而同时并不发生升温的现象之后，维尔克很自然地就联想到：水冻结时，要放出 72℃的热；如果认为冰冷水仅仅部分地冻结，则这水便把 72℃的热给予其余的水，而所形成的冰与原来作为冰冷水的状态相比并不发生降低温度。但是，他未能成功地用实验来证实这一思想。同时，他也没有意识到他的失败的含义所在，即较冷物体并不把热传给较热物体。只要再敏锐一些，维尔克就有可能看到热力学第二定律的线索。

维尔克发现，雪在转化成冰冷水时吸收了温度计所不能直接测出的热。他觉得，既然这样，就可以着手解决困扰他同代人的那个问题，这就是**比热**问题。当时已经观察到，如果把体积和温度都相同的两种物质（例如金和锡）浸入具有同样较低温度的等量的水之中，则水温的增加与被浸物质的密度成正比地变化。因此，看来较密的物质比较疏的物质含有更多的热，尽管这是一种用温度计不能直接检测到的热。经过对多种物质进行了大量实验,维尔克得出结论:不同物质的热一般不与它们的体积或密度本身成正比,不过,每种物质都吸收、保留和放出一定量的热,而这热与水或某种其他标准物质的热的比就可称为它的**比热**。他又进一步解释说,任何一种物质的比热可看作是,与同温度的水(或某种其他用作比较标准的物质)的一个微粒所含有的热量相比,该物质的一个微粒所含有的热量。维尔克的比热概念多少有些类似于潜热的概念,所以,他很自然地力图利用他在水和雪的混合物的温度研究中所获得的知识,以确定各种物质的比热。他尝试过各种方法。最简单的乃基于下述发现:要测定一个物体含有的热量,可先确定把该物体从某给定温度冷却到凝固点所需要的雪量,而为此所需之雪量可以间接地测定。这种方法可简述如下。其比热待确定的物质(譬如一块金)先被加热 205 到一定温度,继之被浸入等重量的0℃的水中,再记下最后温度。然后,用里希曼的公式(见第221页)计算,为给出当加上等质量的0℃的水时所观察到的温度之上的混合物,需要多少处于被测物质温度的水。最后,应用维尔克自己的公式(见第223页)来计算为把上述混合物的温度降低到0℃必需多少雪。这样,维尔克以水的比热为单位,确定了下列物质的比热:金(0.050)、铅(0.042)、银(0.082)、铋(0.043)、铜(0.114)、铁(0.126)、锡(0.060)、锌(0.102)、锑(0.063)、玻璃(0.187)。(参见*K. Svenska Vet. Akad. Nya Handl.*, 1781, Vol. Ⅱ, pp. 49ff.)布莱克在比热方面的工作要先于维尔克二十年左右,维尔克通过第二手材料对之略有所闻。在结束这一部分之前,还可以再就加多林对这一科学分支的贡献说几句。

加多林

约翰·加多林(1760—1852)出生于芬兰,是柏格曼的门生,舍勒的朋友。他是一位杰出的化学家,发现了一种稀土物质——氧化钇,稀有金属钆(gadolinium)即是为纪念他而命名的。这里,我们只谈他在热学方面的工作。他看来是最早引入适当考虑到比热的混合物温度公式的人之一,如果不是第一个人的话。从里希曼的公式 $\theta=\frac{m_1t_1+m_2t_2}{m_1+m_2}$ 出发,加多林指出,当相混合的物质属不同种类时,用这公式就不能正确计算出混合物的最后温度;必须考虑到它们在比热上的差异。于是,加多林给出了下列公式:

$$s_1 : s_2 : : m_2(\theta-t_2) : m_1(t_1-\theta),$$

式中 s_1 和 s_2 表示两种被混合物质的比热,其余符号的意义与里希曼公式中的符号相同。当然,加多林的公式可以扩充,以便适合于两种以上不同物质的混合物。此外,与里希曼不同,加多林认真尝试得出研究混合物温度时所必须考虑的混合物传给容器的热的正确的独立估计值,取得了相当的成功。他得出了一个公式,用以估算对混合物温度产生相当于容器影响的液体的质量。他的公式为 $\frac{m(t-\theta)}{\theta-t_v}$,式中 m 代表混合液的质量,t 代表混合液的温度,θ 为液体和盛此液体的容器的温度,t_v 为空容器的温度。(参见 J. Gadolin 和 N. Maconi:*Dissertatio chemicophysica de Theoria Caloris Corporum Specifici*,Äbo,1784。)

206

十、不可见的辐射热

始于十七世纪的关于不可见辐射热的研究在1682年后的大约八十年中一直没有什么进展。然而,这段时期却为这个问题的进一步研究间接地作了准备。因为,在这几十年中,取火镜和透镜大大改进,温度计在结构和分度方面也大有进步。这些改良的仪器是这个领域里的重要工具。因此,在十八世纪后半期关于这些问题的工作恢复以后,就取得了进展。

沃尔夫描述过一些抛物取火镜以及霍夫曼用这些镜所做的某些实验(*Phil.Trans.*,1769,p. 4)。有一个实验中,把火的热聚集于一面凹镜的焦点上。在另一个实验中,把燃烧着的煤放在一面凹镜的焦点上,再利用两面反射镜,把位于另一面镜焦点上的燃料点燃。用一个强加热的火炉重复这个实验,并且仍把燃料点着。托马斯·扬在他的《自然哲学讲演录》(*Lectures on Natural Philosophy*)(1807年)(I,p. 637)中说,霍夫曼第一个以这种方式即利用一面或几面镜的反射,把炉火发出的不可见热收集起来。布丰给出了比霍夫曼更加令人满意的证明(*Histoire Naturelle, Supplément*,1774,I,p. 146)。"我用一面取火镜接收了相当强烈的热**而没有任何光**,方法是在明亮的火和镜之间放上一块铁板。一部分热被射到镜的焦点,而其余的热则全都穿透这镜。"(霍夫曼似乎没有注意将他用的热源——火炉的光的踪迹完全消除。)在同一本书中,布丰还写道:"似乎……应当认识到有两种热,一种是发光的……另一种是隐蔽的。"他的实验证明,具有不可见热的物体

207

发射出能够像光线那样反射的不可见射线。

第一个在这领域进行系统实验的是舍勒。他力图调和理论和实验。他提出了一种关于辐射热和光的理论，它既符合既有事实，又不与流行的燃素说相悖。他在《关于空气和火的化学论文》(*Chemical Treatise on Air and Fire*)(乌普萨拉，1777年；英译本：L. Dobbin，伦敦，1931年，p. 120)中提到一个实验。放在一面金属凹镜焦点上的"明亮的赤热木炭"的热可以在另一面类似的镜的焦点上加以收集，在那里这时可把燃料点燃起来。他问道：这效应究竟应归因于热还是光，还是这两者。在为解答这问题的实验中，他仔细区分了辐射热和对流热，对前者进行研究。舍勒所用的热源是一个开口炉。炉子辐射出的热不受炉口上方强烈对流的影响。然后，他在自己面孔和炉子之间放上一块大玻璃板，这样，他就感觉不到任何热了。接着，他研究涂银玻璃的和金属的平面的和凹面的镜对射线的反射。用涂银玻璃实验时，他发现，光被玻璃反射，而热被吸收。用金属镜实验时，光和热都遵循同太阳光线一样的反射定律。在火炉的射线穿过一块玻璃板后，即使用透镜或镜聚集，这些光线也不产生热。

舍勒用放在火炉前2厄尔[①]处的一面金属凹镜造成一个点燃磷的焦点。他还注意到，镜并未变热，但如果把镜放在燃烧的蜡烛上方被烟灰熏黑，然后再放到炉子前面的这个位置上，没过几分钟，它就灼烫手了。金属镜和金属板与热物体接触时就变热——但不是来自火炉的热。当把火炉顶端的烟道堵住，热空气就要从

① 厄尔(ell)，古尺名，英国＝4.5英寸。——译者注

火炉打开的门向上逸出,而若把金属凹镜或金属板放在这上升的热之中,则这热并不反射,但金属变热了。

因此,舍勒推论出辐射热的某些性质。他写道:"由这些实验可知,同炉中空气一起上升而通过烟道的热实际上是与通过炉门进入房间的热不同的;热从其发源处出发直线地行进,又被抛光金属以等于入射角的反射角反射;它不与空气相结合,因而,除了在生成开始时接受的方向外,它不可能再从气流得到任何其他方向。"(上引书,p. 123)他还说:"这些都是属于光的性质。"但他不认为光是这些现象的原因,因为(1)火光与太阳光相比实在太弱;(2)当燃用木材并烧成"明亮的赤热木炭"时,用引燃磷来检验的一个焦点的热比较强,因而发出的光较弱;(3)用玻璃镜可以把火的热和光分开,玻璃镜反射光而保留热。

208

因此,舍勒得出结论:辐射热具有光的某些性质,但它尚未成为光,因为它受玻璃表面的反射不同于受金属表面的反射——"一个值得注意的事实!"他写道(上引书,p. 123)。于是,他把这种热称为"辐射热",并以此回答他最初提出的问题,即为什么从赤热木炭反射的射线能引燃燃料,指出这要归因于"这种不同于火的不可见辐射热"(上引书,p. 125)。

在进一步对光进行的实验中,舍勒宣称,他业已证明,辐射热的点火力不是由于辐射热中的光;但是,只有火的辐射热才是这样,太阳光线的辐射热则并不如此,而如马里奥特所已表明的那样,太阳的光和热同样好地穿过玻璃。他的结论是:辐射热是一种物质实体,火、空气和燃素的一种化合物,而光则是一种含较多燃素的类似化合物。

于是，舍勒引入了“辐射热”这个术语，并描述了这种热的一些主要性质，还把它与光区分开来。他的实验要比他的理论思辨更有价值得多，而这些思辨往往是错误的。例如，他认为，紫色和紫红色含有的燃素较少，因为它们较易被棱镜吸引（即它们被较厉害地折射）；因此，既然辐射热含有的燃素更少，它就应当更易被吸引。所以，不可见的热射线似乎就处于光谱紫端之外。他大概没有用实验检验这一点。

J. H. 兰伯特提出了两个证据（参见 *Pyrometrie*，1779，§378），证明火的热不是以光的形式，而是以隐蔽热的形式存在：(1)因为透明玻璃保护了面孔，使其不受极强火的热的影响，直到玻璃本身变热，和(2)因为由一面取火透镜聚焦在手上的极强火的像也丝毫不令人感觉到热。这样，玻璃和其他透明物体就把火的光和热分离了开来——让光透射，而将热吸收。火的热不能为透镜所聚集，但却可由镜来聚集。（有人说，早在1685年察恩就已在维也纳表明了这一点，但似乎查无实据。）兰伯特成功地重复了这些实验。放在一面凹镜（焦距18英寸）焦点上的木炭火发出的射线，被放在对面的、相距20到24英尺的一面较小凹镜（焦距9英寸）收集了起来；把放在焦点上的火绒等物点燃。这些镜显然是金属的。兰伯特说，这个结果完全是由隐蔽热所致，尽管光也被聚集在焦点上。兰伯特的实验支持舍勒的结论。

209

克里斯提到（*Annales de Chimie et de physique*，1809，71，158）一部著作，题为《关于安德列·格特纳新发明的木质抛物镜及其惊人作用的说明》（*An account of parabolic wooden mirrors and their surprising action, newly invented by André Gaertner*）

(1785年),其中描述了一个实验,该实验演示了从一个被烧热了的铁火炉发出的隐蔽热的反射。当在10到12步之外用抛物镜把它的热聚集起来时,其热等于在两倍于此距离之外明火的热。格特纳还描述了,如何在他的镜的焦点上放上冰,结果在10到12步之外产生十分明显的冷。

德索絮尔认为(*Voyages dans les Alpes*,1786,II,pp. 353f.),兰伯特的实验还不是决定性的——热源应当是不发光的。所以,他就用一只很热的但并非赤热的铁丸同皮克泰一起在后者的仪器上重复做了那些实验。两面大小和焦距相同的凹锡镜相对地放置,隔开12英尺2英寸。铁丸先被加热到赤热,然后待其冷却到在黑暗中已不可见时,把它放在第一面镜的焦点上。另一面镜的焦点上放上一支温度计的泡,这样这温度计所指示的温度比仅仅直达射线产生的温度高8°,后者用一支恰在焦点外面的温度计指示。做实验的房间里此外便没有别的热源;而且,用不同的温度计在不同的日子都得到了同样的结果。只要把温度计稍稍移开焦点,就会使温度显著下降,几乎降到室温。所以,对于隐蔽热的反射来说,这些实验是令人满意的。至于这种隐蔽热的本性,德索絮尔认为,它是物体中热流骚动引起的热振动的反射,这种振动能像声波那样被反射。他提出了一种测量其速度的实验。这实验后来由皮克泰进行,如这里将要说明的。 210

德吕克认为(*Idées sur la Météorologie*,1786—87),热的反射为下述事实证明:盛有水的金属锅在外侧磨光时比外侧带有灰垢时要花费更长的时间才能烧沸水,因为火微粒是按照适用于一切回跳物体的反射定律(入射角=反射角)而从抛光表面反射的。他还认为，太阳光线本身并不是热的，而是由于跟存在于大气中的一种物质相结合才变热的，这种物质使太阳光线失去发光的性质。因此，德吕克反对迪卡拉的见解。后者在其《完全的火》(*Feu Complet*)中把太阳光线的发光能力和发热能力归因于一种共同的动因。

1788年，爱德华·金描述了一些实验(*Morsels of Criticism*，Ⅰ，99)，其中沸水发出的不可见热被凹镜反射并由一面凸透镜折射到一个焦点上。但是，值得怀疑的是，根据他的实验中可观察到的微小效应，他是否有理由得出热流体具有同光线一样的可反射性和可折射性的结论。在后来利用金属凹镜的实验中，他让火的热被反射，并注意到“金属在作此用途时要比玻璃灵验得多”。

M.A.皮克泰于1790年指出(*Essais de Physique*，英译本：*An Essay on Fire*，W.B.译，1791)，“释出的火”(即辐射热)“是一种遵循某些定律并以某速度运动的不可见射气”(英译本，p. 8)。他把它与光相比。因为没有光照样可以得到热，没有热也照样可以得到光，所以，他断言，两者的关系如同一个整体之于一个部分。至于这种“释出的火”的本性，根据它的简单性，他赞成这样的理论：它是一种实在的射气，而反对这样的观点：它是无所不在的、完全弹性的热流体的简单振动。他用一只热铁球重复他以前与德索211 絮尔一起做过的(关于隐蔽的热的反射的)实验(如前所述)，证明一支小蜡烛也产生同等的效应，但用一块玻璃板就可把热削减三分之二。为进一步证明不可见热的反射，皮克泰又用一小烧瓶沸水进行实验。这是一个令人满意地、不发光的热源。两面镜相距

10 英尺 6 英寸,结果 2 分钟后水银温度计就上升了 $3\frac{1}{8}$°F,而且一当把烧瓶从焦点移开,温度就下降。他表明,纯粹的热像光一样也可被黑体吸收,因为当他把温度计泡涂黑后,温度计上升 $4\frac{1}{8}$°F,而且上升得更快。当把一块玻璃板放在两面镜之间时,大部分热都被吸收了。

由于热按同光一样的定律反射,所以皮克泰便把烧瓶中沸水的热用一面凹锡镜反射到一面凸透镜上,凸透镜的焦点处有一支温度计,以此来测验折射。他用了三个不同的透镜,但在焦点处并未发现比其他地方有更多的热,因此问题仍然悬而未决。他还试图按照德索絮尔提出的方法测量辐射热的速度。一只在黑暗中不可见的热铁球被放在第一面锡镜的焦点上,并用一块厚厚的屏把它与另一面镜屏蔽开。在第一面镜对面 69 英尺处放一面镀金的大镜,其焦点处有一支灵敏的空气温度计。这一切都就绪后,把屏移开,温度计立即就上升,没有任何令人觉察得到的时间间隔。因此,皮克泰得出结论:他所称的“释出的火”“向一切方向以相当快的速度——或许像声甚或像光一样迅速——直线地”运动;而且他在此也称之为“辐射热”(英译本,p. 113)。

皮克泰还尝试对冷的反射进行了实验。两面锡镜相距$10\frac{1}{2}$英尺地放置;一个充满雪的烧瓶放在第一面镜的焦点上,一支灵敏空气温度计的泡放在第二面镜的焦点上。结果,温度立即降低了几度,而当把烧瓶从焦点处移开后,温度计便又上升了。当把硝酸注到雪上(以得到较低的温度)时,产生了更为明显的效应。皮克泰对这些事实的最后解释乃遵照我们现在就要讲到的普雷沃理论。

1791年,普雷沃发表了他关于辐射热通过不断交换而平衡的理论(*Observations sur la physique*,1791,38,314)。这一理论的基础是德吕克的热理论(认为热是一种离散流体,其微粒处于不断运动之中)以及皮克泰对冷的表观反射的演示。实际上,普雷沃理论的目的主要就是为了解释这一令人费解的现象。普雷沃从比较光与辐射热("完全自由的火")出发,得出了这样的结论:实验证据尽管有限,但仍证明了这样的结论:光和辐射热在性质上是相似的,特别就它们传播的直线性和即时性而言。因此,他认为,热和光是相似的离散流体。以空间中具有相同温度的两相邻部分为例,他坚持认为,这两个部分之间通过辐射不断交换热。这些交换是等同的,因而这两部分处于相对平衡,它们的温度保持恒定。这样,如果某一部分变热,则它将给出的热多于它从别的部分接收到的热,直到在更高的温度上达到新的平衡。

212

这一理论对冷的表观反射给出了十分令人满意的解释;因为一个冷物体在一个焦点上比一个较热物体在另一个焦点上发出较少的热,这使较热物体冷却下来,由于它接收的辐射热比发出的少。可见,温度计上的效应不是因为冷的反射,而是因为热沿反方向的反射。皮克泰立即接受了这种解释。

詹姆斯·赫顿重复了舍勒的关于玻璃片对火发出的射线的效应的实验,发现热并未完全被吸收,而只不过在强度上有所减弱罢了(*Dissertation on the Philosophy of Light, Heat and Fire*, Edinburgh, 1794)。他谴责了"隐蔽热"的观念,说"设想热离开物体而运动,或者热按照光的定律反射,这无疑是一个玷污科学的观念”。他认为,这些效应倒是起因于不可见的光,这种光因为太微弱而不能使人眼感觉到,但其强度却足可传送热。

于是,及至1800年,存在着不可见热射线的观念已为人们公认。当时已经知道,这种射线几乎瞬时地直线传播,并按照和光线一样的定律反射。人们还猜想,这种不可见热射线也能像光线那样折射。这些同光的相似性导致人们猜测,两者是相联系的。赫顿甚至论证说,不可见热射线实际上就是不可见的光。但是,由于玻璃对火的热和光射线呈现不同的吸收效应,所以大多数科学家都暂不表示决定性的意见,把这种不可见热射线称为“隐蔽热”或“辐射热”。当时提出了两种理论,即(1)不可见热射线是一种物质的射气,和(2)它们是一种无所不在的热流体的振动。其中前一个受到较为广泛的支持。冷的反射已得到了演示和解释。实验主要是定性的,但已为定量研究准备好了活动场地。

(参见 D. McKie 和 N. H. de V. Heathcote, *The Discovery of Specific and Latent Heats*, London, 1935; E. Mach, *Prinzipien der Wärmelehre*, Leipzig, 1923; E. S. Cornell, “Early Studies in Radiant Heat”, *Annals of Science*, 1936, Vol. Ⅰ, p. 217;以及第181—182页上所列有关物理学的一般书目。)

第九章　物理学

(四)电学和磁学(Ⅰ)

属于自然科学最古老分支的力学和光学是十七世纪里物理学取得最大进展的两个部门,而由吉尔伯特和冯·盖里克开辟的摩擦电的领域则是十八世纪里物理学取得引人瞩目发展的部门。然而,摩擦电研究起初必定进展缓慢,因为它完全依赖于那些没有任何理论指导的偶然观察。每一门精密科学都要经历这样的最初阶段,而电科学是物理学各主要分支中最后一个脱离这一阶段的。直到进入十八世纪很久以后,电学才进入以在假说性概念指导下的系统实验为表征的第二阶段。早期阶段,以豪克斯贝和迪费等人为代表,他们的活动期恰逢十八世纪初年。站在前人肩膀上的富兰克林和埃皮努斯属于第二时期。但是,等到十八世纪末,方才通过定量观察而达致精确的摩擦电定律。这是库仑的功绩,后来使静电学终于成为一门精密科学的数学演绎正建基于他的实验研究。

一、摩擦电

豪克斯贝

对水银发磷光这种令人瞩目现象的兴趣特别刺激了十八世纪

初的电学研究。这种现象是皮卡尔于 1675 年发现的。在黑暗中摇动一个气压计的水银柱,就可在托里拆利真空中观察到一种独特的磷光。这一奇特的现象引起了不小的轰动,人们争相撰文议论它。围绕这现象的本性,展开了一些争论,约翰·伯努利也曾深深卷入。起初,一般人都把这效应归因于是水银中含有硫或一种特殊的“磷”,最后才由皇家学会会员和干事弗兰西斯·豪克斯贝(卒于 1713 年?)作出了正确解释。豪克斯贝以实验正确地证明,这种现象起因于水银摩擦玻璃管壁而生成电。他为这一假说设计了许多独立的实验证明;他还表明,甚至当水银表面之上空气处于常压时,也照样发生发光现象。1745 年,柏林的鲁道夫表明,当一支气压计管里的水银被扰动时,管周围悬吊在一个抽空的容器里的几根线被管吸引(*Mém.de l'Acad.de Berlin*,1745)。这就证实了豪克斯贝的解释。

214

但是,豪克斯贝在 1705 年以后的《哲学学报》和他的《各类问题的物理-力学实验》(*Physico-Mechanical Experiments on Various Subjects,etc.*)(伦敦,1709 年)一书中所介绍的那些研究的过程中,他的研究范围已超出了这一局限问题。

他发明了一种能使物体在一台抽气机的抽空容器中快速旋转的机器。他藉此使琥珀与毛织物在这容器的真空部中摩擦,观察到摩擦点上出现发光现象,而只要这种运动维持着,发光就一直可以见到。后来他又让一个玻璃器皿在这容器中旋转,与一小块毛织物摩擦,这时产生了“美丽的紫红色光”。在这两例实验中,当放入空气时,发光度都明显减弱,而且每当换用新的材料时,最为显著。他还观察了其他几种物质对偶(玻璃对玻璃,等等)在真空中摩擦的效应。在豪克斯贝向皇家学会报告的一些进一步实验中，他曾使用一种初级形式的玻璃起电机。最早的摩擦起电装置是冯·盖里克大约在十七世纪中期制造的。豪克斯贝大概熟知盖里克对这种装置的说明。然而，这种起电机并没有被广泛采用；至少到十八世纪初年为止，产生电荷的方法一直只是用赤手或其他适当材料摩擦玻璃、琥珀或其他电物质。豪克斯贝的机器是一个抽空的直径约九英寸的密封中空玻璃球，绕一根轴快速旋转（图95）。一当把赤手与这旋转球接触，就可得到1英寸长的火花，产生的光亮足以进行阅读。在此仪器的一种后续形式中，玻璃内衬薄薄一层火漆、沥青或硫，于是，摩擦的手就成了一道发光的痕迹留在这里衬的内表面上。豪克斯贝认为，这种效应起因于以前储在玻璃上的潮湿 effluvia〔电素〕的释放（他用电素解释所有这些现象），

215

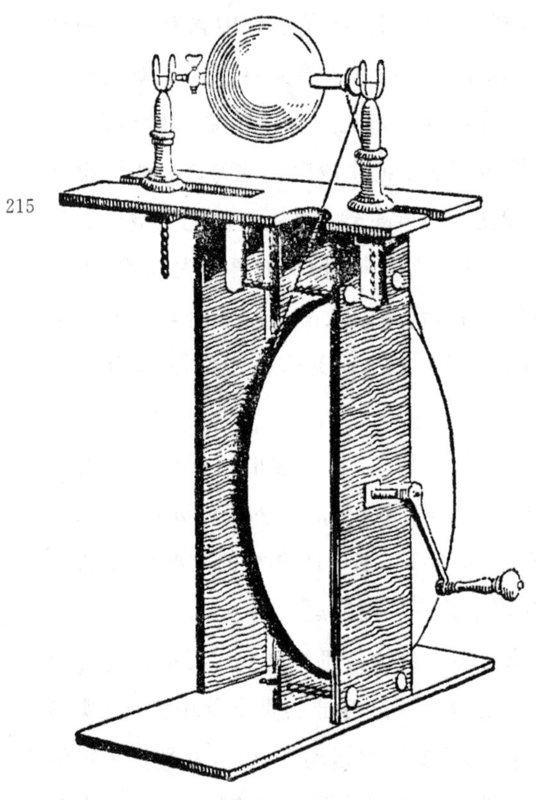

图 95—豪克斯贝的起电机

他还描述了当让空气逐渐重新进入玻璃球时所观察到的变化。这里他同样认识到这种发光现象与在一个被摇动的气压计中所观察到的发光现象是相似的,并且也许可作类比。

这样,豪克斯贝可被认为是玻璃起电机的发明者。然而,这种起电机并没有立即得到广泛应用,其改进肯定也是后来的事。他又进而进行制造通过旋转火漆、硫、松香等等的圆筒来操纵的起电机的实验。不过,他没有发现存在着两种电。他的一些进一步的论文讨论了电作用,透过玻璃传播的问题,以及抽空玻璃球仅在受电激发的玻璃的邻域中产生发光现象的问题。关于他对磁力性质的研究,我们将在其他地方论述。尽管豪克斯贝本人没有作出什么具有根本性重要意义的发现,但他的工作引起人们注意电现象,刺激了对它们的进一步研究。

格雷

最早观察到电传导现象的大概是冯·盖里克。但是,他没有进一步探究下去。明确描述这种传导现象并通过实验区分导电和非导电物质的人是卡尔特修道院的养老金领取者斯蒂芬·格雷(卒于1736年),他是一位多产的实验家,但我们对他不甚了了。

1729年,格雷拿一根玻璃管,把它的两端塞住,观察在此条件下它是否仍能经摩擦而带电。他偶然注意到,除了玻璃管带电外,软木塞也带电,并能吸引羽毛。然后,他又取一根木杆把它的一端插入一个塞子中,另一端插进一个象牙球上的孔中。他发现,当玻璃管被激发时,象牙球能吸引羽毛,即电的作用已通过软木塞和木杆传到了象牙球。为了弄清这种传播究竟能达到多远,格雷就尝 216

试用越来越长的木杆，最后用金属线或包扎绳来连接被激发的管和象牙球。他发现，吸引力始终能传送到后者，而且这种作用似乎可以向无限的远方传播。格雷同他的合作者格兰维尔·惠勒发现，当他们用包扎线来维持传导线路时，实验就失败，但当仍用丝线时，实验又成功。起初，他们认为，丝线比包扎线细因而带走的电素较少，但当他们用细黄铜丝时实验又归于失败。于是，他们认识到，“以前我们取得的成功乃维系于用来维持传导线路的线是丝质的，而不在于所用的线是纤细的”；“当电素来到维持线路金属丝或包扎线时，它就通过它们而传到它们两端固定于其上的木杆，因而不再沿通向象牙球的线路继续行进了”（*Phil. Trans.*，1731，p. 81）。电作用被传送的最远距离达765英尺。格雷的实验显示了，能把电性质传送到远处其他物体的物体和不能做到这一点，因而可用来保存电荷的物体（包括毛发、丝、松香和玻璃）两者截然不同。格雷表明，只要把受激发的管放在传导线近旁，电的效力就可以从这管传送出去。这样，他率先发现了电感应现象。

关于格雷所描述的许多其他实验，我们这里只能提到少数几个。他取两个大小相同的橡木立方体，一个实心，另一个中空，用毛发绳把它们悬吊起来，然后用一条传导线路联接两者，并将一根摩擦过的玻璃管置于这线路的中间，与两个立方体等距离，如此通过感应使两者起电。于是观察到，放在两个橡木块下方等距离处的黄铜箔受到相等的吸引。格雷和惠勒曾使形形色色东西起电，包括小男孩、公鸡、赤热的拨火棍、“伞”和世界地图，它们事先都用丝绳悬吊起来。有时格雷在起电前先把人或物放在一个松香块上，因而他实际上是绝缘凳的发明者。他曾把一个盛满水的小容

217

器放在这样一个绝缘凳上，当把一根带电玻璃棒靠近水面时，他看到，玻璃棒附近的水上升而高出其余水面。格雷还证实了豪克斯贝关于电作用能透过玻璃的发现，并观察到一根尖顶铁棒悬在被激发的玻璃管附近时产生的发光放电现象。

德札古利埃

格雷的发现使人明白了吉尔伯特对**电**物质和**非电**物质的区分，即后一类仅仅包括那些物体，电荷从它们一产生就迅即被带走。让·泰奥菲尔·德札古利埃(1683—1744)在继续格雷而做的一些实验中，把能够让电透过的物质称为**导体**，而把不具备这性质的，因而用来支承他实验中所用的传导线的物质称为**电本体**(*electrics per se*)或**载体**(*supporters*)(*Phil.Trans.*,1739,p. 193)。后一类物质可通过施作用于物体自身而激发电，而前一类则不可能由对它们的任何直接作用起电，而只能从一个电本体**接收**电。然而，他认识到，只要用水弄湿，电本体就可很容易地转变成导体。在这门新科学的解说和普及方面，德札古利埃也是一位重要人物。

迪费

电物质和非电物质之区分的真正本性大约在同时为其他几位研究者认识到。巴黎的夏尔·弗朗索瓦·迪费(1698—1739)便是其中之一。他做过许多电学实验，其中有些具有根本性的重要意义。他还证实了格雷的研究结果。他的主要发现见诸法兰西科学院的《备忘录》(1733—37年)以及《哲学学报》，它们可概括为以下两项：(1)一个电物体在带电时吸引一切非电物体，把电传给它们，于是排斥它们。(2)存在着两种对立的电:**玻璃**电和**树脂**电。英国读者是从1734年《哲学学报》上刊载的迪费的一封信得知这第二个极其重要的发现的。他在那封信中这样谈到它:

“机遇又赐予我一条原理,它更为普遍,也更为精彩……它给218 电学以新的昭示。这条原理就是:存在着两种断然不同的电;一种我称之为**玻璃电**,另一种为**树脂电**。第一种是玻璃、水晶、宝石、动物毛发、羊毛和其他许多物体的电。第二种是琥珀、柯巴脂、丝、线绳、纸和无数其他物质的电。这两种电的特征是,例如一个带**玻璃电**的物体排斥一切带同类电的物体;相反,却吸引一切带树脂电的物体”(*Phil.Trans.*,Vol. XXXVIII ,p. 258)。

迪费是通过他向巴黎科学院报告的一些实验(*Mém.Acad.Roy.Sci.*,1733,p. 464)而作出这一发现的。他曾有一个印象:一片由一块摩擦过的玻璃起电的金箔将被一切由其他摩擦而起电的物体所排斥。然而,这一假设证明是错误的,因为当他把摩擦过的树脂质物体靠近金箔时,金箔被它们吸引。正是这个实验还导致他那样命名两种电。后来,坎顿和维尔克的实验表明,迪费的命名是引人入歧途的,因为当用适当材料摩擦时,树脂质物体可以产生玻璃电,而玻璃质物体也可产生出树脂电。

如上所述,迪费继格雷之后指出,物体传导电荷的能力与其自身接受电荷的能力之间有联系。他表明,吉尔伯特的非电物体如果被“电”物质支承或悬吊起来,那就可被起电。这些电物体当时已开始被广泛用作绝缘物。例如,他成功地使一个由毛发绳或丝绳悬吊起来的人起电,并从此人身上引发火花。

起电机

继豪克斯贝工作之后,起电机在十八世纪里有渐缓的进步,尽管它曾极大地促进了对摩擦电现象的深入探究。豪克斯贝去世后大约二十年间,这类机器的潜力被人们忽视,产生电荷的方法一直是用沾有白垩粉末或其他类似物质的小块毛皮摩擦玻璃棒。设计和使用起电机的传统是1743年由莱比锡的C.A.豪森继往开来的。在他那年的著作《电学史上新进展》(*Novi Profectus in Historia Electricitatis*)中他描述了一种这样的机器。这种机器是一个玻璃球,借助绕在一个带有摇手柄的大轮上的一根线带快速转动它。在豪森装置的示意图中,一个男孩正被丝绳悬吊着,他的双脚触着旋转的玻璃球,因此他既作为一个摩擦者,又可以说是可由之引发火花的原导体(图96)。其后不久,G.M.博塞在他的一首诗《电》(*Die Elektricität*)(Wittenberg,1744年)以及《电学实验》(*Tentamina Electrica*)(Wittenberg,1744年)中描述了他自己作的一些改进。博塞宣称,他早在1737年就已用一个玻璃球来起电了。他不用被绝缘的人体,而代之以用丝线悬吊的铁管,用亚麻线使它与玻璃球连通。莱比锡电学家J.H.温克勒制造了一部有

219

图96—豪森的起电机

数个玻璃球同时工作的起电机。根据他的同乡吉辛的建议，他采用了机械摩擦物，它们是经白垩处理的皮垫，并借助弹簧压住玻璃球(*Gedanken von den Eigenschaften, Wirkungen und Ursachen der Elektricität, nebst einer Beschreibung zwo neuer elektrischen Maschinen*, Leipzig, 1744)。他必定已认识到，必须把这种摩擦物接地。后来，这种摩擦物很快就成了既定型式。但是，温克勒在该书中还描述了一部起电机，其中由一块踏板操纵一根长玻璃管，使之前后移动，从而摩擦封闭在其中的一块织物。他还描述了一种绕轴旋转一个酒瓶的装置，它用一块踏板和弹簧操纵一根缠绕在轴上的绳索，绳索使瓶交替地沿两个方向转动，有点像用绞索操纵钻头。温克勒在《电物质的性质》(*Die Eigenschaften der elektrischen Materie, etc.*)(莱比锡，1745 年)中描述了另一种机器，其中原导体被作为部件装进机器。J. G. 克吕格尔认识到，原导体越长，它起电时给出的电击就越强(*Zuschrift an seine Zuhörer*, Halle, 1745)；到富兰克林才认识到，(在给定环境条件下)电击取决于导电表面的**面积**。A. 戈登在其《电学演示实验》(*Versuch einer Erklärung der Elektricität*, Erfurt, 1745)中描述了一种他自己制造的机器，其中有一个玻璃圆筒顶住一块皮垫旋转(图 97)。原导体是一根与机器其余部分分离的铁管；当机器开动

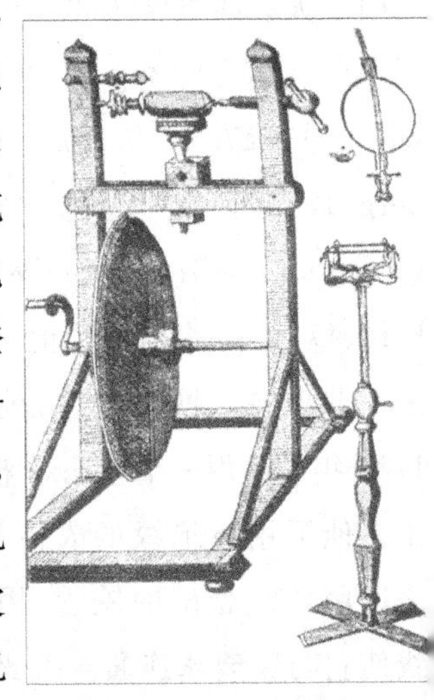

图 97—戈登的起电机

时,铁管的一端被提升到离玻璃筒不到四分之一英寸的地方,用于收集电荷。(参见 F. Rosenberger:*Die erste Entwicklung der Elektrisirmaschine*,载 *Abhandlungen zur Geschichte der Mathematik*,Heft 8,No.3,1898。)其后在十八世纪中期起电机设计上又有进步,约瑟夫·普利斯特列在他的《电学史》(*History of Electricity*)(第3版,伦敦,1775年,Part V,Section II)中对此有所介绍。该书谈到的起电机包括沃森的起电机,其中三、四个同时旋转的玻璃球被摩擦(图98);威尔逊的起电机首次用一个金属梳收集一个起电圆筒的电荷(图99);里德的机器把原导体连同它的齿 220

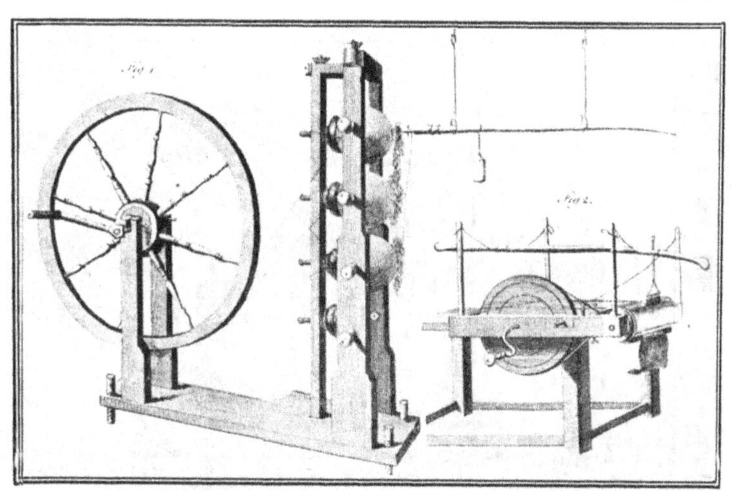

图98—沃森的起电机　　图99—威尔逊的起电机

形集电器都连接到一个莱顿瓶的内部;在另一种机器中,借助齿轮传动装置使一个玻璃球快速旋转(图100)。普利斯特列注意到,有一种型式很特别的起电机(图101),它似乎是1766年前后由英根霍斯和拉姆斯登或许还有普兰塔各自独立发明的。这种机器主

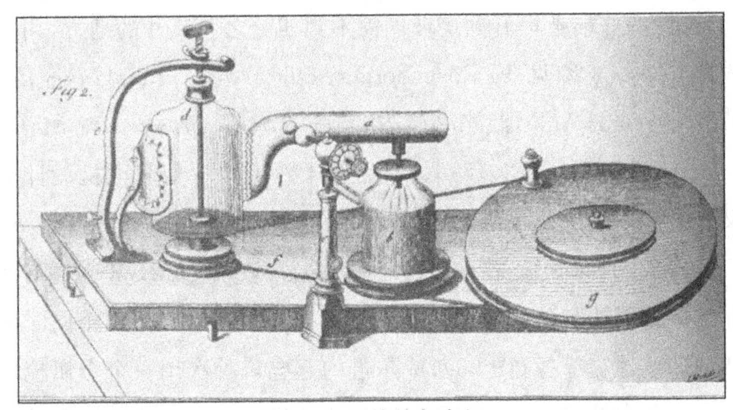

图 100—里德的起电机

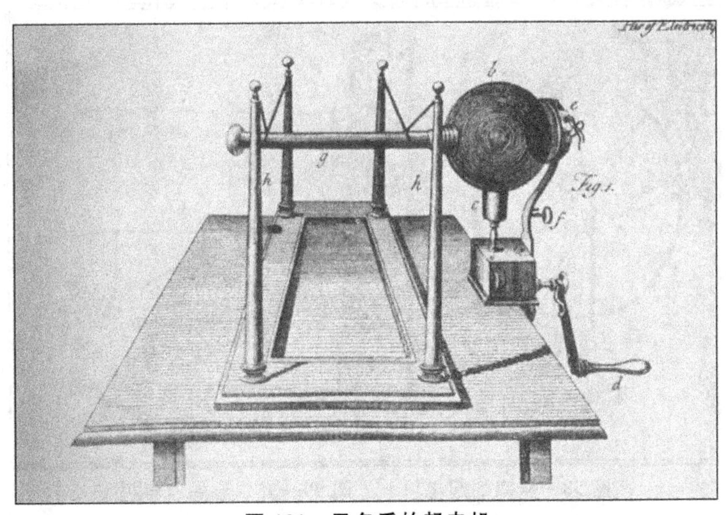

图 101—无名氏的起电机

要是一个圆玻璃板；它在一个垂直平面上旋转，靠连接在通过圆玻璃板中央的一根铁轴上的一根曲柄驱动；玻璃板每一面在其垂直直径的两对端上设有四个垫子，它们摩擦玻璃板。原导体是一个中空的黄铜管,其上伸出两根带有集电尖端的水平分肢,与玻璃圆盘相距不到半英寸,各用来收集一对垫子激发的电。普利斯特列还描绘了他自己的起电机(Vol.Ⅱ,p. 112f.):“我对这个问题潜心钻研的结果。”他表明了两种形式,主要是一个球形玻璃烧瓶,一根金属轴被黏结到烧瓶的颈中,但不穿透玻球(图 102)。摩擦物压在玻球上,通过旋转金属轴来转动玻球,由带尖端的金属丝轻轻扫

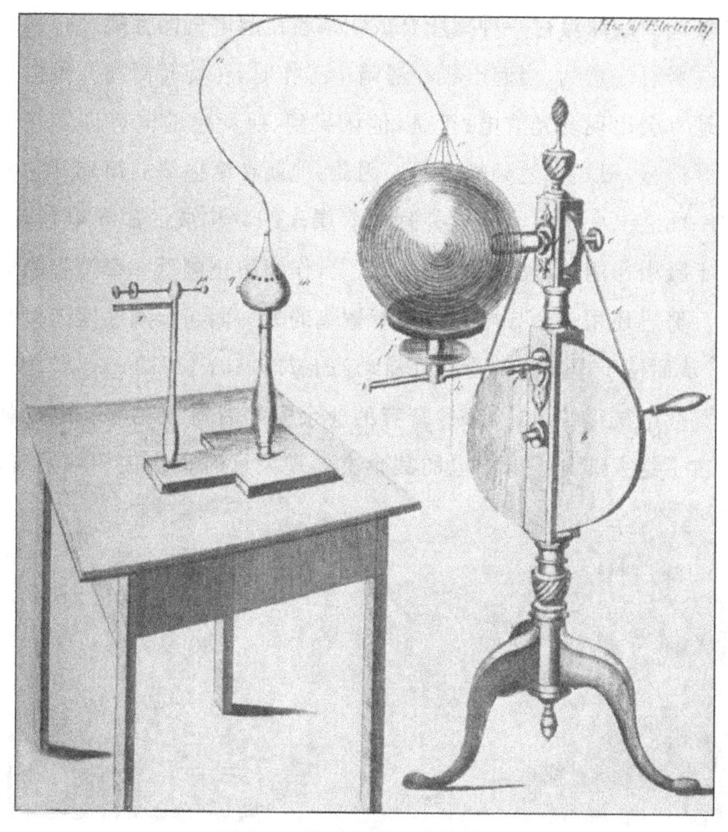

图 102—普利斯特列的起电机

过球面来收集所产生的电荷。

坎顿表明了如何用水银、锡和白垩的混合物处理他的油浸过的丝质摩擦物（它们作用于玻璃棒），由此产生较强的摩擦电（*Phil.Trans.*,1762,p. 457）。也有人用各种物质处理起电机的摩擦物，以增强它们的效力。其中冯·金迈尔用的包含锌、锡和汞的一种汞合金效果最佳（*Journal de Physique*,1788）。也有人试图给玻璃筒或球涂衬一种树脂合成物来改良起电机的性能。

努思注意到，当起电机在黑暗中工作时，在旋转筒离开摩擦物的地方会出现发光放电；于是，他认识到，所产生的电有许多又返回摩擦垫，根本未达到集电器。因此，他就在摩擦垫的筒离开它的那一面装上一个由经蜜蜡处理的多层丝织物构成的非导电盖片。由于吸引作用，这丝片便贴在圆筒上，作为防止电返回摩擦垫的屏障。努思还用一个导电盖片把摩擦垫的另一面与金属底座连接起来，从而便于电向圆筒受激处流动（*Phil.Trans.*,1773,p. 333）。

起电机很快风行起来，富有的业余爱好者所拥有的起电机最后占了绝大部分。摩擦电的其余主要现象这时很快被相继发现。221

图 103—格雷拉特的实验

电火花的引燃作用从炸药、乙醚、酒精和磷等等物质得到证明。图103示出这样的一个实验,图中电荷从起电机通过一个绝缘的人体传送到一种可燃物质。格但斯克的市长格雷拉特按这种办法用电火花把他刚吹熄的一支蜡烛重新点燃,且还表明,酒精甚至能用起电的水喷注点燃(*Versuche u. Abhandl. der naturforschenden Gesellschaft in Danzig*,1747,p. 507)。

莱顿瓶

水能够被起电的发现,再加上想通过用非导体束缚电荷来保存电荷的愿望,大概促成了发现现在称为莱顿瓶的装置。在两个不同国家几乎同时各自独立地作出了这一发现。波美拉尼亚的牧师E.G.冯·克莱斯特于1745年下半年首先偶然作出了这一发现。他做了一个实验,把一枚用起电机起电的铁钉插进他用手握着的一个小玻璃瓶中。当他的手还握着这小瓶的时候,他用另一只手触及铁钉,结果被强烈地击了一下。当在瓶中加入一些水银或酒精重复这一实验时,这电击更为强烈。关于冯·克莱斯特实验的最早记载见诸J.G.克吕格尔的《地球的历史》(*Geschichte der Erde*)(哈雷,1746年)(*Anhang von der Electricität*, pp. 177—81,此处录引了冯·克莱斯特致克吕格尔的一封信)。最令冯·克莱斯特惊异的是,仅当用手握住小瓶时才获得电击。如果在起电后把瓶子放在一张桌子上,用一个手指去触及铁钉,则并不看到火花,只听到一种嗞嗞声;但是,如果这时再次把瓶子握在手里,并用这手指去触铁钉,那就会感受到明显的电击。冯·克莱斯特在利用一支废弃了的温度计的玻泡和部分管茎时,得到了最好的效果。

222

这玻泡装一半水，一根金属丝浸入水中，其上部伸出管茎顶端并弯成直角，其终端系一个小铅球。此后不久，冯·克莱斯特把他的发现告诉了一些朋友，而格但斯克的格雷拉特和J.H.温克勒又从那些人辗转得知了此事，并改进了原始发明。1746年4月，格雷拉特用多达二十人手拉手地构成的链给数个冯·克莱斯特瓶放电，那些人同时全都感到了电击。不论那些人站在地面上还是绝缘物上，也不论每个人是拉住另一个人的手还是握着接在相邻者身上的长金属丝端末，都得了同样结果。但是，当那些人臂挽着臂围成圆圈，或者他们用非导电物质联接时，实验便失败。格雷拉特注意到，构成这个电链的环节的人本身并没有起电。格雷拉特把几个冯·克莱斯特瓶并联而构成电池，发现在它们明显放电后，瓶中仍然存有“剩余电荷”。他用这种电池杀死了小鸟，他的医生朋友对这些小鸟进行了死后检验。格雷拉特说服了他的一些朋友，让他们在一个实验中每人拿着一个冯·克莱斯特瓶，用一只手握住捏手去顶住一个起电机的原导体，而另一只手抓住一根短金属丝。然后，另有一人把所有这些金属丝的自由端都握在一只手中，并用另一只手去触原导体，结果他比参加实验的伙伴受到强得多的电击。为了避免这种试验中令人痛苦的电击，格雷拉特决定不再用人体作电路的构分。温克勒曾用一根链条把数个冯·克莱斯特瓶从外面捆在一起，并将之与一个导电桌相联，桌子上伸出一根金属棒，与原导体构成一个火花隙口，而瓶的捏手被施加于原导体。一当开动机器，火花隙上便出现电火花，百步之外仍可听到其声音。格雷拉特由之受到启发，遂将四个冯·克莱斯特瓶安装在金属承座中，每个承座都有单独的金属丝联接到原导体正下方的一个铜球。把瓶的捏手与原导体相连,当开动机器后,铜球与原导体之间就通过大量火花。(关于格雷拉特,参见 *Versuche und Abhandlungen der naturforschenden Gesellschaft in Danzig*,I,1747,pp. 506—34;关于温克勒,参见 *Die Stärke der elektrischen Kraft des Wassers in gläsernen Gefässen*,Leipzig,1746。)

1746 年 1 月,勒麦向科学院报告了一封寄自莱顿的米欣布罗克的信。现将其主要部分摘译如下:"我要向您报告一个新鲜但可怖的实验,并奉劝您切莫亲自试验。……现在我正在搞一些电力研究;为此,我用两根蓝丝绳悬吊一个铁枪筒 AB,枪筒接受从一个玻璃球传导来的电,玻璃球绕它的轴快速旋转,同时受到人手的摩擦。从枪筒的另一端 B 自由地悬一根黄铜丝,其端末浸入一个部分充水的圆玻璃容器 D 中。我用右手 F 拿着这玻璃容器,用左手 E 去引发已起电的枪筒发火花。突然,我的右手 F 受到强烈冲击,令我浑身战栗,就像遭到雷电轰击一般(图 104)。尽管容器的玻璃很薄,却照例没有破裂,而我的手在这阵骚动中也没有移动,但手臂乃至全身有着一种难以名状的可怖感受。总而言之,我觉得我要完了。"米欣布罗克接着解释说,尽管玻璃容器的形状如何似乎没有什么关系,但容器必须是用德国或波西米亚产玻璃制成的,否则不会产生这种效应;甚至荷兰玻璃也没有用。诺莱读过这封信后,隔了几天又收到了住在莱顿的物理学家阿拉曼的报告,它描绘的也是这个实验。可是,阿拉曼在后来写给诺莱的一封信中指出,第一个发现米欣布罗克信中所描绘的那种效应的人是莱顿的一个名叫库内乌斯的富有的业余科学家。(参见修道院院长诺莱的论文,载 *Mém.de l'Acad.Roy.des Sciences*,Paris,1746,pp. 1—23。)

223

图 104—米欣布罗克的实验

诺莱和 L. G. 勒莫尼埃没有理会米欣布罗克的警告，立即重复了莱顿实验。诺莱的实验成功了，用的是普通的法国玻璃容器，只要是干燥的就行。于是，他得出结论：在米欣布罗克的实验中，除了德国玻璃容器是干燥的而外，其他肯定都是**潮湿的**，这便解释了为什么用它们不能给出肯定结果的原因。诺莱发现，水作为充入容器的液体最好，但其他液体（特别是水银）也可以，只要它们不含硫磺或油，甚至粉末或铁屑也可用。另外，容器必须是玻璃的或瓷质的；即使硫也不能用来代替它们。电击的强度似乎取决于容器的大小。在同一卷《备忘录》(pp. 447—64)中，勒莫尼埃描述了他自己利用莱顿瓶所做的一些早期实验。这些实验主要是观察让瓶放电的结果,放电通过的电路由人手拉手形成的链构成,或者用链条或长金属丝联接而成,后者能通过潮湿草地或新挖的土地,或绕在树木上而不减损电击的力量。勒莫尼埃成功地让电击通过浸在古王宫和王家花园的湖泊中的两根金属丝之间的水。为了测定放电的传播速度,勒莫尼埃在一所卡尔特教团修道院的一个场院上设置了两根平行的长金属丝。一个观察者用两只手抓住金属丝的两个远端,而两个近端,连接到一个充了电的莱顿瓶的外部,另一个连接到莱顿瓶的球形头(图 105)。观察者判断电路闭合后瓶 224 上通过火花的时刻和他感到电击的时刻之间的时间间隔。但所有观察者都一致说,他们觉察不到这间隔。

整个欧洲立即对这些发现深感兴趣,许多业余爱好者都致力于电学实验。1747 年,威廉·沃森(1715—87)以及其他几位皇家学会会员成功地把电击传送过泰晤士河。他们让一个瓶通过一条外部线路放电,它包括一根跨过威斯特敏斯特桥的金属丝,通过三个操作者身体而完成,其中两人在河的两对岸把铁棒浸入水中,两者相距 400 码。当电路闭合时,三个人全都感到了电击,并发现,放电的强度足可点燃酒精。不久,在斯托克纽因顿进行了一次更大规模的类似实验(*Phil. Trans.*,1748,p. 49)。

在莱顿瓶初期的各种改进中,有一种是沃森作出的。贝维斯已在瓶外面涂上一层箔;他甚至似乎已用涂有金属箔的玻璃片制成了电容器。沃森也在瓶的内壁类似地涂上了衬里,而且瓶子里不再充液体,这样,他实际上使瓶成为今天的式样(*Phil. Trans.*,1748,pp. 92ff.)。他也是最早试图测定电在一根金属丝中传播速

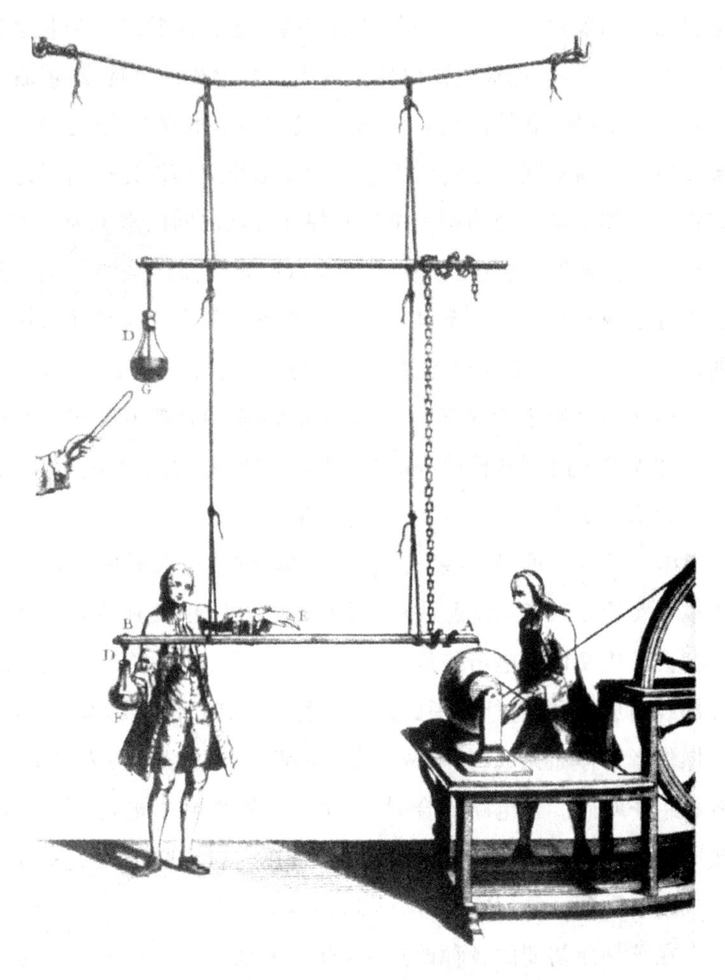

图 105—勒莫尼埃的实验

度的先驱之一。1748 年，沃森和皇家学会的其他一些会员在舒特山用长度超过 2 英里的一条线进行了实验，得到的结果是否定的。瓶 C(图 106)通过线路 CEFABD 放电。在线路 F 处接入的一个观察者发生痉挛性动作的时刻和远处火花隙 A 通过一个火花的时刻间的时间间隔是觉察不出来的，这表明速度至少是很大的。欧洲各地以及富兰克林在美国很快重复了这些实验。

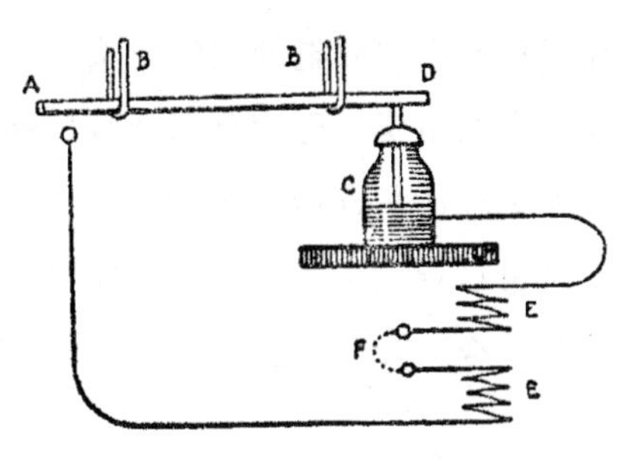

图 106—沃森设备布置的示意图

富兰克林谈到，他打算演示用传送过斯奎尔基尔河的电火花点燃酒精，“我们不久前做的这一实验使许多人大吃一惊”(*Experiments and Observations on Electricity*, 5th ed., London, 1774, p. 37)。但是，当有人建议测量一个瓶通过一条主要由北美的江河溪流，甚至包括数百英里海洋构成的线路放电所花的时间时，富兰克林答复说，这样一个实验“仅仅表明，电流体在金属中极易运动；它绝不能测定速度”。他用类比解释这一点：“如果〔一根〕管子注满了水，我又在一端再注进 1 英寸水，那么在同一时刻在另一端我挤出了等量的水。而在管子一端挤出的水并不是同时在另一端硬注入管子的水；只不过同时在运动罢了。”(上引书，p. 290)

225

我们可以顺便提一下，在电学研究上涉猎广泛的沃森大约于 1750 年观察了通过一根抽空的近 3 英尺长的玻璃管的发光放电。玻璃管的两端都由黄铜盖封住，通过盖子插进黄铜棒，铜棒的间距可以调节，而且其中有一根与一台起电机的原导体相连。他下结论说：一个导体之所以能累积起电荷，乃是因为有大气的存在(*Phil. Trans.*, 1751, p. 362)。查尔斯・卡文迪什勋爵观察到通过托里拆利真空放电的类似现象。电火花能够在部分真空中通过相当距离的事实早已为德累斯顿的格鲁默特所注意到(*Versuche u. Abhandl.d.naturf.Gesellschaft*, Danzig, 1747, p. 417)。沃森的发现最后导致了盖斯勒管的发明,以及新近阴极射线和X射线的发现。今天,北极光也被解释为因通过地球的稀薄大气层放电所致。

人们注意到,冯·克莱斯特瓶(更为人知的名称是莱顿瓶)在外部绝缘时能够将电荷保留更长时间,但在这种环境条件下它不能再获得电荷(L. G. 勒莫尼埃, *Mém. de l'Acad. Roy. des Sc.*, 1746, p. 447f.)。第一个对这些性质以及一般地对莱顿瓶的工作原理作出明确解释的人是富兰克林。然而,他关于电的本性的理论应当首先加以研讨。

电的本性

由于有了这些空前的新发现,十八世纪物理学家便立即开始探究电现象的原因。十七世纪思想家普遍把它们归因于与带电体相结合的类物质电素。这类理论在一定程度上甚至延续到了十八世纪。例如,修道院院长诺莱设想,物体可能含有两组孔隙,当物体被起电时,电素便能从一组孔隙中流出来(这时似乎排斥相邻物体)而进入另一组孔隙(这时吸引其他物体)。液体经毛细管从容器流出的速度在整个装置被起电时会大大加快,这一发现似乎多少支持了他的观点。由于认为植物体和动物体就是毛细管的系统,诺莱便断言:起电或许能够加速植物汁液的流动和动物的排汗。他在两个置于相同条件下的类似的盆中播下同样的种子,只

226

是其中一个盆在两个星期里每天被起电几个小时,另一个则不予起电。他发现,被起电的种子要早出芽两三天,而且长得也旺盛。接着他又用几对不同种动物进行实验,先称量它们的重量,给每对中的一个起电数小时,然后再称量。结果发现,被起电的动物通常比不起电的明显减轻。把各对动物掉换条件重复实验时,结果一样(*Phil.Trans.*,1748,p. 187)。

依照电是一种物质的假设,当可料想,物体在被起电后重量应有所增加。但是,一切想证明这一点的尝试都没有成功。在热学中也有同样的结果:物体在加热条件下和在常温下被称量时,重量没有变化。然而,却从未有人从这些实验中推断:电和热只是物体的状态。在试图解释光现象时已假设的无质物质的观念,这时便被扩充,用来解释电的、(与电相关的)磁和热的过程。进入十九世纪很久,无质物体的学说还在支配着物理学。朗福尔德首先就热动摇了这种观念。至于在一切分支中完全推翻这种观念,则是科学直到最近才在加以解决的一个问题。

尽管无质物体的学说不能满足因果性的高度要求,但是在十八世纪的知识阶段上,它却提供了唯一可能的解释。如果光现象可以归因于某种特殊物质的前进运动,那么,就必须假设进一步的物质作为热、电和磁过程的运载工具。在那些认为光现象是一种波动的物理学家看来,电的理论更为简单。例如,欧勒认为,一切电过程都可溯源到以太,他像惠更斯一样认为光是在以太中传播的。欧勒认为,电仅仅是这种以太的平衡的一种晃动。物体究竟呈现一种还是另一种电状态,则取决于以太是被强迫进入抑或驱出物体。 227

富兰克林

美国第一位大科学家本杰明·富兰克林的实验研究也受一种类似概念支配。富兰克林1706年出生于波士顿，是家中的第十个儿子。他父亲是一个肥皂制造商，为逃避宗教迫害从英国迁移到美国。他早年辍学，到他的一个从事印刷和出版业的兄长那里当学徒。在那年轻气盛的岁月，他进行过冒险和游历，其间在英国做过一个时期排字工。他返回费城后便开创自己的事业，办起了一份报纸。他的事业很快获得成功，并跻身社会名流。他因看到一个名叫彼得·柯林森的伦敦商人赠给费城图书馆的一些电学仪器，遂对电学发生兴趣。柯林森还是个博物学家、皇家学会会员，后来富兰克林与他有过书信往还。在数年中富兰克林断断续续地进行着电学实验，并向朋友重复演示它们。这种实验活动一直持续到1757年。此后，他便几乎全力投身于使美国摆脱英国的独立斗争，他是这场赢得独立的斗争的领袖。1783年他在巴黎签订了和约，后来回到美国在政府中任要职，直至1790年逝世。他是流芳百世的伟大民族英雄。

图107—富兰克林

富兰克林相信有一种单一电流体不等量地渗透于一切物体。

他假设,当一个物体中的电流体与外部的电流体处于平衡时,该物体呈电中性;但是,如果一个物体含有的电流体多于或少于正常数量,则该物体便以一种或另一种方式呈带电状——电流体超量时为**正的**,不足时为**负的**。按照富兰克林的观点,这种流体弥漫于整个物质世界,是一切电现象的原因。他写道:“电物质由极其精细的微粒构成。……电物质与普通物质的区别是,后者的构成部分相互吸引,而前者的构成部分相互排斥。……但是,尽管电物质的微粒相互排斥,它们却被其他一切物质强烈吸引。……当一定数量电物质被施加于一普通物质团块时……电物质便立即均匀地扩散到整个团块。……但是,普通物质(一般)也像电物质一样地含有电物质。如果外加更多的电物质,则它们便处于表面上方,形成我们所说的电雾;这时,我们就说这个物体是带电的。”(B. Franklin:*Experiments and Observations on Electricity made at Philadelphia in America*,5th ed.,London,1774,pp. 54—55.)当一个物体含有的电流体与其大小的比例大于另一物体时,如用一个导体把这两个物体联接起来,或使它们靠得很近,足以让电火花通过,则电流体将从前者流向后者,直到电流体在两物体间均匀分布为止(同上书,p. 39)。 228

诚然,富兰克林的理论并未赢得普遍赞同。一些人试图用假设两种不同的电流体来解释两种不同电状态的存在。1759年,罗伯特·西默便提出了一个这种两流体理论(*Phil. Trans.*,Vol. LI,p. 340)。他曾把一只黑色的和一只白色的长丝袜套在同一条腿上,然后把两只袜子都脱下来,再分开,结果观察到意外强烈的电效应。这使他注意起电学问题。他用几只长丝袜就能使一个莱顿瓶充相当多电，足可引起剧烈的电击或者点燃酒精。他在论文的理论性部分中指出："按照公认的观点，电活动并非仅仅取决于单一的正效力，而是取决于正负两种不同的效力。两种效力通过对比，以及可以说是相互反作用而产生了各种电现象。"于是，一个带正电的物体便有一种电占优势，一个带负电的物体就有另一种电占优势，而在一个中性物体上则两种电流体的效应恰好平衡。

由于当时所能利用的证据有限，所以，一流体理论与两流体理论各自支持者的争执可能毫无结果。但是，这争执刺激了对同该问题有关的现象的实验研究。例如，西默便为自己的假说寻求实验证据，他（在富兰克林的协助下）考察了电火花击穿几刀[1]厚的纸所留下的孔。他察明这种孔是因某种东西从**两个**方向——从正向负和从负向正通过所致。另外，在解释为什么两个带负电的物体相互排斥时，两流体论者胜过一流体论者。

229

关于1747年到1755年间富兰克林所获得的实验成果，他是在许多信件中加以说明的，其中主要是致柯林森的信和向皇家学会作报告的信。富兰克林于1756年成为皇家学会会员。早期的信讨论了莱顿瓶的充电问题，他试图用他的电的一流体理论来解释充电作用。后期的信则谈到他在大气电方面的先驱性工作以及其他一些不很重要的问题。

关于富兰克林的莱顿瓶理论，最好用他自己的话来说明：

"当瓶的导线和顶端等等带上**正**或**阳**电时，瓶底同时带上完全相等数量的**负**或**阴**电；即从顶端无论进入多少电火，从瓶底就流出

① 一刀纸有24张。——译者

等量的电火。为了明白这一点，我们可以设想，在工作开始之前，瓶各部分的总电量为20；假定在管的每一动程，都进入等于1的量；这样，在第一动程后，瓶的导线和上部中的量将为21，而瓶底为19。第二动程后，上部将有22，底部为18，如此等等，直到20个动程之后，上部将含有等于40的电火量，而底部则一无所有；于是，操作便告结束，因为当底部已无电火可被放出时，上部也就无从有电火进入。如果你想再送入电火，那么，它将会通过导线返回，或者发出很响的爆裂声而从瓶侧飞出。

"若要恢复瓶内的平衡状态，通过**内部**连通或接触各个部分，是不可能达到此目的的；而必须在瓶**外部**非电地同时接触或靠近瓶的顶部和底部，在两者之间形成一种联系，这时恢复平衡的作用之激烈和迅速，是难以形容的。……"

"由于所有电火都被从瓶底驱出后便不可能再有电火从顶部送入瓶，所以，在一个还没有起电的瓶中，当没有电火**能**从瓶底出去时，也就没有电火能从瓶顶进入。当瓶底过厚，或者瓶被置于一个电本体之上时，情形就是这样。再者，当瓶被起电以后，如果不能从瓶底进入等量的电火，则通过接触导线也只能从瓶顶**引出**很少的电火。……"

"当电火突然从瓶顶经过人体到瓶底时，人的神经就会受到电击(或者不如说是痉挛)。……但由实验得知，欲使一个人受到电击，并非必须与地面连通；因为当一个人一只手持瓶而另一只手接触导线时，即使他的鞋子是干燥的，甚或站在蜡上，也将会像在其他条件下一样受到电击。……" 230

"把一个带电的小瓶放在蜡上；你手持一根干燥丝线，它悬吊一个软木小球,并使软木球靠近导线,于是软木球将先是被吸引,接着被排斥。当处于这种排斥状态时,将手放低,使小球向瓶底靠近;小球将会立时被猛烈地吸引过去,直到与其电火分离。”(上引著作,Letter Ⅲ)

在进一步的实验中,富兰克林还在一块窗格玻璃的两面涂上铅,用作电容器,它现在仍然称为“富兰克林窗格玻璃”,尽管斯米顿和贝维斯先于富兰克林提出这种电容器。

富兰克林之所以鼎鼎大名,主要是因为他通过实验成功地证明电闪是一种放电现象。

希腊哲学家为了寻求一种对自然过程的因果解释,以取代对它们的神话说明,曾把雷雨归因于硫磺的易燃蒸气,它们积聚在云中,冲破云时便形成电闪。甚至十七世纪时这种观念还盘踞着,而雷雨的真正本性一直没有人去猜想。在笛卡尔看来,雷雨是高层的云下落到低层云而引起的。欧勒曾讲到,猜疑电火花和电闪之间有联系的最早设想被认为是梦呓。但是,甚至直到十八世纪初还仅仅作为一种猜想提出来的东西,富兰克林却用实验为之奠定了确凿的基础。

早在1708年,沃尔便已在《哲学学报》(Vol. XXVI,p. 69)上描绘了,他怎样把一块长琥珀从一块毛织物上拉过,结果产生闪光,并发出爆裂声的情景,以及如何用手指在受激的琥珀上移过一些距离,从这琥珀上就可引出1英寸长火花的情景。他把这效应比作雷和电闪。牛顿于1716年描述过一个类似实验,并作了同样的比较。在这方面走在富兰克林前面的另一个先行者是德国物理学家温克勒,他在1746年讨论过这样的问题:“(在冯·克莱斯特瓶中)聚积的电的电击和火花是否应看做为一种雷和电闪?”(*Die Stärk.d.elektr.Kraft d.Wassers etc.*, Leipzig, 1746;亦见 Hellmann:*Neudrucke*, No.11)温克勒的结论是:雷雨和人为引发的放电之间只有强度上的差别,没有本性上的区别。他认为,水的蒸发以及由此产生的摩擦是雷雨连带的电的根源。 231

富兰克林最初在 1749 年宣布赞同雷雨的本性为电的观点,当时他提出下列证据证明电闪和电火花之间的对应关系:

(1) 所产生的光和声相似,而且这两种现象实际上都是瞬时的。

(2) 电火花像电闪一样也能使物体燃烧。

(3) 两者都能杀伤生物。(富兰克林曾用几个莱顿瓶放电杀死了一只母鸡。)

(4) 两者都可引起机械损伤,并发出一种像硫燃烧的气味(对此现象的研究后来导致发现臭氧)。

(5) 电闪和电都能沿同样的导体传导,而且极易到达尖端。

(6) 两者都能破坏磁性,甚或能颠倒一块磁体的极性。

(7) 两者都能熔化金属。(*Experiments and Observations*, 5th ed., p. 331.)

关于富兰克林对这最后一点提出的实验证明,富兰克林和他的朋友、实验伙伴金内斯利发生过争论。富兰克林用电火花熔化金属的方法是在两片玻璃圆盘之间放上一片锡箔或金箔,然后让一个大莱顿瓶通过箔片放电。结果金属被粉碎。富兰克林没有发现在这个过程中产生任何热,所以便称之为“冷熔”。他推想,电流透进了金属微粒间的孔隙,从而破坏了它们的内聚性。然而,金内斯利让一个包括三十五个电瓶的电池通过一根导线放电,由此表明,金属在这个过程中可被加热到赤热状态,甚至熔化。这一实验使富兰克林相信,电确实能够通过对其加热而把金属熔化,从而放弃了“冷熔”的观念。

富兰克林于1752年六月进行了著名的风筝实验,以此直接证明了电和雷云的联系。我们可以通过那年晚些时候他写给柯林森的信(1752年10月19日)来了解他的实验方法,信中他为如何重复这个实验作了说明。该信发表于《哲学学报》(Vol. XLVII, p. 565)。

他写道:“用两根轻杉木条做成一个十字,其臂长能够达到一232 块大的薄丝手帕展开后的四角;把手帕的四个角缚在十字的四端上。这样,你就做成了一个风筝的主体,再恰当地配上尾巴、环圈和线绳,它就可像纸做的风筝那样升上天空了。由于是用丝绸做的,所以这风筝在伴有大风的暴雷雨中经得住雨水和大风而不被撕毁。十字架竖直杆的顶端固定着一根头很尖的金属线,高出木杆1英尺多。线绳靠手的那一端系上一根丝带,丝带和线绳连接处系一枚钥匙。当一场风暴雷雨即将来临时,将风筝放上天空,持线人必须站在房门内或窗内,或者上面有遮盖的东西,以免把丝带弄湿。还要注意,不要让线绳与门窗的框接触。一当雷云来到风筝上方,尖头金属线就将从云里引发电火,而风筝以及整个线绳就会起电。……在〔那个〕钥匙处,小玻璃瓶可以被充电;如此得到的电火可用来点燃酒精,也可进行所有其他电实验,它们通常借助经摩擦的玻璃球或玻璃管来做。这就完全证明了,电物质与电闪是

同一种东西。”(上引著作,Letter,XI)

富兰克林后来发现,雷云有时带正电,有时带负电。英国的坎顿证实了这一点(*Phil.Trans.*,1753,p. 350)。起初富兰克林猜想,雷云的电是由从海洋升起的水蒸气带上天空的,海洋里盐与水摩擦而产生电,海水磷光现象就是一个佐证。后来他发现,海水在瓶中存放数小时后便失去其发光性。于是,他就放弃了这个想法。法国人德罗默于1753年夏大规模地重复了富兰克林的风筝实验。他放的一个风筝长$7\frac{1}{2}$英尺,用一根缠绕在一根铁丝上的780英尺长的线绳放到550英尺的高空。线绳固定在一根金属管上,从金属管可引发出8英寸长的火花。(参见Nollet:*Letters sur l'Electricité*,II,p. 239。)值得指出的是,富兰克林在进行他的风筝实验之前几年就曾指出,用适当安装的尖顶铁棒可以从雷云收集电:“为了确定包含电闪的云是否带电,我特提出在方便的地方试做一个实验。在高塔或尖塔的顶端放置一个可以容纳一个人和一个电架的类似岗亭的东西。电架中部有一根铁杆弯曲地伸出门外,并向上伸展20到30英尺,末端极尖。如果电架保持干燥而又清洁,那么当雷云低低飘过时,站在电架上的一个人就可被起电,并能产生火花,因为铁杆从云引来电火给他。”(*Experiments and Observations*,5th ed.,p. 66)　233

第一个用这样的铁杆收集大气电的人大概是法国植物学家T.F.达利巴尔(在富兰克林的风筝实验之前)。达利巴尔应布丰的要求把柯林森于1751年加以发表的富兰克林早期信件的一部分译成了法文,这导致他亲自做了一些电学实验。他在自己译本的第二版(巴黎,1756 年)中描述了这些实验,其中关于大气电的那部分实验又被转载于赫尔曼的《重印本》(*Neudrucke*)(No.11)。达利巴尔说明了,他如何在巴黎附近的马利架起了一根高约 40 英尺、直径约 1 英寸的尖顶铁棒,用丝绳把它绑在几根干燥的桩柱上,并将其下端弄弯,以便能安置在一个小木棚里的一张绝缘桌上。他希望能在铁杆顶端看到发光现象,并能从底端引发火花。他不在时就把观察任务委托给当地的一个名叫库瓦菲埃的身佩龙骑枪的兵,后者为安全起见,把一根黄铜丝接到一个作为绝缘器的瓶子上,由此消除火花。1752 年 5 月 10 日,库瓦菲埃在一场雷雨中成功地观察到了预期的现象。作为见证人参加的牧师亲自从铁杆下端引发了约 $1\frac{1}{2}$英寸长的火花;他估计逐次火花之间的间隔的持续时间相当于叫一声**爸爸**和说一声**一路平安**。他事后发现自己臂上遭受过火花的地方有一道伤痕,而且他的朋友告诉他,他身上散发出硫的气味。

一周以后,德洛尔在巴黎用一根竖立于一块树脂上的、长 99 英尺的铁棒进行了类似观察。达利巴尔的成功还激励了 L.G.勒莫尼埃去进行大气电的研究,他的有关说明见诸《法兰西科学院备忘录》(1752,pp. 233f.;并转载于 Hellmann,上引著作)。他在圣日尔曼的一片空旷地上树起了一根 32 英尺高的立杆,其金属顶端垂下一根约 50 英寻长的细导线,后者接到一根水平的丝绳上。1752 年 6 月 7 日,在一场大雷雨中,他从这根导线得到了电火花;那些电火花具有普通电的一切特性。勒莫尼埃发现,非常短的尖顶铁棒(仅高出地面 4、5 英尺)在雷雨时能收集到电;并且他最后

还发现,当他自己站在花园中央的一个绝缘体之上举起一只手时, 234
他也带上了电。七月里他又发现,即使在平静之极的天气,他的装置上的导线也吸附了一些灰尘,不过他起初并未充分认识到这一点的重要意义,不知道说明大气总是或多或少地带电。

在英国,由于雷雨稀少,而设备又常被雨淋湿,所以,沃森和皇家学会其他会员最初想收集大气电的尝试大都难以进行。约翰·坎顿大概是英国第一位取得成功的研究者。他曾在1752年7月21日写信告诉沃森:“昨天下午5时许,我有幸尝试了富兰克林先生从云引取电火的实验。我用一根三、四英尺长的锡管,把它固定在一根长约18英寸的玻璃管顶上,获得了成功。我在锡管的上端用金属丝固定了三根针(锡管的高度尚不及房子上那排烟囱)。锡管的下端焊上了一个锡罩,以防雨水淋到玻璃管上。玻璃管竖立在一个木块中。雷鸣开始后,我尽快赶到我的设备跟前,但丝毫没有发现它带电,直到第三声和第四声雷鸣之间才看到。当我用指节碰触锡罩边沿时,感觉到并且听到了一个电火花;第二次接近它时,我在大约半英寸的距离上接到了电火花,而且看得十分清楚。在1分钟的时间中,我如此重复了四、五次,但是火花变得越来越弱。不到2分钟后,锡管就再也不呈现带电状了。雨在雷鸣时一直下个不停,但在做实验时大大减小”(*Phil. Trans.*, 1752, p. 567)。

不过,这样的实验要比想象的危险。翌年,即1753年,圣彼得堡的里希曼在一场雷雨中检查他的静电计时,受到电击而立时身亡。这静电计与他架在屋顶上的一个导体的下端相连,电击正来自这导体。

富兰克林从实验想到可以用避雷针来保护建筑物、船舶等等。避雷针的最早记载见诸富兰克林于1750年7月29日寄给柯林森的《见解与猜想》(*Opinions and Conjectures*)(参见*Experiments and Observations*,5th ed.,p. 65)。富兰克林说明了,当用一根针的尖顶在一定距离之外对准一个起了电的导体时,这导体会放电。接着他指出,如果电闪与电火是同一种东西,则实验中的导体可代235表带电的云,并且"难道这种关于尖端效力的知识不能造福于人类吗?如果据此我们在大建筑物的最高处架起直立的铁棒,它们弄得像针那样尖,外面镀金以免锈蚀,并从铁棒下端沿建筑物外侧垂下一根导线通到地下或绕船只支桅索盘旋而下,再沿船身侧面往下直到接触水面,那么,不就可以保护房屋、教堂、船舶等等免遭闪电袭击了吗?这种带有尖端的铁棒大概在一朵云临近到能产生电击之前便悄悄地把电火从云引出,这样,我们不是可以免受突如其来的可怕灾难了吗"?这一计划先在美国,不久又在欧洲引起广泛注意。富兰克林的计划是在一座建筑物的外部安装一根或几根铁棒,使电闪有一条畅通的导电线路从建筑物顶部到达潮湿的下层泥土之中。在泥土中的那根铁棒向外弯曲,以免损坏建筑物的基础。

富兰克林所以想到装设避雷针,主要是因为他研究了一个带电导体从一个尖端的放电,这种放电还可以产生一种电风,十八世纪后半期常常运用这种效应来开动一种凯瑟琳电轮[①]。他试图根据这样的假设解释这种现象:尖端附近没有足够的物质来借其吸

① 一种轮圈外缘装有倒钩的车轮。——译者

引而克服电微粒之间的相互排斥,因而电微粒便向外散发到周围空气中去了。

1780 年前后,在英国发生了一场激烈的争论:避雷针的顶端究竟应当是尖锐的还是粗钝的? 争论的主要起因是如何保护珀弗利特的火药库免受电闪损害的问题。富兰克林主张用尖端导体,最后被采纳。本杰明·威尔逊及其他人持反对意见,认为尖端导体引吸电闪,而电闪本来可能无损害地过去了。双方都进行了演示实验。实验中,炸药库模型装上好几种式样的避雷器,"雷云"则是一些充电的和绝缘的盛水容器,它们在高空的座架上滑动。但是,这些实验都未提供十分令人信服的结果。(参见这个时期的《哲学学报》。)

二、感应和热电

在富兰克林同时代从事电学实验的许多人中,最突出的是两位大陆物理学家——维尔克和埃皮努斯。

维尔克

约翰·卡尔·维尔克(1732—96)原籍德国,但一生大部分时间在瑞典度过。他在瑞典成为科学院的秘书,并以此身份在斯德哥尔摩大学讲授物理学。维尔克在《就职讲演:论相反的电》(*Dissertatio inauguralis de electricitatibus contrariis*)(罗斯托克,1757 年)中确立了一个重要结果:当把两个物体一起摩擦时,总是产生两种起电。他把他所研究过的物体材料排成一个系列,其中 236

每一项这样排列：当与系列中其下方的一个物体摩擦时，它带正电，而当与其上方的一个物体摩擦时则带负电。例如，系列中下列各项的排列顺序是：玻璃、羊毛、木材、火漆、金属、硫。维尔克的系列是后来相继出现的许多试图构成这类系列的尝试的第一个，这些系列中以扬和法拉第的最有名。这种表中任何给定物质占据的位置并不是固定不变的，因为这不仅决定于各种物质的性质，而且还决定于其间发生摩擦的两个表面的状况。英国的一位机敏的实验家约翰·坎顿(1718—72)沿着与维尔克和埃皮努斯类似的路线工作，也注意到这样的事实：一种给定物质在摩擦时产生的电荷可以是正的，也可以是负的，视表面的性质以及所用的摩擦物的性质而定。他在同一根玻璃管的两对端上产生了相反符号的电，由此证明了这一点(*Phil.Trans.*,1754,p. 780)。维尔克倾向于两流体的电理论。他援引下面的事实来支持它：一个带电的和绝缘的导体上的一个尖端，甚至当导体所带的是负电时，也可以观察到它产生发光放电，并伴随着从中流出气流，而根据富兰克林的理论当时还难以解释这一点。

维尔克发现了一种新的产生电的方法。他发现，硫和树脂在熔化后再放进一个绝缘陶瓷容器中让其凝固时，会强烈地带负电，这是可熔性非导体的特有的一个性质。(参见 *Konigl.Svenska Vetenskaps Academiens Handlingar*，或 Kästner 的德译本。)

埃皮努斯

维尔克在他们许多研究中的一个合作者弗朗茨·乌尔里希·特奥多尔·埃皮努斯(1724—1802)是柏林科学院的天文学教授，

后来定居圣彼得堡,在那里教授物理学,并管理师范学校。他写下 237
了许多电学和天文学的论文,但他最重要的著作是《电和磁的理论精解》(*Tentamen theoriae electricitatis et magnetismi*)(圣彼得堡,1759年)。他的理论与富兰克林的颇为相似,因为它假设一种无所不在的电流体,电流体由相互排斥的微粒组成但它们吸引普通物质的微粒,并趋向于平衡分布。然而,埃皮努斯对电知识的主要贡献乃关于今天所说的电感应和热电。

大约于1753年,坎顿研究了将一个带电体接近由两根亚麻线悬吊着并相互接触的一对软木球时的效应。他发现,在这种条件下两球相互排斥,尽管没有电从带电体传递给它们;但是当把带电体撤走后,两球又重新并拢(*Phil.Trans.*,1753,p. 350)。他把这种现象归因于包围着带电体的"电雾"——当时的一个通常概念——的作用。坎顿还观察到,当将一个带电体靠近一个绝缘的中性导体时,后者能显现两种相对的电荷;最靠近影响电荷的一端是与之符号相反的电荷,离得最远的一端是相同符号电荷。当这影响电荷移开后,导体便又成为中性的。

维尔克和埃皮努斯更精确地重复了坎顿的实验。维尔克观察到,当被置于一个带电体附近的一个中性物体短暂接地后,它就获得了与这影响物体电荷相反的电荷。埃皮努斯解释说,这是因为带电物体上过多的流体把流体从中性物体中排挤了出去的缘故。维尔克和埃皮努斯制造了一种早期形式的平行板电容器,同时还否证了当时流行的观点:为要在莱顿瓶内外衬里上积聚起相反的电荷,构成莱顿瓶的玻璃是必不可少的。他们在两块木板上涂以金属,然后把它们隔开几英寸平行悬置。他们将其中一块板绝缘并充电，将另一块接地。当一个实验者同时接触这两者时，感受到了强烈的电击。埃皮努斯推论，以这种方式积累电所必需的仅仅是一对用一个非导体隔开的导体。他同维尔克一起对一块富兰克林窗格玻璃进行了一些有趣的实验，其上的金属涂层可随意去除。

埃皮努斯对导体和非导体之间的关系提出了很合理的见解。他认识到，不可能在两者之间划出一道截然分明的界线。差别仅在于不同物质对一个电荷通过所给予的相对电阻。导体的电阻很小，而非导体则具有相当大的电阻，因而通过这些物质放电时需花费多得多的时间。这些思想后来成为法拉第剩余电荷理论的基础。

238

感应起电的发现令人们联想到电荷作用和磁极作用之间有某种（尽管带点幻觉性的）类比。十八世纪开始认真研究的热电现象提供了一个有些相似的类比。

习惯用火检验宝石的珠宝商人早就知道，电气石在被置于灼炽的煤上时，吸引灰末，旋即排斥它们。这种奇特的效应与一个带电体对一个悬置木髓球的作用相似。甚至在十八世纪初就已猜想它本质上是电的效应。埃皮努斯仔细研究了这种效应（又是与维尔克合作进行）。他于 1756 年（*Hist. de l' Acad. de Berlin*, p. 105）和 1762 年（*Recueil de différents mémoires sur la Tourmaline*, St.Pétersburg）发表了他的研究结果。他发现，当加热电气石晶体时，一端带正电，另一端带负电。这样的起电类似于一个磁体两端的相反极性。乌普萨拉的柏格曼后来研究了这一现象，表明它与晶体的绝对温度无关，而取决于温度的变化（*Swedish Acad.*, 1766）。只要温度保持恒定，则不论在什么温度上，晶体都保持中性。当温度升高时,一端带正电,另一端带负电;当温度下降时,符号相反。威尔逊得到了相似的结果(*Phil.Trans*.,1759,p. 308,和 1762,p. 443);坎顿也得到了类似的结果,他表明,一块热电晶体上出现的电荷不但符号相反,而且数量相等(*Phil.Trans*.,1762,p. 457)。逐渐地又发现了其他一些这样的宝石。豪伊约于 1800 年试图把它们的热电性质与它们的晶态关联起来。不过,现在已弄清楚,热电现象是极其复杂的。

第十章　物理学

(四)电学和磁学(Ⅱ)

三、静电学

电学在整个十八世纪里一直在惊人地发展。及至这个世纪末,这发展以确定电荷间力的精确定律而达到了顶峰。此前一直定性地加以描述的电现象,从此得到精密的数学研究,一门新科学即**静电学**兴起了。这个巅峰阶段与普利斯特列、卡文迪什和库仑等人的名字特别联系在一起。尽管境遇不同,身份各异,约克郡的校长、伦敦的富有隐士和法国的军士工程师却对电力定律的确立作出了各自的贡献。普利斯特列和卡文迪什两人还研究了导体对静电放电的电阻的定律,这样,两人之间又多了一层联系。

普利斯特列

当约瑟夫·普利斯特列还是一位年轻的校长时,他就用一架起电机做过实验。后来,他在多次造访伦敦期间结识了富兰克林、沃森、坎顿和当时的其他一些第一流电学家。正是由于受到这些人的鼓励,普利斯特列经过不到一年的努力写出了他的第一部科学著作《电学的历史与现状,及原始实验》(*The History and Pres-*

ent State of Electricity, with Original Experiments)(伦敦,第一版,1767年;第三版,1775年)。这部杰作分为两卷,第一卷明晰地概述了直到普利斯特列时代的电学发展。这一部分尽可能用原始材料编撰,其中有许多是他的科学界朋友提供的。在第二卷中,普利斯特列提出了一些一般命题,它们有助于将已公布的大量实验事实加以系统化;他评论了当时流行的一些关于电的本性的理论;提出了一些质疑,它们提示了进一步探索的路线;对当代的起电机以及其他设备给出了有价值的、附图解的说明,并对业余科研爱好者提出了忠告;描述了他在探索过程中不断进行的大量电学实验, 240 这些工作,使他于1766年当选为皇家学会会员。尽管普利斯特列自己倾向于电的单流质说,但他对一切这类假说也持批评态度。他写道:"说到**电**,我只是指称为电的效应的那些**效应**,或者这些效应的**未知原因**"(*History*, 3rd ed., II, p. 3)。他认为,假说在科学上的功能在于提示导致确立新事实的探索路线,而假说的成分由此将被逐渐排除。

普利斯特列在他的书和送交《哲学学报》的研究论文中描述了一些比较值得注意的电学观测,这里可以提到下述几个。继富兰克林之后,他观察了从带正或负电荷的导体突出尖端发出的气流,他表明,这种气流有时很强,足可吹熄一支点亮的蜡烛或转动一个带有叶片的小轮。他注意到,金属与一个邻近导体之间反复通过强烈火花后,在放电点周围的金属表面上形成了棱镜色环(颜色排列如同虹霓)(*Phil. Trans.*, 1768, p. 68)。他指出了,这种色环与牛顿环相似。在《电学史》中他甚至提出,牧草中的"仙女环蘑菇"可能就是由电闪引起的一个这种效应(当时通常把它们归因于电闪的作用)。普利斯特列关于电传导的实验更具重要意义。他表明,碳是一种电的良导体(同上书,Vol.Ⅱ,p. 193),干燥的冰和赤热的玻璃也应归类于导体。在投交《哲学学报》(1769,pp. 57,63)的论文中,他先介绍了他对“电爆炸的侧力”的研究。在放电时,附近轻物体被这力抛散开来,尽管它们本身未获得电荷。他把这种效应归因于“爆炸”处的空气被排除。他试图表明,这种抛散现象在真空中不会发生,但由于他的抽气机不完善而没有得到什么结论。接着,他想通过实验表明,电瓶组成的电池的放电力在电路成曲折构形时是否会减弱,这放电力乃由电池熔化外部线路中的金属丝的能力来量度。他使某电池通过一根小铁丝放电,测得它刚好能把多长的这种铁丝熔化,线路的其余部分是3码长的粗黄铜丝。然后,他把这铜丝弯曲。但他发现,放电所恰能熔化的铁丝的长度与铜丝伸直时无异。然而,他观察到,以这种方式量度的放电力乃取决于外部线路的**长度**;于是,他想通过求出放电将通过的空气隙(而不是通过一条长长的金属线路)的宽度来量度一个导体在其长度上对放电的阻碍。他把一根长导线弯成环形,以便把其一端接到电瓶电池的外面,另一端接到其里面。他反复让电池放电,从导线两个端相接触开始,然后渐渐把它们分开,逐次发生放电,直到不再有火花通过,而放电使全部经由这导线。刚好通过的孔隙的最大宽度似乎与构成线路的导线的长度与粗细成比例。普利斯特列详细研究了他称之为**旁向爆炸**的现象(*Phil.Trans.*,1770,p. 192),它现在有时被称为**侧闪光**。他从自己的和威尔逊的实验得知,当莱顿瓶经由不完全导电的线路放电时,操作者经常感受到轻微的电击,尽管他的身体并未构成线路的一部分。为了确定电

241

是否实际上从电路通到邻近物体，普利斯特列把放电通过的一条线路附近的一个中性导体绝缘起来，观察在电池放电过程中，连接于这中性导体的一个木髓球验电器是否指示电荷增减。他所用的导体是一根被覆金属箔的纸板管，长 7 英尺，直径 4 英寸，用丝线悬吊起来，距离一根联接着电池外侧的金属棒不到 1/4 英寸，电池通过一条断续的线路放电。他观察到，一个火花从金属棒通到绝缘管，但并未观察到所附属的木髓球分离开来，尽管它们完全能够显示远比电火花所代表的电为少的电在导体上的存在。这个实验重复了五十多次，其间在一些条件上有所改变，但未得出有重大差别的结果。普利斯特列在真空中重复了这个实验，让火花通过隔开一个空隙的两根金属棒。当他把空隙的宽度减小到 2 英寸时，他观察到这空隙由均匀的“淡蓝或紫红的光”跨接。两端处现象上没有什么区别，不像普通低压放电时那样。普利斯特列写道：“在所有其他场合，电物质都沿一个方向通过；而在这场合，电物质却往返于同一条路径。这样，就同一瞬间所能区分的而言，两种电之间在真空中那显而易见的区别在此必定全被搞混淆了。”这种现象显然是首次被认识到的振荡放电现象。在下一世纪，几位物理学家独立地研究了它。 242

然而，普利斯特列对电学的贡献中最有意义的大概要数他想用实验证明电的引力和斥力随距离的变化遵循平方反比定律的尝试。富兰克林曾告诉普利斯特列，他在被封闭在一个带电金属容器中的木髓球上未能检测任何起电效应。普利斯特列也进行了这种观察，如他在《电学史》结尾处所说的那样。“于是，我在〔1766年〕12 月 21 日把放在一个用烘干术制的凳上的一个锡制一夸脱容器起电;我观察到,一对木髓球保持原位,丝毫未受电的影响,这对球被固定在一根玻璃棒的端头而绝缘,并被用线完全悬吊在那量杯中,线一点也不露出杯口。”不过,普利斯特列发现,在量杯放电之前,若把小球接地或从杯中取走,或者把它碰到杯壁时,这小球便带上少许电荷。然而,这可以归因于量杯没有被完全封闭。普利斯特列问道:“难道我们由此实验不能推论,电的引力也遵从和万有引力一样的定律,因而也遵从距离平方〔反比〕律吗?因为很容易证明,如果地球是一个壳体,那么一个位于其内部的物体将不会被某一边吸引较强,而被另一边吸引较弱。”(*History*, Ⅱ, p. 372 f.)普利斯特列想确立电力的平方反比定律的尝试可看做是卡文迪什对这问题的更为细致的研究的萌芽。

卡文迪什

十八世纪里电学上最为重要的开拓性工作是亨利·卡文迪什(1731—1810)做出的。他的父亲是查尔斯·卡文迪什勋爵,也是一位杰出的实验家。亨利是在他父亲的伦敦寓所里做电学实验的。但可惜的是他做实验好像只是为了满足自己的好奇心,他没有把他那些极其重要的结果发表出来,尽管他有充分的机会那样做。因此,当它们终于由麦克斯韦加以编辑而在1879年公之于世时,法拉第已通过独立的研究重新发现了其中的绝大部分(见 *The Electrical Researches of the Hon. Henry Cavendish*, J. Clerk Maxwell 编,Cambridge,1879)。卡文迪什自己仅发表了两篇电学论文,它们都投交给《哲学学报》。

243 1771年发表的他的第一篇也是较为重要的论文题为《试以一

种弹性流体解释若干基本电现象》(*An Attempt to Explain some of the Principal Phenomena of Electricity, by menas of an Elastic Fluid*)(*Phil.Trans.*, Vol. LXI, p. 584),他在文中试图为静电学的数学理论奠定基础。他的基本假说同富兰克林和埃皮努斯一样,认为电是一种流体,其微粒相互排斥,并吸引普通物质的微粒,其力和距离的某小于立方的幂成反比,而物质微粒间的斥力也遵循这种定律。在一个电中性的物体中,电流体的量是这样的:电流体对任何给定物质微粒的引力恰好与其余物质对该微粒的斥力平衡。在带电物体中,电流体的量超过或少于这个量。他用数学方法研究了带电导体中流体的分布、物质和流体的各种分布对微粒的作用力或相互之间的作用力以及电流体在两个相连通的带电导体间的运动,等等。他尽可能根据普通实验的结果来证实自己的理论结论。

在 1776 年发表的第二篇论文中(*Phil. Trans.*, Vol. LXVI, p. 196),卡文迪什描述了他如何制作了一个皮革人造"电鲔",用绝缘的导线把它与一个莱顿瓶电池联接,以及他如何甚至在这设备浸没于盐水之中时也成功地复制了这种鱼的功能。

卡文迪什未公开的实验主要研究了各种大小与形状的导体和电容器的我们现在所说的**电容**的比较、导电溶液柱对静电荷通过的阻抗的比较,以及电力的定律。

卡文迪什未公布的关于静电学的工作是以他所称的"起电程度"(degree of electrification)为基础,他把"起电程度"比作流体中的压力,可同现代的**电压**或**电势**的概念相比拟。如果两个带电导体处于相连通状态,则电将在两者之间流动,直至这压力处处相等,这时它们的“起电程度”也将相等。然而,两个导体上的电荷一般并不相等,而取决于导体的形状和大小。卡文迪什在静电学方面的工作大都在于求得许多导体的每一个上的电荷同处于与其电连通的一个标准导体(一个被覆锡箔的直径 12.1 英寸的球)上的电荷之比。确定了这种比以后,当一个球起电到与这给定导体同等程度而带有同样电荷时,便很容易算出这球的直径,因为同等起电的两个球上的电荷与它们的直径成正比。这样,卡文迪什便能够预言现代的**电容**量度,并用“电的英寸”来计量。他发现,他的电容器(两个锡箔圆片,中间用非导体隔开)的电容在一定程度上取决于用来隔开表皮的物质;他还求得了在其他条件相同时,用给定的隔离物质所得到的电荷与用空气隔离时所得到的电荷的数值比。这样,他便在一定程度上预言了法拉第的电容率工作。在运用这种类型的电容器时,他发现,必须考虑到电荷在玻璃上的散布。他发明了测量电容的专门仪器和方法;但由于他运用仅仅由悬吊的软木或木髓球构成的粗陋验电器,所以测量精度虽说出众,但仍不可避免地要受到影响。

244

为了比较各种已知强度的盐溶液和酸溶液的导电能力,卡文迪什把它们充入长约 1 码的玻璃管中,两端用软木塞堵住。导线穿过软木塞,后者可被推入或部分地抽出,以改变液柱的有效长度。导线被从两个被比较的溶液管的每一个的一端连接到一组莱顿瓶的接地外侧,每组瓶都被充电到同样电压。卡文迪什两手各持一块金属,然后用其中一块去触一根管的自由导线,用另一块去触一个莱顿瓶的球形捏手,这时他受到电击。他又让电路通过第二根管,重复这实验;然后,再通过第一根管,如此交替进行下去。

每次让一个瓶放电,直到所有的瓶都被放电。他判明了哪一根管给出较强的电击,从而断言:那根管电阻较小。接着,他改变电击通过一根管时所经过的溶液的长度,以使电击更其接近相等。他一次次地重复这个过程,直到获得近似相等,这时液柱长度便可加以比较。卡文迪什以类似方式研究了电阻随温度的变化。他表明,一个导体的电阻与放电的强度无关,这样,他便在一定程度上预言了欧姆定律。他还提出了一些关于放电在许多并联导体中间分配的定律。这工作以及下一段所描述的工作都一直未经发表。

245

卡文迪什证明了,一个导体上的电荷全部驻留在它的表面上。他由此推出了电斥力的平方反比定律。他取他的直径 12.1 英寸的被覆锡箔的球,也用作为他的电容标准,将它绝缘,然后把它封闭在两个铰合的纸板半球中,但它与半球毫不接触。然后,他使两个半球起电,用一根导线把它们与内球短暂连接,继而把两半球分开,然后用木髓球验电器测试球。他发现,球未充电;并表明,如果这结果严格地真确,那就必定可由之得出电斥力的平方反比定律。通过用此装置进行的一些定量实验,他便能够得出这样的结论:电力必定至少与距离的处于 $2+\frac{1}{50}$和 2－

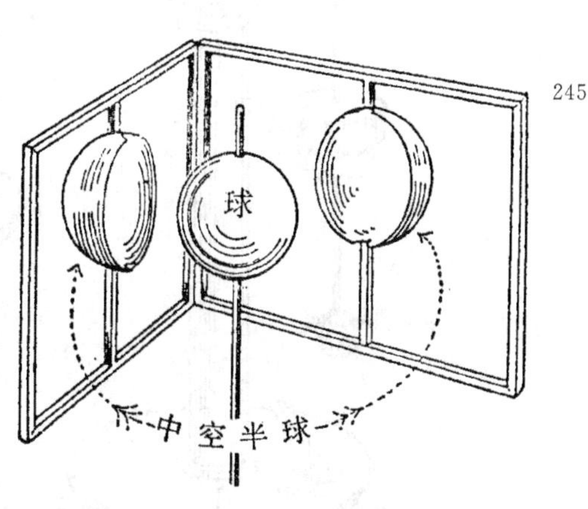

图 108—卡文迪什的电力定律实验

$\frac{1}{50}$之间的某个幂成反比。麦克斯韦后来用一个类似实验把这个不确定性限度减小到$\pm\frac{1}{21600}$。

库仑

夏尔·奥古斯特·库仑(1736—1806)出生于昂古莱姆。他最

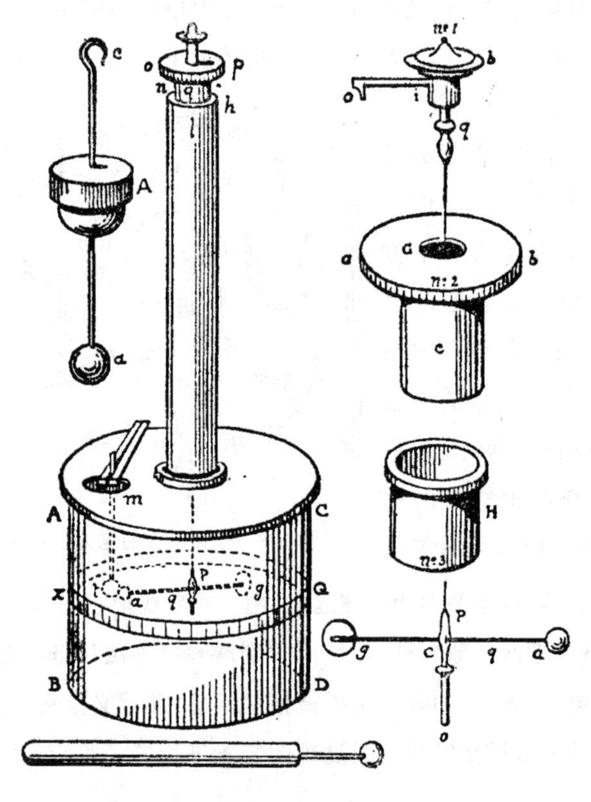

图 109—库仑的扭秤

初是军事工程师。像冯·盖里克一样,他的科学兴趣和探索也是从工作中产生的。1776年他从马提尼克岛卸任返回后,便定居巴黎,致力于研究工作。他主要从事摩擦、扭力和材料刚性等方面的研究。这些研究使他荣获了法国科学院的一项奖金,并成为该院院士。法国科学院为征求船用罗盘最佳制造方法而设立的一项奖金把库仑吸引到了电学和磁学问题上来。正是在这一研究中,库仑应用了他以往在刚性(特别是扭转刚度)研究上已获得的成果,大约于1784年发明了他的扭秤。约翰·米歇尔也发明过一种扭秤,而且可能在库仑之前,但似乎没有什么证据能够证明,他们两人不是各自独立地发明这种仪器的。卡文迪什在他关于地球平均密度的论文中写道:"多年以前,这个〔皇家〕学会的已故约翰·米歇尔大法师发明了一种测定地球密度的方法:使小量物质的引力能被觉察到。但由于他又忙于别的研究,因此直到他去世前不久也没有完成这个装置,更未能在生前用它做实验。他过世以后,这设备落到了剑桥的杰克逊教授弗兰西斯·约翰·海德·沃拉斯顿大法师手中,而后者不具备称心地用它做实验的条件,便慷慨地把它送给了我。"(*Phil.Trans.*,1798,p. 469)

246

库仑运用扭秤进行的研究以及他由此进而进行的其他研究,在他投给1784年以后的《皇家科学院备忘录》的论文中有记载。(这些论文中较重要者有德文注译本,见 Ostwald:*Klassiker*,No. 13。)

扭秤的结构和用法可用图109来说明。玻璃圆筒 *ABCD* 高和直径均约为30厘米,圆周上有刻度,上方有一块玻璃盖板,盖板上钻出了两个圆孔,一个在中央,另一个在侧旁。在中央的圆孔上升出另一个玻璃圆筒，高约60厘米，黏结于玻璃板，顶上是一个带刻度的微扭计 op，从其上悬下一根细银丝 qp，伸入下面的圆筒。银丝可转动一定角度，用扭头量度。银丝下端支承一根水平细杆，它是涂火漆的丝线或麦秆，一端有一个小木髓球 a，另一端是一个圆纸片 g，作为衡重体，并阻尼振荡。这装置的若干构件单独示于图中右侧。通过玻璃盖板上的第二个孔 m，可使与第一个同247 样大小的第二个木髓球向下伸入在一根绝缘棒上的容器之中，并与第一个球接近。

这仪器的工作乃基于库仑早先发现的原理：一端固定的一根金属丝在扭转时产生一个与扭转角度成正比的回复力偶。因此，一当类似地给两个木髓球充电，在它们处于不同间距时两者间的斥力，便可通过从刻度头读取为使球处于这些间距所必需被扭转的角度来加以比较。对于在这个实验中水平杆 ag 的很小角位移，两球间的距离可以认为与这些位移成正比。作用于这金属丝的力偶臂也被认为是始终恒定的。

由于采用极其细的金属丝，库仑的扭秤达到极高的灵敏度，在横臂（长10.83厘米）仅用 $\frac{1}{100000}$ **格令**[①]重量的力就足可引起1度的偏转。当用一根丝纤维时，一个 $\frac{1}{60000}$ **格令**重量的力就足可使这个系统转动360°。

库仑实验的最重要结果是他证明了，“两个同样地起电的小球

① 作为质量单位，一法国格令(grain)＝0.0531克；作为力的单位，它＝0.0531×981，即约52.1达因。

之间的斥力与它们球心的距离的平方成反比。”他的实验程序如下。先把微扭计置于 0°，然后把整个扭头和所附金属丝一起旋转，直到悬置的小球对着下面刻度圈上的零度，并且处在玻璃盖板开孔之下。这时，把第二个小球降下而从孔伸进去，与悬置的球相接触，并固定位置，然后用一个带电导体与这两个球接触，使它们在完全相同的条件下起电。于是可动球立即被固定球排斥。在库仑所描述的一个实验中，秤的横梁转过了 36°。通过扭转金属丝，这位移**减半**到 18°，这时发现扭转角增加了**四倍**而成 144°。为了 248 把这位移减半，使球处于原来距离的**四分之一**里，扭转角就必须增加到其初始值的**十六**倍(576°)。根据这些结果，便可就**排斥**情形得出上述定律。

在发表于 1785 年的另一篇论文中，库仑叙述了他对电**吸引**定律的研究。如果他为此再应用上述装置，把两个球充以相反的电，实验本来会失败，因为当引力和扭力达到平衡时，整个系统将会不稳定。这时两球的任何进一步靠拢，都会引起引力比扭转阻力更快地增加，而两个球便跑到一起去了。因此，他对这种情形采用了下述方法。其一端固定着一个圆的小金箔的一根绝缘针用一根丝线水平地悬置，处于

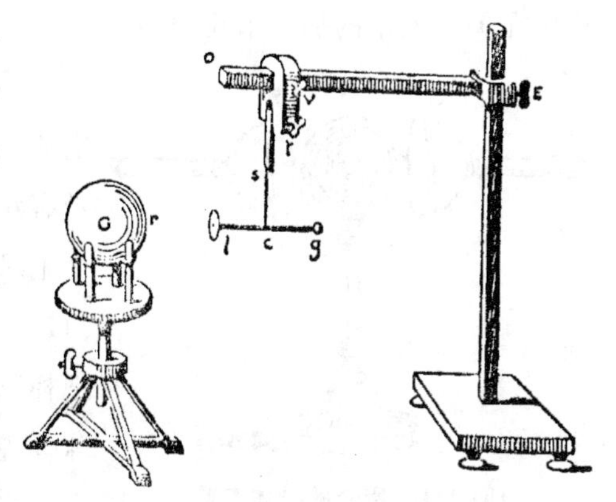

图 110—库仑对电引力定律的证明

一个被绝缘的导电大球附近，并与这大球的中心齐平。大球和圆金箔被充以相反电荷，针被置于离大球的各已知距离上作水平振荡，每次都把其频率记录下来。如假定平方反比定律成立，则大球上电荷的行为如同电荷集中在球心，而针的振荡周期则应取决于它离大球的有效距离。因为周期$\propto\frac{1}{\sqrt{力}}$，力$\propto\frac{1}{距离^2}$；所以，周期$\propto$距离。这样，这假定就得到了证实。

249

库仑还针对实验中漏电现象进行了修正。一项专门研究表明。这种漏电取决于带电体的绝缘效率、带电体的大小、其上电荷密度和空气湿度。

库仑用与上述方法相似的两种独立方法研究了磁力定律，这将放在关于磁学的那一节里研讨。

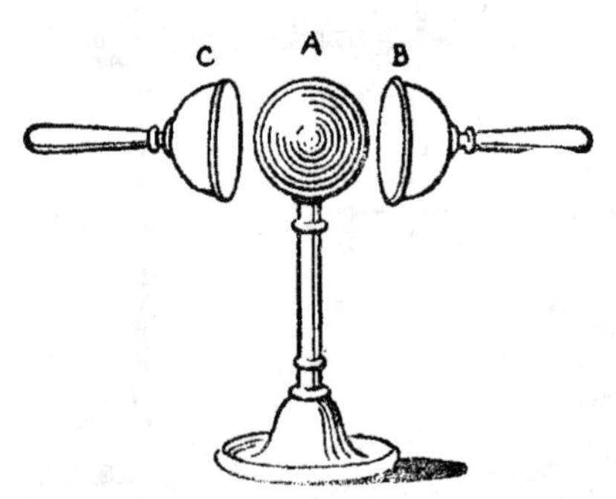

图 111—库仑的导体实验

最后，库仑研究了导体上电荷的分布问题。他用两个带有绝缘手柄的半球杯把一个绝缘了的金属球罩起来(图111)。他使这整体起电，然后把杯罩移开。结果发现，金属球丝毫不带电荷，而杯被起电。当仅仅球被充电，杯呈中性态地放在球上面时，若把两个杯移开，则所得到的结果与第一个实验完全一样。卡文迪什早已做过一个更为精细的这种实验，但库仑大概不知道这件事。库仑提出两条关于电荷分布的基本定律：1)电按照导体形状而分布于一切与之连通的导体上，对它们毫不厚此薄彼;2)在一个带电导体上,电荷分布在导体表面上而不进入其内部。库仑像卡文迪什一样,也认为这后一性质是电荷基元按照平方反比定律相斥的一个结果,而这在事实上最精确地证实了这条定律。

库仑结束了电学发展的第一个时期。库仑的工作使静电学臻于高度完善。诚然,他没有考虑到电力作用所通过的媒质,只研究了带电体在空气中的相互作用。**电介质**概念是始于法拉第的电学发展下一阶段的特征。在库仑看来,电的引力和斥力是超距地、即时地通过空虚空间作用的力,正像牛顿追随者设想的重力作用那样。然而,这丝毫无损于库仑贡献的价值。库仑的贡献被认为唯在于提供了精密测量,排除了关于电本性的一切思辨。这种思辨乃是许多法国物理学家的工作的特征,它们构成了下一代人得以建立一个关于电现象的数学理论的基础。从十九世纪头十年开始,借助高等分析,特别是位势论,这个任务完成了。 250

(参见　G. R. Sharp:*The Physical Work of Coulomb*,1936,M. Sc. Dissertation,Library of the University of London。)

四、静电计

十八世纪的电学家很快就觉得需要检测,并尽可能地测量电荷的仪器。在确定感生电荷的存在和本性、检测大气电、编制摩擦系列、使给予莱顿瓶的电荷标准化等诸如此类的问题上,这种需要尤其突出。验电器和静电计的发明和逐步改进对把静电学转变为精密科学起到了重要作用;这最后使伏打得以研究不同导体接触而产生的微弱电荷，这一研究又导致发明伏打电堆和产生电流。与这种仪器的发展密切相关的是许多辅助仪器的发明，它们用于放大过分微弱的电荷，以使之能明显影响验电器。

十六世纪末，威廉·吉尔伯特曾用一根被置于支枢之上的指针来证明经过摩擦的非导体上存在着电荷。十八世纪初使用的原始验电器通常由用金属丝或玻璃管悬吊的黄铜箔条或线绳构成。例如，为了研究一个带电玻璃球对附近轻物体的吸引，豪克斯贝便在一个与玻璃球同心的金属丝环上悬吊数根毛线；当玻璃球旋转时被251 摩擦而起电时，毛线的取向使它们的自由端径直指向球心（*Physico-Mechanical Experiments*，1709）。斯蒂芬·格雷在二十年后所采用的验电方法与豪克斯贝的方法酷似。但是，继迪费发现了电排斥，又引入了一种新式验电器。据格雷的朋友和同事格兰维尔·惠勒描述（*Phil. Trans.*，1739，p. 98），它的原始形式乃由用一根丝线并排悬吊的两根线组成；它们在有一个带电体靠近时便分离开来。惠勒给线的两端系上羽毛。后来，魏茨提出用丝线并排悬吊两块金属，以便根据它们被充电时的分离程度来把它们的相互斥同重力比较。（*Abhandlung von der Elektricität*，Berlin，1745）。诺莱通常把这种线对的阴影投到一块屏幕上，再用一个分度规测量它们的分离度（*Mém. de L'Acad. Roy. des Sc.*，Paris，*Année* 1747）。约翰·坎顿在他的感应和大气电实验中，应用一根导线并排悬吊一对长各约 6 英寸的亚麻线，每根线支撑一个豌豆大小的软木球或老木髓球（*Phil. Trans.*，1753，p. 350，和 1754，p. 780）。按照普利斯特列的说法，悬吊的球有时放在一个带有滑动盖的窄长盒子中；使用时盒盖可用作手柄以便手持仪器（图 112）。

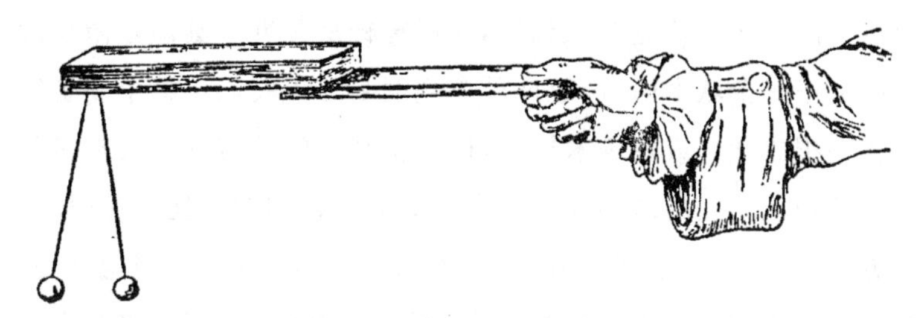

图 112—坎顿的木髓球静电计

人们希望把给予莱顿瓶的电荷标准化,特别在把它们产生的电击用于医疗时。托马斯·莱恩提出过几种方法,其原始程度主要在于应用这样的火花隙:其两个端点的间隔可用一个螺杆进行极精细的微调(*Phil.Trans.*,1767,p. 451)。莱顿瓶的内部直接用起电机充电,而外部接地(见 271 页图 106)。病人一只手持一根接地的导线,另一只手持一个绝缘的金属件,火花隙把后者同瓶的球形捏手隔开。当电瓶获得了足够强的电荷时,火花隙就会通过一个火花,病人便受到一次电击,其强度可通过改变火花所通过的火花隙两端间隔来调节。威廉·亨利于 1770 年发明了一种特别适用于指示一个莱顿瓶或莱顿瓶组成的电池上的电荷强度的仪器——**象限静电计**(图 113),普利斯特列曾在致富兰克林的一封信中描述了这种仪器,此信后来发表于《哲学学报》

252

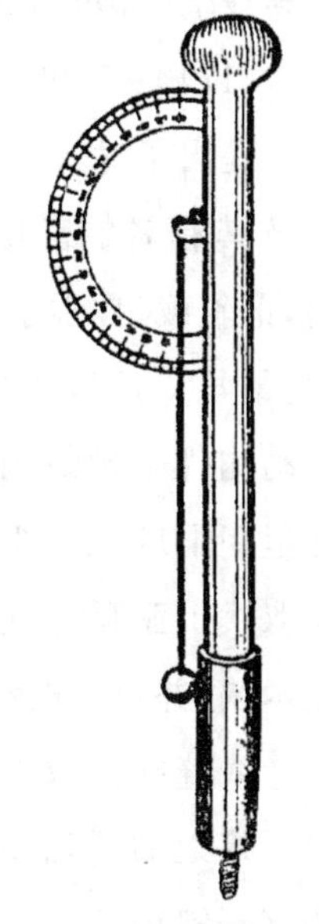

图 113—亨利的象限静电计

(1772,p. 359)。在这种仪器中,一根轻杆从刻度半圆即象限仪的中心悬吊一个软木球,这轻杆可在刻度半圆上转动。整个装置安装在一根象牙杆或黄杨木杆上,杆可藉其上的螺钉旋入起电机的原导体或莱顿瓶的球形捏手。支持球的轻杆的偏转便量度(按任意方式)了电荷。亨利应用这种仪器比较了各种金属的导电能力,其方法是观察需要由这静电计量度的多少电荷恰能熔化各种金属的1英寸长的丝(*Phil.Trans.*,1774,p. 389)。亨利还考虑过发明可用来研究大气的电状态的验电器的问题。奈恩建议屏蔽仪器,以免受气流影响。亨利为改进这一建议,提议把一对木髓球并排放在一个有孔的瓶中,把它们用线悬吊在一根伸出瓶塞数英寸的集电导线上(*Canton MSS.*,II,p. 94)。亨利的朋友提贝里乌斯·卡瓦洛(1749—1809)——一个几乎毕生在英国度过的意大利电学家——提出了对坎顿的木髓球验电器的其他一些改进意见。卡瓦洛的极其有名的静电计(1777年发明,记叙载《哲学学报》,1780,p. 14)是最早广泛应用的此类仪器,其活动构件全部封闭在一个玻璃容器里(图115的图2)。纤细的银丝取代了亚麻线,它们支撑着锥形软木块,并由一根绕过"瓶颈"的绝缘导线连接到仪器顶端的一个253 铜帽。接地的锡箔条附装在瓶内两侧,(据解释)这是为了在软木块分得很开,足以同锡箔接触时使软

图114—卡瓦洛

木块接地(因为每当欲用感应方法使软木块充电时,就要这样做)。整个仪器装在一个高约3英寸的盒子中。

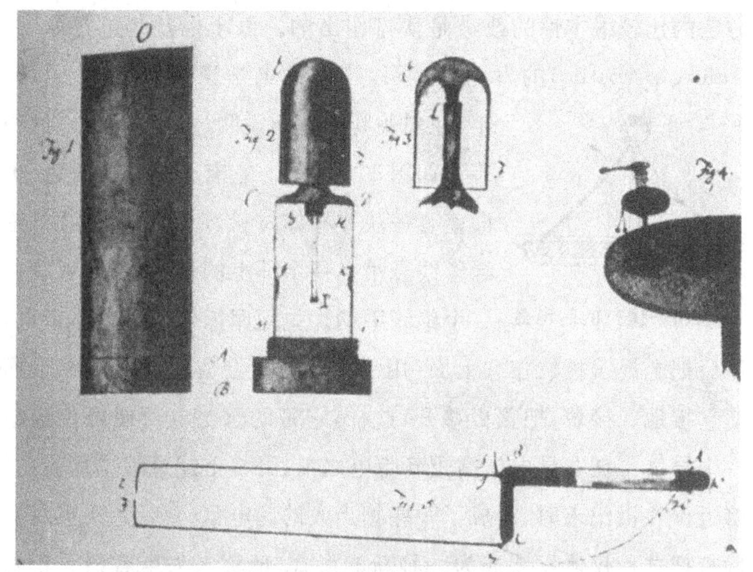

图115—卡瓦洛的瓶式静电计

卡文迪什在研究中所应用的验电器总的来说与坎顿的仪器区别不大。然而,他在对电射线或**电鲭**性质的实验研究中应用了"一种非常精密的静电计"。他这样描绘这种仪器:"我所用的静电计有两根平行悬吊的麦秆,长10英寸,其一端在一根作为中心的钢销上转动,另一端上固定着直径四分之一英寸的软木球。我判断这些球的分离的方法是,看它们是否与置于其后约10英寸处的平行线相重合。这时要留心让眼睛总是与软木球保持同样距离,且不让这个距离短于30英寸。为使麦秆导电性能更好,它们被涂上了金箔,这就使它们的效应更加有规则。这种静电计非常精确,但只能在电很弱的场合使用。”

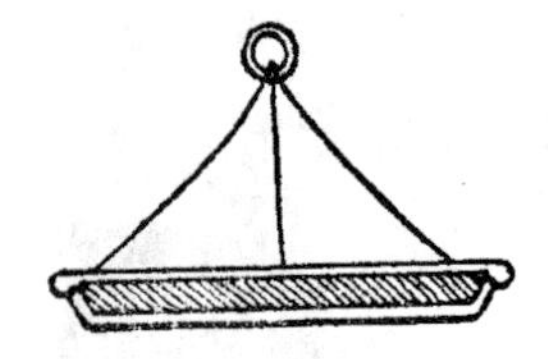
图 116—伏打的起电盘

德索絮尔在几个细小方面改进了卡瓦洛的验电器。估量电荷方法的比较根本性的改进是伏打作出的。由于他是起电盘(elettroforo perpetuo)的发明者,所以当时的电学家都知道他。1775年,他向普利斯特列说明过这种仪器。这种装置如图 116 所示。它有一个金属底盘,里面盛有一块非导体材料,还有一个由几根绝缘丝线悬吊在一个环上的金属盖,或者装备一个绝缘手柄。先用摩擦使非导电体带电,然后把金属盖板放在它上面,用手指或底盘金属边沿接触盖板而使它接地。接着,把盖板移开,这样,它带的感生电荷便可传递给一个导体。在非导电体需重新带电之前,可将上述过程重复多次。将近十八世纪末时,制成了一些相当大的起电盘(直径达 7 英尺)。254 伏打把这种仪器发展成为一种新的形式,他称之为**电容器**。正是他为这种仪器的后来演进奠定了基础。伏打的电容器实际上是一个用树脂薄层取代非导电体块的起电盘,它的最终形式示于图 117。它用于检测微弱的电荷或起电程度(*Of the Method of rendering very sensible the weakest natural or artificial Electricity*, London,1782)。伏打、拉普拉斯和拉瓦锡正是利用这种仪器证明了,在煤炭燃烧、铁屑在矾酸中溶解以及水蒸发等过程中,释出了少量电。为了测试这些实验中的微量电荷,首先应用的

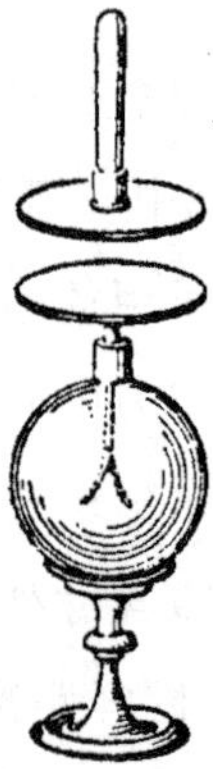

图 117—伏打的电容器

是卡瓦洛的验电器。然而,伏打在他于1787年7月写给利希滕伯格的两封信中,批评了当时判断电荷所用的一些方法,并说明了他自己新发明的静电计(*Opere*,1816,Tom I,Parte II,*Meteorologia Elettrica*)。这种仪器上主要是两根长约2英寸的细麦秆,它们并排紧贴着悬吊在银丝环上,当被充电时,它们很容易分开。整个装置封闭在一个方形玻璃容器中,后者一个侧面上贴着圆标尺。银丝与外部的一个金属帽联接。后来,这金属帽被代之以一种伏打电容器,从而构成了一种容电式验电器。伏打声称用实验确证了,两根麦秆的分离程度在一个很大范围内与静电计所得到的电荷成正比。

伏打渴望确立一种绝对的电的计量标准,它将与任何特定测量仪器的特征无关。十八世纪中期,已有几位作者建议,在测量一个物体的起电强度时,让它以引力把天平的一个秤盘拉低,然后看必须用多重的砝码放在另一个秤盘中,才恰好与这引力抗衡。一位佚名作者在致仪器制造家约翰·埃利科特的一封信中提出过这样一个建议,这封信发表于《哲学学报》(1746,p. 96)。格雷拉特的静电计实际上应用了这一原理:仪器由一个天平构成,其中一个秤盘垂直地位于一根铁杆上端上方,铁杆下端放在一张桌子上,桌子的高度可以通过一个螺钉随意调节。铁杆由摩擦起电机起电,它们用导线联接。起了电的铁杆对一个秤盘的吸引力被另一秤盘中的砝码平衡(并被计量)。格雷拉特观察记录了,为产生平衡所需的砝码如何随秤盘离吸引杆的距离以及起电机离铁杆的距离的变化而变化。(*Versuche und Abhandlungen der naturforschenden Gesellschaft in Danzig*,I,1747,pp. 506—34;格雷拉特对他的仪 255

器的描述见诸他的论文第 IV 节）伏打试图沿相当类似的路线使起电程度的量度标准化，正如他于 1787 年致利希滕伯格的第二封信中所说明的那样。他使一个带电体与一个直径 5 英寸的金属圆盘处于导电的相联接，金属圆盘从一架天平的横梁上用丝线悬吊，以使它位于一块水平接地板上方 2 英寸处。他求出，当把金属圆盘与一个莱顿瓶相接时，需用多少砝码才能平衡对金属圆盘的吸引。这时经量度的一系列电荷被供给莱顿瓶。他还试图把这些砝码与附装在莱顿瓶上的一个亨利象限静电计所显示的相应偏转关联起来。

对卡瓦洛的思想的另一个有意义的发展是德比郡沃克斯沃斯地方的副牧师亚伯拉罕·贝内特（1750—99）的著名的金箔静电计（图 118）。现在，它仍然是一种常用的初级仪器。它的原始形式是封闭在一个高 5 英寸的玻璃容器中的两条一端渐细的金箔；它们悬吊在一个象牙桩上，后者通过一根锡管与容器的绝缘金属帽联接。金箔对面的容器内表面的侧壁上用清漆固定着两条锡箔，当金属帽充电时，可用一个刻度纸标尺量度锡箔的张开程度。贝内特发

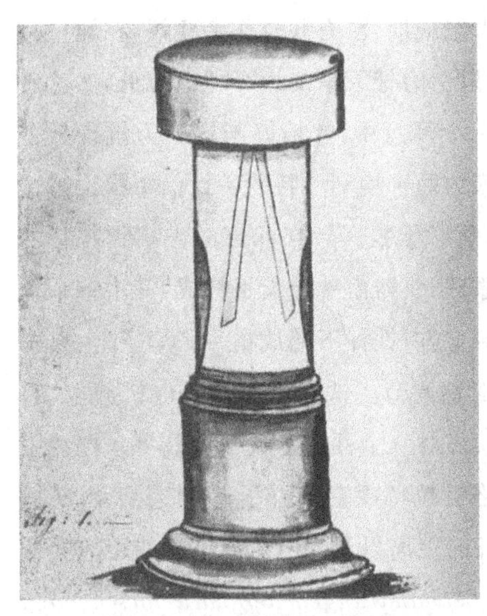

图 118—贝内特的金箔静电计

现,这种仪器很灵敏,足可检测到放在金属帽上的一个金属容器中的水在蒸发时所引起的起电(*Phil. Trans.*,1787,pp. 26,32)。贝内特试图用他的"电倍增器"改良伏打的容电式静电计(*Phil. Trans.*,1787,p. 288)。这种仪器用来放大否则难于检测的微弱电荷。它由一个金箔验电器和两块下面涂漆、配有绝缘手柄的铜板构成。现假设有小量电荷(譬如正电荷)已被传送到验电器上,并把两块铜板名为 B 和 C,于是,程序如下:将 B 放在验电器的金属帽上,并接地。于是,B 便获得了几乎与仪器上等量的感生负电荷。然后,藉手柄将 B 移开,将 C 置于 B 上(涂清漆的面朝下)并接地;这样,C 便获得感生正电荷。再将 B 放回到金属帽上并接地;然后,将 C 与金属帽联接,C 便几乎把它所有的正电荷都给予金属帽;接着,B 被移开,这时,它几乎带有比第一次多一倍的负电荷。将这样的循环程序反复进行,直到验电器呈现明显的张开。

有些人试图为贝内特的倍增过程中的操作设计一种机械方法。其中最著名的是以其发明者威廉·尼科尔森命名的"尼科尔森倍增器"。尼科尔森于 1788 年向约瑟夫·班克斯爵士说明了他的仪器(*Phil. Trans.*,1788,p. 403)。 256

这种放大电荷的机械装置很快就被看作同玩具差不多的东西。然而,可以认为它们是现代感应起电机的雏形。自十九世纪后期以来,感应起电机便取代摩擦起电机作为起电源。

(参见 W. Cameron Walker:"The Detection and Estimation of Electric Charges in the Eighteenth Century",载 *Annals of Science*, Vol. Ⅰ, 1936, pp. 66—100。)

五、流电学

自古以来人们一直知道，摩擦能使某些物质起电，而十八世纪的物理学家则表明，加热某些晶体也可以产生电，而且也可从大气收集到电。他们又进一步证明，电鲬的袭击是电性质的。然而，更为重要的是，在**流电**即**接触电**现象中发现了第五种起电源，这种现象是在十八世纪末观察到的。对此类现象的较充分的研究和理论解释可以认为是十九世纪物理学的最大成就。

祖尔策

1750 年前后，一个德国数学教授 J. G. 祖尔策首先注意到，在一定条件下，仅使两种金属接触，就能产生一种奇异感觉。但是，后来人们才把这效应与电联系起来（*Theorie der angenehmen und unangenehmen Empfindungen*, Berlin, 1762）。祖尔策有一次碰巧用他的舌尖放进两块不同金属之间，而它们的边缘是相接触的。他注意到，有一种刺激性的感觉，使他想起绿矾的味道。当把两块金属分开放在舌头上时，便没有产生什么。这个实验（如图 119 所示）可很容易地重复。将舌头伸进擦洗干净的锌片（A）和铜片（B）之间，两者沿边缘（C）相接触地放置。祖尔策认为，当把两种金属放在一起时，大概不会发生什么分解作用。他猜

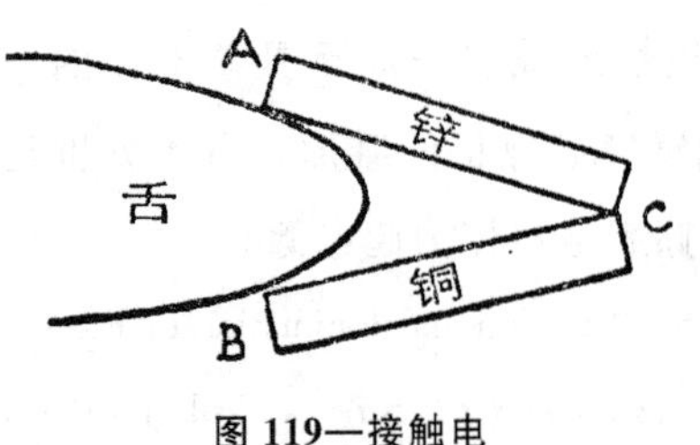

图 119—接触电

想,这两种金属的相触大概引起了它们的微粒振动,而这种振动刺 257
激了味觉神经。在这种实验后来的一种形式中,一个锡或锌的烧杯被安装在一个银制支座上,里面盛有水。当把舌尖浸入水中时,只要不与银支座接触,舌尖就不会感到任何味道。但是,若同时用湿手握住银支座,就会感觉到有一种独特的味道。祖尔策的发现当时还只是一种孤立的观察事实;正像这类事情常见的结局那样,它也未引起注意,最后被人们遗忘,直到科学的进一步发展导致必然地回到这个发现。

伽伐尼

图 120—伽伐尼

对接触电现象的真正研究始于偶然的观察。把一只新制备的青蛙腿与地导电地连接,每当在蛙腿附近有放电发生,蛙腿就会痉挛。蛙腿的这种行为是波洛尼亚大学解剖学教授意大利人卢伊季·伽伐尼(1737—98)约在 1780 年观察到的。伽伐尼在日记中记载了他的划时代实验,后来又在《关于电对肌肉运动的作用的评论》(*De viribus electricitatis in motu musculari commentarius*,1791)中发表了有关说明,这里的说明即以此为根据。(德文注译本,见 Ostwald:*Klassiker*,No.52。)

人们早就知道,直接通过动物尸体放电的作用可以使它产生肌肉痉挛,也知道电鲔能使死鱼发生动作。使伽伐尼惊讶的是,事

实上制备的蛙上所观察到的痉挛是在起电机与它之间没有任何联系的条件下发生的。如图 121(左第二图)所示,伽伐尼制备了一

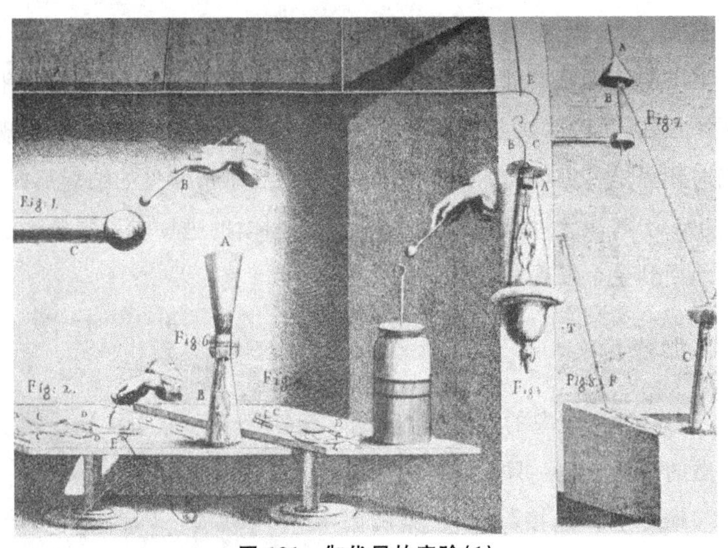

图 121—伽伐尼的实验(1)

只青蛙,放在一张桌子上,桌子上还有一台起电机。一个助手无意间用刀尖轻轻触了一下胫神经 DD,这时关节处的全部肌肉便都收缩了起来,就像被紧紧地夹住了一样。这恰巧发生在起电机导体产生一个电火花的时候;若无电火花,则什么也不发生。当握住刀的骨柄而不触及刀片时,实验也失败。这意味着这现象包含电的因素。伽伐尼证实了这一点。他交替用玻璃棒和铁棒去触神经,结果只有用铁棒时电火花才产生这种效应。然而,迄此,各个现象与接触电尚无任何关系,它们是由回击引起的,因为起电机上电荷引起的蛙腿上的电荷分布在放电的时刻被改变了。为要在距起电机导体一定距离处感知这种电荷分布及其因放电而达到的均

258

衡,必须把蛙腿置于与地相连的导电联接中。在伽伐尼的实验中,这起先是藉刀偶然接触神经而实现的,而后来则是故意地让蛙腿与一个导体相接触来实现的。当用莱顿瓶替代起电机放电时,以及当用活动物替代死的标本时,都观察到了类似的效应。温血动物的尸体也可以弄得产生这样的痉挛,但要比冷血动物更快地失去这种特性。

这些实验引起的震惊使伽伐尼进一步地去进行实验,这是这个新领域中几乎无限的重要发现的序幕。在演示了放电对位于起电机附近的蛙腿的作用之后,伽伐尼接着便想确定,大气电的影响是否也能引致类似效应,这里电闪起着起电机或莱顿瓶的人工放电的作用。他的著作的第二部分描述了他关于这个问题的实验。在一次雷雨中,用前述方法制备的蛙和一些温血动物的腿的神经被缚在长铁丝上,脚则用类似导线连接于地。结果不出伽伐尼所料。就在电闪闪现的同时,肌肉强烈地痉挛起来。在如此检验了与雷雨相关联的电效应之后,伽伐尼想研究大气中长久存在的电的激发这种神秘痉挛的力量,从而导致了他的书的第三部分所描述的那些发现。

伽伐尼注意到,若把制备的蛙缚于一个铁格子,并把黄铜钩刺进脊髓,则不仅在雷雨天气,而且甚至在晴朗天气,也会出现偶发的痉挛。他想,这些运动肯定是因大气电状态的变更而引起的,因而他就在一天中各不同时间观察被他盯住的动物。但是,肌肉只是难得有明显的运动。最后,他等得不耐烦了,便把铜钩贴压在铁格子上。结果,他立即看到了他起初将之归因于大气电的反复痉挛。但是,当他把一个标本拿进屋内放在一块铁板上,并把插入脊

259

髓的铜钩贴压在这铁板上时，他又观察到了类似的痉挛。

伽伐尼这时认识到，他正在研究一种根本料想不到的崭新现象，它与大气电的变化毫无关系。他改变了实验方式，把蛙放在一块不导电的玻璃板上，并把铜钩与蛙足连接起来。如果用另一种金属作连线，则痉挛就会产生，但如果用同种金属或非导体，就没有这种痉挛。图122取自伽伐尼的书，示出了伽伐尼设计的这个

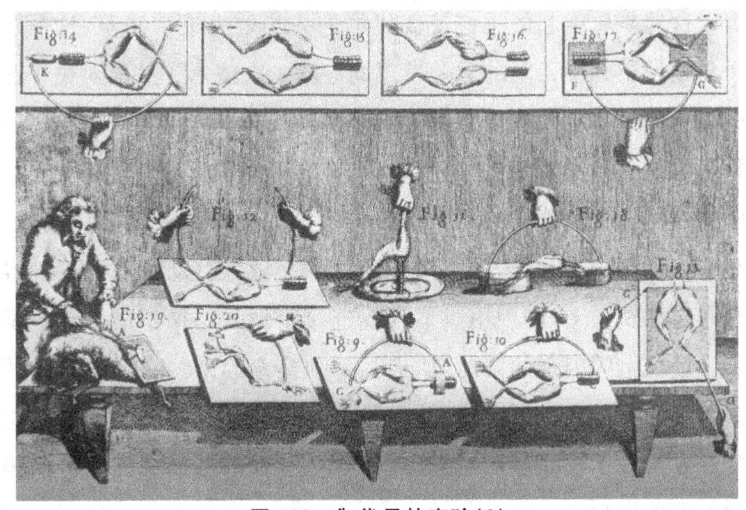

图 122—伽伐尼的实验(2)

基本实验的种种变形。其中最有意思的是第二图所示的那种电摆。电摆这样制成：把一个制备的蛙的一条腿举起，将黄铜钩穿过脊髓与一块银板接触，另一条腿可在银板上自由滑动。一当这条腿触及银板，肌肉便收缩，以致这腿向空中举起。当线路断开后，肌肉便放松，腿便再次与银板接触。这样便发生了又一次痉挛，腿又举高，这个过程如此便继续下去，蛙腿的振动颇像一个摆的运动。

当时对这种奇特现象只有两种可能的解释。它或者由于动物机体内存在电的缘故;或者它包含某种取决于不同金属接触的电过程,而蛙腿仅仅起到了一种灵敏验电器的作用。伽伐尼赞同前一种意见,认为所有这些现象全都证明存在着一种动物电。他设想这种电从脑流经神经而到达肌肉,并把肌肉比作莱顿瓶,设想肌肉表面和内部充有相反的电荷。当把神经与肌肉表面(它们各相当于莱顿瓶的内侧和外侧)导电地相连接时,就会发生放电,他设想肌肉收缩就是这种放电的一个结果。

伽伐尼的实验及其一开始便被广为接受的理论自然引起了物理学家、生理学家和医学家的极大兴趣,他们全都急切地弄来青蛙和不同种类的金属,亲自重复这些实验。

伽伐尼的科学活动以他的《评论》的发表而达于顶峰。此后,这个新领域便由他的同胞伏打执牛耳了。伽伐尼只是在继续捍卫他的"动物电"学说,以抵御伏打对它的攻击。但他渐渐地沉沦于深深的沮丧之中,未能在有生之年看到他的理论由于伏打发明了电堆而终于被推翻。 260

伏打

亚历山德罗·伏打(1745—1827)是科莫人,还不到三十岁时便在科莫当上了物理学教授。五年以后,他应邀到帕维亚大学担任同样的教职。1815 年,他成为帕多瓦大学哲学院院长,直到 1819 年。他的晚年在退休中度过。他的生涯从投身于气体性质的研究开始,但是甚至在 1791 年伽伐尼的研究结果发表以前,他就已经对电的科学作出了重要贡献。前面已讲到的起电盘和电容器都是他在这一时期的发明。他把它们与他的麦秆静电计一起使用,作为检测微量电的手段。这仪器在他后来研究接触电时起了极大作用,这使他很早就被接纳为皇家学会会员并荣膺该学会的科普利奖章。伏打的实验和思辨大都见诸他写给朋友们的书信。(这些书信的最重要部分的德文注译本,参见 Ostwald:*Klassiker*, Nos.114 和 118。)

图 123—伏打

伏打开始时先重复并证实了伽伐尼的实验。起初他相信伽伐尼"动物电"观点的正确性。他猜想,伽伐尼所观察到的肌肉痉挛必定起因于肌肉电和神经电之间的不均衡,而金属的连接只是起恢复平衡的作用。然而,几年之后,他认识到,不可把肌肉比作莱顿瓶的涂层,因为即使电荷均衡完全通过神经进行,肌肉完全处于导电线路之外,蛙腿仍然发生痉挛。伏打仿效祖尔策的实验,把两块不同的金属与嘴和眼接触,成功地不仅产生了味觉,而且还产生了光的感觉。这个实验证明,放电不但可引起肌肉痉挛,而且还能激发感觉神经。他的步骤如下。他把一条宽的锡箔放在舌尖上,把一枚银币放在舌后部。当用一根铜线联接这两种金属时,他感到一种强烈的酸味。伏打不用铜线,用一只银匙替代银币,放在舌后部,把匙柄接触放在舌头上的锡箔时,得到了同样结果。当按伽伐尼方式用不同种类的金属把前额与腭部连接时,他得到一种光的感觉,在接触的瞬间看到了一道明亮的闪光。通过这些研究,他越来越相信,那些金属不仅起到导体的作用,而且实际上本身就产生电。这样,大约在1792年,伏打在描述这些生理学研究时,改变了自己原来的观点。他认为,显然,在这些实验中,神经只是受到了刺激,产生这种刺激的电流的原因应当到金属本身去找。他写道:"它们是真正的电激发者,而神经本身是被动的。"大约就在此时,伏打发现,木炭可以用作为一种导体和电激发物替代伽伐尼实验中的金属。

在1794年写的一封信中,伏打便以动物电学说的反对者的姿态出现了,从此他以**金属电**这个术语取代了动物电。他坚持认为,这整个效应都起因于金属与任何潮湿物的接触,这接触使电循环起来。如果这电流通过尚存有一定活力的神经,则受这些神经控制的肌肉因而就发生痉挛。在这些百折不挠的艰辛研究中,伏打发现,这种运动以及上述的味觉和视觉因所用金属的性质而有明显差异。伏打在1794年制定了下列序列:锌、锡、铅、铁、铜、铂、金、银、石墨、木炭。这些物质在序列中相距越远,效应就越强烈。这种制定现在所称的元素电化序的最初尝试很快被扩展,添进了其他许多成员,包括诸如黄铁矿、方铅矿和铜矿石等矿物。

从此,伏打便力图把神经和肌肉完全从伽伐尼现象中排除出去。他把一对对金属同诸如纸、布等等潮湿物质相接触。为了正确无误地演示迄此肌肉痉挛中呈现的电荷最后均衡现象,伏打应用他的电容器放大极微量电的效应。他用这种仪器进行的初步试验就为他那著名的接触电基本实验铺平了道路。该实验表明,不用动物或其他任何潮湿物质作媒介,两种不同金属仅仅短暂接触 262

时，它们也会因此带上相反的电荷。在这个实验中，除了带绝缘手柄的各种金属板、一个电容器、一个用于检验和测量金属因相互接触而产生的电荷的灵敏金箔静电计之外，别无其他进一步的要求。例如，一个锌圆片与一个铜圆片接触后，两者便都充了电，前者带正电，后者带负电。再如，当锡或铁与铜接触后，铜带负电，但其强度要弱得多，而锡或铁则带正电。但是，当使这铜与金或银接触时，铜得到正电，而贵金属带负电。伏打在 1797 年的一封信中记述了他的这个基本实验。他在信中再次强调指出，仅仅让不同金属接触便可得到如此可观数量的电，这是何等奇怪的事，而目击了他的实验的专家们又都是何等地惊讶不已。为了确定各种接触电荷的符号，伏打把它们与他的静电计接通，然后把摩擦过的玻璃棒和树脂施加于静电计，观察哪个使箔片的张开增大，哪个使之减小。伏打通过大量地对他的基本实验作种种变化，终于把所试验的物质排成下列顺序：

＋
锌　　铜
铅　　银
锡　　金
铁　　石墨
　　　—

这些物质是这样排列的：当让表中任意两种金属相接触时，位置较前者带正电，较后者带负电。此外，用麦秆静电计作的测量表明，表中任何两个成员接触而产生的电的分离，取决这两种物质在表中的间距，距离越远，分离就越大。例如，对于序列中前四个成员，他发现差值如下：

锌/铅=5

铅/锡=1

锡/铁=3，

而对丁锌/铁，差值为9(=5+1+3)。这个结果促成确立“递次接触定律”：序列中任意两个成员的电分离等于全部中间成员间电分离之和，因此，在一个由各种金属构成的闭合电路中，沿这电路的各分离将抵消掉。李特认识到，这电化序还表示了这些金属的这样一种顺序排列：每一种金属都可以把其后的金属从它们的化合物溶液中置换出来，它本身也可被其前的金属置换。于是，他进而假设，伽伐尼电[流电]自有其化学过程的原因，这是与伏打的接触电理论相抵触的。直到后来得到法拉第研究的支持，李特的这个观点才得到广泛承认。 263

伏打起初依据自己的研究认为，电的激发力只存在于不同金属的接触点上，动物或其他流体仅仅起导体的作用。但进一步的研究使他认识到，当一种金属与一种流体接触时，也会产生激发力或电动势。绝缘的银、锡、锌等的圆片与潮湿的木块、纸张或瓦片接触，在再移开后可发现前者带负电。他称这些金属为一级电动体，把不能列入电化序的液体称为二级电动体或二级导体。但是，他承认，他解释不了为什么这两类物质成员的接触会如通常所观察到的那样导致起电。

伏打表明，在一个完全由一级电动体(金属)构成的电路中，不发生任何电的运动、电流。但是，他又进一步表明，当让两个一级电动体与一个潮湿的中间导体相连接，并且它们彼此直接或通过另一导体相连接而形成一个导电通路时，便会产生这种电流。这种组合被称为原电池。伏打为了倍增这种单个原电池的功效，就把许多单个原电池组合起来形成一个“电堆”。

这一已证明是绝顶重要的发明的最早说明见诸伏打致皇家学会会长约瑟夫·班克斯爵士的一封信中，时间是 1800 年 3 月 20 264 日(*Phil.Trans.*,1800,p. 403)。他在信中说，在他进行接触电实验的过程中，他成功地制成了一种新装置。他说，它具有非常微弱程度上的莱顿瓶性质，但又具有一个远远优于莱顿瓶的特点：无需从外部充电，而只要按适当方式接触便可自发地生电。他把这种装置的作用和布置比作电鲼的电器官。伏打的第一种电堆示于图 124。他这样描述它的结构：“取 30 块、40 块、60 块或更多块铜片，银片更好，使每一块都施加于一块锡片，或者锌片，那更好得多。取同样数目的水层或其他诸如盐水或碱液等导电性能优于纯水的液体层，或者同样数目在这些液体中浸泡过的卡纸或皮革等等，这些层夹在每对或每个组合所包含的两种不同金属之间。一个这种间隔的系列，并且这三种导体总是按同样顺序排列，就构成了我的仪器。”(*Phil. Trans.*,1800,p. 403)

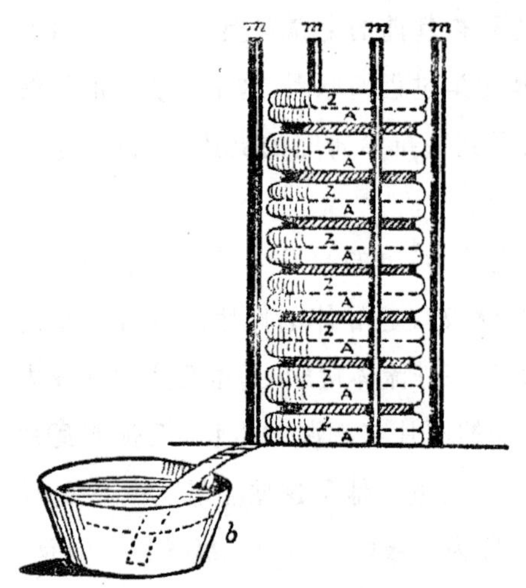

图 124—伏打的第一种电堆

用一只手接触顶端的金属片，另一只手浸入容器 b 以完成通路，除了可得到轻微的电击感而外，还可演示这装置对味觉、视觉和听觉神经的作用。为了把许许多多金属片组合起来，伏打不得不在电堆的周围放置支架，或者把电堆分成若干部分(图 125)。

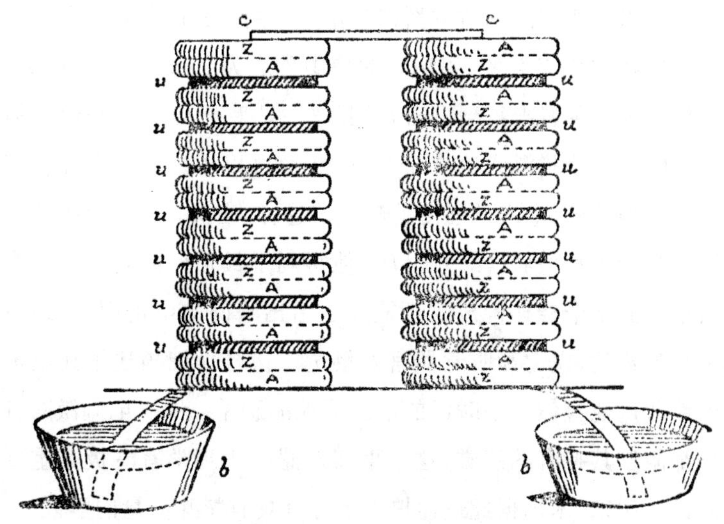

图 125—伏打的第二种电堆

这种电堆的缺点之一是，由于金属圆片紧压住布圆片，因此最后将 265 引起后者中含有的流体流遍整个电堆，从而使它失效。因此伏打便设计了一种布置来克服这个困难。他摆出一行玻璃或其他非金属材料制的烧杯，每个杯里都注入一半盐水或碱液。然后，如图 126 所示把它们串联起来，方式是在每个烧杯中都放入一块铜片或镀银铜片(A)以及一块锡片或锌片(Z)而每块铜片都与相邻的下一个烧杯中的锌片焊接。“以这种方式联接的 30、40 或 60 个烧杯的系列排成直线或任何形状曲线，就构成了整个这新装置。它

图 126—伏打的杯冠

在原理上以及所用的物质方面都与排成一列形式的装置无异。"为要从伏打在致班克斯的、用法写的信中称之为 *couronne de tasses*［杯冠］的这种装置上得到电击，只要把一只手浸入一个烧杯中，另一只手的一个手指浸入第二个烧杯中，就可以了。这两个烧杯在系列中隔得越开，电击的强度就越大。这样，当伏打把两只手放入系列中第一个和最后一个烧杯时，他得到了最强烈的电击。一个由四十或五十个烧杯构成的杯冠除了给出瞬间的电击而外，还可用来刺激味觉、视觉和听觉器官及触觉。伏打详细描述了让电流稳恒地通过他身体一些时候的情况下他的感觉。同一电刺激对各感官都激发其特有的感觉，这个事实对感官生理学有着极其重要的意义。后来，米勒据此进而提出了感官具有特殊能量的学说。

伏打在杯冠实验中注意到，电流的强度随所用盐溶液浓度的改变而变化，而且当水及周围空气温暖时，结果最好。他还研究了电流在并联电路间分配的方式，但他似乎没有觉察到伴随电流通过的化学过程，也可能他对之不感兴趣。

伏打电堆的发明在英国和法国引起人们的极大兴趣。1801 年，伏打应拿破仑邀请去到巴黎。他在巴黎讲学，赢得了盛誉。

266

卡莱尔和尼科尔森

在英国，第一个按照伏打的说明制成一个电堆的看来是伦敦的一位外科医生和解剖学教授安东尼·卡莱尔爵士(1768—1840)。事情的经过是这样的。1800年4月底,约瑟夫·班克斯爵士给卡莱尔看了伏打谈论电堆的那封信的第一部分;于是,卡莱尔立即亲自动手制作这种装置。尼科尔森写道:“4月30日,卡莱尔先生拿出了由十七枚半克朗银币制成的电堆,它还有同样数目的锌片和在盐水中浸过的纸板。这些东西的排列顺序为:银、锌、卡纸等等……银……在锌之下。”应用一个贝内特静电计和倍增器做的实验证明,从这电堆得到的电击是一种电现象,它们还表明,银端带负电,锌端带正电。在后来实验的过程中,“为使接触可靠起见,卡莱尔先生在顶端金属片上放了一滴水,结果发现在接触导线周围有气体离析出。当用钢作连接导线时,尽管这种气体的量非常微小,但我还是能够辨出它显然具有氢的气味。这和其他一些事实启发我进而想到可在两根导线之间代入一个水管来切断电路。因此,在5月2日,我们在塞在一根内径半英寸的玻璃管两端的两个软木塞上各插入一根黄铜导线。管内充有取自新河的水,两根导线在水中的两个线头相距$1\frac{3}{4}$英寸。应用了这种复合放电器,就可使它的导线的外端与一个电堆两端的板片相接触,这个电堆由三十六枚半克朗银币以及相应数目的锌片和纸板片构成。一串精细的气泡立即开始从管中与银片联接的下部导线的端头流出,而上部导线的相对端头便失去光泽,先变成深橙色,然后成为黑色。当把管子颠倒过来时,气体就从这时处于最低位置的另一端头释出,而上部导线端头又失去光泽而变黑。……在整个两个半小时的时间里,气体产物共达三十分之二立方英寸。然后,让这气体产物与等量的普通空气混合，并用一根点燃的蜡线引爆之。”“我们看到氢最先出现，于是便推想，会发生水的分解。但令人惊讶的是，我们发现，游离的氢处于与一根导线相接触处，而氧则与差不多2英寸以外的另一根导线相结合。这个新事实还有待于解释，而且它似乎表明了在化学过程中电作用的某种普遍规律。”后来“两根铂导线……被插进一根内径四分之一英寸的短管内。把这装置置于电路之中后，银的一侧放出一串密接的精细气泡，而锌侧也有一串气泡，但没有前者那么多。……自然可以猜想，从银侧放出较大气泡串是氢，而较小气泡串则是氧。……”这时，卡莱尔和尼科尔森各自都已制作了一个电堆；这两个电堆被组合了起来，结果收集到大量这两种气体。“使两根铂导线从两根独立的管中伸出……”这两根管子“被浸入一根盛水的浅玻璃容器中，这容器中有两个倒放的小容器，它们充满水，并这样放置：使一根管中的铂导线在一个容器下面，另一根管中的铂线在另一个容器下面。……从每根导线都升起了一团气云，但大都是从银侧即负侧升起的。气泡从水中各处析出，附着于小容器的全部内表面。这个过程持续了十三小时，此后，导线被断开，两种气体被移注到另外的瓶中。当称量这些瓶以测定空气数量时，发现被气体置换的水的数量，在锌侧为72格令，在银侧为142格令。……它们在体积上的比例接近等于所说的水的组分的比例”。（见威廉·尼科尔森的说明，载 *Nicholson's Journal*, July 1800, pp. 179—91。）

卡莱尔和尼科尔森对水的电解是利用伽伐尼电流完成对一种化合物的分解的第一个完整而又肯定的事例。事实上，冯·洪堡以及其他人已经指出一些显然依靠电流的化学作用的现象。甚至在伏打电堆发明以前,就已有人猜想,化学变化可能是电产生的原因,而不是其结果。然而,这两位英国研究者应当说是有功绩的,他们首次通过一个精心设计的有说服力的实验明确地演示了流电对水的分解。下一步的工作是把这种新仪器应用于一些其化学构成尚属未知的物质,这一步没过几年就由汉弗莱·戴维完成,他获得了辉煌成果。

李特和沃拉斯顿

在德国,J. W. 李特是最早投身伽伐尼电研究的人之一。像伏打一样,李特也认识到,伽伐尼现象可以在没有动物体参与的情况下发生;而且他进一步证明,伽伐尼电现象和普通电现象本是同一种现象。这个问题在一个时期里一直是有争议的。李特给一个电堆的两极各接一根导线,给每根导线的端头再各接一条金箔,由此表明,两极互相吸引。当把两根导线靠近时,两条金箔便相互吸引,直到它们最后相接触而闭合电路(*Gilbert's Annalen*, Ⅷ, p. 390)。W. H. 沃拉斯顿做了一个带些补充性的实验。他从一台摩擦起电机的两个接线端上接出了两根细导线作为电极,以之分解硫酸铜溶液(*Phil. Trans.*,1801,p. 427)。

268

六、磁学

在十八世纪的大部分时间里,磁现象都被解释为起因于据认为围绕磁体循环的笛卡尔涡旋。欧勒提出了这种理论的一种形式即“单流体”说。按照它,磁体被认为像蜂房一样布满了许多阀门似的细孔,磁流体只能从一个方向通过这些孔。这样,磁流体从一极进入磁体,从另一极离去。然而,在这一世纪的后半期,物理学家倾向于把一种无所不在的流体或两种这样的流体的假说应用于磁学,而在解释类似的电现象时,这类假说已显得很有效。例如,埃皮努斯于1759年倡言磁的(像电的一样)“单流体”说。他认为,这种流体由相互排斥,但吸引普通物质微粒子的微粒构成。当一个物体内所含的这种流体大部分积聚在其一端时,该物体便被磁化。这种假说在解释负极相斥现象时遇到了困难。这自然地导致“两流体”理论,例如安东·布鲁格曼不久后便提出的那种,它后来为库仑和泊松所接受。在这种理论通常所采取的形式中,磁性物质的终极微粒或其中的某一些被认为是微磁体,或在磁场的作用下能够变成这样的微磁体。实验上无法获得孤立磁极的事实证明这假说是合理的。按照这假说,磁化就是使不规则分布的磁微粒取向而排列成链。

在十八世纪里,制造强磁性人造磁铁的方法取得显著进步,这便利了对磁的吸引和排斥的研究。高恩·奈特的工作就属于其中最好者之列。他先用自己的独特方法把许多钢条分别磁化,然后把它们扎成一些捆或弹仓似的东西,它们配备有铁,以形成具有很大起重力的复合磁铁(*Phil.Trans.*,1744,p. 161和1747,p. 656)。约翰·坎顿在这方面提出了一些进一步的改良,但是在十九世纪发现了电磁后,所有这些方法全都被废弃了。

在我们所讨论的这个时期中,磁学上只作出了不多几个新发现。人们发现了,除铁以外,其他一些物质也受磁体影响,而且这种影响并非总是吸引。例如,布兰特(1735年)和克朗施泰特

(1751年)证明他俩分别发现的新元素钴和镍具有轻微的磁性,后来库仑又扩充了这张表。另一方面,西博尔德·布鲁格曼(安东的儿子)于1778年表明,铋和锑排斥一根磁针的两极,这是已知最早的**抗磁性**事例。在这个时期中,电闪使铁磁化的现象也受到相当的注意。

库仑

然而,十八世纪在磁学上的最大成就是,库仑确定了磁极的力随距离而变化的定律。牛顿在《原理》中描述了他自己想确立这条定律的一些初步尝试,在随后的一世纪里,人们对这一问题进行了一系列研究,但均无结果。通常的程序是在一个刻度象限仪的中心安装一根磁针,用一块磁石沿与磁子午圈垂直的方向对准这指针,读取磁针的偏转。磁针的偏转随磁石的距离而变化,可把偏转与距离对应地列成表。哈雷就是沿这路线进行实验的,他在1687年3月20日向皇家学会宣读的一篇论文中描述了这些实验(*Register Book*, Vol. 9, p. 25)。豪克斯贝(*Phil. Trans.*, 1712, p. 506)和布鲁克·泰勒(*Phil. Trans.*, 1721, p. 204)后来都进行过类似观察。但这些实验均未得到什么确定的磁力定律。米欣布罗克用一架天平来比较两个相隔不同距离的磁体的引力;但他的结果同样是不确定的。然而,米歇尔研究了这些研究者获得的结果,遂于1750年提出,磁力可能遵循平方反比定律。米歇尔的陈述见诸他的《人造磁体论》(*Treatise of Artificial Magnets*)(剑桥,第二版,1751年)。他认为,"每个磁极在一切方向上等距离处都具有完全相等的引力或斥力。……磁引力和磁斥力彼此完全相 270

等。……磁体的引力和斥力随距各该磁极的距离的平方的增加而减少。"米歇尔推演出这条定律,其根据是"我自己做的以及我看到的别人做的实验。……但是,我并不自称它是确实的,因为已做过的实验尚不能够以充分的精确性确定它"(上引著作,pp. 17—19)。不久,J. T. 迈尔也提出了同样的定律。他提交给哥廷根皇家学会的论文显然没有发表;但费舍说,埃克斯勒本和利希滕伯格的《自然科学基本原理》(*Anfangsgründe der Naturwissenschaft*, §709)中转述了迈尔论文的内容。后来,兰伯特用一个探察罗盘测绘一块磁体的磁场,得到了一些曲线,他把它们与按照平方反比定律的假设计算出来的力的曲线进行比较。由此,他也推出了同样的定律(*Mém.de l'Acad.Roy.des Sciences de Berlin*, 1766)。

库仑在他那测定磁力定律的经典实验中,运用了两种独特的方法。他在 1785 年发表于《皇家科学院备忘录》(巴黎)(Ostwald: *Klassiker*, No.13)的一篇论文中描述了这两种方法。

在第一种方法中,他应用了一根可绕其平衡位置自由振动的短罗盘针,并垂直地悬吊一根约 25 英寸长的磁化钢丝,使它与罗盘针在同一条磁子午圈上,其一个磁极与罗盘针齐平。记下罗盘针的小振幅振动的周期,先是仅仅在地球磁场的作用之下,然后是在处于不同短距离上的垂直磁体的作用之下。如果假定振动是简谐的,则场强将与周期平方成反比。把各结果适当加以组合,就可消除地球磁场的效应,而磁体产生的力被表明与距吸引极的距离的平方成反比。库仑在实际的实验中考虑到了各种干扰因素。例如,他发现,长磁体与罗盘针间的有效距离应认为是多大;长磁体的极应考虑处于何处;另一极的作用范围应认为有多远;等等。

库仑的第二种方法运用了一种扭秤，有些像他在测定电斥力定律时用的扭秤。他的仪器主要是一个盒，内有一个刻度圆，并有 271 一根横臂横跨这盒，一根垂直管穿过横臂中央的一个孔。在这管内部，一根黄铜线从其上端连接于一个微扭计，这微扭计能把这黄铜线转过任何角度，后者可从微扭计的刻度头读出。黄铜线下端吊着一个镫形物，里面放着一块棒状磁体。这装置起先这样安置：铜线不受扭力作用，微扭计上的读数为零，镫形物中的磁棒在磁子午圈上的方向指向下面刻度圆上的0°。这时黄铜线被扭转，使磁棒转离子午圈一个被计量的角度。为此所需的扭转的量便给出了对地球磁场强度的一种度量。然后，磁棒又被回复到磁子午圈位置，并在磁子午圈上垂直放置一个长磁体，以排斥悬吊的磁体。通过扭转黄铜线，后者又被逐渐转回到出发点，记下两个极处于各角距离时所引起的扭转。考虑到地球磁场所引起的扭转(根据预备实验可知)，就可以确定两极间斥力如何随其间距而变化，这样，平方反比定律也就得到证实。

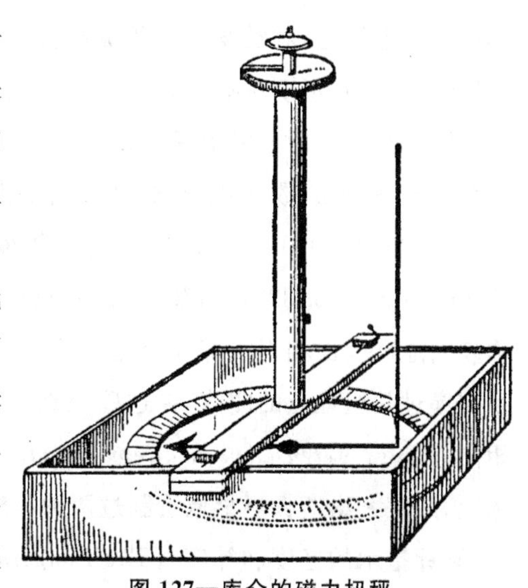

图 127—库仑的磁力扭秤

十九世纪初，高斯用一种更其决定性的实验证实了这条定律。

磁偏角

十八世纪里，对磁偏角或者说罗盘变化进行了大量观察。人们发现，有必要定期对哈雷1700年的变化图进行修正。这就是威272 廉·蒙顿和詹姆斯·多德森所做的工作。1757年，他们发表了以半个世纪里做的数千次观测为根据的几组图表，它们表明了1710、1720、1730、1744和1756这五年罗盘变化的分布（*Phil. Trans.*，Vol.L，p. 329）。1768年维尔克在瑞典发表了最早一张宣称表明地球表面相当一部分上磁倾角分布的图，为此图上画有一系列穿过几组地点的曲线，在这些地点罗盘针对地平线的倾角都相同（*Kongl.Vetenskaps Academiens Handlingar*，Vol. XXX）。实际上，威廉·惠斯顿更早地绘制过两种等磁倾线图，发表于他的书《磁倾针指示的经度和纬度》（*The Longitude and Latitude found by the Inclinatory or Dipping Needle*，etc.）（伦敦，1721年）之中，它们的主要依据是他自己对磁倾角的测量。但是，惠斯顿的图仅仅分别覆盖英国东南部，以及中部和东南部；图上的等磁倾线是一些平行的等距离直线，表明了一种常规分布。而维尔克的图覆盖了欧洲、大西洋、南美洲、非洲、印度洋以及太平洋的一部分，但未包括亚洲和北美洲。在图上适当位置记录了制图所依据的全部观测资料，尽管维尔克对这些磁倾角估计值以及观测地的精确经度和纬度的不确定性并不抱幻想。（参见 Hellmann：*Neudrucke*，No.4，其中复制了惠斯顿和维尔克的图，并附注释。）

乔治·格雷厄姆证实了罗盘变化的周日波动的存在，这是他在1722至1723年间做的一系列观察的结果（*Phil.Trans.*，1724，

p. 96)。后来,摄尔絮斯证实了这一效应,他也注意到磁针扰动和极光显现之间的密切关系。沃根廷和道尔顿后来研究了这一关系。1756年,坎顿研究了罗盘变化的周日波动和不规则波动这两个问题,对这种量进行了多达约四千次的一系列观测。他把周日波动归因于太阳对地球表面的加热不均匀,把不规则扰动归因于地下加热,而他认为,有些像加热电气石时会产生电那样,地下加热也是伴随出现的极光显示的原因(*Phil.Trans.*,1759,p. 398)。他注意到,夏季的周日波动幅度几乎两倍于冬季时的幅度。约在1780年,卡西尼伯爵也观察到了罗盘变化的周年波动。

273 将近十八世纪末时,人们开始尝试比较各个时间和地点的地磁场强度。所用的方法是比较一根给定磁针在各种条件下的振动频率。这领域的先驱者包括瑞典人F.马利特(1769年,*Novi commentarii Academiae Scientiarum Petropolitanae*)、法国物理学家博尔达(1776年)以及探险家洪堡(约在世纪末)。高斯在十九世纪首先达致磁场强度的绝对量度。

洪堡编制了一张图,表明了地球表面地磁场强度到处大致相等的地带。这图以他在美洲之行(1799—1803年)中进行的测量为依据,发表于洪堡和毕奥的论文《论不同纬度上地磁的变化》(*Sur les variations du magnétisme terrestre à différentes latitudes*)之中,此文于13年霜月26日①在国家研究院宣读。获得数据的方法是让一根磁倾针在磁子午圈上振动,观察它在十分钟里

① 此日期系按法国共和历,共和元年为1793年,霜月为共和历的三月,即公历十一月二十一日至十二月二十日。——译者

的振动次数。洪堡认为，他的发现，即地磁场强度从地极到赤道渐减，或许是他的美洲之行的最重要成果。C.汉斯滕在1825年和1826年发表了最早的等磁力线详图。（Hellmann的*Neudrucke*，No.4中复制了洪堡的图，并附注释。）

除了坎顿对罗盘针周日振动作的解释（这种解释在十九世纪一度又复活）这类思辨之外，这里讨论的这个时期里对地磁学**理论**几乎没有作出什么贡献。哈雷的四磁极假说被欧勒否弃，后者接受笛卡尔的观点，认为罗盘针变化的缓慢变动起因于地球内部铁的生成和衰变，因而是难于预测的。

（参见 P. F. Mottelay，*Bibliographical History of Electricity and Magnetism*，1922；E. Hoppe，*Geschichte der Elektriziät*，Leipzig，1884；以及边码第181—182页所列关于物理学的一般书籍。）

第十一章　气象学

一、气象学文献

十八世纪气象学文献的发展，可从一些代表性著作得到说明。它们就是克里斯蒂安·沃尔夫、米夏埃尔·克里斯托夫·哈诺夫、路易·科特和约翰·道尔顿的著作。这些著作家完成了一项从十七世纪开始的任务，即把气象学从亚里士多德《气象学》(*Meteorologica*)的长久影响下解放出来，把它确立为应用物理学的一个基于观察的分支。气象学以往长期来只是占星术的附庸。然而，这个任务的完成已是十八世纪很晚的时候了，这时气象学的论述才开始明显受实际仪器观测结果的影响。在气象学成为科学的一个公认的独立分支，即其规律必须由大气现象的系统观测来确定之前，它经历过一个阶段，其间它只是作为初等气体力学的一部分，枯燥乏味地加以阐述。

沃尔夫

克里斯蒂安·沃尔夫(1679—1754)这位哲学家的一篇基本著作，可以作为对气象学作枯燥刻板论述的例子。这篇著作的标题为《大气测量学原理：用几何方法论证空气的一些力和性质》

(*Aerometriae Elementa, in quibus aliquot Aeris vires ac proprietates juxta methodum Geome trarum demonstrantur*)(莱比锡,1709年)。它严格按照数学形式,从**定义**(例如"大气测量学是测量空气的科学")、解释性的**附注**(例如,解释**科学**、**测量**和**空气**的含义)和**公理**(例如,重物垂直地下压在其下面的物体),到**定理**(例如,空气的压力在一切方向上起作用,空气的弹性或弹力等于大气上悬体积的重量)和**问题**(例如,建造一台抽气机)。通篇很少提到实际观测,不过,屈指可数的几个基本实验则是例外。例如,伽利略对空气重量和抽气机性质的观测;托里拆利的水银气压计实验;水和空气的热膨胀;波义耳定律的证实,等等。论述纯粹气象学问题的章节不多。沃尔夫在书中有一节里提出,风完全是由于大气突发的局域膨胀或收缩造成的,而太阳的热是引起这种平衡失却的主要因素。所提到的各种测量大气广延高度的方法,都基于曙暮光持续时间的估计值(中世纪以来就已知道的一种方法)或者根据将空气密度与地球表面上高度相联系的定律而测取的地平大气压的估计值(马里奥特和哈雷的方法)。沃尔夫的工作不超出仅仅对主要气象仪器的说明,在介绍湿度计和风速计时,他曾提供了相当详尽的细节以及插图。为了测量湿度,他建议制作一种这样的湿度计,它是一根长长的大麻纤维,一端固定在墙上,水平地沿墙通过一个固定在墙上的滑轮。它在自由端承接一个重物,藉之保持绷紧。空气湿度变化引起大麻纤维膨胀和收缩,而这使滑轮沿一个或另一个方向转过一定角度,由一个装在滑轮上面、在一个刻度盘上转动的指针来指示。沃尔夫还描述了一种有趣的风速计。风驱动一个小风车,后者的轴藉一个蜗杆转动一个嵌齿轮。这个嵌齿轮上装有一根摇臂，其远端固定一个重物。当这仪器不用时，这摇臂垂直下悬。当风力转动嵌齿轮和摇臂时，这重物被提起；但是，它产生逐渐增大的阻力，抵抗提升，而当它对嵌齿轮的力偶等于风力作用于螺丝所产生的力偶时，这整个机构于是便处于停顿。嵌齿轮在如此达到静止之前所转过的角度便测量了风力；它由一个指针指示，后者装在嵌齿轮上，在仪器外壳上的一个度盘上转动。抽气机的说明附有插图；还证明了，当泵以 n 次冲程把容器部分地抽空时，容器中剩余空气的数量同原始数量之比，等于容器容量的 n 次幂同容器和汽缸总容量的 n 次幂之比。

哈诺夫

沃尔夫死后，米夏埃尔·克里斯托夫·哈诺夫在他的《自然哲学或物理学教义》(*Philosophia Naturalis sive Physica Dogmatica*)(马格德堡哈雷，1762—1768 年)中继续阐发了克里斯蒂安·沃尔夫的自然哲学体系。不过，在这部著作中，气象学享有了更大的独立性。哈诺夫将此四卷书中的第二卷全部用来论述了“大气学和水理学”。

首先研讨了纯粹空气的性质，纯粹空气是从通常荷载它的空气中分离出来的。除了详尽论述了气体力学和风动工具之外，还专门阐述了风。风的成因被说成是大气平衡遭破坏，而破坏的原因举例说来有局域的排气、吸收或者热膨胀，它们都造成周围空气流入。风的功能包括：驱散恶浊空气；调和冷热；散布出和关系到土壤肥力的蒸汽；促进潮湿地面的蒸发；便利航行；以及驱动风车。至于风的测量，哈诺夫描述了他自己比较风力的尝试。他在露天 276

放置一系列各种长度的旗帜，注意风的强度足以正好把哪面旗帜吹得飘成水平。或者，他只用一面旗帜，它荷载各种不同的重物；或者，测量一根带有一小铅块作为重物的马鬃的偏转。他用这种方法把风力区分为8级。同纯粹空气不同，地球大气是蒸气和发散物的“仓库”，它像海绵一样地吸收它们，而它们的恰当分布确保了土壤的肥沃。大气的这种吸收活性似乎是根据同磁的类比来认识的，因而空气粒子被认为赋有吸收极，得以结合起来形成顽磁链。大气分成三个区域，它们按离地球中心的距离依次为：(1)约$4\frac{1}{4}$英里厚的一层，从最深深渊到最高山岳的巅峰；(2)约$5\frac{1}{2}$英里厚的中间层，太阳光被这个区域反射而形成曙暮光；和(3)约50英里厚的上层，它是极光发生的地方，只有最精微的发散物才到达那里。大气现象分为两类：**以太的**和**水的**。以太的大气现象是那些发出光和热的现象（它们的媒介物被认为是以太），它们包括（通常由于发散物结合而产生）流星、磷火、极光、晕、幻日、天空的赋色；还有虹霓（按照牛顿的解释）和雷暴（看做为亚硝硫同水蒸气混合而发生的爆炸）。水的大气现象可以是液态的或者冻结态的；液态的那类可以是气态的（云、雾等等）或者凝结的（雨、露等等）；冻结态的可以是白霜（冻结在物体上的蒸气），或者雪（冻结在空气中的蒸气）。在关于水理学的部分，按传统方式讨论了湖泊、河流、矿泉等等；海洋据称从一开始就**创造**盐；潮汐的成因解释为地球旋转破坏了以太平衡。

277

科特

佩尔·路易·科特(1740—1815)的《论气象学》(*Traitéde*

Météorologie)在科学院的赞助下于1774年在巴黎出版。科特是巴黎附近蒙莫朗西教区的牧师。他是卢梭的朋友。他是科学院的通讯院士,在写作这部专著时大量引用科学院的备忘录,这是第一部基于观测的教科书。这部巨著分成五册,而且书中首先用其导论部分论述法国气象观测的历史,科特对定期观测至少追溯到1666年科学院成立的时候。马里奥特和皮卡尔是这门学科的先驱,莫林三十多年如一日地精确记载气象日志。从1688年起,科学院从不间断地让一名院士保存一份定期记录。列奥弥尔在改良了温度计之后,于1733和1740年间组织进行了全世界范围的测温观察。梅朗编制了几年北极光出现的表。许多外国通讯院士也寄来报告,它们不时发表在《外国学者报告汇编》(*Recueil des Mémoires des Savans Etrangers*)上。除了这种纯粹气象记载之外,还有别的记载,例如杜阿梅尔从1741年起一直作的关于天气同植物现象关系的记载,以及马卢安在1746和1754年间作的旨在弄清各种天气如何影响某些疾病疗程的记载。科特利用了所有这些记载和许多其他记载(印刷品或者手稿);他自己也是一个热诚而又经验丰富的观测者。他认为,观察资料的收集可以服务于农业和医学,并且是建立科学气象学的一个必不可少的准备,他期望这门科学有朝一日将会兴起。他承认,大气现象似乎十分紊乱,但它们或许并不像看上去那样紊乱;仔细的、持之以恒的观测可能发现规则性。

科特论著的第一册论述大气(它的组成、高度和压强,它的冷热变迁及其电性质)和各种大气现象。它们分为四类:(i)**气的**(风和海龙卷);(ii)**水的**(露、雾、雨,等等);(iii)**火的**(雷和电闪、圣埃耳莫火[1]、鬼火、地震，等等)；和(iv)**光的**(虹霓、幻日、极光，等等)。书中介绍了当时流行的关于这些现象的各种主要解释。第二册论述气象仪器，回顾了它们的历史，说明了各主要类型仪器的正确制造方法，指出了每种仪器的特殊缺陷。详尽程度不一地介绍了大约二十五种温度计；其他章节论述气压计(应用于测量高度)、湿度计(科特认为它还有严重缺陷，不适合科学应用)、风速计、雨量计、指南针和静电计。配有许多图版。第三册有十五张气象学、植物学和人口统计学方面的表，其中有许多表都基于科学院所积累的记载。这些表分别表明：(i)1699 到 1770 年每年在巴黎观测到的最高温度和最低温度(按列奥弥尔温标)；(ii)在一天和一年的不同时候、在不同深度的海水中测量的海面温度，并同海底温度作比较；(iii)1699—1770 年巴黎的气压计的最大和最小读数；(iv)1748—1770 年的常见风和常见天气；(v)1689—1754 年巴黎的年降雨量；(vi)巴黎和西欧其他城镇年降雨量的比较；(vii)从 1580 到 1770 年巴黎指南针的变化；(Ⅷ)从 1716 到 1734 年极光显现的逐月记录，附有一些上溯到公元 500 年的早期数据；(ix)载明前面各个表的平均值的一览表；(x)1741—1770 年间各种果树和作物开花或成熟的日期；(xi)同一时期里，燕子来去的日期，夜莺和杜鹃开始啼鸣的日期，某些昆虫出现的日期；(xii)1748—1770 年间每年四月—六月辐照在大地上的热量总和(日平均温度相加而成)，它们按冷热和干湿分类；(xiii)一年中每天的平均冷热程度；

278

① 欧洲中世纪时对尖端物体的电晕放电的称呼。圣埃耳莫是四世纪时的叙利亚主教，后来被尊为海员的守护神，圣埃耳莫之火即是奉献给他的。——译者

(xiv)从1701到1770年蒙莫朗西(科特的教区)每年出生、结婚和丧葬(区分性别)的人数;(xv)这些年里取的每十二个月这些人数的总和。第四册(科特认为,它是整部著作的核心部分)详细讨论了这些表中所载的结果,并从中引出一些结论。这一册分成三个部分:物理气象学部分、植物气象学部分和医学气象学部分。这些内容的实质可从这里讨论的几点得到说明。科特表明,最高温度在许多年里的平均值之超过冰点,大约四倍于最低温度平均值之低于冰点。一年中最热和最冷滞后于夏至和冬至约四十天;同样,一天中最热和最冷分别发生在午后三小时和午夜后三小时左右的时候。科特比较了全世界的温度数据之后,产生一个印象,觉得无论赤道还是北极圈,夏天炎热**程度**到处都差不多,然而在热带热保持比较均匀,那里居民经受的温差不怎么强烈。并且,赤道地区对热**感觉**到比较难忍,因为日晒的热在人身上积聚起来。科特不相信气压计可以作为预报天气的仪器,尽管他给出了一些规则,认为它们像可以预期的那样可靠。他认为,在相隔很远地方的气压计读数经过校正后显得相当一致;他发觉,至少在热带,气压计的读数表现出同月相有一定联系。他认为风是引起天气变化的主要因素。还讨论了用其他仪器得到的结果,这一部分最后是一些寄自法国和外国(例如墨西哥、魁北克、维尔纳、好望角等等)某些观测站的精选观测资料。在植物学部分,科特试图确立气象条件和地上水果生长之间的关系。然而,他认识到,决定因素非常多,因此,他无法保证他的结论绝对正确。在用一章讨论了汁液在植物中的运动,另用一章讨论了各种土壤之后,他转而考虑了各种天气对小麦、黑麦、燕麦、大麦、干草以及一般饲料、果树和葡萄树的生长的

279

影响。他希望，这种研究能使农夫得以保护作物，抵御有害天气，并给博物学家以启示，让他们找出常见植物病的原因和可能疗法。记下了许多细小的观察，在可能的地方还作了概括，但是都没有太大的科学价值，虽然这样重新强调观察，是有重要意义的。接着，考察了各种候鸟（它们的迁徙被归因于觅食而不是温度变化）；农业上有重要意义的昆虫；最后，那些决定一年四季河流高度的环境条件。第三部分（它几乎完全根据马卢安的工作）研讨各个影响健康和疾病的因素，包括大气的压强、湿度、温度和成分、风、食物和水、气候和生活方式。自然，如此试图把某些疾病归因于某些这类因素，是没有多大意义的。这一册最后考察了已在第三册里列表的蒙莫朗西的人口动态统计。第五册根据科特自己的经验，说明了怎样进行气象观测，特别提到观测者的理想品质（他最好是医生）、气象台的最佳台址、仪器的选择、仪器使用的注意事项和记录与总结观测资料的最佳方法。科特举例给出了他自己记录的1771年观测资料，包括蒙莫朗西那年一份关于物理学、植物学、医学和人口统计的概要。

280

科特感到，有必要给他的巨著增补1788年在巴黎发表的两大卷《气象学研究报告集》(*Mémoires sur la Météorologie*)。这期间，他成为拉昂大教堂牧师会成员和Mannheimer Gesellscaft〔曼海姆学会〕会员。许多因素激发了他对气象学发生广泛兴趣。这些因素包括：巴黎的Société Royale de Médicine〔皇家医学会〕（科特同它关系密切）的会员成分和气象学活动；Natuuren Geneeskundige Correspondentie Societeit〔自然和人文科学通信学会〕在海牙建立（科特同该会备忘录编者J. H. 范·斯温登保持友好的通信联系);以及德·吕克关于仪器的重要著作于1772年发表(它问世很晚,科特在写作他早先的论著时没能大量利用)。科特的报告集论述了许多问题,包括:制定观测的最佳方法;大气冷热的原因;月球是否影响植物(回答是肯定的);植物因缺乏光而枯萎;大气电对天气和植物的影响;关于水蒸发速率的实验;湿度计的改良及其各种型式的性能的比较;德·吕克和其他同时代专家研制的各种气象仪器在结构和正确使用方面的众多技术细节,等等。这部报告集最后部分是全世界观测站作的观测的摘要和综述(占420页左右)。科特是个多产著作家,给同他有联系的各个学术会社的备忘录提供过许多气象学文稿。

道尔顿

气象学理论和思辨从属于系统观测要求,是十八世纪下半期的特征。这在化学家约翰·道尔顿的《气象学观测和论说》(*Meteorological Observations and Essays*)中也可看到。这本书出版于1793年,由两部分组成,第一部分论述仪器和观测,第二部分包括八篇比较思辨性的论文。

在前一部分中,道尔顿说明了常用气象仪器的制作,并简要叙述了它们的工作原理。比较有意义的是一些表,它们概述了道尔顿自己在肯达尔和他的朋友彼得·克罗思韦特在凯齐克于1788—1792年间定期作的观测,所观测的有气压高度、温度、湿度、降雨量、风向和风力。书中还从《哲学学报》引用了这个时期部分时间在伦敦作的观测,并进行比较。这种比较表明,在这三个站上,气压读数的最大值和最小值都发生在同样或者非常接近的日期。道 281

尔顿专门研究了井水温度的季节变动，表明如果井很深，这些变动便很小。他用一根六码长的肠线作为湿度计，它一端固定在一根钉子上，通过一个滑轮，由一个小重物绷紧，此重物随空气湿度变化而升降，而这升降由邻近的标尺测量。该书这一部分讨论的其他问题中，包括克罗思韦特对云的高度的观测。他在历时五年期间用一架望远镜一日早中晚三次测量这些高度，以斯基道山坡上的里程碑作为标尺，这些碑相对德温特湖水面的高度以往业已确定。克罗思韦特的表表明了，一年十二个月的每个月里，在湖面上0—100码、100—200码……900—1000码、1000码—1050码（斯基道山的估计高度）等高度上看到云的次数，以及云升至高巅之上的次数。这些观测并未证实通常的猜测，即云的高度随气压升降。其他几章记叙了肯达尔邻近区域中发生的雷暴和雹暴，一次雷暴的持续时间有时按闪光和雷鸣间的时间间隔计算。据发现，一个月中雷暴的次数在七月份最大。此外，还有1788—1792年间关于下述各项的记载。肯达尔和凯齐克两地风的相对频度（刮自地平线上八个不同地点）；一年第一次和最后一次降雪及第一次白霜的日期；北极光（说明每次显现的独特之点和发生时月球的月龄）；以及在平静的天气里那扰动德温特湖的神秘“水底风”的出现。

道尔顿书后的论文部分中，第一篇论述大气、它的组成、温度和广度，以及一些加工过的例子，说明怎样用气压计测定山的高度。在第二篇论述风的论文中，道尔顿正确地表明，信风的性质乃空气在热带的自然循环所使然，像下述事实所决定的那样：地球的表面在不同纬度上以不同速度向东运动。乔治·哈德利早在1735年就作出了这个解释，道尔顿在他写序言时提到了这一点，而他也只是在那时才知道。道尔顿把所观测到的风的循环看做为地球旋转的证据,并认为,这循环合乎天意地适合于促进空气流的必然混合和人类的交往。第三篇文章讨论种种关于气压高度变化原因的流行猜测。道尔顿考察了下述种种关于这原因的见解:相向风碰撞;冷空气流入而引起冷凝;向上或向下吹的风;导致空气密度局部变动,因而也导致空气平均高度和离心倾向局部变动的加热和冷却;等等。但是,他只是摒弃了这些见解。他自己的观点是,气压变动是下层大气密度变化引起的,而这密度变化的原因是由于湿空气流入干空气或干空气流入湿空气而造成的空气湿度变化。在温带,这种空气流入必定是常有的,因此那里的气压最不稳定。关于热的问题(第四篇文章),道尔顿指出,他"没有任何新东西可以提供";他关于蒸发的文章(第六篇)无足轻重。第五篇文章说明理查德·柯万的一些计算,据说它们给出了每5°纬度(在理想条件下)的年平均温度,表明了这平均温度实际上怎样随高度和离海岸距离变化。第七篇文章论述气压高度和降雨机遇之间的关系。道尔顿根据自己记录的观测得出下述几个结论:"第一,气压高出其年平均水平越多,雨降得越少。第二,气压低于其年平均水平越厉害,雨降得越多,直到它降低到某个值,此后降雨便又见减少。"道尔顿的第八篇也是最后一篇文章,包含一些关于北极光的精细观测,以及一些关于北极光本性的相当大胆的猜测。道尔顿习惯于用经纬仪测量极光拱形的顶的向位和地平纬度;根据他同时在肯达尔和凯齐克进行这种测量所得的一些结果,他估算出这现象发生在离地球表面约150英里高的地方。他发现,极光拱形乃关于磁子午圈为对称,当出现极光时,磁针受到扰动。在记叙 283

1792年10月13日的极光显现时，道尔顿写道："当在户外调节经纬仪，而其指示静止时，接着一定会发现，指针精确地指向北方同心拱形的中央。很快，一个巨大的拱形形成，它非常明显地分成两个相似部分(以磁子午圈平面为界)，令人觉得这情景绝非偶然……这时光束全都与磁倾针平行……这样的推论……是必不可免地要作出的：制导光线的不是重力，而是地磁。以前在极光显现时观测到的磁倾针扰动，看来令人对此结论深信无疑。"这里道尔顿又发现(像他在序言中所承认的)，他的思想前人已经提出过，这次是哈雷。在给出为恰当解释极光现象所必需的观察命题之后，道尔顿便着手较详细地描述这些现象。至于它们的成因，"我几乎毫不怀疑地认为，北极光的光以及流星和更宏大的大气现象的光，纯粹是电光，这些现象中毫无燃烧的踪影。"道尔顿认为，电沿其行进的极光光线乃由带铁性质的一种弹性流体组成，因为没有任何别的东西可以认为显现磁性。

短时的文献

同严肃的气象学教科书和观测记录一起流传下来的，还有许多短时的文献，它们是些小册子，描述特殊的大气状况，尤其发生灾害或奇观的时候，例如风暴、洪水、"血雨"、冰冻等等。这些小册子(它们有时用韵文)所以令人感兴趣，常常是因为它们保留了关于变化莫测的天气的描述，而这些并不见诸别的记载。作为这类小册子的典型，有一些记叙了在冻结的泰晤士河上举行的"冰上集市"，其中有一次的日期是1740年。自宗教改革运动以后，这类偶见的文献大都是从一种神学立场出发来写的。它们主要是些印刷的讲道。这些讲道是为了结合经文解释最近的奇迹和灾祸，把它们说成是上帝力量的象征或者是召唤人们忏悔。例如，流传下来的有一次讲道，是布莱科尔博士就“最近发生的可怖的暴风雨”，于一个斋戒日(1704 年 1 月 19 日)在圣保罗大教堂布讲的，援引的短文(《路加福音》第 13 章 4、5)讲述了西罗亚塔的倒坍。这类讲道常常补充它们所纪念的那些事件的目击者的说明；还提到当地过去发生过的类似事件。暴风雨期间使用的祈祷书也有流传下来的，其中有些旨在解释这些事件的起因。这种从一种神学立场出发来论述自然现象的倾向，在十八世纪为威廉·德勒姆的两本书《物理神学》(*Physico-Theology*)和《天文神学》(*Astro-Theology*)所证实，它们被逐译成多种欧洲语言，引起了一大批取这类名字的书问世，如《雷神学》(*Bronto-Theology*)、《雪神学》(*Chiono-Theology*)、《水神学》(*Hydro-Theology*)、《火神学》(*Pyro-Theology*)，等等。 284

(参见　G. Hellmann:*Beiträge zur Geschichte der Meteorologie*,Berlin,1914,等等。)

二、协调的气象观测

在十七世纪，人们已经不时尝试把不同观测站上同时进行的许多气象观测加以比较。在十八世纪里，人们以越来越宏大的规模进行这种协调的观测，观测站形成一个国际性的网络，活动持续数年之久。这种工作的价值由于两方面的原因而得到提高。一方面，气象仪器的设计和结构改良了。另一方面，人们日益重视利用标准化仪器、在不同站上遵循一致的步骤进行观测，以保证送往总部的结果很容易加以比较。

十八世纪初，德国首先开始汇集来自广大范围的气象资料，并系统地予以发表。布雷斯劳医生约翰·卡诺尔德让德国和包括伦敦在内的国外一些地方的许多气候观测家把他们记载的观测资料寄给他。他从1717年起在一家通常称为《布雷斯劳文汇》(*Breslauer Sammlung*)的季刊上发表这些资料，历时长达十年左右。在这项安排终止之前，皇家学会秘书詹姆斯·朱林采取了国际气象组织发展上的又一个重要步骤。

1723年，朱林要求，一切有志于从事这项工作并拥有仪器设备的人每年向皇家学会呈交他们每日天气观测的记录和仪器读数；他还拟制了一份指导他们工作的详尽说明书(*Phil. Trans.*, Vol. XXXII, p. 422)。朱林希望，参与这项计划的观测家应当至少一天一次地记录气压计和温度计的读数、风向(附风力的估计数值)、上次观测以来所收集到的雨水或雪水的量以及天空的外观。湿度和磁的观测也欢迎。并且，当发生严重暴风雨时，他们要记下开始、高潮、减退和终止的时间，并读取气压计的读数。至于仪器，朱林推荐使用一种普通的气压计，它是一根管子，孔径为四分之一或三分之一英寸(细管子把汞压到正常水平之下)，浸入一个其直径八或十倍于管径的槽，以使自由汞面的水平实际上保持不变。这种比较好的便携式气压计是伦敦克兰分会的弗兰西斯·豪克斯贝建议置备的，那里可能还得到了标准设计的高精度温度计；如果使用别种温度计，那么，就得提供关于它们的制造者和分度的详情。温度计应放置在朝北的房间里，那里不易或不会着火。按照朱林的意见，雨量计应当由一个直径二三英尺的漏斗组成，它本身是空的，通过一根长茎伸入一个带标度的量筒，并尽可能保持不漏气，以减少蒸发造成的损失。这仪器应放置在一个毫无遮蔽的地方。风力按分成四度的标尺估计，从0（完全无风）经1（最小的微风），2和3，到4（最强的暴风），这种分度方法一直沿用到十九世纪中期。观测记录在一本日志上，它分成平行的六栏，栏目应分别表明：(i)观测的日期和时间；(ii)气压高度；(iii)温度；(iv)风向和风力；(v)天气的简明描述；和(vi)水淀积（英寸和十分之一英寸计）。(ii)和(iii)的平均数以及(vi)的总数每月总加一次，一年算作一个整体；观测者每年把日志抄本寄送皇家学会秘书，以便相互比较，并同皇家学会自己的天气册作比较。核对的结果每年发表在《哲学学报》上。从1724年起，寄来观测日志的一度不仅有英国，而且还有欧洲许多地方、印度和北美。德勒姆（*Phil.Trans.*，1732，p. 261；1733，p. 101；1734，pp. 332，405，458）和随后哈德利（同上，1738，p. 154，和1742，p. 243）讨论了这些日志。给德勒姆和哈德利两人留下深刻印象的是，分布在很广范围内的各个观测站之间（例如相距约50英里的伦敦和索思威克之间）气压高度变化方式是那么一致；不过，这种变化的发生有时在一地比另一地稍有早晚。尽管朱林提出了告诫，但是，观测者没有说明他们仪器的确切性质、观象台的环境和高度，因此，他们寄送的观测资料的价值大大降低。 286

后来，巴黎的皇家医学会组织了一项同朱林有些相似的比较协调观测的计划。不过，这学会的探究旨在弄清楚气象条件同其覆盖地区中疾病发生率之间可能存在的关系。这些观测站大都设在法国，但也有少数别的国家加入。牧师和业余气象学家路易·科特收集和整理了观测结果。他把自己的报告发表在该学会的《历史》(*Histoire*)(1776—1786)上，这些结果都列成了表，并从中引出一些一般结论。科特关于气象学的重要著作，上面已作过介绍。

十八世纪的大部分时间里，德国政局动荡。这不利于这个国家开展协调气象活动的计划。但是，十八世纪后期，德国建立了这个时期里所有气象组织中最成功的一个。这就是 Societas Meteorologica Palatina〔帕拉廷气象学会〕[即 Die Mannheimer meteorologische Gesellschaft〔曼海姆气象学会〕]，它由巴伐利亚选帝侯卡尔·特奥多尔在 1780 年建立，总部设在这位选帝侯在曼海姆的城堡，第一任会长是杰出的气象学家 J.J.黑默尔。选择五十七个合适的机构作为观测站。它们从西伯利亚到北美，向南延伸到地中海，但英国未加入。它们免费得到统一的成套精密仪器，并附有详尽无遗的使用说明书。它们获得的结果登入所提供的专门表格之中，寄送曼海姆，在那里加以全面整理和发表。所提供的仪器包括气压计、日照温度计和荫温温度计、羽毛管湿度计、雨量计、风向标以及静电计，有些站还供给磁针。云量和风力按约定的标度估算数值。观测一天三次在一定的时候进行：上午七点和下午两点与九点。尽可能使用符号填入表格。自从开始记录气象观测日志以来，利用**缩写**(例如第一个字母)来代表频繁出现的语词，已成为惯例。后来，又开始利用任意**符号**来表示不同种类天气，每个观测者都选择他自己的符号体系。从十八世纪初起，这种符号开始出现在印刷品中。例如，范·马申布洛克 1728 年在乌得勒支作的观

287

测,其记录的印刷本上使用了下列符号:

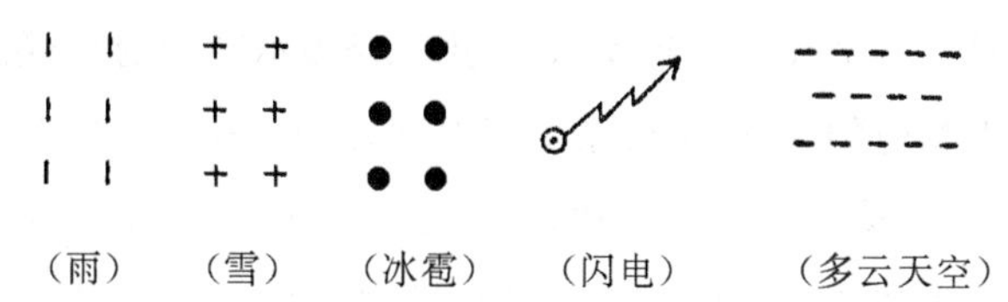

（雨）　（雪）　（冰雹）　（闪电）　（多云天空）

(*Physicae experimentales et geometricae*, Lugd. Batav., 1729)。J. H. 兰贝特应用另一种符号体系,它赋予天文符号(☉,☾,♀等等)以气象意义(*Acta Helvetica*, III, 1758)。十八世纪末年还提出了一些极其复杂的符号体系,但它们从未确立过。黑默尔替曼海姆学会引入了一种比较切实可用的符号体系,它一部分是字母,一部分是符号。它对马申布洛克和兰贝特都有所借鉴,它至今余迹犹在。曼海姆学会的成就永久垂诸它的《星历表》(*Ephemerides*),后者包含的大量材料为后来的气候研究者广为利用。但是,黑默尔 1790 年的死,以及法国大革命引起的政治动乱,导致学会逐渐解体。它的最后一卷(1792 年卷)于 1795 年问世。一直到十九世纪过去了相当时期,始终没有可与之相匹的组织兴起来取代它。(参见 G. Hellmann: *Beiträge zur Geschichte der Mteorologie*, Berlin, 1914 等等和 *Repertorium der deutschen Meteorologie*, Leipzig, 1883。)

朱林邀请气候观测家寄送记录给皇家学会以后,大约过了二十年,罗杰·皮克林向皇家学会递呈了《天气日记格式,及辅助机械的草图和说明》(*A Scheme of a Diary of the Weather, together with Draughts and Descriptions of Machines subservient thereunto*)(*Phil. Trans.*, Vol. XLIII, No.473, p. 1)。日记本每一页都画

上七条垂直线和九条水平线。垂直线划分出一星期的七天，每星期占一页。水平线第一条表示日，第二条表示观测的时；第三条上每天写下相应的气压；第四条上写温度；第五条湿度；第六条风向；第七条风力；第八条天气综述；第九条上次观测以来的雨量等项。末行和页底间的空白处留给记死亡率表。每个月登记完后，都留288 有一页对全月作综述。皮克林推荐的仪器包括：常用气压计，由一根管子和水银槽组成，并附测微表，用于读取水银柱高度；带有若干可供选用的温标的水银温度计；平衡型海绵湿度表；胡克曾描述过的那种型式的摆式风速表；由漏斗和带刻度的玻璃管组成的雨量计（图 128）。然而，皮克林的格式似乎没有引起什么反响。英

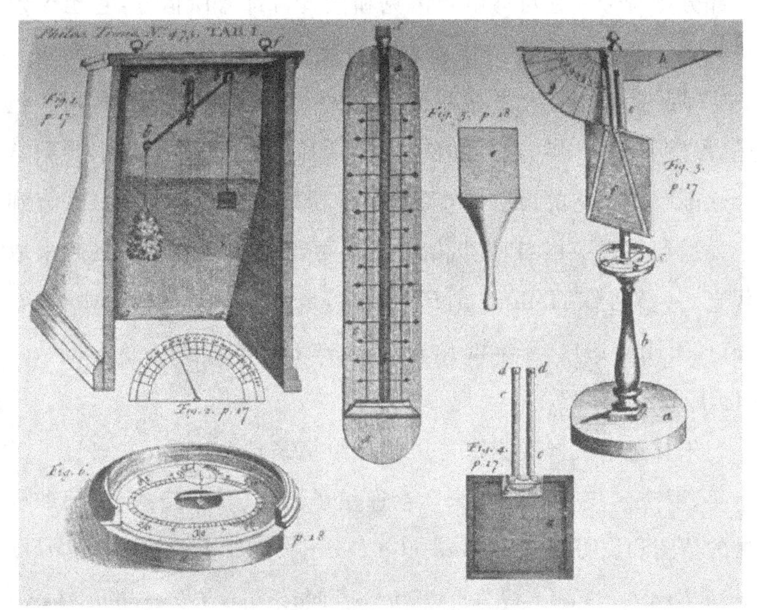

图 128—皮克林的气象仪器

国直到十九世纪才建立起卓有成效的气象学会。

三、德吕克对大气作的温度-气压研究

十八世纪中期前后，让·安德烈·德吕克(1727—1817)对气压计和温度计的设计和制造以及某些大气问题的研究，作出了重大推进。他是日内瓦的地质学家和物理学家，后半生在英国度过。德吕克对物理学的最宝贵贡献记叙在他的两卷本《大气变态研究》(*Recherchersur les Modifications de l'Atmosphère*)(日内瓦，1772年)之中。德吕克在这部书中记录和分析了长期严密实验的结果，并把它们和同时代人的实验与理论关联起来。他不是按照什么预定的计划行事，而是根据他早先的物理实验和偕兄弟在阿尔卑斯山旅游带来的一系列问题而进行工作。因此，他的阐述不是按部就班的，特别是，甚至当书已在排印之中时，他还不断补充新材料。他原先根本不打算发表他的研究成果。后来由于拉孔达明极力敦促，他才这样做。他曾应拉孔达明的要求，把他早先在阿尔卑斯山尝试测量气压高度的结果通报法兰西科学院。

德吕克的著作分为五篇，第一篇论述气压计。这种仪器发明和发展的历史叙述到1749年，那年德吕克开始研制这种仪器；描述了气压计的十四种不同类型，评述了它的各个性质所产生的若干问题。像豪克斯贝一样，德吕克也把受扰动气压计中水银上方偶尔观测到的磷光看做为摩擦电的一种效应。至于水银柱高度不停波动的原因这个较为重要的问题，德吕克评论和批判了从巴斯卡到马申布洛克等十七和十八世纪关于这个问题的主要著作家的

见解。所提及的假说中间,比较引人瞩目的是莱布尼茨和丹尼尔·伯努利两人的假说。莱布尼茨假设,当一个物体由流体支承时,它把自己的重量加于这流体的重量。但是,如果它停止被支承,因而降落下去,那么,这流体的重量便相应地变轻。因此,当上层大气中的蒸气开始液化时,可以观测到气压下降,因而可以预报下雨(丰特列尔:*Histoire de l' Académie des Sciences*, *année* 1711)。伯努利认为,当空气在地壳的空腔和微孔中被加热时,空气就会向上冲,因此提高了气压;另一方面,当这内热减少,空气收缩时,大气高度便下沉,水银下降(*Hydrodynamica*, Section X)。德吕克对这些假说一概不接受;他自己把大多数地方观察到的大气压的不断波动归因于进入大气的特别轻的蒸气的数量不固定。蒸气成分越少,气压就越高,天气也越晴朗;蒸气越多,气压便越低,下雨可能也越大。德吕克在书的第四篇第九章中很详细地阐释了他的假说和有关证据;他还在他的《气象学概念》(*Idées sur la Météorologie*)(伦敦,1786—1787)中详尽论述了这类问题。

然而,德吕克对气压计的兴趣集中于它对高度测量的应用。自从佩里埃和巴斯卡 1648 年在多姆山进行实验以来,人们就已知道,大气压随着离地面高度降低而减低。哈雷在 1686 年对大气压同高度关系的定律作了研究,此后,人们就尝试利用气压计比较不同地点的高度和测定山的高度。这种方法比旧的大地测量方法优越,它既不需要测定基线,也不需要应用猜测性的纠正折射误差方法。德吕克评述了十七世纪先驱和他们的十八世纪后继者马腊耳提、朔伊希策尔家族、雅克·卡西尼、丹尼尔·伯努利、霍赖博、布格埃等人就这个问题作的观测和计算。马腊耳提得出了这样的规则：从海平面上升 61 英尺，相应于气压高度下降$\frac{1}{12}$英寸；再上升 62 英尺，相应于下降第二个$\frac{1}{12}$英寸，继续上升 63、64……英尺，相应于气压逐次下降同样的量（*Mém.de l'Acad.Roy.des Sciences*，1703）。雅克·卡西尼采纳了这条规则；但是，其他观测家推出的规则都与此不同。例如，约翰·雅各布·朔伊希策尔在 1709 年发现，瑞士普费弗斯地方一处悬崖顶端和脚下两处气压相差十个$\frac{1}{12}$英寸水银柱高，他是用一根 714 英尺长的绳索直接测得这个结果的（*Phil.Trans.*，1728，p. 537，亦见 p. 577）。他的兄弟提出了一条联结气压和高度的规则（它按照哈雷公式的方式，但包含的常数不同），而约翰·雅各布的儿子 J.G.朔伊希策尔制定了一张主要根据这规则的表，并用它估算了某些已用三角测量法测定过的山峰高度。鉴于这两组结果不怎么一致，朔伊希策尔认为三角测量方法一定有缺陷。P. 霍赖博又发现，从海平面上升 75 英尺，恰好引起水银柱下降$\frac{1}{12}$英寸，他制定了一张表，表中相应于这般大小逐次气压下降的逐次高度成一调和级数。最后，布格埃从大量观测得出下述规则：取山脚和山顶处水银柱高度的对数（到四位数字）的差（以$\frac{1}{12}$英寸计）；减去三十分之一，你得到此山的高度（以英寸计）。布格埃和拉孔达明观测了科迪耶拉山脉的气压，而各个观测站的高度，他们已在为了测量赤道子午圈进行考察时用大地测量法加以测定（*Mém.de l'Acad.Roy.des Sciences*，1753）。布格埃的联结气压和高度的规则，在高峻的科迪耶拉山脉看来很有

290

效，但是布格埃自己承认，它在别的地方却并不怎么有效。德吕克把基于前人提出的这些规则的各个表列成一览表，从中可以看出，它们间存在很大的歧异。在试图解释这些差异时，偶尔不得不诉诸关于大气物理性质的各个特设性假说。雅克·卡西尼提出，也许应当认为，体积同气压**平方**成反比；丹尼尔·伯努利揣测，大气的不同层次可能处于不同的温度，它们对气压的贡献也因此而异。在这种种不确定的情况下，J. H. 兰贝特建议应用一种统计的方法(*Beyträge zum Gebrauche der Mathematik und deren Anwendung*, Berlin, 1765, 1772)。他把用气压计确定高度的问题作为示例；所寻求的规则应代表全部所得到的可寄予一定信赖的观测数据的平均值，而个别观测数据对这平均值的最大偏移应表示可对这规则寄予的信赖程度。然而，德吕克认为，甚至对于这种处理来291 说，所得的观测数据也歧异过甚了。他早在1749年就已开始埋头研究气压计；但是，1754年他同兄弟有一次去阿尔卑斯山考察，回来后两人尝试根据考察期间作的气压观测来计算他们所到达过的那些地方的高度，这时，他增强了改进仪器的热忱。他很快发现，他参阅过的那些著作的不同著作家所给出的各个联结高度和气压的规则，是那么不一致，以致他的观测显得毫无用处。这些规则所根据的观测资料并不充分，使用的仪器也不可靠，而且这些著作家还都受到关于大气组成的成见影响。德吕克写道："因此，我决定合上书本，向大自然本身请教，让她指引我一步一步前进。的确，我自以为通过改良气压计，我已轻而易举地完成了一项我觉得很有用的任务；这使我满怀信心地踏上这条途径；可是，我找到的不是一条捷径，而是坠入迷途，我含辛茹苦才找到出路"(*Recherches*,

Vol. Ⅰ,p. 186)。

所以,德吕克的书的第二篇论述气压计和温度计的制造和使用的改良,而这正是他后来在大气定量研究上取得进展的基础。当时人们已经公认,影响气压计读数的那些因素同大气压毫无关系。许多气压计放在一起时,它们可能示出不同读数,但彼此关系不固定;每当把一个这样的气压计的管中的水银抽空再充入时,它就可能改变读数。普朗塔德记录和卡西尼描述过一些对法国山脉的气压观测,它们表明,气压计管径可能影响水银柱高度。此外,气压计的气压高度还受温度变化影响,从而引起水银密度发生相应变化。阿蒙顿曾制定了一张适用于气压计的温度修正表(*Mém.de l'Acad.Roy.des Sciences*,1704)。它根据这样的假设:当巴黎气温从最冷上升到最热时,水银的体积膨胀$\frac{1}{115}$。然而,其他物理学家忽视或者否定这种修正的必要性。德吕克却再次强调它。不过,他批评以往计算这修正的方法:它们把气压计的温度效应同温度计的温度效应相比拟;这里有一个差别:在气压计的情形里,玻璃管的膨胀微不足道,并且水银柱不像温度计玻泡那样有一个下限。另一方面,当一气压计受热时,紧邻的高度标膨胀,同时,托里拆利"真空"中必定在一定程度上存在着的空气的压强则降低。然而,在消除气压计指示的上述任意差异之前,就热膨胀修正气压计是徒劳的。遵照迪费的做法,蒂里的卡西尼发现,当使许多气压计管中的水银都沸腾起来,然后把它们全都倒过来放入一水银槽时,这些水银柱便全都升到同样高度(*Mém.de l'Acad.Roy.des Sciences*,1740)。但是,直到德吕克才注意起这观测。他观察

292

到，当他的各个气压计中因水银沸腾而发出磷光时，它们的水银柱高度的反常差异便基本上消失了。这种处理排除掉了溶解在水银里或附着在管壁上的空气和湿气，而它们本来会升入托里拆利真空之中。阿蒙顿猜测，这空气是通过玻璃的微孔渗透进来的，而霍姆贝格认为，它来自洗刷新管的酒精。德吕克从沸腾过的和未沸腾过的两种气压计中，各拿几个放在一间寒冷的房间里，里面的室温逐渐升高，如此来比较两种气压计的性能。他发现，那些沸腾过的气压计彼此协调地逐渐上升，而其余那些则有的不变，有的下降，下降的程度下一。当把这房间再冷却时，只有那些沸腾过的气压计又回到最初的高度。根据对这些仪表在逐渐加热时的表现的观测，德吕克得出结论：从水的冰点到沸点的温升，将使气压高度在正常气压下上升六线，或者，对较小的温升，这上升的量也按比例地减小。德吕克选择他的温标（量程 96°）上的 12°作为计算温度修正量的零点；于是，这些修正量可系统地应用于同时在高低不一的观测站上测取的气压读数，并适当地考虑到这样的事实：为了进行比较，即使各不同高度水银柱处于同样温度，一般也必须施加不同的修正量。德吕克在确定水银柱在气压计标尺上的上下限的位置时，小心地防止因视差或水银表面形态引起的误差。他还认识到，气压计管子孔径越细小，水银升过管子外表面的高度就越低。在有些关于一种便携式气压计（系一 U 形管，它的长肢封闭，293 短肢露于空气）的实验中，他发现，如果水银自由表面积缩小，则会产生空气所支承的水银柱高度增加的效果。如果增加封闭表面的面积（例如把气压计管子顶端吹制成玻泡），则也会产生同样效果。德吕克也没有忽略由于应用有缺陷标尺而可能产生的误差。然而，当作了所有的修正之后，他仍然发现一些无法解释的差异（数量级为一线水银的十六分之一）。他认为，它们一定是因为所用管子不完善所致。德吕克在把关于气压计的论述暂告一段落时，对观察时仪表如何操作作了些说明。最重要的是，仪表在读出时应当垂直放置，而要在山地保证做到这一点，唯一手段是利用铅垂线。既然气压计的指示需要对温度修正，又既然在测定气压高度时，必须考虑空气柱的温度，所以，德吕克自然而然地试图改进温度计的制作和使用方法，而为此他撰写了很重要的一章（Part II, Ch.2）。

德吕克感到，当时的温度计状况像气压计一样不能令人满意，因为各个仪表存在差异，同时制造方法上也存在技术缺陷。他认为，必须选择最佳的制造方法，普遍采用它，而舍弃一切其余方法；他的研究正以此为目标。他认为，流体是最佳的温度计媒质，因为它们在受热时明显膨胀，并能做到让它们在细管子中膨胀。但是，每种流体都各按其自己的方式膨胀，因此，首先必须约定选用一种流体。理想的流体应当是，同样的热量增减引起同样的体积变化。但是，德吕克认为，一个物体中的绝对热量或许始终是我们所不知道的，因此，我们不可能有真正的温标零点，而只能测量附加于某个固定量的热量。德吕克对几种类型液体——水的、油的和酒精的——的热膨胀，进行了仔细的实验比较并列成表格，并由此得出结论："温度计迄今所应用的一切液体中，水银最精确地以其体积差来测量热量差。"（Vol. I，p. 285）在其流动性范围的限度内，它的膨胀似乎没有反常的情况。相反，水在接近其冰点（它很高，带来不便）时，随着热量减小而**膨胀**，而酒精在接近其沸点时则不规

294 则地膨胀。产主这些反常的因素想必在整个液态范围内都起作用，因而破坏了当液体的焓稳恒增加时液体均匀膨胀的倾向。德吕克看来第一个认识到，水在刚超过凝固点时就从收缩反转为膨胀，是水的一个实际的属性，而不仅仅是由于容器比较迅速收缩而造成的现象。德吕克还为应用水银作为温度计液体列举了其他理由。它们包括：它对热作出反应；明显地膨胀；易于消除溶解的空气；以及沸点高。并且，一切水银温度计都按同样规律膨胀，而其他温度计，例如酒精温度计则像德吕克的表所证明的，明显地受酒精浓度差别的影响，他的表列明了许多不同浓度酒精的膨胀。

温度计的流体选定之后，接下来考察的是仪表的分度问题。勒萨热向德吕克建议过一种温度计分度方法，即在一对端点之间绝对地分度，这个时期其他几个实验家也推荐过一种类似的方法。这方法在于，把处于不同已知温度的不同量的水按已知比例相混合，计算混合的水将处于什么温度，以之作为一浸入此混合水的温度计的正确读数。德吕克按这些方式进行了实验，他感到满意的是，水银的膨胀比其他流体更接近理想，尽管甚至在这里，相应于一给定热增量的膨胀也是在温标的越高处越大。作为他的实验的一个结果，德吕克得以列出水银温度计读数增量和实际热(*chaleurs réelles*)增量相互对应的表，他还对其他典型的流体也这样做了，但不怎么详细。德吕克得出结论：通过把温度计管茎约定地按长度等分来计算温度，可以保持无明显误差。接着，便需要用定点作为分度的基准。雷那尔迪尼在1694年提出，用冰和沸水作为两个定点。这在德吕克撰著的时候已经相当普遍。当时应用的温度计大都是列奥弥尔和华伦海特发明的那两种。前者把凝固点和沸点之间的量程分为 80 度，在酒精从水的凝固点上升到它自己的沸点而膨胀了千分之八十之后，把凝固点和沸点之间的量程分为 80 度，但第 80 度最后用水的沸点来确定(*Recherches*, Vol. Ⅰ, p. 352)。这是引起后来发生的混乱的根源。德吕克在系统地比较列奥弥尔的温标和他自己的酒精温度计和水银温度计的温标 295 的过程中，纠正了这混乱。列奥弥尔借助水槽(玻泡放在其中)周围一种冻结的混合物，测定了他的下定点；当这水冻结时，温度计管便充酒精到零点标记。但是，如让水冻结至坚固，则这混合物可能使酒精冷却到甚低于零点。列奥弥尔的说明很不充分，未能表明所需要的精确定点。德吕克重做的列奥弥尔实验似乎表明，这零点必定定得太低：当冷凝已经开始，但玻泡上部尚没有冰时，这温度计已处于 $-3\frac{1^{\circ}}{2}$，而在水完全冻结之前，已达到 $-5\frac{1^{\circ}}{2}$。华伦海特的下定点更像是确定的和可重复的(参见作者的 *History of Science … in the Sixteenth and Seventeenth Centuries*，第 2 版，第 90 页)。但是，实用上的方便导致应用华伦海特的凝固点(32°)作为下定点，于是，这下定点的测定在华伦海特温标上也有着和列奥弥尔温标上一样的不确定性。德吕克确定此凝固点的方法(后来普遍采用)是，用捣碎的冰和水围住温度计的玻泡；他的上定标是由处于稳定沸腾状态的水提供的，同时考虑到大气压对沸点的影响(像华伦海特所指出的)(*Phil. Trans.*, 1724, p. 179)。在德吕克看来，同选择单一的温度计流体和普适的定点相比，定点之间间隔加以分度的精确方式属于次要问题。他认为，在那些已经习惯于华伦海特和列奥弥尔温标的国家，应当仍保持普遍使用它们。

德吕克制造温度计的实验室方法今天仍基本上沿用着。在检验一根管子的孔径的均匀性时,他遵照诺莱的方法,即把一根短的水银线向下从管子的一端穿到另一端,用罗盘逐次测量它在相继位置上的长度。这长度应当保持相当恒定,而且最好用微细的毛细管,因为玻泡这时不必很大。德吕克证明了迪朗的公式,后者用管的长度和孔径以及它的分度数目给出玻泡直径的适当值。为了把水银引入温度计,德吕克在管子的开口端固定一个水银槽;加热玻泡和管子,以便排出空气,当它们冷却时,注入槽中的干净水银便被向下吸入管子。通过反复加热和冷却,玻泡便接近充满水银。(296) 然后,使其中的水银沸腾,将空气除尽,于是,这管子便完全充满水银;然后,把多余的水银排出管外,将开口端密封。德吕克方法的一个优点是,水银柱上方的空间实际上是真空。然后,用附着在管茎上的涂漆的线标识定点——第一是沸点,其次是凝固点。温度计的成品安装在一个基座上,其用料的长度随温度和湿度的变化而变,保持热的能力则尽可能小。松木被推荐用于此目的。仪表底座上的温标分度从管子后面延伸通过;这可以避免读取温度时因视差引起的误差,因为除了正对着眼睛的以外,其余所有分度都由于折射而显得弯曲。德吕克最后说明了日常用改良酒精温度计的制造方法,凡是一般水平的工匠都能做到。

德吕克在第二卷中用一篇长长的附录说明他有关沸水温度随海拔高度变化的研究,尤其是这种变化对温度计正确分度方法的影响。L.G.勒莫尼埃已在比利牛斯山脉对这种性质作过一些零星的观测(*Mém.de l'Acad.Roy.des Sciences*,1740)。但是,德吕克注意到,沸点的降低并不同气压的降低简单地成比例。

为了得到对这一点的新的理解，他制作了一个极端灵敏的温度计(图129，图1)，它那介于凝固点和沸点之间的膨胀范围几乎覆盖了它的整个管茎，并备有一个测微计。这主要是一个黄铜片 *g*，通过用手柄 *f* 转动螺钉(图2中的 *de*)，可使这黄铜片垂直于管茎地上下移动。当将这黄铜片置于精确的水银高度上时，它使得能够借助在边侧处的温标上游移的一个标尺极其准确地读取温度。这温标计量螺钉完整转动的次数，不满一转的，由一根指针指示；当转动螺钉手柄时，固定在其上的这指针便在一度盘上偏转。必须加以确定的，是一转同一度温度的等当；德吕克发现，他能够读到凝固点和沸点之间间隔的四千分之一。为了确保他的实验的均匀性，德吕克特制了一个专用铜汽锅，在那里水总是用一个便携式加热炉煮沸(图3)。可能煮沸的水由一唇状接受器导入边侧处的小容器。温度计用一条黄铜带 *f* 挂在汽锅的盖上(图4)，铜带穿过仪表背后的两个凸出物 *i*、*i* 上的槽。这盖仅仅部分地盖住汽锅的口；它用于遮蔽温度计管，使之免受蒸汽(蒸汽将使读水银高度变得困难)影响，然而，它又不因限制蒸汽而使温度升高。读数借助固定在C处的透镜读出。 297

德吕克用图说明了他们兄弟两人1765—1770年间在日内瓦附近福西格尼地方的原始山地和冰川进行的考察。尽管那里灾害频繁，但他们还是在各种高度上进行了气压和沸点的联合观测。这些观测的结果使德吕克深信，沸点下降的速度比相应的气压快。他相信，这结果不是由于所用水的纯度不同或者周围空气温度不同所致，于是，他把观测结果列成表，以便揭示联结气压和沸点的简单定律。这些结果似乎表明，如果气压构成一算术级数，那么，

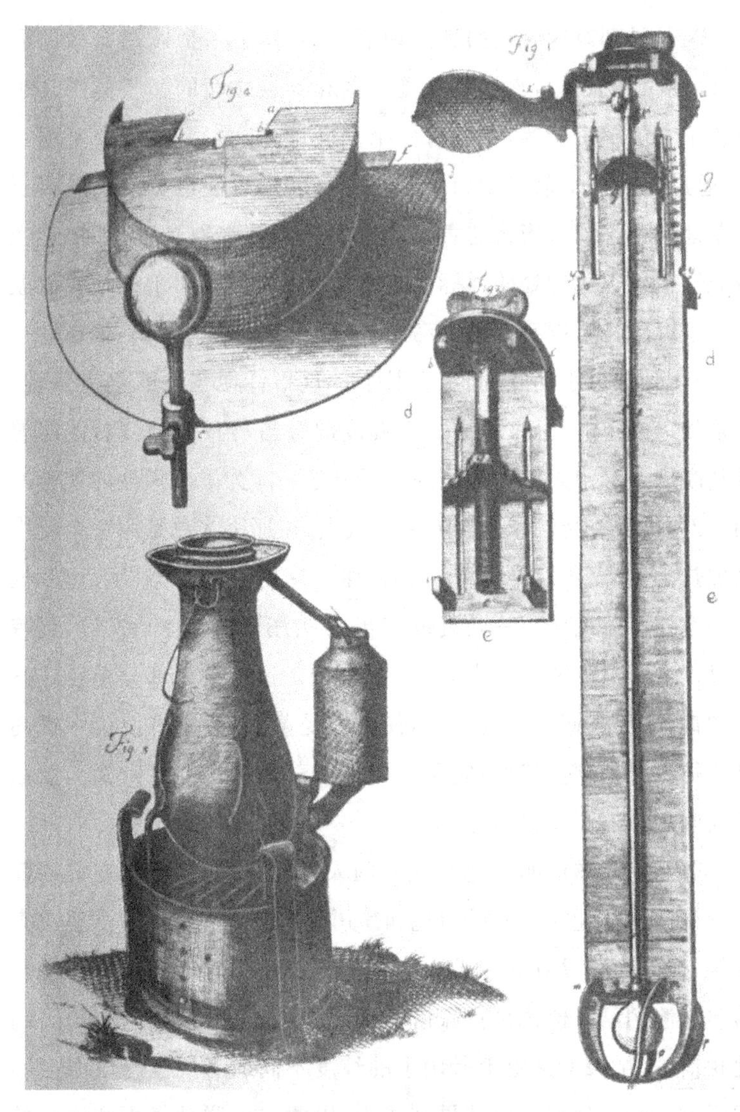

图 129—德吕克的温度计

水的相应的沸点差在实验误差限度内遵循调和级数。这不可能归因于温度计水银的特点。然而，德吕克先前已经研究过水银的体积变化同热的潜在差别的关系，并且现在仍考虑到它。因此，他得以计算出在标定一个温度计在任何给定大气压下的沸点时，所应补加的修正量，虽然他在探索其定律的一般物理解释上未取得多大成功。

在指出了以往研究者必定会陷入的陷阱，并大力排除了这些陷阱之后，德吕克把他的书的第三篇主要用来详细描述便携式气压计的设计。他在经过多次尝试之后，才最后采纳这种最适合于他的目的的气压计（图130）。它主要是一根J形管子，分成两个部分，它们通过管子短臂上的一个旋塞相连。长臂封闭，短臂在顶端开口。整个仪表封装在一个松木匣里。当仪表运往他地，尤其途中路面不平时，长臂应完全充满水银，旋塞旋紧，短臂中水银撤空。这样，便可避免长臂中水银因强烈摇晃而损失的危险。气压计底座上还装了一个温度计，以应替气压读数作温度修正之需。这整个盒装的仪表携带时像箭筒一样倒提，而当用它进行测量时，借助铅垂线把它垂直装置在一个三脚架上。

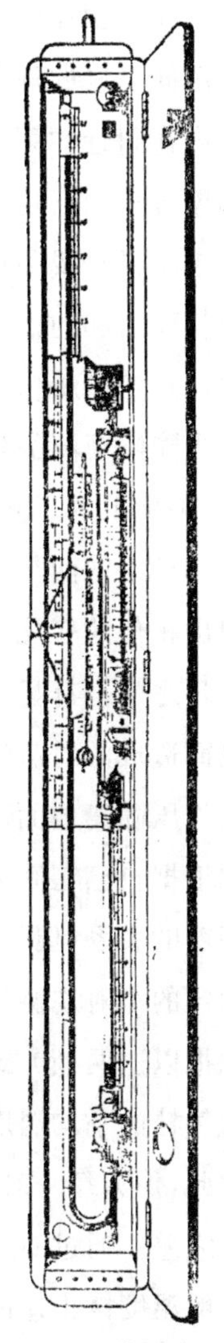

图130—德吕克的便携式气压计

298

在第四篇中，德吕克详细论述他的最后一个任务，即确立联结气压同高度的规则。为了获得所需要的精确资料，德吕克选择了日内瓦附近的萨莱韦山脉，设置了许多观测站。他借助底线和望远象限仪用三角测量和水准测量独立地测定它们的相对高度。在后来用铅垂线测量悬崖高度时，他校正了铅垂线在其重物作用下伸长而引起的误差，其方法是在这些线仍处于紧张时测量它们。德吕克定律所依据的几百次观测，是在山地和平原协调进行的。每当能够观测的日子，从早到晚每隔一刻钟读一次气压计和温度计，平地上的观测工作则由德吕克的父亲承担。德吕克反复比较了一日之中两个气压计读数发生的变动。他发现，这些读数未表现出相似的变化，即使考虑到汞柱的不同温度，它们之间的差异在一日之中也有显著变化。他把这些不正常归因于太阳光使平地受热而造成的对流气流。在分析结果时，德吕克不得不把温度变化和气压随离地面高度逐渐降低两者的结合效应区分开来。首先，他根据自己在萨莱韦的观测制定了一张经验表，表明气压同**平均**高度的关系，但不考虑温度。其次，他比较了借助这张表用气压计测定的每对观测站的高度差和早先业已通过测量测定的高度差。他把以这两种方式得到的估计值之间的差，对应于这两个站之间的气柱的平均温度（取气柱的底和顶的温度的平均值），并列成表。299 由此，他为每一对观测站推出因一度平均温度差所造成的计算高度之差。通过对全部观测站比较这些结果，他求得了应当施加的一般温度修正量的一级近似。然而，他发现，他的结果必须加以调整，视山麓处平地的气压高于还是低于其通常的值而定。德吕克修正的表在结构上显得同那些基于波义耳定律的理论表相一致。

于是，他得以把他的规则表达成哈雷在十七世纪根据理论预言的那种形式，即任何大气柱的高度同其上下两端气压的对数之差成正比，他把这条规则表述为："在某一温度下，水银高度的对数之差直接给出观测气压的各地点的高度之差，达一英寻的千分之几"(Vol.Ⅱ，p. 84)。为了确定这个"某一温度"，以及确定当所观测到的温度与之不同时应当修正多少，德吕克从他记录的观测中，挑选出那样一些事例：在其中气压对数差极其逼近地给出(以前测得的)各相应观测站的高度差，达一英寻的千分之几；他发现，进行这些观测时的平均温度在他的八十度温度计上是 $16\frac{3^\circ}{4}$。然后，他把其他观测资料按照观测站和温度进行分类。他发现，相应的两个高度差，即(1)根据上述对数规则计算得到的和(2)直接测量得到的之间存在差异。于是，他推算出，在这种计算中，对于实际温度和 $16\frac{3^\circ}{4}$ 这个正常温度的每一度差，在每个站上应当施加的修正量。然后，通过比较几个站上的各组温度修正量，德吕克发现，它们近似地和各观测站在共同计算基底上的高度成正比。于是，他发现，这些修正量共同地同各观测站高度和温度计读数与标准温度相差的度数成正比。然而，也还有一些显著的差异并未为这一整系列观测涉及。德吕克把他的所有观测资料重新给每个站列成表，以便揭示在这些差异和其他有关环境因素之间可能存在的关系。他注意到，日出时分进行的观测总是得出观测地高度的偏低估计值。他倾向于把这归因于黎明时刮东风这个因素。他认为，最好不要考虑一天这个时候所作的观测，并且他相应地校正了他那些一定程度上基于这些观测的温度修正量。他的修正量尺度的 300

最后形式是：随着温度上升而递减，对标准温度的每度偏差的修正量为**由对数规则给出的**观测站高度的$\frac{1}{215}$。为了便于折算他的观测资料，德吕克采用了一种特殊的温标——在这些环境条件下对他相当有利的一个步骤。于是，他用下列公式表达两个观测站高度之差（以英寻计）：

$$\frac{(\log c-\log b)\pm\frac{(\log c-\log b)\times a}{1000}}{1000}$$

式中　a ＝超过或低于标准温度的度数（在特殊温标上）；

b ＝高处观测站气压计水银高度；

c ＝低处观测站气压计水银高度。

(Vol.Ⅱ,p. 166)

这一篇结束时列出一些表，它们表明，十五个观测站每一个的高度的气压计估计值彼此以多大一致性相符，以及表明同大地测量得到的高度如何相符。德吕克自然而然地渴望证明，除了在他进行全部基本观测的地方而外，他的规则在别的地方也完全成立。因此，他进行了验证。为此，他在日内瓦和都灵的大教堂和热那亚的灯塔等闻名遐迩的地方作了气压观测。他比较了两种高度差，一种应用他的公式根据这些观测推算出来，另一种则应用铅垂线或通过水平测量测得。他屡试不爽，结果完全一致；例如，气压测量法给出的灯塔高度为 221 英尺 1 英寸，而直接测得为 222 英尺 11 英寸。为了证明反复应用德吕克方法所得结果的**一致性**，还在阿尔卑斯山脉进行了几组观测。德吕克对海拔高度作的估计使他

301 自己感到满意：虽然他的规则由之推出的那些观测是在零高度为

任意海拔高度的条件下进行的，但这规则却对海拔高度也一样很有效。德吕克也评论了布格埃在秘鲁和拉卡伊在好望角做的观测记录。他还不管这些观测是否真确，考查并确证了他自己公式的普适性。

德吕克然后评述了这个领域还余留的一些有待克服的困难（例如，气压计剩余的不完善；水银和空气各自膨胀定律的差异；我们所称的空气柱温度梯度的不确定性；等等）。他揣测，用于以气压计测定高度的这个公式最终必须加以推广，以便考虑到被测空气柱所包含的蒸气的浓度和温度。当时，他提出，如果在好多小时里每隔十五分钟观测一次气压计，并取读数的平均值，那么，便可基本上消除这些微小扰动因素的效应。但是，如果时间只够做一次观测，则这最好在晨间进行，这时太阳只完成了地平线上行程的十五分之一，大气处于最宁静、最纯净的状况。用于以气压计测定高度差的规则不能指望保持其准确度，除非两个观测站之间的水平距离很小。然而，如果气压计用来比较遍布一个地区的各观测站的高度，则德吕克认为，最保险的方法是始终在同一时刻读气压计，比较沿途做的观测，相应的读数同时在一个露天固定观测站上读取。德吕克在阿尔卑斯山脉沿许多条路线进行气压高度测量，把测量结果列成表。他提出，利用一个观测站网，就应当可以对整个欧洲作气压高度测量。他认为，把这个系统沿着全世界海岸扩展，只要适当管理，就可以得出一些关于海平面差别以及风和流成因的有趣发现；它兴许甚至能给出关于地球轮廓的信息。

德吕克给他的便携式气压计附装一个水准仪，这样便能结合运用这两种仪器来估计每个观测站周围各种标志的高度，免尝登攀的辛劳。他和兄弟一起估算出勃朗峰的高度，方法是记下山坡上某个标志，它与比埃冰川的顶同高（后者的高度已用气压计测知），然后从日内瓦附近一个（高度已知的）观测站测量该标志的角海拔高度和这山巅的角海拔高度。因此，这两个点在此观察站上方的高度同这两个海拔高度成正比（还要针对山巅距离较远这一事实加以修正）；根据这标志的已知高度，按比例推知此山的高度为海拔 14346 英尺。后来在 1787 年，H. B. 索絮尔登上了勃朗峰，观测了山巅处的气压和温度。他的读数和在日内瓦同时做的其他观测的比较，使他得以独立估算出欲求得的此山高度，即约为 15700 英尺（参见他的 *Voyages dans les Alpes*，Vol. Ⅳ，p. 192）。

302

德吕克的著作的最后几章（第五篇）简述了，他有关大气的一些发现对各种问题的应用。它们包括：标准温度和标准气压下空气比重的测定、大气广延的估计（这是不可能的，因此，更确切地说，气压降至某个很低规定值的离地面的高度的确定），最后，还有天文折射和大气温度与气压间关系的表述。十八世纪初，人们往往否定有任何这种关系存在。但是，德吕克用下列等式把折射和**温度**连结起来：

$$b=\frac{1000a}{1000\pm 2c}$$

式中 a 是平均折射，b 是所求之实际折射，c 是温度超过或不足的度数，温标是专门选取的，以便利计算。仿效哈雷，他假定折射同地面上空气的**气压**或密度成正比。他认为，蒸汽的存在可能对折射产生进一步的重要影响，因此湿度计在观象台里大概是有用的；但是，他未能朝这个方向取得进一步的发展。

德吕克的气压测高公式为拉普拉斯所修正，后者考虑到重力随高度和纬度的变化（*Mécanique Céleste*，Bk. X，Ch. 4），还为乔治·沙克布勒爵士所修正（*Phil. Trans.*，1779，p. 362）。

四、北极光的研究

有证据表明，古典时代人们已经知道“北极光”，虽然地中海沿岸居民几乎从未能见到北极光。甚至在像不列颠群岛那样纬度的地方，极光的出现也非常罕见，因此，直到相当晚近的时候，人们才一以贯之地考虑它们。十三世纪一部斯堪的纳维亚著作中有过一次对北极光的明白无误的描述。但是，一般说来，十六世纪时欧洲的那些极光显示大都被误认为是彗星。并且，虽然当时流行文献对之作了记叙，但很快就被人淡忘了。在十七世纪，这种现象开始为人们所知，被称为 aurora borea[北极光]；这个术语似乎是伽桑狄把它引入科学文献的，后来它又演变为 aurora borealis。然而，对极光的科学研究可以说是从十八世纪开始的。1707 年 3 月的一次极光显示，整个中欧都可以看到，它引起人们的极大兴趣。H. 瓦莱留斯在他的《地震的哲学论辩》(*Exerci tium philosophicum de Chasmatibus*)（乌普萨拉，1708 年）中，根据长期以来的耳闻目濡，清晰地扼述了这现象的各个一般性质。但是，这部著作长期湮没无闻。瓦莱留斯把这现象归因于上层大气中的冰晶体对来自地平线下的太阳光的反射，犹如在太阳和月球周围形成晕那样。这种解释在当时似乎相当流行。但是，记述过 1716 年那次北极光显示的威廉·温斯顿在解释时，诉诸以地球北方升起的硫化发散

303

物,它们只是因为北极寒冷而未引起雷暴。1716 年 3 月 16—17 日这次显示所以值得一提,不仅因为它在整个欧洲和北美都可看到,而且还因为埃德蒙·哈雷——当时最有经验的科学家之一通过它而注意起这种现象。

哈雷在《哲学学报》(1716 年,p. 406)上发表了对这景象的图解描述(他是目击者)和对其成因的批判讨论。他的论文在其他俯拾皆是的解释中卓然超群,真正标志着对这个问题的科学讨论的开端。哈雷疏忽了极光的最初爆发,但他注意到了它后来历时数小时的几个阶段,他还给他的说明附配了一幅图版。他在论文中特别提到,地平线附近发光的云状斑纹,以及向上射向天顶的闪耀红光的光束,在那里形成了他率先所称的冕;他强调指出这样的事实:许多发光的"蒸汽"出现在天空的南部,从而也出现在地球影锥的中央,因此,它们的光不可能得自太阳。哈雷还认识到,这些流光的视在方向所以垂直于地平线,以及所以向天顶辐合,是它们在各自的发源点上垂直于地球表面地上升的结果。他还进一步认识到,这些流光之呈角锥形状,也是透视的效应。起先哈雷认为,这种现象可能起因于"地下火把水蒸气过分稀释,并使之沾染上硫化蒸汽;今天的博物学家一般都认为后一种蒸汽是地震的成因"。他对以往关于这种自然现象显示的记载作了历史评论。这个评论提出,这些显示是成群发生的,而各群之间在时间上隔得很开,这本身便令人联想到同地震的类似特点相比拟。但是,这假说无法解释,为什么这种显示局限于天空的北极区域;哈雷认为,这同它们发生的规模之巨大(像广阔的可见度所表明的)也不相符合。因此,他宁可将这解释同地磁理论联系起来。作为一个磁体,地球必定是磁以太象围绕一个 terrella 即球形磁石似地循环的中心。只要把钢锉屑放置在球形磁石的任一轴平面上，就能显示出这循环的形状：磁以太明显地从一极进入，而从另一极出去。因此，我们应该假定，“这种精微的物质……可能不时由于若干原因的汇合而能产生微弱的光，而这些原因罕能同时发生，迄今我们也还不知道它们究竟是什么；……我们知道，带电物体的以太在强力快速摩擦时会在黑暗中发出光，同样，这以太似乎也同那种光极其亲合。”哈雷发现，这假说是同极光呈现的各种光效应相一致的。因此，他倾向于认为，他的发光以太就是构成星云和彗星尾的物质，就是某种发光物质。他以前曾推测，这种发光物质的存在可能是为了照亮地球的内部空间，以便使那里可以让人居住。哈雷建议，在将来这种现象显示中，观测者应当在每半小时终了的时候，以天空为背景注意这景象的突出细节，以便随后可以通过比较这些观测，估算极光的高度。哈雷本人在文章中没有使用“极光”这个术语，而写的是“空中看到的光”、“大气现象”，等等。然而，埃德蒙·巴雷尔和马丁·福克斯在描述翌年初的显示时，使用了北极光这个术语（*Phil Trans.*，1717，pp. 584，586）；他们两人都注意到，极光弧顶点从地理北极向西移动。哈雷似乎还观测了这位移，认为它是同地磁性质相联系的一种重要纽带。在《皇家学会日志》（L. A. Bauer 在 *Terrestrial Magnetism* ϕ31，Vol. XVIII，No.3）中，有下述记载：

1726 年 11 月 10 日。“哈雷先生报告了对最近一次北极光观测到的事实材料。他援用这来证实他先前提出的见解：地球的磁以太同这现象的产生有关，从光弧在北极的情形以及条纹 305

运动的倾向来看，它们似乎都取决于磁的效能。他说，光弧在其穿过磁子午圈的地方最高，**条纹**的运动有一倾角，像磁倾针的倾角一样。”

1728 年 11 月 21 日。[在提到德勒姆写的一封关于一次极光的信时，哈雷说]“自从他初次发见它以来，就一直观测到，光弧和黑底的中心总是处于磁子午圈之中，并且就所能观测到的而言，它似乎随着地平变化而改变其在地平上的位置”。如上所述，十八世纪末，约翰·道尔顿指出(*Meteorological Observations and Essays*,1793)，极光的流光平行于磁倾针，极光的顶点位于磁子午圈。后来几期《哲学学报》迭次介绍极光。还多次报道了据说的南极光；其中有一次肯定地为安东尼奥·德·乌洛阿于 1740 年前后在胡安费尔南德斯附近观测到。

十八世纪里，人们仍试图解释极光的发生。例如，J. J. D. 梅朗在他的《论北极光的物理和历史》(*Traité physique et historique de l'Aurore Boréale*)(巴黎，1733 年)中，把这现象归因于太阳大气的延伸。他认为，太阳大气不时包围地球，同地球大气相混。黄道光也得到了类似的解释。梅朗还试图估算极光扰动的高度。约翰·坎顿(*Phil. Trans.*, 1759, p. 398)确证了极光显示和罗盘指针不规则变化间的联系，这是约尔特(1741 年)和其他斯堪的纳维亚观测家发现的。坎顿揣测，这两种效应都是地球表面的一些部分由于地下原因而受到特别加热所产生的。欧勒认为，极光流光是在太阳作用下地球大气射出的部分，犹如彗星的尾巴(*Mem. of Berlin Acad.*, 1746)。十八世纪晚期认识到了极光的电性质；今天人们认为，这是大气中的放电，因太阳抛射出的粒子引起电离所致。

（参见　G. Hellmann：*Beiträge zur Geschichte der Meteorologie*，Berlin，1914，等等。）

第十二章　气象仪器

十八世纪应用的气象仪器分为五大类：(1)测量降雨量的雨量器；(2)测量温度的温度计；(3)测量大气压变化和山脉高度等等用的气压计；(4)测量风力、风向和速度的风速计；和(5)测量空气中水汽含量的湿度计。所有这些仪器都是在十八世纪开始之前就已发明和运用的。雨量器实际没有发生过什么变化，因此这里就不必考查了。但是，其他四种仪器则不同，由于对它们的构造和使用的原理作了探索性的研究，因此，它们在一些重要的方面得到了改良。上一章说明德吕克对大气作气压和温度研究时，已经考察过气压计和温度计。这两种仪器的改良同德吕克的气象学研究关系极其密切，几乎达到了难分难解的地步。关于气压计，这里无需再作什么补充了；在继续去论述十八世纪应用的风速计和温度计之前，还必须先就大家比较熟悉的几种类型温度计说上几句。

一、温度计

验温器和温度计

温度计发展为一种标准科学仪器的过程，是十七世纪初从伽利略发端的，而实际完成则是在十八世纪。最早类型的这种仪器是**验温器**。它主要是个倒浸在水中的长颈瓶。瓶内束缚的空气收缩或者膨胀，引起瓶颈中的水位上升或下降。它仅借助这种升降来表明周围温度的变化。然而，后来发现，这空气的体积明显地受气压变化影响，于是开始改为利用液体（例如水或酒精）的热膨胀。这验温器随后便制成给出定量指示，如此便转变成为**温度计**，即给它附着一个温标，从上面可读出代表热或冷的“度数”的液柱高度。这些度数起初在值上纯粹是任意的，它们从一个任意的零开始计算。但是，为了比较不同温度计在不同环境下的指示，最好采用一种普适的温标。有人提议，为了做到这一点，可从一个“定点”出发来计算一切温度计上的温度，这定点对应于某个一定的温度，例如水的凝固温度，而这在需要时可以很容易地产生。但是，甚至当这种定点选定之后，度的大小即温标的单位仍悬而未决。然而，这个问题在十七世纪末就已原则上解决了，即建议应用**两个**定点（例如水的凝固点和沸点），以及把这两个点的间隔分成约定数目的等份。似乎最初是华伦海特在十八世纪把这种方法系统地付诸实践；而且，也是他确立了把水银用作为温度计流体，以前只是偶尔在实验中这样应用它。 307

华伦海特

丹尼尔·加布里尔·华伦海特于 1686 年出生在但泽，是一个德国商人的儿子。他被送到荷兰学习商业，但他的科学兴趣占了上风。他最后成为阿姆斯特丹的一个科学仪器制造家，并于 1736 年在那里去世。华伦海特访问过英国，当选为皇家学会会员；他关

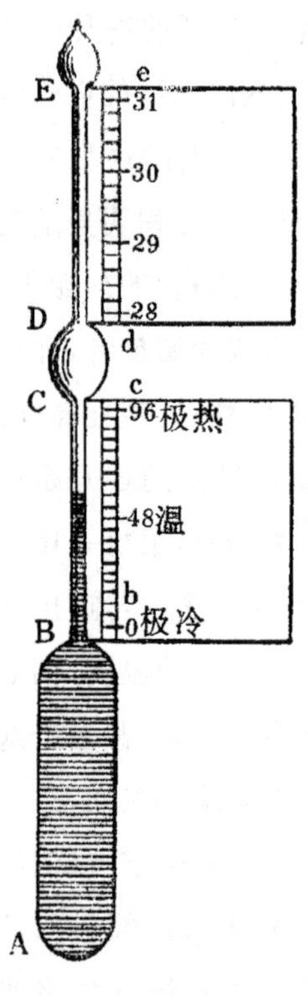

308

图131—华伦海特的沸点测定器

圆筒AB充满酒精或水银，后者在管BC中的膨胀量度了温标bc上的温度。但是，当把这仪表放入沸水时，液体便膨胀到充满玻泡CD并进入管DE，在那里；其高度用来以量标de量度这水沸腾时的大气压。

于测温学的文章用拉丁文发表在《哲学学报》上。华伦海特最初似乎用酒精作为他的温度计流体；但至迟在1721年，他制成了他的第一个水银温度计；它主要用来证实阿蒙顿（和他之前的其他人）的观测：水在一恒定温度上沸腾。他还应用它来测定其他液体（例如酒精、硝酸、矾油等等）的沸点。他还给出了它们的比重，而这些比重是在他温标上的48°上取的。这温度（他解释说）处于水、冰和盐的混合物可以达到的最冷程度和健康人血液温度两者的中间（*Phil.Trans.*，1724，p. 1ff.）。从他对一些关于水过冷却的进一步实验作的说明中所提供的细节来看，华伦海特给他温度计标定零点的方法，是把它们浸在上述的冻结混合物中（他没有说明这些成分按什么比例混合）。关于华伦海特温标的由来，见本作者的《十六、十七世纪科学技术和哲学史》第2版第90页。在这个温标上，冰的溶点为32°，健康人的体温为96°（将温度插入口腔或腋窝量得）。当扩展此温标以便包括雨水的沸点时，这温度计记录的温度为212°；但华伦海特没有把这沸点用作为他温标的一个实验测定的“定点”。对于日常应用，华伦海特把他的温度计仅刻度到 90°。进一步的实验使他确信，水的沸点随着大气压变化而略有变动。于是，他由此发明了沸点测定器。这仪器实质上是一个温度计；但它这样制作和刻度，以致当它浸入沸水时，它的酒精或水银柱的顶端直接借助一个邻接量标指示这水沸腾时的大气压。由于没有那种破坏他对其定点定义的模糊性，华伦海特温标在操英语国家里确立了其用于大多数实际目的的地位。

列奥弥尔

法国贵族博物学家勒内·安托万·德·列奥弥尔在不知道华伦海特的工作的情况下，沿着不同的路线探索温度计的改良。列奥弥尔于 1683 年生于拉罗歇尔。他以数学家、动物学家和工业技术与法国自然资源方面的权威而著称。1708 年，他成为法兰西科学院院士。他死于 1757 年。列奥弥尔在《巴黎科学院历史和备忘录》(*Hist.et Mém. de l'Acad. de Paris*)的 1730 年卷(p. 452ff.)和 1731 年卷(p. 250ff.)上，提出了“制造分度可比较的温度计的规则”。列奥弥尔对他的温度计这样分度，使相继的度相应于温度计流体体积的等增量，每份增量代表这流体处于水的凝固点时的体积的一定部分(通常为千分之一)，而这是他用来规定他的温标的唯一定点。(胡克在十八世纪中叶和牛顿在十八世纪初都已预言过这原理。)列奥弥尔拒绝用水银作为温度计流体，因为它的膨胀系数相当少；他宁可使用酒精。他把他的主要的温度计做得比他那时一般的要大。他用一个约 4.5 英寸大的玻璃泡，给它熔合一根直径约四分之一英寸的玻璃管，后者通入玻璃泡，上端最初开

309

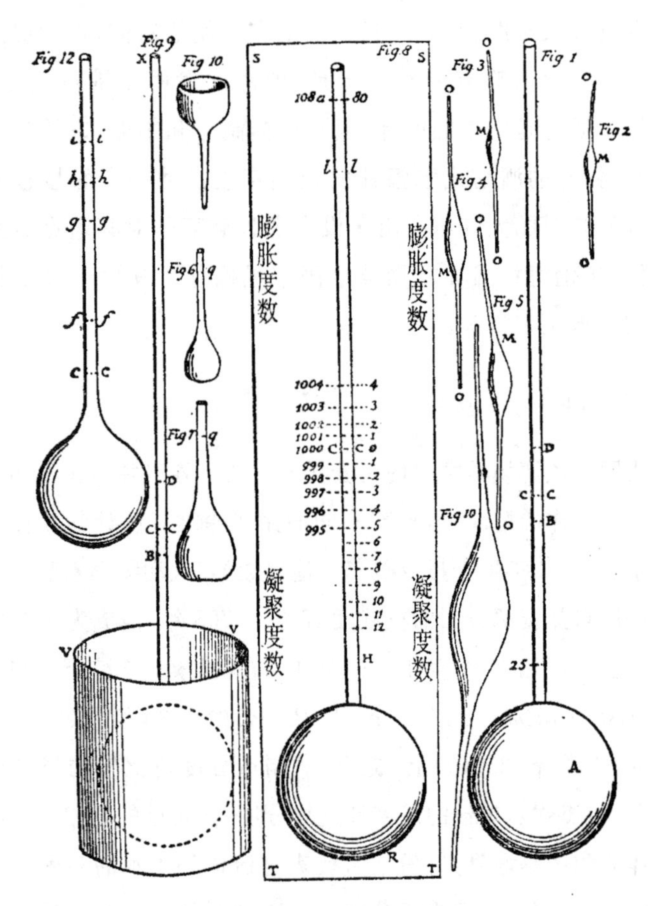

图 132—列奥弥尔的温度计

口(图 132,图 1)。为给这仪表分度,他用一根小的吸移管(图 2),其容量作为他的任意容积单位,还用几根较大的吸移管(图 3,4,5,10)和量瓶(图 6,7),它们的容积数倍于此单位。反复给这吸移管充满水并倒空到温度计管,如此,他给管泡和管茎下部充上1000

份水。然后，他围绕管茎缚一根线，标记水上升的高度；这用作为温标的零点。接着，玻泡和管茎牢牢地固定在一块板（图 8）上。列奥弥尔在这板上继续按如下方式标定分度。他给单位吸移管充满水（或者最好充水银，它不会附着于玻璃），倒空到玻管，再用一条水平线和一个数字 1 标记水现在的上升高度。然后，他把另一根吸移管倒空到玻管，再用一条水平线和数字 2 标记这新的高度。这个过程一直继续到管茎上分度达到所需范围，而如上所述，每度相应于为把管茎和管泡充到零点所需液体体积的千分之一。为获 310 得零点以下的度数，将玻管充到 0°，然后借助一个量瓶把它里面的液体倒掉比如 25 份；所得高度标记为零下 25°，然后像上述那样借助单位吸移管得出它到 0°之间的中间分度。然后，把玻泡和管茎中的水和水银倒空，并把仪表的里面弄干燥。接着，把酒精灌入，其量适足以升到零点。其时，玻泡浸在一个盛有水的铁皮容器中，并受到放在一个外容器中的冻结混合物的作用。最后，把温度计管的开端密封，或者用蜡与松节油的混合物包封。列奥弥尔相当详细地讨论了在密封的温度计管中究竟应留多少空气的问题，以及由于空气残留而产生反常的问题。他的最后结论是，密封玻管应当包含适度稀薄的空气。按上述方式分度的温度计的指示取决于它包含的酒精的纯度，因为酒精越纯，就膨胀越大。因此，这种温度计所用酒精的标准化就十分重要。列奥弥尔提议，酒精样品的品质取这样的判据：它在其温度从水的凝固点上升到沸点时的膨胀比例。这种检定有个实用上的缺点，即酒精在一个甚低于水沸点的温度上已开始沸腾（列奥弥尔完全清楚这一点，他的批评者也很快就指出）。然而，列奥弥尔发现，在某种意义上，他能够以下述方式测定酒精样品在水沸点上的体积。他把酒精样品封装在一个长颈瓶(图 132,Fig.12)中,把它再浸入沸水之中,当它开始沸腾时,把它移去,一当沸腾停止,便记下酒精的高度;他重复这个过程,观察到这高度递增到某一高度,此后再也不发生进一步的膨胀。他认为,酒精的这最大体积乃是相应于水沸点的体积。他并用下述酒精作为用以充填他的温度计的标准纯度酒精:当把酒精从水凝固点加热到它能从沸水(而它自己不沸腾)获得的最高温度时,酒精体积从 1000 份膨胀到 1080 份。所以,列奥弥尔利用水沸点不是给出他温标的上定点,而是使他的温度计液体标准化。然而,十八世纪下半期用于水银温度计、今天大陆上仍旧应用的所谓"列奥弥尔温标"中,冰的溶点取为 0°,水在标准气压下的沸点取为 80°。列奥弥尔的方法和思想受到德吕克的批评和修改,后者对温度计完善所作的重要贡献,上面已经考察过。

311

摄尔絮斯

1742 年,瑞典乌普萨拉的天文学家安德斯·摄尔絮斯(1701—44)描述了他制造水银温度计的方法(*Vetensk. Akad. Handl.*,1742,*trad.*Kästner,Bd. Ⅳ,p. 197ff.)。这仪表的温标有两个定点。其下定点这样获得:用湿雪围住玻泡约一小时半,标记水银下降的高度;而表示上定点的高度则这样得到:玻泡放入一茶壶中几分钟,里面盛满沸水,用炽热的煤和风箱使之保持强烈沸腾,测定时气压维持其平均值。管茎在这两个定点之间的部分分度成一百等份;但是,摄尔絮斯把他的零点放在水的沸点上,他的 100°那个分度放在雪的溶点上,这样,沿温标**向下**时读数增加,并且避免了凝固点以下的温度取负的度数。具有这两个定点以及像 312 今天流行的摄氏温标那样**向上**增加的百分分度的水银温度计，似乎是里昂的克里斯坦在1743年引入的，他还在当地的报章上加以介绍。

图134并列出这三种分别同华伦海特、摄尔絮斯和列奥弥尔三人名字相联结的温标（虽然今天它们不复完全像创始者所规定的那样），供作比较。

（华伦海特、列奥弥尔和摄尔絮斯三人论温度计的著作，连同 313 注释一起译成德文发表，见奥斯特瓦尔德的*Klassiker*，No.57。亦参见 H. C. Bolton：*The Evolution of the Thermometer*，1592—1743，1900。）

最高最低温度计

气象观测者常感兴趣的一个问题是，获知在某一时期（一般为二十四小时）内温度计所测得的最高和最低温度。十八世纪发明了一些仪表，它们能提供这种资料，而又无需不断察看温度计的指示；这些装置是最早的**最高最低温度计**，或称**记录温度计**。十八世 314 纪下半期提出了许多种这类发明，其中有许多很复杂，而且不切实用。我们将只考查其中少数典型的仪器，它们大都基于这样的原理工作，这些原理今天在最高最低温度的机械记录中仍旧利用。查尔斯·卡文迪什勋爵发明过一种简单的早期类型，最高温度计和最低温度计在其中是两个独立的仪器（*Phil. Trans.*，1757，p. 300ff.），如图135所示。最高温度计的特点是，管茎的顶端拉制成毛细管形状，它的开口通入一玻璃容器C。温度计的圆筒形

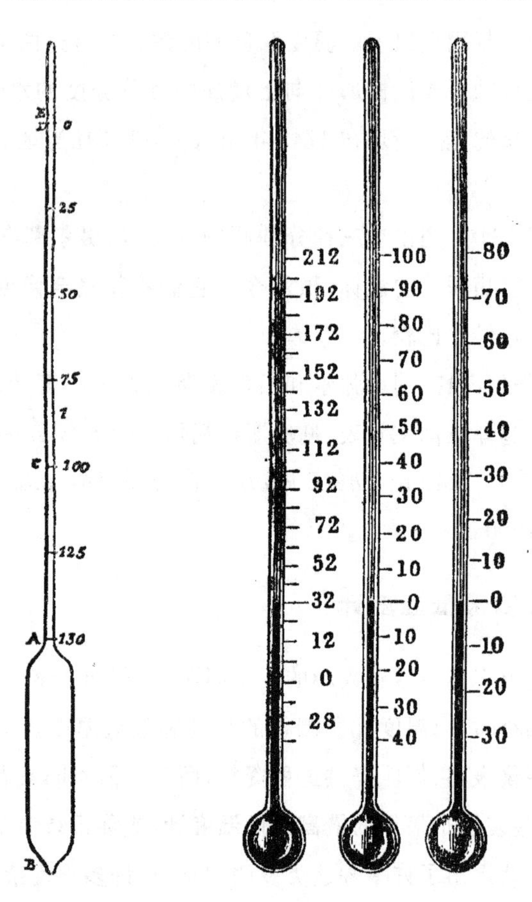

图 133—摄尔絮斯的温度计　　图 134—三种温标

玻泡和管茎部分内容有水银，其高度以通常方式按左边的温标指示温度。水银上面是一个酒精柱；容器 C 也部分地充有这种流体。当温度升高因而水银膨胀时，就把管茎中的一些水银驱入这容器；如果温度然后下降，则管茎中酒精上方便出现一虚空空间，其长度同温度计从所达到的最高温度的降落成正比。“因此，借助适当的温标，酒精的顶端将表明它比观测时高出多少度；如把这加到现在的高度之上，则将给出它现在所处的最高温度。”在一次观测之后，将温度计倾斜，直到C中的酒精覆盖住毛细管的端末，这样，仪表便重又复原；然后，将玻泡加热，直至管中酒精开始进入C；当让玻泡冷却时，酒精被从容器吸回管茎，以致充满管茎的上部。容器C也有一些水银，以便在需要从管茎排出和必须代之以一种类似的空吸过程时，提供足够深的水银。

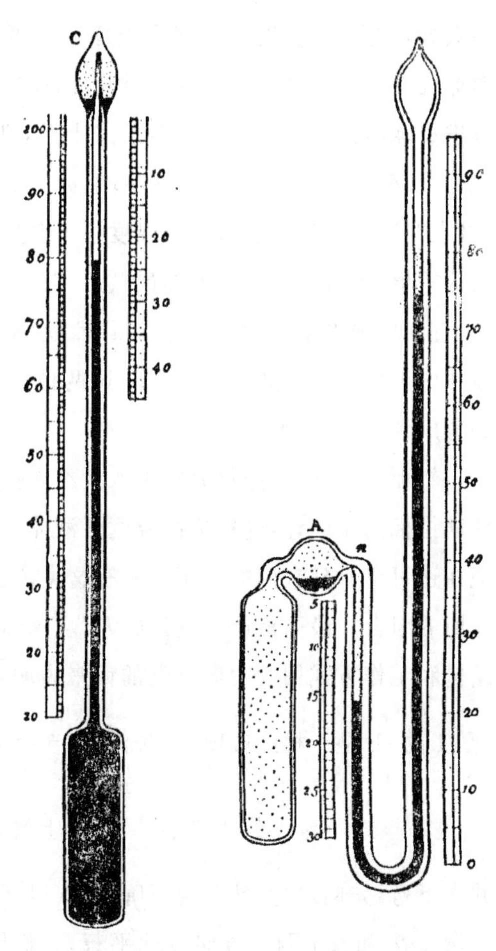

图135—卡文迪什的最高最低温度计

卡文迪什的最低温度计(右图)犹如一根倒置的虹吸管。长肢顶端封闭，而短肢顶端进入球A，后者同一个大圆筒连通。圆筒和球起初内有酒精，而一条细细的水银从短肢顶端延伸到长肢向上的某一点处，在那里它的高度（或它上面短短酒精柱的高度）借助一个温标表明环境温度。当温度下降时，圆筒中酒精收缩，水银从短肢跑进玻球而被陷获。如果温度后来上升，则短肢上部充入一酒精柱，其长度同这温升成正比；相邻温标上短肢中水银高度的读数"将表明这温度计比它这时的温度低了多少；如果从这现在高度减去这差值，则将给出它所处的最低点。"为了使这仪表复原，把它倾斜，直到玻球中水银覆盖着开口 n；然后，加热这圆筒，迫使水银从玻球中出来。卡文迪什还提出了这两种仪器的一些修改型，尤其是考虑到深海应用。

然而，卡文迪什型仪表在十八世纪末被废弃，代之以带有小的活动指标的温度计，这指标由温度计液体表面升降加以操纵，我们现在还可以看到它们的应用。所有这类仪表的原型是詹姆斯·西克斯的组合式最高最低温度计（*Phil. Trans.*, 1782, p. 72ff.）；它的结构和工作方式用发明者自己的话来说明，可能最好（见图 136）："图 1 的 ab 是一根细玻璃管，长约 16 英寸，直径约$\frac{5}{16}$英寸；*cdefgh* 是一根内径约$\frac{1}{20}$英寸的小管子，在上端 *b* 处联接于那大管子，并向下弯，先向左弯，然后再下降到 *ab* 以下 2 英寸后，向上复又朝右弯，*cde* 和 *fgh* 两个方向彼此平行，它们同大管子相距 1 英寸。这管子在端末 *h* 处内径从 *h* 到 *i* 扩大到 $1\frac{1}{2}$英寸，*h* 到 *i* 长为 2 英寸。除小管子从 *d* 到 *g* 的部分充水银外，这管子都充高度精馏的酒精，直到端末 *i* 留$\frac{1}{2}$英寸。……当大管子（作为该温度计的玻

315

316

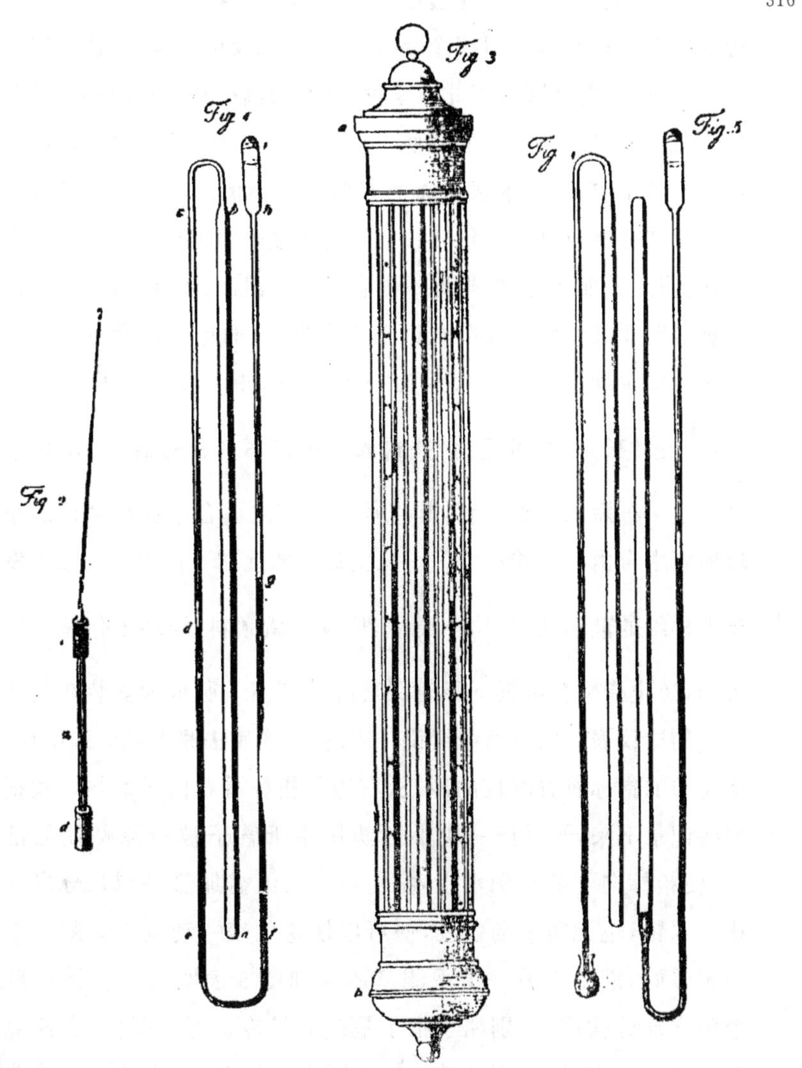

图 136—西克斯的组合式最高最低温度计

317 泡)中酒精受热膨胀时,左边小管子中水银将被压下,从而引起右边水银上升;相反,当酒精冷凝时,将发生相反的过程,左边水银将上升,右边的将下降。因此,(华伦海特的)温标从左边顶端的0开始,向下计度数,而右边的从底上的0开始,向上升。……在温度计的小管子中,一边水银表面上方放一个小指标,它浸在酒精中,装置得在必要时可上下移动。上升的水银表面把这指标一起往上带,但当这表面下降时,指标不随它回复。然而,当保持固定时,这指标鲜明而又精确地表明水银上升多高,从而也表明所发生的冷或热为多少度。"图2放大示出一个这种指标:"a是一根小玻璃管,$\frac{3}{4}$英寸长,每端都密封,并封入一根差不多长的钢丝;cd每端都固定一根短的黑玻璃管,其直径大小使之适合于在温度计的小玻璃管中自由上下移动。……从指标体的上端c抽拉出一根头发丝那样细的玻璃弦,长约$\frac{1}{4}$英寸,位置略微倾斜,轻轻压住管子内表面,防止指标在水银下降时跟着降落。"图3所示为安装在其座架上的这仪表。西克斯继续说:"向晚,我通常去察看我的温度计,从左边的指标看看昨夜的冷;从右边的指标看看白天的热。我把这些记录下来,然后把一块小磁铁作用于管子被指标贴住的部分,使指标向下移动到水银表面。这样,无需加热、冷却、分离或扰动水银,也无需移动仪表,便可以使这仪表一动也不动就已立即调整好,准备作另一次观测。"图4和图5表明这温度计由两个独立部分构成,分别用于指示最热和最冷。可以明白,在西克斯的温度计中,这温度计的流体实际上是酒精;水银的主要功能是移动指标。

爱丁堡大学医学和植物学教授、第一个分离出氮的丹尼尔·卢瑟福在1790年介绍了一种更为简单的仪器，工作原理相同，由两个独立部分构成（*Trans. Roy. Soc. Edin.*, 1794, Vol, Ⅲ, pp. 247ff.）。然而，他把实际发明归功于一位医学博士约翰·卢瑟福。在这种仪表中，最低温度由一个普通酒精温度计AB记录。它的管茎中有一指标C，呈彩色玻璃或搪瓷小锥状，顶尖指向玻泡；这指标约半英寸长，其精细使之适可沿玻管上下自由滑移。一旦这 318

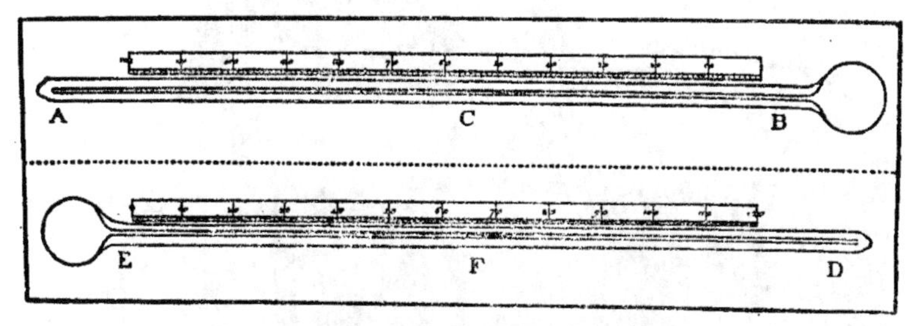

图137—约翰·卢瑟福的最高最低温度计

指标完全浸入酒精，便不能轻易地突破其表面。这温度计倒置，以使指标滑到酒精柱顶端，然后将它安装于水平位置。如果温度下降，则酒精收缩，指标也被引向玻泡。如果温度后来上升，并且酒精膨胀，则指标保持标示所记录的最低读数。最高温度由一水银温度计DE记录；它的指标系一象牙锥F，其基底转向玻泡，最初停留在水银表面上。当水银随着温度上升而膨胀时，它推动其前面的指标；当水银收缩时，它使指标留在后面标示仪表从上次调定以来所达到的最高温度。这两个温度计水平地安装在同一支座上，两者的管径指向相反，因此，同一运动可用来使两者都复原。

乔治·威尔逊的《卡文迪什传》（*Life of Cavendish*）（1851

年）记叙了亨利·卡文迪什制造并保藏在皇家研究院中（但现已有故障）的一个记录温度计。《尊敬的亨利·卡文迪什科学文选》(*The Scientic Papers of the Hon.Henry Cavendish*)（剑桥，1921年）复述了威尔逊的记叙（Vol. Ⅱ，pp. 395ff.）。图138示出这仪表的正面和背面视图。它主要是一根内盛酒精的玻璃管，水平地沿仪表顶部通过，以便暴露于大气之下（但防雨），向下同一U形

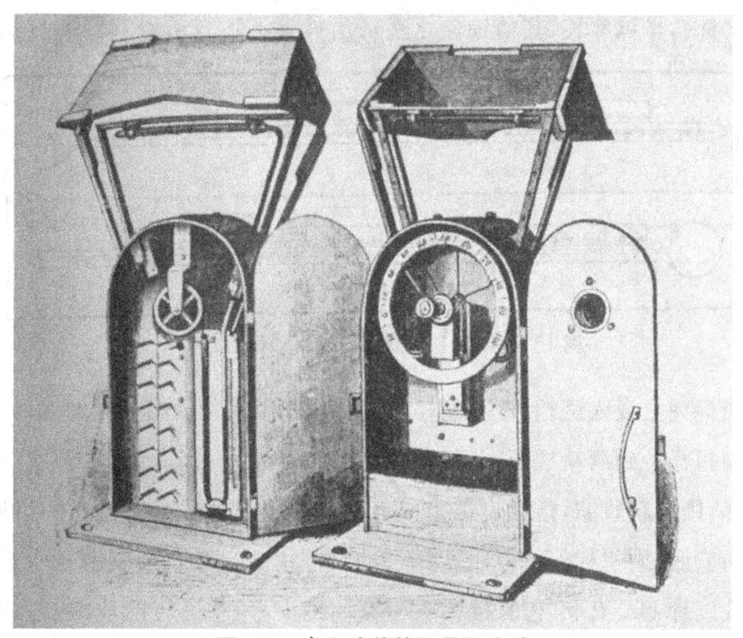

图138—卡文迪什的记录温度计

管连通。酒精随着温度变化而膨胀和收缩，由此驱动U形管中细长的水银。此管左边开口肢中水银的表面载一象牙浮子；浮子系有一根丝线，后者绕过一带槽的轮两次，向下悬，支承一小重物。轮轴上附着一轻指标，后者在右图所见的分度圆上移动。指标的

319

一边有一摩擦针，类似于家用气压计的度盘；当指标开始沿一个方向移动时，它推动其前面的针，而后来当指标开始退行时，这针便保持停留在指标沿该方向所达到的极限位置。让摩擦针同指标保持接触，仪表便复原。整个装置放在一个盒中，盒高约18英寸，带玻璃面板和金属门。左图所见的凸脚可能用于放置致干燥物质，以保持内部干燥。

亚历山大·基思约在1795年发明了一种温度计（*Trans. Roy.Soc.Edin.*，Vol.Ⅳ，1798，pp. 203ff.），它不仅用来指示最高和最低温度，而且还可用来连续地以图形记录它自己在一给定时期中的指示。他的温度计示于图139图1。它主要是一根玻璃管

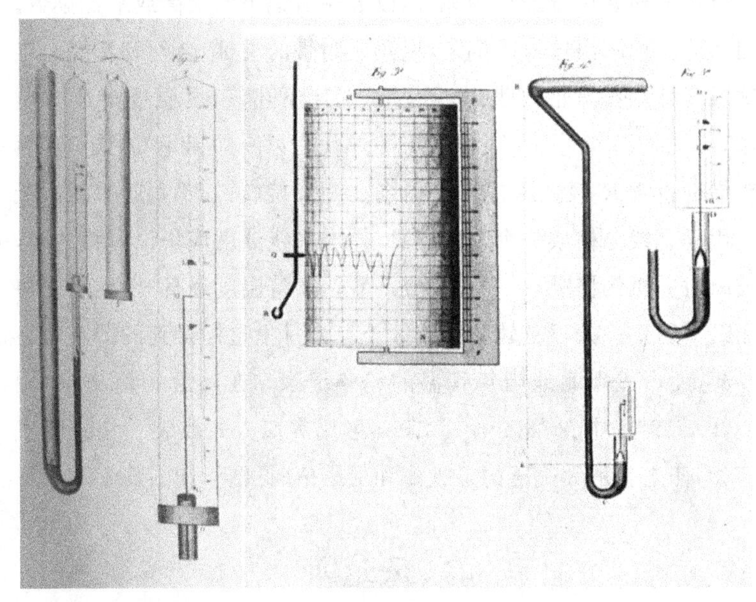

图139—基思的记录温度计

AB,长约 14 英寸,直径$\frac{3}{4}$英寸,上端封闭,下端终止于细口径玻管 BED,后者向上弯,在顶端开口。玻管从 A 到 B 充酒精,从 B 到 E 充水银。E 处水银表面上放置一个小象牙或玻璃锥形浮子,浮子系一根金属丝,后者上升到 H,在那里弯过一个直角,终端是一个短的水平十字件。当水银随着温度增减而从初始位置上升或下降时,这十字件升起或压下两个指标 L、L 中的一个;这两个指标是上油的丝条,它们在一根细金丝上滑移自如,金丝上下端用铜销固定在一分度标尺 FG 上,后者同玻管开端一起可用盖Ⅱ完全封罩起来。十字件 H 围住金丝,推动其前面的上指标或下指标,使之留在离初始位置最远的地方,以表明所记录的最高或最低读数。图 2 放大地示出玻管的端末,以及所附带的温标、金丝和指标。当这温度计用作自记仪表时,基思建议作下述修改:温度计放大制作,AB 约 40 英寸长;H 处的十字件代之以一短铅笔 Q(图 3),后者借助重物 R 轻轻压住一张围绕在一个旋转鼓 MN 上的纸。纸上用垂直线分格成一个月的各日,用水平线分度成华伦海特的度,鼓由时钟机构操纵,一个月完成一转。随着温度逐日升降,铅笔将在纸上留下一条正弦轨迹。连续十二个月里这样得到的图收集在一起,便形成观测地当年气温的完整记录。在随后一篇文章(同上,p. 209ff.)中,基思介绍了,怎样可用类似方式改装一个虹吸气压计,使之表示大气压的最大值和最小值(见图 4 和图 5)。

320

二、风速计

在十七世纪,已经偶尔用一种原始型式风速计勉强测量风力了。一般都认为,这种仪表是罗伯特·胡克发明的,尽管这种仪器在他之前已经在应用了。它主要是一块很轻的木头或金属的板或窗板,与风向垂直地由一根杆悬着,这杆绕一轴自由转动,轴穿过杆的上端,平行于板的平面。当风把板吹向一边时,杆便在一个分度标尺上移动,这样,便测量了风力(任意单位)。风速计的历史上,尤其显著地表现出这样的倾向:科学仪器起先被废弃不用,然后又重新发明,或者经过改进后重新采用。例如,归功于胡克的摆式风速计在1744年由德特福的罗杰·皮克林重新发明(*Phil. Trans*. Vol. XLIII,No.473,p. 1),但添加了一个抓钩,防止板在被风吹得偏过一个角度时摆回静止位置。因此,这仪表记录的是它在给定观测时期里所受到的最大风力。它还有一个指标,指示每时每刻的风向。达尔伯格在1780年提出了一种比较复杂的摆式风速计(参见F. Rozier:*Observations sur la Physique*,XVII)。其中,风吹在一块板上,板经过一个铰链围绕其下边沿自由转动,它的上边沿固定有一根绳索,绳索绕过一个滑轮并带有一重物。当板被吹向一边时,这重物被吊起,直到它的拉力恰与风对板的压力平衡。达尔伯格的仪表也用来测量风向及其对地平的倾角。M. C. 汉诺夫在他的《自然哲学》(*Philosophia Naturalis*,1765,Vol. II,pp. 142—3)中,记叙了他试图这样比较风力:确定一系列旗帜中哪一面恰被吹得飘成水平状,或者观察由一根马鬃悬着的一个铅球的偏转。在十九世纪里,几种改进的摆式风速计都用球取代平板。

在另一类重要的风速计中,风对活动零件的驱动旨在引起抵抗力。抵抗力随着运动逐渐增大,直至足以造成静止。例如,在克　321

里斯蒂安·沃尔夫的风速计(*Aerometriae Elementa*,1709)中,风车的翼板吹动一水平轴旋转,后者通过一根蜗杆作用于一个齿轮,齿轮装有一径向臂,其远端固定有一重物。风力乃用齿轮在重物不断增大的力矩作用下而达到静止之前所通过的角度来测量。洛伊波尔德(*Theatrum Machinarum Generale*,1724)和洛伊特曼(*Instrumenta Meteorognosiae inservienta*,1725)各自独立地描述过一种仪表,它是一个装在一垂直轴上的蹼轮,蹼轮有六块弯曲翼板。风吹向蹼的叶片,轴的转动提升起一重物。然而,重物对轴的杠杆利率设计得(借助一凸轮的作用)不断增加,直到这转动停止。洛伊波尔德声称发明过七种风速计。其中另一种仪表里,支持重物的绳索绕在一呈锥状的轴(有如时钟中的均力圆锥轮)上,缠绕时从轴的细端向粗端,一直绕到重物作用于轴的力矩足以制止运动的地方。这个装置由本杰明·马丁于1771年重新发明(*Philosophia Britannica*,3rd ed.),后来在十九世纪由高尔顿和斯托克斯加以运用。

十八世纪应用的另一种类型风速计,是一块硬纸板(或者后来为金属板),它垂直地附装于一根轻杆。轻杆插在一根管子之中,顶住一弹簧进入。板迎着风,风力由杆强行进入管的距离来度量。在这种仪表的改进型中,杆加以分度,并装配有齿,当杆进入管子时,这些齿被咬住。在有些改进型中,这些齿作用于一小齿轮,后者在一度盘上以常用单位示出气压。(参见P.尔格埃:*Traité du Navire*,1746;阿贝·诺莱:*L'Art des Expériences*,1770,Vol.Ⅲ,罗齐埃:*Observations sur la Physique*,ⅩⅤ)。维尔克在1785年描述了一种**气压风速计**(*Magazin für das Neuste aus der Physik*

Gotha，Vol.Ⅲ，pt.ii)。在这种仪表中，作用于暴露于风的一个表面上的气压由一杠杆(利用机械的优点)传送到一春杵，后者压住一个盛有水银的皮袋。随着水银被挤出皮袋，水银沿着从皮袋出来的一根垂直玻璃管上升。通过在水银上方灌入彩色酒精，以及让水银在管子的精心制作部分上升，这仪表便更为灵敏了。

十八世纪里制作或提出的风速计中，有几种属于这样的类型：主体是一根 U 形管，它部分地充有某种液体，其一个肢在顶端向外弯过一直角。风吹入 U 形管的这个弯肢；风的压力迫使这一边的液体表面下降，另一边的上升，而风力便由这两个液体表面高度之差来度量。最早的这种仪表似乎是皮埃尔·达尼埃尔·于埃介绍的。这位博学的法国廷臣和教士是在一篇杂记中记叙这种仪器的，杂记是他在死前不久于 1721 年写作的，死后发表时书名为《于埃著作；或阿弗朗什主教于埃先生思想杂录》(*Huetiana；ou pensées diverses de M. Huet，Evesque d'Avranches*)(巴黎，1722 年)。在此书以词 Anémométre〔风速计〕(这个术语似乎出自于埃)为标题的第 22 节中，我们读到关于他发明的一种用以“秤量风”的仪器的描述。仪器制造家于班曾致力于制作这种仪器。但还未来得制成，便去世了。于埃对他的发明这样记叙：“它由一个有如僧衣头巾的锡漏斗 ABC 构成。这漏斗弯成圆形，随着弯曲逐渐收细，直到 C；从这里开始是一根管子，它下降到 D，由此再弯曲而经过 DIE，然后上升到终端 K。这管子从 CDE 到 F 充水银。F 上方灌碱液到 G，它的升降借助标定在 F 到 G 上的小点观测。从漏斗 AB 吹进的风作用于 C 处的水银表面，其压力大小视风力而定。如此受压的水银同压力成正比地下降；水银在紧接漏斗的

322

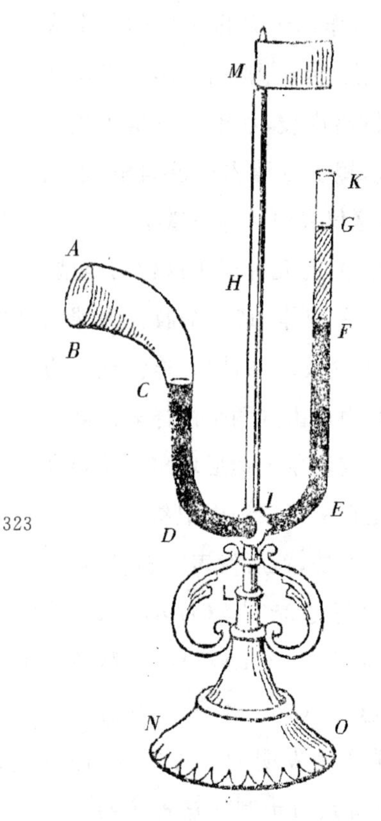

图 140—于埃的风速计

一边下降,但它在另一肢中上升而超过 F,由此升高了它所支承的碱液,后者的上升借助标定在管上的小点观测。如果漏斗未朝向风吹来的方向,则这仪表就不起作用。因此,必须装设风向标 M,它由铁杆 MHI 支承。铁杆在点 I 处成一环,围绕并紧紧夹住管子。在环以下,铁杆进入一柱环 L,后者安装在支座 LNO 上。柱环在支座中可左右转动,视风向标随风如何转动而定。这样,柱环便转动整个仪表,使漏斗始终保持对准风"(于埃:上引著作,第 55—58 页)。然而,最著名的这种仪表是詹姆斯·林德于 1775 年在《哲学学报》(Vol.LXV,p. 353)上详细地并用插图加以说明的那种。林德用水作为他仪表的液体,他还编制了一些表,它们载明,给出管子两肢中水位差,便相应地给出风压(以磅/平方英尺计)。为了记录一个观测时期中所经历的最大风力,林德建议把 U 形管的背风肢截短到其中正常水位,然后,测量在这时期中从该肢溢出的水量。

323

林德的"风速器"由两根玻璃管 AD、CB 组成,每根长约 6 英寸,彼此用弯玻管 ab 联结(图 141)。肢 AD 顶上装一短铜管,其

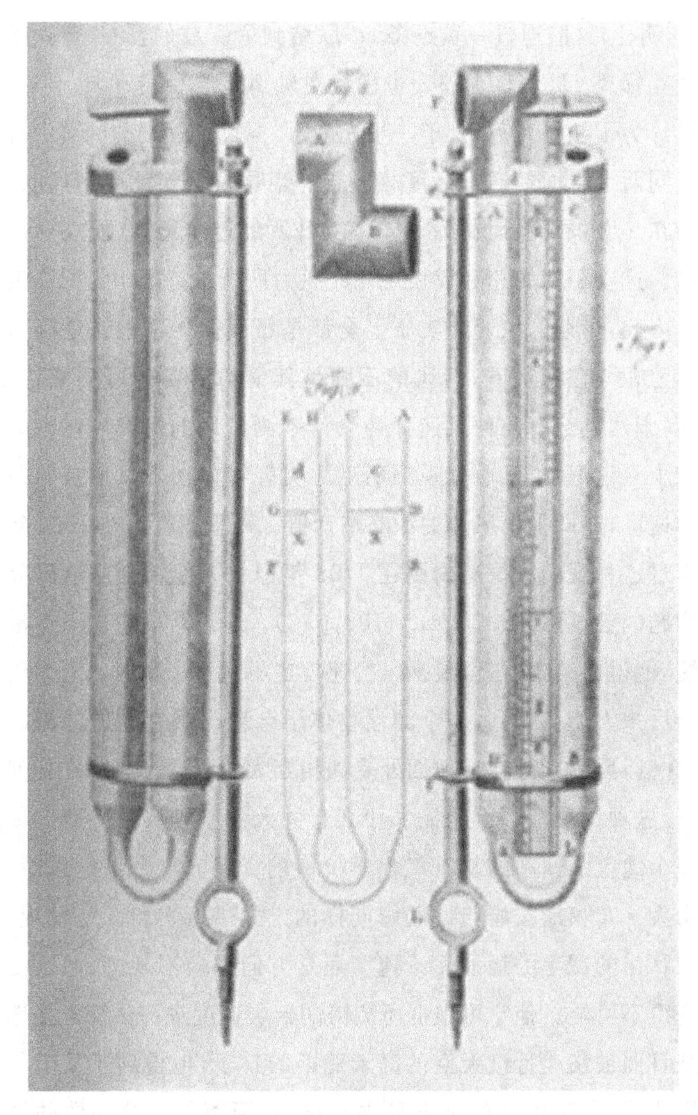

图 141—林德的"风速器"

口 F 朝外；这肢通过一黄铜条 cd 联结到另一肢的盖 G，黄铜带支承竖立标尺 HI。整个仪表可围绕主轴 KL 自由转动，以使 F 面向风。为了测量风力，管子一半充上水，标尺位置调节到其中心的零点同两个水面的通常高度相重合。当这仪表如此受到风吹时，水位在一肢中降低而在另一肢中上升所经过的距离，便在标尺上量出。这些距离的总和代表观测时风力所能维持的水柱的高度。

因此，早期的风速计实质上全都是**压强器**。这也许是因为在实际上尤其在海员看来，风的**压强**是其最为重要的可测量性质。然而，十八世纪有几种风速计乃设计来测量风的**速度**。在十七世纪和十八世纪初，已通过观测羽毛之类轻物体在微风中被向前吹行的速度，立即得出风速的粗略估计值。马里奥特约在 1680 年就已作过这种观测。德勒姆则在 1708 年记叙了他结合声速研究对这问题的尝试(*Phil.Trans.*，1708，p. 2)。通过对风中向下运动的观测，他得出结论：甚至最强风的速度也不超过一小时约五六十英里。后来人们认识到，一个漂浮物体不会获得载它前进的流的速度，并且，风的吹行在近地面处受到相当大的阻碍，因此，在任何情况下，这种观测都不可能提供什么有关大量空气从一个地区传到另一个地区的速率的具有气象学价值的资料。半个世纪以后，亚历山大·布赖斯按照与德勒姆同样的方式进行实验。他发现，在风中释出的羽毛的运动无论速度还是方向都极不规则，而这使计算变得不可能。他宁可根据所测得的云影速度进行估算。他选择明亮日照被快速行过天空的高云遮断的日子，他得到了关于相继云影边缘(在时钟计的十五秒内)所经过距离的十分一致的结果(*Phil.Trans.*，1766，p. 224)。布韦建议，让一个带羽毛的软木圆

324

片沿一根金属丝运动，通过观测这运动来比较风速（*Hist. de l'Acad. Roy. des Sciences*, Paris, 1733）。十八世纪制造的测风速仪表，设计上往往很复杂，但性能普遍令人感到失望，因为活动零件很笨重，大量轴承又摩擦严重。丁林格尔约在1720年发明了一种这类型的仪表（参见洛伊波尔德：*Theatrum Machinarum generale*, 1724）。东森布雷仿制了这种仪表（*Hist. de l'Acad. Roy. des Sciences*, Paris, 1734）。他的仪表设有一个风向标指示风向，还有一个活动轮指示风速，并配备一时钟机构装置作自动记录。但是，这种仪表价值不大。罗蒙诺索夫约在1750年介绍了一种风速计。在这种风速计中，风作用于一小蹼轮（它用一风向标加以适当定向），其运动经由齿轮转动传送到下面的空处，那里有一个轮，它的转动表明风速（*Novi Commentaii Academiae Petropolitanae*, II）。R. 沃尔特曼在他的《测湿叶片的理论和应用》（*Theorie und Gebrauch des hydrometrischen Flügels*）（汉堡，1790年）中描述了一种比较实用的风速和一般流体速度测量仪器。约翰·斯米顿约在十八世纪中期借助精巧的仪器十分深入地研究了一流体的速度同其压力和做功的功率的关系。特别是，他研究了风车的起重力量。他让它受已知速度的人工风作用，这风使风车围绕一绕垂直轴转动的横杆的端末旋转（*Phil. Trans.*, 1759, p. 100）。后来有人利用布格埃的风速计作了类似的观测。大家熟悉的半球风标风速计在十九世纪中期前后开始应用。这个时期还有各种利用风的**物理**效应测量风速的装置，这些效应包括冷却、蒸发、空吸及乐音的产生。 325

（参见　J. K. Laughton: "Historical Sketch of Anemometry and Anemometers"in *Quarterly Journal of the Meteorological Society*, 1882, Vol. Ⅷ, No.43。)

三、湿度计

十八世纪里，许多物理学家绞尽脑汁发明改进型的湿度器或湿度计，以尽可能准确地指示大气的湿度。十八世纪这类仪器所依据的那些原理，几乎全已在十七世纪某种湿度器中应用过。在整个这一时期里，用来估计湿度的工具所达到的精确度和一致性，都始终不如当时的气压和温度测量。这个时期的科学文献大量介绍并用图解说明各种湿度计（有的已实际制成，有的则还只是设计），还就它们的优劣作比较，提出了各种见解。但是，这里只能提到少数几种典型的或有重要科学意义的类型。就这些仪表制造问题所作的讨论，导致阐明**湿度测量**术的一些原理，它可看做应用物理学的一个特殊分支。

十八世纪有几种湿度计是对罗伯特·胡克（在他的 *Micrographia* 中和别处）最初介绍的一种仪表的发展。这种仪表用拈过或未拈过的野燕麦芒（或别的类似纤维）显示湿度变化，这芒的自由端系一指针，后者在一分度标尺上移动。达利巴尔的湿度计（1744 年）依据这种原理工作；他在一穿孔的黄铜管中支承一根羊肠线。羊肠线的一端系于铜管端末，而另一端当肠线的扭转随湿度而变时，自由地使一指针在一分度圆环上转动。（L. Cottés *Mémoires sur la Météorologie*, 1788, I, p. 231）

有机物质大都体积随大气湿度而变；因此，这类物质可用作湿度计，只要采取手段测量它们线度或者用它们制成的容器之体积的变化（适当加以放大）。

326 按这原理工作的早期湿度计中，最简单的但并非最不令人满意的一种，乃由一绳索组成，其一端固定于墙上的钉子，而系于另一端的重物使之绷紧。此重物的升降表明了湿度的变化。这类仪表的一种精致得多的型式中，张紧的绳索通过一滑轮，绳索的膨胀和收缩使滑轮转过一小的角度，轮上的指针在一分度标尺上的偏转便指示了这角度（例如，参见C.沃尔夫：*Aerometriae Elementa*，1709和约翰·道尔顿：*Meteorological Observations and Essays*，1793）。威廉·阿德隆试图提高这种"气象绳"的指示灵敏度（*Phil. Trans.*，1746，p. 95）。他把绳索在两端固定，中间用一根丝线悬一重物。当绳索收缩和膨胀时，丝线便升降，并作用于一由支枢支承的指针，后者一端系于丝线中间，而另一端在一标尺上移动，标尺大大放大了这体系的摆动。在这类仪表的改进型中，指针由齿条和小齿轮操纵。然而，使用这些仪表的人很快发现，随着时间的流逝，绳索趋向伸长。因此，约翰·斯米顿寻求使他的绳式湿度计标准化，他不时测量它们完全干燥时的长度，以及被湿气完全饱和时的长度；他再把两个长度之差划分为一百等分（图142）。他还试图提高绳索对空气湿度的灵敏度，方法是预先把它们放在盐水中煮沸（*Phil. Trans.*，1771，p. 198）。十八世纪制成的这类湿度计中，最精致的要数奥拉斯·贝内迪克特·德索絮尔（1740—1799）的那种。他利用了人头发长度的吸湿变化。为此，他应用许多精巧的装置来使这些变化可加辨别；他还大力发展作为一门科学的测湿术。

德索絮尔最初是地质学家，因勘察阿尔卑斯山脉和登上勃朗

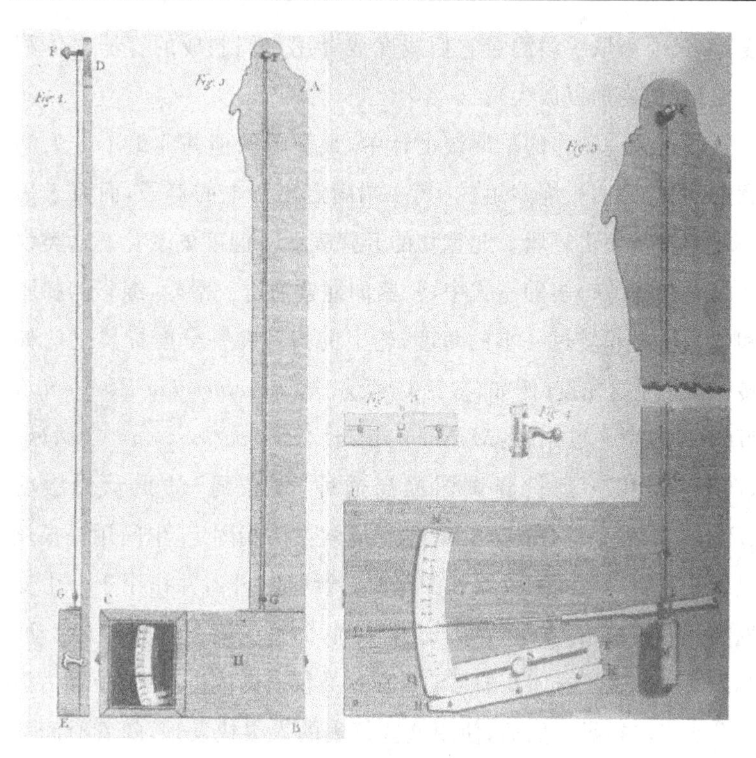

图 142—斯米顿的湿度计

峰与罗萨峰而闻名。他在测湿术方面的重要研究的介绍，可见诸他的《论测湿术》(*Essais sur l'Hygrométrie*)(纳沙特尔，1783 年)(它有加注释的德文译本：奥斯特瓦尔德的 *Klassiker*，Nos.115 和 119)。在这部著作发表之前，他已作了多年的研究，但由于遇到种种困难而进展迟缓，因为他被引向从事许多旁系的研究，另外他还常外出去阿尔卑斯山脉踏勘。这部著作由四篇论文组成。第一篇详述两种他所发明的毛发湿度计，并说明了它们的制造。第二篇论述作为一门科学的测湿学的若干一般原理。第三篇和第四篇分

327

别论述蒸发，以及该书前面几部分所得之结果对一些气象学重要问题的应用。居维叶认为，德索絮尔的这部著作是十八世纪里最重大的科学贡献之一。

德索絮尔在 1775 年就已想到利用一根毛发的膨胀和收缩作为湿度的指标，虽然他过了几年才想到一种使毛发达到对湿度足够灵敏而又耐久的方法。一根绷紧的毛发受潮时伸长，干燥时缩短，差距可达其长度的四十分之一左右。问题在于要使一个尺寸合宜的仪表中，对这种变化相当灵敏。德索絮尔发明了两种差别很大的毛发湿度计；图 143 示出其中一种。毛发 ab 的下端由紧固螺丝 b 夹持；另一端在 a 处夹于一缠绕于水平圆筒 d 上的箔带，圆筒旋转时带动一指针围绕一分度盘转动。一衡重物 g 由一根丝线悬吊，丝线同箔带反向地缠绕于圆筒上，保持毛发绷紧。毛发长度的细微变化便引起度盘读数发生明显变

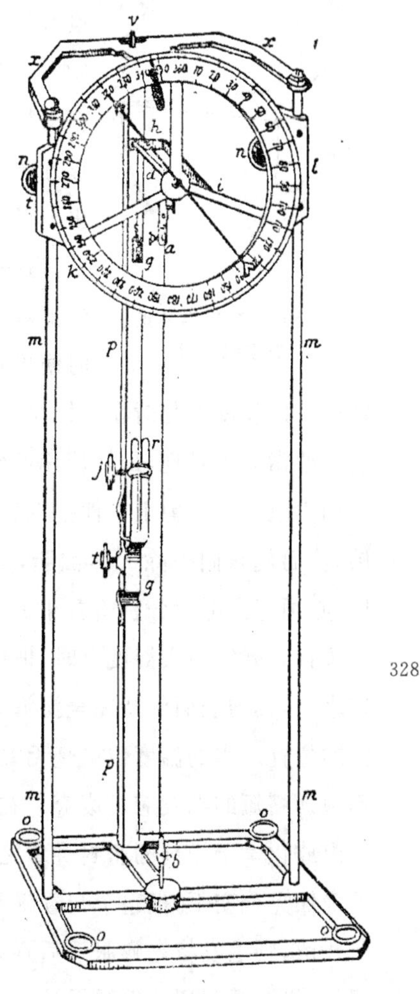

图 143—德索絮尔的毛发湿度计

328

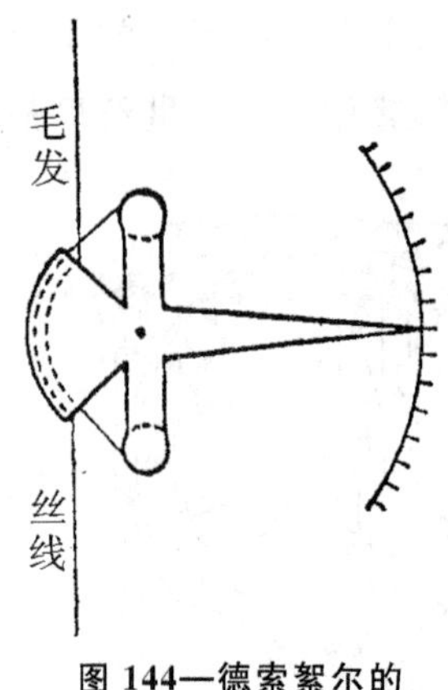

图 144—德索絮尔的袖珍湿度计

化。德索絮尔发现,这种毛发湿度计太脆弱,他考察时携带很不安全。因此,他又设计了第二种型式,它虽不及第一种灵敏,但却更易于携带。在这种型式里,放在支枢上的指针由一金属扇形片衡重,扇形片边沿有两条槽;毛发放在其中一条槽里,其下端紧系在一随指针转动的横杆上;另一条槽中是支承衡重物的丝线;它的上端固定于横杆另一端。衡重物下降时便提升指针,直到毛发恰被拉紧,这指针当毛发长度变化时在一标尺上转动。这种袖珍仪表是可以制造的。德索絮尔发现,最好使用纤细柔软的毛发,以淡黄色为宜,从活的健康人头上剪下。他把毛发放在强度适当的碳酸钠溶液中煮沸,从而使它们去除天然油脂,具有吸湿能力。当仪表装配好之后,必须标定毛发分别露置于完全湿润和完全干燥条件下时指针的位置。确定最大湿度点时,把仪表放在一钟罩之中,钟罩置于一碟水上,其内表面保持完全湿润,直到毛发停止伸长,这时标定指针的位置。水的温度似乎毫无关系。在这些条件下无限伸长或者不规则缩短的毛发应予废弃。在确定最干燥的点时,湿度计置于一内放化学干燥剂的密封钟罩之中,直到指针固定不动为止。为了确保完全变干,把整个装置露置于日晒之下或用火烘;如果有湿汽残留,则毛发将先膨胀然后逐渐收缩,但是如果包壳完全干燥,那么,只会观测到毛发缓慢地热膨胀,在这些条件下,指针在一平均温度上的位置便可取为干点。在给仪表分度时,干点和湿点之间的间隔分为一百度，这样，读数便随着湿度的增加而增加。或者，这度盘分度成任意单位，它们可以借助一换算因子换算成湿度度数，这换算因子因仪表所用毛发而异。一旦一个湿度计在这些绝对确定的定点之间完成分度，其他湿度计便可通过与其比较加以分度。 329

在论测湿术（他认为，它是“测量空气中悬浮水分之绝对数量的技艺”）理论原理的论文中，德索絮尔把测量湿度的方法分成三类，它们分别利用(i)对测湿体重量、尺寸或形状变化的观测；(ii)对空气吸收水分能力的观测；和(iii)观测在给定条件下空气中冷凝在一冷表面之上的水分数量，或观测为使这种冷凝开始而必须的冷度。他关于归类于(i)的那些方法的理论是：不同物质有不同的对水亲合性，这些亲合性随着物质的干燥度而增加；一物体系得到的水分在其各物体间如此分配，使得它们相竞争的亲合性达致平衡。因此，他认为，一测湿物体系是不可能借干燥剂使之达到完全干燥的。正是处于平衡时在这些亲合性之间维持的那种恒定关系使测湿成为可能：“一绳式湿度计仅仅表明驱动指针的绳索的状态，但是，因为绳索的吸引力和空气的吸引力之间存在一种确定的关系，所以可知，绳索的状态必定取决于它浸入其中的空气的状态，因此，我们可以满有把握地从绳索的状况推知空气的状况。”后来，尤其在道尔顿有关不同气体混合物的性质的工作之后，人们认识到，阻止一包壳中全部湿汽都为里面其他测湿物体所吸收的，不是空气粒子对湿汽的亲合性，而是自由空间的存在，它包含一定的水蒸气含量，同这些物体所吸收的水分处于平衡（其条件取决于温度）。德索絮尔对方法(ii)的解释为，空气能够饱和，因此，在其他条件相同的情况下，一定量被封闭的空气的实际湿度，同为使之饱和所必需的水分量成反比。但是，他认为，这些方法的弱点在于，甚至在达到饱和之后，包壳内蒸发仍倾向继续进行，而过量的湿气便淀积在容器壁上的某处。他列入归于(iii)的方法之中的，包括像西芒托学院实验过的，称量在一给定时间里冷凝在一盛冰容器表面上的水分的方法，以及C.勒鲁瓦的方法(vide infra〔超虚空〕)，即注意在逐渐制冷的盛水容器上形成露的时间。然而，在冰点以下的温度上，或者当空气十分干燥时，这些方法都无法应用；并且，露淀积在一表面上的温度，一定程度上受该表面的条件影响。

330 德索絮尔接着列举了他所认为的一个湿度计的理想特性：(i)它必须对湿度变化敏感；(ii)它必须即时对这种变化作出响应；(iii)它必须自我一致，始终对同样的空气状态指示同样的度数；(iv)同一类型的各个湿度计在同样条件下必须指示同样的读数；(v)湿度计必须仅受水蒸气影响；(vi)它的指示必须同这蒸气的含量成正比。德索絮尔认为，毛发湿度计基本上满足了这些要求。但是，它们实际上只是指示相对湿度；他还感到，某些实验证据表明，它们可能受到某些挥发性油发出的蒸气的轻微影响。

接着考察的是，空气中水的含量，以及空气的温度、密度和运动对毛发湿度计读数的影响。热致使测湿毛发发生热膨胀。这可以在让仪表处于完全干燥大气的情况下加以研究，这样可以推导出温度修正量，用于修正仪表在正常应用中的读数。除了这种纯粹热的膨胀和收缩之外，德索絮尔还研究了一个比较复杂的问题：湿度计露置于存在水蒸气条件下温度变化时的行为。他的方法是把一个湿度计和一个温度计隔离在一个气密包壳之中，观测湿度计的指示如何随温度变化而改变。他在包壳中具有不同湿汽含量的条件下，重复这个实验。他把所得结果综合成一张表，以说明在25°和100°之间的每个湿度计读数上，相应于1°温度变化的湿度计读数变化。这个表旨在针对温度差修正湿度计读数，以便使它们可加以比较。它还被转换成另一个表，表明为使湿度计指示改变1°（在其标尺的每一度上）所必需的温度变化，从而使得能够计算为使空气达到饱和点，温度计所必须降落的温度度数。德索絮尔接着研究了，一给定包壳中在一给定温度上的水的**数量**同置于其中的一个湿度计的指示的关系。他的做法是，求出为使这样一个包壳饱和所必需的水的数量，然后，引入这个量的一定部分，观测其间湿度计的行为。他做了一个实验，让水向一个已经弄干燥的接受器里蒸发并达到饱和，而水放在一个蒸发前后都称量过的容器里。他根据这个实验计算（容器重量损失除以接受器体积）得出：在约15°（温度计定点为0°和80°）上饱和1立方英尺需要水11格令。在研究这种浓度**分数**的效应时，德索絮尔应用一个大的椭球形接受器（容量约4.25立方英尺），内装一气压计以及一湿度计和一温度计。他在这业已弄干的接受器中悬挂一块湿布，直到由于水蒸气的加入，气压计上升了一定的量；他观测了湿度计读数的变化，求出布的重量损失。他在湿度计标尺的下一部分重复了这个实验，如此以往，一共做了六次；在实验过程中，他就轻微的温度变化作了修正，并把仪表读数同接受器中水的实际含量关联起来。J. H. 兰伯特以前已经以与此相仿的方式做过实验（*Royal Academy of Berlin*，1769），测湿术这门科学的名字似乎也是他提出来

331

的。然而,他所应用的只是一种原始的肠线湿度计,用以追踪蒸发的进程。在试图测量为使一封闭空间饱和所必需的水的数量时,他似乎忽视了一点:一旦饱和达到或者在这之前,蒸气倾向于凝结在容器壁上。对这种危险,德索絮尔比较清醒。

当德索絮尔把一个湿度计放在一个抽气机的容器中,部分地抽空时,仪表的读数降向**干点**。指针然后向出发点回复,但达不到它。德索絮尔解释说:蒸汽的膨胀减小了其对测湿物质的影响;但是,抽空所伴随的温度效应或许也是与他所观测到的现象。他设计并部分地制定了一些表,它们表明了空气湿润程度、每立方英尺中蒸汽数量、空气的温度和气压等项之间的相互关系。德索絮尔知道,空气在运动时的干燥能力比静止时大,但他拿不准:为达到饱和,当体积相等时,运动空气实际上是否比停滞空气需要更多湿汽。他注意到,在一个静日,当一阵微风拂过时,它使湿度计趋向**干点**,尽管邻近区域中空气可能全都同样程度地充有湿汽。他尝试过把带发条的风车与一个湿度计安放在同一钟罩之中的实验;当风车开动时,指针发生向**干点**的位移,但这似乎应从所测得的包壳中温升得到解释(起因于风车的摩擦),而温升提高了空气的"溶解力"。德索絮尔下结论说:使湿度计变干燥的微风,实际上引来了内在地比较干燥的空气,由此产生了这个效应。流行的见解认为,起电有利于蒸发。与此相反,德索絮尔发现,当给予他的湿度计以强的电荷时,没有发生对其指示的影响。水汽对仪表的影响在"固定空气"(二氧化碳)或"可燃空气"(氢)中似乎同在普通空气中一样。

第三篇论文讨论水的蒸发和凝结现象,它按照当时通行的理论,把这种蒸发归因于基元火同水粒子相结合而产生一种化学地溶解于空气的弹性蒸汽。最后一篇论文论述测湿术的气象学应用。它的要点是,德索絮尔试图否证德吕克的假说,后者提出:当由于水蒸气掺和,因而空气变轻但体积不变时,气压计下降了。德索絮尔的实验数据表明,蒸汽的加入,即使达到饱和点,也不会对大气密度产生很大影响,因此,不能把所观测到的气压计高度变动完全归因于这种影响。 333

十七世纪时,已经利用木板因吸收湿汽而发生的宽度变化来测湿。这种现象成为阿德隆的另一种湿度计的基础(*Phil. Trans.*, 1746, p. 184)。他锯下七根松木条,每根尺寸均为 10 英寸乘 1 英寸乘 1 英寸,每根长度都与纹理垂直。他把它们首尾相接地黏合起来形成一根杆,其一端固定于 N 处,而另一端的测湿振动借助杠杆 ABD 加以适当放大。ABD 的端末直接作用于呈另一杠杆形式的指针 FG,或者驱动一根线通过圆筒 R,而指针 S 就装在这圆筒上面。他还试图利用装在附近的温度计,考虑温度变化对木杆长度的影响。(图 145)

德吕克发明的一种湿度计应用横向截切的鲸骨片,也属于这一类,但它的制造方式似乎是受了德索絮尔的毛发湿度计的启发。这种仪表的发明者对它说明如下:"鲸骨片用 a、b 表示;在 a 端可看到一种钳子,仅由一根弄平的弯金属丝制成,在夹住鲸骨片的那部分呈锥状,并用一个滑环压住。端 b 固定于活动杆 c,它由一螺钉驱动,这螺钉最初用于调节指标。鲸骨片的端 a 钩在一根黄铜细丝上,而骨片另一端还钩上一镀非常薄银的薄片,而后者端末也有钳子,同骨片的相似,并由骨片的这另一端通过把一销子插入一

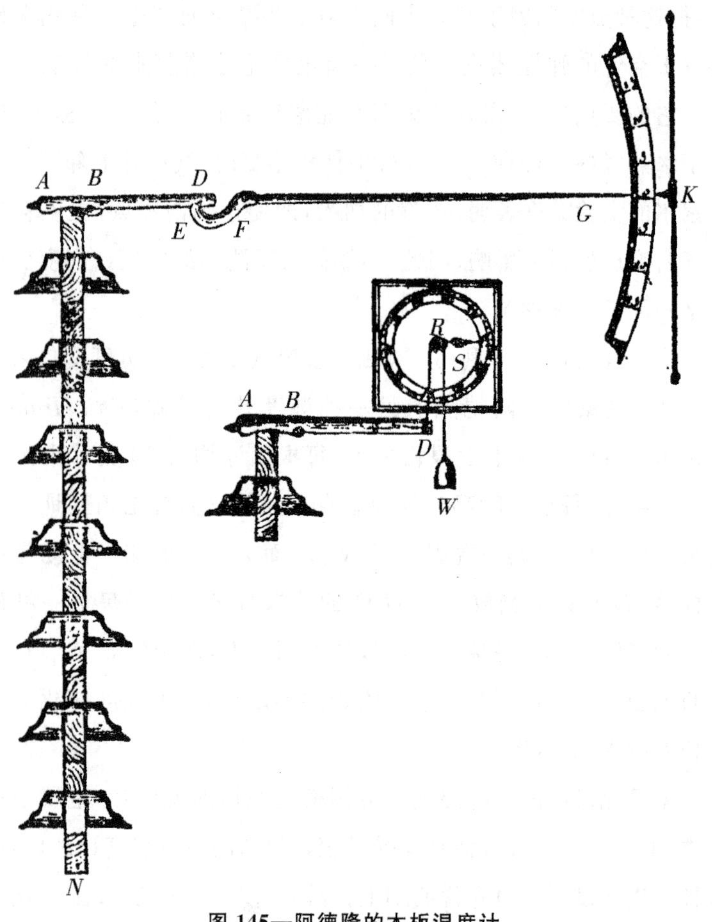

图 145—阿德隆的木板湿度计

334 个合适的孔中而固定于轴。伸长鲸骨片的弹簧 d 用镀银金属丝制成；它对骨片的作用相当于一个约十二格令的重物，而这比一个重物来得优越（除了避免因用重物带来的某些其他麻烦之外）：随着骨片因湿汽侵入伸长而变得软弱，弹簧在松弛的同时也失去了其一部分力量。轴有十分小的支枢，其轴肩的端末被限制在(但自由地)两个螺钉头的扁平轴承之间(前面那个螺钉可在 f 附近看到)，从而避免碰触仪表构架。该轴的剖面……示于图 2；骨片作用于直径 a、a，弹簧作用于较小的直径 b、b。”(*Phil. Trans.*, 1791, p. 389.)

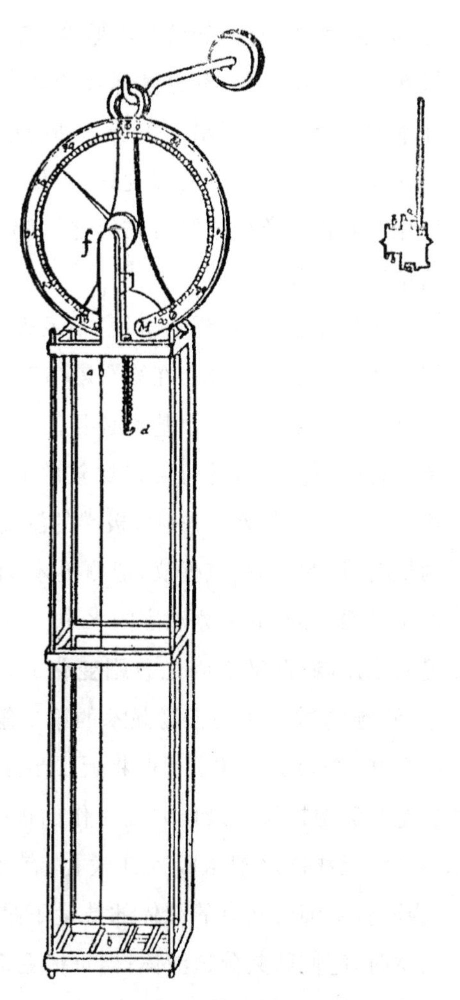

图 146—德吕克的鲸骨湿度计

在十八世纪那些利用有机材料制成的容器体积变化的湿度计中，德吕克的又是最值得提及的(*Phil. Trans.*, 1773, p. 404)。然而，这仪表的原理在十七世纪就已由阿蒙顿提出过，在德吕克之后也有多种变形。这仪表主要是一根小象牙管，长约 2.5 英寸，直径 2.5 线，沿着纤维的方向钻孔。管的一端封闭，另一端借助一黄铜环和胶接剂固定一长约 14 英寸的玻璃温度计管。象牙管和玻璃管的下部都充满水银；这仪表的工作原理是，圆筒体积的测湿变化引起水银在玻璃管中升降，其分度标尺的零点最初通过把象牙管浸入冰和水的混合物中，标出水银所达到的最低高度而加以确定。利用装在仪表松木底座上的温度计，对仪表的湿度指示加以针对温度变化的修正。象牙圆筒后来代之以鹅毛管，像曼海姆学会所提供的湿度计那样。

335　德吕克呈交给《哲学学报》一系列关于测湿术的论文，它们介绍了德吕克的湿度计。在第一篇(1773，p. 404)中，德吕克制定了一个优良湿度计的三个基本必要条件，即(i)一个据以测定湿度的定点；(ii)不同湿度计可加以比较的分度；(iii)相等的湿度差引起相等的指针读数差。按(i)，极端的湿度似乎提供了唯一确定定点的机会，因此，德吕克提议，把测湿体浸泡在处于一确定的、可重复产生其温度的、如溶冰温度的水中。因此，这种测湿物质必须是能受浸水**影响**，但又不因之急剧**变化**的，于是德吕克把象牙列为首选，测湿物质。在关于测湿术的第二篇论文(*Phil. Trans.*，1791，p. 1)中，德吕克描述了历时将近二十年关于确定湿度计定点和得到绝对测湿标尺的最佳方法所作的进一步实验的结果。他认为，一个测湿物体之把水吸入其微孔，有如它在细毛细管中的上升。"当两根毛细管共有的液体的数量不足以使它们都得到各自的最大量时，它们就共分这液体；当每根毛细管的比毛细力和所升起的液柱重量之比都相等时，便达到了平衡。同样，当空间中散布的水的数量不足以让若干测湿物质得到它们孔隙中所能包含的最大水量时，它们便共分这水量；当每一测湿物质的比毛细力和其孔隙对进一步膨胀的阻力之比都相等时，便达到了平衡。"德吕克在测定湿度计的干点时，把它们封闭在一个带有干燥剂的闭合容器之中。他试图为此应用钾和几种别的碱性物质，但他后来从詹姆斯·瓦特那里得知约瑟夫·布莱克获得的关于生石灰的结果，因此最后便采用了这种物质。他制造了一种专用装置，把湿度计悬在一个罩笼中，外面用刚从窑里采来的生石灰围住，通过一块玻璃板可以看到湿度计的刻度盘。应用若干不同形式的这种装置，便得到了一种明显固定不变并且持久的干燥度。德吕克通过把一个湿度计浸入水中而得到其最高湿度点，因为他发现，包壳壁上有水淀积，或者开口处形成露，都不肯定地表示空气已达到湿度极限，尤其在较高温度上更是如此。水的温度看来对仪表敏感元件中的纯**测湿**变化没有什么影响。为了进行比较，德吕克分别对鲸骨、羽毛和松木的**线**和**片**在极干和极湿两个极限间的测湿变化做了实验，并把结果列成表。（所谓**线**，他是指纤维，而**片**则是指沿纤维横截面切成的薄片。）他的表还表明了上述各种物质的薄片怎样随着片和线的膨

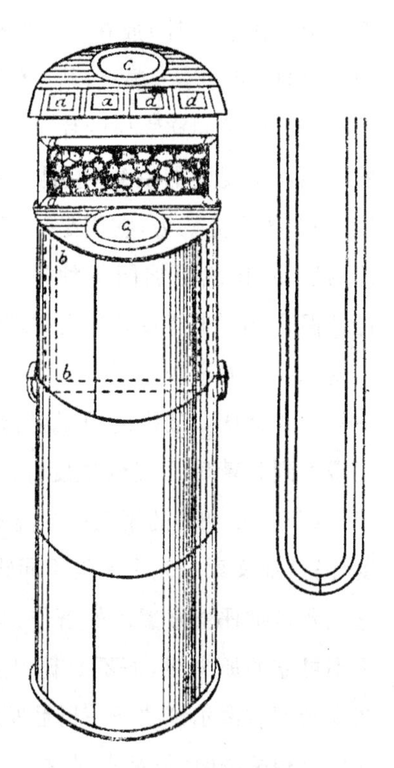

图 147—德吕克用于在湿度计中得到固定干燥度的仪器

336

胀而重量增加。悬挂薄片的平衡梁和这些线与片本身(它们的长度变化作用于指针)放在一个隔绝空气的、正面是玻璃的容器之中,容器中定时注入湿汽,其量使鲸骨湿度计一次移动约五度。线的行为不同于同样物质的片,也不同于其他物质的线,它们的长度变化显出不规则的反复;但是,不同的片却显示出相当好的一致性,因此德吕克认为,它们是更好的实际湿度显示物质。他发现,片的运动“比线更加同每种弹性测湿物质的相应重量变化成正比。”但是,他“未能找到确实的理由,由之可以认为,一种物质的重量变化比其大小变化更同媒质中相应的湿度变化成正比”,他在文中另一处承认,“最稳定的测湿物质也有不规则性”,而这“将使我们得不到其精确性接近温度计的湿度计”。德吕克呈交《哲学学报》(1791,p. 389)的第三篇测湿术论文描述了上面给出的鲸骨湿度计;这篇文章扩充了比较不同物质的线和片的测湿膨胀的表;但它主要是批评德索絮尔的著作,其根据是德索絮尔所用的毛发属于不可靠的那类**线**,而不是德吕克所选定的那种稳定变化的**片**。337 在提到德索絮尔试图把一根毛发的膨胀同周围空气中递增的水蒸气含量相关联时,德吕克对这位日内瓦物理学家的下述假定提出质疑:在一个最初干燥的包壳中,湿汽含量同蒸发到它里面的水的数量成正比地增加。德吕克认为,根据他自己的实验结果,实际上,“弥散在媒质本身之中的湿汽即水蒸气的数量,在一封闭空间中不会同在其中蒸发的水的数量成正比例地增加;因为,沉积在容器四壁上的那部分水不断增加而又不确定;所以,德索絮尔先生的实验不可能使人得以确定一个真实的测湿标尺。其次,只有当温度略高于 32°时,他所考虑的那种情形,才能像他那样,看做是一种肯定的象征，表明在这封闭媒质中存在极端湿度，即这空间中蒸发达致极大点；但是，当从这一点渐次增加温度时，湿度便越来越离开其极端；或从这样一点开始：再也不能给媒质引入蒸气，否则会产生直接沉淀；但在同时，蒸气的量有逐次增加，因此，蒸发有一个恒定的极大点同实际温度相对应。”

有些种类湿度计利用有一定吸湿性的材料的可变重量作为大气湿度的一种判据。为此，常常应用海绵；可以把海绵挂在天平的一臂上，它从大气吸收的湿气的数量变化，便表示为平衡所需的砝码重量的变化。有些这类仪表中，海绵以其升降来显示湿度之变化。德扎古利埃介绍了里尔斯和他自己发明的一种湿度计。在这种仪表中，悬置的海绵丝和平衡重物沿相反方向缠绕在一个锥轴或均力圆锥轮上，这样，当平衡重物上升时，它对轴的力矩便稳恒增大，直至运动停止。德扎古利埃写道：“$PnupC$ 是一块在 CnP 处的圆筒形活木，但从 Cn 到 p 是一个截头圆锥体，绕成螺旋，像钟表均力圆锥轮那样，但不怎么接近锥形。仪表长约 1 英寸，圆柱形部分直径为 1 英寸，长度为 0.5 英寸。螺旋的大部约$\frac{3}{4}$英寸，小部约$\frac{1}{2}$英寸。每一端都有细巧的钢支枢，由可灵活转动的仪表构架上的黄铜件中的两个细小锥孔支承。一海绵体 S 用一根丝悬置于仪表的圆柱体，以便通过其升降来转动这仪表。重物 W 由另一根缠绕于螺旋 Cp 的丝 u 悬吊，它使海绵保持平衡。于是，当海绵因从空气吸入湿汽而变重时，它就下降，而 W 则上升；但是，当 W 向上运动时，它的悬索必定朝 Cn 前进，在那里悬置离其中心更远，它的力将增加，结果他将使海绵保持湿润。但是，海绵的重量

338

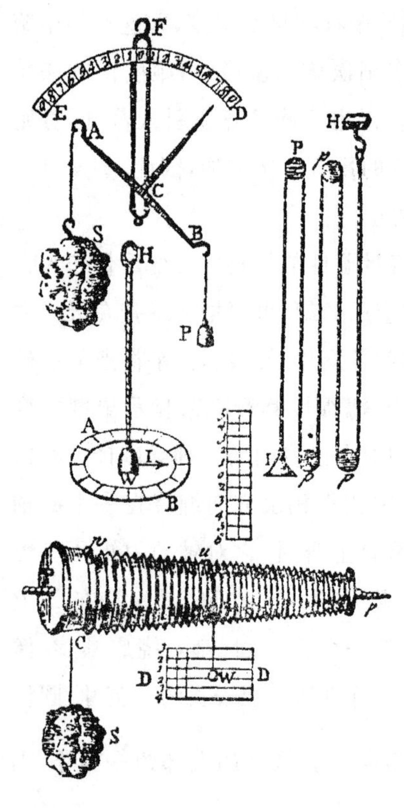

图 148—德扎古利埃的海绵湿度计

增加了。当这重量增加时，标尺 *DD* 上便示出海绵重了多少，因而空气湿了多少”（*A Course of Experimental Philosophy*, London, 3rd ed., 1763, Vol. Ⅱ, pp. 299, 300）。在其他型式中，海绵用由一绳索悬吊的铅球衡重，球的下部停在一台上。阿德隆在 1746 年描述过一种这类仪表（*Phil. Trans.*, 1746, p. 95）。海绵的下降使铅球部分地从台面升起，这样便增加了这衡重体的有效重量。

伊诺霍采夫采用堪察加的一种具有高度吸湿性能的片岩。他两次称量这岩石的样品：(i)在预先把它们加热到呈红色之后；(ii)在用水使它们饱和之后。他想借此确定一根标尺的两个端点。按此标尺，由这样一块岩石的相应重量所测得的大气湿度便能随时确定（*Acta Acad. Imper. Petrop.*, II, 1778）。塞内比埃建议借助灵敏天平称量酒石盐来测量湿度（*Journal de Physique*, 1778）。

勒鲁瓦描述了似乎是最早的用测定露点来确定大气湿度的方

法(*Mém.de l'Acad.Roy.des Sciences*,Paris,1751)。他用冰逐渐冷却一容器中的水,直到容器表面由于周围空气中水蒸气冷凝而生成雾。生成雾时的水温用实验过程中始终浸在水中的温度计观测。空气越干燥,淀积发生前所必须加以冷却需要的水就越多。影响用这种方法得到的结果的一个始终存在的误差源是,容器中水的领域中的湿度增加。另外,还要注意,在淀积前必须把水温降到露点之下。 339

十八世纪末湿度计利用的另一种现象是一种液体在蒸发时发生的冷却。这种现象注定在十九世纪要得到重要应用。它似乎在十七世纪末就已为阿蒙顿所知道,后来为一些研究者重新发现和说明。例如,里希曼观察到,当把一个温度计从水中取出放进更热的空气中去时,它的温度下降到比这水或空气都低,但他发现,在雨天,这种效应不大明显(*Novi.Domment.Acad.Imper.Petrop.*,Ⅰ,1747)。米欣布罗克(*Essai de Physique*,§962)和梅朗(*Dissertation sur la glace*.1749,p. 248f.)也做了类似的观测。

1755年,爱丁堡大学医学教授、约瑟夫·布莱克的老师之一威廉·卡伦发表了《论蒸发流体产生的冷和某些其他制冷方法》(*An Essay on the Cold produced by Evaporating Fluids,and of some other means of producing Cold*)(*Edinburgh Philosophical and Literary Essays*,Ⅱ)。卡伦的学生之一多布森观测到,一个温度计在室温下的酒精中浸了一些时候以后,再拿出来放到空气中,那水银总是下降二三度(参见布莱克的*Lectures*,罗比森编,Vol.Ⅰ,p. 162)。卡伦回顾了梅朗对这现象的说明(当时他还不知道里希曼的工作),这说明曾导致他揣测,“水也许还有其他流体在蒸发时会产生或者说发生一定程度的冷。”他确证了这位学生的观测，并作了些进一步的尝试，在这过程中，他使用一个空气温度计。他发现，轮番把这温度计浸入酒精（或用羽毛湿润它）和放在空气中干燥（或者用风箱吹干它，那就更好），就可得到显著的温降，例如从 44°降到 32°以下。除水以外，别的液体也会产生这种冷却效应。卡伦按所产生的这种效应的大小排列这些液体，并列成表，为首的是，“硇砂的生石灰精”。一种流体在蒸发时产生冷的能力，似乎同它的挥发性成正比，也取决于各种加速蒸发的因素，如空气的骚动和热度；因此，卡伦认为，“我们现在可以得出结论：所产生的冷是蒸发的效应。”在用一种无机酸使一温度计的玻泡湿润时，可观测到温度有相当大的**上升**；但这显然可归因于这些酸对空气中水的吸引，以及它们稀释时正常地伴随的热输出。在一些进一步的关于**真空中**蒸发的实验中，卡伦作了有趣的观测：“一个挂在抽气机容器中的温度计，在空气抽空时总要下降二三度”，而当再充入空气时，它又上升。他发现，放在这容器中的酒精和其他液体在空气抽空时也都显示温度下降。他把一个盛乙醚的开口器皿放在水槽里，再把它们整个地置于这容器中，把空气抽完。包围乙醚的水便冻结了。

M.C.汉诺夫独立地仔细研究了这种现象（*Versuche und Abhandlungen der Naturforschenden Gesellschaft in Danzig*，III，1756，pp. 226—58）。他在文中给出了他做的许多这方面实验的数值结果。例如，他把一个酒精温度计悬在空气中，记下它处于62°；当把它浸入水时，它便下降到 61°；当把它从水中取出，悬置在附近时，它过了好几分钟之后便下降四五度；当再放入水中时，它再次上升，而当取出时，它又下降；当悬挂在窗外时，它下降到 $57\frac{1}{2}^{\circ}$；当给它打扇，或者让它在空气中来回摆动时，它下降到比初始读数低 8°。汉诺夫确证，这种冷却在雨天不大明显。他为了变换实验，应用了水以外的其他液体。他还把一个温度计放一个盛水的玻璃杯里，杯外绕卷上潮湿的纸带。他记录了，过了三刻钟之后，发生相当大的温度下降。他批判地评述了以往有关著作家对这种现象的解释。米欣布罗克假设，一个水吸附层可能吸取温度计玻泡中的热。汉诺夫问道，可是，如果这样的话，那么，为什么当温度计处于**水之中**时，这现象不发生呢？里希曼认为，悬浮在空气中的盐溶解在玻泡上的水层中，相应地便吸收热。可是，玻泡上水的数量是否足以通过溶解一定的盐而产生这么大的温降呢？汉诺夫表明，甚至在抽气机的部分真空中，这种冷却现象也会发生，因此，空气也许与之无关；他倒是相信，这完全是蒸发的一种效应。他的实验表明，当空气干燥时，当温度计处于空气流之中时，当玻泡和水明显地比在其中进行蒸发的空气热时，以及当让这蒸发持续相当长时间时，这种冷却最为显著。他认为，湿汽从树叶蒸发时必定伴随的这种冷却，是保护植物在夏天不过分热的一种天赋手段。 341

在依据蒸发液体的这种性质的那些湿度计中，大气的湿度从两个相邻温度计读数间的差推出，其中一个温度计的玻泡始终保持潮湿。莱斯利在 1799 年描述了干湿泡湿度计的一种雏形(*Nicholson's Journal*，Vol. Ⅲ)。他的仪表主要是一个 U 形管，每个肢的终端都是一个闭泡。这管内装有着色的硫酸；两肢中的硫酸弄到同一高度，然后，一个玻泡盖上一块湿的平纹细布。这布蒸发所引起的冷却导致空气收缩，并导致管子相应肢中液体的高度后来上升。空气越干燥，蒸发速率就越快，这种平衡位移也越明显。

十八世纪末，偶尔也有人提议应用电的判据来确定大气湿度。大气的电导率随其湿度而增大。因此，伏打在1790年提议，把静电计充电到给定程度，并记下其全部电荷被空气传导完所需时间，由此来测试空气的湿度（*Mem. di Mathem. e Fisica della Soc. Ital.*，V）。另一个建议是，当一台匀速运转的电机械的导电体隔开一定距离配置时，求出两个相继火花之间电机械的平均转数（*Hist.Acad.Theodor.Palat.*，VI）。

第十三章　化学(一)

342

近代物理学奠基之后，过了许多年，化学才脱除其中世纪的素质，并一定程度上在罗伯特·玻义耳的指导下，尤其是通过受他影响的拉瓦锡，才踏上科学地研究物体成分的轨道。玻义耳最后确定了化学元素的概念，并给分析化学奠定了坚实基础，尽管它还需要拉瓦锡促成玻义耳观念得到公认。玻义耳还对燃烧现象作了实验研究，并试图解释它们。玻义耳和同时代人提供了关于燃烧过程的浩瀚实验资料。燃烧现象研究的第一部分在很大程度上是他们推进的。但是，这项事业的第二部分，也即对燃烧现象的解释，就不那么成功了。因此，斯塔耳的燃素说占据了化学领域，一直到拉瓦锡时代。甚至在拉瓦锡对燃素说提出严重挑战之后，普利斯特列一类化学家还不抛弃它。但是，同贝尔托莱、普鲁斯、道尔顿、柏尔采留斯和盖-吕萨克等人一起，新一代化学家崛起了。他们继承布莱克的工作，在化学中开创了定量研究的时代。

一、燃素说

玻义耳和他的一些同胞在致力于解决燃烧、焙烧和呼吸等问题时，沿着这样的思路：这些现象受在这些过程中空气所含有的和取自空气的某种东西支配。与此同时，**欧洲大陆**却在探索一条不同的思路，它在十八世纪的相当长时间里主宰着化学理论。这种竞争的解释方式称为燃素说。按照这种学说，一切可燃物质都包含一种可燃元素，它在燃烧、焙烧和呼吸过程中释出，并为周围空气吸收。热质观念是一个古老且为人们熟悉的实用概念。火是传统的元素之一，甚至像笛卡尔和玻义耳这样的近代思想家也相信，存在一种特殊的火微粒。新发现的磷可能也倾向于鼓励这种观念。主要意见分歧在于，有人认为，某种这样的热元素包含在空气之中并可从空气取得，以支持燃烧、焙烧和呼吸；而另一些人认为，这种热质包含在燃烧着的、被焙烧的或在呼吸的物体之中，在这些过程中被它们释出，并为空气所吸收。这两种相互不相让的观点都能援引一些现象支持自己。事实是，最后前一种学说获胜。但是，这不一定使人漠视燃素说可用于让人理解许多化学现象。例如，这样的揣测看来简单而又合理：其中发生过燃烧或呼吸的闭合空气所以变污浊，是由于它吸收了在呼吸的或燃烧着的物体所释出的某种东西；还可推测，当一棵植物在这种污浊的空气中生长时，这空气便又恢复，因为这植物又从空气中吸收了燃素。

343

燃素说的奠基人是德国化学家柏克尔和斯塔耳；接受这种学说的人中，有一些著名化学家，如舍勒、普利斯特列、马凯、卡文迪什、迈耶尔，还有布莱克和贝尔托莱也至少一度接受过。

柏克尔和斯塔耳

J.J.柏克尔(1635—82)是个医学化学家，他得到德国许多王公贵族的惠顾。在他的《地下物理学》(*Sub Terranean Physics*)

(1669年)中,他拒斥除土和水之外的一切传统元素和要素。不过,他区分开三种土元素。其中一种他称之为"油状土"(*terra pinguis*),他并表明,它必定包含在一切可燃物体之中。火历来被看做是一种普适的解析剂,把化合物分离为它们的组分。因此,一个可燃物体必定是复合物。在燃烧或焙烧过程中,"油状土"被排出,因此,只有"石状土"或"玻璃状土"留下来。另外,还已表明,在燃烧或焙烧之后这种残留物质的量越少,原先组分中"油状土"含量就一定越多。因此,只留下微量灰烬的木炭被认为是几乎纯粹的"油状土"。柏克尔的思想为G. E. 斯塔耳(1660—1734)所继承和发扬。斯塔耳是哈雷大学的医学和化学教授,后来去到柏林。"燃素"这个术语(玻义耳以前已在另一个意义上用过它)经过斯塔耳而流传开来,取代柏克尔的"油状土"而作为可燃性要素。斯塔耳认为,当金属焙烧时,它们释出所包含的燃素,被周围空气吸收。

图149—斯塔耳

344

当用木炭加热矿石使之变为金属时，它们吸收木炭所释出的燃素。如刚才所解释的，木炭被看作是几乎纯粹的燃素。为进行燃烧等过程，必须导入自由空气，但这只是为了吸收燃烧等过程中释出的燃素。因为，不排除燃素，就不可能进行燃烧等过程，而如果没有自由空气来吸收燃素，燃素就不可能离开可燃物体。

（参见　L. J. M. Coleby：*Studies in the Chemical Work of Stahl*，1938，Ph. D. Thesis，Library of the University of London.）

波特、马凯等

燃素说最早遇到的问题之一是，怎么解释尽管在焙烧过程中据说燃素损失了，可是事实上金属灰却比未经焙烧的金属重。斯塔耳没有对这个问题作出决定性的解决。有些化学家认为，这种重量增加可能是由于被焙烧的物质密度增加或者它吸收了空气微粒的缘故。然而，另一些人把金属的较轻重量归因于燃素的轻性（即负的重量）。按照这种观点，凡包含有燃素的物质重量都会减轻；因此，当燃素由于加热而被排出时，这物质便变重了。这种精巧的想法没有得到公认。甚至舍勒和普利斯特列也不能相信，物质实体会有负重量而不是重性。他们一般都装作只注意到燃素的存在而忽略了它的真实本质。由于这个缘故，在他们感到有利，同时也不为他们所无

图 150—马凯

法解释的东西过分忧虑的时候,他们便使用燃素说。然而,人们继续尝试解释据说在燃素影响下发生的重量减小。例如,1780年,J.埃利奥特提出,燃素的这种作用可能是由于它“减弱了微粒和以太之间的斥力”,因而减小了它们间相互的万有引力(*Philosophical Observations on the Senses … and an Essay on Combustion …*, 1780,p. 122)。P.J.马凯(1718—84)提出了另一种比较简单的解释。他认为,金属灰是失去了燃素但却充入了气体的金属,正是这种气体说明了为什么金属在焙烧时重量增加(*Dictionnaire de Chimie*,Paris,1778,辞条“Chaux metalliques”和“Combustion”)。345 可见,他看来已经相信,即使燃素有重量,金属在焙烧时所吸取的气体的重量也超过了这过程中所失去的燃素的重量。

(参见 J. R. Partington 和 D. Mckiei:“The Levity of Phlogiston”,*Annals of Science*,1937,Vol.2,pp. 361—404,和“The Negative Weight of Phlogiston”,*Annals of Science*,1938,Vol. 3,pp. 1—58;L. J. M. Coleby:*The Chemical Studies of P. J. Macquer*,London,1938.)

拉瓦锡

本章其余部分要讲的是,各种化学发现最终导致燃素说让位给新化学的史事。这里只需补充一点:早在1774—1775年间,皮埃尔·巴扬(1725—98)已经在研究氧化汞时发现,在加热这种金属灰时,即使不加入据说提供不可或缺的燃素的碳,金属灰也会变成金属,并且,在金属灰变金属的过程中,发放出气体。他得出结论:金属灰由金属和空气组成,空气同金属的结合是致使金属灰在焙烧时重量增加的原因。而且,他还认识到,他的观测同燃素说不一致;他看来比拉瓦锡还早就拒斥了燃素说(*Observations sur la Physique*, Vol. Ⅲ, 1774, pp. 127, 128; Vol. Ⅴ, 1775, p. 147; Vol. Ⅵ, p. 487)。然而,拉瓦锡没过几年就发起了对燃素最为有效的反对。1783年,拉瓦锡在他的《关于燃素的思考》(*Reflexions on Phlogiston*)中抨击了燃素说,这里可以从中录引下面一段话:"化学家们使燃素成为一种含糊的要素,它没有严格的定义,因此适应于一切可能引用它的解释。这要素是重的,时而又不重;它时而是自由的火,时而又是同土元素相化合的火;它时而通过容器的微孔,时而又穿透不过它们。它同时解释**苛性**和**非苛性**、透明和不透明、有色和无色。它是名副其实的普罗丢斯[①],每时每刻都在变幻形状"(*Mém.de I'Acad.Roy.des Sciences*, 1783, p. 523)。

(参见 J. H. White: *A History of the Phlogiston Theory*, 1932; D. Mokie: *Antoine Lavoisier*, 1935.)

二、拉瓦锡之前的气体研究

人们能够真正认识燃烧的本质,发端于普利斯特列对气体的研究以及舍勒发现大气空气的两个组分。直到范·赫耳蒙特的时代为止,人们只知道氢和二氧化碳是气体。不过,即便对它们,也还不能总是把它们彼此区别开来,也不能把它们同空气区别开来。346 事实上,那时倾向于认为各种气体全都是空气,把它们彼此的差别归因于空气中的搀质不同。只是在发明了收集和储存气体的合适

① 普罗丢斯(Proteus)是希腊神话中变幻无常的海神。——译注

手段之后，才开始了对气体的成功研究。斯蒂芬·黑尔斯(*Vegetable Staticks*，1727)发现了一种收集水上“空气”，把它导入一个也倒置在水上的单独“接收器”之中的方法。这种集气槽示于图151。黑尔斯收集和储存水上气体的方法有一个严重缺陷：它无法用于研究那些可溶解于水的气体，例如氨和氯化氢。只是在卡文迪什和普利斯特列分别表明怎样储存和收集水银(而不是水)上的气体之后，才有可能发现和研究这类气体。这些技术上的改进和上述各研究者利用它们作出的各种发现，在拉瓦锡的工作中终于结出累累硕果。拉瓦锡最清楚地认识到气体的本质，率先把氧和氢说成是元素。

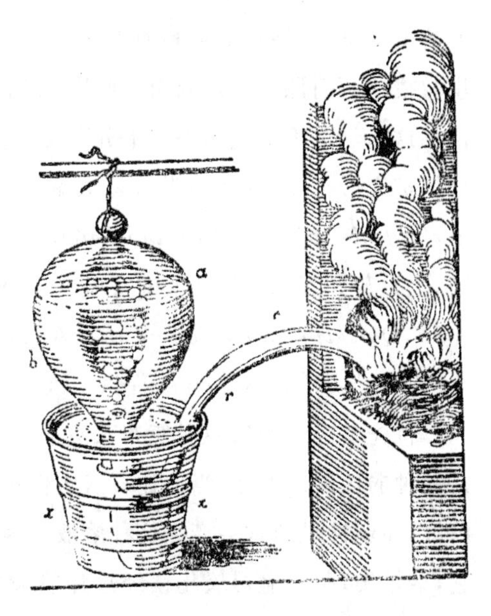

图151—黑尔斯的改良集气槽

布莱克

在那些应用定量方法于化学，从而至少隐含地表明他们相信物质守恒原理的先驱者中间，布莱克占有崇高的地位。约瑟夫·布莱克(1728—99)的父母是苏格兰人，他出生于波尔多，在贝尔法

347

斯特上中学，在格拉斯哥和爱丁堡大学学习，并相继在这两所大学里教授这两门课程。1754 年，他以一篇拉丁文论文获医学博士学位。这篇学位论文包括一个十分重要的关于化学的部分。这个部分经扩充后于 1756 年以英译本发表于《爱丁堡物理学和文学随笔》(*Edinburgh Physical and Literary Essays*)，题为《关于碳酸镁、生石灰和其他碱性物质的实验》(*Experiments upon Magnesia Alba, Quicklime, and Some Other Alcaline Substances*)(*No.I of the Alembic Club Reprints* 提供了该文的单行本)。

首先是医学的兴趣促使布莱克研究"碳酸镁"，他觉得它好像是一种弱性碱。但是，当他让石灰水作用于它时，却没有产生苛性溶液，而弱性碱通常会产生这种溶液。因此，他试图用加热来还原它，结果发现，一盎司氧化镁经过加热失去其重量的十二分之七。这残留物溶解于普通的酸中，产生和通常的碳酸镁一样的盐；但是，与之不同，它溶解时不发生通常的起泡作用，也不沉淀石灰水。他做的第一件事是，试图找出被加热氧化镁所失重量中的挥发性成分。他把称量过的氧化镁放在一个曲颈瓶中加热，使所发散的蒸汽冷凝，称量这样得到的水。然而，这一重量只是氧化镁所失重量的一小部分。布莱克断言，缺失的重量一定是由于被加热的氧化镁发散出的水蒸气中包含不可凝结空气之故。因为，被焙烧的氧化镁未因加入酸而发泡，所以，很显然，这空气是从这镁氧溢出的。他又焙烧了一定量称量过的氧化镁，记下精确的重量损失，把这金属灰溶解在数量充足的矾酸精中，再通过加入碱使之再沉淀。如此复制的氧化镁实际上具有其原始重量，因加入酸而发泡，并沉淀石灰水。所恢复的重量和其他性质都一定是由于它吸收了从碱得到的空气之故。他认为，这完全符合于黑尔斯的观测，也即强碱盐在受酸作用时放出固定在它们中的空气。这为布莱克的实验所证实。这实验用一定量称量过的稀释后的浓硫酸使一定量称量过的纯净而不易挥发的碱性盐(碳酸钠)饱和，结果表明，这混合物失去重量。接着，他取一定量称量过的氧化镁，把它溶解在这种酸里，结果发现，这混合物也损失了重量。然后，他焙烧等量的氧化镁，称量它，把它溶解在同以前一样的酸之中。他发现，这种情形里并无重量损失，为溶解被焙烧的氧化镁所需要的酸的数量实际上和以前的实验里相等。布莱克得出结论：未焙烧过的和焙烧过的氧化镁之间的差别仅仅在于前者包含"相当数量的空气"。布莱克把他的实验扩展到白垩土和生石灰，由此彻底弄清楚了，它们的关系如同碳酸镁之同焙烧过的氧化镁的关系，用石灰进行弱碱苛化的过程就在于"空气"从碱传递到石灰。 348

布莱克考虑了这种"空气"的本质，认为它不同于大气空气。例如，生石灰不吸引普通空气，但却吸引这种特殊"空气"(或如他采用黑尔斯用的术语，称之为"凝结空气")。不久以后，他还力陈：引起矿井和洞穴窒息的，以及在植物发酵时散发出来的，正是这种"凝结空气"；它不同于因金属溶解于酸而产生的"空气"，而同燃烧或呼吸放出的空气相似。

气体研究上的下一步进展，是普利斯特列作出的。他和布莱克同时代，但比布莱克年轻。

普利斯特列

约瑟夫·普利斯特列(1733—1804)出生于利兹附近。他研究

图 152—普利斯特列

神学，当过牧师、校长和家庭教师。他对英国国教采取批判态度，宗教观点又十分自由，因此，他过着颠沛流离的生活，最终迁居北美，在那里终老。尽管他早年没有受过科学训练，但他成功地为气体化学奠定了基础，从而也为拉瓦锡的工作准备了基础。他那高超的实验技巧弥补了年轻时未受严格科学训练的缺陷。他的实验和结果记述于他的《实验和观察》(*Experiments and Observations*)(六卷，1774—1786 年)之中。

普利斯特列最初的化学研究对象，是他所称的"凝结空气"(二氧化碳)。他以多种方式获得这种气体。从酿酒厂获得，因为它由发酵产生；把酸浇在白垩土上；用"浓硫酸"作用于普通盐。他同时研究了"凝结空气"在水中的溶解度；并表明如何使普通的水充满"凝结空气"，便能产生人工矿泉水。这个发明非常有代表性地表明了，普利斯特列相信科学知识可加以实际利用。他通过关于"凝

349 结空气"的实验，走向把科学这样应用于日常需要。他的发明赢得了高度的评价，以致海军当局也采用它作为军舰上的饮料，想藉此

抵御坏血病肆虐。按照有些著作家的说法，正是因他发明苏打水，皇家学会在1773年授予他科普利奖章。然而，这个看法是错误的。他是因关于各种“空气”的工作而获得科普利奖章的。他介绍这工作的论文发表于1772年的《哲学学报》(第147—264页)。

1771年，普利斯特列观察到，薄荷小枝在被动物呼吸污染过的空气中生长得惊人地茁壮。他一度在思索，自然界究竟提供了什么措施，使不断为燃烧和呼吸弄污浊的空气恢复新鲜。他认为，显然必定存在某种措施，否则，整个大气终将不能适于维持生命。关于薄荷枝条惊人生长的观察，启发他想到，植物不像呼吸的动物那样污染空气，而是起相反作用即倾向于使空气保持卫生。他写道：“为了确定这一点，我取了一定量空气，让一些老鼠在那里呼吸直至死去，使这空气完全毒化，然后，把这空气分成两部分；我把一份放进一个浸在水中的管形瓶里；在另一份空气(它盛在一个立于水中的玻璃瓶里)中我放进一根薄荷小枝。这大约是在1771年八月初，过了八九天后，我发现，在这薄荷枝条生长的那部分空气中，一个老鼠活得挺好，但是，一旦把它放进那原始数量相等的另一部分空气之中，它马上就死去了，这部分空气我同样将它露置，但没有植物在其中生长”(*Experiments and Observations*, Vol. Ⅰ, 1774, p. 86)。普利斯特列以各种方式重复和证实了这些观察，从而下结论说：很可能是，“这许多动物的呼吸不断对大气的损害，以及这许多植物和动物的腐败作用，至少部分地为植物的创生所补偿。尽管这么大量的空气每日每时为上述原因所腐蚀，但是，如果我们考虑到地球表面上有浩瀚的植物，它们生长在适合它们习性的地方，因此可以自由发挥它们的作用，包括吸气和呼气，那么，我　350

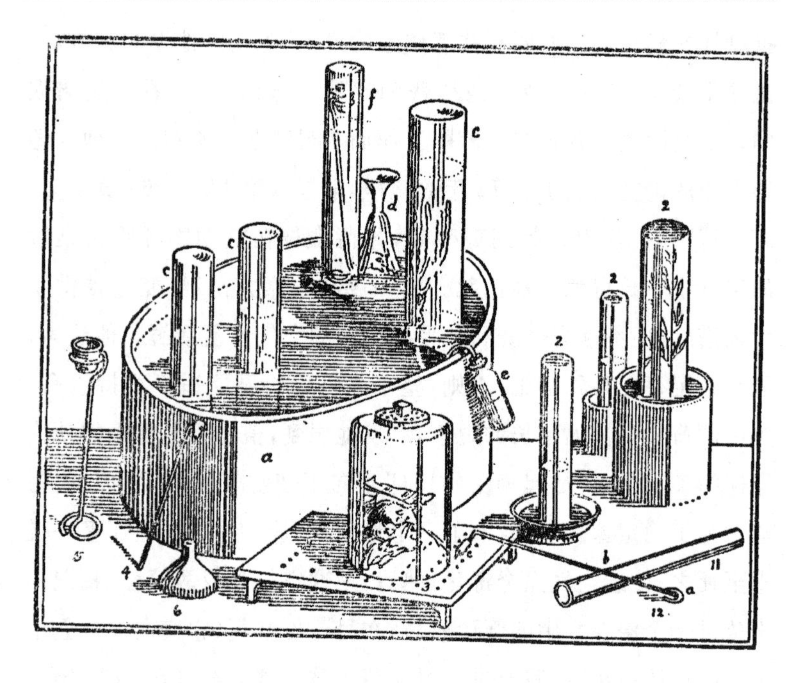

图 153—普利斯特列的装置(I)

集气槽(*a*),其右端有一块扁平石头做的搁板,恰好在水面之下,上面放着各种容器(*c*,*d*,*f*);*c*、*c* 是集气瓶;2、2 是盛放水上空气的瓶,右边的瓶中有一棵植物;*d* 是一个内装水上空气的啤酒瓶,里面还有一个老鼠,用于检验空气的可呼吸性;3 是盛放老鼠的容器,它上下开口,放在一块穿孔的马口铁皮上,顶端的一个重物使之保持一定位置;4 是一根铁丝,用于把管形瓶的软木塞从瓶中收集的空气中拔出;5 是支承空气瓶内物质的支架,如在 f 中那样;6 是玻璃漏斗,用于让一种空气从一容器通入另一容器;*e* 是一个产生空气(通过把金属溶解于酸,或者某种别的方式)的管形瓶,通过一玻璃管联结到集气瓶;11 是圆筒状玻璃容器;12 是一根铁丝(*b*),右端夹持一支蜡烛(*a*),"火焰很大,使得窜腾的火焰能向下进入容器"(用于判明这容器内空气是否支持这火焰),左端又是一蜡烛(*c*),用于瓶位于水之上的时候——一旦火焰熄灭,在烟同瓶中空气发生混合之前,这蜡烛可以移开。

们几乎就只能认为,这也许是足够的抗衡,这补偿足以对付邪恶"(同上,p. 93f.)。

普利斯特列尤其致力于发现和研究新的“空气”(即气体),其中有许多他是从酸获得的。1772年,他通过以硝酸作用于铁、铜、银等等金属,分离出了“亚硝空气”(氧化氮),并在水上收集它,研究了它的性质。同年,他在**水银**上面(不是水上面)收集“海酸空气”(氯化氢)。卡文迪什在1766年已经把气体**储存**在水银上面,但普利斯特列以此方式**收集**它们;他在气体化学上的发现有许多都归功于这种新方法。例如,1773年,他藉此发现了“碱质空气”(氨),1774年发现了“矾酸空气”(二氧化硫)。他最初是通过加热铜和盐精而获得“海酸空气”的。后来,他又通过仅仅加热“盐精”,或者让“浓硫酸”作用于普通盐来制备这种气体。“碱质空气”(氨)最初是通过加热“挥发的硇砂精”(氨的水溶液)获得的,后来则通过加热熟生灰和硇砂得到。1772年,普利斯特列还制备了氧化亚氮(即笑气,N_2O)。1776年,他通过让硝酸作用于铋,制备了非纯态的“亚硝[硝]酸蒸汽”,因为它溶解于水和升汞,所以通过置换空气收集它。他还观察到,它在加热时褐色加深。1785年,他用木炭加热铸皮(氧化铁),制备了一氧化碳(CO);但他误以为它是“可燃空气”(H_2)。(1776年,拉松通过让木炭加热氧化锌以及加热枪管中的普鲁士蓝得到一氧化碳。他在《皇家科学院备忘录》(*Mém.de l'Acad.Roy des Sciences*)(Vol.XC)中把它说成是“一种性质极怪异的可燃空气”。[①])普利斯特列最重要的工作是在1774年发现“脱燃素空气”(氧)。他是通过加热红色汞氧化物得

351

① 直到1801年,克鲁克香克才表明,这种“怪异”的可燃空气是一种碳的氧化物,而不是氢。参见《尼科尔森杂志》(*Nicholson's Journal*)(Vol.Ⅴ)。

到的。(舍勒约在同时也独立地作出了这个发现。)普利斯特列对氧的发现,最初是他于 1775 年 3 月 15 日在致皇家学会会长约翰·普林格尔爵士的一封信中宣布的,这封信于 1775 年 5 月 25 日在皇家学会宣读(*Phil. Trans.*,1775,p. 387)。在这封信中,普利斯特列说明了他用取火镜加热各种物质和收集所发散“空气”的实验。他说,他观测到,借助这种方法,不同物质产生不同种类空气,而“我通过这种过程产生的所有种类空气中,最惹人瞩目的是352 这样一种空气:就呼吸、燃烧以及我相信就普通大气空气的任何其他用途而言,它要比普通空气好五六倍。像我所认为的那样,我已充分证明,空气对呼吸的合适性取决于它接受肺呼出的燃素的能力,因此,这种空气可以恰当地称为**脱燃素空气**。这种空气我先是从**水银烧渣**,后来从汞的红色沉淀物,现在则从铅丹产生的”。他发现,“同普通空气相比,一定量这种空气需要约五倍多的亚硝空气来达到饱和。”并且,“一支在这种空气中燃烧的蜡烛的火焰惊人地强;一小块赤热木头噼啪爆裂,立时燃烧,其景象犹如灼热的铁发出白光,火星迸溅。”一只老鼠在这种空气里比在普通空气中活得更长久。当普利斯特列自己吸入一些“脱燃素空气”时,他“在后来一段时间里感到呼吸轻松舒适”。因此,他后来建议,可把“脱燃素空气”用于治疗肺部疾患。这个建议包括在他的《实验和观察》(Vol. II ,pp. 101f.)之中。

普利斯特列于 1775 年末发表他的《实验和观察》第二卷,这部著作里对他发现氧又作了说明。这里可以从中录引几句。

“在上次发表我的著述时,我尚未拥有力量相当大的取火镜。……但是,后来我得到一面直径 12 英寸、焦距 20 英寸的透

图 154—普利斯特列的装置(II)

7.收集加热炮筒中产生的水银上空气的装置。一个烟斗柄或一根玻璃管用封泥加封地连接到炮筒开端,以把产物传送到容器。

8.另一个收集水银上空气的装置;中间有一个汽水阀,收集加热驱出的湿气。

9.一个囊状物,配有排出管和漏斗,用于把水上空气传送到在水银之上的容器或者“任何别的地点”。

10.使液体充满一种空气的装置,c 中产生的空气压缩在一个囊状物中,经过皮管 d 进入容器 a 中的液体(a 倒放在盛相同液体的一个碗上)。

13.一根虹吸管,用于将空气移出容器以及调节容器中的水位。

14.一个抽空的容器,内放的物质在自水上容器传入该容器的空气中晾干。

15.空气纯度测定计,用于测试小量空气的“好坏”。

16.17,18.各种把电火花通过空气或液体的装置。

19.把电火花通过局限在一管子中水银之上的空气的装置,它的两端均立于一个盛水银的容器之中。

镜，于是，我兴高采烈地用它来探究，当把形形色色天然和人造物质放入……容器之中……我在容器里充入水银，并使之倒置在一353个同样盛有水银的盆中时，将产生哪种空气。借助这个装置……在1774年8月1日，我致力于从**水银烧渣**萃取空气；我现在发现，利用这种取火镜，空气很快从中排出。放出的空气三四倍于我所有容器的体积，尔后，我给它放入水，发现水并不吸收它。但是，我感到难言的惊讶：一支在这种空气中燃烧的蜡烛发出极其强的火焰"(*Experiments and Observations*, Vol. Ⅱ, 1775, p. 33f.)。

普利斯特列在从事气体化学的研究之前，曾长期研究电(见第十章)。事实上，正是他对电的兴趣导致他当选为皇家学会会员(参见W. C. Walker，载*Isis*, 1933)。他于1767年发表的《电学的历史和现状及原始实验》(*History and Present State of Electricity with Original Experiments*)颇得好评。值得指出的是，普利斯特列如何把他的电学知识应用于他对气体的实验研究。1773—1774年间，他把一定量大气空气放在一个玻璃管中水的上面，水用石蕊着蓝色，再让火花反复通过这空气。结果，空气体积减少，水的颜色由蓝变红。在氨气(即"碱质空气"，NH_3)的情形里，发生一种独特的情况：在反复放电火花以后，它的体积**增加了**，而不是像在大气空气情形里那样减少。普利斯特列认识到，"碱质空气"即氨气必定经历了某种深刻的化学变化。他写道："我使小量碱质空气中发生电爆炸……观察到，每次爆炸都给空气数量增添不少；当给它送入水时，恰恰因爆炸增加的那许多空气未为水所吸收。然后，我在同一个瓶中进行了约一百次爆炸，其中碱质空气数量更多；这次未被水所吸收而剩下的空气非常之多，使我可以十分准确

地鉴定它。它既不影响普通空气,也不受亚硝空气影响,且像我已 354
获得过的空气那样极易燃烧”(*Experiments on Air*, Vol. Ⅱ.1775, p. 239f.)。

普利斯特列还提出了通过和氧一起爆炸来对气体分析的方法。他把可燃气体同氧在水银上面混合。然后,用电火花产生爆炸,考察残留物。这样,普利斯特列发现,酒精蒸汽通过一根灼热管子时,或者用木炭加热炼铁炉渣(氧化铁)时产生的“可燃空气”,在同氧混合并爆炸之后,残留下“固定空气”(CO_2),而从铁和硫酸产生的可燃气体(H_2)在以同样方式爆炸后,却没有遗留下这种空气(上引著作,Vol. Ⅰ.1790年编,p. 309f.)。

普利斯特列的这一切发现都对化学等的进步具有极关重要的意义。但是,他用燃素说的语言表达自己的成果。他说,燃烧就在于损失燃素,燃素为支持燃烧的那些空气所吸收,而它们本身包含的燃素越少,吸收燃素就越多。现在称为氧的气体维持燃烧最好,因为,按照普利斯特列的见解,它丝毫不包含燃素。所以,他称之为“脱燃素空气”。另一方面,普利斯特列一度把“可燃空气”(氢)看做为纯粹燃素。这个观点最早是理查德·柯万(1733—1812)在1782年的《哲学学报》(Vol.LXXII, p. 195f.)上提出来的。他主要根据普利斯特列私下提供给他的实验资料,这些实验通过在“可燃空气”中加热金属灰,把它们转变为金属。普利斯特列后来在他的《实验和观察》(Vol. Ⅵ, 1786, p. 14)中记叙了这些实验。但是,普利斯特列不久就放弃了这种认为“可燃空气”是纯粹燃素的观点。在(同沃尔蒂尔一起)观察到“可燃空气”同普通空气一起爆炸时有露淀积(卡文迪什证明它是水)之后,普利斯特列产生一个见解:

“可燃空气”是同水相化合的燃素。

按照燃素说，大气空气是“脱燃素空气”（氧）和“燃素化空气”（氮）的混合物。当在其中发生燃烧时，大气空气充入了附加燃素，因而转变成“燃素化空气”。像同时代人一样，普利斯特列也未充分考虑到下述事实给燃素说造成的困难：在某些燃烧过程中，“脱燃素空气”完全耗尽，而“燃素化空气”一点也未发生。

355 在研究可燃空气的过程中，普利斯特列试图确定，当通过在“可燃空气”中加热金属灰而获得若干种金属时，“进入这几种金属组分的燃素的数量”。他满以为，这些金属**重于**它们的灰末，因为，在这个过程中吸收了可燃空气。如果他能满意地完成这些实验，那他对燃素说的信仰就会彻底动摇，因为，他将发现，还原的（即纯粹的）金属**轻于**它们的灰末。不过，他认为，他的实验不是决定性的，因为，金属灰看来在加热容器中就已部分地升华掉了。他一点也拿不准，究竟他开始时就有了纯粹金属灰，还是实验结束时得到纯粹金属。他不知道，“应当考虑到，可燃空气进入金属灰那仅仅部分地还原的部分；要完全还原全部任何数量的金属灰，是不容易的”（上引著作，Vol. Ⅵ，1786，p. 14）。因此，这些实验并未确定地表明，金属是否重于其灰末。

（参见 D. Mckie，“Joseph Priestley”，*Science Progress*，1933，Vol. 28，pp. 17—35。）

伏打

对一封闭容器中的气体放电花的方法，看来是普利斯特列首创的。他在《实验和观察》（第一卷，1774 年）中记叙了这种方法以及所用装置。但是，这种方法对**混合**气体的应用则显然应归功于亚历山德罗·伏打(1745—1827)。他在《趣文集萃》(*Scelta d'Opuscoli In terressanti*)(Vol. XXXI，p. 3)(米兰，1777年)上介绍了，他最早做的用电花爆炸封闭容器中混合气体的实验。后来，他又在1777年9月2日写的致普利斯特列的一封信中，再次作了介绍，此信于同年发表于《趣文集萃》(Vol. XXXIV，p. 65)。伏打一度对用蜡烛火焰爆炸开口容器中的“可燃空气”(氢)和“脱燃素空气”(氧)发生兴趣。他还曾试图制造一种由这种爆炸产生的力来控制的**小手枪即小明火枪**。他当时用电花爆炸在用软木塞封闭的玻璃容器中“可燃空气”和普通空气的混合物，软木塞被爆炸力排出。他旨在用这种方法研究这种爆炸引起的体积变化。他的装置是一根带分度的玻璃管，其一端开口，呈漏斗状，另一端用黏合的软木塞封闭，塞子中有两根金属丝穿过，构成电花隙的两点(见图155)。玻璃管充满水，倒置在水上。玻管中导入八份普通空气，然后导入一份“可燃空气”。当电火花通过时，无空气溢出，但水位上升。再补充“可燃空气”，并对混合物施电火花，直至总体积减少将近八分之一份。伏打还发现，当混合物由四份“可燃空气”

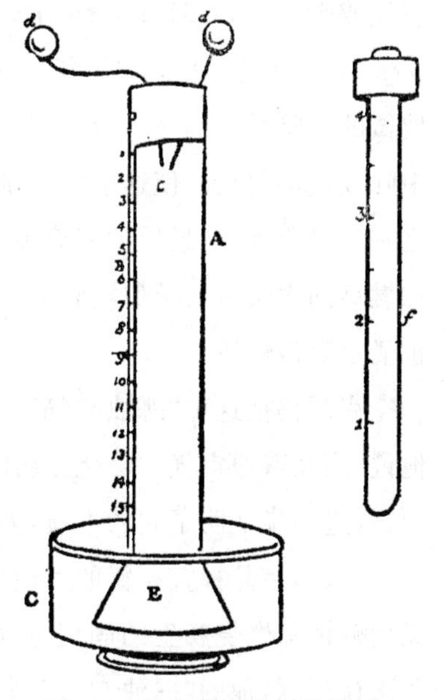

图155—伏打的爆炸气体装置

356

357 和十一份普通空气组成时，产生的爆炸最强。在这种情况下，残留物被尽可能地“燃素化”。伏打似乎还对“脱燃素空气”而不是普通空气做过一些实验。他提议用这种方法制造一种用于测量空气好坏的气体测定计(图 156)。

卢瑟福

丹尼尔·卢瑟福(1749—1819)是布莱克的学生，1796—1798年任皇家爱丁堡大学医学院院长。氮的发现归功于他。他是根据布莱克的建议进行这项工作的，他把它写成他的医学博士学位论文。这是他在化学方面的唯一著作，题为《学位论文。论所谓固定空气或碳酸气》(*Dissertatio Inauguralis de aere fixo dicto，aut mephitico*)(爱丁堡，1772 年)。他的著述用燃素说的语言叙述；他做的实验看来不是十分广泛。他表明，一只老鼠在有限量空气中呼吸，直到死去，使这空气减少十六分之一；剩余空气的十一分之一为碱所吸收；最后的残余使一支蜡烛熄灭。在用点燃的蜡烛和燃烧的木炭做的类似实验中，“固定空气”为碱消除后，残余空气也显示类似性质。

卢瑟福把这种“恶浊空气”说成是纯粹燃素和空气的化合物。他说，当在普通空气中焙烧金属时，便获得这种“恶浊空气”。他认为，这进一步证明了它的本质，因为，它只由包含燃素的物体产生。

因此，卢瑟福宣布氮的发现是由于他用燃烧消除空气中的氧，又用碱消除燃烧产生的固定空气后仍有空气剩存。另一方面，他并未认识到，他的“恶浊空气”是一种独特的基本气体，而认为，它只是同燃素相化合的普通空气。

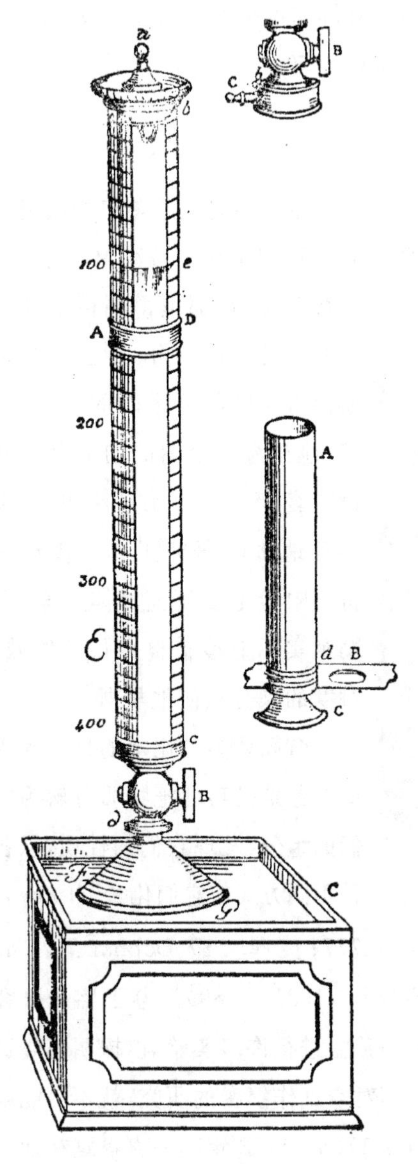

图 156—伏打的气体测定计

气体在槽 C 中水的上面经过一漏斗收集,同氧一起在带分度的容器 E 中爆炸。一根绝缘金属丝 a 穿过金属帽 b;金属丝端末和金属帽之间形成电花隙。水银柱高度借助环 AD 从标尺读取。空气的"好坏"根据它所包含的氢的比例估算。

358　（参见 D. McKie, "Daniel Rutherford and the Discovery of Nitrogen", in *Science Progress*, 1935, Vol.29, pp. 650—60。）

舍勒

卡尔·威廉·舍勒(1742—86)出生于当时属于瑞典的波美拉尼亚的施特拉尔松。他从十四岁起在药房工作。1770 年，他定居乌普萨拉，在那里得到柏格曼的友好帮助。1775 年，他当选为在斯德哥尔摩的科学院的院士，同年，他在梅拉伦湖的彻平自己开设了药房。他千方百计做异乎寻常地多的研究工作。普利斯特列限于主要研究气体化学，舍勒则实际上涉猎整个化学领域。过度的操劳致使他早逝。

图 157—舍勒

舍勒认为，"化学的目标和主要业务是机巧地把物质分解为它们的组分，发现它们的性质，以各种不同方式使它们化合"(*Chemical Treatise on Air and Fire*, 1777；英译文载 Dobbin 编：*The Collected Papers of C.W. Scheele*, 1931, p. 89)。鉴于燃烧研究导致那么多困难和矛盾；他决心独立进行许多实验，以探明燃烧这种神秘现象。他很快认识到，不对空气作缜密的研究，就不可能解决燃烧问题。因此，这些问题在 1768—1773 年间一直盘踞在他的头脑中;他在他的《论空气与火的化学》(*Chemical Treatise on Air and Fire*)(1777 年)中说明了他的实验和结果。舍勒首先确定了那些使空气区别于其他气体的性质,然后进行了一系列实验,以表明空气由两种不同气体组成。他的方法是取一定量空气,用某种物质处理之,这种物质吸收这空气的一部分而留下其余部分,它在各种实验中有同样的性质和相近的体积。例如,他为此把硫肝溶液放进一个充气长颈瓶之中。他把长颈瓶封闭,倒放在水的上面。他让这瓶如此放置十四天,然后将软木塞拔去,但仍在水下。于是,水立即进入长颈瓶,这空气看来有四分之一到三分之一已被吸收。当舍勒不用硫肝,而代之以磷、铁屑或一种合适的铁化合物重复这实验时,封闭空气体积减小的程度大致相等。但是,当他在以同样方式封闭在一个长颈瓶中的一定量空气中燃烧氢时(图 158),空气体积只减少五分之一。

359

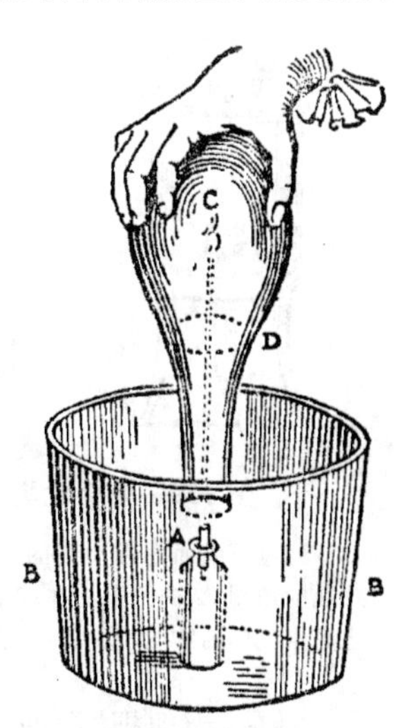

图 158—舍勒在空气中燃烧氢的装置

瓶 A 浸在 BB 中的热水里,瓶中产生的氢在一根玻璃管的末端被点燃。长颈瓶 C 放在火焰之上,水上升到高度 D,火焰此时熄灭。五分之一的空气消失。

舍勒以多种方式制备氧。一种方式是把浓缩的硫酸同精细研磨的“锰”(即软锰矿,自然的二氧化锰)相混合,把这混合物放在一个小的曲颈甑中加热。一个空的膀胱用来容纳这气体(图 159)。

一当曲颈甑底变得炽热,一种气体便进入膀胱,逐渐使之膨胀。舍勒一次取了他通过加热硝酸制备的这种气体的一份样品，并在其中放置一支点燃的小蜡烛。“刚一这样做，这蜡烛便开始燃起很大火焰，发出耀眼的光，令人眼花缭乱。”当把这气体同上述实验中火不再在其中燃烧的残留空气相混合时，他得到了一种空气，它在各方面都同普通空气相像。在上述实验中使火维持并增强的那种气体，他称之为“火空气”；另一种不帮助燃烧的气体，他称之为“污浊空气”。这两种气体后来分别被正式命名为“氧”和“氮”。

360

图 159—舍勒收集气体的装置

经过压缩而内无空气的一个膀胱，缚在一个曲颈甑的颈端 A，曲颈甑放在一个火炉上，炉内装有由之产生气体的物质（或几种物质）。

当舍勒在一曲颈甑中加热硝石时，膀胱被一种气体膨胀，这种气体也证明是纯粹“火空气”(O)。因此，他便用“火空气”取代普通空气，重复以前对硫肝、磷等等做的实验。现在，几乎未留下什么残余，这气体差不多全被吸收了。但是，当他把“污浊空气”同“火空气”相混合，并在这气体混合物中放入一块磷时，却只有“火空气”被吸收。这一切实验表明，“火空气”是在大气空气中维持火的气体。舍勒指出，在大气空气的情形里，“火空气”同另一种丝毫无助于燃烧的气体相混合。这另一种气体仅仅阻止发生过分迅速和强烈的大火。舍勒制备“火空气”的方法不仅加热硝石或“锰”与硫酸的混合物，而且还加热氧化物，例如金的氧化物或红色的汞氧化物，而这最后也为普利斯特列所采用。

舍勒对“锰”的实验不仅弄清了氧，而且还弄清了锰、氯和氧化钡(BaO)，后者碰巧是他在自己实验中所用的“锰”中的一种杂质。他还发现了一些钡的化合物，注意到其硫酸盐的不溶性。

归功于舍勒的发现还有：硫化氢、氯、氢氟酸、氧化钡、氢氰酸、钼酸、钨酸、砷酸、锰酸盐和高锰酸盐以及亚砷酸铜(一种绿色砷颜料，今天仍称为“舍勒绿”)。他进行的实验还产生了一种最致命的毒气胂(砷化三氢)。

通常归功于普利斯特列和其他人的那些气体化学上的发现中，有些已为舍勒所知。舍勒的实验研究对象除了氧、氮和二氧化碳之外，还包括氢氯酸、硫化氢和氧化氮。而且，他还发现，空气的两个成分即他所称的“火空气”和“污浊空气”在水中的溶解度相差很大。因为水比较容易吸收“火空气”，所以，它具有部分地分离空气两种成分的独特性质。这种“火空气”对生活在水中的动物来说，是不可或缺的。动物的生命过程维系于它们吸入“火空气”和呼出二氧化碳。所呼出的气体释放到大气之中，这样，水就能够溶解更多的“火空气”供这些动物利用。舍勒从他实验所得出的主要成果，概略说来就是如此，它们就性质而言，大都仅仅是定性的而不是定量的。

舍勒可以看作是有机化学的奠基人之一。在他的时代之前，作为科学一个分支的有机化学几乎还不存在。他把一种石灰或铅 361 的溶液加于植物的酸腐液汁，结果得到了一些沉淀物，他认出，它们是某些酸的盐。他用硫酸分解这些沉淀物，成功地制备了各种植物酸，例如酒石酸、柠檬酸、苹果酸、乳酸和草酸。他还发现了鞣酸和苯甲酸;他从大黄根获得"acid of sorrel"(草酸),并表明这种酸化学上等同于用硝酸作用于糖而制备的"糖酸"。他通过对尿石的研究而发现尿酸。

1782年,他通过用硫酸分解普鲁士蓝而发现了氢氰酸。他对这种酸的研究堪为楷模。在对脂肪和油的研究中,他分离出了他所称的"油的甜素"(甘油),其方法是用密陀僧和水蒸煮各种油,然后把所留下的水层蒸发掉。

这一切成果对于后来研究者的工作具有根本的重要性。舍勒的研究是在燃素说影响下进行的,但其价值并不因此而受到损害,实际上还有助于推翻它。他的三点论证尤其起到这种作用:(i)空气由两种不同气体组成,其中只有称为"火空气"(氧)的那种有助于燃烧和一切与燃烧相似的过程;(ii)"火空气"可以同普通空气相分离;和(iii)以一比四的比例混合"火空气"和"污浊空气",可以产生普通空气。

舍勒还是最早研究光的化学效应的人之一。J. H. 舒尔茨在1727年首先观察到,包含银的沉淀物对光敏感。舍勒对纯粹氯化银做的实验表明,日光使之还原为银。他还发现,组成光的各种光线对银盐有不同的作用。关于这方面的实验,他对其中一个简述如下。"把一面玻璃棱镜放在窗前,让被弯曲的光线落到地板上;在这种彩色光中,放一张纸,上面撒满角银。于是,可以观察到,角银在紫色中远比在其他颜色中为快地变黑"(*Collected Papers*,英译本,p. 131)。这些发现为照相术准备了基础。值得指出,玻义耳已观察到过氯化银变黑,但把这归因于空气的作用,而不是光的作用。

以上论述只涉及舍勒工作的一部分。他研究的题材范围极其广泛，而且他的实验技能同他的渊博学识一样令人惊叹。然而，这一切工作都是在极端不利的条件下，在十分短暂的一生中完成的。 362

下一个研究空气化学的重要人物是卡文迪什。

卡文迪什

尊敬的亨利·卡文迪什(1731—1810)是德文郡第三代公爵的兄弟查尔斯·卡文迪什爵士的儿子。他被誉为他那一代中“有学问的人中最富有、富有的人中最有学问的人”。他全身心地致力于化学和物理研究。1766年，他发表了介绍他“关于人工空气的实验”的著述。他写道：“我说的人工空气，一般是指任何包含在其他处于非弹性状态的物体之中、用技术从那里产生出来的空气。”他描述了，他如何收集水上的“固定空气”和“可燃空气”。他解释说，他说的“固定空气”，是指“那些特殊种类的人工空气，它们通过溶解在酸中或通过焙烧从碱性物质中分离出来；这名称是布莱克博士在论生石灰的著述中给予它的”。他所称的“可燃空气”就是后来重新命名的

图160—卡文迪什

氢。他是通过把锌、铁和锡溶解于“稀释的矾酸或盐精”而得到它的。他测定了这两种空气的密度以及“固定空气”在水中的溶解度。他发现,同样重量的锌溶解于这两种指定的酸中任何一种,都生成同样体积的“可燃空气”。他得出结论:这种空气来自金属(这个推论同他所接受的燃素说相一致)。在对“固定空气”进行的实验中,卡文迪什采用了两种新的重要方法。他为了干燥这气体,让它通过珍珠灰(碳酸钾);他把它储存在水银上面(而不是水的上面)。他还在瞬息间就收集了“海酸空气”(氯化氢),发现它立即溶解于水。

363 卡文迪什最著名的工作开始于 1781 年,他在 1784 和 1785 年的《皇家学会哲学学报》上对之作了介绍。他重复了普利斯特列和沃尔蒂尔的实验:当用电火花爆炸普通空气和“可燃空气”的混合物时,在一个干燥容器中生成露。他发现,“423 份可燃空气基本上足以使 1000 份普通空气燃素化;爆炸后留下的空气的体积这时略大于所用普通空气的四五分之一;这样,由于普通空气的体积不可能减小到比用燃素化方法小许多,故我们满可以得出结论:当它们以此比例混合和爆炸时,几乎全部可燃空气和大约五分之一普通空气丧失其弹性,并凝结成沿玻璃容器排列的露。”可是,这露是什么呢?为了回答这个问题,卡文迪什以大得多的规模重复这个实验,逐渐地把 500000 格令可燃空气同约 1250000 格令普通空气相混合,并点燃。他得到了 135 格令液体,这种液体经探究证明是纯水。

他再次重复了可燃空气的实验,但利用“脱燃素空气”代替普通空气。他把适量的这两种气体相混合并使之爆炸,这样耗尽了 19500 格令“脱燃素空气”和 37000 格令“可燃空气”。爆炸在其中

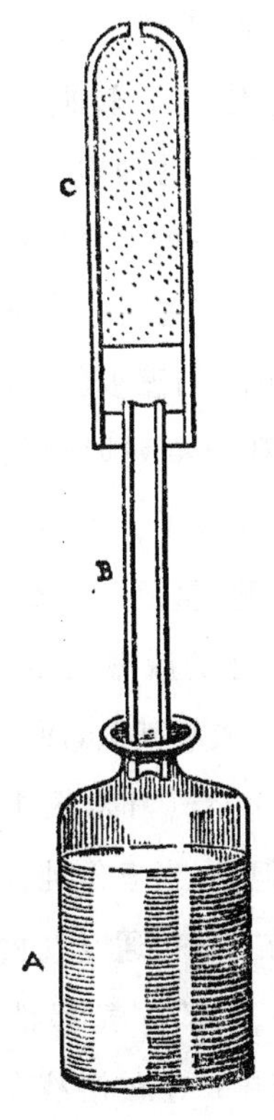

图 161—卡文迪什测定氢的重量和密度的装置

A是一个盛有稀释硫酸的瓶,B是一根玻璃管,连接于A的口,并用封泥加封;C是一个玻璃圆筒,顶端有一个小孔,它连接于B,也加封泥。C充有粗粉末状的干"珍珠灰"(钾碱)。整个装置加以称量,连接A和B所用的封泥单独加以称量。然后,把一定量称量过的锌加入A,A和B用封泥连接在一起。氢通过C时变得自由和干燥,然后溢入空气。重量的损失由重新称量来确定,并考虑到这装置里空气已为氢所取代。从前面一个实验,可以知道这个质量的锌所使之自由的氢的体积。于是,根据这些数字,便可计算氢的密度。

卡文迪什使用同样或相似的装置来测定化学反应所散发气体的重量。瓶A包含酸,通过管B连接于另一个较粗的管子C,后者在顶端开口,让气体溢出,并充塞"珍珠粉"或"滤纸",以使放出的气体干燥。整个装置加以称量。然后,将一定量称量过的金属或碳酸盐加入A。当反应完成时,整个装置再行称量。然后,计算给定重量金属或碳酸盐散发的气体的重量。

进行的玻璃球现在包含30格令液体,后者"有明显的酸味,在用固定碱使其饱和并让其蒸发之后,产生近2格令的硝石;所以,它由水同少量亚硝酸[硝酸]混合而成"。并且,当用大大过量的"脱燃素空气"重复此实验时,这液体变得更酸,而当用过量"可燃空气"或普通空气时,则毫无酸的痕迹。他得出结论:像普利斯特列博士和柯万先生所认为的,可燃空气是纯粹燃素,否则,便是同燃素相混合的水;"脱燃素空气实际上无非就是……失去了其燃素的水";"水由与燃素结合的脱燃素空气组成";"这实验中出现的酸,只是因杂质同脱燃素空气和可燃空气相混合而产生的。”

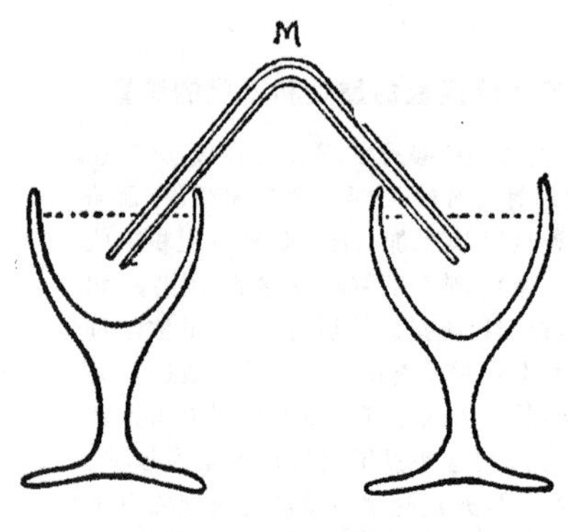

图 162—卡文迪什对气体放电花的装置

365

M是一根弯玻璃管,其中水银上面有空气,两端浸入两个盛有水银的容器。空气、石蕊溶液或肥皂渣积物的供给,由一根细玻璃管导入,这玻管适当弯曲,以使其弯端同M的一个开端相配合;充入时,按要求将这细玻管倒置在盛有这些物质的容器之中,让弯端位于最高处,同时,通过暂时放开按在另一端的手指,释出一些原先充有的水银。在然后将这些物料导入M时,放开手指,让水银压力迫使它们进入。(试比较图154的图19。)

卡文迪什然后转向研究“亚硝”[硝]酸。普通空气和某种石蕊溶液在一根玻管中被限制在水银上面。然后,对空气放电花。结果,石蕊变红,并且“符合于普利斯特列博士的观察”,空气也减少了。他运用肥皂渣取代石蕊,重复了这实验。他发现,用“好的脱燃素空气”时,空气体积减小甚微,而当用“完全燃素化空气”时,根本没有减少。“但是,当五份纯粹脱燃素空气同三份普通空气相混合时,几乎全部空气都消失了”,肥皂渣中产生的溶液在通过蒸发变干燥时,“便留下少量盐,而它显然是硝石”。他得出结论:“亚硝酸”是“燃素化空气”同“脱燃素空气”的一种化合物。这顺带也解释了,他以往有些实验中为何也出现过这种酸。

这些实验有一个特点已证明特别令人感兴趣。卡文迪什发现,在刚才提到的那些实验中,总是发现有少量残余空气。在对带过量“脱燃素空气”的“燃素化空气”反复放电花,并用硫肝吸收这过量“脱燃素空气”之后,仍留下“未被吸收的一个小气泡进入玻管,它肯定不超过燃素化空气体积的$\frac{1}{120}$;因此,如果我们大气的燃素化空气有一部分不同于其余部分,并不能还原为亚硝酸,那么,我们可以满有把握地得出结论:它不超过全部的$\frac{1}{120}$”。1894年,瑞利和拉姆齐分离出了这残留部分,即氩。他们发现,同卡文迪什惊人逼近的估计值$\frac{1}{120}$=百分之0.83相比,它构成普通空气的百分之0.94。

(参见　J. R. Partington:*A Short History of Chemistry*,London,1948,和 *The Composition of Water*,London,1928;和 J. R. Partington and D. McKie:"Historical Studies on the Phlogiston Theory",载 *Annals of Science*,1937—39。)

第十四章　化学(二)

三、拉瓦锡的化学研究

从玻义耳和胡克到普利斯特列、舍勒和卡文迪什等化学家进行的燃烧和呼吸的实验研究，在拉瓦锡的研究中达到一个紧要关头。拉瓦锡对燃烧和呼吸的解释，第一次显示出它们的真正重要意义。安托万·洛朗·拉瓦锡(1743—94)出生于巴黎。他父亲是个富豪，对科学很感兴趣，因此给儿子良好的科学教育。年轻的拉瓦锡显示出卓越的数学才能，但是，他的主要兴趣在于化学，尤其是应用化学。22岁那年，他参加城镇夜间照明问题竞赛，向科学院呈交了一篇论文。为此，他获得国王授予的一枚特别金质奖章。1768年，他当选为科学院院士。此后不久，他就任包税官。他把从这个职务挣来的收入，都花费在昂贵的实验上。后来，他成为硝石和火药工厂总监。在这个

图163—拉瓦锡

任上,他非凡地表现出他那精深的化学知识和对实际事务的深邃洞察力。

拉瓦锡从玻义耳的著作中获知,当把铅或锡放在一个内有空气的封闭容器中加热时,它们将转变成相应的金属灰,并且重量增加。但是,他决定对这些事实进行独立的实验研究。他把一定量称量过的锡放在一个长颈瓶中,然后,他将瓶密封并加热,直到锡被焙烧。瓶冷却之后,再将瓶连同内封的东西一起称量。总的重量未变。这就否证了玻义耳的见解,后者认为,在焙烧过程中,有些大微粒渗入曲颈甑,同金属相化合。拉瓦锡然后打开长颈瓶,观察到一定量空气冲入瓶中,结果瓶便变得重于它封闭的时候。接着,他称量锡灰,发现它增加的重量恰好等于瓶在打开时空气冲入后所增加的重量。这些实

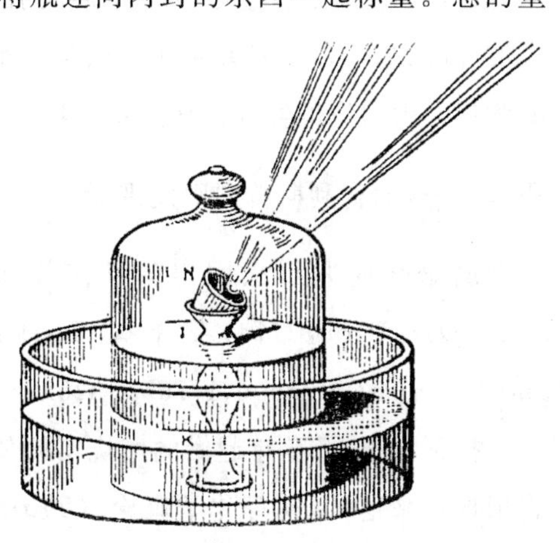

图 164—拉瓦锡用取火镜在封闭空气中烤烧铅的实验。铅放在杯 N 之中,杯由在玻罩中的水或水银之上的支座 IK 支承。

验结果的唯一可能解释是,在焙烧过程中金属同空气相化合,因此重量增加。拉瓦锡于 1774 年向巴黎科学院报告了这些结果。那时,他尚不知道这些实验表明,空气是混合物;因此,他没能在这个问题上探究出一个更令人满意的解答。然而,同年普利斯特列来到巴黎访问,告诉拉瓦锡他自己的实验工作,尤其是他对“脱燃素

367

空气"的发现，以及从红色汞氧化物制备这种空气的方法，介绍得很详细。这给拉瓦锡正确解决前述问题提供了启示。因为，他此后不久就表明，燃烧（实际上相似于焙烧）就在于可燃物质同空气助燃部分相化合。这个部分就是普利斯特列和舍勒分别所称的"脱燃素空气"和"火空气"，拉瓦锡起先称之为"空气的最纯部分"、"生命空气"，最后称之为"氧"（即产生酸的东西）。

1773 年，拉瓦锡重复了普利斯特列的一个实验（*Phil.Trans.*，1772，pp. 228—30），即用取火镜焙烧在水或水银上面空气之中的铅和锡。他对锡的实验未获成功，但在对铅的实验中发现，空气体积减少$\frac{1}{20}$，而普利斯特列则发现减少$\frac{1}{5}$。拉瓦锡把这减少归因于这金属焙烧时"吸收、固定弹性流体"（*Opuscules physiques et chimiques*，Paris，1774；英译本：T. Henry 译，*Essays Physical and Chemical*，London，1776，p. 326f.）。

拉瓦锡从 1775 年起做的燃烧实验值得密切注意，因此，这里将根据后来他的《初等化学概论》（*Traité Elémentaire de Chimie*）（1789 年）中的论述加以扼述。

拉瓦锡拿一个曲颈甑，容量约 36 立方英寸，颈很长。他把这长颈加以弯曲，使得曲颈甑能这样放在一个炉子上（图 165）：它的长颈的开端可进入一个置于水银槽 Rϕ 的钟罩里面。他把四盎司纯水银充入一个曲颈甑，利用置于钟罩之下的虹吸管使水银升高到高度 L。这高度仔细加以标定，并及时记下大气压和温度。然后点燃炉火，水银保持在十二天里一直接近其沸点。第一天里，没有发生任何引人瞩目的事情。第二天，水银表面出现红色微粒。

368

它们的数目和大小一直增加到第七天。此后,它们停止增加,保持不变。当水银的焙烧不再产生任何进一步的进展时,让火熄灭,容器冷却。曲颈甑和钟罩中的空气,在 28 英寸大气压和 10°R 温度下,其总体积在实验前等于 50 立方英寸。实验结束时,在同样气温和大气压下,空气体积下降到 42 和 43 立方英寸之间。换言之,空气失去其原始体积的约六分之一。拉瓦锡接着收集水银表面生成的红色微粒,并尽可能去除黏附于它们的水银。他称量了它们,它们的重量为 45 格令。他检测了焙烧完成之后,曲颈甑和钟罩中残留的体积为原先五六分之一的空气,发现它不适合帮助燃烧和呼吸。放在其中的动物一会儿便死去,点燃的细蜡烛也立即熄灭。拉瓦锡然后把 45 格令金属灰放入同一个容器相连的一个小罐。当加热曲颈甑时,金属灰产生 41.5 格令水银和七八立方英寸一种弹性流体,它远比普通空气有力地帮助燃烧和呼吸。拉瓦锡写道:"普利斯特列先生、舍勒先生和我自己几乎同时发现了这种空气。普利斯特列先生给它取名为**脱燃素空气**;舍勒先生称它**苍天空气**;我起初命名它为高度可呼吸的空气,后来代之以**生命空气**这个术语。我们现在可以认为,我们应当思考这些命名。在思考这种实验的环境条件时,我们很容易想到,水银在焙烧过程中吸收空气那适于卫生和适于呼吸的部分,或者严格地说,那适于呼吸部分的基;余下的空气

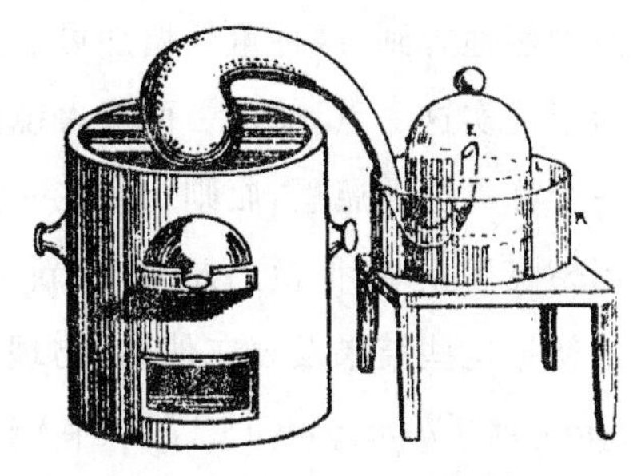

图 165—拉瓦锡的燃烧实验装置

是一种碳气,不能维持燃烧或呼吸;因此,大气的空气由两种性质

不同并且对立的弹性流体组成”(*Flements of Chemistry*,R. Kerr译,1790,p. 36f.)。他通过相应的合成实验证实了这个发现。他按自己分析实验中发现的比例,即8份氧对42份氮的比例混合这两种气体,结果得到一种气体,它在一切方面都同大气空气相像,也帮助燃烧、呼吸和金属的焙烧。

早在1773年,拉瓦锡就已把红色汞灰同碳一起加热,结果得到的,是“固定空气”而不是氧。他后来得出结论:“固定空气”必定是碳和氧的一种化合物。这个推论为他以前的金刚石燃烧实验(1772年)所证实。用一面强力取火镜点燃封闭在一个内有空气的玻璃容器中的一块金刚石,其时唯一产物是“固定空气”。木炭的行为与此完全一样。如此看来,金刚石在化学上颇像碳。当把一块金刚石包容在木炭粉末之中强烈加热时,它不发生任何变化。这表明,金刚石本身不可熔,仅仅加热不会使之变为挥发性的,而在有氧时仅仅转变为气体“固定空气”(即二氧化碳)。

1772年,拉瓦锡进行了一些关于磷和硫的实验,发现这两种物质在焙烧时也会重量增加。得到上述结果以后过了几年,他自然而然地想到,这种重量增加可能是由于它们同氧相化合的结果。为了证实这一点,他用一面取火镜点燃一定量称量过的磷,磷放在一个称量过的瓶里,瓶则封闭在一个里面水银上有空气的钟罩里。当燃烧停止时,他换上瓶塞,重新称量它,发现重量增加。拉瓦锡最初把这些结果发表在他的《物理和化学论集》(*Opuscules Pbysiques et Chimiques*)(1774年)(英译本:T. Henry译,*Essays Physical and Chemical*,1776,pp. 383—6)之中。

大家大概已注意到,拉瓦锡在实验中力图同时定性和定量地研究每个化学过程，尽管他得到的结果常常甚至和同时代其他人得到的比较精确的结果有相当大的差别。他在其《初等化学概论》(1789 年)中对刚才提到的那个实验的定性方面叙述如下。

“磷在大气空气和氧气中燃烧同样很成功，其差别在于很大比例的氮气同氧气的混合大大延缓了燃烧，以及所用空气仅约五分之一被吸收，原因是仅仅氧气被吸收。所以，实验将近结束时氮气的比例达到很大，以致终止了燃烧。我已经表明，磷由于燃烧而变成一种极其轻的白色薄片状物质；它的性质也因这种转变而完全改变。它从不溶于水变为不仅溶于水，而且那么渴求湿汽，以致惊人迅速地吸收空气中湿汽。它藉此转变成一种液体，密度比水高得多，比重也大。燃烧前，磷几乎没有任何明显味感，但同氧化合后，它变得具有极端强烈的酸味；一句话，它从可燃物体类中一员变成一种不可燃的物质，成为那些称为酸的物体之一种”(上引著作，英译本，p. 60f.)。　370

当拉瓦锡发现，磷或硫同氧化合分别产生磷酸和硫酸，前者进一步氧化便变成硫酸，他就用“氧”这个名字取代“纯粹空气”等等。这种观点把氧看做生成酸的东西，但后来发现，氢氯酸和氢氰酸一类酸都没有氧，因此，它需要加以修正。

拉瓦锡给出了呼吸和燃烧的正确解释。他认为，呼吸在于氧同有机物质的成分相化合。像燃烧一样，呼吸也要释放一定热量。呼吸最基本的产物二氧化碳从有机体得到碳，从大气得到氧。拉瓦锡通过仅仅燃烧有机物质，例如酒精、糖、油和蜡，便得到了二氧化碳和水。这一事实进一步证实了呼吸和燃烧的相似性。拉瓦锡还根据有机物质燃烧时产生的二氧化碳和水的数量，确定了有机物质中所含碳和氢的数量。由于这些确定,我们可以把他视为有机分析的奠基者。他曾试图确定他所考察的那些物质的重量百分组成。例如,他因而通过以铅丹氧化一定量称量过的碳来371测定二氧化碳的定量组成。根据这个氧化过程中铅丹的重量损失,他估算出,二氧化碳包含百分之72.1的氧,这非常接近正确值(百分之72.7)。

拉瓦锡解决的另一个化学问题同水的本质有关。如上所述,1781年,卡文迪什已经表明,氧和氢化合产生水,此外再也没有什么别的。拉瓦锡用分析方法继续进行这种研究。卡文迪什于1781年开始对水的研究工作,其结果于1784年1月在皇家学会宣读,并发表于1784年的《哲学学报》,并经查尔斯·布莱格登爵士做了修改,后者于1784年5月当选为皇家学会秘书。布莱格登曾在1783年5月或6月访问巴黎,在谈话中把卡文迪什得到的结果告诉拉瓦锡。拉瓦锡似乎认为,卡文迪什的结论没有根据,遂同布莱格登一起相当粗糙地重复了这实验;但是,他立即于翌日将结果通报科学院。当《科学院备忘录》出版时(它们往往一搁就是几年),这篇文稿发表在1781年那一卷上,所以,拉瓦锡声称这发现属于他自己。在对卡文迪什1784年的研究报告的插话中,布莱格登声明,他曾把卡文迪什的工作告诉过拉瓦锡,像刚才说明的那样。

拉瓦锡于1783年向科学院宣读了他的论文,在论文刊印于1781年卷之前,他又作了增订。简单地说,拉瓦锡的实验就是,把喷嘴喷出的氧和氢的混合物放在一钟罩内的水银上面燃烧。这两种气体用两根皮管送入喷嘴,一根来自一个盛氧的容器,另一根来自另一个盛氢的容器口钟罩侧壁上生成了水;这水收集起来证明是纯粹的。两种气体的数量没有加以观测;这水的重量量得为不足5打兰。 372

根据这个实验,拉瓦锡就大胆地引出结论:所生成水的重量等于组分气体即"可燃空气"和"生命空气"的重量,因此,水不是简单的物质,而是这两种"空气"的化合物。

1783年,拉瓦锡和默斯尼埃进行关于水合成的进一步实验;不过,所发表的关于这项工作的说明也包括了后来得到的结果。他们首先发现,铁锉屑慢慢地使蒸馏水释出"可燃空气"。然后,他们使水分解,为此,让水通过一个漏斗滴入一个倾斜的铁枪筒,后者在一火炉中加热到炽热。枪筒另一端装有一根管子,把气体产物导入一个位置适当的容器。当铁管广泛腐蚀,内径因而大大变细时,他们就代之以一根配有小铁件的粗铜管。铁被氧化,相当数量"可燃空气"被收集到。这个定量结果的精确度很低,但它以其定性方面提供了对卡文迪什合成结果的分析证实。

在结束对拉瓦锡化学研究的叙述之前,可以再提一下他最初研究工作中的一项,它给了一个古老错误以致命一击。自古以来许多人就相信,水能变土。早期对河流三角洲的生成以及水为陆地取代的解释,也是基于这个信仰。范·赫耳蒙特、玻义耳和其他人的实验有些似乎也支持它。它似乎是个日常观察的问题:甚至蒸馏水在蒸发以后也有土残留物。拉瓦锡用实验努力解决这个问题,于1770年向巴黎科学院报告了他的结果。他取一个蒸发皿,当时称为"鹈鹕蒸馏器",在它空的时候加以称量,再在盛有反复蒸发的雨水时重新称量。蒸发皿加热一会儿,让空气溢出一些,然后严实地盖住。从1768年10月26日起，把它放在砂浴器中加热，直到1769年2月1日止。约在12月20日，水中初次出现固体微粒，其数目慢慢增加。冷却后，称量这蒸发皿（其时水已移入另一容器）。这蒸发皿重量损失约17格令（实际为17.38格令）。拉瓦锡得出结论：这损失的物质说明了水中固体微粒的出现。为了证实这一点，让水蒸发，称量土质残余物。它的重量约为20格令（实际为20.40格令）。他把这差别归因于实验条件，并解释说，也许因土物质在第二个器皿（水在从第一个器皿中移出时暂时放于其中）中进一步溶解所致。因此，蒸馏水蒸发时所以产生土残留物，不是由于水向土的物质转变，而是由于水对容器的溶解作用。

令人感兴趣的是，舍勒在他的《论空气与火的化学》（1777年）的序言中也得出了同样结论，尽管他只是依据定性的证据。他把373蒸馏过的雪水放在一个长颈瓶中煮十二天。它变混浊了。当冷却后，水就同已沉淀的固体物质分离。这水具有碱的性质；土残余物的行为如同"和微量石灰混合"的硅石（Dobbin的译本，p. 88f.）。并且，长颈瓶的内表面在水面以下都"暗淡无光"。因此，舍勒得出结论：水使玻璃有些分解，以产生一种土残留物。他写道："我可以肯定：无论技术还是大自然都不可能独自使纯水转变成一种具有真土一切性质的干物质"（同上，p. 88）。

约从1785年起，燃素说开始衰落。新的化学正在拉瓦锡领导下发展壮大，并在他的《初等化学概论》（1789年）中得到了第一次全面表述。但是，不幸拉瓦锡没有活到目睹这个新运动为越来越多人所接受，并最终取得胜利。他那经典的化学教科书已证明是他的墓碑和纪念碑。它的出版适逢法国大革命爆发；尽管国民议会任用他,但是随后的恐怖时期“不需要科学家”。他在君主制下任过的官职没有被忘记,也未得到宽恕。他因在掌权时期给烟草制品添加越过规定的水而受审。这是莫须有的罪名,但他被判处死刑,于1794年5月8日被处决。非宗教表明可能像宗教一样残忍和狂热,但是,在科学的扎实进步面前,它只能是螳臂挡车。

拉瓦锡的方法和观点产生了强大影响,促使化学科学可同物理学并驾齐驱。这在很大程度上归因于化学从拉瓦锡及其前驱布莱克得来的精密定量方法的推广。化学应用定量方法的一个结果是物质守恒原理表现得更清楚。因为这个公设说,物质既不创生也不消灭,而在化学变化的全部过程中,物质在数量上自始至终保持不变,所以,如果没有这条公设,定量化学就不可能。并且,这种定量精确度的习惯还鼓励了使所用概念达致精确的倾向。例如,玻义耳形成了关于化学元素的明确概念。即不能分解为更简单组分的同质物质。拉瓦锡接受了这一概念,但比玻义耳更有成果地应用了它,虽然玻义耳已成功地应用过它。拉瓦锡认出了,氧、氢、氮、碳、硫、磷和一些金属是元素。拉瓦锡还机智地拒绝把碱类、钾碱和钠碱等看做元素,虽然他未能分析它们。因为,他强烈地感觉到,它们倒像是金属灰或者氧同未知金属的化合物。后来,当应用电化学方法来研究这些物质时,证实了他的猜想。 374

(参见 M. Berthelot:*LaRevolution Chimique-Lavoisier*, Paris, 1890; D. McKie, *Antoine Lavoisier*, 1935; A. N. Meldrum: *The Eighteenth Century Revolution in Science*, Calcutta, 1929; J. R. Partington: *The Composition of Water*, London, 1928。)

蒙日

在卡文迪什和拉瓦锡研究水组成问题的同时，加斯帕尔·蒙日(1764—1818)也在进行定量研究。他采用的一种方法与卡文迪

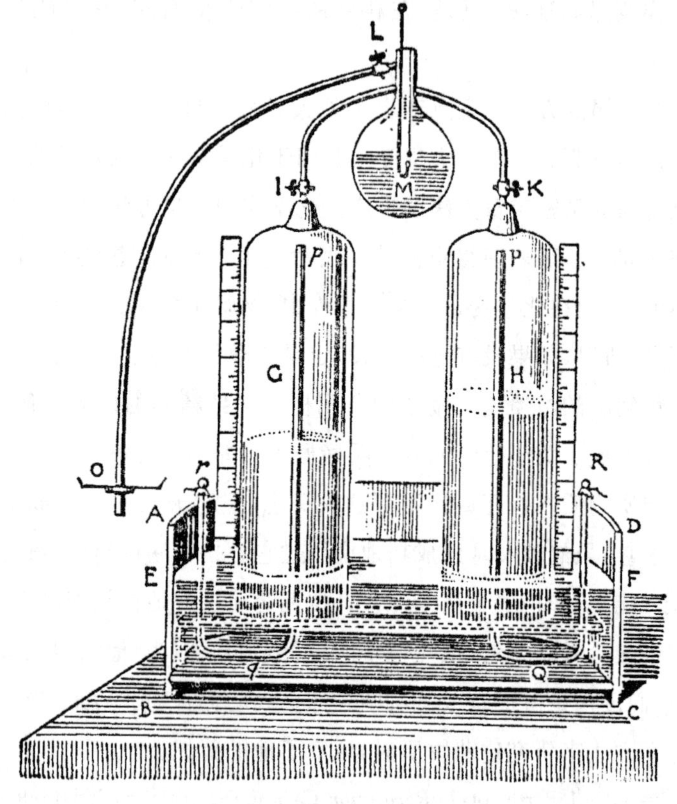

图 166—蒙日合成水的装置

ABCD 是一个内盛水的集气槽。*G* 和 *H* 是带分度的玻璃筒。*RQP* 和 *rqp* 是导入氧和氢的送气管。其数量被测量的气体通过旋塞 *I* 和 *K* 引入玻璃容器 *M*，后者原先由抽气机 *O* 通过旋塞 *L* 抽气，然后在那里由电花引爆。

什的相像。蒙日于1783年进行他的实验，有关介绍发表于1783年的巴黎科学院《备忘录》(1786年出版)。这个介绍不无意义，因为与卡文迪什不同，蒙日提供了他的装置的图(见图166)。蒙日的方法并不是承袭卡文迪什，而倒是借鉴伏打用电火花爆炸气体混合物的方法。他的方法可简述如下：体积被测量的氧和氢导入一个抽空的玻璃球中，在那里爆炸，把所产生的水收集起来加以称量。在372次爆炸中，蒙日用了145 $\frac{91}{144}$品脱"可燃空气"和74 $\frac{9}{16}$品脱"脱燃素空气"，结果他得到7品脱剩余空气和3盎司2打兰45.1格令水。考虑到残余空气的重量(2打兰27.91格令)，以及根据密度测定计算出原先所取的"可燃空气"和"脱燃素空气"的重量，蒙日求出，所用的总空气为3盎司6打兰27.56格令，产物的总重量为3盎司5打兰1.01格令，他把这1打兰26.55格令的差异归因于各种规定的实验误差。他发现，所产生的水略带酸性，他把这归因于可能存在硫酸，因为，他曾通过以这种酸作用于铁而制备了"可燃空气"。 375

蒙日从他的结果引出结论：纯粹"可燃空气"和纯粹"脱燃素空气"的爆炸产生纯水、热和光。他的定量结果没有卡文迪什得到的那么精确。这是因为他的密度测定受到严重干扰，尤其是测量氢时，他没有把气体弄干燥。

四、化学亲合性和当量

拉瓦锡之反对燃素说，最初得到的支持中，来自杰出物理学家和数学家(如拉普拉斯)的胜于来自化学家。大多数化学家都认为,这个新运动太革命了。采纳拉瓦锡理论的第一个著名化学家是布莱克。继他之后是贝尔托莱,后者关于化学亲合性的研究在化学后来的发展中具有十分重要的意义。

贝尔托莱和其他人

克劳德·路易·贝尔托莱(1748—1822)出生于萨瓦,研习医学,1772年任奥尔良公爵的侍医。这个职位使他得到充裕的闲暇从事化学研究。他最初的研究同大气空气的组成有关。他于1780年当选为巴黎科学院院士,不久法国政府任命他为染厂督导。他给这个工业作了很多改良,包括利用氯来漂白。大革命爆发后,法国与外界隔绝,一切进口都已断绝。这时,贝尔托莱作为一名技术化学家报效祖国。他帮助开发国内资源,尤其是重新组织、改良和扩展钢和硝石的生产。1792年,他就任造币厂总监,不久又任一个通过发展农业和工业来促进法国繁荣的委员会的委员。约在同时,他当选为巴黎大学化学教授。只是由于如此致用,实际上成为不可或缺的人物,贝尔托莱才得以逃脱拉瓦锡在大动荡时期所遭遇的悲剧命运。

图167—贝尔托莱

376

贝尔托莱用实验发现了氨(1786年)、氢氰酸(1787年)和硫化氢(1796年)等的化学本质。这些实验极其重要。普利斯特列表明,氨气的体积会因放电而增加。贝尔托莱发现,这体积正好加倍,在这个过程中氨分解为近似于三份氢和一份氮。贝尔托莱还表明,氰化氢(HCN)仅由碳、氮和氢组成,这为盖-吕萨克有关氰化物的发现准备了根据。此外,他还表明,硫化氢虽然不包含氧,但却具备一种酸的一切性质。并且,他对氯的研究导致他于1788年发现氯酸钾($KClO_3$)。

1774年,舍勒发现气体氯,观察到它的漂白性质。1785年,贝尔托莱通过将氯导入水而制备了氯水,发现这种溶液具有漂白性质。1788年,他发现,把氯导入苛性钾溶液比较方便,由此生成了一种次氯酸盐溶液;这很快成为漂白工业上的重要漂白剂,称为Eau de Javelles〔贾韦耳水〕。贝尔托莱在这个领域的工作奠定了漂白工业的基础。他应用拉瓦锡新学说所取得的工业成功以及他对新命名法的应用,大大促进了新化学体系的确立。

1785年,贝尔托莱发现,加热硝酸铵可以制备氧化亚氮。

贝尔托莱的化学工作并不局限于实验或技术方面。他对化学理论同样也作出了宝贵的贡献。在化学的这一部门,他的声望主要维系于他广泛研究化学亲合性的本质。因此,这里必须对之作些介绍。 377

某些物质间的“敌视”和其他物质间的“有择亲合性”的观念在这个时期之前很久就流行了。例如,玻义耳曾表示不满于“……酸和……碱之间假想的敌视”,并表明,盐是由一种酸和一种碱相化合而生成的,一种酸或碱能取代一种盐中的另一种酸或碱(T. Birch编:*Works*,1772,Vol. Ⅳ,p. 289,和 Vol. Ⅰ,p. 359)。其他各种化学家也从事盐的研究。这些研究在很大程度上不仅受玻义耳的化学观念影响，而且还受牛顿关于物体间吸引力的观念影响，导致形成了各种各样物质间有择亲合性的表。最早的这类表中，有 E.F.若弗鲁瓦(1672—1731)制定的一种。他在 1718 年试图表明一种碱对各种酸或一种酸对各种碱的亲合性的次序。他从这样的假设出发：如果一种酸对某种碱的亲合性大于另一种酸，那么，前一种酸将从后一种同该碱化合生成的一种盐中置换它。因此，若弗鲁瓦制定了一些类似物质的表，它们按照在同表首所列物质相化合时彼此置换的能力排列(*Mém.de l'Acad.Roy.des Sciences*,1718,p. 202)。然而，不久便发现，一种物质对另一种物质的亲合性不是不变的。尤其是 A.博梅(1728—1804)在 1773 年表明，这些亲合性是变化的，视溶液中反应是在常温(“湿法”)下还是在这些物质一起加热到较高温度(“干法”)下进行而定。因此，需要对这两种“法”即反应条件制定不同的表(*Mém. de Math. et de Phys. Presentés à l'Acad.Roy.des Sciences* …, Paris,1774,Vol.Ⅵ,pp. 231—6)。

图 168—博梅

乌普萨拉大学化学教授 T.O.柏格曼(1735—84)在 1775—1783 年间编制了这种亲合性表，博梅称它们是必不可少的。柏格曼花了艰巨劳动研究范围广泛的物质，编制了两张亲合性表，每张包括五十九种不同物质。正式结果发表于柏格曼的《物理和化学简论》(*Opuscula Physica et Chimica*,

Upsala)(1783年,第三卷)(英译本:*Dissertation on Elective Attractions*,London,1785,"the Translator of Spallanzani's Dissertations"译)。可惜,柏格曼未认识到重要的是,要考虑一切参与化学过程的物理条件,而他却倾向于把亲合性看作是不变的,很少受热以及外界条件影响,他写道:"在这篇学位论著中,我将致力于按照吸引的强度确定其次序;但是,每个吸引力的比较精确的量度(它可以表达为数字,并将表明整个这学说),则还只是迫切追求的东西"(英译本,p. 4)。他按照下述各原则得出其结果:"设A是一种物质,其他异质物质a、b、c等等都对它有吸引力;再设同c相化合而饱和的A(我称这化合为Ac),在添加了b之后,便倾向于同b化合而排除c。于是,可以说A对b的吸引强于c,或者说,A对b有较强的有择吸引;最后,设Ab的化合在加入a时破裂,设b被拒斥,a被选来取代b,则将可引出结论:a在吸引本领上超过b,这样,我们便有一个按效验排列的系列a、b、c。我在这里称做吸引的东西,其他人命名其为亲合性;我以后将不加区别地使用这两个术语,虽然后者比较带隐喻性,从哲学上来看不怎么适当"(同上,p. 6f.)。柏格曼给自己规定的任务超过30000个实验,这甚至还没有考虑到随着化学的不断进步,时有新的物质发现,可能导致情形更趋复杂。然而,柏格曼无所畏惧地紧张从事他的宏伟事业,直到健康的恶化迫使他认识到,他已不可能完成这项任务。所以,他把已经取得的成果发表出来。

378

贝尔托莱把化学亲合性的工作推进了一个阶段。他首先表明,物质的亲合性受好些因素影响,诸如,质量、可溶性和挥发性,或者,不可溶性和不挥发性(视具体情况而定)。他坚持认为,“一般说来,有择亲合性的作用不会如同一种确定的力”,他力陈,化学亲合性的研究必须放在一个远为广阔的基础上进行。他写道:“一个化学亲合性理论一旦坚实地确立,成为解释一切化学问题的基础,便应当集中或者说包括一切这样的原则,由之,化学现象的原因能在任何可能的环境条件下起作用;因为,观察业已证明,一切这些现象都只不过是这亲合性的各不相同的效应,而物体的一切形形色色化学力均可归因于它”(*Researches into the Laws of Chemical Affinity*,1801;英译本,M. Farrell译,1804,pp. 1—4)。贝尔托莱特别强调物质的**质量**,因为他倾向于把亲合性视同万有引力或“天文吸引”,而这里质量当然是一个非常重要的因素。他认为,化学亲合性所以怪异,是因为事实上引力吸引对密切接触物体的作用不同于对远离物体的作用。在前一种情形里,它受形状,尤其受各部分的密切接触、它们同溶剂的关系和它们的挥发性等影响。贝尔托莱对挥发性影响的解释,特别令人感兴趣。“当一种物质以一紧密化合物析出而呈气态时,它就变为弹性的,再不能抵抗分解作用;由此可见,这种性质的物质并未藉其质量起作用。这时,起分解作用的物质能实现完全的分解;所使用的这种分解物质的量,应当恰如直接形成这种化合物所必需的量,或者至少略微有点过量。例如,碳酸可能被另一种物质离析其化合,而这种物质对碳酸盐的基的亲合性可能较弱。这是因为,这另一种物质能藉其质量而起作用,因此能通过逐次作用来克服碳酸的亲合性;但是,为了排除全部碳酸,所使用的这分解物质的数量必须稍许超过为产生饱和所必需的量”(同上,pp. 46f.)。

379

贝尔托莱的亲合性概念倾向于推翻当时流行的亲合性分类法,后者乃基于这样的假设:一种酸藉亲合力排斥另一种酸。这种倾向因贝尔托莱表明了下述一点而见增强:所生成化合物的可溶性或不可溶性(即“内聚力”),乃是化学变化中的一个重要因素。贝尔托莱写道:“每当一个物体强烈倾向于通过同另一个物体按一定比例相化合而呈固态时,仅仅这种倾向就足以引起它从这状态析出,而与有择亲合力无关”(同上,p. 44)。

同他的亲合性工作密切相联系,并鉴于亲合性取决于各种物理性质,贝尔托莱表明,化学反应是可逆的,以及如果一反应物数量很大,则它的量的出超就能补偿其亲合性的弱小。“在所有由有择亲合性造成的化合与分解反应中,均在两种相互作用的物体之间产生结合基或结合体的配分;这种配分之比例的确定,不单取决于亲合能的差异,而且还取决于物体的量之差异;由此,亲合性弱些的物体之量的出超就补偿了其亲合性的弱小。”(同上,pp. 4f.)他举氧化钡和钾的情形作为例子。两者相互作用产生苛性钾碱和硫酸钡,这变化曾被认为如此便已完成。但是,他表明,这反应是可逆的,苛性钾碱和硫酸钡能反应生成硫酸钾。同样,惯常认为,碳酸钾被石灰完全苛化;但是,贝尔托莱表明,这反应是可逆的,因为,他通过钾碱和碳酸钙相互作用而获得碳酸钾。他写道:“显然,据认为同酸形成最强化合的那些碱类可能为其他据认为亲合性较弱的碱类所离析,而酸在两种碱之间分配。还可看到,酸可能被其他据认为亲合性较弱的酸所部分地同其碱离析;这时,碱在这两种酸之间分配”(同上,p. 11)。

380

李希特

耶雷米亚·本亚明·李希特(1762—1807)进行过一些重要的定量化学研究工作。我们对他知道得很少,只知道他出生于西里西亚的希尔施贝格,在布雷斯劳矿场当过化学师,后来在柏林的瓷器工厂任化学师。他发明了**化学计量学**这个术语,用来命名化学专门关于反应物质间定量化学关系的分支。他特别研究了酸和碱间的反应比例。尽管他摆脱不了下述虚幻观念,但他还是发现了一条化学基本定律。这个观念认为,碱类的重量形成一算术级数,酸类的重量形成一几何级数。

在李希特之前,人们对这个问题已有所认识。卡文迪什(*Phil. Trans.*,1767,p. 102)已说过,饱和等量的一种给定酸的"固定碱"(钾碱)和"钙土"(石灰)的重量彼此等当,并观测到(*Phil.Trans.*,1788,p. 178),饱和等量钾碱的相等**重量**硝酸和硫酸也分解等量的大理石。柏格曼注意到,当一种金属在另一种金属作用下,从它的一种盐的一种中性溶液沉淀时,所生成的溶液仍旧是中性的;拉瓦锡力主,应当对复分解情形作定量研究,以弄清楚在这两种酸之间交换碱的过程中,有没有出现多余的酸。

李希特把他的研究成果发表在《化学计量学或化学元素测量技术初阶》(*Anfängsgründe der Sföchyometrie oder Messkunst chemischer Elemente*)(1792—1794)和《论化学的新对象》(*Ueber die neueren Gegenstände der Chemie*)(1791—1802)之中。他从自己的发现看出:两种中性盐在复分解时生成中性的化合

物——所谓的中和定律。[①] 他由此得出结论：这些盐的组分之间必定存在固定的定量关系。他写道："当两种中性溶液相混合，并随后发生分解时，新的产物几乎毫无例外地也是中性的"；后来又写道："因此，这些元素之间必定有某个固定的质量比"(*Sföchyometrie*，I，24；这一节译载于 R. Angus Smith：*Memoir of John Dalton*，等等，1856，p. 190)。李希特文笔晦涩，试图用数学方式表达他的思想；他撰著时，时而用燃素说的语言，时而用氧理论的语言；但他很明白，如果他知道了原始化合物中酸和碱的比例，那么，他也就知道了它们在结局化合物的比例。所以，他测定了彼此中和的各种酸和碱的数量，**由此分别给每种酸和每种碱编制了表**。然而，他很清楚，中和一固定重量的一种酸的那些各种重量碱也中和另一固定重量的第二种酸，他并利用这条原理来检验他的一些结果。而且，他还确证了，中和一固定重量的硫酸、氢氯酸或硝酸的碱类或碱土金属间总是成一固定比；他的这些数字可表成如第 437 页所示(参见 I. Freund：*The Study of Chemical Composition*，Cambridge，1904，p. 175)。李希特的数字远不是正确的，人们指责他曾改动它们以适合他的理论；但

381

① 卡尔·弗里德里希·温策尔在他的《物体亲合性学说》(*Lehre von der Verwandtschaft der Körper*)(德累斯顿，1777 年)中发表了关于这个问题的一些研究结果，但是，它们被作了错误的解释。例如，温策尔发现，在硫酸铜和醋酸铅间的反应中，中性并未保持；醋酸铅中的醋酸不足以同硫酸铜中的铜反应；一百二十四份铜中，有九份半仍未溶解。然而，柏尔采留斯后来(1819 年)却把中和定律的发现归功于温策尔，尽管温策尔实际上相信事情恰恰相反。这个错误直到 1850 年之后才得到纠正。然而，值得指出，温策尔在这项研究中发现，化学反应的速率同反应物质的浓度成正比，这条原理后来在化学动力学中起重大作用。

是，这里重要的是，他清楚地看到，如此表所示，碱类数量间应成一固定比。此外，既然柏格曼观测到中和定律在下述场合也成立：一金属在另一金属的作用下，从它的一种盐的一种中性溶液中沉淀，所以，李希特表明，只要测定金属彼此从它们的盐溶液中沉淀的数量，就可计算氧在这些金属的氧化物中的比例。

尽管李希特的文笔晦涩，可他十分清楚地表明，在一种化学反应中等当的两种物质重量，在其他化学反应中也等当。不过，要等到费舍才把这些数据汇编成一张广包的表。

382

	1000 硫　酸	1000 氢氯酸	1000 硝　酸
钾　碱	1606 $\frac{1606}{1218}=1.318$	2239 $\frac{2239}{1699}=1.318$	1143 $\frac{1143}{867}=1.318$
钠　碱	1218 $\frac{1218}{638}=1.909$	1699 $\frac{1699}{889}=1.911$	867 $\frac{867}{453}=1.914$
挥发性碱	638 $\frac{638}{2224}=0.287$	889 $\frac{889}{3099}=0.287$	453 $\frac{453}{1581}=0.287$
氧化钡	2224 $\frac{2224}{796}=2.795$	3099 $\frac{3099}{1107}=2.800$	1581 $\frac{1581}{565}=2.799$
石　灰	796 $\frac{796}{616}=1.292$	1107 $\frac{1107}{858}=1.290$	565 $\frac{565}{438}=1.290$
镁　氧	616 $\frac{616}{526}=1.171$	858 $\frac{858}{734}=1.169$	438 $\frac{438}{374}=1.171$
矾　土	526	734	374

费舍

E.G.费舍在把C.L.贝尔托莱的《亲合性规律研究》(*Recherches sur les Lois de l'Affinité*)译成德文(*Über die Gesetze der Verwandtschaft in der Chemie*,Berlin,1802)时,把李希特的诸表结合成一张表。费舍写道:"李希特不厌其烦地从实验和计算两方面探究每种酸同碱的关系,并把结果表达成表的形式。他似乎忽视了这样的事实:他的全部表可以归结一个表,其21个数字分成两列。我根据他的最新数据进行计算,得出下列的表:

碱		酸	
矾　土	525	氢氟酸	427
镁　氧	615	碳　酸	577
氨	672	癸二酸	706
石　灰	793	盐　酸	712
钠　碱	859	草　酸	755
氧化锶	1329	磷　酸	979
钾　碱	1605	甲　酸	988
氧化钡	2222	硫　酸	1000
		琥珀酸	1209
		硝　酸	1405
		醋　酸	1480
		柠檬酸	1583
		酒石酸	1694

383

"这张表的意义是,如果从一列取出一种物质,比如第一列中的钾碱,相应的数字为1605,那么,另一列的数字便表示每种酸为中和这些 1605 份钾碱所需数量；在此例中，将需要 427 份氢氟酸，577 份碳酸，等等。如果从第二列中取一种物质，则第一列将用来确定为中和它需要多少一种碱土或一种碱。”

实质上，这是第一张化学当量表，尽管它们不是这样称呼；它体现了互比定律，虽然这名称只是后来才使用。因此，李希特发现和正确解释了复分解中的中和现象，确定了许多酸和碱的当量，并（通过费舍的计算）发现了一条定量的化学基本定律。他的结果为贝尔托莱所接受，贝尔托莱早期关于亲合性的观念表达在他的《亲合性规律研究》之中，这在本章前面已讨论过；不过，只是经过贝尔托莱的后来一部书即《化学静力学概论》（*Essai de Statique Chimique*）（1803 年），李希特的工作才更加广为人知。这部著作中讨论了以往被忽略的李希特的研究成果。

五、化学命名法的改革

拉瓦锡发起了化学理论的变革。与此同时，几乎必然地发生了化学命名法（名称系）的改革。以往已经出现过这种动向。柏格曼、马凯和博梅都曾竭力呼吁，需要一种统一的命名制；1782 年，居东·德·莫尔沃向巴黎科学院呈交一份建议，提出采用一种新的化学命名制。但是，因为它使用燃素说的语言，而这已是有争议的，所以，它未获普遍批准。然而，现在德·莫尔沃接受了拉瓦锡的观点，跟拉瓦锡、贝尔托莱和富尔克罗等人协同着手修改整个化学命名法。1787 年，他们的命名制以《化学命名方法》（*Méthode de Nomenclature Chimique*）为题发表（巴黎，1787 年）（J. St.John

384

英译,1788 年)。其中所进行的改进,后来被拉瓦锡记叙在他的《初等化学概论》之中,该书初次问世于两年之后的 1789 年。

他们的出发点是:语言是推理艺术所必需的一种分析工具。因此,他们针对三个对象:"构成这门学科的事实系列、回忆这些事实的观念和表达它们的语词。"(英译本,p. 9)

拉瓦锡就他们的工作写道:"必须看到,如果我们或多或少地违反既成的惯例,如果不采取一些乍一听来刺耳而又不合规范的名称,那么,我们本来就不可能对这些各不相同的问题一直研究到现在;但是,我们已经说过,耳朵容易习惯于新的语词,当语词汇总成一个总括的合理体系时,尤为如此。至少那些常用名称,例如**氯化氧锑**、**白降汞**、**崩蚀水**、**盐基性硫酸汞**、**铁丹**和好些其他名称,都相当不调和,无疑也相当怪异;为了记住这些术语所指称的物质,尤其是不忘掉它们所属的化合物种类,必须进行不断的实践和具备良好的记忆力。**钟形酒石油**、**矾油**、**锑脂**、**砷脂**、**锌花**等等术语现在显得更其荒谬可笑,因为它们导致虚妄的观念;更确切地说,因为在矿物界尤其金属矿物界,根本不存在脂、油或花;最后,还因为这些错误名称表达的物质大都是剧毒的。"(英译本,p. 16f.)

因此,这些化学家试图使化学名称合理化,以期一种物质的名称表达其化学本性。他们的工作设想周到,进行顺利。因此,他们所引入的命名制成为今天所用命名制的基础。作为第一步,他们把全部物质分为两类,即元素和化合物。元素包括一切"简单物质,也即迄今化学家还不能分解的物质"(英译本,p. 21)。元素的命名被认为是十分重要的,"因为通过精密分析可还原为其元素的物体的名称,正确地应表达为这些要素名称的结合"(英译本,

p. 21)。按拉瓦锡的建议,曾经以充分理由重新命名为“生命空气”385的“脱燃素空气”现在变为“氧”,后者源出希腊词“酸”和“生成”,因为这要素即生命空气的主要成分的性质是改变许多种物质,同它们化合而呈酸态,或者更确切地说,因为它看来是酸性所必不可少的一个要素(英译本,p. 24)。“可燃空气”变成“氢”,后者源出希腊词“水”和“生成”;实验业已证明,水无非就是用氧饱和的氢(英译本,p. 24)。“燃素化空气”变成“azote”〔氮〕,后者源出希腊词“无生命”,因为它不能维持动物生命(英译本,p. 26)。然而,1790年,查普托尔把“azote”这个名称改成“nitrogen”〔氮〕,因为他认为它是硝石(nitre)的一个组分。1784年,柏格曼把“挥发性硇砂精”改名为氨,这个名称一直沿用至今。

硫保持其名称,它的酸这样命名:“Sulphuric acid〔硫酸〕指硫尽可能地用氧饱和;这化合物以前称为矾酸。Sulphureousacid〔亚硫酸〕指硫同不足量的氧化合;它以前称为亚硫矾酸或燃素化矾酸。”(英译本,p. 29)

此外,“Swlphate〔硫酸盐〕是硫酸生成的一切盐的总称。Sulphite〔亚硫酸盐〕指亚硫酸生成的盐”(英译本,pp. 29—30)。“Sulphuret〔硫化物〕标示一切未进到酸态的硫化合物,正式取代硫肝、肝、黄铁矿等等错误而又荒诞的名称”(英译本,p. 30)。

另一个重要改变可说明如下。“就名称之多样而言,任何物质都不及布莱克博士称之为**固定空气**的那种气体;他同时明确表示保留改名的自由权,他承认这名称使用不当。无疑,各国化学家的分歧使我们得到比较充分的自由权,因为这表明,想望能使他们取得完全一致意见,是顺理成章的;我们已按照我们的原则利用了这自由权。我们已经认识到,固定空气是借助燃烧使**木炭**和生命空气直接化合而产生的。因此,这种气体酸不能再随便命名,而必须从其根基引出,而这根基是纯粹的碳物质;因此,它称为**碳酸**,[①]它和不同碱的化合物称为**碳酸盐**;为了使这根基的命名更加精确,即按一般词义把它同木炭区别开来,以便从思想上去除它一般包含的少量外来物质即灰烬,我们对它使用修改的名称**碳**,表示木炭的纯粹基本要素,其优点是用单一语词表达,避免了歧义。"(英译本,p. 32) 386

"海酸"业已改名为"盐酸",而且按照当时对它同今称氯的物质的关系所持的观点,"盐酸"又称为"脱燃素海酸"。它们现在分别被称为"盐酸"和"用氧饱和的盐酸"。"盐酸"的盐现在称为"盐酸盐","锡脂"于是也就称为"锡的盐酸盐",如此等等。虽然"燃素化空气"当时被称为"azote"〔氮〕,但"硝酸"和"亚硝酸"这两个术语逐渐地被人们接受,作为"硝石"的衍生物。

金属灰显然是衍生物,被称为"oxyds"〔氧化物〕(英译本,p. 40),后来称为"oxides"〔氧化物〕。

于是,二元化合物的名称便由它们的两个构成元素组成。在酸的情形里,"酸"这个总称由一个特定形容词所限定,后者表示这化合物中氧以外的元素,例如硫酸、碳酸、磷酸等等。同时,在这元素即根基可形成两种酸的场合,命名也有区别。在金属灰的场合,类名称"氧化物"后接另一个元素的特定名称,例如 oxide of lead〔铅的氧化物〕,如此等等。

---

① 值得指出,柏格曼早在 1773 年已称它为"气酸",因为它有酸的性质。

盐按它们所由衍生的酸命名，例如硫酸盐；添上盐基的名称，如锌的硫酸盐，便表示一种特定基的盐。

如上所述，柏格曼在 1773 年把“固定空气”称为“气酸”，因为它具有酸的性质。而按照 1787 年引入的这种新的化学命名法，它改名为“碳酸”。

这样，整个命名法就完全改观了。如此引入的命名制后来扩充为现代命名制，但并没有原则性的改变。

（参见　E. von Meyer：*History of Chemistry*，1891，etc；T. M. Lowry：*Historical Introduction to Chemistry*，1915；J. R. Partington：*A Short History of Chemistry*，1948；和 Sir P. J. Hartog：“The Newer Views of Priestley and Lavoisier”，*Annals of Science*，1941，Vol.5，pp. 1—56。）

第十五章　地质学

一、地球成因学

十八世纪里，随着研究地球起源和结构的英国先驱者的有些著作流传到其他国家，人们继续有兴趣在这个领域中进行思索。不过，总的说来，在批判十七世纪各个假说的同时，也在同样程度上仿效它们。

莫罗

意大利人安东·拉扎罗·莫罗（1687—1740）在他的《山上发现的甲壳和其他海洋物体》（*Crostacei e degli altri marini Corpi che si truovano su' Monti*）（威尼斯，1740年）中，批判了伯内特和伍德沃德的观点，提出了他自己的假说。高山上贝壳化石的存在，是不可能用诺亚时期洪水来解释的。这种现象只能诉诸火山作用来解释。例如，埃特纳和维苏威火山在古代的喷发，那不勒斯附近诺奥沃山在1538年突然上升，以及近在1707年希腊群岛中出现了一个新的火山岛。莫罗坚认，地球表面原先是光滑的岩石，上面全部覆盖着不很深的淡水。后来，地下火使地球表面裂解，结果，陆地和山岭升出水面，地球内部的各种物质，如黏土、泥土、砂、沥青、盐、硫等等都排放出来，从而在地球原始岩石表面上又形成了一个新地层。海水的咸味起因于那时盐和沥青排放进了原先覆盖地球的淡水。当地下火又引起这种喷发时，出现了更多的陆地和山岭，排放了更多的物质，于是，在地球表面上又形成了新的地层。各个新地层并不总是同时在整个地球上形成的，而是在漫长年月里的不同时候形成的，因此，埋没在它们里面的物质的种类自然就各不相同。当然，莫罗并不否认诺亚洪水的真实性。相反，像比他年长的同时代人安东尼奥·瓦利斯内里(1661—1730)一样，莫罗在他的《山上发现的海洋物体》(*Dei Corpi marini che sui monti sitrovano*)(威尼斯，1721年)中也力陈，像诺亚时期那样的一次短时洪水并不能解释欧洲相当大地区广布的海相岩层。整个地球必定在一个漫长时期中全为水覆盖。

388

德马耶

伯努瓦·德马耶(1656—1738)是个法国外交官。他对地质学的兴趣看来是为对人权的轻视所激发的，他把这种轻视同那种幻想相比：地球有朝一日将干涸，为火山喷发所焚毁。他那不合正统的观点是通过一个印度哲学家(特里阿梅德)表达的，但这本书直到作者死去后很久才出版：《特里阿梅德或一个印度哲学家同一个法国传教士的谈话》(*Telliamed ou Entretiens d'un Philosophe Indien avec un Missionaire Français*)(阿姆斯特丹，1748年)。按照德马耶的见解，整个地球都是海相沉积。陆地和山岭都由砂和泥等等海洋沉积物组成。最高、最古的山岭在组成上简单而又一致，几乎没有动物生活的踪迹。海洋的下沉使这些山岭的巅部暴露出来；海水的拍打引起它们磨损，这为新的山岭和地层的形成提供了材料，这些山岭和地层中发现了越来越多的化石，它们的排列次序今天还可以从海底相似生物遗骸中看到。这种排列不可能是像《圣经》中记叙的诺亚洪水那样的一次局部和短暂的洪水造成的。使山巅裸露的水面沉降乃蒸发所使然。他估计，蒸发使海面一千年里大约下降三英尺。随着时间的推移，甚至大西洋也将干涸，最终整个地球将像太阳那样突然起燃，耗尽其全部可燃物质，此后，它便重又冷却，成为一个泥质物体。这种燃烧将由大规模火山喷发引起。而按照德马耶的看法，这只不过就是构成地球的沉积物中所包含的有机物的脂肪和油的燃烧。作为自己地球成因学的一部分，德马耶还提出了一种进化观，它认为，一切陆生植物和动物都从相应的海生有机体进化而来，其间在结构和功能上发生了新的生活地所必需的变化。德马耶虽然不因循正统思想，但仍笃信例如有人鱼和美人鱼存在之类迷信。他甚至提出了人鱼和美人鱼转变成真正男人和女人的确切地点即极地。

布丰

布丰伯爵乔治·路易·勒克莱尔（1708—88）在他的《地球学说》（*Théorie de la Terre*）（1749 年，英译本：William Smellie 译，*Natural History*，Vols Ⅰ和Ⅸ，亦见 Barr：*Buffon*，Vols. Ⅰ和Ⅱ，1792 年。）和《自然的时代》（*Époques de la Nature*）（1778 年）中提出了一种地球观，它对十八世纪地质学产生了很大影响。像他之前的笛卡尔和莱布尼茨以及他之后的康德和拉普拉斯一起，布丰也把他关于地球起源的阐释同关于整个太阳系的一种学说联系起

389

图 169—布丰

来。按照这种学说，地球和其他行星原来都是太阳的组成部分，由于一颗彗星的冲击而迸发出来。因此，它们在组成和运动上都同太阳相似。在同母体分离以后，它们炽热而且发光，但逐渐便冷却和暗淡下去，而太阳则继续是白炽的。鉴于地球到处存在大量贝壳化石，布丰深信，海洋必定一度覆盖整个地球，干燥陆地的出现必定是由于地壳断裂，因而大量水消没于如此形成的深渊和洞穴之中所致。

在他的后期著作（*Époques*）中，布丰试图把地球史划分为七个时代。

（1）第一个时代里，像母体太阳那样，地球还是熔融物质，并作为旋转产生的机械结果，而呈扁球形状。它的外表逐渐地冷却和凝固，最终固结到中心。

（2）这种固结是第二个时代的标志。在这个时代，由于地球物质继续不断冷却，地球内部形成中空，表面则形成褶皱，遂成为最早的峡谷和山岭。直至这个时代终结，地球上始终没有水，除了其周围环绕的大气蒸汽之外。

（3）随着地球足够冷却，周围蒸汽能在其表面冷凝，形成全球海洋，第三个时代便开始了。布丰根据可以找到海洋化石的高度进行推断，估算出原始海面高度比现在的海面高度高出九千到一万二千英尺。然而，最初时海洋很热，动物无法生活。只是当后来海水冷却时，才出现了动物。最早的有机体同它们的后继者必定断然不同；只要对从最高山岭上适当采集来的化石进行研究，就可以确定相继物种的历史。侵蚀地壳的水造成黏土沉积；海洋中生命有机体的迅速增加，导致产生包含化石的石灰质沉积。

(4) 当相当数量水消没于冷却着的地球的缝隙中而使地壳的下部暴露出来时，第四个时代便开始了。陆地约有百分之一为植被覆盖。植物大都被卷入地壳的下层，包括其裂缝，成为不久将要 390 出现的火山的燃料。布丰认为，火山喷发是地下电对海洋领域内可燃岩石作用的结果；他还把大峡谷的形成归因于火和水之间这种由火山引起的冲突。

(5) 第五个时代是继第四个火山时代之后的平静时代。象、河马和犀牛等陆生动物现在出现在热带。当时，热带从亚洲广延到欧洲和美洲。

(6) 第六个时代里，东西半球两个大陆分离，格陵兰同欧洲分离，加拿大和纽芬兰同西班牙分离。此外，大西洋中又崛起了新的岛屿。

(7) 第七个时代是人的时代，人致力于控制和改造地球的面貌。然而，布丰对人类在这个星球上的未来没有寄予厚望。他相信，地球将不断冷却，终将冷得任何生物都无法在其上生存。

布丰曾试图估计地球史各个时代的长短。他约略估计第一个时代为 3000 年；第二个时代为 32000 年；第三个时代为 25000 年；第四个时代为 10000 年；第五和第六个时代各为 5000 年；第七个时代初期为 5000 年，将来又有 93000 年，其终结时地球上一切生命均将灭绝。这些高度思辨而又缺乏根据的估计值，由于两个原因而令人感兴趣：(1)它们明确地背弃了当时根据《创世记》推算出的几千年长时间；而甚至更为重要的原因是：(2)布丰试图根据用铸铁球做的实验来估计最初几个时代的长短，这样便率先将实验方法引入了地质学研究。

二、古生物学

十七世纪对所谓“图案化的岩石”所表现的兴趣，到了十八世纪实际上有增无已。一度曾有过一种明显的倾向，认为它们是大自然的玩物，而不是曾经生活过的有机体的化石遗骸。爱德华·391 卢伊德提出了一个机智的(如果不是令人信服的话)折中见解：有些“图案化的岩石”包含海生有机体的遗骸，它们由风雨偶尔通过蒸汽把其胚芽带到岩缝中萌生。瑞士地质学家卡尔·尼古劳斯·朗格在他的《瑞士图案化岩石历史》(*Historia Lapidum Fignratorum Helvetiae*)(威尼斯，1708 年)中支持这种观点。

莱布尼茨

莱布尼茨在他的《原始地神》(*Protogoea*)中对“图案化岩石”的化石性质作了最出色的辩护之一。他在那里揶揄那种声称可以把它们解释为大自然玩物的说法。把这种爱玩耍的习性赋予大自然，只是为了掩盖无知。莱布尼茨用两个论据来反对这样的诘难：这种据说的化石遗骸有些并没有现存生物与之对等。第一，现在尚有许多没有开发过的地区，那里可能发现这种植物和动物。其次，他争辩说，我们倒是可以自然而然地料想，在地球经历许多变迁的过程中,动物外形发生了很多变化,而正因为如此,所以一个地区的各个地层中包含不同种类化石遗骸这一事实,给我们提供了关于它的历史的线索。然而,莱布尼茨的《原始地神》直到1749年才发表,这使它未能及时产生其应有的重大影响。在这期间,其他一些人也产生了助长这一倾向的影响。

朔伊希策尔

如果说《圣经》的信仰有时阻碍真理的进步,那么,它们有时也推进真理。关于瑞士化石的最多产的瑞士著作家约翰·朔伊希策尔(1672—1733)就是这样一个例证。在1702年发表的一部著作中,他还坚持认为,图案化岩石是大自然的玩物。后来,他读了伍德沃德的《地球自然史试论》(*Essay towards a Natural History of the Earth*),结果产生一个强烈的观念:化石可以看做诺亚洪水的证据。因此,他不仅把《试论地球自然史》译成拉丁文,而且还使他自己发表的全部著述都成为"诺亚洪水的证据"。这样,对诺亚洪水的信仰以及维护其真实性的迫切愿望,促使朔伊希策尔(和其他一些人)形成关于"图案化岩石"的正确观念。朔伊希策尔亟望找到证明诺亚洪水的人化石,结果错把一块蝾螈化石当作人化石,让他履行《诺亚洪水证人》(*Homo Diluvii Testis*)(1726年)的职责。朔伊希策尔还不无幽默感。 392

图170—朔伊希策尔

图 171—朔伊希策尔的化石图(1)

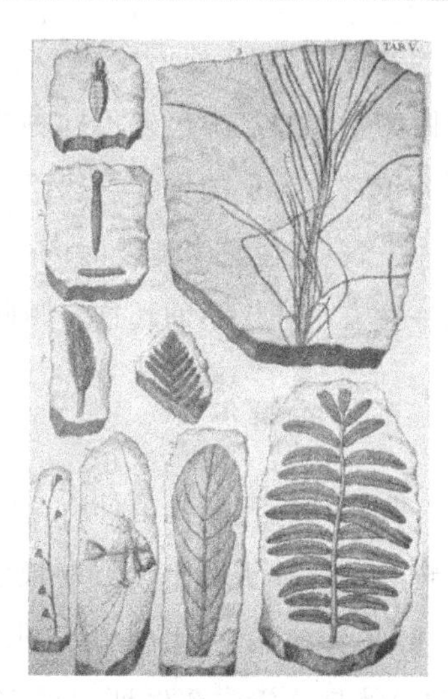

图 172—朔伊希策尔的化石图(2)

在他的《鱼的抱怨和要求》(*Piscium Querelae et Vindiciae*)(1708年)中,鱼化石被描绘为在举行一次会议,抗议带来诺亚洪水从而埋葬这些鱼的邪恶人的后裔的恶毒诽谤。这诽谤就是把鱼化石看做只不过是大自然的玩物而已。鱼化石举出它们的细致解剖结构作为证据,证明它们不可能以机械方式产生,而必须看做为真鱼的遗骸。虽然是无声的物种,但它们足以向不相信的人雄辩地证明了那全球性的诺亚大洪水。朔伊希策尔最重要的著作是他的《诺亚洪水植物标本集》(*Herbarium Diluvianum*)(1709 年),书中描述了许多植物化石等等,并配有大量描绘它们的精美图版。

克诺尔和瓦尔希

十八世纪里对化石作出最完备说明并绘制最精美图解的,当推尼恩贝格的格奥尔格·沃尔夫冈·克诺尔(1705—61)和耶拿的约翰·恩斯特·伊曼努尔，瓦尔希(1725—78)。克诺尔职业是雕刻师，但就爱好而言，则是个博物学家。当他热衷于收集化石并给它们制图时，他已经完成了大量精美版画，给植物学和贝壳学著作做插图，还决定利用大量其他藏品中的化石，撰著一部关于化石的完整论著。他给这部计划中的著作取名为《作为全球大洪水见证的石头》(*Lapides Diluvii Universalis Testes*)，这使人想起朔伊希策尔也亟望为这大洪水提供证据。然而，克诺尔完成这书的第一卷就去世了。不过，他遗留了为其余部分准备的大量材料。瓦尔希是耶拿大学的哲学和诗学教授，也是个热诚的地质学家，撰著过一部关于岩石的书(*Das Steinreich*，1762)。他接受劝说，续写克诺尔的著作。整部论著足有对开四卷，配有大约三百幅图版。它题有上述拉丁文书名，并有一个德文副题，即《证明一次全球洪水的自然珍品集》(*A Collection of Natural Curiosities in Proof of a Universal Flood*)。标志着一项勋业成功完成的第四卷于1778年发表。虽然这部著作倾向于为诺亚洪水教义辩护，但也许在很大程度上正是因为这个缘故，它才对到那时为止已经得到的全部古生物学知识都作了精当而又详尽无遗的介绍。

贝林格

无疑，在十八世纪里，一定程度上藉助于诺亚洪水教义，关于"图案化岩石"的正确概念才得到了普及。但是，对立的观点还没有销声匿迹；理性的工作也需要异想天开的东西来助兴。约翰内斯·巴托洛梅乌斯·贝林格在这方面最令人叫绝。他支持对"图案化岩石"作非化石的解释。他是维尔茨堡大学教授、"图案 393

化岩石”的热心收藏家。他在近邻和别处辛勤收集这种石头,并得到他的学生的帮助。这些聪明的年轻人中,有的大概对这位教授如醉似痴地在石头上寻找“图案”那种迫切心感到好笑,就机灵地制作了一些“图案化岩石”,放在他会发现的地方。星体、希伯来文字母等等图案,这位教授全都当做真的,认真地把它们同真正的“图案化岩石”一起记叙在他的《维尔茨堡平版画》(*Lithographia Würceburgensis*)(1726 年)之中。有的学生看到他很轻信,便更大胆地制作了一块刻上他名字的“图案化岩石”,并像平常一样带他到埋藏它的地方。这一发现终于使他恍然大悟:他当了一个长久骗局的戏弄对象。他弃置了他的《维尔茨堡平版画》,并尽可能多地把书本毁掉。但是,这书在 1767 年又作为珍本重印。它无疑可能成为那些没有批判眼光的科学家的鉴戒。

三、火山地质学

盖塔尔

让·艾蒂安·盖塔尔出生于巴黎附近的埃当普。他早年攻读植物学,同皇家植物园的德朱西厄兄弟结识。后来,他当了医生。奥尔良公爵任用他当医学顾问,还让他掌管自己的自然史藏品。公爵死时,他得到一小笔退职金,遂全身心地致力于他所喜爱的植物学和地质学研究。他注意到,某些植物和某些矿物与岩石相关联,于是,便去研究矿物与岩石的分布以及那些造成地面变化的力。1746 年,盖塔尔向巴黎科学院呈交了《矿物学笔记和地图》

(*Mémoire et Carte Minéralogique*),它可以看做是他在地质勘察上的最早尝试。在书中,他根据他在法国中部和北部所做的观察,描述了这两个地区中岩石和矿物的分布。他提出,矿物和岩石排列成一些以巴黎为中心的"带"。中央是一个呈椭圆形的砂质带,它由砂岩、磨石、石灰石、硬岩石和燧石组成。围着它,是一个泥灰质的带,由硬质泥灰岩和少量化石组成。围着这个带,则是一个生岩带,其中包含各种金属,还有沥青、板岩、硫、花岗岩、大理石、煤和其他化石。这一切资料都标示在一张法国地图上,地图上还表明这三个带为英吉利海峡和多佛海峡所截断。盖塔尔推测,这三个带在海下和英国岸上仍延续。他在乔舒亚·奇尔德里的《培根时代的英国》(*Britannia Baconica*)(1660年)和主勒德·博特的《爱尔兰自然史》(*Ireland's Naturall Historie*)(1652年)中(他读的是法文译本)找到了他的猜测的证据。因此,他继续在英国地图上勘察,但不像在他祖国地图上那样成功。科学院立即宣布,这本《笔记》是"地理学家和博物学家的一个新领域"的开拓者,并为他们缔结了一条新的纽带。盖塔尔继续进行法国地质勘察工作,绘制了十六张地图(但它们不得已由莫内加以完成,因此由他们联名发表)(*Atlas et Description Minéralogiques de la France*,1780)。盖塔尔还是一个勤奋的古生物学家。他大力促进确定"图案化岩石"的真相。他还第一个在昂热的板岩中证认出三叶虫化石;他的名字还被用来命名一类白垩海绵即*Guettardia*。在同样受到他注意的地文地质学领域里,他强调了水在陆地剥蚀成因中的作用以及地下水、地面水和雨水实际所起的作用。然而,盖塔尔的声誉主要在于他认出了法国中部的十六或十七座死火山。他是在《论法

394

国几座曾经是火山的山脉》中论述它们的。这篇论文于1752年在巴黎科学院宣读,1756年发表。当他在为地质勘察搜集材料而旅行时,对阿利埃的穆兰地方的里程碑感到奇怪。它们都是黑色岩石。他认为,它们产自火山。当他听说它们采自沃尔维(Volvic)时,这产地的名字使他更加猜疑,因为 Volvi 像是 *Volcani vicus*(火山村)的缩写。他连忙赶到采石场,发现岩石像是流入这平原的已凝固熔岩流。它绵延约5英里。而且,火山锥和火山口也很容易认出来。于是,他穿过这山区往南到达克莱蒙,登上多姆山(那里以巴斯卡进行过气压实验而闻名)。他举目四望,看到了死火山的锥和口,他还到处发现了大量火山尘埃,证实了他的看法,即这地方的火山性质。这些山脉中,有些山麓处有温泉存在。这使他对自己的揣测确信无疑。十分奇怪的是,当他后来专门研究395 玄武岩时,他竟没有认出它们的火山性质,尽管他注意到它们在火山地区存在。他从未见到过柱状玄武岩。这个偶然因素导致他错误地得出这样的结论:它是"在水流中结晶而形成的一种可玻璃化岩石"(*Memoir on the Basalt of the Ancients and Moderns*, 1770)。由于命运的安排,盖塔尔因此而成为地质学两个相竞争学派,即火成学派(或火成论者)和水成学派之父。关于这两个学派,本书还要谈到。他在奥弗涅山脉发现旧火山,唤起了火成学派;他关于玄武岩的水成观点,则为水成学派的纲领提供了重要基础。

德马雷斯

盖塔尔的工作为比他年轻的同胞尼古拉·德马雷斯(1725—1815)所继续,虽然并非总是充分为后者所认识。德马雷斯祖籍苏莱内，幼年家境贫困，到十五岁时，他还几乎目不识丁。亏得一些教师赏识，他才获得了免费教育，先是在特鲁瓦的奥拉托利会学院，最后是在巴黎。甚至在这以后，他也始终唯知勤勉度日。他的一生是生活俭朴但思想崇高的杰出典范。1752 年，他因一篇关于布丰《地球学说》所提出的一个论题的论文获奖，这论题就是英国和法国是否曾经由陆地相连过。他对这问题作了肯定的回答。他下这个结论，部分地是根据盖塔尔提出的证据，即同一些地质带在这两个国家里和它们间海峡的底上保持连续，部分地还根据一个事实，即英国以前存在过的一些野兽只能来自大陆，那时英国和法国还由一条陆地带相连，后来这陆地带被北海冲掉了。这篇论文使德马雷斯官运亨通。1757 年，他就任政府的一个低级官职，1788 年，晋升到法国工业总监。他以此身份大力推进了法国的经济和工业进步。但是，他为此进行的广泛旅行，却提供他充裕的机会，进行富于成果的地质观察。大革命期间，他曾被囚禁过一个短时期。但是，他安步当车，粗茶淡饭，起居木棚。这些习惯让人一点也看不到贵族派头。同时，他又是难得的经济大才。因此，他得以幸存，并且最后官复原职，直至终老。

在奥弗涅火山地区，像盖塔尔一样，德马雷斯也注意研究玄武岩。在 1763 年初次访问该地时，德马雷斯比盖塔尔幸运，他在旧火山邻近，实际上是沿着整个这熔岩的边沿，观察到了柱状玄武岩。发现地的周围环境使他深信，棱柱状玄武岩是火山产物，它的规则性是火山火焰熔解下面的花岗岩所致。北爱尔兰“巨人堤道”的玄武岩是当时传诵最广的奇观之一，德马雷斯阅读过大量有关材料，还读过有关德国各地类似柱体的材料。德马雷斯从图片判

396

断,“巨人堤道”周围的景观酷似奥弗涅山区;这两个地方的玄武岩柱的刺目颜色和纹理看来完全一样。他下了结论:北爱尔兰海岸以及实际上一切发现有这种玄武岩的地方,必定都是死火山的所在。在连年研究这些问题以后,他认识到,火山作用曾经甚至比盖塔尔所猜想的更为广泛。欧洲大陆有两个广大的旧火山活动区,即(1)东区,从萨克森和波希米亚边境到西里西亚,从弗赖堡到利格尼兹和(2)南区,从科隆附近到拿骚、黑森、达姆施塔特和卡塞尔。德马雷斯把他的部分结论最初发表在1774和1777年的《皇家科学院备忘录》上,但他早在1765年并再次在1771年就已在科学院谈及这个问题。这些报告最重要的部分是论述熔岩沉积的各个主要类型及其相互关系。他在1775年写的一篇论文中,又谈及这个问题,此文在科学院宣读,题为《论根据火山产物确定自然的三个时代,并论这些时代在火山研究中的可能应用》(*On the Determination of Three Epochs of Nature from the Products of Volcanoes, and on the Vse that may be made of these Epochs in the Studyof Volcanoes*)(简写本发表于 *Journal de Physique*, 1779;全文载 *Mém de l'Instit.des Sciences Math.et Phys.*,1806)。第一个(即最近的)时代包含最近的火山熔岩沉积,它们或者还在活动,或者已在最近死灭。它们是带口的火山锥,以及从火山口延伸到周围地区的多皱、黯黑、草木不长的熔岩席。有的地方,火山锥显出摩擦痕迹,火山渣移到了下面,熔岩上已有一些沟槽。这些变化是雨水和融化的雪造成的。有的地方,流水侵袭了熔岩席,开凿出一个峡谷。第二个(较早的)时代包含的熔岩沉积,其带口的火山锥和火山渣都已被冲掉,它们被流水开凿出的峡谷割裂成一块块小台地。第三个即最古老的时代的沉积熔岩处于沉积地层的 397 下面，或者同它们交错成层。这个时代一定持续了很长时间，可以在最早的熔岩上沉积 600 至 900 英尺厚水平沉积层。德马雷斯认为，火山喷发仅仅是大自然经过天气和水进行的连续作用过程中的偶然事件。当时，水成学派和火成学派角逐正酣。如果这些相竞争的倡导者研读过德马雷斯的著作（他毫不理会这整个论争），那他们本来可能不会发生激烈的论战。

这里还必须提到德马雷斯的著名火山地图和著作《自然地理学》（*Physical Geography*）（四卷，1794—1811 年）。

德索絮尔和帕拉斯

日内瓦的奥拉斯·贝内迪克特·德索絮尔（1740—99）把德马雷斯认为玄武岩乃由火山火焰熔解花岗岩而成的观点付诸实验检验。他熔解了瑞士和法国的大量各种不同的花岗岩，但他未能把它们还原为玄武岩。他还做了把花岗岩同黑电气石和各种斑岩化合的实验，但他未能通过熔融它们而得到玄武岩。因此，他得出结论（现在看来是错误的）：玄武岩不是像德马雷斯所认为的那样由熔融产生的。虽然这些实验得到的结果都是否定的，但它们使德索絮尔有权跻身地质学领域最早实验家之列。不过，他的声望并不仅仅维系于此。正是他首先使“地质学”和“地质学家”这两个术语流行开来。此外，主要是他的《阿尔卑斯山游记》（*Voyages dans les Alpes*）（三卷，1779，1786，1796 年），不仅大大激励了登山运动和野外地质考察活动，而且还提供了大量可靠的地质学资料，而赫顿等其他更有创见的地质学家对这些资料作了恰当的解释。由于同样的原因,这里还可以提到彼得·西蒙·帕拉斯(1741—1811)的工作。他祖籍柏林。他对俄国地质学所做的贡献,一如德索絮尔对瑞士地质学所做的工作,而且,他是在极端困难条件下进行工作的。他的研究成果记叙在他的《山脉结构研究》(*Consi deration of the Structure of Mountain-Chains*)(1771年)和《陶里达的物理和地形概况》(*Physical and Topographical Sketches of Taurida*)(1794年)之中,这两本书均由圣彼得堡科学院出版。

米歇尔

我们现在可以从火山研究转到略述一下地震研究。1750年 398 袭击西欧各国的一系列地震在整个欧洲引起很大警觉;1755年接踵而来的灾难性的里斯本地震,使这种警觉变成惊恐。地震这个课题自然引起了学术界的关注,科学学会的出版物大量载文,试图解释这些现象。约翰·米歇尔(1724—93)在1760年呈交皇家学会一篇论文《论地震的成因和现象》(*Essay on the Causes and Phenomena of Earthquakes*)(*Phil.Trans.*,Vol. XLIX),它作出了最宝贵的贡献。他在文中指出,地震通常发生在火山附近,发生在火山喷发的时候。他坚持这样的假说:地震是地下火同大量水突然接触的效应,这时水因而蒸发,以其弹力引起震动。甚至当地下火找到经由火山口的出口时,所产生的扰动也是广泛的;而当这些火无从逸释,其上的山顶崩坍时,扰动自然就远为广泛。降落到火里的山顶空穴中的水立即就蒸发。这样,就在熔融物质和其上岩石之间造成一个空穴,而后者的交替压缩和扩张便造成地面震动。于是,振动波便通过地壳传播,它们的振幅在紧靠扰动源的上方为最大，随着离这源的距离增加而逐渐减小，直至消没。这种地震波的观念是独创的，并启发作者想出一种确定一次地震震源位置的方法。如果通过观察到的一些震波径迹画线，那么，它们的交点当接近所求之震源。他曾尝试用这方法计算里斯本地震的震源，确定它位于大西洋下面深一至二海里、里斯本和波尔图两地纬度之间的地方。尽管存在种种缺陷，米歇尔的这篇论文还是应当看做为科学地震学的肇始。

四、物理地质学

地壳中各主要类型地层的性质、成因和时序的问题，在十七世纪已经引起注意，尤其可以提到斯特诺的小册子(*De solido intra solidum naturaliter contento*，1669；H. O. 英译为 *Prodromus*，…，1671)。这个问题在十八世纪里引起了远为严重的关注，而这在很大程度上是由于布丰的推测激起了广泛的兴趣。总之，这一组问题构成了十八世纪地质学的主题。尽管水成学派和火成学派(或火成论者)间的无谓论争造成了障碍，但朝向这个问题的解决还是取得了相当大进步。进行这项工作的研究者中间，相当一部分人很熟悉矿山，尤其是英国的煤矿。这个世纪初，英国、意大利和德国都进行了对地层分类的值得称道的尝试。 399

斯特雷奇

约翰·斯特雷奇(1671—1743)研究了英国西南部的各种类型地层及其层序。他把研究成果发表于两篇文章和一本书之中。这两篇文章“对在萨默塞特郡门迪普煤矿观察到的地层作了令人啧啧称奇的描述”(*Phil.Trans.*,1719),“对煤矿地层作了解释”,等等(*Phil.Trans.*,1725);那本书的题目则为《各种地层和矿物层等等的观察》(*Observations on the Different Strata of Earths and Minerals,etc.*)(1727 年)。在这些著作中,斯特雷奇正确地描述了从煤到白垩的地层系列的主要门类,注意到这样的事实:煤层是倾斜的,红泥灰岩以上上层地层都是水平的,横穿过煤层边沿。

阿尔杜伊诺

乔瓦尼·阿尔杜伊诺(1713—95),祖籍维罗纳,是威尼斯大学教授,专门研究意大利北部的岩石。他在“两封信”中解释自己所引出的结论。这两封书信是他在 1759 年写给安东尼奥·瓦利斯内里的,1760 年发表于 A.卡洛杰拉的《科学小册子新收获》(*Nuova Raccolta d'Opuscoli scientifici*)之中。这两封“书信”所以值得提及,是因为信中率先把岩石分为**第一类、第二类、第三类和火山类**四类。阿尔杜伊诺归入第一类的是片岩,它们构成山岭的核心,不包含化石。归入第二类的有石灰岩和泥灰岩、黏土和页岩以及其他包含大量海相化石的成层岩。第三类包括比较晚近的石灰岩和泥灰岩、黏土和砂等等,它们由第二类地层剥蚀而产生的物料形成,只包含陆相化石。火山岩构成一个单独的类或亚类,由火山喷发和洪水泛滥造成的熔岩和凝灰岩组成。

勒曼

约翰·戈特洛布·勒曼(卒于 1767 年)约在同时倡言一种有

些相似的地层分类法。他是柏林大学教授,后来是圣彼得堡大学 400
的教授。他精心研究了哈尔茨山脉和埃尔茨山脉的岩石,在他的《论弗洛茨山脉的历史》(*Essay on the History of Flötzgebirge*)(或成层岩)(柏林,1756 年)中发表了对这些岩石的说明。他把岩石分为三类,第一类是最古老的岩石或山脉,它们向下延伸到不知多少深,向上达到最大高度,种类很少变化,垂直或者倾斜,绝无水平的。第二类是成层岩,由水成层沉积形成,地层是水平的,按规则层序排列,纹理最粗的沉积物在底部,最上端是石灰岩。第三类是更晚近的地层,它们是在第一和第二类岩石形成之后,各时期里局域偶然事件所造成的结果。

富克泽尔

我们现在考察的这批十八世纪先驱中,最重要人物也许是勒曼同时代的同胞格奥尔格·克里斯蒂安·富克泽尔(1722—73)。他原籍图林根的伊尔梅瑙,任鲁道尔施塔特亲王的医生。还在当学生时,他就发现了埃尔富特附近马堡的煤层,后来对图林根的地质发生兴趣。1762 年,他发表了一篇拉丁文的长篇论文,题为《地球和海洋史,基于图林根山脉的历史》(*A History of the Earth and the Sea, based on a History of the Mountains of Thüringen*)(*Trans. Elect.* Soc. Mayence. Vol. Ⅱ),1773 年,又用德文发表了《地球和人类最初历史概述》(*A Sketch of the Oldest History of the Earth and Man*)。这篇早期论文包含第一张图林根的详细地质图;它还谨慎地定义了许多地质学术语,例如**地层**、**地层系**(formation)(**山系**)等等。他说的地层系,是指依次相继形成的一些地层，它们在各方面都十分相似，足以代表一个地质年代。他识别出图林根有九个这样的地层系：

（1）最古老的是垂直岩脉系，构成图林根和哈尔茨山脉的顶峰。

（2）按年代顺序的第二个地层系是石炭系。

（3）第三个地层系是带大理岩层的板岩。

（4）第四个地层系为红岩，夹有红色大理岩。

（5）第五个地层系由白岩组成，带有黏土和砂层。

（6）第六个地层系由含金属的地层系或二迭系和含铜板岩组成。

（7）第七个地层系由颗粒石灰岩和白云泥灰岩或蔡希斯坦白云岩。

401 （8）第八个地层系由砂岩系或斑砂岩组成。

（9）第九个也是最晚近的地层系是壳灰岩统或上灰岩统。而且，富克泽尔还仔细观察了各个地层系中发现的各种化石，例如煤中的陆生植物、蔡希斯坦岩中的暧昧石、壳灰岩中的菊石。他还注意到，有些地层系只包含陆相化石，表明了古代陆地，而另一些只包含海相化石，表明了那里以往有海洋。

这样，这些先驱者表明了一门科学地层学的基本原理。但是，由于这样或者那样的原因，他们的著作在此后很长时间里很少或者说根本没有受到注意。因此，他们奠定的基础长期受到忽视。这期间出现了一个比较引人瞩目的地质学派，它主宰了十八世纪的余下时间，大大阻碍了科学的进步，同时也对地质学研究的流行和普及作出很大贡献。这个学派就是“地球构造学”的维尔纳学派，或称水成学派。

维尔纳

亚伯拉罕·戈特洛布·维尔纳（1749—1817）原籍萨克森的威劳，他一度在那里的一家铸工厂掌管一个熔铸车间，但为了到弗赖堡矿业学校上学，便离职而去。后来，他又进了莱比锡大学。1774年，他发表了一本德文小册子《矿物的外部特征》（*The External Charaters of Minerals*），这本书的论述特别讲究方法和条理，给人留下十分良好的印象。1775年，他就任弗赖堡母校的收藏馆馆长和采矿工程学教师，直至终老。他使这所学校成为世界最有名的地质学校，吸引了世界各国的大量学生。他生平著作不多。除了上面提到的那部矿物学论著而外，只有一本题为《各类岩石的简单分类和描述》（*A Brief Classification and Description of the Different Kinds of Rocks*）（德累斯顿，1787年）的小册子、几篇矿物学论文和一本薄薄的书，题为《矿脉起源的新理论》（*A New Theory of the Origin of Mineral Veins*）（1791年；Charles Anderson译，1809年）。然而，他的盛名并不仰赖于其著述。他是个极富魅力的演讲师，他那十足的教条主义促使他的学生热衷于他的观点，他们充当他的地质学信经的门徒和传教士，云游四方。维尔纳观点的完整阐述，只能从他的虔诚门徒的著作中去寻觅，其中尤其是弗朗茨·安布罗斯·罗伊斯、多比索·德瓦赞和罗伯特·詹姆森，后者是爱丁顿大学教授、《地球构造学基础》（*Elements of Geognosy*）（爱丁堡，1808年）的作者。他所以能引起听众的兴趣，不仅因为他对论题的讲述简洁明了、条理清楚，而且还因为

402

他广泛涉猎人类感兴趣的各个领域。尽管他的演讲从矿物开始,但他结束时不停留于矿物,而是纵论矿物分布对民族迁移和特性、对人类生活的工艺美术、对历史、政治和战争,总之,对整个文明的命运的影响。无疑,对地质学研究的流行所作贡献最大的人,莫过于维尔纳。

403 虽然他醉心于演讲中这样驰骋思辨,但维尔纳还是宣称蔑视那些致力于“地球成因学”(即关于地球起源的理论)的思辨地质学家,而正因为这个缘故,他宁可把他的论题称为“地球构造学”,他把它定义为“探索地球构成、各种岩层中矿物的排列以及矿物的相互关系的科学”。他以尊重观察事实,避免一切思辨理论而自豪。然而,他根据自己在萨克森的十分有限经验便作出关于整个地球的一般结论,却又毫不为此感到内疚;像这里将可从他扼述其观点的一段引文可以看到的那样,他仅仅通过强调地断定他的全部假说,便把它们转变成“事实”即确凿的东西。

像他的几个前驱(我们已介绍过他们的观点)一样,维尔纳相信,某些系列、“套”即岩层系规则地重复,每个这样的层系表征了地球史上某个时代。以他在萨克森的观察为指导,他列举出存在依下列时序产生的五个这种层系:

(1) 首先是不包含任何化石的**原生岩**。它们包括花岗岩、片麻岩、云母板岩、绿泥石片岩、原生绿岩和石灰岩、石英岩、蛇纹岩、斑岩、正长岩,等等。

(2) 按年代序,其次是包含化石的**过渡岩**。它们包括云母板岩系、结晶片岩、杂砂岩、过渡绿岩和石膏。

(3) 第三类由沉积岩或**浮岩**组成,包括砂岩、煤、石灰岩、含金属岩、沥青褐煤、壳灰岩、软性岩和白垩、玄武岩、褐煤、黑曜岩、岩盐，等等。

(4) 第四类由**运积岩即导生岩**组成，包括砂、黏土、卵石、石灰华、沥青木、皂石和矾土。

(5) 第五类也是最近的一类是**火山岩**，包括真正的火山岩(即熔岩、火山渣和火山灰、白榴拟灰岩和凝灰岩)和假火山岩(即烧黏土、碧玉、磨石和矿渣)。 404

按照维尔纳对这些各不相同的层系形成方式的解释，海洋起着至高无上的作用。因此，这个地质学派名为水成论。维尔纳认为，地球原先是个完全由海水包围的坚实核心，这海洋的深度至少等于山脉的高度。原生岩石由这大洋所熔解的岩石原料通过化学结晶而形成。过渡岩石中，有些(即板岩和页岩)由化学沉淀形成，其余的(例如杂砂岩)均由机械沉积生成。平静期和扰动期相互交替，海水时而消退而产生新大陆，时而泛滥而淹没现存陆地。这样，就生成了浮岩。运积岩或导生岩层系产生的条件与此相似。按照维尔纳的看法，火山岩最后出现。维尔纳认为，地球没有内部火或别的内部能量积储。因此，他只能把火山岩看做是晚近的偶然产物，并按旧的观点解释其原因。这种旧观点是说，火山岩乃因地壳中积聚的煤燃烧而产生，它们在海洋造成那四个主要地层系之后过了很久才问世。尽管德马雷斯含辛茹苦得来的证据恰恰反对这种观点，但维尔纳仍然倡言这样的观点：玄武岩不是火山的产物，而是水成的，像盖塔尔坚认的那样。

维尔纳的岩石分类法有条有理而又简洁明了，投人所好。任何人在他指导下考察了萨克森的一个矿山，也就能对地壳其余部分的矿山了如指掌。而成因解释甚至更加简单。一切基本类型岩石无非不是大洋的化学沉淀，就是其机械沉积。水能否溶解花岗岩、金属等等这类物理-化学问题或者按下不提，或者就搪塞过去。这些基本学说是本着一种浅显自信的精神传授的。哪怕它们有些话说不大通，对它们提出疑问，似乎也是无礼的行为。维尔纳的下列一段话或许是令人感兴趣的，它既综述了他的理论，又表现了他那无以复加的自信。

“在重新扼述我们知识的现状时，显而易见的是，我们确凿无疑地知道：浮岩山脉和原生山岭是在覆盖地球的水中相继形成的一系列沉淀和沉积所产生的。我们还可肯定，构成山脉岩床和岩层的矿物都溶解在这遍布全球的洪水之中，并从中沉淀；因此，在原生岩和浮岩山岭岩床中发现的金属和矿物也包含在这遍布全球的溶剂之中，并从中沉淀而形成。我们还进一步断定，不同时期从中形成不同的矿物，时而形成泥土矿物，时而形成金属矿物，时而形成其他矿物。我们根据这些矿物上下重叠的位置，还知道如何以极其高的精确度确定，哪些矿物是最古老的沉淀物，哪些是最晚近的。我们还深信，地球的坚实质体是相继（以湿汽方式）形成的一系列沉淀所产生的；如此积聚起来的矿物的压力在全球不是到处相同的；由于这种压力差别和其他一些共同起作用的原因，地球物质、主要是地面上最高部分产生了裂缝。我们还相信，遍布全球的水之中的沉淀物必定进入水所覆盖的袒露裂隙之中。并且，我们现在确然知道，矿脉带有在不同时期里形成的裂隙的一切标志；由于那些导致矿脉形成的原因，矿脉物质的质地同山岭岩床和岩层绝对相同，这些物质的质地仅因它们出现的空腔的地点不同而异。事实上，那个大储存器（容纳遍布全球的水的那个大空腔）中包含的溶液必然要经历各种运动，而其局限在缝隙中的那部分则未受扰动，而以平静状态沉积其沉淀物”（*Theory of Mineral Veins*，英译本，第 110 页）。

在维尔纳及其门徒高擎水成论大旗胜利前进的同时，不列颠群岛却在默默无闻地进行细致的地质学研究工作，旨在消除弗赖堡学派造成的危害，把地质学引向一条更加科学的通路。这个抵抗运动的领袖是赫顿。赫顿表明，地下热源是实际存在的，参与造成地壳的某些地层系。因此，这个地质学派用上了火成论（Vulcanism 或 Plutonism）的名称，恰同维尔纳学派的水成论成为对比。

405

赫顿

詹姆斯·赫顿（1726—97）出生于爱丁堡，上过当地的中学。他 17 岁时跟一个律师当学徒，但不久就为了攻读医学而离去，先是在他家乡的大学，然后在巴黎，最后在莱登，1749 年从那里毕业，成为医学博士。但是，他从未行过医。他一度进行各种化学实验，包括硇砂的实验。他最后从硇砂的制造中挣得足够收入，从而得以从事那些他的名望所系的无利可图的地质学研究。1752 年，他去到诺福克的一个农场研究农业，从 1754 到 1768 年，他经营自己在贝里克郡的农场；但后来他又离开那里，到爱丁堡定居。他在这里结交了约瑟夫·布莱克、约翰·普莱费尔（数学教授）以及詹姆斯·霍尔，全身心地致力于自己的研究。这些研究绝不局限于地质学。在他那经典的《地球理论》（*Theory of the Earth*）问世之前，他已经发表了关于物理学和形而上学的论著。虽然他对地质学的兴趣已有很多年,但他直到1785年才撰写这门学问的著作。在这之前,他已到苏格兰、英格兰、威尔士和欧洲大陆进行过地质旅行,实际上已构思了他的地球理论,并口头告诉过他的朋友。那年,他接受劝说,向当时新建立的爱丁堡皇家学会报告工作。他呈交了两篇论文,发表于该学会《学报》第一卷,题为《地球理论;或地球陆地的组成、离解和复原的可观察规律的研究》(*Theory of the Earth;or an Investigation of the Laws observable in the Composition,Dissolution,and Restoration of Land upon the Globe*)。这理论似乎没有引起多大注意。但是,1793年,后来的爱尔兰皇家科学院院长理查德·柯万(1733—1812)相当激烈地抨击了它。于是,赫顿致力于把他的理论搞得更精致,并提供更充分的证据支持它。其结果便是1795年出版的两卷本《地球理论,附证明和插图》(*Theory of the Earth,with Proofs and Illustrations*)。计划的第三卷共有六章,于1899年由伦敦地质学会出版。

赫顿深入思考了科学方法的问题,发表了一部关于知识问题的多卷著作(*An Investigation of the Principles of Knowledge,and of the Progress of Reason from Sense to Science and philosophy*,3Vols.,4,1794)。因此,他进行研究的方法不是随意的,也不是不自觉的,而是经过深思熟虑选定的。这些方法主要可以说是自然主义的方法。地球的既往史必须根据那些现在仍可观察到的或者晚近观察到的自然作用来解释,而不能诉诸任何超自然原因的作用。不管怎样,在科学中,自然现象必须被看做为形成一个不受超自然干预的自成一体的体系(*Theory of the Earth*,Vol. Ⅱ,p. 547)。

406

像前人一样，赫顿也观察到，土壤覆盖下的岩石通常由按一定顺序排列的并行岩层组成，虽然各岩层在组成上不同，但它们看来全都由更古老岩石的碎屑组成。并且，在海洋的下面，可以形成完全一样的岩层。因此，看来像我们现在所知道的那样，陆地大都可能是由以往存在的陆地的碎屑组成，像沉积物那样水平地展布在海底上，变为坚实的岩石。因此，我们有理由设想，地球一度为水的海洋所包围，而在海底，原生岩石核心的碎屑密集而成为坚实的岩层。但是，赫顿不认为，仅仅压力就能解释软性沉积物之固结为坚实岩石。他坚持认为，固结需要地下热的作用，但他也认识到，热对岩石的通常效应要受它们所承受的压力作用影响。他的观点似乎为斯特诺早已注意到的一个事实所证实，即陆地岩层往往偏离它的作为海相沉积物所应处的水平位置，而且所处位置极不规则——倾斜、折叠、扭弯、断裂，沿垂直位置则端末都截平。像他所指出的，偶尔还发现紧密并列的岩层，它们通常离得很远，分属迥然不同的岩层系。按照赫顿的意见，这些都只能用地球内部蓄积的热所引起的灾变来解释，这种灾变为受热作用的物质产生的抵抗所缓和，结果，在地壳中产生了形形色色的扭曲和不规则性。赫顿认为，火山是地球的通气孔和安全阀，地球的内热不时通过它逸出，从而“防止陆地不必要地升高以及地震的毁灭性后果”（*Theory*，Vol. Ⅰ，p. 146）。

于是，赫顿形成了这样的观念：地球内部可能包含“一种流动物质，它被热的作用熔融，但不发生变化”；他进而还解释了其他各种地质现象。为此，他假设，这种熔融的物质有一部分被从地球内部挤入地壳，从下面侵入各种地层。赫顿认为，粗玄岩（包含颇多

407 争议的玄武岩)、斑岩和花岗岩就是这种侵入岩。因此,他提出,花岗岩和粗玄岩的岩脉是火成物质从下面外流的结果,而不是在上面的海洋沉淀所形成。

赫顿明确认为,玄武岩起源于火山。他首先解释了玄武岩(和类似岩石)同普通熔岩流之间的差异。玄武岩所以具有结晶结构,是因为组成它的熔岩没有到达地球表面,而是留在地下,并在上面岩石的巨大压力下固结。溢出地面的熔岩没有受到这种压力,因此,具有囊状结构。赫顿的假说后来由詹姆斯·霍尔爵士用实验加以证实。

虽然赫顿是个火成论者,但现在应当可以明白,他并不否认像热一样,水在地质演变这场戏剧中也扮演着重要角色。相反,他对地面在水以及空气和热的作用下不断变化的方式作了精彩的描述,给人留下深刻印象。大气的风化作用和化学剥蚀作用使岩石分解;雨和流水把岩屑冲入海洋或其他储水的场所,岩屑在那里蓄积起来,形成新的岩层,它们在适当时候由于某种内部灾变而隆起。这样,旧的陆地被冲掉,新的陆地崛起;这种变化现在仍缓慢但不停地继续进行;“没有显现出开端的踪迹,也望不到终结的尽头”。

就自然地理学而言,特别令人感兴趣的是赫顿关于流水刻蚀地面的思想。这个思想的最精彩表述见诸普莱费尔的《赫顿理论例话》(*Illustrations of the Huttonian Theory*),其中的有关段落录引在第 488—489 页上。

普莱费尔

赫顿的文字表达能力很差。因此,要不是他的朋友普莱费尔的帮助，他的思想的传播本来还要大大延迟。普莱费尔的《赫顿理论例话》(1802 年)竭力把赫顿的思想表达得通俗易懂而又生动有趣。然而，他在书中也贡献了自己的思想。其中最有独创性的，是他认识到冰川的地质学功能。他指出："无疑，大自然用以搬移巨大石块的最强大动力是冰川，即那些在阿尔卑斯山脉和其他一等山脉的极深峡谷里形成的冰河或冰湖"(*Illustrations*，p. 388)。地质学家和其他人长久以来已对巨大漂砾怎么会令人难以料想地搬移到阿尔卑斯山脉的山坡和平地的问题，感到困惑不解；但是，在普莱费尔想到以往和现在冰川这种潜在可能性之前，人们一直提不出说得通的解释。他还给欧洲陆地高度升降不居找到了最充分证据，并表明了，苏格兰海岸某些浅滩的升高，必定是因陆地高度上升所致，而不是海面下降的缘故。408

霍尔

赫顿另一个朋友詹姆斯·霍尔(1762—1831)的工作，对于地质学的进步和火成论之战胜水成论，甚至具有更为重要的意义。我们可以言之有理地把霍尔说成是实验地质学之父。诚然，以往已有人做过一些这种实验。我们前面已经提到过布丰和德索絮尔的实验。然而，霍尔的实验远为广泛和带有系统性，并且在进行实验时，他还具有远为深刻的洞察力。赫顿本人并不十分推重实验，因为他不信任那些"推理能力差的人"，他们"拿着一支烛炬，往一只小坩埚底下瞧瞧，凭此就给矿物界的大规模作用下判断"(*Theory*，Vol. Ⅰ，p. 251)。当人们重提德索絮尔根据不充足的实验推断，玄武岩不可能由熔融而成时，赫顿表示疑虑，看来不无道理。

但是,霍尔具有与众不同的能耐。他从布莱克和赫顿那里了解到诸如物体加热时压力变化或者冷却时冷却速度变化等因素的潜在重要性。以这种思想为指导进行的实验,自然比早先那些零散而又相当粗糙的实验更有其价值,结果也更其确定。

霍尔的主要实验结果驳倒了维尔纳派水成论对赫顿火成论所提出的诘难。这种反对意见主要有以下两点。

409 (1) 首先,它反驳赫顿的火成论说,花岗岩和粗玄岩之类结晶质岩不可能由熔融的岩浆形成,而只能由海洋沉淀形成,因为如果这种熔融物质冷却,则它将成为玻璃质的和无定形的,而不是结晶质的。

(2) 其次,它反对说,石灰岩不可能由熔融态的类似物质形成,因为当这样加热时,一切碳酸均将变为游离的而逸散,其结果将生成生石灰,而不是石灰岩。

霍尔用实验否证了上述第一个论据。他表明,采自维苏威和埃特纳的粗玄岩和熔岩样品可加热使之熔化,然后,可让其冷却,于是,它们便变成玻璃质岩或结晶质岩,视让熔融岩浆迅速还是缓慢冷却而定。他在这些实验中应用了一家铁工厂的反射炉。不过,这实验是利思玻璃厂的一次事故提示他做的。让一定量绿玻璃缓慢冷却,结果它失去玻璃特性,成为不透明的和结晶质的;但当其中一部分重新熔融并使之迅速冷却时,它便又呈玻璃性质。这样,他就做了大量实验,研究冷却速率变化的效应,证实了赫顿关于结晶质岩石是火成岩的观点,否证了水成论的主张即结晶质岩必定起源于水。这些实验还附带也解释了赫顿所注意到的下述两种熔岩间的差异。从一条冷裂缝中升起的熔岩，在敞露的表面处迅速冷却，成为玻璃质的；内部的熔岩则缓慢冷却，变成结晶质的。

同样，第二条反对意见也用适当的实验加以反驳。他把一些粉末状石灰岩放进瓷管、枪筒和由实心铁钻孔而成的管子，仔细把它们密封，然后，让它们经受当时所能得到的最高温度。在被限制的超温加热的空气的巨大压力作用下，石灰岩熔化而又未失去它的碳酸，貌似大理岩。

霍尔做了数百次实验来支持赫顿的理论。这里必须再引述一个实验，他用它表明，一个盛有海水的铁容器底部的砂，只要把它们加热到赤热即可使之变成坚实的砂岩。

霍尔对他的实验的说明载于1790年起的爱丁堡皇家学会《学报》(Vols.Ⅲ—Ⅶ等等)。他一度是这学会的会长。

当然，十八世纪还有许多别的地质学家。然而，他们的工作虽然不无重要之处，但在一部科学通史上没有必要加以叙述。十八世纪末年，还有一些人做了初步的研究工作，他们终将扬名科学史，不过，他们的劳动只是到十九世纪初年才结出硕果而闻名于世。因此，他们理应属于十九世纪。

(参见　A. Geikie：*Founders of Geology*，第2版，1905；K. A. von Zittel：*History of Geology and Palaeontology*，1901；F. D. Adams：*The Birth and Development of the Geological Sciences*，Baltimore and London，1938；K. F. Mather and S. L. Mason：*A Source Book in Geology*，New York and London，1939。)

第十六章　地理学

地理学主要是一门描述地球表面的学问；但它也力图对它所描述的大量各不相同现象作出科学的解释。它的描述当然依靠探险、勘测和地图绘制艺术；它在科学解释上的成功则仰赖各门其他科学的成就，尤其是天文学、气象学、地质学甚至还有人类学。因此，地理学虽不能说是混杂的，但也具有复合性，在论述时需要参照本书的一些其他章节。

十八世纪在促进地理科学发展上的主要贡献有四个方面。(1)到地球上各个未知的或知之不多的部分探险；(2)对地球精确测量作出的若干重要贡献；(3)制图学上的若干显著改良；和(4)根据当时最先进的地质学和气象学思想，建立自然地理学的全面尝试。因此，以下将按探险、大地测量学、制图学和自然地理学四个标题来对十八世纪地理学作一简明介绍。

一、探险

十八世纪里，太平洋的探险和它南部那神秘的澳大利亚陆地的探寻，仍在活跃地继续进行。十八世纪初，法国探险家获得了有关合恩角的位置和海岸线以及南美洲西海岸的比较精确的知识。

探险家 L.布维在 1739 年发现了现在以他命名的那个南方岛屿，但他错把它当做一个沿一条延长海岸线的角，称它为“环割角”。后来，Y.J.德·克尔盖伦-特雷马雷克在 1771 年发现一个岛(今称克尔盖伦)时，也犯了类似的错误。荷兰人在这期间继续他们从上一世纪开始的、在澳大利亚海岸和周围海洋的探险。M.范·德尔夫特在 1707 年访问了梅尔维尔岛；J.罗格费恩在 1722 年发现了复活节岛，从那里取道低群岛、萨摩亚群岛和新不列颠回到巴塔维亚。俄国人在把西伯利亚开拓为殖民地和征服堪察加之后，到东北亚海岸探险，荷兰航海家在十七世纪已经到达过那里。十八世纪上半期，一系列俄国探险队来到千岛群岛和耶佐[①]，而在 1728 年，V.白令从堪察加出发，去探寻亚洲和美洲的接合部，但他到达北纬 67°18′以后就折返了。后来在 1741 年的一次航行中，白令抵达北美阿拉斯加今圣埃利亚斯山的地方。他沿着阿拉斯加半岛海岸航行，但在到达现在称为白令岛的地方便死了，他的船员历尽千辛万苦之后，从那里回到了堪察加。这支探险队的另一名成员 A.切里科夫在同白令分手后，也抵达美洲海岸，向南一直航行到北纬 58°。在返回堪察加的途中，切里科夫发现了阿留申群岛的几个岛屿。十八世纪下半期，由于俄国人从西部渗透，北美的西班牙人在这种干扰下便力图扩展在太平洋沿岸的资源勘探。1770 年发现了蒙特里，J.佩雷斯(1774 年)和埃塞塔与夸德拉(1775 年)等人率队从那里出发进行探险，其结果是在地图上部分地标绘了夏洛特皇后群岛，以及到达了哥伦比亚河。1764 年，J.拜伦在为英国攻

411

① 即日本的北海道。——译者

占福克兰群岛以后回国的航途中，发现了几个岛屿。拜伦返抵后，S.沃利斯和P.卡特雷特旋即出发去太平洋。沃利斯发现了塔希提；卡特雷特考察了圣克鲁斯群岛，航抵东印度群岛[①]。饱经风霜的法国殖民者路易-安托万·德布甘维尔从1766开始进行了一次周游世界的航行，他的航线与沃利斯等人有些相近，途中考察了塔希提、萨摩亚群岛、新赫布里底群岛、卢伊西亚德群岛乃至新几内亚。詹姆斯·库克船长(1728—79)的历史性航行使这一切先驱性的探险达于最高潮。

1768年，当库克受命于皇家学会，率领一支探险队去观测金星凌日时，他已经在勘察加拿大东海岸。库克原打算一俟凌日过去，马上就扬帆南航到纬度40°去探寻一个南方陆地，然后(如果他还幸存)，向西朝新西兰远航，打算仔细测定新西兰的位置，在它沿岸探险。1768年8月，库克出发绕过合恩角进入太平洋，横渡太平洋到社会群岛，在那里成功地观测了大星凌日。然后，他向新西兰进发，环航了这两个群岛，证明它们都是岛屿；但是，他因感到船在高的南纬度航行风险很大而踌躇不前。因此，在探察和吞并了澳大利亚东岸之后，他便取道东印度群岛返航，于1771年7月返抵祖国。库克的第二次航行结束了关于一块南方陆地是否存在的众说纷纭状况。他下令航抵好望角，从那里(如果他能找到的话)去布维发现的那块陆地，即布维所称的“环割角”；确定它究竟是一块陆地还是一个岛；如果是陆地，在那里探险；如果是岛，就进行勘测；接着南航，再向东尽可能靠近南极地绕过地球，去探寻这

412

① 今称马来群岛或南洋群岛。——译者

陆地，从而也就访问了这个角。库克于1772年7月率两艘船启航。他搜寻了六个星期，在北极圈里穿行，没有找到布维的陆地。尔后，他向东航抵新西兰。在随后巡行太平洋的航程中，他抵达南纬71°10′，他认为，再往前航行是危险的，失诸鲁莽，因为有冰。"实际上，我和船上大部分人都认为，这冰一直延伸到南极，或许同某块它亘古就维系于其的陆地相联；我们发现，向北面上下散布的冰最初全都是在这里即这纬圈的南面形成的，后来由于大风吹刮或其他原因而断裂，又被水流带到北面，这些水流现在也总是可看到在高纬度沿此方向流动。当我们驶近这冰时，可以听到企鹅的叫声，但看不到它们的身影；不过，还有少量其他鸟或者别的东西，它们能致使我们想到近处有陆地。然而，我认为，这冰后面的南方一定有块陆地；但如果有的话，它不可能为鸟或任何别的动物提供比冰本身更好的栖息地，而它必定完全为冰所覆盖"（库克的*Voyages*，1821，Vol.Ⅲ，p. 270）。在再次访问新西兰之后，库克横渡太平洋，通过合恩角，再穿过南大西洋，于1775年返回英国。他写道："我现在从高纬度巡行南洋，穿越时尽可能不留下可能容存一块陆地的水域，除了南极附近和航行不到的地方而外。……我不否定，南极附近可能有一块陆地或一大片陆地；相反，我认为它是存在的；很可能我们已经看到它的一部分。极度的严寒、众多的岛屿和巨大的浮冰，这一切都倾向证明，南面一定存在陆地；我已提出过理由说明，我为什么认为，这块南方陆地一定位于或延伸到南大西洋和南印度洋对面最南端；我还可以增加一条理由，即在这些海里，我们感到的寒冷程度甚于南太平洋纬度相同的地方"（*Voyages*，Vol.Ⅳ，p. 219）。库克船长的最后一次旅行（1776—

413

1779)是试图发现一条联结大西洋和太平洋的“西北通道”,它使航海家得以直达东印度群岛,无需绕过好望角或穿过麦哲伦海峡。十六世纪末和十七世纪初许多人尝试过发现这样一条通道,均告失败。不过,他们都是从美洲东边寻找。库克吸取教训,从这大陆的西边去探寻。在海外航行中,他考察了克尔盖伦群岛,访问了新西兰、塔希提和桑威奇群岛,最后抵达美洲西岸北纬 44°33′的地方。他沿这海岸上行到阿拉斯加,把威廉王子海峡和今天所称的库克口(Cook Inlet)看做两条可能的通道;然后,他穿过白令海峡,沿阿拉斯加北岸远航抵达冰角(Icy Cape)。在回国途中,库克发现了夏威夷岛,但他不幸在这里被土人杀害(1779 年 2 月 14 日)。

法国探险家 F.G.德·拉彼鲁兹在 1785—1788 年试图继续库克的发现。他绕过合恩角,取道美洲在阿拉斯加的圣埃利亚斯山附近的太平洋沿岸,向南航行到蒙特里,沿途把海岸绘入海图。然后,他横渡到亚洲东岸,沿岸上行途经澳门、菲律宾、福摩萨[①]、琉球群岛、朝鲜海峡、日本海、鞑靼湾,穿过萨哈林和耶佐间今仍称拉彼鲁兹的那个海峡,在通过千岛群岛到堪察加之后,再向南到友爱群岛和澳大利亚的杰克逊(悉尼)港,他在那里发现一个英国殖民地。拉彼鲁兹从这里出发去进一步探险,但是整个探险队都在圣克鲁斯群岛丧生。布律尼·当特雷卡斯托于 1791 年率领一支探险队出发去搜寻拉彼鲁兹。他访问了塔斯马尼亚、新喀里多尼亚以及包括新不列颠在内的其他岛屿,他还把澳大利亚南部海岸和

① 即我国的台湾岛。——译者

新几内亚的大部分海岸都绘入海图，最后他也死于旅途。十八世纪末年，许多商人访问了美洲西北海岸，他们的报道增长了关于世界这一地区的知识。为了证实据认为发现了可能是通过这个大陆的一条通道，也为了解决同西班牙的一场争端，乔治·范科弗船长出发去太平洋海岸，于 1792 年到达那里。他极细致地在海图上绘下了从普吉特海峡到库克口这段海岸。他认为，他已一劳永逸地解决了西北通道的问题。范科弗的同船水手之一 W. R. 布劳顿于 1796—1797 年勘测了日本和千岛群岛之间的亚洲东海岸，并向上航行到鞑靼湾。 414

十六和十七世纪各别旅行家已经开始的南亚腹地的探险，在十八世纪又继续进行。耶稣会传教士继续勘察中国内地。当维尔利用他们搜获的资料绘制了地图（1735 年）。许多传教士在十八世纪初访问了拉萨，其中一个名叫 H. 德西德里的取道拉合尔、斯利那加和列城到达这座禁城，再沿印度河和布拉马普特拉河航行通过西藏，最后经由尼泊尔返回（1716—1721）。S. 范·德·皮泰在 1724 年进行了从波斯取道拉萨到达中国的旅行。十八世纪下半期几个外交使团到达西藏，一般都是经由不丹去到这个国家[①]。詹姆斯·伦内尔对孟加拉作了深入全面的勘察，他的《孟加拉地图册》（*Bengal Atlas*）于 1779 年问世，他的印度斯坦地图到十九世纪才由于进行了勘测印度的工作而被废弃。C. 尼布尔于 1761 年率领一支丹麦探险队到阿拉伯半岛探险，记述了那个地方。1794 年，伍兹到缅甸的伊洛瓦底江探险，一直深入到阿瓦。十八世纪中

① 西藏历来是中国的一个行政区划。——译者

期，俄国探险家到北亚，从阿尔汉格尔向东，从勒拿河口向西，大致完成了对亚洲北极海岸的勘察。梅塞施米特到西伯利亚和中亚部分地区探险，他在1725年顺叶尼塞河面下，后来到达蒙古的达兰诺尔；雷纳特在1716和1733年间也到那里旅行，根据收集到的材料，绘制了一张宝贵的亚洲内地地图。后来，俄国科学院组织对亚洲俄国进行广泛的科学考察，逐渐地增补先驱探险家绘制的地理略图。

非洲是为了系统探险而深入考察的全部大陆中最晚近的一个。詹姆斯·布鲁斯在1768年到阿比西尼亚旅行，继续十六和十七世纪传教士在那里的先驱性探险。他从临红海的马萨瓦出发，到贡德尔和青尼罗河源头；他返回时穿越努比亚沙漠到埃及。在 415 西北海岸地区，英国和法国的探险家继续在冈比亚河和塞内加尔河流域活动。荷兰在1652年建立的那个"殖民角"在十八世纪成为一个基地，从那里去进行沿非洲东南海岸到纳塔尔和迪拉果阿湾的海陆探险。其他探险队的目标是沿西南海岸进入大纳马卡兰，十八世纪中期它们越过奥兰治河以后插进了这个地方。十八世纪末，已经到达了沃尔菲施湾，还相当广泛深入地考察了"殖民角"毗邻的内陆地区。

法国探险家十七世纪在北美开辟了以大湖为中心、密西西比河以东、俄亥俄河和哈得逊湾之间的那个地区。然而，太平洋究竟位于密西西比河以西多远的地方，仍属很大的疑问。西厄尔·德·拉韦朗德里试图到达太平洋。他于1731年从尼皮冈湖出发，到伍兹湖，而他的儿子奋力进到温尼伯湖。后来，拉韦朗德里的两个儿子向西旅行，至少远达落基山脉，但未能抵达太平洋。与此同时，英国殖民者从他们在北美海岸的殖民地出发，继续向内地进发。十八世纪末，英国开拓的地区向西已远达密西西比河，而向北主要由于乔治·克罗根带头，英国殖民者同俄亥俄河对岸的法国殖民者相接触。十八世纪在哈得逊湾邻域的探险，主要在哈得逊湾公司主持下进行，旨在发现通往太平洋的西北通道。米德尔顿从海上探寻这样一条通道，他在1742年发现了索斯安普敦岛以西的韦杰湾和雷普尔西湾；S.赫恩从陆上探寻这条通道，他在1771年从哈得逊湾向西前进，到达科珀曼河，并追溯到它在北极圈的河口。在返途中赫恩发现了大概是大奴湖的地方。A.亨德里开辟了这个地区在哈得逊湾西南的部分，他在1754—1755年间沿海斯河上溯航抵温尼伯湖和穆斯湖，从那里再沿萨斯喀彻温河上行到今卡尔加里附近的红鹿河。加拿大商人不久以后就沿着温尼伯湖、萨斯喀彻温河和阿萨巴斯卡湖这条路线到达大奴湖。A.麦肯齐于1789年从阿萨巴斯卡湖畔的奇普怀安堡出发，顺奴河而下，到达大奴湖，从那里再沿以他命名的那条河航抵这河在北冰洋的三角洲。他沿原路返回时，只花了102天便行过了将近3000英里。1792年，麦肯齐再次从奇普怀安堡出发。他顺皮斯河而下，顺利地利用有陆上运输路线相联的帕斯尼普河、弗雷塞河和贝拉科拉三条河，到达贝拉科拉河口的太平洋，这样他终于横越了北美大陆。 416

占据密西西比河口的法国殖民者在1721年建立了新奥尔良，并北进到密苏里河，但在西部他们同墨西哥的西班牙人发生冲突。十八世纪里，西班牙人在北美探险的主要目标是勘测下加利福尼亚的海岸线，寻找从墨西哥到蒙特里的最佳陆路。方济各会修道士 F.加尔塞斯沿科罗拉多河上溯，对这河的部分流域进行了重要的探险，另外两个修道士 S.V.德·埃斯卡兰特和多明格斯在 1776 年在今犹他州的地方进行探险，他们此行是为了寻找从新墨西哥的圣菲到太平洋海岸的通路，但未获成功。在南美，拉蒙神父在 1744 年到奥里诺科河和里奥内格罗之间的地域探险，这个地区有许多探险队来过，洪堡的探险是最高潮。拉孔达明于 1743 年在对秘鲁作了大地勘测探险之后，顺亚马孙河而下。十八世纪中期，M.费利克斯·德利马和其他葡萄牙旅行家考察了亚马孙河南部各支流，包括瓜波雷河和马德拉河。耶稣会传教士也大力开辟大查科地区，而 F.德·阿萨拉对巴拉圭河和巴拉那河流域进行了长期的很有价值的勘察。

（参见　J. N. L. Baker：*A History of Geographical Discovery and Exploration*，1931。）

二、大地测量学

十八世纪里通过测量子午弧来测定地球大小的所有尝试中，最细致、最精确的是法国在大革命后那几年里进行的。除了纯粹科学的动机之外，这种测定还有其实用的目的，即定义长度的自然标准，把它用作为整个度量衡制的基础。至少从十四世纪开始发展贸易以来，欧洲就感到需要一种统一的米制。形形色色标准的通行，给欺诈和压迫带来很大机会；但是，一切试图取消这种滥用的努力都遭当权者的抵制。因此，法国革命者的首要任务之一是 417 普遍采纳一种**自然的**长度单位，取代各种习惯标准；根据它当可导出体积和重量的单位。早在1670年，加布里埃尔·穆东就已建议采用1′的子午弧及其十进分度作为长度标准(*Observations diametrorum solis et lunae apparentium*，p. 427)。约在同时，惠更斯在他的《摆钟论》(*Horologium Oscillatorium*)(1673年)中建议，用一个秒摆的摆长或此长度的三分之一作为一个适合此目的的单位。这两个建议都是在大革命以后提出的，但人们在那之前很久就已知道，一度子午弧的长度和一个秒摆的摆长当在不同纬度测量时，同样变化甚微。国民议会任命一个委员会负责以所能达到的最高精确度测定这两个长度，委员会成员包括几位最杰出的法国科学家(其中有拉普拉斯、拉格朗日、蒙日和博尔达)。博尔达和卡西尼在巴黎测量秒摆长度所采取的程序在第三章里已说明过。最后决定不采用任何摆的长度作为标准，因为这种长度取决于把时间划分为单位(例如秒)的概念，而这些单位是任意的，不是自然常数。结果改选四分之一地球子午圈的千万分之一作为单位(但这种分数的选择也引入了一个任意的因素)；梅尚和德朗布尔承担尽可能精确地估算这长度的任务，他们测量了从敦刻尔克到巴塞罗那跨度近10°的子午弧，这段子午弧卡西尼·德蒂里和拉卡伊早先已测量过。这子午弧在1806年时向南延伸远达福门特拉岛；因此，这弧中心的纬度应尽可能靠近45°纬圈，一度子午弧的长就是在这纬度上求取的。有两根基线，一根靠近巴黎，另一根靠近佩皮尼昂；它们用铂杆极为仔细地加以测量。铂杆由博尔达监制，其中还包含他在测量他的摆长时所用的那种热膨胀指示装置。这项工作受到大革命时代骚扰的影响，而它需要多年坚持不懈的努力方能完成。这弧的测量涉及勘测和解一百多个三角形。**米**的长度最后于1799年确定为3英尺11.296线(按特瓦兹[①]量度),它标定在一根铂棒上,后者作为长度的最终标准。重量标准用一块铂代表,这铂的重量等于一立方分米(升)纯水在真空中、处于其密度达到最大时的温度的重量(1000克)。后来更加精细的大地测量使人们认识到,四分之一子午圈的法国估计值是有误差的;但是,一般在这类场合还是坚持这公认的标准。德朗伯尔和梅尚得到的这些结果具有特殊的科学意义,因为它们表明,地球不是一个规则的旋转椭球,因此,没有两根四分之一子午圈严格相等。威廉·马奇在1800—1802年间测量从约克郡到怀特岛的子午弧所得的结果也表明了这一结论(*Phil.Trans.*,1803,p. 383ff.)。

(参见 *Base du systéme métrique décimal*,Paris,1806—10。)

三、制图学

兰伯特、欧勒和拉格朗日三人在十八世纪里对制图学的进步作出了重要贡献。这门学科在十八世纪下半期的重大理论发展,同科学发现旅行的组织(例如库克船长的旅行)和比较精确的地形测量相联系。例如,在广泛的精确的大地测量作业的基础上,卡西尼的法国《几何地图》(*carte géométrique*)在1750和1793年间问世。它以184张图刊行,按1∶86400比例绘制,成为其他各国地图的楷模。然而,理论制图学史上的一个新时代开始于兰伯特的《陆地和天空图绘制术述评和增进》(*Anmerkungen und Zusätze*

① 特瓦兹(tois),法国古长度单位,合1.949米。——译者

zur Entwerfung der Land-und Himmelskarten)一书于1772的出版。(见奥斯特瓦尔德的 *Klassiker*,No.54。)

在兰伯特之前,已经有一些人研究了各种特殊类型的投影地图;但是,他第一个制定了作为这个学科基础的各条一般定理,解释了一张地图所应满足的各个要求。在研究这些问题时,兰伯特还发现了几种至今仍在应用的新的投影方法。其中最重要的是正形投影法和等面积(或等积)锥顶投影法。在最后一节里,兰伯特考察了地球的扁球体形状。

几年以后(1777年),欧拉也注意投影地图的问题。他关于这个问题的论著(见奥斯瓦尔德的 *Klassiker*,No.93)远远超出兰伯特的范围,它们构成了拉格朗日和高斯研究一些面在另一些面上保形表示问题的出发点。欧拉的第一篇论文系关于球面在平面上表示的问题。但是,在早期的投影法中,球面上各点按照透视定律投影到平面上,以使在一个位于一定点的观察者看来,它们处于本来应处的位置。欧拉则推广了问题,表明球面上点如何可按任何变换定律表示在一平面上。另外,欧拉还解释了麦卡托投影法的条件,证明一张麦卡托图是正形的,球的面元素变换成了平面上的相似元素,他进一步表明,这样一张图提供给海员的最大便利在于,事实上任何斜驶线(即任何以同一角度截切全部子午圈的曲线)在这里都变换成了一条直线,它也以同一角度截切这图上的全部子午圈(它们也是并行直线)。并且,欧拉还从他的一般方程推出那众所周知的表示,即地球的北半球或南半球表示为一个圆,其圆心表示极地,而子午圈和纬圈在图上相互垂直截切。他表明,在这种投影法中,球面上一切小区域全都复现为平面上的相似图形。

419

在第二篇论文中,欧拉解释了现在更经常应用的球极平面投影法。它更精确地复现面;它是正形的,把球面上的全部圆都变换成地图上的圆或直线。欧拉的最后一篇论文解释了德利尔绘制其俄罗斯帝国地图时所应用的投影法,说明了如何可把用这种投影法绘制的地图的缺陷减小到最低限度。这种投影法(麦卡托已开其先河)是一种锥顶投影法,按照它,子午圈变换为相交于一点的等距直线,纬圈变换为围绕该点的同心圆。

拉格朗日在1779年的论文("Sur la Construction des cartes geographiques",载 *Nouv. Mém. de l' Acad. R. de Berlin*, p. 161ff.)中把高等数学分析应用于制图学问题。他从一种比兰伯特和欧拉更为一般的观点出发来对待这些问题,他把结果应用于确定子午圈和纬圈变换为地图上圆的各种可能情形。高斯在1822年给出了把一给定几何面的元素保形表示在另一这种面上的问题的一般解(见奥斯特瓦尔德的 *Klassiker*, No.55)。

420

四、自然地理学

十八世纪自然地理学史上的划时代事件是瑞典化学家托尔贝恩·柏格曼(1735—84)的《世界概述》(*Werlds Beskrifning*)出版。这部著作于1766年问世,立即被译成多种欧洲语言。这部著作以其记叙完备、资料丰富著称。它结构系统化,一般结论和思辨成分都以全书不断援引的大量例证事实为根据。该书分为六篇,各篇又分为若干章节。

第一篇概述地球表面,把它设想为一个大洋,上面有两个大岛和无数小岛。这两个大岛分别为旧世界大陆和美洲大陆。每个大岛据认为由两个主要大陆组成,它们由一狭长陆地相联——欧亚(像我们说的那样)由苏伊士地峡联到非洲,而南北美洲由巴拿马地峡相连。略述了这些大陆的概况,包括它们面积的大致估计值,但说水只覆盖地面的三分之一左右(而不是三分之二强)。

该书第二篇论述了陆地。较详细地研讨了大陆、岛屿和地理性质尚不明的陆地(如格陵兰),概述了从腓尼基人以迄于柏格曼当时的地理发现历史。哈得逊湾、日本海等等地方海岸线的那些不解之谜,根据到过那里的探险家的报道加以讨论。在接着研讨地球(其总分布用河流来表明)表面的不规则性时,柏格曼区分三种类型山脉。(i)高耸的、冰雪覆盖的、无树木的山,往往是火山,有陡峭的顶峰;(ii)第二类型山脉像脊骨上的肋骨那样垂直地从第一类型山脉岔出去,但没有后者高,常常覆盖有森林;(iii)更低,往往只是些丘陵,从第二类型山脉岔出,就像后者从第一类型山脉岔出一样。大河发源于第一类型山脉的矮坡,在第二类型山脉间流过,这些山脉往往构成河谷的侧坡;小河和溪流在第三类型的丘陵之间流过。可以认为,这些山岭的山麓全都相连在一起,它们间的山谷充满岩屑,成为世界可以居住人的部分。柏格曼认为,许多岛屿和河岸是部分地为海洋淹没的山岭,他还指出,某些山脉以陆地和海洋延伸相当距离。例如,分隔挪威和瑞典的山岭可追踪到经由日德兰而达阿尔卑斯山脉,而沿另一条路线通过苏格兰北部的岩石岛屿直到冰岛和格陵兰。安的列斯群岛看来是沉没在水下的、连接佛罗里达和南美海岸的山脉的山峰;而印度洋中的岛屿从排列来看,是一个从莫三鼻给延伸到苏门答腊的山脉。描述了山

421

脉的典型形态，并附插图，还解释了测定山岭高度的大地测量方法和气压测量方法。在接着考察的地壳诸性质中，柏格曼认为，它的层状结构也许最为重要。一般说来，在任何适当范围的地区上，地层的配置相当一致，并且同地面大致平行。它们主要由砂和黏土组成，砂作为岩石颗粒，有玻璃质的，也有白垩质的，按各种比例相混合。柏格曼制定了许多地层表，表明欧洲各地挖掘的矿井所暴露的地层配置。例如，阿姆斯特丹的这样一个洞穴从上到下经过下列组成和厚度的地层：

园地土壤	7英尺	硬黏土	2英尺
泥炭	9英尺	粗白砂	4英尺
软黏土	9英尺	干泥土	5英尺
砂	8英尺	细软泥土	1英尺
泥土	4英尺	砂	14英尺
黏土	10英尺	和砂混合的黏土	8英尺
泥土	4英尺	和贝壳混合的砂	4英尺
砂（支承建筑物的桩打入其中）	10英尺	黏土	102英尺
		砂	31英尺

地层可能这样形成：任何可溶解的物质悬浮在水中，天长日久便沉降下来。一系列相继地层一般意味着，必定有不同物质在不同时期悬浮于水中。要是地层果真如此形成，则今天的陆地几乎全都一定曾经处于水下，柏格曼正是反复申明这一点；因为，如果这地层系列仅仅是全都同时悬浮于水中的不同物质沉降的结果，那么，最重物质组成的那些层次应在底部，而我们看到的情形并非如此。并且，水在各处不可能包含同样的物质，因为相距不远地方的各个地层就可能判然不同。地层最初在其中沉淀的水很可能是海；实

际上，地层中常常存在的贝壳就表明这一点。柏格曼区分开最古的深处的地层和晚近的不规则的地层，后者由山脉的岩屑、火山产物、沙丘、腐殖质土等等组成。只有某些山岭是成层的；其他山岭仅仅是（常常异质的）岩石的块体。柏格曼就**组成**和矿物含量、**厚度**、**出现顺序**和**倾角**（即对地平线的倾角）等方面讨论山脉岩层；对**岩脉**也作了类似讨论，还解释了岩层中的**裂隙**和**断层**。在讨论这些问题时，援引了许多典型事例，处处显示了柏格曼那专门的矿物学知识。在接着的考察中，同有机体（或其部分）相像的岩石、有机体在其他岩石上的印痕以及在意想不到地方的动物和植物的遗骸都被认为是化石。提到了许多令人瞩目的这类发现。化石出现在许多种环境条件下：散落在砂或黏土之中，或者嵌埋在坚硬的岩石里。许多化石显得同现存生物品种密切对应（例如提到在德国发现的一种东印度植物的印痕）；也有一些化石不同任何已知生物品种相对应。柏格曼认识到，可以利用化石作为地层指标。他并提出了下列四条原则：(i)一切包含化石或者构成化石物质的矿物都是在时间中形成的；(ii)一切包含贝壳的、在岩层之上的地层都是在时间中造成的；(iii)水必定一度曾覆盖今天陆地的全部或者至少大部；(iv)大洪水曾在世界的大部分泛滥，如果不是全部的话（其证据是例如在迄今知道从未有像生活过的地方发现了像的遗骨）。该书这一部分最后阐述了地下的洞穴、锅穴，等等。它们的成因（当它们不止是弃置的矿时）必定主要可归诸三种因素的效应：(i)地震和火山作用；(ii)水的侵蚀；(iii)下层地层沉降而它们上面的地层仍保持原来位置。

第三和第四篇分别论述地球的水系统和大气，它们的内容没

422

有给十七世纪末的这些方面著作增添什么。接着研讨了泉水的起源问题。柏格曼认为，泉大都由雨和高处的雪水供水；泉水透过松土渗入坚硬的下层土，沿着它们的斜坡下流，直至受到阻碍；它然后流过障碍物，涌入疏松的土中，要不然，就向下渗透，沿地下沟槽流动，直至遇到一个出口。但是，山坡上凝结的水蒸气必定也在维持泉流中起一定作用。有些人提出，海水透过砂质层，而柏格曼认为，对于某些靠近海滨的泉来说，可能真是如此；否则，像其他人所认为的那样，水蒸气可能上升到同海洋相通的地下洞穴的顶部而凝结，如此便向高处的泉供水。矿泉水所含的盐分得自它所通过的地层；似乎还暗示，温泉和间歇喷泉的热量部分地是化学作用的结果。所讨论的其他"水"包括河流、沼泽、湖泊、海和大洋。比较了一些主要河流的平均梯度；按牛顿方式解释了潮汐，指出了各主要洋流。

像这个时期的通常做法那样，也诉诸大气中出现的各种本性的蒸气来解释大气的主要性质。水蒸气和蒸气聚集在大气中，水聚集在海洋中；但是，这两个过程都不会无定限地进行下去，海洋和大气各都作为对方的一个出口。气压计所以发生变化，部分地是由于所包含的蒸气数量变化，部分地是由于热分布不均衡而造成的局部大气密度和高度变化。风是空气为恢复大气两部分间暂时受到扰动的平衡而进行的转移。区分了三种大气现象(大气的明显可见的变化)：**水的**、**光的**和**火的**。水类的典型是露，其生成过程解释如下。日落以后蒸气从地球上升；日出时空气先于地球变热，它膨胀而上升，让这些蒸气部分地留在后面而成为露。虹霓、幻日等等都得到了公认的解释；还认识到了摩擦在产生大气电中所起的作用(导致雷暴、圣埃耳莫火等等)。鬼火被认为是腐败有机物质的发光性。仿效梅朗,也把北极光解释为乃黄道物质侵入地球大气所致。

第五篇论述了地球上发生的变化,有些是规则的,有些是偶然的。**规则的**变化包括季节周期:这部分地起因于天文学因素,但由于局部的条件(土壤质地、离海洋的远近等等)而变得复杂,也没有把气候同纬度相关联的简单规则。**偶然的**变化部分地起因于人的因素。例如,森林的破坏可能改变气候;运河改变地球的表面;如此等等。在自然变化中,陆地的沉降和上升以及地震和火山喷发 424 引起的变化都有大量历史事例;河流的剥蚀、海岸侵蚀和冲积陆地的形成都在不断地进行着。由于洋流力量的长期作用,许多岛屿被同大陆割裂开来。这常常可以从动物的相似性,或者像英国和法国的情形那样,从岛屿和大陆间在海峡两岸悬崖的环境、高度和组成等方面的对应关系推知。柏格曼赞同流行的观点:海洋在不断地缩小。他为了支持这种见解而引证了下述三点。(i)历史上海洋明显后退的事例;(ii)今天的内陆以前存在过水的迹象(例如,山坡上的水平水位标记、远离海洋处的旧锚);(iii)众所周知,大量水转变成了固态(例如,水转变成冰,年复一年地积聚在山峰上,或者成为冰山,以及水成为许多矿物的成分),以及水进入植物和动物体内。该书这一部分最后概述了一些理论,它们乃关于使地球表面成为现状的那些作用力(无论是火还是水),这现状同地球表面在造物主手里时的状况判然不同。所评价的地球成因学说包括伯内特、莱布尼茨、伍德沃德、雷、胡克、惠斯顿、林奈和布丰等人的理论。

柏格曼的书的第六即最后一篇论述植物和动物的习性、生长和繁殖。整部著作附有柏格曼的同事弗雷德里克·马利特的一篇独立论著，它详备论述了作为一个天体的地球。

值得指出，虽然柏格曼在描述泉和河流的形成时，似乎也是说，水的流动在一定程度上由梯度和障碍形成的沟槽所预先决定，但是，赫顿的概念要生动鲜明得多，他认为，水的力量造成渠道，并以其流动路线刻蚀地球。“每条河流看来都有一条主要干线，由各条支流供水，每条支流都沿一个同其大小成比例的河谷流过，它们全部汇成一个河谷系，彼此相通，并且它们的斜坡都调节得很巧妙，以致它们没有一个从过高或过低的高度上同那主要河谷相连，而如果这些河谷并非每一个都是流经它的水流所造成，那么，决计不可能出现这样的事实状况。实际上，如果一条河仅由单一水流组成而无支流，流过一条直的河谷，那么，可以设想，某个强大的水 425 冲击或者说大洪流是一下子就开辟出其水所由导入海洋的渠道的；但是，我们在考察一条河的通常形态时发现，干线分成许多支流，它们的发源相隔很远，而且本身又分成无数分支。这时，我们会强烈地感到：所有这一切水道都是水本身开凿成的；它们是通过冲刷和侵蚀陆地而慢慢挖掘成的；正是通过反复弹拨这具乐器，已把这组奇妙的乐谱线那么深深地刻印在地球表面上。”(*Illustrations of the Huttonian Theory*, p. 102.)

另一部关于**自然地理学**的重要专著是 N. 德马雷斯写的，这里只要提一下就够了。它在 1794—1811 年间出版，共四卷。

第十七章　植物学

426

十七世纪里，物理学的进步使显微镜能应用于动植物的研究；一些研究者或者自愿或者不得不利用这样提供的机会去研究有机体的细微形态和结构。生物学家也开始认识到实验对于生理学研究的重要性，虽然这个领域的进展因物理学和化学知识不充分而延缓。然而，十八世纪初年，上一世纪所特有的那种热情和首创精神却有所减退；所获致的成果也相应地不怎么重要。这部分地是因为，早先那种醉心纯粹思辨，而不锐意制定可证实假说的倾向又抬头了；部分地还因为，需要对十七世纪生物学家提供的大量观察资料进行审察、汇总和系统整理。十八世纪早期致力于作成合适的动植物系统分类的尝试，主要就是这种需要促成的。这些尝试在一定程度上是令人满意的。然而，十八世纪末年生物科学中显示了一种新的较为深邃的精神。这种精神一直引导着各门生物学科走向后来的发展。

一、植物分类法

十八世纪初期，植物学家几乎完全致力于植物分类体系的制定以及那些据信有助于解决植物系统分类问题的植物结构问题。十八世纪生物学的这个部门和类似部门中，最著名的人物是林纳

（后来以卡尔·冯·林奈而闻名）。

林奈

卡尔·林奈（1707—78）出生于瑞典。在一度研究神学之后，他转向注意生物学和医学。他还出于生物学兴趣而周游列国，为后来撰写论著收集材料。1741年，他就任乌普萨拉大学植物学教授，在那里终志。

427

图173—林奈

林奈熟悉前人的著作，并大量加以利用。他把舍萨平努斯、荣格、莫里森、雷、里维努斯和土尔恩福尔等人的学说大量汲取到他的理论植物学和分类体系之中。然而，由于林奈以其特有的方式加以选择和安排，这一切知识在他那里产生了新的价值。

林奈基本上是个分类学家，他把植物学的一切其他方面和问题都从属于分类问题。例如，他对植物性征这个具有独特生物学意义的独立问题，没有特别的兴趣。林奈读了卡梅腊鲁斯（*De Sexu Plantarum*，1694）对他所发现的雄蕊和心皮在植物繁殖中的功能的说明以后，利用它作为系统分类的线索；但是，林奈认为，没有必要单独研究这个问题。因此，后来是克尔罗伊特（1733—1806）首先对传粉作用做了深入全面的研究。

林奈在他的《自然系统》（莱顿，1735年）中发表了他的分类体系

(图174)。如上所述,这种植物分类乃建基于花的性状,尤其是雄蕊和心皮的数目和排列。第493页上的表显示出了这种分类的一般特性;图174图示了此分类表最后一列中列举的植物的24个纲。

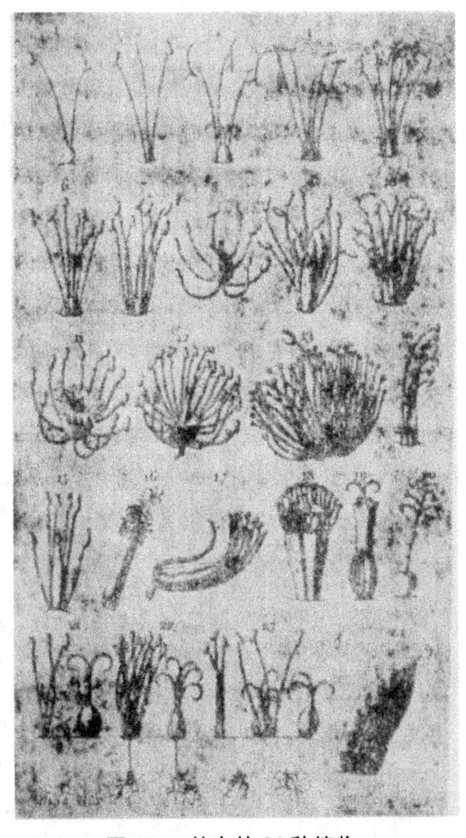

图174—林奈的24种植物

在这个所谓的有性分类体系中,植物分为纲、目、属和种,纲主要由雄蕊数目决定,而目(即纲的下一层次)由皮心数目划分。林奈坦率地承认,这种分类是人为的;但他认为,在标本大量积累,使得有必要制定能直接付诸应用的分类的时候,这为植物的系统排列提供了工作基础。用戴登·杰克逊的话来说:“他最著名的著作是《性征体系》(*Sexual System*),……它以其简单性和适用性而具有无可争议的优点。它是在最需要这样一个计划的时候提出来的;这个时候,热诚的探索者二百年来已积聚了为数十分多的形形色色计划,它们像是放在花神庙中的一大堆杂乱无章的材料,而到那时为止还一直未提出过什么深思熟虑的或切实可行的整理这些材料的计划。而正当这一切材料大有淹没建造者之势的时候，这个性征体系产生了。按照这个体系，我们很容易考察和确定植物，从而形成了迷宫中的一条阿莉阿德尼线[①]”(*Linnaeus*,1923,p. 364)。

428

林标的分类体系

（纲）

- 植物具有
  - 明显的雄蕊和雌蕊
    - 雄蕊和雌蕊同花
      - 同雌蕊离生的雄蕊
        - 不相连的雄蕊
          - 长度相等的雄蕊(非两强或四强的)
            - 1 雄蕊 …………………… 1.单雄蕊的
            - 2 雄蕊 …………………… 2.两雄蕊的
            - 3 雄蕊 …………………… 3.三雄蕊的
            - 4 雄蕊 …………………… 4.四雄蕊的
            - 5 雄蕊 …………………… 5.五雄蕊的
            - 6 雄蕊 …………………… 6.六雄蕊的
            - 7 雄蕊 …………………… 7.七雄蕊的
            - 8 雄蕊 …………………… 8.八雄蕊的
            - 9 雄蕊 …………………… 9.九雄蕊的
            - 10 雄蕊 …………………… 10.十雄蕊的
            - 12—19 雄蕊 ……………… 11.十二雄蕊的
            - 20 或更多个，周位的 …… 12.二十雄蕊的
            - 20 或更多个，下位的 …… 13.多雄蕊的
          - 长度不等的雄蕊
            - 两长和两短雄蕊 …………… 14.两强雄蕊的
            - 四长和两短雄蕊 …………… 15.四强雄蕊的
        - 雄蕊联生
          - 通过成一束的花丝 ………… 16.单体雄蕊
          - 通过成两束的花丝 ………… 17.两体雄蕊
          - 通过成多于两束的花丝 …… 18.多体雄蕊
          - 通过花药 …………………… 19.聚药雄蕊
      - 附着于雌蕊的雄蕊 …………………………… 20.雌雄蕊合体的
    - 雄蕊和雌蕊异花 …………
      - 在同株植物上 …………… 21.雌雄同株的
      - 在异株植物上 …………… 22.雌雄异株的
      - 在有些花中离生的、在其他花中在同株或两三株不同植物上联生的雄蕊和雌蕊 …………… 23.杂性的
  - 隐藏的或不明显的繁殖器官 ………………………… 24.隐花植物

---

① 古希腊英雄传说中，公主阿莉阿德尼提供给英雄提修斯的线，引导他走出迷宫，喻能帮助解决复杂问题的办法。——译者

林奈认识到，一个理想的分类方案应当按亲缘关系把物种分 429 为自然群体。按照这种方案，在有些场合，为了作成一种比较合乎自然的排列，实际上要容许例外，“这时，各相异类型间亲缘关系的远近应是唯一的决定原则。”像雷一样，在林奈看来，分类的基本单位是种。林奈的种是一个植物群，它同其他类群判然不同。每个种都被看做为一对原始亲本的产物，而后代产生时并未发生形态或习性的改变。林奈在他的早期著作中执意坚持种不变的教条，这给他探索基于自然亲合性的分类体系造成很大妨碍。1751 年，林奈认识到了这样的事实：各植物类群到处相互类似；然而，尽管如此，他还是比任何其他生物学家都更加坚信种的不变性。

在林奈的后来两部著作即《植物的纲》(*Classes Plantarum*)(1738 年)和《植物学哲学》(*Philosophia botanica*)(1751 年)中，植物分类问题也占有了他的注意力。《植物的纲》的内容被作者说成是“关于一种自然排列方法的片段”，但是没有举出理由证明所提出的分类是合理的。《植物学哲学》细致而又全面地阐明了这个植物分类自然体系，还对某些纲的名称下了定义。这本书广泛流传，影响深远。它多次重版，移译成英文、法文、德文和西班牙文等多种文字。J.J.卢梭对这本书推崇备至，说它“比那些最大的对开书都更充满智慧”。

《植物的纲》和《植物学哲学》两本书一起包含了林奈的贡献：提出一种植物分类自然体系，也即建基于种间亲缘关系而不仅仅基于植物某些器官间相似的分类。B.戴登·杰克逊(*Linnaeus*, p. 364)综述了林奈的植物分类贡献的范围和价值，把他的原话录引在这里也许是有益的。“他毕生致力于发现这〔即一种自然分类

430 体系〕,并建议其他人也参与这项工作。可是,已发现的类型是那么少,因此,他没有可能获致成功。林奈十分诚实坦率,没有宣称他的结论是完善的,因为他自己也感到它们有缺陷。所以,他满足于仅仅建立起自然系谱,而让别人去使之完善,让别人构造系统的整体。从那时以迄于今,植物学家一直在拟定一个自然体系,但未达至目标,甚或未找到一个大体方案。就此而言,人们公认,林奈的贡献具有非同寻常的价值,证明了他目光敏锐,不时表现出一个凡人所能具有的最强预言能力。人们还一致认为,他第一个(同人为体系相对立地)明确提出自然系谱,标明进展路径,弄清楚其主导。值得指出,林奈一下子把性征体系提到最大高度,还奠定了自然体系的基础,并力陈这种体系的无可争议的必要性,他自己曾这样说过:'A(阿尔发)和 Ω(欧米加)[①]都是植物学所希望的对象'。"

同一个有效分类体系密切相关的,是一种有效的命名法,即用于此分类中各个类和亚类的一个合适的名称体系。林奈致力于构造一种合适植物命名法的尝试,结果写成了他的《植物的种》(*Species Plantarum*)(1753 年)一书,他认为,这是他的最佳著作。他花费了七年时间才完成这部著作,希望以此"向世界显露他的才能"。它无疑使他那分寸得当的宏愿得遂,因为,它今天仍在植物学的系统著作中占据突出地位。它牢牢地确立了双名法的普遍应用,按照这种命名法,每种植物均用属名和种名的结合来命名,以取代流行的噜苏的拉丁名字。林奈并不是引入双名法的第一人。

① A 和 Ω 分别是希腊文的第一个和最后一个字母,各喻第一位和最后一位的事物。——译者

里维努斯(1652—1725)已经提出过一种类似的植物命名方法。然而,双名法作为生物命名法的基本部分之得到公认,应归功于林奈。林奈的《植物的种》中所阐释的双名法之被植物学家公认,为《国际植物命名规则》(*The International Rules for Botanical Nomenclature*)(耶拿,1906年)所证实,书中在"命名法的出发点;优先性原则的限制"(Ch. III, Sect. II, Art. 19)的标题下有这样的说明:"适合于一切具有锥管束植物类群的植物命名法始于林奈《植物的种》一书的初版本(1753年)。人们现在赞同把这部著作中出现其名称的那些属同《植物的属》(*Genera Plantarum*)(第5版,1754年)中对它们的描述联系起来。"

刚才所引那段话中提到的林奈对植物的描述是很重要的。像合适的命名法一样,有效的描述也是分类的一个重要附属部分。431 因为,分类体系中所列举的每个类和亚类都必须加以描述,以使它易为人们辨识。当时通行的描述都相当冗长而又噜苏。林奈对植物学所作贡献之一,正是他改革和改良了描述植物的方法。他宣扬,植物描述应尽可能地经济,并身体力行。他的描述总是简洁而又中肯。实际上,他有时还力求简洁达到无以复加的地步,为此,他漠视语法学家的完全句要求,而满足于单纯的短语。

十八和十九世纪的许多植物学家都同林奈一样,也相信能够制定出一个植物自然分类体系。可以说,对这种分类的探索促成了许多研究工作。虽然这些工作本身就十分有意思,也很重要,但它们所以特别引人瞩目,还是因为它们大有前途给自然亲缘关系问题提供新启示。

林奈的广泛影响和他的工作所赢得的尊重,从世界各地纷纷建立以他命名的学会这一事实得到证明。在一部科学通史中，不可能花篇幅来详尽无遗地介绍他。不过，这里有必要谈到伦敦林奈学会，它创建于1788年。这个学会历史的完整记叙，见诸B.戴登·杰克逊的《林奈》。

林奈曾很自然地渴望，他的植物学书籍和收藏的植物标本不要在身后散佚。它们是“他的自豪和乐趣所系”，他希望它们完整并一直保持原样。他最初显然想把他的藏书室和植物标本室遗传给他的儿子。可是，经过再三考虑，他改变了主意。他把藏书室传给儿子，但留下遗嘱，把他宝贵的植物标本室卖掉，所得收入给他的几个女儿。他死后，子女们作了特殊的安排，以防止藏书室同植物标本室分离，以及植物标本室可能散佚。因此，小林奈一人既得到了书籍也得到了植物。但是，他于1783年死去，于是藏书室和植物标本室便又转归他的母亲，后者决定卖掉这些东西。她便同皇家学会会长约瑟夫·班克斯爵士接洽，后者以前曾出价要购买这些藏品。班克斯同青年医生詹姆斯·爱德华·史密斯联系，史密斯已在伦敦拥有一个宝贵的植物标本室。史密斯最后买下了“林奈的宝藏，当他整理时，发现它们比他原先的预料更为宝贵”。这些稀世收藏品的占有使它们的藏主试图实现他的一个夙愿，即在伦敦建立一个新的自然史学会，以取代他和其他人都感到不满的现有学会。因此，1788年，在他的两个朋友，尊敬的塞缪尔·古迪纳夫(后来的卡莱尔主教)和托马斯·马香的帮助下，史密斯创建了林奈学会，并于1802年得到皇家特许状。当史密斯于1828年去世时，林奈的收藏品为林奈学会所得，自此之后，学会便把保管这些珍宝作为第一要务。瑞典科学家可能对瑞典受损而英国得

432

益感到遗憾。但是,这件事也不无报偿。像戴登·杰克逊所指出的,“虽然瑞典人可能想到林奈收藏品的命运就感到哀伤和耻辱,但是,还要承认,它们之转让于伦敦大大促进了自然史知识的传播,结果,瑞典人自己也参与扩展林奈所热爱的科学。正是这件事导致伦敦林奈学会于1788年3月18日建立,而从此这科学学会兴旺了起来,硕果累累”(*Linnaeus*,p. 357)。(亦见 A. T. Gage:*A History of the Linnean Society of London*,London,1938。)

德朱西厄

林奈的《植物的种》和《植物学哲学》发表后的那几年里,对植物学作出最显著贡献的是安托万·洛朗·德朱西厄(1748—1836)。他给我们表征了较小的植物类群,他称之为植物的单种集团或目。鉴于为了确定可藉以识别一个植物类群的那些特异性状,必须批判考察大量材料,这个任务是很了不起的。可是,德朱西厄为系统植物学未来所做的工作甚至还不止于此。他给我们重新引入和精细制定了一个自然分类体系,以取代林奈那虽然效用卓著但基本上人为的分类,人们对它的不满正在日益增长。还在十七世纪末,雷就已在他的《植物历史》(*Historia Plantarum*)(1686—1688)中,把自然分类定义为“既不把相异的种放在一起,也不把亲缘关系相近的种分离开来的分类”。他从这概念出发,提出了一种分类体系。约翰·林德利在十九世纪说,这体系无疑构成当时普遍采用的所谓德朱西厄方法的基础。安托万的伯父贝尔纳·德朱西厄(1699—1777)利用林奈《植物学哲学》中所保留的一种自然体系的片段,作为他在特里亚农皇家植物园排列植物的基

433

础。这位老德朱西厄没有留下记叙他所采用的植物分类法的著述。然而，他的侄儿在其《植物的属》(*Genera Plantarum*)(1789年)中描述了这种分类法，并承认它得益于林奈的自然分类法。正是在这部著作中，安托万·德朱西厄首次提出了成为很久以后工作之基础的那种分类体系。这种分类是雷所提出的那种分类的修正型，补充了林奈片段提示的一些观念。

德朱西厄的分类体系

			纲
无子叶植物			1.无子叶植物
单子叶植物			
	雄　蕊	下位的	2.单下位的
		周位的	3.单周位的
		上位的	4.单上位的
双子叶植物			
	无瓣的	上位的	5.上位雄蕊的
		周位的	6.周位雄蕊的
		下位的	7.下位雄蕊的
	合瓣的	下位的	8.下位花冠的
		周位的	9.周位花冠的
		上位的——连合花药	10.聚药花冠
		上位的——离生花药	11.散药花冠
	离瓣的	上位的	12.上花瓣的
		下位的	13.下花瓣的
		周位的	14.围花瓣的
	雌雄蕊异花的		15.雌雄蕊异花植物

在德朱西厄的植物界分类中，沿用了林奈体系，即主要划分为无子叶植物、单子叶植物和双子叶植物，只有一个例外，就是林奈

所用的术语"多子叶植物"代之以雷提出的旧术语"双子叶植物"。如此标定的三大类，当然就是植物的三个鲜明种类。但是，把无子叶植物同单子叶和双子叶植物相提并论，暴露了对植物中有无子叶存在这一点的意义抱错误的认识。子叶的重要性尚足以使其成为植物基本划分的基础，然而，直到十九世纪中叶，这种关于某些植物(今名隐花植物)的潜伏繁殖器官本性的错误概念才消除掉。434 那时，威廉·霍夫梅斯特尔方才能够使这种植物在分类体系中占据一个比较适当的地位。同样，当德朱西厄把雄蕊在植物中的位置作为区分单子叶植物的各个纲和双子叶植物的各种类别时，他也过高估计了雄蕊位置的表征作用。尽管存在这种种缺陷，德朱西厄的分类还是标志着系统植物学的一个真正进步。然而，为了公正对待雷，应当记住，德朱西厄的分类乃建立在雷的分类之上，正像后来德康多尔的分类源出德朱西厄的分类一样。

在他的《植物的属》出版之后，德朱西厄转向注意详细研究植物的自然目，并在 1802 和 1820 年间写出大量专著，论述植物的各个单种集团。他深信，只有通过这种详细研究，才能获致一种自然分类体系。在十九世纪，A. P. 德康多尔和罗伯特·布朗也抱有这信念，他们两人都推进了德朱西厄开创的工作。

二、植物形态学

如上所述，十八世纪植物学家进行的许多研究都着眼于达致一种植物自然分类。然而，有些植物学家仅仅满足于研究植物及其器官的组分和功能，而并不向往像建立一种植物自然分类体系这样的进一步目标。这些研究者之一就是格特纳。

格特纳

德国符腾堡的约瑟夫·格特纳(1732—91)于1788年发表了他的著作《论植物的果实和种子》(*De fructibus et seminibus plantarum*)的第一部分。这是对植物形态学的一个重要贡献。它系统地论述了各种果实和种子,但并未打算利用它们作为一种植物分类的基础。事实上,格特纳认为,不可能根据任何一个器官甚至像果实这样一个重要器官来达致一种令人满意的植物分类。因此,他满足于极其小心谨慎地描述尽可能多的果实和种子,而不涉及任何别的植物学问题。得助于大量细致的插图,他的描述成为对植物学研究的一个宝贵贡献。虽则主要致力于如实的观察和描述,避免比较大胆的猜测,但格特纳并不戒绝就果实和种子各别部分的结构提出一些小心的概括结论。他的《论植物的果实和种子》的导论性章节以相当篇幅论述这些问题。格特纳还成功地阐释了许多关于植物繁殖器官结构的形态学问题,到那时为止人们对这器官还不甚了了。

435

隐花植物繁殖器官的结构在那时还认识得不够完善。当时,习惯上都用显花结构即用雌蕊和雄蕊来解释它们。这在当时流行的各种植物分类体系中,都是显而易见的。按照这些分类,不管自然的还是人为的,今天称为隐花植物的那种植物归类为无子叶植物,并因而从反面即用子叶的不存在来表征。甚至格特纳实际上也不理解隐花植物中孢子的本性。但是,他发现,显花植物的种子中有胚,而孢子没有这种东西,因此他认识到,孢子和显花植物的种子有根本的不同。

格特纳对种子的说明促进人们更清楚地了解种子的各别部分。但是，他未能对在种子包被中发现的一切东西都作出解释。他把自己解释不了的那些部分统称为"卵黄"，他并描述说，它是"种子内脏的这样一个有许多形状的部分：通常位于中央，在胚乳和胚之间，离开子叶也同离开胚乳一样远"(*De fructibus* …，1788，Ch.XI，p. cxlvi)。值得指出，格鲁在十七世纪实际上已用过这个术语。格特纳一定知道这一点，因为他常常提到格鲁的《植物解剖学》(*Anatomy of Plants*)，书中在描述某些种子时，明确谈道，"有许多东西……它们除了**胚乳**或胚乳由之产生的清澈液汁之外，还有一个**卵黄**，或类似的实体，它既不是种子的一部分，也不是**覆盖物**的一部分，**而是与两者都不同**"(1682 版，p. 202)。格鲁认为，这卵黄是幼苗的食物来源。他继续写道："这实体处在毗邻种子的**覆盖物**里面，因此成为种子的首要的最精的**养料**，一如**卵黄**之于**小鸡**"(上引著作)。

由此可见，如果我们要准确评价格特纳在这个研究领域里的独创性的程度，就必须仔细研讨他前人的著作。十七世纪的显微镜学家已具备相当多的种子结构知识，奠定了格特纳赖以建树的基础。格特纳的前驱中，最重要人物是上面提到的内赫米亚·格鲁(1641—1712)，这里应当对他在这一研究领域的著作作些介绍。 436

在谈到豆种子的结构时，格鲁写道："剥掉豆的**表皮**，种子本身就显露出来了。它的组成部分有三个，即**主体**和两个附属体；我们可以称它们为豆的三个**有机部分**。……**主体**不是一个整块，而沿长度分为两半即两个裂片，它们在**豆**的**基底**处相联……在**豆**的**基**

底处，还有两个附生的**有机部分**。……这两个**部分**的较大者无裂片。……这个部分不仅**豆**有……而且一切其他植物都有；上述两个附属体中较小的那个……成为这**植物**的**根**……隐蔽在**豆**的两个**裂片**之间。……这个部分在其松散端分裂成一根根的东西，宛如一束羽毛；因此，它可以称为羽状部”(*Anatomy*, p. 2f.)。这段叙述准确记述了观察，但未提供形态学的解释。在一个世纪以后格特纳的著作中，一定程度上也沿此路线进行描述；但是，由于后来对各种各样果实和种子的观察更为丰富，所以格特纳能够提出一些概括的结论，而以往的植物学家即便凭想象设想出它们，也是无法加以验证的。

格特纳把处于种子之中的幼苗原基称为“胚”。然而，他看来把这名称局限于指称格鲁所称的“附属体”，排斥“主体”即子叶。格特纳说：“胚是能育种子最重要、最基本的部分，唯有它生产新的植物，其余一切不管怎样都附加于它，以应暂时的用途”(*De fructibus* …, Ch. XIII, p. clxiv)。然而，格特纳似乎在这个问题上已经感到一定程度的拿不准。在刚才所引的说明中，看来他认为子叶是胚的派生物，但他在别处说，子叶和胚结合而构成种子的核。例如，他写道：“子叶是有机核的组成部分……而这核同胚根和胚芽一起形成胚的组织，子叶通常由于种子发芽而变成新植物的第一片叶子，后者往往不同于后生的其他叶子。”(上引著作，Ch. XII, p. clii)

格鲁还为恰当识别种子同胚乳与那些仅由“三个有机化部分——裂片和附属体”组成的东西之间的差别，提供了根据。他指出：“也带有庞大覆盖物的**种子**大多数分裂成两个**裂片**；它们基本

437

上都像一对小**叶子**。在**净化的安哥拉坚果**中，壳剥去后，上**覆盖物**(干燥的且向上皱缩的)好像仅只一个。……在这下面是在最里面的厚**覆盖物**；从中间把它切开，就露出真正的种子：由十足的叶子组成……在基底处同胚根相联"(*Anatomy of plants*,p. 205)。这段话反映了完全认清存在一种物质，即"在最里面的厚覆盖物"，而它不是"真正种子"的组成部分；它还表明，格鲁认识到他称之为"十足**叶子**"的子叶的叶子本性。

格特纳证实并扩展了格鲁所做并加以描述的观察。格鲁如此准确地记叙了相当多种类的种子，认识到了许多它们表现出来的结构差异，因而赢得了声誉。然而，格特纳则为我们更进一步拓展了形态学研究的这一重要分支，以明白晓畅和卓有助益的方式表述了其结果。他那个时代的植物学中，基本上是林奈的观点占支配地位。然而，林奈未认识到种子胚乳的作用，实际上还根本否认它的存在。因此，重要的是，应重新评价种子间可观察到的结构差异的实在性。

格特纳充分认识到，植物早期胚胎阶段的研究具有重要意义，有助于阐明植物成熟体结构的形态学。他一再转向研究未成熟的植物器官，以增进了解这些器官完全发育的形态。当时，关于传粉和受精生理的知识水平还不够高，因为，还未能提供为形成关于种子形态学的正确概念所必需的资料。他的同时代人克尔罗伊特对传粉的研究，为更充分地认识花粉作为能育种子发育的一个必要因素的重要性，奠定了基础。但是，必须等到十九世纪，才发现了为正确理解种子形态学所必需的全部资料，那时对受精的比较详细研究揭示了种子各个部分的起源及其诸发育阶段。

格特纳对花器官的形态学作出的最宝贵贡献之一是，确立了种子和果实的明确区分。在他之前，干闭果一直被误认为是裸种子。格特纳把果实定义为成熟子房、果皮，它总是子房皮的产物。438 他解释说："果皮这个用于果实的术语不仅表达了成熟子房的确切形态，而且还具体指明了它同种子的区别所在。因此，果皮一般称为生殖窠，它仅由成熟子房构成，把种子隐含在自身之中，所以，只有当种子被从生殖窠中吐出时，才能看清它们的独特结构"（*De fructibus* …，Ch.V，p. lVIII）。这个真果概念一直保持到了现在。当植物其他部分同果皮相联时，就植物学而言，这合成的结构称为"假果"。

三、植物解剖学

尽管格鲁和马尔比基在十七世纪树立了光辉榜样，但十八世纪显微镜学家在植物解剖学知识方面进展甚微。英国植物学家尤其如此。欧洲大陆上，许多研究者详细研究了植物结构，成功地纠正了前人的一些错误。但是，他们也引入了许多新的错误。总的说来，十八世纪没有产生过一个在才智和洞察力方面能同上一世纪解剖学家相匹的植物解剖学家。十八世纪里对植物解剖学缺乏兴趣，其原因在一定程度上可以从下述事实明白：甚至十七世纪那些伟大解剖学家也不是为植物解剖学而研究植物解剖学，而是把它当做认识植物的其他方面，尤其是生理学的辅助手段。例如，格鲁在列举植被研究中最令人感兴趣的问题时，强调了下述各种探索："首先，一株植物是通过什么手段而达致生长的。……培育植物的养料如何恰当地分配给它的各个部分。……这种生长和增长为何不是一种程度的，而是有多种不同的程度。……然后，探索植物各个部分各种运动的原因究竟何在。……再进一步，生长季节性的原因又可能何在。……它们如何做到方便的摄食、掩藏、覆盖或其他方式的保护……以保持植物整体的健康和生命。最后，不仅对植物本身而且对其后代要注意什么。”(*An Idea of a Philosophical History of Plants*，1682，p. 3)这些探索实际上都属于生理学，虽然格鲁应用解剖学方法解决这些生理学问题。他说：“把植物解剖开来，我们看到，它们有那么大的差异……于是，我们必然会想，这些内在的多种多样性要么是无穷无尽的；要么是有限的，而这样的话，我们就会想，得归因于什么呢？”(上引著作，p. 8)可见，植物的解剖学研究被认为附属于对它的生理学研究。当十八世纪植物学家在生理学研究(包括实验)上未借助显微镜就取得成功时，他们自然就对详细的植物解剖学研究失去兴趣。 439

沃尔夫

卡斯珀·弗里德里克·沃尔夫(1733—94)是十八世纪致力于研究植物解剖学的植物学家之一。在他的《发生理论》(*Theoria Generationis*)(1759年)中，他表达了这样的观点：植物组织是“像发好的生面那样充满气泡的”同形物质。他认为，植物组织的主要物质是一种浸透汁液的胶质物质，起先呈小滴状，随着逐渐增大而变成细胞的层状体(空腔)。沃尔夫认为，如此形成的层状体分隔个别细胞，从而形成让汁液从一个细胞或导管进入另一个细胞或导管的孔。他未能证明这些据说的单个细胞间的孔或穿孔的存在。然而，他给后来的植物解剖学研究带来了某种刺激。

四、植物生理学

十七世纪在植物生理学的研究上有了一个良好的开端。格鲁和马尔比基对这门学科作出了一些重要贡献。十七世纪作出的那些动物生理学重大发现刺激了植物生理学的研究，提示了动植物结构间的某些类比。在那些虔诚地相信"动植物最初是同一双手创造的，因而是同一个智慧的发明"的研究者看来，这种类比似乎是自然而然的。这种类比实际上提示了一些富于成果的假说，它们导致后来延续下去的一条重要的植物学研究路线。然而，格鲁和马尔比基一度没有值得称道的后继人。在德国，哲学家克里斯蒂安·沃尔夫(1679—1754)继承了马尔比基的一些思想，他对马尔比基关于植物生活必需空气的观点推崇备至。沃尔夫甚至在哲学史上也未赢得重要地位。生物学史上所以值得提及他，主要是因为他的著作广泛宣扬了同时代人和直接先驱的最主要的生理学问题和观点。此外，他的功绩还在于进行了独立观察，以证实或驳斥他所阐发的那些生物学观点。十八世纪植物生理学上第一个真正的进步是黑尔斯作出的，他可以被视为格鲁的真正接班人。

440

黑尔斯

斯蒂芬·黑尔斯(1671—1761)被一位历史学家誉为"植物生理学之父"(Reynolds-Green：*A History of Botany in the United Kingdom*，1914，p. 198)，而这位历史学家也并未忘却格鲁和马尔

比基的成就。在从事植物生理学研究之前,黑尔斯已对动物生理学问题研究了多年。当1718年他成为皇家学会会员时,他向学会说明了他对植物中液汁运动的最早观察。《皇家学会议事录》(XII)在1718年3月18日那天有下列记载:"尊敬的黑尔斯先生告诉会长:他最近做了一个新实验,研究太阳的热对树中液汁上升的作用。会长希望黑尔斯先生进一步进行这些实验,并要求他呈交这第一篇论文。"黑尔斯进一步进行了这些实验,1725年,《皇家学会议事录》(XIII)的下述记载报道了进一步的进展:"1月14日,副会长汉斯·斯隆爵士任主席。尊敬的黑尔斯先生报告了一篇论植被机能的专著,包括六项实验,分为六章。宣读了第一章的一部分,其余部分奉命下次会议再读。学会感谢黑尔斯先生作了如是报告,希望他继续精心搞出可望增进自然知识的一项设计。"两年以后(1727年),皇家学会会长伊萨克·牛顿爵士指令发表黑尔斯的包括他到那时为止的全部成果的"专著"。这部专著标有下述冗长题目:《植物静力学:或一些关于植物中液汁的静力学实验的说明。一篇关于植被自然史的论文。也是用各种各样化学-静力学实验分析空气的尝试的一个示范;它曾在皇家学会的几次会议上宣读》(*Vegetable Staticks: Or, An*

图 175—黑尔斯

441

Account of some Statical Experiments on the Sap in Vegetables. Being an Essay towards a Natural History of Vegetation. Also, a Specimen of an Attempt to analyse the Air, by a great variety of Chymio-Statical Experiments; which were read at sereral Meetings before the Royal Society)。这部专著涉及植物生理学整个领域——植物中的水通道；植物从叶子的"排汗"；水在植物营养中的作用；空气在植物组织中所起的作用，等等。黑尔斯认为，非常可能，植物"通过其叶子从空气汲取其一部分养料"，"叶子的一大用途……是在一定程度上尽维持植物生命之职，一如动物的肺之维持动物生命之职"(上引著作，p. 325)。

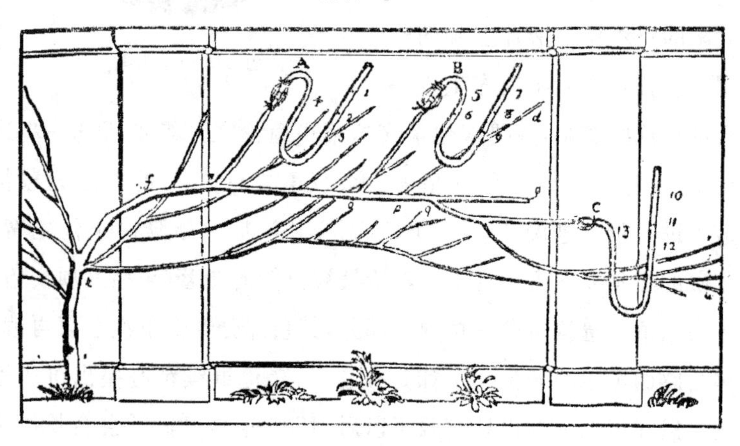

图 176—黑尔斯的液压实验

A、B、C 是三个水银量规，固装于三根藤枝，其中两根已有两年，而 OB 老得多。水银被液汁沿管 4、5、13 往下推，在不同条件下推过不同距离。实验表明，液汁的力量很大，不仅从根而且还从茎和枝发出。

黑尔斯在十七世纪的前驱舍萨平诺、马尔比基、雷和格鲁等人

442 已试图诉诸吸涨作用和毛细现象这类物理因素来解释植物中水的

运动。但是,他们很少或者一点也不了解水在茎中连续上升而从叶面通过蒸发释出的机制(这过程今称“蒸腾作用”)。另一方面,黑尔斯实际上成功地测量了“植物和树吸收和排汗的水汽的数量。”这是很不容易的。在他从一个幸运的机遇得到启发之前,他曾对成功感到绝望。他做过血液在动物动脉中流动的实验,因此产生了一个想法,即也对液汁在植物中的运动做类似的实验。他自己这样说明这项事业。“我想,我能够做类似的实验,发现植物中液汁的力;但是,大约七年来我一直对这发现的成功感到绝望。只是由于一个偶然事件,我才悟出了这一发现。那时,我正力图用各种方法制止一株藤的一根老茎的伤流,因为它截枝的日子太靠近伤流活动期,而我恐怕这会致它于死命。在各种手段均告无效之后,我在这茎的横切口上缚上一个膀胱,我发现,液汁的力大大扩大了这膀胱。由此我得出结论:如果像我以前对几种活动物的动脉所做的那样,也以同样方式在那里固定一根长玻璃管,那我便求得液汁在该茎中的升力,而这果然按我的预料成功了。因此,我于不知不觉中不断用各种实验把研究步步推向深入”(*Preface to Vegetable Staticks* p. iii)。

这种独创性的观察启示黑尔斯想出可用以研究植物中液汁运动的方法。同时,这种观察还首次演示了今天称为根压的现象,即“根部有相当大力量在伤流活动期把液汁往上推移”。但是,黑尔斯并不满足于演示这种力的存在;他还想**确切**知道,液汁在他用以取代一株植物之截去上部的玻璃管中到底上升到多远。这种定量实验也附带地导致发现,根压随季节而变,并有每日的变动,还受温度变化影响。 443

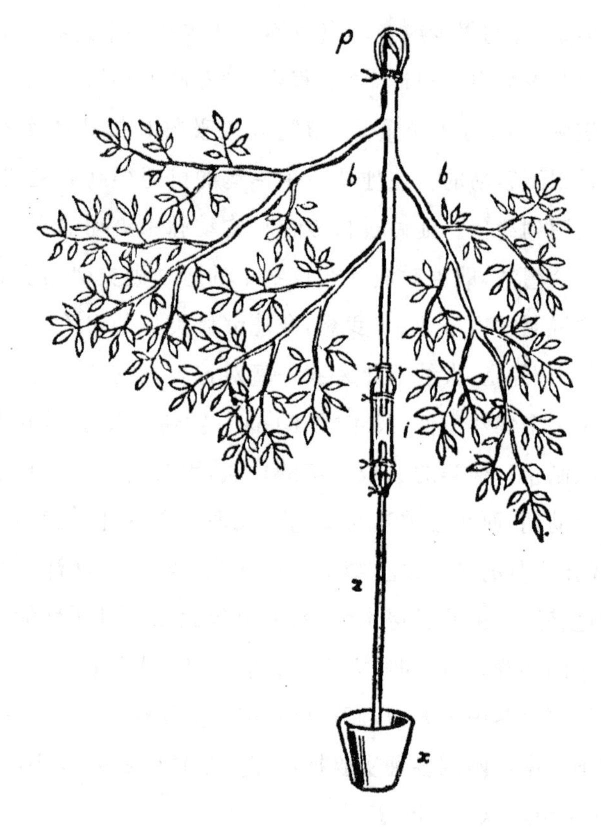

图 177—黑尔斯演示枝在小端吸收水的实验

从一棵旺盛的苹果树上截取的一根枝 *bb* 的粗端 *p* 被粘结，并缚上一个湿膀胱。主丫枝在 *i* 处切断。粘接于枝 *ir* 的玻璃管 *zr* 充有水，放在水银 *x* 中。这枝吸收大量的水。“这个实验证明，枝将从浸在水中的小端强烈吸水送到大端；也从浸在水中的大端吸水到小端。”

在哈维发现动物血液循环之后，一般都认为，类似的循环也可发现在植物中存在。黑尔斯用一系列精心设计的实验消除了这种观念。他表明，“枝将强烈地从浸在水中的小端吸水到大端；也从

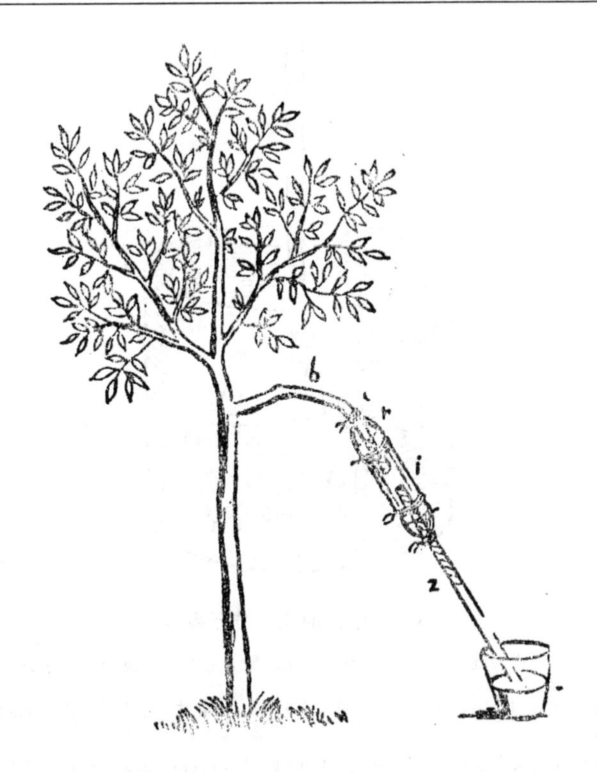

图 178—黑尔斯测量仍附着在树上的枝在小端吸水的力

量规 *riz* 粘接于一棵矮小旺盛的苹果树的一根柔顺枝条 *b* 上。随着这枝在其横切口 *i* 处吸水，水银在管子中上升。

444

浸在水中的大端吸水到小端”（上引著作，p. 89）。他也证明了，各导水单元间有侧向沟通存在。在可同动物中循环相比拟的那种类型循环中，不可能有侧向沟通，也不可能发生流向反转。

上面已经指出，在黑尔斯之前，曾认为吸涨作用和毛细现象已足以解释水在植物中的运动。黑尔斯丝毫也未贬低这两种过程的作用，但他很快还认识到，叶在提升水和维持连续水流中可能起不

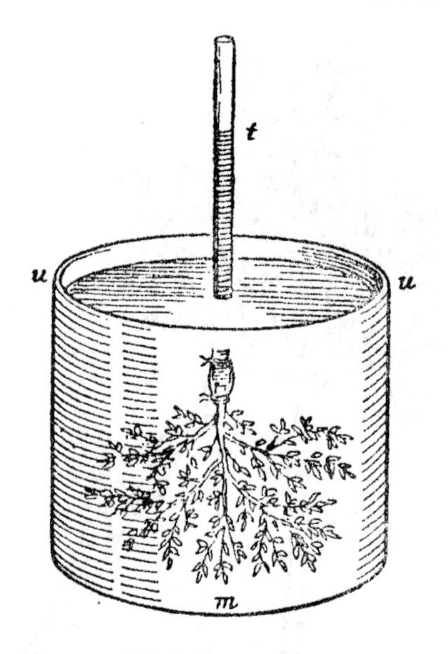

图 179—黑尔斯的植物排汗实验(1)

445　一根苹果枝 m 装接在充有水的玻璃管 t 之中。这枝浸在盛水的容器 uu 中。过 48 小时后,管中的水下降 $18\frac{1}{4}$ 英寸。然后,把枝连同附着的管从水中取出,悬在空中。12 小时以后,这枝吸取 $27\frac{1}{2}$ 英寸管中的水。"这实验表明了,排汗力很大。因为,当枝浸入时……管中的水……只能极少量地通过叶,直到枝露置于空中。"

小作用。他写道:"因此,很可能树和植物的根……不断由新鲜湿汽滋润;它……有力地潜入根部。因此……和导液毛细管的吸引作用相协同,湿汽向上渗入植物的本体和枝;从那里进入叶……湿汽被大量释放,通过叶面排汗。"(上引著作,pp. 66—67)黑尔斯十分看重叶的作用,因此,他写道:"植物(它们无生气)没有一个引擎,而动物藉助它的胀缩有力地驱动血液通过动脉和静脉;然而,大自然令人惊叹地发明了其他手段,极其有力地提升液汁,并使其

保持运动。”(上引著作,p. 76)　446

亚里士多德教导说,植物的食物是在土壤中合成的,在那里为植物所吸收,通过“营养灵魂”的活动转变成适合生长的养料。这种植物营养的观念流行了几百年,到十七世纪才告终,亚里士多德的观念也到那时才不复阻碍植物营养理论进步。1676 年,发表了一封信《物理学简论》(*Essais de la Physique*),它给植物生理学研究引入了一个新概念。这封信是法国物理学家埃德梅·马里奥特(1620—84)撰写的著作《论植物的营养》(*De la Vegetation des Plantes*)的一部分。马里奥特把比较精密的物理学方法应用于植物营养问题,并对植物的灰作化学分析,从而表明,植物吸收同一些种类“土壤中的中间要素”,把它们转变为各种截然不同的化学物质。但他仍坚持传统观点,以至坚认,植物从土壤获得其全部养料。他用下列一番话综述他的结果:“植物的根……吸收大量水……水中包含一些其他植物要素;因为水容易蒸发,而其他元素则很难这样,所以,这些要素便留在这植物的管孔和纤维之中,在那里**以各种不同方式混合和结合**,视每种植物的状况而定。”

关于植物的食物来源,马尔比基和同时代的马里奥特意见基本一致。他试图指定,各种器官在营养作用以及在(他认为植物中存在的)液流循环的维持中,各起其一定作用。马尔比基认为,这包含养料的液汁在树木的纤维状部分中运行,而这些导管起着空气管的作用,因此称为“trachea”〔导管〕。空气(马尔比基深知其重要)通过根或叶进入植物。他认为,这些器官都很重要;在他看来,它们之位于据认为的循环系统转折点上,有利于养料的转变。

黑尔斯正是在这个基础上建立他的植物营养理论。J.冯·萨

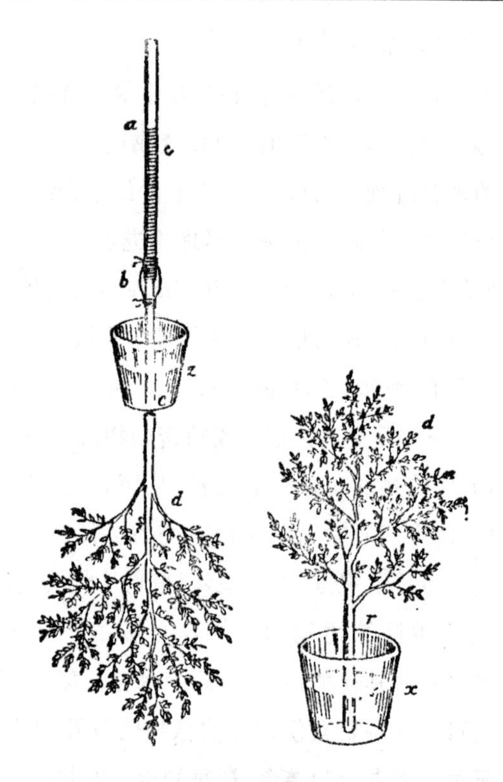

图 180—黑尔斯的植物排汗实验(2)

一株粘接于充有水的玻管 *ab* 的苹果枝 *d*。这枝在玻管下面的 *c* 处截切。一个玻璃水槽 *z* 固定在茎的其余部分 *cb* 的底部，槽内水面上盖有牛肠，以免茎 *cb* 滴下的水蒸发。截下的枝 *dr* 放在一个水量经过称量的储水器 *x* 中。这枝吸收 18 盎司水，而在同一期间只有 6 盎司水通过茎 *cb*，这茎上始终有一水柱压着。“这再次表明排汗力量之大；同时，通过枝 *r* 的各个细长部分汲入大量的水，即通过这枝长茎 *cb* 的那么多水，*cb* 长 13 英寸，管 *ab* 中有 7 英尺水压作用于它。”

克斯这样谈到他在这个领域的著作：“斯蒂芬·黑尔斯的出色研究，使从马尔比基和马里奥特到英根豪茨为增进植物营养知识所做的一切工作都黯然失色。……他的《植物静力学》……是第一部比较完备地论述植物营养的著作……它基本上是作者自己的研究成果"(*History of Bontany*,英译本,Oxford,1890,p. 476)。

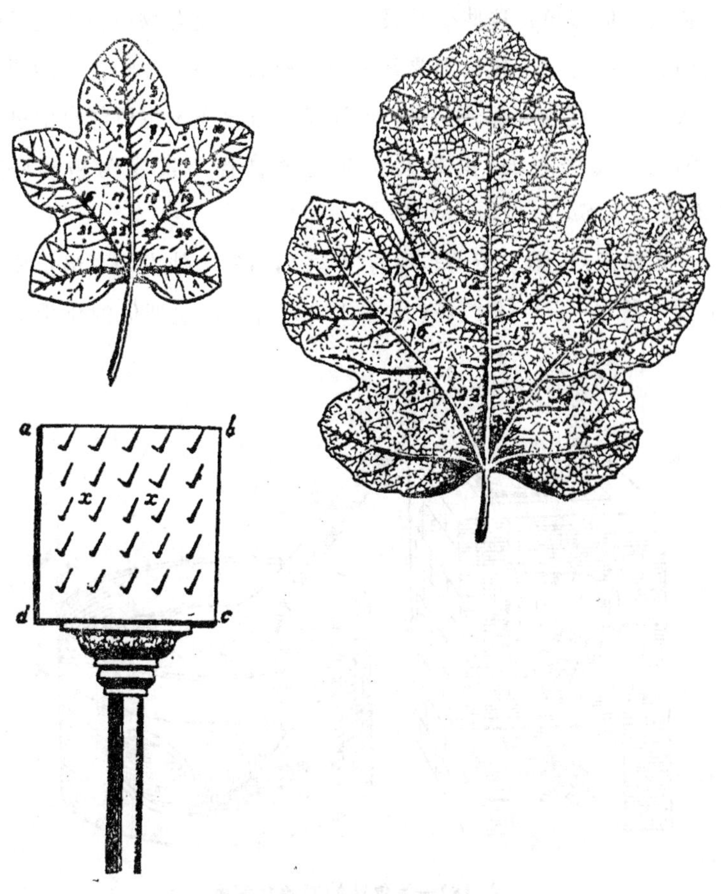

图 181—黑尔斯关于叶膨胀方式的实验

用一块栎木板 *abcd*,按$\frac{1}{4}$英寸间距规则地钉上 25 枚钉子,把一张无花果叶子(左上)伏刺在钉子上面,钉子浸染过铅丹,以留下不褪的痕迹。叶子长足时(右上),这些红点按图示比例散开。

他对植物营养知识未来发展所做的最重要贡献，也许是他注意到叶的作用不仅在于从土地吮汲营养液，而且还在于从空气吸448 收物质。他写道："这些被叶吸收的新的空气化合物……不无可能是构成植物的……较精细要素……的材料。……植物很可能通过叶从空气中吸取一部分养料。"他还说："难道光不也可能自由进入叶和花的膨胀表面，由此大大促进植物各要素变为精华吗？"(*Vegetable Staficks*, pp. 324—7)

必须记得，黑尔斯是非凡的化学家，事实上他发明了最重要的化学仪器之一——集气槽（见图 182）。自然，他把他的化学知识

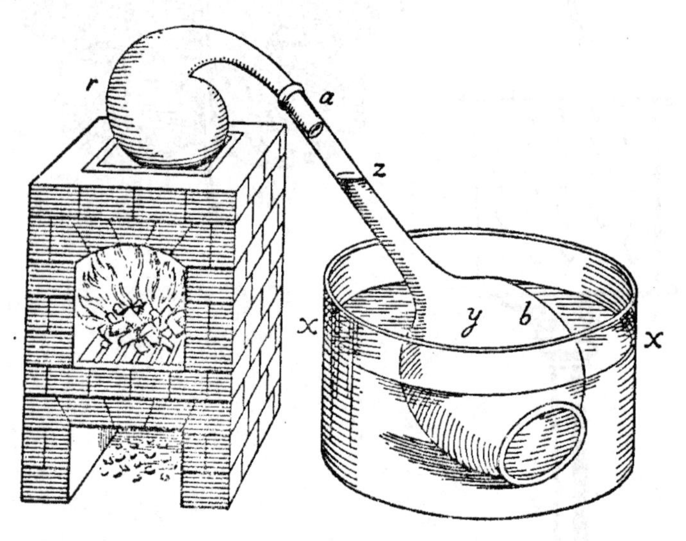

图 182—黑尔斯的原始集气槽

加热曲颈甑 r 中各种物质时产生的空气，通入放在水槽 xx 中的量规 ab。藉助一虹吸管可将空气抽出，而水则上升到 z。在加热了曲颈甑中的东西之后，水位 xx 下降，这下降表明有多少空气释出。（在这集气槽的一种改进型中，接受器 ab 和发生器 r 分开。见第 432 页上的图 153。）

运用于生物学问题。十七世纪的化学家业已证明，空气对于生命的维持是必不可少的。当然，黑尔斯也以这种观点为指导，他因而进行实验来证明，植物和其他物质中都包含相当数量的空气。他指出："做过的许多实验证明，植物不仅以根部，而且还通过其干和枝的各部分吸入大量空气……这使我更仔细地去探索一种对动植物生命和生长的维持来说那么必需的流体的本性。"（上引著作，pp. 155—156）迈克尔·福斯特爵士这样谈到黑尔斯关于空气的著作（见第395、550页及以后）："他的著作中率先明确宣称，气体既以自由态也以化合态存在。由于明确提出这条原理，他对其他人的研究产生了显著的影响，从而有力地促进了后来其他人作出发现。"（*Lectures on the History of Physiology* … Camb.，1924，p. 229）

植物生理学直到十八世纪末才得到进一步发展，那时普利斯特列、英根豪茨和塞内比埃等人在这些年里化学进展所造成的有利条件下进行植物营养研究。 449

普利斯特列

第十三章里已叙述过约瑟夫·普利斯特列对化学的重要贡献。这里只需回顾他有关植物生活的发现。普利斯特列考察了复原或更新被呼吸或蜡烛燃烧等等污浊的空气。他从一个错误观念出发，它建基于植物生活和动物生活间的一个虚妄类比。然而，他的假说可付诸检验，并且他为此所做的实验例证了，甚至一个虚妄假说只要能为观察或实验检验，也能导致发现真理。这段史实可用他自己的话扼述如下。他写道："人们可能想象，既然普通空气对于植物和动物的生活来说是必不可少的，因此，植物和动物以同样方式影响它。我承认，当我最初把一根薄荷枝放进倒置于一盛水容器中的一个玻璃瓶之中时，我也抱着这种料想；但是，当它在那里继续生长了几个月之后，我发现，这空气既未使蜡烛熄灭，也未使我放在里面的老鼠有任何不适。”(*Phil. Trans.*，1772，Vol. 62，pp. 166—7)进一步的实验表明，生长着的植物“复原”蜡烛在其中燃烧的空气和动物呼吸所污染的空气。普利斯特列得出结论：空气的这种“复原”取决“于这植物的营养状况”(同上，p. 169)。按照他自己的说法，由于一个幸运的机遇，“他悟出了一种复原已被蜡烛燃烧侵染的空气……并且至少发现了一种复原剂，自然界把它应用于此目的。它就是植被”(同上，p. 166)。约在同时，即1771年8月，他也对呼吸污染的空气做了实验(同上，p. 193)。普利斯特列的发现，与动物不同，植物不是污浊空气而是使之复原，对后来的植物学研究产生了相当大影响。

英根豪茨

荷兰生物学家扬·英根豪茨(1730—99)把普利斯特列关于植被对空气影响的研究推进到一个新阶段。他是在一次访问英国期间了解到普利斯特列的工作的。1779年，他发表了一部著作，题为《植物实验，发现它们在日照下有巨大的净化普通空气的力量，但在阴荫处和夜间侵染这空气》(*Experiments upon Vegetables, discovering their great power of purifying the common air in sunshine, but injuriog it in the shade or at night*)。他在书中证明，植物复原空气，依赖于日光的作用。因为植物的叶所需要的，

450

是“太阳的光而不是太阳热的作用”(上引著作,p. 8)。他继续又说:“太阳的光而不是热,即使不是唯一的那也是主要的原因,致使植物产生其脱燃素空气。”(p. 79)可以注意到,英根豪茨当时受到燃素说影响。但是,后来他就摆脱了它。他在后来的一部著作《论植物的营养》(*On the Nutrition of plants*)(1796年)中,表示他得益于新的化学,要是没有它,他本来“不可能从事实推出真实的理论”。英根豪茨发现光合作用,认识到它是不同于他也相当注意的呼吸的一种过程。他写道:“我进行这种探索后过了不久,眼前就展现了一幅重要景象:我注意到,**植物不仅像普利斯特列的实验所表明的那样,在污浊空气中生长六到十天左右就能使之恢复,而且植物还能在几小时内就完全地履行这一功能;这种惊人的作用根本不是由于植物的营养,而是日光对植物的影响所使然**”(*Experiments upon Vegetables*,1779,Preface,p. xxxiii)。

在英根豪茨的著作中,我们看到了,他对大气在为植物提供养料中的作用作了远为充分的评价,因为他写道:“植物看来靠它们伸展的根从土地中汲取其大部分液汁;它们的燃素物质主要得自大气,它们从大气中吸收自然的空气。它们以其叶中的物质精制这空气,从中分离出它们自身营养所需要的东西。……一株植物……不可能……去搜寻它的食物,而必须在……它所占居的空间中寻找一切它所需要的东西。……树把它的无数叶子伸展到空气中,把它们散布开来……尽可能不相互阻塞地去从周围空气中吸入一切它们所能从中吸收的东西,并把……这物质……置于阳光的直射之下,以便接收这巨大发光体作用所能提供的恩惠。”(上引著作,p. 74)塞内比埃和德索絮尔在随后的年月里继续了这里开创的工作。其中塞内比埃的工作属于我们所考察的这个时期。

451

塞内比埃

如我们所见,在后期工作中,英根豪茨利用了拉瓦锡的新的化学理论。但是,塞内比埃(1742—1809)从中得到了更大的助益。1800年,《植物生理学》(*Physiologie Végétale*)中发表了就光对植物营养影响进行的无数实验的结果和结论。塞内比埃著作的重大功绩之一在于,它按照新的事实总结了当时已知的一切论及植物生理学诸多方面的著作。例如,萨克斯说,关于当时最为重要的问题,即植物中碳的起源问题,“在了解英根豪茨著作的那些人看来,无可置疑的是,植物中的碳至少大部分来自大气;但是,塞内比埃对这问题作了与众不同的考虑;他努力考虑到一切协同起作用的因素,尤其是再次证明,在光中的植物所释出的氧来自它所已吸收的二氧化碳,而只有绿色部分而不是其他部分能够完成这种分解,自然界中有充足的二氧化碳供给植物养料。不过,虽然他深信,绿色叶子分解它们周围呈气态的二氧化碳,但他认为,这种物质主要取道根而同上升的液汁一起进入叶子”(*History of Botany*, p. 497)。

德索絮尔

著名生理学家泰奥多尔·德索絮尔(1767—1845)发表的著作有相当一部分不属于我们这一时期,而在十九世纪初。但在这里论述其一部分,还是比较合适的,因为,它们可以认为是英根豪茨和塞内比埃两人工作的直接产物。有人这样谈到十八世纪生理学家："黑尔斯、普利斯特列、塞内比埃、英根豪茨和德索絮尔都是碳同化作用研究的先驱。……这些人中间，德索絮尔最伟大：他第一个核定了表明光合呼吸商的统一的平衡表……他还第一个表明，水和盐以及二氧化碳是绿色植物营养所必不可少的。"（T. G. Hill：载 *Report of the Brit. Assoc. for Adv. Science*，1931）

英根豪茨和塞内比埃仅满足于对之作观察和描述的那些过程，德索絮尔却加以定量的研究。结果，他发现了，水的各成分同二氧化碳中的碳一起被吸收到植物之中。 452

植物生理学的定量研究方法导致德索絮尔从事其他一些探索。当充分认识到了，构成植物物质中如此重要组成部分的碳是空气供给的时，人们自然而然地就倾向于轻视土壤，而在这之前一直认为，它是攸关重要的。德索絮尔则表明了，植物从土壤获得的无机物质是何等地重要；根部植在蒸馏水中生长的植物，几乎丝毫也不增加其本体的物质。似乎可以合理地认为，既然大气中二氧化碳含量那么少，所以，这含量的增加将导致产生更多的植物食物。然而，德索絮尔表明了这假说的局限性。他指出，如果二氧化碳不是变得致死性的，那么，二氧化碳的增加便来自光强增大。这个认识对于进一步研究碳同化作用，具有重要意义。

五、植物的性

格鲁、卡梅腊鲁斯和其他人

十七世纪，卡梅腊鲁斯（1665—1721）做了表明花粉对于能育种子产生具有重要意义的实验。在他的著作《论植物的性》(*De Sexu Plantarum*)(1694年)中,他写道:“在同株植物上雌雄花离生的植物中,我从两个例子认识到去除花药所带来的危害。当我在花药展开之前摘除雄花,并阻止雄幼花生长,但保留子房时,我从未得到完满的种子,而只有空的种皮。”很大程度上由于这一实验工作的力量,人们几乎普遍相信,卡梅腊鲁斯发现了植物的性。但是,1720年即卡梅腊鲁斯死的前一年发表的布莱尔的《植物学论集》(*Botanik Essays*)表明,这不是十八世纪初年的公认观点。
453 书中第四篇论文论述“植物的发生”,布莱尔在文中写道:“我现在要论述动植物共同的那些东西。我是指它们的发生即物种繁殖方式的问题。……许多人论述过动物发生的问题,但罕有人能给出人们所期待的令人满意的说明;能够令人信服地论述植物发生问题的人,就更其寥若晨星。因为,人们至今仍不明白:(i)虽然动物有两种不同的性……但植物尚无已知的这种东西”(*Botanick Essays*,1720,p. 221)。在表明了像动物一样,植物也“必然有两性”之后。布莱尔“追溯了从发现者格鲁博士直到现在,这种见解即植物像动物一样也有雌雄两性的起源和发展。格鲁博士第一个隐约暗示这个见解。它已为……雷先生改进。卡梅腊鲁斯(像他自己承认的那样)受到他的著作的激发而推进了这个见解”(上引著作,Preface)。布莱尔还说:“鲁道尔夫斯·雅各布斯·卡梅腊鲁斯……在他的《植物的性书简》(*Lettre de Sexu Plantarum*)中,正是由于这两位英国伟人,才认真地考虑古代人屡屡否定的这种主张植物有两性的见解。他承认,他因读了格鲁博士和雷先生关于这个问题的著述才相信这条真理的,他把作出如此宝贵发现的殊荣归于他们两人”(*Botani ok Essays*,p. 272)。今天,我们也得按格鲁和雷的同时代人和直接后继人的看法,把属于这两人的荣誉归于他们。菲利普·米勒写道:“格鲁博士是我所能找到的唯一作者,他观察到,那些以某种方式起着雄性精子作用的药片所散发的……粉。但我认为,他在这里还有缺陷,因为他认为,它们只是滴落在外面……而由某些含酒精的发散物给内含的种子授精”(Miller,*Gardener's Dictionary*,1731)。

布莱尔断定,卡梅腊鲁斯承认得益于格鲁,这是完全正确的。这鸣谢见诸《论植物的性》第226页。无疑,这一发现应归功于格鲁。然而,应当承认,卡梅腊鲁斯也有一定功劳,因为他做了这方面的实验工作。植物的性的最终证据毕竟必须到实验证明中去寻求;卡梅腊鲁斯还把格鲁提出的理论观念付诸实际应用,因此,给他荣誉也是公正的。然而,帕特里克·布莱尔还指出,在卡梅腊鲁斯之前,已经有人用实验表明,雄蕊的产物对于能育种子的发育是必不可少的。他记叙说:“雅各布·博巴特先生……约在三十八年前〔即约1682年〕,那时还没有完全弄懂植物有两种不同性的学说……就已观察了一株叫*Lychnis Sylvestris Simplex*〔单枞萜剪秋罗〕的植物,它的花虽有雄蕊,却没有顶端;……他留心这株植物,小心照料它,直到种子成熟;他最后收到的种子坚实至极。……他把它们播种在他的园子里……但是却连一株也没有长出来。”(*Botanick Essay*,p. 243)布莱尔还说:他的“这个说法得之于著名的谢拉德博士……他们两人都是深孚众望、声誉卓著的人物,我可以斗胆说,这个关于植物有不同性的见解现在建立在另一个基础上,它不同于我们现代作者大都接受的基础”(上引著作)。

454

不无可能的是，卡梅腊鲁斯不知道这部著作，至少在他写作《论植物的性》的时候还不知道，因为，布莱尔写于1720年的说明看来是博巴特观察的首次发表。说卡梅腊鲁斯第一个提出，植物的性可同已知动物的性相比拟，或者第一个用实验证明它，这种说法似乎不可能证明是合理的。但是，增进我们关于这个问题的知识的，是卡梅腊鲁斯的工作，而不是博巴特较早的工作。

及至十七世纪末，已经最后定论地证明，能育种子只能作为传粉的结果产生。然而，要经过许多年之后，这个学说才得到普遍公认。这期间，逐渐积累起了相当数量证据，它们最终确立了，植物的性和杂种的形成（天然的和人工的）都是无可争辩的事实。

克尔罗伊特和其他人

诚然，约瑟夫·克尔罗伊特（1733—1806）的工作是十八世纪里这一领域中最杰出的贡献之一。然而，尤其在英国和美国，还有一些人也大大增进了我们的知识，因为他们仔细记录了他们对植物育种进行的观察和实验的结果。C.泽克尔在评价《植物杂种的早期记录》(*Early Records of Plant Hybrids*)(*Joun. Heredity*, Vol.23,1932)时，注意到这样的事实：科顿·马瑟早在1716年就已"记录了(1)风媒传粉；(2)杂交（不同品种交配）；(3)有些后代和雄性亲本相似"（上引著作，p. 446）。卡梅腊鲁斯已经用玉蜀黍(Zea Mays)做实验研究，在他之后的杰弗罗伊、马瑟、保罗·达德利和詹姆斯·洛根等人也做过这样的研究。这些植物杂交早期研究者能得到这种植物作研究，是很幸运的，因为像后来所表明的那样，雄性亲本的影响直接显现在发育的胚乳（食物保存物）之中。455

杰弗罗伊的观察表明，能育种子的产生需要花粉，但这些观察对杂交毫无贡献。不过，以下的摘录可用来表明，这些美国人的早期观察在多大程度上奠定了我们关于传粉以及杂种形成知识的基础。马瑟于1716年在一封致联邦储备系统的詹姆斯·佩蒂弗的信中写道："我可以提供例子来说明植被保存的方式，在此我报告我邻居最近做的两个实验。"

"我的邻居在他田里种植了一行我们的玉蜀黍，不过这些谷物给着上**红色**和**蓝色**；田里的其余地方，他种上最普通颜色即**黄色的**玉蜀黍。在最向风那一边，这一行侵染了毗邻的四行、第五行的一部分以及第六行的边缘，使它们像自行生长那样着色。但在背风那边，至少有七八行被这样着色，而且在更远的那些行上，也有些较淡的痕迹"（参见 Zirkle：*Journ. Heredity*，Vol. 23，1932）。保罗·达德利在1724年记录了"这种谷物〔玉蜀黍〕生长中同样的异常现象，即在谷物种植后，颜色交换或混合"（*Phil. Trans.*，1725，p. 198）。1735年，詹姆斯·洛根写给柯林森一封信（后来发表于 *Philosophical Transaotions*，1736，p. 192ff.），信中他记录了他园子里对玉蜀黍做的大量观察和实验。可以看出，他抓住了问题及其种种可能性。他也许第一个认识到，他能够把雌花分离出来，方法是给它们盖上"细布……以防止花粉通过"（上引著作，p. 193）。他写道："在穗上，我覆盖细布，结果，连一个成熟子粒也未长成。……但在其余部分，我留一部分，又拿掉一部分穗丝〔柱头〕，结果，每一处都长出极匀称的完全子粒。"（上引著作，p. 194）

凡是和植物打交道的人，不管抱什么目的，普遍都对植物的性这个问题感兴趣。例如，理查德·布莱德雷在他的著作《栽培和园艺新改良》(*New Improvements of Planting and Gardening*)(1717年)中专门用一节论述植物发生。他在1718年写道:"我认为,自己有责任声明,这个秘密的第一个线索是皇家学会的一个杰出会员罗伯特·鲍尔斯先生在几年之前告诉我的;他抱有这个观念已不下三十年之久,即植物也有和动物有些相似的繁殖方式。456 我从这位先生那里得到的启发,后来为该学会另一位学识渊博的会员塞缪尔·莫兰先生所进一步阐发,他……使我们懂得,花的顶端的粉〔即雄性精子〕怎样变成植物种子的子宫即瓶状体,而其中的种子正藉其被授精。于是,我以探明真相为己任,我十分幸运,竟用一些实验作出了证明。"

在"本系统的论证部分",布莱德雷描述了他用两组郁金香做的实验:一组是一大片,有四百株;另一组有"十二株,长得十分健康,离前一组非常远"(上引著作,p. 20)。当他"在传粉体成熟或出现这种征象之前,小心地把这些郁金香的顶端都除去"的时候,他"极其小心地观察"它们的开放。"这些郁金香那年夏天没有结种子,而……这四百株我让它们一一独处时,每株都产生种子"(上引著作)。他还说明了用"远离其余同类"的榛和别的风媒传粉植物做的实验。他指出,如果雄葇荑花序在花粉散落之前被去除,那么,就不会结出果实,"除非你记住挑出某朵花,而它能由另一棵树的葇荑花序……轻轻散在它上面而受精"(同上)。

布莱德雷完全清楚他的观察的重要性。因为他指出,"根据这知识,我们可以用同纲的一株的花粉给另一株授精,由此来改变任何水果的性状和味道"(上引著作,p. 22)。他在另一处还写道:"并且,一个精明的人根据这种知识能够产生以前未闻的稀罕品种植

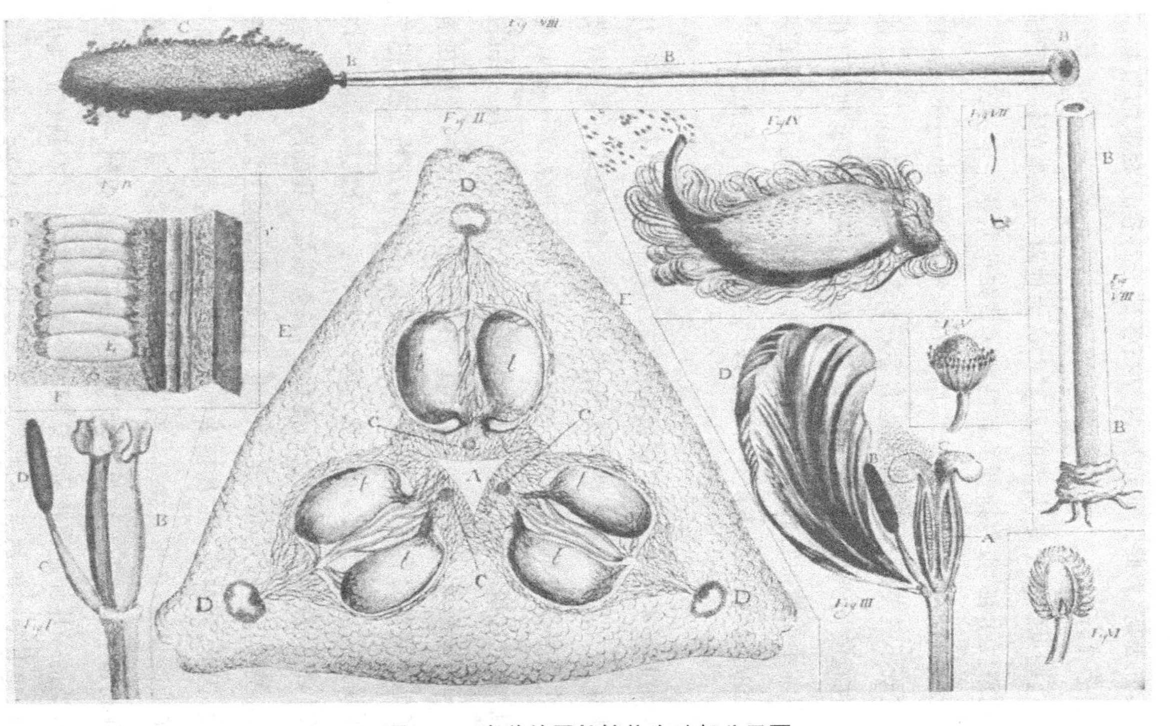

图 183— 布莱德雷的植物生殖部分示图

物，其方法是，为此目的选择两种在各部分都接近相似的植物。”（上引著作，p. 23）

这些见解不止是无谓的思辨。这为他对一件事的评论所证实，这事发生在“霍克斯顿的托马斯·费尔柴尔德先生的园子里。用美国石竹的花粉授精的一株麝香石竹的种子长出……一株植物，它既不是美国石竹，也不是麝香石竹”（上引著作，p. 24）。他把这种植物同杂种相比较，指出，“就发生而言，〔它们〕也和杂种相同，但却不能繁衍它们的种”（同上）。种间杂种的自花不育性在实践上已完全确定，但还没有可能从理论上了解，或者作为思辨结果提出。

如上所述，早在1716年就已确定，风是传粉的媒介。我们对457昆虫作这一工作的重要性的认识，要晚一些，最初是菲利普·米勒的一次观察发现的。米勒把这观察写信告诉了理查德·布莱德雷，后者把这信发表于《论耕作和园艺》(*A Treatise of Husbandry and Gardening*)。在1721年10月6日的一封信中，米勒在描述了他的观察之后写道：“这使我尝试实验，在花落花粉之前，把花的顶端摘除；……但是，我大吃一惊，一些种子十分成熟，具有一切应有的优良性状，我们把它们播种后，长势很好。我的朋友为此责备我，说我宣扬的是个十足的幻想，但我希望，他们能等我再尝试一次；因此，我种植十二株郁金香，一旦它们开花，就用一把精细的镊子取除顶端，免得我碰落一些花粉，而且我用显微镜也看不出还有花粉留下。过了大约两天，我坐在园子里观察，看到一些蜜蜂在我近处的一片郁金香花丛中穿梭不停；我盯住它们，看到它们飞出来时，腿上和腹部都沾有花粉，其中有一只飞进我已使之去雄的一株郁金香;我拿起显微镜观察它飞进去的那株郁金香,发现它留下足可给这郁金香授精的花粉;当我把这告诉朋友时……和他们又言归于好。但是,也许海外有人可能重蹈覆辙……我希望你将此信发表;因为,除非采取措施把昆虫赶开,否则,植物就可能由远比蜜蜂小的昆虫授精。”布雷莱德给这段说明作补充说:“这观察到了昆虫在花间传递雄花粉,由此给一些否则绝不可能再育的花授精。这是个崭新的思想,也十分合理。”(上引著作,1724,Vol. 11,p. 14)

这一切工作以及还有许多工作都是在克尔罗伊特记录他的传粉实验之前做的。在他的时代,这工作很少为人们理解,也更得不到什么好评。然而,他的《关于植物的性的统一的实验和观察的初步报道》(*Vorläufige Nachricht von einigen das Geschlecht der Pflanzen betreffenden Versuchen und Beobachtungen*)(1766 年)证明已具有关于传粉和杂交的关键性知识,而这成为后来研究的可靠基础。

关于柱头上花粉粒萌发的知识的缺乏,并未对传粉作用的观察带来太大影响。诚然,克尔罗伊特进行工作时相信,柱头上花粉粒发出的流体流入胚珠;他对花粉管的产生,以及花粉管通过花柱到达子房和胚珠的路径,都毫无所知;当然,他也不知道,雄配子沿此途径能到达卵子。克尔罗伊特认为,受精本质上是化学的化合。他认为,这过程乃是花粉粒的油状物质同柱头流体的混合,因此,他不得不认为,受精发生在柱头上,而不是在胚珠中。他主要关心传粉的机制以及花粉在产生新一代中的作用。就此而言,克尔罗伊特所做的杂种产生实验具有带根本性的重要意义。但是,这一 458

点要到十九世纪才为人们所认识。

克尔罗伊特大约做了六十五个植物杂交实验。作为实验和观察的结果，他得出下述结论。仅当亲缘关系密切的植物杂交时，杂交才有成果或者获得成功，而且，即使这样，也不总是取得成功。成功时，杂种植物一般长得较快，花开得或早或迟，持续时间较长，在秋天，不仅从茎而且还从根长出幼枝。他认为，造成这些优点的，可能是这样的事实：与自然植物不同，杂交植物并不由于种子发育而削弱。他还观察到，在杂交植物继续自花传粉之后，它们的原始亲本类型又重现。

至于受精的方式，克尔罗伊特认为，不仅无花果树，而且黄瓜、甜瓜和各种其他植物，也都通过昆虫受精。在十八世纪末，施普伦格尔还表明，大自然自己也以昆虫为媒介进行植物杂交的实验。

施普伦格尔

毫不奇怪，在物种不变性被确凿无疑地接受的环境里，产生介于亲本植物之间的杂种的可能性，是得不到支持的。这一事实可从植物研究的这一方面只有零星发展这一点得到充分印证。十八世纪里，这方面研究还有一个杰出倡导者是康拉德·施普伦格尔(1750—1816)。萨克斯在写到他时，说道："在康拉德·施普伦格尔那里，我们看到了又一位像卡梅腊鲁斯和克尔罗伊特那样的天才观察家。不过，在概念大胆性方面，他超过他们两人。因此，他甚至比他们更得不到同时代人和后继者的理解。"(*History of Botany*, p. 414)

今天的植物学家在阅读施普伦格尔的著作时，可能会责备它们采取纯粹神学的观点，这种观点现在已罕有人支持。然而，恰恰在如此探求他观察到的一切事物的根本动机以及植物和昆虫间关系的解释的过程中，施普伦格尔写成了他的最佳著作。1793 年，施普伦格尔发表了《新发现的关于花的构造和受精的本质的秘密》(*Das new entdeckte Geheimnis der Natur in Bau und Befruchtung der Blumen*)，书中他提出了自己关于传粉和花对来访昆虫的适应的观点。克尔罗伊特和其他人已经证明了，通过亲缘关系相近的种之间的异花传粉，有可能产生杂种。然而，施普伦格尔扩充了这工作而表明，异花传粉是一个种之内的常见现象。事实上，许多花各部分的形态和排列背后的动机似乎就在于此。"因为，非常多花都是雌雄异株的，并且，可能至少许多两性花是雌雄蕊异熟的，所以，大自然看来未曾希望，一切花都由其自己的花粉来授精。"两性花的雌雄蕊异熟特别引起注意，并且，施普伦格尔既熟悉雄蕊比柱头先成熟的花(即后雄蕊花)，同样也熟悉柱头首先成熟的花(即雌蕊先熟花)。

459

传粉主要是昆虫的工作，非常多花都只对一定昆虫的来访表现出特殊的适应；不过，像风之类的媒介也担负传粉的工作。没有呈彩色花被或花蜜形式的那种专门吸引昆虫的手段的植物，通常是风媒传粉的，并且施普伦格尔还发现它们产生大量很轻的花粉。

从施普伦格尔积累的大量知识中，还可以援引许许多多例子。但是，这里只要再补充一点就够了。虽然总的说来他坚持克尔罗伊特关于受精的观点，但他增进了关于传粉和保证传粉进行的机制的知识，使之离我们今天的水平仅一步之遥。

(参见 J. von Sachs: *History of Botany*, 1530—1860, Oxford, 1890; H.

F. Roberts:*Plant Hybridization before Mendel*, Princeton, 1929;以及第 556 页上关于植物学的书。)

汉译世界学术名著丛书

十八世纪
科学、技术和哲学史

下册

〔英〕亚·沃尔夫 著

周昌忠 苗以顺 毛荣运 译

周昌忠 校

商务印书馆
创于1897 The Commercial Press

第十八章　动物学

460

十七世纪的生物学家锐意致力于精确描述前人没有细心观察的许多植物和动物。仔细的观察和忠实的描述，成了这些科学工作者的重要职责。可是，为了达到理解现象这个每门科学的终极目标，还需要做更多得多的工作。随着生物学研究材料在十八世纪里迅速积累，生物学家们倾向于产生一种手足无措的感觉，因为缺乏一种总括万殊的图式，可据以有条不紊地整理或理解浩瀚的具体资料。无论动物学还是植物学，首要的必备条件是某种适当的分类体系。早在十七世纪，约翰·雷就已在他的《四足动物方法概要》(*Synopsis methodica animalium quadripedum*)(1693 年)中，提出了一种动物系统分类法；但是，它不能令人满意。只要生物学家们还相信物种的固定性，也许就不可能有一种完全令人满意的分类法。林奈在十八世纪采取的动物分类法也有同样的毛病，但它至少一度证明在某些方面比较有益。不管怎样，这个时期的动物学家满足于那种把他们注意力引向其他问题的系统工作，因此，在解剖学、形态学和生理学等学科的研究上取得了重要进展。甚至对一些哲学的或思辨的问题，例如活力论和机械论的问题，也表现出了相当大的兴趣，虽然它们并未对促进这些动物学家的科学工作提供具体帮助。

一、分类法

林奈

林奈把种作为分类单位。作为物种固定性的信仰者,林奈认为,种是不可变的,种在以往和将来都始终保持同样性质,因此,种是可靠的分类单位。总之,从各种不同的动物种出发,他把它们排列成如下六类:

Ⅰ. 哺乳动物……胎生 } 血红色且温;心脏有两个
Ⅱ. 鸟…………卵生 } 心耳和一或两个心室。
Ⅲ. 两栖动物……用肺呼吸 } 血红色而冷;心脏有
Ⅳ. 鱼…………用鳃呼吸 } 两个心耳和一个心室。
Ⅴ. 昆虫………带触角 } 血冷而无色;心脏没有
Ⅵ. 蠕虫………带触毛 } 心耳,有一个心室。

在某些方面,这种动物分类法是错误的,并且就没有区别脊椎动物和无脊椎动物而言,它还不如雷提出的分类法。像对植物一样,林奈在动物情形里也满足于仅仅应用形态特征作为他的分类法的基础;他没有注意动物的内部结构。例如,鸟的性状判别因而就归结为这样几句话:"身体长羽毛,两足,两翼,雌鸟下蛋。"

461

林奈自己看来对他的动物分类法也不完全满意。他没有给这种分类作总的论证,而在他的《植物学哲学》中,为了支持他的植物分类法,则曾这样做过。他在《自然体系》的各个版本中,都对他的动物分类方案作了各种小修改。他也许把它当作尝试性的工作方案，需要在进一步的研究中加以修改。事实证明，它是很有用的：它在很长时间里流行不衰，在十九世纪之前未作过重要修改。

像在植物学情形里一样，在动物学方面，在很大程度上也是仰赖于林奈，纲名双名法才被公认为动物学命名法的一个固有部分。他的《自然体系》第十版(1758 年)公认是动物命名的基础，一如他的《植物的种》之成为植物命名的出发点。

二、形态学

布丰

布丰伯爵乔治・路易・勒克莱克(1707—88)出生在第戎附近。1735 年，他发表了黑尔斯的《植物静力学》的法译本。1739 年，他就任皇家植物园园长。虽然他实际上并不是专业博物学家，但他对皇家植物园抱极大的兴趣，使之成为法国的植物学研究中心。在他当园长期间，这植物园大大扩充，增添了许多外国植物。由于这个功绩，不过更大得多程度上还由于他擅长明白通畅地描述和阐释，他极大地促进了生物学研究的普及；他在生物学史上的地位也许主要就是建立在这上面的。

布丰作为博物学家而驰名，乃得力于他的名著《自然史》，其前三卷出版于 1749 年。这部著作的宗旨纯粹是“记叙一切自然界知识”。这个任务不是一个人所能胜任的。因此，他聘请了许多合作者。但是，即便如此，这部著作还是美中不足，错误所在多有，并且他也未完成全部工作；最后八卷(论述爬行动物和鱼)在 1788 和 462

1804 年间问世。布丰在世时出版的三十六卷中，第一卷论述一般问题；下面十四卷主要论述哺乳动物，继之是七卷增补卷（包括著名的 *Époques de la Nature*，1779 年）；以下九卷论述鸟；随后五卷讨论矿物。

布丰对自然界的一般看法是概括的和圆通的。他承认，自然现象有一定程度的秩序和规则性；但是，他很不赞成坚持不懈地努力，试图去发现一个硬性的分类体系，把自然现象都一一对号入座。他认为，一切分类都是人类想象的发明，而不应当过于认真看待它们。如从这种态度可以料想到的那样，布丰最终拒斥了物种固定性的观点。他认为，一个物种只不过是相似的和相互能育的个体的演替，而并无权要求不可变性。他倾向于认为，他所知道的两百个四足动物种可能是仅约四十种原始类型的后代；换言之，他已准备承认新物种的可能起源。后来，他甚至还不太认真地认为，一切脊椎动物都是同一祖先的后代。

布丰对比较植物和动物时硬性划界也很反感。他拒斥绝对划分动物和植物的观念。他倾向于认为，它们都由“有机分子组成”，而这些分子通过组合成各种团块而产生新的个体。事实上，他在一定程度上倾向于自然发生说。

在这一切问题上，布丰显然同林奈及其后继者的观点相对立。很可能的是，这种对立或许在一定程度上促成了十八世纪生物学从极其狭隘地专门研究系统分类法转向注意其他生物学问题，尤其是形态学研究。

十八世纪生物学对微小生物的形态学研究特别感兴趣。这个世纪实际上已被称为昆虫研究时代。现在我们可以转到考察这个领域的一些主要研究者。

列奥弥尔

勒内·安托万·费尔肖·德·列奥弥尔(1683—1757)出生于拉罗歇尔,1703 年到巴黎大学攻读数学和物理学,1708 年当选为巴黎科学院院士。他的活动很多,并涉及各个不同方面。他研究和促进了法国的工艺和制造业,他的卓著名声维系于一种温标。本书前面各章已多次提到他的工作。但是,他的最大科学贡献在于他那六卷本《昆虫史研究笔记》(*Mémoires pour servir àl'Histoire des Insectes*)(巴黎,1734—1742 年)。

463

图 184—列奥弥尔

列奥弥尔在很不寻常的广义上使用"昆虫"这个术语,包括四足动物、鸟和鱼以外的一切动物。他极其细心而又极富独创性地研究这些低等动物以及它们用以保护自己脆弱身躯的那些令人赞叹的手段。因此,他的许多描述性记叙,比如对毛翅目蠕虫、中国条纹蛾的蠋和蜉蝣的说明,至今仍为一些这方面的新著录引,只是略作修改,例如 L.C. 米阿尔的《水生昆虫》(*Aquatic Insects*)(1895 年)。

列奥弥尔的科学独创性表现在他采用"诘难大自然"的实验方法(图185)。他并不满足于仅仅照样观察昆虫,而是试图更有成

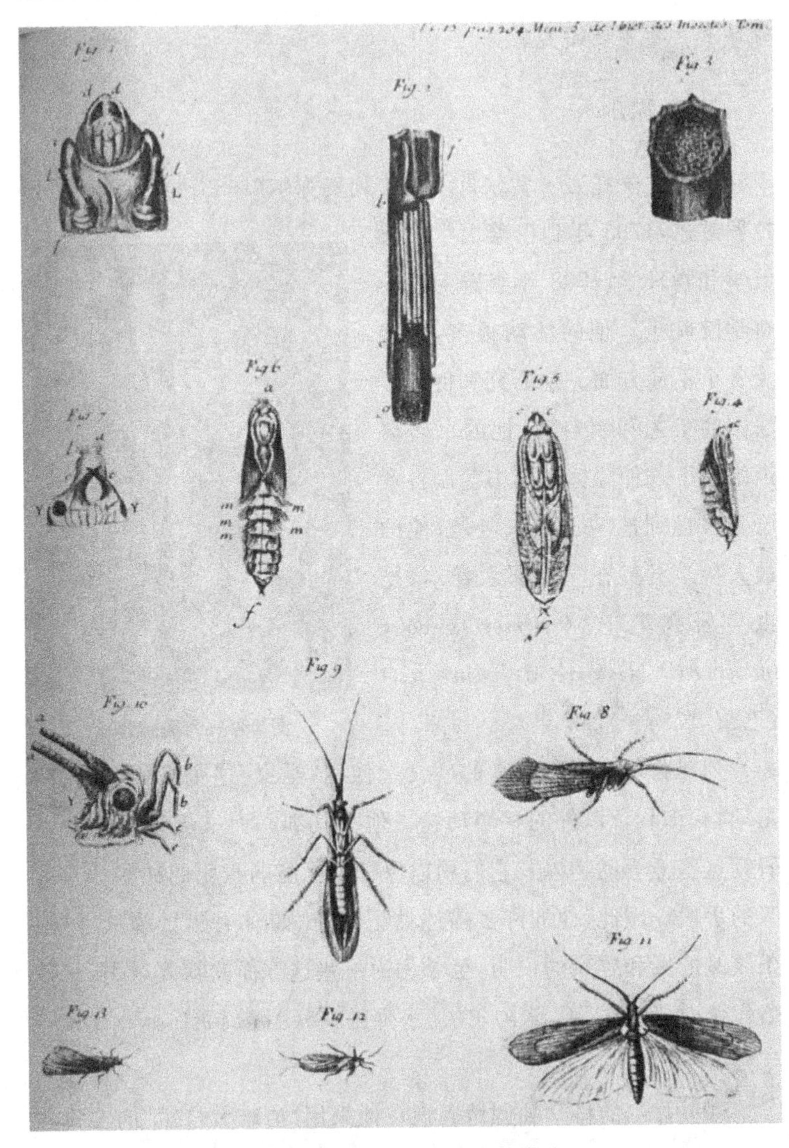

图 185—列奥弥尔对昆虫的描绘

果地观察它们的习性，其方法是安排能表明它们行为的一定条件。例如，为了确定毛翅目蠕虫如何生出它的鞘即壳，他把一只毛翅目蠕虫剥掉壳，放在一个玻璃盘中，内有一些浸泡过水的叶子碎片。然后，他观察，它如何在不到一小时的时间内，利用这些叶子碎片长出一个新的壳。

博内

夏尔·博内（1720—93）出生在日内瓦。父母亲是法国人，为躲避迫害胡格诺派教徒而逃离法国。他是职业律师，因受列奥弥尔著作的激发而从事自然史研究，作为一种业余爱好。

图 186—博内

博内注意蚜虫（树虱），他用类似列奥弥尔的实验方法进行研究，而事实上这个研究课题也是列奥弥尔提示的。他于 1740 年通过隔离新生的蚜虫而证明，一个雌蚜虫能无需受精就产生后代。以此方式（即胎生和孤雌生殖）产生的蚜虫通常在几代里一直是无翅的。然而，后来就产生了有翅的胎生雌蚜虫；最后，雄蚜虫和卵生的雌蚜虫也出现了。这种卵生的雌蚜虫的出生通常在不利条件下发生，它们的卵在能够发育之前必须先受精；卵在春天孵化。

464

在完成了对分裂生长过程的研究之后，博内研究了水螅和类

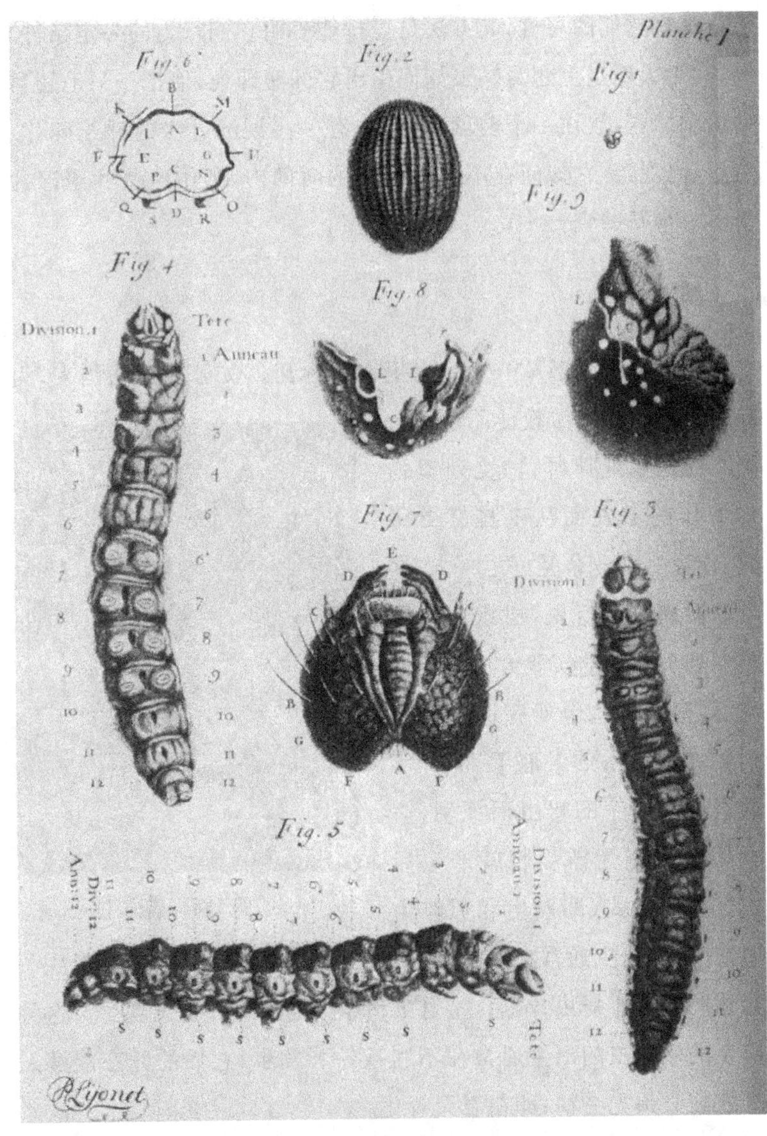

图 187—利奥内的毛虫图解(1)

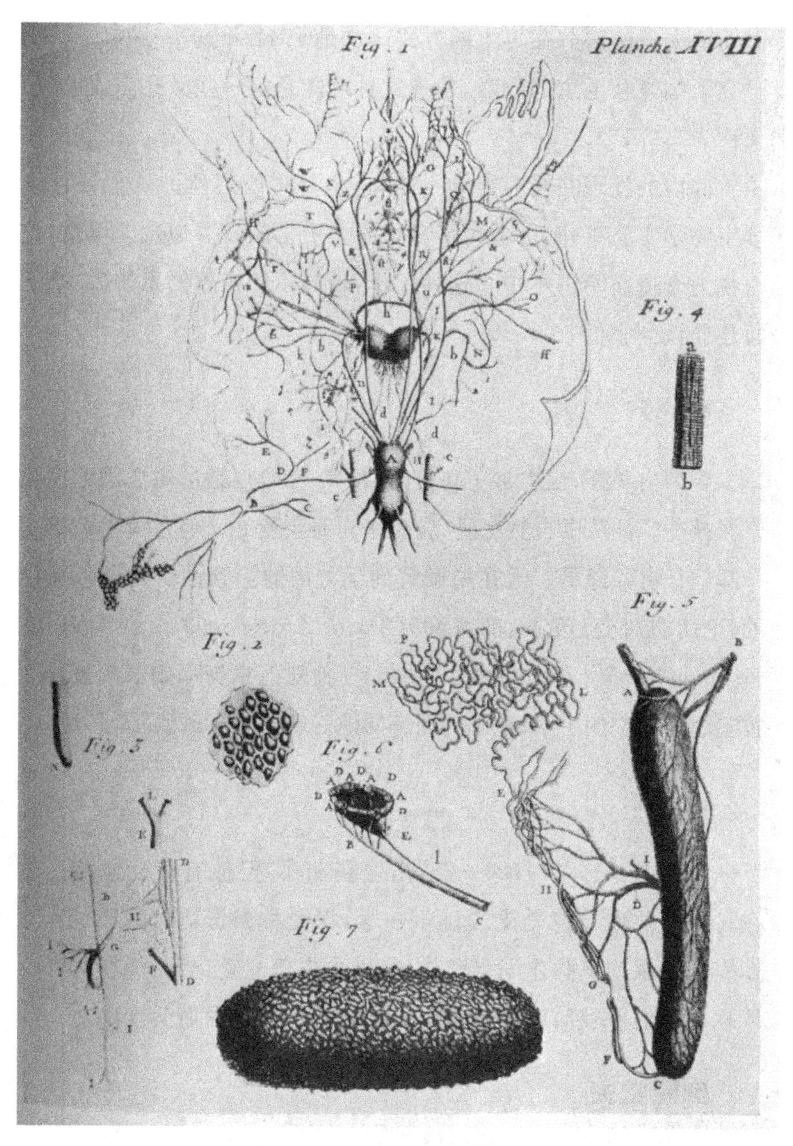

图 188—利奥内的毛虫图解(2)

似动物失去的部分又再生的方式。这是1741年的事;1742年,他研究了蝴蝶和毛虫的呼吸,发现这种功能是由一些微孔完成的(后来称为“气门”)。

博内的发现在当时轰动一时,这也是理所当然的。如果他继续生物学实验工作,那他可能赢得科学史上的重要地位。可惜,他因视力衰退而不得不中止这种工作,转向不切实际的思辨(本章下面还要谈到它们)。

利奥内

像博内一样,皮埃尔·利奥内(1707—89)也是逃离法国的胡格诺派教徒。他从事自然史研究,乃作为业余爱好。他在荷兰政府一个部门任机要译员。他在精微解剖学方面的探索性研究记叙在他的《论使柳树变红的蛹的解剖》(*Traité Anatomique de la Chenille qui rouge le bois de Saule*)(1760年)。他对毛虫头部的解剖被誉为技艺超群卓绝的手术;他画的图解同他的解剖一样出色(图187)。

德热尔

夏尔·德热尔(1720—78)出生在瑞典,但他有荷兰血统。他在乌普萨拉和乌德勒支攻读生物学,深受林奈影响。1752年,他发表了继承列奥弥尔同名著作的《昆虫史研究笔记》。林奈的影响体现在他的比较简明的命名法上。他的描述明白而又准确。

罗森霍夫

奥古斯特·约翰·勒泽尔·冯·罗森霍夫(1705—59)是尼恩

贝格的一个微画家。在一次访问汉堡时，他考察了乌里安夫人的昆虫画。虽然他未受过生物学训练，但他决定研究昆虫的习性和结构。他把观察结果发表在名为 *Insecten-Belustigungen* 465 (《趣味昆虫》)的一种普及性每月评论上，后来这份期刊改为卷的形式印行(1746—1761)。冯·罗森霍夫对昆虫和其他动物的形态和生活史作过大量细致的说明，配有他自己雕刻的丰富的详细图版。他在最后的年月里，以重病之身再也不能从事这个领域的研究，但仍坚持观察朋友赠与的收藏品中的水生生物。正是这个时候，他第一次有机会研究**水螅**即淡水珊瑚虫，它们在当时是个备受瞩目的研究课题，因为它们显得兼具植物和动物的性状。

列文霍克最早于 1703 年研究水螅的本性和幼水螅发生的通常方式。这些研究的结果发表于《哲学学报》(No.283)，后来贝克和特伦布利继续作了深入研究。

贝克

亨利·贝克是个书商。他对水螅做实验研究，是为了"在人类面前展现造物主惊人力量的一个新证例"；他在 1743 年发表了《珊瑚虫自然史》(*A Natural History of the Polype*)，说明了水螅的各个不同的种、发现它们的地点、它们的惊人生殖力和生长力、它们攫食的方式以及各个部分朝向成为完善珊瑚虫的每日进展。贝克用他的显微镜观察四种水螅。其中两种是特伦布利从海牙寄给他的；另两种是在英国采集的，呈草绿色。他详细说明了水螅的自然营养再生，描述了它们生产幼水螅的方式。

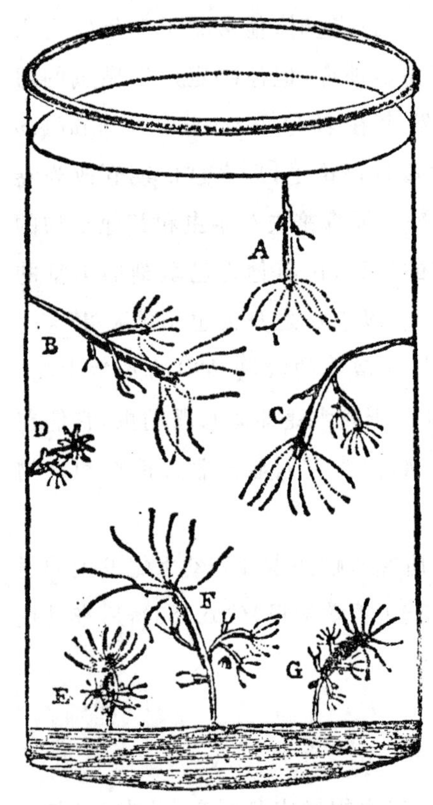

图 189—贝克对珊瑚虫的描绘。悬在上面的是幼珊瑚虫

“它们中没有交配的现象，也没有性的差别。……幼水螅从亲代侧边产生，呈很小的瘤或突出物的形状……它们变长……长成完善的珊瑚虫，同亲代分离”。(上引著作，p. 49)

特伦布利

亚伯拉罕·特伦布利(1700—84)在1744年发表了他的《淡水珊瑚虫属史研究笔记》(*Mémoires pour servir à l'Histoire d'un genre de Polypes d'eau douce*)。不过，他对水螅的研究要比这早得多就开始了。同特伦布利保持通信联系、收到过他寄赠的水螅的贝克，早在1739年就已告诉我们：“这位富有独创性的先生在寻找水中微小生物时发现了珊瑚虫；由于观察到它有些方面像植物，在另一些方面像动物，因此，他把它切成几块，以判定它究竟是动物还是植物……结果发现，每一块都变成一个完善的珊瑚虫体……他根据这现象本来会得出结论：它是植物……可是，他发现，它形状变化不定，位置游移不驻……捕捉

466

和吞食昆虫和蠕虫敏捷……这些使他毫不怀疑，它是动物。由于这些发现，他自那时以来又做了各种各样实验。”(*A National History of Polypes*，p. 4.)

特伦布利的实验确凿地表明，一个水螅可以切成一块一块，而每一块都能长成一个新的完全的个体。他还观察了通过出芽的自然再生和产卵。他相信，卵生产新的个体，但是，支持这种信念的证据尚不足以使他确信：他接受的这个观念不止是个尝试性假说。

三、胚胎学

胚胎学的基础早在十七世纪就已奠定。哈维已率先尝试根据他自己的观察结果进行个体发育重要分析。他的发育理论(后来称为“渐成论”)是说，新的个体通过渐次的增长过程发育。稍晚，马尔比基也根据观察教导说，胚的原基在卵中就已发现存在，发育仅仅是渐次的膨胀和业已形成的东西的展开。这种“预成”说主宰胚胎学达一百多年之久，直到十九世纪才受到批驳。

哈维使 Ex ouo omnia〔从卵开始就已具体而微〕这句格言盛传一时，被公认适合于大多数动物。德格拉夫发现所谓的哺乳动物卵，这使哺乳动物也向这格言看齐，取消了亚里士多德的繁殖观念。德格拉夫明确否定了亚里士多德的观点，即胚是雄性单独的产物，而母亲只不过提供营养和保护。为了支持自己的论点，德格拉夫援引了许多后代和母亲相像的事例。这一切倾向于突出卵，不适当地强调了卵在产生新一代中的作用。上述博内之发现蚜虫 467

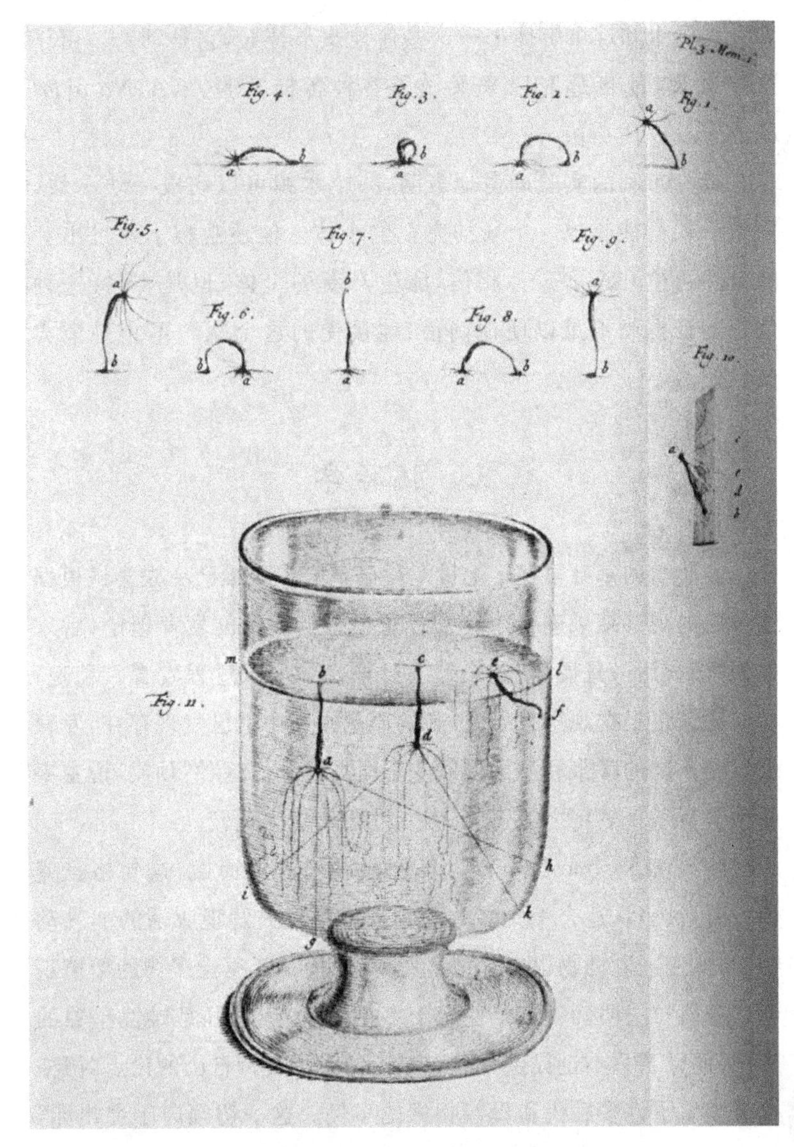

图 190—特伦布利对珊瑚虫的描绘

的孤雌生殖，在十八世纪下半期里也未削弱这种趋向。事实上，倒可以说，这再好不过地导致推翻精源说者以及卵原论者占居主宰地位。

洛根

另一方面，列文霍克之在 1677 年发现精子，致使许多人转向相信一个古代观念：这些东西可看做为完全的种子。据认为，在受精时，后代结构的胚芽所在的这种雄性种子，只是被传递到母体或某个外部地方，而它可以从那里获得营养和保护。詹姆斯·洛根在 1747 年撰写的下述一番话证明，这种观点广为人们采纳以及预成说也为人们接受。“既然生殖问题现在陷于不可克服的困难，既然一切解释方法……最终发现都是有问题的，那么，为什么我们不能认为，大自然本身就指明了事情的全部过程，尤其在形成区别于种子其余部分的种子物质方面呢？也就是说，为什么我们不能认为，花粉为此目的被托付空气，它可以从空气得到这种预先存在的、已完全形成的小种子或小植物呢？”

“这种解释生殖的方法也许并不仅仅局限于植物；它可能同样有理由适用于每种生物的繁殖。”洛根援引佩罗和沃拉斯顿的话，继续写道：“凡世界上有的生命（植物和动物），最初都以完全形态的雏形或其原始原基存在；这样，随着被覆一种类似泥土的物质，它们日益生长壮大。生殖无非就是把这要素置于雄性种子之中，它在那里获得一种类似泥土的性质……，恰当地把它传交一个合适的子宫，它就能在其中生长壮大。”（*Experiments and Considerations on the Generation of Plants*，1747，p. 33。）

468

米勒

再早一些年，菲利普·米勒在《园艺师辞典》(*Gardener's Dictionary*)中综述了一切已有的植物生殖知识；通过比较，他对动物生殖知识的现状提出了一些中肯的意思。他写道："显而易见，为了使果实完善，必须由花粉或雄性花粉给花的胚授精；可是，授精是怎么或在什么中进行的问题，我们现在只能作些猜测，因为在动物生殖问题上，我们最伟大的博物学家们意见分歧很大，他们中也没有人能确定授精的具体方法。"他在另一处写道："至于传粉致使结实的方式，杰弗罗伊先生提出了两种见解……雏形植物据认为包含在种子之中，只待适当的液汁来展现它的各个部分，使它们生长。

"第二种意见是，雄性植物的花粉是新植物最初的胚原基或种子，它无须什么就能使新植物生长或展现，不过我们发现，在种子或卵的胚中已有一个合适的带液汁的胚窝。

"可以注意到，这些植物生殖理论都带有同下述两个动物生殖理论的严格类比。这就是，幼仔在精子之中，仅仅需要子宫的液汁滋养，使其展现；或者，卵包含幼仔，只需精子来激发发酵"(米勒：*Gardener's Dictionary*，1731)。

沃尔夫

卡斯帕尔·弗里德里希·沃尔夫(1733—94)约在十八世纪中叶从事胚胎学研究。1759年，他发表了《发生理论》(*Theoria Generationis*)，1768年发表了《论肠的形成》(*De Formatione Inteisti-*

nis)。这部“我们所拥有的科学观察的最伟大杰作”乃是他对胚胎学的最重要贡献。在这两部著作中，他都采取反预成论的立场。他证明了，植物和动物的发育都是通过未分化物质的分化而进行的。他对小鸡的肠的发育的阐释，提供了渐成论最鲜明的证据。可以设想，沃尔夫不抱任何证明或否证某特定理论的观念而进行的工作，应当立即产生影响。然而，一些环境因素共同妨碍它产生影响。沃尔夫的著作直到1821年才广为人们所知，那年，J.F.梅克尔把它译了出来，梅克尔充分认识到其重要意义。

哈勒尔

沃尔夫的工作所以遭到冷遇，原因之一是当时两个最有影响的生物学家反对他的观点。哈勒尔激烈反对沃尔夫，站在预成论者一边。哈勒尔以其杰出的生理学才能而声名卓著，影响所及遍于生物学一切其余分支。他相信，有理由推断，如果具备更有力的显微镜，那么，看来是未分化的组织将可发现，原来具有器官的结构。

博内

469

如上所述，博内因眼力不济而不得不停止生物学实验研究时，他转向注意哲学思辨。他的思辨观念中，最有名的是他的预成论或“囊包”理论(emboitement)。按照它，每个雌性都包含其一切后代的原胚基，可以说，每一代都包容在其前代之中。如果这样的话，那么，动物每个种的第一个雌性便必须被认为包含着这整个物种的命运。哈勒尔的影响加上博内对预成论毫无保留的支持，促使它成为十九世纪之前的公认学说。

四、生理学

在伯尔哈韦及其追随者的影响下，十八世纪生理学以视野愈趋广阔和观点越来越多面化为特征。它不局限于生理过程的纯粹物理、纯粹化学或纯粹解剖学等方面，而致力于考虑一切同理解生理过程有关的东西。此外，在施塔耳的带领下，反对笛卡尔的观念，后者认为，动物机体（包括人体）仅仅是自动机或机器；如果想理解生命有机体的自我保护，就必须考虑灵魂，这一点已被认识。

哈勒尔

十八世纪生理学最杰出的人物是阿尔布雷希特·冯·哈勒尔(1708—77)，他一直被奉为“实验生理学之父”。他先后在蒂宾根和莱顿学习，在那里受到伯尔哈韦和阿尔比努斯的影响。他还访问了英国和法国的各个解剖学派。1736年，他就任当时新建立的哥廷根大学的解剖学、外科学和植物学教授。那里不受既存传统牵制，因此，他放手按自己的方式发展医疗系。他最重要的著作是八卷本《人体生理学原理》(*Elementa Physiologiae corpo-*

470

图191—哈勒尔

ris humani)，第一卷于1757年问世。它标志着生理学史的一个新时代。哈勒尔的主要兴趣在于人体生理学，他对这个研究领域的贡献，放在下一章论述十八世纪医学史时考察，更为合宜。不过，他的影响波及整个生物学领域。哈勒尔方法的特征是，始终试图完整描绘生物，因此，他举例说来不把解剖学同生理学相脱离。

作为哈勒尔生理学实验工作的一个例子，我们可以提到他平息当时就呼吸机制进行的一些争论之一的方法。同时代人中，有些人认为，呼气过程是胸膜腔中空气的压力引起的。哈勒尔用一个实验检验这种观点。他打开一个在水下的动物的胸膛。在水中没有看到气泡。这表明，肺和胸腔壁之间的胸腔中没有空气，因此，呼气不能用所提议的方式来解决。

列奥弥尔

列奥弥尔对消化研究作出过一个重要贡献。关于列奥弥尔的工作，我们在本章和以前几章都已提到过。消化问题在十七世纪就已引起注意。范·赫耳蒙特和医学化学家把消化解释为一种发酵过程，而所谓的医学物理学家则用物理学来解释消化，实际上以之解释一切生理过程。列奥弥尔对整个动物消化问题作了严格的实验研究，在他于1752年发表的《论鸟的消化》(*Sur la Digestion des Oiseaux*)中记叙了他的研究。列奥弥尔从这样的思想出发：消化过程中胃里食物的变化可能以下述三种方式之一引起。(1)单纯的机械摩擦或研磨；(2)某种腐化或腐烂作用；(3)胃中分泌的液汁的化学作用所引起的某种溶解。他然后用实验检验这些相竞争的假说。他取一些小金属管，给它们充以各种食物，再用精 471

细的格栅把它们两端封闭。然后，他引诱一头鸢吞下这些管子，利用鸢那人所共知的习性，即它的胃排斥不能消化的东西。这些金属管子重又得到后，列奥弥尔经过检查发现，肉和骨已部分溶解（虽然它们得到过防研磨的保护），然而，植物性食物却未受影响。并且，金属管内除了包含部分消化的食物而外，还有一种黄色流体，味道又酸又苦。下一步便是研究这种胃液。为了取得足量胃液，列奥弥尔在金属管内放进一些海绵块，让它们在管子被吞下后到胃里吸收胃液，等管子退出来后又可把胃液挤出。他发现，这胃液使石蕊变红。当把它注入一玻璃器皿中的肉上时，肉溶解了一点，但没有腐败，而同样的肉块但没有放胃液时，则腐败了。他还用狗和绵羊做了类似实验。列奥弥尔并未解决整个消化问题，但他发现了一种适合这问题的独创的实验研究方法，发现了胃液的溶解作用，表明了，这种作用跟腐败过程判然不同。

斯帕兰扎尼

图 192—斯帕兰扎尼

拉扎罗·斯帕兰扎尼（1729—99）把列奥弥尔的消化工作推进了一个阶段。斯帕兰扎尼是修道院院长，还先后任勒佐、摩德纳和帕维亚等大学的教授。他做了大量实验，由此表明，胃液是一种特殊的强力溶剂，它的作用跟发酵或腐败过程判然不同。关于斯帕兰扎尼其他比较有名的生物学贡献，本章还要论述。

黑尔斯

十七世纪化学家已用实验证明，空气是维持生命所必不可少的。洛厄(1632—91)发现了呼吸和血液循环的关系，发现了静脉血和动脉血的差别是由于有无空气引起的，空气和血在肺中接触使暗黑的静脉血变成鲜红的动脉血。黑尔斯用定量方法继续了这些实验研究。“我在估计一个活动物由呼吸……所吸收和固定的空气的数量时，首先把一个高立架或支座放在充满水的容器 xx(见图 193)之中。……在这支座上，我放置那……活动物，然后，用一个倒置的大玻璃筒 $zzaa$ 罩住它。”“我重复了梅奥博士的实验，即看看封闭在玻璃器皿中

472

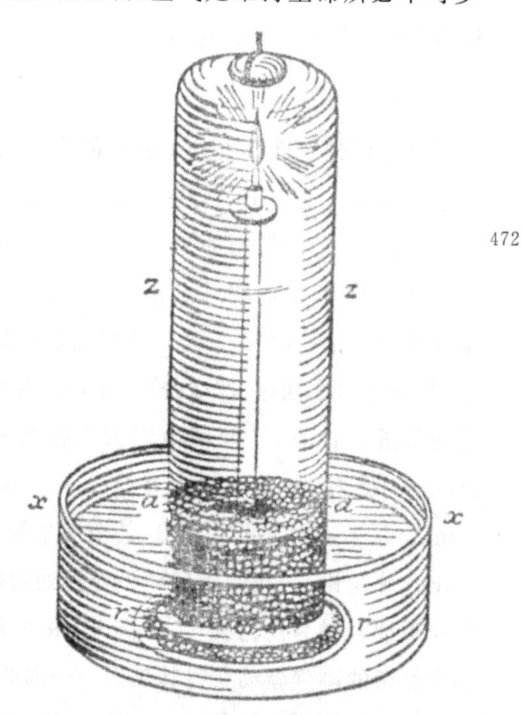

图 193—黑尔斯关于呼吸和燃烧的实验

倒置的玻璃筒 $zzaa$ 用一根绳子悬吊，使它的口在水下 3 或 4 英寸处。用一根虹吸管把空气从玻璃筒中吸出，直至水上升到 aa。当燃烧或呼吸破坏了一部分空气的弹性时，水便上升到 zz，而空间 $aazz$ 表明了弹性被破坏的那部分空气的数量。反之，当支座上的物质产生空气时，水先上升到 zz，而当这水再从 zz 下降到 aa 时，空间 $zzaa$ 便表明了所产生空气的数量。

的动物通过呼吸吸收了多少空气，梅奥发现，一只鼠吸收玻璃器皿中全部空气的 $\frac{1}{14}$。”黑尔斯用一只老鼠做实验发现，“所吸收的弹性空气的数量……超过全部空气的 $\frac{1}{27}$，接近一支蜡烛在同一容器中吸收的数量”（*Vegetable Staticks*，1727，pp. 232—33）。黑尔斯本着这个精神还进行了关于血压的定量实验，类似于他关于植物液压的实验。他指出，“好些智士仁人已经……试图估计心脏和动脉中血的力量，但他们都离开真理很远，同时，彼此之间也相去甚远。这是因为，他们缺乏充分的**数据**据以论证。要是这些才华卓著的人更仔细一些……从一系列连贯的适当实验提供他们的知识，来洞察这个问题，那么，他们无疑会获得越来越多适当**数据**，据此便可进行计算，从而使他们大大接近真理”（*Statical Essays: containing Hæmastaticks*，等等，London，1733，Vol. Ⅱ，Introduction）。从下述引文可以看出，甚至黑尔斯也并非总是从他的实验引出正确结论。“我们看到……血液通过肺时远比通过体内其他任何毛细管时为快；我们完全有理由由此得出结论：它主要从它在肺中经历的剧烈骚动获得其热力……因此，也有可能：血液的热主要产生于这种摩擦”（同上，p. 90）。黑尔斯还发现了健康时和患病时血压的变动。这个发现自然地提示了一种新的诊断方式，而这在今天已成为医疗实践的一个常规。

五、自然发生

雷迪（1626—98）在十七世纪就已表明，据说的苍蝇从有机物质自然发生,可以用这种有机物质中存在其他苍蝇所下卵这一点来解释。他表明,在适当的有机物质样品中,那些暴露着因而昆虫可来访的样品产生了蛹和苍蝇,而那些苍蝇无法飞近叮咬的样品不会产生苍蝇。这些实验使他的许多同时代科学家都相信,至少有些有机体总是从卵产生的,而不是自然发生的。然而,许多人还是接受自然发生的古老信仰。因此,争论仍在继续之中。当显微镜揭示了一个新的生命世界时,自然发生论的支持者找到了支持这种理论的证据。他们争辩说,显微镜使之变得可见的微小有机体是无所不在的,而这只能用它们的**从头开始**而不是**从卵开始**的自然起源来解释。

尼达姆

自然发生说在十八世纪里最重要的捍卫者是约翰·T.尼达姆(1713—81)。他是英国天主教牧师。他做的一系列实验同雷迪的十分相似。他把煮沸的肉汤灌入烧瓶,随即用软木塞盖住,并加封黏胶剂,以防止外来微生物进入。他相信,在煮沸时,必定已把由熬肉汤的肉中的任何微生物都杀灭,并且也没有任何别的微生物进入这肉汤。因此,当打开烧瓶,过了不几天之后,他发现,烧瓶充满生命有机体。他下结论说:这些微生物必定是自然地在这液体中发生的。他用各种有机物质的浸液重复这些实验,始终得到类似结果。他于1748年发表了这些结果。 474

斯帕兰扎尼怀疑尼达姆实验方法的有效性。他认为,很可能的是,短时间的煮沸未能杀灭全部微生物,有孔软木塞甚至在用黏胶剂加封后,仍不可能阻止外来微生物进入。为了检验这些可能性，他进行了大量实验，实验中采用密封的烧瓶，改变煮沸时间。他发现，把一种浸液煮沸两分钟，并未杀灭全部微生物；事实上，这大约需要煮沸三刻钟；在一个密封烧瓶中的一种浸液如果煮沸足够长时间，那么，只要这烧瓶保持密封，后来就不会产生新的微生物。（参见 *Saggio di observazioni microscopiche* … Modena, 1767。）尼达姆和其他人提出反对，他们认为，延长加热密封烧瓶和内盛物的时间，可能不仅杀灭内盛的微生物，而且也破坏了浸液自然发生新生物的效力或内封空气维持新微生物的效力。这问题要等到十九世纪，才由施旺和巴斯德重新加以研究。

布丰对尼达姆的实验极感兴趣，还提出了一种有机原子论。如上所述，他相信，存在不可破坏的"有机分子"，这些分子以各种形式化合而形成各种生物，当复杂有机体死亡后，它们又重获自由，或者独身存在（如果能用显微镜看到），或者参与其他化合物。

六、解剖学

在哈维发现血液循环的激励下，解剖学的研究在十七世纪下半期取得重要进展。十八世纪继续保持势头，许多解剖学专著问世。黑尔斯在 1727 年撰著时正确地指出："在不到一个世纪的时间里，对动物机构那惊人优美的结构和本质已作出了一些十分重大而又有用的发现。"（*Vegetable Staticks*, p. i）并且，单纯描述的解剖学最后还补充了比较解剖学，后者看来具有特殊价值。

475

贝隆在十六世纪已初步开创了比较解剖学研究，他在他的《鸟的历史》（*History of Birds*）（1555 年）中，在相对两页上绘印了一具鸟骨骼和一具人骨骼的图，用相同参照字母标记这两具骨骼的相应的骨。以解剖学家著称的帕多瓦学派也对比较解剖学作出了一些早期的贡献。然而，这些早期的研究是零星的。十八世纪对这门学科表现出比较持久不变的兴趣。哺乳动物自然提供了用于同人作比较的主要对象。这个时期的解剖学家大都是开业医生，他们主要对人体感兴趣。

阿尔比努斯

伯恩哈德·西格弗里德·阿尔比努斯(1697—70)就是一个这样的开业医生。他在莱顿从伯尔哈韦学习，后来成为这大学的解剖学和生理学教授。他的主要兴趣在于人体的骨和肌肉的结构；他的《人体骨骼和肌肉图表》(*Tabulae sceleti et musculorum corporis human*)是他在这个领域工作的一个永久纪念。此外，阿尔比努斯还造就了许多能干的生物学家，"实验生理学之父"哈勒尔和解剖学家卡姆佩是其中的佼佼者。

卡姆佩

佩特吕斯·卡姆佩(1722—89)一生都在莱顿度过，他以才华横溢而享盛名。他研究了无尾猿的生活史和解剖学，尤其注意那些与人相似的无尾猿，比较了人和它们的结构。他从这些研究得出结论：就猩猩不能直立行走，不能说话而言，猩猩和人之间有巨大的鸿沟。卡姆佩对比较解剖学的其他贡献，包括他对鱼、鲸和爬行动物的研究，尤其注意它们听觉器官的结构，以及他对鸟骨结构的研究。在后一项研究上，他首次表明，鸟骨中包含的空气有助于它们飞翔。

亨特

另一个也从事比较解剖学研究的医生是约翰·亨特(1728—93)。他学业不良,因此,跟一个细木工当了学徒。但是,他还做他哥哥威廉的助手,哥哥是伦敦大学解剖学教师。他成长为一个能干的外科医生。不过,他对动物的比较研究发生了浓厚兴趣,解剖了大约五百种不同动物。他积累了丰富的标本收藏,这些标本用

476

图 194—电鲔发电器的横剖面
发电器由包含电流体的片柱组成

来展示动物各种器官的生物学意义。他最著名的研究包括对电鲔发电器、鸟的气囊和鲸的结构等的研究。(见 *Phil. Trans.*, 1773, pp. 481ff.。)1799 年,英国政府买下亨特的收藏,赠与伦敦皇家医学院,成为该院博物馆的主要藏品。

帕拉斯

彼得·西蒙·帕拉斯(1741—1811)出生于柏林,毕业于莱顿大学医疗系。他的学位论文系关于肠道寄生虫。他认为,肠虫是在体外产生的,从外部进入体内。他还研究了植物形动物。他认为,它们是介于植物和动物之间的中介。不过,他最重要的著作是《哺乳动物的新的啮齿动物种》(*New Mammal Species from the*

Rodentia)(1778 年),书中详细说明了他在俄国和西伯利亚发现的许多啮齿动物新种的解剖学和形态学。帕拉斯直接进行比较研究不多。但是,他对一整目脊椎动物各个种的解剖结构的详细描述,却对一门健全的比较解剖学的奠基作出了极其宝贵的贡献。

达齐尔

还有一位以比较解剖学研究享誉的医生是维克・达齐尔(1748—94)。他在巴黎读书和行医。在解剖学研究中,他高度重视适当强调动物各部分间的相互联系,而不是孤立地分别研究它 477 们,以及适当强调对动物各部分作比较研究,而不是单一的研究。他最重要的研究系关于脑,他对脑作了到那时为止(就已发表的而言)最详尽、最可靠的论述。他计划撰著一部广包的巨著《解剖学和生理学论》(*Traité d'anatomie et physiologie*),但到他死去的那一年(1794 年),只出版了第一部分。

居维叶

就某些方面而言,可以说,十八世纪里进行的比较解剖学研究的整个工作在乔治・居维叶(1769—1832)的著作中达到顶峰。不过,虽然他对比较解剖学的第一个重要贡献(即关于化石象及其同现存象关系的研究)是在十八世纪末年发表的,但他的主要工作及其在生物界引起的反响,实际上属于十九世纪。

(参见 W. A. Locy:*Biology and Its Makers*,1928,和 *The Growth of Biology*,New York,1925;L. C. Miall:*The Early Naturalists*,1912;E. Nordenskiöld:*The History of Biology*,1929;C. Singer:*A Short History of*

Biology ,Oxford ,1931 ;E. J. Cole :*Early Theories of Sexual Generation*, Oxford,1930,和 *A History of Comparative Anatomy*,*London*,1944。)

第十九章　医学

478

十七世纪下半期，纯粹科学作出的发现中，有许多已证明对于医学发展具有根本性的重要意义。把这些发现纳入医学教学和实践的一个固有部分的任务，是不费容易的。没有一个研究分支比医疗技术更受古老传统束缚的了。敢于引入新方法的医生并不受病人欢迎。

上面已经表明，十八世纪初的生物学家致力于系统整理前人积累的一切知识。在林奈的影响下，分类成为生物学工作的突出特点。虽然生物学的这一方面在这些年来已让位于其他方面，但是还得承认，它是科学发展的一个必要阶段。林奈的分类才智也转向重视医学。像对待其他万物一样，林奈致力于对各种疾病作系统整理的尝试，也显示了他的天才，使他赢得了高于许多先驱的地位。他的"《药物》(*Materia medica*)(1749 年)始终被奉为药物学文献中一部典籍"(B. Daydon Jachson:*Linnaeus*,1923,p. 369)。

医学发展很幸运的是，十八世纪里，一种关于人对他同胞负有责任的新意识觉醒了。人们越来越明白，人的痛苦的减轻，不可能仅仅通过解剖学研究达至。为了理解人体患病时怎么会丧失正常功能，必须知道健康人体如何活动。这样，便发展出了医学知识那个今天得到高度重视的方面即生理学研究。

病人的照料，许多世纪来一直属于各种宗教机构的事情。一所医院最初是在一个宗教团体保护下的一个庇护所；它是一个照料而不是治疗的场所。十八世纪初年，新的治疗疾病的医院纷纷建立。它们最初还算不上保健中心，因为卫生原理还几乎一无所知。人们逐渐地认识到公共卫生和个人卫生的重要性，也认识到空气流通是维护生命的必要条件。这不仅使医院还使城镇乃至监狱成为更适宜人居住的处所。

479

一、临床训练

今天，我们不能设想离开大医院的医学教学。学生在大医院里取得经验，对各种疾病的进程作细心周密的观察和记录。从这种详细的记录，可以确定许多新事实，发明新的治疗方法。十八世纪医学最突出的特点也许是，我们看到，它的一切分支中都越来越需要用于在疾病研究中实施临床方法的设施。

诚然，这种教学方法是在十八世纪发展起来的，但它的基础是在十七世纪中期由西尔维斯在莱顿奠定的。

西尔维斯

弗兰西斯库斯·西尔维斯(即弗朗茨·德·伯厄)于 1614 年出生于汉诺威，在各个学术中心研习了数年之后，最后在四十四岁那年到莱顿大学任医学教授。他在这个职位上出色地工作，直至 1672 年去世。西尔维斯“不仅是个医生和生理学家，而且还显然是个出色的、今天我们所称的化学家”(Foster：*History of Physi-*

ology,1924,p. 146)。作为化学家和医生,西尔维斯的工作是杰出的。但是,他作为一个教师的能力和热诚,也许是他对医学的最大贡献。他在 1664 年写道:"我亲手引导我的学生参与医疗实践。我为此利用了一种方法,它是莱顿或许别的地方都闻所未闻的,也即让学生天天去访问公共医院中的患者。我让他们在那里亲眼看到疾病的症状;让他们倾听病人的诉述,询问病人对每个病例的病因和合理治疗的意见以及提出这些意见的理由。于是,我对每个问题都作出自己的判断。当上帝把康复赐予我们下的工夫时,他们同我一起目睹治疗产生的幸运结果;或者当病人无可奈何地向死亡低头时,他们帮助我检查尸体。"(*Epistola apologetica*,1664,p. 907。Withington 英译:*Medical History from the Earliest Times*,1894,p. 312。)

图 195—西尔维斯

480

莱顿大学确立临床教学法,并不是采用实践方法教授一门本质上实用的学科的最早尝试。十六世纪时在帕多瓦大学,学生们已偶尔上医院访察病人。不过,及至西尔维斯采用这种方法教授他的学生,它才成为医生训练的一个正规的必要部分。

托马斯·西德纳姆(1624—89)在英国热情倡导必须采用临床教学法。西德纳姆认识到,一个医生为实施疾病治疗所做的最好准备是，了解疾病的一切阶段——研究疾病而不是病人，以及帮助大自然用简单手段实施治疗。

伯尔哈韦

十七世纪晚期，欧洲医学活动的中心重又移到莱顿。西尔维斯在那里牢固确立的临床传统，在赫尔曼·伯尔哈韦身上找到了一个能干而又热诚的倡导者。这位乡村牧师的儿子出生于1668年。他原定去当牧师。但是，部分地由于对斯宾诺莎感兴趣，结果，他对生物学和医学的兴趣甚于神学。直到1714年，伯尔哈韦才主持莱顿的临床教学，虽他讲授医学、植物学和化学已有好几年了。伯尔哈韦在教学上最有名的特点，可能是他对临床方法的发展。他对病人进行富有同情心的治疗；他真诚渴求从自己观察来理解病害和疾病；尤其是，他拒绝接受无论多么吸引人的怪诞学说。这一切激发了病人和学生的信心。伯尔哈韦的热忱感染了他的学生，使他们后来也充满了热忱，终生不懈。他的伟大正在于这里——他激发了一批出类拔萃的学生，经过他们，他影响了十八世纪医学的发展。

图196—伯尔哈韦

伯尔哈韦并未因热心临床教学而忽视解剖学和生理学作为医

学研究基础的重要性;他也没有漠视化学、物理学和植物学等科学的价值。伯尔哈韦是莱顿大学的植物学教授和植物园园长。他大力把植物园用于教学目的。我们发现,他的学生因而坚持认为,在建立新的医学研究中心时,需要设立类似的植物园。

伯尔哈韦写过几篇关于植物学和化学以及著名临床史实的文章,它们被移译成多种语言;另外,还有两部篇幅不大的医学著作《医学教育》(*Institutiones medicae*)(1708 年)和《疾病认识和治疗格言》(*Aphorismi de cognoscendis et curandis morbis*)(1709 年)。这些同他的名著《化学原理》(*Elementa Chemiae*)(1732 年)一起构成了他对科学文献的贡献。

伯尔哈韦声名所系的那些教学方法逐渐地传播到许多其他国家。伯尔哈韦的学生常应邀去欧洲建立或领导医学院校。当哈勒尔在 1736 年求援创建新设的哥廷根大学医疗系时,他在莱顿和伯尔哈韦那里找到了启示。莱顿大学曾让范·斯维滕放弃在荷兰行医,应玛丽亚·特利萨女皇征召去维也纳侍奉她。他在维也纳大学讲授医学,很快就被说服重组医疗系。他在执行这项任务时,以莱顿为楷模。他还得到了伯尔哈韦的另一位学生德亨的得力帮助。 481

范·斯维滕

格哈德·范·斯维滕(1700—72)奉召去维也纳时,他并未打算建立一所医学院,而是去当女皇的御医。然而,他不久便开课。他的讲课引起了重视。范·斯维滕最强调生理学的重要性,而回顾一下这一点,是很有意思的。一个学生在第一年必须不仅熟谙人体的结构，而且了解其机能。只是在他了解了这一切之后，他才可以学习疾病、病因和治疗。

起初，这些课程没有列入维也纳大学医疗系的教学，当时，这个系在欧洲医学界还无足轻重。

范·斯维滕受命改组医学教学。对他以及对医学都幸运的是，他得到了女皇的全力支持，她任命他为系主任，主持该系工作。

德亨

尽管遭到前任的反对，斯维滕还是在维也纳大学确立了按照莱顿榜样的教学方针。他在这项工作上得到了安东·德亨的帮助。德亨应范·斯维滕之请去到维也纳，领导医学学生学业的最重要部分——临床教学。

1758 年，德亨发表了他的临床讲稿，并附以诊所的年度报告以及所有治疗过的病例的临床史。这几卷以《实用医疗理论》(*Ratio medendi in nosocomio practico*)为题行世的著作堪为一座丰碑，纪念一个如此发展了临床医学，并把它置于科学基础之上的人物。他发展了他老师开创的工作，在维也纳大学医疗系建立起了可用荷兰莱顿大学相媲美的临床教学传统。

482

二、病理解剖学

将近十八世纪末的时候，马修·贝利写道：“人体各个部分的自然结构都已得到了十分细致的研究，因此，解剖学可以说已达到了高度完善。但是，我们关于疾病引起的结构变化（可称为病理解剖学)的知识却仍然很不完善。”(*The Morbid Anatomy of some of the most important parts of the Human Body*, 1793, p. vi.)十八世纪的解剖学研究主要旨在更好地理解病理结构。只是当获得了关于正常解剖结构的准确知识时,病理结构才被认识。不过,早在十五世纪,至少有一个生活在意大利的、观察力极其敏锐的开业医生,记载了大量他护理过的病例。这些记录附有为了确定确切死因而进行验尸的报告。后来的两百年里,不时有人进行验尸。及至十七世纪末,这种做法已成为普遍的惯例,因为临床方法至此已必然地达到了极盛。

莫尔加尼

乔瓦尼·巴蒂斯塔·莫尔加尼在十八世纪奠定了现代病理学和病理解剖学的基础。不过,西奥菲勒斯·博内塔斯(1620—89)在十七世纪已迈出了一步。他在1679年发表了《尸体解剖学》(*Sepulchretum Anatomicum*)。关于博内塔斯及其著作,莫尔加尼这样写道:“西奥菲勒斯·博内塔斯发表了题为《尸体解剖学》的书,医务界乃至全人类理应高度尊重他,就像对其他作出如此贡献的人一样。因为,通过尽可能多地收集、整理和解剖因病死亡的尸体,他使它们缩合成犹如一具致密的尸体,从而可以进行这样的观察:当这些观察散见于无数作者的著述时,它们意义不大,但在汇总起来并加以系统整理后,便变得极其有用。”(Morgagni: *The Seats and Causes of Diseases Investigated by Anatomy*, 1761. B. Alexander 英译,1769, Vol. I, p. xv。)

莫尔加尼生于1682年,卒于1771年。在攻读了医学之后,他 483

于1711年就任帕多瓦大学医学教授。奥斯勒这样谈到他:“莫尔加尼的生平同他的著作一样产生了很大影响。他同社会名流、奋发向上的年轻教师和工人频繁地书信往还,其间,他的方法必定成为一种巨大的鼓舞力量。他生逢其时。那时,种种理论、学派和体系正在沉重地冲击这个行业。……莫尔加尼像一个古希腊贤哲,带着他那敏锐的观察力、明智的思辨和炉火纯青的学养,闯入这一片形而上学的混沌之中。”(*Evolution of Modern Medicine*,1921, pp. 188f.)

莫尔加尼的著作《论解剖学所研究的疾病的部位和原因》基本上都是详尽无遗而又明晰地描述他漫长一生里护理过的好几百个病例。整部著作原先是一些写给一位朋友的书信,但莫尔加尼准备加以发表。他写道:“就我自己的观察而言,我特别说明每一次进行的年月和地点。……我不仅指明患者的年龄和性别,而且还叙述了尽我所知的其他方面……例如所施行的治疗方法。……在描述解剖本身时,我认为,我尤其应当注意……我不要去考察那些同通常原始状态一样的病理现象,也不要考察那些与之差别不大的病理现象。……除了观察之外……我们不要再给出什么……免得当我虽以可能性为指导,但仅仅根据观点发议论时,有人会……驳斥我,就像荷马所说的那样……‘一个人在谈论可能的事物时,他会大放厥词’。”(Morgagni,上引著作,pp. xxiiiff.。)

贝利

病理解剖学在英国找到的支持者是马修·贝利。贝利于1761年出生于苏格兰。他是威廉·亨特和约翰·亨特的外甥,母亲同尊敬的詹姆斯·贝利结婚，后者最终成为格拉斯哥大学神学教授。马修·贝利曾到伦敦从当时已年迈的威廉·亨特习医。他还受到另一个舅舅约翰·亨特的影响，后者也以医学和比较解剖学的研究著称。詹姆斯·沃德罗普在1825年给贝利博士撰著的传记中写道："他后来的全部成就和声誉都是在这两位伟人的收藏室和解剖室里奠定基础的。"毫不奇怪，在这样的环境下，贝利当然会养成对病理解剖学研究的浓厚兴趣。他在这个领域建树了极有价值的劳绩。1793年，他发表了《人体某些最重要部分的病理解剖学》(*The Morbid Anatomy of some of the most important Parts of the Human Body*)，这是英国第一部关于这门学科的专著。贝利在该书的初版序中写道："有一些疾病仅仅有致病作用，而不造成任何身体各部分结构的变化；这些疾病无法在死后作解剖学研究。然而，还有一些疾病产生结构上的变化，而这些正是解剖学考察的对象"(上引著作，p. 1)。他说，他编纂这样一部著作的原委，是"为了以前所未有的细致程度解释致病作用在人体某些最重要部分引起的结构变化。我希望，这将有助于整个医学科学，最终也有助于医学实践"(同上)。

484

贝利完全清楚他前人的工作。但是，他解释说，"所有解释病理结构的著作在规划上都迥异于今天的著作"，它们在细节上不厌其烦，排列方式也显得累赘，不适合普遍应用。因此，他补充说："在这部著作中我打算不举病例，而仅仅说明所发生的病理变化。"(上引著作，pp. viff.)

贝利的这部著作生前至少印行了五版。这充分说明它何等合乎需要。为了"让人们普遍更精确地了解各部分的病理结构，作为促进我们疾病认识的最佳手段之一"(上引著作,p. ix),贝利在1799年撰著了《病理解剖学图谱》(*A Series of Engravings to illustrate the Morbid Anatomy*)一书。这两部著作都独树一帜,各自完整成篇。不过,它们都旨在"促进形成一门维系着人类健康和生命的科学"(*A Series of Engravings*,p. 4)。这似乎是第一部专门图解人体病理变化的著作。贝利写道:"我相信,在任何别的国家还从未有过一部著作,用正规的一系列图版竭其所能地图解影响人体各最重要部分的主要病理结构变化。"(上引著作,p. 3)

当贝利于1823年去世时,病理学和病理解剖学的研究已在英国扎下根来。在这欧洲处于动乱的时期中,英国引导着理智进步。

485

约翰·亨特

约翰·亨特是十八世纪生物学家中最杰出人物之一。我们已经提到过他对动物学的贡献。但是,他并非兴趣褊狭,他"集维萨留斯、哈维和莫尔加尼等人的品质于非凡的一身"(W. Osler:*Evolution of Modern Medicine*,1921,p. 196)。

约翰·亨特生平的早期是众所周知的。他在孩提时代只学习自己想学的东西——它们通常都同自然史有关。家庭曾对他失去希望,直到他受兄长威廉影响。威廉是伦敦一个著名外科医生和解剖学家。约翰·亨特自己请求当了兄长的助手,他很快就掌握了熟练的解剖技艺。他的内弟和传记作者埃弗拉德·霍姆写道:"亨特先生在哥哥开课之前大约两星期就来到了;亨特博士……让他解剖一个手臂的肌肉,给他就做法作了必要的说明;亨特博士发现完成的情况大大超过预料。"

图 197—约翰·亨特

“在第一篇解剖学论文如此赢得声名之后，亨特先生现在进行更为困难的解剖……亨特博士对他解剖的方式极为满意，因此，毫不迟疑地说，自己的兄弟将成为一名优秀解剖学家”(Everard

Home ："Life of the Author"，系给约翰·亨特的 *Treatise on the Blood*，etc.，1794，p. xv.作的序）。

在伦敦一些最有名的医院里研习了相当时期之后，约翰·亨特取得了外科医学的资格。自此之后，他开始了众多形形色色的经历。在当外科军医期间，他得以进行一些观察，为他的著作《论血液、发炎和枪伤》（*A Treatise on the Blood*，*Inflammation and Gunshot Wounds*）打下了基础。该书于 1794 年即他死后那年出版。这部著作奉献给乔治三世，亨特自己在 1793 年 3 月写了献 486 词。他写道："1761 年，我荣幸地蒙陛下钦封，任一名外科医生随军远征贝利斯尔……［这］使我有很多机会治理枪伤，查找军事外科学这一分支中的错误和缺陷，研究如何去除它们。这使我注意起一般的发炎，并得以进行一些观察，它们成为这本专著的基础。……本书旨在改良一般的外科学，尤其是它的那个专门应用于军队的分支"（上引著作，p. iii）。这部著作标志着发炎研究上的一大进步，而在这个问题上，以往没有两个研究者采取相同的观点。亨特写道："发炎应看做为仅仅是各部分的一种受扰乱状态，而这需要一种新的且有益的作用方式来恢复它们……发炎本身不应看做是疾病，而应看做为某种侵害或疾病造成的一种有益健康的作用。……我们应当极端重视发炎，因为，它是动物体中最常见并且效应最广泛的作用之一。……发炎不仅偶尔是疾病的原因，而且常常还是一种治愈方式"（上引著作，p. 249f.）。

约翰·亨特是个杰出病理学家，并且比任何人都更明白解剖学作为一切医学学科之基础的重要价值。马修·贝利的《医科学生初阶讲义》（*Introductory Lectures to Medical Students*）最好不过地说明了这一时期对解剖学的重视。"使一个人能够发现新的疾病的，莫过于解剖学知识。要去发现新疾病，比起一个熟谙动物体自然结构和病理现象的人来，还有谁更胜任呢？……实际上，舍此途径，医术怎么会提高呢？

"解剖学同外科学的关系比同内科学更为密切。……事实上，解剖学是外科学的基础。

"如果说解剖学在医术和外科学中是那么有用，那么，凡是真正想精通其专业，希望成为行家的人，都应当锐意修习它"(*Lectures and Obser vations on Medicine*,1825 ,pp. 84—7)。

然而，亨特远不止是个病理学家。他还是个自然史学者，而疾病研究在他那里仅仅是生物学的一个特殊方面。多亏约翰·亨特，我们才尝试使医学成为一门内科医生和外科医生都能对之作出贡献的系统学问。

他做的实验中，有一个特别令人感兴趣，它表明，血液循环中存在一种调节作用，而这已证明对于外科学具有相当重要的意义。实验是对一头鹿做的。他把给生长着的鹿角供血的一根动脉结扎起来，由此切断其血液供应，于是鹿角变冷了。过了不几天，鹿角温度又回升到正常值，这表明，血液又以某种方式进入鹿角。解剖表明，已建立起了一种补偿性的附属循环，取代由于结扎而已完全萎缩的动脉。这一发现不仅从纯生物学观点看来是令人感兴趣的，而且还有着医学上的应用，而亨特本人已看到了这一点。例如，对患动脉瘤的病人，可将受扩张或血块影响的那根动脉结扎，血液循环将很快通过建立从这动脉出发的补偿分支来维持，而这被结扎的动脉及其扰乱也将消失。亨特利用自己的发现，采取这

487

种方式进行外科治疗，曾成功地做了腿弯部动脉瘤手术。

威廉·亨特

当约翰·亨特在1748年来到伦敦时，他的兄长威廉·亨特早已是出色的外科医生和解剖学家了。

威廉·亨特于1718年出生于苏格兰。父母原来要他当牧师，但他很小时就厌恶这职业。他受卡伦影响，后者劝他从事医学研究。他正是随卡伦开始了自己的生涯；但后来经过安排，“亨特去爱丁堡和伦敦攻读医学，之后又回到汉密尔顿定居；同卡伦合作”(Peachey:*William and John Hunter*,1924,p. 55)。

威廉·亨特到达伦敦，同那些几百年来阻碍人体解剖学研究和教学的限制之被部分解除，差不多在同一时候。亨特受业于一些当时最杰出的教师，他凭借自己的才干和刻苦终于在伦敦医学界取得了崇高地位。

只要仔细阅读威廉·亨特的《初级讲义》(*Introductory Lectures*)(1784年)，就可看出他在世时解剖学教学所发生的变化。当学生时，他“听过……欧洲最规范的解剖学教程之一”，讲课时“教授用一具尸体演示人体的一切部分，不光是骨骼、神经和脉管”。而且他还说：“我在伦敦听的唯一教程中，教授总共只用了两具尸体，而这教程还是这里最规范的。”(上引著作，p. 88)亨特以亲身体会相信，精通解剖学的唯一途径是反复对人体一切部分做实验。他写道：“我早年就自己动刀，得暇就自行其是地探究人体各个部分，深感获益匪浅，以致我深信，我可以开办一所这个大城市前所未有的实用解剖学学校，用教书来服务于公众。它在这个国家实际上产生的影响，是显而易见的……我认为，我的职责是奉劝你们不放弃一切机会地尽可能多作解剖。”（上引著作，p. 108f.）亨特自己的解剖学工作水平极高，作为证例，我们可以举出他的不朽著作《怀孕子宫的解剖》（*The Anatomy of the Gravid Uterus*）（1774 年），以及他发现淋巴管的吸收功能。他曾在《初级讲义》中这样谈到这一发现的重要性：“如果我们没有搞错的话，那有朝一日总会认为，这是生理学和受解剖学提示的病理学上自血液循环发现以来最重大的发现。”（p. 59）芒罗曾对作出这一发现的荣誉 488 提出质疑。但是，亨特同时代人的评判和后来人们的意见都支持亨特的主张。亨特毕生致力于在他在温德米尔街创办的解剖学校教授解剖学。因为，他相信，“一个解剖学教授应当拥有充分的标本储备……保存非同寻常的东西……和那些需要费力去解剖……鲜明地表明其结构的东西”（上引著作，p. 89），所以，他建立了一个收藏这类有用标本的博物馆。这个博物馆是对一个毕生从事解剖学改良的人的永恒纪念。全部这份收藏现在保存在格拉斯哥的亨特博物馆中。

三、人体生理学

哈勒尔

曾从伯尔哈韦攻读过的所有杰出科学家中，最出类拔萃的莫过于阿尔布雷希特·冯·哈勒尔。哈勒尔于 1708 年出生于伯尔尼。哈勒尔本来会在任何学术领域中留下印记。但是，他选择了医学，进行了极其成功的探究，结果成为十八世纪生物学上具有支配性影响的人物。“1757 年可以被认为……标志着一个时代,给现代生理学和一切以往的生理学划了一道分界线。正是在这一年,哈勒尔的《生理学原理》(*Elementa Physiologiae*)第一卷出版了”(M. Foster:*History of Physiology*,1901,p. 204)。这部著作总结了他漫长一生积极从事实际促进我们关于人体构造和功能的知识的全部经验。它对每个人体器官都作了详细描述,大量征引其他作者的著作,按新的著作讨论和评价他们的观点。这种汇编无疑给它的作者博得高度赞扬。但是,哈勒尔不止是进行搜集;他把关于人体各种器官的著作联系起来;他旨在依据自己的大量实验工作,阐明一般的原理。

489 除了《生理学原理》之外,哈勒尔还发表了许多其他研讨医学和植物学问题的著作。即便列举他的主要著作,也将占据太多的篇幅。不过,这里必须提及《生理学基础》(*Primae lineae physiologiae*)(Cullen 英译,1779 年)这本书。这部著作初版于 1747 年。它旨在通过补充莫尔加尼、温斯洛、阿尔比努斯、道格拉斯和其他人的新发现,来修订和改进伯尔哈韦的《医学教育》。这是第一部生理学教科书。像在一门科学活跃进展时期里的一切这类著作一样,它也很快就过时了。哈勒尔应付了这个困难。1751 年,它出了第二版,书中有的地方比第一版论述更详备,有的地方则更简洁。第三版于 1764 年出版。作者在书中调整了他的论题次序,使之同他的大部头著作相一致。

要从哈勒尔工作中挑选一个方面专门加以论述,是很困难的。他于 1758 年发表了关于骨骼形成的研究著作。它价值很高。像他自己告诉我们的那样,它是他研究营养的部分成果。“我在

1751年从事研究营养的工作。……我发现一切都含糊不清。但是,我对骨骼的形成却更有了解了。”通过《论骨骼的形成》(*Mémoires sur la Formation des Os*)(1758年)中详述的一系列实验,哈勒尔尤其研究了鸟的骨骼的构造和形成。他发现,“四足动物骨骼的构造基本上和鸟的相同,对这个纲动物业已得到证明的东西,同样也对其他纲甚至人成立。人的骨骼在其构造的任何部分都同四足动物的没有差别”(*Mémoires*,p. 263)。

在前一年(1757年),哈勒尔向哥廷格皇家科学会呈交一篇关于鸡心脏形成的论文。他的胚胎学工作是一项重要的科学贡献。不过,他全部工作中最带根本性的也许是他藉以建立肌肉激应性学说的那项工作。1760年,《论动物体的敏感和易激部分》(*Mémoire sur les Parties Sensibles et Irritables du Corps Animal*)发表。哈勒尔在书中说明了一些实验,它们用来检验动物体对外界刺激的反应,发现动物运动的基本原理。

哈勒尔区分了他所称的“死力”和“更为生命所专有的”visinsista[坚持力]。“死力”是一种收缩力,它抵抗其实体的伸长,而且在伸张力去除时便使纤维恢复其原先的大小。这种力“为肌肉纤维所专有,是身体任何其余部分所没有的”。它赋予肌肉一定程度的激应性,使之对外界刺激作出反应。“运动原因通过神经传入肌肉”,但“这种力不同于vis insista。前者从外部来到肌肉;而后者始终存在于肌肉本身之中。……意志激发和去除这种神经力,但不能控制vis insista”(*First Lines of Phgsiology*,英译本,pp. 189—196)。 490

哈勒尔从考察肌肉作用和神经系统之间关系出发,自然地过渡到研究脑和神经。“脑和神经的另一种功能是**知觉**；也即经受外界物体的作用或印象所引起的变化，从而在心灵中……激起其他相应变化”（上引著作，p. 204）。哈勒尔的见解建基于实验结果，这使他能够“本着一种真正的科学精神，实际上也就是一种现代精神来研究神经系统的许多难题”（M. Foster：*History of Physiology*，p. 293）。他大大增进了我们关于这些问题的知识。

四、天花预防接种

人们长期以来就知道，患过一次天花而康复的人，以后对再次感染具备免疫力。一种广为流行又危害甚烈的疾病，总是不仅引起医学家而且也引起外行的关注。天花的疾患有时极其剧烈；但有时却十分轻微，罕有病例是致命的。然而，这种轻微型在预防继发感染上的效验却同剧烈型一样灵。在流行时，逃脱感染的机会微乎其微。十八世纪里天花频频流行，因此，人们希望尽可能早地在幼年就感染轻微型，以便由此得到免疫性。东方长期来就流行一种习惯，即故意让人感染相当轻微的天花。十八世纪初，玛丽·沃特利·蒙塔古女士不仅给她自己的儿子接种天花浓液，而且还劝使威尔士亲王给皇家子弟也作类似的接种。这种做法很快在英国和欧洲流传开来。

然而，种痘（按过去对这种天花浓液接种的称呼）对社会带有相当大的危险性。首先，如此故意引起的疾病也必定经历其通常病程，而在此期间，病人极易传播感染。其次，尽管小心翼翼地用取自一个已知患轻微型天花的病人的浓液接种，以及使病毒在给另一个病人接种之前保持干态，但是，有时仍可能由于接种而使疾病发展为恶性型的，而这有时证明是致命的。此外，接种过程的一个必不可少的环节，是把取自一个患者的一个脓疮的浓液移植到被接种的人身上，而可惜这样常常还会传染其他疾病。 491

尽管有这种种非议，但是，这种做法仍日渐扎下根来。那时常常是，当医生能搞到所需的病毒时，一个机构的全部成员尤其在乡村都同时被接种。非常幸运的是，为了人类的安全和舒适至少有一个乡村医生，作为自然史研究者和医生在探索为何在有些病例中种痘似乎不起作用。这就是爱德华·詹纳。他不顾种种反对，通过耐心观察和实验给世界提供了“一种解毒药，它能从地球上灭绝一种无时不在肆虐、被认为是人类最严重灾祸的疾病！”(Jenner：*An Inquiry into the Causes and Effects of the Variolae Vaccinae*，第三版，1800，p. 181。)

图 198—詹纳

詹纳

爱德华·詹纳于 1749 年出生于格洛斯特特郡的一个小村落里，在伦敦大学作为约翰·亨特学生学习了一个时期后，回到故乡当乡村开业医生。这种环境提供给他机会“从事这种探索，而鼓舞的源泉是希望它于人类造福非凡”(上引著作,p. 63)。

如上所述,有些人在种痘后未出天花,而另一些同时接种的人则像通常那样经受这疾病。詹纳通过探索明了,那些没有得这种病的人,总是已知在接种之前得过牛痘。而且他还知道,当时乡村居民通常都相信,那些得过牛痘的人后来都不会得天花。

根据这些观察,詹纳先用牛痘进行接种,然后暴露于天花,甚至用天花接种。詹纳完全弄清楚了,用真正牛痘苗做接种,总是使人完全对天花免疫。

像詹纳自己告诉我们的那样,这一结果刚宣布时遭到了冷遇。“当我对牛痘这个重要问题的观点最初公布时,甚至最开明的医生也抱怀疑态度,而这种态度是颇值得称道的。没有经过极其严格的考验,就接受一个这么新奇而又这么异乎寻常、在医学会年刊上从未见过的学说,就认为它是正确的,那将迹近轻率”(上引著作,p. 181)。詹纳注意到许多事例,据认为它们表明,牛痘未提供对天花的免疫力。但是,詹纳认为,在这些事例中,所认为的牛痘并不真是牛痘,而是别的与之相似的病,因此,并不赋予免疫力。詹纳以外的其他医生用真正的牛痘病毒给他们的病人接种,结果失望地发现,有些人没有获得对天花的免疫力。詹纳又来解围,他指出,关键在于用于接种的病毒应当在牛痘脓疱的一定发展阶段上采取,因为过了这个阶段,脓疱便不会赋予免疫力。

詹纳对一切报告给他的明显失败例子,都极感兴趣。他仔细研究它们及其同总的问题的关系。他写道:“在我继续进行下去之前,先让我弄清楚这种探索以及我已予以注意并已成为我研究对象的一切其他生理学探索的真相;如果这个事例表明,我陷于错误，我可能对我劳动的成果抱有溺爱，那么，我宁肯目睹这种探索立即消亡，而不是继续存在去贻害大众。”（上引著作，p. 72）

詹纳对其劳动成果的信仰已证明是合理的，他生前看到 Variolae Vaccinae［牛痘接种］不仅在我们自己中间而且也在欧洲第一流同行中受到欢迎。

不断有人向詹纳咨询和征求牛痘，他都非常乐意。亨利・克莱因在 1798 年 8 月 2 日给詹纳的信，对他的工作作了最恰当不过的褒奖。克莱因告诉他“牛痘实验”已获成功，并说：“我认为牛痘病毒之取代天花有可能成为医学史上最重大的改良。这个问题，我越想越觉得它重要。”（詹纳，上引著作，p. 129）这种见解为后来几代人所赞同。

五、医疗方法和药物

十八世纪开始在内科和外科医生的训练上作出重大改进。由于伯尔哈韦及其门生倡导，莱顿、哥廷根、维也纳、巴黎、爱丁堡和伦敦等地成为有效临床教学的重要中心。并且，各种个体内科和外科医生也凭借独创性进行了种种活动。他们做了一些重要的科学实验，发明新的诊断或治疗方法，提出对某些疾病的较好解释，敦促采取预防方法以保护公众健康。然而，总的来说，医学行业还是相当混乱。由于没有适当的国家监督，因此，仍然是庸医泛滥。有些外科医生聊胜于理发师，虽然英国（1745 年）和奥地利（1783 年）试图把这两种职业分开。1744 年，腓特烈大帝批准普鲁士刽子手有权接合骨折和治疗创伤。许多乃至大多数热心医学职业的 493

人所受的训练，仅仅是跟开业医生当学徒，而这些开业医生并非总是在行的教师。在这种情境下，毫不令人奇怪的是，各种新的医学可能性并不总是为人们所充分认识，有时根本未为人们认识，而仅仅变成江湖医生谋利的手段。

十八世纪里取得的医学实践进步中，最值得提及的有下述这些。现在，十七世纪发明的体温表更正规地应用于临床。这部分地是因为伯尔哈韦树立的榜样，尤其是德亨的影响。但是，由于缺乏方便的形式，所以，体温表仍未得到普遍应用。约翰·亨特在里奇蒙公园做的鹿角实验几乎立即导致他成功地把结扎股动脉的方法应用于腿弯部动脉瘤的病例。1760 年，维也纳的利奥波德·奥恩布鲁格尔(1722—1809)经过历时七年的实验研究，发表了一本小册子(*Inventum novum*,etc.)，他在书中说明了一种用叩诊检查胸腔疾患的新方法，即叩击胸部，观察由此引起的声谐振的变化。在这个发现之前，胸腔疾患直到病人病入膏肓时才能正确诊断。像其他医学革新一样，这种胸部诊断的新方法也遭到许多医生反对；但另一些医生都热情地欢迎它。让·尼古拉·科维扎尔(1755—1821)(他后来成为拿破仑的常任医生)极端热忱地推广和发展这种新方法。这不久便导致发明听诊器(1819 年由拉埃内克发明)，它是每个医生常备的一件器械。最快得到公认的医学新发明，是詹纳的种牛痘方法，这在上面已经说明过。这里还要提到的，只有两件事。苏格兰医生詹姆斯·柯里采用海水冷冲浴的方法治疗伤寒，这种方法还包括对结果作仔细的检温研究。最后，这个世纪里还越来越反对滥用放血法和滥用药物。J.G.沃尔斯特因(1738—1820)在他的《静脉切开放血术评论》(*Annotationsre-*

494

garding Venesection)(1791 年)中力陈,血是"生命的液汁",反对鲁莽的放血者;威廉·卡伦(1710—90)谴责滥用药物。

十八世纪医学还错过了一些机会,这里可以提到下述几个。斯蒂芬·黑尔斯的血压实验(*Haemastatioks*,1733)最终为最重要的医学诊断和治疗方法之一开辟了道路;而这方法直到下一世纪才发明。1752 年,蒙彼利埃的泰奥菲尔·德·博尔当注意到了腺的重要功能,是内分泌理论的先驱;但他的观点没有给同时代人留下印象。十年以后,即 1762 年,维也纳的马里乌斯·安托尼乌斯·普伦齐茨奠定了细菌传染理论的基础。他力陈,每种类型传染病都是某种微生物引起的;但这种观念在十八世纪未产生结果。1776 年,约翰·彼得·弗兰克发起一场持久的运动,要求建立国家公共卫生部的机构。但是,这个建议直到下一世纪才真正得到理解。另一方面,十八世纪里电磁现象(包括伽伐尼电或"动物磁")研究上的进步实际上提示了电疗的可能性。但是,这些可能性仅为江湖医生所利用,没有沿合理的路线发展。在伦敦,爱丁堡的詹姆斯·格雷厄姆建立了一座做电磁医疗的"伊斯丘莱庇乌斯庙"。[①] 庙中有一张玻璃柱支承的"天床",悬挂着一些磁铁和电的玩意儿。它保留给能偿付每夜 100 镑费用的入选者,由后来以哈密尔顿夫人闻名的埃玛·莱昂照看。在巴黎,德国医生弗朗兹·安东·梅斯梅尔(1733—1815)开办了一个与此相似的机构,他的半催眠方法后来就称为"mesmerism"[催眠术]。

我们现在可以来讨论十八世纪所用的药物。这个世纪里出现

① 伊斯丘莱庇乌斯(Aesculapius)是罗马神话中的医神。——译者

了大量药典、处方集和药方集,但是药物学尚不成系统。老的药物 495 大都仍在应用,它们中很多是无用的和讨人厌的,有些则是危险的。偶尔有人提出,反对使用其中有些药物,而一些比较著名的药典便逐渐把它们删除掉。医生和药商常常发生摩擦。药商有许多聊胜于食品商,但却给顾客处方,配药和治疗。由于就医价格高昂,因而造成了牟取暴利的机会,不乏江湖医生乘人之危,私下提供无效或价值不大的治疗。然而,这一世纪里也出现了一些优秀著作。1762 年,安托万·博梅发表一部关于药学的重要的一般著作(*Éléments de pharmacie theorique et practique*)。范·斯维滕在维也纳的后继人安东·施特尔克进行了关于乌头属植物、伞形科有毒草类植物、天仙子、草甸藏红花和曼陀罗等的疗效的大量实验,他仔细记载了所得结果。在英国,伯明翰的威廉·威瑟令精心研究了洋地黄的疗效,于 1785 年在他的《毛地黄述要》(*Account of the Fox-glove*)中发表了研究成果。(他最初是由于看到一个老妇人的处方而注意起这个问题的。)十八世纪首次采用或重新采用的药物中间,最著名的如下所述。这里仅按迄今所知的年代顺序列举它们。它们的出现很大程度上是偶然的。

十八世纪肇始,镁氧和磷付诸医用。镁氧即碳酸镁似乎在十七世纪就已用作一种称为“帕尔马伯爵粉”的秘药的组分。1722 年,弗里德里希·霍夫曼通过给硝石母液加入钾碱而制备了镁氧,它包含氯化镁。白镁氧这个名字直到 1787 年才出现在《伦敦药典》(*London Pharmacopoeia*)之中。第十三章中已描述过布莱克关于这种物质的工作。作为药物,磷及不上镁氧那样流行,障碍在于很难足够精确地把它分成小的剂量。

1712 年，一种名为“斯托顿兴奋大灵丹”的药物在伦敦获得专利权。它是一种复方龙胆酊剂，这种药物似乎最早就是以这种秘药的形式出现的。

《伦敦药典》第四版于 1721 年出版时，首次载入了樟脑阿片酊灵丹（名为止喘酏）和复方薰衣草酊剂的处方。樟脑阿片酊据说是在伯尔哈韦之前任莱顿大学化学教授的勒莫尔引入的，但是约在 1687 年霍夫曼的止痛剂中就已经应用了它。这种灵丹的主要成 496 分包括鸦片、樟脑、茴香子油、酒精和安息香花。复方薰衣草酊由法国白兰地酒和各种芳香族化合物制成。它似就是那种称为“中风滴剂”的老的秘药。

1722 年的《爱丁堡药典》(*Edinburgh Pharmacopoeia*)载有一种包含硝酸汞的眼药膏处方。

1726 年，本杰明·奥凯尔给“贝特曼止咳滴剂”申获了专利权，这种药包含鸦片酊和黑儿茶。

约在 1740 年，一种发汗粉在伦敦流行。它称为“多弗粉”(阿片吐根散)，这个名字令人想起冒险。这种药粉的首创者托马斯·多弗(1670—1742)曾度过多年冒险生活。其间，他的航船《公爵号》访问了胡安费尔南德斯，1709 年 2 月他营救过亚历山大·塞尔扣克，即笛福《鲁滨孙漂流记》(*Robinson Crusoe*)主人公的原型。翌年，多弗退出了他那有利可图的海盗生涯，开始在伦敦行医。他用的药物有些似乎带很大的冒险性；他醉心于使用金属汞，因而得到了“水银医生”的绰号。多弗在《古代医生留给祖国的遗产》(*The Ancient Physician's Legacy to his Country*)一书中概述了他的药粉以及他的疗法和用药，这书是他约在 1740 年撰著的。多弗粉的组成相当复杂,但其主要成分现在仍按原始比例应用。在1788年的《伦敦药典》中,对这种药粉的制备作了如下说明。“取鸦片一盎司;硝石和硫酸酒石各四盎司;甘草一盎司;吐根一盎司。把硝石和酒石放入一个赤热研钵中,搅拌它们直到起火。然后,把它们研成极细的粉末。此后,把鸦片切成片;把这些片研成粉末,再把它们同那另外的粉末混合。上床前在一杯白酒牛奶甜酒中加进40至60或70谷服用,用被子盖暖和,出汗时再喝一夸脱或三品脱这种牛奶甜酒。”一些药商认为,这种药疗很危险,因此,劝病人在服用前先立下遗嘱。

1744年,贝克莱主教的《关于焦油水疗效的哲学思考录》(*Chain of Philosophical Reflections concerning the Virtues of Tar-Water*)发表。这位善良的主教把焦油看做为松树从空气和阳光中吸收的生命元素的浓缩物。因此,焦油当是包治天下一切病害的万应灵药。焦油水很快得到了普遍欢迎。《夜思录》(*Night Thoughts*)的作者爱德华·扬是其疗效的狂热鼓吹者。

1746年的《伦敦药典》在《治创伤香油》的标题下首次提到今天所称的“修道士香油”。它是从新世界传入的药物之一,有许多别名,例如“司令香油”、“病房香油”,等等。它的现代学名为“复方安息香酊”。这部药典还提到“甜硝石精”。它是通过用酒精蒸馏硝酸而得到的,似乎最早是西尔维斯(见边码第479页)把它引入作为这种硝石的溶剂的。

497

复方菝葜煎药是1750年前后引入的,名为“里斯本特别饮料”,用来治疗梅毒。在德国,它叫做“齐特曼煎药”,齐特曼是使之在德国闻名的一位医生的名字。约在同时,氧化锌首次引入作为内服药，用来治疗痉挛和消失不良；它作为药膏应用则要早得多。

苦木（Quassia ）作为治疗某些种类发烧的药物，最初是在1763年引入欧洲的，那年林奈收到南美洲一个学生寄来的苦木样品，这个学生告诉他，它在黑奴中间应用。林奈用提供这消息的黑奴[夸西（Quassi）]命名这种植物。

蓖麻油直到1764年前后才在现代欧洲应用，当时一个在巴思的医生彼得·卡瓦内撰文赞许蓖麻油的药用性质。古埃及人、古希腊人和古罗马人就已经知道了蓖麻籽，但在其后期间并未被应用。蓖麻油在1788年首次载入《伦敦药典》。

砷在1786年正式作为药出现，那年，一度当过药商、后来在约克郡行医的托马斯·福勒发表了他的《砷治疗疟疾、弛张热和间发性头痛的疗效的医疗报告》（*Medical Reports of the Effects of Arsenic in the Cure of Agues, Remitting Fevers, and Periodic Headaches*）。他的制剂曾称为“福勒砷溶液”。福勒最初是在分析当时一种很成功的、称为“疟疾和发烧无味滴剂”的专利药品时，受到启发而应用砷的，他在分析中发现，那种药品含有砷。福勒制备了一种碱性稀释砷溶液，并添加了薰衣草精，使之外表像普通药物。他还建议，把这种溶液改名为liquor mineralis[矿物液]，以便克服当时反对把有毒金属盐用于医学的偏见。

苏打水即当时所称的碳化水，最早是日内瓦的尼古拉·保罗在1790年大量制造的。约瑟夫·普利斯特列在1772年就已描述了一种“让水浸渗固定空气，以便传递派尔蒙特水的那种独特的精和功效”的方法。“苏打水”这个名称是在1790年以后，用焙烧苏打方法来制备它的时候，才使用的。

(参见 F. H. Garrison: *Introduction to the History of Medicine*, 1917; V. Robinson: *The Story of Medicine*, 1935; H. E. Sigerist: *Great Doctors*, 1933; C. H. La Wall: *The Curious Lore of Drugs and Medicine*, 1927; A. C. Wootton: *Chronicles of Pharmacy*, 1910; D. J. Guthrie: *A History of Medicine*, London, 1945。)

第二十章　技术

498

（一）概述　（二）农业的改良和发明
（三）纺织发明

（一）概述

科学和技术

科学的首要目标是发现事物和事件的本质和规律，以便我们能够理解和解释它们。这种关于事物和事件的知识总是带有较高的实利性，即用新的兴趣丰富人类生活，帮助明智人士确定他们在那度过其短暂一生的伟大世界中应采取什么方针。然而，人必须在他能够认识之前先生活。他必须在能够理解无数事物之前先利用它们。食品、住处、衣服等等在能够掌握关于它们的科学知识之前很久，就是必不可少的了紧接着这种旨在满足人类这些基本需求的努力，首先出现的是试错的探索方法，并受本能和冲动的压力激励。即使在生活必需品得到充分满足，因而有了余暇，有可能探求公正的知识的时候，还会产生别的实际需要。为了谋求它们的满足，有时要借助业已获得的知识，有时主要凭借老的试错方法。并且，人的创造本能也在不断促使自己有所作为，而不管有用与否。艺术是这种倾向的一种表达，发明也是一种表达。也许，科学本身是这种创造倾向的又一种表达，虽然它在于创造观念而不在于制作有用的或装饰性的东西。总之，事物和过程的发现为一方面，它们本质和规律的发现为另一方，二者都是活动，而这两种活动可以在一定程度上相互独立地进行，并且在早先文明史上也已经这样做过，虽然随着知识增长，两者日趋密切相关。

499

上述的思考可能有助于阐明科学和技术之间略见复杂的关系。科学或纯粹科学（像有时所称呼的）关心发现真理；技术关心发明新的事物和流程或者改良旧技术。它们肯定密切相联系，尤其是在今天。但是，它们的关系往往被误解，并且历史上就已被误解了。因此，弄清楚这种关系是必要的。技术常常被描述为仅仅是“应用科学”。这种说法显然认为，人们先从对某些现象的科学认识开始，然后把它应用于某种实际目的。这种事情有时会发生，但并不经常，肯定不是始终如此。在文明史上，实际发明的进步无疑先于有关现象的理论知识的进步。甚至在近代最初的几个世纪里，虽然科学进步有时促进实际应用，但更经常地还是预先存在的技术方法为科学发现提供资料。也许最经常的情形是，技术发明和改进是在没有纯粹科学帮助的情况下作出的。

十八世纪里，科学和技术的友好关系更其密切了。一方面，科学家对实际问题的兴趣更浓厚；另一方面，实际工匠或技师对自己工作的科学方面表现出新的兴趣。例如，化学家马格拉夫把他的化学知识应用于用甜菜根制造糖；富兰克林发明了避雷器，对家用炉作了一些改进；地质学家赫顿发明了硇砂制造；勒布朗用盐和硫制备苏打；贝尔托莱采用氯来漂白纺织品；马凯、贝尔托莱和其他化学家发明了纺织品染色新方法；米欣布罗克、马里奥特、库伦和其他科学家做了一些同建筑和工程有关的实验；法地质学家德马雷斯任法国工业总监，提出了许多关于布匹、纸张、乳酪等等制造的报告；夏普、罗伊泽尔、萨尔瓦和其他人发明了电报系统；巴黎科学院出版了二十卷书，完备地说明有关工艺品的问题，并配有插图(*Descriptions des arts et métiers*，1761—81)。相反，这个时期的有些工匠，尤其是斯米顿和瓦特则本着一种严格的科学精神进行了一些实验。

对技术的鼓励

这个时代的务实精神和人道主义精精的特征是，在十八世纪中期前后，成立了许多旨在促进工艺和鼓励贸易的学会。它们大都只是昙花一现。但是，有一个学会最先只是按无名发起人的计划创办，后来却迅速取得辉煌成功，今天仍然兴旺不衰，以皇家艺术学会而闻名。这个学会起源于威廉·希普利(约 1714—1803)在 1753 年提出的"建议"："募捐一笔基金，作为奖金分配，以促进文科和科学、制造业等等的改良。"希普利是个小有名气的艺术家和画家，他那不怎么令人感兴趣的生涯现在才为我们知道。他为自己的计划谋求有影响人士支持，他得到了罗姆尼勋爵和福克斯通勋爵的支持；主要由于后者的兴趣，这个学会才得以实际建立。1754 年 3 月 22 日，在科文特花园罗思梅尔咖啡馆举行了一次预备会议，目的是建立一个"促进大不列颠的艺术、制造业和商业的学会"。出席者有十一人，除了两位贵族和希普利之外，还有几位 500

当时的名流，包括斯蒂芬·黑尔斯。希普利在这次会议上提出一些建议，预示了这个学会成熟后所采取的政策。他提议，应当颁发两笔奖金，一笔奖给钴的发现，另一笔奖给英国茜草生产（茜草在当时是红色染料的主要原料）；应当组织一次儿童绘画竞赛，并授予奖金。这些建议在接着的一次会议上被采纳，并发放了认捐单来募集奖金款项。在克兰科特的一个图书馆里举行的一系列会议上，讨论解决了组织问题。1755 年初，这个新学会正式按民主方式委任福克斯通爵士为会长，希普利为秘书。然而，这学会的工作刚刚走上轨道，希普利便退休了。会员迅速增多，很快就拥有许多贵族和平民，他们都是各行各业的头面人物。学会由会员捐款、遗产等等资助；它从未依赖政府帮助。它不久就采用“艺术学会”的名字，作为其原始名称的别名；“皇家的”这名称是在 1908 年授予它的。这个学会自奉不是宣读和发表论著的学院，而是鼓励和褒奖发现、发明、改良和其他社会公益活动的机构。它为此给具体问题的解决提供**奖金**，给评定的有价值成就授予**奖品**，以示表彰。这两项都被认为与其说是奖励，还不如说是对进一步努力的补助。然而，学会逐渐地更注重定期出版刊物，报道它所关心的问题的消息。它的《学报》(*Transactions*)第一卷于 1783 年面世。学会第一个固定会址是查林克罗斯的克雷格科特。后来的不几年里，它又迭次乔迁，地方越搬越大，因为会员不断增多。直到 1774 年，它才在阿德尔菲占有一个长久会址，以迄于今。

501

艺术学会的工业兴趣范围十分广阔。它在十八世纪里奖励了机械（尤其是织造机械）、精密仪器制造和化学品商业生产等方面的改良以及工业发明，例如螺旋千斤顶和用捕鲸炮发射的渔叉。

1796年,它把一项奖金授予清扫烟囱的最佳方法,这种方法无须利用"攀高工"。但是,此后直到1805年,再也没有颁发过奖金。艺术学会还致力于鼓励农业。它奖励的项目包括:成功培育本地作物和引进外国作物;生产纯种;改进耕作方法和饲养牛羊方法;发明新农具(它们放在陈列室里展出)。它敦促栽培芜菁,还促成把芜菁、甘蓝和甜菜引入这个国家。它通过褒奖开创大规模种植园的人来鼓励造林。它还传播大量有关农业问题的有用知识。此外,艺术学会也对开发殖民地的自然资源感兴趣。它倡导使有经济价值的植物适应环境,以及在这些地方创办合适的工业。回顾一下,由于艺术学会的敦促,曾把英国船舶奖金用于奖励在那场著名叛乱发生时把面包树从南太平洋诸岛运往西印度群岛的船只,是很有意思的。这学会从一开始就鼓励精通绘画,因为这对工业有用。它过渡到美术领域是很容易的。学会因它展出当代艺术家作品而闻名,而这在1768年导致建立作为一个独立机构的皇家学院。(参见 Sir H. T. Wood:*A History of the Royal Society of Arts*,London,1913。)

(二)农业的改良和发明

十八世纪里,欧洲农业取得相当大进步。这种进步主要是经验的,借助试错法取得。但是,农业工序改进了,还发明了一些新农具。此外,通过对农业实验和结果的周密观察和记录,也为农业现象的科学研究奠定了基础。

十七世纪的农业仍以墨守习惯的分工和土地处理方式为特 502

征。可耕地、草地、牧场和荒地等的划分被认为是永久的,极少有人认为,它们能够定期或偶尔轮换。并且,可耕地以这样的方式耕作:每年,它有三分之一甚或一半时间闲置着。按照这种二区轮作制,可耕地一半种植而另一半休闲;隔年对调一次。按照优越的三区制,可耕地的三分之一种植黑麦、小麦和冬大麦;另外三分之一种植燕麦、夏大麦、玉米和某些菜豆、豌豆和巢菜;余下三分之一休闲,但它在这一年里要犁二三次,如此清地是为了准备来年种植庄稼。十八世纪里,这种相当浪费的方法在英国逐渐为所谓诺福克轮作制取代。这是一种四区轮作制,即三叶草、小麦、萝卜、大麦,不让一点可耕地休闲。类似的轮作制似乎在十六世纪就已引入荷兰以及也许还有别的地方。但是,这种轮作制以诺福克制的形式被广泛采用,则还只是十八世纪的事。这种轮作制在英国的采用,有赖于那里栽培三叶草和萝卜。这些和别一些外来植物(甘蓝、胡萝卜、欧洲防风、蛇麻等等)之引入英国,是理查德·韦斯顿爵士(1591—1652)一类先驱,尤其是查尔斯(绰号"萝卜")·汤森(1674—1738)的功绩。

诺福克制是基于某些源于观察的信念,但还没有得到科学的理解。就是说当时认为,三叶草为小麦准备了土壤,因为观察到小麦在以前种过三叶草的土地上长得比较好。同样,人们也是以这种经验方式相信,小麦为萝卜准备了土地,萝卜为大麦作了准备,大麦则为三叶草作了准备。这些事情的科学理解要等到十九世纪。汤森以同样的经验方式重新发现了给轻松土(类似诺福克的土壤)施灰泥的优越性。另一个实际发现是杰思罗·塔尔(1674—1741)作出的,他观察到,松土而不施肥,可能比施肥而不松土要好。松土好让空气、露水和雨水更有效地到达植物根部，增加它们侧生长的营养。不过，尚不清楚，塔尔对这些究竟理解到了什么程度。

农具方面，十八世纪的贡献在于发明了一些新的农具，改良了旧的农具。直到十六世纪所应用的犁是笨重的双轮机械，每架都需要六至八头牛的一支牛队。然而，荷兰在十六世纪某个时候发明了一种较轻的犁，两匹马就能拉动。这种犁在十六和十七世纪里从荷兰引入了英国，尤其是诺福克和萨福克。1730 年，迪斯尼·斯塔尼福思和约瑟夫·福尔贾姆获得了一种称为罗瑟拉姆犁的改良犁的专利权(图199)。约翰·阿巴思诺特和詹姆斯·斯莫 503

图 199—罗瑟拉姆犁

尔作出了进一步改良。约在同一时候，杰思罗·塔尔发明了一种四刀浅耕犁，用于犁除杂草，更有效地把它们埋在土壤下面。类似的犁似乎在十七世纪才在荷兰出现。

约在 1760 年发明的斯莫尔木犁(图 201)十分引人瞩目。因为，虽然它十分轻，两匹马就能拉动，但它却同六到八头牛拉的重型犁一样有效。约在1780年，引入了一种改良的木犁，它有铁制的犁壁。不久，斯莫尔制成了一种全铁的轻犁。

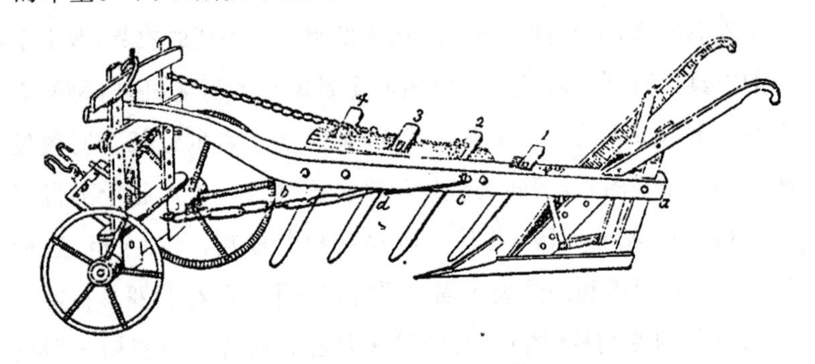

图200—塔尔的四刀犁

我们现在可以从犁耕的改良转到播种的改良。十七世纪之前，欧洲实际上只有两种播种方法，即撒播和穴播。谷粒和小种子一般用手撒播，种子相当均匀地撒布在整个耕地面积上。豆和马铃薯之类大种子采用穴播，也即在土壤中挖一些空穴，空穴一行行平行排列，每一行上彼此又相隔一定间距，每个空穴中放进一颗或多颗种子。撒播在耗用种子数量和花费手工劳动量上造成很大浪费，不仅如此，而且还妨碍了播种以后对土壤的有效中耕。1600年，休·普拉特爵士发明了一种铁穴播器，它固定在一块板上，这样，便于用手快速穴播玉米。然而，更为重要的是，杰思罗·塔尔在十八世纪发明畜力条播机。塔尔通过仔细的观察和实验，学到了许多关于种子和播种的知识。另外，他还发现，在一定深度上稀播种子，长出的作物最好。不过，他在劝说农夫执行他的指示时，遇到了很大困难。于是，他毫无畏惧地决心“发明一种机器，比手

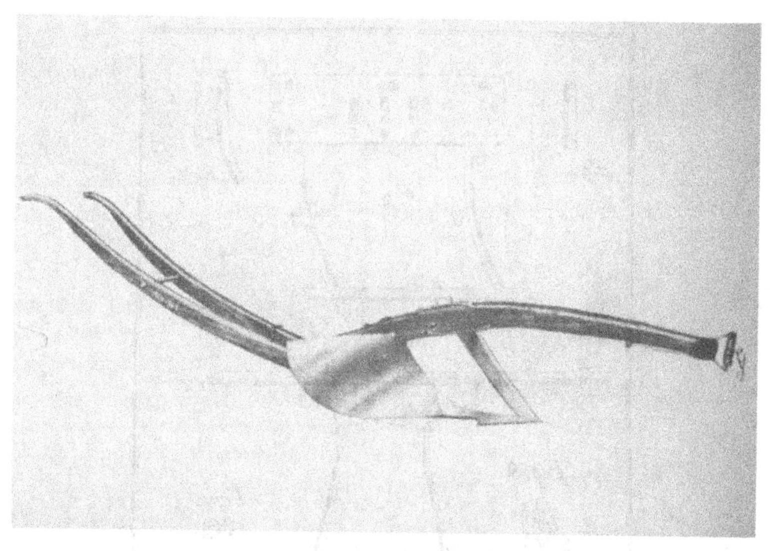

图 201—斯莫尔的木犁

工更可忠诚地种植驴喜豆”。塔尔模仿管风琴的构造,尤其共鸣板的沟、簧片和弹簧,制造了一种条播机。它通过具刻痕的桶输种,种子由一轻型覆土耙掩埋,后者固装于该条播机后部。这种条播方法是撒播和穴播间的一种折中;种子成平行的行地条播,但在每一行上则是连续不断的。总之,同手工撒播相比,畜力条播机不仅节省种子和劳力,而且使得有可能对作物行间的土壤进行适当中耕,而毗连土壤的除草和充气大大改良了这些作物。为了更有效地这样做,塔尔还发明了畜力中耕锄,当时中耕全用费力费时的手锄。

播种和锄耘以后,便是收割或收获。最古老的割玉米和牧草的农具是镰刀和大钐刀。今天,在小面积耕地上,它们仍在应用,但在种植谷物或牧草的大面积耕地上,它们就很少使用了。人类历史早期,人们就已尝试发明一些节省劳力的比较合适的机械。

504

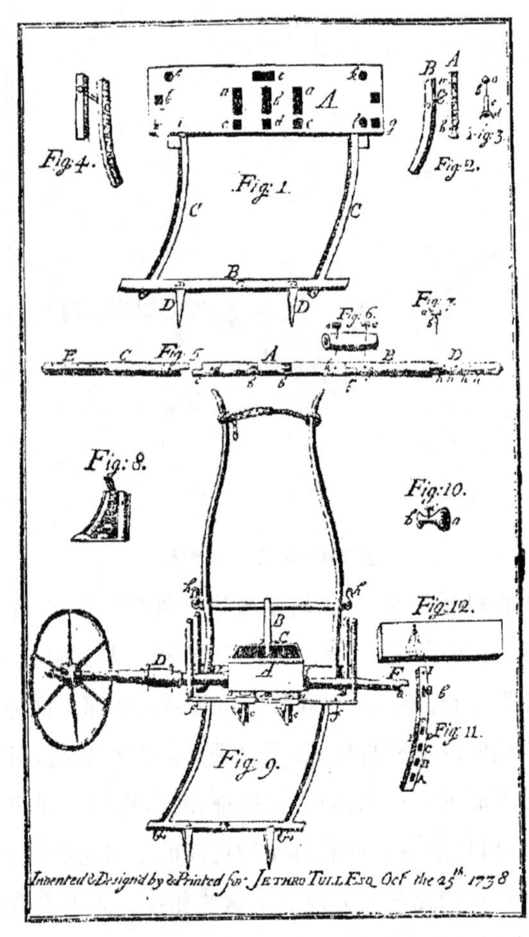

图 202—塔尔用于双行播种的条播犁

图 **1** 为犁的基体 A，示出接纳鞘的榫眼 *aa*、让来自漏斗的种子通过的榫眼 CC 和带齿 DD 的耙 B。图 **5** 是纺锤体。图 **8** 是犁沟的鞘。图 **9** 是带一个轮子的犁和在其位置上的给料斗 A。这漏斗分成两个部分，供给两个漏斗 aa。

早在公元一世纪，高卢已在应用一种机械收割装置（参见 Pliny: 505 *Natural History*, Book XVIII, Ch. 72）。它是一辆马车，正前面有一把巨大的轮刀。一头牛把马车向前推，在马车旁有一个人把玉米向后弯，以便轮刀把玉米头割下，落进马车。这种精巧的机械装置在后来几个世纪里被废弃了，或许被淡忘了。但是，在十八世纪里，人们又尝试引入这种高卢人收割机的各种改进形式。其中最精致、最有意思的一种见诸威廉·沃克的《通俗哲学》(*Familiar Philosophy*)(1799 年)。这种收割机有两个轮子，由一根轴联接，这轴带有一伞齿轮，后者由一带齿的构架支承，而构架贴近地面，并带有几把水平旋转的刀，而这些刀借助两个滑轮和一个小齿轮同轴上的齿轮相连。这收割机由一匹马拉动，玉米由轮刀的旋转着的刀刃切断。

我们接下来转到最后一道农业操作，即给谷捆脱谷。在十八世纪之前，这种操作一直是用手动梿枷进行的。今天仍用这种梿枷加工少量的谷物。谷捆放在打谷场上，用梿枷打，以便能把秸秆去除。这样留下的谷粒尚混有谷壳，然后利用天然风或者风扇产生的人工气流去除谷壳。1636 年，约翰·克里斯托弗·范伯格获得了一种脱谷机的专利权。十八世纪里，沿这个方向另外还作过多次尝试。不过，所有这类脱谷机中最实用的，当推苏格兰工程师安德鲁·米克尔在 1788 年获得专利权的那种脱谷机。这种脱谷机不止能脱谷，它还包括一个吹掉谷壳和其他杂质的装置以及用于把草种和小谷粒同饱满谷粒分离开的筛。

这里可以提到的另一个发明是詹姆斯·库克在 1794 年获得专利权的一种切藁机。它用来把干草和秸秆切成短段，用作家畜的粗饲料。库克发明之后，常用的切藁机是一端开口的长方形槽。干草或秸秆放到槽的里面，用手推到开端，在那里用一把镰刀切 506

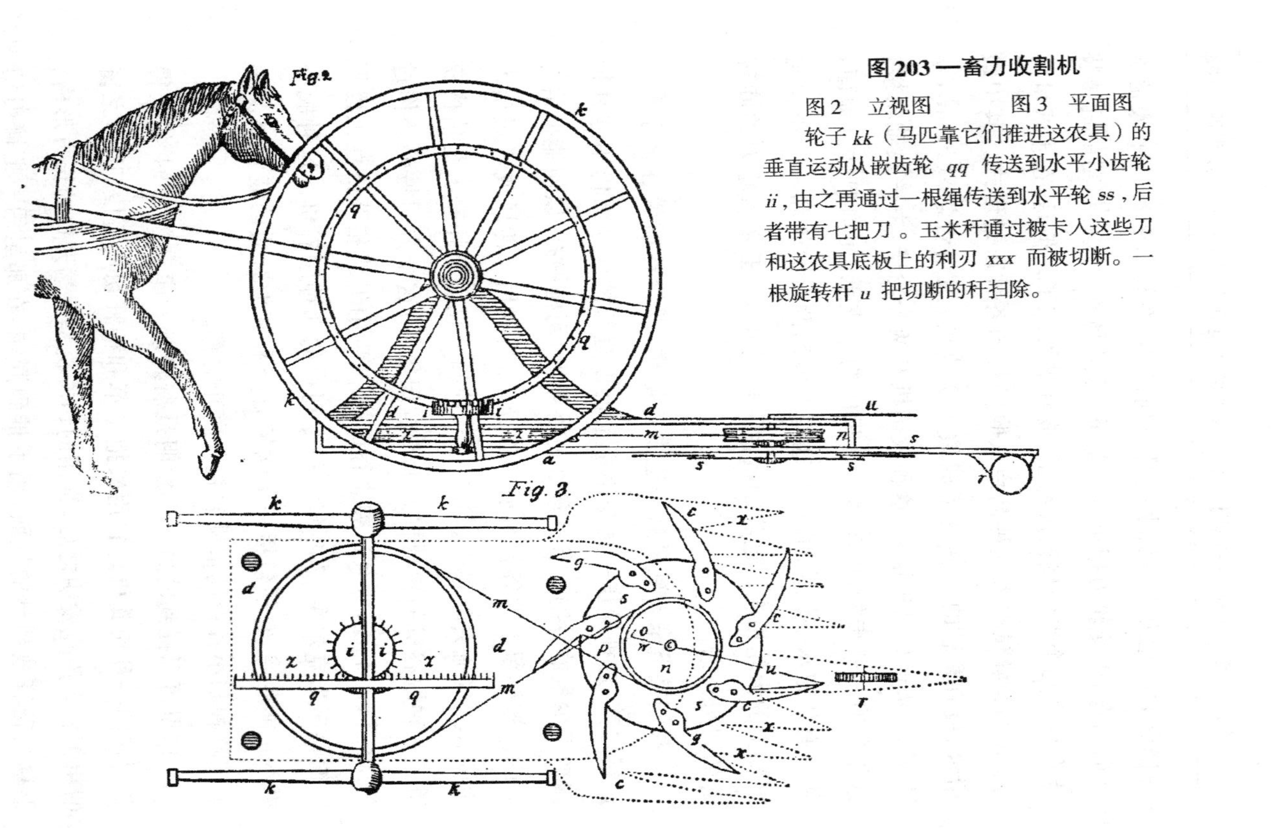

图 203 一畜力收割机

图 2　立视图　　图 3　平面图

轮子 *kk*（马匹靠它们推进这农具）的垂直运动从嵌齿轮 *qq* 传送到水平小齿轮 *ii*，由之再通过一根绳传送到水平轮 *ss*，后者带有七把刀。玉米秆通过被卡入这些刀和这农具底板上的利刃 *xxx* 而被切断。一根旋转杆 *u* 把切断的秆扫除。

割。库克添加一个重物，把干草或秸秆压到靠近槽的开端，并在槽端固定若干刀片；还引入一个轮子，轮辐上装有旋转刀片。旋转刀片顶住固定刀片地运动，其结果便产生切割作用，有如剪刀的作用。 507

十八世纪，英国在有选择地培育良种牛羊的艺术方面，也有了一个良好开端。结果，莱斯特郡的牛羊受到高度重视。英国农夫崇尚牛羊良种风气的领导人物，是罗伯特·贝克韦尔(1725—90)。

十八世纪九十年代，英国还开始出现了类似农业部的机构。这个组织建立于1793年，阿瑟·扬任秘书。它只是个半官方组织，但它为英国农业的研究和改良做了很多工作。

(三)纺织发明

508

十八世纪由于在纺纱、织造、针织、漂白和染色等技术作了各种各样改进而著名。

纺纱

十八世纪在纺纱发明上表现出很大的独创性。这些发明是：用辊处理纱线、把锭子安装在可动的走车上以及大大增加一个操作工所能照管的锭子数目。

约翰·怀亚特和刘易斯·保罗于1738年获得了用辊纺纱方法的专利权。在这种新机器里，被梳理的棉或毛由一对辊引入机器，再传送到另一对辊，后者比第一对辊运动快，这样，棉或毛在从第一对辊到第二对辊的传送过程中，就被伸张了。这纱线从辊再传送到锭子和锭翼，最后缠绕在有边筒子上。

509

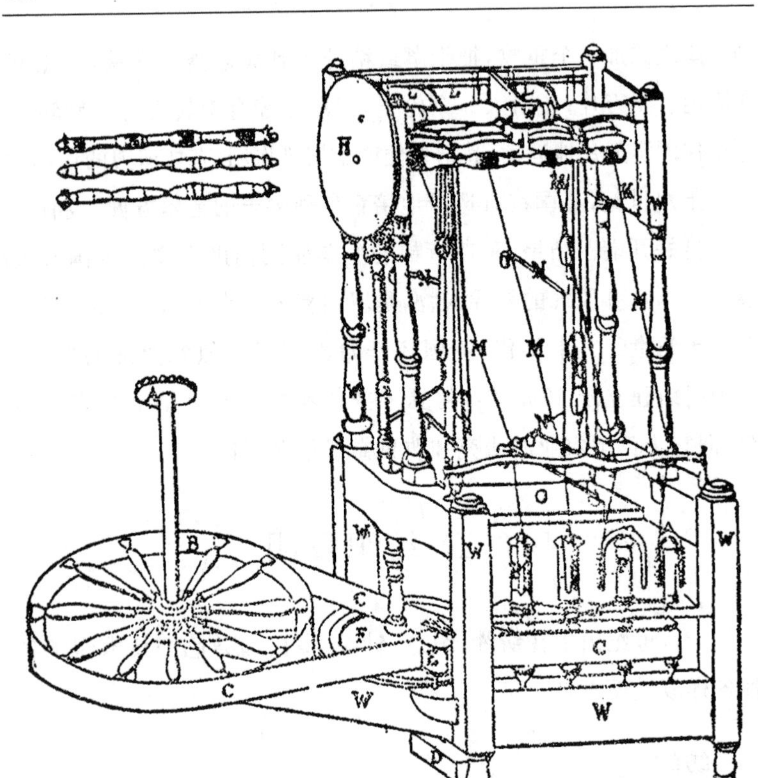

图 204—阿克赖特的“水力纺纱机”(1769 年)

A—嵌齿轮和轴。*B*—驱动该机器的轮。*D*—铅重物,使小轮(*F*)保持稳固于压力轮(*E*)。*G*—木轴,它驱动轮(*H*),并向上一直到驱动四对固定于铁板(*K*)的辊(*I*)。*L*—四个带粗棉纱的大筒管。*M*—四根线,连接到用铁丝固定在木杆(*V*)上的筒管和锭子。*N*—铁片,所带重物通过滑轮悬挂于辊,以使各辊保持在一起。*P*—筒管和锭子。*Q*—锭翼,具有把线引向筒管的铁丝。*R*—小的毛线绳,它们影响筒管的旋转,以调节其转速。*S*—四个锭子旋转物。*T*—锭子。

1771 年,理查德·阿克赖特发明了一种新的纺纱机,称为“水力纺纱机”,因为它用水力驱动。他又对这种机器在细节上作了进一步改进,其结果就是他的所谓“翼锭纺纱机”。这些纺纱机生产的线特别牢,这便使得第一次能够制造全棉织物。在那时之前,所应用的其他纺纱机纺成的棉纱非常脆弱,只能用作纬线,而经线必须应用亚麻。阿克赖特的水力纺纱机在织造棉布时,不再需要亚麻经线。然而,另一方面,它只能纺较粗的纱线,还不能同印度白布和薄洋纱的细纱相比。

其间,詹姆斯·哈格里夫斯于1765 年发明了他的"珍妮机"①

图 205—哈格里夫斯的珍妮纺纱机

即珍妮纺纱机(图 205)。这种机器使一个操作工能照管许多锭子——原始珍妮机是 8 个,哈格里夫斯的最后定型是 80 个。然

① 珍妮(Jenny)是他女儿的名字。——译者

而，这种新式珍妮纺纱机在其他方面大都同没有锭翼的大轮纺纱机相似，因此，纺织不能连续地进行，机器必须周期地停车和倒车，以便把纺好的纱摇在纡子上。这种机曾广泛应用，尤其是在塞缪尔·克朗普顿对之大加改进以后。克朗普顿把阿克赖特的"水力纺纱机"方法同哈格里夫斯的"珍妮机"方法相结合。这种纺纱机是如此通过混合方式把不同原理结合起来的产物。因此，它被称为"杂种机"或"杂种珍妮"〔走锭纺纱机〕(图 206)，发明于 1774 年。最早的"杂种机"只带 12 个锭子，但它们生产的纺线非常精细，足以同印度棉制品相匹敌。

图 206—克朗普顿的"杂种机"〔走锭纺纱机〕

510

织造

在十八世纪里，包括凯(1733 年)、巴伯(1774 年)和卡特赖特(1785—78)等人在内的一些人对普通织机作了许多改进，尽管这些改进并未带来设计上的创新，但织机变得紧凑了，架空机架没有了；筘座由机座处的枢轴操纵，不再在机顶摆动；织工的职责大大减轻；一个织工借助凯的飞梭就能织造阔幅织物。1796 年，格拉斯哥的约翰·奥斯汀发明了第一台动力织机。它设有断经自停装置和断纬自停装置，能在一小时内织出 2 码 900 线织物。并且，因要求的织物细度不同，一个织工辅以一个童工就能照管三至五台织机。

这里还必须谈一谈织带机。织带机好像是 1621 年前后由荷兰发明，十七世纪里在英国、德国和瑞士得到应用。及至 1765 年，织带机基本上已是自动的。这主要是由于凯和沃坎森进行改进的结果。1745 年，约翰·凯发明了控制织带机踏板的凸盘，这样，织机的一切机构达到了协调运动。沃坎森改良了操作杆和操纵锭子的齿条齿轮传动。不过，织带机尚未达到完全自动；它还需要织工花费体力，在结断纱时，他还得用力制动织机。

针织

第一台针织机是 1589 年在英国发明的所谓“织袜机”，发明人是诺丁汉附近卡尔弗顿地方的副牧师威廉·李。当然，李的织袜机不是全自动的，它的开动和各部分运动的协调都得依靠人力。不过，它是后来在针织机械和花边织机方面一切发明的基础。十八世纪里，针织机上最重要的改良也许要算杰德迪亚·斯特拉特在 1758 年作的改良了。斯特拉特在织袜机中引入了第二副织针，它同原来的一副相垂直。他藉此织制出了罗纹表面的针织品，它至少在一个方向上大大提高了弹性。

511

漂白

十八世纪在织物漂白工艺上做出了一些重大改良，即应用稀释的硫酸和氯气作为漂白剂。这些改良引入之前，应用通常漂白的漂白工序如下：亚麻或棉织物放在热水或碱中浸渍，以去除上浆物质或其他杂质。然后加以清洗，放在所谓“漂白场”上晾干，再经过一个称为“煮练”的工艺，即放在炽热强碱中加热。其后，再加以清洗，再次摊开在漂白场上，让风吹日晒，并喷水使之保持湿润。“煮练”和“喷水”这两道工序交替反复进行，直到织物变得相当白。接着是“酸化”工序，为此，织物被浸在酸牛奶溶液或者麸或黑麦粉制成的“酸”中。然后，再用皂水洗这织物。如果尚不够白，那么，就再重复进行“煮练”等等工序。这整个流程是十分费事的，只能在一年的某些时候进行，甚至那时还得受天气条件限制。

1756年，弗朗西斯·霍姆倡言(*Experiments on Bleaching*, pp. 74—92)用稀硫酸代替“牛奶酸”。这是一项适时的改革。因为，英国亚麻工业当时大大扩展，所以，对全脂牛奶的需求增加，而这导致牛奶价格上涨。同时，稀硫酸总是可按标准规格供给，而酸牛奶则不然，质量变化幅度很大，常常因为太酸而影响效用。

贝尔托莱的改良甚至更为重要。他约三十年之后用氯作为漂白剂。氯的漂白作用的真正发现者是舍勒(氯在当时称为“脱燃素盐酸”或“氧化盐酸”)。贝尔托莱最初应用氯的水溶液。但是，这种溶液释出的气体育伤害作用，因此，他便改而应用它的碱溶液。此外，贝尔托莱还想到，织物在“漂白场”上露置，仅仅是为了让织物中的着色微粒准备溶解和去除碱。因此，“漂白场”可以免除。

贝尔托莱通过交替地用氯和碱溶液处理织物，事实上达到了永久性的漂白效果(*Annales de Chimie*，1789，Vol.Ⅱ，p. 151)。

贝尔托莱的“氧化盐酸”(氯)的碱溶液得到了普遍应用。它通称为“eau de Javelles”〔贾韦耳水〕和“eau de Berthollet”〔贝尔托莱水〕；制造这种溶剂的工人称为“bertholliers”〔贝尔托莱工〕。这种 512 新式漂白方法比旧式的简单、稳当、省事，也便宜得多。“漂白场”可以派别的用处。“煮练”、“喷水”和“酸牛奶”等工序代之以比较省事和稳当的工序：把织物浸在氯溶液中，然后放在碱中煮沸，再放在稀释的酸中浸，最后放在弱碱——但要新鲜的——之中；像旧法一样，其中有些工序需重复进行。

贝尔托莱漂白方法是一种甚合需要的改良。因为，当时**动力织机**已在纺织工业中站稳了脚跟。它的日益增长的产量需要一种比较迅速、可靠、经济的漂白方法。值得指出，詹姆斯·瓦特把贝尔托莱的漂白工艺引入了格拉斯哥。

查尔斯·坦南特又一次降低了漂白的成本。他在1798年用石灰乳代替苛性钾碱作为氯的溶剂。1799年，坦南特用熟石灰取代石灰乳，于是，提供了漂白粉作为漂白溶液的代用品。漂白粉便宜而又有效，在一定程度上促成了漂白工业的迅速发展。

刚才提到的漂白工艺进步仅仅影响到亚麻和棉，而不影响毛或丝的材料。纯碱不能用来漂白丝和毛，因为它要损害它们。甚至在十八世纪，丝和毛也仍然用古代就已应用的一种方法来漂白。略去各地在细节上的一些差异，漂白毛或丝的材料的工艺可介绍如下。材料用皂水清洗，然后使之干燥，最后让燃烧硫的烟来熏。这种古老的漂白方法今天仍在一定程度上为家庭用来翻新草帽之类东西。

（参见 Nicholson：*Dictionary of Practical and Theoretical Chemistry*，1808，词条“Bleaching”。）

染色

十八世纪初期仍沿用传统的染色方法。然而，这一世纪里后来逐渐地引入了一些改良。实用上的改良还同染色化学理论的进步密切相关。这些改良在很大程度上是由于法国政府对染色工业特别感兴趣的结果。早在十七世纪，在富有事业心的柯尔培尔的领导下，已经采取一些步骤来鼓励染色工艺的进步：褒奖促进染色技术改良和染色业工匠效率与技艺提高的人。最后任命一名特别官员专门负责总管整个染色工业。值得指出，两位大力促进染色实践和理论的研究者相继就任法国染色工业总监。他们就是关于化学的那两章里已提到过的马凯和贝尔托莱。

513

传统的染色方法相当简单。待染织物先按上述方式予以漂白，然后浸在染浴或染锅之中。染料采自植物或动物的有色物质。有时，人们感到，有必要用某种东西来把染料固着在织物上。为此，一般用明矾作为所谓媒染剂。所用的染料数目相当多，但任何一种颜色所能产生的色泽的数目通常却很有限。

十八世纪前几十年里，尤其是法国染色工业早期的两位总监迪费和埃洛所持的染色理论是纯粹力学的。鉴于力学理论在十七世纪处于主宰地位，这也是顺理成章的事。按照染色现象的力学理论，所用染料的微粒进入了被染材料的孔隙。据认为，染色准备工序大致是，借助热或某种化学作用来帮助织物打开孔隙，以使色素微粒能够进入而填充这些孔隙。同样,染料在被染织物中的固着也被解释为主要是由于冷的作用,即冷使织物孔隙缩小和关闭,从而把色素微粒关在织物组织之中。有些物质之难于染色,也诉诸据说存在的盐来解释:盐阻塞了这些物质的孔隙,从而阻止了染料微粒进入。在马凯和贝尔托莱从事这一问题的研究之前,一直没有关于染色工艺的化学理论。(关于迪费和埃洛的观点,可分别参见 *Mém. de l'Acad. Roy.des Sciences*,1737,p. 253;和 1740,p. 126 和 1741,p. 38。) 514

约在十八世纪中期马凯研究染色问题的时候,不褪色的蓝染料还只知道靛蓝和淡蓝两种。马凯引用了普鲁士蓝。他把棉、亚麻、丝的绞纱和一块布放在明矾和绿矾酸的溶液中煮。然后,他把它们浸入碱溶液中,用有机物焙烧,使之染色。继而他让它们露置干燥,然后,再放在非常稀的热硫酸中浸渍。结果,产生了浅蓝色。在丝和毛织物上这颜色坚牢不褪。他还发现,反复放在染料中浸渍,这颜色会越来越深,因此,通过改变浸渍次数,可以获得范围很广的各种蓝色泽。此外,普鲁士蓝似乎完全渗透被染材料,而靛蓝和淡蓝仅着色材料的表面,所以,在染过的材料的表面磨损后,下面未染到的组织便暴露出来。因此,普鲁士蓝最后得到广泛应用。

马凯还发现一种给丝染上不褪红色的方法。德雷布尔似乎早已成功地给毛染上坚牢的猩红色,他把毛材料放在洋红溶液中,其中还放入锡的 aqua regia〔王水〕溶液,作为媒染剂。然而,这种方法在染丝时无效。马凯想出一个主意,先把丝浸渍在单独的稀释媒染剂中,然后浸入洋红染液。通过如此分离两道工序以及稀释媒染剂,马凯成功地给丝染上坚牢的红色(*Mém.de l'Acad.Roy.*

des Sciences,1768,p. 82)。

马凯由于亲身经验而动摇了对染色现象作纯力学解释的信念。但他仍相信,被染织物的孔隙起着重要作用。不过,他也许不再接受这样的观点:色素微粒仅仅简单地封闭在被染织物组织的孔隙中。他认为,这里包括某种化学过程,而不单是一个力学过程。织物、色素和媒染剂三者可能形成一种新的化合;一种不能同某种染料化合的织物,有时仍可能同该染料和某种媒染剂的碱相化合(*Dictionnaire de Chimie*,1778,"Teinture")。继马凯任染色工业总监的贝尔托莱更完整地发展了这些思想。

前面有一章里已介绍过,贝尔托莱对化学亲合性理论作过贡献。贝尔托莱正是用化学亲合性来研究染色问题。他的论证如下。"着色微粒具有区别于一切其他物质的化学性质,它们具有独特的吸引力,藉此同酸、碱、金属氧化物和某些矾土为主的土质等相化合。它们常常沉淀酸溶液中的氧化物和矾土;在其他场合,它们同盐化合,形成超化合物,而后者同毛、丝、棉或亚麻相化合。这515 样,它们通过矾土或一种金属氧化物就结合得远比没有这中介时紧密"(*Éléments de l'Art de la Teinfure* Paris,1791,Vol. I,p. 20;W. Hamiltan 英译,*Elements of the Art of Dyeing*,London,1791,Vol.I,p. 22)。这里,我们已最明显不过地试图严格用化学、化学亲合性来解释染色现象。一种染料的微粒的溶解取决于该染料对溶剂的亲合性。染料微粒同一种织物的化合可以直接进行,也可以通过一种媒染剂如明矾的中介进行。一种染料的原色可能为它与之化合的那种材料的颜色所改变。另外,空气和阳光等条件也可能影响最终得到的颜色。这些思想促使他去专门研究氧在染色过程中所起的作用。

贝尔托莱观察到，在明矾溶液中，除了明矾分解而成的一种碱之外，还有色素连同氧化铝一起沉淀。这使他领悟到，金属氧化物对色素有很强的亲合性。于是，他揣测，一种金属氧化物的颜色取决于它作为化合物所包含的氧的数量。因此，他对氧在这些变化中所起作用作了如下说明："构成大气的空气的那两种要素中，只有生命空气或含氧空气才作用于色素微粒。它同微粒化合，使它们颜色变淡、变灰。但是，现在它的作用主要是被施于化合物中的氢，由此形成水。这效应应当看做为一种真正的燃烧，同色素微粒相化合的木炭由此变成占主导地位，而颜色通常变为黄色、鹿毛色或褐色；或者，受损害的部分同原色的残余相结合而产生其他现象"(上引著作，Vol.I，p. 117；英译本，Vol.I，p. 114)。此外，"金属氧化物在它们与之化合的色素微粒中引起燃烧，其程度同这些微粒可从它们得到的氧的数量成正比。金属氧化物和色素微粒的化合物这时所呈的颜色，是色素微粒特有颜色和金属氧化物特有颜色的结合。不过，这里应当考虑，色素微粒和金属氧化物现在处于因氧化物中氧减少和色素微粒中氢减少而还原成的状态"(上引著作，Vol.I，119；英译本，Vol.I，pp. 116—7)。无疑，这些观点有的带很大猜测性。但是，贝尔托莱表明了许多染色问题和现象的化学本性。他还表明，当用明矾作为媒染剂时，碱使氧化铝沉淀下来，后者同染料微粒化合而形成一种"超化合物"，而这种超化合物同织物相化合，由此使之染色。并且，在很大程度上是贝尔托莱使法国很快成为世界的染色工业中心。 516

517

第二十一章　技术

（四）建筑

一、材料强度

十八世纪里，米欣布罗克、贝利多、布丰、库仑、苏弗洛、戈特、隆德莱和吉拉尔等人继续了十七世纪里伽利略、武尔茨、马里奥特和胡克等人对建筑材料强度的研究。

米欣布罗克

P.范·米欣布罗克进行了一系列广泛的精确实验室研究，实验测定建筑材料在应力作用下的性能。他的《实验物理学和几何学》（*Physicae experimentales et geometricae*）（1729年）中题为《坚实物体内黏性导论》（*Introdnctio ad Cohaerentiam corporum firmorum*）的那一部分（pp. 421—672）论述了这些实验和所用设备。下面的图207至212也取自该书这一部分。

马里奥特曾用哑铃状的拉力试样做过实验（图207）。米欣布罗克用玻璃试样做实验时，仍保留这种方式。但是，他不用绳索来悬挂它们，因为这种方法必定带来不确定的加载偏心度。他设计了一种新颖的 U 形夹。

他的拉力试验机示于图 209。

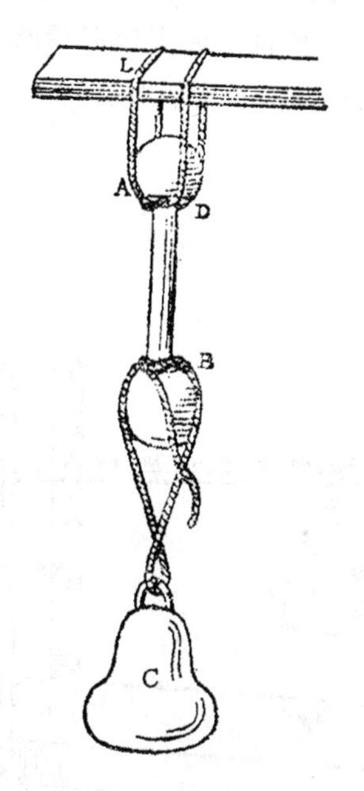

图 207—马里奥特支持试件的方法

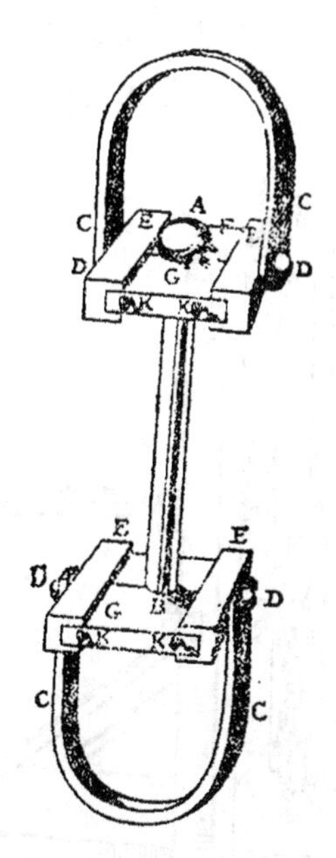

图 208—米欣布罗克紧固玻璃试样的 U 形夹

他用于紧固金属丝的 U 形夹示于图 210。为了试验梁，他应用图 211 所示的装置。狭槽用于仅仅加以支承的端，方孔用于带定向端的试件。试验支柱时，在支柱的头端，加载一个平台，每个角上有一根杆导引平台，如图 212 所示。米欣布罗克极端小心地进行试验，作了许许多多试样。然而，他做过的梁都是小杆，大都只有 0.27 英寸见方。不过，这些试验乃用于证实伽利略的结论："相对结合力"同 $b \cdot d^2$(其中 b 代表截面宽度，d 代表其深度)成正 518

比，同 L(即梁的跨度)成反比。像马里奥特一样，他也正确地指出，将一根梁的两端固定，在跨度中间加载，它的支载能力倍增。他采用的支柱长而细，他的试验实际上预言了许多年以后欧勒从理论上推出的结果，即一根给定截面支柱的强度同其长度成反比。

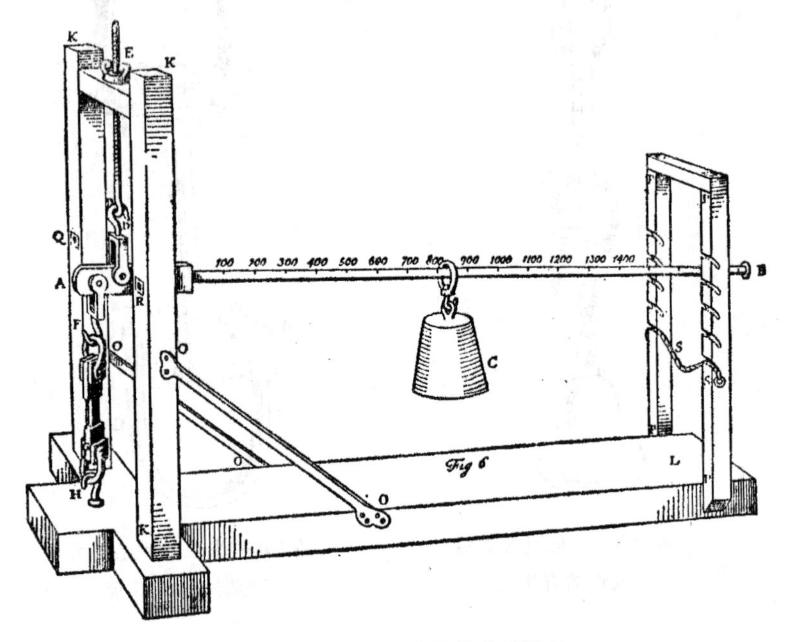

图 209—米欣布罗克的拉力试验机

519　**贝利多**

贝尔纳·德·福雷·贝利多(1693—1761)算不上结构技术领域的一位伟大先驱。他没有设想出几个新实验，也没有发现新的原理，只设计了一些尚称合理但并不出色的建筑物。不过，他作出过一些宝贵的贡献，那就是他写作了几本关于建筑和工程的专著。

在这些书中，他把当时的各个理论和实践汇总加以综述，并作了精辟的评析。这样，他给同行提供了可放心运用的有关科学知识。从历史来说，他的著作也很可贵，为了解十八世纪初期建筑知识的状况提供了指南，并且，它们实际上还是最早的工程学教科书。他最重要的论著是《工程师的科学》(*La Science des Ingénieurs*)(1729年)和《水利建筑学》(*Architecture Hydraulique*)(两卷，1737，1739年)。把这些著作同以前的书例如阿格里科拉的书相

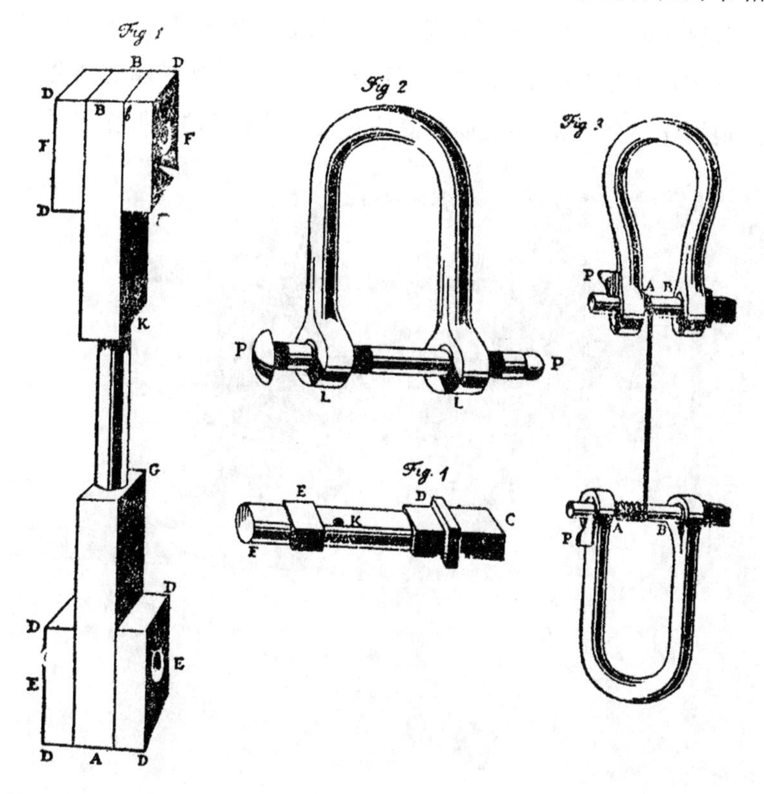

图 210—米欣布罗克的器具：1.木拉力试样；2—4.紧固金属丝试件的 U 形夹

520 比较，可以清楚地看出，其间工程学取得了长足进步。贝利多的著作的持久性可从下述事实看出。迟至1830年，他的《工程师的科学》还在重印，正文只字未改，仅由编者（纳维埃）增加了一些脚注，说明这个研究领域在该书问世以来所发生的一些变化。

布丰

布丰伯爵乔治·路易·勒克莱尔（1707—88）如上所述作为一个博物学家享有世界声誉。他还是个热心的数学家，牛顿《流数》(*Fluxions*)法译本（1740年）的译者。这种素质和兴趣的结合导致他担任一个职务，而这职务使他有机会对本章的论题作出了一

图211—米欣布罗克的梁试验装置

个独特贡献。

法国路易十五的海军部大臣莫雷帕伯爵任命著名植物学家亨利·路易·杜阿梅(1700—82)任 Inspecteur de la marine〔海军部

图 212—米欣布罗克的支柱试验装置

监察长〕,研究和报道适合海军建设的木材的栽培和保护。布丰就任杜阿梅的助理,尤其协助研究木材强度。杜阿梅已开始着手研究这个问题,但由于更紧迫的问题缠身而不能深入探究下去。布丰在这个任所上得以进行大量实验,几乎不受限制地得到所需尺寸的商品小木材。像米欣布罗克和贝利多一样,布丰也是从小试 521

样开始实验。他先用同一圆木的不同部分，然后用不同大小的树木作为试件，由此表明，相同木材种中，强度同密度成正比。为了获得最大量密纹木材产品，他建议在春天给准备秋季砍伐的木材剥皮（*Mém. l'Acad.Roy.des Sciences*，1738，pp. 169f.）。对此做法，他还援引了斯塔福德郡和诺丁汉郡的先例。鉴于同一圆木截下的各个小试件在强度上有相当大的差别，他决定试验建筑时实际应用的那种尺寸的试件，为此，他指定不下一百棵栎树为他提供试件，它们在同一树林中生长，完好，健康，属于相同的种，树围从 $2\frac{1}{2}$ 到 5 英尺不等。每一次，都在第一天把树砍下，由木工把他所需要的那部分粗加工成方形，次日由细木工刨光到精确尺寸，第三日进行试验（*Mém. de l' Acad. Roy. des Sciences*，1740，pp. 453f.）。布丰让坚牢的支架来支承他的木材试样的两端，并用设在中跨处的铁钩环来悬吊负载。将压紧试件上面的那部分钩环锉平，其宽度不到 $\frac{1}{4}$ 英寸。钩环底条处挂两个钩子，那里放置直径 9 英寸、长 4 英尺的坚实圆木，悬挂载重台。因为需试验 4 至 9 英寸见方的木材，所以制作了一系列钩环，每个都是锻打成方框架形状的圆铁条，在准备试验时套在试件端头。

5 英寸木材制成的载重台系 14 英尺长、6 英尺宽，连钩环和载重用的全部吊索共重 2500 磅。开凿三百块重石并加以修琢，重量标为 25、50、100、150 或 200 磅，视具体情况而定，它们足可施加总重约达 27000 磅的负载。

这个工作部门有八人。重石逐步加于载重台，重的先加，当这墩升起时，两个人继续从脚手架上加载较轻的重石；四个人用木杠使载重台四角保持稳定，一个人测量挠曲，第八个人记录时间、所加重量和试验过程中的挠曲等项目。时间是重要的。一个比引起突然断裂的负载少得多的负载所引起的挠曲在导致断裂之前，将可历时几小时并不断增大，这样的负载绝不小于快速试验极限的三分之二。但是，除非试件非常小，否则，只有在听到明显可闻的报警声后，才会发生损坏。在一篇刊于《皇家科学院备忘录》(1741，pp. 292f.)的论文中，详尽无遗地记叙了许多这种试验。

库仑

夏尔·奥古斯特·库仑这位杰出物理学家在其他领域的重要著作前面已经介绍过。在这一章里所以值得崇敬地提到他，是因为他的《论极大极小法则对建筑有关的静力学问题的应用》(*Essay on the Application of the Rules of Maxima and Minima to Statical Problems Relating to Architecture*)一文。这篇论文于1773年逞交科学院。但是，当时他不是院士，因此，论文于1776年发表于“par divers Savans étrangers”〔由各院外学者供稿的〕关于数学和物理学的《备忘录》。这类文章均不收入科学院《历史和备忘录》总年鉴之中。那个时期的专业文献中很少引证这篇论文。也许只是由于托马斯·扬的作用，库仑著作才取得其在建筑技术历史上应有的地位。扬在收录于他的《综合著作》(*Miscellaneous Works*)(Vol. Ⅱ，pp. 527f.)中的一篇颂文中指出，库仑论内粘学的那篇论文，“它所阐发的观点准确而又有独创性，论证清晰而又简洁，而且结果可以实际利用，因此”，完全可以同他后来那些乃他作为一个科学工作者声名所系的著作中的任何一部并驾齐驱。扬 522

称赞库仑独创地引入极大和极小作为静力学问题的判据。这个方法很快就得到广泛采用，而且它在今天的价值仍不减当年。

这篇论文描述的第一个实验中，一块1英尺见方、1英寸厚的石板 $abcd$ 在 e 和 f 处被切琢，只留下2英寸宽的颈。然后，这石板悬吊在一框架上，加载，直到这材料在颈部断裂。力 P 除以 ef 处的截面积（2平方英寸）即给出"内聚"。在第二个实验中，库仑试验一根2英寸宽、1英寸高的悬臂，在靠近其支承端处悬一负载，由此测量其截面对近似直接剪力的抗力。在第三个实验中，他给他的悬臂在离支承9英寸处加载。在这三种情形里，导致损坏的负载分别为430、440和20磅。库仑对精良烧制的砖块以及灰浆重复这些试验，结果发现，灰浆在强度上变化很大（Prop Ⅵ）。

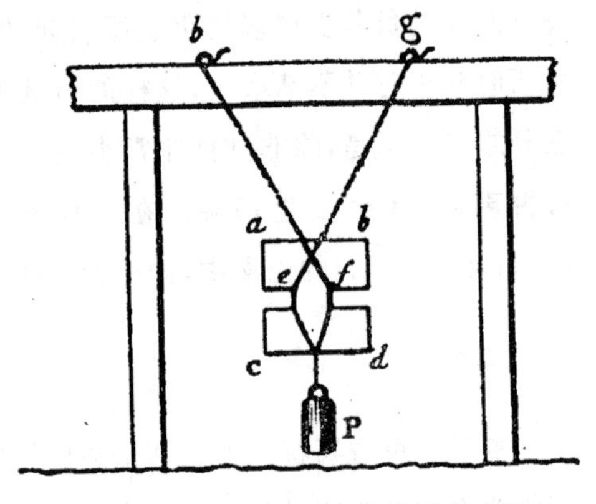

图213—库仑对石块做的拉力试验

库仑然后讨论梁的断裂。他对这个问题的研讨第一次破除了那个玷污伽利略、马里奥特和伯努利等人著作的错误，即忽视了梁的受压边沿。

库仑用来对梁做试验的器具肯定属于简单的类型，但他没有加以描述。然而，我们足可推定，他的挠曲试验结果的准确性不下于直接拉力试验。一块石板切琢得只留下一个带尖角的小颈，这必然要降低材料其余部分的强度。用绳索悬吊试件和试验负载时，不管如何当心，总要引入偏心矩。也许是只试验了为数不多试件的缘故。因此，库仑之以 20 磅这个数字作为对 2 平方英寸的拉力断裂负载，不能当做一个同石块挠曲强度相比较的可靠数据。然而，它近似于根据伽利略假说即 $WL=T\cdot d/2$ 计算给出的值 24，因为 523

$$\frac{T\cdot d}{2\cdot L}=\frac{430\times 1}{2\times 9}\approx 24$$

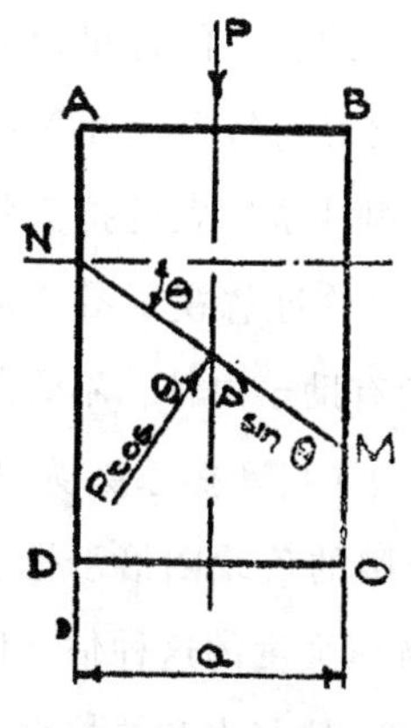

图 214—载重墩中

由此可见，柔性材料(例如木材)在一横截面的各不同纤维上同时显现压力和拉力，而不可延展的材料(例如石头)在其整个截面趋向绕下边沿转动而致使所受应力达到其"绝对抗力"时，突然断裂。他说(*Mémoires*，1773，p. 352)，"但是，这实验给出 20 磅。因此，人们在石块断裂时不能设想，纤维是完全刚性的，也不能设想，支点正好处于截面的下边沿。一种十分简单的意见会引导我们预期这个结果。按照这个意见，如把下边沿取作为旋转轴，则该边沿将必须支承无限大压力而不破坏内聚力，这是不可能的。"事实上，这边沿应是一条狭带，而不是一线。然而，库仑把他的挠曲理论建基于石料抗拉强度的不准确值。实际上，木梁和石梁的性能差别只是程度上的，而不是种类上的。

库仑接着研究石造物对倾向压毁它们的力的抗力。在图 214 中，当负载 P 沿某个斜面 NM 作用的分量克服沿该处的内粘抗力时，石造物 $ABCD$ 便会毁坏。此时，$ABMN$ 便下滑。沿 MN 的

524 每单位面积c 磅的抗力(这石造物沿图示平面的尺寸为a,沿垂直于此平面的方向的尺寸为b)将等于$c \cdot b \cdot a\ sec\theta$。这力必须抵抗的那个$P$ 的分量为$P\sin\theta$。使这两个力相等,我们便得到

$$P=\frac{c \cdot a \cdot b}{\sin\theta \cdot \cos\theta}$$

为了求得P 的最大值对于给定的c、a 和b,求上式对θ 的微分,并令其等于零。最大值发生在$\theta=45°$的时候。在这里,$P=2 \cdot c \cdot a \cdot b$。库仑未加说明地无端假定,抵抗沿$MN$ 的剪力的每单位面积内粘力c,将始终等于抵抗过CD 的直接拉力的每单位面积内粘力(我们将称之为t)。所以,依此推理,一根柱抗压毁的抗力将两倍于同一根柱抗直接拉力的抗力。然而,这论证忽视了沿NM 滑动所遇到的摩擦阻力,而库仑认为,这阻力有助于内粘。不管怎样,在考虑到摩擦后,库仑估算出,对于砖圬工(其摩擦系数为3/4),可得$P=4 \cdot c \cdot a \cdot b$,就是说,压毁一个墩的负载四倍于把它拉离的负载。圬工材料的比较抗拉强度和抗压强度的这种估计值由于下述两个因素影响而变坏。其一,他假定,抗剪力和抗拉力总是相等(像他对石料做的粗糙实验所表明的)。其二,他忽视了这样的事实:一个接合的圬工墩不是一个同质的料块。然而,库仑的结果是重要的。它是极大极小法则应用于一个材料强度问题的首例;它合理地解释了压毁的圬工通常沿之出现裂缝的斜面。(参见S. B. Hamilton:*Coulomb*,载*Trans*,*Newcomen Soc.*,Vol. XVII。)

苏弗洛和戈特

自从米欣布罗克精心对小试件做了一系列试验以后,材料试

验技术在将近半个世纪里没有取得任何明显进步。布丰扩大了实验的规模,但对准确度掉以轻心。贝利多和库仑满足于能应他们即时之需,而给出足够数据的少量粗糙但便捷的实验。然而,1770年发生了一场争论,法国第一流建筑师和工程师大都不得不参与其中并表态。曾经作出过一个决定:巴黎古老的圣热内维埃夫教堂应代之以宽敞雄伟的现代屋宇。此项设计任务托付给了科学院的年金领取者雅克·热尔曼·苏弗洛(1713—80)。他努力把两种类型建筑结合起来:传统教堂的十字形平面和古典式大型公共房屋的长长的完整柱廊。他还打算在十字口上面再装置一个庄严的小圆屋顶,这使问题变得更其复杂。基础的铺设花去不少于七年时间(1757—64 年)。但在其间,墙和柱都竖了起来,总的设计也变得明显可见。这时人们看到,必须承载圆屋顶穹隅的那四角处的支撑,其比例已经是不寻常的细了。

525

抱传统观念的建筑师吓呆了。其中有一个皮埃尔·帕特(1723—1814)在一篇发表于 1770 年的论文中断然表达了他们的恐惧。苏弗洛在答复时仅仅宣称,他依据的是一条新的建筑原理,而其他结果证明是合理的。然而,他的学界朋友却沉不住气。尤其是埃米朗·玛丽·戈特(1732—1807),他在 1772 年发表了论文《力学对拱和圆顶建筑的应用》(*The Application of Mechanics to the Construction of Arches and Domes*),继而又进一步就各种类型石材的强度做了一系列试验。实验结果在 1774 年发表于阿贝·罗齐埃的《关于物理学、自然史和艺术的观察》(*Observations sur la Physique, sur l'Histoire naturelle et les Arts*)之中。

戈特特别适合担负这个任务。他受过当数学家和建筑师的训练，通过了 École des Ponts et Chaussées〔交通工程学校〕的考试，后来成为该校数学教授。1758 年，他进布尔戈尼省工程处，1783 年当上了总工程师，那年，卢瓦尔-索恩运河工程按他的计划动工。他发表的关于材料强度、拱和挡土墙的著作都有很高的价值。

戈特载入罗齐埃《观察》中的论文题为《能承载石料的负荷》(*La Chargeque peuvent porter les Pierres*)。它一开始讨论以往各个时期里建造的柱的长度-直径比，以及评论关于梁和柱的性能的各种理论。像库仑一样，他也认为，伽利略的假说应用于石梁，526 极其令人满意。但是，他拒斥压屈公式，因为它不适用于通常高度-直径比的石柱。然而，当他研究凿石工程上能安全地放置的负载的问题时，他发现，现有的数据很不充分，他无法据之设计一台机器。因此，他做了一系列试验，它们既用于提供有用的数据，也为了引起其他能够进一步探索这个问题的人的兴趣。

罗齐埃在《观察》中描述了戈特的试验机，但未附草图。不过，他的外甥纳维埃在 1809 年出版的他的《论桥》(*Traité des Ponts*)的那个版本和隆德莱的《建筑的艺术》(*L'Art de Bâtir*)都提供了草图，图 215 即采自后一本书。

秤臂长 7 英尺，铰链枢到刀刃的距离为 $3\frac{1}{2}$ 英寸。因此，所施加的重量和传送到试件的力两者之比为 24∶1。

戈特是从索恩河畔夏龙附近吉弗里地方的采石场获得他的试件的，那里提供两种等级石料：软性白石，每立方英尺重 145 磅，和硬性红石，每立英尺重 165 磅。在所做的 150 次试验中，试件大小不等，长度从 $\frac{3}{4}$ 到 8 英寸，直径从 $\frac{5}{6}$ 到 2 英寸。试件放在两块有纸

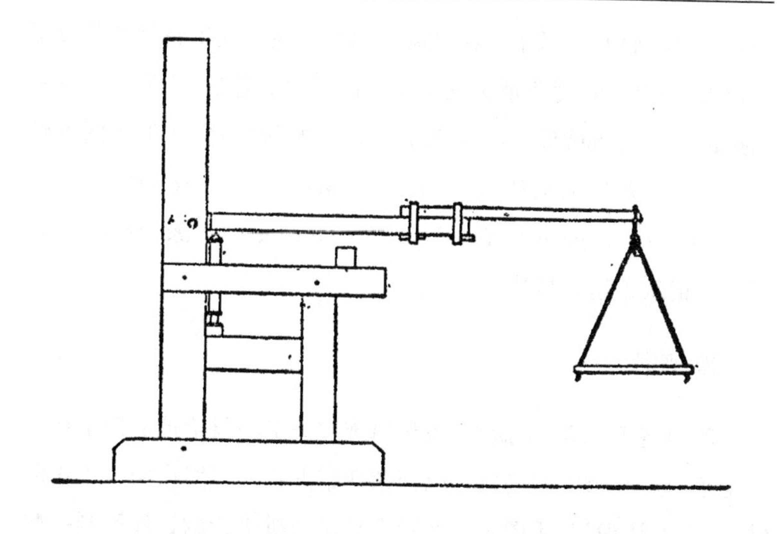

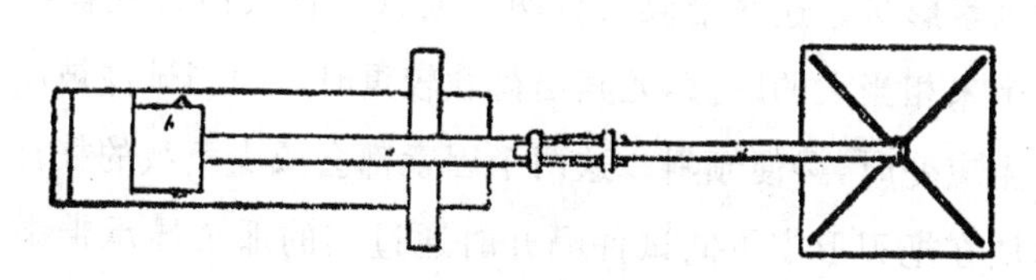

图 215—戈特的试验机

板贴面的铁板之间,上铁板和刃形支承之间的空间则由一个适当长度的木块占居。

这篇论文记载的其他试验是对砖块和小石悬臂做的。1 英寸见方、2 英寸长的小试件平均经受不住 143 磅,而按照伽利略的理论,它们应当承载 383 磅。但戈特认为,它们的质地和数目尚不足以证实或驳倒这理论。 527

虽然苏弗洛没有采取行动来证明自己有理,以对付 M. 帕特的攻击,但他还是深为所动,遂亲自用一台同戈特相似的试验机

(不过是铁结构的)做了一些试验。佩罗内在交通工程学校装设了一台大型试验机,载重能力约为 18 吨,经过调整后,它能用于试验抗拉试件和抗压试件。P.C.勒萨热在他的《帝国交通工程图书馆藏论文选》(*Recueil des divers Mémoires extraits de la Bibliothéque Impériale des Ponts et Chaussées*)(巴黎,1810 年,p. 167)中记叙了这台机器。

隆德莱

苏弗洛于 1780 年逝世,圣热内维埃夫工程留给他的助手让·隆德莱(1734—1829)完成。隆德莱熟谙戈特和佩罗内两人工作的结果,但他认识到,用图 215 所示那种试验机进行的试验受到一些错误因素影响。这些错误来自两方面:(1)称梁由螺栓操纵,而螺栓会带来相当大的摩擦,尤其当荷载较重时;(2)当试件被压缩,机器发生应变时,梁便倾斜。这两个因素都会减少负载的杠杆臂,并给木块在把刃形支承同试件隔开时通过其的那个导承带来摩擦。为了消除这些缺陷,隆德莱用刃形支承取代螺栓,通过螺旋起重器把负载施加于试件,如图 216 所示。施加于起重器的力和试件承载的重量均可调节,以使杠杆保持在一水平位置上浮动。隆德莱的试验机可以说是第一台达到令人满意准确度标准的试验机。他自己对这试验机及其之前的这类试验机的描述,见诸他的《建筑的艺术》第四卷(巴黎,1802 年)。

帕特暂时保持缄默。戈特为反对他的观点而提出一些科学证据,它们产生的压力迫使当局人士停止不成熟的探索。但是,后来528 有一个例证提供的证据,无论戈特的机智还是苏弗洛朋友的权威

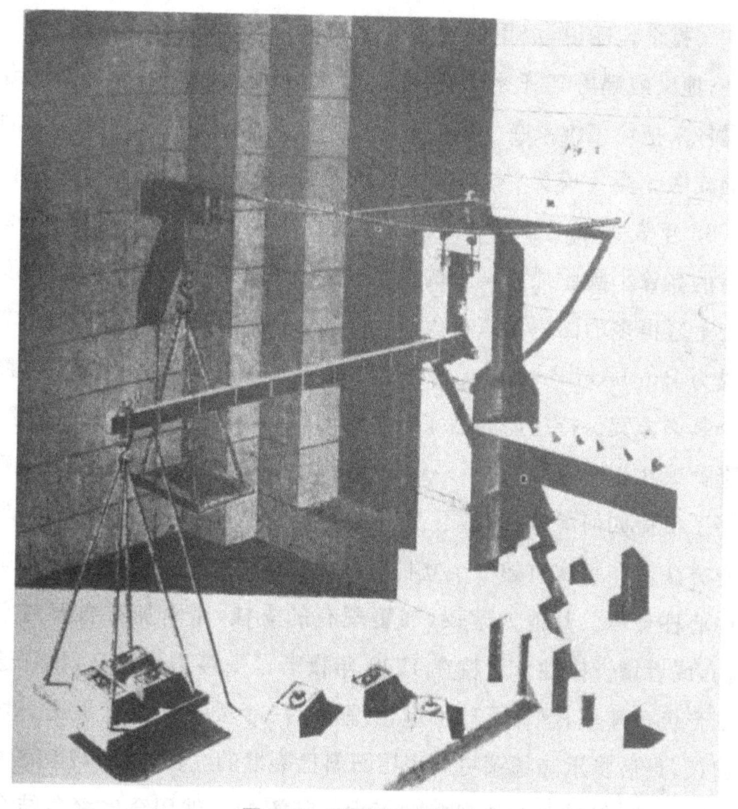

图 216—隆德莱的试验机

都无法加以压制。它就是建筑物本身。按照戈特的精心计算,圆屋顶下的墩承载的平均负载为每平方英尺 33 吨。戈特试验机试验的小石料试件的载重在断裂之前八倍于这计算得到的单位面积负载。然而,这些计算没有考虑到风、载重的偏心或沉陷的不均衡。无疑,这一切都会影响到实际的建筑物。此外,这些墩由两种不同石料构成:一种又硬又脆,而另一种则比较柔软。硬性石虽然坚强,但承受的负载过度了。同时,接合也接得不好,正面狭,背面宽。

打个比喻说，沉重的建筑物坚定地站在M.帕特的一边。于是，他又鼓起勇气跻身显要。苏弗洛的神秘新原理仅仅是借用金属杆来把圬工维系在一起的古老手段。这怎么也无助于保护他的**混成墩**免受大应力、不均匀支承和不均衡沉陷影响。M.帕特在1798年表明，除了减小负载，这个病症别无他策治救。拆除苏弗洛的高耸小圆屋顶和其上的鼓形顶，另外建造一个紧挨屋顶高度之上轻得多的圆屋顶。在大革命当局主政时，圣热内维埃夫教堂成为Panthéon Français〔法兰西众神庙〕，用于纪念民族英雄。整个装饰方案保持庄严的国家纪念馆的格局，其中塔式圆顶是关键。隆德莱在1797年撰写了一篇论文，详述了这座建筑物的历史，解释了负荷如何承载，描述了毁坏的性质，提议了一种孤注一掷的改建方法。在每次重建一个立柱时圆屋顶下的拱应由若干大的木质中心柱支承。其他人建议，加裹现有的立柱，用附加石料背衬它们，或者增设拱柱。戈特在1799年撰著了一篇重要论文，批评这形形色色建议，解释了球形屋顶理论。一个委员会审查了这一切建议，最后指示隆德莱更新表层石料已裂缝的立柱，从而略微增大了总尺寸，但对总的外观影响不大。新添的石件用金属缀条结合在一起，使这建筑物便继续屹立着。然而，它只是成为昭示蠢行的标本：以很小安全系数用混成墩来支承巨大负载，而又不添加有效的侧向链条。不过，它大大推动了材料的科学试验。

朗布拉尔迪和吉拉尔

529 十八世纪末年，又有交通工程学校的两位成员扩充了材料强度实验数据的范围。他们是雅克·埃利·朗布拉尔迪(1747—97)

和皮埃尔·西蒙·吉拉尔(1765—1836)。

朗布拉尔迪的经验主要是在诺曼底的海岸和港湾取得的,他在那里专门研究了浅滩和沙洲以及可用以检测其结构的手段。他还作出过一些著名的桥梁设计。1793 年,他继佩罗内任交通工程学校校长,并组织以 L'École central des travaux publics〔中央市政工程学校〕名义统一管理这所和其他理工学院。1795 年,这所学校成为 L'Ecole Polytechnigue〔高等理工学校〕,而交通工程学校另行重建。

P.S.吉拉尔于 1789 年任受朗布拉尔迪领导的工程师,另外还担负了系列地试验大型木料试件的工作,试验中把木料作为梁和支撑。吉拉尔可能进行了这些试验的大部分;试验结果发表在他的《固体抗力分析》(*Traité analytique de la Résistance des Solides*)(1798 年)一书之中。

吉拉尔的书开头是一篇历史性的序,追溯了从伽利略到欧勒的材料强度研究史。欧勒的著作激励了吉拉尔进行弹性常数的最早科学测定。这篇序是该书最有价值的部分。

吉拉尔的试验机所以特别令人感兴趣,是因为它的尺寸小,却可用于试验大截面木材。所列的最大试件几乎达 17 英尺长、11 英寸见方。这台机器按设计可以施加高达 100 吨的负载,但他的结果表中所载,却未见有超过 140000 磅者。在图 217 中,示出一处于试验位置的二米半长的支撑。图中表明了吉拉尔试图用以避免方向上约束的方法。支撑立在一个铁基 R 上。负载有一部分不是通过楣窗 K 和立柱 AB 传递到那个载重梁 XY 绕其自由倾斜 的枢。铁基R把这一部分传给一木质格床(图218中的平面图

图 217—吉拉尔用于试验木支撑的机器

图 218—支承吉拉尔试验机的格床的平面图

所示)来承重。构成试验机主架的立柱 AB 伸入地基达 $3\frac{1}{2}$米,在那深处它们由十字接件 D 相连。当欲用此试验机作挠曲试验时,用一根更长的大截面木头取代铁块 R 来承重梁的承座。一根立柱以与支撑试件相同方式安装,它向中跨施加一个点负载。图 217 所示的脚手架和辘轳足以表明这些试验的艰辛。这些试验是在职业工作的闲暇期做的,所以,四十八页的表格的记录和结论花了几年工夫才完成。

尽管试验进行了很多次,试验时又十分小心,但吉拉尔仍然拿 530 不准,他的试验结果和他的计算之间的差异在多大程度上是由于实验误差或理论不正确所致。

一次作为褒奖的提升把他调到埃及,这使他中辍了在勒阿弗尔的进一步研究。他后来的辉煌生涯乃同尼罗河、卢克运河及其附属、巴黎供水系统、法国水准测量、气体照明(他为此于 1819 年访问了伦敦)和许多市政工程联系在一起。他还对材料强度的研究做出了进一步贡献。

列奥弥尔

我们上面介绍的试验机中，除了布丰的(这里还将谈到)而外，都不适用于试验任何形式金属试件，除非是小截面金属丝或杆。米欣布罗克的器具适合实验室应用，没有证据表明，人们曾把它们用于金属的商品生产或使用。试验金属的商业方法的最早说明，也许是杰出博物学家费尔肖·德·列奥弥尔给出的。他逞交科学院的论文(1711、1713 年等等)结集成一本题为《锻铁转变为钢的技术》(*L'Art de convertir le Fer forgé en Acier*)的著作(1722 年)。书中描述了两种试验，一种是挠曲试验，一种是硬度试验。在前一种试验中，试件是由老虎钳水平地夹持的金属丝或带，这样，它可在一个叉的两尖之间延展，而叉尖能绕垂直于试件轴的一根轴旋转。优质钢能绕一个叉尖折叠而不开裂。在第二种试验中，试件必须加工成一根截面逞等腰三角形的杆。截切两段短的试件，彼此成直角地放置，一段放在一铁砧的平砧面上，另一段以其一平坦水平面向上，两段仅在沿每段边沿上的一点相接触。当打击上面那段时，两试件的边沿受同一打击而产生凹痕。试件越硬，刻痕越小。然而，列奥弥尔没有详细说明打击力或者刻痕测量的标准化问题，即使试验结果具有科学价值。我们未闻这位作者再进一步谈过十八世纪的硬度试验。

这一时期有记载的试验中，布丰做的金属试件最大。他对木材的试验(参见第 657 页)中，负载通过支持被试验巨木的一个铁钩环传送。或许最初的钩环有一个在使用时裂断了，因此，为了进 531

行比较,就故意把其他的也裂断(布丰:*Histoire des Mineraux-Oeuvres complètes*,1774—8,Vol. Ⅶ,p. 61)。每肢大小近似为直径 $18\frac{1}{2}$ 线即约为 2 平方英寸的一个铁钩环在 28000 利弗尔[①]负载作用下裂断,这负载相当于约每平方英寸 6000 磅的应力。四次这种试验平均仅约每平方英寸 7000 磅,而同样材料的金属丝则要强十二倍。这有趣地从侧面说明了这时期棒铁质量之低劣。

苏弗洛得到布丰的批准,用前述试验机试验了十根小铁棒,它们的两端锻打成截面较大的钩,铁棒垂直地悬置于杠杆上面。截面从 $\frac{1}{24}$ 到 $\frac{1}{8}$ 平方英寸不等的若干试件的平均强度略低于每平方英寸 70000 磅(隆德莱:*L'Art de Bâtir*,Vol.Ⅳ,p. 85f.)。隆德莱亲自试验过截面约 $\frac{1}{8}$ 平方英寸的铁棒。他发现,颗粒细腻和锻打能大大提高铁的强度(同上,p. 88)。

克勒佐地方著名铁工厂的厂主拉米斯应用戈特试验机(图 215)中使用的那种型式杠杆臂,对铸铁做了挠曲试验。值得注意,这杠杆臂分成两部分。在试验中离负载较远的那个部分代之以试件铁棒,铁棒 18 英寸长、3 英寸见方,插入一个铸铁箱之中,构成一魁伟墙。铸铁箱包含两个隔开 6 英寸的刃形支承,一个在底部正面,另一个在顶部背面。试件横在下刃形支承之上而断裂(S. H. Hassenfratz:*Le Sidérotechnie*,巴黎,1812,Vol. Ⅰ,p. 47)。佩

① 利弗尔(livre)是法国古重量单位名,合 500 克。——译者

罗内首先注意到，韧性金属杆在经受拉力试验时出现温升，以及拉力试件在其表面受锉削后，强度大大减少。

二、挡土墙

沃邦和比莱

亘古应用人造堤岸或石墙来保持地坛，否则，地坛会碎裂或滑移。为了防御而在高地筑墙的做法，其发展也许在中世纪后期的城堡中达于极致。但是，起先一直没有关于确定它们正确比例的法则的记载。直到十七世纪，才由塞巴斯蒂安·勒普雷特尔·德·沃邦(1633—1707)制定了一张表。沃邦在1658年就任法国

532

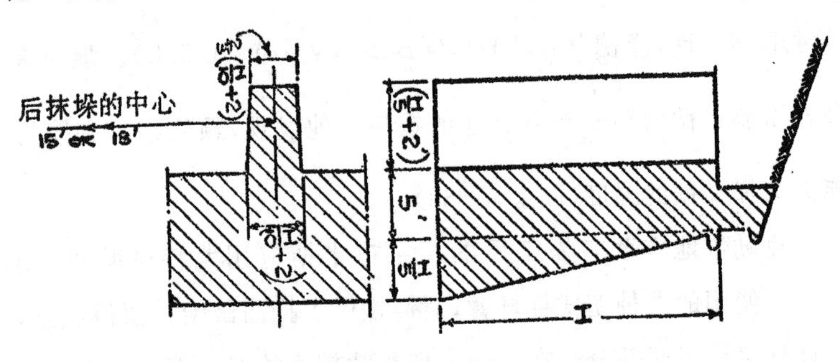

图219—挡土墙的典型截面(据沃邦)

国王的总工程师，1703年就任法国元帅。任何时期都罕有人比他具有更广泛的防御工事经验，因为他进行过不下50次成功的围攻，设计或改进过160多个堡垒。因此，他用于确定挡土墙最佳尺寸的法则备受尊重。十八世纪初期关于这个论题的著作家无一不援引这些法则。他的表给出了高度在6和80英尺之间的任何墙

的全部尺寸。顶宽为5英尺,面的倾度在一切场合均为1比5。其余尺寸均如图219所示。从未考虑过挡土的质地。据推想,这位工程师大概凭发挥独创性和机智来根据具体环境改变标准截面。

十八世纪前发表的仅有的另一种设计挡土墙的法则,是皮埃尔·比莱(1639—1716)提出的,其说明见诸他的《实用建筑学》(*L'Architecture Pratique*)(1691年)。我们从比莱那里得到启示:一堆砂或砾石可以比做一堆圆子弹。后者可以叠成规则的棱形或锥形,边沿立在一稳定的斜面上,此斜面按比莱的意见同水平面成60°。砂和砾石在形状或尺寸上不像炮弹那样规则,因此,比莱认为,就它们而言,45°的坡度可以认为是合理的容限。

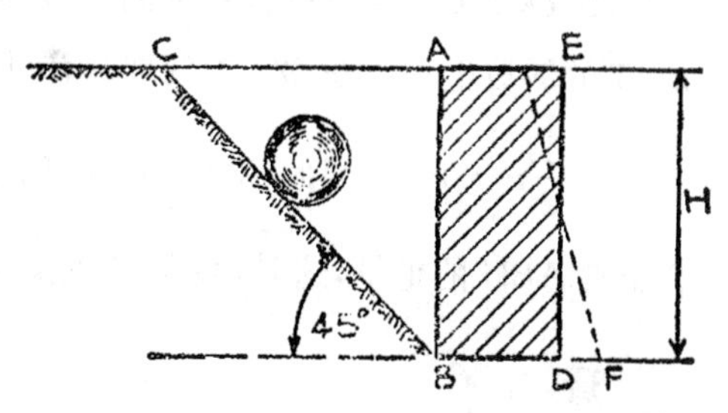

图220—比莱关于土对墙的作用的思想

533

参见图220,我们可以认为,三角形土楔ABC仅由这样的微粒组成,它们受墙$ABDE$阻力的约束而未沿斜面CB滚下或滑下。

库普勒和贝利多

皮埃尔·托尔托·德·库普勒(卒于1744年)在于1726年逞交科学院的论文中相当详尽地阐发了比莱关于土压的思想。比莱的三角棱不是一个子弹堆的最紧凑结构:四面体和方锥形较致密,并对垂直面产生不同的压力值。图 221 表明库普勒关于土楔的思想，以及（他所认为的）总压力将在其上作用于墙的沿墙背面的高度。对于土的密度 w，他计算出 P 等于 $\frac{w \cdot H^2}{4}$，倾覆力矩为 $\frac{w \cdot H^3}{6}$。作为经验的结果，贝利多（*La Science des Ingénieurs*, 1729, Book I, Ch. IV）指出，新倾倒的普通土将直立在同地平线约成 45°的斜坡上。像图 222 中的球那样，附加的土需要水平抗力 $P = W = \frac{1}{2} w \cdot H^2$。因此，对墙面 AB 的土压力所产生的总力大致等于楔 ABC 的重量，这时，墙在 G 处支持 FG。所以，土压中心就

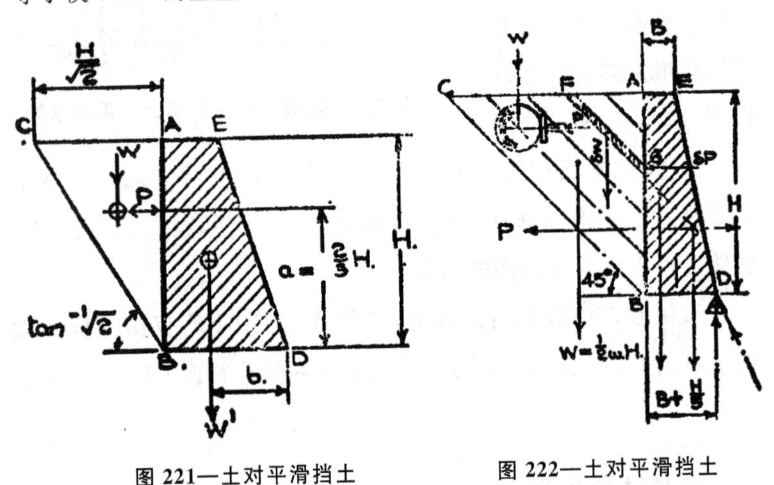

图 221—土对平滑挡土墙的压力（库普勒）

图 222—土对平滑挡土墙的压力（贝利多）

534 像在无摩擦流体中那样，也位于墙高三分之一的地方；其倾覆力矩 $= \frac{1}{6} w \cdot H^3$.

加德鲁瓦和戈特

比莱、库普勒和贝利多都认为，土由像无摩擦运动的球一样的微粒组成。然而，不同种类的土站立的角度不同；构成土块的微粒之间已知存在摩擦和内粘。这两点都不能证明这个假设。事实上，角 CBM（图 223）也同倾倒的土斜坡的站立角度不一致。如能确定角 β、ϕ 和 Ω，则力 P 很容易计算出来。但是，合推力 P 和 AB 的交点 K 仍不确定。在按图 223 那样看待这问题之前很久，人们早就感到，流行假说的随便假定过于含糊不清，使人无理由相信它们。因此，人们试图用实验来研究这个问题。K.梅尼埃尔在他的《土压力和挡土墙的实验的、分析的和实用的专论》(*Traitéexperimental, analytique et pratique de la Pousée des Terres et des Murs de Revêtements*)（巴黎，1808 年）一书中，详尽无遗地论述了十八世纪全部实验和假说。但是，这里只能简单介绍其中少数比较重要者。

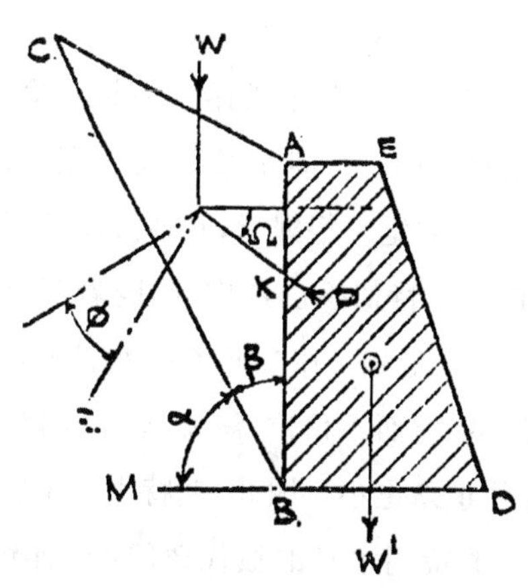

图 223—土压力的楔理论

1745 年，M.加德鲁瓦发表了一篇论文，描述几个小规模实验，它们在一个箱中进行。它约 10 英寸长，有一端 3 英寸见方，盖着一个小的活动百叶窗，箱内填充细干砂。加德鲁瓦注意到，当一堵墙坍毁时，土的表面在背后距离 AC 处总是出现一条与墙平行的裂缝，AC 大致等于墙高 AB 的一半(图 223)。当能够寻迹时，这裂缝总是直通到墙根。这是最早提到**破裂面**的文字。土楔上宽下窄的事实，加之加德鲁瓦箱的百叶窗总是倾向于向外倾覆这一事实，使加德鲁瓦错误地设想，压力在墙顶处最大。

535 *E.M.*戈特(1732—1807)于 1784—1785 年描述过一些实验。砂放在一个 30 英寸长的箱内，箱有一门，30 英寸深、1 英尺宽，与底铰接。在高度的三分之一处，门上固定一根绳索，它通过箱的每一边沿，经过一个滑轮，通过重物。戈特似乎已考虑到，随着门倾覆时流出 320 磅砂，也就度量了 W。图 223 中的角 CBM 假定等于**休止角**。为使门顶住这假定的 W 值而不移位，需要 $P=35$ 磅。然而，砂要从门漏掉，并且，它的**休止角**也小。因此，戈特用一个较小的箱和弹丸重做了他的实验。戈特用水平的板代替门，分别测量对每块平板的推力。他证明了，在任何深度处的压力实际上同表面以下的深度成正比，从而也证明了，像在流体中一样，合力作用于离底深度的三分之一处，而不是三分之二处。

隆德莱也做过一些实验。

库仑

库仑在他于 1773 年向科学院宣读的论文中，把极大和极小原理应用于确定土压力(*Mémoires par divers savans*, Vol. Ⅶ, pp. 357f.)，由此发展出了第一个令人满意的挡土墙理论。他考察了即将沿其脚跟倾覆时的一堵墙，墙后是未过载的土楔，其截面逞三角形锥。摩擦和内粘沿破裂面抵抗楔的运动。

试考虑在重量 W 的作用下，在作用于 CB 的诸力和墙的抗力

P 的共同约束下，沿垂直于图示截面的方向的单位厚度土楔 ABC 的平衡(图 224)。在重量 W 平行于此破裂面起作用的分量足以克服抵抗沿 CB 的滑动的摩擦和内粘之前，这滑动不可能发生。摩擦力可根据 W、P 和土与土之间的摩擦系数 μ 计算。W 取决于楔的尺寸和材料密度，因此，未知因素只剩下尺寸 X 即 CA 长度。

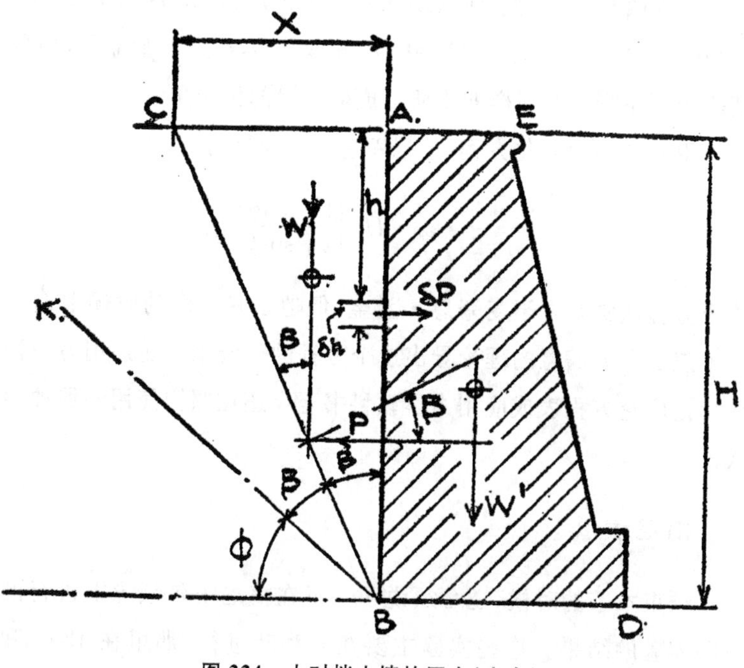

图 224—土对挡土墙的压力(库仑)

推出土楔在斜面上的平衡方程，并整理出 P 的方程式，再对 X 求微分，使这样得到的微商等于零。于是，就得到一个只包含 X、μ 和已知尺寸 H 的方程，而不包含内粒力。因此，X 可完全用 H 和 μ 来表达。

库仑进一步修改了他的方程，使之包括土的过载，即 AC 不像图 224 所示那样成水平线的情形；并且，重新估计墙背和土楔间的摩擦效应。

沃尔特曼

赖因哈德·沃尔特曼(*Beiträge zur Hydraulischen Architectur*, 1794, Vol. Ⅲ, p. 173)用 $\tan\phi$ 取代 μ，ϕ 为内摩擦角，他取其等于倒在野外的同样的土所形成的堤岸的休止角。

用 ϕ 的函数简化方程，他把库仑的方程化简

$$P=\frac{1}{2}\cdot w\cdot H^2\left\{\frac{1-\sin\phi}{1+\sin\phi}\right\}。$$

这个方程通常归之于麦夸恩·兰金，但他是晚得多的时候根据一537 个不怎么令人满意的理论导出这个方程的。沃尔特曼还用另一种变换把库仑方程表成应用力学教科书至今还在照样使用的那种形式。

梅尼埃尔

结束本节的时候，还必须说明一下在梅尼埃尔领导下进行的一些实验的结果。这些实验主要在朱利叶进行，那里在 1806 和 1807 年时正在兴建大型防御工事。

框接而成的一个箱总长 3 米，末端由一扇 1.5 米见方的铰链门关闭。门依凭一木撑而抵住箱中填充的土的推力，保持不位移。木撑远离箱的那端抵住一个金属桶，这桶盛满水，承载附加的金属重物，站立在一个由坚固木板构成的平台上。桶有一排出孔，水从

桶里流出，直到由木撑传送的土对门推力致使桶滑动。然后，间接地测量木撑所产生的力，即求出也刚巧引起桶滑动的力，这力通过一根经过一滑轮的绳索施加于一个秤台。做了一系列实验，共三十三次。抗力的作用点通过调节木撑抵住门的支撑点加以改变。仅当木撑在门离铰链的高度的三分之一处支承时，才得到一致的结果，从而证实了库仑关于合压力中心的理论结论和戈特关于这中心的实验结论。在一切其余场合，门的铰链处的未知反力使结果变得不正确。

梅尼埃尔得出下述四个结论：

(1) 迄今所提出的一切理论中，只有库仑的理论正确地预言了实验结果；

(2) 破裂面实际上不受过载影响；

(3) 仔细夯过的土所产生的压力只及松散倾倒的土的六分之一；

(4) μ 对于砂可取为 0.4，对于植物土取为 0.5，对于垃圾取为 1.0。

库仑的理论导致一种切实可行建筑法。即使当墙的背面不垂直以及土过载时，它仍可应用，而误差却不大。这个公式只有一个重要缺陷，即 P 不是成直角地作用于墙。它向下倾斜，倾角等于土和圬工间的摩擦角。这个缺陷在 1840 年由蓬斯莱加以纠正。库仑也知道这一点。但是，忽略这一事实的较简单公式给出了安全裕度，这就致使人们不愿意作必要调整去纠正这错误，从而使公式复杂化。 538

三、拱

拉伊尔

十八世纪初年，有三种研究拱和拱座设计问题的方法。

(1) 德朗和弗朗索瓦·布隆代尔介绍的一种方法（*Mém. de l'Acad.Roy. des Sciences dépuis 1666 jusqu'à 1699*，Tom. V），它把拱座厚度同拱腹形状关联起来。然而，德朗的法则没有表明拱肋的厚度，也没有考虑到拱座的高度。

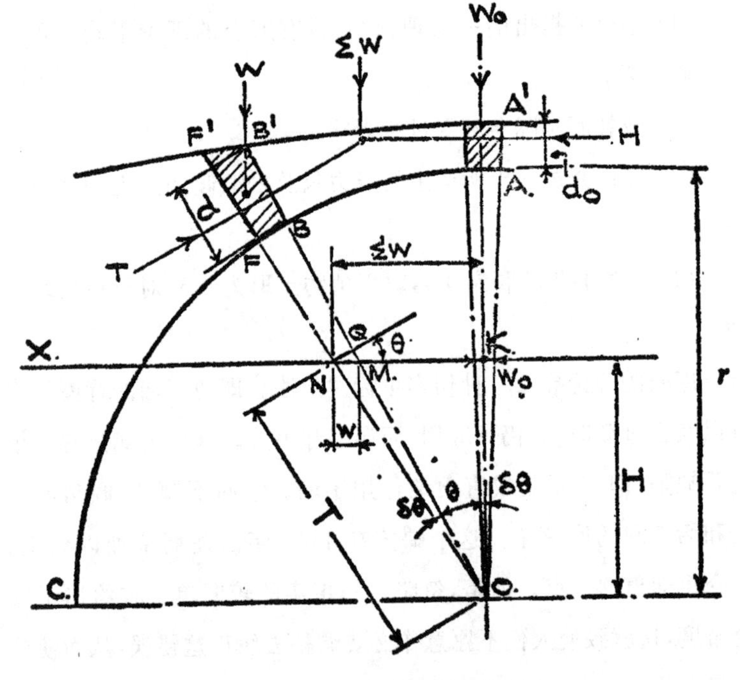

图 225—拉伊尔的光滑拱楔块理论

(2) 按照罗伯特·胡克最先说明的理论，拱的各组成部分被认为彼此推挡，其方式恰同一条链各部分相互对拉的方式相反。如果链杆重量同实际负载成正比，那么，这方法便将给出任何拱的推力线，可以认为，拱各部分的合压力沿此线作用。但是，由于为负载作的任何修正均将致使拱形状整个地改观，因此，十八世纪工程师没有发展出一种实际方法，能把这理论应用于一种设计方法。然而，这理论一般这样表述：只有当能在一个拱的剖面图中画一条**真悬链线**时，这拱才能是稳定的。 539

(3) 拉伊尔在他的《论力学》(*Traité de Mecanique*)(1695年)中首次概述了他在一篇论文中提出的一种方法，这篇论文于1712年逞交科学院。这个方法建基于无摩擦拱楔块理论。

拉伊尔考虑了，一个由光滑拱楔块辐式接合而成的拱能够保持稳定的条件。每块楔块均受到其自身重量和各相邻楔块的法向压力的作用。拱顶的石块起楔的作用，倾向于使各拱腋分离和跌落。如此产生的推力同石块重量相结合，一起从一个楔块传到另一个，最后传到拱座。从匿名提供给《哲学杂志》(*Philosophical Magazine*)第38卷(1811年，第387和409页)发表的一篇论文中，可以看到拉伊尔、帕朗、库普勒、埃梅尔松和其他人制定这理论及其应用的步骤。这论证的大意可参照图225扼述如下。可以证明，在A和B处的两楔块的重量Wo和W，同这两楔块的面所处平面沿水平线KX所截成的截距成正比。当角θ增大时，这两个截距也随之同$\sec^2\theta$成正比地增大，而当θ在近起拱点处趋近直角时，仅仅重量所造成的平衡将要求无限重的楔块。然而，正是在起拱点附近，摩擦的效应达到最大。

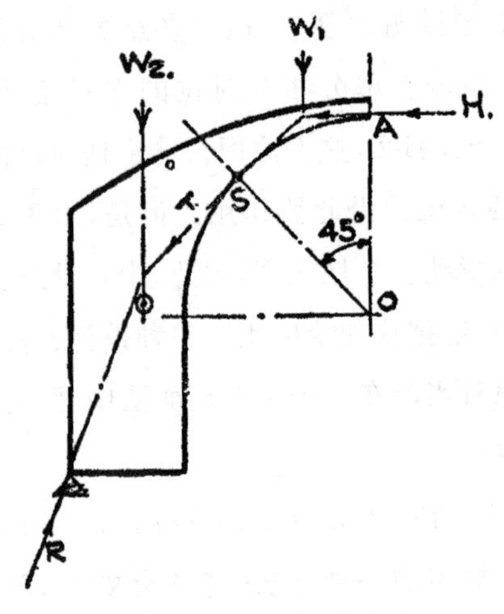

图 226—拱的平衡(拉伊尔)

拉伊尔从一开始就意识到这种反常,但是找不到考虑摩擦的切实可行方法。然而,在他的 1712 年论文中,他以图 226 所示方式提出了一种折中方案。他把拱分成四个扇形体。他认为,这拱从拱顶开始,在垂直线两边的 45°之内,拱由无摩擦楔块组成,而其余部分则构成刚拱座。拱 *AS* 的重量 W_1 按平行四边形法则同拱顶的推力 *H*(按上述方法计算,$H=W\cdot do\cdot r$)相结合,决定了 *T*。*T* 同拱座和拱腋的重量 W_2 相结合,决定了 *R*。只要 *R* 处于底的宽度之内,拱的推力就不会倾覆拱座。他用于求 *R* 的大小和作用点的几何作图法,是非常复杂的。

戈蒂埃

H.戈蒂埃关于拱设计的观点包括在他的《论桥台的厚度》(*Dissertation sur l'Epaisseur des Culées des Ponts*)(1717 年)一书之中。戈蒂埃在此之前已发表了《论古罗马和现代的桥梁和道路》(*Traité des Ponts et Chemins des Romains et des Modernes*),此书像他的《论道路建筑》(*Traité de la Construction des Chemins*)(1693 年)一样,也成为一本权威著作,出了四版。他考察了一切比较出名的桥梁结构的尺寸,并像巴拉迪奥一样,也得出结

论:对于实用、目的来说,使墩在宽度上等于拱跨的五分之一,拱圈厚度等于拱跨的十五分之一,就已足够了,但当建筑采用软性石料时,拱圈厚度尚需增加一英尺。他还做了一些关于木楔块构成的拱圈的实验,它们使他相信,必须极其精确地切琢石料,也必须给拱肩提供坚固的背衬。他认为,光滑楔块理论的那些假定大大失实,因此,这理论毫无价值,尽管基于这些假定的方法尚可为实践者采纳,运用起来困难也还不大。

贝利多在他的《工程师的科学》(*Mémoires de l'Académie des Sciences*)(1729 年)中,简化了拉伊尔处理拱的方法,并把它应用于圆形以外的形状。

库普勒

库普勒于 1729 年投交《皇家科学院备忘录》的一篇论文扼述了忽略摩擦的最新拱理论。1730 年,他又撰著了一篇进一步的论文,文中研讨了考虑到摩擦的半圆拱平衡问题。他认为,相邻楔块并不彼此滑移;但是,它们倾向于转动,从而使接缝开口。他设法通过比较复杂的计算确定,为使一个拱在其自身重量作用下,不会因在拱腋的一个关键接缝处发生这种转动而坍陷,所能给予的最小厚度。 541

达尼西

M.达尼西进行了一些令人感兴趣的关于拱的实验,他于 1732 年向蒙彼利埃学院报告了这些实验。A.F.弗雷齐埃的《论立体几何》(*Traié de Stéréométrie*)(1769 年)第三卷的一篇附录说明了这些实验。

这里，我们基本上只局限于注意拱圈在它自己重量作用下的稳定性。达尼西从一个稳定拱开始，注意所施负载的效应。他先对一个由七块灰泥楔块构成的半圆拱做实验。这未给出足够多可能的关键接缝，所以，他重新对一个十六块楔块的半圆拱、一个十三块楔块的椭圆拱、一个拱扶垛和一个平拱楣进行实验。

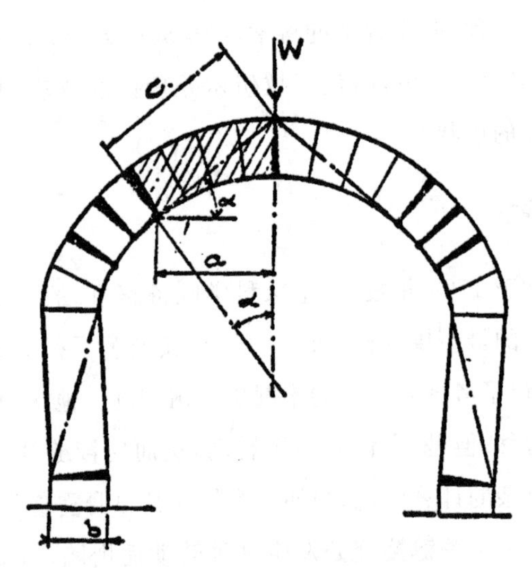

图 227—拱的平衡(达尼西)

当一负载 W 作用于拱顶时，拱腹倾向于在此负载的下面崩开。同时，拱背倾向于在拱腋处崩开。受影响的接缝处的粗锥形线表明了关键接缝。拱的重量同 W 结合所产生的合推力沿图中一链虚线所示的方向。

542

佩罗内

J.R.佩罗内在一个空前发展时期担负法国市政工程工作。

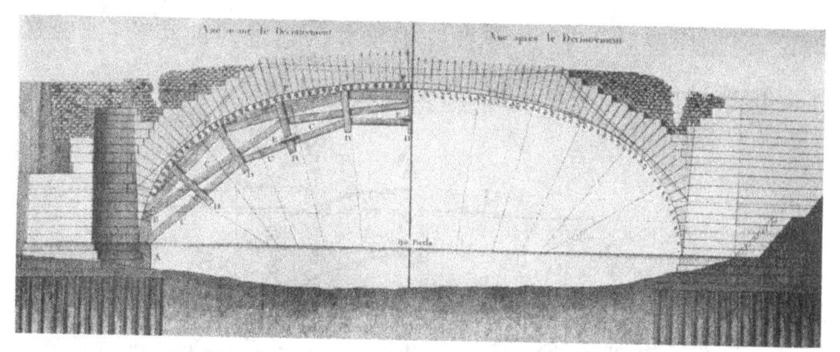

图 228—塞纳河畔诺让的圣埃德姆大桥

因此，他具备得天独厚的条件来通过观察和主动实验获得数据。例如，在建造塞纳河畔诺让的圣埃德姆大桥时，就做了一个实验：在拱建成之前，先试验建造拱腋上墙的一部分。这座大桥是一个跨度 96 英尺、拱高 29 英尺 6 英寸的椭圆拱(参见 *Mém.l'Acad.Roy.des Sciences*，1773，pp. 63 f.和图 228)。这压低了在拱腋处的拱膺架，致使拱和拱肩填充物之间出现间隙。沿拱的边沿标上水平线。建好拱顶之后，马上就定中心，测量沉陷。间隙闭合了。但是，观察到拱圈出现明显变形，而这清楚地显示了合压力的走向和破裂点倾向出现的地方。这个现象以往只在小的模型中观察到。

佩罗内和谢兹早在 1750 和 1752 年就编纂了批圈、墩等等的合适厚度的表。这些表(可能经过一些修改)后来同其他东西一起发表于 P.C.勒萨热编的《帝国交通工程图书馆藏论文选(供工程师先生们应用)》(巴黎，1810，Vol.Ⅱ，pp. 249 f.)一书之中。

库仑

C.A.库仑(*Mém.par divers savants*，1773)放弃了光滑楔块

理论，遵循库普勒于1730年首先提出并为达尼西的实验（即毁坏不是由滑动而是由转动引致）所支持的论证路线。

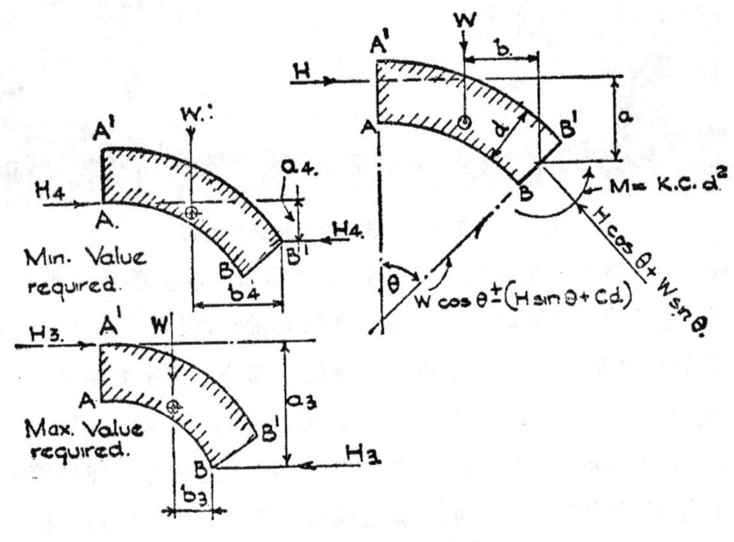

图229—拱的平衡（库仑）

543 在图229中，一个拱肋AA′B′B即将毁坏时，其一部分保持平衡的条件的确定问题，可以归结为求下述两种情形里的水平推力H：为阻止逆时钟旋转因而使A和B′处接缝开裂所必需的最大值H_3；和将不导致顺时针转动及接缝在A′和B处开裂的最小值H_4。这两个最大和最小值下的截面积可分别用尝试法求得。

戈特

如上所述，在巴黎的圣热内维埃夫教堂——法兰西众神庙重建时期，拱的设计成为激烈争论的主题。

E. M. 戈特的《论力学原理对拱顶和圆顶建筑的应用》（*Mémo-*

ire sur l'Application des Principes de la Méchanique à la Construction des Voûtes et des Domes)(第戎,1771年)直接回答了,这众神庙的圆屋顶及其支承,如按苏弗洛的设计建造,将弱得岌岌可危这一局面所提出的挑战。戈特利用拉伊尔的理论,计算了圆屋顶的和支承其上鼓形顶的拱的推力,并宣称,甚至以此为基础,他也能证明这设计是合理的。

后来他用弓形拱、三心拱和半圆形拱的模型做实验,它们的净跨为65厘米,用精心加工的木楔块(深27毫米)制作。当减小所提供的拱座的厚度,并增加所支承的负载时,平衡就被破坏。实验导致戈特像对戈蒂埃和达尼西一样,也拒斥拉伊尔的假定。他对这问题持同库普勒和库仑一样的看法,也即认为,它是可能在某些关键接缝处发生转动的问题。

布瓦塔尔

布瓦塔尔约在1800年进行了一些大规模实验,所应用的砖楔块深4英寸、宽8英寸,用砂岩磨光。拱建立在一些中心上,这些中心跨于拱座间8英尺的净跨上。破裂可用三种不同方法引致:

(1) 垂直地降低中心;

(2) 增加拱背上的负载;

(3) 减小拱座的厚度。

544

每种试验——共有二十二种——都重复三次。这系列包括半圆形、椭圆形和扁平形三种类型。勒萨热的上述《文选》的第二部

分(pp. 171—217)详尽地描述了这些试验。作为这些实验的结果,布瓦塔尔得出了下述结论:

(1) 拉伊尔的平衡理论应当彻底抛弃;

(2) 这理论应让位于一些法则,它们建基于他自己的实验以及佩罗内和其他人收集的关于实际桥梁在拆卸拱架时的性能的数据;

(3) 楔块绝不滑动。它们总是转动,拱圈结果分裂成四个部分;拱腹在拱顶和起拱点裂开;拱背在拱腹裂开(事实上当 H 具有库仑的最小值 H_4 时)。

四、住宅房屋

本章迄此所考察的建筑问题,不说全部那也基本上都是关于所谓的公共房屋。这里,还必须论述一下这个世纪里的私人住宅。

十八世纪里,住宅房屋达到了最大程度的壮观,甚至其间牺牲了舒适和方便。中世纪最早的永久住宅是城堡和修道院。在城堡里,贮藏室、军舍、大厅和住家公寓占居的层面互为上下;每一层都光照暗淡;没有私用室;舒适让位于安全。在修道院里,僧侣的宿舍、食堂和仆僧的宿舍一般是三间一长溜的房屋,它们同教堂中殿一起形成一个包围修道院的广场。城堡和修道院在后来几世纪里都趋向于建造外屋来图扩展。私人住宅是一个大厅,家属和仆役在里面住、食和睡。大厅一端,用屏帏隔出一个前厅,用来使从大门进来的穿堂风转向;另一端有一个高台,它在一个演坛上面,演坛略高出底层的一般高度。屏帏端外是厨房;在较大的住宅中,演坛端辟有一间私用室或“日光浴室”。

545 扩建和改进在于把厨房扩大成一间间房间,分别用于烘烤、酿造等等以及供仆役居住;“日光浴室”发展成为套房,但没有走廊,只有私用室是这套房的最后一间。

有些地方,厨房、大厅和家庭公寓构成一约略方形的三边;第四边上的墙、马棚、门傍屋和外屋完成了这庭园的四围。这使得能够在房屋的庭院边开设较大的窗户,而在面对外界的墙上则仍只保留狭缝。

在其他地方,迭次扩建都一点不考虑到对称性。

在都铎王朝时代,除了皇家宫殿和比较富有的修道院的窗户而外,装配玻璃是罕见的。中世纪住宅的大厅里,有火炉和中央露明壁炉。但是,当煤成为普遍应用的家庭燃料时,露明壁炉就终于废弃了。英国解散修道院(1536—40 年),把教会支配的大量财富分配给新贵族,这给私人住宅的建筑带来很大冲击。新的房屋比以前更开阔、更宽敞,并开始模仿大陆新古典式的装饰细节和风格。1660 年的王政复辟又一次振奋了新贵族,并进一步推动了住宅建筑。旅行和阅读导致要求细节正确并符合古典式。技工师傅不再可以随意修饰他的工件。古典式的细节只能由有学养的艺术家来设计。随着这种新时式兴起,大量附插图的说明性文献应运而生。插图采自古代,或者临摹意大利范本。这些文献实际上用作为商业样本。

十八世纪初，英国建筑时式几乎形成一种框框，即照抄安德列·巴拉迪奥(1518—80)的著作。这种制式中，大厅发展成从一个古典式门廊进入的高高的房间，周围是起居室和会客室，严格按正视图的对称性排列，但这可能同未来居住人的方便或舒适相冲突。厨房必定在一边，马棚在另一边，嵌在一些外表上相同的侧翼区段之中。这往往造成厨房过分远离餐室，或者马棚令人很不舒服地靠近会客室。但是，这规则十分死板。

旧贵族和新贵族都为他们的地产圈地。英国的公有地消失了。“美轮美奂的楼宇”代之而起。炫耀的欲望是如此炽烈，以致许多绅士为了显示豪富，不惜替自己建造在规模和居住方面可同国家美术馆相媲美的宫殿，而这注定是留给后代的一个沉重包袱。546 多塞特的一个绅士在十八世纪末占有了这样一份房地产，他“据说向凡是愿意居住和维修这房屋的人开价 200 英镑年金。但是，找不到人愿意承担这责任。于是，他最后把这房屋拆毁，只留剩一翼”(J. A. Gotch：*The Growth of the English House*，第二版，1928，p. 158)。

然而，这种房屋的建造没有提出什么问题，可同哥特式泥瓦石匠和木匠所成功地克服的那些问题相比拟。所应用的是比较大的单块石料，但是，配备有较好的提升器具。那些要求建立一门扩充的建筑科学的问题，不是住宅房屋建筑师而是土木工程师提出的；而研究这些问题的不是工匠，而是几何学家和自然哲学家。

当然,同住宅房屋密切相关的,是家庭供暖的问题。我们下面就来讨论这个问题。

五、家庭火炉

十八世纪初,早先的家庭供热方法大都还在应用通常的燃料包括木柴、木炭、泥炭或草皮。最早的壁炉是房间中央的一个洞,洞底铺设一块平石板,烟从屋顶上一个洞逸出。后来,古希腊和古罗马人发明了烧木炭的可携式火盆。十八世纪时,英国国会还在应用这种火盆。古罗马人还发明了所谓的"火坑供暖",这是一种地下供暖的方法。被供暖的房间在地面下有一个空洞,它同一个外部火炉连通。有时,利用一个发端于地下空洞的烟道系统,由同一个热源向住宅其他部分供暖。这是一种集中供暖系统。后来,壁炉设置在房间边上,而不是设置在中央。逸散烟的开口设在墙上,而不是在屋顶上。当这洞(尤其开在屋顶上时)成为坏天气里不舒适的一个根源时,就在上面装置一个保护角塔。这种配置最终导致建造烟囱。当烟囱普遍应用时,住宅建筑师们便比以前任何时候都更加倾向于把火炉和烟囱的位置从房间中央移到一面的墙上。烟囱看来在意大利早在十四世纪时就已相当普遍了,但在其他地方要到很久以后才达到这种普遍程度。在荷兰、法国和德国,封闭式火炉到十八世纪初才普遍应用。荷兰应用的火炉是一个圆筒形铁室,有一扇小门供送入燃料用,顶上有一根管子同烟囱相连。法国的火炉设计与此相似,但用陶器制成,并以铁箍加固。 547

在德国，铁火炉造在墙壁里面，它不向室内开口，点火和添加燃料都在邻室进行。

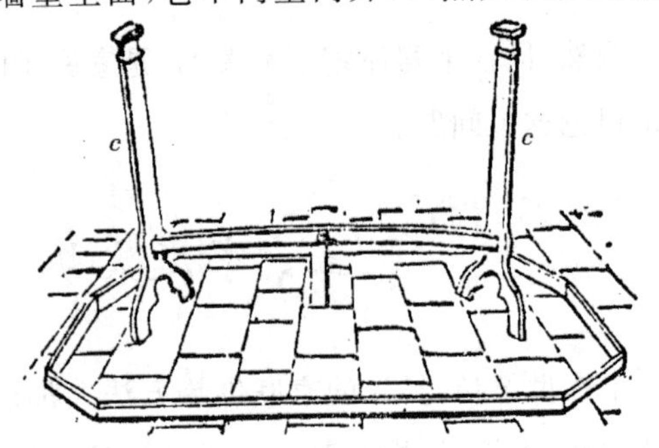

图 230—彭舒斯特的大厅中的壁炉柴架

木柴靠在水平杆 *a* 上，杆 *a* 则由两根立杆 *cc* 支承。（采自 W. Berman：*History and Art of Warming and Ventilating Rooms and Buildings* 1845，Vol.I.p. 159。）

在英国，从十六世纪起，典型的壁炉都装设在一面墙上的一个凹进处，略高于地面，并有一个烟囱。壁炉每一边通常都有一个小的砖砌平台。这平台用来加热东西，包括啤酒，称为“hob”。冷啤酒放在一个类似的平台上，称为“nob”，离壁炉远。因为啤酒无论冷热，无论取自“nob”或者“hob”，都使人心旷神贻、话不绝口，所以，“hobnob”〔晤谈〕这个词很可能是英国火炉的产物。只要木柴还是主要燃料，火炉的主要设备即炉栅就总是十分简单。它是一个“andiron”[壁炉柴架]（法文古词 andier)，即一根铁杆水平地横放在火炉上，并用适当的端件即立杆把它抬高几英寸（见图 230)。木柴都靠在这“andiron”上。

548 然而，从十六世纪起，由于忽视重新植林，木材渐趋短少。这样，煤就日渐用作家庭燃料。及至十八世纪，家庭用煤在英国已经相当普遍。“andiron”显然不适用于燃煤。因此，一种带支撑柱条的金属篮筐或“支架”被采用来燃烧煤或者煤加木柴。然而，这种活动“支架”很早以前就代之以一种固定“支架”，这“支架”的铁杆

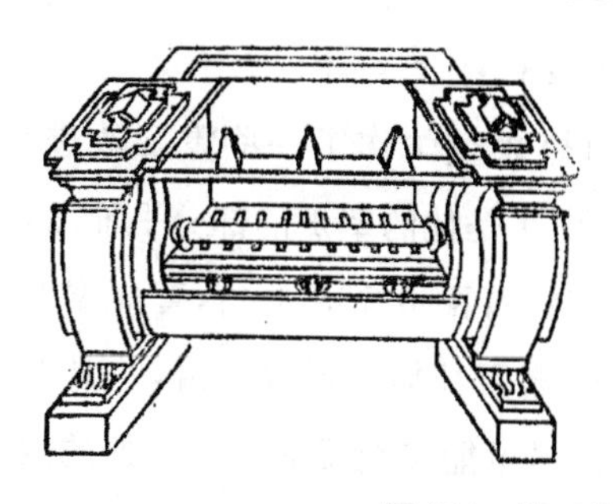
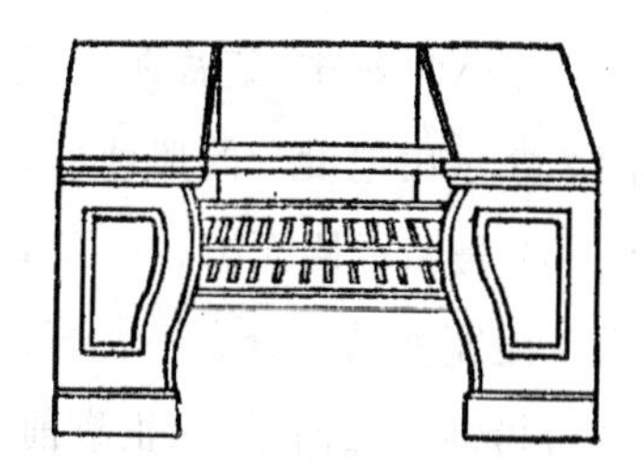

图 231—"hob"或"石棺"炉栅

(采自 F. Edwards:*Our Domestic Fire-places*,1870,p. 29。)

建造在火炉两旁的砖墩之中,如此便构成习见的燃煤炉栅(见图 231)。砖墩有时用彩色砖片装饰,成为新式的"hob",也用于烧煮等等。英国在十八世纪末普遍应用这种炉栅。它那时称为"hob"或"石棺"炉栅。

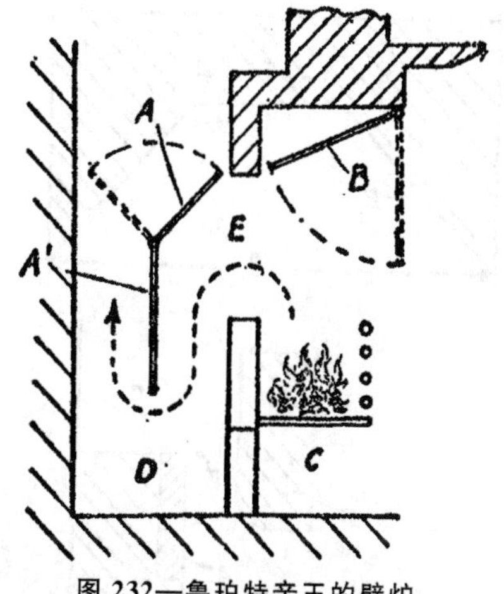

图 232—鲁珀特亲王的壁炉

(采自 W. Berman, *History*, etc., Vol.I, p. 208。)

D 是煤支架和后墙间的空位。A'是底板,E 是烟通过其上行到烟囱的开口。A 是一块板,以 A'为支枢,当 A 处于虚线位置时,它让火刚点燃时的浓烟直接上行到烟囱。但当 A 向前运动到其他位置时,它让火燃得正旺时的烟沿箭头所示路径通过。B 是以壁炉架为支枢的铰链板。当降到虚线位置时,它使烟不进入室内。C 是一块活动镶板,用于从 D 撤除烟垢。

1678 年,已经为鲁珀特亲王建造了一种有趣的燃煤炉栅。在这种炉栅中,"支架"同后墙分开,中间留下空位;一块活动的底板使烟能直接上行到烟囱或者迫使烟先走一段迂回路,以确保全部挥发物质都充分燃烧。还有一板活动的铰链板,它能降低下来，保持不让烟进入房间(图 232)。

十八世纪末，朗福尔德伯爵对燃煤壁炉作了一些重要改进。图 233 示出他设计的那种壁炉。图(i) 是他的壁炉的部分平面图，图(ii) 是截视侧面图。穹隆 E 同壁炉背面成 135°的角，背面宽度为正面宽度的三分之一。背面和两侧面都加工得很光滑，并具有经白粉饰的饰面，炉火很靠前，以便尽可能多地反射热。D 处的内边弯曲。D 处的一块活动砖片为扫烟囱的小孩提供一个入口。(参见朗福尔德的 *Works*，Boston，1870—75，Vol. Ⅱ，p. 502。)

549

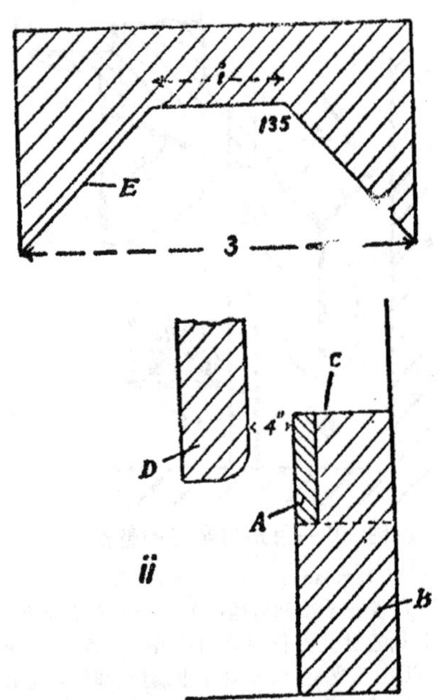

图 233—朗福尔德的壁炉

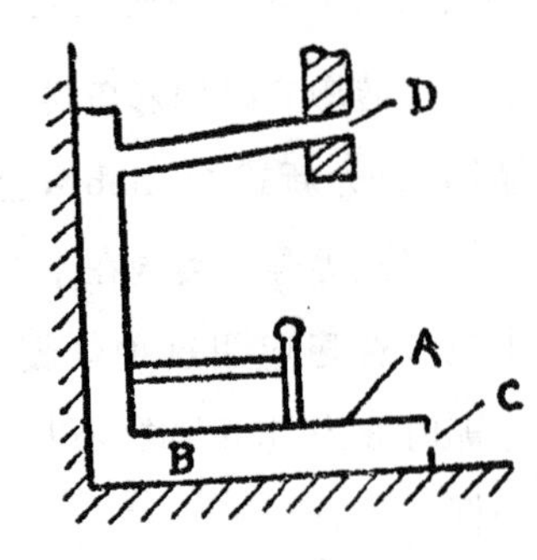

图 234—罗浮宫的壁炉

从 *C* 进入的空气通过铁结构 *A* 的室位 *B*，然后沿火炉背面运动，如此便被加热，再经壁炉台上的孔 *D* 进入房间。

朗福尔德的壁炉后来很为流行。

与普通燃煤壁炉同时，十八世纪里还发展起来了一些特殊型式空气加热壁炉，尽管它们从未实际流行过。十七世纪末，巴黎以在罗浮宫里拥有这种壁炉而引为自豪。路易·萨沃的《法国特殊的堡塔建筑》(*L'Architecture Française des Bastemens Particuliers*)(巴黎,1685 年,p. 159f.)中描述了它,这里把它图示于图 234。

罗浮宫式壁炉成为尼古拉·戈热设计的一种壁炉的基础(*La Méchanique du Feu*,Paris,1713;英译本,1716)。这种设计示于图 235,其中图(i)、(ii)和(iii)分别表示部分平面图、居中平面的截视侧面图和通过热气管即空气加热器(B)的截视正面图。空气在 *C* 处进入,在 *D* 处通入房间。通过在 *G* 处的一块铰链板,可借助烟囱的吸力直接向火炉鼓风。火炉的热直接地同时也通过后通道 *E* 作用于 *B*。*D* 是通向邻室的分支。 550

本杰明·富兰克林作出了这种壁炉的另一种有趣的设计(*Works*,1806,Vol.Ⅲ,pp. 225 f.)。它示于附图。华盖 *C* 使火焰

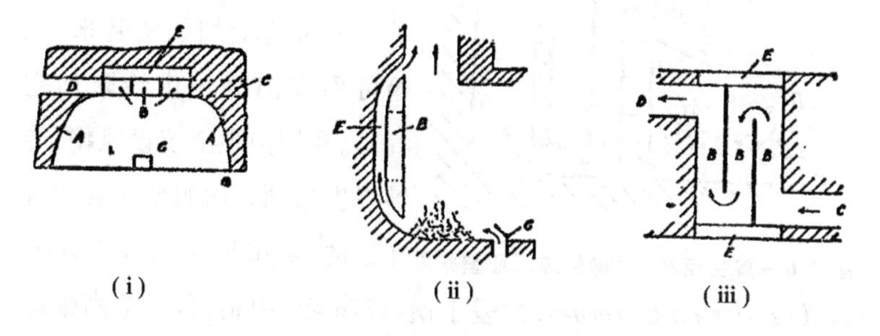

(i)　(ii)　(iii)

图 235—戈热的壁炉

对准室 *A*,后者包含热气管。空气通过 *H* 进入热气管,在热气管中被加热后,通过管道 F 出现在房间中。*B* 是一个 soufflet[风箱],它的功能像戈热的铰链板(图 235 中的 *G*)一样,也在于使鼓风对准火炉。

以上说明的壁炉中,有一些和这里甚至尚未提到过的许多其

他壁炉，都是按照某些理论设计的，这些理论都或多或少恰当地建基于观察和实验。随着家庭供暖越来越多地应用煤，烟囱成为一个严重问题，迫切需要改良。事实上，烟的问题在十八世纪已严重到这般地步：兴起了一种新的行业，即"烟师傅"的职业，它是供暖和通风专家的前驱。他们撰著了许多书，论述壁炉的正确构造以及它们故障的原因和排除方法。本节引用到的论著全都涉及这整个问题。还有许多其他这种论著。这里只需略述一二。

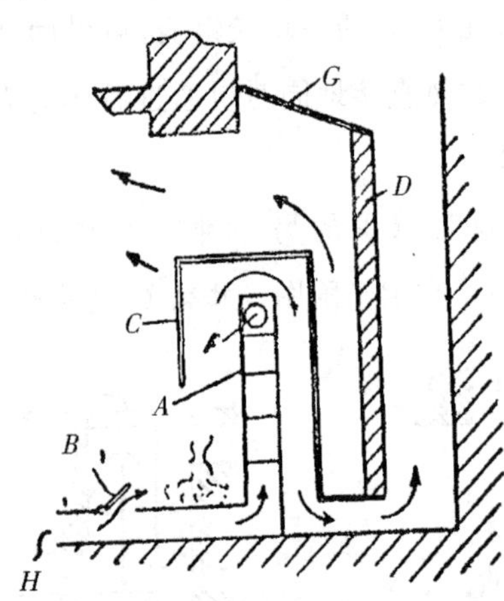

图 236—富兰克林的"宾夕法尼亚壁炉"

尼古拉·戈热（上引著作）强调了下述几点：风吹过开着的门窗时产生的吸入效应；邻近建筑物或其他障碍引起风变向，以致沿烟囱往下通过；大壁炉各个角落上烟积集起来；风箱可用来向火炉供给附加空气；以及烟囱顶上装设风帽，能够提供帮助。詹姆斯·安德森在他的《实用烟囱论》（*Practical Treatise on Chimneys*）（爱丁堡，1776 年）中指出，一个高烟囱比一个低烟囱通风更好，因为它提供了外空气柱和内烟柱之间较大的重量差，等等。他强调，低的壁炉突胸具有重要意义，这逼使空气进入烟囱前先靠近壁炉。烟囱不应当太直，否则，风和雨会迫使烟下行。安德森用图说明了当地障碍物使风变向而进入烟囱的方式。这里复和于图 237。图中，图(i)表明高建筑物 *B* 使风变向而进入烟囱；图(ii)表明附近一座山的同样效应；图(iii)表明一种

551

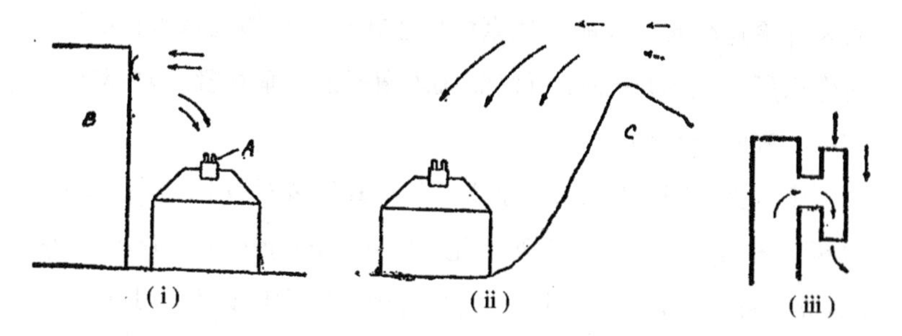

图 237—障碍物引起的风变向的原因和排除

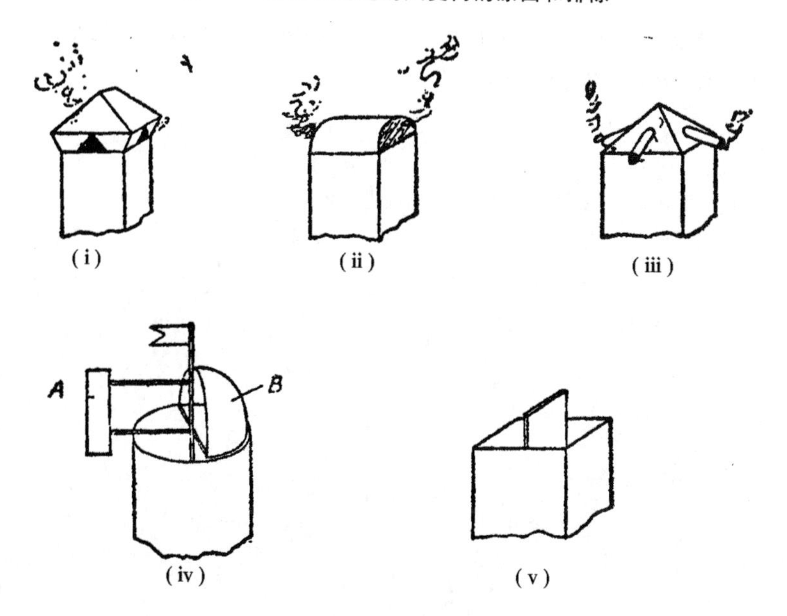

图 238—烟囱的各种装置

图(i) 和(iii) 表明给烟囱挡风、雨和雪的装置——侧孔或管道用作烟的出口。图(ii)表示当强盛行风沿某一方向刮时,用来保护烟囱的一种风帽——烟的出口同此风帽成直角地装置。图(v) 示出一种烟囱隔板,用来阻断和使烟囱部分地避开风。然而,最令人感兴趣的装置是图(iv) 所示之旋转风帽。风向标 A 受风的作用而转动,同时带动了盖 B,这就给开口挡风,而烟则由风吸带走。 552

用来排除这弊端的风帽。风帽的构造在于,当(邻近障碍物的风变向作用所引起的)局部下行气流通风帽臂上的垂直管道时,对烟道产生一种吸引作用。

十八世纪里,还采用和建议了各种其他装置,用来对付烟这个难题。P. 埃布拉尔的《烟囱论》(*Caminologie, ou Traité des Cheminées*)(第戎,1756 年,pp. 90—104)中附图说明了其中若干种。上面各图均采自该书。

(参见 J. P. H. Curmin:*History of the Domestic Grate*,1934。这是伦敦大学图书馆收藏的一份打字稿。)

第二十二章　技术

（五）运输

一、道路和车辆

十八世纪里，随着商人阶级生活水准的提高，不仅对各种商品，而且对改良的旅行设施的需要都与日俱增。无论从商业需要还是从旅行愉快来看，现有的运输手段都极不令人满意。因此，人们想方设法改善所应用的车辆，筑造更适合这些车辆行驶的道路。

十八世纪使用的大车轮子，带有在木轴上运转的木毂。有时，木轴设置有耐磨损铁板，木毂带有铁轴瓦。车轮的轮箍由钉在木头轮辋上的铁条构成。现在还没有证据表明，在十八世纪末之前，

图 239—四轮双座马车的模型

已把单一的铁圈箍套在车轮上(图 239)。

十七世纪末年,客运马车已经用系带把车身挂在车架上。这是一个改进。在那时之前,一直是旅客和货物一起由笨重而又无弹性的货车运送。这减轻了高低不平地面造成的剧烈颠簸的影响。但是,悬挂马车的晃动仍可能叫人很不舒服。

十七世纪后半期,出现了公共马车。1659 年,一辆公共马车往返行驶于伦敦和考文垂。1663 年,大北路核准为收税路。不过,及至 1714 年,从伦敦到约克的路程仍要花整整一个星期。然而,1750 年以后,迅速而有弹性的公共马车很快就普遍应用,但直到 1784 年,它们才用于运送邮件(图 240)。

图 240—皇家邮政马车,等等

大约在十八世纪中期,轻便双轮马车或四轮敞篷马车在法国流行起来。但是,它们看来在十八世纪末之前很久还没有引入英国。

554

公路的改进(下面将要说明)和高压蒸汽机的发明(其经过在第二十四章中说明)自然而然地促使人们多方试图发明利用汽力推动的火车和牵引车。托马斯·萨弗里(卒于1716年)把车船的推动包括在他的“火力引擎”的可能用途之中。但是,他没有把这思想付诸实现。

图241—十八世纪的四轮敞篷马车

一位名叫尼古拉·居纽的法国工程师于1763年建造了第一辆模型蒸汽车(图242)。它的使用得到充分证实。这模型似乎让人寄予很大希望,为1769年建造一辆实际大小的牵引车提供了保证,法国政府承担了后者的费用。这种车辆一小时行驶约$2\frac{1}{4}$英里。但它不稳定,一次在繁忙街道拐角处倾覆后,鉴于给公众带来危险,便把它弃置了。这辆车今天仍保存在巴黎国家工艺博物馆。它的一个模型现在也保存在伦敦的科学博物馆。

接着一个很有前途的实验是在英国作出的。1759年,罗比森

图 242—居纽的牵引机(1769 年)

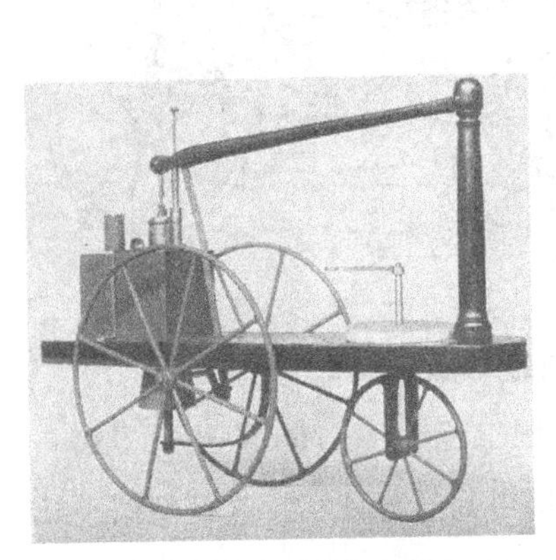

图 243—默多克的蒸汽车(1784 年)

图 244—特里维西克的公路火车(1797 年)

555 就已力促瓦特把蒸汽机用作轮式车辆的机车;1765 年,伊拉兹马斯·达尔文对博尔顿提出了类似要求。实际上,瓦特在 1784 年他的蒸汽机专利中已包括一项关于机车的计划。但是,索霍厂里看来只有一个人在认真钻研这个问题,他就是默多克。他在闲暇致力制作一辆模型蒸汽机车,他于 1784 年在雷德鲁思试验了它,当时他正在那里为博尔顿和瓦特装配抽水机(图 243)。然而,瓦特劝阻他,不要继续深究这个问题,唯恐他的兴趣和注意力分散,影响那些同索霍业务有关的更紧迫任务的完成。

十八世纪末制造的另一个实验模型是特里维西克的公路机车,它好像是在 1797 年制作的(图 244)。它现在保存在伦敦科学博物馆里。特里维西克花了数年时间研究机车蒸汽机问题,取得了一定成功,即制成了一些实际尺寸的蒸汽机。这已是十九世纪初年的事了。不过,这里也可以讨论一下。

1801 年,特里西维克制成了一辆实际尺寸的模型机车,他用它在坎伯恩的街道上做了数次试验运行。把它放在一个车库里时,由于火种没有取出,致使木构件着火,结果机车毁坏。1803 年,他又把一辆机车送到伦敦,它在那里牵引一辆客车。1804 年,他的一辆机车在南威尔士的彭尼达兰地方的煤矿轨道上试验,但是轨道不够坚牢,承受不了蒸汽机车,因此,它便移做固定使用。他的另一辆火车于 1805 年在盖茨黑德的一个煤矿的木缘轨道上试验,结果落得同样命运。三年以后,即 1808 年,又作了一次尝试,试图引起公众对蒸汽机车的兴趣。在伦敦尤斯顿广场遗址上的一个围场里铺设了一条轨道,一辆拖拉着客车的特里维西克机车向公众演示(图 245)。然而,显然几乎没得到或者根本没有得到鼓励。特里维西克遂把注意力转向其他的问题。

我们现在可以转过来考察道路。当然,道路有着悠久的历史。古罗马的道路特性多种多样,视交通要求而异。不过,一条典型的主干道路铺成四层:最低层即路基,由大块石头组成,它们有时是铺平的沉重平板,有时是紧密捣固的大块碎石片。垫层是毛石;

图 245—特里维西克的火车的演示(1804 年)

556 内核层是碎砖、瓦片、小石子或砾石，它承载最后的一层即路面。在重要城镇街道，路面可能是紧密接缝的铺路石，在不大重要的干道，则是鹅卵石。使用的材料取决于当地可以得到的供应；厚度视公路所通过的地面性质而定，有时厚达二或三英尺。如果底土松软，当地又多石灰岩，那么，底下的一层或数层可能是混凝土。就古罗马的建筑而言，"混凝土"这个词一般是指，严实夯筑的相交替的岩石层和灰浆层。用石子、细砂与水泥三者密切搅拌而成的混合物意义上的混凝土，是近代的发明。松软的道路实例已经消亡。偶尔发现的古罗马的坚硬混凝土其质地，是因为年代久远所致，而不是精心选择最佳粘结材料的结果。

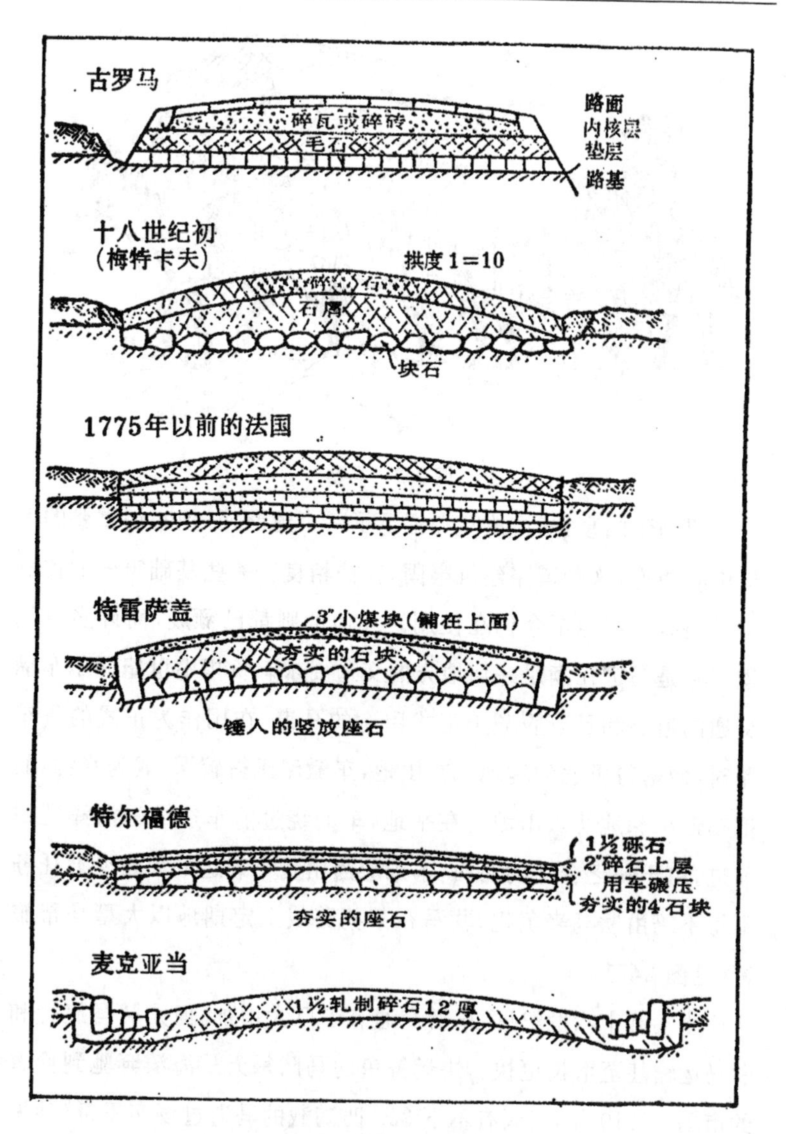

图 246—典型道路的截面

557

图 247—马帮

罗马帝国衰亡时，给欧洲留下了一个道路网，把一切重要的人口中心相连，这些道路建筑牢固，养护精良。一些基础牢固的古罗马道路有的甚至至今仍在使用。其他的则都已颓废，而许多世纪里一直是马道在满足一切地方的交通要求。负担中世纪偶尔车辆交通的道路和足以服务于正式用途的马道，在用作为正式的货车路时，便落得可悲的境地。在山地，车辙碾压得较深，成为水沟，而把车道深深地切入山坡。在平地，车辆绕过前车造成的沼泽迂回前进，由于缺乏合适的路面，本来应当由货车载运的大量交通任务不得不仍由驮马来负担，驮马在某些路线上定期地以大型马帮旅行(见图 247)。

十七和十八世纪里，车辆交通有了巨大增加，但是骑马旅行和驮马运输甚至增长更快。快运鲜鱼的马队每天从海滨奔驰到伦敦的市场。1710 年，每天有不下 320 匹满载的马通过汤布里奇(参见 S.和 B. Webb:*The Story of the King's Highway*,1913,Ch. V.)。

日益增长的城镇必须得到食品供应，为此，大大的畜群沿着公共公路行进。1750 和 1800 年间，史密斯菲尔德市场上一年销售的牛从 80000 头增加到 130000 头。同一时期，羊以 640000 头增加到接近一百万头；还有几千只鹅和火鸡也挤在通往这中心的泥泞道路上。1775 年，一条“新路”（今称作马里本路和尤斯顿路）建成，它从帕廷顿到艾斯林顿，作为到史密斯菲尔德的牲畜交通的一条坦途，没有牛津大街的坚硬大卵石。

骑手和赶牲畜人反对坚硬路面，这使地方当局更加不情愿为了过境交通便利而铺设路面，它们自己的纳税人也宁肯让路面保持松软。一条 2 至 4 英尺宽的道堤足够让单行马匹通过，或使其路面抬高或用一行立柱同道路隔开。只有在较大的城镇，街道起先仅仅为了满足当地的需要而加以改进。 558

法国是近代最早建立了一个令人满意的公共道路网的国家。于贝尔·戈蒂埃的《论道路建筑》于 1693 年出版。这部著作说明了行车路的筑造方法：建筑和夯筑用密接大石块构成的路基，并加以夯槌。这种制式后来同特尔福德的名字联结在一起。1716 年，成立了桥梁道路工程师协会〔Corps des Ingénieurs des Ponts et Chaussées〕。在皮埃尔·特雷萨盖（1716—96 ）领导下，法国公路在欧洲独占鳌头。他沿用一种经过修改的古罗马方法：在平地上铺设石头路基，然后用大石铺一层厚厚的石座，上面再铺小石块。后来（1764 年），他把基石竖放，并减小上面几层的厚度。

苏格兰高地直到 1715 年叛乱时才出现道路，它们当时是出于军事理由而建造的。这个道路系统在 1745 年后又有扩建。十八世纪四十年代，收税路制度在英国更为普遍，尽管地方用户激烈反对和屡屡向国会请愿。1760 和 1774 年间，通过了四百五十二条关于筑造和修理公路的法令。

图 248—梅特卡夫

图 249—特尔福德

同新的英国道路系统相联系的最杰出人物是内尔兹巴勒的约翰·梅特卡夫(1717—1810)。他在七岁就瞎了眼睛，但竟然在大多数户外运动上都很出色。他作为一个巡回小提琴手到处旅游，还作为志愿音乐家随同镇压 1745 年叛乱的军队进入苏格兰。此后，他在阿伯丁和约克郡之间经商，继而经营一辆往返于内尔兹巴勒与约克之间的运输车。他充分了解对更好道路的需要，遂承包了建造从哈罗盖特到巴勒布里奇的一段收税路的工程；此后的三十年里，大约筑了 180 英里的路，还建造了许多桥梁。他用一捆一捆的石南束在哈德斯菲尔德和曼彻斯特之间的沼泽地上铺设道路，颇似斯蒂芬森后来在泥炭沼上铺设的铁路。

托马斯·特尔福德(1757—1834)的早期工作属于这一时期。

他开始是跟埃斯克代尔的一个乡村石匠当学徒。后来，他在爱丁堡和伦敦当打短工的砖瓦石匠师傅。从1784年起，他当上了承包人，1786年就任萨洛普郡市政工程勘测师。他的第一座桥梁于1792年建造在蒙特福德，跨越塞文河。它由三个椭圆形拱组成：一个跨长58英尺，二个跨长55英尺，材料是红砂岩。基础敷设在围堰上。

虽然他早期受的正式教育是在一所乡村学校完业的。但是，特尔福德努力通过自学提高学识。这个时期，他在化学和建筑学上学问大大长进。因此，他成为采用铸铁结构桥梁的热心者。

特尔福德的筑路方法是：(1)排水和平整土地，每100码开设一条阴沟；(2)用大石块铺设坚实路面，块块密接，7英寸厚，宽端向下；(3)把大石块的尖端去除，给大石块覆盖7英寸厚较小石块，并用砾石铺面。

图250—麦克亚当

559

1802年，特尔福德受政府委任，负责勘测苏格兰的道路。后来，在他的领导下，接连地建造了920英里长的道路和1200座桥梁。英国后来按类似原理铺设的道路设计的名称有以约翰·劳唐·麦克亚当(1756—1836)名字命名的。他们两人都力主，基础应有良好排水设施。但是，麦克亚当认为，不一定要应用大石块底层。

二、桥梁

石桥

十八世纪里，法国在工程理论方面占主导地位。然而，在土木工程实践方面，却是其他国家特别英国取得了重大发展。1750年，一个瑞士工程师夏尔·拉贝利在伦敦建成了跨越泰晤士河的威斯敏斯特大桥，在这之前，那里一直只有一座中世纪的桥梁。这座桥最令人瞩目的特点是运用水密的木沉箱。它们被拖运到桥墩地址，被施加重量而下沉，用作为围堰，而桥墩可建在其中。然后，围绕拆除沉箱墙时留下的木排边沿，打下板桩。桩头在水下用迈尔纳设计的一种灵便器具截去。

罗伯特·迈尔纳(1734—1811)在1760至1769年间建造的布莱克弗里亚尔大桥也用沉箱作为基础。它们把承座放在截成一水平面的桩头上。迈尔纳设计最显著的特点是，运用英国从未尝试过的伪椭圆(三心)拱。

约翰·伦尼的工作使圬工拱桥达至尽善尽美，但它属于十九世纪。然而，这里可以指出，在1821至1830年间，这种带狭孔和阻挡墩的桥取代了旧伦敦大桥。这样，桥墩在桥址处露出河面，高于潮水涨落和冲刷范围，受其冲刷。随着时间的流逝，流水侵蚀了威斯敏斯特大桥和布莱克弗里亚尔大桥、最终还有伦尼的沃特卢大桥的基础，这些桥全都不得不代之以建立在更深基础之上的新结构，沉降这些基础所应用的方法超出了十八世纪建筑师的智谋。

威廉·爱德华兹(1719—89)在纽布里奇的塔夫河上建树的一项杰出造桥功绩不能不大书一笔。他那建于1746年的三拱桥不久就给洪水冲掉。按照他的合约的保修条款,他不得不再建造一座。这次,他选择单拱形式,跨长140英尺,拱高35英尺。然而,由于同细长拱顶相比,拱腋上面引桥的长坡的重量太沉,因此,这第二座桥又崩塌了。听从约翰·斯米顿的劝导,在第三座桥中他用圬工筑出环状排列的圆孔,减轻拱腋的重量。实际上重量不可能有明显减轻。但是,由于这样必须在桥腋上用切琢的圬工取代毛石,结果便造成了一座稳固的桥梁。 560

爱德华兹和他的儿子还建造了许多座桥。但是,他们不大可能对流行理论给予过哪怕是最低限度的注意。

托马斯·特尔福德于1792年在蒙特福德建造他的第一座跨越塞文河的桥梁。它由三个椭圆拱构成。他晚年得到和研读了当时的重要工程文献的大多数。他常读的那些书成为土木工程师协会图书馆的宝贵基础,人们也许至今还在查阅它们。但是,可能他不大了解在他盛年期间他不可能知道很多法国工程专家的工作。库仑的伟大著作仅仅是通过托马斯·扬(1773—1829)才引起英国工程师们的注意,而扬并不是一位工程师。

铁桥

虽然英国在工程理论发展上落在法国后面,但铸铁之引入桥梁建筑,却几乎完全归功于英国人的技能和胆识。因为,尽管据说早在1755年就已在里昂制成了用于造一座桥梁的铸件,但是,实际建成的第一座铸铁桥是在1777至1779年间建成的,它用来命名塞文河上在这个重要桥头堡处发展起来的城镇——铁桥。这座桥由亚伯拉罕·达比和约翰·威尔金森用邻镇科尔布鲁克代尔的著名工厂铸造的型铁制成。五根主要拱肋仅由两件构成，长70英尺，在拱顶枢接在一起而形成单一的100英尺6英寸长净跨，拱高45英尺，桥面由铸铁板构成。这座桥今正规划为一处古迹，但现在仍用于步行交通(见图248)。

561

图251—科尔布鲁克代尔附近的铁桥

达比的桥的拱肋由三个同心的环或环段组成，它们与径向连杆铸成整体。托马斯·特尔福德的铁桥建造在铁桥镇上游一侧三英里地方的比尔德沃斯，它的比例更恰当，形状更优美(见图249)。它建成于1796年，但后来又重建过了。特尔福德还把铸铁用于造导水管,这在下面要提到。

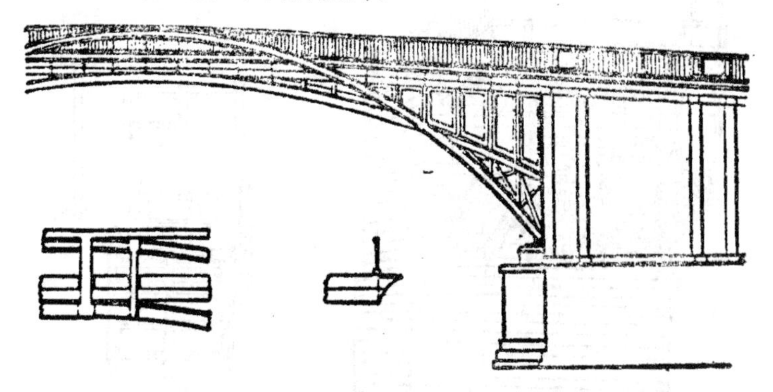

图 252—特尔福德的在比尔德沃斯的铁桥

一座跨越沃尔河、连接森德兰和蒙克沃尔默思的铁桥用在罗瑟勒姆铸造的型铁建造,这批铁材原系《人权论》(*The Rights of Man*)的作者汤姆·潘恩定购运往美国。但是,在伦敦展出之后,这些铸件被罗兰·伯登买下来。这桥建于 1796 年,直到 1929 年才被拆除,让位于一座更加宽敞的现代桥梁(见图 253 和 254)。因为建造时是预备装运的,所以,沃尔河大桥由六根肋拱组成,每根由 125 个小构架即长 2 英尺、深 5 英尺的格框铁构成。这些构架犹如楔块,纵向用铁带、横向用铸铁管和熟铁系杆维系在一起。肋拱和桥面间的空隙用铁箍填充。 562

后来,铸铁桥更倾向于采用工形截面楔块和格状的拱肩。在整个十九世纪里,它们仍一直同圬工设计相竞争,直至两者都让位于钢和钢筋混凝土。

1800 年,特尔福德同一位名叫詹姆斯·道格拉斯的才华横溢但性格怪僻的发明家联名建议,极其大胆地在桥梁建筑中应用铸铁。这项建议是向一个国会委员会提出的,这委员会的任务是报

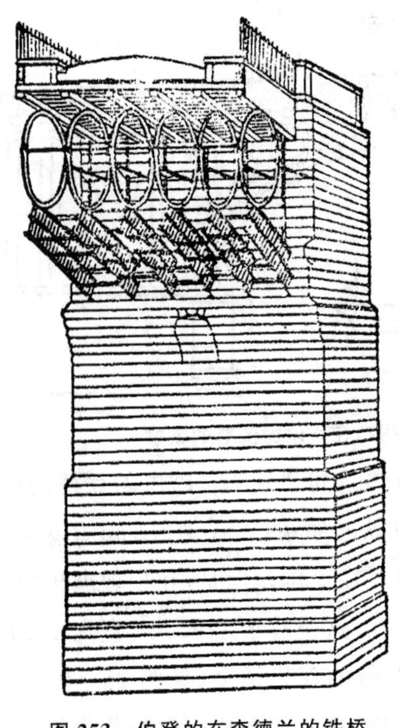

图 253—伯登的在森德兰的铁桥

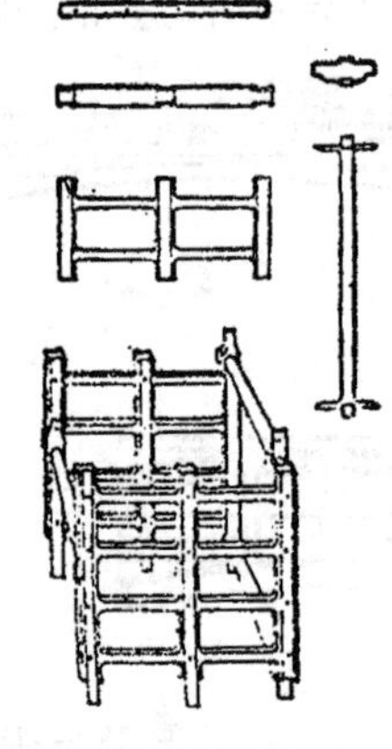

图 254—伯登的铁桥的楔块

告**伦敦港改良案**。这些建议的改良包括用一个更加开阔的结构来取代旧伦敦大桥，以便让远洋轮船通过，在伦敦桥和布莱克弗里亚尔大桥间将兴建的码头处卸货。与特尔福德的名字相联系的这一设计表明一座完全用铸铁建造的拱桥，它具有长 600 英尺的单跨，拱高 65 英尺。拱腹是半径 1450 英尺的圆弓形；行车路从河岸经长坡上升到高架拱顶。公众对这项大胆建议极其感兴趣，以致由一个特别委员会采取向一些名流发征询单，汇总答复的形式专门收集根据。这些人包括上议员约翰·伦尼、詹姆斯·瓦特和索霍的约翰·萨瑟恩、威廉·杰索普（斯米顿以前的学生）、一些数学教授和皇家天文学家。除了**拱腹圈**以外，还有几个半径较大的弓形，彼此在拱顶几乎相接

563

触,但靠近拱座处则相互分得很开。

专家证言提出要加以决定的第一个问题是,结构的哪些部分起楔的作用,哪些部分仅仅是需被承载的自重。究竟由最低的拱圈承受全部推力,抑或整个结构乃一个结构工件,它总截面变化不一,由许多行肋承担推力,而这些肋则用辐向和水平的加颈杆维系在一起呢? 这些回答作为对流行观点的说明,是很有启发作用的。这些证言大都认为,这整座桥起一个构架的作用。甚至杰索普(他认为,铸铁是一种压不毁的材料)和伦尼也都持这种见解。萨瑟恩也认为,这种设计使各个部分形成一个构架,但又认为,沉陷必定不可避免地把整个负载压在最低的拱肋上,而其他拱肋的作用仅仅是牵拉长长的拱肩柱。罗比森教授认为,底肋是实际的拱。他力陈,交会面应加以研磨,紧固件应当用熟铁制造,按伯登在森德兰的桥的方式把各部分连接起来。

对重量应如何分布才给出均匀强度这个问题,好些证言都引用规则 $H \propto \sec^3\theta$,其中有些因此引起了据之编制表的麻烦。

没有一个人能对铸铁的压毁强度有所说明。到那时为止所应用的测试用具都不足以测试如此坚硬、抵抗力如此大的物质。这 564 使得几乎不可能对所需材料作合理的估计,尽管已预计到,所用金属重约 6500 吨,产生约 8000 吨水平推力。至于承载这推力的拱座该如何排列,则一无所知。

尽管存在理论上的种种疑问,但完全可能的是,要不是国外政治形势转移了公众的兴趣,资金也移做他用,这座桥早已经建成。

至于这座桥本来是一项伟大的工程胜利,抑或是对公众的一个灾害,现在就只能猜猜而已。当伦敦大桥的问题再次引起注意时,这建筑沿着传统路线加以建造了。

(参见 E. Cresy:*Encyclopaedia of Civil Engineering*,1847,和 J. Mitchell Moncrieff:*Presidential Address to the Institution of Structural Engineers*,1928。)

三、运河

较大的河流为小船水运提供了条件。因此,最明显的发展是治理这些河流和给它们筑堤,并在可能的地方用运河把它们连接起来。

荷兰在中世纪后期开凿了大量运河,主要是为了排水。早在十六世纪,这些运河有的就已在装设船闸以后可供小型沿海小船使用。在意大利,约在同一时候,也把老的灌溉和排水渠延伸拓宽,建成运输水系。现在还不知道,船闸是这两个国家中哪一个发明的,但在十八世纪初,它们都已广泛应用船闸。法国最早认真试图开凿一条运河,穿过两条河流流域间的分水岭。连接蒙塔尔吉和布里亚尔的塞纳河和卢瓦尔河在十八世纪初拓展到了枫丹白露和奥尔良。中央运河〔Canal du Centre〕在十六世纪初开始兴修,目的是为了把卢瓦尔河上的迪戈恩同索恩河畔夏龙联结起来。埃米朗·玛丽·戈特(1732—1807)于 1792 年把它最后建成(参见 Navier 编:*Œuvres de Gauthey*,Vol.Ⅲ,1809)。

1661 至 1681 年间开凿的一条运河从加龙河上的图卢兹开始,中经朗格多克,长达 148 英里(最高处达海拔 600 英尺,向下通达利翁湾的塞特)。它在当时和以后许多年里一直是欧洲的最大运河。这项堪称伟大的工程包括:给一个陡峭峡谷筑坝拦水而形成一个蓄水库;开凿一条长500英尺的隧道;架设许多导水管。贝利多在他的《水利建筑学》(*Architecture Hydraulique*)和《哲学学报》(No.56,1669—70年)上详尽无遗地说明了它。在十八世纪,这条运河从两端拓展,最后形成一条长300英里的水道,使得在地中海航行的小船能到达比斯开湾的各个港口,不必再冒险绕过直布罗陀海峡沿葡萄牙海岸作漫长而又危险的航行。

瑞典的古斯塔夫斯·阿多尔弗斯和俄国的彼得大帝也鼓励在 565 他们统治的领土上,在可航河流之间开凿重要的连接渠道。彼得大帝雇用一个名叫约翰·佩里的英国人开凿连接伏尔加河和顿河的运河以及连接圣彼得堡和里海的运河。一支庞大的不熟练的劳动大军但仅是无负担这项任务。然而,资金不足。佩里发现,甚至在那个时代,一个外国技术专家在俄国执行任务也面临重重不可克服的困难和危险,遂只身逃离,到达英国时已囊空如洗。他把自己的经历于1716年发表在一本题为《当今沙皇统治下的俄国的现状》(*The State of Russia under the Present Czar*)的书里。佩里后来的成名工作是,用打下坚实桩子的河岸来弥合泰晤士河在戴根纳姆的堤中的破裂,涌入狭缝的潮水则由水闸控制的分支排水渠排放。

另外,还围绕沃什河和亨伯河成功地建造了堤和排水渠。泰晤士河、塞文河、特伦特河和大乌兹河成为这个时期英国的四大内陆水路。

英国平原以外地区开凿运河的最早认真尝试,仰赖于布里奇沃特公爵三世弗朗西斯·埃格顿(1736—1803)的胆识和詹姆斯·

图 255—布里奇沃特公爵

图 256—布林德利

布林德利(1716—62)的技能。1733 年,布林德利跟麦克尔斯菲尔德附近萨顿地方的一个磨坊主当学徒。布林德利全凭天赋的才智和决心(因为师傅没有教他多少东西,他满师时既不会读书也不会写字)掌握了手艺。1742 年,他在利克独立自营。他当时已勉强能够做笔记。塞缪尔·斯迈尔斯根据他的一些笔记本重述了他后来的生涯(*Lives of the Engineers*,Vol.I)。这位磨坊主那时自己伐木,自己打铁,还可能开设过一座工厂,装备有风车或水车、水道和水闸、传动装置和轴系。布林德利甚至制造过蒸汽机。1758 年,布林德利还曾受雇踏勘一条拟议开凿的运河,它旨在最终把利物浦经由切斯特、斯塔福德、德比和塔丁汉同赫尔相连。这个计划被放弃了。但是,由于同这计划发生过关系,布林德利对运河发生了兴趣,想象运河开发的种种可能性。

曼彻斯特那时是尚未成熟的纺织工业的一个成长中的中心,

约有居民20000人。它的交通非常落后。去伦敦的公共马车在夏季隔日开行,全程要花四天半。冬季,道路不能通行;新鲜食品供应匮乏,价格高昂;煤用驮马运送,而从仅仅几英里外运来,运费就同开采费用一般贵。 566

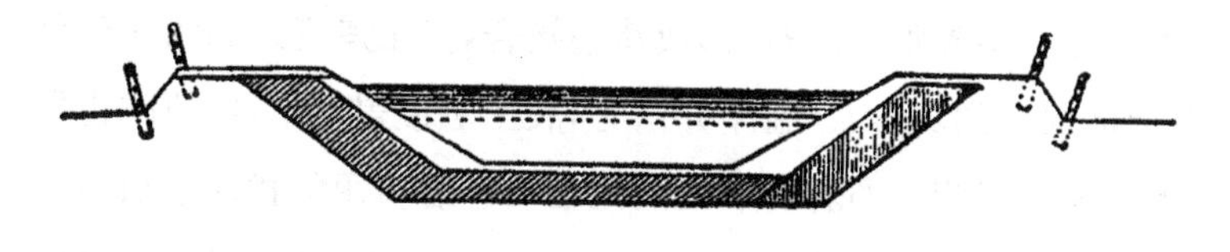

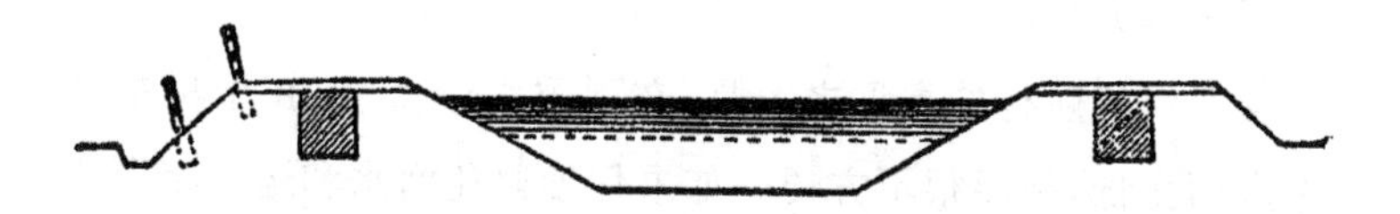

图 257—早期运河的典型截面

上:经过多孔隙地胶土的截面　　　　下:黏土的截面

1759 年,布里奇沃特公爵获得国会授权,建造一条从他的煤矿到沃斯利的运河。它通过一系列船闸通到伊尔韦尔河。这提供了曼彻斯特和默西河间的主要通道。布林德利做了一个磨坊主所能承担的必要工作。他建议对这计划作大幅度修改。他认为,这条运河不应流入伊尔韦尔河,而是跨越它,从南面通向曼彻斯特,并且保持不变的高度,也不用船闸。布林德利的计划要求,这条运河的走向应当沿着在伊尔韦尔河北面低地上方的一条高堤,并藉助一条石砌导水管从高出伊尔韦尔河 99 英尺的高度上跨越这条河。这些困难在朗格多克运河中都成功地解决了,但也许布林德利根本就没有听说过一个世纪之前的这个成就。这项修订计划在 1760 年得到国会同意。尽管除布林德利以外,人人心存疑虑,但是这计划还是执行了，直至成功完成。经过多孔隙地以及在堤和导水管上通过时，运河的河岸都作胶土处理。**胶土处理**就是用铲把黏土和砂充分糅合而成的一种半流质混合物彻底捣混，形成一层不渗透水的黏土衬垫的一种加工。胶土分几层施加，每一层都接着下面一层施加，以避免形成渗漏接合，直至厚度达到约 3 英尺（在运河河岸的场合）。在干开凿时，胶土上覆盖泥土，以便防止黏土因干燥而开裂。布林德利无疑是在制造磨坊用的拦河水坝和水道时掌握这种加工方法的，他把这些成就归结于在运河中自如地应用了这些方法。

反对河流航行的意见之一是，在雨季水流太急；在干旱季节，沿岸水面太低，拖船很不方便。如果仔细避免河水和运河相混合，567 一条运河就不一定会有这两个毛病。因此，布林德利利用桥梁和涵洞让他的运河越过同它们相交的河流。他几乎总是建议建造一条单独的可航渠道，而不赞成改良现有河流的河床。

在沃斯利，布林德利的隧道从矿山的采掘面钻进一条坑道，煤就从它的深处开采。这样，他为公爵的煤提供了从矿井深处径抵曼彻斯特中心的驳船运输。布林德利设计了装置在运河两端的煤升降机、矿井通风装置、抽水机和开动抽水机的蒸汽机。同年，公爵的运河延长到朗科恩，和默西河连通，沿袭了以往对水路的独占权。值得指出，曼彻斯特的人口在后来的三十年里翻了一番。现在，不再需要一百五十四驮马组成的运输队每周一次把曼彻斯特的货物通过斯塔福德运送到比尤德利和布里奇诺思，以便经由布里斯托尔出口。利物浦得到了供应。靠了这条新的主干大运河，甚至赫尔也有了直达水路。

布林德利后来继续被雇用来建设运河。甚至在公爵的运河建成之前，他已在计划另一条主干大运河，把该水路(它通过他在哈雷卡斯尔的著名隧道进入波特里斯，三次越过特伦特河，最后通到德比的正南方与特伦特河交汇)同从利奇菲尔德附近岔出的一条支流相连，并沿塔默河谷上溯到伯明翰。

这条水路对盐业和陶器制造业产生了革命性影响。它们的产品以往用驮马运送，运价高达每吨英里一先令，而且有很大的破损危险。现在，水运就安全得多了，运价也大大降低，每吨英里不到四便士。

波特里斯"在 1760 年时是个人烟稀少的半开化地区，总共约 7000 人，只有一部分人就业，而且待遇菲薄"……"但在二十五年左右的时间里，人口增加到了原先的三倍，就业机会充裕，地区繁荣昌盛，人民生活舒适"(斯迈尔斯：*Lives*，Vol.I，1862，p. 448)。

人们曾惧怕运河将使饲养马的人和沿海货运船主破产。这两种担忧被证明是没有根据的。运河开辟了新的贸易地区，增加了对马匹和船只的需要。 568

布林德利在晚年成为公认的运河工程大权威。他始终参与开凿运河的实践，一直工作到五十五岁死去。

这个国家很快就为纵横交错的运河系统所覆盖。可是，这些后来兴修的运河有的在长度和规模上超过了布林德利运河，但并没有引入什么新的原理。特尔福德的运河工作的意义，在于他采用位于高高圬工墩上的铸铁槽，在那里埃尔斯米尔运河从赛西尔陶桥穿越迪伊河(图 258)；还在于给奇尔克的导水道采用铸铁底和圬工侧壁。

图 258—赛西尔陶桥处的铸铁导水管

运河的兴旺是持久的，同时也吸引了大批勘探者，激发人们发明大量装置，而要不是运河系统的扩展受到铁路发展的抑制，这些装置本来都会奏效。运河在山地拓展的主要困难在于，过船闸时需要花费时间和浪费水。为了克服这一困难，一位改行当工程师的美国艺术家罗伯特·富尔顿(1765—1815)于 1794 年取得了运河提升装置的英国专利权。驳船驶进一条终止于一个"蓄水池"的隧道，蓄水池两端均装设水密的门。两个这种蓄水池用链条悬吊，以便可以在一个竖井中升高一个水池而降低另一个。这样，在把一条船从低水位传送到高水位时，仅仅耗费为使这系统失去平衡所需要的水。

图259—兰克的巴顿地方伊尔韦尔河上的导水管

在隧道过分长的地方，富尔顿建议利用斜面，像威廉·雷诺兹于1792年在凯特利尝试的那样。1796年，富尔顿发表他的《论运河航行的改良》(*Treatise on the Improvement of Canal Navigation*)。他在书中倡言，采用由小运河组成的、不用船闸的内叉网络，作为内陆交通的一般系统。无论在英国、法国还是在他的祖国美国，富尔顿都没有成功实现这个方案。但是，他因这一倡言而同斯坦厄普勋爵通信，后者正在考虑在计划中的布德运河中应用提升装置。这一倡言还导致富尔顿把兴趣转向注意轮船航行。

在水过分缺乏，或者天然困难很大的地方，人们发现，为了经济地使用运河，采用短的铁路支线比运用像富尔顿所倡言的提升装置和斜面为好。当蒸汽动力运用于这些铁路时，它们很快就不再扶助运河，而开始扼杀运河。然而，这发展已属于十九世纪的历史。

569

四、轮船

十八世纪后期蒸汽机的用途中，船舶的推进该不是最不重要的，虽然在这个时期里，还只是给小船配备这种新动力。德尼·帕潘在 1707 年最早认真提出，把蒸汽动力用于此目的的建议。他曾试图获得汉诺威选帝侯准许，派一艘船从卡塞尔航行到不来梅，以便演示，蒸汽力可实际用于牵引船只，使它向威悉河上游和沿富尔达运河航行。帕潘打算用一种改动过的萨弗里蒸汽泵（其中蒸汽和水用活塞隔开）来提升水，让水在一个轮子上通过，而这轮子同驱动这船的明轮装在同一根轴上。但这项请求未蒙允准。因此，帕潘倒避免了一次代价高昂的失望，因为最早商用上成功的蒸汽机即纽可门蒸汽机直到 1710 年才有供应。

1736 年，乔纳森·赫尔斯获得由一台大气蒸汽机驱动的尾明轮拖轮的专利权，1737 年发表了它的说明和图样。这机构很笨拙，其重量同可利用的动力根本不相称。至今未见关于实际制造过这船的记载。事实上，在瓦特的改进大大提高了对于给定重量蒸汽机所能得到的动力之前，蒸汽机根本不能带动一艘大到足以承载动力设备自重的轮船。

1763 年，宾夕法尼亚州兰开斯特的一个机智的机械师威廉·

亨利尝试把瓦特式蒸汽机用于明轮船。这船因事故而沉没了。他再次作了尝试,但未获得能证明这冒险在商业上合理的成功。

雅克·佩里埃遵照儒弗鲁瓦侯爵命令制造的一艘船于1774年在塞纳河上试航,但未能维持足够的动力。儒弗鲁瓦于1776年用蹼状明轮翼继续进行实验。结果证明并不令人满意。他遂制造一艘长140英尺、最大宽度15英尺的明轮船。它于1783年在里昂附近索恩河上试航,但未获很大成功。

图260—菲奇的第一艘轮船

1785年,约翰·菲奇(1743—98)设计了一种由循环轮翼链推进的船,后来他又用一组明轮翼取代这循环链,这些明轮翼的运动模仿印度独木舟的桨。他认识到,锅炉的重量是一种跛负载,于是在1787年设计了一种锅炉,它有长长管道,在一个砖砌炉膛中的前后方盘旋。它大概是最早的水管锅炉,能够实际工作,虽然并不长久。1790年,他采用一台横引擎,汽缸18英寸。他把明轮翼 570

放在船尾。他结果得到船速为一小时八英里(60 英尺长的轮船)。这船作为商船最后航行了二、三千海里的航程。但是,由于装载旅客和货物的地位少,它在经济上并不算成功。菲奇继续他的实验,并于 1796 年把一艘由螺旋桨推进的小船放在纽约城当时拥有的一个水池中航行。然而,他未能筹措到资金进一步做大规模实验。他于 1798 年去世,把他如此英勇致力的未竟事业留给别人去完成。菲奇的第一艘轮船,见图 260。

图 261—赛明顿的蒸汽机

在十九世纪取得种种卓著成就之前,比较令人瞩目的实验中,值得提到的是弗吉尼亚的詹姆斯·拉姆齐的一些实验。他于 1786 年用喷水推进一艘船,它在波托马克河上以一小时四英里的速度航行。这种推进装置是伯努利提出的,后来又屡次重新发明。然而,它总是证明不如其他推进方法有效。

1788 年,一个爱丁堡银行家帕特里克·米勒做了双体明轮船的实验。有人劝他给这船装设蒸汽机,取代费事而又费用高昂的人力和绞盘驱动。他聘请威廉·赛明顿(1764—1831)按照后者在 1787 年获得专利权的那种型式(图 261)制造一台蒸汽机。两个顶端开口的汽缸按空气原理工作,但配备有单独的喷射凝汽器。汽缸直径为 4 英寸,冲程 18 英寸,两个活塞交替地拉动一条经过一个滑轮的链。一个链系传递动力,使两根明轮轴上的链轮松开,这样,这动力经过棘轮而作用于安装在两个船体之间的明轮。这船长 25 英尺,最大宽度 7 英尺。据说,这小船在达尔斯温顿湖上试航时,时速达 5 英里(图 262)。

图 262—赛明顿的轮船

图 263—“夏洛特·邓达斯”轮船

在花费相当大代价证明了轮船航行实际可行之后，米勒致力于使海军部对这个问题发生兴趣。但是，他未获成功，遂放弃这尝试。这艘船最后于 1853 年拆毁。但是，蒸汽机被保存在伦敦的专利署博物馆。

然而，赛明顿找到了另一个赞助人克尔亚的邓达斯勋爵。他按邓达斯的指示，于 1801 年建造了一艘 25 英尺长的轮船，它装备卧式汽缸、活塞杆和十字头，通过一根连杆和明轮轴上的一根曲柄驱动船尾附近的一对小明轮（图 263）。这种结构方案在机械上简单而又有效。这艘取名为“夏洛特·邓达斯”的小拖船在试航中成功地拖动了两条 70 吨的驳船，迎着强烈逆风 6 小时航行了 20 英里。邓达斯努力劝说福斯和克莱德运河的拥有者们采用蒸汽拖动。他们担心轮船航行时产生的波浪冲击会损坏这条运河的堤岸,因此谢绝了。

然而,布里奇沃特公爵订购了八艘“夏洛特·邓达斯”式轮船,想把它们用于他的兰开夏运河。但是,他的过早去世致使这份合同无法履行,而小船则被弃置在小港湾中毁坏。

五、港口和灯塔

从一国到另一国通过沿海航行的海上货运,以及从一个内陆中心到另一个内陆中心之利用可航行河流,都是古已有之的事。但是,河流的治理和疏浚以及船坞和港口工程的设置,则是近代的事。只要船舶用木材建造和由人力或风力操纵,大型船只实际上就不可能应用。小船冲上了有遮掩的“硬海滩”或泥泞的河岸,货物和乘客就能够上船,登上陆地或快马的背上。当时并不认为需要专门的停泊或登陆设施。然而,为了保护“硬海滩”免受风暴的袭击,保护河口免受漂移卵石的侵犯,就希望设置防浪堤。这些堤用沉入构架木桩间的石块建成。石块用空木桶或筏运送到堤址。这些工具所能装载的石块尺寸不大,罕能抵御暴风雨激起的巨浪或者开阔海面上大风暴过后进入避风海湾的海啸的巨大搬运力。因此,这类工程通常都是短命的。在可以用蒸汽动力来装卸和运输较重石块之前,十八世纪不得不放弃用这种手段来保护多佛、黑斯廷斯和莱姆里季斯等港口的尝试。

在河流潮涨潮落起伏相当厉害的地方,低潮时可以系船的船坞大大增加了装卸货物的安全和便利。1660 年,挖掘了一个长

1000英尺、宽500英尺、侧壁倾斜的系船池，用于接纳服务于格陵兰捕鲸业的船只。这是萨里船坞的开端。一个名叫佩里的造船技师在布莱克华尔为东印度公司的船舶建造了一个专用船坞。然而，这些工程的建设花费了巨大劳力。因此，伦敦船坞系统直到十九世纪初年才开始扩展。勒阿弗尔也有一个1667年挖掘的小船坞。利物浦在十八世纪前四分之一中建造了一个面积达三英亩半的船坞，从此这个当时人口只有6000的港口小镇便发达起来，地位日趋重要，而在没有得到很好管理的迪伊河上的切斯特则走向衰落。这类船坞仅仅是用镐和铲挖掘的大型系船池，通过没有船闸门的短运河同潮路相联通，闸门只能在高潮时打开。

日益发展的海运贸易要求改良和扩展迄那时为止只是偶而设置的警戒用灯光。古罗马人已设置过一些法罗式的灯塔*，至少包括英国多佛的一个和波洛涅的一个。中世纪早期的信标只是些木柴燃烧的火堆，十四世纪时则代之以高架沥青罐，后来又代之以煤火盆。这一时期最著名的灯塔是纪龙德入口的标志。在这个塔址上建造的第一座灯塔可能是摩尔人造的；第二座是布莱克亲王约在1370年造的；第三座是一个名叫路易·德富瓦的工程师在1584至1611年间造的，它在1727年又扩建增高到186 $\frac{1}{2}$英尺。这最后一座包括：一道围绕底层的保护墙、一座包括工作人员住处的华丽塔楼、一个由小尖塔围绕的圆盖、一座中央塔，最后是照明塔楼（见图264）。

* 亚历山大湾由法罗斯岛上的灯塔，曾被誉为世界七大奇迹之一。——译注

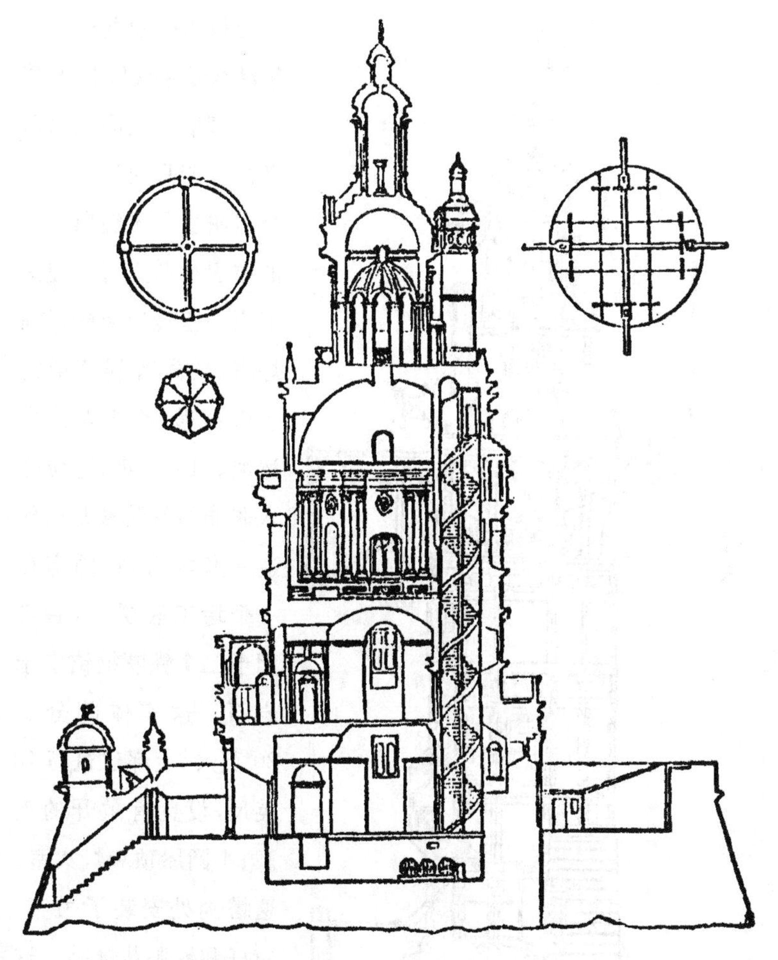

图 264—纪龙德入口处的"Tour de Cordouan"〔"警戒灯塔"〕

至荣至密三一会于 1515 年在英国建立,这个宗教团体的职责 573
主要是为在海上冒险的人祈祷。只是在后来,他们才任命泰晤士河的领航员,征收压舱费,建造信标。同时,人们终于认识到,灯塔

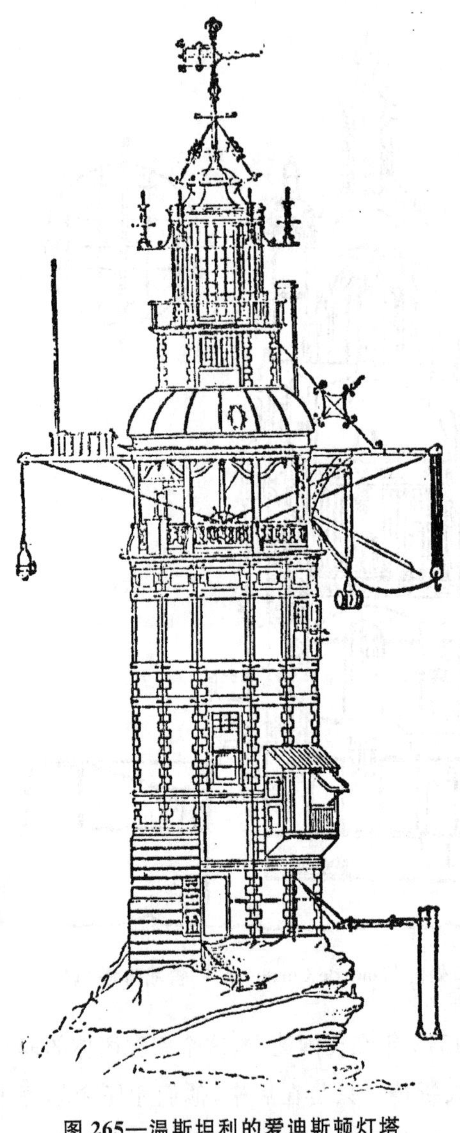

图 265—温斯坦利的爱迪斯顿灯塔
(1696—1703)

应当作为一项营业。经领港公会授权,私人建造的灯塔以王国政府名义征收船只通过税。一个名叫亨利·温斯坦利的纺织品商人冒险建造了第一座爱迪斯顿运河灯塔,它离普利茅斯港入口不远,警戒着这条运河。1696 年,这位想入非非的发明家开始建造一座木塔,它固定在一个圬工底层上,后者用十二个铁螺栓锚定于岩石。这实体部分高 20 英尺,上部建筑高 40 英尺,设置有敞开的走廊、小圆屋顶和灯火室。这塔到处安装了吊车、旗杆和铁制装饰品。这座灯塔于 1698 年 11 月初次发光。这位业主常驻在灯塔,主持维修工作。他最后于1703年

11 月在一场可怖的暴风雨中丧生，那场暴风雨把整座灯塔都卷走了。

第二座爱迪斯顿灯塔是在 1706 年由勒德盖特山的一个丝绸商约翰·拉迪埃德聘请造船木工建造的。这个机智的商人是领港公会指定的承租人。第一座灯塔的致命缺点是突出部和敞开的走廊，为了避免重蹈覆辙，第二座的结构采取平滑的圆锥形轮廓。一个沉重的木制格床用螺栓固定入开凿在岩石中的鸠尾孔，并浇入白镴。在这上面装置紧实的木件，接近于垂直，外套铺板，内衬花岗岩块，用铁件密切接合和夹紧。烛安置在离基础 70 英尺高的地方。这建筑物的顶端高出底层低侧 90 英尺。这结构安稳地顶住了风浪。直到 1755 年，由于木屋顶着火，整座灯塔化为灰烬。这个时候比以往时候都更迫切地需要在这个地方有一座可靠的灯塔。第三座爱迪斯顿灯塔的设计和建造托付给了约翰·斯米顿(1724—92)。斯米顿(下面我们还要谈到他)曾游历荷兰和比利时，考察运河工程，以便在英国从事类似工作。在爱迪斯顿运河上建造第三座灯塔这一重

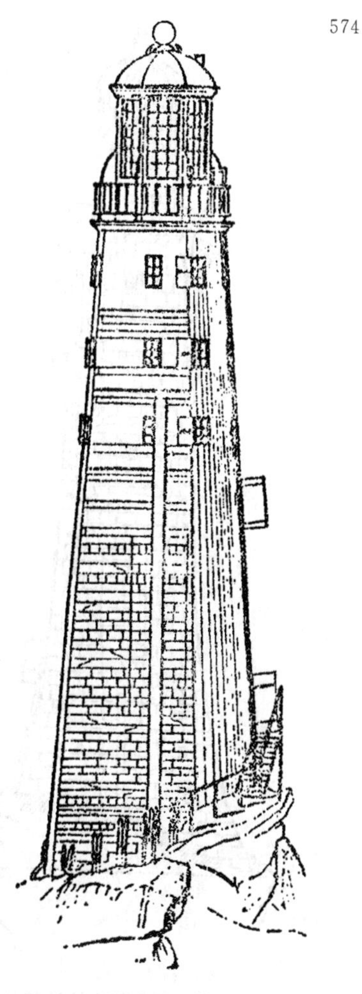

图 266—拉迪埃德的爱迪斯顿灯塔(1709—55)

图 267—斯米顿

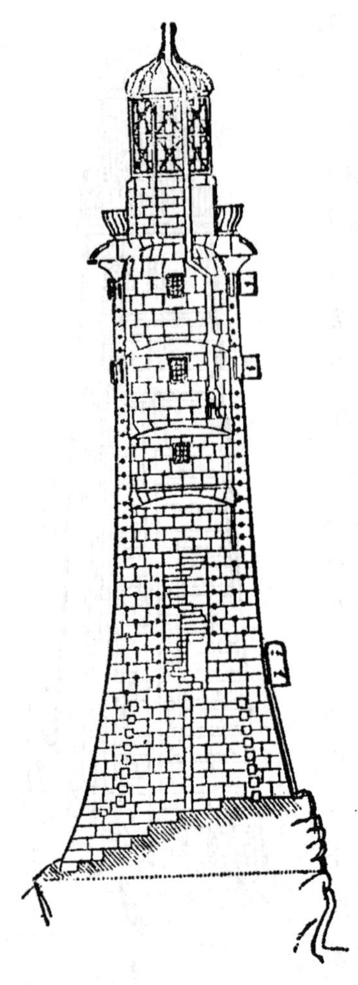

图 268—斯米顿的爱迪斯顿灯塔(1759—1882)

要使命给予了他第一次机会。这项工程花去了他三年工夫,即1756—1759年。尽管有失火的危险,领港公会老会员们仍认为,木材是这种情境下唯一能提供可靠结构的材料。斯米顿好不容易说服他们,应允他用石料建造。他最后采取的方法是把构成一层的全部圬工砌块凿出鸠尾而嵌砌入邻层,用橡木楔挤塞密,并灌入蓝石灰和火山灰的混合浆。火山灰是从意大利进口的一种硅质火山物质,能同石灰组成一种在水下凝结和硬化的水泥。他旨在使每一层都成为单一的块体圆盘,各

575

层相互用暗销楔合,暗销是紧密打入的橡木栓。最下面的几层部分地采用天然岩石本身。石块的平均重量为1吨。这个方案完全成功。石块切琢尺寸完全符合斯米顿亲自做的样品,构件的接合也很牢靠。因此,它产生了所要求的一个统一块体的效果。海浪的力量只能把它作为一个整体摧毁,或者,把它整个地同基底岩石分离。它最终于1882年被废置,但只是因为发现下面岩石已受损害,正在碎裂。

576

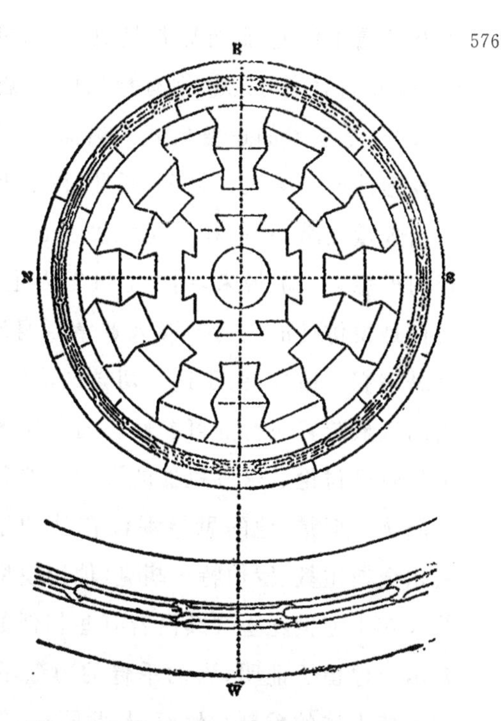

图269—斯米顿的爱迪斯顿灯塔的第二十九层,示出围绕第一个拱顶起拱点的铁链

六、气球和降落伞

一切时代的人都渴望像鸟儿一样在天空飞翔。人类飞行是好些古老传说(例如代达罗斯和伊卡洛斯[①]的传说)的题材。早期的编年史记载了许多给人装上人造翼从高处起飞的事例,其

① 希腊神话中的父子俩,身上能装上蜡翼飞行。——译者

中有的属于传说，此外则都是史实，结果往往是不幸的。在中世纪里，人们对飞行思想抱有相当的偏见。这种思想被认为是异想天开，是巫术的过渡模式。然而，随着近代精神的兴起，一种比较理性的态度流行起来，而且，在十七和十八世纪里已经有了相当数量文献，它们在一定程度上已从科学观点来研讨人类飞行的思想。一般说来，到十七世纪为止，考虑到的唯一型式人类飞行是模仿鸟的飞行。飞人通常自身装备双翼，用手臂的运动操纵它们。后来，由于这一切尝试均告失败，注意力遂开始转向借助机械装置飞行的可能性。列奥那多·达·芬奇约在十六世纪初就已讨论过这种机器的设计。他着眼于深刻探讨有关的力学问题。但是，他的思想埋没在他的手稿里长达三百年之久。威尔金斯主教、罗伯特·胡克(他用模型做实验)和G.A.波雷里等人在十七世纪里继续沿着有些相似的路线探究。他们的成就基本上停留于证明，人的手臂的力量不足以在像鸟那样的飞行中支持人体的重量。然而，与此同时，作为古希腊科学复兴之一部分，人们对**流体静力学**重又发生兴趣，而这启发了许多十七世纪物理学著作家，他们想到，根据阿基米德原理，重量小于所排除同体积空气重量的航空器能够航空。沿着这个思想发展的结果是，在十八世纪首次实现了以往用术语“浮空器操纵术”(即乘一个“比空气轻的”航空器漂浮在大地上空)表示的那种有限意义上的飞行。

早在1670年，耶稣会教士弗朗切斯科·德·拉纳·泰尔齐在他的《一些新发明的试验导论》(*Prodromo overo di alcune inventioni nuove*)一书中提出，如果给一辆轻车装上四个薄铜球，完全抽空,并大到足以使整个装置轻于与其同体积的空气,那就可以使之升离地面。另外,胡克、波雷里和莱布尼茨等人立即指出,大到并轻到足以浮起的金属球肯定会在外部空气压力的作用下压塌。然而,“比空气轻的”飞船的思想还没有被人遗忘,约瑟夫·加利安在他的论著《空中航行的技术》(*L'Art de Naviguer dans les Airs*)(1755 年)中提出,一艘充满取自天空上部空气(他认为,它的密度明显低于我们周围的大气)的巨船能以其浮力把人载上天空。卡文迪什在 1766 年证明,“可燃空气”(氢)的密度比同样压强的普通空气低,从而使这种方案接近实现。约瑟夫·布莱克在 1784 年 11 月 13 日写信给詹姆斯·林德时指出,他早在 1766 年就有一个印象:“卡文迪什先生发现(氢的比重)的一个明显结果是,如果给一个足够轻和薄的囊充以可燃空气,则这囊和包含的空气将必定形成一个比大气空气轻的总体,它将在大气空气中升起。”卡瓦洛至迟在 1781 年进行过关于氢的浮力性质的实验。他给肥皂泡充以气体,看着它们上升到天花板。然而,人的飞行最初是用甚至更为简单的器具实现的,它利用一个充满藉加热稀释的空气的气囊的浮力。最早这样做的是两个法国人,他们是里昂附近昂诺内地方的造纸匠约瑟夫·蒙哥尔菲埃和艾蒂安·蒙哥尔菲埃兄弟。在进行了几次小规模预备实验之后,他们接着便制造了一个亚麻布气球,用纸衬里,直径约 36 英尺。他们于 1783 年 6 月 5 日在昂诺内进行公开试验。当充满加热空气以后,这气球便离开地面,上升到约 6000 英尺高的地方。随着热空气冷却或者通过孔隙从气囊逸出,这机械便缓缓下降。物理学家 J. A. C. 查理接着对氢气球进行试验。他用经橡胶处理的丝制作了一个直径约

577

12 英尺的气球，充以氢气，于 1783 年 8 月 27 日在巴黎练兵场放飞。这气球迅速上升，旋即消失在云中。它最后在大约 15 英里远的地方降落。以此方式上天的第一个人是 J.F.皮拉特尔·德罗齐埃，他于同年 10 月 15 日乘一只拴住的蒙哥尔菲埃气球升到 80 英尺高的地方，在空中逗留了四分多钟。11 月 21 日，这位气球驾驶员由一名乘客陪伴，乘一个充空气的气球进行了第一次自由飞行。这气球漂游了$5\frac{1}{2}$英里，越过巴黎在城外安全着陆。飞行过

图 270—空气球和氢气球

程中，气球开口下面吊舱中装载的火盆中的火把气囊烧着了，这火盆是用于加热气囊内空气的。火被扑灭了。但是，这次事故突出说明，“蒙哥尔菲埃尔”即用火加热空气的气球有着特别的危险。578 这很快导致它被“夏利埃尔”即氢气球所取代(图 270)。这后一种

机器于1783年12月1日首次载人上天，这次试验是由它的设计者夏尔和制造者罗贝尔进行的。这气球直径为26英尺。它的设计已体现了一些习见的特点，例如，用于覆盖织物和支持吊舱的网；设在顶端的阀门，气体可由之逸出，使气球下降；在希望上升时可以抛弃的压载；以及用来测量大气压的气压计，气球驾驶员由之可推算他的高度。在从巴黎到内斯尔航行了27英里之后，查理进行了一次单飞，上升到9000英尺以上高度。

在1783年的以后几年里，全欧洲进行了许多次气球飞行，其中不少次新奇而又引人瞩目。蒙哥尔菲埃兄弟成就的消息震动了居住在伦敦的意大利流亡者弗朗切斯科·赞贝卡里伯爵。他遂进行了似乎是英国最早的模型气球实验。他制作了一个直径约5英尺的"气体静力学球"，于1783年11月4日给它充热空气，从奇普西德的一所房屋放飞。全伦敦各处的人都来观看，它最后降落在沃索姆教堂。赞贝卡里继续用尺寸越来越大的气球做实验。其中有一个(图271)接着于11月25日在伦敦的穆尔菲尔兹公开放飞，在二小时半里飞行了48英里，在苏塞克斯重新找到。这时期里，还有埃梅·阿尔冈在温泽堡向乔治三世和他的宫廷演示一个小氢气球。1784年，整个大不列颠进行了许多次空气静力学实验，包括英国国土上第一次载人气球上天。这个功绩是一个苏格兰人詹姆斯·泰特勒建树的，他是《英国百科全书》的早期编辑之一，以前曾从约瑟夫·布莱克博士攻读医学。他之作为气球驾驶员，纯属他生涯中偶然的一页。1784年8月在爱丁堡，他成功地乘上了一个容纳预先用火炉加热过的空气的气球，上升到几百英尺高，但因为气球未携带加热装置，所以很快就以很不舒适地沉降 579

THE AIR BALLOON.
Which was Launched in the Artillery ground Nov.r 25.1783.

气　　球

约于1783年11月25日在阿布勒里放飞

图271—赞贝卡里的公开气球实验(1783年)

返回地面。1784 年 9 月 15 日,年轻的意大利气球驾驶员温琴佐·卢纳尔迪乘一个充氢气的气球从穆尔菲尔兹上天。这气球的容量约为 18000 立方英尺。现场有一大群人观看,其中包括威尔士亲王和其他显贵。卢纳尔迪上升到他预定的高度,约达四英里(图272)。他在北米姆斯降落,在减轻他的吊舱之后,再次上升,

580

图 272—卢纳尔迪的气球上天

最后在哈福德郡的沃尔地方附近着陆,距离他的出发点约 25 英里之远。卢纳尔迪在返回大陆之前,在英格兰和苏格兰的各个城市进行了多次进一步的上天飞行。后来,这许多次冒险飞行中充满了激动人心的事故(有一次,卢纳尔迪落进了福思湾),但它们在技术上没有表现出明显的进步。十八世纪里其他杰出的航空事迹中,还必须提到下列几件。从 1784 年起,第一个英国气球驾驶员詹姆斯·萨德勒在英格兰各地进行了一系列精彩的气球上天;一

个美国医生约翰·杰弗里斯和一个法国职业气球驾驶员 J. P. 布朗夏尔于 1785 年 1 月 7 日乘一个气球飞越英吉利海峡。

人们从一开始就认识到气球用作为科学调查仪器的种种可能性。1784 年底进行的一次气球上天的过程中，杰弗里斯获得了上层空气的样品。卡文迪什分析这些样品后发现，它们的化学组成和地面空气没有明显差别。气球应用于战争的潜在应用，人们也在其发明之初就已指出。法国人曾在大革命的战争中把气球用于侦察，有时显示出很大的优越性，如在弗勒吕的战斗中。然而，在这以后，气球的军事应用可能性基本上被忽视了，这种情况一直持续到十九世纪末。

气球发明后，立即就有人开始提议，利用某种手段来操纵或推进气球沿任何所希望方向飞行。一些早期的建议以航空和航海之间的错误类比为依据，提出给气球配备帆和舵。像后来所证明的，最有成果的建议是利用空气对一个旋转飞机螺旋桨的反作用。这一建议最早于 1784 年出现在 J. B. M. 默斯尼埃将军为一艘巨型飞船搞的一项设计之中(*Atlas des dessins relatifs à un Proiet de Machine Aérostatique*)。这气球呈椭球状，260 英尺长，由三个手工操纵的飞机螺旋桨推进。默斯尼埃的计划从未付诸实际试验。但是，它可以看做是十九世纪里制造或仅仅设计的一系列不断进步的飞船和飞艇的出发点。人们很快发现，这些利用人力推进的飞行器是不切实际的。后来，蒸汽机和电池被用作为飞行器的动力源，直至十九世纪末，这些权宜之计才又为内燃机的应用所取代。

581

降落伞的思想可以追溯到列奥那多·达·芬奇；他的一份手稿(*Codex Atlanticus*)中有一张图，并附有说明。图上示出一种角锥形帐状物，悬吊在它四角的一个人能从很高地方安全地跳下。然而，这个思想要到十八世纪末才开始实际形成。相传约瑟夫·蒙哥尔菲埃在发明气球前进行调查研究的过程中，曾在他家乡从一个屋顶上利用降落伞跳下。1783 年末，S. 勒诺芒成功地从蒙彼利埃天文台的塔上用一个直径 14 英尺的圆锥形降落伞跳下。气球发明以后，法国气球驾驶员布朗夏尔进行了多次降落伞实验。他在 1785 年和后来进行的上天中，好几次把载有小动物(装在篮子中)的降落伞抛下，它们在着地时均未受伤害。第一个从气球上用降落伞降落的人是 A. J. 加内兰，他是在 1797 年 10 月 22 日在巴黎做这个实验的。他于 1802 年在伦敦重演了他的成就。加内兰的降落伞像一顶粗帆布做的半球形阳伞，沿着圆周系了许多绳索，它们支承下面一个小篮子。在降落时，篮子讨厌地从一边到另一边来回摆动。为了消除这一缺陷，威廉·科金(他亲眼看到加内兰在伦敦的降落)设计了一种顶点朝下的钝锥形降落伞。在对这个问题进行了多年研究之后，科金于 1837 年亲自试验他的发明。但是，他的想法证明是错误的，这次降落以发明者死亡告终。

(十八世纪关于浮空器操纵术、它的物理原理、早期史和技术的最佳著作似乎是 B. Faujas de Saint-Fond：*Description des Expériences de la Machine Aérostatique de MM. de Montgolfier*，Paris，1783—4 年，它包含许多令人感兴趣的图版；和 T. Cavallo：*The History and Practice of Aerostation*，作者自用印刷本，1785 年。一部内容广泛的、主要论述英国成就但也扼述外国贡献的现代著作是 J. E. Hodgson：*The History of Aeronautics in Great Britain*，Oxford，1924 年)。 582

583

第二十三章　技术

（六）动力设备和机械

一、泵抽设备和水轮

十八世纪初期，阿格里科拉描述的那种木桶水泵还在普遍使用。铁泵桶只在重要工厂里应用，不过直径还很小，仅有的用来镗制铁泵桶的工具还是那些业已用来制造枪炮的东西。一组部件装配起来，由一个水轮或若干联结在一起的水轮经由曲柄和杠杆驱动。伦敦大桥处的机械就是这样配置的。亨利·贝顿描述了这设备。这说明载于J.T.德扎古利埃的《实验哲学教程》(*Course of Experimental Philosophy*)第二卷(pp. 436 f.)，图275即自该书录制。木轴干长19英尺，直径3英尺。水轮直径为20英尺，带有26个叶片，每个长14英尺、深18英尺。两个带44个嵌齿的正齿轮装在这轴干上，两端各一个，驱动灯笼式小齿轮转过40圈，后者销在直径4英寸的铸铁曲轴上。它们通过一个由连杆、横杆和活塞杆组成的系统来操作四泵组中的每一台泵。泵桶的直径为7英寸，冲程为2英尺6英寸。虽然驱动水泵的杠杆长24英尺，但活塞杆的运动不可能丝毫不差地垂直而同活塞完全适配，哪怕圆筒

图 273—伦敦大桥处的水轮和水泵

镗成真正圆形也罢。实际上,所示出的这种类型水泵依赖于被“淹没”,从而使泄漏效应减至最低限度。

这一时期里有四架水轮在实际应用,分别驱动八台、十二台和十六台(有两架)水泵。这组合水源(每分钟六转)每小时供水123000加仑,其中有五分之一或四分之一损失于泄漏。

轮轴的轴承安装在横杆上,后者铰接在曲轴中心线位置上,并装备有一个升降水轮来适应潮汐形势的装置。然而,这种调整结果发现是多余的。提升装置很少应用,因此,最后就拆除了。

1759年,这桥中间的一个桥墩被撤除,拱跨58英尺的单拱取代以往多条狭窄水道中的两条,结果,可从这些水轮获得的动力减少了约35%。随着所需要的供水不断增加,这损失变得相当严重。1763年,斯米顿应邀就这个问题发表意见。他提议,这条河在这大拱之下被冲刷得很深的河床应当加以提高,方法是倾倒一定数量碎砖石。他还提出,宽水道应从无论哪一边缩狭约3英尺,两个小船闸应永久关闭。这计划仅执行了一部分。斯米顿设计的一架新水轮曾建造在这大桥的第五个墩(见图274和275)上。这些水轮的总直径为32英尺,宽度为15英尺6英寸。

584

从斯米顿1771年的一次报道来看,那时用了一台“大力引擎”(即蒸汽机)来辅助这些水轮。

约克营造公司的历史提供了供水系统实践发展的一个饶有兴味的例子。1676年,在查林十字站现址或附近开始用畜力装置提升水。这家公司于1691年组成。1712年,装设了一台双工作室萨弗里引擎,但结果证明是失败的,因为它的许多焊接接头经常爆

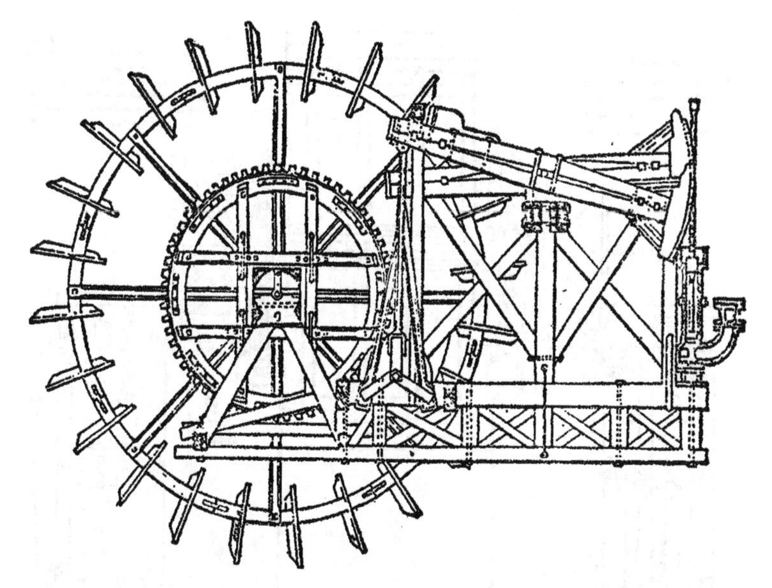

图 274—约翰·斯米顿 1763 年设计的装设在伦敦大桥的水轮和水泵

水轮示于左边。它通过正齿轮和小齿轮驱动三连曲轴(示于中部),后者借助连杆使三根横杆上下跷动。每根横杆右端示出一个齿轮扇形体,它同一柱塞泵的活塞杆上的齿条啮合(示于下面)。

裂和泄漏。1719 年,这家公司活动扩展。它出资购进了苏格兰一些没收的地产,在那里开采煤矿和炼铁。1725 年,它装设了一台纽可门引擎。可是,虽然这家公司是煤矿主,但也感到这引擎太浪费了。煤燃料价值达一年 1000 英镑。这引擎的应用于 1731 年中辍。空气引擎所连用的水泵在伦敦大桥处那种型式上表现出显著进步。它是塞缪尔·莫兰的柱塞式泵,最初由 1674 年的一项专利引入。一根旋转的黄铜柱塞(直径 12 英寸)充满铅,并负载一堆这种金属的“干酪”。它用链条挂在引擎横杆上。柱塞通过一填函作用,用一对“皮帽”防止经过这填函的泄漏。这样,避免了镗制精 585

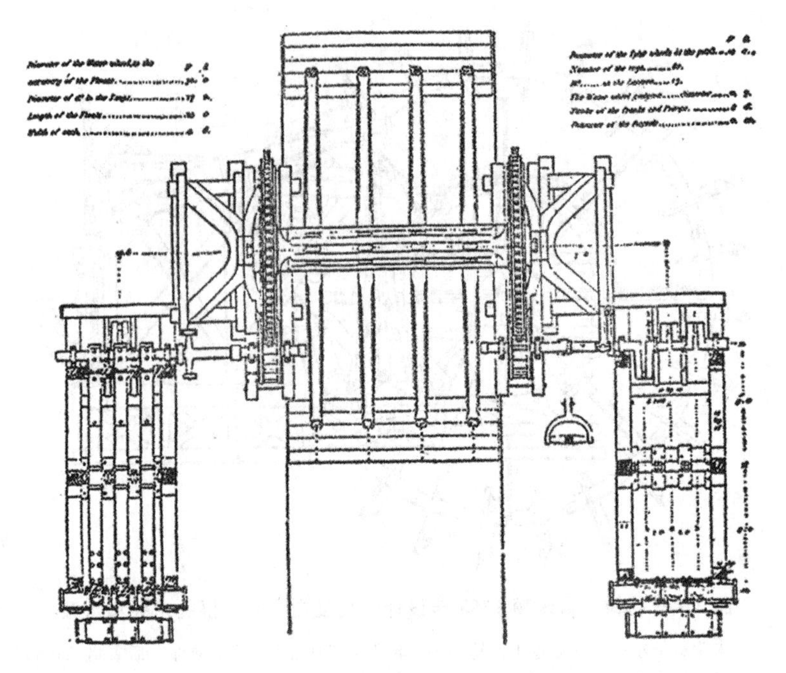

图 275—斯米顿的在伦敦大桥处的水轮和水泵(1763 年)的平面图

中部所示的水轮通过齿轮驱动图右边清楚示出的两根三连曲轴。曲柄操作左边清楚示出的倾斜横杆，后者驱动右下角和左下角所示的水泵。

密圆筒这种困难加工。这种用于柱塞和活塞的填函料方式成为后来大多数往复式引擎和泵的一个常有特点。

1763 年，基恩·菲茨杰拉德(*Phil. Trans.*, Vol. LIII, p. 139)描述了这些工厂中的一台引擎，它有一个直径 45 英寸的汽缸，每分钟完成七次半 8 英尺的冲程，驱动若干内径 12 英寸的提升泵和压力泵，提升水 100 英尺。及至 1775 年，又有一台引擎并存，它的汽缸直径为 49 英寸，一分钟完成八又四分之一次 9 英尺的冲程，驱动若干直径 13 英寸的水泵。

586

斯米顿于1777年修理和改良了这些引擎。那台45英寸汽缸的引擎于1805年被更换。那台49英寸汽缸的引擎一直作为备用机，但到1813年也让位于一种设计更现代化的引擎（Farey: *The Steam Engine*, 1827, p. 243 ff.）。这些引擎在尺寸和动力上的增加，表明了这一时期里在这方面总的进步速率。图277和278代表了十八世纪二十年代在泵设计方面的最佳实绩。一台在上冲程放水，另一台在下冲程放水；两者由同一台横引擎驱动。

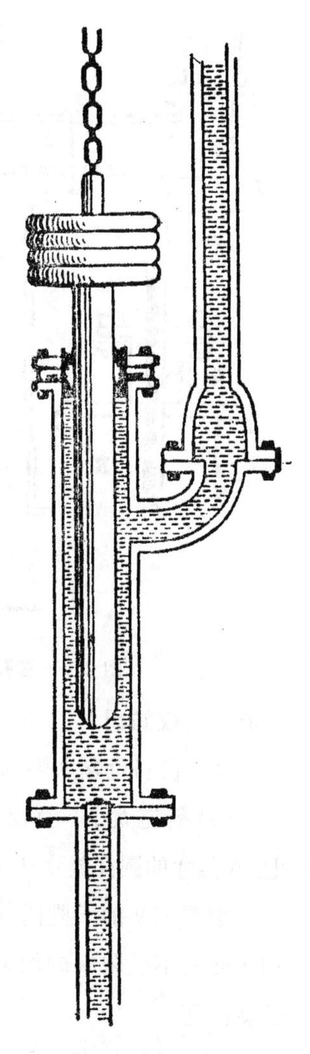

图276—莫兰的柱塞泵

贝利多对巴黎圣母大桥处的供水系统的描述，也体现了基本原理理解上和建造方法上的一般进步。1670年由若利装设的最早水轮和泵跟同时代在伦敦大桥的那些一样粗糙。著名的马利工厂建造者拉内坎曾改进了它们，但在1737年，它们被认为已经过时。贝尔纳·福雷·德·贝利多(1698—1761)在那年奉派去报道它们的状况（*Arch. Hyd.*, Part Ⅰ, Vol. Ⅱ, Book Ⅲ）。

圣母大桥供水系统当时的水轮，直径为20英尺，宽18英尺，因此，在尺寸上同贝顿描述的伦敦大桥那里的水轮很相仿。但是， 587

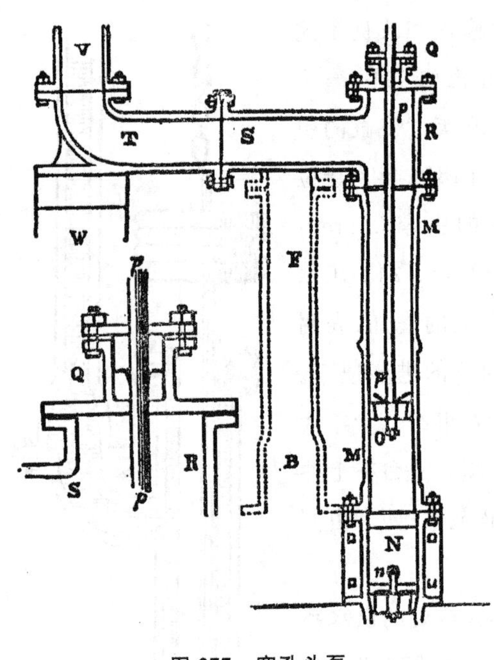

图 277—塞孔头泵

在塞纳河比较缓慢的水流中，它每分钟仅完成两转。贝利多提出，叶片数目应从六增加到八，速度增加到一分钟三转，而这意味着，叶片以三分之一的水流速度运动。他进行的计算表明了，如此可能产生多大动力。因之，他根据下列各点严厉批判了当时现有的泵：

(1) 阀室和通路的形状造成妨碍。

(2) 它们包含太多的直角转弯。

(3) 管道太小。直径 3 英寸的支管不可能令人满意地承担直径七、八英寸的圆筒放水；6 英寸的提升干管应当增加到至少 8 英寸。

把图 279 的旧阀门同图 280 的阀门作比较，就充分地表明，贝利多懂得不受限制的均匀水流的重要性。图 280 还表明了他设计的新活塞。

阿格里科拉在 1556 年描述的水轮的结构，直到十八世纪后半期才发生明显变化，这期间欧勒(1750—54)、德帕西厄(1753)和斯米顿(1752—59)三人根据水力学原理对之作了批判修改。贝利多

588

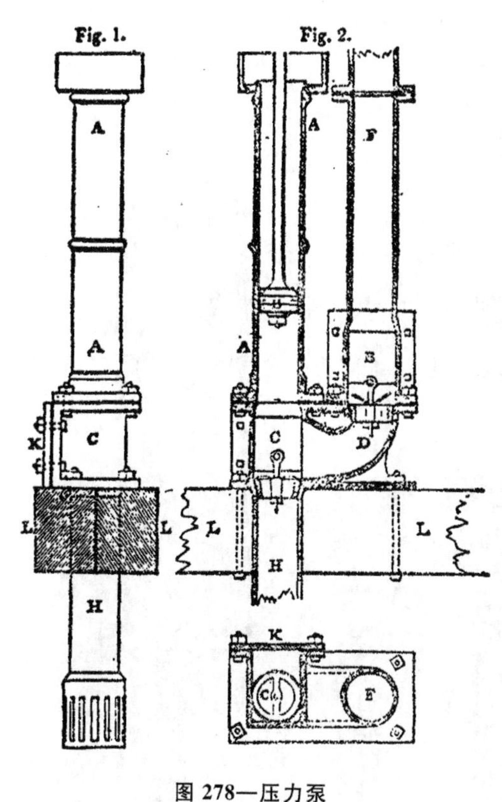

图 278—压力泵

(1737)和德扎古利埃(1744)在描述当时的实践时夹进了理论讨论和计算。但是,他们的理论非常含糊而又不精确,对设计不起作用。

贝利多提供了装设在图卢兹的一台正式叶轮机的图,这叶轮机依靠一垂直轴工作。不过,它的作用谈不上效率。欧勒提出了一个重大改良,即装设弯曲叶片,把水流引入这种水轮的转子,其进入角使水进入转子时没有相对沿周速度。但是,这思想没有产生直接结果。它充其量只能用于对通常结构的水轮作科学批判。但是,欧勒的机械经验尚不足以胜任这一任务。

斯米顿既是工匠、咨询工程师,又是科学家,而且是造诣很深的科学家。因此,在致力于改良他设计和装配的机械的性能的同时,他还能对机械的性能做严格科学的考察。他亲手制作否则不可能得到的模型和设备,并按照实地经验和实验室实验批判流行理论。 589

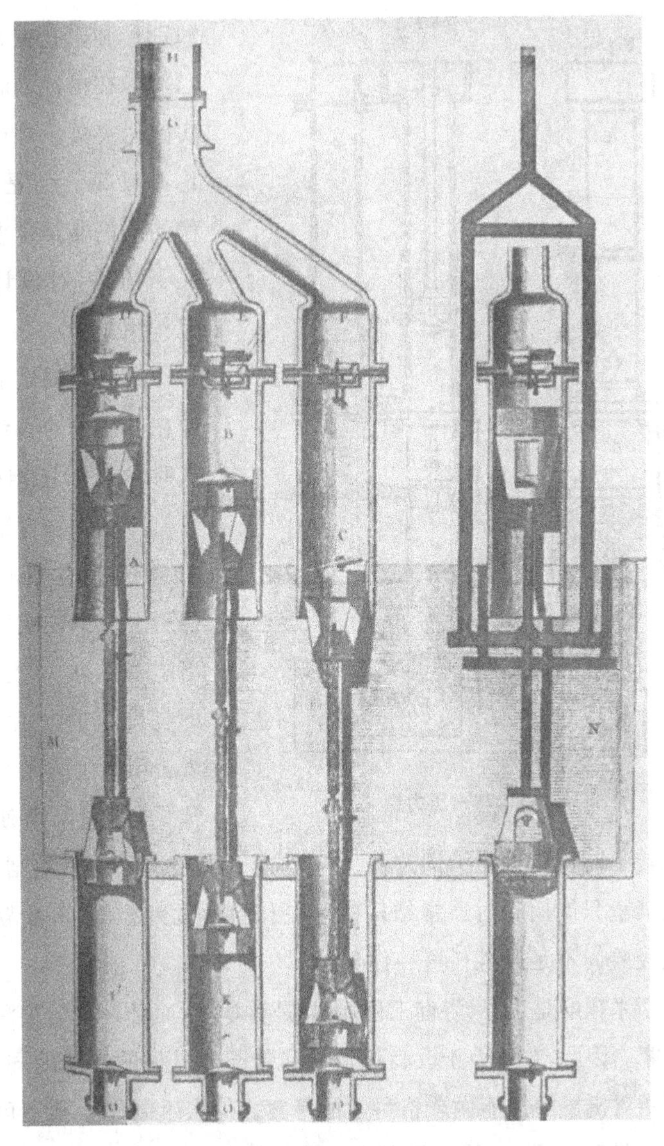

图 279—1739 年前巴黎供水系统的水泵

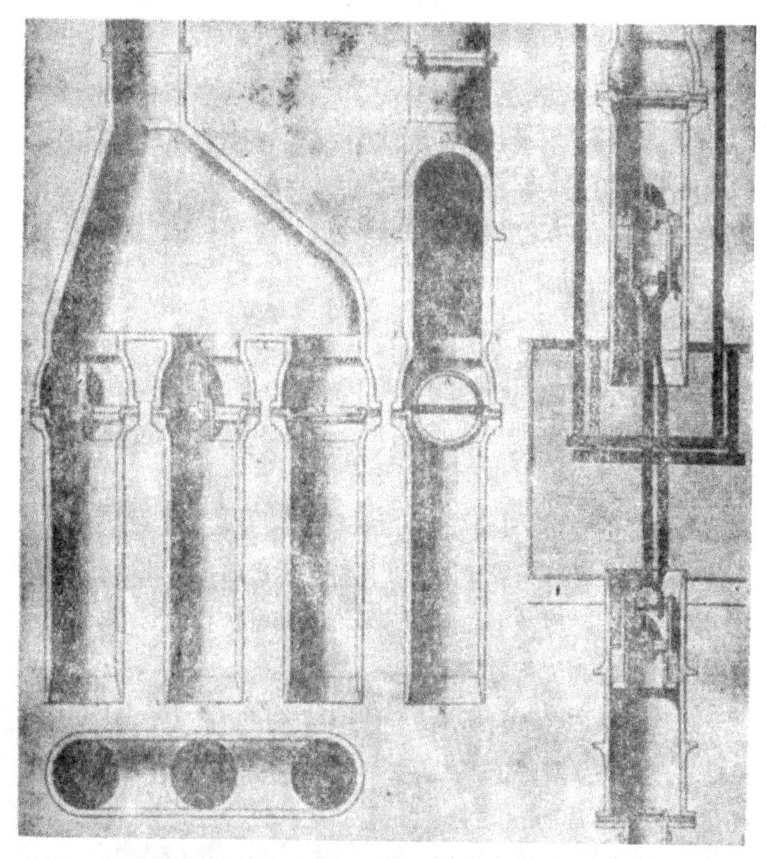

图 280—1739 年巴黎供水系统的水泵

1752 和 1753 年，斯米顿制作了水轮和风车机构，并利用它们获得了宝贵资料。他打算等到“有机会把由此得到的种种结论付诸实践，放到各种各样场合，用于各不相同的目的，以便能够向皇家学会保证，他感到它们已达致成动”的时候[像他于 1759 年 3 月 3 日宣读论文《关于水和风的自然力量的实验探索》(*Experimental Enquiry concerning the Natural Power of Water and Wind*)

时向皇家学会作的解释那样]，再发表这些资料。

图 281—斯米顿的实验水轮

《实验探索》中描述的第一系列试验用图 281 和图 282 中所示的装置进行。水在被测水头之下经由一开口可变的闸排放，通过一台模型下射水轮(图 281)的叶片。这水头实际上保持恒定。借助一台容易经校正的泵加以测量的水流中，放有一根杆，其截面积膨胀到活塞面积的一半，使得在泵的上下冲程中水位升降相等。图 282 用特写示出的一个棘轮装置使水轮可同用于测量所产生动力的升降滑车相联接和脱离。

机械描述和测量的祸根在于所用术语的混乱。斯米顿的术语也不是理想的。但是，他谨防惯常的含混性。为此，他清晰地定义他的测量所利用的那些量。在斯米顿看来，"动力是强度、万有引力、冲量或压强的发挥，以便产生运动。"在数值上，它是所施加的重量和这重量在给定时间内降落的高度之乘

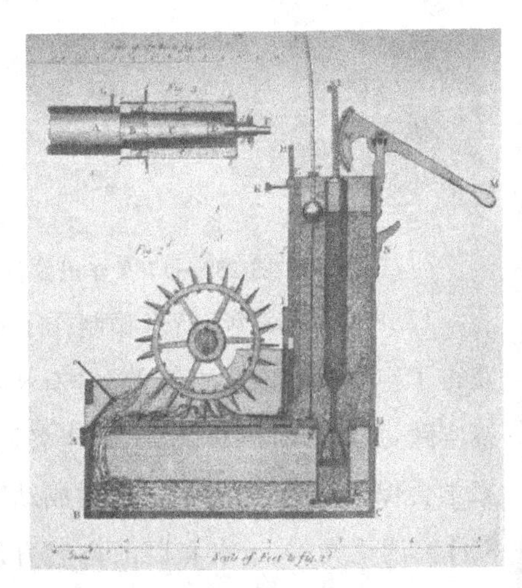

图 282—斯米顿的实验水轮(剖面)

积。在水力学中,这积成为在这给定时间内通过的水的重量乘以这水释放时的水头。每一所产生的动力都有相应的“效应”,后者是所提升的重量(包括为克服摩擦所必需的重量)和在给定时间里提升的高度之积。

这些实验旨在弄清楚,在怎样的特定负载和速度之下,这效应达致最大。采用了一种机巧的装置来测定冲击水轮的水的速度,避免了因注孔形状带来的复杂因素。水轮由在 R 处(图 281)的重物“驱动”,并加以调整,直至转速保持固定不变,不管水流动与否。于是,水的速度和水轮叶片的速度相等,而这速度可以容易地计算出来。所施加的重量等于水轮的摩擦阻力,而这重量在正常试验运行时必须加于水轮所提升的重量,以便给出为计算“效应”所需要的重量。

令 P = 斯米顿的动力即这水在给定时间里消耗的功;

Q = 在这给定时间里通过这水轮的水的重量,根据水泵冲程数目计算得到;

H = 计算得到的水头 $= V^2/2g$;

W = 水的作用所提升的重量;

w = 克服摩擦所需要的重量;

h = W 在这给定时间里所提升到的高度;

E = 这动力在这给定时间里对负载产生的效应或者所做的功;

那么,$P = Q \cdot H$,以及 $E = (W + w)h$。

可以注意到,P 和 E 是在给定时间里所做的功的总数量。斯米顿没有利用“动力”概念作为“做功的速率”。

对于水头、水流和负载的不同值,做了七组实验。一份表格形

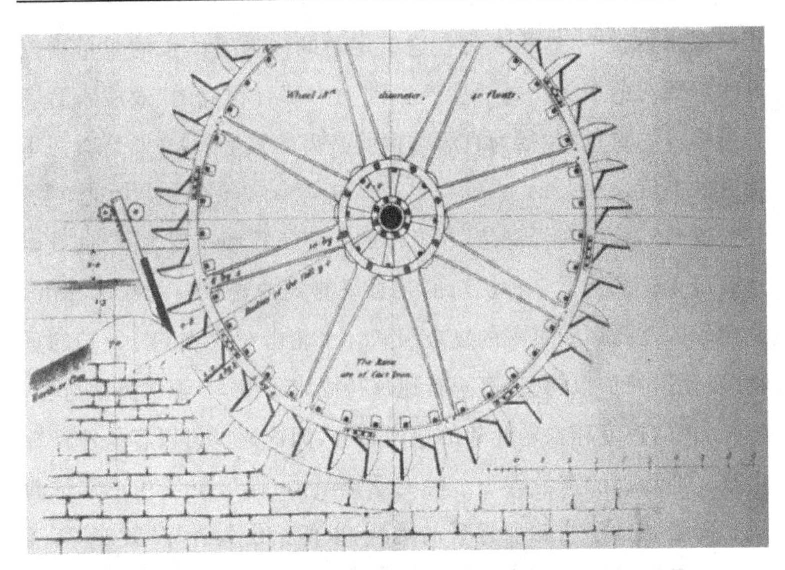

图 283—斯米顿的上射水轮，用于驱动卡伦铁工厂的鼓风机

式的记录在每种情形下都给出同最大效应相对应的速度。

在没有运动发生时，水轮受到最大“力”的作用。最大“效应”发生在水轮速度处于水速三分之一到二分之一之间的时候——前一个值相应于高速度，后一个值相应于大量水流。在最大效应上，效应约为“动力”的三分之一。

从这些实验结果，斯米顿引出以下几个结论：

H 近似等于实际水头，尤其对于大的注孔开口；

对于 H 的一个给定值，$E \propto Q \propto U$；

对于 Q 的一个给定值，$E \propto H \propto U^2$；

因此，对于一个给定的开口，$E \propto Q \cdot H \propto U \cdot U^2 \propto U^3$。

591 斯米顿的装置（见图 282）很容易适应于下射水轮应用。下面的注孔关闭，水道 fg 固定在其位置上。水轮的正面加以变换，棘

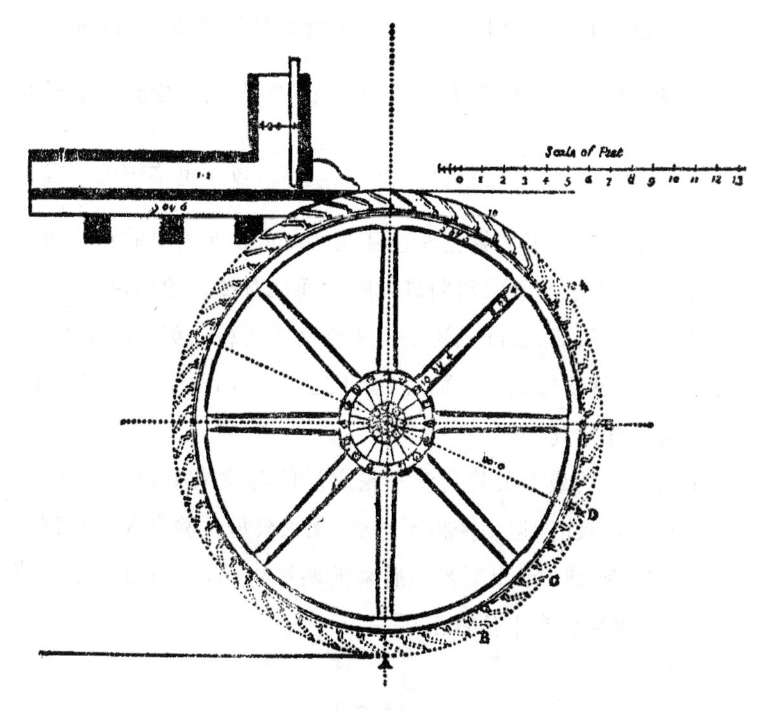

图 284—斯米顿的下射水轮

轮反向,轴升高,使叶片得以清除停滞在泄水道的水。像前面一样,对于每一种水头和开口,都做一组预备实验,以便确定给出最大效应的负载和速度。然后,把十六个这种最大效应场合的结果列成表,加以比较。当从最小水头到最大水头时,效应和动力之比从$\frac{3}{4}$变化到$\frac{1}{2}$,其平均值约为$\frac{2}{3}$,而在下射水轮的情形里为$\frac{1}{3}$。上射水轮是一种依赖重力工作的反作用机械。由于依赖所传递的冲量,这种上射水轮因非弹性物体间碰撞而损失了潜藏在水头中的动力的一半。 592

如果效应对动力之比系相对于水轮本身的高度来取，则在几乎一切场合均可得到比最大为$\frac{4}{5}$，而相比之下，当考虑到所消耗的总水头时，比为$\frac{2}{3}$。水轮相对整个降落越高，效应也将越大。因水头超过为使水略高于水轮轮辋速度地流向水轮所需要的水头而产生的冲量，基本上由于水斜向进入叶片而耗费掉。轮辋速度越低，效应就越大。然而，实际上还是需要略高于每秒 3 英尺的速度，否则，水轮尺寸就变得太大。而且，由于这个缘故，对于很大的水轮，通常速度都相当高。

上射水轮的最大负载乃使水轮周沿的速度减小到其恰当值。低于每秒 2 英尺时，运动变得不平稳，无论模型试验和大水轮都如此。图 283 和 284 示出斯米顿后来的两种水轮，它们由罗巴克博士于 1769 年装设在卡伦铁工厂。

二、风车

由于认识到斯米顿概述的那些原理，水轮得到了改良，变得更为有效。十八世纪下半期，材料和工艺又有了改进。这种水轮阻碍了蒸汽动力的进步。实际上，空气蒸汽机本质上是一种泵抽装置，因此，斯米顿及其同时代人通常都通过利用蒸汽机提升水来驱动上射水轮，从而获得连续旋转运动。即使当旋转式蒸汽机已成为极其普遍采用的动力源的时候，在水充裕而煤稀罕的地方，就是在十九世纪晚期，水轮已最终在水轮机极高效率面前相形见绌，水轮仍然在建造和使用。

另一方面，在十八世纪里，风车在流行性、效率和精巧构造等方面都达于极致。但从此之后，风车便每况愈下。风车的起源是一个思辨和猜想的问题。总之，"柱式风车"似乎最早是在波罗的海沿岸出现的，这种形式风车延续了几个世纪，今天仍散见于各地(图 285)。

柱形风车的结构如下所述。装设了四个圬工墩，上面架设一对十字杆。立柱竖立在十字杆的交叉点上。这立柱是一根直径约 2 英尺的实心杆，由十字杆借助称为"方杆"的倾斜构件支撑。一根称为"冠杆"的坚牢旋转横杆设在立柱顶上，水车的上层结构则建筑在这横杆之上，构架和机械的重量由一个环承载，这环围绕方杆交叉点处的立柱。

图 285—柱式风车

图 286—塔式风车

动力取自一个大的嵌齿"闸轮"，后者围绕一根木"风轴"，此木轴伸出风车建筑之外承载翼板。翼板由称为风车翼的锥形长木件支承，这些翼固定于比较坚牢的“座台”之上，后者榫接于风轴的凸出端。

借助一根长长的木尾杆，这种风车整个地转进风眼，所必需的动力由一个小的可携式绞盘施加，这绞盘捆绑在一根立柱上，这些立柱则适当地装设在一个围绕风车底座的环上。

一种较晚类型的结构示于“塔式风车”(图 286)。这种风车不是整个地转动，而是仅仅一个承载风轴和翼板的头转动，这头安装在一个滚柱环上，后者装设在一座圬工塔或木塔的顶上。这种支承方法使得能够达到很大的高度，使得风车更容易转动，并且开拓了风车动力的可能用途。

拉梅利于 1588 年在他的《各种人造机器》(*Diverse et Artificiose Machine*)中用图说明了柱式和塔式水车。各个荷兰著作家的著作，例如皮特尔·林德佩希的《建筑力学宝书》(*Architectura Mechanica of Moolenboek*)(1724 年)、《万宝全书》(*Groot Algemeen Moolenboek*)(1734 年)和 J.范·齐尔的《万用机器舞台万宝全书》(*Theatrum Machinarum Universale of Groot Algemeen Moolenboek*)(1734 年)都用大幅工作图说明更加精致得多的机构。

这些示图不仅表明了风车的结构，而且还表明了它们所应用的机械以及用于安装它们的器械。铁用得很少。风轴在轮端处的轴颈部分地是一些铁杆，它们齐平面地沉埋在木轴之中。支承风轴翼板端的轴承是硬木或石头制成的。在远离翼板的那一端，一个活塞销兼起轴承和止推两种作用。这销是铁的，在一个铁轴颈中活动。铸铁耳轴是在十八世纪初引入的。斯米顿应用完全铁制

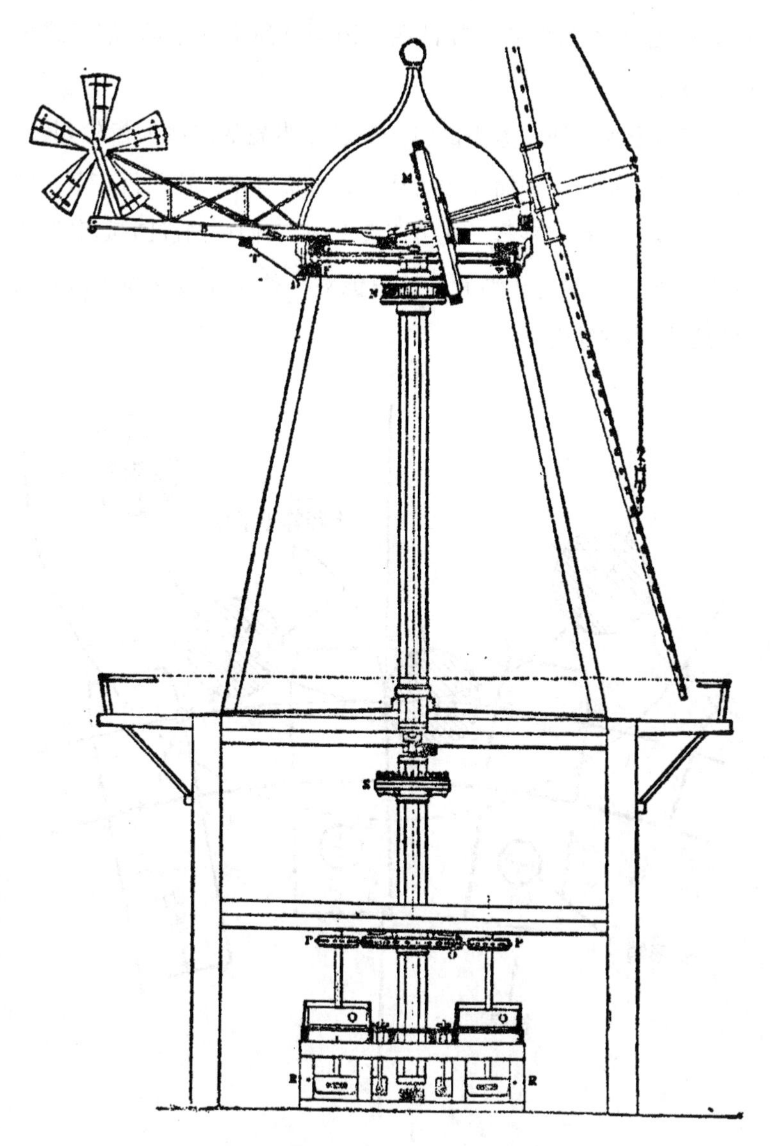

图 287—斯米顿的在纽卡斯尔的风车(1782 年)

594 的风轴,如同图 287 所示装设在泰因河畔纽卡斯尔的“烟囱式风车”那样。

驱动带木或铁绞盘头的“灯笼式”小齿轮的那些大齿轮,其硬木嵌齿的齿根据一种简单的约略估计方法确定。这些齿在节距圆以下的各齿面相互平行。在节距圆上面,它们被制成圆弧,其圆心在节距圆上,半径等于节距。这只能对一种尺寸齿轮和小齿轮给出接近恰当的啮合。

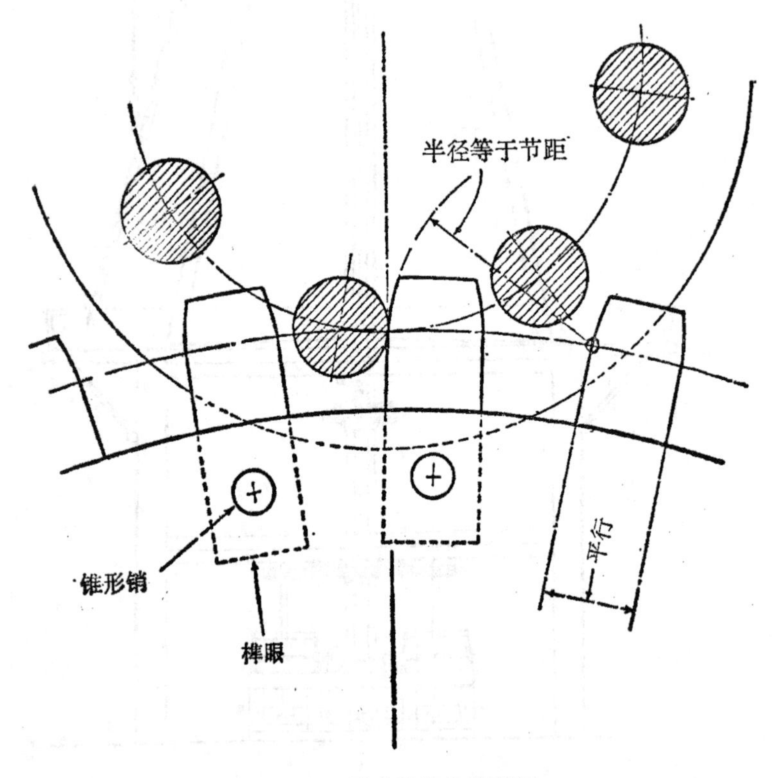

图 288—嵌齿轮的齿的确定

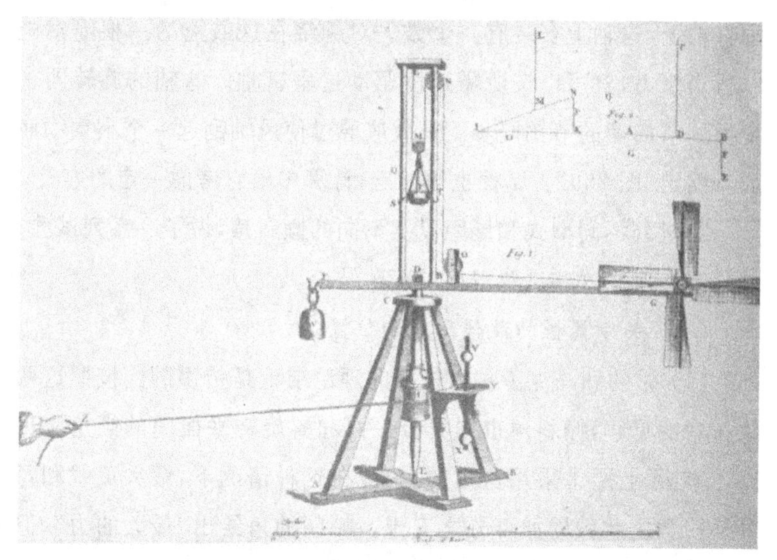

图 289—斯米顿的风车翼板模型

铸铁齿轮之用来取代木嵌齿和绞盘头,归功于斯米顿。他约在 1755 年引入这一改良。他还从荷兰引入把滚柱(这头在滚柱上旋转)安装在固定于一个环的销之上的做法,使滚柱保持正确间距,而又不让销承受重量。

如拉梅利(1588 年)所说明的,早期风车的翼板是长方形的,被翼一分为二,在它们的全部长度上保持固定倾斜角。十八世纪的荷兰风车中,倾斜角同离轴的径向距离成比例地减小,从而使风和翼板表面保持恒定相对速度。 595

斯米顿似乎是最早以科学方式研究风车翼板设计问题的人。他的实验和结论的说明载于上面已提到过的《实验探索》之中。自然风很不一定,因此,无法用于实验目的。于是,斯米顿制造了人工风。为此,他把风车翼板安装在一根水平臂上,这臂固定在一根垂直轴上，这轴上安装有一个鼓。对缠绕在这鼓上的一根绳索施以适当张力，就可以按所需速度驱动这垂直轴。这轴的旋转同一个可调节的摆的节拍同步。其效应通过使风轴刮起一个小重物而加以测定(图 289)。摩擦也被测定，计算中给它考虑一定的容差。

对帆的不同型式和展距以及不同的倾斜角，做了一系列试验，总共十九次。这些试验得出了下述结论。

(一) 关于翼板的最佳形式和位置：

(1) 帕朗和马克劳林以往下的理论结论是错误的。按照这两596 位作者的见解，倾斜角也即翼板平面和翼旋转平面间的倾角应为35°。实际上通常采用这角的一半，在这种情况下，最大负载和每分钟转数之乘积增加百分之五十。帕朗的角给出“最大的力”，但因速度太慢而无法做有用的工作。

(2) 在理论上，倾斜角随着离风轴的径向距离增加而减小，将使整个翼板在向风侧呈凸表面。荷兰实际上最好的做法是让翼板以凹面对着风。实验表明，“当风吹到一凹面时，这整个面将获益，尽管每个部分分别来看并未得到最大好处。”

斯米顿对于代表翼板相对风轴的外径之各相继六分之一的那些位置，求得了最佳角度为 18°、19°、18°、16°、$12\frac{1}{2}$°和 7°。

(3) 斯米顿最早的翼板是长方形的，这种翼板运动时跟随着翼。他给这些翼板的前沿增添一块三角形布，基底为原始翼板宽度的一半。这样，他扩大了这些翼板，使之面积增加百分之二十五。他发现，这种增加是有益的，但需要更大的倾斜角。

(二) 空载风车翼板的速度和加载而产生最大动力时的速度

之比约为 3∶2。

(三) 最大负载等于恰使翼板停止的负载的六分之五。

(四) 翼板的效应受下列诸法则支配:

(1) 翼板速度∝风速。

(2) 最大负载∝(风速)×(翼板速度),即∝风速^2。

(3) “效应”∝(最大负载)×(风速),即∝风速^3。

然而,如果负载恒定,则风车在风速增大时无法发挥其最大动力。实际上,“风车在顶着一个固定对立物起作用时,大大丧失其效应。”

(五) 对于相同的风速,不同大小的类似翼板的性能受一种“比例效应”支配。

(1) 由于翼板尖端的速度同风速成一定比率,所以,在给定时间里,转数必定随着极限半径的增加而成比例地减小。

597

(2) 风产生的力∝半径^2。这力的杠杆臂∝半径。

因此,所产生的转矩∝半径^3。然而,由于转速∝半径的倒数,所以,作为转矩和给定时间内转数之乘积的效应仅相当于类似风车中的半径^2。

可以注意到(斯米顿未提出这一点),虽然风车的动力(斯米顿的效应)按半径的平方增加,但活动零件的重量将至少按半径的立方增加,而且,如果要提供同样的强度,则增加更甚。因此,一座个别风车的尺寸必定有一个经济上的界限。

斯米顿求得,在使用他的扩大翼板时,一座翼半径 30 英尺的风车的动力相当于 18 个人或 $3\frac{2}{3}$匹马的力量，当使用普通的荷兰翼板时，则相当于 10 个人或 2 匹马的力量。这么巨大的尺寸，却只得到很小的动力。这使风车不能同蒸汽机相匹敌，尽管风车运行成本很低，维护也简便。

安德鲁·米克尔(1719—1811)对风车的机构作了一些重大改良。米克尔是个有独创性的水车设计师、农场主和磨坊主，还是著名的脱粒机发明者和风车设计师约翰·伦尼(1761—1821)的师傅。

如上所述，1750 年以前，风车头用尾杆拖拉转动，而这在疾风中是十分吃力的工作。那年，米克尔引入了“扇尾”传动装置。安装了一座小的辅助风车，同主翼板相垂直。当主风车正确地调整好之后，辅助翼板便静止不动。然而，如果风向转变，辅助翼板便又活动起来，借助蜗轮—蜗杆和小齿轮—齿条机构，提供 3000 比 1 的减速，驱使风车头转动起来，直到主翼板吃足满风，这时，辅助翼板复又静止。如果风车自动地面向风，那么，阵风和狂风损害翼板的危险便大大增加。因此，米克尔在 1772 年作了调整，把翼板分成若干不均等开合的部分，开裂也受到控制，于是，过量的风便被自动“漏掉”。(参见 Arthur Titley：*Notes on Windmills*，载 *Trans.of the Newcomen，Society*，Vol.Ⅲ。)

威廉·丘比特对自动开合的百叶窗式翼板的应用作了改进，于 1807 年取得了专利权。米克尔的装置是一个安全阀。丘比特的装置是一个可调整的调节器。布翼板给出比较强力的驱动，但比“软百叶帘”式样更难控制。

虽然可调翼板调节了传动速度，但面粉机的成功工作要求调整磨石间孔隙。在早期的风车中，这是用手工调节的。后来使用离心调速器。托马斯·米德(1787 年)和斯蒂芬·胡珀(1789 年)获得这种装置的专利权，但它在 1787 年之前已在应用。 598

三、回转质量的效率的测量

1776 年 4 月 25 日，斯米顿向皇家学会宣读了一篇论文：《为赋予始于静止态的重物体不同速度所必需利用的机械动力的数量和比例的一次实验考察》(*An Experimental Examination of the Quantity and proportion of Mechanic Power necessary to be employed in giving different degrees of velocity to Heavy Bodies from a State of Rest*)。这篇论文通常被同上面已提到过的 1759 年的《实验探索》相提并论。

斯米顿的《实验考察》没有给力学理论增添什么新东西。但是，它让人注意到，实干家和科学家头脑里都对功率、功、力、时间和距离等量之间关系存在混淆认识。伽利略的动力学一直沿着两条路线发展。牛顿第二定律把力定义为质量和单位时间里在其中引起的速度之乘积。这自然导致把所产生的运动的数量即动量，定义为质量和所获得速度之乘积。另一方面，惠更斯从力同它所作用的物体的运动距离的关系来考察力，因而认为，活劲即 $M \cdot V^2$ 是更合理的量度。

如果 E = 使物体移动距离 S 而做的功，

F = 产生这运动的恒力，

M=物体的质量，

V=时间 t 中在这物体中引起的速度，

那么，$E=F\cdot S=\frac{1}{2}M\cdot V^2$，而冲量 $I=F\cdot t=M\cdot V$ 。

这两个陈述的无论哪一个都可从另一个推导出来。然而，其中一者尤其引起相当大的混淆。两个物体相碰撞时，其间的运动传递使这体系的总动量保持不变。但是，如果这两个物体不是完全弹性的，则就有活动的损失。甚至像德扎古利埃和贝利多这样的权威人物也在这个问题误入歧途。

599

德扎古利埃(*Experimental Philosophy*, Vol.II, p. 92)认为，这分歧是措辞上的争执。但是，他在把理论运用于工程计算时也走入歧途。他引用了安托万·帕朗(1666—1716)的话，大意是，当一个下射水轮的叶片以水速的**三分之一**运动时，这水轮能做最大的功。(斯米顿发现，当损失小时，这个数字接近二分之一。)这时，水的三分之二以同速度平方成正比的力驱动水轮，克服了那将完全阻止水轮转动的阻力的$\frac{4}{9}$。这力乘以水速的三分之一，便给出原始水头可供的功的$\frac{4}{27}$，作为可以预期的最大输出。

科林·马克劳林在他的《流数》(Art.907, p. 728)中用微积分重复了这个帕朗—德扎古利埃论证，但未加批判。斯米顿在1751年开始做经典实验时，怀疑这些结论不精确，并证明，在最佳条件下，“效应”对“动力”的实际比大于三分之一。德扎古利埃也指出(*Exp. Phil.*, Vol.II, p. 532)，“**根据他自己的经验**，一座制造精良的上射水轮[和一座下射水轮]在同样时间里磨同样多谷物，但用的水少十倍”。同时,大量经验证实,斯米顿的实验证明了,效应-动力比在一座精良上射水轮中至少为三分之二,或者说是一座相当的下射水轮的两倍。

另一方面,贝利多(*Arch.Hyd.*,Vol.I,p. 286)和斯威策(*Hydrostatics and Hydraulics*,1729,Vol.II,p. 293)则认为,如利用相等的水量,则一座下射水轮将比一座上射水轮产生多六倍的效果。因此,德扎古利埃和贝利多两人各自对上射和下射水轮的相对价值的估计,相差竟然达 60 比 1 之巨!

贝利多关于风车翼板速度的见解同样也不可靠。他力主(*Arch.Hyd.*,Vol.II,p. 72),风车翼板的形心应当以风速的三分之一沿其自己的圆圈行进。翼板形心以 20 英尺的半径划出 126 英尺的圆周。它通常一分钟行 20 圈。因此,它的运行速度为每分钟 2520 英尺。这速度的三倍约为一小时 80 英里,也即接近飓风的速度。

斯米顿认识到,在能够把工程实践同理论联系起来以前,还需要某种比同时代人所提供的更好的计算基础。他发明了一种装置,用它能够测定,为了赋予同一个物体不同速度,必须消耗多少“机械动力”。

两个铅圆筒(每个重 3 磅)安装在一根水平的圆柱形白杉杆上,后者穿过一根垂直轴,这轴以一坚实的钢杯为支枢,由一外加的重物驱动,中间借助一根绳索,后者缠绕在两个筒 M 和 N 之一个上,这两个筒在垂直轴上转动。M 的直径两倍于 N。主动重物以 1∶4 之比轮番施加于两个筒,回转质量处于整个可以得到的最大半径及其一半处。斯米顿根据观察推论,相等的机械动力在作 600

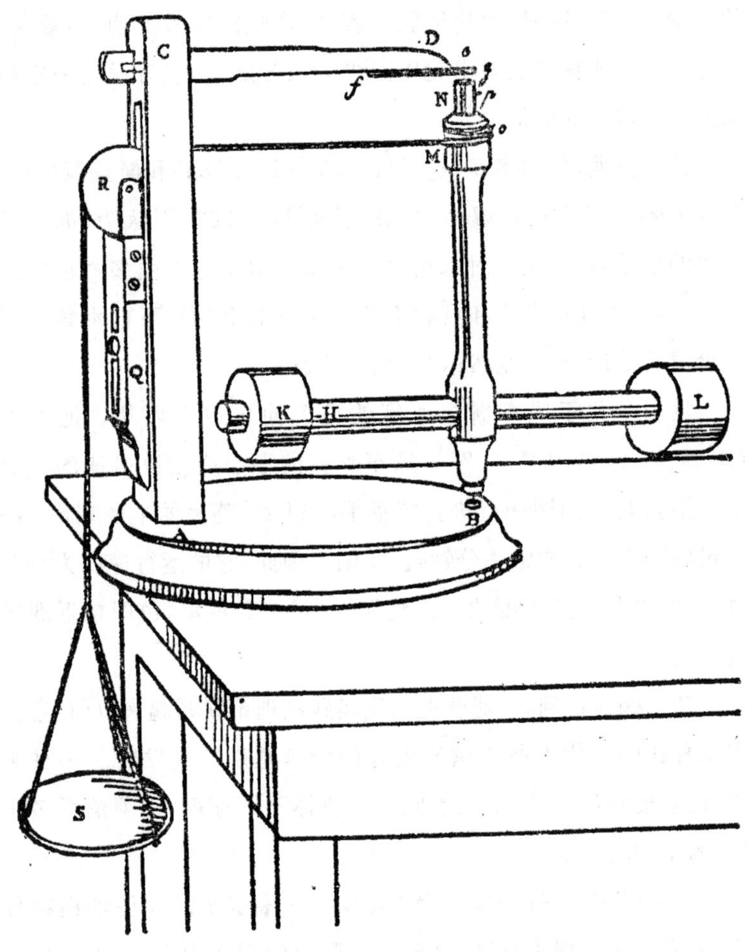

图 290—斯米顿用来测试消耗的“机械动力”和在回转质量中引起的速度间关系的装置

用于小筒时像作用于大筒时一样产生相等的效应，但产生这效应所花时间要长一倍。他还得出结论：

如果 P 是机械动力，

W 是所施加的重量，H 是它的降落，

V 是在时间 t 里赋予回转质量的速度，

那么，
$$P=W\cdot H\propto V^2,$$

601

以及，V 既同 W 也同 t 成正比例：

$$V\propto W\cdot t。$$

无论这些质量在小的还是大的半径上回转，相等动力在它们中都引起相等速度。

于是，如果 M 是启动的质量，那么，

$W\cdot H=\frac{1}{2}MV^2=$进入该系统的能量，以及

$W\cdot t=MV=$进入该系统的动量。

然而，由于缺乏确定的单位和命名法，斯米顿未能阐明，他的实验已证明了，考察外加力所引起的运动的两种方式都是正确的。他满足于说，牛顿的追随者忽视了驱动力所必须行过的距离，而他们的对手没有考虑到产生效应所花的时间。他力主，通用量度应当是机械动力($W\cdot H$)，它由所产生的机械效应的总量来度量，而不管达致效应所花时间的长短。不管水流速度快慢如何，一定量的水在给定水头下总是磨那么多谷粒。

四、机床

及至1700年，同哈特曼·朔佩尔在1568年说明的状况相比，机械车间的配置和设备已经稍见进步。莫兰的柱塞泵也许要求空心黄铜铸件长10英尺、直径10英寸，并具有精确的圆柱形表面。

车削这种柱塞，需要比以往使用的更为重型的车床。不过，床身仍是一对坚牢的板条。加工粗坯用的手工具也和木工凿不同，差别不是在使用方法上，而在于截面更坚牢以及对于刀刃的刀面角不同。柱塞泵那时很少见，而且十分昂贵。这部分地是因为材料运往现场的运输费高昂。

纽可门引擎在原地建造。主要技工由最初从当木匠学会手艺的工匠担任。铁匠和管子工当助手。不过，指导操作的人是水车设计师，他们逐渐发展为工程师，在传统技艺上再增添使用冷錾和锉的技巧。机械仍主要用木材制造，用手锯，用斧修整。

英国最早的锯床是伦敦附近的一个荷兰人在 1663 年装配的。602 但是，由于工匠深恶痛绝，它不久就被弃置。直到 1767 年，才有人重做了这种实验，那是一位伦敦木材商，他在工艺学会支持下，在莱姆豪斯附近安装了一座风车来驱动一组横割锯。这破坏了锯工的行业习惯和特权，结果引起了一场大骚乱，其间这座风车被捣毁。然而，当局这时说服人们相信，必须扩大应用机械。结果，骚乱者遭到惩罚，风车主得到赔偿，风车又重建起来，蒙准运行，不再受干扰(S. Smiles:*Industrial Biography*,1863,p. 165)。

新的大型制造工业的早期先驱之一是约翰·罗巴克博士(1718—94)。罗巴克最早受的是医学和化学的训练(他于 1745 年在伯明翰行过医)。在伯明翰期间，他发明了制造矾的铅室工艺。这导致他于 1749 年在普雷斯顿潘斯建立一座工厂。他还在这一地区开设了一家陶器厂。他同合伙人一起在 1760 年又在卡伦创设了苏格兰第一座铁工厂。这些工厂的工作包括熔化矿石以及制造枪炮和其他铸件。在附近的金内尔豪斯，为了研制詹姆斯·瓦

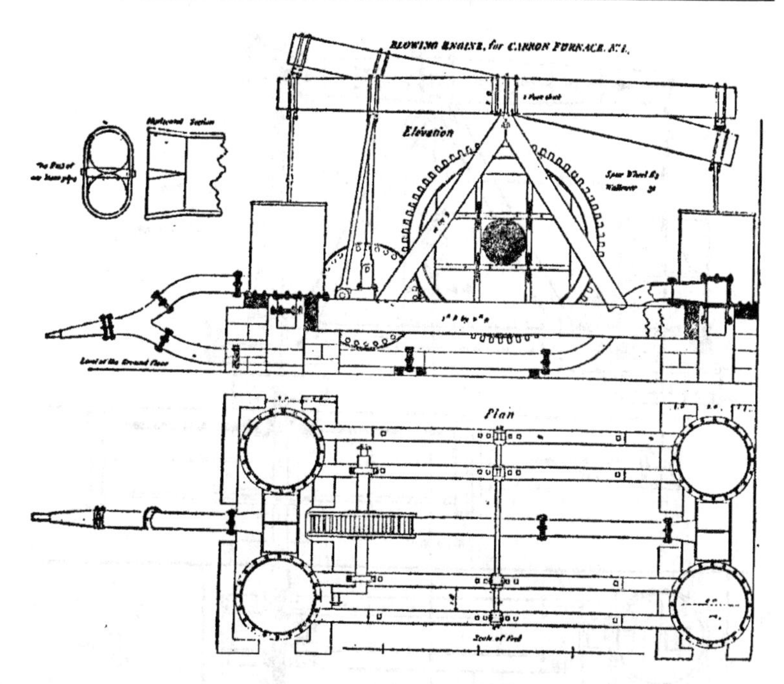

图 291—斯米顿为卡伦铁工厂建造的鼓风引擎(1)

上图中剖面的主动轴通过齿轮联接于一根带有两个外伸曲柄的轴，两曲柄操纵一对倾斜横杆。每根横杆的每一端操纵一个汽缸的活塞。当两个曲柄相互垂直时，四个汽缸轮番工作，从而提供连续鼓风。

特的发明，最早尝试按照罗巴克和瓦特取得的专利建造实际大小蒸汽机。

如此扩大应用铸铁，要求设计和装配用于生产铸铁和加工铸件的强大机械。斯米顿应邀担任顾问。作为给这个时期的鼓风炉供风所需要的那种机械的一个例子，图 291 和图 292(采自斯米顿的 *Reports*，Vol. Ⅰ，p. 364 f.)示出 1769 年安装在卡伦铁工厂的鼓风引擎。机架和横杆仍是木质的。但是，汽缸和曲轴是铸铁的，

603

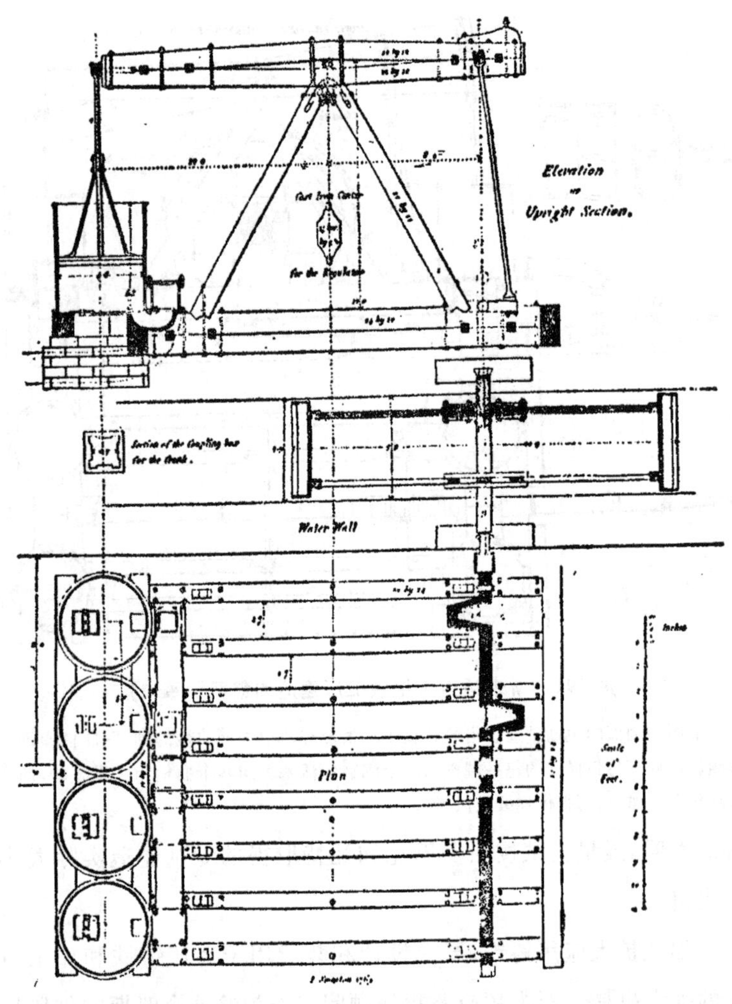

图 292—斯米顿为卡伦铁工厂建造的鼓风引擎(2)

示出四个并排汽缸,每一个都由一根公共四连曲轴通过它自己的横杆和连杆操纵。

因此,管件用得很多。

604

在镗缸过程中,铸件用链条拴在台车上,被链条和卷扬机拖拉

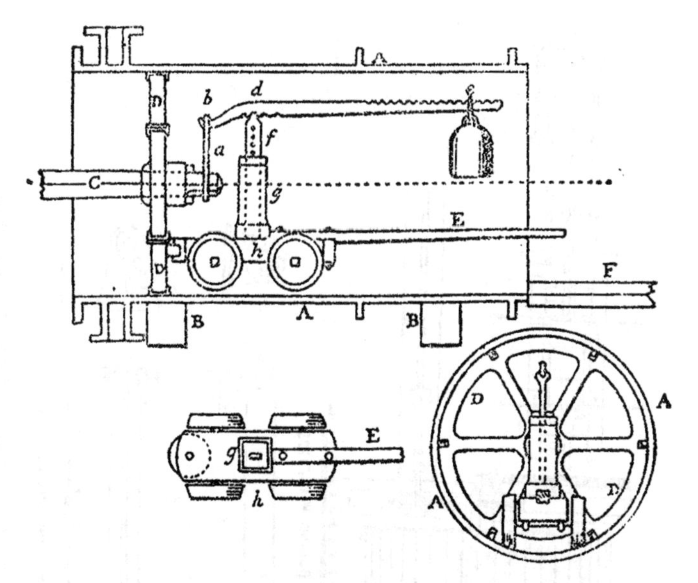

图 293—斯米顿的带支承的镗杆(采自 Farey:*Steam-Engine*)

而顶住一把刀具,其直径等于汽缸直径,安装在一根由水车驱动的轴上。另一方面,枪炮通常是旋转的,而不旋转的钻头尖则用一根手动螺杆进给。

镗床的重型镗刀盘倾向于从汽缸的底部而不是顶部排除金属。因此,随着汽缸转过一个直角,镗削重复三次。结果得到的不是精确圆柱形的表面,而铸件本身起导承的作用。原始铸件的任何不精确性都会带到已加工的工件上。斯米顿用来把镗杆的导端安装于小台车上的装置,仍然使铸件本身导引刀具的纵向运动。这些缺陷在纽可门引擎汽缸中造成的后果很小。但是,它们却导致斯米顿认为,瓦特的改良不切实际,应予拒弃,因为这些改良要求一种他认为不可能获得的工艺精确度。如我们在后面将可看到

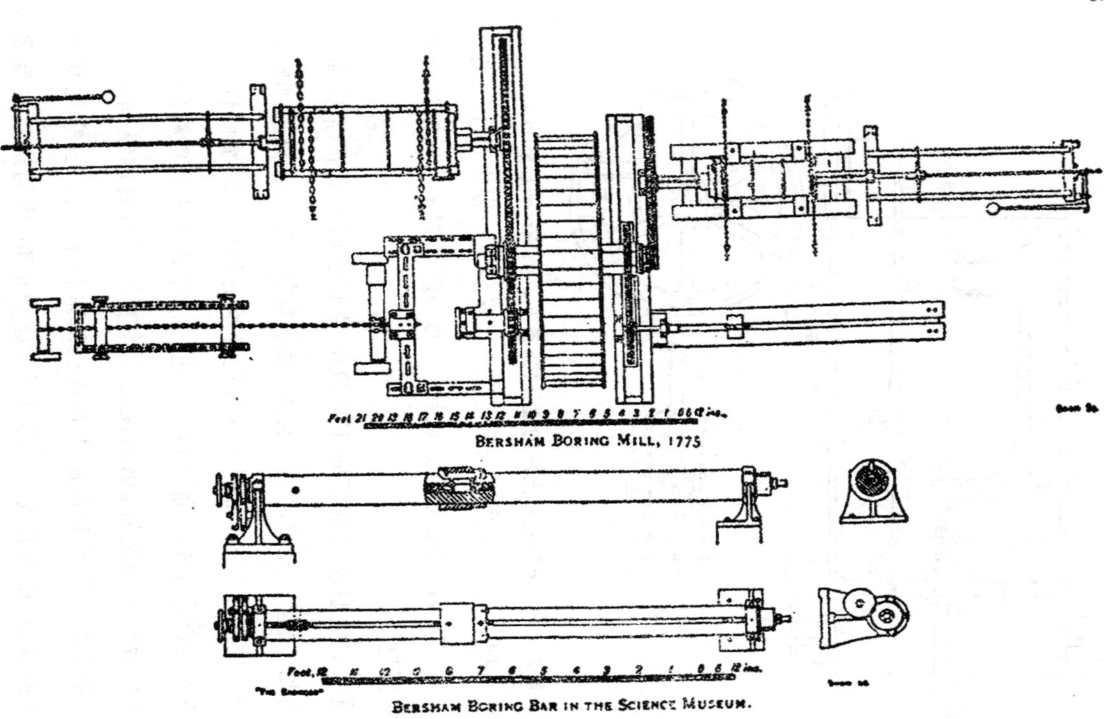

BERSHAM BORING MILL, 1775
BERSHAM BORING BAR IN THE SCIENCE MUSEUM.

图 294—（a）伯沙姆镗床，1775年。（b）科学博物馆中的伯沙姆镗杆

的那样,瓦特的困难是由伯沙姆的约翰·威尔金森(1728—1808)解决的。威尔金森在1775年发明了一种空心圆筒形镗杆,两端都安装在轴承上。威尔金森的镗床和他的镗杆(后来的式样)示于图294(采自 *Trans.of the Newcomen Soc.*,Vol.V,E.A.福沃德在那里讨论了镗杆的发展)。 606

威尔金森的镗杆空心、带槽,直径为10或12英寸。一根实心杆沿管的中部向下行。这实心杆不旋转,但通过那驱动刀具旋转的外杆中的槽控制镗刀盘的纵向运动。一根加重杠杆和一个棘轮操纵一根带小齿轮的轴,它们借助实心杆末端固定于其上的一个滑动齿轮拖拉这实心杆,从而把回转刀具向固定的汽缸铸件进给。下部图中所示的螺杆据认为是后来改进的结果。

威尔金森的空心镗杆发明没有专利权保护。因此,达比于1780年在科尔布鲁克代尔仿造和安装了它。此后的不多几年里,又有三四个引擎制造家这样做过。另外,1795年在博尔顿和瓦特的索霍铁工厂也仿制过。威廉·默多克于1799年引入了一种蜗杆-蜗轮传动机构。螺杆进给据认为是利兹的马修·默里引入的。年轻的詹姆斯·瓦特于1802年在默里的著作里读到了它,于是,索霍厂便进行仿制。这种进给机构在许多年里一直被该厂奉为标准做法。

这些长螺杆的切削提出了一个难题。如果用锤和凿切削,再用锉刀抛光,那么,就要花费大量劳力,而且还要极其细心。然而,福沃德在上引的论文中,从T.吉尔的《工艺和显微术之库》(*Technological and Microscopical Repository*)(1830年)中引用了一段论述,它说明了一个名叫安东尼·鲁宾逊的锻工约在1790

图 295—莫兹利

年给马修·博尔顿解释的一种方法。一台冲床需要一根直径6英寸、长7英尺的铁螺杆。鲁宾逊在划分螺纹时，在一张纸上画一些直线，纸的宽度恰好等于被车削的杆的圆周长。把这张纸围绕这根杆粘住，用针孔冲冲出这些线，再用一把锉刀把这些冲出的标记连接起来形成螺旋线，这时便可用手切割出最初几圈螺纹。然后，在一个放在这个带螺纹部分之上的铁盒内铸造一个模板金属螺母。配以刀具，它便用作为给这杆其余部分切削螺纹的板牙。六个人用绞盘手柄提供动力。

607

机械的推广应用，成为十八世纪末年的一个标志。这种推广在很大程度上有赖于培训新型的机工，他们能够以必要的精确度加工金属。在这种培训中，约瑟夫·布拉默(1748—1814)和亨利·莫兹利(1771—1831)建立的工厂起着表率作用。(参见 S. Smies：*Industrial Biography*，p. 183 f.；以及 J. W. Roe：*English and American Tool Builders*，Yale，1916，Chs. Ⅰ—Ⅳ。)

约瑟夫·布拉默(1748—1814)原先一直干农活，直到十六岁那年因一次事故致使右踝伤残，遂不得不改行从事机动性不强的木工业。作为一个富有创造力的发明家，他不久便运用自己的技艺来研制许多有用的器械以及从机械上使它们臻于完善。他的第一项重要专利是1778年他那著名的抽水马桶，并于1783年作了改进。1784年,他获得了一种制拴锁的专利。他为此得到了一笔可观报酬,但这专利直到1851年才被一个名叫艾尔弗雷德·霍布斯的机工选中。在这过程中,这位极其有才干的机工为了制作一些灵巧的工具,不得不花费了不下51个工作小时。然而,这些带可互换零件的锁的制造,要求当时工匠还不具备的高度技能,也要求应用具有当时不可能达到的高精确度的机械器具。布拉默致力于发明和制造这种机械时,亨利·莫兹利是他的得力助手,当时莫兹利还是个18岁的小伙子。莫兹利在19岁时当上了布拉默的领班,帮助他设计水压机和其他机械。莫兹利只是到了1797年才离开布拉默,因为后者粗暴地拒绝他提出把工资增加到每周30先令以上的请求。

水压机的困难在于,如果衬垫非常密实,足以抵挡工作冲程中所使用的巨大压力,那么,当这压力释放之后,压头就不会返回。莫兹利建议利用皮杯,它仅当施加压力时紧紧地压住压头,而当压力释放时,便松掉。结果就解决了这个问题。这使这项发明获得了生利的成功。

图296—塞·边沁爵士

布拉默后来的发明包括现在习见的啤酒机(1797年)、木刨床(1802年),在后一种机床中,几把刀具固定在一个水平圆盘上,就像端面铣床那样,而圆盘在一根垂直轴上旋转;以及英格兰银行长

608 期用来印钞票号码的那种机器(1806 年)。然而,他的久远影响与其说来源于他自己的大量卓越发明,还不如说来源于他在自己在皮姆利科的工厂里培养了一整代机工,他们的进一步发明把工程生产确立为这个国家的主要工业之一。

用机械大批生产工程产品方面的第一个重大步骤,是在塞缪尔·边沁爵士(1767—1831)的鼓动下作出的。他是更有名的杰里米·边沁的弟弟。受以海军部名义视察欧洲各港口的豪伯爵的委派,边沁假扮"效率工程师"掌管波将金在南俄罗斯的一家很大的但管理极不善的工厂。劳力十分充裕,但毫无技能。边沁认识到,只有在机械加工过程中养成技能,才能从这支劳力取得效益。他于 1791 年被封为爵士,在一次同土耳其人的海战以后就任准将,在那次战争中发生军舰史上第一次壳板起火。他于 1791 年返回英国,替木工机械申获专利权。他竭力把这种机械引入军舰修造所。

他的专利设计在 1793 年大大扩充。船舶部件的制造(海军部要求每年不少于 100000 个),更不用说易损零件的更换,令人赞赏地按他的目标进行。在自 1794 到 1812 年当海军监察长期间,他制订了一项使船舶部件的生产完全机械化的计划。

1800 年,边沁遇到了马克·伊桑巴尔·布律内尔(1769—1849)。布律内尔是法国流亡者,前海军军官。那时,边沁刚从美国回来,在美国时曾当过枪炮监制人。布律内尔也正在制定一项船舶部件制造计划,同边沁的相似。边沁目光敏锐,而且气度恢弘。因此,他看出并承认,布律内尔的计划比自己好。于是,他立即就采纳了它。亨利·莫兹利这时已经独立,应布律内尔的聘请建造了第一批样机。从1800到1808年,他一直忙于这项工作。他无疑致力于使具体设计臻于完善。总共包括44台机器,种类齐全;这些机床略经修改后,在木块用于给帆船装配帆的时期里一直被奉为标准。

1810年,莫兹利同乔舒亚·菲尔德合伙,后者是海军部的制图员,曾在塞缪尔·边沁的部下服役。这家商号把机构开设在兰贝思,后来以"莫兹利—菲尔德公司"驰名世界。

亨利·莫兹利(1771—1831)的声誉主要来源于他划时代地发明了刀架车床,它带有精密的导螺杆和可互换的齿轮。

"极杠车床"是一种远古的器具。刀架在先前已有其他人提出609过,在《科学辞典》(*Dictionaire des Sciences*)(1772年)里载有详细图示说明。贝松(1579年)和其他人说明了,如何用一根螺杆导引其他螺杆的切削。列奥那多·达·芬奇描绘过几种类似装置。霍尔茨阿普费尔在他的《车削和机械操作》(*Turning and Mechanical Manipulation*)(1847年)中引述了一系列给人深刻印象的机构,它们都是十八世纪里制造或描述的,用于在各种材料上机械制造圆柱面、螺纹以及复杂几何形状。不过,把装饰性车削装置转变成工程车间的工具,能够以前所未有的精确度车削重型机器零件,以致从此成为一切工程车间的主角,这业绩应当归功于亨利·莫兹利。

莫兹利第一台螺纹车床是在1797年制成的,其时他尚受雇于布拉默。首要的当务之急是获得一种精密导螺丝杆(图297)。莫兹利使用一种大致适配于汽缸的新月状刀具。精确的螺距角用大的带刻度齿轮和切线螺杆定位。一个切螺纹工具跟刀具安装在同一个可调刀架上，它切割业已用导缺刻标定的螺纹。

图 297—莫兹利的原始螺纹车床

图 298—莫兹利后来的螺纹车床

莫兹利采取这种方法用木材和软金属制造了大量螺杆。他发现,用这种方法比用别的方法能够达到更高精确度。因此,他就选用了其中最佳者来生产他第一台刀架车床的导螺丝杆。

在1797年的车床里,刀架(带有一个同导螺丝杠啮合的螺母)在两根约3英尺长的平行三角形导杆上运行。导螺丝杆由固定的(右手)床头的心轴通过齿轮驱动,它使承载切螺纹工具的刀架的纵向移动同工件被心轴驱动时的转动同步。导杆确保,无论随转尾座可能在哪里夹紧,工具的路线总是和工件对准。

三年以后,莫兹利在他自己的车间里制造了图298所示那种远为发达的机型。借助可互换的齿轮,一根导螺丝杆能够做到给出宽广范围螺距。不久就发明了更大型的机床,车床也已能车削蒸汽机和其他机械所需要的重型零件。十九世纪初年,对这些机械的需求正与日俱增。一整系列机床——刨床、铣床和牛头刨床——也都由于复制平面和运用莫兹利的强力精密车床而成为可能。不过,这发展已属于十九世纪的历史。 610

蒸　汽　机

十八世纪机械工程最瞩目的成就是蒸汽机的发展。这段历史应当专辟一章。

611

第二十四章　技术

（七）蒸汽机

一、纽可门的空气蒸汽机

罗伯特·斯图尔特·米克尔姆于1824年在他的《描述蒸汽机史》(*Descriptive History of the Steam-Engine*)的序言中写道："我们现在已经不得而知，是谁散播这样的说法：〔蒸汽机的〕发明是科学历来奉献给人类的最贵重的礼物之一。事实是，科学或科学家在这件事上始终什么也没有做。诚然，在今天，理论家给任何机器或机构所做的那点工作并不比过去更形无益。然而，这发明是实际工作的机工——而且仅仅是他们作出的，也是他们加以改良和完善的。"

米克尔姆是为机工们写这本书的。这一事实也许使他偏执地下判断，提出了这一不无夸张的主张。但是，只要回想一下，在那1700年，水还被认为是一种元素，潜热尚属未知，关于燃烧的**燃素说**正在提出之际，蒸汽压或真空引擎除了实验模型之外，根本还没有进行任何科学研究，而甚至对这些模型的工作也还难下定论，那么，就可认识到，米克尔姆还是言之有理的。伍斯特侯爵二世声称制成了一种“全能的水控引擎”。但是,他的成就(如果有的话)早已被人遗忘了。只是在托马斯·萨弗里(1650—1715)和托马斯·纽可门(1663—1729)两人的工作中,蒸汽才真正有效地以商业规模实际用作为一种动力。萨弗里的蒸汽泵结果证明太危险,也不稳定,因此,无法应用于深矿井的排水。不过,它应用于装饰性的喷水装置,却获得了一定程度成功。它如供公共洪水业运用,则证明过于昂贵。

托马斯·纽可门和约翰·卡利(又名考利)共同发明了最早的**火力引擎**(即蒸汽机),以满足对相当可靠的机动泵的紧迫需要。纽可门是个小五金商和铁匠,卡利是个管子工和玻璃工,两人都是达特默思地方的人。纽可门可能没有受过什么科学训练。按照约翰·罗比森(1739—1805)的说法,约在1702年,他曾就帕潘关于 612 依据抽气机原理获得动力的思想同罗伯特·胡克通信。胡克写道:“如果你能在你的第二汽缸中造成快速真空,那你就大功告成了。”然而,人们曾一再试图核实罗比森持此说的根据,却至今未获成功。帕潘曾尝试或者至少曾提出把火药或者冷凝蒸汽应用于这种目的。但是,据说胡克认为,这整个计划是行不通的。然而,在此过程的这一部分,萨弗里取得了一定程度成功。纽可门和考利(他们的实验工作或许同萨弗里一样早)装配了一个蒸汽缸,安装在一个蜂房状锅炉之上,用一根短管和一个控制阀与之相连。汽缸备有一个活塞,活塞用链条悬挂于一根摇杆,后者的另一端向矿井里悬下泵杆。只有当压力略微超过大气压时,蒸汽才可进入汽缸,于是,承受泵杆重载的摇杆压倒活塞,使之停住。每次冲程结束,蒸汽隔绝。当活塞上表面上的大气迫使活塞返入汽缸时,冷水注入汽缸冷凝蒸汽，于是，摇杆的运动逆转，工作冲程也就完成。

纽可门发明的功绩不在于发现了有关科学原理。因为，这一、二条原理简单而又平常：平衡的组合；蒸汽冷凝产生真空；以及活塞在汽缸中作用。他应得的声誉维系于他的技能和才智。他凭借这些，根据这几条简单原理，利用原始工具，花费使用生疏材料和器具时所必须付出的体力，制造出了一种设备，它成功地完成了繁重工作，而以往试用的动力都已证明无法胜任这类工作。这样，纽可门便解决了深矿井排水这个紧迫问题。

这些发明者进行的实验工作没有留传下来什么记录。纽可门死后不久，许多传奇性传说流传了开来。他孩子似地摆弄一个煮锅。偶然发现，当处于活塞之上而形成一种密封的水漏入汽缸时，喷射极大地加速。由一个小孩用所配备的一根绳子操纵喷射阀，而这小孩与其说在照看引擎，还不如说在玩耍。关于这个问题的记载，大都重复这些传说。这些传说至今未得到第一手证据支持。不管怎样，它们肯定无损于纽可门的发明和改造能力。此外，最近发现了一些佚失已久的图版，它们表明了纽可门引擎最早商业机型的全自动控制和内喷射机构（见图 299）。

纽可门引擎的阀动装置在蒸汽之成功应用于动力生产上起了极端关键的作用，它的发明是得以认定纽可门应算做真正蒸汽机之父的一个决定性因素。因此，这里必须对这一机构作些说明。613 图 300（采自 C. O. Becker 和 A. Titley 的论文 *The Valve Gear of Necomen's Éngine*，载 *Trans. of the Newcomen Soc.*，Vol. Ⅹ，p. 6）表明，根据巴尼 1719 年的原始图样重建的蒂普顿（达德利堡）引擎的控制装置。4是汽缸；7是吸气管，其中的水流由标为17的

图 299—贝顿的纽可门引擎图(1717 年)

阀控制，后者由一把标为 16 的 F 形“扳手”操纵。在图示的位置，汽缸在外冲程结束时充满蒸汽。蒸汽由“柱杆”上一条腿 12(它悬吊于横杆)切断，这腿打击“Y”扳手(未示出)的上肢，后者操纵蒸汽阀即“调节器”。

那些早期的引擎都装备小锅炉，一个全蒸汽缸使这种锅炉暂时排气，并且直到压力恢复之前，一直保持这种状况。5 是一根两端开口的管子，底端沉在锅炉水面之下。因此，这管子包含一个也

许几英尺高的可变水柱，上面飘浮一个“浮标”，它带有一根如图所示从其开口顶端伸出的杆。当获得的蒸汽足以产生另一冲程时，

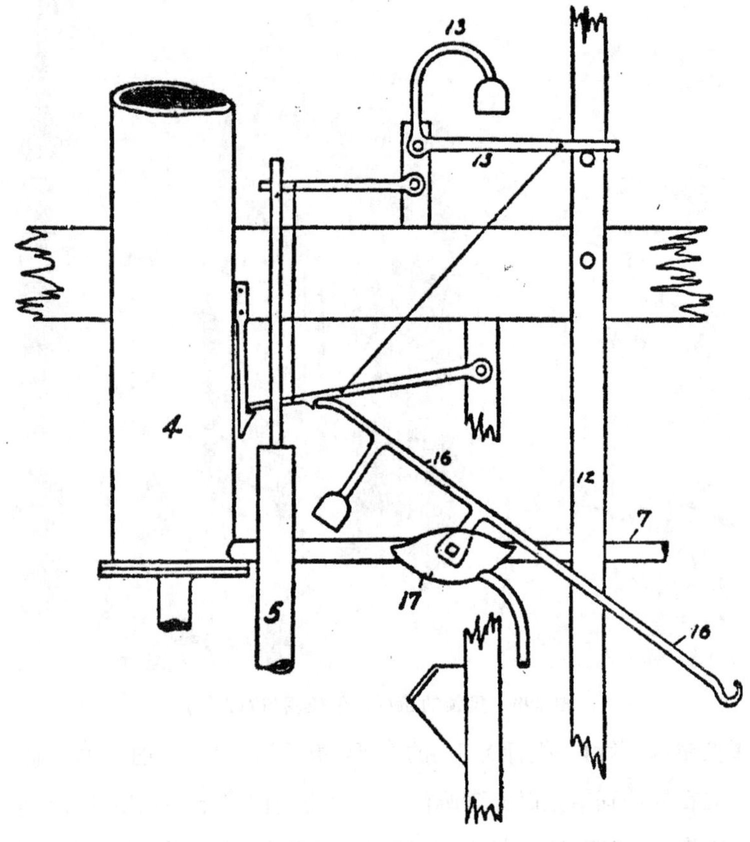

图 300—在蒂普顿的纽可门引擎的阀动装置(1712 年)

浮标杆及其附带绳索使短杆升起，短杆上的一个棘爪使“F”保持图示位置。于是，“F”上的平衡块操纵这构件，使喷射阀打开；汽缸中的蒸汽冷凝，活塞降落到外部大气压之下；塞杆 12 随着横杆摇动而降低；塞杆上的一条腿使“F”翻转，后者被棘爪挡住，保持

614

在关闭阀门的位置。塞杆上的另一条腿打击"Y"的下肢,让蒸汽进入汽缸。活塞上升,工作冲程完成,阀动装置回复图示的位置。于是,工作速率自动地受蒸汽提升速率控制。

迄此尚未提及杆 13 以及把它同制动"F"的棘爪相连的"陶绳"。这也许是装设大锅炉时增添的,以便能够提供连续的蒸汽供给。这使塞杆能够在向外冲程结束时马上就促使喷射,无需等待浮标起作用。在后来的引擎中,浮标省去,"陶绳"代之以杠杆。

除了各种杠杆、解扣装置和绳索之外,纽可门引擎还需要一个广布的管道系。空气和冷凝水必须引离汽缸的底部——空气通过一个加载的"喷气阀",冷凝水由一根管子导入一个比吸头大的、在汽缸下面根深处的贮槽。水流入汽缸顶部而形成水封;在活塞冲程开始时,由此而来的热的溢流向锅炉提供进给水。考利对这发明所作贡献,可能就在于管道系所需要的管子工作。考利死于 1725 年。

人们一再说,纽可门于 1705 年为他的发明获得了专利权。"在伦敦档案局甚至未能查找到以他名义提出的专利权请求书"(Rhys Jenkins,载 *Trans.of the Newcome Soc.*,Vol.Ⅳ,p. 118)。他最早的引擎制造实验究竟是在哪里进行的,现在肯定还不得而知。

1711 年曾尝试(或建议)从沃里克郡产煤区在格里夫地方的一处煤坑汲水,但没有成功。第一台令人满意的引擎看来于 1712 年装设在从达德利堡可以望见的蒂普顿地方或其附近。1876 年,在伯明翰发现了 T.巴尼在 1719 年绘制的这种引擎的图版。格里夫的亨利·贝顿绘制的一幅图版更早,是在 1717 年。它示出的实

615

际上可能就是格里夫引擎，后者约从1715年起顺利运行。这幅图版是在牛津大学武斯特学院图书馆发现的，纽可门学会把它复制于该会的《学报》(*Transactions*)第四卷(见图299)。这两幅图均示出自动阀动装置和内喷射。不过，这机构在原始装配之后，可能又增加了多少东西，则不得而知。

在1716年之前，消耗可能一直超过利润。那年以后，由于纽可门没有专利权，因此，夸利权税大概趋于使获得萨弗里专利权(它们依法包括纽可门的发明)的城市商人致富。纽可门不得不建立一家公司来开发蒸汽机。1716年，这家公司宣布，蒸汽机已在斯塔福德、沃里克、康沃尔和弗林特等郡运行。不久以后，考利在利兹附近的奥斯索普地方装设了一台引擎，它点燃了斯米顿的青春的想象力。1717和1718年间，亨利·贝顿这位勘测师和雕刻师把注意力转向引擎制造，并在纽卡斯尔安装了一台引擎。

德扎古利埃把安全阀和内喷射都运用于他在1717和1718年间安装的七台萨弗里式引擎。

十八世纪二十年代里，国外装设了好几台英国造引擎。洛伊波尔德在他的《水力机械舞台》(*Theatrum Machinarum Hydraulicarum*)(1725年，Vol.Ⅱ，p. 94)中用图说明了1722年装设在柯尼斯堡的引擎。贝利多也用图说明了1726年另一台装设在贡德附近的弗雷纳地方的引擎。马唐·特里厄瓦尔(1691—1747)在他的《空气蒸汽机简述》(*Short Description of the Atmospheric Engine*)(1734年)(1928年纽可门学会译)中，用图说明了一台他装设在丹尼莫拉的引擎。后来的建造者做了许多小改良。但是，锅炉的装配仍一直引起麻烦。如果汽缸直接建造在锅炉之上，那么，整个砖圬工将会逐渐瓦解。如果用一根独立管子把它们连接起来,那么,这些接头便需要经常维修。泄漏的阀和活塞使运行不稳定。直到1769年,才由斯米顿把统计方法和实验方法用于解决这一问题,各零件的正确相对比例才有了判据。1718年,一台纽可门引擎和锅炉每耗费一英担煤所做的"功",即在泵抽中所完成的英尺磅数目仅为430万。斯米顿在1767年获得740万的"功",1774年获得1250万的"功"。 616

斯米顿按照他研究水轮和风车的工作时所采取的路线来研制蒸汽机。

1767年,他应邀改良一台属于新河公司的引擎的工作。他作了一些经验性的调节。但是,他不满意原始设计,并认识到,还没有令人满意的数据,可据以确定零件的比例以及计算一台给定引擎所应能产生的功率。1769年,他在奥斯索普建造了一台实验引擎,带有一个直径10英寸、冲程3英尺2英寸的汽缸,以便进行一系列试验。他在为期四年的时间里完成了这些试验。

他计算的性能包括所发挥的机械功率和消耗每蒲式耳煤所产生的功率。这台引擎被调到良好的工作状况,在这种状态下细心进行试验。然后,逐个考察调整和运行中的每一重要因素,为此,他极其小心地一次只让一个因素起变化。

斯米顿的第一个目标是判定控制炉火的最佳模式。当稀薄的、清晰的火均匀地散布在炉栅上时,他得到了最佳结果。然后,他估量相对锅炉下侧提高和降低炉栅时的效应。这导致斯米顿指责通常的习惯做法,即用一个大壁炉,中央堆满煤,熊熊燃烧,而周围仍是冷的。另外,常见的壁炉在中央还过于隆起。

蒸汽管和调节阀通常都太小。当纽可门的浮标装置代之以机械的阀动装置时,必须在横杆的泵侧装备一个衡重块,以便从锅炉吸出蒸汽。喷射储水器常常位置太低,不能使水有足够的速度。斯米顿发现,把空气连同蒸汽一起接纳是有利的。空气收集在汽缸边缘,在那里冷凝最迅速,并形成对剩余蒸汽的一种部分保护。他求出,由于冷凝而损失的蒸汽是推动活塞的蒸汽的 $2\frac{3}{4}$倍。

在调整好细节之后,斯米顿改变负载,增加或减小水提升的高度,方法是在垂直输送管顶端添加或撤除短的管段(它们直接在泵筒上升起)。

1772 年,130 次实验的结果列成一张表,对于 1 到 78 匹马力给出最佳汽缸直径、冲程、每分钟冲程数目、锅炉尺寸、喷射水、进给水和煤耗(参见 Fare:*Steam-Engine*,p. 183)。

在获得了可靠数据之后,斯米顿感到有信心去制造尺寸和功率空前大的引擎。1772 年,他为朗本顿制造了一台,直径 52 英寸,为克龙镇造了一台,直径 66 英寸;1774 年,为查斯沃特造了一台,直径 72 英寸。查斯沃特汽缸适用于 $9\frac{1}{2}$英尺活塞冲程,重 $6\frac{1}{2}$吨。为了维持这个硕大汽缸的蒸汽供给,需要三个锅炉,每个直径为 15 英尺,因为斯米顿还无法建造单一足够大小的锅炉。所产生的马力根据计算为 $76\frac{1}{2}$匹。

617

为了把这功率从汽缸传递到泵,采用一根组合的横杆,它由二十根冷杉大木组成,十根一列,并排两行,牢牢地拴在一起,构成 6

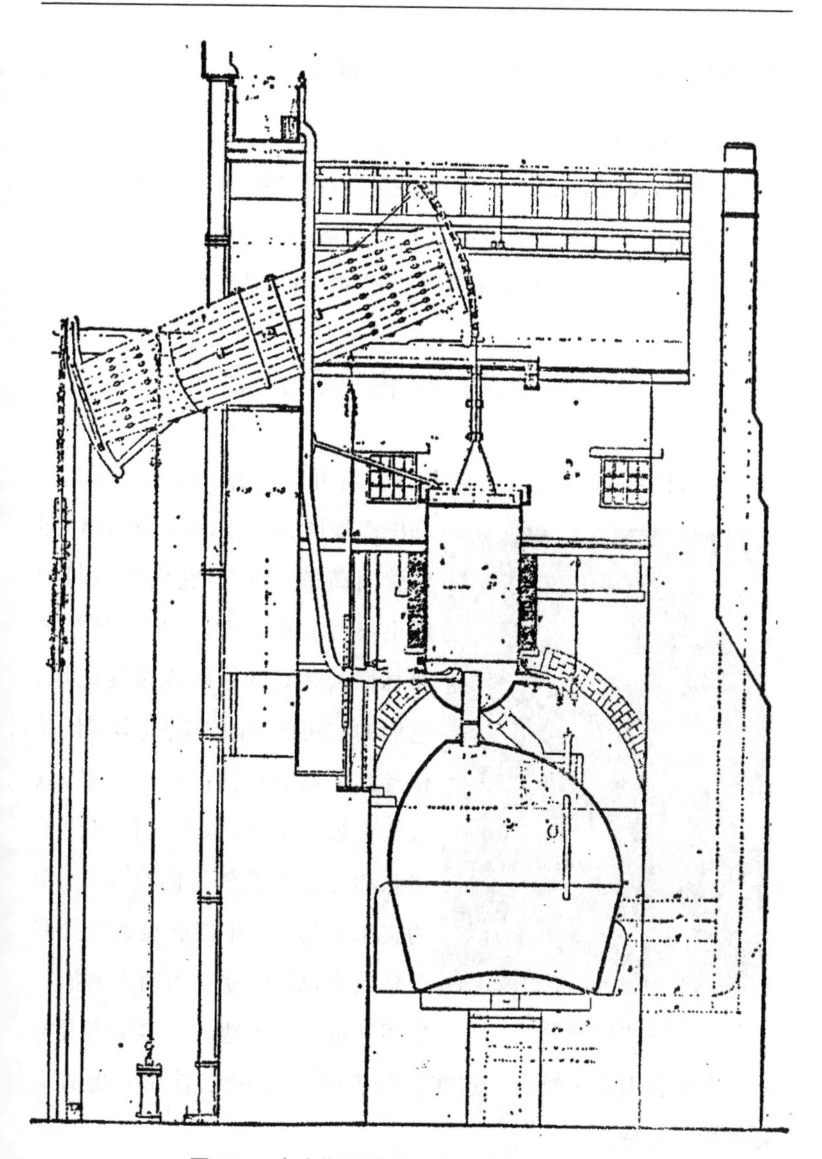

图 301—在查斯沃特的斯米顿引擎(1774 年)

618 英尺深、2英尺宽的木件。它围绕一根直径 $8\frac{1}{2}$ 英寸的轴摇动。详如图301所示。

纽可门式引擎在十八世纪末之前一直在使用，甚至还在制造。然而，詹姆斯·瓦特的单独凝汽器这个革命性发明，使纽可门式引擎的甚至最佳性能也相形见绌，并使“功”增加两倍。

二、瓦特的单独凝汽器

十八世纪中叶，大约有好几百台纽可门式引擎在英格兰北部和中部地区、康沃尔和外国服务，尽管费用高昂。然而，它们在燃料消耗上浪费实在太大。因此，甚至在布林德利和斯米顿引入改良之后，它们的应用仍局限于蕴藏丰富低品位且几乎没有销路的煤的煤矿，以及产量极其丰富，以致花任何代价清除巷道积水都值得的金属矿，作为提水工具。如果能够显著地提高工作效率，那么，就将为动力的推广应用开辟广阔天地。许多发明者纷纷致力于利用这一机会。这些蒸汽机改良者中间，首屈一指的是詹姆斯·瓦特。

图 302—瓦特

瓦特并没有受过工程师的训练。他年轻时学的是仪器制造。

他最初注意蒸汽动力问题,是在1763年,那年他应邀修理属于格拉斯哥大学的一具纽可门引擎模型。他成功地使这模型工作起来。但是,他对所产生的蒸汽量之大和工作汽缸尺寸之小,两相悬殊,感到吃惊。他同当时在格拉斯哥大学求学的约翰·罗比森和业已完成了导致发现潜热的研究工作的约瑟夫·布莱克一起,讨论了蒸汽性质的问题。在这以后,他试图找出导致这种严重损失的症结所在,可能的话则消除它们。他很快认识到,所喷射的大量水使蒸汽冷凝,从而产生真空,并使汽缸冷却。他还认识到,接着充入的新汽首先对汽缸重新加热,这样,因冷凝造成体积和压强方面大大损失。然而,他对这个问题钻研了两年

619

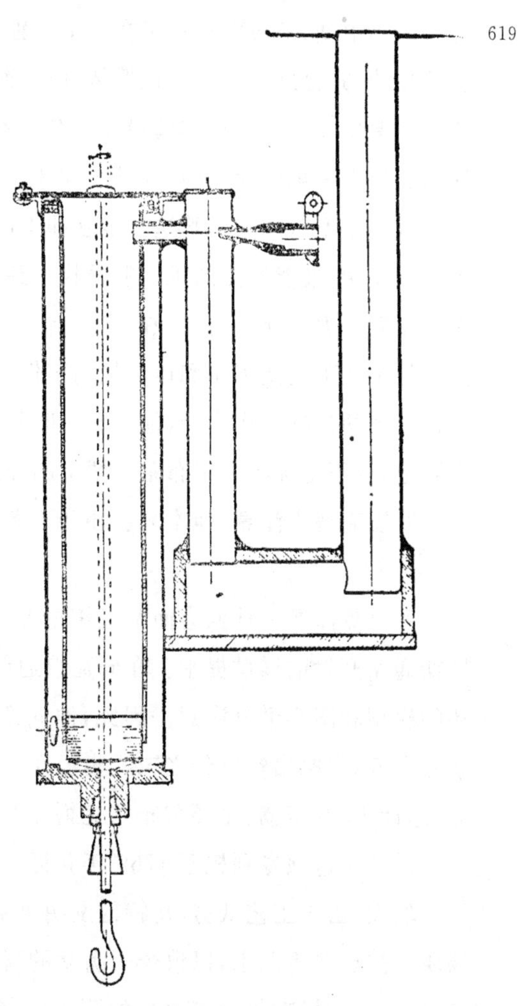

图303—瓦特的单独凝汽引擎的实验模型的剖面图(经修复)

620

之后才领悟到，解决办法在于在一个单独容器中冷凝蒸汽，这容器总是冷的，并藉助一台抽气机保持真空，而工作汽缸则利用一个汽套使之保持暖热。一具实验模型工作十分良好，于是，他确信，这种方法值得大规模地试验。（见图303）

从小模型迈向大引擎这一步立即引起三个严重困难。精密工具尚未发明；技能娴熟的机工助手找不到；无力购置材料、工具，也无力雇佣劳力。此外，瓦特在1765年又结婚了。为了养家糊口，他不得不从事勘测工作和运河规划工作。他体格并不强壮，因此，在这吃力的户外工作之余，他再没有时间和精力从事蒸汽机实验。实际上，要不是那年由于布莱克博士的介绍，他受到卡伦铁工厂约翰·罗巴克博士注意，他本来会由于开发能力不足而放弃这个念头。

罗巴克需要一种强力而又经济的泵抽设备，用来从他正在巴勒斯通斯开发的煤矿提水。在同瓦特通信之后，他于1767年对瓦特的模型和图样十分满意。因此，他同意合伙为这种新蒸汽机申获专利权，并愿出资三分之二。鉴于合伙关系，他承担了瓦特的债务（总计1000英镑，主要欠布莱克博士），并让瓦特支配卡伦铁工厂的设备。这项专利权于1769年获得。

然而，由于工艺低劣，瓦特的发明仍未成功。甚至锤打而成的锡块汽缸也严重漏水，以致令人满意的真空终成泡影。及至1773年，罗巴克的煤矿仍没有改良的泵和引擎。他的事业陷于严重窘困，因而在资产上放弃了他在瓦特单独凝汽器式蒸汽机专利权上拥有的三分之二股份。这些股权的购买者是伯明翰的马修·博尔顿（1728—1809）。倒运的金尼尔模型在拆卸后，被运到伯明翰的索霍。1775 年,瓦特仿制了他的模型。那年,为期已届六年但除了失望、破费和忧虑之外一无所获的专利权,经议会允准延长 25 年。博尔顿和瓦特达成一项正式协议来承担这个时期。

第一台为销售而制造的蒸汽机是伯沙姆铁器制造商约翰·威尔金森定制的。他的镗杆终于能够制造其准确度足以获得必需真空的汽缸。1777 年,建造了一台引擎,供两位合伙人自己用于在伯明翰索霍地方的新工厂,还另造了一台用于康沃尔。

图 304—博尔顿

图 305—默多克

1777 年,时年 23 岁的威廉·默多克(1754—1839)受雇于博尔顿和瓦特。从 1779 年到 1798 年,默多克一直在康沃尔工作,那里成为这种新式蒸汽机的主要市场。1780 年,供欧洲大陆使用的第一台瓦特蒸汽机制成并装运。当时有 40 台瓦将蒸汽机在英国工作——其中有 20 台在康沃尔。那年,还围绕这项专利权被违反的问题,开始发生了一系列困难和争执。瓦特生性懦弱、悲观,不喜欢生意经,总是更关心他的最新改良和发明的发展,而不是它们的商业利用。要不是在生意合伙人上交好运,瓦特本来也会像科特、特里维西克和其他许多发明天才一样,很可能在为他人的财富奠定基础之后穷困潦倒。博尔顿提供了瓦特所缺乏的活力、达观、机智和坚毅。博尔顿给常常陷于沮丧的瓦特以安慰,替他解脱一切实际财务风险,始终正直乃至慷慨地待他。

621

三、瓦特的旋转式蒸汽机

直到 1780 年,蒸汽机业务仍证明代价太昂贵,使博尔顿不堪负担,瓦特也心力交瘁。收益就是所节约的耗煤费用之三分之一的价值所相当的那点年报偿,所以,几乎连生产成本也无法偿付。然而,这种新蒸汽机的成功已牢固确立,足以引起竞争和试图侵犯专利权。同时,由于矿井排水这个领域也已完全被专利权所包括,因此,不仅瓦特而且其他人也都探寻蒸汽机动力的新用途。这些人借助新的器具和组合就能避开瓦特的专利权。碾磨机的驱动就是一个突出的领域。斯米顿为此目的应用纽可门蒸汽机供水。瓦特致力于直接应用蒸汽动力。迄此为止,活塞一直用链条悬于摇杆上的一个扇形体,而泵杆则以类似方式悬于摇杆外端。不知从什么时候起,人们就已用连杆和曲柄这种机构把旋转运动转变成直线运动。因为,为了能把直线运动转变成旋转运动,最简单的方式是把上述装置反转过来。为此,只要找到曲柄越过死点和适时地把这作用力反转的手段。并且,按照这个方案,装于活塞杆的悬挂链条必须代之以一根兼能承受推和挽的杆。瓦特考虑给接续活塞杆的这根杆切割齿条，以便同摇杆上的一个带齿扇形体啮合。但是，这种传动必定不平稳而带噪音，特别当工艺粗糙的时候。这包括在他1782年的专利之中，但在1784年的专利中代之以图306所示的平行运动。在刨床时代以前，只能采取在两条平行导承之间作用的十字头。实际上，也别无他择。瓦特正是如此依凭其发明天才，得以克服他的摇杆的活塞侧的困难。然而，詹姆斯·皮卡德获622得的专利权不允许他利用简单的曲柄和连杆。布里斯托尔一个竞争的蒸汽机制造者马修·沃什巴勒蒙准采纳这项专利。他为克服通过死点这一困难而采取的方法是，在曲轴上安装一个飞轮。

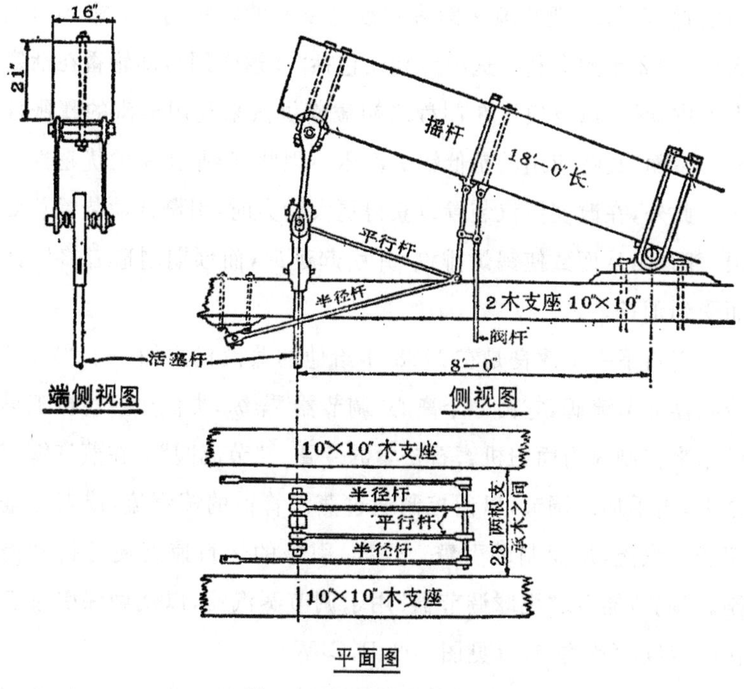

图306—瓦特的平行运动

曲柄自古以来就用于驱动足踏车床和泵。像瓦特所指出的那样，当把曲柄应用于引擎时，“就像将一把原来造来切面包的刀去切乳酪”。这项专利大概从未授予过，而且可能很容易被推翻。不过，作为一个多产的专利权获得者，瓦特对专利权的推翻十分敏感，尤其是因为，阿克赖特的内容广泛的纺纱机械专利权在旷日持久的诉讼之后，刚刚因说明书晦涩难懂而被推翻。而且，瓦特不欣赏沃什巴勒。瓦特认为，由于这限制不仅阻挠他本人，而且也阻挠其他比沃什巴勒更能干的竞争者利用曲柄，因此，明智的做法是不要画蛇添足，并以某种方式克服这限制。他尝试了若干种他自己的装置，但最后把威廉·默多克独立发明的行星运动（图 307）纳入他 1782 年的专利。这项专利还包括“往返作用”，即轮番在活塞上下供新汽，以及通过在冲程之初截断供汽来利用蒸汽的膨胀性质。然而，瓦特应用的是低锅炉汽压。因此，膨胀作用的优越性不大。此外，在改变停汽装置以获得更大动力时，引擎传动装置总要损害阀门，从而致使锅炉排汽，并引起延迟，而预期制造者将因此而受到责备。

瓦特下一个改良是在 1788 年给他的蒸汽机添加一个“节流”控制器即节流阀，它由一个离心“调节器”操纵，类似于磨坊机工早已用来控制风力面粉机磨石松紧的装置。“节流阀”放在蒸汽管道之中，用手加以调节，以便控制通过蒸汽管道的蒸汽流，或者完全切断蒸汽流，从而制动引擎。这样，引擎的运行速度便可得到控制。“调节器”或“飞球调节器”用于调节蒸汽流，以便确保引擎工作时速度大致均匀。（见图 308，B，C，W）

623

瓦特另一个有用发明是水银汽压计。它是一根盛有水银的 U

形管。一个肢用一根小管道同蒸汽管或锅炉相连，另一个肢向空气开口。蒸汽对一个肢中的水银的压力使水银同这压力成正比例地在另一个肢中上升。他还应用一个十分相似的装置测量凝汽器中真空的性质——外肢中的水银同完全真空的渐进实现成正比例地下降。瓦特还引入了玻璃水标尺，它是一根玻璃管，固装在锅炉前面，指示锅炉内水位变化。

图 307—瓦特的旋转式蒸汽机(1788 年)

至少还必须提到瓦特的一个发明，即他的示功汽缸和配附的示功图。示功汽缸是一个小汽缸，有一个精密适配的活塞藉助一根螺旋弹簧装在顶部。活塞同作用于它的压力成正比例地上升。活塞杆上固定的一根指针在所附标尺上示出每平方英寸的压力。示功汽缸这样地同汽缸相连，即使得蒸汽能从后者通到前者，并使两者中有相同压力。瓦特一个名叫萨瑟恩的助手给示功汽缸添加一块滑动板,它支承铅笔和纸。铅笔在纸上描绘的曲线相应于汽缸中汽压的变化。这个示功图后来被称为“工程师的听诊器”。

1795 年创设的新的索霍铸造厂装备了制造蒸汽机的专用机械,而且配备的人员基本上都经过小詹姆斯·瓦特培训。

这样的设备,加上这家厂商的声誉和经验,成为防止营业亏损的良好保障,胜过任何专利法规。这项专利权实际上很长时期里已经不再是一种必不可少的保护,反而成为对当时有充分余地的进一步发明的限制。

624

延期的蒸汽机专利于 1800 年期满时,瓦特实际上已脱离同这家厂商的积极联系,关在他的私人车间——希思菲尔德的著名顶楼里,专心于雕刻拷贝机构和其他充分发挥其想象力的发明。这间顶楼的复制品,现在陈列在伦敦的科学博物馆。博尔顿继续积极同这家工厂,尤其是索霍造币厂合作。在默多克襄助下,博尔顿和瓦特领导的这家工厂业务继续扩展。

在博尔顿和瓦特的手下,威廉·默多克除了从蒸汽机装配师擢升为工厂经理之外,还作出过许多发明和改良。他制作了第一辆模型机动蒸汽车以及一台摆动汽缸式蒸汽机。他发明了 U 形滑阀,取代瓦特的提升阀。他设想利用煤干馏时散发的气体作为一种照明剂。他还首创用铁屑和硇砂的混合物作为一种黏结剂。很长时期里,机械和结构工程实践上,凡在因过分昂贵而不能用精密机械加工的场合,一直应用这种便宜而又有效的方法来把铁的表面一起砌平。索霍铸造厂装备的许多机床也是默多克设计的。

瓦特的主要发明之重要、他的专利的广包性以及合伙的策略,这一切保障了詹姆斯·瓦特享有作出1769到1800年蒸汽机方面实际上全部改良的盛誉。留给其他发明者的地盘极其有限。他们的生平和工作远没有瓦特出名。事实上,许多人只是在同瓦特及其合伙人的谩骂性通信中被提到,他们据说剽窃了他的思想。(参见H.W.Dickinson和Rhys Jenkins:*James Watt and the Steam-Engine*,Oxford,1927。)

四、和瓦特同时代的蒸汽机发明

纽可门蒸汽机的原始蜂房锅炉是一个大的铜质酿造容器,放在一个庞大的厨房火炉上。1780年时,它可能需要64蒲式耳煤来填充炉子。由于煤质地低劣,通风差,所以,这些火炉排出的烟必定形成浓密烟云,在矿区上空徘徊。在瓦特时代,蒸汽机配以矩形铸铁锅炉,其火炉对于同样的蒸汽容量只需要十分之一燃料,火焰则实际上包围锅炉。然而,最重要的改良是特里维西克的科尼什锅炉,它逞管状,直径约$6\frac{1}{2}$英尺,带回流烟道。管形锅炉使得汽压显著增加而又安全,但要更小心地维持水位。直到1800年前后,约每平方英寸2或3磅的锅炉汽压限制了可以运用的动力。当更高汽压可资利用时,矿井工作的劳动强度妨碍了对改良的利用。 625

活动零件、泵杆、平衡重物、横杆等等的重量在较深的矿井中可能重达300吨,因此,所产生的提升能力不到40吨。冲程开始时的惯性力证明过于猛烈,旧式传动装置承受不了。这导致在冲程的绝大部分都采用低压蒸汽,甚至在可以得到比较经济的高初始气压和膨胀作用时也是如此。

典型的十八世纪矿井泵是叶片活塞式的,其中所提升的水的重量加载于这叶片活塞。随着深矿井中泵杆长度和重量增加,越来越需要作出一个显著改良,即回复到柱塞式泵。运用这种泵,泵柱的重量能泵抽水,而在返回冲程,蒸汽机“泵抽泵杆”。威廉·默多克试图实施这一改良。但是,它过了很久主要由于理查德·特里维西克的影响才流行开来。

图 308—特里维西克

科尼什矿业主日益感到,瓦特的垄断是压制性的。因此,他们鼓励一些当时的发明家,其中最重要的是乔纳森·霍恩布洛尔(1753—1815)、爱德华·布尔和理查德·特里维西克(1753—1815)。

霍恩布洛尔据信是在纽可门手下工作过的一个机工的孙儿,这位机工全家都被培养为从事蒸汽机制造和管理的行家。乔纳森早在1776年就制作了一台模型蒸汽机,它“带一个汽缸盖,还有一根铁杆,穿过盖上的一个牵拉环”(参见 Rhys Jenkins,载 *The Trans.of the Newcomen Soc.*, Vol. Ⅺ, p. 138f.)。但是,他直到瓦特1778年把闭式汽缸蒸汽机引入康沃尔时,才实行这个思想。霍恩布洛尔当时制造一种有两个闭式汽缸的蒸汽机。第一个汽缸接受直接来自锅炉的蒸汽,第二个的容量是第一个两倍,接受第一个汽缸排出的汽。他还获得了这种蒸汽机的专利权。

他的第一种型式中,蒸汽仅仅在活塞上面作用,一个表面式凝汽器装设在第二个汽缸下端。在后来的机型(图 309)中,装设了一个单独凝汽器,一个喷水嘴沿排汽管轴线喷射。然而,由于使用低汽压,这复式汽缸没有真正带来好处,因此被废弃了。直到 1804 年,阿瑟·伍尔夫又使之复活。不过,这时它仅仅用于旋转式蒸汽机。然而,1781 年装设在拉德斯托克的霍恩布洛尔蒸汽机是第一台实际使用的真正复式蒸汽机。

图 309—霍恩布洛尔的复式蒸汽机

布尔的专长是把他的泵用蒸汽机的汽缸垂直地安装在主泵杆之上,而活塞杆同这主泵杆相连。这使得能够采用直接提升,而无需动用惯常那种令人讨厌的横杆。因此,这是一个显著改良。然而,它包括应用瓦特的单独凝汽器。 626

1790 和 1794 年间,在康沃尔装设了十台霍恩布洛尔式和布尔式蒸汽机。但是,在1793年6月博尔顿和瓦特对布尔以及

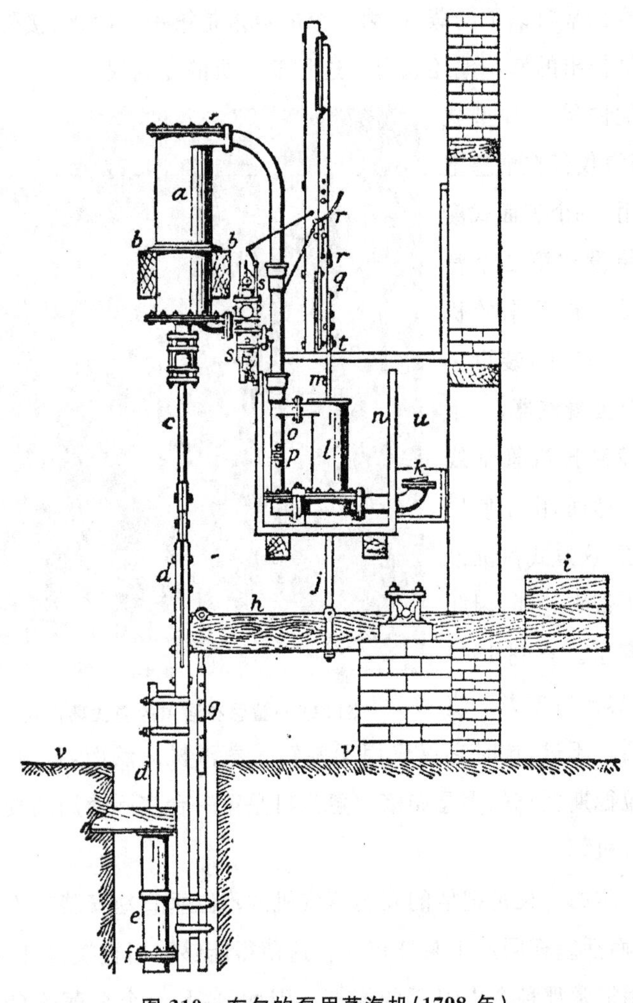

图 310—布尔的泵用蒸汽机(1798 年)

1796 年 12 月博尔顿和瓦特对马伯利和霍恩布洛尔进行考核之后,这两种型式蒸汽机的用户都得付给瓦特专利税。

627 理查德·特里维西克是一个科尼什矿场经理的儿子。还在他只有六岁那年,这个郡装设的第一台瓦特蒸汽机在当地矿工和机工中引起了一场轩然大波。他的童年时代是在后来的发展和论争的气氛中度过的。他自己年方19岁就当上了几个矿场的工程师。两年以后,他同爱德华·布尔合作,帮助装设几台布尔式蒸汽机。博尔顿和瓦特竭力证明他同布尔的关系是合伙关系。但是,他们未遂愿。他一直逃避一项指令,它禁止他侵犯他们的专利权。直到1796年,传票送达正在伯明翰的他,当时他作为矿业主代表到索霍执行调停使命。

1796年,特里维西克转向注意发展高压锅炉——把高压蒸汽机用于矿井拖运和其他目的,包括机动车。他还重新引入了柱塞泵,并设计了水压引擎。1802年,他获得了他的高压蒸汽机的专利权。在接着的几年里,允许这个郡各地的铸造厂制造这种蒸汽机。他没有建造过专门生产这种蒸汽机的工厂。在还没有得到相当报酬之前,特里维西克就已把他的专利权转让掉了。这些1805年的早期蒸汽机的一个典型样机现在保存在伦敦的科学博物馆。

十八世纪初蒸汽机的低效率是若干相关因素促成的。工作汽压范围小,因而必须大的汽缸和相应的笨重零件。大的汽缸把广阔的表面暴露于轮番加热和冷却。整个汽缸被喷射水淹没而冷凝,因而使一个又冷又湿的汽缸同入射蒸汽相接触。

像我们所已看到的那样,瓦特通过造成比较完全的冷凝来增加有效汽压。他还通过把热蒸汽空间同冷的凝汽空间隔离而减少热的损失。由于使制冷凝水和被冷凝的蒸汽保持隔离,他达到减小凝汽器尺寸。 628

完全抛弃冷凝,利用高压蒸汽达致必要的汽压范围,能够实现甚至更大的节省。于是,蒸汽机和锅炉的组合也产生了,它十分轻巧,可以携带。在这之前还只属于幻想和预言的火车,也因之成为实际可能的东西了。

(参见 R. H. Thurston:*A History of the Growth of the Steam Engine*, London,1878;H. W. Dickinson 和 R. Jenkins:*James Watt and the Steam Engines*,Oxford,1927;H. W. Dicknson:*A Short History of the Steam Engine*, Cambridge,1939;H. W. Dickinson 和 A. Titley:*Richard Trevithick*, Cambridge,1934。)

第二十五章　技术

（八）矿业和冶金

一、矿业

十八世纪里，矿业方面最重要的事实是引入和逐步推广应用蒸汽动力，尤其是瓦特的蒸汽机。这使得采矿能够愈趋深入和经济。除此之外，采矿方法基本上同十六世纪阿格里科拉的《论天然金属》(*De Re Metallica*)里所描述的相似。带来的这些变化只影响到采煤，而不影响采矿石。甚至就采煤上的变化而言，虽然它促使联合王国本身的煤产量从1700年的约250万吨增加到1800年的约1000万吨，但还是根本比不上后来在十九世纪中叶发生的采煤技术巨大变化。深井作业的最大障碍，大概是排水困难。由于应用人力或畜力排水，从相当深地方泵抽大量水的昂贵代价从经济上限制了煤矿和金属矿的开采。纽可门蒸汽机虽然浪费燃料，但解决了煤井的排水问题，而这些矿井能轻而易举地提供的大量低品位燃料连抵付运费也不够。金属矿的情形不同，比如康沃尔那里的金属矿，它们远离煤田。它们的要求由瓦特的单独凝汽器蒸汽机予以满足。它大为经济。实际上，使用这种蒸汽机应付的专利权税按规定同采煤费用的节省成比例。约从1740年起，矿井泵抽工作中，铁管逐渐取代了木管。

在煤普遍用于工业之前，一般用木柴和炭来把金属矿石还原为金属。古代希腊、古罗马和古罗马的不列颠也已经有点知道煤。不过，只是从十三世纪以来，煤才逐渐成为工业尤其金属工业中的一个重要因素。起初，煤是从海岸露头采集的，那些露头是海水腐630 蚀煤矿区海滨部分造成的，例如，纽卡斯尔那里就是这样。当年用作燃料的煤所以称为“海煤”，可能就是这个缘故。不过，更一般地说，这名字得之于煤一直自纽卡斯尔从海上运来这一事实。采煤到十三世纪末才开始，并且开始时十分原始。挖一口小矿井，挖掘矿井底部的煤，一直挖到有危险的时候。于是，这矿就被弃置，再在这煤区的另一处挖掘一个新矿井。十八世纪以前挖的最深矿井深400英尺。矿内工作区中的水，利用同矿井连通的一个水平巷道加以排除。直到十六世纪末，才用泵来排水。

英国煤炭工业中心当时是纽卡斯尔，那里的自由民在1234年就已接受了亨利三世国王的特许状，蒙准从事采煤工作。煤炭贸易相当稳步地增长，纽卡斯尔不仅送煤到伦敦，而且还送到法国。实际上，法国的金属工业在长时间里完全依赖从纽卡斯尔进口的“海煤”。伊丽莎白女王和斯图亚特王朝对纽卡斯尔出口煤炭也有兴趣，因为他们对出口的煤炭征收繁重赋税，这出口给他们带来可观的收入。而且，王国政府从煤炭得到的收入还因征国内税而增加，因为有一项税是对为了排放煤炉的烟而建立的烟囱征收的。

这些早期方法得到的煤质地差，因为主要是表面的煤。这种煤含有大量硫化铁形式的硫，在燃烧时产生极难闻的烟。十四世纪初(1306 年),伦敦市民抱怨这种烟雾污害,因此在 1307 年,伦敦及其紧邻便禁止使用煤。像爱德华一世国王一样,伊丽莎白女王也禁止在伦敦及其周围使用煤。但是,无论哪一朝代,这种禁止使用煤的法律都没有真正生效。在巴黎,1714 年也用法律限制燃煤,尽管巴黎科学院的报告支持燃煤。

反对使用煤炉的禁令所以没有生效,主要因为缺少别的合适燃料,尤其是工业燃料。习惯上用木材熔化铁矿石,这造成大面积毁坏森林。并且,又没有为重新植林做点什么事。煤是木材最明显的代用品,而且在熔铁、制砖、酿造、染色和玻璃制造等工业中,甚至比木材更为合适。煤势在必然地成为主要的工业燃料,尤其在发现了把煤转变为焦炭的方法之后。西蒙·斯特蒂文特在 1612 年以及达德·达德利在 1619 年获得了用煤熔化铁矿石的方法的专利。亚伯拉罕·达比发现了更重要的熔化矿石工艺:把煤转变成焦炭之后,再放进他的熔铁炉。 631

及至 1700 年,采矿在全英煤田全面铺开。但是,除了诺森伯兰、达勒姆和希罗普郡等地之外,矿工只是在一点一点地啃露头。个人的矿井大都由一两个人开采,罕有超过十二个人的。挖掘浅井不比在长长地下轨道上拖运那样繁重。通风很差,工作区范围很少超过离开矿井 150 码以远。沿两个垂直方向挖两条宽约 3 码的水平巷道即"横巷",用截面约 4 码见方的柱子支持盖在上面的地层。十八世纪后期有时采用一个第二工作区来减少柱子,偶尔完全去除之。但在泰恩河和坎伯兰地区,那里顶板的故障导致严重水患,这种工作区制式就基本上没有变化。在其他地区,城镇下面的煤矿和无法容忍地面扰动的其他环境中的煤矿仍旧采取留一半以上煤不开采的做法。然而,在希罗普郡,从十八世纪初开始,“长城制”已经普及。按这种制式,整个采掘面即“城墙”同时挖掘,废物有时还有岩石则被送下去,以便填塞留下的“采空区”或大空穴,建成两道沿路的坚固墙壁。只是在矿井脚的周围,仍必须留下坚实的大块煤。这种方法虽要引起沉降,但在这个世纪还是逐渐推行到几乎全部煤矿地区。

火药炸煤方法最早在英国煤矿中应用,是在1713年。在德国煤矿中,火药在十七世纪初就已应用于这目的。

小面积浅矿井需要通风,以去除不流通的空气和积聚的碳酸气即“窒息毒气”。一般认为,为此只要矿井设置一个简单的垂直部分就够了,让空气从一侧向下通到矿井底,再从另一侧上行。然而,随着工作区的深度和广度增加,就会遇到更大的从矿穴煤中释出“火毒气”(沼气也即甲烷)的危险。为了清除瓦斯,必须有连续不断的新鲜空气流。应当打消对表面微风和温差的依赖,因为那是偶然性的,而应采取一些新的比较积极的引入循环方法。起先,试用一种“上风”井,它独立于工作区或下风井。1732年在法特菲632 尔德,在上风井中悬挂一个火篮,以帮助空气自然流通。为了确保采掘面的通风,给除了两条从矿井到采掘面的通道之外的所有通道都配上门。但是,这导致其他地方积聚污浊空气、有时还有爆炸性空气。

詹姆斯·斯佩丁在1760年引入了空气走道——一个精巧的由紧密接合的门和风幛组成的系统,它们的配置使空气通过全部通道循环。在北比多克,1760年时通过让空气从上风井流过一个装设有烟囱的火炉而形成气流。然而,事故仍不断发生,死亡人数越来越多,因为随着通风和抽水的改良,开采的矿井越来越大,越来越深。在矿工们进入工作区之前,“瓦斯检验员”按惯例常常穿潮湿服装,手上拿一根装有蜡烛的长杆,走在前面点燃瓦斯。有时,他隐蔽在采掘面附近矿井底上一个洞里或者墙上凹进处,把装在一块板上的蜡烛移近自身,如有瓦斯,爆炸便在他后上方靠近矿井口处突发。无罩的蜡烛仍然是大多数地方的唯一照明源。虽然怀特黑文的卡莱尔·斯佩丁发明了“燧石和打火镰”,但人们说它不易引爆。一种可靠的安全灯直到1815年才发明。

阿格里科拉在他的《论天然金属》(1556年)中描述的那种提升设备和水轮,十八世纪初还在应用。据说,哈特利煤矿在1763年已用一种“火力引擎”来提升煤。从那时到十八世纪末的通常做法是,让用蒸汽机驱动的泵从矿井提起的水流通过一台水轮,后者安装在和绞盘头共同的一根轴上。1784年,在沃克(纽卡斯尔)用一台瓦特旋转式蒸汽机提升煤。

机器采矿的初次尝试是在十七世纪六十年代。可是,尽管可以获得较大作用,手动机械却从未获得成功。直到1850年前后,动力传动机械才开始同人和镐相匹敌。

铸铁矿车最初在1753年使用。纽卡斯尔在1763年开始在地下使用马。雷诺兹铸铁板1767年开始铺设在当时的木轨道上。

1800年汤利煤矿(纽卡斯尔)装设了第一个自动斜面,从采掘面下降到矿井的加载矿车沿着它把空车拖上来。

从纽卡斯尔的海滨露头获得的“海煤”日益不敷应用,并且效率也相当低。这最终导致发现和日益增多地应用从无烟煤矿床得到的所谓“白煤”。“白煤”渐渐赢得支持,尤其因为它产生的烟远

633 比“海煤”少，因此，远为不仅适合于家庭应用，而且也适合于某些工业应用。随着蒸汽机在十八世纪后期的发展，煤作为一种动力源兴盛了起来，不仅成为一种热源，而且在很大程度上还促成了所谓工业革命，这场革命使英国从一个农业国转变为一个生产国。

（参见 *Historical Review of Coal Minning* by the Mining Association of Great Britain，1924；T. S. Ashton 和 J. Sykes：*The Coal Industry in the Eighteenth Century*，Manchester，1929；T. A. Rickard：*Man and Metals*，1932，Vol. Ⅱ，Ch. XIV。）

二、冶金

铁的生产和把铁转变成钢，是古老的行业。但是，它们是在相当小规模上进行的。这些工艺到十八世纪扩展为大规模工业。

十八世纪初，高炉已在水力充沛，可用来推动强大风箱的地方使用，生产粗生铁。其他地方使用土法熟铁吹炼炉，即建在迎着盛行风的山坡上的小火炉，生产小量韧性铁。这两种炉子都使用木炭。生铁的精炼是在一个小炉中重加热，也是使用木炭。这种工艺过程再延长几小时，就出产钢。由于木炭强度弱，高炉的炉膛很浅，所以，产量很小。因此，铁很昂贵。埃利奥特和梅西于1614年获得了制钢“渗碳法”的专利，按这种方法，把铁杆同大概属有机性质的“一些其他物质”放在反射炉中的一些密闭锅里一起加热。1616年，他们又获得了用坑煤实施这种方法的一项专利。由于锅密闭，热量由从弯曲炉顶下窜的火焰施加于它们，因此，铸铁熔液和含硫空气之间没有接触，而这致使煤不适用于熔化或精炼。埃利奥特和梅西的第一项专利禁止进口钢,授权两位专利权获得者搜查进口船舶。因为他们未能生产质量比较优良的钢,所以,如果他们自己实际上真的这样做了,那他们的垄断会成为抗议和纷纷请愿的目标。

然而,渗碳却已在德安的福雷斯特确立起来,并约在1650年从那里传播到约克郡。1686年又传到斯塔福德郡。约在1702 634 年,德国工匠在安布罗斯·克劳利爵士的领导下,用瑞典铁在纽卡斯尔附近的斯沃尔威尔制造了钢。钢以三种形式销售:"粗钢",渗碳炉生产;"普通钢",经跳动锤加工;"剪钢",通过把粗钢杆"捆成束",在红热状态锤打到一起而制成,这样,加工过的钢杆的总的成分和结构便达致均匀。剪钢直到1767年才在谢菲尔德生产。

另一种制钢方法是把各必需成分一起放在一个坩埚中熔化。印度早就采用这种方法。波斯人和阿拉伯人在十字军东征时期把印度的优质钢输入东欧。

因此,十八世纪时铁和钢所以相当稀罕和昂贵,不是因为不知道生产钢铁的适当方法,而是因为利用木炭这种微弱燃料和当时可资利用的鼓风机械,很难使所能同时处理的少量材料维持必要的高温。所必需的是廉价的和丰富的燃料以及充裕的能源。这些在十八世纪是由煤和蒸汽机提供的。

萨弗里的"火力引擎"装备有铜工作室、铅管道、黄钢阀、带铅盖的锅炉;同炉火接触的零件用铜制。纽可门的早期汽缸是黄铜制的;铸铁当时熔铸的数量还不足以制造所需要的大汽缸;当把铸铁用于此目的时,铸件很厚,而且在交替加热和冷却时浪费大量蒸汽。

当老亚伯拉罕·达比在科尔布鲁克代尔租用一座高炉时，英国另外还有不多几座，每座产量不超过每周5到10吨。

没过几年，达比建造了第二座高炉。在死之前，他于1717年成功地用坑煤生产出了一种令人满意的焦炭，并把它用于熔化生铁。

第一批“火力引擎”铸件于1718年在科尔布鲁克代尔熔铸。从1724到1760年，达比的厂实际上垄断了这类生产。

小亚伯拉罕·达比于1732年到达法定年龄。那年，这家厂商吸收了在威利的邻近几座高炉。当萨弗里的专利于1733年期满时，他们已能接应预期中从蒸汽机制造者那儿纷至沓来的订单。他们自己在1732和1734年间制造的第一台蒸汽机能把已流过十台水轮的水抽回去。它能驱动两台汽缸直径18英寸、冲程7英尺3英寸的泵，这两台泵能进行84英尺往返冲程的工作。同时，鼓风装置也因应用木桶取代皮风箱而有所改良。

635

1740年，唐卡斯特的一个钟表制造师本杰明·亨茨曼(1704—76)由于在市场上觅不到制造高级发条的合适材料，遂自己动手做了一系列实验，并在谢菲尔德开设了一爿钢厂，经过长期努力终于取得成功。他在这钢厂里用一种秘密的未申请专利权的方法制造坩埚钢。他的困难主要在于，事实上，当时得不到能够长期耐受他的方法所需的空前高温的火炉、坩埚或铸模。一切都得有待于被发现或发明。所生产的钢十分坚硬，因此，当地的刀匠一直拒绝使用，直到他们发现，从大陆进口的刃具远比自己的优良，而它们正是用亨茨曼的钢制造的。这种方法的秘密渐渐为其他钢制造者发现，因而流行了开来，奠定了谢菲尔德钢工业的基础。

其间,科尔布鲁克代尔的铁业继续扩展。1745 年,达比的商行在霍斯海租借了一些煤矿,又建造了一些高炉。1756 年,他在霍斯海的最新高炉达到了每座每周 25 吨的空前产量。及至 1762 年,已能铸造直径大到 70 英寸、冲程 10 英尺的汽缸。那年,达比父子、伯沙姆的伊萨克·威尔金森和新威利的约翰·威尔金森(这三家企业实际上垄断了重型铸铁业)形成了一个“集团”,对类似汽缸出同样价格。

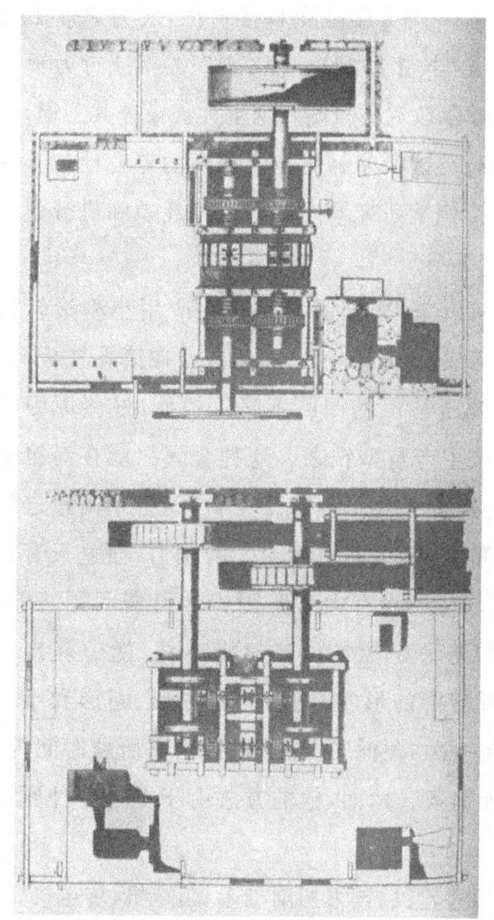

图 311—波拉姆应用的滚轧机

虽然十八世纪中期英国在铸件生产上处于世界领先地位,但在熟铁也即韧性铁方面就不是这样,大都仍从海外进口。最好的熟铁是瑞典出产的,瑞典在十八世纪中期之前就已使用滚轧机。克里斯托弗·波拉姆(1661—1751)在他的《爱国圣约书》

(*Patriotic Testament*)中描述了其中一种(见图 311)。此书写于1746 年,在他死后于 1761 年出版。这位杰出人物最初是职员。他克勤克俭,设法在乌普萨拉大学接受科学训练,成为矿业工程师,后来是瑞典贸易部的"技术顾问"。他在 1714 年被封为贵族(其时他把名字从波拉默尔改为波拉姆),从事大规模公共工程,尤其是运河,并赢得了唯有英国斯米顿可与之相匹的专业地位。像斯米顿一样,他是最早把科学研究同广泛的工程经验和机械禀赋相结合的工程师之一。

636 至少从十五世纪初以来,德国就已一直在应用小型滚轧机生产铅窗闩。在三十年战争(1618—48)期间,已在滚轧铁板,至少以此来光制即轧平锤击留下的凹凸不平。然而,好些原因导致延迟应用滚轧工艺来生产重型铁条。这种金属只能在高温下滚轧。但是,为了维持高温直至工件加工完毕,就必须高速进行操作。而要高速加工重金属,就需要相当大的动力,而这只有相当大的水车才能提供。在还没有大型坚固铸件可资利用之前,在这种条件下,轧辊的寿命是短的。波拉姆声称,能够轧出刀剑、锉刀和刀的胚件所需要的形状,能够轧制方形、圆形和半圆形截面的杆条,并能在一次"鞭锤"拉出一根带钢条所花时间内,挤压出一、二十根这种钢条。然而,他的方法由于上述种种原因并未得到普遍采用。

波拉姆还设计了切齿轮机、锉刀切削机床、起重机、传送机、纺织机械和许多种机械装置及科学仪器。虽然这些给他带来了名望和富足,但是它们大大超前了同时代技术水平,因此,它们并未导致工业普遍机械化。后来在经济比较繁荣的条件下,其他人又陆续重新发明了其中的许多种。

小亚伯拉罕·达比不仅制造了生铁和各种各样铸件，而且还把他那焦炭熔铸的生铁用于生产熟铁，不过，他是用木炭进行这种“精炼”的。“精炼”就是在鼓风条件下重新熔化，所用的燃料比原始高炉所用的更纯，并添加石灰，这样，原先的杂质部分地就被清除到熔渣里了。于是，就生产了一种比较纯的、具有“韧性铁”或“熟铁”质地的金属。这种工艺过程实际上去除了生铁中绝大部分矽和大部分硫，而且还清除了几乎全部碳。然而，直到十八世纪末，对铁生产的化学甚至连模糊的认识都还没有。从某个工艺过程生产出来的东西，究竟是铸铁、钢还是韧性铁，全凭物理性质来判断。事实上，1750 年前后人们还认为，钢的优异硬度是由于包含硫的盐所致。其实，哪怕微些数量的硫也是一种根本要不得的杂质，它是煤带来的，不可能完全消除掉。乌普萨拉的 T.O. 柏格曼(1735—84)首先表明，碳在决定铁-碳化合物的物理性质上起重要作用。他表明，除了燃素数量上的很大变化之外，钢包含百分之 0.3 至 0.8 的碳，铸铁包含百分之 1 至 3.3 的碳。法国的居伊东·德·莫尔韦奥和英国的约瑟夫·普利斯特列约在 1786 年通过把铸铁溶解于酸而获得一种不可溶解的残余物(石墨)和一种黑色粉末(碳化铁体，Fe_3C)，但是，他们不知道这些物质的化学性质。 637

然而，在对所涉及的化学反应毫无精确知识的情况下，铁产品的处理和应用仍在不断进步。铁的一个极其重要应用是制造铁轨。老亚伯拉罕·达比曾铺设了 $3\frac{1}{2}$英寸×$4\frac{1}{2}$英寸的木轨，制造了货车取代以往给他运送煤和矿石的驮马。小达比据信进行过铸铁轨道的实验。但是，只是在他死后，理查德·雷诺兹才在1763年大量应用铸铁轨。他是小达比的女婿，也是达比商号的继承人。这种轨道宽3 $\frac{3}{4}$英寸，深1 $\frac{1}{4}$英寸，每一端以及中间两点上都备有型心凸缘，利用它们可借助木栓把铁轨固定在枕木上。及至1785年，达比的商号在亚伯拉罕·达比第三的控制下，拥有20英里铁路，把他们的矿井和工厂连接起来。铁路铺设的代价为每英里800英镑。这工厂拥有十座高炉、九座锻炉和十六台"火力引擎"，拥有资本10万英镑。他们的主要困难之一是成品的运输问题。运河船由人牵拉，这些纤夫按自己的速度工作，在许多年里一直抵制被马取代，也抵制雇主无偿增加工作量的要求。1770年前后，运送一个汽缸去纽卡斯尔，结果花了十二个月才抵达目的地。在这种状况能够改观之前，铸造厂在英国各地雨后春笋般地涌现，重型铁业都开办在塞文河沿岸，后者曾是重型铁业几乎一切改良的诞生地。

十八世纪后期铁的新应用中，必须提到"铸铁拱桥"，铁桥镇因之得名。这镇现在在这个战略交通枢纽旁发展起来。这座拱跨100英尺的独特建筑建于1779年，是亚伯拉罕·达比第三的作品。

威尔金森于1787年在威利码头建造了第一艘铁船。把希罗普郡尤尼恩运河(在奥肯盖茨)同塞文河(在煤港)联结起来的那条运河，将塞文河流域铁工厂的产品运往北方。上面提到的理查德·雷诺兹的儿子威廉·雷诺兹正是在这里建造了第一个斜面，638 它不用船闸而能把驳船升起73英尺。威廉·雷诺兹还同特尔福德合作设计使埃尔斯米尔运河从赛西尔陶桥通过的铸铁导水管，以及制造必需的铸件(参见图 258)。

1780 和 1790 年间，邓多纳德在苏格兰的喀尔科茨建造了一些炼焦炉，它们还回收副产品。

1788 年，英国生产生铁 61000 吨，其中三分之一产自希罗普郡。1796 年，全国产品翻番，到 1806 年，再次翻番。生铁生产的这种大幅度发展，在相当大程度上是由于利用坑煤或其衍生物焦炭把生铁精炼成韧性铁的一系列尝试取得圆满结果。达德·达德利声称，他在十七世纪已沿这条路线取得成功。不过，迄今为止，除了他的自述，还没有任何旁证(*Metallum Martis*，1665)。克雷尼奇兄弟在 1766 年以及默瑟尔提德维尔的彼得·奥尼恩斯在 1783 年也曾取得部分成功。不过，后来成为常规的那种“搅炼”法只是在 1784 年由亨利·科特(1740—1800)使其完善。

按科特的方法，铸铁熔液仅在一个燃煤的反射炉中用火焰加热，由此把过量的碳清除掉。纯铁的熔点比其碳化形态高很多，铸铁熔液逐渐地成为一种面糊状物质，而熔渣从中流掉。铸铁熔液用铁杆搅动即“搅炼”，然后成团块地移开。这些团块通过锤击去除掉所包含的残余熔渣，把产品联合成一整块坚实“铁块”。这里所用的锤乃由一个重铁头固定在一根木轴上而成。它由装在一根轴上的挺杆操纵而升高或“跳动”，这轴用水力驱动。图 312 示出这种“跳动锤”和它的传动机构。科特后来让铸铁块通过一系列槽辊，这样就比旧时方法大大节约。旧法是通过连续锤击把铸铁打成杆。这样生产出来的铁具有独特的“纤维状”结构。这是因为每根压延的纤维封包在熔渣细管之中的缘故，而且这种铁的极佳耐

639

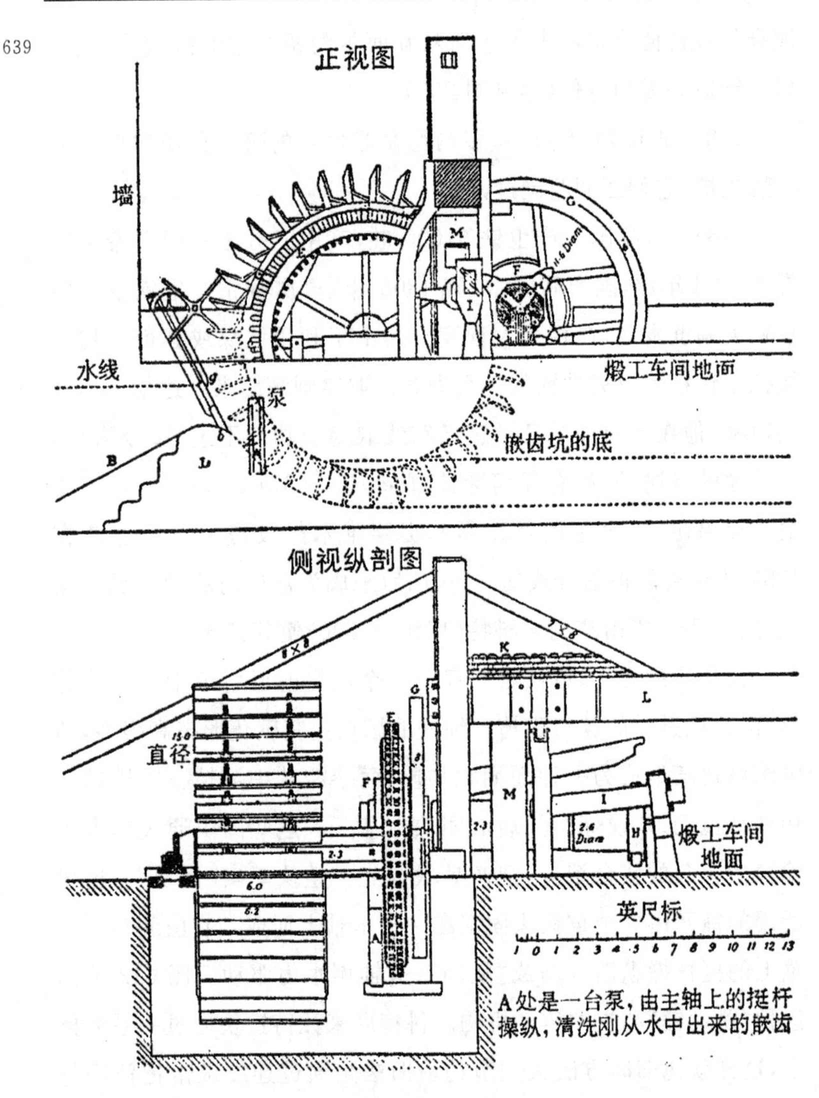

图 312—斯米顿设计的水轮和跳动锤

腐蚀性能部分地也是由于这个缘故。

应用成形的或带槽的轧辊来产生所希望的截面形状，并不是科特的发明。我们已提到过，克里斯托弗·波拉姆在1746年之前制造了一种用于这种目的的机器。但是，科特似乎第一个利用铁块(并不预先锤击成铁杆)进行这整个工艺过程。因此，他可以恰当地被认为是现代滚轧机之父。

然而，科特从他的伟大发明只是得到了灾祸。预备性的工作很费钱，因此必须举债。在债务还清之前，他的合伙人侵吞了所掌管的公共资金，导致他破产。专利权也被没收，不过没有实施。这方法使十九世纪初的"铁大王"们大发其财。发明者本人只是由于在生命最后几年得到政府的微薄津贴，才免于在穷困潦倒中弃世。 640

把蒸汽机应用于滚轧工艺的先驱是约翰·威尔金森。他是导镗杆的发明者，并用它在伯沙姆镗制了第一个蒸汽机汽缸。1782年，威尔金森因他开设的铁工厂的所在地布雷德利水力不足，遂定购了一台旋转式蒸汽机来操纵一个锻锤。1796年，他又得到了一台，用于驱动一台滚轧和滚剪机，他用它所做的工作九倍于用锻锤。

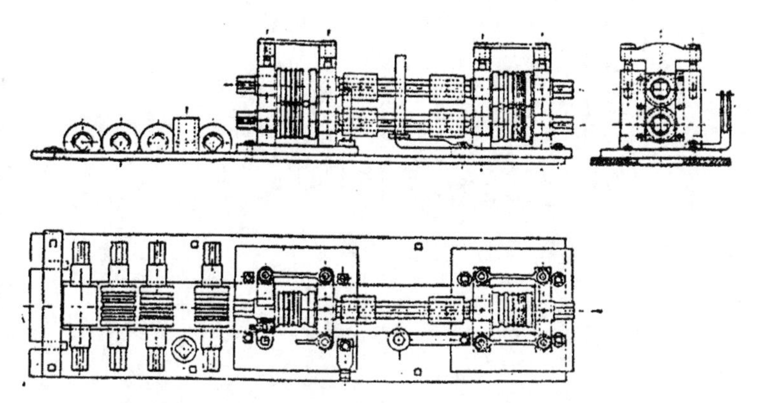

图 313—商业铁滚轧机(1795 年)(*T.N.S.*,Vol.XI,Pl.**14**)

（参见 *Trans.of the Necomen Soc.*，Vols.Ⅳ 和Ⅴ，其中 R.Jenkins 和 J.H.Hall 关于科尔布鲁克代尔的文章；Vol.Ⅶ，其中 J.G.A.Rhodin 关于波拉姆的文章；Vol.Ⅷ，其中 J.W.Hall 关于铁的文章；以及 T.S.Ashton：*Iron and Steel in the Industrial Revolution*，Manchester，1924；和 S.Smiles：*Industrial Biography*。）

第二十六章　技术

（九）工业化学

（十）透镜和反射镜的制造

（九）工业化学

十八世纪里，工业化学兴起。工业化学也就是工业用化学制品的较大规模生产。这起先基本上没有带来任何真正的化学科学进步，也没有直接增进实用的化学知识。所采用的方法是那些用试错法经验地发现的传统老方法。引入的改良几乎全都着眼于更加方便、迅速以及生产成本低廉。成长中的工业越来越需要某些化学制品，在这种压力的影响之下，逐渐发展出了较大规模而又生产成本较低地生产这些化学制品的方法。十八世纪需要量最大的工业用化学制品是硫酸和碱。它们主要用于金属工业、漂白工业和染色工业。

一、硫酸的生产

硫酸的制备和应用自古以来就已知道（以各种不同名称）。这个问题的早期史将在另一卷书里研讨。这里只要说明十八世纪大规模硫酸生产之前最近几个阶段里最有关的东西，就已够了。

硫酸的早期应用非常有限。它似乎用于皮革染色、羊毛染色以及医疗。这种酸那时是少量制备的。十八世纪以前很久，就已知道两种制备方法。一种方法是对矾干馏。这是比较古老的方法。另一种制备硫酸的方法是燃烧硫，有时还加入硝石作为掺和剂。起先，人们并不知道，这两种制备方法得到的是同一产品。因此，它们得到不同的名称。当这种酸通过蒸馏矾获得时，它称为"矾精(或矾油)"；当它通过冷凝燃硫的烟获得时，称为"硫精(或硫油)"。这两种酸的同一性最初是在十七世纪确定的。利巴维乌斯指出了它们的相似性(*Arcana Alchymiae*，1615，p. 437)。不过，比较明确的鉴别是安琪罗·萨拉作出的(*Collectanea Chimica Curiosa*，1693，p. 411)。他系根据它们共同的物理性质和疗效。萨拉说，"无疑，它们在味道、气味和颜色等方面是一致的。取同样的数量，它们显出同样的效果和鲜明征象，无论内部还是外部都如此。"

642

现在回到两种制备硫酸的方法上来。到了十七世纪，这两种方法都已很出名。关于干蒸馏制备硫酸("矾油")，已知最早的英文说明载于《卫矛属植物之宝》(*The Treasure of Evonymus*)(1559，p. 307)，那里这样记叙："取四磅罗马矾，放在一个陶器中干燥，直到渐渐变红。在搅拌之后，把它放入一个用黏土严实围起来的玻璃钟之中……先用文火蒸馏，再一点一点提高火力，直到从这钟口开始冒出白烟。然后，放置一个用黏土围住的大容器，用木柴点火，烧十二个小时，最后流出来红色的沉重的液滴。当这容器开始变得清楚时,硫酸也就制成了。于是,就停止操作。陶器可以让它冷却。”附图(图 314)示出一般的干蒸馏方法,此图采自《卫矛属植物之宝》(p. 309),但图示系用于其他目的。

第二种也是比较晚的制备硫酸方法是燃烧硫或硫加硝石,再冷凝所散发出来的烟。关于这种制备硫酸方法的最早英文说明,也载于《卫矛属植物之宝》(p. 304)。“取一个玻璃器皿……同一个小钟有点相像,涂抹上陶土,用一根铜丝或铁丝把它悬挂在离地面 1 腕尺高的空中,在它下面放一个大盆,另外还把一个罐倒放。另外,在罐的底部放一块四指宽铁板,使它变得炽热,硫黄可以放在它上面燃烧。在这硫黄燃烧时,切莫再添加。于是,烟向上升起。悬挂的器皿在狭小空间中蒸馏液滴,使之跌落进下面的盆中,而你要勤快地把油状物收集在一个小玻璃瓶之中。”由于种种显而易见的理由,这种方法后来称为“钟法”(拉丁文为 per campanam)。它标志着一个开端,后来变为最重要的生产工艺。约翰·弗伦奇在他的《蒸馏艺术》(*Art of Distillation*)(1651 年,第 68 页)之中,提供了说明这种方法的一幅令人感兴趣的早期的图,现在复制在这里(图 315)。

图 314—蒸馏硫酸(“矾油”)

643

图 315—制备硫酸的钟法

644

图 316—利巴维乌斯的钟法工艺装置

上部(右边)示出悬挂的玻璃钟中的一个小通风孔。玻璃钟下面是点燃硫的碟。右上角示出一个带嘴的器皿。下部三个图示出别的钟法。其中两种附带收集硫酸的容器。

一种有所改进的制备硫酸的钟法示于利巴维乌斯著作中描述的装置里(*Arcana Alchymiae*, 1615, p. 438)。"一个玻璃钟抹上泥,或者一个蒸馏器带广口,用一根铁丝悬吊。在这下面放置一个宽阔的盘,或者用一种钟。不过,如果不用蒸馏器,那就要用一个带广口的器皿。把一个牡蛎壳放在一块平铁板上。硫放进里面,用一块炽热的铁点燃。这样,硫就燃烧起来,并使烟笔直地上升。如果在顶上有一个狭窄的通风孔,那你就更容易做到这一点。"采自利巴维乌斯的附图表明了它的所有主要特点(图 316)。

还有一种令人感兴趣的钟法工艺图见诸 N. 勒费比雷的《化学简论》(*Traité de la Chymistry*)(巴黎,1664 年)(P. D. C. 英译:*A Compendious Body of Chymistry*,1664),这里录自 1669 莱顿版。645 (图 317)

N. 莱默里(1645—1715)在安排燃烧产物在一个约束空间中混合时,对生产硫酸的钟法作了一个重要改良。他的《化学教程》(*Cours de Chymie*)第九版(巴黎,1697 年,第 420 页)描述了,用"一个大陶罐提取硫精"的情形。莱默里写道:"取一个大的圆陶罐,它能盛约 2 桶水,带一个陶制的盖。往它里面灌入二三磅泉水,再在水中间放一个长陶罐,头朝下,它的一半或三分之一高度露出水面。"把四磅硫和四盎司硝石的混合物渐渐地放在一个陶器中,后者置于那倒置的陶罐之上,再点燃之。莱默里继续写道:"立即盖上你的陶罐,务使蒸汽找不到出口而下行,结果在水中冷凝。"所得之液体加以过

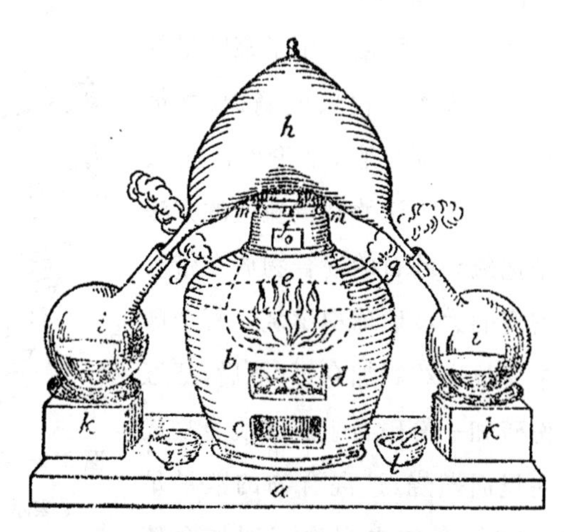

图 317—勒费比雷的钟法工艺装置

一个陶炉 b 由 a 支承,具有炉膛 d 和盛灰的地方 c。硫放在 e 中,e 是一个葫芦状陶器(葫芦形蒸馏瓶),烟凝结在由 m 支承的器皿 h("头")之中,h 有两根"导出肢" gg,通往置于支承 kk 之上的容器 ii。盛有粉末硫的容器示于 ll。

滤，再蒸发而产生硫酸。大陶罐的应用是一个重要改良，因为它使蒸汽得以循环和混合。（图 318）

莱默里的硫酸制造装置很适用于相当大规模的商品生产。十八世纪里，硫酸的需求日益增长，乔舒亚·沃德便利用了莱默里的方法。沃德是伦敦的滴剂、丸剂和万应药征发官，是伦敦医生最头痛的人。沃德制造硫酸的方法是把硫和硝石的混合物放在带有陶塞的大玻璃球中燃烧。每个球中先放入约一加仑水，然后，把五份硫和一份硝石组成的混合物放在里面燃烧，这混合物的数量足以在每个球中产生三四加仑硫酸。在这些大玻璃球中，蒸汽接触足够长时间，因为它们据说每个都有 40 到 66 加仑的容积。沃德从 1736 年开始生产硫酸，花费了许多年，才成功地把这种商品的价格从每**盎司**两先令半降低到每**磅** 1 先令 6 便士。

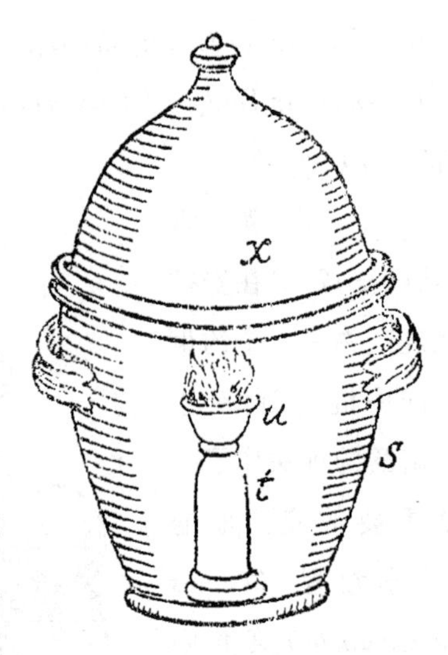

图 318—莱默里的钟法工艺装置

s 表示大陶罐；x 是盖，顶端有几个孔；t 是倒置的陶罐；u 是小陶器，盛放燃烧着的硫和硝石混合物。

十八世纪里对生产硫酸的钟法工艺的下一个最重要改进是约翰·罗巴克（1718—94）作出的。他是卡伦铁工厂的顾问化学家和创办人，一度还是詹姆斯·瓦特的合伙人。如上所述，沃德大幅度降低了硫酸价格。然而，由于他所用的玻璃球易碎，因此，生产成本仍相当高。罗巴克同伯明翰工业的兴起密切相关。他想出一个主意，就是用铅室取代玻璃球。实质上，这没有包含特别的新东西，因为莱默里陶罐和沃德的玻璃球实际上都是“室”。不过，尽管它没有引入有科学意义的新原理，但铅室(即现在所称的“室法”)的引入在经济上大有好处，因此，具有相当重要的工业意义。罗巴克于1746年在伯明翰建立了第一座铅室工厂。每个铅室占地6英尺见方，地面上散布一点水。硫和硝石的混合物用在轨道上行进的小铁车运送到室(那时也叫“房”)中。直接的经济效果是硫酸价格降低到一磅六便士。

其他生产硫酸的工厂也逐渐在各地建立。我们现在掌握一部分这些铅室即“房”的详细资料。其中有几个室长6英尺、宽4英尺、高$8\frac{1}{2}$英尺。在一个房间里放置多达30个这种铅室，它们的一侧由墙支持，另外几侧由木架支承。每个室的地面上灌些水。精细研磨的硫和硝石混合物被点燃后，通过墙上的一个孔送入(装载量为1磅)置于灌水地面之上的一个铅碟之中。然后，用一个铅塞封闭这孔，让燃烧持续2小时。再把铅塞拿掉，等一小时。然后，用一个铅虹吸管把硫酸液吸出，放在铅盘中浓缩。

后来，更大型的铅室也建造了起来。荷兰、法国、德国和美国也都开始采用“室法”。但是，英国制造厂长期以来供应各国应用的硫酸的绝大部分。因此，“室法”生产的硫酸常被称为“英国硫油”。 647

上述的室法有一个严重障碍。每个室都必须单独操作，还必须不时重新送入硫和硝石。因此，这整个工艺过程是间断的、不连续的。1774年，德·拉福利(*Observations sur la Physique*, Vol.

IV,p. 333)提出,硫和硝石应当放在一个外面的炉中燃烧,烟则应当通入铅室;他还提出,水应当喷入铅室内。1777 年(上引著作,Vol.X,p. 139),他提议用蒸汽取代冷水,力主更新室内空气。一种连续的生产硫酸方法似乎已经在望。但是,技术和财政的困难阻止了它在十八世纪实现。不过,在十九世纪头十年里,它终于被引入了。

二、碱的生产

像硫酸一样,碱的生产也是在经济压力下形成的。不过,在这种情况下,经济压力本身是政治动乱的结果。在拿破仑战争期间,法国断绝了正常的天然碱来源。于是,为了刺激法国化学家的发明创造力,巴黎科学院颁发一项奖金,征求最优制碱方法。尼古拉·勒布朗(1742—1806)于 1790 年获得这项奖金,遂成为碱工业奠基人。勒布朗的方法(称为"勒布朗法")利用普通盐、硫酸、石灰石和煤作为原料。首先,通过同硫酸一起加热,把盐转变成硫酸钠。这种转变的本质当时未得到正确理解,但可以用后来的化学记法表达如下:

$$2NaCl + H_2SO_4 \rightarrow Na_2SO_4 + 2HCl$$

硫酸钠然后用石灰石和煤加热,产物是碱和硫化钙的混合物,称为"黑灰"。这种转变也可以用后来的化学记法表达为:$Na_2SO_4 + CaCO_3 + 2C \rightarrow Na_2CO_3 + CaS + 2CO_2$。"黑灰"用水提取,从而给出碱溶液和残留的不可溶硫化钙。碱从这溶液通过结晶获得。

648

工业规模的碱生产开始于 1791 年,并且迅速发展。在英国,碱的生产直到1823年才开始,那年马斯普拉特在利物浦开设了一片工厂。

勒布朗享用他的发明成果为时并不长久。像通常目光短浅的革命政府一样,法国革命政府也没收了他的工厂,剥夺了他对自己发明的方法的专利权。勒布朗在穷困潦倒中死去。1856年,他的后裔得到了一些补偿。

(亦见第二十章关于“漂白和染色”的章节。)

(十)透镜和反射镜的制造

从十七世纪初起,望远镜和显微镜的发展造成了对透镜的需要,刺激了研磨和抛光透镜方法的发明。起先,这些工艺用手进行,玻璃圆片放在具有适当形状的金属模子上研磨,使之成适当形状。这种模子当时称为“工具”。例如,凸透镜放在一个具所要求曲率的凹铜盘(称为兰克斯[①]或**金属盘**)中研磨,而凹透镜的制作方法是把镜片放在一个球截形金属“工具”上研磨。格但斯克天文学家约翰·海维尔(亦名海维留斯)发明了一种机械研磨透镜的车床。它的说明见诸他1647年的《月面学》(*Selenographia*)(Cap. I:*De diversis vitris*),现示于图319,此图录自这部著作。这个机械装置主要是一个台A,约5英尺长,带一条椭圆形槽B。一个斜角支承e楔入这条槽内,为一根立轴提供轴承。这主轴由一圆板f覆盖,任何一个金属工具(图示在台下面)均可用四根铁销牢固地

① 兰克斯(lanx)是一种古罗马的金属盘。——译注

图 319—海维留斯的透镜制造机器

649 固定在这圆板上，这些销从圆板伸出，插入工具木底座上的四个孔。用一根绳索使这主轴同所附装的工具一起旋转。这绳一端缚在一根固定于天花板的弹性木杆上，再从那里通过皮带轮 g 到达主轴(绕着它缠绕几圈)，然后再经过轮 h 到达踏板 L。当踏板被踩下时，它把绳索逆着木杆的弹力拉下来，并使主轴和工具(用手把镜片施加于它)旋转。当放松踏板时，绳索沿相反方向运动，但主轴装配有一个类似棘轮的东西(字母 *o* 和 *p* 标示的部分中放大示出)。因此,它的运动绝不会逆转,而仅沿一个方向不间断地进行下去。

罗伯特·史密斯在他的《光学》(*Opticks*)(1738,Vol.Ⅱ,pp. 281ff.)中,提供了关于十八世纪应用的研磨和抛光望远镜透镜方法的一个好主意。他给出的说明从塞缪尔·莫利纽克斯开始。它乃根据惠更斯在他的《论玻璃的成形》(*De vitris figurandis*)(死后发表的遗著)之中和其他著作家给出的细节。但是,它包含了莫利纽克斯本人作出的许多改良,他对这种工作具有丰富经验。

透镜制造的第一步是制造一个**工具**,它按所需要形状研磨和抛光镜片。这工具是一片厚的铜或铸黄铜板,它有一个球状凹陷,其曲率即为抛光的透镜所具之曲率。这厚铜板在铸造时大致制成所要求的凹度,然后再在车床上车削。为此,两个黄铜边沿车削成圆形,一个凸,另一个凹。如果工具具有非常大的曲率半径(比如 36 英尺),那么,这两条圆弧用作图法求得,每条弧上的点 *FFF* 被定义为从所求圆的一条切线的切点 *A* 量度的、同横坐标(*AE*)相对应的纵坐标的终端(见图 320 中的图 557)。对于较小的曲率半径,应用一种罗盘。这样得到的黄铜样板中,凹的那块 *gh*(图 558)固定于一块板 *ghik* 之上,后者钉在车床床头,样板的曲率中心处于车床轴线上。另一块样板用螺丝固定于板 *lmno*,后者带有雕刻工具 *pq*。未抛光过的工具在其中心处焊接于车床车轴末端的圆片 *ab*。开动车床,两个黄铜样板便相互滑动,导引雕刻工具,以便在工具 *ef* 中造成精密球形凹陷。只要互换两块样板,便可得到相应的凸工具。惠更斯有时在这两个工具的中间放上金刚砂,把它们相互研磨,达致精密的形状。他有时还把胶合剂灌入工具,使之硬化,给铸件撒上金刚砂，然后用它抛光工具。为了获得必要的压力，他把铸件固定于一根杆的端末，而它的另一端由一根铁弹簧压下。工具的精加工乃用蓝油石抛光，就像当时用于抛光铜的那种油石。

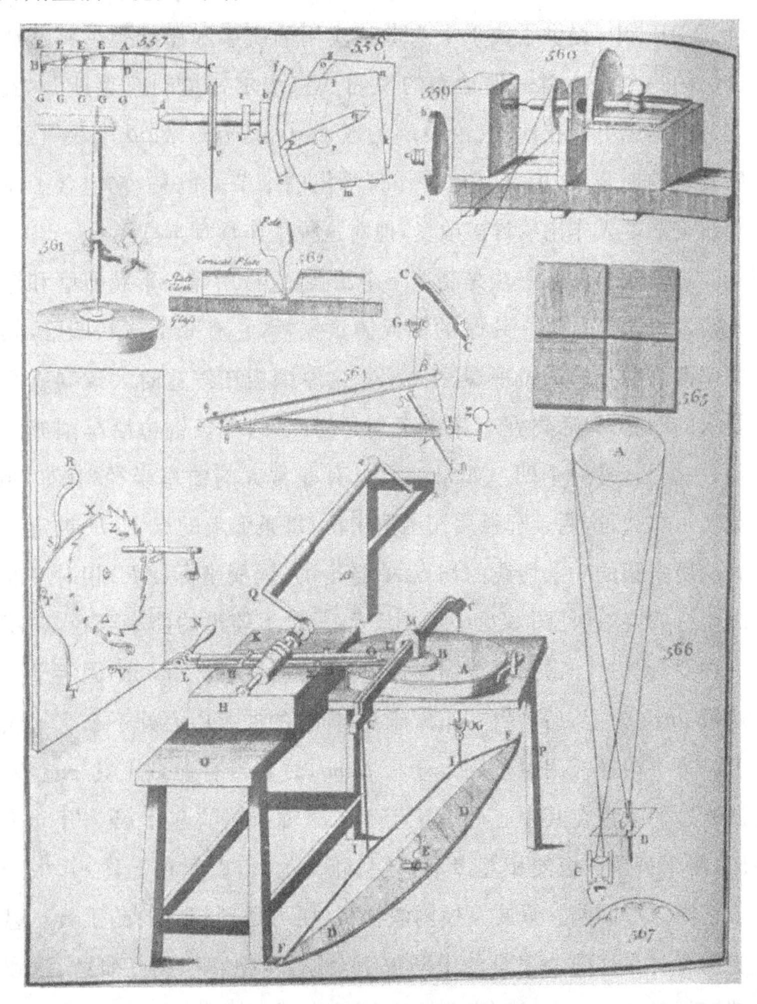

图 320—透镜和反射镜制造的要素

制造透镜时,把一块合适的玻璃板大致磨成适当厚度,从它疵点最少的部分切下一块圆片,比所希望的透镜尺寸大一些。它被研磨成精确的圆,它的两个表面制成严格平行,为此,用金刚砂和水把它放在一块铁板上研磨,其间不时用卡尺或手钳测试其厚度。然后,把一块小的扁平金属圆片胶合于镜片。这圆片上开一个浅三角形孔,底部再开一个更小的孔。这两个孔中插入一钢尖,后者固定于一根杆的一端,杆的另一端固定有另一个钢尖,后者垂直地在工具中心上方通过一块靠近天花板的板上的一个孔。现在,把金刚砂和水喷洒在工具上,镜片便放在工具上研磨。用手握持的那根杆方便了操作。研磨工作用越来越精细的金刚砂不断进行,直到镜片具有所要求的形状和如此所能得到的最高光洁度。当透镜准备接受最后一道最精细的抛光时,它被胶合于一块板岩或磨石的圆片,后者略小于透镜,并在中心钻透有一个圆孔,大小同一先令的硬币相仿。石片和镜片间放一层布。圆孔中装有一个空心金属锥,后者具有一扁平刀刃,以石片的上表面为刀架。然后,给工具涂上精细硅藻土(四份)和矾(一份)的混合物,用醋弄湿,当其干燥后,再在其表面上撒上硅藻土。(硅藻土即磨石是一种松脆的含硅石灰石。)然后,把镜片施加于工具作最后抛光。像前面一样,这工作也从使用那根杆得到便利,它的下端现在插入透镜上表面上的石环中装配的那个金属锥之中。这样,透镜的一侧便完全成形,然后对其另一侧作同样处理。 650

为了避免用手施加必要压力所花费的劳力,惠更斯设计了一种抛光透镜的机器。在图 320 (图 563)中,A 是置于一台上的工具,B 是带石环和附带金属锥的镜片。工具上有一根横杆横过,后者中间装有一根大钉，将金属锥的顶尖压下。一个弓形木件 DD 紧固在地面上 E 处，它用于借助一根通过横杆 CC 的绳索维持对镜片的压力。这绳索被弓的挠曲保持紧张，紧张程度用螺钉 G 调节，绳索的一端缠绕在这螺钉上。另一种用于压下横杆 CC 的弹651簧示于同一个图中。一根垂直于 CC 的横杆 LL 用木钉固定于木块 H，以便能仅仅沿其自己长度的方向运动。木块 M 在 L 处固定于这横杆，而横杆 CC 松动地榫入木块 M。一根木辊垂直地装在 LL 上面，木辊的铁轴的端末在一根手柄 Q 之中。两根绳索的端末都固定于 LL。两根绳索沿相反方向缠绕在一根固定于木块 H 的木辊上，它们的另一端固定于这木辊。当手柄 Q 转动时，横杆 LL 先沿一个方向继则沿另一个方向摆动，而镜片在工具上往复运动。在研磨过程中，镜片不时绕其中心略微转过一点，工具位置也定时加以调整。台左所示的擒纵机构仅用来便于计算机器摆动次数。每次摆动时，齿轮向前转过一个齿，而齿轮每转过完整一周，便发出铃声。

史密斯还描述了（上引著作，Vol. Ⅱ，pp. 301ff.）用于研磨反射望远镜反射镜的有些相似的方法，它是约翰·哈德利加以完善的。像在制造透镜时一样，这里也制作圆形的黄铜样板。一个木模用来浇铸白镴模，后者借助样板车成准确形状，然后再用于浇铸反射镜。关于反射镜的成分，试验了各种各样金属混合物，结果表明，铜、银、锑、锡和砷成一定比例的混合物最好。实际的铸造总是这样进行的：把熔融的金属灌注入用这些模成形的砂型之中。在制造反射镜时，这样得到的一个铸件先用天然磨石粗磨，然后用大理石磨石研磨，后者上面黏合一些方块油石而形成铺面（图 320 的

图 565)。在研磨之前,这铸件已用一个黄铜工具加工成所要求形状,这工具的凹度和反射镜所要达到的相等。最后的抛光用一块形状相似的、覆盖有经沥青处理的薄绸的玻璃板完成。

哈德利求反射镜成品曲率半径的方法示于图 320 的图 566。在一间暗室里,一块钻有一些孔的金属板 B 放在一面反射镜前面来回移动(一支蜡烛通过金属板上的孔照明,这反射镜事先装置在暗室的壁上),直至观察到这反射镜反射形成的有一个孔的像落在金属板平面上。这像用一张贴在金属板上的卡片接收,或者通过一面目镜 C 观察。当金属板位置调定,以致其边沿和其中一个孔的像从这目镜看来同时处于焦点时,从反射镜中心到金属板的距离便给出所求曲率半径。

威廉·赫舍尔爵士主要根据史密斯《光学》(*Opticks*)中的说明,发展了他的研磨反射镜方法。不过,赫舍尔还把史密斯这位业余爱好者一套独特的旧工具买来使用,并得到了他的一些指点。赫舍尔的反射镜的毛坯用垆姆模铸成,这些模里放进木炭燃烧,进行烘焙。有时,模用舂烂的马粪制作。反射镜的金属使用按各种比例的铜和锡;约以 12 磅铜和 5 磅锡相混合,其结果最佳。铸件用黄铜"工具"研磨,各种铸型的槽都被锉平,它们再用在金属基底上放上湿沥青构成的抛光工具抛光。一切可能的抛光方式都尝试过。不过,赫舍尔并未由此得出一般法则,因为,每面反射镜似乎需要作不同的处理,在很大程度上依赖观察者的经验和技能。赫舍尔为私人买主制造了大量望远镜(他至少研磨了 400 面反射镜),因此,他值得花时间做一定程度使用机械的实验,以减轻研磨和抛光金属表面的劳动强度。他的四十英尺望远镜的反射镜在铸

652

成后，用吊车悬吊，面朝下地对住抛光工具。这工具是一块凸状金属，覆盖有沥青，并撒上湿铁丹。十个人花了几个月工夫用这工具磨成这面反射镜。

第二十七章　技术

（十一）机械计算器　（十二）通讯
（十三）其他

（十一）机械计算器

我们今天所理解的机械计算器，最早是在十七世纪发明的。它们有两大类，一类是对数计算尺，另一类是借助连锁齿轮进行某些算术运算的计算机器。计算尺乃根据对数的一个基本性质，它在耐普尔发现对数之后很快就出现。它是威廉·奥特雷德约在1630年发明的，发明时它已大致完备。不久，它就成为一种比较简单而又方便的形式。与计算尺不同的计算**机器**也始于十七世纪，最早可以提到巴斯卡（1642年）、莫兰（1666年）和莱布尼茨（1694年）三人的机器。然而，同计算尺相反，计算机器在整个十八世纪里仍不断在设计上花样翻新。因此，直到十九世纪这种机器开始以商业规模生产时，才有可能尝试标准化。

计算尺

十七世纪里甚至在英国，计算尺也很少实际利用，在大陆，这项发明几乎已完全被人们遗忘。然而，十八世纪里尤其在我国，这种仪器得到了比较广泛的应用，它的形式作了多方修改，旨在提高指示精度。两根非紧邻平行标尺间的相交读数的准确度用一个指标即“奔子”来确保，它是一根同标尺垂直相交的可移动准线，能平行于其长度地自由移动，以便同任何一根标尺上的任何给定分度重合。这个装置最后由约翰·罗伯逊引入，他是基督医院院长，后来成为皇家学会图书馆管理员。它成为罗伯逊设计并指导生产的一种精致计算尺的构成部分。按照他的朋友威廉·蒙顿的说法，这计算尺长30英寸，宽2英寸；一面刻上十二个自然数和三角函数的标尺；并且“沿这一面有一个能滑动的指标即细铜条(约1英寸宽)，它垂直地横过标尺边沿，将在几条标度线上示出彼此相对的分度。但是，这些标度线并不邻接”(W.蒙顿：*Description of the Lines Drawn on Gunter's Scale*，1778，p. 3)。一些计算尺设计者都试图既获取增加标尺长度的好处(以便能够作出比较精细的标度)，同时又不让仪器本身长得不方便。本杰明·斯科特(1733年)和乔治·亚当斯(1748年)在十八世纪恢复采用沿圆线或螺旋线给标尺分度这种权宜之计。后来，威廉·尼科尔森研究了这个问题(*Phil. Trans.*，1787，Part Ⅱ，pp. 246 ff 和 *Nicholson's Journal*，1797，p. 372 ff.)。他还倡言，回到应用同心圆形或螺旋形标尺，或者把若干短段联结在一起构成一根直标尺，相当于一根长约20英尺的连续标尺。尼科尔森的建议当时未引起注意，但在十九世纪得到实现。在十八世纪末之前，法国和德国很少有人拥有计算尺，计算尺也没有什么改进。但是，自从法国采纳了公制，开始要求公职候补者熟习计算尺以后，法国在这种仪器的设计方面起带头作用。今天,最流行的通用计算尺实质上仍是一个以其命名的法国军官在1850年前后设计的曼海姆计算尺。另一方面,德国则以这种仪器的制作工艺精巧著称。

(参见F. Cajori:*A History of the Logarithmic Slide Rule*,1990。)

计算机器

我们现在应当加以考查的十八世纪计算机器全都是实验性质的。它们大都操作方式极端复杂,并且它们中无论哪一种,是否始终保持一种令人满意的性能水准,也属疑问,尽管它们各自的发明者声称没有问题。直到十九世纪下半期为止,这类装置基本上是**加法机**。不过,它们可以分成两大类,每一类都有一种十七世纪原型。第一类机器像巴斯卡的一样,**仅仅**用于加法(例如合计金额),第二类机器则能方便地进行乘法,即像莱布尼茨制作的机器那样,重复地用机械方法(例如转动一个手柄或移动一块滑板)累加同一个数。这种加法或乘法的结果通常用一行度盘显示,它们是些数字齿轮,每个齿轮都刻上十个分度,标示0到9十个数字,每个齿轮分别相应于个位、十位、百位等等,计算结果的各相继数字由适当度盘指示。使机器的动作逆转,或者利用另一套刻度,便可进行减法和除法。 655

现在,我们先来论述十八世纪的这样一些计算机器,它们可以认为是试图简化或改良巴斯卡的设计。莱平在1725年发明的一种算术机器最接近这原型,它载于《皇家科学院批准的机械和发明》(*Machines et Inventions approuvées par l'Académie Royale des Sciences*)(Tome Ⅳ,pp. 131 ff.)。它是对 *sautoir*〔长珠串〕略作修改的变型。这装置用来从一个名数向下一更高位名数**进位**,进十位、百位等等,它的设计是这类仪器发明上最困难的问题。继莱平之后,伊莱兰·德·布瓦斯蒂桑多设计了三种十分相似的机器(同上,Tome Ⅴ,pp. 101ff.,1730 年以内)。它们试图消除这类机器使用上的一个严重障碍即摩擦,但并未成功。吉森大学教授、皇家学会会员 C. L. 格斯滕在 1720 年前后发明的一种算术机器中,每一名数上的运算,通过使一把刻度尺在一条槽内滑移过一个固定指标进行。这尺移动一根同一个固定小齿轮相啮合的齿条,使之转过相应多分度。需计算的数有多少位,就应用多少组小齿轮和刻度尺。它们放置在一起,每当其中一个齿轮完成一整圈,从它伸出的一个捕捉器就推进紧挨在它上面的小齿轮转过一个齿,以便进完全的十位、百位等等而达到下一更高位名数。这种算术机器在 1735 年见诸记载(*Phil. Trans.*, Vol. ⅩⅩⅩⅨ, pp. 79ff.)。聋哑人教育的先驱雅各布·佩雷尔发明了一种简单加法机,它也有一种巧妙的数进位装置(*Journal des Sçavans*, 1751, pp. 507ff.)。它的机器是一根单轴,上面装上一些短的黄杨木圆筒即木轮,它们接连放置,一般都能独立地围绕这轴转动。这些木轮的曲表面上刻有 0 到 9 十个数字,它们整个地放在一个长约 3 英寸的小匣子中,此匣带有一些缝隙,通过它们可以看到数字。这些木轮用一根针转动,每当有一个木轮转过十个分度而完成一圈,左邻的那个木轮便向前移动一个分度。为此,每一个木轮都沿其一个平表面的整个圆周刻成锯齿形,其另一平表面则附装上一根**平衡杆**,即一根能像跷跷板那样绕其中心摇动的径向杠杆,它在一端有

656

一个钩,在另一端有一个斜面。每当这木轮的圆周向前转过十个分度,平衡杆的斜面便遇到一个捕捉器,后者固定于把每对相邻木轮分隔开来的镀锡铁板上。这捕捉器把平衡杆的该端往下压入木轮厚度上的一个榫眼之中。于是,另一端上的钩便突出。它通过镀锡铁板上的一个开口,同相邻木轮的一个嵌齿啮合,使这木轮向前转动一位。但在能继续推动这木轮之前,斜面脱离捕捉器,钩则在一根弹簧作用下退回正常位置。于是,这相邻木轮便处于不受扰动的状况,直到又移过十个分度。

藉重复相加完成乘法的机器,在设计上的关键问题是要设法做到,在手柄每转动一回或该机器每完成一个别的周期时,度盘所显示的数将增加一个等于被乘数的量。既然一个给定度盘的读数的增加取决于某嵌齿轮向前移过的齿数,因此,这问题便归结为在机器每完成一个周期时啮合各别嵌齿轮适当齿数的问题。任意确定啮合一个嵌齿轮的齿数的装置有好多种可供选择。其中有几种是莱布尼茨为他的计算机器发明的,它们一再为后来的设计师所利用。这些装置中有一种称为"针轮",装在意大利贵族 G.波莱尼设计和用硬木制造的一台计算机中(参见他的 *Miscellanea*, Venice,1709,p. 27ff.)。针轮是一个齿轮,其齿数可随意变更。一次简单的运动引起 1,2,3……乃至 9 个齿突出。每当针轮转过一整圈时,这些齿便同控制度盘的嵌齿轮上同样数目的齿相互作用,而指针向前移动同样多位数。波莱尼给数进位的机构同巴斯卡的 *sautoir* 有点类似,但它用悬挂的重物而非弹簧操纵。这台机器已证明不如巴斯卡的机构。按照一种说法,这位发明者因沮丧而把它拆掉了。

657

另一种任意改变每当机器完成一个周期时度盘读数的增量的方法是，每当两组连锁的齿已有一定齿数相互作用，便立即用机械方法使它们相互分离。雅各布·洛伊波尔德发明的计算机中，可以看到这种方法的一个实例，有关记载见诸他的《算术-几何舞台》(*Theatrum arithmetico-geometricum*)(莱比锡，1727 年，p. 38 ff.；参见图 321 和 322)。这种机器可以看做是早期设计的一个杰出范例，尽管它的设计人还没有来得及使之实现便离别了人世。在洛伊波尔德的机器中，相应于个位、十位、百位等等的九个度盘围绕该机的外环 *CDEF* 排列。这些度盘的指标都绕立轴转动，每根立轴的基座上都有一个带十个齿的嵌齿轮。这些嵌齿轮可由一

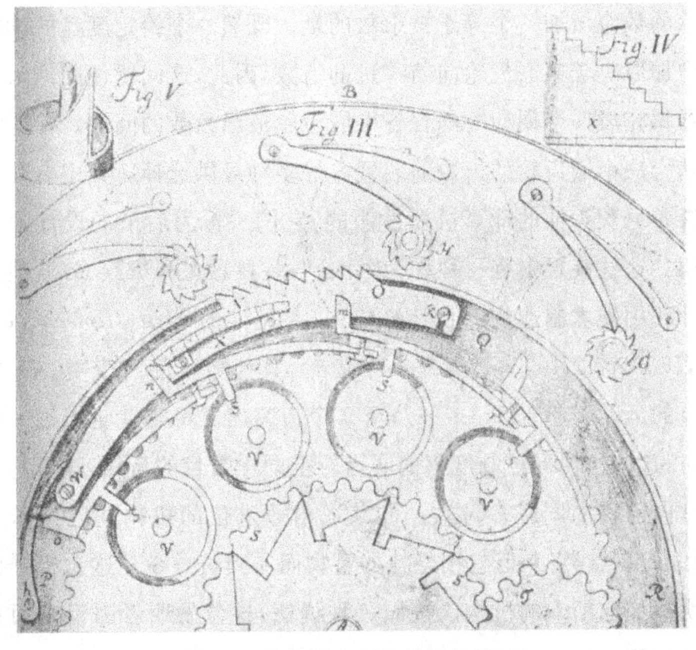

图 321—洛伊波尔德的计算机器(1)

条锯状金属带即齿条 NO(图 321,图 3)的九个齿啮合,这齿条通过转动机器罩盖上方可见的手柄操纵。然而,只有当齿条(以 W 为支枢)藉抵抗一弹簧的作用(常态时约束住齿条)而被推离其中心时,这些齿才啮合。每当凸出物 l、m、n 等等之一捕捉住金属带 X(垂直地固定于 NO),这些齿便啮合。现在,X(图 4 中正视图所示)切割成九级,这样,在齿条被凸出物例如 l 推离期间,这齿条通过时所啮合的邻轴上的齿的数目便可从 1 改变到 9,只要使 l 在不同高度(相当于 X 的不同宽度)上捕捉 X 即可。为了改变 l 的高度,必须升高或降低它由之突出的臂,这通过转动支撑这臂的螺旋斜面(图 5)做到。构成机器罩盖内环的六个度盘表明各斜面的定位,它们决定了相应突出物 l、m、n 等等的高度。每个度盘的位置都同外环度盘之一相对立,内度盘的读数给出齿条通过外度盘轴时将啮合的齿数,因而也给出外度盘指针前移的位数。每根轴的上一半里还有 G、H、I 等等嵌齿轮(图 322,图 1),它们通过中间齿轮 K、L 等等而相互作用。这些嵌轮用于十位、百位等等的**进位**,以达到下一更高位名数的度盘。例如,每当 G 完成一整转,K 上被提高的齿 de 便推动 H(它处于比 G 和 K 都高的高度)前移一个嵌齿。同样,当 H 完成一整转,L 便借助突出齿 g 而推动 I 前移一个嵌齿。齿 de、g 等等都反抗弹簧的制动作用而处于自己的位置。所以,它们能够只给一个方向让路,以致赋予轮系 G、H、I 等等中任一嵌齿轮的正运动便传递给支配更高位名数度盘的嵌齿轮,而不传递给支配较低位名数度盘的嵌齿轮。在应用这种机器做乘法,例如 1727 乘以 365 时,内度盘的定位按上升顺序示出 7、2、7、1,而外盘度全都处于零。这时,把手柄转动五次。于是,外度 658

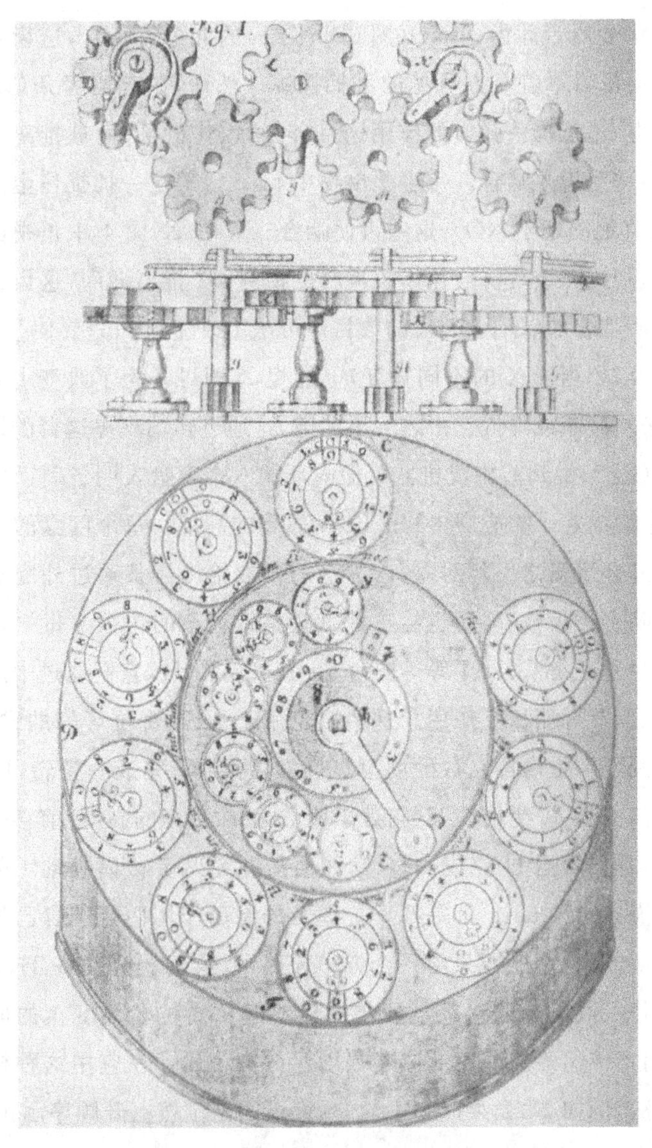

图 322—洛伊波尔德的计算机器(2)

盘便示出 1727 ×5 即 8635。然后,转动罩盖的中心部分,使内度盘全都在外度盘上前移一位,并把手柄转动六次,结果,1727×60 就被加于前面的总数。内度盘环再次移位,手柄再转动三次,这样,就又加上 1727×300,从而给出 630355 作为所求之总数。度盘上另一套可供选用的刻度用于减法和除法。

马洪子爵(后来的斯坦厄普伯爵)分别于 1775 和 1777 年发明的两种用于乘法和除法的机器示于图 324 和 325。前一设计应用了又一种机械地确定每一机器周期中啮合一给定嵌齿轮的方法。这种装置今称"阶梯式计数器",它看来像针轮一样也是莱布尼茨发明的。它主要是一个嵌齿轮,后者的九个齿在长度上等量递增。在这嵌齿轮转一整转的过程中,这九个齿中有几个同另一个嵌齿轮啮合,后者的轴带有一个指针,在一个度盘上转动。如此相互作用的齿的数目以及因之而产生的度盘读数的增加,都取决于这两个轮的相对位置,而这位置可任意改变。在斯坦厄普的前一种机器里,有两行盘度,每行有 12 个度盘,一行在前,一行在后,两行都固定于底座。上面是一个可移的座架即滑板,在进行乘法时,操作者借助图示的两个牙质手柄使之始而朝向继则离开操作者地滑移。这座架也带有一行度盘,包括十二个度盘,它们可置于从右到左十

图 323—斯坦厄普

图 324—斯坦厄普的计算机器(1775 年)

659 二个不同位置。这些度盘控制阶梯式计数器,每个计数器都有九行齿,其齿数从 1 到 9 不等。按照这些度盘的定位(它们在乘法时必须置于表示被乘数的位置),每个计数器有一、二或更多个齿啮合底座上后行嵌齿轮的齿,并使指针在滑板前移时也前移相应多位数。数字在相邻位间的进位是自动的。一个突出臂记录滑板对前行度盘的每次扫描,这样,在整个运算完成时,前行便表示乘数,而后行表示所求之积。在做除法时,这扫描沿相反方向进行,即始而离开继则朝向操作者。于是,后行轮表示被除数,滑板上的轮表示除数,前行则表示商。斯坦厄普 1777 年的机器设计更复杂,它用曲柄的旋转运动取代滑板的振动。它包括一个同洛伊波尔德相似的装置,用于当已有所希望的齿数相互作用时,自动中止两个嵌齿轮的啮合。

这类主要用于乘法的机器,还有德国人在十八世纪末发明的两台。其中第一台是马特・哈恩耗巨资发明和制造的。他是路德维希堡一个有机械素养的牧师。它的外部特征的描述以及使用说

图 325—斯坦厄普的计算机器(1777 年)

明发表于《德意志报道者》(*Der teutsche Merkur*)(1779 年 5 月)。这种机器在附近一带引起很大兴趣。不过,它的内部结构没有透露。哈恩的儿子在 1809 年复制了一台,保存在斯图加特。直至上世纪末,它还在运转。关于哈恩机器有严重缺陷的传闻,激励德国工程师 J. H. 米勒制造了一台据他称是优越的仪器(图 328)。他想出了好几种可供选择的主意,结果选择并制定了其中一种,它使他制成一台酷似哈恩的机器。米勒的发明在《德意志报道者》(1784 年 5 月)上宣布。他的朋友 P. 克利普施泰因于 1786 年编著了一本小册子《他新

图 326—哈恩

制成的计算机器的说明》(*Beschreibung seiner neu erfundenen Rechenmaschine*),说明了他的机器的外貌和使用规则(但关于它的内部结构则语焉不详)。米勒的机器封装在一个镀金黄铜圆筒形机壳之中,后者直径 10.5 英寸,深 3.5 英寸。上表面带有十四对度盘,构成一个外环和一个内环,又有十四个带刻度的螺丝头围绕这圆筒的曲面分布,同相应的度盘对相对立。整个装置顶上是一根大曲柄,它只沿一个方向自由转动。在把两个数**相加**时,外度盘的定位表示其中一个数,螺丝头则表示另一个数(后一个数的个位、十位等等分别置于前一个数的个位、十位等等之下),多余的度盘一律置于零。只要转动手柄一次,外度盘环上的读数便变为所需之和。乘法像在洛伊波尔德的机器中一样进行。米勒的机器里设置了一个铃,每当试图进行不可能的运算时,便发出报警声。

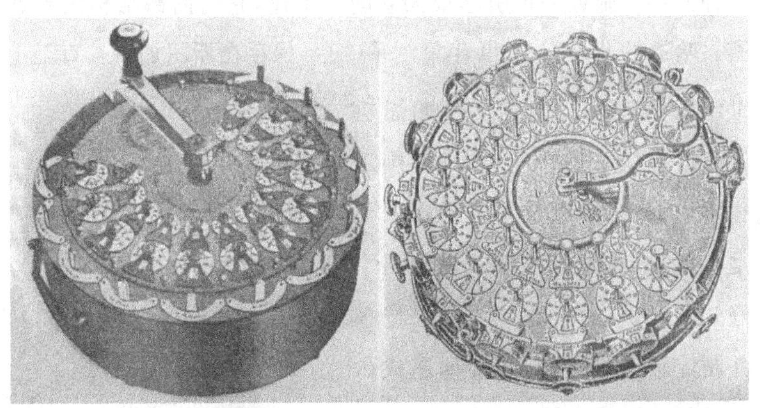

图 327—哈恩的计算机器　　　　**图 328—米勒的计算机器**

660　(参见 *Encyclopädie der mathematischen Wissenschaften*, Leipzig, 1898, etc., Vol. I, pp. 952—78; *Société d'Encouragement pour l'Industrie Nationale*, Bulletin for *Année* 119, Paris 1920;

D. E. Smith:*History of Mathematics*, Vol. Ⅱ, 1925;Catalogue of Science Museum, London:*Mathematics I. Calculating Machines and Instruments*。)

(十二)通讯

用某种预先安排的信号(可见的或可听的)来迅速地向远方传送信息的做法,古已有之。比较简单的典型形式,是借助广泛应用的熄灯鼓、号声、信号枪、烽火、火箭等等,按照有关各方事先商定的约定发出通告。然而,严格说来,可以看做为传递发报者随意发出的**任意**言语消息之一种手段的通报通信,则是相当晚近的发明,最初在十八世纪实现。这个时期的通报装置按照利用光信号或者涉及应用电而分为两大类。前一类在实用上明显地较为重要,因此,这里将首先加以考查。

十七世纪里已经提出了一些向远方通情报的方案,它们极其巧妙,但并不切实可行。其中最值得一提的是罗伯特·胡克在1684年提出的一种(W. Derham:*Philosophical Experiments and Observations of Hooke*, 1726, pp. 142 ff.)。胡克的计划是,竖立一个高耸的木杆,上面悬挂一些约定的符号,它们用木头凿成,轮廓鲜明。这些字母平时掩盖在一个屏后面。不过,它们任何一个均可使之进入视野,只要拉动系于它的绳索即可。这些符号按照一种约定的密码表示字母表中的字母,为了保密,密码可不时改换。十八世纪里提出的几种类似建议,包括阿蒙顿提出的那种,都表现出胡克思想的影响。但是,高效通讯装置的实际制造的先驱是法国人克洛德·夏普(1763—1805)。大约在法国大革命时期,夏普和他的兄弟们开始做通报实验。暴民敌视这种实验,毁坏他们的装置,威胁他们的生命。但是,他们仍努力不懈。1792年,克洛德·夏普向国民议会递交了一份切实可行的计划。翌年,国民公会命令进行这种通报试验。当1794年这些试验圆满完成时,建661立了一条连接巴黎和里尔的通报链。用这种新颖通信手段传送到首都的第一个消息是,从奥地利人那里捕获了魁诺(而不像通常所说的那样是孔代)。夏普的通报装置是一根约15英尺高的竖直杆。这杆的顶端装有一根横梁,约14英寸长,以其中心为支枢。因此,借助绳索可使这横梁同这支承杆构成任意所希望的角度。这横梁每一端各有一根约6英尺长的臂,它们也能同横梁长度成任意角度。这些任意角度限制于45°和90°。但即便如此,这装置所能采取的构形的数目仍足以用一种特殊指号来代表字母表的每个字母,绰绰有余。这些通报装置设立在山顶上,以便形成一条链。每一装置都处于其邻近装置的视野之中。一个站上示出的信号在下一个站上用望远镜观察并加以重复。消息一个字母一个字母地表达,这些指号必须唯有发射站和接收站能理解。通报线路很快在全法国建立起来,它们在大革命的战争中发挥了作用。夏普的胜利招致了极大嫉妒。他惨遭敌手的残酷迫害,遂不得不自杀,时年42岁。他的兄弟伊亚尼斯·和皮埃尔·夏普继承他的事业,继续经营通报服务。其间,法国通报的成功刺激其他国家也兴办这种事业。在英国,机械师和教育改革家理查德·洛弗尔·埃奇沃思(1744—1817)发明了一种通报系统,它不同于夏普的。他在年轻时读到胡克的方案时,就已注意起通报技术。后来,他参加了一种打赌,看谁第一个在伦敦说出纽马克特一次赛马的优胜者的名字。他押下了一笔赌注,遂寻思在赛马场和伦敦之间设立一条临时通报线路。当他向对手们警告说,他“不依靠马的速度和力量取得所需情报”时,他们便取消了打赌,因而这计划也就告吹(参见 *Memoirs of Richard Lovell Edgeworth*, 3rd ed., 1844, pp. 90 ff.)。然而,埃奇沃思实际上早在 1767 年就已进行过短距离通报实验。他那以此方式传送国家重要情报的成熟方案于 1795 年发表于《爱尔兰皇家学院学报》(*Transactions of the Royal Irish Academy*)(Vol. Ⅵ)。1803 年,埃奇沃思定居爱尔兰。那时,在他鼓动下,建立了一条连接都柏林和高尔韦的通报线路。埃奇沃思的通报装置包括一根三角形指针,它装在一根立柱上,能像钟的指针那样绕其转动。这指针绕完整圆周有八个相继定位,间隔 45°,它们相应于数 0、1、2、3,等等,直到 7。只要一个接一个地装设四根这种指针,使它们相应于逐次小数位,就可表达直至数千之大的数(除了那些包含 8 或 9 的数而外)。每个数均可用来代表某个字母、语词或者完整句子,这样,就可秘密而又迅速地传送信息。另一种英国通报系统中,变换由一些闸板作出,每块闸板以宽面或外缘对准观察者。英国海军部于 1796 年建立的伦敦到多佛的通报系统就是根据这一原理工作的。它能仅花 7 分钟就把信息送过这整个距离。它一直工作到 1816 年。然而,那时光通报已开始成为**臂板信号装置**的标准形式。它乃由几块(通常是一副)活动臂板组成,每块臂板以其一端固定于一支枢,后者位于一根立柱的顶端,每块臂板均能藉取不同相对方向来表示不同字母,一如钟的指针表示一天的不同时间。

662

十八世纪中叶，大量进行放电通过长长导电线路的实验（例如沃森和L.G.勒莫尼埃的实验）。这提示了利用电来快速远距离传输信息的设想。最早的电报方案似乎包含在1753年2月1日的一封信中，它发表在那年的《苏格兰人杂志》（*Scots Magazine*）（Vol. XV，pp. 73 ff.）上。这封信署名为伦弗鲁的"C. M."。据认为他是查尔斯·莫里森，一位外科医生，出生于格里诺克，最后迁居弗吉尼亚。他的建议的实质，最好用下面从这信中摘录的话来说明："让……一组电线（根数等于字母表中的字母）水平地伸展在给定两个地方之间，它们彼此并行，每一根与下一根的距离约1英寸。每隔20码处，用玻璃或宝石黏结剂将它们固定于某个坚实物体，既防止它们触及地面或任何别的非带电物体，也防止它们因自身重力而断裂。让电枪筒"（摩擦起电机的原导体）"同电线端末相垂直地放置，并位于它们下面1英寸的地方。再将电线固定在一块坚实的玻璃上，位置离开端末6英寸。使它们那从这玻璃到起电机的部分具有足够的弹性和韧性，能在同枪筒接触以后仍恢复到原来位置。靠近支撑玻璃的地方，让每根电线悬挂一个球。在球下面约六分之一或八分之一英寸的地方，放上字母，字母写在纸片或任何别的轻物质上，它们能上升到带电球上。同时，经巧妙的设计，每个字母在跌落时都能重又正确回到原来位置上。"显然，这些电线在两端均装备有一台摩擦起电机、球和字母，因为"C. M."继续写道："这一切都如上所述制作齐备之后，并在预定的时刻，我开始以此方式同我的远方朋友交谈。在像通常实验里那样启动起电机之后，假定我准备发出语词Sir[先生]。我用一块玻璃或任何别的electric perse[绝缘子]敲打电线*S*，使它同枪筒接触，而*i*，而

r,方法完全相同。我的通信者几乎在同一时刻观察到这几个字依次上升到处于电线他那里一端的带电球,"当消息发完时,这朋友能够进行回答。"C.M."还描述了这种设备的另一种形式:火花从这些电线跳到带有字母的铃,使它们发生响声。这是后来在电报技术中应用火花和铃的先声,十分令人感兴趣。然而,并没有迹象表明,这位著作家实际**制成过**一台电报装置。这最早似乎是瑞士物理学家G.L.勒萨热(1724—1803)做到的。在他那于1774年装设在日内瓦的设备中,各通信站使用24根加绝缘的金属线,每一根相应于一个字母。在发送端,这些电线固定于一台摩擦起电机的原导体,而每根电线的另一端(在接收站)悬吊一对木髓球。为了发出一个给定字母的信号,沿相应电线发送一个电荷,使远端的木髓球可见地偏向。在一封1782年6月写给普雷沃的信中,勒萨热声称,他在30到35年以前就已发明了电报装置。在这种设备的原型中,电荷沿电线的通过似乎由金箔片的吸引指示(参见Moigno:*Traité de Télégraphie Electrique*,1852,p. 59 f.,那里引用了普雷沃的信)。洛蒙在1787年发明了一种比较简单的电报装置,只应用一根通信电线。木髓球验电器逐次偏向的数目指示不同的字母或句子(Arthur Young:*Travels in France*, Vol. I, p. 979,4th ed.,1787)。十八世纪末年发明的几种电报装置中,字母在接收端的指示乃利用火花的通过而不是木髓球的偏转。作为这种电报的一个典型例子,我们可以举出罗伊泽或赖泽发明的那种,他于1794年在福格特的《物理学最新成就杂志》(*Magazin für das Neueste aus der Physik*)(Bd. Ⅸ,p. 183 f.)上说明了它。保持通信的各个站用一些加绝缘的地下电线连接,每个字母用一 664

对。在每个站,每对电线的端末连接到一根单独的锡箔带,后者黏合到一块玻璃板上,并标有相应的字母。然而,锡箔在电线接触点之间中央对直通过,以便提供火花隙。于是,相应于每个字母,都有一条导电线路延伸在这两个站之间,并且每个站都有一个火花隙。为了发出一个给定字母,只要让一个莱顿瓶从发送站通过适当线路放电,注意火花在接收站通过哪个火花隙。这位发明者写道:"我在家里坐在我的起电机前面,向马路对面的某人口授一封他为自己写的完整的信稿。"作为一种呼唤通信者的手段,罗伊泽建议在线路的每一端设置一个带有爆炸性气体混合物的容器,这气体可用从另一端发送来的火花随意引爆。西班牙用类似线路进行工作的电报是贝当古和萨尔瓦引入的。可以说,随着罗纳德的设备于1816年发明,用摩擦电通报的时代也就结束。但是,直到1837年,在发现了伏打电流的电磁性质之后,电报的巨大潜力才开始得到实现。

(参见 I. U. J. Chappe: *Histoire de la Télégraphie*, Paris, 1824; F. Gautier: *L'Œuvre de Claude Chappe*, Paris, 1893; F. Moigno: *Traité de Télégraphie Electrique*, Paris, 1852; R. Sabine: *The History and Progress of the Electric Telegraph*, 2nd ed., 1869。)

(十三)其他

为了结束我们对十八世纪技术成就的介绍,我们只要再记述几项比较孤立的发明或改良,就可以了。因此,我们在本节打算论述包括下列诸项的一个杂类:(1)一种改良的油灯;(2)煤气照明;(3)改良的造币技术;(4)拷贝机;(5)桥秤和(6)风车通风装置。

665

一种改良的油灯

十八世纪油灯用的灯芯是扁平的、暴露的,也不浸渍。因此,油灯的烟十分浓,气味很难闻。约在 1780 年的某个时候,一个名叫 F.P.A.阿尔冈的瑞士人发明了一种新颖的油灯。这种灯有一根管状灯芯,因此,空气能进入它里面;还有一个玻璃烟囱,它提供了一条竖直的通风道。结果,灯更明亮,而烟少了。这位发明者试图在英国开发他的发明,曾为此同博尔顿联系。但是,由于他无意之中违犯了某些法律上的专门条文,因此,未能获得专利权。他于 1787 年死于贫困,但他的发明还是逐渐得到普遍应用。(参见 H. W. Dickinson:*Matthew Boulton*,pp. 127 ff.)

煤气照明

十八世纪末年,威廉·默多克(他的其他工作已在前面提到过)做了把煤气用于照明的实验。

初次实验是在 1792 年做的,当时他在康沃尔的雷德鲁思。他的设备由铁曲颈甑和镀锡的铜管和铁管组成,煤气经过这些管子通到相当远的距离,在那里点亮,煤气并在中途的几个点上通过各种形状和尺寸的孔。煤气通过水。还采取了一些别的措施,以便净化煤气。他用各种不同的煤做实验,发现“烛煤”最适用于照明。1798 年,他在博尔顿和瓦特的索霍铸造厂制造一台较大型的设备,在许多夜晚都用煤气照明主楼。1802 年,在公众庆祝同法国媾和时，索霍制造厂用煤气照明。这次显示对这新发明起了一定的宣传作用。此后，索霍铸造厂再也不用别种人工照明。不过，它的第一次盛大机会是在1807年，那年菲利普斯和李的曼彻斯特碾磨厂"极大规模地"装设煤气照明装置。配备的灯头数目达904。每年的费用估计为650英镑，而"如果应用蜡烛"，则费用为3000英镑。（参见 *Phil. Trans.*，1808，pp. 124—132，默多克的一篇论文。）1808年，默多克因他的发明被授予皇家学会的朗福德勋章。

改良的造币技术

十八世纪的大部分时间里，钱币仍用手工硬模压制铸造。这种钱币都不精确，供应也不充足，令人失望。因此，造假币的人跃跃欲试，尽管罪犯常被处以极刑。将近十八世纪末的时候，博尔顿对这个问题发生兴趣，产生一个想法，即利用蒸汽力来制造大量十分精确而一致的钱币，使仿制变得很困难。在技艺高超的模具制

666

图329—索霍造币厂

造者的协助下,博尔顿很快实现了他的想法,索霍造币厂(图 329)向英国和几个外国政府供应大量钱币。这项成就给他的朋友伊拉兹马斯·达尔文留下了深刻印象。我们得感谢达尔文提供如下记述。"博尔顿先生最近在伯明翰附近的索霍地方建造了一台极其壮观的造币设备,这使他花费掉了几千镑。整台机器由一台改良的蒸汽机驱动。它滚轧半便士的铜币,比以往造币时滚轧铜更为精细。它操纵切断器或螺旋压机压出圆形铜件。钱币的两面和边沿同时铸造,工艺极其精良而又廉价,标记用十分强力的机械加工,结果完全根绝了私下假冒,因此,从刽子手那里拯救了许多人的性命。这一事实值得一位部长大人予以重视。如果说在罗马给保护公民生命的人授予市民花冠,那么,博尔顿先生理应被戴上栎树叶花环。运用这机械,四个十或十二岁的孩子能在 1 小时里冲出三万畿尼,这机器自己始终准确无误地计算所压出的钱币的数目。"(参见 H. W. Dickinson:*Matthew Boulton*,Ch. Ⅶ。)

拷贝机

整整一个世纪里,复印手写信稿用的拷贝机一直是每个办公室的一项习见的和必不可少的设备。要是列为一项相传动产,那今天在许多老商行里或许还保留着它。它是詹姆斯·瓦特发明的——只不过是这个发明天才的"工厂里一件小玩意儿"。作为博尔顿的合伙人,瓦特自然必定有大量业务信函往来,而他也必须把它们复制下来,以备日后参考。他经常离开索霍制造厂,到科尼什或别处去规划或监督蒸汽机的安装,其间,他没有办事员协助。这样,由于亟望避免浪费时间和令人厌烦的抄写工作,他遂于 1779

667

年发明了混合阿拉伯树胶或糖和他的墨的方法。把未上浆的薄纸压在一份手写信稿上，用这种墨湿润这纸，于是，就得到了印象，只要把薄纸翻过来，就可容易地阅读。当瓦特把这主意告诉合伙人博尔顿时，后者照例认识到它的实用可能性。他设计了便于应用这项新发明的一种滚压机。后来，他又代之以一种螺旋压机，而这成为拷贝机的标准形式。(上引著作，pp. 104 ff.)

桥秤

像前面四项发明一样，桥秤也同博尔顿有一定联系，因为它的发明者约翰·怀亚特这位伯明翰机械师似乎在作出这发明之后，曾一度受雇于博尔顿。不过，这次同博尔顿的关系十分小。桥秤约在1741或1744年发明，在这之前，重的负荷只能应用十分笨重而又麻烦的提秤。在这种情况下，加载货车的秤量是一件十分讨

图 330—怀亚特的桥秤

厌的事情。怀亚特根据复式杠杆原理建造他的桥秤。他的这种平台秤量机今天仍普遍用于迅速秤量重载荷,不过在细节方面已有了许多变化(图 330)。

风车通风装置

虽然"启蒙运动"在十七世纪起源于英国,但在十八世纪那里仍要对光和空气征收窗户税。任何种类住宅或建筑物包括医院和监狱,每一扇窗户均得付税。结果,窗户因而空气和光都厉行节约。监狱(它们大都成为狱吏的摇钱树)的境况是骇人听闻的。富有发明才能的斯蒂图芬·黑尔斯遂致力于发现某种给建筑物尤其医院和监狱通风,同时又不增加窗户税费用的方法。(黑尔斯关于呼吸和蒸腾作用的那些机巧实验,前面已在关于植物学和动物学的两章里介绍过。)他终于发明了风车通风装置,它安装在好些监狱里造福囚犯,他们的死亡率据说因此而锐减。图 331 是从伦敦博物馆里的一张图片复制的,它示出的风车通风装置乃于 1752 年由伦敦商界市政官下令装设在新门监狱的所谓迪克·惠廷顿门的屋顶上面。

图 331—黑尔斯的风车通风装置

668

第二十八章　心理学

十八世纪的心理学表现出成为一门独立经验科学的明显趋向。出现了一些论述各种心理学问题的著作，它们丝毫不包含哲学的或神学的讨论。甚至那些把自己的哲学建立在心理学的基础上的著作家也本着严格的经验精神从事心理学工作。在贝克莱和休谟那里，情形尤为如此。因此，完全可以把心理学同十八世纪的哲学分离开来，尽管并不总是可以把哲学同心理学分开。

十八世纪心理学最显著的特点是，它兴趣广泛。几乎心理学的一切分支——分析心理学、生理心理学、比较心理学、社会心理学和变态心理学中都开展了工作。还尝试了把心理学理论应用于艺术、教育和政治问题中。此外，这一时期心理学家的著作中，还出现了很多相竞争的方法和观点——内省描述对思辨假说、无灵魂的原子论联想心理学对有能动灵魂的整体说心理学，如此等等。

十八世纪的主要心理学著作家是贝克莱、休谟、哈特莱、沃尔夫和特滕斯。不过，许多其他人也对这门学科作出了一些有意义的贡献，本章将提到其中几个。

一、英国心理学家

贝克莱

乔治·贝克莱(1685—1753)出生于爱尔兰基尔肯尼郡的戴塞特堡。他的父亲是海关官员,母亲是魁北克望族沃尔夫将军的表妹。乔治在基尔肯尼中学和都柏林三一学院受教育,最后当上了三一学院的研究员和指导教师。1709年,他发表了他的最重要心理学著作《视觉新论》(*A New Theory of Vision*)。1710年,他出版了他的主要哲学论著《人类知识原理》(*A Treatise Concerning the Principles of Human Knowledge*)。1713年,他辞去了在都柏林的教职,去到伦敦,在那里发表了他的《原理》的姐妹篇也即《海拉斯和菲洛诺斯的三篇对话》(*Three Dialogues Between Hylas and Philonous*)。他在伦敦见到了许多人,包括爱迪生、蒲伯、斯蒂尔和斯威夫特。斯蒂尔曾引他进宫朝觐安妮女王。同年,他就任西西里国王维克托·阿马德欧斯的特命全权大使的彼得巴勒勋爵的牧师和秘书。于是,贝克莱有了一个国外旅行的时期。他于1720年返回英国,1724年就任伦敦德里教长。但是,他没有休止,设想在百慕大群岛建立一所

图332—贝克莱

669

学院。凭着沃波尔等人的资助允诺，贝克莱于1725年动身去执行使命。他空等了三年，未见诺言兑现，遂返回祖国。他从那里的美洲土著学到的东西之一是焦油水的药用，而如第十九章里已介绍过的，他在1744年发表的一部著作中宣扬了它。1734年，他当选克罗因的主教。他在于1752年退休到牛津之前一直担任此职。1753年，他死于牛津。（参见 A. C. Fraser：*The Life and Letters of George Berkeley*，Oxford，1871 。）

贝克莱对心理学的贡献全包括在他的《视觉新论》之中，虽然他的其他著作也包含心理学的讨论。《新论》的首要目标是"表明，我们用视觉感知客体的距离、大小和情境的方式"（§1）。贝克莱认为，关于客体的距离、大小、相对位置和运动的知识，首先是从触觉的经验得到的，但是，如此从触觉得来的教训同伴发的视觉极其密切地相"混合"，以致我们似乎直接**看到了**以往相关的触觉经验仅仅间接暗示了的东西。这种"混合"在今天更经常地称为"复合"或"融合"，在心理学中相当重要。严格说来，贝克莱不是这个思想的创始者。它是由威廉·莫利纽克斯（都柏林三一学院的指导教师）提出的，他写信告诉了洛克。洛克接受了它，并在他的《人类理智论》中简单地用一段话（Book Ⅱ，Ch. Ⅸ，§8）加以解释，而《视觉新论》引用了这段话（§132）。然而，贝克莱最早详尽地阐发了这个思想，并使之流行起来。贝克莱对心理学作出的另一个贡献，是他强调对心理过程作内省研究。他始终"诉诸人的经验"，他拒斥任何所谓的知觉，"只要我自己意识到没有这种东西"（§12）。

贝克莱在论述视觉心理学时，首先说明某些当时流行的观点。

首先是这样的观点：沿视线的距离实际上不可能看到。“因为，距 670 离是一条端末朝向眼睛的线，它仅仅把一个点投射到眼睛的基底——无论距离是长是短，这点总是保持相同”（§2）。贝克莱不加讨论地接受这一观点。其次，他引述了这样的观点：“我们对相当远的客体的距离所作的估计，不是出于感官的活动，而是根据经验作判断的活动。例如，当我感知许多中间客体……而我已经验到过它们处于相当大空间中时，我于是作出一个判断或结论：我看到的在它们以远那个客体处于距离很远的地方。再如，当一个客体显得又模糊又小，而它在我近距离地经验到时曾表现出又大又清晰的形象的时候，我立即得出结论：它十分遥远”（§3）。贝克莱又未表示异议。接着，他转到讨论距离知觉的几何学解释。按照这些解释，一个被感知客体的远近，视在客体处同时形成的诸光轴所构成的角的大小而定，或者视从这可见客体到达眼睛的那些光线的发散程度而定。贝克莱拒斥这些解释，因为“这些线和角……本身根本不会被感知到，任何人要告诉我，我知觉到某些线和角，它们把各种距离观念引入我的心灵，都将是徒然的，只要我自己意识到不存在这种东西”（§12）。其实，贝克莱并不认为，这些线和角全然无关。他承认，它们决定了眼睛的必要调节，而这些调节引起藉以判断被看见客体距离的感觉。但是，我们正是藉助这些对紧张、混乱等等的**感觉**来判断距离。“如果我们不是始终**感到**，眼睛的各种**倾向**所引起的某些感觉、伴随着一定的距离，我们就绝不会根据这些感觉作出关于客体距离的即时判断”（§20）。然而，甚至那时感觉也不会独自产生对距离的感知，而不借助以前的相关触觉经验。按照贝克莱的意见，这个问题的真实情况如下：“由于长时间地经验到可由触觉感知的、某些观念(像距离、触知形象和坚实性)同某些视觉观念相联系,我在感知这些视觉观念时,便当即推断出,哪些触知观念……会产生。”但是,“视觉真正感知的不是距离或处于一定距离的事物的本身或它们的观念”(§45)。贝克莱援引比较明显的声音事例来说明他的理论。距离不可能听到。不过,“根据噪音的变化,我感知马车的不同距离”,因为,我以往观察过声音变化和距离变化的相互关系。

671

我们实际看见的,无非就是光和颜色。客体的大小、形状、距离和运动是借助同视觉截然不同的触觉领会的。然而,经验把触觉变化同视觉变化交织或混合起来,以便使视觉包含相关触觉的意义。“从视见观念到触知观念的转移十分迅速、即时,感知不到,因此,我们禁不住把这些观念视同直接的视觉客体”(§145)。恰当的视觉实际上被吸收在它们与之相混合的触觉之中,这是怎么发生的呢?贝克莱对这个问题给出一个实用的回答。“物体对我们的感官直接施加作用,由此而带来的坏处和好处完全取决于客体的触知性质,而同其视见性质毫无关系。正因为这个简单的道理,所以,我们远为看重前一类性质。而且主要也是为了这个目的,视觉器官似乎才赋予动物,也就是说,动物借助视见观念的知觉(视见观念本身不能影响或改变动物躯体的结构)或许能够预见(根据它们已有关于哪些触知观念同这种或那种视见观念相联系的经验),它们自己躯体作用于远处某个躯体时可能会产生损害还是益处。因此,当我们看一个客体时,主要注意它的触知形象和广延;其间很少在乎视见形象和大小,而后两者虽然比较直接被感知,但不会明显影响我们,不能在我们躯体中产生任何改变”(§59)。

贝克莱认识到，如果他的视觉理论是正确的，那么，一个生来盲目、后来才获得视力的人起先将不可能用视觉判断客体的距离、形状、大小、位置和运动，因为他还没有为把他的触觉经验同新的视觉经验相混合所必需的经验。莫利纽克斯也已表达了同样的意见，尤其强调了事物的形状。贝克莱引用了像洛克的《人类理智论》中所记叙的他的这个见解。所以，这里有一个证实他的假说的机会，即研究最后获得视力的盲人实例。不过，贝克莱看来没费多少事或者根本没有费事就获得了必需的信息。他后来援引的仅有的两个实例〔也即在《视觉新论》第2版的附录和《视觉理论的证实》(*The Theory of Vision Vindicated*)(1733年)的§71之中〕672 是，一个见诸1709年8月16日《闲谈者》，一个见诸1728年《哲学学报》(第402期)。两者都是给天生盲目者成功施行白内障摘除外科手术的病例。按照《哲学学报》的说法，当病人初见光明时，“他远不能作出任何关于距离的判断，以致他认为，一切客体都触及他的眼睛。……他不知道任何东西的形状，也不知道两个在形状或大小上不同的东西。”贝克莱自然认为，这两个病例证实他的理论。

这里还可以简短论述一下贝克莱另一个有心理学意义的地方，也即他的“意念”(“notions”)理论。这个理论是在他驳斥一般的和抽象的“观念”(“ideas”)的过程中形成的。他说的观念是指知觉、记忆和表象。然而，他认为，必须承认，事实上必须坚认：甚至没有这些，知识也是可能的，也即藉助所谓无表象思维或概念，知识也是可能的。“我们可以说具有关于我们自己心灵、精神和能动事物的某种知识，而关于它们，我们在严格意义上没有观念。同样，我们具有关于事物或观念间关系的知识和意念——这些关系不同于有关的观念或事物，因为我们能够在未感知关系的情况下感知观念或事物”(《人类知识原理》，§89)。前人已经强调过表象和意念间的区别。例如，斯宾诺莎强调具有上帝的**观念**和具有上帝的**表象**之间的区别(A.沃尔夫编：*The Correspondence of Spinoza*，Letter LⅥ，pp. 289，453)。“观念”这个术语那时和现在仍然常常在“概念”或“意念”的意义上使用。不过，为了认识这类观念或意念而提出的那些心理学问题不得不等到很久之后才得到充分研讨。(参见 A. C. Fraser 编：*The Works of George Berkeley*，Vol.I，Oxford，1871。)

休谟

戴维·休谟(1711—76)出生于爱丁堡。他在爱丁堡大学就学，但未获取学位。十七岁那年，他一度学习法律，但又中辍。后来他尝试经商，可是也半途而废。他的母亲说他“气质高尚而又温厚，但出奇地意志薄弱”。实际上，他潜心著作生涯，对家庭给他安排的生涯不感兴趣。在从父亲那里继承了一笔钱之后，休谟决定去法国一个隐蔽地方埋头做学问，甘愿为此“厉行节约，以弥补钱财的不足”。他在拉弗莱什完成了他的《人性论》(*Trea-*

673

图 333—休谟

tise of Human Nature)，并于1739—40年出版。他不满足于它受到读者大众的欢迎。为了使他的哲学传播更广，他在1751年又发表了《人性论》的简写本，这就是《人类理智研究》。然而，《人性论》使他同亚当·斯密结下了终生友谊。其间，休谟于1741—2年匿名发表了他的《道德和政治论文》(*Essays Moral and Political*)，该书立即获得成功。1746和1748年，他陪同圣克莱尔将军执行几次外交使命。1751年，他发表了《道德原则研究》(*Inquiry Concerning the Principles of Morals*)，翌年发表了他的《政治谈话录》(*Political Discourses*)，就任爱丁堡大学法学院图书馆员。他的《英国史》(*History of Great Britain*)第一卷于1754年问世，《自然宗教史》(*Natural History of Religion*)于1757年问世。1763年，他就任驻法大使，赫特福德勋爵的秘书，其间同卢梭结为朋友。1767年，休谟任国务副大臣。两年以后，他返回爱丁顿，在那里，他和他的妹妹成为名流社交界的核心。在生平最后一年里，他撰著了一篇简单的自传《我的一生》(*My Own Life*)。他的《自然宗教对话录》(*Dialogues on Natural Religion*)于死后出版。

休谟写作《人性论》的宗旨在于也给人性做如同他已对物性所做过的那样的工作。为此，休谟想比贝克莱本人更严格地遵循他的观察方法，并且更加尊重牛顿的hypotheses non fingo〔我不作假说〕。人类经验的各主要类型和人类经验相关联的各条规律均应严格按照观察加以列举和描述，凡是不能观察到的东西均应排除在外。于是，休谟抛弃了**灵魂**和**自我**，因为当他最深入地进入他自己之中时，他所能观察到的，“无非是一束或一堆彼此相继的不同知觉，仅此而已”(Boo I ,Part IV,Section VI)。因此，关于灵魂及其能力，没有什么可以说的。经验心理学的本份是描述不同种类的知觉以及使它们“成束”的相互关联规律。当然，休谟不可能完全避免使用“心灵”、“自我”或者“灵魂”之类术语，不过，他用它们仅仅是指一束知觉。他的心理学本质上是一种没有灵魂(就这个术语的通常意义而言)的心理学。

休谟这样开始给心理经验开列目录：“人类心灵的全部知觉分为两个不同种类，我称之为**印象**和**观念**。两者的区别在于它们作用于心灵和进入我们思维或意识的力度和活泼程度。以最大力量和暴力进入的那些知觉，我们可以称之为**印象**；我用这个名称理解我们一切的感觉、情感和情绪，因为它们在心灵中造成最初表现。我说的**观念**意指这些东西在思维和推理中的模糊表象”(I,I,§I)。休谟继续说，知觉还可按另一种方式分类，即分为**简单的**和**复合的**两类；前者不能再分析，而后者可以分成部分。

他然后考察了各种知觉的性质和关系。“我瞥见的第一件事实是，我们的印象和观念除了力度和活泼性之外，在一切细节上都极其相似。一者似乎是另一者的按某种方式的反映。因此，心灵的一切知觉都是双重的，兼而表现为印象和观念两者。当我闭上眼睛思索我的房间时，我形成的观念精确表示了我感觉到的印象。”无疑，简单知觉的确如此。“每个简单观念都有一个与之相像的简单印象；每个简单印象都有一个相应的观念。我们在黑暗中形成的红色观念和日照下给我们眼睛的印象两者只在程度上不同，而没有性质的差别”(同上)。在复合知觉的情形里，这条规则不是普遍有效的。不过，“我们的复合印象和观念两者通常非常相像”,因为,复合知觉由简单知觉组成。可是,印象和观念,哪一个先产生呢?休谟回答说,“我们的一切简单观念的最初表现来源于同它们相对应的、由它们精确表示的简单印象。”这为下述事实所确证:天生的盲人或聋子不仅丧失了光和声的印象,而且还丧失了相应的观念(同上)。休谟补充说:“像我们的观念是我们印象的表象那样,我们也能形成二次观念,而后者是一次观念的表象”;但是,因为这些观念“来源于印象,所以现在仍旧确然的是:我们的一切简单观念都或者间接或者直接地来自它们的相应印象”(同上)。

休谟区分两种印象,也即**感觉**的印象和**反省**的印象。“第一种由于不明的原因而原发地产生于灵魂。第二种在很大程度上导源于我们的观念,因此是次级的。一个印象首先作用于感官,使我们感知热或冷、渴或饿、乐或苦。……心灵摄取这印象的一个摹本,而后者在印象终止以后仍保持着;我们称这为观念。这观念……产生欲望和厌恶、希望和恐惧等新的印象,而这些可恰当地称为反省印象,因为它们产生于反省。它们又为记忆和想象摹写,从而成为观念;而这些观念可能又引起其他印象和观念”(I,I,§II)。在记忆时,观念在相当程度上保留了原始印象的活泼性,并遵循同样的次序,而在想象时,观念失去了这活泼性,并不限制于和原始印象相同的次序和形式,而可以变化和调换。复合观念正是通过这种变化和调换而由简单观念形成(I,I,§Ⅲ)。 675

休谟没有详细讨论简单印象或简单观念,而是直接就说明那些决定着复合观念之从简单观念形成的相互关联规律。在这样做时,他像是“联想主义心理学”的先驱。亚里士多德就已提出了观念联想律,包括洛克和贝克莱在内的许多人利用了这一学说。贝克莱新的“混合”理论仅仅是“联结”联想的一个特殊情形。然而，休谟对联想的运用不仅在细节而且在根本上都不同。因为，他不认为，联想是对心灵综合活动的补充。在抛弃了灵魂及其自发活动之后，休谟回过头来又把联想律当作这些活动的替代物，以便用它们而且仅仅用它们解释观念的次序和联系。在休谟看来，联想在观念世界中的功能犹如物理世界中的万有引力。“如果观念完全分散而互不联系，那么，只有机遇连接它们。因此，这些简单观念就不能规律性地形成复合观念（像它们通常的情形那样），如果没有某种连结它们的结合力，没有一个观念藉以自然地引起另一个观念的某种联想性质的话”（I，Ⅰ，§Ⅳ）。

休谟提出三条联想律，即相似律、接近律和因果律，前两条同亚里士多德的相同。“这种联想所由产生的、心灵藉之按此方式从一个观念传到另一个观念的性质有三种，即**相似**、时间或空间上的**接近**以及**原因**和**结果**”（同上）。在休谟看来，它们在从一个观念引向另一个观念上所起的作用是那么明显，以致他认为不必加以证明；他只想注意它们的广泛应用。“为了能够了解这些关系的全部676 范围，我们必须注意，不仅当一个客体和另一个客体极其相似、接近或者是它的原因时，而且当两者之间又介入第三个客体，而这个客体对那两者都具有这些关系中任何一种时，这两个客体都在想象中联系在一起。这联系可以延续到很远，虽然我们同时还看到，每一步推移都将大大削弱这关系”（同上）。休谟没有打算解释联想律，而认为，它们仅仅是对所观察到的规律性的描述。他说：“这是一种**吸引作用**，它在精神世界中正像在自然界中一样，产生同样奇特的效应，并且表现于同样多、同样变化多端的形式之中。它的效应处处都表现得很明显。但是，它的原因现在基本上还不知道，必须归结为人性的各个**原初**性质，而我不妄想解释它们。一个真正的哲学家必须具备的条件，无非是要约束探究原因的奢望，而在依据次数足够多的实验〔即经验〕建立起了一个学说之后，就应当对之感到满足，这时他看到，更进一步的考察将使他陷于模糊和不确实的思辨之中"(同上)。休谟的心理学最强烈不过地表现出经验性质。

在转到考察复合观念时，休谟区分开三类，也即**关系**、**样态**和**实体**。

关系有两类，即**自然的**和**哲学的**。观念的自然关系有相似、接近和因果等，如上所述，借助它们，"两个观念在想象中联系在一起，一个自然地引起另一个。"哲学关系产生于对观念作任意的比较，不同于观念的自然联想。休谟列举了七种哲学关系，即相似、同一、时间和空间关系、数量或数目的比例、任何性质的程度、对立和因果(I，I，§V)。将可看到，这些关系有的既是自然的又是哲学的。

休谟关于样态和实体的观念如下所述："正如样态观念一样，实体观念也无非是**由想象结合起来的**简单观念的集合体，我们给予这些观念一个特殊名称，从而可以向自己或他人提起该集合体。可是，这两个观念间的差别在于，构成一个实体的那些特殊性质……据认为通过接近和因果关系而密切地和不可分离地相联系。因此，无论哪一个新的简单性质，只要我们发现它同其余性质具有这种联系，就立刻可以把它列入这些性质之中。……这条认为结合是复合观念之主要部分的原则接纳任何一个后来出现的性

质，而且这条原则像对待其他最初出现的性质一样地对待这性质。”（I，L，§Ⅵ）

“样态所由构成的简单观念并不表示由接近和因果结合的性677质，而表示分散在不同主体之中的性质；或者，即使这些性质全都结合在一起，那这条结合原则也并不被认为是这复合观念的基础。舞蹈的观念是第一种样态的例子；美丽的观念是第二种样态的例子。如果没有像需要一个新名称这类根本性的变更，那这类复合观念便不可能接受任何新的观念”（同上）。

在研讨抽象的或者说一般的观念的问题时，休谟提到贝克莱的观点。他说，它是“最伟大和最宝贵的发现之一”。休谟的观点实质上和贝克莱相同。抽象的或一般的观念“本身是个别的”，不过“一个特殊观念由于被赋予一个一般名词而成为一般观念，这个一般名词由于一种习惯的联系而同许多其他特殊观念结成一种关系，这名词很容易在想象中唤起这些观念”（Ⅰ，Ⅰ，§Ⅶ）。

《人性论》第一卷其余部分主要讨论认识论问题，这些我们放在下面关于哲学的篇章里考察。

《人性论》第二卷研讨情感。正像他区分**原始**和**二次**印象一样，休谟现在也区分原始和二次（派生）情感。痛苦和快乐是原始情感。二次情感有两种，即沉静的和激烈的。对优美或堕落的沉思所产生的情绪是沉静的。钟爱和憎恨、悲哀和欢乐、傲慢和谦卑等情感都是激烈的。情感分成**直接的**和**间接的**两种。直接的情感直接产生于痛苦或快乐。例如，欲望、厌恶、悲哀、欢乐、希望、恐惧、绝望和安心。间接情感产生于痛苦和快乐同其他品质的结合。傲慢、谦卑、雄心、浮夸、钟爱、憎恨、妒忌、怜悯、恶毒、慷慨以及它们的依从者都是间接情感(Ⅱ,Ⅰ,§Ⅰ)。直接情感有原因,但没有对象。间接情感既有原因又有对象。原因就是激发这些情感的东西,对象则是它们所针对的东西。例如,美貌、富有或成就都可激发傲慢,而傲慢以自我作为其对象(§Ⅱ)。休谟对情感的分析细致入微。但是,他的方法基本上始终如一:他把复杂情感分解为比较简单的情感和联想的观念。

休谟不把**愿望**(will)归于情感。他说它“无非是当我们故意使我们的躯体做任何新的运动或使我们的心灵产生新的知觉时,我们所感到和意识到的内部印象”。这印象是某种终极的东西,不能作进一步的定义(Ⅱ,Ⅲ,§Ⅰ)。然而,休谟似乎并不始终一贯,因为他也把“**意志**”(Volition)同欲望和厌恶等等一起归入直接情感(§Ⅸ)。 678

《人性论》第三卷研究道德,同心理学没有特别关系。(参见D.休谟:*Treatise of Human Nature*, T. H. Green 和 T. H. Grose 编,2Vols,1874,等等。)

哈特莱

戴维·哈特莱(1705—57)出生于约克郡阿姆利地方。他的当牧师的父亲送他到剑桥大学耶稣学院攻读神学。但是,青年哈特莱改变了主意,改学医学。他由于爱好数学(他曾从桑德森学习数学)而对牛顿

图 334—哈特莱

的著作发生兴趣。他对牛顿推崇备至，深受其影响。他也研读过洛克的《人类理智论》，约从25岁起就始终不渝地致力于把洛克的观念联想理论同牛顿的（《原理》和《光学》中解释的）振动理论相结合。其成果体现为哈特莱的《对人、他的构造、责任和希望的观察》（*Observations on Man, his Frame, his Duty, and his Expectations*），这部两卷著作发表于1749年，不过显然完成于1739年。第一卷收入哈特莱著作中全部有心理学意义的著述。

贝克莱和休谟都没有注意心理过程中伴随的生理因素。前者的唯心主义和后者的怀疑论使他们没有负起这一任务。然而，哈特莱是一个医学实践家，绝不会忘记"人由肉体和心灵这两部分组成"。除了简单地提及笛卡尔、莱布尼茨和马勒伯朗士等人的哲学而外，哈特莱没有费心探索身—心关系的各种哲学问题，而只是假定神经过程和心理过程相伴生。因此，他的心理学是生理学的，虽然他的生理学基本上是思辨性的。他的联想学说既处理神经过程的联想（"振动"）也处理观念的相关联想。哈特莱主要采取这态度，因而甚至比休谟更透彻地阐发了联想学说，同时又成功地把若干条联想律归结为一条，也即时间上接近（包括同时发生的和相继发生的经验）的联想律。

哈特莱用一系列命题表述他的振动理论，而每个命题都继之以解释和示例。"**脑**、**脊髓**和它们发出的**神经**的白色髓质是**感觉**和**运动**的直接工具"。它也是这样的工具："**观念**藉之呈现给**心灵**……**这髓质**中无论发生什么**变化**，我们的**观念**中也发生相应的**变化**；反之亦然。"这一切的证据见诸"医生和解剖学家的著作"。"给**感官**留下印象的**外部对象**首先在对它们留下印象的**神经**中并且然后在**脑**中，引起微小的……髓质**粒子**发生**振动**。这些振动是相同种类的……前后运动……伴随着发声体微粒的颤动”。“当外部对象给感觉神经留下印象时，它们藉助对象、神经和以太之间的相互作用，在残留在这些神经的孔隙之中的以太里激发振动。”这些以太振动“搅动同步振动的感觉神经的髓质的微小粒子，其方式一如声音中空气振动搅动许多作相应振动或颤动的规则物体。”“如此在以太和感觉神经粒子中激发的振动，将沿着这些神经的路线向上传播到脑”；“一旦这些振动进入脑，它们便开始在整个髓质中自由地向四面八方传播。”“脑的各个相同的内部部分可以按照振动进入神经的方向不同，沿不同方向振动”（*Observations*，Ch. Ⅰ，§Ⅰ，pp. 7—24，1791 年版）。于是，“感觉乃是外部对象在我们躯体各部分产生的印象所引起的那些心灵内部情感”（同上书，Introd.，p. i）。“每一感觉的量主要根据发生在脑的髓质中的振动加以估计，而在脊髓和神经中激发的那些振动都很小……因此，可以忽略不计。”所以，脑可以称为感觉中枢或者灵魂处所。除非神经中激发的运动渗入脑，否则不会产生感觉。不过，哈特莱没有妄自断言：“物质能够被赋予感觉力。”他所力陈的无非是，振动和感觉是伴生的和成比例的，其中一者可以说成是另一者的一个“指数”（或函数）（同上书，pp. 31—4）。

在开始研讨观念及其联想这个问题时，哈特莱写道：“感觉通过屡次被重复而留下自己的某种**痕迹**、**样板**或**表象**，而它们可以称为**简单感觉观念**。”这些观念并非十分简单，“因为它们必定兼具同时存在的部分和相继的部分，就像发生感觉本身的情形一样”（同上书，p. 56）。这种痕迹的某种证据可见诸后象或后觉的存在，后

680 觉也就是“在可感知对象去除后心灵上短暂保持”的感觉。例如，“当一支烛、一扇窗或者任何别的清楚而又轮廓清晰的对象放在一个人眼前相当长时间时，……在他闭上眼睛以后的一段时间里，他仍能感知它们一个十分清晰而又精确的像”(同上书，pp. 9f.)。“看来有理由期望，如果单一感觉能遗留一个可感知的效应、踪迹或痕迹，它持续短的时间，那么，一个感觉重复足够多次，就能遗留一个可感知效应，它和原先的属相同种类，但具有更持久的性质，也即它是一个观念，在隔开很长时间之后，还会由于相应感觉产生的印象而偶然重新出现”(p. 57)。这些痕迹的生理基础说明如下：“**感觉振动**通过屡次被重复而在**脑**的髓质中引起微小**振动**的**倾向**……这些振动在种类、位置和方向线上和感觉振动本身相对应”，但是比较微弱(p. 58)。于是，“任意感觉 A、B、C 等等通过彼此联想足够多**次数**，便获得这样的驾驭相应观念 a、b、c 等等的能力：这些感觉中的任何一者 A 在单独产生印象时，将能在心灵中激发其余观念 b、c 等等。”哈特莱说的感觉联想是指，印象或者是同时的，或者是接近地相继的。联想对观念的影响是那么明显，以致从来没有一个心理学问题著作家忽视这种影响，尽管他可能使用“联想”以外的术语，例如“习俗”、“习惯”等等。观念联想的生理基础这样说明：“任意振动 A、B、C 等等通过足够多次数地被联合在一起，便获得了这样的驾驭相应微小振动 a、b、c 等等的能力：这些振动中的任何一个 A 在单独产生印象时，将能激发其余的微小振动 b、c 等等。”(pp. 65—7)复合观念正是通过联想而由简单观念形成的。哈特莱讨论了复合观念的各种不同形成方式以及它们的各种不同复杂程度。他还指出了情感对联想的影响。“当参与任意感觉和观念的快乐或痛苦很大时，一切属于它们的联想都被大大加速和加强。因为，这种场合激发的振动很快就压倒自然振动，只要有很少几次印象，就会在脑中留下一种对它们自身的强烈趋向。因此，联想将比通常场合更迅速更强固地结合起来。”若干简单观念之联合成一个复合观念，乃受相应的若干简单微小振动之组合成一个复合微小振动控制(pp. 73—9)。

哈特莱十分详细地讨论了各种特殊感觉，并试图表明振动和联想在每种场合里的作用。他然后以同样方式着手研讨更高级的理智过程。判断也即赞同和不同意，“隶属于观念的概念，仅仅是十分复杂的内部情感，而后者通过联想依附于语词束，例如所谓命题。”赞同始自“这命题所暗示的那些观念同……属于真理这语词的那个观念的密切联想”；“不同意与此正相反对。”至于不同意的原因，“一个人所以肯定**二二得四**这个命题的真理性，其原因在于二二这个可见的或可触知的观念同四的观念完全符合，就像各种对象给心灵留下印象一样。我们到处看到，二二和四只是两个用于同一个印象的不同名称。而仅仅是联想把真理这语词赋予……这种符合。”在比较复杂的场合，“我们把用以标示同等事物的名词相互代换，还用名词的符合代替可见观念的符合”(Ch. Ⅲ，§ Ⅱ，p. 324 ff.)。如此等等。 681

哈特莱认为，快乐和痛苦是基本的情感。他力陈，一切心理过程都“有一定程度的快乐或者痛苦参与”。比较可观的快乐和痛苦分为七类，即(1)伴随对外部感觉产生的印象的苦乐；(2)因美丽或畸形所引起的想象的苦乐；(3)因他人关于我们的意见所引起的雄心的苦乐；(4)因我们拥有或欲求幸福手段所引起的自私自利的苦乐；(5)因观察我们同类的快乐和痛苦所引起的同情的苦乐；(6)因我们默祷上帝所引起的虔诚的苦乐；和(7)因沉思道德的优美和畸形所引起的道德感的苦乐。其中第一类称为“可感知的快乐和痛苦”；其余六类称为“理智的快乐和痛苦”。哈特莱精心尝试表明，理智的快乐和痛苦如何通过联想律的作用而从可感知的快乐和痛苦产生。这时，他暂且只字不提振动(Ch.Ⅳ，pp. 416 f.)。这里无需深究哈特莱的观点，只要引用他的意志概念就已够了。他说意志是“当前最强烈的欲望或厌恶”。他还说，既然“一切欲望和厌恶都是……由联想产生的，也即机械地产生的，所以可知，意志也是机械的”(p. 371)。哈特莱认为，这种观点是同自由意志的信念相容的。(参见 D. 哈特莱：*Observations on Man*，etc.，附生平和注释，H. A. Pistorius 编，3Vols.， 1791。)

682

二、大陆心理学家

部分地通过十七世纪里法国流亡者在英国定居和英国流亡者在法国定居，部分地通过十八世纪初伏尔泰的影响，英国科学和哲学在法国以及在瑞士、德国和别的地方读法文的知识分子中间引起了相当大的兴趣。其中一个结果是，英国经验心理学在大陆延续，在某些方面还得到发展。这个领域里最重要的大陆著作家是狄德罗、孔狄亚克、博内和卡巴尼斯。

狄德罗

德尼·狄德罗(1713—84)这位著名《百科全书》(见第一章)的

主编在他的《关于盲人的书信》(*Lettre sur les aveugles*)(1749年)、《关于聋哑人的书信》(*Lettre sur les sourds et les muets*)(1751年)和《生理学基础》(*Éléments de Physiologie*)(?1774—80)中,对心理学作出了一些不大但却很有意义的贡献。如本章前面所已指出的,莫利纽克斯、洛克和贝克莱等人都醉心于关于盲人心理经验的思辨,尤其是关于盲人一旦突然获得视力后视知觉对他们的意义的思辨。然而,这些英国心理学家在分析心理学中并不像在变态心理学中那样,去用心探究显然是重要的问题。狄德罗不顾百务缠身,还是研究了盲人以及聋哑人引起的一些心理学问题,尽管他对这些问题的兴趣不止是科学的。狄德罗遵循培根的经验方法论,认为盲人和聋人可作为否定事例也即对照物,用于对视觉和听觉各自在正常意识中的功能进行富于成果的研究。狄德罗于1751年写道:"打个比方说,我设想,分解一个人,考察他从自己具有的诸感官的每一种所推出的东西。我有时以这种形而上学的解剖自娱。我发现,所有感官中,眼睛最浅薄;耳朵最骄傲;嗅觉最骄奢淫逸;味觉最迷信又最反复无常;触觉最深刻,几乎等于一个哲学家。结成一个社会,如果每个成员都只有一种感官,那将是很可笑的。无疑,他们人人都把别人当作疯子。"这是一种多么奇妙却又多么典型的科学洞见和文学夸张的混合!

狄德罗描述了盲人所特有的一些特性。由于失去视觉,他们的其他感官发展得更为敏锐,而且他们对自己已有的经验有更可靠的记忆。他们能很容易地判断噪音发出的方向,根据声音强度的变化比正常人更好地说出距离的差异。他们根据热的强度的变化,精确地判断火的距离。他们能根据口音很容易地识别不同的 683

人。触觉在他们生活中起着特别重要作用。他们注意根据触觉经验设想不知道的对象。他们的手指之于他们,甚于眼睛之于正常人。当狄德罗试图向一个盲人解释一只眼睛的性质和功能时,这盲人说,这眼睛一定是“这样一个器官,空气对它产生的作用如同这根手杖对我的手的作用”。一个盲人关于事物形状的知识当然是借助触觉和躯体运动获得的;他对这种形状或图形的记忆乃由“他记得的那些触觉”构成。当狄德罗向这个盲人说明一面镜子的性质和功能时,他说,它一定是“一个使事物在离开它们自身一定距离的地方突现出来的工具”,但他感到惊讶,这些突现不像原物那样可以触知。狄德罗对触觉之于盲人的极端重要性,印象极深,因此,他通过一个盲人学者之口说出下述夸张的话:“如果你们想要我相信上帝,你们就必须使我触及他。”不管怎样,他对触觉之于盲人的意义的认识,还促使他提出了一项对盲人教育十分有价值的建议。他指出,虽然我们有了一种适合耳朵的有音节声音的语言,还有了一种适合眼睛的书写符号语言,但是,“我们还没有适合触觉的语言,虽然有一种向这种感觉表达和借助这感觉得到回答的方法。”他继续说:“因为缺乏这种语言,所以,我们和那些天生聋哑盲人的交流就断绝了。他们长大后仍处于愚昧状态。如果我们让他们从孩提时代起就以一种固定的、确定的、不变的和一致的方式了解我们自己,一句话,如果我们在他们手上画下跟我们画在纸上一样的字符,并且始终如一地赋予它们相同意义,那么,或许他们就会获得思想。”这个建议已经结出果实。

在谈到莫利纽克斯、洛克和贝克莱等人讨论的问题,即一个盲人突然获得视觉,但还没有关于视觉印象和触觉印象间相关的长期经验之前，能否**看到**物体形状的问题时，狄德罗说："我认为，一个天生盲人的眼睛初次重见光明时，他什么也看不见。他的眼睛需要一定时间来练习视看。不过，他的眼睛将靠它自己、按它自己的方式而不借助于触觉地这样做。"他补充说："即使这盲人在初次尝试时就能判断坚实物体的突出部，不仅能区分圆和方，而且还能区分球同立方，我还是不认为，对于比较复杂的物体亦复如此。"

684

在狄德罗对盲人的研究所得出的其他结论中，还可以提到下面一个。就一个盲人能触及一个物体的诸部分，从而判定它们的相互配置而言，他是一个优秀的对称性鉴赏家。但是，这种对称性在他身上并不唤起一种美感，而只是一种效用感。由于这个原因，衣服绝不被认为是美的东西，而只是天气寒冷时保暖的工具。此外它们就没有什么意义。因此，不穿衣服，他也很乐意，毫无身体耻辱或难堪的感觉。（参见 *Diderot's Early Philosophical Works*，M. Jourdain 译，芝加哥，1916，pp. 70—137。）

《关于聋哑人的书信》从讨论手势语开始，进而讨论聋哑人在仿效普通语言的时态、语气差异和其他复杂现象时所体验到的困难，然后，便没完没了地讨论语言的起源和发展以及有关的文学问题。它的心理学意义比不上《关于盲人的书信》。然而，《生理学基础》和他载于他的《百科全书》中的一些辞条里，论述了一些附加的心理学问题。像哈特莱一样，狄德罗也强调了心理过程的物理和生理条件。感觉是一切理智过程的原始材料。感觉不是任意的，因为，它们是外部刺激产生的印象，而感觉必定以某种方式同这些刺激相似。恰当的判断和正确的推理以良好的健康为前提。我们循环中的一点点胆汁就可能使我们的观念变得"朦胧和忧郁"，影响我们的整个心灵。记忆起着把某些感觉永久地同意志相联合因而形成我们习惯的重要作用。习惯是生活中的一种节省措施，因为“习惯动作在无反省时比有反省时进行得更好”。习惯解释了有关语言和思维的许多东西。意志的作用也受物理和生理条件控制，而不是灵魂的自发活动。即使人有灵魂，它也只能起一种从属的作用，因为，“当我们发烧或喝醉的时候，灵魂能起什么作用呢？”（参见 *Œuvres Complètes de Diderot*，J. Assézat 编，Paris，1875—77，Vol. Ⅸ，pp. 346—80 和《百科全书》中的辞条 *Sensations* 和 *Liberté*。）

685

孔狄亚克

艾蒂安·博诺·德·孔狄亚克（1714—80）出生于格勒诺布尔，是一个政府官员的儿子。他最初智力相当差，到 12 岁还不能读书，因此被认为愚笨而又顽固。然而，卢梭说他是个“默默成熟的英才”。孔狄亚克在巴黎的一所耶稣会神学院受教育，被委任为牧师，但他看来并不称职。1758 年，他就任帕尔马的斐迪南公爵的私人教师，为他的学生写了十三本书。他是法兰西学院院士，同百科全书派有接触，深受狄德罗影响。不过，他喜欢退隐，回避一切论

图 335—孔狄亚克

争。他晚年同侄女一起在弗鲁克斯度过。他以《感觉论》(*Treatise on Sensations*)(1754 年)而赢得了心理学史上的地位。他的早期著作《论人类意识的起源》(*Essai sur l'origine des Connaissances Humaines*)(1746 年)一书紧紧追随着洛克的《人类理智论》。《感觉论》使他和洛克共有的那个观点达于极致:一切知识来源于感觉。

哈特莱在他《对人的观察》第一部分的末尾提出,"物质如果能被赋予最简单的几种感觉,那么,也能达到人类心灵现在所具有的那种智能"(1791 年版,p. 511)。孔狄亚克的《感觉论》可以说是对这命题的发挥。孔狄亚克做过一些纯粹想象性的实验,当时的心理学家都知道。其中有一个实验,孔狄亚克用一尊塑像来解释他的观点。这塑像最初仅被赋予嗅觉,后来增添别种感觉,一次一种。如孔狄亚克所说,这塑像实际上不是塑像,而是一个具有中枢神经系统的生物,只是一开始仅被赋予嗅觉,其余感觉在这个阶段都蛰伏着,后来按下列顺序次第苏醒:味觉、听觉、视觉、触觉。

因此,起先"我们的塑像局限于嗅觉,它的认识不可能逾越嗅觉的范围"。事实上,如果我们给它嗅一朵玫瑰花,则这塑像将仅仅是"玫瑰花的嗅觉"。这初次嗅觉构成这塑像的唯一印象。"我称这为注意。"另外,这嗅觉一定是快乐的或者不快乐的,因此,这塑像便"开始享乐或者受苦"。然而,"当这发散气味的实体停止作用于感官时,这嗅觉并未完全被遗忘,因为注意把它保持着,并且还在一定程度上保持着对这气味的或强或弱的印象,其程度视这种注意的鲜明度的多寡而定。这就是记忆。"在体验了形形色色快乐的和不快乐的嗅觉,后来又回忆它们之后,这塑像在蒙受一次不 686

快乐的嗅觉时便能回忆起一次过去的快乐嗅觉，反之亦然。这样，产生了欲望或希望以及厌恶或恐惧的经验。并且，这种注意（对过去和现在的嗅觉）实际上是比较，它在于"同时注意两个观念"。"有比较，也就有判断"，因为"判断仅仅是对被比较的两个观念间的一种关系的知觉"。随着其经验的增长，这塑像获得更强的形成新判断和养成新习惯的能力。已受到过注意的各种气味按它们被体验的次序加以保留。记忆是一种观念链，使这塑像能从一个观念过渡到另一个观念，而不管可能相隔多么遥远。然而，记忆有强弱两种强度。我们称它为**记忆**，当它仅仅"按过去回忆事物时；我们叫它**想象**，当它非常有力地回忆它们，仿佛它们历历在目时"。这塑像兼具想象和记忆。想象并不遵循原始经验的顺序，而能按崭新的顺序重新排列观念。像哈特莱一样，孔狄亚克也诉诸复活的大脑活动（同相应于原始感觉的运动相似）来解释观念的回忆。在转到考察情绪和意志时，孔狄亚克从感觉推衍出它们，一如他推衍更高级的理智过程那样轻而易举。上面已经表明他推衍出欲望和恐惧的方式。钟爱仅仅是欲望，憎恨是在一个对象面前受苦，所以，这塑像自然就能够钟爱和憎恨，但它的钟爱是自爱，因为在它获得触觉之前，它没有自身以外对象的观念。希望和恐惧受到同样对待。"我们的塑像养成了体验舒适的和不舒适的感觉的习惯，这使它断定，它能再次体验它们。如果这判断连结到对一个快乐感觉的钟爱，那么，它便产生希望；如果它连结到对一个不快乐感觉的憎恨，则它便产生恐惧。"意志仅仅是一种强烈的或"绝对的"欲望，伴随以这样的假定："所欲求的事物是我们能支配的。"最后，这塑像也有人格，或者说，勉强可算具有自我，由"它所体验的感觉的集合和记忆使它回想起来的感觉”组成。孔狄亚克不仅下结论说：“感觉在自身中包含灵魂的一切官能”，而且还断言：即便只有单一感觉，“理解也具有同五种感觉结合在一起时一样多的官能。”（参见 *Treatise on the Sensations*，G. Carr 英译，1930，pp. 3—46。）

孔狄亚克接着说明了四种感觉的每一种。他对视觉的说明表现出贝克莱新视觉理论的影响，也即视觉同从相关触觉经验学得的教训相混合。但是，每种感觉都被认为是理解的一个完全剖面的原因，并被认为是引起理解的全部更复杂过程的原因。这五种感觉共同地只是扩大应用领域，并不引入理解程序的任何新方法。洛克感到，必须从一开始就要像对待感觉那样安置反省。然而，孔狄亚克力主，仅仅感觉就能解释一切其他心理经验，包括反省在内。“判断、反省、欲望、情感等等仅仅是作了不同变换的感觉”（同上书，“Dedication”，p. xxxi）。 687

孔狄亚克的心理学极为简单，这促成它在法国广为流传。法国心理学家花了很长时间才认识到，它太简单了，因此，不会是正确的。

博内

夏尔·博内（1720—90）这位瑞士博物学家的生物学工作已在关于动物学的那一章里介绍过。他是在研究蚂蚁生活的过程中对心理学发生兴趣的。他发表了三部心理学著作：《心理学论文》（*Essai de Psychologie*）（1755 年）、《灵魂官能的分析简论》（*Essai Analytique sur les Faultés de l'Âme*）（1760 年）和《分析简论节本》（*Analyse Abrégée de l'Essai Analytique*）（1779 年）。博内把孔狄亚克的“感觉”心理学同哈特莱的“振动”心理学相结合。像孔狄亚克一样，博内也从一尊塑像开始，它最初仅仅被赋予嗅觉，然后依次被赋予其他感觉的每一种。但是，这塑像从一开始就被明确地设想为具有中枢神经系统。博内描述这塑像的感觉和其他经验时，强调“纤维”中的相关分子运动，正如哈特莱强调髓质中的振动一样。与孔狄亚克不同，博内发现，必须假定存在一种能动的灵魂，必须认为，注意是它的活动之一种。但是，他专心研究心理操作的中性伴生物，而这导致他提出，各感官具有带特定差别的纤维（*Anal.Abr.*，Ⅵ，Ⅹ），从而误入歧途，即走向他所不企望的一种唯物主义。博内有点像拉普拉斯那样自负地提出，如果有一种智能能恰当地解释荷马脑中的纤维，那么，他就能按这位诗人的设想破译《伊利亚特》（*Iliad*）！

卡巴尼斯

十八世纪里，已有心理学家在纠正这个时期里心理学家普遍采用的过于简单的方法，尤其是孔狄亚克的方法。卡巴尼斯的著作在这方面作出了最重要贡献。皮埃尔·让·乔治·卡巴尼斯（1757—1808）接受了一种不拘程式的教育，但他博览群书。1778年，他开始攻读医学。医学一直是他的主要兴趣所在，不过它也给了他大量研究许多与之有不同程度关系的问题。他发表的生理心理学领域里的第一篇论著是《厄斯纳和佐默兰先生……关于死刑的见解的评注》（*Note sur l'opinion de MM. Oelsner et Sommering...touchant la supplice de la guillotine*）（*Magasin Encyclopaedique*，1795）。他在文中讨论了斩首之后是否感到痛苦的问题。这是大革命和恐怖时期中的一个论题。卡巴尼斯争辩说，斩首后的运动不是证明意识的证据，因为意识仅当中枢神经系统未受损时才有可能，尽管某些躯体运动（所谓的“反射”）能够由脊柱中的低级中心执行。这种关于中枢神经系统有不同水平、心理经验也有相应水平的思想，始终是他的生理心理学的根本思想。他后来对这门学科和一些相关学科所作的贡献都包括在他的《躯体和精神的关系》（*Rapports de physique et de morale*）（1796—1802，尤其 Vols. Ⅲ 和 Ⅳ）之中。

孔狄亚克从被赋予单一感觉的一尊塑像的观念出发。卡巴尼斯拒斥这种方法，说它是一种虚妄的抽象。他力主，活有机体必须作为一个整体加以研究，任何感觉在同其他感觉和有机体其余部分相隔离地加以考察时，都是无意义的。任何种类心理过程甚至感觉都是整个有机体的一种功能，任何感觉都不能被认为是经验的开端。在一种感觉被体验到之前很久，在胎儿中已发生了许多变化，它们的结果影响胎儿对外界的最初感受性的性质。感觉不是被被动感受的东西。它是机体对客观刺激的反应，这反应的性质受这机体的既往史影响。幻觉表明，感知者的状况如何能改变外界刺激的正常效应（*Rapports*，Ⅲ，pp. 103ff.）。并且，离开了单纯兴奋性引起的效应，对机体产生的许多效应便不会上升为意识，而是影响我们心灵的状态。例如，组织、肌肉和肠的状态可能影响我们总的意识，但我们并没有意识到它们，因为没有感觉，就不可能体验含糊的情感（感受性）。那些构成所谓本领的机体心理倾向并不仅仅是快速推理的习惯，而孔狄亚克却认为是这样（*Rapports*，Ⅳ，pp. 232 ff.）。许多各种各样变化都通过中枢神经系统

689 中的低级中心的作用而发生，而我们并未直接意识到它们，虽然它们可能影响我们整个心性。机体在从童年期到青春期、进而到成熟期和老年期发生变化的时候，情形尤其如此。“一个处于青春期的人为一种朦胧的坐立不安缠住……他在想象中发现图画，在心境中发现倾向，而这些都超出他的知识范围。当情感之火在他的脑中点燃，他的灵魂……便冲向未知的目标”(*Rapports*，Ⅲ，p. 293 ff.)。如此等等。仅当脑起作用时，相关的心理过程才上升到有意识思维的水平。从这个意义上说，脑是“一个专用器官，其特定功能是产生思想，正如胃和肠具有进行消化工作的专门功能，肝具有过滤胆汁的功能，等等”。在这种比较中，真正强调的是**功能**这个术语。卡巴尼斯不打算把思维同消化或胆汁相比，而只是比较它们每一者对于某别一者的依从性。他不打算作一种唯物主义意义上的类比。他实际上是一种斯宾诺莎主义的泛神论者(*Lettres surles Causes Premières*，1824)。

如同休谟鼓励的感觉心理学在孔狄亚克那里达于极致，哈特莱和博内两人的工作对之作出很大贡献的十八世纪生理心理学在卡巴尼斯的工作中登峰造极。

特滕斯

尼古拉·特滕斯(1736—1807)是接受(作了一些改变)十八世纪英法流行的经验心理学的唯一重要的德国心理学家。他出生于西里西亚，在罗斯托克和哥本哈根两所大学学习。他先后在罗斯托克、基尔和哥本哈根三所大学执教。1789年起，他在丹麦财政部任职。他关于心理学的书《论人性》(*Essays on Human Na-*

ture)于 1777 年问世。

像英国经验主义者一样,特滕斯也从论述感觉和观念开始。观念被说成是感觉引起的痕迹的作用所造成的。他把记忆对感觉的关系同视觉后像对初始感觉的关系作比较,认为正像后像是眼睛中的持续活动引起的那样,记忆是脑中的持续活动引起的。他讨论了哈特莱和博内的振动理论,提出了一些修改。不过,他认为,任何这类理论都是纯假说性的或者纯思辨的。他的心理学方 690 法主要是内省("内部感觉")的方法。他注意到内省的困难,尤其是双重注意的困难,即既注意对象同时又注意观察它这个动作。但是,他指出了注意对主要观察的原始记忆而不注意实际观察的可能性。他接受两条联想律即相似和时间与空间上接近的联想律,但他拒斥休谟的第三种类型联想即因果联想。他明确区分观念(在表象的意义上)和它的意义,由此廓清了贝克莱和休谟在一般观念上的困难。这两者判然不同。清晰的观念可能同含混的思维相匹配,而清晰的思维可能同含糊的观念相匹配。他还强调了,必须为注意性知觉作预备的心理活动,而这种知觉实际上不是对外部印象的纯被动感知。他还强调了,业已抱有的信念会影响我们赞同新暗示的决定。

沃尔夫

就没有用灵魂来解释任何心理过程的意义而言,整个十八世纪的经验心理学可以说是没有灵魂的心理学。可能除了休谟以外,甚至经验主义者也不否定灵魂的存在。事实上,贝克莱认为,灵魂或精神是唯一种类存在。不过,甚至贝克莱也没有把他的哲学强加于他的《视觉新论》。同经验主义者相反，少数理性主义者追随莱布尼茨而坚持认为，不诉诸灵魂及其自发活动和能力（或官能），就不可能解释心理过程。这些心理学家中，最重要的是沃尔夫和康德。

克里斯蒂安·沃尔夫（1679—1754）出生于布雷斯劳，在那里和耶拿读书。1706 年，他就任哈雷大学数学教授。他从 1711 年起还在那里讲授哲学。但是，由于遭到正统神学家的敌视，他被迫于 1723 年离开哈雷。他一度在马尔堡教书。然而，1741 年他又重返哈雷，终老在那里。他的心理学著作包括《经验心理学》（*Psychologia Empirica*）（1732 年）和《理性心理学》（*Psychologia Rationalis*）（1734 年）。

在沃尔夫看来，心灵不仅仅是一种被动反映外界对象的镜子，而是一个能动的动因；甚至观念也是能动实体。作为能动的动因，心灵有某些能力或官能。最广博的官能是认识和情感（或欲求）。691 前者包括知觉和想象的能力。还有记忆、概念、判断和推理等官能。注意是澄清观念的官能，它的效率同注意域的广度成反比。记忆的过程可能通过注意同我们想回忆的东西相联合的观念而加以控制，或者可能受相似性或时间上的接近的控制。不过，他把这些联想律变换成一条重整作用律。在沃尔夫看来，当着一现在经验回忆一过去经验时，实际发生的事情乃是，这现在经验一度曾是其一部分的那整个过去经验倾向于复活。他对情感和欲望的说明一定程度上是亚里士多德的或传统的。不过，虽然他强调心灵的自发活动，但他还是抱有和倡导一种心身平行论，承认“物质观念”也即心理过程的生理伴生物。

康德

伊曼努尔·康德(1724—1804)出生于东普鲁士柯尼斯堡。据说他祖籍苏格兰。他在故乡的大学攻读,在柯尼斯堡附近各种家庭当过私人教师。后来从1755年起,他一直在母校讲授哲学,直到去世。他平静地度过一生,从未远离过故乡。他的主要工作是在认识论或者说知识理论的领域,这将放在关于哲学的篇章里来介绍。他对心理学的贡献是微薄的,但还是有一定影响。

康德在心理学方面只撰著过一本书,即他的《实用人类学》(*Anthropology in its Practical Aspects*)(1798年)。这是一本通俗论著,对心理经验作了相当肤浅的说明。它由三部分组成。第一部分论述感觉、记忆、想象、洞察力、机智、独创性;第二部分论述快乐和痛苦;第三部分讨论欲望、气质、性格以及两性和不同人种的心理差异。在一定程度上,这本书中的学科划分以及多少相似地把问题分成他的三个**批判**(分别为**纯粹理性**、**判断力**和**实践理性**的批判)的划分无意中促成确立心理经验的三重分类:认识、情感和意志,以取代传统的二重分类即认知和欲望。

如后面一章将要较充分地解释的,康德认识论的总倾向是强调心灵在获得知识中所起的能动作用。跟莱布尼茨和贝克莱不同,康德并不承认,所谓的知识没有任何外部对应物。但是,又跟洛克和更极端的经验主义者不同,他也拒斥这样的观点:心灵仅仅是一面镜子、白板或者剧场,被动地感受外部印象,而这些印象按它们自己的规律发生各种变化和联想,且不受来自任何心灵自发 692

活动的干涉。但另一方面，他又认为，我们不可能知道这终极实在本身是什么，因为在理解它的过程中，心灵把某些理解形式（空间、时间、因果性等等）强加于它，因此，我们认识的不复是自在之物，而是经过我们理解形式模造的它的变形。就此而言，康德显然站在那些相信心灵自发活动的心理学家一边。同时，也可以说，他给心理学的经验研究方式带来了新的刺激。因为，在他看来，灵魂本身作为自在之物绝不可能被认识。因此，心理学家被取消了试图确定灵魂或心灵之本质的任务，而在囿于注意对心理经验及其规律作经验研究上则获得了新的激励。从某些方面说，康德对心理学的态度相当有破坏性，这一事实可能是他之在心理学上建树甚微的原因或结果。他不认为，心理学是一门科学，也不认为，它有朝一日可能成为一门科学。因为，他认为，科学是对现象的精密的定量的处理，因此在他看来，每门科学都必定是数学的。他认为，心理过程不可能加以量度，因此，心理学绝不可能成为数学的。他在这两点上都错了。他的观点一方面使心理学家灰心丧气，另方面又引诱他们对自己的学科作数学处理，甚至不惜为了纯粹形式而牺牲本质。有些科学家今天仍赞同他的观点。

门德尔松

莫泽斯·门德尔松（1729—86）是有权要求因确立心理过程之分为认识、情感和意志的三重分类而享盛誉的著作家。他的《关于感觉的书信》（*Letters on the Sensations*）明确表明了情感与认知和意志相比有其独特性，而人们常常把情感同它们相混淆。我们在最后一章里还要谈到门德尔松。

佩雷尔

在结束本章之前，还必须谈一下佩雷尔在教育聋哑人的艺术上所做的很有意义的先驱性工作。雅各布·罗德里格·佩雷尔于1715年出生于埃斯特雷马杜拉的贝朗加地方的一个犹太人家庭。693 他从青年时代起就几乎全身心地致力于教授聋哑人的工作，他是这方面最著名的先驱者之一。

在这个领域的最早尝试始自1734年前后。不过，他直到1745年在波尔多定居时，才第一次在拉罗歇尔公开演示他的方法的价值，对象是一个生来聋哑的13岁孩子。他旋即又受委托训练一个地方官员达齐·德泰维尼的儿子，这孩子也患类似疾病。1749年，佩雷尔陪这孩子去到巴黎，把他介绍给科学院，他的报告使梅朗、布丰和费雷获得了极其好的印象。路易十五亲切接见了佩雷尔，并赏赐他一笔补助金。他蜚声整个欧洲，他在巴黎开设了一个训练聋哑人的机构，其中的女孩由他的妹妹照料。他的学生中有几个后来也享有一定声誉，尤其是萨布勒·德丰泰内，德丰泰内沿着自己的路线继续发展他老师的治疗工作。1753年，佩雷尔递交了一篇论文，争取获得科学院颁发的一项奖金。这篇论文论述如何在无风天气推进大船的问题。这项奖金由丹尼尔·伯努利和欧勒分享。不过，佩雷尔也得到了第三名。他的计算机器前面已经讨论过(参见第786和787页)。1759年，由于法兰西科学院的推荐，佩雷尔成为皇家学会会员。1765年，他就任国王的西班牙语和葡萄牙语译员。然而，佩雷尔由于厌恶自我标榜而声誉受到损害。他享有的信誉被竞争者侵占。他死于1780年。他在漫长一生中，始终是他在法国的同一教派教徒中的斗士。他是最早受到按犹太仪式安葬的待遇的人之一。这种仪式所以在巴黎得到确认，在很大程度上是由于他的请求。他死后，他的名字几乎被人遗忘。对他的教授方法的充分说明从未见诸记载。按照生理学家莱卡的意见，佩雷尔一开始先给他的学生示出字母表中的一个字母，清晰地发出它的音，以便使嘴唇、舌头等等的动作明显地表现出来，其时，把这学生的手放在他的喉头。他示意这学生模仿这动作，当这学生正确地发出这声音时，他就表示祝贺。全部字母都学会以后，就再教整个语词，把它们同相应的对象或动作联结起来。除了利用唇读法以外，佩雷尔还有一张"聋哑字母表"，其中字母用手指做的手势表示。佩雷尔似乎有意把他教授聋哑人的方法传授给他的儿子伊萨克。但是，在这孩子长到能接受这方法之前，他就死了。这儿子长大后竭力想凭借佩雷尔的忠实学生玛丽·马尔瓦提供的宣誓书恢复这门艺术，确立他父亲实行这教授法的优先权。但是，家庭和贸易关系、法国大革命的动荡使他不能采取任何有效步骤。后来他的儿子们重新作出尝试，并再次求助于年迈的马尔瓦。但是，她的记忆力已非复当年，无法提供他们企望的资料（E. Seguin：*J.R. Pereire*，Paris，1847）。

694

（参见 G. S. Brett：*History of Psychology*，Vol.Ⅱ，1921。）

第二十九章　社会科学

(一) 民族性　(二) 人口统计学

在社会现象研究方面，十八世纪继续了前一时期所做的工作，但取得了相当大的进步。早先关于地理和气候因素影响居住在地球不同部分的民族的性格和气质的猜测，得到了一定程度的验证，并补充了一种考虑，即那些影响生活在共同社会环境、操同样语言和遵守同样法律的人的心理因素。“政治算术”奠基人的统计方法被推进了一步。制订了改良的人口统计和寿命表，开始注意了同生存有关的人口问题。最后，经济问题不再零星地、主要就既得利益集团进行讨论，而是系统地加以考虑，以便尽可能阐明相互联系的经济现象的完整周期。这样，“政治经济学”在这个世纪成为一门科学，尽管由于同政治哲学关系密切，以及哲学一词仍在极其广泛的意义上使用，因此，这门新科学仍处于哲学研究的怀抱之中。

(一) 民族性

在十六世纪，让·博丹(1520—96)在《论共和国》(*De la République*)(1577 年)中宣扬了一些关于气候差异对塑造民族性格和气质的影响的高度思辨性理论。他还争辩说，政府的法律和形式应当适应于自然环境差异所引起的性格和气质差别。这些思索在十八世纪一定程度上并且主要也是出于同样动机地继续着。这种有关气候影响观点的主要倡导者是孟德斯鸠。主要的反对者是戴维·休谟，不过，他的观点也并非完全是否定性的。

孟德斯鸠

696 拉布雷德和孟德斯鸠男爵夏尔·路易·德·塞孔达(1689—1755)出生于波尔多附近的拉布雷德。他的母亲是英国人后裔。他在波尔多念书。1716 年，他从伯父继承了财产、族姓孟德斯鸠和波尔多高等法院院长职位。1721 年，他匿名发表了他的《波斯人信札》(*Lettres Persanes*)，书中讽刺了教会和政府的专擅。1728 年，他当选为巴黎科学院院士，不久去欧洲旅游，其间在英国逗留了大约一年半。1734 年，他发表了《罗马盛衰原因论》(*Considérations sur les causes de la grandeur et de la décadence des Romains*)。这是历史哲学方面最早的尝试之一。他最著名的著作是《论法的精神》(*L'Esprit des Lois*)[①](日内瓦，1748 年；英

图 336—孟德斯鸠

① 中文旧译《法意》。——译者

译本:T. Nugent 译,修订版,1823 年)。正是在这部著作(Books XIV 和 XXIV)中,孟德斯鸠讨论了气候影响问题。

孟德斯鸠试图表明,气候差异如何引起性格差异,因而也造成社会风俗和法律差异。同博丹相比,他的论述十分单薄,尽管他炫耀自己那点可怜的生理学知识(后者这里可以忽略)。

"如果心灵的性情和内心的激情确然在不同气候下迥然不同,那么,法律就应当既同形形色色激情,也同形形色色气质相关联"(英译本,1823 年版,Vol.I,p. 223)。孟德斯鸠认为,性情和激情在不同气候下是不同的。寒冷气候中的人比较刚健,因此显得"比较大胆,即比较勇敢;具有较强的优越感,即报复欲望较弱;较强的安全感,即比较坦率,不大猜疑,不讲究谋略,也不大狡猾。"另一方面,"炎热国家居民像老人一样比较胆怯"。作为炎热气候甚至对北方人也产生效应的一个例子,孟德斯鸠举出当时最近一次为延续西班牙君主政体而进行的战争,在这次战争期间,"迁移到南方地区(西班牙)的这些北方人的战绩不如他们在自己气候中作战,充分发挥魄力和胆略的同胞"(同上书,p. 224)。

此外,"在寒冷国家,人们对快乐的感受性很弱;在温和国家,他们的感受性较强;在炎热国家,他们的感受性很敏锐。气候由纬度来区分,同样,我们也可以在一定程度上用感受性来区分气候。我在英国和意大利的歌剧院里,看到同一些戏剧和同一些演员。然而,同样的音乐对这两个民族产生不同的效应:一个是那么冷漠和迟钝,简直难以置信"(同上书,p. 225)。

气候差异引起的情感差异也导致道德和理智差异。"如果我们向北方行,我们便遇到这样的人,他们很少恶行,颇多德行,十分 697

坦率和真诚。如果我们向南方趋近，我们便自以为完全脱离了道德性，这里无以复加的激情成为万恶的渊薮，人人都沉溺于纵欲。在温和气候下，人们的举止以及恶行和德行都反复无常：气候没有一种足以固定他们的决定因素。”人的智力同样也受气候影响。在炎热气候中，不仅肉体丧失了活力和力量，而且心灵也这样，因此，“没有好奇心，没有进取心，也缺乏情操；种种倾向全都是消极的”（同上书，p. 226）。“正因为如此，法律、生活方式和风俗，甚至还有像穿着这种似乎毫无关系的品质，在东方国家今天仍同一千年之前一样”（同上书，p. 228）。

孟德斯鸠用“英国气候”解释英国人政治气质的方式，更多的是令人发噱而不是提供启示。“在被气候弄得如此混乱不堪，以致对一切甚至对生命都感到厌烦的一个国家里，因此，很显然，最适合这些居民的政府是，在它之下，他们不可能因自己心神不安而指责任何个人，他们受法律而不是受君主管理，他们只有推翻法律本身，才能改变政府。

“如果这个国家还从这种气候得来一定的性情急躁，而这使他们不能持久地承受同一系列事物，那么很显然，上述政府是最适合于他们的政府。……在一个自由国家里，为了挫败专制的阴谋，这种性情是再恰当不过的了。专制在开始时总是缓慢的、软弱的，但最后是有力的和活跃的；它起初只是伸出一只手来援助，可后来却用许多手来镇压。奴役总是以昏睡为前导。但是，一个人如果在任何境遇中都得不到休息，不断地到处钻营，除了痛苦之外，别无任何乐趣，那么，他就不可能安宁入睡。

“政治是一把光滑的锉刀，它总是在锉削，通过缓慢的进展达到其目的。我们正在谈论的这个民族经不起延搁、详细讨论和冷静的商议:在这些情况下,他们比任何别的国家都难于取得成功;因此,他们往往把用双手得来的东西断送在协议之中”(同上书,pp. 234 f.)。

休谟

698

戴维·休谟(1711—76)作为哲学家的主要工作将在下一章的后面一章予以介绍。他在其《道德和政治论文集》(*Essays Moraland Political*)(1748年)里的《关于民族性》(*of National Character*)一文中,讨论了气候对性格的据说的影响问题(T. H. Green和T. H. Grose编:*Essays*,1889,Vol.I,pp. 244—58)。休谟写道:“我倾向于根本不相信,它们会在这方面起作用;我也不认为,人在性情或禀性方面会从空气、食物或气候得到什么。”(p. 246)他后来又反复说:“自然因素对人的心灵没有明显影响。”(p. 249)“普罗塔克在论述空气对人的心灵的影响时指出,比雷埃夫斯的居民同相距四英里的雅典那里地势较高城镇的居民相比,性情截然不同。但是,我认为,在韦平和圣詹姆斯〔伦敦〕两地人们态度所以不同,并不是因为什么空气或气候差异所致”(同上)。此外,加斯科尼人在气质上也同邻近的西班牙人迥然不同。休谟问道:“难道可以设想,空气的那些同战争、谈判和婚姻等事件关系这么密切的性质在一个帝国范围内会有变化?”(同上)“如果人的性格取决于空气和气候,那么,寒暑程度理应会产生强烈影响。……实际上有某种理由可以认为,在极圈以外或在两个热带之间生活的一切民族全都劣于其余种族。”休谟说,“但是,地球北方居民的贫穷和悲惨以及南方居民的懒惰就能说明这种显著差异,而不必诉诸**自然**原因。然而,确凿无疑的是,温和气候中诸民族的性格各个相异,以及对这些气候条件下偏南或偏北民族的一般观察报告都不可靠而又荒谬”(p. 252)。那种认为北方人比较勇敢的信念,是建立在一种误解之上的。“大多数征服都是从北方到南方;由此可以推知,北方民族非常勇猛。但是,更恰当地,应当说,征服大都因为贫穷和企求富足而进行的。撒拉逊人离开阿拉伯半岛沙漠向北征服罗马帝国的全部富庶省份;他们在半途遇上从鞑靼沙漠南下的土耳其人”(p. 255)。

699 休谟丝毫不否认存在不同民族性格这个现实,尽管他认为“粗俗的人易把一切民族性格都推向极端”(p. 244)。他说,“通情达理的人承认,每个民族都有一套特定的风俗,某些特殊品质在一个民族中比在相邻的一些民族中更经常地遇到”(同上)。然而,休谟认为,这些差异的真正原因并不是“空气和气候”这种**自然**原因,而是**道德**原因。他解释说,“我说的**道德**原因,是指一切能作为动机或原因而影响心灵的、能使一套特定风俗成为我们习惯的环境条件。这类东西包括政府的性质、公共事务的变革、人民生活资料充裕或匮乏、国家同其邻国关系的形势以及诸如此类的环境条件。”(同上)“可以向大多数肤浅的观察者证明:一个民族的性格在很大程度上依赖于**道德**原因;既然一个民族无非是个人的集合体,所以,个人的生活方式往往也是由以下原因所决定的。贫困和艰苦劳动使普通人心灵变得低下,使他们不能胜任任何科学和创造性的职业,因此,凡是政府变得压制其臣民的地方,这政府必定也对他们的性情和才智产生相应影响,并且必定把一切人文学科都从他们中间排除出去。这条道德原因的原理确定了不同职业的性格……一个**战士**和一个**牧师**在一切国家和一切时代都性格不同"(pp. 244 f.)。并且,"人类心灵生来十分爱模仿,任何一群人不可能轻易改变信仰,除非他们养成相似的生活方式,相互交流他们的恶行和德行。……在许多人结成一个政治实体的地方,为了国防、商业和政治等目的,他们交往的机会十分频繁。因此,除了同样的言语或语言之外,他们还一定养成相似的生活方式,具有共同的或民族的性格,就像也具有因人而异的个性一样"(p. 248)。正因为如此,民族性取决于国界而不是气候;民族性的差异在同样气候中也可以观察到。"一个民族将采取同一套生活方式,并在整个地球上都遵从它们;它还将采取同样的法律和语言。西班牙、英国、法国和荷兰等国的殖民地甚至在热带之间也全都可以分辨开来"(p. 250)。

然而,休谟并不掩盖存在这样的情形:似乎不可能找出任何一种明确的民族性。他写道:"我们可能常常看到,在操同样语言、受同一个政府治理的同一个国家里,存在一种由若干种生活方式和性格组成的奇特混合物。就此而言,英国人是世界上所有民族中最突出的。……在一个国家的政府完全是共和政体的地方,易于造成一套独特的生活方式。当政府完全是君主政体时,更易于产生这种效果:上层人士的模仿促使民族生活方式更迅速地在人民中间传播。如果像在荷兰那样,一个国家的统治部分纯系商人,那么,他们一致的生活方式将决定他们的性格。如果它主要由贵族和有地产的绅士组成,像德国、法国和西班牙那样,那么,也会产生

700

同样结果。一个特殊的宗派或宗教的精神也倾向于塑造一个民族的风俗。但是,英国政府是君主政体、贵族政体和民主政体三者的混合物。当权者由绅士和商人组成。他们中间可以看到一切教派。人人都享有极大的自由和独立,因此得以发扬其独有的生活方式。所以,全世界一切民族之中,英国人民族性最少,除非这奇特性也可以被认为是民族性"(pp. 251 f.)。如果休谟未为不可救药的怀疑论所误,那他可能会在自己对英国人的叙述中看到一种对他们"博爱"的国民性的美妙讴歌;如果他生活在二十世纪,那他会赞赏那些把所有国家变成许多敌对阵营的民族性的不存在。

特别值得指出的是,博丹和孟德斯鸠强调,必须使法律和政府形式适应民族性,而休谟则坚认,正是通过法律和政府形式,民族性方形成起来。鉴于休谟的许多工作具有破坏性或怀疑性,而他在对民族性的简短论述上却显出惊人的建设性。

(二) 人口统计学

一、人口统计

在十七世纪,国民人口数值估计的制备和人口统计学分析,在很大程度上仍属于格劳恩特、配第和金这些私人研究者的爱好。然而,在十八世纪,一些欧洲国家已尝试确定国民人口或者至少某些重要阶层的人口,如适龄服兵役的男子或纳税人的人数。除了单纯计数之外,有时还要求进一步的资料,涉及性别、年龄、国籍(在混居人口中)或职业。必须把这种统计表同土地、住宅、牲口和驮畜等的清单区别开来。后者在有些国家从中世纪开始就有了，701 有些地方可能还是从古罗马行省政府承袭下来的。应当记住，我们今天所理解的官方定期人口普查的做法，在十九世纪之前任何欧洲国家里还几乎无人知晓。以往的计数是零星的和不完全的，常常托付给私人进行。这种计数通常都是强加某些不受欢迎的义务，例如兵役或征税的前奏，所以，人们都尽可能地逃避之。《圣经》上的先例也被用来极力反对“数人”。因此，产生了一种至今尚未绝迹的反对人口普查的厌恶情绪。此外，最早的人口普查主要作为行政当局的工具。直至十九世纪，人们才充分认识到人口统计的社会意义和价值。

法国

所有近代欧洲国家中，法国率先把统计作为政府几乎整个行政管理领域的工具。絮利和柯尔培尔在十七世纪制定他们的金融改革措施时，就已把仔细编制的有关国家岁入和岁出、人口、贸易、税收等等的统计表作为依据。这政策为对付法国十七世纪迭次金融危机以及同贪污成风作斗争带来了福音。它也正是博丹和孟克列钦这类著作家倡导的政策。他们力陈，人口普查作为对付征税、国防、殖民地开拓、贫困等等问题的第一步是有益的。柯尔培尔确立了收集和仔细保存统计资料的做法，它一直由继任的 contrôleurs généraux〔总检查官〕沿用，直到大革命时代。

十八世纪初，法国政界为最近由路易十四下令进行的对法国的统计调查所激奋。这次调查的细节尽管官方保密，但仍泄露出来，以手稿抄件流传开来，它们成为许多禁书的题材。1711 年，布拉安维利埃伯爵草拟了关于这次探究之结果的总结，于1727年在702伦敦发表。这次调查是根据王子的指示进行的，国王也与闻。它采取的方式是，由行政长官拟制关于王国三十二个 généralités〔收税区〕即省份的每一个的报告，一个行政长官代行执掌统辖若干省份的法定权力。行政长官及其代理人由牧师协助，而牧师通常充任负责登记和选举的官员。这次调查旨在得出城镇等等的数目、男子人数和总人数，特别注意调查人口最近有无减少，并尽可能地表明这种减少的可能原因(例如当时的宗教冲突)。埃米尔·勒瓦萨说，这种《行政长官报告书》(*Mémoires des Intendants*)是"我们所拥有的关于古代法国经济和行政管理状况的最重要而又最完整的文献，也是1780年之前唯一具有官方性质的法国人口概观"(*La Population Fransaise*，I，p. 202)。然而，这些《报告书》所提供的统计资料不可能相当准确，也不可能十分一致。担负这项工作的小官吏大都敷衍塞责；老百姓也故意不合作；往往只计算户数；有时只计算应纳税的户数；或者，数字是从地方登记簿摘录下来的，因此，最后结果仅仅是估计值。

由于没有可用以直接计算人口的有效机械，所以十八世纪里进行了种种用间接方法取得一定可靠程度估计值的尝试。其中最简单的一种方法是，估计所选择的一些典型教区范围里的出生率，或者更确切地说，出生人数，然后，将这个数目乘以在该区域里或全国的平均年出生人数。十七世纪的政治算术家已经应用过这种方法。荷兰政府官员克塞博姆就这样做过，他估计荷兰的人口为980000，出生率为1比35。应用类似方法，还得出了关于结婚人数、死亡人数、户数、教区数或者某些大宗商品消费量以及诸如此类的量的估计值。例如,修道院院长德格泽皮利〔他曾把有关人口的详情载入他未完成的地理辞典(1762—8)〕自己出资收集关于出生、结婚和死亡的数据,用以补充那些可资应用的地方计数资料。他估计,法国的人口为22000000。德·拉米肖迪埃尔(笔名为梅桑斯)求得(*Recherches sur la population des Généralités d'Auvergne*, etc., Paris, 1766),在某一地区,年平均出生人数1020与25025的人口相对应(即出生人数同人数之比大致为1∶25),于是他给出,出生人数为24604的奥弗涅的人口为615100。接着,他考察一个出生人数为59894的地区,估计出总人口(约1500000),再将此数除以教区数(2152),于是求得一个教区的平均人口(600以上),将这数乘以法国教区的总数(39849),便近似得出法国人口为24000000。德蒙蒂翁(又名莫奥)估计1769—73年间的平均年出生人数为928918,另外平均25.5人中出生1人,从而给出人口在23000000和24000000之间(*Recherches et considérations sur la population de la France*, 1778, pp. 64—70)。从一年中结婚人数和比率(分别为192180和1∶122)以及死亡人数和比率(793931和1∶30),也可以得出人口估计数,它们同根据出生人数得出的估计数相仿。跟大多数同时代人不同,内克尔根据在奥弗涅作的局部调查得出结论,全国人口可能在增长。内克尔得出出生人数和出生率为963207和1∶25.75,从而给出同样数量级的人口(*De l'administration des finances de la France*, 1784, Vol.I, pp. 207和222—320)。由这些估计值所推算出来的人口统计方法尚大有改进的余地,所以修道院院长泰雷这位总检查官在1772年大大改进了出生、结婚和死亡人数的法定登

703

记，而可能正是从他的时代起，这些事件有了定期的和可以理解的统计数字。内克尔规划“设立一个局，专门负责收集有意义的资料并把这些资料整理得清楚易懂”(*De l'administration des finances de la France*，Vol.Ⅲ，p. 355)。在他的主政下，法国的经济和财政统计达到了特别高的精细程度。当时几乎普遍认为，统计资料应当作为国家机密对待。内克尔反对这种见解，他提倡收集和发表统计资料，并在文明世界的所有政府之间自由交换它们。

法国大革命时期各政权十分强调统计对于行政管理的辅助作用。1791 年，立宪会议颁布命令，绝对定期地统计人口，要求列明姓名、出生地点、居住地点和职业。但是，那些老的困难仍妨碍这项计划在那时正常进行。1786 年，拉普拉斯概要论述了一种根据一些精心选择的典型地区的出生率来估计法国人口的方法，他还提议，利用概率演算来评估其结果的准确度。他的计划在 1802 年付诸实施。不过，虽然它是抽样实验方面一个很有意义的先例，但因他作了一些相当武断的假定，所以，它的价值有所降低。关于十八世纪末的法国经济统计状况，有一个综述载于《拉瓦锡、德拉格朗热和其他人的政治算术著作集》(*Collection de divers ouvrages d'arithmétique politique par Lavoisier, Delagrange et autres*)(巴黎，1796 年)。四篇文稿的第一篇也是最有分量的一篇，是拉瓦锡撰著的未完成报告。它报告了拉瓦锡在 1784 年开始的调查。它包括了法国人口的通行估计值(25000000)，假定了各阶层的分布。把这些数据同关于每人(在若干阶层中)对某些商品的消费量的估计值相结合，就能计算出这些东西的总年消费量，从而也计算出总年产量(未考虑出口和进口)。例如，拉瓦锡求得，粮食年产量

704

应为14000000000磅。接着,他试图计算出,为生产这许多粮食所需要的土地面积以及犁、挽畜(马、牛)等等的数目。为此,他以下述假定为根据:对于每个马拉犁,可以耕种生产27500磅,对于每个牛拉犁,可得到10000磅,如此等等。拉瓦锡根据自己关于土地的计算得出结论:国土已耕作了不到三分之二。像内克尔一样,拉瓦锡也提议,设立一个中央局来收集法国的统计资料。他认为,由这样一个机构发表统计数据,将可非常清楚地表达经济事实,这样,就不可能再在经济问题上发生分歧。

英国

英国在统计事业上落后于好些欧洲国家。甚至英国的人口也属疑问。托马斯·波特在1753年引入了一种统计英国年人口数字的表,但为上议院所拒弃。在苏格兰,亚历山大·韦伯斯特在1755年提出了人口数字(给出苏格兰人口为1265380)。因此,它比英国其余部分领先。韦伯斯特于1743年创设了基于保险费的"寡妇基金"。十二年以后,应邓达斯之邀,他搜求并得到了"全国各地许许多多牧师提供的报告,它们不仅包括他们教区的人数,而且还载明年龄。根据这些报告的数据(取中间值)以及爱丁堡、格拉斯哥等等地方的死亡率表,他计算了全部居民的各种年龄"。韦伯斯特发现,"苏格兰有488652人年龄在18岁以下,125899人年龄超过56岁,他们共计614551人。从总人数即全部居民人数中减去这个数,所余之数即650829便是年龄在18和56岁之间的人数。它们中至少有一半可以算为男性。因此,根据这计算,苏格兰可以招募其人数的四分之一强当 705

兵。不过,这一部分包括了盲人、瘸子或其他疾病患者。因此,作者认为,每个教区和郡的战士仅占居民人数的五分之一。他认为,这些人可以算做有战斗力的人。”(参见 *Journal of the R. Statistical Society*,1922。)

十八世纪末,在英国(主要在法国大革命的冲击下)人们开始普遍对人口统计发生兴趣,因为它同社会哲学问题密切有关。马尔萨斯一类人物的活动就是这种倾向的证例。大不列颠十年一次的人口调查于 1801 年第一次实施(表明人口为 9000000)。1837 年,强制的法定人口统计登记取代了以前不能令人满意的教区登记制度。商业方面,英国在整个十八世纪里主要关心海外贸易统计数字。十七世纪末进出口总监属下建立海关档案以来,海外贸易详细账目的登录一直没有间断过。

德国

德国在十八世纪里,连续发表了关于世界各国的描述性和比较性的说明,而这些说明被说成是“统计的”(在“同政府有关的”意义上)。尽管在这些书中,详细数值仅占次要地位。其中可以提到 G. 阿亨瓦尔的《现代欧洲主要王国的政体》(*Staotsverqassung der heutigen vornehmsten Europäischen Reiche*)(第五版,哥廷根,1768 年;第一版,书名不同,1749 年)、A. F. 比申的《新全球综述》(*Neue Erdbeschreibung*)(1754 年,等等)和 A. F. W. 克罗默的《论欧洲各国的幅员和人口》(*Über die Grösse und Bevölkerung der sämtlichen Europäischen Staaten*)(1785 年)。这些书虽然继承传统,但也试图运用十七世纪政治算术家的方法求得欧洲各主要国家的人口。在德国,关于收集人口普查统计数字的国家规定,要到十九世纪才出现。不过,一些州和一些城市从中世纪起就已有了私人对人、牲畜和土地的登录,以便于管理。丹尼尔·戈尔曾尝试在德国由私人进行人口统计资料的收集和比较。他从 1720 年开始在他的《柏林医学学报》(*Acta Medicorum Berolinensium*)中发表死亡年表,这些表按死因分类,最后按月份分类,但总的来说,缺乏关于年龄的详细资料。克里斯蒂安·孔德曼约在同时在另一种期刊上发表这种表,其中载有例如关于布累斯劳和柏林的比较数据。 706

其他国家

十八世纪官方收集人口统计资料的先驱国家还有瑞典。瑞典感到,居民人数不足以保卫国家和开发资源。1748 年通过的法规乃以现行教区登记制度为基础,但要求更为详细的死亡资料(性别、年龄和死因)。这对牧师是一个沉重负担,他们要负责收集和整理大部分数据,虽然后来这制度日趋集中化。比较含糊的总人口估计数早已作出过一些,而一种比较精细的计算则于 1746 年由佩尔·埃尔维乌斯作出。像哈雷 1693 年对布累斯劳人口的估计一样,埃尔维乌斯的估计也是根据总死亡率和业已查明的死亡率分布情况作出的,同时人口则假定固定不变。他的结果(略微超过 2000000)后来很快就用比较直接的方法加以证实。1748 年确立的制度的早期结果均呈报瑞典天文学家和人口统计学家 P. 瓦根廷领导的一个“制表委员会”进行讨论。委员会的报告在 1762 年以后发表,那年放弃了惯常的保密政策。

挪威和丹麦在十八世纪后半叶进行了人口统计。不过,报告的拟制工作由私人掌握,结果只是部分地加以发表。奥地利在玛利亚·特莉莎和约瑟夫二世的治理下,为了掌握人口动态,进行了部分的人口调查。瑞士牧师J.L.米雷在他的《沃州境内人口状况报告》(*Mémoire sur l'état de la population dans le pays de Vaud*)(1766 年)中,发表了对瑞士一个相当独立的社会(沃州)的人口的研究结果。根据死亡率和洗礼人数与死亡人数之比,米雷估计当地人口在 120 年里将翻一番。美利坚合众国十年一次的人口普查始于 1790 年,不过在有些州,人口登记可以追溯到独立战争之前。在加拿大,白人移民的人口登记(姓名)可以追溯到 1666 年。

二、人口过剩的幽灵

威廉·配第爵士在十七世纪就已试图列表表明大洪水时代以来世界人口的增长情况。他指出,人口增长率将来必须下降,否则地球将变得人口过剩。约在 1750 年,罗伯特·华莱士向爱丁堡哲学学会表明,根据对出生率和死亡率的或然估计值推算,人口在三分之一世纪里可能翻一番。这样,在 1233 年这么长时间里,人数将从 2 增加到 412316860416。他指出,地球人口的稳步增长最终必然导致人口过剩,因而最终必定使人类政府的任何理想计划归于失败。事实上,“要不是人类的谬误和恶习以及政府和教育的缺陷,地球本来一定在好多时代之前就居住了多得多的人,而且还可能早已供不应求”(*Dissertation on the Numbers of Mankind in*

Antient and Modern Times,1753)。华莱士在他的《人类、自然和天道的各种前景》(*Various Prospects of Mankind*, *Nature and Providence*)(1761 年)一书中,又重新攻击基于好政府理想的乌托邦式未来观。"因为,即便这种政府幸运地牢牢确立起来,即便它们同人性的主导情感相一致,即便它们影响又远又广,而且,即便它们普遍流行,它们必定最终还是使人类陷于最深刻的困惑和普遍的混乱之中。因为,无论它们本性多么美好,它们也还是同自然的目前构架和地球的有限范围格格不入。在一个完美政府的治理下,家室之累将被解除,儿童受到无微不至的关怀,一切都变得极其有利于人口众多,结果,即便某些恶劣季节或特殊气候条件下的可怖瘟疫可能使很多人丧生,但总的来说,人类将惊人地增加,以致地球终将供不应求,无法维持它的过多居民"(p. 114)。地球供应与日俱增食物的能力终将证明是不可能的,"除非它的肥力能不断提高,或者像有些狂热者寄望于哲人石那样,玄妙科学中的某个聪明能人凭借自然的某种奥秘,发明一种与已知迥异的方法来维持人类"(p. 115)。也许,"地球的肥力是有限度的",并且不管怎样,它的容纳量总是有限的。因此,"地球终将供不应求。这些空想计划的狂热赞美者也不得不预言它们终将消亡的期限,因为它们同自己必定存在于其中的地

图 337—马尔萨斯

球的限度格格不入”(p. 116)。他认为,因这限度到达而引起的那
708 些灾难,是可以防止的。为此,需要限制结婚、绝育、杀害婴儿以及致老人于死命。但是,“人类绝不会一致赞同这些法规。最终必定诉诸暴力和军队来解决他们的争吵,战败等造成的死亡将留给幸存者充足的口粮,也给其他新生者留下余地”(p. 119)。

托马斯·罗伯特·马尔萨斯(1766—1834)在他的《人口论》(*Essay on the Principle of Population*)(1798 年)中接受了华莱士的主要论点。但他认为,过剩人口的麻烦将远比华莱士所认为的为早地开始被人们感受到。“迄今看来那么遥远的困难,其实迫在眉睫。从今天到整个地球变成像一座大花园的将来,在耕作进步的每一时期,如果人人平等的话,食物匮乏的困苦将一刻不停地折磨着全人类。尽管地球的出产可能年年增长,但人口将以快得多的速度增长。积余必定为苦难和恶习的定期或不断的发作所抑制”(p. 144)。马尔萨斯认为,人口趋于约每隔 25 年翻一番,但食物生产不可能以同样速度增长。因此,人口的自然增长必定总是受到制止。即便食物生产能够每 25 年增加等于或者超过马尔萨斯写作那年即 1798 年全部产品的数量,“这增长率显然还是算术的”。“不受制止的人口是按几何比率增长的”(pp. 14,22)。因此,人口最终必定超过供给。在马尔萨斯看来,虽然人口在 25 年里稳步增长百分之一百(或约**每年**百分之三),在 1798 年后的这 25 年里食物生产也可能增长百分之一百,但是,在后来相继的 25 年期中,生产的最大可能增长或许仅为百分之 50、$33\frac{1}{3}$、25、20,等等。反对马尔萨斯论证的人可能认为,他的初始日期 1798 年是任

意的。事实上,他的书的后来版本都把这日期改为这些版本的出版日期。因此,(坎南论证说)这初始日期也可取为距马尔萨斯写作 2475 年之前。在这种情况下,按他的论证,1798 年后的 25 年里,生产的最大可能增长应为百分之一,而他已认为这可能为百分之一百。他的假定,即不受制止的人口在 25 年里翻番,乃是根据获自北美的数据作出的,那里有些国家的一定人口是按这速率增长的。这显然提供了一个例子,表明食物生产按与不受制止的人口相同的速率增长。“但是,如果我们因而假定,人口和食物总是按相同速率增长,那么,我们将误入歧途。一者是几何比率,而另一者是算术比率,就是说,一者按乘法增加,另一者按加法增加”(p.106 注)。 709

在他的《人口论》第二版(1803 年)中,马尔萨斯就人口和口粮相对增长率问题指出:“因此,可以有把握地断言,人口在未受制止时,每 25 年翻一番,也即按几何比率增长。土地出产增长速率的可能假定值,就不大容易确定。然而,我们对之无可置疑的是,它们的增长比率同人口增长比率性质上判然不同。十亿人口同一千人口一样容易地每 25 年翻一番。但是,食物要以较大数量维持其增长,就绝没有那么简单了。人必须占有空间。当田地一英亩一英亩地增加,最后良田全被占满时,食物的年增长必定取决于业已拥有的土壤的改良。由于一切土壤的性质所使然,这份蕴藏必定不是增长,而是逐渐减少。但是,人口就不同。如果能得到食物供应,人口就会以用之不竭的活力增长。一个时期的增长将给予下一时期以更大增长的力量,而这是无限的。”(Ch.I)

马尔萨斯根据自己的结论而倡言,为了人类的福利,应当对人口超口粮水平增长的倾向施加道义的限制。但是,他的“生存竞争”(这个用语肯定对达尔文很有启发)概念过于悲观。他忽视了这样的事实:人多要增加口粮,但同时也增添了劳动力,而且罕有的发明智士还会创造新的方法和手段。另外,也许不太公正,我们还指望他应预见到工业企业、运输手段的巨大进步以及边远地区丰富蕴藏的开发。实际上,命运似乎在揶揄他:当代主要经济问题之一是生产过剩而不是生产不足的问题。

三、寿命表或死亡率表

十八世纪里,死亡率表的编制有了一些改进(这些表旨在表明在给定出生人数中,有多少人活到一定寿命,从而也表明,一地区死亡者在各年龄组的分布情况)。德帕西厄在他的《人类寿命概率略论》(*Essai sur les probabilités de la durée de la vie humaine*)(巴黎,1746 年)中发表的死亡率表,乃基于对养老院、修道院和女修道院中的死亡者的研究(这些地方人口可视为固定不变)。德帕西厄建议这样确定人的平均寿命:把一个所选地区活着的人数除以出生和死亡人数的平均值。迪普雷·德·圣莫尔把从城乡教区得到的数据相结合而制成的死亡率表由布丰发表(*Étude sur l'homme*,1767)。荷兰人 W.克塞博姆虽是个杂乱而无条理的作家,但他在 1740 年前后编制了一份精确度还过得去的死亡率表——至少就终身年金领取者而言是如此,而这表主要就是根据对这些人的人口统计。英国的死亡率统计表在 1728 年作出了迫切需要的改进,因为现在记录了死亡年龄。不过,死亡率表的编制

710

长期受崇尚一些简单算术法则的影响,例如德莫瓦夫尔法则,据信它适用于确定死亡者的年龄分布情况。亚伯拉罕·德莫瓦夫尔在1724年提出了这样的尚称正确的经验法则:在12和86岁年龄之间,活着的人数按算术级数随年龄增长而逐渐减小(*Annuities upon Lives*,1725)。

十八世纪上半期年金估价的计算很不成系统,而且倾向于对每一例均按其价值来判断,而保险公司的经验尚不足以给出为此所需要的科学资料。十七世纪末就已开办的那些最早的英国人寿保险公司,到十八世纪中期才开始按照合理保险统计方法经营业务。1762年创办的公平公司采用按保险人年龄定保险费的政策。两位医生J.海加思和J.海沙姆分别在切斯特和卡莱尔详细研究了人口统计。海沙姆的数据特别详细,包括了卡莱尔的一份专门人口统计表。它们后来成为乔舒亚·米尔恩(太阳人寿保险公司的保险统计员)编制的"卡莱尔死亡率表"的基础,这表在许多年里一直是好些第一流公司计算保险费的基础。随着逐步抛弃通常关于人口固定不变的假定,以及试图考虑人口的增减和迁移,那些最早的死亡率表开始得到重大改良。数学家托马斯·辛普森在他的《年金和寿险赔款学说》(*Doctrine of Annuities and Reversions*)(伦敦,1742年)中,试图估计伦敦之迁入人口对各种年龄死亡的自然分布的影响。他假设,移民增加了年龄在25岁或以下的人口。他计算了他们的死亡人数和本地同年龄人死亡人数之比(140比286),他并按426比286的比例扩大25岁以下的死亡人数,以便把表的这两个部分(25岁以下和以上)归约到同一基础。这一时期常常提到的北安普敦表和诺里奇表都是根据这条原理校正

711

的。理查德·普赖斯编制的伦敦表(同北安普敦表相似)也是这样。另一方面,欧勒研究了出生按一定比例超过死亡对这种表所产生的影响。瓦根廷利用他协助编制的瑞典官方统计数字以及哈雷、克塞博姆和德帕西厄等人的死亡率表,于1766年编制了他自己的死亡率表。瓦根廷注意到这样的一般规律:女性死亡率低于男性。荷兰著作家N.施特鲁伊克在1740年就已讨论过这一点,后来他又从统计观点研究了产妇死亡率和旅途死亡率。托马斯·肖特讨论了一国的土壤、天文和季节性现象同它的死亡率和出生率之间的联系(*New Observations, Natural, Moral, Civil, Political and Medical, on City, Town, and County Bills of Mortality ... with an Appendix on the Weather and Meteors*, 1750)。他认识到,为使男性出生率略微超过女性,应当防止男人承受的那些较大危险,采取促使男女平等的措施和一夫一妻制。

肖特的《新观察》中的统计数据被赋予的目的论倾向,约翰·彼得·聚斯米尔希(1707—67)的一部较早著作《人种由其出生、死亡和繁衍显示的变化上的神赐秩序》(*The Divine Order in the Changes of the Human Race shown by its Birth, Death, and Propagation*)(1741年;第2版,书名同,1761年)也是如此聚斯米尔希一度是腓特烈大帝的牧师。聚斯米尔希此外还想编制一份普遍适用的死亡率表。为此,他利用了瓦根廷已讨论过的瑞典死亡率数据,把它们同勃兰登堡教区的数据(尽管事实上它们的人口不是固定的,而肯定在增长之中)以及德帕西厄关于修士、修女和养老院老人的数据相结合。聚斯米尔希还根据适当但很少的材料编制了地方城镇和大都市的死亡率表。最后,他把这三张表结合

712

成一张表。不过,这时他没有按这些表分别代表其死亡率分布的那些人的数目来对它们加权。因此,他忽视了农村人口比城市人口有优势的效应。聚斯米尔希从他的表引出各年龄组活着的估计人数以及各种年龄上的**可能**寿命(他把这寿命同期望或**平均**寿命相混淆),就像哈雷以他1693年的表引出结论一样。他的书有一章论述各种死因发生率所呈现的次序。在这后面,他试图根据某些城镇人口的年死亡率计算它们的人口,其时假定这死亡率是已知的。这书的第四版由他的女婿C.J.鲍曼修订和扩充。鲍曼对聚斯米尔希的许多见解是赞同的,但他区别开了可能寿命和平均寿命。他还批判了该书的原始表所根据的一部分材料(尤其是那些从非固定人口推出的材料)。他认识到,死亡率存在民族差别,还认识到,在归并不同的表时,必须按它们分别关涉的那些人口的多寡对它们加权。

十八世纪下半期,统计方法应用于检查天花预防接种的功效。丹尼尔·伯努利关于这问题的一篇论文(*Hist. de l'Acad. Roy. des Sciences, année* 1760, Paris, 1766)引入了一些处理这种问题的重要的新理论方法,尽管他所根据的数据(例如哈雷的死亡率表)有很多缺陷和很大任意性,而且他关于天花发病率和死亡率的假设也很有问题(例如,假定一切年龄中每年有八分之一人得这种病,其中又有八分之一人死亡)。伯努利认为,死亡率是连续不断地而不是以年的间隔期影响人口数目。因此,他能够考虑把天花引起的死亡同其他原因引起的死亡区别开来,把研究结果表达为一个微分方程的解,从而得出数值表。最早真正理解伯努利方法的是十九世纪的迪维亚尔。

四、统计和概率

概率演算今天同统计理论密切关联，但它的产生是独立于后者的，并且曾经长期与之分离。伽利略、巴斯卡、费尔玛和惠更斯等人在十七世纪做了先驱工作（主要关于机会对策问题）。其后，十八世纪初由于雅各布·伯努利的未完成著作《猜测术》（*Ars* 713 *Conjectandi*）（1713 年）的发表，这门学问取得很大进展。这部著作共分四个部分。第一部分是惠更斯的《论概率的计算》（*De Ratiociniis in Ludo Aleae*）的一个版本；第二部分研讨组合分析；第三系关于机会对策；第四部分打算论述对经济和道德问题的应用，但未完成，其中包含“伯努利定理”，系关于如何计算随机性限度借助反复试验方法对于概率之验后概率确定的影响。这个课题后来有亚伯拉罕·德莫瓦夫尔继续研究，他在《机会学说》（*Doctrine of Chance*）（1718 年，第 2 版，1738 年）中就概率问题表明了如何计算二项展开式$(1+1)n$的一般项，以及如何计算一般项与诸项的和之比。他还阐明了，如何计算验前概率已知的事件在有限次试验中，将在某些频率范围内出现的概率（例如，他表明，一个概率为 0.5 的事件，在 3600 次试验中，将在 1770 和 1830 次之间出现的概率为 0.682688）。德莫瓦夫尔写道：“假定了任何事件之发生都依照某条确定**规律**，我们便表明，随着**实验**或**观察**增加，**发生比**将不断逼近该**规律**。**反过来**也一样，如果我们从大量**观察**发现这**事件比**收敛于一确定量……那么，我们便得出结论：这**比**表达了这**事件**将依之发生的确定**规律**。”然而，像当时其他关于概率的著作家一样,德莫瓦夫尔也没有去注意实际统计材料呈现的频率。

（参见 H. Westergaard：*Contributions to the History of Statistics*, 1932；*The History of Statistics：memoirs collected and edited by John Koren*, New York, 1918；和 J. Bonar：*Theories of Population from Raleigh to Arthur Young*, 1931。）

第三十章　社会科学

（三）经济学

十八世纪里，人们认为，经济现象形成相互联系事件的周期。在解释这些现象中，零散的经济讨论转变成了联成一体的各种经济理论。这个研究领域中，有些著作家目的是完成完整的政治哲学，而"政治经济学被认为是它的一个重要部分"。然而，他们的经济观点都以相当独立和自治的方式表达，因此，很容易同他们的政治哲学的其余部分分离开来，单独加以介绍。政治经济学之提高到一门系统学问即科学的地位，主要是由于坎迪龙、魁奈、杜尔哥和亚当·斯密等著作家的工作，虽然还有其他人也对此有所贡献。

一、坎迪龙的《商业概论》

理查德·坎迪龙（1680？—1734）出生于爱尔兰，但定居于巴黎，经营银行业务。最后他离开巴黎去伦敦，在那里被一个解雇的仆人杀害，他的住宅也被这仆人付之一炬。坎迪龙的《商业概论》（*Essai sur le commerce en général*）似乎是在1730和1734年间用英文写作的，并被译成法文。它直到1755年才发表，不过在那些年里有大量手抄本流传。W.S.杰文斯称坎迪龙的《概论》为“**政治经济学**的摇篮”,因为它是第一部关于经济问题的系统和连贯的专著。坎迪龙的主要理论可以扼述如下。

财富由“给养、便利设施和生活舒适设施”组成。它是土地和劳动的共同产物。“土地是财富的资源或质料;人工是产生财富的形式”(*Essai*,Part Ⅰ,Ch.Ⅰ)。坎迪龙这里在亚里士多德的意义上使用“质料”和“形式”这两个词。他的意思是说,劳动把土地“潜在的”财富转变成“实际的”财富。“如果君主和地主把他们的土地围起来,不让人去开发它们,那么很显然,这国家的居民人人得不到衣食供应。”土地如果不加耕耘,便毫无用处。因此,“正像居民需要地主一样,地主也需要他们。”然而,地主支配和管理土地,在一切国家,“一切都取决于地主的趣味、习惯和生活方式”(*Essai*,Ⅰ,xii)。 715

坎迪龙把**经济职能或收入来源上的差异**作为一国居民分类的根据。可以分成三类,即(1)依靠地租生活的地主;(2)依靠利润生活的企业家;(3)雇佣劳动者。

(1)地主有相当可靠的收入。(2)企业家可以说依靠“不确定的工资”为生。这类人包括农场主、工厂主、医生、律师、教师、商人、店主、客栈主、包工、扫烟囱工人,等等。“甚至乞丐和小偷也属于企业家”。(3)雇佣劳动者“因付出时间而享有一定工资”,但他们的职能和地位十分悬殊。领工资的将军、领津贴的廷臣和领工资的仆佣都属于这一类。然而,这三类不是固定的,其成员也不是相互排斥的。一个雇佣劳动者可以成为企业家或地主,如果他能节省或借来足够的钱;一个地主可能成为企业家或雇佣劳动者;同一个人可能以所有这三种方式获得收入(*Essai*,I,xiii)。

坎迪龙这样估计**土地产物的分配**:"地主通常得到他土地产物的三分之一,从这三分之一里供应他在镇上雇佣的工匠和其他人,常常还要供应把乡村原料运到镇上的搬运工。"

"农场主通常得到土地产物的三分之二,一份用于供给他们雇农的报酬和生活费,另一份用于做生意牟取利润。从这三分之二里,农场主一般直接或间接地供应一切生活在这乡村的人的口粮,此外还要供应镇上一些工匠或企业家的口粮,因为镇上商品都消费在乡村。"

"人们一般认为,一乡村的居民一半在镇上生活和居住,另一半在乡村。若果真如此,得到土地产物之三分之二或六分之四的农场主,直接或间接地把六分之一给城镇居民,以交换他从他们得到的商品。这六分之一加上地主在镇上消耗的三分之一或六分之二一起,构成土地产物的六分之三即一半"(*Essai*,I,xii)。

在坎迪龙看来,**劳动的工资**由若干不同因素决定。一个劳动716 者的最低工资"在价值上两倍于他赖以生存的土地的出产",这样,他就能"扶养两个孩子,使一个能达到工作年龄"。这就是"生活费工资理论"。坎迪龙继续说,如果劳动者"是单身汉,那么,他们将把双份的一小部分储存起来,以达到能结婚的境况,并积聚一笔养家糊口的基金。但是,更多的人将消费这双份来供养自己"。坎迪龙几乎把一个劳动者妻子的生活费忽略不计。他写道:"我认为,她的工作恰巧足够供养她自己,而当目睹这些贫穷家庭有许多小孩时,我认为,有些慈善的人会解囊供养他们"(*Essai*,I,xi)。

技艺较高的工人的工资的决定,不光考虑他的生活费,还要考虑别的因素,即必须恰当补偿他们当学徒时所花的时间和代价。"一个农田劳动者的儿子在十一二岁时就开始帮助父亲。他看管牛羊,耕地或者干其他不需要技艺的农活。如果他父亲让他去学一门手艺,那么,由于他在整个学徒期间不在家,父亲便要蒙受损失,还必须付他几年学徒生活的生活费用和其他开销。因此,现在一个儿子在一定年月里,由他的父亲负担,而他的劳动则一无所获。一个十岁刚出头的人的期望寿命是无法计算的,这些人中有的必定会在学艺期间丧生,而且英国大多数手艺都要求 7 年的学徒期。因此,如果手艺人的报酬不大大超过劳动者,一个劳动者就绝不会愿意让他的儿子去学艺。所以,工匠或手艺人的雇主必须对他的劳动付给高于一个劳力即无技艺工人的报酬。考虑到任何人在能学成一门手艺之前,都必须付出很大代价并冒很大危险,并为了与之相等价,这手艺的工作将必然索价高昂"(*Essai*,I,vii)。

一种商品的价格有两类,即它的**固有**价格和**市场**价格。"一件东西的固有价格或价值是它的生产所包含的土地或劳动的数量,同时考虑到这土地的质量或出产以及这劳动的质量。""如果羊毛在一种情况下加工成粗布衣服,在另一种情况下加工成细布衣服, 717 那么,由于后者将比做成粗布需要更多和更贵的劳动,所以,后者有时要贵十倍,尽管这两种衣服包含同样多相当质量的羊毛。""另一方面,来自牧草场或待砍伐树林的干草的价格取决于土地产物的质量。"然而,**市场**价格并不总是和固有价格相等,而是要受供求关系、流通钱币的数量及其流通速度的影响。"如果农场主种的小麦远远超过当年的消费需求,那么,由于小麦量过剩,卖方多于买方,小麦的市场价格必然低于固有价格或价值。""在一国不可能调节货物和商品生产以适应消费,因此,市场价格天天变化,永不停息地涨落不驻。”然而,在调节良好的社会里,商品和货物的消费相当恒定和均匀,因此,“它们的市场价格不会与它们的固有价值有很大差异”(*Essai*,I,x)。

议价或讨价还价作为稳定一种商品的市场价格的方法,坎迪龙作了充分讨论。“假定卖肉者为一方,买客为另一方。肉价将在经过一定讨价还价之后稳定下来。市场上全部供销售的牛肉同全部带到那里买牛肉的钱相关联,同样,一磅牛肉也将近似地同一枚钱相关联。这个比率由讨价还价固定下来。卖肉者按他所看到的买客人数来定他的价格。当买客认为,卖肉者销路较差时,他们出价也低。某人定的价格通常为别人所仿效。有些人精于使他们的货物畅销,另一些人擅长把货物价格哄低。这种固定市场上价格的方法没有精密的即数学的基础。但是,因为这方法往往取决于少数买方或卖方急迫还是懈怠,所以,看来还是不可能用任何更为方便的方法达到这种结局。事实始终是,按需求或买客人数供销售的产物或货物的数量乃是实际市场价格赖以固定的基础,而一般地这些价格与固有价值没有很大差别。”

“还有一个假想。几个伙食管理员在菜季之初接到购买青豆的命令。一个老板下令按 60 利弗尔[①] 10 夸脱的价买进,另一个下令按 50 利弗尔 10 夸脱的价,第三个下令按 40 利弗尔的价,第四个下令按 30 利弗尔的价。为要执行这些命令,就必须有 40 夸脱青豆上市。现假定只有 20 夸脱。看到买客众多,卖主将维持其

① 利弗尔(livre)是法国当时的货币单位。——译者

价格，而买客的出价将增加到给他们规定的金额。结果，出价 60 利弗尔 10 夸脱的人将首先被接待。卖主然后看到不会有人出价 50 利弗尔以上，于是便让另外 10 夸脱按此价出售，而那些已奉命购买，但出价只有 40 和 30 利弗尔的买客，将空手而归。如果有 400 而不是 40 夸脱，那么，不仅这些伙食管理员以远比为他们限定的要低的价格买到青豆，而且卖主……将把青豆价降到约等于它们的固有价值，这时，没有受命的伙食管理员也将买一些”(*Essai*，Ⅱ，ii)。 718

一国货币之数量或其流通速度的变化也影响商品的市场价格。“我认为，一般说来，一国金融储备的增长引起消费相应增长，而这将逐渐造成物价上涨”(*Essai*，Ⅱ，vi)。“价格升高的比率……将取决于这货币对消费和流通产生的影响。投入的货币无论通过谁的手，都将自然而然地增加消费。不过，这增长或大或小，视获得钱的人的兴趣而定。市场价格将是有些种类商品比别的种类上涨得多，不管货币可能多么充裕。在英国，肉价可能增加两倍，而小麦价格的上涨不超过四分之一……〔因为允许〕从外国进口粮食，而牛是不准进口的”(*Essai*，Ⅱ，vii)。

“贸易中货币流通加速度即流通更快，等于使本位币增加了一定程度”(*Essai*，Ⅱ，vi)。

贷款利率的决定因素部分和商品市场价格相同，部分同贷方所冒风险大小有关。“东西的价格是在市场议价中，由供销售的东西的数量按给它们出价的金额固定下来，或者同等地，由买卖双方人数之比固定下来。”与此一样，“一国中贷款的利息也由贷方和借方人数之比决定。”“人的需要似乎带来了利息的做法。”“如果一个有经验的农田劳动者凭劳力挣得的工资仅够餬口，又没有土地，而他能找到某人愿意租借土地给他，或借钱给他买东西，那么他将付给贷方第三地租，也即他将成为其农场主即企业家的那块土地产物的三分之一。他将认为，他的地位比以往好了，因为他将可以靠719 第二地租〔产物的三分之一〕生活，将成为一个主人，而以前他是个仆佣。这样，如果克勤克俭……他就能逐渐积攒起一小笔资本，他必须借的债也将逐年减小，且有朝一日将能占有全部三等地租”(*Essai*，Ⅱ，ix)。“一个凭恰当抵押品或土地抵押契据贷款的人，要冒借贷人反目的危险，或冒诉讼失败而负担诉讼费的风险，但是，当他不要抵押地贷款时，他更冒失去一切的危险。”“一个贷款者宁可把一千盎司银子接百分之二十的利息贷给一个帽商，而不愿意按百分之五百的利息贷给一千个水运工。水运工为维持生计，将很快不仅花掉他们日常工作挣得的钱，而且连借款也花个精光”(同上)。

赊购相当于借一笔货物市场价格并加上利息的贷款。“如果一个新企业家发现，有机会赊购小麦或牛，允许过相当长时间以后，在他能够通过销售自己农田产品而筹到款子时再偿付，那么，他很乐意付出比用现金的市场价格要高的价钱来买它们。这种方法如同他借款买供现金付款的小麦，同时付给现金价和赊购价差额作为利息”(同上)。

二、重农主义者

一定程度上由于坎迪龙的《概论》的推动，约在十八世纪中期，一批法国思想家开始系统研究经济问题。他们起先以“经济学家”知名,后来则被称为“重农主义者”。这批人的领袖是魁奈。其他人中间,最重要的有古尔内、米拉波、杜邦·德·内穆尔和杜尔哥。重农主义者通常被认为是经济学家的第一个“学派”。不过,他们在一些具体问题上观点也有相当大差异。这个名称最初是杜邦·德·内穆尔提出来的。他在1767年出版了魁奈的著作集,书名取为《重农主义或最有益于人类的政府的自然构成》(*Physiocratie ou Constitution naturelle du Gouvernement le plus avantageux an genre humain*)。它扉页上的题词阐释了**重农主义**的含义:

Ex natura jus ordo et leges,

Ex homine arbitrium regimen et coercitio。

〔自然产生秩序和法制,

人为带来专横的统治和强迫。〕

它抗议政府过分干涉经济领域,呼吁更加信赖经济活动的自然秩序和公正,如果使这些活动处于合理限度以内的话。重农主义者认为,国家的主要功能是保障安全、财产和自由。就此而言,重农主义者可以认为是关于个人拥有人身自由和支配劳动与财产自由之权利的自由主义学说的先驱。 720

古尔内

重农主义学说反对的部分在十八世纪法国工业和贸易环境中最为人们理解。古尔内研究和批判这种环境。让·克洛德·玛丽·樊尚·德·古尔内(1712—59)是一个富商的儿子,自己于1729—1744年间也在加的斯经商。1744—1746年间,他周游英国、德国和荷兰。他于1748年返回法国，1751年就任商务行政长官。在他历次视察旅行期间（有几次由杜尔哥陪伴），他得到充分机会研究经济状况。

古尔内没有留下什么著作，但杜尔哥在古尔内死去那一年即1759年撰写了一篇《赞颂》(*Éloge*)，文中扼述了他的观点。杜尔哥告诉我们，古尔内"惊讶地发现，一个公民如未经授权便不能靠自己努力进入一家公司制造或销售任何东西……他认为，一个工人制造了一块布，就给国家的富人集团增添了实物。他还认为，如果他的布不如另外的布，那么大概会在众多消费者中间发现某个人，这个人觉得这低劣品比起较昂贵的完美品更为合适。他一点不相信，这块布因不合某些规定而应当每4码剪一段，也不相信，这个倒霉的制造者会因此而遭可观的罚款，以致全家沦为乞丐。……他认为，不必要为了生产一块布的事打官司，也不必为这是否合乎一项由来已久且又常常含糊不清的规定而争论不休，一个不会阅读的制造者和一个不会生产的检查员之间也不会发生这种争论。……

"他不能想象，在继承次序仅由习惯确定、各种犯罪的死刑的实施由法院酌情处理的王国里，政府竟会屈尊做以下几件事：明文规定每块布的长度和宽度以及必要的纱线数目；颁发详备记叙这些重要细节的四卷四开本法规；以及通过由垄断精神支配的法令，目标完全是为了留难工业，把商业集中在少数人手里，为此，采取下列种种手段：大量增加手续和费用；对十天就可学会的手艺要求为期十年的学徒期和试用期；排斥老板儿子以外的人以及出身于特定圈子以外的人；禁止纺织业雇用女工，等等，等等。

721

“他不能想象，在一个服从同一个君主的王国里，各个城镇会相互敌视，会冒充有权阻止被称为外国人的法国人在他们国界内工作，有权阻止一个邻近地方的商品的推销和自由通过，从而有权为了一己的小利而反对国家的公共利益，等等，等等。

“他同样惊讶地发现，政府致力于调整每种商品的价格，禁止一种工业以使另一种工业繁荣；在生活基本必需品的销售途径上设置种种专门障碍；禁止积累收成年年在变而消费始终一样多的东西的储备；禁止价格已被压到最低限度的东西出口，自以为使耕种者的境况比所有其他公民更加捉摸不定和更加不幸，便能保证谷物丰裕，等等。”(*Éloge de Gournay*，载 Daire 编，杜尔哥的*Œuvres*，Vol.I，pp. 266—9)。

几乎毫不令人惊讶的是古尔内竟被促使采纳重农主义者今天为人所熟知的口号：Laissez，laissez passer〔任他做去，任他用去〕。然而，这种要求，即呼吁国家不要干涉个人的经济活动和运动，并不是本着纯粹消极的或无政府主义的精神提出的。实际上，重农主义者尊重权威，尤其是地主的权威，并指望国家元首在经济事务、社会财富的公正分配上起类似社会上法官的作用依法评判。就此而言，他们倒是充满了封建主义精神。

杜尔哥还告诉我们，古尔内“用一个哲学家和政治家的眼光”看待经济问题，认为“以自然本身为基础、商业上一切价值赖以相互平衡并固定于一定值的那些首要的和独特的规律是……贸易和农业的相互依赖……它们同法律和道德以及政府一切职能的密切关系，等等”(同上)。然而，同时还可指出，重农主义者的“自然规律”概念相当含糊。他们不是在“不变的一致性”或规则性的意义 722

上使用这词语，因为这术语是在自然科学中应用的。他们或多或少带有斯多葛派的自然观，以为自然充满神的理性，因此，他们似乎认为，"自然规律"是合理的倾向，而人的行动能促进或阻碍这些倾向。

魁奈

弗朗索瓦·魁奈（1694—1774）出生于梅雷，是一个律师的儿子。他在乡村长大，因此，始终对农村经济感兴趣。1718 年，他成为外科医生；1737 年，他就任外科学院秘书。1744 年，他获得医学博士学位。1749 年，他任德·蓬帕杜夫人的医生，后来成为路易十五的御医。他逝世于凡尔赛。他的著作包括《动物机体物理分析》（*Essai physique sur L'Économie animale*）（1736 年）、狄德罗《百科全书》的词条《谷物论》（*Grains*）（1756 年）和《租地农场主论》（*Fermiers*）（1757 年）、《经济表》（*Tableau Économique*）（1758 年）和《经济政府一般格言》（*Maximes générales du Gouvernement économique*）（1760 年）。魁奈是经济学界的苏格拉底，他通过和人谈话比通过他的著作产

图 338—魁奈

生更大影响。

他熟谙“动物机体”,尤其是血液循环。这可能启发魁奈通过类比设想财富在一国经济中周期循环。他的独到见解是,在他看来,一国的财富不是财宝的无生气积聚,而是土地和劳动的周年出产。这种周年出产(包括出口部分的交换价值)决定了一切其他商品的供应。

像他之前的坎迪龙一样,魁奈也认为一国的财富归根到底是土地和劳动的共同产物。不过,魁奈以其自己的方式阐发这个思想。在“土地”(包括海洋和河流,坎迪龙把它们计入相邻土地)中,魁奈看到,自然和上帝合作产生一份特殊的赏赐,作为对人类劳动的报酬。财富的每一点实际增加都来源于土地耕耘、打鱼和矿井与石场的开采。一切其余经济活动仅仅在于变换、运输或交换借 723 助自然富饶和上苍恩赐业已生产的初级商品。它们没有生产附加的物质,给产品价值增添的只不过是工人生计的费用。魁奈用“纯产品”这词语表示收成中超出耕种费用和“预付”即资本支出的利息的部分。他坚持认为,这农业的“纯产品”是一国全部人口生计的主要源泉。他的《经济表》(图339)旨在图示土地生产的财富如何在社会各阶级中流通。

由于上述种种理由,魁奈认为,农业、矿业等等是仅有的“生产性”行业,也即生产超出生产成本的物质财富增量。他认为,一切其他行业和产业都是有用的,但“不结果”。这种观点同重商主义的观点截然相反,后者认为,一国的财富主要靠对外贸易增加,即靠谋求贸易出超,从而带给国家更多的货币。然而,这两种相对立的观点几乎同样片面。

TABLEAU ÉCONOMIQUE.

Objets à considérer, 1.° Trois sortes de dépenses; 2.° leur source; 3.° leurs avances; 4.° leur distribution; 5.° leurs effets; 6.° leur reproduction; 7.° leurs rapports entr'elles; 8.° leurs rapports avec la population; 9.° avec l'Agriculture; 10.° avec l'industrie; 11.° avec le commerce; 12.° avec la masse des richesses d'une Nation.

DÉPENSES PRODUCTIVES relatives à l'Agriculture, &c.	DÉPENSES DU REVENU l'Impôt prélevé, se partagent aux Dépenses productives et aux Dépenses stériles	DÉPENSES STÉRILES relatives à l'industrie, &c.
Avances annuelles pour produire un revenu de 600.# sont 600.#	Revenu annuel de	Avances annuelles pour les Ouvrages des Dépenses stériles, sont
600.# produisent net	600.#	300.#
Productions		Ouvrages &c.
300.# reproduisent net	300.#	300.#
150 reproduisent net	150	150
75 reproduisent net	75	75
37..10 reproduisent net	37..10	37..10
18..15 reproduisent net	18..15	18..15
9..7..6 reproduisent net	9..7..6	9..7..6
4..13..9 reproduisent net	4..13..9	4..13..9
2..6..10 reproduisent net	2..6..10	2..6..10
1..3..5 reproduisent net	1..3..5	1..3..5
0..11..8 reproduisent net	0..11..8	0..11..8
0..5..10 reproduisent net	0..5..10	0..5..10
0..2..11 reproduisent net	0..2..11	0..2..11
0..1..5 reproduisent net	0..1..5	0..1..6
&c.		

REPRODUIT TOTAL ....600.# de revenu; de plus, les frais annuels de 600.# et les intérêts des avances primitives du Laboureur, de 300.# que la terre restitue. Ainsi la reproduction est de 1500.# compris le revenu de 600.# qui est la base du calcul, abstraction faite de l'impôt prélevé, et des avances qu'exige sa reproduction annuelle, &c. Voyez l'Explication à la page suivante.

图 339—魁奈的《经济表》

像坎迪龙一样，魁奈也在国家经济中把人划分为三个阶级。(1)**地主**在他们两人的图式都构成一个阶级，但其余两个阶级则不同。按魁奈的图式，它们是：(2)**生产阶级**，主要包括农民和部分渔民与矿工；以及(3)**不结果阶级**，包括工厂主、商人、专门家、仆佣，等等。魁奈特别看重地主。下面在考察魁奈对岁入在这三个社会阶级中分配的说明时，将可看到，自然富饶和上苍恩赐使“纯产品”成为可能，似乎首先意在为地主谋利。因为在魁奈看来，这就是以地租形式偿付给地主的东西。

实际上，正是生产阶级生产提供整个社会流通的每年财源。魁奈的《经济表》从下述假设出发：借助600利弗尔支出(即“年预付”)，一个农场主能生产总金额值1500利弗尔的商品。在这1500利弗尔中，600利弗尔(或相当于该价值的商品)用于农场主、他的雇农和牲畜的生计。这部分并不流通。产品其余价值900利弗尔的部分被销售。所实现的900利弗尔中，600利弗尔作为地租付给地主(然而，地主还得付税)，300利弗尔由农场主留着购买鞋、衣服和其他生产商品。

现在，地主必须买食物和衣服，等等。因此，作为地租付给他们的600利弗尔有一半又回到“生产”阶级，以支付食物货款，其余付给“不结果”阶级抵偿生产货品。于是，“不生产”阶级从“生产”阶级收到300利弗尔，从地主收到300利弗尔。但是，“不结果”阶级必须买食物和原材料。因此，它的600利弗尔全部付回给“生产”阶级，后者独家生产食物和原材料。地主也要付300利弗尔向“生产”阶级买食物，所以，那900利弗尔全都回到农业家即生产阶级，后者也保留前面的600利弗尔(价值相当于未销出的产品)。 724

这样,1500 利弗尔就全部回笼到“生产”阶级。于是,一个新的周期又开始。

魁奈指出,一些社会阶级的奢侈品费用在收入中所占比例上的任何变化,都必将对总岁入产生或好或坏的影响。“假定地主……工匠和……农业家的奢侈品花费增加六分之一,那么,岁入的再生产将从 600 利弗尔降至 500 利弗尔。相反,如果原材料消耗或出口上费用增长同样程度,那么,收入再生产将从 600 利弗尔增加到 700 利弗尔,如此等等。由此可见,奢侈过度……可能迅速毁掉一个富裕国家”(*Explication du Tableau Économique*)。魁奈得出警告性的结论:“生产预付的挥霍”,可能使一个国家的年财富毁灭性地减少甚或化为乌有。这种挥霍很可能由下述八种理由引起:(1)“税制不善,吞没了农业家的预付”;(2)“借口征税花费大而提高税率”;(3)“奢侈品费用过分大”;(4)“诉讼开支过大”;(5)“土地产品方面没有进行对外贸易”;(6)“国内贸易缺乏自由”;(7)“农村居民的个人烦恼”和(8)“年纯产品没有回到生产阶级”(同上)。

魁奈赞成对地主开征单一的直接税。这大大有利于节省征税费利,也同他关于不结果阶级无生产力的观点以及不侵犯农业家“年预付”的要求相一致。他赞同坎迪龙的生活费工资理论,因此,自然就反对对雇佣劳动者征税。“工资水平和工资所能购买的舒适和奢侈品的数量通过竞争而固定在一个不可降低的最低限度上”(*Second Problème Économique*, p. 134)。

魁奈看来对下述情况并不感到奇怪:“自然秩序”仅分配给雇佣劳动者生活费,而把土地和劳动的“纯产品”全部留给地主。从725 他的一些后继者(例如,修道院院长Bandeau:*PhilosophieÉcono-*

mique, p. 757)表达的观点来看,魁奈似乎认为,地主的份额为下述事实证实是合理的:他们或其先辈必定承担了开垦土地,筑路造房,通常还要做工作使土地适合于农业。但是,这样一来,如果地租部分或全部地作为对这些原初支出(avances foncières)的报偿,那么,考虑到据说的“纯产品”,就可以想到,所假定的“生产”和“不结果”事业间这个基本区别可能被削弱。

总的来说,魁奈的经济著作没有十分综合或一贯地说明经济现象。说魁奈的《经济表》和契据、货币发明一起成为人类三大发明之一(例如老米拉波就这样说过),纯属夸大其词。实际上,米拉波本人倒对经济作了一个更为令人满意的说明,重农主义学派另一名成员杜尔哥也这样。当然,他们两人都大量汲取了魁奈的思想。

杜尔哥

图 340—杜尔哥

安娜·罗贝尔·雅克·杜尔哥(1727—81)出生在巴黎,父亲是显宦。他一度在索邦攻读神学,1749年当上修道院副院长。1752年,他进入政府;1755和1756年陪同古尔内进行视察旅行。1761年,他就任利摩日的行政长官,在那里进行了各种经济和行政管理改革。1774年,他奉召到凡尔赛任路易十六海军部的国务秘书。五个星期以后,他调任财政总稽核。他取消了

corvée(各种强迫劳役)、行会和对商业与工业课的苛捐杂税,还考726 虑过其他改革。但是,他的改革热忱激起了既得利益者的反抗,他遂于1776年被解职。他为《百科全书》撰著各种词条,但他最重要的经济学著作是《关于财富的形成和分配的考察》(*Réflexion sur la Formation et la Distribution des Richesses*)(1766年;英译本,纽约,1898年)。他的《赞颂古尔内》(*Éloge de Gournay*)(1759年)上面已经提到过。

鉴于这部著作篇幅短小(包括很短的101节,英译本不到小开本100页),《考察》可以认为对经济现象作了十分广泛的阐释。它一开始论述商业即商品交换的起源。它表明,土地的不均匀分配、土壤的多样性(使土壤适合不同的作物)、劳动分工以及人类需求的倍增,这一切使商业成为必不可少的了(§§i—iv)。接着,杜尔哥以典型的重农主义口吻详述了农民在经济上的特殊重要意义。农民供给“人人最重要而又最可观的消费品”,因此,他“没有其他工人的劳动也能生活,而如果农民不让工人得以生活,那么工人就根本无法劳动”。此外,农民劳动“致使土地产生超过他个人需要的东西,而这是社会一切其余成员靠其劳动而获得的工资的唯一资源”(§v)。这是最早提到“工资资源”,它很快为生活费工资理论所袭用。“在每种工作中……工人的工资局限于为确保他生计所必需的数额。”这是雇主讨价还价和工人“相互竞争”的结果(§vi)。(关于雇主间对劳动力的可能竞争及其对工资的影响,只字未提。)唯有农民是幸运的例外。“自然不和他讨价还价”,而赐给他“超过他辛苦所得工资的丰厚赠与”。“因此,他是财富的唯一源泉,这财富通过流通激活社会的一切劳力”(§vii)。这两个一开始就分化的阶级是“生产”阶级(即农民)和“领薪金的”或“不结果的”阶级(即雇佣劳动者)。后来,当土地的占有同土地的耕种相分离时,地主阶级兴起了。真正地主的社会功能是,他们“能够满足社会的普遍需要,例如战争和行政管理,为此,他们或者亲自服务,或者付出他们岁入的一部分,而国家或社会拿这笔款子就可让人去履行这些功能”(§§viii—xviii)。书中说明,地主可以采取五种不同方式让他人来耕种他们的土地,即使用雇用劳动者、使用奴隶、农奴、分益佃农或自耕农。最后两种是最常见的方式。在分益佃农制中,地主提供一切必需的预付,分益佃农(农民)和他的一家做全部农活,收成则由地主和分益佃农平分。在自耕制中,自耕农付给地主年租,承担一切必需的资本支出,占有全部收成。最后一种制式最好,但只能在富裕的乡村实行(§§xix—xxviii)。

在回到商业的理由(“互相需要导致人们互通有无”这一事实)问题上时,杜尔哥说明了,银和金怎样会被用做交换的媒介,货币的引入如何造成“买方”和“卖方”的区别,如何方便了商业和积储(§§xxix—l)。这一切倒类似坎迪龙《概论》中的论述。接下去是对资本及其各种经济功能的说明。这大概是杜尔哥《考察》中最有价值的部分。

“土地始终是一切财富的首要的和唯一的源泉;正是土地在耕种以后,带来了一切收入;也是土地提供了一切耕种之前最早的预付基金。最早的耕种者从土地自发产物植物获取播种用的种子。727 在等待收成期间,他靠渔猎或野果为生。他的工具是林间折断的树枝,用经过别的石头砥砺的锐石加工。他用双手或者陷阱捕获出没于林间的动物。他驯化它们,用它们作为食物,后来又要它们帮助他工作。这最早的基金一点一点地增加。家畜是最早为大多数人所追求的那种储备物,也最易积聚。它们死去,但它们繁殖,这种形式的财富在某种意义上是不灭的。这基金甚至作为自然增殖的结果而增加,产生奶、毛、皮革等形式半产品。另外,森林中集积的树木也构成工业工作的最早基金"(§liii)。"正是土地提供了用以建造最早房屋的石块、泥土和木材,在劳动分工之前,当耕种土壤的人用自己的辛劳来满足他的其他需求时,还不需要别的预付"(§lix)。

"在任何工业中,工人或供养他们的企业家都必需拥有一笔预先积攒的可动财富",即资本或者说积聚的储备。"农业、工业或商业上的任何一种工作都需要预付。即使用手耕种土壤,在收获之前也还必需播种;在收成之前也需要生活。耕种越精细、越费力,预付就越多。……无论什么行业,工匠都必需预先置备工具,占有充足的原材料来源。在产品销出之前,他还必须在等待期间生活"(§§li,lii)。

在强调了资本在一切企业中的重要性后,杜尔哥采取了坎迪龙的社会阶级分类法,而不是他在上面用过的魁奈分类法。"因此,从事提供为满足社会各种需求而必需的种类繁多工业产品的整个阶级,又分为两类。第一类是制造业家、手工业主和一切大量资本所有者,他们利用预付来雇用工人,由此把资本转变成利润。第二类由单纯工匠组成,他们没有财产,只有双手,他们预付的仅仅是日常工作而已,而所获得的也只有工资,无丝毫利润可言"(§lxi)。"自耕农的地位和制造业家相同"(§lxii)。资本除了上述种种用途(购买土地、制造业或农业)之外,还有其

728

商业上的用途。商人的功能是服务于“生产者和消费者的利益，对于前者是求售，对于后者是寻找消费者所想购买的东西，避免因等待买客或寻找卖主而损失宝贵时间”(§lxvi)。一切商人“都有这样的共同点：**他们买了再卖**，他们在先的购买是一种预付，后者只是在过一段时间后又回到他们。像农业和制造业的企业家一样，这预付必定回到他们，不仅在一定期间内完全地返回，以便回转来重新购买，而且(1)带有一定利润，其值等于他们凭资本不做任何工作所可能得到的收入，以及(2)连带他们的劳动、冒险和技能的工资和价格”(§lxvii)。“正是资本的这种连续预付和归还构成了……**货币的流通**……它在政治机体里维持运动和生命，完全可以同动物体内的血液循环相比拟”(§lxviii)。“因为资本像劳动和技能一样地是一切企业所必需的，所以工业家愿意同提供他们所需基金的资本家分享利润”(§lxx)。于是，资本就有了第五个用途，即有息借贷，这“只不过是一种贸易，贷方出售他货币的**使用**，借方购买它，正像地主和他的自耕农分别出售和购买出租地产的**使用**。古罗马人给借款利息取的名称 usnra pecuniae〔高利贷〕充分地表明了这一点。这个用语的法文译名因作为不正当观念的结果而臭名昭著”(§lxxviii)。利率大致取决于借方需求和贷方供款间的比例。而这主要取决于积聚起来……形成资本(货币或者可转变为货币的资产的形式)的动产的数量。“一个已知拥有值十万法郎的资产、保证在某一时期终了时偿付十万法郎的人，他签署的一张借据在这个时期内被当做十万法郎”(§lxxix)。“一般说来，投资土地的货币营利不如贷款，贷款营利不如用于工业企业的货币。但是，以任何

729 方式应用货币获得报酬，其增加或减少都必定同时引起一切其他应用发生相应的增加者减少”（§ lxxxvii）。“贷款资本家应当看做是对于财产生产必不可少的一种商品的商人，而这商品的价格不应太低。对他的交易课税，就像对用于肥田的肥料征税一样愚蠢”（§ xcv）。

1768 年，在《考察》发表两年以后，杜尔哥率先提出了今天所称的**报酬递减规律**。这个名称到十九世纪才引入，这条规律的意义也在马尔萨斯强调了依靠精耕细作增加谷物的可能性是有限的以后，才得到充分认识。不过，杜尔哥在他的《德·圣佩拉维先生的论文的考察》（*Observations sur le Mémoire de M. de Saint-Péravy*）中，十分明确地专就农业表明了这条规律的实质。他写道：“假定普通精耕细作盛行的地方，年预付赚进 250%，那么，完全可能的是，当预付从此逐渐增加，直至它们无利可获的时候，每一增加便效果越来越差。在这种情况下，土地的肥力犹如一根因逐次加载等重物而被迫弯曲的弹簧。如果重物轻而且弹簧不怎么柔顺，那么，第一个负载的效应可能近乎于零。当重物变得重起来，足以克服最初的阻力时，弹簧便将明显屈服和弯曲。但当它弯曲到某一程度时，它将对施加于它的力产生更大的阻力，以前使之弯曲一英寸的重物现在使之弯曲不超过半线。……其效应将如此越来越快地减小。这种比较并不完全确切。但已足以说明，当土壤接近偿还它所能出产的一切时，巨量的耗费如何只能使生产增加微乎其微。如果年付不是超出其最大报酬点地等量递增，而是相反即递减，那么，将可看到同样的比例变化。……”

“把种子撒播在一片天然肥沃但完全不予加工的土地上时，这些种子将成为一种几乎完全浪费掉的年付。如果把土地耕作一次,则产品便增多;耕作二次、三次,产品可能不止二倍和三倍地增长,而是四倍或十倍地增长。因此,产品增加的比率大大超过预付增加的比率。到了一定程度,产品将多到可同年付相比拟。过了这一点,如果年付还增加,则产品仍将增加,但增加得少了,并且一直少下去,直至土壤的肥力耗尽,技艺再不能增添什么东西,年付的增加再不会给产品带来任何增加"(杜尔哥:*Œuvres*,Dire 编,Vol.I,p. 420f.)。 730

米拉波

米拉波侯爵维克托·里凯蒂(1715—89)出生于普罗旺斯,在他于 1737 年继承父亲之前,一直在军队中服役。他在坎迪龙《概论》尚未印行之前,就受到这部著作影响。他在 1756 年就立即对这本书发表了一篇评论,题为《人民之友,或人口论》(*L'Ami des Hommes, ou Traité de la population*)。这本书激起了反响,并且一版再版。他在书中力陈,人口是财富的源泉,人口取决于给养,而给养又取决于农业。因此,农业应当千方百计加以扶助和鼓励。他主张自由贸易,比较公正地分配财富和税收,改进运输方法。他首先激烈抨击庸碌的廷使和贵族滥用权力和特权,恣意挥霍劳苦大众的血汗。《人民之友》发表后不久,米拉波就加入了魁奈的学派。魁奈 1774 年死后,米拉波便成为这个学派的公认领袖。1760 年,他发表了《租税理论》(*Théorie de É'Impôt*),激烈批评法国的财政和税务制度。这导致他一度被囚禁和逐出巴黎流放。他的大量其他著作中,最重要的是《农村哲学》(*Philosophie Rurale*)

(1763 年),它是亚当·斯密的《国富论》(*Wealth of Nations*)[①]之前最广包的经济学论著。《农村哲学》第一页上,有一张略经修改的魁奈"经济表";后来(第 36、118 页的前页)又出现了两次。

米拉波对重农主义运动作出很大贡献。他精力充沛,热情奔放。他以生动的宣传赢得大量信奉者,使重农主义经济学名扬全球。他还积极参与最早的经济和社会问题期刊,即《农业杂志》和《公民大事记》的工作。但是,他不是一个深刻的或有体系的思想家,他对以上关于其他重农主义者的论述所形成的各个经济观点即使增添了什么,那也都是些无足轻重的东西。他的《农村哲学》的主要价值在于,它是重农主义各主流汇入的蓄水池。因此,详述他的观点大概是多余的。或许最为恰当的是,不应把他当做经济理论家,而应看做伏尔泰、卢梭和其他人的合作者,他们猛烈抨击当时的政治弊端,喊出了人民要求社会和政治公正的呼声,因而也许无意之中促进了大革命。这场大革命在米拉波死去的翌日爆发,1789 年 7 月 14 日攻占巴士底狱。

731

图 341—亚当·斯密

亚当·斯密

如由以上所述可见,坎迪龙、米拉波和杜尔哥,更不必说别的一些

① 旧译《原富》。——译者

人,他们写出了一些有相当价值的经济学系统论著。但是,十八世纪里,而且实际上也是以后很长时间里最全面的经济学著作,是亚当·斯密的《国富论》。

亚当·斯密(1723—90)出生于苏格兰的柯卡尔迪,他的父亲在那里任海关监督。他曾在格拉斯哥大学(1737—40)和牛津大学巴利澳尔学院(1740—46)攻读。1748 年,他去到爱丁堡,讲授文学和修辞学,和戴维·休谟结为朋友。1751 年,他就任格拉斯哥大学逻辑学教授,翌年任道德哲学教授。1759 年,他发表《道德情操论》(*Theory of Moral Sentiments*)。1763 年,他应聘任年轻的巴克勒公爵的私人教师,离开了格拉斯哥(他在那里的职位由托马斯·李德接任),并于 1764 年初与他的学生一起去海外。他们在图卢兹停留了十八个月,游历了法国南部和瑞士,然后在巴黎待了将近一年,亚当·斯密在那里接触了达朗贝、爱尔维修等等人,尤其是魁奈、杜尔哥和其他重农主义者。将近 1766 年底,他回到柯卡尔迪,在那里居留了大约十年,忙于撰著他的伟大著作。1776 年,他发表了他的《国民财富的性质和原因的研究》(*Inquiry into the Nature and Causes of the Wealth of Nations*),他似乎在逗留图卢兹期间于 1764 年就已开始写作这本书。《研究》出版以后,斯密在伦敦度过两年,在那里接触了巴克、吉本、雷诺兹和其他人。1778 年,他就任苏格兰海关专员,定居于爱丁堡,在那里又结交了一些朋友,包括约瑟夫·布莱克和詹姆斯·赫顿。1787 年,他当选格拉斯哥大学校长。他的《哲学论文集》(*Essys on Philosophical Subjects*)在他死后于 1795 年出版,其中包括《天文学史》(*The History of Astronomy*)的相当长的片段,这证明了他兴趣之广泛。1896 年,根据格拉斯哥大学一位学生 1763 年作的听讲笔记,埃德温·坎南编成了亚当·斯密的《关于法律、治安、岁入和军备的演讲》(*Lectures on Justice, Police, Revenue and Arms*)。从这些演讲,很可以看出亚当·斯密思想的发展过程。

732

《国富论》分成如下五篇:

第一篇:论劳动生产力增进的原因并论劳动产品在各阶级人民中间自然分配的顺序。

第二篇:论资财的性质、积累和用途。

第三篇:论不同国家中财富的不同发展。

第四篇:论政治经济学体系。

第五篇:论君主或国家的收入。

斯密生前,《国富论》总共出过五版(1776, 1778,1784,1786,1789 年)。其中第三版包含增补最多。埃德温·坎南的标准版《国富论》(1904 年,等等)对几种文本作了校勘。

自身利益。——亚当·斯密原计划撰写一部完整的道德和政治哲学。这项计划证明是一种奢望,结果只完成了两部即《道德情操论》和《国富论》。从经济科学的观点看来,甚至《国富论》似乎也包罗过广。然而,为要正确理解它,就必须记得,在作者的心目中,这部论著只是一项更大计划的一部分。

亚当·斯密政治经济学的心理学前提是:自身利益乃是人类经济活动的主要动机。这个观点在当时并不是新的。伯纳德·曼德维尔的《蜜蜂的寓言》(*Fable of the Bees*)(1714 年)的扉页上宣称:"个人的不道德"就是"公众的利益",而所谓"个人的不道德"只是指自身利益。魁奈比较严肃地表述了这个思想,他断言:当人人都企求"谋取最大快乐而又付出最小可能支出"之时,"自然秩序不是发生危险,反而得到保证"(*Dialogues sur les Artisans*)。这个观念很可能被歪曲成一种绝对概念即自私,有时还同一种关于"经济人"的错误概念相联结。然而,亚当·斯密拒绝这种非议。《道德情操论》是他全部哲学的一个基本部分。他在这本书中阐明:他认为,怜悯或同情他人是人性的一个本质部分,甚至"最穷凶极恶的歹徒、违犯人类社会法律的最冷酷的不法之徒也还没有完全泯灭怜悯之心"。当一个社会的成员"出于钟爱,出于感恩,出于友谊和尊敬"而相互帮助时,那么,"这个社会就繁荣和幸福"。而自私是人性的另一特性,它在一定界限内还不完全是恶行。事实上,社会生活如果以自身利益为基础,即以"一种毫无相互钟爱或情感的社会实利感"为基础,那么,社会生活就能够相当令人满意(*Theory of M.S.*,p. 2)。这里毫无诋毁高等道德动机的意思,而是严肃评价一种较低等的动机或德行。在通常境况下,经济交易是为自身利益所促使的,而且作为一种常识,记住这一点是大有裨益的。"人几乎时时处处需要他的同胞们的帮助,而要想仅仅依赖他们的恩惠,那是妄想。他如果能够为自己的利益激发他们的自爱心,并向他们表明,做有求于他们的事,是对他们自己有利的,那么,他要取得成功,就容易多了。不论是谁,如果他要与别人做什么买卖,那他就得提议这样做。把我需要的东西给我吧,你也就会得到你所需要的东西,——这就是任何出卖的通义。我们所需要的那些如意帮助,绝大部分是这样获得的。我们期待的一日三餐,不是来自屠夫、酿酒师和面包师的恩惠,而是出于他们对自己利益的关心。我们自己不说他们仁慈,而说他们自爱;我们也绝不同他

733

们谈论我们自己的需要,而谈论他们的利益”(*Wealth of Nations*,Bk.Ⅰ,Ch.Ⅱ;ed.Cannan,Vol.Ⅰ,p. 16)。

在把自身利益作为主导因素时,亚当·斯密只是在沿用通常的抽象即隔离的科学方法。按照这种方法,若某个因素据认为是可能的主导因素,那么便想象地把它隔离开来,然后探究它的诸多影响,作为对具体事实的一级近似,再逐次补充其他有关因素,直到达致比较接近的近似。在力学中,为了逼近运动物体的实际,一质点开始运动后将无限地沿直线匀速运动下去的观念,必须逐次加以补充,即考虑万有引力、摩擦等等附加因素。完全一样,在经济学中,为了逼近经济实际,暂时隔离开来并被假定不受妨碍的自身利益动机,也必须补充以其他动机和因素。不过,自身利益终究是一个主导因素,并构成一个良好的出发点。亚当·斯密并没有忽视其他因素。事实上,他对政治经济学的处理绝非纯“实证的”。它不完全局限于考虑“是”什么,而且也颇重视“应当是”什么。例如,他所以强调劳动在财富生产中的作用,可能在一定程度上因受他对劳苦群众同情的影响。并且,要不是他相信人性自发活动的恩惠倾向,那他对政治经济学的整个处理很可能更不是“实证的”,而更多地是伦理的,或“规范的”。这种信仰在当时也不是新的。重农主义就是基于这种对于自然包括人性的恩惠力量的信仰。亚当·斯密所采取的这种特殊形式即相信人类自发的即无预谋的行动的最终结果,也可以在一个重农主义著作家梅西埃·德·拉·利未尔那里遇见。利未尔写道:“社会的运动是自发的,不是人为的,它全部活动中体现出来的那种享乐欲望不知不觉地驱使社会走向实现理想类型的国家。”(*L'Ordre naturel et essentiel des*

734

Sociétés politiques,1767,Vol. Ⅱ,p. 617)

国民财富。——《国富论》的《序论》开头这样写道:“每个国家国民每年的劳动,本来就是供给他们每年消费的全部生活必需品和便利品的资源。构成这种必需品和便利品的,总归或是这劳动的直接产品,或是用这产品从他国购买的物品。因此,国家提供其国民所需要的全部必需品和便利品的情况的好坏,取决于这产品或用它购得的物品同消费者人数之比的大小。”(Ⅰ,p. 1)这段话中,有三点具有历史意义。在好几处(例如,Ⅱ,iii;Ⅰ,p. 315),斯密把“土地”也像劳动一样说成是每年产品的源泉。这正是坎迪龙和重农主义者对这个问题的看法。然而,在上述的话里,没有提到土地,劳动独占全部功劳。第二点是强调了“每年”产品和消费。这是重农主义的表征。第三,国民财富不是用单纯财富总和来量度,而是用它对消费者人数的比例来量度。

生产。——尽可能多地增加生产(同消费者人数的比例)的可能性,受两个条件支配:(1)“对劳动总的运用的熟练、技巧和判断力”;和(2)“从事有用劳动的人数和不从事有用劳动的人数之比例”(Ⅰ,p. 1)。斯密对条件(1)主要考虑劳动分工。许多以往的思想家(包括威廉·配第、伯纳德·曼德维尔和斯密的老师弗朗西斯·哈奇森)都认识到了劳动分工的重要性。劳动分工带来的优越性描述如下:“由于劳动分工,同样人数能完成的工作量大大增加。其原因包括三种不同情况:第一,每一各别劳动者的技巧增进;其次,工种调换通常造成的时间损失,现在避免了;最后,许多简便和减轻劳动的机器的发明,使一个人能够干许多人的活。”(Ⅰ,i;Ⅰ,p. 9)[这一切在狄德罗的《百科全书》(1751,Vol. Ⅰ,p. 717)中已

735

经被指出。]这部论著将近结束时提到了劳动分工的一个严重弊端。“毕生在执行不多几种简单操作中度过的人……没有机会发挥他的理智,即发挥他的发明才能去寻找排除从未出现过的困难的对策。因此,他自然也就丧失了这种发挥的习惯,通常就会变得像一人的工具所可能的那样迟钝和愚昧”(V,i;Ⅱ,p.267)。亚当·斯密提倡实行全民义务教育,在很大程度上正是以之作为防止这种智力退化的可能手段(同上,p.269 ff.)。米拉波以前已经力陈过这一主张。

增加生产的第二个条件即(2)在《序论》中已简略谈到过,而上面提到的论述也未加发挥。《序论》中指出,野蛮民族虽然每个健康个人都从事有用工作,但仍“极度贫穷”,而“相反,在文明繁荣的民族中间,很多人根本不劳动……但社会全部劳动的产品却十分多,因此往往人人都丰衣足食”(Ⅰ,p.2)。

就另一个问题而言,重农主义对“生产性的”和“不结果的”工作的区分,现在被加以修改。“有一种劳动,增加劳动所及对象的价值;另一种劳动则没有这种效果。前者因生产价值,可称为生产性劳动;后者则称为非生产性劳动。例如,一个制造业工人的劳动通常把他自己生计的价值和雇主利润的价值,加在他所加工材料的价值之上。相反,奴仆的劳动不增加什么价值。雇主预付给制造业工人工资,但雇主实际上没有在他身上破费什么。这工人把其劳动施于对象,使后者价值增加。这价值增加通常偿还工资的价值,并同时带来利润。可是,奴仆的生活费却决计不会复归。一个人雇用许多工人就会致富,而维持众多奴仆便要变穷”(Ⅱ,iii;Ⅰ,p.313)。这虽然改进了重农主义的观点,但仍不能令人满意:

736

旅馆和饭店可以从雇用许多仆佣获取利润;生产性工人的雇主可能由于产品销售不佳而变穷。接踵而来的是这两种劳动间的另一个区别:"制造业工人的劳动固定并实现在某种特定物品或可卖商品上,它可以持续一定时间。……相反,奴仆的劳动则不这样。……他的服务通常随生随灭。"(同上)非生产阶级中包括"君主……一切文武官员……牧师、律师、医师、文人……演员……乐师、歌手、舞蹈家",等等(p. 314)。这两种不同的区分生产性和非生产性工作的方式导致不同的分类。但是,这一点被忽视了;并且关于生产的全部研讨也相当草率。

价值和价格。——"价值这词……有两种不同的含义。它有时表示某特定物品的实利,有时表示因占有该物品而取得的购买别种货物的力量。前者可以称为'使用价值';后者可以称为'交换价值'。使用价值极大的东西,往往交换价值很小甚或没有;相反,交换价值极大的东西,往往使用价值很小甚或没有。水再有用也不过了;但用水几乎买不到什么东西;它也几乎换不到什么东西。相反,一块金刚钻几乎毫无使用价值;但常常可能要用大量其他货物才能与之交换"(Ⅰ,iv;I,p. 30)。任何东西的价格就是它的"使用价值"。于是,"任何东西的真实价格,即它对想获得它的人的实际付出的代价,是获得它而付出的艰辛和麻烦。对于已获得它并想支配它或用它交换别的东西的人来说,它的真正价值等于它能使他免除并转嫁于别人的艰辛和麻烦。"不过,如此等当起来的这两种艰辛和麻烦的量可能是不同的。"用货币或货物购买东西,就是用劳动购买,正如我们用自己身体的艰辛去获得一样。这货币或货物实际上使我们省去这艰辛。它们包含一定量劳动的价值,而我们以这一定劳动去交换据认为当时包含等量价值的东西。劳737 动是第一性价格，是用于购买一切东西的原始买价。世界上一切财富，原来都是用劳动而不是用金银购买的；对于占有财富的并愿以之交换某些新产品的人来说，它的价值恰恰等于它使他们能够购买或支配的劳动量”(I,v;I,p.32 f.)。

价值用金银币比用劳动更容易**表达**。不过，这两种金属的价值是易变的，相比之下，“等量劳动在任何时候和任何地方，对于劳动者可以说具有同等价值。……任何时候和任何地方，凡是难于得到或得花很多劳动才能获得的东西，价必昂贵；凡是易于得到或只需花很少劳动即可得到的东西，价必低廉。所以，只有本身价值绝不变动的劳动，才是任何时候和地方都可用于估量和比较一切商品价值的最后和真实的标准。劳动是商品的真实价格；货币只是它们的名义价格”(同上，p.35)。

然而，即便劳动也在强度或剧烈程度和机巧性或灵敏性方面变化很大。即使时间量不变时，这些差别也不容易加以比较，尽管它们必定而且通常都已考虑在所付的工资之中。

最初即在原始条件下，“整个劳动产品都属于劳动者”。但是，随着资本主义企业家和地主崛起，事情就改观了。“一旦资财在个别人手中积累起来，自然就有其中一些人把资财用在劳苦人民身上，提供他们材料和生活费用，叫他们工作，以便从他们工作成品的出售或他们劳动对材料增加的价值上取得利润。在把这完成制造品交换货币、劳动或其他货物时，在丢掉了足以支付材料价格和工人工资的份额之外，必定还剩余一部分，给予这企业家，作为他把资财用于此项冒险而得的利润。因此，工人对材料增加的价值现在就分为两部分,一部分支付工人的工资,另一部分支付雇主的利润,报酬他预付材料和工资的全部资财。"同样,"任何国家的土地,一旦完全成为私有财产,地主就像一切其他人一样,也想不劳而获,甚至对土地的自然产品也要收地租。森林的树木、田野的草和大地的一切自然果实,在土地共有时代,只要劳动者花力去采集。而今,甚至对于这劳动者,它们也有固定的额外价格。他必须付出代价,取得准许采集的权利;还必须把他花劳动采集或生产的东西,交一部分给地主。这一部分或者说付出的代价,便构成地租,也成为大多数商品价格中的第三个组成部分。"

为了保留这种利润和地租,商品的市场价格必须超过为它们的生产所付出的工资。斯密设想了工资、利润和地租三者的"自然"率。当这三种自然率流行开来时,"这时出卖的商品,恰恰相当于其价值,或者说,恰恰相当于把它送到市场的人所花费的代价。因为……如果他按不能得到当地通常利润率的价格卖掉这商品,那他显然会因这交易而蒙受损失。因为,他若不这样处理这笔资财,就可以赢得那笔利润。而且,他的利润就是他的收入,也就是他的生计的正当来源……其间他在准备货物,把它们送到市场上"(I,vii;I,p. 57)。从这个意义上说,在自由竞争之下,商品价格趋于"它们的价值"。如果价格下跌,生产就将缩减,商品将因稀缺而增值。如果价格上涨,超过自然价格,竞争将使它们下跌。然而,垄断或天然稀缺可能使价格保持奇昂。 738

经济阶级。——像坎迪龙一样,亚当·斯密也根据收入来源于地租、利润或工资,把经济或社会阶级划分为三类:地主、企业家和雇佣劳动者。

“分开来说，每一特定商品的价格或交换价值，都分解为那三个部分的某一个、某两个或全部三个。同样，合起来说，构成每个国家全部劳动年产品的全部商品，必定也分解为这三个部分，作为劳动工资、资财利润或者地租，在国内不同居民间分配。每个社会年年由劳动采集或生产的全部东西，或者等当地，其全部价格，本来就是这样分配给社会不同成员中的某些人的。工资、利润和地租，是一切收入和一切可交换价值的三个根本源泉。一切其他收入归根结底来源于这三个源泉的某一个。不论是谁，如果他的收入来自他自己的资源，那他的收入就必定获自他的劳动、资财或者土地。来自劳动的收入称为工资。来自他支配或运用的资财的收入称为利润。他自己不运用资财，把它借给他人而获得收入，这种收入称为货币的利息或利益。利息是借方付给贷方的报偿，因为借方得到了利用这笔钱获取利润的机会。这利润的一部分自然地属于借方……，一部分属于贷方。……完全来自土地的收入称为地租，属于地主”（Ⅰ，vi；Ⅰ，p. 54）。

739 虽然大多数人主要或唯一地以这三种方式之一获取收入，但有人可能以所有这三种方式获得收入，于是可能产生一定的混淆。“一个亲手栽种自己园子的园艺家，一身兼地主、农场主和劳动者三种不同资格。所以，他的产品应向他自己支付地主的地租、农场主的利润和劳动者的工资。然而，通常把这全部收入看做他的劳动所得。在这种情况下，地租和利润两者同工资混为一谈”（同上，Ⅰ，p. 55）。

地租。——“社会状况的一切改良，都有一种倾向，即直接或间接地使土地的真实地租上涨，使地主的真实财富增加，使地主购买他人劳动或劳动产品的能力提高。

“改良和耕种的扩大,倾向于直接提高真实地租。地主所得这产品的份额必然随着这产品的增加而增加。……地主份额的真实价值,也即他支配他人劳动的真实能力,随着产品真实价值的提高而增长,而且,他的份额在全部产品中占的比例也随之增加。这产品,在其真实价值增高之后,并不需要比以往更多的劳动来获取它。因此,这产品的较小一部分就足以补偿雇用这劳动的资财,而仍保持通常的利润。结果,就有它的较大部分归地主所有。

“劳动生产力的增进,倾向直接使制造品真实价格下跌,同时倾向间接使土地真实地租提高。地主把他自己消费剩余的那部分粗产品去交换制造品。凡是使制造品真实价格降低的,无不使粗产品真实价格提高。所以,同量的粗产品便可等当于较大量的制造品;地主便能购买更多他所需要的便利品、装饰品或奢侈品”(Ⅰ,xi;Ⅰ,p.247)。

地租通常可看做为对地主改良土地的一种报酬。但是,“地主甚至对未改良的土地也要求地租,而所谓改良费用的利息或利润通常只是这原始地租的附加额。同时,这些改良并不总是由地主出资财,有时由租地人出资财。然而,在续订租约时,地主却通常要求增加地租,似乎改良完全是他自己搞的。

“有时,对于人力根本不能改良的东西,地主也要求地租。海藻是一种海草。它燃烧时产生一种碱盐,可用于制造玻璃、肥皂和一些其他用途。大不列颠好些地方,尤其苏格兰,都出产这种海草。它只生长在处于高水位线以下的岩石上,这些岩石每天被海 740
水淹没两次。所以,它们的产物绝不可能由人力使之增多。然而,对于以长这种海藻的海岸为界的领地，地主也要求地租，像对谷田一样。

“设得兰群岛附近海域，产鱼异常丰富。岛上居民的食品大部分靠鱼。但是，居民为要从这水产获利，就必须居住在近海地带。地主要求的地租，就不是同农夫从土地所能获得的利益成比例，而是同他由土地和海水两者所能获得的成比例。这地租部分用海鱼缴纳。鱼这种商品的价格中包含地租的成分，是罕见的，而我们在这里可看到其一例。

“所以，当作使用土地的代价的地租，自然地是一种垄断价格。它根本不是和地主改良土地所支出的费用或地主所能获取的收益成比例，而是和农夫所能缴纳的成比例”（同上，Ⅰ，p. 145f.）。

资财和资本。——亚当·斯密广义地使用“资财”这个术语，用它表示任何种类积累的储备，诸如食粮、材料、工具、货币，等等。他说的“资本”是指“资财”的一部分，这部分预定不是供直接使用或消费，因而可以由之得到货币收入；不是指全部资财的货币价值。“当一个人拥有的资财仅够维持他数日或数周的生活时，他很少会想到从它获取收入。……但是，当他拥有足以维持数月或数年生计的资财时，他自然就很想它有一大部分可以提供收入。他仅保留一部分用于直接消费，维持他在开始取得收入之前的生活。因此，他的整个资财分为两部分。他期望提供他这收入的那部分，称为他的资本。另一部分供目前消费，它包括三项：（一）他全部资财中原为这一目的而保留的那部分；（二）逐渐地从任何来源得来的收入；（三）前些年用以上两项购买来但尚未用完的东西，诸如被服、家具等等。这部分资财包含这三项中的一项、二项或全部”

741

(Ⅱ,i;Ⅰ,p.261)。当社会看做一个整体时,资本(预定用于出售或生产可出售货物的资财)和非资本(用于所有人自己直接消费的资财)的区别是任意的,也很难作出。而且在有些场合,亚当·斯密不得不采用一些可供选用而不相一致的资本定义。例如,资本是在重农主义意义上"生产性的"东西;资本是投资于这等东西或每年花费于它们的货币。此外,他有时还把"资本"和"资财"作为同义词使用。

狭义的资本按它们用于获得收入或利润这两种方式,分为"流动"资本和"固定"资本两类。流动资本"用来出产、制造或购买货物,再卖出去获取利润。这样使用的资本在保留在所有者手中或保持原状时,对于其使用者不提供任何收入或利润。……他的资本不断地以一种形态出手,以另一种形态收回,只有通过这种流动,即逐次变换,它才能给他提供利润"。固定资本"用来改良土地,购买有用的机器和商业工具,或用来置备无需易主或进一步流通就能提供收入或利润的东西"(Ⅱ,i;Ⅰ,p.261 f.)。

关于借贷资本的利息,亚当·斯密指出,它部分地取决于借方用这借款所能获取的利润率,部分地取决于贷方把这款子用于其他投资所能获取的利润率。"凡是使用货币能获大利的地方,使用它通常要付出很高的利息……凡是它只能提供小利的地方,使用它通常就只要付很低的利息"(Ⅰ,ix;Ⅰ,p.90)。

货币。——像他之前的其他人一样,亚当·斯密也批判重商主义夸大货币的特殊意义。"一个流行的观念认为,财富在于货币,或在于金银。这种观念是货币的双重功能,即作为商业工具和作为价值量度而自然引起的"(Ⅳ,i;Ⅰ,p.396)。实际上,"土地、房屋和一切不同种类可消费货物"都是更为重要的财富形态(同上书,p. 416)。归根结底,"真实财富……必定总是同可消费货物的数量成或大或小的比例",而后者可用货币购买(Ⅱ,ii;Ⅰ,p. 274)。货币仅仅是财富"流通的车轮",仅仅是财富价值的量度。742 在估价年国民财富或收入时,并不考虑货币。亚当·斯密把货币归类于"流动"资本,但他仍把它就某些方面同"固定"资本做比较。尽可能少地保留固定资本,是明智的,只要生产不因此而受影响。所以,纸币或钞票作为减少金银数量的手段,其优点是只需保持"流通车轮"转动。这正是斯密那著名譬喻的要义。"任何一国之中流通的金币和银币,可以非常恰当地比做公路。公路使该国全部粮草流转起来,把它们运送到市场,但它本身丝毫不产生粮草。如果允许我极其大胆地比喻,那么,精明得计的银行活动提供了一种空中轨道,它可以说使该国能把其大部分公路转变成良好的牧场和稻田,从而大大增加其土地和劳动的年产品"(Ⅱ,ii;Ⅰ,p. 304)。

纸币或钞票不仅能更为经济地用于和金币银币同样的目的,而且,在一些特殊情况下,纸币实际上可能拥有超过金币银币的溢价。"君主如果规定赋税中应有一定份额用某种纸币缴纳,那么,他就可能因此而赋予这种纸币一定的增值,即便纸币清偿和兑现的期限全视君主的意志而定也罢。如果发行这种纸币的银行根据纳税对纸币的需求,谨慎地使纸币额始终低于这种需求,那么,这种需求便可能使纸币高出面值,或者说,使它在市场上买得的金银币,超过发行时票面所标志的数量"(Ⅱ,ii;Ⅰ,p. 311)。

工资。——如前所述,坎迪龙和杜尔哥持生活费工资理论,即后来所称的“铁的工资规律”。然而,亚当·斯密像他的朋友戴维·休谟一样,对这种观点应用于发达社会时感到不满。

“劳动的产品构成劳动的自然报偿或工资。在土地尚未私有和资财尚未积累的原始状态下,劳动的全部产品都属于劳动者。没有地主也没有老板来同他分享。……但是,一当开始有了土地私有和资财积累,劳动者独享自己全部劳动产品这种原始状态便宣告终结。然而,在劳动生产力尚无极其明显改善之前,这种原始状态早就不复存在了。要就这种状态对劳动的报偿或工资可能产生的影响作进一步探讨,那将是徒劳的。

“一旦土地成为私有财产,地主就要求在劳动者从土地所能出产或采集的几乎所有产品中都占一份额。地主的地租成为从用于土地的劳动的产品中扣除的第一项。 743

“土地耕作者很少有人在收成之前能自己维持生活。他的生活费一般由一个雇主即雇用他的农场主用他的资财预付。除非能分享劳动的产品,或者说,除非他的资财在归还时附带利润,否则他就无意雇用耕作者。这利润构成从用于土地的劳动的产品中扣除的第二项。

“几乎所有其他劳动的产品都要被如此扣除利润。在一切工艺或制造业中,大部分工人在作业完成之前,都需要老板预付他们材料、工资和生活费。老板分享他们劳动的产品,或者说,分享劳动给材料所增加的价值;而他的利润就是这一份额”(Ⅰ,viii;Ⅰ,p. 66f.)。如坎迪龙和杜尔哥所已指出的,在这种改变了的事态之下,工资乃是雇主和雇佣劳动者讨价还价的结果。雇主们联合起来,他们能坚持的时间比劳动者长。因此,他们就利用这些优势来压低工资率，低到正好够维持劳动者的效率和人数——“在相当长时间里，即便最低等劳动的普通工资似乎也不可能降低到这一定工资率之下。一个人必定总是靠劳动生活，他的工资至少必须足以维持他的生活。在大多数场合，工资还得稍高一点；否则，他就不能赡养家室而传宗接代了”（同上书，Ⅰ，p. 69）。然而，亚当·斯密认为，在英国和法国这样的国家里，可用劳动的供给似乎取决于需求。因此，所付工资由供需关系决定，通常在生活费水平上下波动，直到达致稳定状态。工资据说来源于杜尔哥所称的“工资资源”，后者包括两部分。一部分是富人的多余财富，他们把它花费于额外的仆佣；另一部分来源于雇主的多余资本，他们把它投资于雇用更多的劳动者。斯密超过前辈，他坚持认为，“劳动的报酬丰厚……是国民财富增加的自然征候。另一方面，贫穷劳动者生活费不足，是形势停滞不前的自然征候，而他们处于饥饿状态，则是形势急骤退化的自然征候”（同上书，Ⅰ，p. 75）。

744

所需要的高工资增加了生产成本，因而增加了在国外市场竞争的困难。所以，亚当·斯密考虑了这样的问题：“下层阶级人民状况的这种改善，可以认为对社会有利呢，还是带来麻烦呢？其答案[他说]一眼看来便是显而易见的。仆佣、劳动者和各种工人在任何大政治社会中都构成其绝大部分。社会大部分成员境遇的改善，绝不能看做对全体的不利。任何社会，如果其绝大部分成员陷于贫困和悲惨的境地，那它绝不会繁荣和幸福。此外，提供全体人民衣食住的人，分享自己劳动产品的一定份额，使自己在衣食住上过得去，那才算是公平的”（同上书，Ⅰ，p. 80）。高工资还刺激人口增长和工艺水准提高，而这足以补偿由此引起的国外市场价格上涨,并且绰绰有余。

亚当·斯密还发展了坎迪龙关于工资不均等的见解。他把不均等归因于工人供给在满足对有技术性和无技术性职业的需求上存在差别所产生的影响。"在一个事态听任其自然发展的社会中,有着完全的自由,人人都完全自由地选择自己认为合适的职业,随时随心所欲地调换职业……如果在同一地区中,有什么职业明显地比其余职业优越或者差劲,那么,总是有许许多多人涌向优越的职业,避开差劲的职业,结果,这职业的优越性便很快回复到其他职业的水平。"他认为,不同职业货币工资及其货币利润的差别决定于"这些职业本身的某些条件,这些条件实际上或者至少在人们的想象中,对某些职业的微薄货币增益有所补偿,而对另一些职业的丰厚货币增益有所抵消"(I,x;I,p.101)。斯密认为,任何给定职业是否令人想望,取决于它是否惬意,能否容易地而又省钱地学会,是否有稳定就业的保证,是否要求可信赖性,以及是否提供升迁的机会。

生产性和非生产性雇佣劳动者间的区别,前面已在**生产**标题下考察过。

结语。——《国富论》论题庞杂,讨论的方式自由随便,篇幅宏大。因此,要恰当地扼述它,是很困难的。以上所述局限于亚当·745 斯密经济学理论的各个最重要论点,忽视了历史部分以及关于实际政策问题的讨论,这些已超出本《历史》的范围。《国富论》的魅力很大程度上在于这里没有考察的那些部分,这些部分促成它迅速谋得广泛的好评。它奉献给时代的是对政治经济学的总括万殊的概论。它囊括了以往经济学家的全部经济理论,有的加以批判,有的加以修正，有的加以发展或修改。在它那里，它们似乎构成了一个有机整体。并且，这本关于人类的书同十八世纪为争取本性自由和人类开明的斗争完全合拍。因此，这本杰作不仅是迄当时为止经济思想的宝库，而且还成为十九世纪经济思想的出发点和动力，提供了启示和促进因素。

（参见 E. Cannan：*A Review of Economic Theory*，1930，等等；C. Gide 和 C. Rist：*History of Economic Doctrines*，1915，等等。）

第三十一章　哲学(一)

746

十八世纪的哲学家大致分为两大类。一类是些大哲学家，就他们研究一些相同的认识论问题而言，他们形成一定程度上连续的系列。同时，虽然他们所持的观点相冲突，但它们走向一个巅峰，在那里各个相互冲突的理论达到一定程度的似然的调和。这类哲学家包括贝克莱、休谟、瑞德和康德。从十七世纪洛克和莱布尼茨相竞争的经验主义和唯心主义哲学出发，他们沿着不同的思路前进，在康德对经验主义和唯理主义的折中中达于极致，并达到一定程度调和。第二类主要是一小部分分散的哲学家。他们中有些人当年的影响实际上超过那些大哲学家，但他们大都基本上是折中主义者，主要兴趣在于启蒙他们的同胞，或者至少启蒙其中比较开明的人。他们的做法是通俗阐述对世界的合理解释，使他们的同胞摆脱迷信，帮助他们充分利用人生。因此，哲学变成了文学性的，而文学变成了哲学性的。

十八世纪是人文主义时代，因此倾向于人类中心的观点。十七世纪，有些哲学家尤其是斯宾诺莎曾试图探讨哥白尼革命的教训，追求一种区别于人类中心观点的对事物的宇宙观。但是，十八世纪明确采取人类中心说。从这里考虑的意义上说，甚至康德也只是标志着托勒密的反革命哲学的巅峰，虽然某种意义上他有权声称自己在哲学上发起了一场哥白尼革命。这里毫无贬抑可言，因为在有些时代，人类必然想起："人类正经的研究对象是人。"十八世纪曾是这样一个时代。现在，二十世纪又是一个这样的时代。在本章，我们打算论述第一类哲学家。另一类将在下一章里考察。这里不考察他们关于道德和艺术的观点，而只考察他们的认识论和宇宙论理论，这些正是这个时期科学史所感兴趣的。

747

一、贝克莱的唯心主义

乔治·贝克莱(1685—1753)的哲学里具有历史意义的东西全都包含在他的《人类知识原理》(1710 年)之中。《海拉斯和菲洛诺斯的三篇对话》(1734 年)毫无增添新东西；他的《赛里斯[①]》(*Siris*)(1744 年)中的一些修改也都无关宏旨。贝克莱自称，他的哲学旨在驳斥唯物主义、怀疑论和无神论，证明相信上帝存在和灵魂不死的信念是正确的。十六和十七世纪自然科学的巨大成功倾向于鼓励这样的观点：物质和运动是仅有的终极实在。霍布斯和其他人的哲学是明确唯物主义的。甚至谨小慎微而又笃信宗教的洛克也在考虑，物质能够思维。贝克莱认为，只要他能否证物质实体的客观的、独立的存在，则唯物主义的基础，并且连带地无神论和怀疑论的基础就都将被铲除。他甚至企望表明，上帝和他创造的精神是仅有的终极实在，由此达致对宗教更确实的东西。他的观点一定程度上借助于洛克的《人类理智论》，但又在一定程度上

① 原文意为"合欢属植物"。——译者

反对它。

洛克的《人类理智论》的主旨之一是，驳斥笛卡尔主义者和剑桥新柏拉图主义者所持的天赋观念学说。洛克把天赋观念理解为一定程度上充分发展的或者说明显的观念，而据说人出生时就已具有这种观念。洛克否定这种观念存在。他坚持认为，一切人类观念都导源于经验。虽然洛克反复把出生时的人类心灵描述为像一张白纸或一间暗室，然而对于他辩驳天赋观念的目的来说，他不一定非得坚持认为，人类心灵是完全被动的。事实上，当他在说明人类经验的增长时，他认为，心灵进行多种多样活动。在洛克看来，心灵能够“反省”它的感觉，能够把简单观念结合成复杂观念，能从它的经验进行推理，还能够发明新的观念。最终，洛克给人类观念开列了清单，其中包括：(1)有限的人类心灵，它们每一个都是其自己经验的载体，都直觉地知道其自己的存在和活动；(2)因果性，这个范畴导源于“我们对我们自己的自愿作用的意识”；(3)上帝，它的存在用因果性范畴加以说明，是一切存在的“第一原因”；(4)物质实体，是第一性的性质(广延、坚实性、形象和运动)的支持，它们在人类心灵中产生某些相似的感觉；(5)第二性的性质(颜色、滋味、气味)，它们是主观的感觉，和任何物质性质都不同。洛克清单的这五项中，贝克莱现在拒斥第四项——物质实体和第一性的性质，但接受其余四项。如下所述，他所以拒斥物质实体和第一性的性质，是因为他认为，这样做便更一以贯之地应用洛克的经验方法。 748

在他的《视觉新论》中，贝克莱仿效古代原子论者、伽利略和洛克，也区分第一性的性质和第二性的性质。在区分视觉和触觉时，他指出，前者是内在的或主观的，而后者是客观的、外在的或“心灵以外的”。然而，这只是对于流行观点的一种暂时的让步，并且这在一部关于经验心理学而不同于哲学的书中是合理的。他解释说：“在一部讨论视觉的书中，去考察和反驳这个错误，就超出了我的目的。”(*Principles*，§44)然而，贝克莱的基本论点实际上却是：区分第一性的性质和第二性的性质，是没有道理的。“让任何一个人去考虑一下那些被认为显然证明颜色和滋味只存在于心灵之中的论据，那他就会发现，这些论据都能同样有力地用来证明，广延、形象和运动也是如此”(§15)。一切凭以知道这种种性质的感知都正是“观念”，“我们的思想、情感和……观念都不能离开心灵而存在，这一点是每个人都会承认的”(§3)。贝克莱拒斥这样的论点：对第一性的性质的观念是“存在于心灵以外的事物的摹本或图像”。他的根据是：广延、形象和运动都是观念，并且“一个观念只能和另一个观念相似，不能与别的东西相似；因此，不论它们或它们的原型，都不能存在于一个不能感知的实体之中”(§9)。总之，第一性的性质和第二性的性质实际上不可能相互分离。它们总是合在一起，乘在同一条船上。“就我自己来说，我清楚地看到，我没有能力来构成一个关于一个有广延和运动的物体的观念，但我必须给它某种颜色或别的感性性质，而这性质公认仅仅存在749于心灵之中。总之，离开了所有别的性质，广延、形象和运动就都是不可想象的。因此，凡是其他感性性质存在的地方，这些性质也必定存在，就是说，它们只存在于心灵之中，而不能存在于别的地方”(§10)。如果这样的话，就没有理由像洛克做的那样断定物质实体是第一性的性质的外在支持。事实上，任何人都不会妄称，对这样的一个或一些实体具有明确的观念。洛克自己也坦率地承认,他说的“实体”的意思,“仅仅是对我们所不知道的东西的一个不确定的假定”。而且,贝克莱还论证说:“既然即便主张物质的那些人自己也没有妄称,在物体和我们观念之间有什么必然的联系,那么,有什么理由可以使我们根据我们所知觉的东西来相信心外之物的存在呢?我可以说,大家都承认(在睡梦、癫狂和诸如此类情形下发生的事,也都使这一点无可争议),即使外界没有相似的物体存在,我也有可能受我们现有的一切观念影响。因此,我们观念的产生显然无需假定外物的存在。因为大家都承认,即便没有外物协助,观念有时也会产生,并且可能总是按照同样秩序产生。”(§18)此外,“即使我们让唯物主义者拥有外物,可他们也承认,他们绝不更切近地知道我们的观念如何产生。因为他们自己并不能理解,物体怎样能作用于精神,或者怎样能把观念印在我们的心灵上。因此,显然,我们不能因为观念或感觉在我们心灵中产生,就以为有理由假定**物质**或有形实体存在,因为他们也承认,无论有无这个假定,观念的产生同样无法加以解释”(§19)。

贝克莱通过这样的论证而自信,不存在物质实体,也不存在在意识之外的第一性的性质,一切性质和性质群的实在唯在于它们被某个心灵感知。他认为,下面是一个“明显的”真理:“天上的一切星宿、地上的一切陈设,总之,构成浩瀚世界的一切物体,在心灵以外没有任何存在,它们的**存在**就是**被感知**或知道。因此,只要它们没有实际上被我感知,或者未存在于我的心灵或任何别的所创造的精神的心灵之中,那么,它们就必定要么根本就不存在,要么存在于某个**永恒精神**的心灵之中。”(§6)

由最后一段引文可知，在把视在外界的物体的**存在**看做为它们之**被感知**时，贝克莱并未使它们的实在性像任何有限心灵的感知那样必然要消逝，因为它们可以继续为**永恒精神**所感知。贝克莱用这条原理来解释下述事实：我们的有些观念独立于我们的意志。正因为我们的感官知觉独立于我们的意志，所以通常认为，外界物体及其性质是感知的原因。贝克莱认为，上帝是一切这种经验的原因。因此，从某种意义上说，"一切构成浩瀚世界的物体"实际上都外在于认识它们的有限心灵，不过，这仅就它们"由一个异于感知它们的那个心灵的**精神**印入"这个意义而言（§90）。自然规律也保留其客观性或对有限心灵的独立性，因为它们是"我们所依存的**心灵**据以激发我们感官观念的那些一定的规则或确定的方法"（§30）。不过，"观念间的联系并不表示**原因**和**结果**之间的关系，它只表示一个标志或**符号**同**所标示**的那个事物间的关系。我所看见的火，并不是在我趋近它时所感受到的痛苦的原因，而只是警告我的标志"（§65）。

750

有限的心灵或精神不仅仅是被动的或接受性的，而且还是主动的。"我发现，我能随意地在我的心灵中激发观念，并且只要我觉得合适，我也能随时变换景象。……这种观念的产生和消失，正可使我们得以恰当地称心灵是主动的"（§28）。按照贝克莱的意见，观念仅仅是"迟钝的、倏忽即逝的或从属的存在，它们不能独立自存，而是由心灵或精神实体所支持，或者存在于心灵或精神实体之中。我们藉助内部的感觉或反省而理解我们自己的存在，藉助推理而理解其他精神的存在"（§89）。贝克莱认识到，我们没有一个精神实体的"观念"，而只有"概念"。然而，他还继续按他考察物质实体的方式考察精神实体的要求，从而给休谟留下了缺口。这位善良的主教感到心满意足的是，他已通过“从自然界逐出物质”摧毁了无神论、宿命论和偶像崇拜的基础（§§94,96），他从正面证明了“我们在其中生活、运动和存在”的自然界的**创造者**的存在、智慧和仁慈（§66）。他毫不怀疑，他的唯灵论和唯心主义在很大程度上是他的初始假定所要求的，这假定是说，凡是用精神理解的东西，也一定是精神的。

作为一个令人纳罕的历史嘲弄，贝克莱主教的哲学虽然旨在反驳怀疑论，但却仅仅成为通往休谟怀疑哲学的桥梁。然而，时来运转，贝克莱的唯心主义在某些杰出科学家的著作中现在又复活了，由此得到了补偿。这些科学家最近已转变为哲学家，即阿瑟·爱丁顿爵士和詹姆斯·琼斯爵士。

二、休谟的怀疑论

戴维·休谟(1711—1776)的哲学像洛克和贝克莱的哲学一样，也是建基于他的心理学，后者已经在第二十八章中论述过。贝克莱通过比洛克更彻底地运用经验方法而达致他的唯心主义哲学。同样，休谟也是通过比贝克莱更彻底地运用这位善良主教的批判方式而转归于怀疑论。洛克相信，具有第一性的性质、相互处于因果联系的物质实体是实在的。贝克莱拒斥这一信念，因为它未为经验所证明。休谟坚认，正因为没有什么理由可以认为，精神及其作为原因的力量是实在的，所以，可以肯定的东西唯有观念及其联想。在某种程度上，贝克莱本人已预见到他的精神哲学遭到 751

如此严厉批判的可能性。这从他的《海拉斯和菲洛诺斯的三篇对话》的第一篇可以看出。在那里,海拉斯这个角色说:"尽管你这么说,但我觉得,按照你自己的思维方式,根据你自己的原则,可以推论:你仅仅是一个漂浮观念的体系,这些观念没有任何实体支持。……既然**精神'实体'**并不见得比**物质'实体'**更有意义,那么,两者同样地被戳穿。"(Berkeley's *Works*,Fraser 编,Ⅰ,p. 328)但是,贝克莱所能由菲洛诺斯之口作出的唯一回答是,重申他直接认识到自己是一个主动的本原。"我**自己**不是观念,而是……一个思维的、主动的本原,它操作观念。我知道,我……感知颜色和声音;因此,我是一个个别的本原,区别于颜色和声音,也区别于……一切别的可感觉事物或惰性的观念"(同上,p. 329)。因此,在休谟看来,理由一直是明白的。他对贝克莱的哲学的反应表达在下述饶有趣味的一段话里。"这位极机敏的作者的著作,大都已成了古今哲学家包括培尔在内的怀疑论的最好课程。他承认……(这话无疑是真实的)他写此书是为了反对怀疑论者。……不过,他的全部论证……都只是怀疑论的,因为它们都不容有任何答案,也不产生任何信念。它们的唯一作用是引起暂时的惊异、犹疑和混乱,而这正是怀疑论的结果"(*Enquiry Concerning Human Understanding*,Sect. Ⅱ,注)。

休谟的哲学包含在他的《人性论》(*Treatise of Human Nature*)(1739—1740)和《人类理智研究》(*Enquiry Concerning Human Understanding*)(1748年,等等)之中。休谟以更严格的方式运用洛克和贝克莱的经验的或心理学的方法。他写道:"我们可以看到,哲学家们公认的、其本身也十分明显的是,除了心灵的知觉或印象和观念以外,再没有什么东西实际存在于心灵之中。752
……既然心灵中除了知觉而外,再没有别的东西存在,既然一切观念都来源于先前存在于心灵的东西,因此,我们绝不可能构想或形成关于任何与观念和印象有特别不同的事物的观念。让我们尽可能地把注意力移开自身,把我们的想象移到天际,或者一直移到宇宙尽头。可是,纵然如此,我们也还实际上一步超不出自我,而且除了那些出现在狭窄范围里的知觉之外,也不能想象任何一种存在。这就是想象的宇宙,除了从那里产生的观念之外,我们再没有什么观念了。"(*Treatise*,Book Ⅰ,Part Ⅱ,Sect.Ⅵ)

站在上述引文所表达的原则的立场上,休谟当然看不到,有理由承认对物质实体及其据认为的性质的信念的正确性。他重复了贝克莱的一些批判,又增加了一些。感觉印象是生动的和非自愿的这一事实并未证明,假定相应的外在性质是有理由的。"因为很显然,我们的痛苦和快乐、我们的情感和感情,虽然我们绝不假定它们具有知觉以外的存在,但它们却比对形象和广延、颜色和声音的印象更为强烈地起作用,并且同样地是非自愿的"(*Treatise*,Ⅰ,Ⅳ,§Ⅱ)。至于所说的第一性的性质的"支持",并没有与之对应的印象。"实体"仅仅是一种"结合要素"。藉助它,可以通过想象按联想规律把各种印象和观念结合起来,并成群地因而更方便地经验它们。我们知觉的恒常性和连贯性鼓励或引起了一种通常的信念:对应于我们知觉的物质实体是独立的和连续的存在。但是,这种恒常性和连贯性(或变化的规则性)实际上是想象所造成的。关于恒常性,休谟说:"当我们习惯于从某些印象中看出一种恒常性,因而发现,比如当对太阳或海洋的感知不在或消失了之后，又带着跟初次出现时一样的组成部分和秩序返回我们的时候，我们不大会认为，这些中断过的知觉是不同的(实际上是不同的)，相反倒认为，它们一一相同，因为它们是相像的。可是，当它们的存在的这种中断同它们的完全同一相反，因而使我们认为，那次印象已消灭，这第二个印象是新产生的时候，我们便自感困惑，陷于某种矛盾之中。为了摆脱这种困难，我们要尽可能地掩饰这种中断，或者更确切地说，完全去除之，方法是假定，这些中断的知觉由我们感觉不到的一个实际存在连接起来。这种连续存在的假定或观念从这些破裂印象的记忆中，从它们赋予我们的这样假定它们 753 的倾向中取得力量和生气；……信仰的本质正在于这种概念的力量和生气。”(同上)至于连贯性，休谟写道：“我们可以看到，尽管那些我们认为是转瞬即逝的内部印象也在外表上有某种连贯性或规则性，然而，它还是在本质上不同于我们在物体中发现的那种连贯性。经验表明，我们的情感相互联系和彼此依存。但是，根本不必为了保持我们已经验到的这种依存性和联系，而去假定，当这些情感未被感知时，它们也是存在的，并也在起作用。外界对象的情形就不同了。它们需要连续的存在，否则便在很大程度上失去其作用的规则性。……我生平大概没有这样的时刻……那时为了把对象过去和现在的现象连接起来，给予它们一种结合，即我从经验知道这结合适合于它们的特定本性和环境，而不必假定它们是连续存在的。于是，这里我自然而然地走向认为，世界是实在的和持久的，并且甚至在它不再存在于我的知觉时也保持其存在。”(同上)不过，休谟又补充说：“关于我们可感觉的知觉独立存在的学说同最平常的经验相悖。”(同上)他还拒绝“知觉和对象双重存在的观点”,认为它只是“一种姑息疗法,带有这种拙劣方法的一切困难以及它自己所特有的一些其他困难”(同上)。

贝克莱拒斥物质实体,但坚认精神实体、自我、灵魂或精神的实在性。然而,休谟像对于前者一样,也看不出有什么理由可以承认后者。“因为,这观念能从什么印象得来呢?……每一个实在观念的产生都必定由某个印象所引起。但是,自我或人格并不是任何一个印象,而据假设是我们的若干印象和观念与之有关系的一种东西。如果某印象引起了自我观念,那么,该印象在我们一生的全过程中都必然始终不变地保持同一,因为自我被假设为以这种方式存在。但是,根本不存在恒常的和不变的印象。……人类……只不过是一束不同的知觉或它们的集合体,它们以不能想象的速度彼此接续,处于永恒的流动和运动之中”(*Treatise*, I, IV, § VI)。所以倾向于假定一种保持同一的自我,是由于想象的作用所使然。想象错误地把一个“由若干相关对象构成的接续”当做一个“不间断的和不变的对象”,因为这些不同的但相关的对象的关系“便利了心灵从一个对象到另一个对象的过渡,使之平滑地进行,似乎在思考一个连续的对象。……虽然我们可以在一个时刻把这相关的接续当做变化的和间断的,但我们在下一时刻仍一定会赋予它以完全的同一性,认为它是不变的和不间断的。……这样,我们就虚构了我们感官知觉的连续存在,以消除这种间断;并达致**灵魂**、**自我**和**实体**的概念,来掩饰这种变化”(同上)。休谟还继续说:“同一性并非真正属于这些不同的知觉而且把它们结合在一起的一种东西,而只是我们归诸知觉的一种性质,这是因为它们的观念在想象中结合起来”,而这种结合按照联想的原则进行 754

(同上)。这样,休谟精心阐发了贝克莱的海拉斯的意见:精神实体像物质实体一样地被戳穿,灵魂"仅仅是一个漂移观念的体系,这些观念没有任何实体支持"(见第 903 页)。

与洛克和贝克莱不同,休谟更重视的是因果性的问题而不是实体的问题。他认识到,说到底,对在实际知觉和记忆之外的物质和精神实体或者任何种类实在存在物或事实的信念,通常建基于据认为的发现我们经验之原因的需要。洛克和贝克莱甚至在证明上帝之存在时,也乞求"第一原因"来解释存在和发生的一切。因此,休谟感到,如果能够表明,原因和结果的信念没有逻辑的理由,那么,根据事实本身,假定实体存在的论辩就归于失败。并且,他还很少注意考虑一般的因果性原理,而满足于充分考察据认为的因果关系的特定情形,因为他感到,如果能够表明,对特定情形的断定得不到证明,那么,对一般原理的断定也就不攻自破了。

现在,因果关系的观念不是从任何一个印象,也不是从被感知对象的任何一个性质得来的。因为,"没有不被认为是原因或结果的外在或内在的存在物。可是,又很显然,不存在一种性质,它普遍地属于一切事物,使它们称得起它"(*Treatise*,Ⅰ,Ⅲ,§ Ⅱ)。因果关系的观念必须从某种**关系**得出来。休谟通过考察发现,通常认为存在于原因和结果之间的关系包括:(1)邻接,(2)接续;(3)必然联系,最后一种被认为是最重要或必要的关系,因为"一个对755 象可以是邻接于和先于另一个对象,而又不被认为是它的原因"。可是,他又找不到"可从中得出必然联系观念的一个或若干印象"(同上)。在考察了有关情形后,他发现,正是对**恒常连接**的观察,导致对必然联系的信念。"我们记得,我们常常看到一个对象种存在的事例。我们也记得,另一个对象种的个体总是伴随着它们,同它们结成邻接和接续的规则秩序而存在。例如,我们记得,看到过我们称之为**火焰**的对象种,也感到过我们称之为**热**的感觉种。我们同样也想起在一切以往事例中它们的恒常连接。我们不拘任何礼仪地称一个为**原因**,另一个为**结果**,从一者的存在推出另一者的存在"(同上,§ Ⅵ)。然而,这是观念联想的结果,而不是推理的结果。"即使借助于经验,推理也绝不能给我们表明在一切以往事例中的一对象同另一对象的联系以及对它们的恒常连接的观察。因此,当心灵从对一个对象的观念或印象过渡到对另一个对象的观念或信念时,它不是由推理所决定,而是由某些原理所决定,这些原理把这些对象的观念联系在一起,把它们在想象中结合起来。如果观念像没有对象一样,也没有幻想中的结合需要加以理解,那么,我们就绝不能进行从原因到结果的推理,也不能相信任何事实情况。因此,推理仅仅取决于观念的结合"(同上)。休谟强调了相似连接的多样性对于形成必然联系观念的重要性。他写道:"假定有两个对象呈现在我们面前,则很显然,仅仅简单考虑这两个对象或其中一个,我们绝不可能感知它们所由结合的纽结,也肯定不可能宣称,它们之间存在一种联系。……可是,如果我们再假定我们观察到同一些对象总是联系在一起的若干事例,那么,我们立即就设想出它们间的一种联系,并开始进行从一者到另一者的推理。因此,相似事例的这种多样性构成了力量或连接的本质,并成为观念由之产生的源泉。"(同上,§ ⅩⅣ)

现在产生了这样的问题:某些连接中没有一个能单独引起必然联系的观念,那么,这些连接的单纯重复是怎么能引起这种观念

756 的呢？“当然，相似对象在相似情境中的这种重复**产生**不出什么新东西，无论在这些对象之中，还是在任何外界物体之中”（同上）。不过，休谟解释说：“尽管引起力量观念的若干相似事例彼此没有影响，也绝不可能产生任何新的性质，但是，对这种相似性的**观察**却**在心灵中**产生一个新的印象，而这正是它的实际模型。因为，在我们在足够多事例中观察到相似性之后，我们立即感到，心灵决心从一个对象过渡到它通常的伴随物，并从更清楚地阐明该关系中来设想它。……这些事例本身彼此截然不同，仅在观察它们的心灵中相结合，并集合它们的观念。因此，必然性是这种观察的结果，仅仅是心灵的一个内在印象，或者仅仅是把我们思想从一个对象推移到另一个对象的决心。”（同上）于是，休谟实现了他的期望：“或许最终将可明白，必然联系取决于推理，而不是推理取决于必然联系。”（同上，§Ⅵ）

休谟的批判的最后结果是：他所能肯定的实在唯有印象与观念以及观念的联想。一切别的东西——物质实体、它们的性质和因果关系、精神实体和它们的活动——都是有疑问的，没有逻辑的理由。经过休谟的批判，甚至宇宙中留下的这一点点东西也没有真正弄明白。知觉和观念怎么产生？它们怎么能相互影响？怎么能结合成一个“束”？休谟认识到了这些困难，但无法解决。他供认：“当我最后要解释那些在我们的思想或意识中把我们接续的知觉结合起来的原则时，我的一切希望终成泡影。我找不到在这一方面使我满意的理论。简言之，有两条原理，我无法使它们相一致，我也无力抛弃其中某一个。它们就是：**我们的一切确实知觉全都是确实的存在**；以及**心灵绝不感知确实的存在之间的任何实在**

的联系。无论我们的知觉本质上属于某种简单的和个别的东西,还是心灵感知它们间某种实在的联系,在这种情形里都没有什么困难。就我而言,我必须为一个怀疑论者的荣誉辩护,承认这种困难之艰巨,是我所无法理解的。然而,我不敢妄自宣称,它是绝对不可克服的。其他人或许我自己在进一步深思熟虑之后,能够发现某个假说,它将调和这些矛盾。"(*Treatise*,附录)

在这样的境况下,一切关于事实情况的信念都只是似然的。在休谟看来,这适用于一切自然科学,而且在某种程度上甚至也适用于几何学(就它是经验的而言)。确实知识仅有的对象是量和数,因此,代数、算术以及总的来说还有几何学,是"仅有的几门科学,在其中我们可以把推理链继续进行到无论多么复杂,而又保持完全的精确性和确实性"(*Treatise*,Ⅰ,Ⅲ,§Ⅰ)。理由是这些科学全都不是关于事实情况,而是关于观念间的关系。"这类命题我们只凭思想的操作就可以发现,无需依据宇宙中任何地方存在的任何东西。自然界中纵然没有一个圆或三角形,但欧几里得所证明的真理仍会永远保持其确实性和明白性"(*Enquiry Concerning Human Understanding*,Sect.Ⅳ,Part Ⅰ)。 757

为了防止某些常见的对休谟观点的误解,必须提请大家注意以下几点。第一,休谟并不彻底批判对因果联系的信念。相反,他认为,因果性是知觉和观念间的一种**自然的**关系;它实际地把它们联结起来,由此形成或造成回忆或期望的习惯。正是求助于这种**自然的**、精神的因果性,休谟才成功地把因果性解释为外界对象间一种**哲学的**或解释性的关系。其次,休谟并未妄称,已经**否证了**外界对象及其因果关系的存在。他只是试图表明,看来没有逻辑的理由可据以承认它们。即便如此，他的怀疑论也只是纯粹理论的或哲学的，而不是实际的。他承认甚至坚认，实际生活受他所说的“自然本能的强大力量”指导（同上，Ⅻ，Ⅲ）。他的《英国史》（*History of England*）也总是诉诸原因来解释历史事件。“自然以绝对的和不可控制的必然性决定我们进行判断和表露、感觉。……凡是勉力拒斥……**彻底**怀疑论的爱挑剔的人，实际上都是在进行没有对手的争论，是在努力通过论证确立一种官能，而自然早已预先把这种官能植入心灵之中，并使之成为不可避免的”（*Treatise*，Ⅰ，Ⅳ，§Ⅰ）。“因此，即便怀疑论者断言，他未能用推理来捍卫推理，他也仍将继续推理和抱信念。照此成规，他必定赞同关于物体存在的原理，尽管他不能妄求通过哲学论证来维护它的真实性。自然没有把对此的选择权留给他，自然无疑认为，这是极端重要的事务，因此不能托付给我们不确定的推理和思辨”（同上，§Ⅱ）。

可以明白，在休谟看来，人是由自然构造的。因此，他必须在实际上承认外界物体的实在性和影响，而不管他的思辨观点可能怎样。所以，托马斯·瑞德及其追随者似乎无非也就是用“常识”来取代休谟所说的“自然本能”。而且可以不算过分夸张地说，甚至康德也只是呕心沥血地试图设想出自然或自然本能借助哪种精神器官而可能影响人类。然而，关于休谟的最重要事实是，他在调和他的哲学结论同他对实在的自然态度上面归于失败。如上所见，这种冲突使休谟自己对他的哲学感到不满，但他找不到使之更令人满意的途径。正是这个冲突使瑞德和康德两人相信，休谟对人类知识的批判说明一定有错误，并使他们各自试图对认识同其

758

对象的关系作一种新的解释。

三、瑞德的常识实在论

托马斯·瑞德(1710—1796)出生于斯特拉钱(邻近阿伯丁),他的父亲刘易斯·瑞德在那里当了五十年牧师。他的母亲玛格丽特·格雷戈里是反射望远镜发明者詹姆斯·格雷戈里的哥哥戴维·格雷戈里的二十九个孩子之一。她有一个兄弟是牛津大学天文学教授,另有两个分别是爱丁顿大学和圣安德鲁斯大学的数学教授。托马斯在阿伯丁的马里夏尔学院就学,还一度在该院当过图书馆管理员。1737 年,他在纽麦查尔就任牧师,在那里一直待到 1752 年。那年他应召回到阿伯丁当皇家学院哲学教授,在那里还教授数学和物理学。1763 年,他应邀接替亚当·斯密当格拉斯哥大学道德哲学教授,在那里度过余生,于 1780 年从教授职位退休。他最重要的著作是他的《根据常识原理探究人类心灵》(*Inquiry into the Human Mind on the Principles of Common Sense*)(1764 年)、《论人的理智力量》(*Essays on the Intellectual Powers of Man*)(1785 年)和《论人的主动力量》(*Essays on the Active Powers of Man*)(1788 年)。

瑞德是著名的"苏格兰常识哲学"的主要代表人物。他最初是贝克莱的信徒。后来,他在休谟《人性论》(1739 年)中发现,从洛克和贝克莱所遵循的思路得出的结果,是可疑的。他受到了冲击,因此,决心改弦更张,重新考虑洛克、贝克莱和休谟的哲学的原始前提的正确性。他得出的结论包含在他的《探究人类心灵》之中。

759 他曾把该书手稿寄给休谟，请休谟评论。在感谢休谟的友好回信时，瑞德写道："我将始终以您的形而上学上的弟子自居。我从您的这方面著述中所学到的东西，比从一切其他地方学到的总和还要多。在我看来，您的体系不仅各个部分相互一致，而且也正是从哲学家公认的原理推演出来的。这些原理，在您的《人性论》中引出的结论使我对它们发生怀疑之前，我从未想到它们会有什么问题。如果这些原理是可靠的，那么，您的体系就一定站得住脚。从这些原理产生出来的这整个体系曾大部分包藏在朦胧的云雾之中，在您完成对它的澄清之后，人们就能更好地判明它们是否可靠。因此，我赞同您的意见：如果这个体系将被推翻，那么，您正应当备受称誉，这是因为，您树立了一个作为瞄准目标的鲜明而又确定的标志，也因为，您提供了为达此目的的专用大炮。"（1763 年 3 月 18 日的信——Thos. Reid 的 *Works*，Sir Wm. Hamilton 编，1872 年，p. 91）

瑞德感到，休谟是由于没有充分考虑到"自然本能"的要求而陷于哲学怀疑论的。在实际生活中，"自然本能"毕竟很容易战胜哲学怀疑。休谟自己就指出了，自然本能轻而易举地驱赶掉了一切怀疑的妄想。"我吃了饭，玩了一盘十五子棋，再同朋友们交谈，嬉笑。这样娱乐了三四个小时以后，我又回到这些思考上来，可是，它们现在显得非常冷漠、牵强附会和荒谬。因此，我无法从内心再进入这些思考"（*Treatise*，Ⅰ，Ⅳ，§Ⅶ）。由于这个理由，休谟感到"对他的哲学怀疑缺乏自信"。可以说瑞德力陈这样的主张：一个人在最后决定他的哲学倾向之前，应当先考虑"自然本能"的本性和要求。并且，在休谟仅仅看到某种不明不白的（如果不可抗拒的话)"本能"的地方,瑞德看到了"常识的原理"(关于常识原理,本节下面还要谈到)。瑞德认为,休谟的怀疑是洛克无视常识而又未做"最低限度证明"就作出的一个虚假开端的结果。这个初始错误在于瑞德所称的"观念学说"或"观念体系",它假定"每个思想对象都必定是一个印象或一个观念"。瑞德说,"观念似乎本质上有着某种敌视其他存在的东西。它们之最初引入哲学,是去扮演事物的映象或代表这种低下的角色。……可是……它们渐渐取代自己的委托者,损害除自己之外的一切东西的存在。首先,它们丢弃物体的一切第二性的性质。……贝克莱主教……发现,广延、坚实性、空间、形象和物体都是观念,自然界除了观念和精神之外,别无他物。观念的胜利是《人性论》完成的,但它还抛弃精神,只留下观念和印象作为宇宙中仅有的存在。……这些观念在无限空间中遨游时像伊壁鸠鲁的原子一样自由和独立。……它们构成了宇 760 宙的全部陈设。它们进入存在,或者脱离存在,都没有任何原因;它们结合成常人称之为**心灵**的团块;彼此按固定的规律前后相继,离开时间、空间或这些规律的创造者"(*Inquiry*, Ch. Ⅱ, §4; *Works*, p. 108f.)。

瑞德试图驳斥休谟的怀疑论,证明关于具有第一性的性质的物质实体、进行活动的心灵和因果联系等的实在性的普遍信念。他企图表明,休谟的心理学不是对心理过程的精确说明,而是忽视了构成"自然本能"实在论的那些要素。他试图诉诸某些原理来证明这种自然实在论,而"这些原理……是我们本性的构造引导我们去相信它们的,并且我们是必然地认为,它们理应属于日常生活所关心的东西"(同上)。他试图在语言结构这种普遍和可靠信念的存储库中证实他所谓的"常识原理"。

像他之前的洛克和贝克莱一样，休谟也把简单的感觉或理解看做为最初的心灵操作，而且认为，复杂观念和判断是这些操作后来的结合。但是，瑞德反驳说，"我们不应当说，心灵的比较复杂的操作是通过复合简单理解而形成的，倒应当说，简单的理解是通过分析比较复杂的操作而得到的。……不是直接凭感官，而是凭分析和抽象的能力，我们才获得甚至对感觉对象的最简单而又最明确的概念"（*Intellectual Powers*, Essay Ⅳ, Ch. Ⅲ; *Works*, p. 376）。感觉在实际经验中不是简单的也不是孤立的，而带有某些复杂性或自然的"启发"（在这个词的贝克莱的意义上），即"当前存在的概念、对我们知觉或感觉到的东西之现在存在的信念……心灵的概念、对心灵之存在的信念。……而且……某些触觉……启发我们联想到广延、坚实性和运动"（*Inquiry*, Ch. Ⅱ, §7; *Works*, p. 111）。换言之，最简单的现实经验实际上是一个判断或761 信念，而从中可以抽象出而不是分离出感觉、知觉、记忆等等（*Intellectual Powers*, Essay Ⅵ, Ch. Ⅰ; p. 414）。休谟的困难是由于他假定孤立感觉或印象是一切知识之起源所造成的。

在谈到"常识原理"时，瑞德列举了很多条。他对它们的研讨很使人想起早先那些不是洛克而是笛卡尔设想的"天赋观念"，也即不是以一开始就明显的禀性，而是天性。我们这里局限于那些说明他之反对休谟的原理。为此，我们只需提到那些同物质、心灵和因果性有关的原理，而这将足以说明他的方法。至于心灵，瑞德提出这样的原理："我有意识的思想是一个存在物的思想，而这存在物我称之为**我自己**、我的**心灵**、我的**人格**。"为了支持它，他说：

"自然把同样的东西口授给一切人，这从一切语言的结构表现出来：因为在一切语言中，人都用人称动词表达思维、推理、意欲、爱、憎，而人称动词本质上就要求一个思维、推理、意欲、爱或憎的人。由此可见，自然教人相信，思想要求一个思维者，推理要求一个推理者，爱要求一个热爱者。"关于物体及其第一性的性质，他规定这样的原理："我们用感官明确感知的那些事物是实际存在的，并且也就是我们对它们感知的东西。"为了支持这条原理，瑞德援引了每个涉世不深的人显然都接受它这一事实。他还反驳了贝克莱和休谟的论证，说他们建基于这样的奇怪假定："我们并未感知对象本身，而感知映象或观念。"关于因果性，他提出这样的原理："凡是开始存在的东西，都必定有一个引起它的原因。"为了支持这条原理，他引用"人类的普遍承诺"以及"生活实践建基于它"这一事实。他还巧妙地击中了休谟的弱点。为此，他引用了休谟的话，即休谟认为，不可能判定印象究竟产生于对象还是心灵，抑或导源于上帝。他还评论说，"在这些选择中，他就是没有想到它们不是由任何原因引起的"(*Intellectual Powers*，Essay Ⅵ，Chs. Ⅴ，Ⅵ；*Works*，pp. 443—57)。

在关于常识原理的说明中，瑞德始终承认，这些原理所以无法直接证明，正是因为它们是些第一原理。但他试图间接支持它们，主要借助 Consensus gentium〔公论〕这种古老论据，但形式略有创新。他坚持认为，"时代和民族的承诺、有学问的人和无学问的人的承诺，都应当有很大的权威性"；当这些原理"关涉人类生活"，并成为"我们生活的日常行为"的基础时，更是如此。他之常常诉诸语言的结构，乃受他对语言结构的评价所支配。他认为，它是某些

762 信念的普遍性的证据，因为“语言是人类思想的表达映象和图画”，“各种语言结构上的共同之处表明了，在该结构所植基的那些东西上意见一致”（同上，Ch. Ⅳ；pp. 439—41）。瑞德可能并非无懈可击地应用他的方法，但无疑他可能包含一些合理和宝贵的思想。实在论（自然的或批判的）、普遍性应用和实用价值（作为检验真理的标准）等的一再复兴，充分证明了瑞德在哲学史上的重要性。瑞德在很长时间里由于康德而黯然失色，康德尖刻地和不公正地奚落他。但是，常识和不平凡的机巧之间的冲突现在还没有完结。

四、康德的先验论

伊曼努尔·康德（1724—1804）很晚才正式形成他的哲学。作为他的声誉之主要来源的《纯粹理性批判》（*Critique of Pure Reason*）（1781 年；修订版，1787 年）在他 59 岁时才发表，而贝克莱和休谟在发表主要著作时分别仅为 25 岁和 28 岁。这里将要说明，像瑞德的实在论哲学一样，康德的批判哲学也是休谟的怀疑论所激起的。但是，康德看来很晚才了解休谟的著作，这之前他已在其他人尤其莱布尼茨、沃尔夫和洛克的影响下对哲学问题作了长期研究。他的一些认识论观点在一定程度上是在那时形成的。当他试图改弦更

图 342—康德

张时，他的一些旧思想和思考习惯，甚至他就各种问题做的旧笔记和从沃尔夫派著作与教师沾染来的学究气都仍然缠住他，使他的《纯粹理性批判》犹如老学究拼凑的杂拌，没有统一的构想，同时，在题材造成的固有困难上又不必要地增添了因缺乏阐述技术而发生的困难。尽管如此，《纯粹理性批判》仍是哲学史上最伟大的里程碑之一，也是整个现代思想史上有最广泛影响的著作之一。

康德《纯粹理性批判》的目标本质上同洛克《人类理智论》的目标相似，即确定人类知识的范围和界限。但是，他的方法则不同。康德把他自己的方法说成是**批判**方法，**批判**这个字眼出现在他各主要著作的书名中。他说的**批判**(*citicism* 或 *critique*)是指这样一种方法，它不同于洛克基本上属于描述的经验方法，不同于休谟怀疑的经验论，尤其不同于莱布尼茨和沃尔夫的独断论，后两个人 763 无限相信独立思想的力量，“而不对其力量作预先的批判”(*Introd.*,第二版)。极端经验主义的独断假定认为，一切知识产生于经验，极端唯理主义同样独断的假定认为，一切知识产生于独立的思想。同这两种假定相反，康德的批判提出要仔细检查知识，以确定它得自认识着的意识的是什么以及它得自某种别的东西的是什么。如果说我们能在某种程度上预期进一步的解释，那么，康德的批判引导他在知识中分辨出两种可以区别的成分，即**给予**意识的东西和意识独立于一切经验地**提供**的某些形式和关系。他把前一种成分称为知识的经验的或**后验的**元素；他称后者为先验的或**超验的**(即超越经验的)元素。同时，因为他的结论是，人没有关于**后验**因素本身的内在本性的知识，所以，他的阐释主要关涉知识的**先验**或**超验**因素。因此，康德通过他的**批判**所达致的那些结果被称为**先验论**。

由于上述种种原因，知识的**先验**元素几乎占据了整个康德的舞台，而给未知的后验因素只留下了很小地位。所以说，虽然洛克认为，人类知识主要由作用于相当被动的意识的感觉印象所决定，而康德却说，知识主要是意识对以其他方式给予的未知材料进行的活动的产物。康德把这种态度上的变化同天文学上的哥白尼革命相比。他写道："迄今为止，人们一直假定，我们的一切知识都必须符合于对象。……应当做这样的实验，即假定对象必须符合于我们的认识方式，看看我们是否会在形而上学问题上更有建树。……我们在这里的境况和哥白尼的首创思想相同。如假定一切星球围绕观察者旋转，他便无法解释天体的运动，因此，哥白尼便尝试假定观察者旋转，星球静止不动，看看他能否藉此更有建树。"（同上）康德的意思明白而又正确。但是，为了避免误解，这里还可以指出，从某些重要方面说，康德的革命更像是托勒密的反革命。因为，虽然哥白尼发起的革命推翻了地心说并且连带也推翻了人类中心世界观，可是，康德的革命却倾向于恢复人类中心观点，并且实际上使一切知识都成为拟人的。

764

《纯粹理性批判》的计划在很大程度上是由关于不同认识类型的传统的和一定程度上柏拉图的观点所决定的。按照这种观点，认识有三类或三等，即感官知觉、知性和理性。感官知觉关涉特定物体；知性关涉发现一般联系或规律，例如各门科学所试图确立的规律；理性则探索一种终极的、宇宙的或大要的实在观。康德并不总是在同一意义上或一以贯之地使用这三个术语。有时（例如在《纯粹理性批判》的题目中）他用"理性"这个术语囊括整个认识能力。然而,他更经常地是遵从传统的区分,《纯粹理性批判》各主要部分就是根据它们划分的。因此,各主要部分都是一分为三的。"先验感性论"试图阐明感官知觉的**先验**元素或形式〔"感性"(aesthetic)在其原始意义即"感官知觉"上使用〕。"先验分析论"描绘知性的**先验**形式。"先验辩证论"论述理性的理念的本性和要求。然而,必须记住,这些区分和划分主要是为了方便起见,因为他始终坚持意识的统一性和它的各个能力或才能的有机协作。

《纯粹理性批判》所试图重新解决的主要问题,休谟已极其明确地提出过,莱布尼茨哲学中也比较隐含地提出过,像他的有些追随者所教导的那样。在休谟看来,既然人类经验似乎仅仅在于孤立的印象和观念,而我们又未感知它们之间的实在联系,因此,不可能有关于事实情况的实在知识。休谟承认,对观念间关系的研究确能提供某种知识;但是,这种知识仅仅是观念的知识,而不是事实情况的知识。莱布尼茨派虽然遵循断然不同的思路,但也力主,一切知识仅仅是观念的知识,而不是事实情况的知识。因为在莱布尼茨看来,终极的实在是精神的单子,每个单子都是独立自足的,从自身之中演化出它的观念。按照这种观点,各种认识仅仅是单子发展的不同阶段;感觉和知性或者事实情况的认识和关于观念关系的知识只在程度上不同,而无种类上的差别。因此,沃尔夫及其追随者致力于阐明知识的终极概念或范畴,而事实情况的认识则被认为由尚未发展到足可加以完全分析的观念组成。因此,在休谟和莱布尼茨派看来,像在他们之前的洛克一样,不可能有关于事实情况的科学(如物理学等等)。但是,尽管极端经验主义和极端唯理主义双方都赞同否定自然科学的可能性，康德却不接受这种论断。他长期对当时的科学（特别是牛顿物理学）深感兴趣。765 他甚至对之作出了一个宝贵贡献，即预言了拉普拉斯的星云说（见第 93 页），并且他相信自然科学的正确性。一个认识理论竟否定这种正确性，那么，这理论何以糟糕若此呢？它需要加以彻底检查。康德以做这种彻底检查为己任，其结果就是他的批判认识论。

为了明白康德的程序模式，必须记住，他相信自然科学的可能性和现实性，因而也相信自然科学所根据的日常知觉认识的正确性。在这种情况下，他的任务不是（像休谟的情形那样）仅仅发展一个认识理论，而不顾其结果。相反，可能的话，他要建立这样一个理论，它将明确证明自然科学和常识的正确性，即使它未证明支持形而上学的思辨。然而，很自然的是，尽管他在向一个预定的必然结局前进，但他担心，他的成就不要成为空中楼阁，而应得到令人满意的证据或论据的充分支持。

上面已指出，从一开始就对康德产生极大影响的两个哲学家是莱布尼茨和洛克。《纯粹理性批判》之前那些年里的著作中，康德处处表现出一种分离的效忠，时而倾向于洛克的经验主义，时而倾向于莱布尼茨的唯理主义。自然，康德致力于解决人类知识问题的努力体现了这两种倾向的影响。就完全可以把康德的认识论看做为极端唯理主义和极端经验主义间的一个折中而言，的确是如此。与极端理性主义不同，康德坚认，人类知识不是完全从我们内在意识演化出来的，而需要外来的感觉资料。与极端经验主义不同，康德认为，人类认识不仅仅来源于感觉印象，而是还包括心灵的活动。并且，在提到心灵或意识时，康德有点仿效贝克莱的方式,也强调个人参与其中的"一般意识",而不强调个人意识。

康德认识到,实际的认识总是包括综合或联系。休谟阐明了,联系不是经验资料给予的。康德则并不认为,综合包含在形式的心理操作(沃尔夫派强调它们)之中,因为这些操作意味着一种关于业已综合的对象的知识。因此,实际知识似乎是意识对给予它的材料——形式和质料的结合进行综合活动的结果。因此,《纯粹理性批判》的任务是阐明知识获得所涉及的一切元素,以及描述意识由之认识这些元素的过程。 766

现在,按照康德的见解,知识的基本条件之一是意识的统一性和连续性。没有这一条,就不可能理解作为知识的本质之差别中的统一性。然而,意识本身不产生差别。因此,这些差别一定是作为感觉资料提供给意识的,因而构成了知识的又一个基本条件。这些资料由意识以各种形式的综合来理解,而意识的统一性正是这样表现出来的。这些形式有两种,即知觉形式(空间和时间)和思想形式(即范畴)。

感觉资料以空间和时间的形式(即纯粹知觉)加以综合,以便形成感性知觉。空间和时间比概念更像直观,因为不同的空间和时间分别被看做是单一无限空间和单一无限时间的组分,而不是一个一般类的实例。它们不是以知觉经验得来的,因为知觉经验本身离开了它们便不可能。换句话说,它们是**先验的**,不是**后验的**。因此,凡是对空间和时间成立的东西,一定也对感性知觉的对象成立。这样,康德便解释了数学的确实性及其对感觉经验的对象或可能对象的有效适用性。可以指出,早在1769年,康德就已抛弃了牛顿的绝对空间和时间观念(它们有独立的实在性,并不受其中物体或事件的相对位置变化的影响），而抱有这样的观点：它们仅仅是现象的，或者说，仅仅是感觉经验的形式（*Inaugural Dissertation*，1770）。

然而，甚至带空间和时间直观形式的感觉经验也还未构成知识。实在的认识或知识还要求理智理解感性知觉对象间的联系。“知觉和概念是我们一切知识的两个元素。每个概念都有某个知觉形式与之对应，没有概念，觉知就不能产生知识。……如果说**感性**是心灵在实际理解某个印象时的**接受性**，那么，知性就是知识的**自发性**，即自己产生观念的能力。……没有感性，就没有对象给予我们，没有知性，就没有东西可思维。没有内容的思维是空洞的，767 没有概念的知觉是盲目的。……知性不能感知，感官不能思维。只有它们相结合地起作用，才能产生知识”（*Critique of Pure Reason*，Trans.Logic，§1）。

因此，康德的下一个问题是发现知性用以从知觉建立知识的一切基本概念即范畴。既然**思维**就等于是**判断**，因此，判断的基本种类或形式应当就代表知性的基本概念（即范畴）。同时，当像通常那样用语言表达时，判断一般称为命题，命题或命题形式的主要类型在形式逻辑的书中都有列述。因此，康德从逻辑提供的关于命题或判断的习见说明找到了他对待范畴的线索。许多人误解了这一点的真正意义。看来，康德实际上是在学习托马斯·瑞德的独创方法，即试图借助被看做为思维体现的“语言结构”来建立“常识原理”。然而，康德在这方面采取的步骤不像瑞德那样清楚。并且，在接受通常的命题形式表的时候，他还对之作了修改，而这显然是为了满足他那对对称性的学究式爱好。他至少在两个场合在每个主标题下作了三个重分(而不是通常的两个)。下表示出康德所采取(更确切地说是改编)的四大类命题或判断,每一类都包括三个子类,以及他从它们导出的相应范畴(理智综合的纯粹概念或形式)。

判断形式	相应范畴
Ⅰ.量:	Ⅰ.量:
(1)单称判断(这S是P)	(1)单一性
(2)特称判断(有些S是P)	(2)杂多性
(3)全称判断(所有S都是P)	(3)全体性
Ⅱ.质:	Ⅱ.质:
(1)肯定判断(S是P)	(1)实在性
(2)否定判断(S不是P)	(2)否定性
(3)无限判断(S是非P)	(3)限制性
Ⅲ.关系:	Ⅲ.关系:
(1)直言判断(S是P)	(1)实体和性质
(2)假言判断(如果A,则C)	(2)原因和结果
(3)选言判断(或者A,或者B)	(3)交互性(或主动性和被动性)
Ⅳ.模态:	Ⅳ.模态:
(1)或然判断(S可能是P)	(1)可能性和不可能性
(2)实然判断(S是P)	(2)存在和非存在
(3)必然判断(S必定是P)	(3)必然性和偶然性

康德指出:"这四类范畴自然地分为两组。第一组(Ⅰ和Ⅱ)的范畴系关于知觉的对象,无论纯粹的还是经验的;而第二组(Ⅲ和Ⅳ)的范畴则关于彼此相关或同知性相关的那些对象的存在。第一组可称为**数学的**范畴,第二组可称为**动力学的**范畴。"(同上,§2)这种区分本质上类似于洛克和休谟对"观念关系"和"事实情况关系"作 768

的区分。在康德看来，数学范畴决定了可能经验的构成原则，因此可以指望，感觉经验的实质或内容表明外延的和内涵的量。动力学范畴关涉的不是经验的内容，而是经验对象间的联系。正是通过这些范畴，自然才被设想为一个相互联系的系统。“关系”（Ⅲ）项下的那些范畴也是如此。但“模态”（Ⅳ）项下的那些范畴就不是这样了，它们看来无非只是给“可能性”、“现实性”和“必然性”等下的定义而已，根本不应列入范畴。

至于一般地对待范畴，康德提出了一种早先的警告，反对把它们应用于一切可能经验以外的东西。“知性的纯粹概念即使像在数学中那样应用于**先验**知觉，也不会产生事物的知识。在能够有知识之前，纯粹知觉（空间和时间）和知性的概念（范畴）必须先经过纯粹知觉的媒介应用于经验知觉。因此，除非范畴能够应用于**经验知觉**，否则，即便借助知觉，它们也不会给我们提供关于实际事物的知识。换言之，它们仅仅是**经验知识**的可能性的条件。于是，这种知识被称为**经验**。因此，范畴只参与那些成为可能经验之对象的事物的知识”（同上，§22）。

于是，把意识提供的综合形式应用于经验给予的资料而产主的知识，不能声称超过了关于那些给予意识的资料的现象（当然不是假象）的知识。因此，我们关于它们的知识不是关于它们自在和自为究竟怎样的知识，而仅仅是关于它们现象的知识。康德把这一点表达为这样的断定：人类知识局限于**现象**，并不扩及**本体**（或**自在之物**）。要记住，他对真正知识的条件的分析预先假定了某种给与意识的独立实在的东西。但是，人类意识不知道也不可能知道，自在的资料究竟怎样。康德肯定，它是存在的；它的自在**究竟**

怎样,是不知道的,也是不可能知道的。然而,既然为了指称的目的,必须给它一个名字,因此,康德称它为**本体**,而我们有一个关于它的含糊"概念"(在贝克莱的意义上),即"自在之物",尽管"物"作为一个范畴实际上并不适用于它。 769

范畴之应用于不属于直观或经验之可能对象的东西,被康德称为**超验**,也即超越了知识的固有界限。然而,不同于知性,理性倾向于超越经验知识的界限,完成它对作为一个相互联系的即连接起来的整体的整个宇宙的一般探索。因此,这些传统哲学问题通常在关于**理性心理学**、**理性宇宙学**和**理性神学**的著作中加以讨论(例如沃尔夫的讨论),它们分别关涉自由的自我意识的灵魂的存在和终极本性、宇宙的终极本性和上帝的存在。在康德看来,这些超出了人类的**知识**。它们不可能得到证明。不过,在如此专门命名的**知识**的范围内,它们也不可能加以否证。因此,它们是**信仰**的合法对象。实际上,对于这种信仰,也有着良好的"实践"理性。道德或良心预先就假定了意志自由、灵魂不死和上帝的存在,因为它无条件地即绝对地命令去做正确的事,哪怕天塌下来也罢。康德深信不疑地接受责任感之正确性或合理性,而这预先规定了一些条件:人"能够"做(或"自由地"做)他"应当"做的事;有一个上帝,他能调节尘世生活中那么明显的德行和幸福之间的脱节;以及存在可在其中进行这种调节的来世。康德没有对自然科学的正确性提出疑问,而仅仅试图规定它的条件。同样,他也未对"绝对命令"的正确性提出疑问,而只是指出它的先决条件和假定。他的程序模式部分地仍然一样。不过,在康德看来,相应感觉资料的缺乏,把**信仰**领域同**知识**领域划分了开来。表述康德关于"实践"理性公设的观点的另一种方式，是说人的所作所为，应当表现为“仿佛”他是自由的、不死的和在上天的庇佑之下。康德哲学的这一方面最终导致今天所称的“‘仿佛’哲学”。

就流行这个词的通常意义而言，康德哲学由于太艰深而没有流行。然而，它还是大为时兴过好几十年。关于康德哲学的文献之多，恐怕是没有别的思想家能望其项背的。这种流行主要是由于它对科学家和神学家产生感染力所使然，在一定程度上这种感染力现在仍然存在。因为，一方面它让科学卸除了探讨终极实在本质的任务；另方面它又保护宗教免受对其基本信条的“科学”攻击。

第三十二章　哲学(二)

771

上一章考察的四个哲学家中，有三个是专业哲学教师，只有第四个差一点就任教授。在本章研讨的十七个哲学家中，只有两个是大学教师，其余都是业余爱好者。不过，这个词在此不是贬义，因为这个时期科学和哲学上的最好工作都是业余爱好者做出来的。启蒙时代的特征是，几乎每个受过教育的人都想成为哲人。人们认为，哲学探索世俗处世道理中本质上属于常识的东西，并且，只依凭它自己而不仰赖权威。此外，人们对抽象哲学本身并不特别感兴趣；他们主要把哲学用做进行宗教和政治改革的工具。文学全都倾向于带一定程度的哲学性，即便不采取蒲伯说教诗《论人》(*Essay on Man*)(1733 年)那种形式时，也是如此。蒲伯计划以这诗篇作为一个部分，进而全面阐发博林布鲁克勋爵(1672—1751)教导的那种自然神论哲学，而且不管怎样，这诗篇用著名诗句"人类正经的研究对象是人"妙不可言地表达了这个时代的哲学气质。在关于十八世纪文化的一部通史中，还必须考察许多著作家，尤其是让・雅克・卢梭(1712—78)，他那激情的倾泻促进了法国大革命(1789 年)。*Salons*〔上流社会人士〕的影响也必须提到。然而，我们在本书只关心为了理解十八世纪科学的哲学背景所需要的东西，不关心这个时期宗教和政治或社会的论争。无疑，世俗的倾向促进了对科学的兴趣的传播,也促进了科学以各种各样方式前进。但是,就本书的特定目的而言,这里有选择地论述这个时期的第一流代表人物,也就够了。我们不是胡乱地而是精心地加以选择,因此,这实际完成的选择可以认为是公允的典范。将这些有代表性的哲学家分类,是比较困难的,因为,他们大都抱有共同的实际目标,而且许多人对专门哲学家特别感兴趣的种种区别,观点也比较含糊。不过,某种有条理的分类总是有益的,这里实际采取的分类也只能做到大致合理。

五、法国怀疑论者

772

怀疑论几乎总是同对神学学说的批判相联系。然而,在哲学上,它更经常地用来指怀疑一切种类知识的态度。例如,古代的皮浪和十八世纪的休谟的怀疑论就是这样。这种怀疑论不一定旨在反对宗教信仰,而倒甚至可能用来支持宗教信仰,其方法是防止基于科学或哲学的敌对批判。近代的例子是,已故鲍尔弗勋爵为了证明宗教信仰的主张是合理的,撰著了《保护哲学怀疑》(*A Defence of Philosophic Doubt*)(1879 年)一书。本书简略考察的法国怀疑论者的怀疑论也属于这种类型。它旨在反对人类理性的自然力量,以便确证需要天启。然而,这些思想家在哲学上的重要性在于,事实上,他们对十八世纪思想产生了与他们本意相反的影响。这样利用怀疑论的通常结局是:虽然它可能使某些已经是信仰者的人更坚定其信念,但是,信仰者因之变为怀疑者的,多于怀疑者变为信仰者的。

普瓦雷

皮埃尔·普瓦雷(1646—1719)一度受笛卡尔和斯宾诺莎哲学影响。像许多其他人一样,他也误解了斯宾诺莎,在斯宾诺莎所谓的"无神论"中看到了理性主义的顶峰,也即对人类理性力量的依赖。因此,为了把人引向宗教信仰,普瓦雷试图削弱人对他的推理力量的信心。他在同亨利·莫尔的通信中和他的《论三位一体的教育》(*De Eruditione Triplici*)(1692 年)中解释了他的观点。

普瓦雷的出发点是传统上对主动理智和潜在或被动理智的区分。以前的哲学家(包括笛卡尔)对主动理智的评价远高于对被动理智的评价。数学被当做这一点的证据,因为数学是主动理智运用它自己的力量创造的。然而,普瓦雷把这两种评价颠倒了过来。他坚持认为,主动理智只能把握空洞的形式或关系。这可以从它的最高成就数学中看出。它不能把握实在的内在的、有目的的实体,而只能把握实在的单纯影子、形状或形式。他指责说,自行其是的主动理智是没有任何内容的空洞形式。而当(像在数理物理学情形里)主动理智或理性应用于实在时,它把握的只是大自然的僵尸、机构,而不是大自然那带有自由和秩序的活生生的实在。773 (普瓦雷的这一观点可以说在一定程度上开了亨利·柏格森观点的先河。)真正的知识是被动或接受的理智(实在对它呈现或显露)的获得物。被动的理智或者通过感觉经验或者通过天启接受知识。同理性主义者相反,普瓦雷坚持认为,与理性相比,感觉经验提供好得多的关于物体的知识。同样,被动的理智以接受信仰态度的形式获得最确实和最高级的知识,也即天启宗教的真理。

于埃

阿弗朗什主教皮埃尔·丹尼尔·于埃(1630—1721)在他的《论人类精神的衰弱》(*Traité de la faiblesse de l'esprit human*)中继续了这种怀疑论。像普瓦雷一样,于埃也研究过笛卡尔和斯宾诺莎。但部分地由于读了公元二世纪怀疑论者塞克斯都·恩披里柯的著作,他又转而反对他们的观点。因之,于埃产生了一个想法,即用怀疑论作为工具反对理性主义,支持宗教信仰。于埃有点模仿普瓦雷的方式论证,如果说有某种人类知识是可靠的,那么,它就是通过感性知觉得到的知识,而不是用推理获得的知识。因为,在感觉经验的情形里,知识是谦卑地接受的,而用推理力量获得的知识易受力量感所唤起的傲慢和武断的歪曲。于埃赞同洛克把感官看做一切知识的终极源泉。他甚至看来倾向于唯物主义,因为他认为,一切思维都依赖于大脑过程。然而,于埃的动机却只是想强调一切人类知识的这低级源泉,强调如果任其自行其是,它便倾向终结于唯物主义和无神论、不道德和非宗教。他试图通过败坏人的自然知识的声誉来褒扬天启知识。他甚至大胆到敢于断言:被人类理性奉为探索真理之公理的那些终极原理,不是从理性本身而是从上帝的意志获得其正确性的,上帝可以随意改变这些原理。

培尔

皮埃尔·培尔(1647—1706)是这批怀疑论者中最最重要的人物。他是勒卡拉勒孔德(阿里埃日)地方的一个加尔文派牧师的儿

子,在图卢兹的耶稣会学院就学。1699 年,他信奉天主教,但后来 774
又皈依加尔文教,一度去到日内瓦。1675 年,他就任色当大学哲学教授,1681 年就任鹿特丹大学哲学教授。1684 年,他创办了一份普及文学的期刊《文学界新闻》(*Nouvelles de la répubique des lettres*)。一篇归咎于他的短文的发表导致他于 1693 年退休。于是,他就致力于编撰他的《历史与批判辞典》(*Dictionnaire historique et critique*)(两卷本,1695 年,1697 年),这是第一部重要的近代百科全书,对十八世纪的思想产生了十分强大的影响(参见第 14 页)。

培尔甚至比普瓦雷、于埃和洛克更进一步强调理性和启示、科学理论和神学学说之间的差别。前一个差别认为,宗教教义高于理性,或者说,是超理性的。但是,培尔更坚持认为,宗教教义是同理性相对立的,或反理性的。因此,他认为,试图调和这两者是徒劳的。然而,他的动机不是反宗教的(像通常所误认为的那样),而是反理性主义的。他不折不扣地接受德尔图良(160—220)的格言:credo quia absurdum〔正因荒谬而信仰〕。他赞同这样的见解:相信同理性一致的东西,是没有意思的。因此,如果宗教信仰是值得称道的,那就要求,宗教教义应同理性相背。总之,他不相信自行其是的人类理智。像笛卡尔一样,他也怀疑物体的实在性,但又和笛卡尔不同,他还怀疑自我意识的可靠性和数学公理的确实性。他论证说,这些合理可能仅是人类经验的抽象,而公理和人类经验将来都可能变化,因此,甚至也不能赋予这些公理以绝对的确实性。培尔认为,人类理性只有揭露错误的消极功用,而没有发现真理的积极功能。它有如苛性药,后者破坏患病的肌肉,但实际上也损害健康的肌肉。当理性应用于宗教真理时，其结果是灾难性的，因为它由其本性所驱使，必定把这些真理表示为必然的，从而把上帝的自由行动曲解为必然行动。

培尔关于基督教教义的非理性观点比他替教义作的辩护更容易使他的读者折服。实际上，许多人认为，他是狡猾的伪君子，知道如何打着宗教易信的幌子宣传无神论。然而，这样看，对培尔是不公正的。他在感情上是真正宗教的，在哲学上则是怀疑的。他忠诚而又勇敢地力陈己见。他的观点收到同他本意相反的效果，775 那不是他的过错。培尔从未攻击过道德，这可以看做是表明他真诚的一个证据。相反，他认为，公认的道德准则中丝毫没有非理性的或可疑的东西，他坚持认为，道德独立于宗教教义，实际上独立于整个宗教。他指出，有些古代不信教的人有着高度道德水准，而有些狂热的基督教徒却犯下可怖的暴行。他并不为此而谴责基督徒，因为按照他的道德独立观点，任何宗教都不会因其信徒的德行而博得信任，也不因他们的丑行而遭受谴责。

培尔的道德独立观点促使他坚认，对每个个人，都应按他的道德价值加以评价，而不应按他的宗教组织成员身份加以评价。他恳求国家实行最广泛的宽容，甚至无神论者也应得到宽容，只要他们的行为是令人满意的。这种崇尚有道德个人的固有价值而不管其余一切考虑的主张，在十八世纪思想界的头面人物中赢得了热烈响应。然而，这里又得指出，培尔对道德独立性的强调，不是他对宗教淡漠的结果，而是他崇敬上帝的结果。和有些英国自由思想家不同，他认为，把上帝看做是警察局长式人物或者令人可怖的怪物，威吓不听话的人顺从和归正，那是对上帝的诋毁。

六、德国唯理主义者

沃尔夫

克里斯蒂安·沃尔夫(1679—1754)是个折衷的哲学家,他的思想大都假借自亚里士多德经院哲学和莱布尼茨,其次假借自笛卡尔和斯宾诺莎。他使一切知识都成为他的领域,并试图按照一种逻辑图式把它们全都系统化。他一以贯之地持理性主义(一般的和哲学意义上的),他力主把全面改善人作为一切知识和一切其他人类活动的目标。这一切使他成为所谓的启蒙哲学在德国的奠基人。作为他的整个态度的表征,他的大量著作有许多都在题目中冠以 Reasonable Thoughtson〔关于……的一些理性思想〕这几个词。

图 343—沃尔夫

他那联合一切知识的概念本质是亚里士多德式的,可以简短说明如下。作为科学方法的学问,逻辑学是知识的一切其他分支的总导引。其余分支或者是理论的或者是实用的,视它们的功能是认识的还是欲望的(或意志的)而定。这两组科学按柏拉图方式各又分为高级组和低级组。于是,就有了四大组学问或科学(在这 776

个词的广义上)：Ⅰ. 高级理论科学；Ⅱ. 低级理论科学；Ⅲ. 高级实用科学和Ⅳ. 低级实用科学。沃尔夫在Ⅰ中包括第一哲学、理性心理学、理性宇宙学和理性神学；Ⅱ中包括经验心理学、自然科学和神学；Ⅲ包括伦理学、经济学和政治科学；Ⅳ包括技术和一般经验人文学科。Ⅰ和Ⅲ是理性的或先验的科学；Ⅱ和Ⅳ是经验的或后验的学问。沃尔夫在另一些场合把这些科学分成三类即数学的、"历史的"和哲学的。"历史的"这个词，他是在其原始意义上使用的，即"描述的"或"经验的"。他的"哲学科学"是指那些寻求事物"理由"而不是对它们作经验描述的科学；他并不区别"理由"和"原因"。他认为，经验科学仅仅是它们最终转变为哲学科学的一个暂时阶段。

在他的《辑逻学》(*Logic*)(1728 年)中，沃尔夫试图从"矛盾原理"("S 不可能既是 P 又不是 P")推出一切。甚至莱布尼茨作为基本原理提出的"充足理由原理"(任何事物所以如是而不是别的，总有一个理由存在)，沃尔夫也认为是派生的，也即可从矛盾原理推出。沃尔夫认为，一个真命题就是一个其主词决定其谓词的命题。这个思想表明，他倾向于认为，一切哲学知识皆由基于同一原理("S 是 S")的分析判断组成。然而，他进而把真理定义为从差异中认识统一。

《第一哲学或本体论》(*First Philosophy or Ontology*)(1729 年)考察各种基本概念或范畴，例如"事物"、"可能性"、"量"、"质"，等等。沃尔夫区别两类个别实体，即具有独立自我存在的个别实体和依赖于其他个体的个别实体。前者是绝对的或必然的，后者是偶然的。他还区分甚至在思维中也不可分的绝对简单实体和复合实体,后者具有广延、形象、时间、运动以及从其他实体和向其他实体的变化。他把绝对简单实体称为**单子**。但是,和莱布尼兹不同,沃尔夫提出两类单子,一类是有意识的单子即灵魂,而另一类是无意识的“自然原子”。单子是唯一实在的“实质”。一切单子都是永恒的,没有两个单子是相同的。

在他的《一般宇宙学》(*General Cosmology*)(1731 年)中,沃 777 尔夫考察了物理学的基础。一切物理的组合、联系和变化都是运动引起的。事实上,世界是一部由各种组合和运动构成的、受运动规律支配的机器。物体不是真正的实质,它们仅仅看起来是这样,因为我们知觉还不够敏锐,无法看到物体的组分。它们甚至不是同质的。当它们显得是这样时,那也是因我们混乱的知觉所使然。物理学的微粒说所假定的微粒还是“自然原子”或无意识单子所组成的复合体。这些单子并不占据任何空间;它们仅仅是“形而上学的点”。因此,物体的广延即空间性仅仅是现象上的,这种现象是“自然原子”全部集合在我们混乱心灵上产生的。原子或微粒的物理学就其本身而言是正确的,只是绝不可认为它提供了**终极的**解释。

虽然沃尔夫支持把完全机械论解释作为物理科学的理想目标,但他同样还劝人相信神学解释作为对机械论或因果解释的补充的重要性。在他的《关于自然事物的目的的一些理性思想》(*Reasonable Thoughts on the Purposes of Natural Things*)(1724 年)和《关于人、动物和植物的组分的一些理性思想》(*Reasonable Thoughts on the Parts of Man, Animals, and Plants*)(1725 年)之中,他充分发挥了自己的想象,提出一切事物尤其有机体所服务的各种目的。他不仅过分神学化，而且他的神学完全是人类中心说的。在说到事物的用处时，他总是指它们对于人的用处。甚至在康德看来含义那么丰富的“星空”，在沃尔夫的眼中，其功能充其量也不过是充当灯或火炬——恰似那古老《圣经》的观念。正是这种过分的、人类中心说的神学招致伏尔泰的嘲笑。

在他的《心理学》(*Psychology*)(1732—1734)中，他支持关于灵魂和肉体关系的所谓平行论。事实上，这是沃尔夫所保留的莱布尼茨“先定和谐”说的唯一部分。他认为，感觉不是外部印象在感官上引起的，而完全是心灵本身产生的，但同心灵之外发生的事物精确一致。心理过程和躯体过程是平行的或相应的，但它们之间没有相互作用。灵魂不可能影响肉体，肉体也不可能影响灵魂。

在他的《自然神学》(*Natural Theology*)(1736—1737)中，沃尔夫差不多只是复述了莱布尼茨的《神正论》(*Theodicy*)。然而，778 这本书包括了一些十八世纪启蒙运动所特有的论点。上帝被认为是一切可共存实在(或能同时存在的实在)的总和。因为，上帝是最完善的“存在”，而如果上帝缺乏现实的或可共存的实在，那他就不是最完善的存在。沃尔夫实际上拒斥奇迹，尽管他还不敢直言不讳。正如奇迹违犯他的理性主义一样，永远惩罚的教义也冒犯他的人道主义，因此，他也毫无保留地加以反对。

在他的实用哲学中，沃尔夫力陈，道德的善具有固有的和绝对的价值，即便没有上帝也罢。他把德行的目标描述为“向更高的完善前进”。他把社会的职能同国家的职能一样从属于它们个别成员最高的善的实现。

沃尔夫的书对德国思想家产生了很大影响。尽管流于矫揉造作的学究气，也不无琐碎浅薄之处，但他的著作还是树立了所谓德意志透彻性的一个范例。在一般读者看来，他的著作非常枯燥乏味，不堪卒读。不过，其他人编写了供大众阅读的比较通俗的解说本，甚至包括专门迎合太太小姐的。这样，沃尔夫影响之广实际上超过了所能期望的范围。

门德尔松

莫泽斯·门德尔松(1729—86)是作曲家费利克斯·门德尔松-巴托尔迪的祖父。他是德国最主要的"通俗哲学家"之一。他出生于北德的德绍。他的父亲是个贫穷的犹太教师和文牍。莫泽斯天生畸形，穷困不堪。海涅说："老天爷赐给他驼背，仿佛直率地向芸芸众生表明，人不可貌相，而要从他的品质去判断。"他在十四岁时只身去到柏林，他的老教师弗伦克尔博士当时在柏林当犹太法学博士。弗伦克尔雇用他抄写手稿。后来，他靠给犹太儿童教希伯来文自谋生计。1750 年，他有一个学生的父亲，一个名叫伯恩哈德的丝绸商聘他当簿记，最后又邀他当股东。在几个犹太支持者的指导下，门德尔松掌握了范围广泛的精湛学识，涉

图 344—门德尔松

及数学、逻辑学、哲学、英语、法语、拉丁语和希腊语以及德语。1754 年,他在某个棋社之类的俱乐部里邂逅莱辛,两人不久就结为终身友好。1755 年,门德尔松把他就莱布尼茨哲学中的斯宾诺莎主义因素撰写的《哲学对话》(*Philosophical Dialogues*)给莱辛看。莱辛事先不作任何表示就把这手稿出版了。这使门德尔松又惊又喜。同年,柏林学院颁发一项奖金,征求一篇关于蒲伯《论人》的哲学的论文。这对朋友借此机会匿名发表了一篇合著论文《蒲伯,一个形而上学家》(*Pope ,a Metaphysician*),它论述了诗歌和哲学的差别。约在同时,门德尔松开始写作他的《感觉书简》(*Letters on Sensations*),它对美学研究产生了很大影响。约从 1757 年起,门德尔松和 F.尼古拉(1733—1811)合作编纂《美术文库》(*Library of the Fine Arts*)。1759 年,莱辛和他们一起创办期刊《现代文学通信》(*Letters on Recent Literature*)。1763 年,柏林学院颁发一项奖金,征求一篇关于形而上学能否加以数学证明的论文。这项奖金授予了门德尔松。竞争者中包括康德(他的论文被授予二等奖)和林特尔恩的哲学教授阿布特。这三个人结成了挚友。门德尔松在柏林仍旧没有地位,那里只有 120 名"受保护"的犹太人,他们的家族允许在柏林居住。他不属于那些人,因此随时有可能被驱逐。在柏林学院这次授奖之后,一个法国廷臣达尔让侯爵劝说国王(腓特烈大帝)赐予门德尔松以"受保护"犹太人的地位。在十九世纪里,德国犹太人逐渐得到解放。在一个很短的时期里,他们得以用宝贵的卓著功勋报效这个祖国。但是,尽管这一切,或许也因为这个缘故,他的解放突然被凶暴地终止。1767 年,门德尔松发表了他的《斐多,或论灵魂不死》(*Phädon ,or on the Im-*

mortality of the Soul)。这本书在很大程度上是他同阿布特就人类命运问题通信的产物。像在柏拉图那里一样,这篇对话的主角也是苏格拉底。在一封致阿布特的信(1766 年 7 月)中,门德尔松解释说:"我用苏格拉底之口提出我的论点,这样就要冒使苏格拉底成为莱布尼茨的一个追随者的风险。不过,那也无妨。我必须有一个非基督教徒,才能避免'天启'的问题。"因此,门德尔松的苏格拉底是一个十八世纪哲学家,他熟谙普洛蒂努斯、笛卡尔、莱布尼茨、沃尔夫和其他人的思想。门德尔松自己的有些论点是属于伦理学性质的,在某些程度上还预示了康德把宗教信仰建基于道德公设的方法。《斐多》在二年里印行了三版,最后还被迻译成几乎一切其他欧洲语言。它是德国哲学史上第一部文学杰作,它确立了门德尔松的声誉,因此博得了"德国柏拉图"之称。很久以后,康德在他的《导论》(*Prolegomena*)的《导言》中还说,门德尔松的哲学文笔"那样深刻而又那样优美"。1771 年,柏林学院把门德尔松的名字列入新院士名单。但是,国王(他被奉为"登御座的哲学家",曾怂恿伏尔泰进行反对偏见和偏执的战斗)把它划掉了。像门德尔松在另一个场合写的那样,"理性和人性徒劳地大声疾呼,因为由来已久的偏见已完全丧失听力。"此后,在许多年里疾病、事务和犹太人麻烦占据了门德尔松的整个心身。然而,他在 1783 年发表了《耶路撒冷,或论宗教权威和犹太教》(*Jerusalem, or On Religious Authority and Judaism*),文中恳求宽容和良心自由。他在剥夺偏执者的宽容权利上表现出真知灼见。有些欧洲民主人士可能正是因为对他的教训耿耿于怀,所以才免于犯粗暴的不容异端的罪恶。康德写信给他说:"您那么深刻而又那么明白地表明

780

了在一切宗教中无限良心自由的必要性，因此，我们的教会终将也考虑如何消除一切侵扰和压制良心的东西，这有朝一日将使每个人关于宗教实质的观点达致统一。”门德尔松最重要的哲学著作发表于 1785 年，题为《晨课，或论神之存在讲演录》(*Morning Hours, or Lectures on me Existence of God*)。康德说它是旧形而上学最后一个也是最坚固的据点，因为它没有考虑到康德 1781 年新的“批判”哲学。门德尔松对康德的哲学天才深怀敬意，但他觉得康德的“批判”有“横扫一切”的倾向，因此无法与之妥协，只能走他自己的路。但是，那时以来许多别的思想家不是绕过就是摒弃这条“非常先验的道路”，各自另辟蹊径。作为对有神论的哲学辩护，《晨课》可同后来许多故意反对康德认识论的著作相媲美。总之，康德的同胞都是通过藐视“绝对命令”来摧毁他的整个宗教哲学的基础。

门德尔松在他的获奖论文《论形而上学科学中的证据》(*On Evidence in the Metaphysical Sciences*)(1763 年)中，将证据区分两个要素即确实性和可理解性。他论证说，形而上学同数学一样确实，但一点也不像数学那样可理解。可理解住上所以有差异，部分地是因为数学拥有适当符号的体系，部分地还因为数学脱离了生活及其种种实际问题。数学和形而上学的另一个差别在于，事实上，形而上学的理论预期对实在世界有效，而数学家并不关心他的命题是否适用于实际存在的图形等等的问题。从概念地判定某个谓词合理地属于某个主词，过渡到证明这两个词项代表实际存在物，通常是形而上学中最困难的步骤。门德尔松称赞笛卡尔在 781 两个情形中成功地实现了这种过渡，即笛卡尔从“我思”过渡到“故我在”,以及笛卡尔从上帝的绝对完善出发通过论证而达到上帝的存在。门德尔松力主,纯粹可能性不可能一致地同关于一个绝对完善存在的观念相联结。他由此精心构造了上帝存在的本体论证明。于是,人们面临这样两个抉择:“要么上帝是不可能的,要么上帝存在。”他在这篇论文的结束部分力陈,道德律强加给我们和其他人以促进自己完善的职责,它同一条数学公理一样确实。

他的《斐多》中为支持人的灵魂之不死所援用的主要论据如下所述。说上帝预先决定人遭受苦难,或者上帝希望阻断或终止人朝向完善的进步,那是不可思议的。此外,道德品行假定了来世,因此,今世品行和报应间的失调是能够纠正的。

像康德一样,门德尔松也认为,宗教的三个基本观念是道德生活的公设。门德尔松写道:“在我看来,如果没有**上帝**、**天意**和**不死**,生活的一切好处便都失去价值,尘世的生活就将……犹如风雨飘摇,失去了在黑夜中可以找到提供遮掩和保护的某种庇佑这种令人宽慰的前景。”

莱辛

戈托尔德·埃弗赖姆·莱辛(1729—81)可以说是十八世纪德国启蒙运动的领袖人物。他出生于上劳齐茨的卡门茨,在迈森上中学,后来到莱比锡大学攻读。他的主要工作领域是文学和戏剧,但他兴趣广

图 345—莱辛

泛，也从事哲学和神学的工作。上面已经提到他同门德尔松和尼古拉的合作。1769 年，他发表了《拉奥孔》(*Laocoon*)。这是一部十分重要的美学研究著作。他写这个题材是受了门德尔松的影响，从而又影响了康德。他还在他的《汉堡剧评》(*Hamburg Dramaturgy*,1767—9)中对戏剧理论作出了重要贡献。这部著作是在他担任同汉堡剧院有关的一个职务期间写作的，在这之前由于国王的干预(1765 年)，他未能谋得柏林皇家图书馆馆员的职782 位。1770 年，他接受了不伦瑞克附近沃尔芬比特尔图书馆馆员的职位，他在那里终老。当馆员期间，他发表了所谓的《沃尔芬比特尔残篇》(*Wolfenbüttel Fragments*)，它实际上是 H. S. 赖马鲁斯(1694—1768)撰写的《辩护，或者为上帝的理性崇拜者的辩解》(*Apology, or Defence of the Rational Worshipper of God*)的节录，赖马鲁斯是一个严肃的基督教评论家。《残篇》的发表把莱辛卷入了一场同形形色色狂热者的激烈争论。但是，它还最终导致他写作他最著名的作品即诗体剧《智者纳旦》(*Nathan the Wise*)(1779 年)。他的最后一部著作于 1780 年以《人类的教育》(*The Education of the Human Race*)为题问世，这是早期对宗教史哲学的一个令人瞩目的贡献。

莱辛并不自命为一个有体系的哲学家。他是一个富有独创性的伟人。但是，也许由于艺术家的气质太盛，因此，他定不下心来有系统地专攻一门。不过，他是一个杰出的学者和尖锐的评论家。他也是一个伟大的人文主义者，对人的权利和职责深感兴趣。他出于人文主义而褒扬卑贱者，鄙薄褊狭的人和自高自大的人。所以，他的观点似乎有一定程度的摇摆，视引发他表示意见的场合而定。对于某些正统的信条,当它们被狂热者利用作为褊狭的藉口时,他就把它们撕得粉碎,而当它们受到浅薄理性主义者攻击时,他就从中找出好的东西。

莱辛主要受莱布尼茨和斯宾诺莎这两位哲学家著作影响。沃尔芬比特尔图书馆得到了著名的斯宾诺莎肖像,这或许不无意义。曾在 1780 年同莱辛一起度过五天的 F. H. 耶可比后来说,莱辛是个斯宾诺莎主义者。因此,耶可比在门德尔松死前不久发起了一场同门德尔松的激烈论争。莱辛看来对耶可比说了这样的话:"如果要我自封为某某大师,那么除了斯宾诺莎,我想不出别的名字"可是,莱辛非常个人主义,所以他没有用任何大师来命名自己。然而确实的是,莱辛的思想中正像包含莱布尼茨主义的因素一样,同样也包含斯宾诺莎主义的因素。我们现在可以来尽可能系统地勾勒他主要思想的轮廓。

早在 1752 年,莱辛就已在他零散的《理性的基督教》(*Rational Christianity*)中描述了宇宙那些作为从神的造物的终极简单的实体或实在物。在他的论文《论神以外事物的实在性》(*On the Reality of Things Outside God*)(1763 年)中,他坚持认为,世界并不在神之外,尽管就神比有限事物世界更广包而言,可以说神在世界之外。这些都是斯宾诺莎的观点。然而,莱辛最独特的思辨同宗教信仰的历史有关。这些思想部分地是莱布尼茨主义的,部分地是他自己的。

在他同时代人中间,保守的基督教徒把教义看做是绝对的和最后的真理,而许多反基督教的理性主义者则认为,它们是狡诈的教士发明的。莱辛对这两种极端观点均持批判态度。在他看来,

783 进化的思想提供了正确解释宗教信仰历史的钥匙。莱布尼茨认为,含糊的知觉是明确观念的发展阶段,同样,莱辛也认为,某些理性主义者所称的粗糙和虚假的宗教观点是真实观念进化的历史阶段。像斯宾诺莎一样,他也认识到,宗教学说是受每个时代的历史环境和思想支配的。就这个意义而言,它们包含历史偶然性的因素。但是,它们不仅仅是教士心机的欺诈发明。它们从一开始就追求一个理想目标,也即获得明确的和必然的真理。因此,一方面《圣经》绝不可能要求终极性,就是说,把《旧约全书》或《新约全书》看做神学最终的说教,那不是**宗教**,而是**《圣经》崇拜**。另一方面,《圣经》受到嘲笑,因为它没有表达一个晚得多的时代的思想,暴露出丝毫没有历史感,没有看到不同观念适合于不同时代和不同条件。莱辛认为,这种进化是神作出的进步性启示,而不是人类精神从自身内部的进步性发展。他也许受同时代人影响,潜移默化地也相信腓特烈大帝的仁慈的独裁。因此,他能以身作则说明,历史环境影响一个人的上帝观念。这样,莱辛便把宗教的进化说成是《人类的教育》(1780 年),而教师是上帝。上帝给人类启示适合时代的、能在一定时候进化成理性真理的信仰。例如,神向犹太人启示自己的统一性,并用允诺尘世的报应来逐渐培养他们服从自己。然而,在莱辛时代,神的统一性终于可用理性证明。同样,犹太教徒和基督教徒还逐渐地在受教育中树立起对灵魂不死的信仰。并且,藉助允诺藏之于天国的报应,这种对灵魂不死的信仰变得司空见惯了。但在十八世纪,灵魂不死可以用理性证明。随着时间的推移,人可能被教得学会抛却尘世和天国的报应,像斯宾诺莎一样也认识到,善就是它自己的报应。《智者纳旦》中三个戒指的寓言在某种程度上也许旨在表明一种类似的道德教训，说到底，也即真正的题材是人物和品行，而不是教义和信条。我们应当努力成为的不是基督教徒或犹太教徒，而恰恰是人。

莱辛的人类教育观使他投身研究两个不同问题。首先，任何认为自己时代信仰绝对正确、不止是朝向真理的道路上迈出一步的人，看来都没有真正证明，他的看法是合理的。为了解决这个困难，莱辛力主，问题实际上不在于对真理的**占有**，而在于达致它的**努力**。他用下述名言表达这一点：如果上帝一只手给他完全真理，784 另一只手仅仅给他对真理的追求，那他情愿选择后者。其次，《人类的教育》中描述的进步，实际上是作为整体的**人类**的进步，而不是个别**人**的进步。对于像莱辛这样一个个人主义看来说，这不可能完全令人满意。他用古老的轮回概念解决这个问题，这种概念使他得以想象同一个人重复出现在各个不同时代，从而参与人类教育的不同阶段。灵魂轮回信念所以对莱辛产生吸引力，是出于对瑞德的某种追忆，也即因为它是最古老的信念之一，所以很久以前就已得到人类良知的允准。

七、英国唯物主义者

与诸如十八世纪法国唯物主义或十九世纪德国唯物主义相比，英国唯物主义可以说是独树一帜。它的独特性主要在于它同无神论相分离。托马斯·霍布斯(1588—1679)这位近代经典唯物主义者并不是宗教的反对者，他相信上帝是第一原因。他在英国的十八世纪后继者甚至比他更少无神论色彩，其中有一位实际上还是牧师。因此，在考察十八世纪英国唯物主义者时，必须剔除通常同唯物主义者这个术语相联系的部分观念。

哈特莱

戴维·哈特莱(1704—57)的主要工作在关于心理学的那一章里已经概述过。在他《对人的观察》(1749 年)中，他把心理经验如此密切地同神经物质的振动关联起来，以致他的心理学被称为"神经纤维心理学"。哈特莱并不自认为是唯物主义者。他在该书第一部分的《结论》(*Conclusion*)中明确断言："人们在解释我的时候，绝不可说，我反对灵魂的非物质性。"他想维护的东西无非是，"灵魂的感觉和脑的髓质中激发的运动之间有某种确实的联系"(同上)。然而，他对心理过程的说明是非常机械论的和生理学的，对自由意志的解释也是非常决定论的，因此，他给读者的印象是，他是一个唯物主义者。例如，像下述的说法自然引起这样的观点。"如果自由意志是指一种引发运动的力量……那么，人没有这种力量。但是，每一活动或肉体运动均产生于以往环境或脑中业已存在的肉体运动也即振动，而振动或者是当时产生的印象的即时结果，或者是以往印象的遥远的复合结果，或者兼具两者"(同上)。

785

哈特莱对他那生理学的心理学所涉及的各个形而上学问题，说不上作过深入研究。作为一个医疗实践者，他相信肉体状态和精神状态之间存在密切关系。他的书有力地驳斥了那种认为灵魂仅仅束缚在肉体之中的旧观念。但是，他没有认真思考过心身关系的哲学问题。他只是偶尔轻描淡写地提到其他人的观点，一带而过。总的来说，可能他赞同洛克的观点，也即他认为，因为灵魂

(即精神实体)的终极本性还不知道，物质实体的本性也还不知道，所以，可能两者是相同的，物质实体也能思维。当然，这应当算是一种唯物主义，普利斯特列正是从这一意义上理解哈特莱。如大家所知，他是宗教徒，但他甚至又丝毫不怀疑无神论。

普利斯特列

约瑟夫·普利斯特列(1733—1804)是著名的化学家和物理学家，他在这两个领域中的工作已在前几章中介绍过。他比哈特莱更明显地是唯物主义者。也许由于他专心于物理学和化学的问题，因而他注定要沿着这个方向。他的唯物主义教育是通过研习哈特莱《对人的观察》完成的。1775 年，普利斯特列发表了哈特莱此书的简写本，其中增添了几篇他自己写的补充论文，支持哈特莱的观点。两年以后，他在《论物质和精神》(*Disqwisitions Relating to Matter and Spirit*)中继续鼓吹他的观点。他在文中批评其他各种关于灵魂本性的理论。1778 年，他又发表了一部关于这个问题的著作，题为《一些唯物主义学说的自由讨论》(*Free Discussions of the Doctrines of Materialism*)。不用说，普利斯特列是个宗教徒。他是主张自然神论、自然宗教或者理性宗教的领袖人物之一。他竭力清除基督教中迷信的或非理性的附加物。但是，他是笃信宗教的。因此，尽管自己是个唯物主义者，但他对霍尔巴赫《自然体系》(*Système de la Nature*)(1770 年)所表达的法国唯物主义感到愤怒，起劲地抨击它。

哈特莱拒绝就生理过程和心理过程间关系明确表示自己观点，除了它们相互关联而外。然而，普利斯特列明确把心理过程等 786

同于生理过程，精神过程等同于肉体过程。因此，在普利斯特列看来，灵魂是一个物质实体，事实上也即脑；一切所谓的精神活动都由肉体决定，因此不存在自由意志。他认为，生理学仅仅是一门关于神经系统的物理学或生理学，而在这系统中必须假定，严格的因果联系一如在物理学和化学中那样起作用。或许令人不可思议的是，普利斯特列竟设法使任何宗教都同这种决定论的唯物主义相调和。然而，他认为，大自然是一部令人惊叹的机器，这一事实表明了一个无比智慧的造物主的存在。宿命论形式的决定论毕竟是加尔文派的信条之一，因此，看来并不总是被认为同宗教相对抗。被设想为能够思维、能够进行有道德行为等等的物质，不像更通常认为的纯粹惰性物质那样引起宗教反对。总之，我们在普利斯特列的哲学中可以看到一种令人感兴趣的尝试，即力图调和宗教徒易动感情的倾向同对自然科学理性范畴的尊重态度。

达尔文

伊拉兹马斯·达尔文（1731—1802）是查尔斯·达尔文的祖父。他看来也是由于研究了哈特莱而转向信奉一种唯物主义哲学。他在剑桥和爱丁堡攻读，在诺丁汉、利奇菲尔德和德比等地行医。他对科学极感兴趣，也写作诗歌。他的主要诗作是《植物园》（*Botanic Garden*）（1792 年）。他最重要的科学著作是《动物生理学》（*Zoonomia*）（1794—6），按他孙子的说法，他在这本书中"预言了拉马克见解的种种观点和一些错误的根据"。他提出了这样的假说：上帝最初赋予一根细丝以生命以及各种特殊力量和倾向，一切时代的活动物都是这一活细丝的后裔。

达尔文从哈特莱的心理——肉体相关理论和一些他从古代思想假借来的论点推衍出他的唯物主义哲学。就是说,他论证了,只有在灵魂和肉体具有一些共同性质的条件下,它们才能统一和彼此影响。因此,灵魂的视、听等等官能意味着,灵魂本身是看得见的、听得着的,等等,换言之,它是物质的。他甚至进而提出,灵魂具有有时呈现任何种类肉体性质、状态和活动性的能力。像普利 787 斯特列一样,达尔文也不认为,他的唯物主义同关于上帝是第一原因的信念相悖。

八、法国唯物主义者

十八世纪唯物主义可以更正确地说成是物活论,因为它的倡导者通常都认为,物质赋有生命和感觉力。此外,虽然这些唯物主义者中有些人(例如大多数法国唯物主义者)把无神论同他们的唯物主义相结合,但是,其他人却设法与此同时还维护某种宗教,主要是一种自然神论或泛神论性质的宗教。这一时期第一个成熟的唯物主义者是拉·美特利(或拉美特利)。

拉美特利

朱利安·奥弗雷·德·拉·美特利(1709—51)出生于圣马洛,在莱顿从伯尔哈韦攻读医学。他一度当过军医,但当他因发表《心灵的自然史》(*Histoire naturelle de l'âme*)(1745 年)而冒犯了军队牧师之后,便离开军队。巴黎的医生遭到讽刺时,他又转到荷兰。他发表《人是机器》(*L'homme machine*)(1748 年)时,又被逐出荷兰。腓特烈大帝邀他到宫中，他在那里度过了短暂的余生。

拉美特利所以信奉唯物主义，是因为他认为，它是当时自然科学的带机械论性质的逻辑推论。尤其对他产生影响的是，他在自己和病人身上观察到，心理状态对肉体状况有紧密的依赖性。同时，一切知识都通过感官获得。但是，感官绝不给我们表明绝对惰性的物质，而总是表明处于某种运动之中的物质。我们没有任何观察根据，可据以提出物质以外的运动的原理。因此，必须认为，物质被赋予运动性和生命。这不仅适用于构成大有机体的物质团块，而且也适用于组成这些团块的个别微粒。他试图在某种程度上用实验证明这一点，为此，他观察砍了头的动物以及单个器官等等在同整个有机体分离之后生命和运动的延续。这种观察使他相信，生命和感觉力也附属于构成元件或微粒，心灵仅仅是有机体的一种功能，尤其是脑的功能，同肉体的其他功能没有本质区别。人类智力所以优于低等动物，是因为人脑的结构比较精细和复杂，这使人的记忆能够达到远为广泛，从而使人类经验作为准备后来行为的一种训练变得远为有成效。笛卡尔把低等动物说成是自动机，但把人放在一个特优地位，因为他具有灵魂。然而，拉美特利否认，人和低等动物之间有种类上的差别，认为只有程度上的差别。如果低等动物可以说成是机器，那么，人也是机器。他的主要著作的书名即由此而来。然而，在另一部著作中，拉美特利力主，甚至植物也不能正确地说成是机器，但植物同动物和人一起排列在一个生命上升标尺上(*L'homme plante*，1748，Preface)。

拉美特利并不掩饰他的唯物主义的否定含义，反而坦率地甚至风趣地强调它们。如果心灵仅是脑的一个功能，那么，谈论灵魂不死就没有意义了。当肉体死亡时,灵魂也死去,“喜剧就终止了”。至于所谓的上帝存在,那是一个无法根据科学加以解决的问题。如果物质实体具有运动要素,那么,实际上就根本不需要这条假说。这种假说甚至可能证明是一个阻止科学进步的障碍,倘若让它干涉解释自然现象的机械论方法的话。此外,对上帝存在的信念,常常引起一种给人类幸福带来更大危险的狂热。人类蒙受宗教狂热引起的苦难,超过一切其他种类邪恶导致的苦难,在政府由无神论者组成之前,不会有和平。

霍尔巴赫

霍尔巴赫男爵海因里希·迪特里希(1721—89)出生于德国,但在法国受教育,并在那里几乎度过了一生。他很富有是艺术和科学的赞助人,周围聚集了当时全部智士能人,他的殷勤好客使他的宅第博得了“哲学家之家”的美称。他的主要著作是《自然体系》(1770年),它假托1760年去世的法兰西学院秘书米拉波的名字发表。霍尔巴赫看来在写作这本书上得到了他的一些朋友尤其狄德罗的帮助。《自然体系》获得了无神论者的“《圣经》”这个坏名声。

在霍尔巴赫看来,自然界即整个实在体系乃由物质和运动组成。运动是物质的一个原始的和不可分离的性质。自然界不受任何目的支配,而受纯粹必然性支配。运动受抵抗、吸引和排斥控制。这些物理力分别等同于道德学家所称的自爱、爱和恨。只是有一点不同,即这些道德性质由脑中微小的、看不见的分子运动组成,而物理力通常同大量分子集合体的可见运动相联结。因此,差 789

别仅仅是一种量上的差别，而不是种类上的差别。然而，这差别足以使人认为，自己是由肉体和灵魂构成的双重存在物。但是，没有人自称知道，灵魂是什么，他们只知道，灵魂不是什么。在霍尔巴赫看来，所谓的灵魂无非就是脑，它的精细的分子运动构成外部印象引起的感觉。可能一切物质都是可感觉的，也就是说，都有引起感觉的能力。但是，也可能这种能力局限于特殊种类物质或特殊组合物质。总之，它是一个有机体中固体和流体物质的混合物的本性，而这混合物决定着这有机体的气质；气质决定着一切所谓心理过程的本性、尤其是情绪，而后者决定着行为。实际上，像上面所已提出的，在霍尔巴赫看来，构成一切其他情感的、影响我们整个品行的那些情绪或情感即自爱、爱和恨等，仅仅是构成脑的分子之间发生的精细形式的物理惯性、吸引和排斥。

霍尔巴赫运用他的唯物主义哲学对宗教教义进行破坏性批判。他认为，上帝的观念和灵魂的观念是同等的。正像后者是对人的肉体的无根据的摹写一样，前者也是对自然界整体的无根据的摹写。像在灵魂的情形里一样，在上帝的情形里，也没有人自称知道，上帝是什么，人们只知道，他不是什么。普通神学家们把形而上学属性归诸上帝，而这些属性把他表示为与人截然不同，他们因而又自相矛盾地赋予他以道德品质，而这些品质又把他降格到人的水平。唯一实在的天意是自然界及其规律；人们越早认识到这一点越好。甚至把上帝观念用作为控制大众的手段，也是一个危险的错误。它像是要毒害一个健康人，以便阻止他滥用其体力。自由意志的观念是神学家的一个错误手段，用来替上帝卸除对于现存邪恶的一切责任。如果人真正自由地在世界上掀起任何新的运动，则他从而就改变了整个世界。道德责任的问题并不是题中之义。罪犯之所以受惩罚，不是因为他们要为他们的罪行负责，而是因为像我们杀害野兽或者筑拦河坝一样的理由，也即为了防止进一步的危害。改良人的正确途径不是使他们道德化，而是改良他们的健康。至于灵魂不死的学说，它不仅虚假，而且有害。因为，它使人的注意力脱离现世，从而阻止他充分利用之。如果认识到了唯物主义教导的那些真理，人就将看到一切发生的事物的必然性，就将摆脱同上帝观念相关联的种种令人痛苦的忧虑和来世的惩罚，他将尽可能多地从生活获取幸福

790

狄德罗

德尼·狄德罗(1713—84)作为《百科全书》的编者和心理学家的工作，在前面几章已经研讨过。最初他是有神论者，后转变为怀疑论者，继而成为自然神论者，最后成为无神论的唯物主义者。上面已提到他同霍尔巴赫在撰写《自然体系》上的合作。狄德罗在他《论解释自然》(*Pensées sur l'interprétation de la Nature*)(1754年)中就已充分表达了他的唯物主义，尽管他在《论物质和运动》(*Sur la matière et le mouvement*)(1770年)中又有进一步阐发。但是，有理由相信，他是受霍尔巴赫影响而真正转向接受唯物主义的。不过，或者更为确定一点的是，他受到了来自下述几方面的影响：斯宾诺莎和莱布尼茨哲学中的某些因素、布丰的有机分子概念以及哈特莱的生理学的心理学。

在狄德罗看来，终极的实在是被赋予运动和感觉力的能动原子。整个宇宙由这种活的原子组成，但这些原子分成无数等级，感

觉力在有些原子中是潜伏的。灵魂或精神仅在某些原子组合中才显现出来。自然是自足的，它在自身中包含构成全部存在物的一切元素，从最低等的原子到我们现在知道的最富于智慧的、最有艺术才能的和最有道德的人类乃至还在将来更高等的存在物。自然的生命不停顿地通过某些循环。个别的客体通过新的原子组合而产生，随着这些组合离解而消逝；只有作为一个整体的自然是永驻的。在一切变化中，只有形式（即组合）发生变化；原子保持不变。人对他的自我或他的连续性的意识产生于这样的事实：他经历的变化是迂缓进行的，因此在连续的变迁中每一阶段和下一阶段之间有一定量的重叠。意志自由、我们每一活动之乃由外部印象决定、我们肉体的状态、对过去的记忆、关于未来的观念以及我们的情绪或情感，这类东西都不存在。心理经验和道德经验全都受生理过程支配。

791 尽管他采取唯物主义哲学，但就道德而言，狄德罗可以说在本质上仍是个唯心主义者。他认为，道德就是对全人类仁慈为怀的感情；他力主，这种道德不止是幻想或错觉（例如，像灵魂不死那样），而是内在地正确的或有效的。

卡巴尼斯

皮埃尔·卡巴尼斯（1758—1808）如上所述是十八世纪最重要的生理学的心理学家。哈特莱认为，一切心理过程皆起因于神经或脑髓实体的机械振动，而卡巴尼斯还诉诸化学过程和肉体实体的化学亲合性作解释。他还强调本能。像哈特莱一样，卡巴尼斯看来也不自认为是一个唯物主义者，而只是一个探索心理-肉体关系的研究者。然而，他的观点曾被认为明确地倾向于唯物主义。像在哈特莱的情形里一样，他的生理学的心理学也曾被错误地解释为一种哲学唯物主义。

九、泛神论者

托兰德

约翰·托兰德(1670—1722)出生于爱尔兰伦敦德里附近的地方。他在格拉斯哥、爱丁堡和莱顿等大学攻读。1696年，他匿名在伦敦发表了《基督教并不神秘》(*Christianity not Mysterious*)，这本书遭到广泛谴责。他1697年访问都柏林时，这本书在那里由刽子手奉命加以焚毁，作者被判处囚禁，但他及时逃遁了。1701年，他访问德国，在柏林受到索菲·夏洛特皇后的接见。1704年，他发表了《致塞雷纳的信》(*Letters to Serena*)。它包括讨论各种问题的三封信，一封写给普鲁士的索菲皇后，两封写给荷兰的一个斯宾诺莎主义者。他在1707—10年间游历欧洲大陆。他的最后一本书《泛神论者的神像》(*Pantheisticon*)于1720年问世。他的晚年是在伦敦及其附近度过的。

托兰德以一个天主教徒开始他的生涯。他后来转变为新教徒，继而成为自然神论者，最后以一个泛神论者而告终。他在第一本书里已包含一些斯宾诺莎主义的思想。他力主，天启的真理之所以已被启示，是因为它们是真的和合理的，而它们之所以不是真的，仅仅是因为已被启示。他企求思想和言论的自由。在《致塞雷纳的信》中，虽然表面上批评斯宾诺莎，但托兰德的斯宾诺莎主义

792 已表现得十分明显。他说,**“一切”**是永恒的和无限的;他拒斥超验上帝的观念,教导宇宙有神性内在的学说;他赞同斯宾诺莎认为**“一切”**有动力学性质的概念,尽管他看来并不知道这是斯宾诺莎的观点;他承认,心理-形体属性并存。他的《泛神论者的神像》看来使术语**泛神论者**对应于乔丹诺·布鲁诺和斯宾诺莎教导的那种哲学而流行开来。这本书本身旨在为建立一个国际性的泛神论者联谊会或兄弟会作宣传,这个组织在一定程度上试图模仿共济会分会。它规定一种半宗教的仪式,宣称教授神秘的哲学;它自命不凡,但却渺小而又浅薄。

托兰德的观点是:对神性自然的美、和谐和果断怀有一种半宗教的和朦胧的热忱,并伴以对宇宙秩序的信仰和顺从,以及热心于科学探索,是运用人类理性以及自然自我启示的共同结果。他一以贯之地倡导宽容和自由思想,反对迷信和教士心术。但是,像他之前和以后的一些其他人一样,他区分开受过教育的人和未受过教育的人。自由思想是他留给受过教育的人的一种责任和特权;他认为,对于其余人来说,正面的即传统的宗教是最好不过的东西,以便使他们安分守己,循规蹈矩。

布丰

在十八世纪中期以前,认为某种活原子是自然的终极组分的概念相当广泛地流行。然而,它导致两种不同的倾向,视强调原子间关系的机械论性质还是它们的有机关系而定。在前一种情形里,所产生的哲学是像狄德罗和霍尔巴赫那样的一种唯物主义;在后一种情形里,它以一种普遍的活力论告终,这种活力论多少带泛神论的性质。布丰和罗比耐都抱这种泛神论，不过前者比较审慎和隐含，后者则比较明显和彻底。

布丰伯爵乔治·路易·勒克莱尔(1707—88)的生物学著作和地质学思辨前面已在关于动物学和地质学的两章里介绍过。他的时代以前的各种思想家已经提出，某种有机分子散布在构成物理自然的原子之间，这些有机分子造成活有机体，正像无机原子构成惰性物质的团块一样。这种观点在仅由万有引力定律和运动定律支配的无机界和似乎需要另一种解释模式的有机界 793 之间留下了一道鸿沟。现在，布丰试图给这条鸿沟架设桥梁，为此，他设想自然的**一切**终极组分都是“有机分子”，它们有无限多组织等级。在他的《一般和特殊的自然史》(*Histoire naturelle générale et particulière*)(1749 年以后)之中，他使用自然神论的语言。但是，他的神是斯宾诺莎的神，deus sive natura (“神即自然”)，自然像在斯宾诺莎那里一样被设想为是能动的、自我生存的实体，它产生、维持和变换其一切有限样态或者个别现象。牛顿和伏尔泰认为，自然是一部巨大的、极其复杂的机器，而这预先假定了一个无比智慧的全能的“工程师”。然而，布丰则把自然表示为一个巨大的有机体，它凭借其自己固有的或内在的能动性或力量包含、维持、组合和重组有机分子，不需要超验的神作为其外部的、传递的或创造性的原因。这样，布丰认为，他能够克服机械论解释模式和目的论解释模式之间的冲突，能够把一切自然现象结合成一个无所不包的体系，而在这个体系中，自然现象表现为许多不同等级的有机实体，它们随环境或境遇的条件而变。布丰有点含混的泛神论哲学在法国十分流行，并导致兴起一种对自然的普遍热忱。

罗比耐

让·巴蒂斯特·罗比耐(1735—1820)出生于雷恩,一度参加耶稣会。他后来脱离耶稣会,去到阿姆斯特丹,于1761年在那里发表了他的主要著作《论自然》(*De la Nature*)(第二卷,1763年)。在他的其他著作中,最重要的是他的《存在形式自然分等的哲学思考》(*Considérations philosophiques de la gradation naturelle des formes de l'etre*)(1767年)。这两部著作都引起了激烈争论。1778年,他回到巴黎,就任监察官。法国大革命爆发后,他隐退到故乡,从事赈济贫民的慈善工作。

罗比耐的哲学在有些方面同布丰的相似,但更明显地属于斯宾诺莎主义。罗比耐认为,有没有宇宙的第一原因的问题,是一个我们根本无法回答的问题。但是,实际上并不需要假定第一原因, 794 因为宇宙表现出了自足性、内在力量和活力。像他之前的其他人一样,他也设想自然的终极微粒被赋予感觉力。他实际上是把斯宾诺莎的实体并存属性也即广延和思维或物质性和精神性的概念运用于这些微粒。罗比耐力主,设想为一个活宇宙(Cosmos)的"宇宙"(Universe)可以认为是终极的论据事实,没有理由预期它还有进一步的解释。假定一个超验的神或造物主,不会得到什么东西,因为既然再不能有理由探寻解释神之存在的一个进一步原因,所以,这样做无非是把这终极的论据事实再推后一步。

罗比耐比布丰更明确地提出了一种普遍的或宇宙的活力论,它认为,一切物质都从一开始就被赋予生命。甚至矿物也生存、成长和消亡，天体亦复如此。不过，虽则一切事物都是有机的和有活力的，但它们在程度上各个不同，相差悬殊。有一个连续的有机生命上升标尺，从表面看来无生命的岩石上升到人。一个有机体的形体方面和精神方面不是分离的，而只是可分辨的，在无论什么情形里都是如此。认为人类灵魂是某种同人体相分离的东西，那就错了。

罗比耐饶有意思而又异乎寻常地运用了能量或力的守恒原理。他认为，每个有机体都是一个自给自足的心理-形体单元或系统，它保持其力或能量守恒。因此，他坚持认为，一个有机体的诸能动性的总和必定是恒定的。但是，他并不区别形体能量和心理能量；他同等地对待它们，也即认为它们根本上或形而上学地相等同，尽管它们以两种表面上不同的方式表现自己。因此，凡是肉体消耗的能量，都必定从精神获得等量能量得到补偿，反之亦然。罗比耐还把这守恒原理用于作为整体的宇宙，还从中引出一个十分玄虚的结论。罗比耐错误地运用斯宾诺莎对快乐和痛苦、喜悦和哀伤的心理的说明，论证说，既然力或能量的增加构成快乐，它的减小构成痛苦，既然宇宙的总能量总是不变，那么，宇宙中快乐和痛苦的总量也一定保持恒定的平衡，所以，痛苦的任何增加被快乐的相应增加所抵消，反之亦然。

十、一个讨伐的哲学家：伏尔泰

弗朗索瓦·玛里·阿鲁埃（1694—1778）出生于巴黎，在一所耶稣会学院里受教育。他很早就同贵族、教会和政治发生冲突，两

795 次被短期囚禁在巴士底狱中。1726 年,他去到英国,一直逗留到1729 年,在那里密切接触了一些主要的自然神论者和自由思想家。约在这个时候,他把自己的名字通过重排字母从小阿鲁埃[Arouet l.j.(lejeune)]改成伏尔泰(Voltaire)。离开英国后,他在法国一直居住到 1750 年,中间只去过一次荷兰。他于 1746 年当选为巴黎学院院士。1750 年,他到柏林成为腓特烈大帝的廷臣,但在 1753 年就离去,一度在科尔马居留。1758 年,他在日内瓦附近法国——瑞士边界的法国一侧费尔内地方购置了一所庄园,在那里居住了二十年。1778 年 2 月,他返回巴黎,在那里受到隆重接待,于 5 月 30 日去世。作为作家、诗人、戏剧家和评论家,伏尔泰是他那个时代最著名、最成功的人物。然而,这里我们只关心作为一个哲学家的伏尔泰。他大力向欧洲大陆介绍牛顿的科学、洛克的经验主义和英国的自然神论。他自己的哲学并不特别重要。可是,他在启蒙和理性事业上做的工作是超群卓绝的,因此,在叙述十八世纪思想史时,如果忽视他,那将是极大的不公平。

伏尔泰是一个作家荟萃时代里最多产的作家。然而,他的哲学思想几乎全都集总在他的小册子《无知的哲学家》(*The Ignorant Philosopher*)(1767 年,D. Williams 的英译本,1779 年)的短小篇幅之中。这本小书的题目表明,作者对洛克所教导的关于人类心灵的限制的教训耿耿于怀,而他几乎在一切哲学问题上都赞同洛克。伏尔泰说:“你是谁?你来自何方?你的职责是什么?你将会怎么样?这是些应当对宇宙中每一存在物都提出的问题;但我们没有一个人能回答它们”(§1)。“对基本原理,我们现在同在摇篮里时一样无知”。(§2)“如果没有观念而只凭经验,那我们就绝不可能知道物质是什么。我们触摸和看到该实体的性质。但是,甚至语词实体即**在下面的东西**[①]也使我们有充分理由认为,这在下面的东西将是我们所永远无法知道的:无论我们发现它的现象怎样,这实体、这在下面的东西都将永远是有待发现的。由于同样的理由,我们也永远不会知道,我们自己的精神是什么。"我们也永远不会知道,精神实体如何接受感想和思想。"我们完全知道,我们有一点点智能;但是,我们是怎么获得它的呢?它是自然的一个奥秘;她还没有向任何凡人泄露过这个奥秘"(§8)。"我们永远不会看出甚至想象一个物理原因的哪怕最小的可能性。为什么呢?因为引起这个困难的症结,乃属于事物的基本原理之列。对于在我们之中起作用的东西,亦复如此。……关于那使我得以思维和行动的基本原理,我不可能知道些什么"(§11)。 796

在转到自由意志的问题时,伏尔泰区分开**行动**自由和**意志**自由;他承认前者,但不承认后者。"获得真正的自由,就是获得权力。当我能为所欲为时,我就是自由的;但我必然地希望我所希望的东西;否则,我便是无理由、无原因地希望,而这是不可能的。我的自由在于当我想行走的时候就行走……在于当我的心灵必然地把一个邪恶的行动说成是邪恶的时候不做它;在于当我的心灵使我觉察到一种情感的危险时,以及当这行动的恐怖强力地同我的欲望作斗争时,克制它。……但是……我们不可抗拒地顺从我们最近的观念,这最近的观念是必然的。……奇怪的是,人们不满足

① "实体"一词的原文为 substance,其中前缀 sub 意为"在……之下的"。——译者

于这样程度的自由，即不满足于在许多场合做他们选择做的事情的……权力。……我们想象，我们具有没有理由地希望和除了希望之外别无其他动机地希望这种不可思议的和荒谬的天赋”(§§13,29,51)。

伏尔泰始终是个自然神论者，用他的时代所已知道的一切论据证明，他对一个未知的神之存在的信念是合理的。“在观察支配宇宙以及万物的手段和无数目的的那些秩序、绝妙的艺术以及力学与几何学定律时，我深怀赞叹和崇敬的心情。我立刻就断定，如果说人们的作品甚至我自己的作品迫使我承认，我们中间有一个理智，那么，我应当承认，有一个远为英明的理智，它操纵这么多作品”(§15)。“这理智是永恒的吗？毫无疑问。因为……如果它现在存在着，那么，它从来就存在着”(§16)。但是，我还说不上，这理智究竟与宇宙不同，还是像灵魂之弥漫于肉体之中那样弥漫于宇宙之中(§17)。“我们肯定是神的作品……他使蚯蚓获得生命，使太阳绕其轴旋转”(§19)。“这永恒的存在、这普遍的原因把我的观念给予我；它们不是客体给予我的。无智能的物质不可能把思想送进我的头脑。我的思想不是来自我自己；因为，它们反对我的意志，而且常常以同样方式消失。……我崇拜我靠着他而在不知道我如何思维的情况下进行思维的神”(§21)。“在人就上帝发明的所有体系中，我赞成哪一个呢？除了崇拜他之外，我一个也不赞成”(§23)。伏尔泰根据下述事实而反对关于神之本性的种种精巧的形而上学思辨：它们是常识所不能理解的。他认为，“从事日常生活事务的普通人最大限度地发挥了他们的理智，而超出普通人力所能及范围的……不是人类所必需的”(§25)。

然而,对神的信仰并未保全伏尔泰早年所抱像莱布尼茨在其《神正论》中所说明的那种乐观主义。1755年的里斯本大地震冲击了他,他放弃了乐观主义,不再认为,这是“最好的和可能的世界”。他在一首关于里斯本震灾的诗中表达了他的道德愤慨,后来在他的《老实人又名乐观主义》(*Candide, ou sur l'optimisme*)(1757年)中发泄了他对轻率乐观主义的蔑视: 797

> Lisbonne ,qui n'est plus ,eut-elle plus de vices Que Londres,que Paris,plongés dancs les délices? Lisbonne est àbimée,et l'on danse à Paris.
>
> 〔里斯本已无存,难道是因为它比现在还沉迷于享乐的伦敦、巴黎更放逸的缘故?里斯本已经倾覆,可是巴黎人还在狂舞。〕

在那首里斯本诗过了15年后写的《无知的哲学家》中,伏尔泰又回到这种指责,要求莱布尼茨派乐观主义者用乐观主义解释恺撒屠杀三百万高卢人和西班牙人这类历史事件(§26)。但是,虽则伏尔泰抛弃了他的乐观主义,但他仍然相信独立于任何神学学说、哲学世界观或者法律的道德主张。“随着我注意到,人们在风气、举止、语言、法律和崇拜等方面都存在差异,我显然相信,他们有着相同的基本道德原则。人人都有关于正义与非正义的一般观念,哪怕没有最起码的神学知识也罢。……因此,我以为,正义与非正义的观念之所以是必然的,是因为一旦人们能够行动和推理,便人人都对这个问题抱一致的看法。造就我们的神明规定尘世必须有正义”(§31)。“正义的观念……乃全世界人同此心,因此,滔天的罪行……全都是在虚伪的正义借口下犯下的。一切罪恶中最凶残的……是战争;但是,从来的侵略者莫不用正义的借口掩饰这罪行"(§32)。

可以毫不夸大地说,正义的主张是促成伏尔泰的自然神论观点和指导他毕生活动的基本信念。神和灵魂不死的信仰,对他的吸引力,主要是作为道德的终极基础或公设。因此,他说:"如果神并不存在,那么,我们应当发明他",虽然他又补充说:"整个自然表明,他是存在的"(《哲学辞典》(*Dict.Phil.*)中的"Dieu"["神"])。在他看来,真理和正义难分难解;他不是隐居的书呆子,而是为他的信念而战斗的战士。因此,他同时致力于一方面通过使人类摆798脱迷信来对他们启蒙,另方面通过砸断压迫、专制和社会不公正的锁链来改善他们中许多人的状况。因此,他无情地攻击天主教教义,攻击狂热的偏执和压制,而他正是为了这些而谴责天主教教义的。伏尔泰也许由于道德热情而看不到,事实上,人类的真正敌人是那些野心勃勃的狂热之徒,他们利用任何为实现他们邪恶图谋提供便利的机构。在伏尔泰时代的法国,天主教和高僧会[1]就是这样被利用的。二十世纪里,其他非宗教的"主义",尤其爱国主义或民族主义也同样地甚至更为粗暴地被利用了。只要群众还没有足够的知识和理智,因而不能识破蛊惑人心的政客的装模作样和诡计,而这些政客为了把整个国家变成大监狱和大屠场,剥夺群众赖以真正生活的一切而空许诺言,那么,宗教就不是唯一能用作

① 高僧会(Jansenism)是比利时詹森(Cornelius Jansen,1585—1638)主教创立的教派,它否定意志自由。1740年以后,它作为教派已不存在。——译者

为掩盖妒忌、贪婪等动机或者狂热权力欲的借口的东西。

作为《无知的哲学家》的附录，伏尔泰写了“一篇简短的离题文章”，文中讲述了一则寓言，它现在也至少意义不减当年，这里简写如下。“我们知道，当巴黎盲老医院刚开办时，[盲目的]养老者人人平等，他们连小事也由表决的多数票决定。……但是，不幸他们有一个教师伪称对视觉有明晰的观念。他引起了注意；他玩弄诡计；他煽动了一些热衷者；最后，他成为这个团体的公认头领。……巴黎盲老医院的这个独裁者首先选举了一个小型委员会，他借助它攫取了全部救济金。……他宣布，凡是居住在巴黎盲老医院里的人都穿着白衣服。盲目养老者们都相信他。因此，除了他们谈论白衣服之外，再也听不到其他声音，尽管那里根本没有这种颜色的东西。熟识他们的人都嘲笑他们，所以，他们抱怨这个独裁者，而他指责他们是创新者、自由思想家、反叛者，让自己被亮眼人的错误引入歧途，胆敢怀疑他们头领的一贯正确”(英译本，p. 76)。

在十九世纪里，曾流行这样的说法：伏尔泰对狂热和偏执的讨伐进行得那么有效，以致人人都是伏尔泰派，哪怕对之一无所知。可是，今天时代变了，但事情并未更好些。世界现在又迫切需要一个伏尔泰，其实更需要整整一支千千万万个伏尔泰组成的军队，去跟形形色色新的蒙昧和狂热作斗争，否则它们可能会毁灭文明。

(参见 J. E. Erdmann：*History of Philosophy*, Vol. Ⅱ，1892，等等；W. Windelband：*History of Philosophy*, N. Y.，1901；A. Weber 和 R. B. Perry：*History of Philosophy*, N. Y.，1925；H. Dresser：*A History of Modern Philosophy*，1928；Bertrand Russell：*History of Western Philosophy*, London，1948。)

插图目录

事 项 索 引

按英文字母顺序排列。页码系原书页码,排在本书切口处。

I

K

L

M

Q

R

S

X

Z

人 名 索 引

人名按英文字母顺序排列。有异译的,附列于后。年代和地点系指生卒年代、生卒地点。页码系原书页码,排在本书切口处。

——希腊哲学家，科学家。他的著作对后世发生巨大影响，在中世纪被奉为经典。

Arkwright, Richard **阿克赖特** 33,508,509,621

——英国发明家。发明水力纺纱机(1771年)。

Arnold, John **阿诺德** (1736—99) 156,158

——英国钟表制造家。

Ashton, T. S. **艾什顿** 633,640

——英国科学著作家。《工业革命中的钢铁》(1928年)的两作者之一。

Assézat, J. **阿塞扎** 684

——《狄德罗全集》(1875—7)的编者。

Auenbrugger, Leopold **奥恩布鲁格尔** (1722—1809) 493

——奥地利医生。发明用叩诊检查胸腔疾病的方法(1760年)。

Austen, John **奥斯汀** 510

——英国发明家。发明力织机(1796年)。

Auzout, Adrien **奥祖**(?—1691) 141

——法国天文学家。

Azara, F. de **阿萨拉** 416

——十八世纪中期到巴拉圭河和巴拉那河流域探险。

B

Baillie, Mathew **贝利**(苏格兰 1761—1823) 482及以后

——英国病理解剖学家。

Baker, Henry **贝克** 465,466

——英国书商。著有《珊瑚虫自然史》(1743年)

Bakewell, Robert **贝克韦尔**(莱斯特郡 1725—90) 507

——英国牛羊良种培育家。

Balfour, Arthur James, Earl **鲍尔弗伯爵** (1848—1930) 772

——英国政治家，哲学家。《保护哲学怀疑》(1879年)的作者。

Balls, Robert **鲍尔斯** 455

——英国学者。十八世纪初研究植物发生问题。

Bandeau, Abbé **邦多** 725

——法国修道院院长，经济学家。追随魁奈的重农主义。

Banks, Sir Joseph **班克斯爵士**(1743—1820) 43,256,263,265,266,431

——英国博物学家，皇家学会会长。

Barney, T. **巴尼** 615

——绘制过引擎的图(1719年)。

Barr **巴尔** 389

——《布丰》(1792年)的作者。

Barrell, Edmund **巴雷尔** 304

——英国学者。最早应用"北极光"术语(1717年)的人之一。

Barrow, Issac **巴罗**(伦敦 1630—77 伦敦) 171

——英国神学家，数学家。牛顿的老师。

Bartholinus, Erasmus **巴塞林那斯**(1625—98) 28

——丹麦科学家。发现光的双折射现象。

Bauer, L. A. **鲍尔** 304

——著有《地磁学》(1701和1705年之间)。

Baumann, C. J. **鲍曼** 712

——十八世纪德国人口统计学家。

Baumé, A. **博梅**(1728—1804) 377,383,495

——法国化学家。

Bayen, Pierre **巴扬**(1725—98) 345

——法国化学家。比拉瓦锡更早反对

C

洛/克雷洛(巴黎 1713—1765) 45,74,96 及以后
——法国数学家。
Cleghorn,W. **克莱格霍恩** 182,183
——十八世纪热学家。
Cline,Henry **克莱因** 492
——英国医生。成功地进行了牛痘实验(1798 年)。
Cocking,William **科金** 581
——英国发明家。发明一种钝锥形降落伞(1837 年)。
Coiffier **库瓦菲埃** 233
——法国骑兵。为研究电的本性观察雷电(1752 年)。
Colbert,Jean Baptiste,Marquis de **柯尔培尔**(里姆 1619—83 巴黎) 513
——法国政治家,路易十四的大臣。重商主义者。
Coleby,L. J. M. **科尔比** 344,345
——英国科学著作家。《马凯的化学研究》(1938 年)的作者。
Collinson,Peter **柯林森** 227,229 及以后
——十八世纪英国博物学家,商人。
Condamine **孔达明** 见 **La Condamine**
Condillac,Etienne Bonnot de **孔狄亚克**(格勒诺布尔 1715—80 卢瓦雷的博让西) 685 及以后
——法国哲学家。
Condorcet,Marie Jean Antoine Nicolas de Caritat,Marquis de **孔多塞**(皮卡地·里贝蒙 1743—94 巴黎附近布尔拉莱纳) 82
——法国哲学家,数学家,政治家,巴黎科学院秘书。
Cook,Captain James **库克**船长(约克郡 1728—79 夏威夷) 33,411 及以后
——英国航海家。三次到大洋洲探险;第一次进入南极圈。
Cooke,James **詹姆斯·库克** 507
——发明一种切藁机(1794 年)。
Coriolis,Gaspard Gustave **科里奥利斯**(1792—1843) 64
——德国物理学家,数学家。
Cort,Henry **科特**(1740—1800) 620,638,639
——发明一种完善的搅炼法(1784 年)。
Corvisart,Jean Nicolas **科维扎尔**(1755—1821) 493
——拿破仑的私人医生。推广和发展叩诊方法。
Cotte,Père Louis **科特**(1740—1815) 274,277 及以后,286,325
——法国气象学家,牧师。《论气象学》(1774)的作者。
Coulomb,Charles Auguste de **库仑**(法国 1736—1806 巴黎) 32,91,92,213,245 及以后,268 及以后,517,521 及以后,535,536,542,543
——法国物理学家,军事工程师。
Couplet,Pierre Torteaux de **库普勒**(?—1744) 533,539 及以后
——法国科学家。对建筑学有贡献。
Cranage,brothers **克雷尼奇**兄弟
——致力于发展把生铁精炼成韧性铁的技术(1766 年)。
Crawford,A. **克劳福德** 189
——十八世纪化学家,物理学家。
Crawley,Sir Ambrose **克劳利** 634
——德国工匠,用瑞典铁制造钢(1702 年)。
Cresy,E. **克雷西** 564
——《土木工程百科全书》(1847 年)的作者。
Crogan,George **克罗根** 415
——英国探险家。十八世纪末到北美

G

H

I

J

K

L

——十八世纪瑞士工程师。

La Caille, Nicolas-Louis de **拉卡伊**(1713—62) 109,110,132,300,417

——法国数学家,天文学家。

La Condamine, C. M. de **拉孔达明** 76,134,167,288,289,416

——十八世纪法国物理学家。

Laënnec **拉埃内克** 493

——发明听诊器(1819年)。

Lagrange Joseph-Louis, Comte de **拉格朗日**(都灵 1736—1813 巴黎) 45,50,54,55,68,69,98,99,417,419

——法籍意大利数学家,力学家。创立变分学,建立分析力学体系。

La Hire, Phillippe de **拉伊尔** 173,538及以后

——法国力学家。《力学论》(1695年)的作者。

La Lande, Joseph-Jérôme Le Français de **拉朗德**(1732—1807) 110,126,132,134,137,138,141,143,144

——法国天文学家。

Lambert, Johann Heinrich **兰伯特**(1728—77) 168及以后,208,209,270,287,289,290,331,418及以后

——德国数学家,物理学家,哲学家。

Lamblardie, Jacques Elie **朗布拉尔迪**(1747—97) 528,529

——法国工程技术家。

Lamettrie/La Mattrie, Julien Offray de **拉美特里**(圣马洛 1709—51 柏林) 787,788

——法国唯物主义哲学家。

Lane, Thomas **莱恩** 251

——十八世纪英国电学家。

Lang, Karl Nikolaus **朗格** 391

——十八世纪瑞士地质学家。

La Perouse, F. G. de **拉彼鲁兹** 413

——法国探险家。到美洲太平洋沿岸和亚洲东海岸探险(1785—88)。

Laplace, Pierre Simon, Marquis de **拉普拉斯**(卡耳瓦多斯 1749—1827 巴黎) 31,40,50,55,74,75,99及以后,177,183及以后,302,389,417,703

——法国数学家,力学家,天文学家。提出太阳系起源的星云假说。

Lassone **拉松** 352

——用让木炭加热氧化锌等方法得到一氧化碳(1776年)。

Langhton, J. K. **劳顿** 325

——撰文略述风速测量术和风速计的历史(1882年)。

La Vérendrye, Sieur de **拉韦朗德里** 415

——法国探险家。到美洲探险(1731年)。

Lavoisier, Antoine Laurent **拉瓦锡**(巴黎 1743—94 巴黎) 32,37,42,177,183及以后,342,345及以后,366及以后,383及以后,704

——法国化学家。近代化学奠基人之一。提出燃烧的氧化学说,推翻燃素说。

La wall, C. H. **拉沃尔** 553

——《药物识奇》(1927年)的作者。

Lebedew **列别捷夫**(俄 Пётр Нцколаевцг Лебедев;1866—1912) 162

——俄国物理学家。用实验证实光压。

Leblanc, Nicolas (1742—1806) 勒布朗 647

——法国化学家,碱工业创始人。

Lee, William **李** 510

——发明织袜机(1589年)。

Leeuwenhoek, Antony ran **列文霍克**/雷汶胡克(德耳夫特 1632—1723 德耳夫特) 467

——荷兰显微生物学家。

M

198 及以后,277
——法国数学家,物理学家,天文学家。

Morison, Robert **莫里森**(1620—83) 427
——英国植物学家。

Morland, Sir Samuel **莫兰**(?—1696) 455,585,653
——发明一种实心活塞泵和一种计算机器。对植物的性有研究。

Morley, **J.** **莫利** 39
——《狄德罗和百科全书派》(1878年)的作者。

Moro, Anto Lazzaro **莫罗**(1687—1740) 387
——意大利地质学家。

Morrison, Charles **莫里森** 662
——十八世纪英国外科医生。设想过最早的电报方案。

Mottelay, P. E. **莫特莱** 273
——《电学和磁学的文献史》(1922年)的作者。

Mountaine, William **蒙顿** 272,653,654
——十八世纪英国物理学家。

Mouton, Gabriel **穆东** 417
——提出采取1′的子午弧作为长度标准。

Mudge, Thomar **马奇**(1715—94) 156
——英国钟表发明家。

Mudge, William **马奇** 418
——测量英国约克郡到怀特岛的子午弧的长度(1800—2)。

Müller, J. H. **米勒** 659
——德国工程师。发明一种计算机器(1784年)。

Müller, Johannes Peter **米勒**(1801—58) 265
——德国医学家。提出"特殊能量学说"(1833年)。

Murdock, William **默多克**(1754—1839) 554,606,620 及以后,665
——英国机械发明家。对蒸汽机改进作出贡献。

Muret, J, L. **米雷** 706
——十八世纪瑞士牧师。研究人口问题。

Murray, Matthew **默里** 606
——十八世纪英国机械发明家。

Musprat **马斯普拉特** 648
——十九世纪英国工业化学家。

Musschenbroek, Pieter van **米欣布罗克**(1692—1761) 225,226,269,287,339,340,517 及以后
——荷兰物理学家。

Mylne, Robert **迈尔纳**(1734—1811) 559
——英国桥梁工程师。

N

Namours, Pierre Samuel Dupont de **内穆尔**(1739—1817) 41,719
——法国重农主义经济学家。

Nairne, Edward **奈恩** 137,252
——十八世纪英国天文仪器制造家。

Napier/Neper, John **耐普尔**/内皮尔(爱丁堡 1550—1617 爱丁堡) 28,653
——苏格兰数学家。制定对数。

Napoleon I **拿破仑一世**(法 Napoléon Bonaparte;科西嘉岛 1769—1820 大西洋的圣赫勒拿岛) 54,59,60,175,265
——法兰西第一帝国皇帝(1804—14)。

Necker, Jacques **内克尔**(1732—1804) 703,704
——法国政治家,财政家。

Needham, John T. **尼达姆**(1713—81) 473,474

S

T

U

V

Y

Z

译后记

本书系根据原书1952年伦敦修订第二版译出。原书初版于1938年。第二版修订者为D.麦凯(Mckie)。

本书翻译分工如下。周昌忠:序言、第一、十一——三十二章;苗以顺、毛荣运:第二——十章。全书由周昌忠校订,并编制人名索引。

译文容有错误和不妥之处,诚望读者指正。

译　者

1987年12月

图书在版编目(CIP)数据

十八世纪科学、技术和哲学史(全二册)/(英)沃尔夫著;周昌忠等译. —北京:商务印书馆,1991.9(2023.6重印)
(汉译世界学术名著丛书)
ISBN 978-7-100-00447-3

Ⅰ.①十… Ⅱ.①沃…②周… Ⅲ.①自然科学史—世界—近代②社会科学—历史—世界—近代③哲学史—世界—近代 Ⅳ.①N091②C091③B142

中国版本图书馆CIP数据核字(2011)第004393号

汉译世界学术名著丛书
十八世纪科学、技术和哲学史
(全二册)
〔英〕亚·沃尔夫 著
周昌忠 等译

商 务 印 书 馆 出 版
(北京王府井大街36号 邮政编码100710)
商 务 印 书 馆 发 行
北京虎彩文化传播有限公司印刷
ISBN 978-7-100-00447-3

1991年9月第1版 开本 850×1168 1/32
2023年6月北京第5次印刷 印张 $34\frac{1}{2}$ 插页1
定价:176.00元